V&R Academic

Thomas Becker / Philip Rosin (Hg.)

Die Natur- und Lebenswissenschaften

Geschichte der Universität Bonn

Band 4

Mit 30 Abbildungen

V&R unipress

Bonn University Press

UNIVERSITÄT BONN

MIX
Papier aus verantwortungsvollen Quellen
FSC® C083411

Bibliografische Information der Deutschen Nationalbibliothek

Die Deutsche Nationalbibliothek verzeichnet diese Publikation in der Deutschen Nationalbibliografie; detaillierte bibliografische Daten sind im Internet über http://dnb.d-nb.de abrufbar.

ISBN 978-3-8471-0842-9

Weitere Ausgaben und Online-Angebote sind erhältlich unter: www.v-r.de

Veröffentlichungen der Bonn University Press erscheinen im Verlag V&R unipress GmbH.

Printed in Germany.
Titelbild: Felicia Gött, Physiologisches Institut 1943; Barbara Frommann, LIMES Labor 2017
Druck und Bindung: CPI books GmbH, Birkstraße 10, D-25917 Leck

Gedruckt auf alterungsbeständigem Papier.

Inhalt

Walter Bruchhausen / Hans-Georg Hofer / Wolfgang Holzgreve / Heinz Schott
Die Medizinische Fakultät 7

Wolfgang Alt / Thomas Becker / Günter Bergerhoff / Thomas Burckhardt / Ralph Burmester / Armin B. Cremers / Karl Heinz Dötz / Michael Geffert / Andreas Hense / Stefan Hildebrandt (†) / Wighart von Koenigswald / Sigrid Peyerimhoff / Gerhard Rücker / Konrad Sandhoff / Klaus Peter Sauer / Winfried Schenk / Johann Christoph Strelen / Christoph Thiele / Wolf Vielstich / Heinrich Wamhoff (†)
Die Mathematisch-Naturwissenschaftliche Fakultät 213

Wolfgang Büscher / Thomas Heckelei / Ulrich Köpke / Theo Kötter / Georg Noga / Karl-Heinz Südekum / Peter Stehle / Erich Weiß / Matthias Wüst
Die Landwirtschaftliche Fakultät 521

Udo Arnold
Die ehemalige Pädagogische Fakultät 605

Joachim von Braun / Armin B. Cremers / Günter Eßer / Xenia Grote / Bernhard Korte / Ludger Kühnhardt / Ina Prinz / Georg Schöllgen / Michael Schulz / Rudolf Stichweh / Dieter Sturma / Bernd Weber
Zentrale Wissenschaftliche Einrichtungen 629

Abkürzungsverzeichnis 661

Verzeichnis der Dekane 663

Abbildungsnachweis 673

Personenregister 675

Autorenverzeichnis 695

Vorbemerkung:
Die Bände drei und vier dieser Festschrift umfassen die Geschichte der einzelnen Fakultäten und der Zentralen Wissenschaftlichen Einrichtungen. Zur Struktur der Bände und zu den Titeln siehe die Einleitung in Band 3.

Walter Bruchhausen / Hans-Georg Hofer / Wolfgang Holzgreve / Heinz Schott

Die Medizinische Fakultät

Die Medizinische Fakultät der Universität Bonn 1818–1870 (Heinz Schott) 9
Naturforschung und Naturphilosophie: Medizin an der neugegründeten Universität 9
Universitätskliniken und Krankenversorgung: Zur medizinischen Praxis 20
Naturwissenschaftlicher Umbruch und Ausdifferenzierung der Disziplinen 32

Wissenschaftlich-technischer Fortschritt und Untergangsängste: Medizinische Fakultät und Universitätskliniken 1870–1933 (Walter Bruchhausen) 40
Medizinstudium 41
Vorklinische Institute 41
Akademisierung und Technisierung operativer Fächer: Chirurgie, Frauen-, Augen- und Zahnheilkunde 43
Inter- und multidisziplinäre Themenbereiche in der Medizinischen Fakultät 48
Wissenschaftstheorie zu Welterklärung und Krankheit 49
Degenerationsängste: Fortpflanzung, Vererbung und Rassenhygiene 52
Sozialhygiene, Demographie, Säuglings- und Kindergesundheit 59
Bakteriologie und Infektionskrankheiten 63
Altern als individuelle Degeneration: »Der natürliche Tod ist ein Gehirntod« 70
Krieg 71
Die psychische Dimension der Medizin: Neurasthenie, »Krise der Medizin«, Psychosomatik und Psychotherapie 76
Zusammenfassung 78

Gleichschaltung und Verlust, Erneuerung und Expansion: Die Medizinische Fakultät der Universität Bonn 1933–1973 (Hans-Georg Hofer) 79
Die Fakultät im Nationalsozialismus 79
Belastung, Schuld, Distanz: Beispiele 82
Harald Siebke und die Gynäkologie 87
Anatomie 89
Pharmakologie 91
Psychiatrie: Pohlisch und Panse 92
Der Neuanfang der Psychiatrie unter Weitbrecht 95
Erich von Redwitz und die Chirurgie 97
Paul Martini und die Innere Medizin 100
Neuanfang auf dem Venusberg 104
Generationenumbruch 108
Ausdifferenzierung und Expansion 109

Expansion und Ausbau 112
Internationalisierung 114
Rückkehr der Vergangenheit: Der Fall Ruff 116
Kritisches Bewusstsein 119
Zusammenfassung 121

Studienreformen, Fächervermehrung und Schwerpunktbildung: Die Medizinische Fakultät Bonn seit 1970 (Walter Bruchhausen) 122
Studium 123
Lehrkörper 131
Forschungsförderung und Schwerpunktbildung 137
Die Revolution biomedizinischer Forschung: Molekularisierung der Medizin 143
Zellbiologie 145
Bildgebung 145
Schwerpunkt Genetik 147
Schwerpunkt Neurowissenschaften 148
Schwerpunkt Immunologie und Infektiologie 151
Schwerpunkt Erkrankungen des Herz-Kreislauf-Systems 154
Schwerpunkt Hepatogastroenterologie 155
Qualitätssicherung der Forschung 156
Medizin am Lebensanfang: Die Zentren für Geburtshilfe und Frauenheilkunde und für Kinderheilkunde 158
Medizin an den Grenzen des Lebens: Zwischen Intensiv- und Palliativmedizin 160
Onkologie als Querschnittsaufgabe 161
Operative Medizin 162
Zahnmedizin 166
Institute außerhalb von Zentren und Schwerpunkten 167
Medizin der »Hauptstadt-Universität«: Kontakte zu Bundeseinrichtungen 168

Aktuelle Herausforderungen des Universitätsklinikums Bonn – Das UKB in der Balance zwischen Exzellenz und Ökonomie (Wolfgang Holzgreve/Walter Bruchhausen) 170
Organisation und Finanzierung der Hochschulmedizin in Deutschland und am UKB 172
Charakteristika des UKB 174
Seltene Erkrankungen 176
Die neuen Zentren: Eltern-Kind-Zentrum (ELKI), Zentrum für Neurologie, Psychiatrie, Psychosomatik (NPP) und Herzzentrum 177
Nicht-medizinische Infrastruktur: Verkehr, Versorgung, Kinderbetreuung 180
Nicht-ärztliche Gesundheitsberufe: Akademisierung der Pflege, OP-Assistenten, Hebammenschule, Bildungszentrum 182
Kooperation mit anderen Krankenhäusern der Stadt und Region 184
Zusammenfassung 186

Die Medizinische Fakultät der Universität Bonn 1818–1870

Heinz Schott

Naturforschung und Naturphilosophie: Medizin an der neugegründeten Universität

Die Gründung der Universität Bonn am 18. Oktober 1818 und mit ihr die der Medizinischen Fakultät fiel in eine bewegte Zeit. Französische Revolution, Napoleonische Kriege und die Neuordnung Europas durch den Wiener Kongress hatten tiefgreifende politische und kulturelle Umwälzungen zur Folge, die sich auch auf die Medizin auswirkten. Damals war die Universitätsmedizin wie andere Bereiche der universitären Disziplinen von den Ideen der Aufklärung und der Romantik zugleich geprägt. Verschiedene, zum Teil recht heterogene Heilsysteme konkurrierten miteinander. So unterschiedlich ihre theoretische Begründung jeweils sein mochte: Sie beriefen sich alle auf die Empirie und erhoben einen wissenschaftlichen Anspruch. Infolgedessen kam es zu einer produktiven Wechselwirkung zwischen klinischer Medizin, romantischer Naturphilosophie und empirischer Naturforschung. Dies lässt sich gerade für die Anfangszeit der Bonner Medizinischen Fakultät feststellen, zu deren Geschichte eine Bibliographie der am Medizinhistorischen Institut vorhandenen Schriften vorliegt.[1] Dabei ist die Bonner Situation vor dem Hintergrund der vielfältigen Konzepte der Medizin um 1800 zu sehen, von denen die wichtigsten genannt werden sollen: »Elektrische Medizin« und Galvanismus, »animalischer Magnetismus«, auch als Mesmerismus bezeichnet; davon ausgehend eine Art romantische Tiefenpsychologie und Psychotherapie, Brownianismus als Gegenreizmethode, Gall'sche Schädellehre, später auch als Phrenologie bezeichnet; darüber hinaus Diätetik als Lehre von der gesunden Lebensführung, und schließlich auch die Humoralpathologie, die trotz neuer anatomischer und physiologischer Erkenntnisse in Theorie und Praxis der Medizin eine erhebliche Rolle spielte. Die von Samuel Hahnemann Anfang des 19. Jahrhunderts inaugurierte Homöopathie fand, wie auch an den anderen Medizinischen Fakultäten, in Bonn keine Beachtung – ganz im Gegensatz etwa zum animalischen Magnetismus, worauf im Einzelnen noch einzugehen sein wird. Allgemein ist festzustellen, dass es im frühen 19. Jahrhundert im Unterschied zum späten kein vorherrschendes Paradigma in der wissenschaftlichen Medizin gab. Dies bedeutete eine Vielfalt von zum Teil heterogenen Ansätzen, die sich gegenseitig oft heftig kritisierten, von denen aber keine vorherrschte und die Konkurrenten vom wissenschaftlichen

1 Nettekoven, Bibliographie.

Diskurs ausschließen konnte. Das änderte sich grundsätzlich ab der Mitte des 19. Jahrhunderts, als die naturwissenschaftliche Medizin die Deutungshoheit erlangte. Dieser Umbruch lässt sich gerade in Bonn eindrücklich verfolgen.

Drei Personen gründeten zum Wintersemester 1818/19 die Medizinische Fakultät: Johann Friedrich Harless (1773–1853) vertrat als Ordinarius die klinische Medizin, Karl Joseph Hieronymus Windischmann (1775–1839) hielt als ordentlicher Professor sowohl an der Philosophischen als auch an der Medizinischen Fakultät Vorlesungen ab, darunter auch über »allgemeine Pathologie«, und Ernst Bischoff (1781–1861) las als Extraordinarius die Pharmakologie.[2] Alle drei waren entsprechend der Berliner Berufungsstrategie stark von der romantischen Naturphilosophie geprägt. Hierbei hatte der preußische Kultusminister Altenstein (Karl Freiherr vom Stein zum Altenstein, 1770–1840) die Schlüsselrolle inne, was umfassend für den Aufbau der Bonner Universität erforscht worden ist.[3] Harless zog sich schon bald von der Klinik zurück und überließ Nasse (siehe unten) das Feld. Windischmann war primär an der Naturphilosophie (katholischer Prägung) interessiert und hielt an der Medizinischen Fakultät nur noch rein theoretische Vorlesungen, etwa über »Magnetische Heilkunde« oder die von ihm verfochtene »christliche Heilkunde«.[4] Im zweiten Semester wurden noch drei weitere Professoren berufen: Der Anatom August Franz Joseph Carl Mayer (1787–1865), der Geburtshelfer Georg Wilhelm Stein d. J. (1773–1870) und der Chirurg Philipp Franz von Walther (1782–1849). Im darauffolgenden Semester kamen zwei weitere Professoren hinzu: Der renommierte Internist und Reil-Schüler Christian Friedrich Nasse (1778–1851) aus Halle und der Anthropologe und Spezialist für »thierischen Magnetismus« Joseph Ennemoser (1787–1854). Die Struktur der Medizinischen Fakultät beruhte im Jahre 1819 zunächst auf drei Universitätskliniken sowie dem Anatomischen Institut. Nasse leitete die Medizinische, von Walther die Chirurgische und Stein die »Geburtshülfliche Klinik«. Neben den Klinikern fungierte Mayer als Direktor des Anatomischen Instituts. Der Lehrkörper war also überschaubar. Wir wollen nun nicht alle Personen, die dann in der Folgezeit dazu stießen, im Einzelnen betrachten. Vielmehr sollen nur einige Professoren mit ihrem unterschiedlichen wissenschaftlichen Profil beispielhaft vorgestellt werden.

August Franz Joseph Carl Mayer (1787–1865): Anatom und Physiologe

Die Bonner Anatomie verdankt Mayer den Grundstock ihrer Sammlung, die auch heute noch (in Teilen) erhalten und zu besichtigen ist. Der von ihm 1835

2 Vgl. Schmiz, Medizin, S. 1.
3 Renger, Gründung.
4 Titius, Medizinische Sektion, S. 493; vgl. Windischmann, Heilkunst.

herausgegebene Katalog verzeichnete rund 4.000 Präparate. Wie alle Bonner Professoren der ersten Stunde war Mayer stark vom naturphilosophischen Denken beeinflusst. Zugleich aber widmete er sich der empirischen und experimentellen Forschung, sodass seine Studien »auf zwei Pfeilern« fußten.[5] Sie befassten sich mit unterschiedlichen Gebieten wie pathologischer Anatomie, physiologischer Chemie und »Histologie«, einem Terminus, den er prägte. Bereits 1819 veröffentlichte er eine Schrift über eine »neue Eintheilung der Gewebe des menschlichen Körpers«.[6] Ausgehend von dem franzosischen Anatomen Marie François Xavier Bichat (1771–1802), dem Begründer der Gewebelehre, unterschied er »zwei Zweige der gesammten Anatomie«: (a) den inneren Bau der Organe (Gewebe, Textur, textura, histos), »welche der Verfasser Gewebelehre, Histologie nennen will«, und (b) den äußeren Bau der Organe (Form, Lage, forma, morphe). Mayer war seinerzeit durchaus auf aktuellem Wissensstand, wenn er sich auf Gall und Bichat berief.

Mayer unternahm beachtliche physiologische Experimente in Anlehnung an die französische Schule von François Magendie. So führte er die Trennung des *Nervus vagus* im Tierexperiment durch und stellte fest, dass nach der Vagotomie das Herz der Versuchstiere (Kaninchen, Katzen, Hunde) schneller schlug. Er analysierte auch Körperflüssigkeiten wie frischen Bauchspeichel und Harn von Diabetikern. Seine Forschungen betrafen auch die Mikrobiologie: Er entdeckte – einige Jahre vor seinem Wechsel nach Bonn – einen Pilz auf dem nekrotisierten Lungengewebe eines Vogels und konnte somit zeigen, dass Pilze pathogen wirken können.

Mayers naturphilosophische Anschauung schlug sich deutlich in seinen Schriften nieder, etwa wenn er über das Blut als tierischen Saft spekulierte. Für ihn war es keine leblose Flüssigkeit, »die nur durch die Zentralmaschine des Zirkulationssystems angetrieben wird, sondern ein sich selbst-fortbewegendes Fluidum, dessen Elementen das Gesetz des Kreislaufs eingepflanzt ist, das mit sinnigen Biosphären angeschwängert, welche ihre Bahn selbst suchen, sich graben und gleichsam öffnen, wie die Biosphären der Anthere [Staubbeutel] die verschlossenen Gänge der Pistille [Stempel] öffnen und erweitern.«[7] Diese Nähe zur Naturphilosophie ließ Mayer in späteren Zeiten eher als einen unproduktiven Wissenschaftler erscheinen, was seiner Leistung nicht gerecht wird. Typisch ist die Einschätzung im »Biographischen Lexikon« in der Ausgabe von 1932, wo es heißt: »die Zahl seiner Arbeiten beträgt ca. 145; doch verdienen die meisten von ihnen kaum Erwähnung, weil sie durchweg im naturphilosophischen Sinne

5 Mani, Medizin, S. 111.
6 Mayer, Histologie.
7 Zit. nach Mani, Medizin, S. 111.

gehalten sind.«[8] Mayer blieb bis 1856 im Amt. Als er abtrat, war eine neue Zeit angebrochen. Seine Nachfolger Hermann von Helmholtz und Max Schultze repräsentierten – dann auf getrennten Lehrstühlen – die aufstrebende naturwissenschaftliche Medizin.[9]

Johannes Müller (1801–1858): Anatom, Physiologe und Biologe

Müller gilt bis heute als einer der großen Pioniere der Biologie und Medizin des 19. Jahrhunderts. Seine Arbeiten waren für die vergleichende Anatomie, Embryologie, allgemeine und experimentelle Physiologie gleichermaßen bahnbrechend. Müller legte den Grundstein für die moderne Physiologie und Biologie, seine Schüler – darunter Rudolf Virchow, Emil Du Bois-Reymond, Hermann von Helmholtz und Theodor Schwann – wurden zu Leitfiguren der naturwissenschaftlichen Ära der Medizin. Müller gelang es, das Erbe der romantischen Naturphilosophie mit der neuen naturwissenschaftlichen Sicht schöpferisch zu verbinden. Am 14. Juli 1801 in Koblenz geboren, studierte er Medizin in Bonn und Berlin. Mit 23 Jahren habilitierte er sich an der Bonner Universität, wurde 1827 Extraordinarius und 1830 Ordinarius für Anatomie und Physiologie. 1833 folgte er einem Ruf auf den Lehrstuhl in Berlin, den er bis zu seinem Tod am 28. April 1858 innehatte. Er war, obwohl er nur wenige Jahre der Bonner Medizinischen Fakultät angehörte, eine ihrer bedeutendsten Persönlichkeiten.

Mit Johannes Müller verabschiedete sich sozusagen die Medizin der Goethezeit und mutierte endgültig zur Naturwissenschaft. Gerade seine Bonner Arbeiten spiegeln noch die naturphilosophische (romantische) Herkunft wider. Ich möchte hier nur auf seine Schrift »Über die phantastischen Gesichtserscheinungen« (1826) eingehen. In seinem Handexemplar[10] findet sich auf Seite 27 aus seiner Feder ein Auszug der Vorrede zu Goethes Farbenlehre: »Jene unmittelbare Verwandtschaft des Lichts und des Auges wird niemand leugnen; aber sich beide als eins und dasselbe zu denken, hat mehr Schwierigkeit. Indessen wird es fasslicher, wenn man behauptet, im Auge wohne ein ruhendes Licht, das bei der mindesten Veranlassung von innen oder von außen erregt werde.« Müller stellte in diesem Kontext das Gesetz von der spezifischen Energie der Sinnessubstanzen auf: »Es ist gleichviel, wodurch man das Auge reize, mag es gestoßen, gezerrt, gedrückt, galvanisirt werden, oder die ihm sympathisch mitgetheilten Reize aus andern Organen empfinden, auf alle diese verschiedenen Ursachen, als gegen

8 Biographisches Lexikon Bd. 4, S. 130.
9 Siehe unten.
10 Müller, Gesichtserscheinungen.

Abb. 1: Johannes Müller, Physiologe

gleichgültige und nur schlechthin reizende empfindet der Lichtnerve seine Affection als Lichtempfindung.«[11]

Müllers Lebenswerk sollte sich jedoch nicht auf die Sinnesphysiologie konzentrieren, sondern auf die vergleichende Anatomie. Dabei war die Vivisektion am Tier eine wichtige Forschungsmethode. Eine Episode aus seiner Bonner Studienzeit sei hier wiedergegeben: 1820 stellte die Medizinische Fakultät die Preisaufgabe, »daß durch Beobachtungen und Experimente bei lebenden Tieren festgestellt werden sollte, ob im Foetus, solange er im Uterus verweilt und von seinen Eihüllen umschlossen ist, eine Atmung stattfinde.«[12] Der 20jährige Student ging daran, diese Aufgabe zu lösen. 57 Vivisektionen führte er an Kanin-

11 Ebd., S. 5.
12 Zit. nach Haberling, Müller, S. 37.

chen, Katze und Schaf durch. »Um Material für seine Versuche zu bekommen, durchstreifte Müller mit seinen Genossen oft zu Pferde die ganze Umgebung von Bonn, sodaß man ihn auf den Bauernhöfen schon kannte. [...] So hatten die fröhlichen Burschen einst einen Ritt an die Ahr gemacht und, während sie in der schattigen Laube des Wirtshauses den rubinroten Ahrwein schlürften, fiel der Blick des jungen Forschers auf eine herumschleichende Katze, die ihre Mutterschaft nicht verleugnen konnte. Sofort rief er die Genossen zusammen, um Mittel und Wege zu finden, wie er sich in den Besitz dieses kostbaren Tieres setzen könne. Nach einer Verabredung wurde von den andern ein Streit inszeniert, durch den die Aufmerksamkeit des Wirtes abgelenkt wurde, währenddessen hatte Hannes der Große die Katze gepackt, sie in einen Sack gesteckt und wohlverschnürt hinten an seinen Sattel gebunden; so jagte er mit ihr davon nach Bonn.«[13]

Freilich legte Müller in seiner Antrittsvorlesung vom 19. Oktober 1824 »Von dem Bedürfnis der Physiologie nach einer philosophischen Naturbetrachtung« eine sehr behutsame Einstellung gegenüber dem Tierexperiment an den Tag.[14] Es gehe um die »innige Verbindung der Philosophie mit der Physiologie«, wie er eingangs bemerkte. Die »verständige Physiologie« gehe mit der der »lebenden Natur« anders um: nämlich

> »durch *Beobachtung* und *Versuch.* Die Beobachtung schlicht, unverdrossen, fleißig, aufrichtig, ohne vorgefaßte Meinung; – der Versuch künstlich, ungeduldig, emsig, abspringend, leidenschaftlich, unzuverlässig. [...] Man darf die Natur nur auf irgendeine Weise gewalttätig versuchen; sie wir immer in ihrer Not eine leidende Antwort geben.«[15]

Müller orientierte sich insbesondere an Goethes Morphologie und Metamorphosenlehre. Mit zwei Sätzen zog Müller schließlich sein Fazit: »Die Physiologie ist keine Wissenschaft, wenn nicht durch die innige Verbindung mit der Philosophie. Die Medizin ist keine Wissenschaft ohne den Anfang und das Ende der Physiologie.«[16] In der Tat: Müller war ein physiologisch-morphologischer Seher.

An dieser Stelle sei Müllers Beziehung zu dem Botaniker Christian Gottfried Nees von Esenbeck erwähnt.[17] Dieser wurde 1919 – damals bereits als Präsident der Deutschen Akademie der Naturforscher Leopoldina – an die Bonner Universität berufen und war – ähnlich wie Müller als vergleichender Anatom – von Goethes »Metamorphosen« begeistert. 1823, ein Jahr vor Müllers Antrittsvor-

13 Ebd.
14 Antrittsvorlesung, in: Meyer-Abich, Biologie, S. 252–281.
15 Ebd., S. 269f.
16 Ebd., S. 281.
17 Siehe dazu den Abschnitt »Biologie« im Kapitel über die Mathematisch-Naturwissenschaftliche Fakultät.

lesung, benannte er eine Pflanzengattung innerhalb der Malvengewächse nach dem großen Meister in Weimar, nämlich die *Goethea:* insbesondere die *Goethea cauliflora* und die *Goethea semperflorens.* Johannes Müllers Beziehung zu Nees war für Ersteren aus zwei Gründen von großer Bedeutung: Zum einen verkörperte Nees mit seiner Arbeit eine produktive Verbindung von beschreibender Naturbeobachtung mit naturphilosophischer Intuition. Zum anderen war er als Präsident der Leopoldina Organisator eines umfassenden internationalen Netzwerkes von Naturforschern und Ärzten seiner Zeit. Auf beiden Ebenen wurde Johannes Müller von Nees beeinflusst. Müller wurde 1824 in die Leopoldina aufgenommen und sogleich zu ihrem Sekretär unter Nees von Esenbeck bestellt, was auf ein gutes persönliches Einvernehmen zwischen beiden schließen lässt. »Hierfür erhielt er [Müller] ein sehr willkommenes Entgelt von jährlich 200 Talern«.[18] Dieses nicht unwichtige Zubrot verlor Müller jedoch 1830, als Nees nach Breslau zwangsversetzt wurde und mit ihm der Sitz der Leopoldina umzog. In seinem Brief an den schwedischen Anatomen und Anthropologen Anders Retzius vom 25. Juni 1830 äußerte Müller jedoch kaum Bedauern über den Verlust dieses Amtes: »Nees von Esenbeck ist von hier nach Breslau versetzt [...], die Academie zieht mit ihrem Präsidenten, und ich bin von meiner bisherigen Stellung als Secretär der Acad. befreit.«[19]

Als Sekretär von Nees war Müller direkt am Aufbau des wissenschaftlichen Netzwerks der Akademie beteiligt. Wir können dies an einem prominenten Beispiel beobachten. Nachdem Müller 1826 Goethe in Weimar besucht hatte, trat er noch einmal 1829 als Sekretär der Akademie mit diesem in Kontakt. Die Leopoldina beabsichtigte, Goethes bereits 1874 erschienenen Artikel »Über den Zwischenkiefer des Menschen und der Thiere« wieder abzudrucken. Nees schrieb an Goethe. »Euer Excellenz werden durch H. Professor Müller, Sekretär der Akademie der Naturforscher, die ersten Probedrucke der von van de Velden in München gestochenen Tafeln zu Ihren Untersuchungen über den Zwischenknochen zur Beurtheilung erhalten [...].«[20] Müller schickte Goethe eine von der Akademie beschlossene Einleitung sowie die Kupferstiche zur Stellungnahme, wofür sich dieser bei ihm mit einem ausführlichen Brief vom 24. November 1829 bedankte.

Joseph Ennemoser (1787–1854): Mesmerist und Psychologe

Ennemoser repräsentiert die Tradition des Mesmerismus und vor allem dessen psychologische und anthropologische Konsequenzen. 1787 auf einem Bauernhof

18 Haberling, Müller, S. 59.
19 Retzius, Briefe, S. 3.
20 Haberling, Müller, S. 464.

in Tirol geboren, studierte er unter anderem in Berlin Medizin. Hier wurde er von dem namhaften Berliner Arzt Karl Christian Wolfart – ab 1817 Ordinarius an der Berliner Universität – beeinflusst, der als überzeugter Anhänger des Mesmerismus 1816/17 eine magnetische Heilanstalt an der Charité einrichtete. Mit Unterstützung des kulturpolitisch einflussreichen Medizinprofessors Johannes Ferdinand Koreff wurde Ennemoser 1819 von der preußischen Regierung zum außerordentlichen Professor an die Bonner Universität berufen, um »die heilige Sache des Magnetismus« (Koreff)[21] im Rheinland zu vertreten. 1827 wurde er zum ordentlichen Professor ernannt. Neben Berlin wurde nun Bonn eine Hochburg der akademischen Auseinandersetzung mit dem Mesmerismus: Fast alle Medizin-Professoren der jungen Bonner Universität kamen mit ihm irgendwie in Berührung. An dieser Stelle sei das bereits eingangs erwähnte Heilkonzept Mesmers noch einmal kurz skizziert. Es basierte auf der Annahme, dass ein kosmisches Fluidum in der sogenannten magnetischen Kur durch den Arzt (Magnetiseur) auf den Kranken übertragen werden könne: Durch Handauflegen, magnetische Striche oder durch Einsatz eines magnetischen Kübels (französisch *baquet*) für die Behandlung in der Gruppe. Durch einen *baquet*, der auch als »Gesundheitszuber« oder »magnetischer Kübel« bezeichnet wurde, sollte nach Mesmers Theorie ein »Fluidum« als Heilkraft konzentriert und durch Eisenleitern und Seile den kranken Körperorganen zugeführt werden.

Die Baquetszenen wurden zum Schlüsselerlebnis für die romantische Sehnsucht nach der »Nachtseite« der Natur. Noch 1852 unterstrich Ennemoser, lange nach seinem Weggang aus Bonn, nachdrücklich die Heilwirkung der »Baquete«, als diese schon weithin als obsoletes Gerümpel beseitigt worden waren. Besonders die (weiblichen) Somnambulen imaginierten in der Biedermeierzeit solche Gesundheitszuber zur Krankenbehandlung. Der berühmteste Fall war Justinus Kerners »Seherin von Prevorst«, aber auch Ennemoser, der mit dem schwäbischen Oberamtsarzt aus Weinsberg in freundschaftlichem Kontakt[22] stand, konnte berichten: »Ein Baquet für Lähmung mit Schwäche des Kopfes hat mir die hellsehende Gräfin M. angegeben. Man füllt einen Eimer Dreiviertel mit Eisen, Erde und Glas, und stellt ihn auf eine Zinkplatte, worauf die Kranke die Füße stellt.«[23] Zur entsprechenden Therapie schreibt Ennemoser allgemein: »In der Regel soll die Baquetbehandlung eine halbe oder ganze Stunde, auch noch länger dauern, und wo es thunlich ist, wie wenn z. B. der Patient selbst ein Baquet im Hause hat, kann es täglich wiederholt und öfter gebraucht werden.«[24]

Ennemoser war ein herausragender Vertreter des »thierischen Magnetismus«,

21 Zit. nach Bremm, Ennemoser, S. 46; vgl. Schmitz, Magnetismus.

22 Vgl. Bremm, Ennemoser, Tafel V: Zeichnung von Kerners Enkelin mit einem Gedicht von Kerner: »Meinem Ennemoser« vom 04. 08. 1849.

23 Ennemoser, Anleitung, S. 357.

24 Ebd., S. 221.

mit dessen historischen, psychologischen und therapeutischen Aspekten er sich eingehend befasste. Er hatte weder eine Klinik noch ein Forschungslabor zur Verfügung, als Dozent konnte er (angeblich) nur wenige Hörer anlocken. Dennoch war sein Ansatz bedeutend: Gehörte er doch zu den wichtigen Protagonisten der psychologischen Medizin in der ersten Hälfte des 19. Jahrhunderts. Wie der schwäbische Arzt-Dichter Justinus Kerner gilt Ennemoser heute als romantischer Vorläufer der medizinischen Psychologie und Psychotherapie sowie der parapsychologischen Forschung. Seine Beiträge zu Psychologie und Anthropologie zeigen ihn als selbständigen Denker. Die Psychologie sei »für alles allgemein Menschliche die Grundwissenschaft, sie wird daher in alle Zweige des Wissens und Könnens tiefgreifende Disciplin.« Ennemoser kritisierte in seinem Spätwerk »Der Geist des Menschen in der Natur« die Phrenologie: »[...] ein großer Schädel hat nicht nothwendig große Anlagen oder einen großen Verstand im Gefolge, ein Dummkopf hat gewiß eben so oft einen großen Schädel, als ein großes Buch oft eine sehr kleine Gelehrsamkeit enthält.«[25] Diese skeptische Haltung gegenüber der so genannten Phrenologie zeigte Ennemoser bereits in den Anfangsjahren seiner Bonner Zeit. In seiner großen anthropologische Pathographie des Mörders Adolph Moll aus Beuel führte er die Psychologie gegen die Gall'sche Schädellehre ins Feld, um das Verbrechen wissenschaftlich zu erklären.[26] Gleichwohl wurde der Schädel des 1824 hingerichteten dreifachen Mörders von dem Anatomen August Franz Joseph Carl Mayer in die Anatomische Sammlung, die auch nach Galls Lehre markierte Schädel enthielt, aufgenommen und erhielt unter etwa 4.000 registrierten Präparaten die Katalognummer 4.[27] Die betreffende Schädelkalotte ist noch erhalten.[28]

Der erklärte Mesmerist Ennemoser fand weder als Dozent noch als Therapeut nennenswerten Anklang in Bonn. Dies lag nicht an seiner formalen Position, er wurde ja schließlich zum Ordinarius ernannt und war 1835/36 sogar Dekan der Medizinischen Fakultät. Es lag sicher auch nicht daran, dass in Bonn der Mesmerismus in akademischen Kreisen verpönt gewesen wäre. Ganz im Gegenteil: Er war in den Gründungsjahren der Bonner Fakultät als Gegenstand des wissenschaftlichen Diskurses überaus beachtet, wie wir bereits bei Nees von Esenbeck gesehen haben. Dieser löste den Internisten Christian Friedrich Nasse als Mitherausgeber des »Archivs für den thierischen Magnetismus« ab. Ein weiterer Mitherausgeber, der Jenaer Medizinprofessor Kieser, war übrigens einer der bedeutendsten Forscher und Schriftsteller auf dem Gebiet des Mesmerismus. Man könnte darüber spekulieren, ob die Person Ennemosers und der vielen als

25 Ders., Psychologie, S. 764.
26 Ders., Wechselwirkung.
27 Mayer, Catalog, S. 3.
28 Schott, Pionierzeit, S. 23.

Okkultismus erscheinende Mesmerismus nicht zur rheinischen Lebensart passten. Es ist anzunehmen, dass er als Magnetiseur auch *Baquet*-Behandlungen in Bonn durchführte, was jedoch bislang nicht nachgewiesen werden konnte. Nach seinem Weggang aus Bonn im Jahre 1837 ließ er sich schließlich in München nieder und betrieb dort eine florierende Praxis für »Magnetische Heilkunde«.

Niederrheinische Gesellschaft für Natur- und Heilkunde zu Bonn

Diese Gesellschaft, die nichts mit »Naturheilkunde« im landläufigen Sinn zu tun hatte, stellte eine Besonderheit dar. Sie wurde bereits am 20. Oktober 1818 als eine interdisziplinäre Gelehrtensozietät gegründet und zeigt eine intensive Kooperation von Medizin und Naturwissenschaft. Ihr Zweck war, wie in §1 der Satzung festgelegt,

> »durch Vereinigung von Kräften und Mitteln, so wie durch gegenseitiges Anregen und Mittheilen, die Erweiterung der Natur- und Heilkunde überhaupt zu fördern; insbesondere aber die bemerkenswerthen Gegenstände, Wahrnehmungen, und Entdeckungen in dem reichen Gebiete der Natur in den Rheinlanden und deren wissenschaftliche und technische Beziehung auf die Heilkunst durch ernsthafteres und vielseitigeres Forschen zur [...] Anwendung zu bringen [...].«[29]

Die Gesellschaft war in zwei »Sectionen« aufgeteilt: Eine »Section für die Naturwissenschaft« und eine »Section für die Medicin in ihrem ganzen Umfange«. Wir haben hier die interessante Konstruktion einer wissenschaftlichen Akademie *innerhalb* der Universität. Lange bevor die Mathematisch-Naturwissenschaftliche Fakultät aus der Philosophischen Fakultät herausgelöst wurde, hatten sich die naturwissenschaftlichen Kernfächer bereits von Anfang an (1818) als Section der Niederrheinischen Gesellschaft zusammengeschlossen und den wissenschaftlichen Schulterschluss mit der von Anfang an existierenden Medizinischen Fakultät gesucht. Dies ist auch deshalb bemerkenswert, da somit schon lange vor dem Siegeszug der so genannten naturwissenschaftlichen Medizin in der zweiten Hälfte des 19. Jahrhunderts die Hinwendung der Medizin zu den naturwissenschaftlichen Disziplinen offenkundig war, wenn auch zunächst unter dem Vorzeichen der romantischen Naturphilosophie.

»Medizinische Topographie« und Abwehr der Cholera

In welchem medizinisch relevanten Umfeld entwickelte sich die junge Bonner Fakultät? Wie sahen die Lebensverhältnisse und der Gesundheitszustand der Bonner Bevölkerung aus, wie das Medizinalwesen, wie die Krankenversorgung

29 Titius, Medizinische Sektion, S. 58.

der Armen? An dieser Stelle sei auf die »Medizinische Topographie des Kreises Bonn« hingewiesen, die der »Kreisphysikus« (Amtsarzt) Anton Velten wohl 1825/26 niedergeschrieben hat und die 1988 ediert wurde.[30] Diese umfassende Darstellung aller sozialmedizinisch und gesundheitspolitisch relevanten Daten gibt einen einzigartigen Einblick in die damaligen Lebensverhältnisse der Bevölkerung der Bonner Region aus ärztlichem Blickwinkel. Im Einzelnen werden abgehandelt: Klima und Boden, die Wohn- und Lebensverhältnisse, Hygiene und Ernährung, Bildungseinrichtungen von den Schulen bis zur Universität, der Krankheitszustand der Einwohner insbesondere im Hinblick auf ansteckende Krankheiten, das Medizinalwesen und die damit befassten Personen sowie historische, naturkundliche und statistische Angaben. Velten entfaltete als Ethnograph ein buntes Bild des Alltagslebens. Vor allem wurden Gesundheitsgefahren und Methoden beschrieben, wie diese abgewehrt werden können. So prangerte er bereits damals den Missbrauch des Tabakrauchens an und unterstriech zugleich die Vorzüge des Schnupftabaks. Dieser sei

> »besonders für Ärzte, die sich in den Hütten der Armen herumtreiben und ekelhaften Gerüchen ausgesetzt sind, ein Mittel, diese unangenehmen Eindrücke erträglich zu machen. Auch hat der Schnupftabak den Nutzen, daß er bei Kopfarbeiten den Geist zu neuer Tätigkeit aufregt und nicht leicht schadet. Der hier gebräuchliche Schnupftabak kommt aus bekannten Landesfabriken«.[31]

Velten verfasste seinen Bericht wenige Jahre vor der großen Choleraepidemie von 1831, die auch für die Bonner Medizinische Fakultät eine Herausforderung darstellte. Die Cholera gehörte zu den am meisten gefürchteten Infektionskrankheiten des 19. Jahrhunderts. Ihre Hauptsymptome sind heftige wässrige Durchfälle und Erbrechen, die anfallartig auftreten und rasch zum Tode führen können. Studieren wir die Flut der damaligen Cholera-Schriften ab 1831, so erhalten wir einen hervorragenden Überblick über das breite Spektrum der gängigen Therapiemethoden: Von der moralischen Aufrüstung, über diätetische und hygienische Maßnahmen bis hin zu speziellen Methoden der Homöopathie, Metallotherapie, der ableitenden Maßnahmen wie beispielsweise Baunscheidtismus,[32] der Dampf- und Schwitzbäder und anderes mehr. In zahlreichen Aufklärungsschriften versuchten Behörden und Ärzte, die Bevölkerung zu hygienischen Vorbeugemaßnahmen zu bewegen. Der Bonner Stadtrat beschloss die Bildung einer Orts-Sanitätskommission und ließ eine »Cholerasteuer« erheben. Die betreffende, sorgfältig erstellte amtliche Registratur der Bevölkerung ist im Bonner Stadtarchiv einsehbar. Die »Freischule« (Armenschule) wurde zum »Cholera-Lazarett« bestimmt.

30 Velten, Topographie.
31 Ebd., S. 177.
32 Siehe unten.

Der Stadtarchivar Dieter Körschner hat diese Bonner Cholera-Episode eingehend untersucht.[33] Im Gegensatz zu anderen rheinischen Orten in den Regierungsbezirken Aachen und Düsseldorf scheint die Cholera einen Bogen um Bonn geschlagen zu haben und hier allenfalls vereinzelt aufgetreten zu sein. Die Medizinprofessoren meldeten sich im »Bonner Wochenblatt« zu Wort, darunter auch Joseph Ennemoser. In einer programmatischen Broschüre rief er die Bevölkerung zu diätetischen Abwehrmaßnahmen auf, wobei der psychische Widerstand gegen die Seuche eine entscheidende Rolle spiele: »Der Mensch muss sich sammeln, und in ganzer Selbständigkeit gefasst dastehen, dem begegnenden Feinde kühn ins Auge zu sehen.« Es gelte, »,mit rüstiger Selbstkraft des Geistes dem heranschleichenden Uebel den ersten Zugang zu versperren.«[34] Es ist auffallend, wie stark die Ärzte vor allem die psychischen Abwehrkräfte in der Bevölkerung mobilisieren wollten. Die Krankheit erschien ihnen als ein heimtückischer Feind und Dämon, dem mit Glaubensstärke entgegengetreten werden müsse. So ist etwa bei Justinus Kerner die Rede vom »giftigen Buben« und »asiatischen Würger«.[35]

Aus den Fakultätsakten, die im Bonner Universitätsarchiv lagern, geht hervor, dass Professor Harless an vier Wochentagen Cholera-Vorlesungen abhielt und am Ende seinen »Herren Zuhörern« ein Examen abnahm.[36] Im Hinblick auf den möglichen Ausbruch einer weiteren Cholera-Epidemie empfahl er zur Abwehr der Seuche eine Reihe von diätetischen Maßnahmen, in erster Linie ähnlich wie Ennemoser und Kerner ein gesundes Affektleben: »Furchtlosigkeit und immer frischer Muth ist, wie überall im Leben, ein tüchtiger Helfer, so auch unbestreitbar eines der ersten und kräftigsten Schutzmittel gegen die Cholera.«[37]

Universitätskliniken und Krankenversorgung: Zur medizinischen Praxis

Zunächst sei in Anlehnung an die einschlägigen Publikationen von Hans-Paul Höpfner die bauliche Situation kurz skizziert.[38] Das Residenzschloss wurde zum ersten Domizil der medizinischen Anstalten. Hier waren zunächst das »anatomische Theater« und das »medicinische Klinikum« untergebracht. Im Südwestflügel mit seinen zwei Stockwerken fanden die medizinische Klinik unter Leitung von Christian Friedrich Nasse und die chirurgische Klinik unter Leitung von Philipp Franz von Walther Platz. Sie verfügten über jeweils 30 Betten. Die

33 Körschner, Cholerahospital.
34 Ennemoser, Cholera.
35 Kerner, Sendschreiben; vgl. Schott, Perspektiven, S. 672.
36 Universitätsarchiv Bonn (UAB), Akten der Medizinischen Fakultät; 7001.
37 Harless, Cholera, S. 9.
38 Höpfner, Krankenhausgeschichte; ders., Universitätskliniken.

»Geburtshülfliche Anstalt« wurde mit 28 Betten im zweiten Obergeschoß unter Leitung von Georg Wilhelm Stein d. J. untergebracht. Die Kliniken blieben ein halbes Jahrhundert lang im Schloss. Die räumliche Situation war dürftig: Zwei große Krankensäle und einige Einzelzimmer mit schlechten Licht- und Luftverhältnissen, nur zwei Räume für die Poliklinik, kaum Raum für Labor und wissenschaftliches Forschen. 1832 gab der Bonner Kunsthistoriker und Architekt Bernhard Hundeshagen (1784–1858) folgende Lagebeschreibung der Kliniken im Schloss:

> »Es ist hierzu ein besonderer Eingang, der den Norden an der vorgemeldeten Wohnung derselben und an dem Polyklinikum [!], worin die allenthalben herbeiströmenden Leidenden aus der geringeren Volksklasse vorerst wahrgenommen und zur Heilanstalt ausgesondert werden, vorüber gerade auf ein besonders großes Gebäude, das ehemalige Ballhaus, führt. In diesem Lokale finden unbemittelte mit merkwürdigen und lehrreichen Uebeln behaftete, insbesondere Augenkranke, umsonst Pflege und Heilung in den Kliniken, und bemittelte Leidende gegen Bezahlung eine passende Aufnahme in dem ebenfalls vorhandenen Hospitalklinikum.«[39]

Mit den Polikliniken und den angeschlossenen Kliniken standen also Einrichtungen für die ambulante und stationäre Versorgung zur Verfügung, die vor allem für die ärmere Bevölkerung gedacht war. Sie wurden 1818/19 aus Mitteln der Armenkasse der Stadt eingerichtet. Der Betrieb der Polikliniken war wegen des großen Krankheitsspektrums vor allem für den Studentenunterricht von Bedeutung, wie der 1864 nach Bonn berufene Internist Hugo Ernst Rühle (1824–1888) unterstrich: »Wenn der klinische Lehrer alle Fälle entbehren muß, die nicht bettlägerig sind, so muß das Material einförmig werden. [...] Die ambulatorische Klinik kann am besten die Vielfältigkeit der Krankheitserscheinungen zeigen.«[40] Es sei hier angemerkt, dass Bonn in der ersten Jahrhunderthälfte abgesehen von diesen Universitätskliniken nicht über ein allgemeines Krankenhaus verfügte und die besser gestellten Bürger sich vom Arzt zu Hause behandeln ließen.[41]

Die Anatomie einschließlich der Physiologie und pathologischen Anatomie befanden sich im Südostflügel des Schlosses. Bereits 1824 erhielt die Anatomie am anderen Ende des Hofgartens ein neues Gebäude, dessen klassizistischer Baustil von Karl Friedrich Schinkel beeinflusst wurde und das seit 1872 das Akademische Kunstmuseum der Universität beherbergt. Dieses »Anatomische Theater« am Hofgarten war das erste Gebäude, das die neu gegründete Universität zu eigenen Zwecken errichten ließ. Zunächst war nur der Rundbau (»Theater«) vorhanden, an den später Anbauten angefügt wurden.

39 Hundeshagen, Stadt, S. 118.
40 Zit. nach Bruchhausen, Krankheiten, S. 34.
41 Ebd., S. 61.

Christian Friedrich Nasse (1778–1851): Kliniker und »psychischer Arzt«

Nasse wurde am 18. April 1778 in Bielefeld geboren. Er studierte in Berlin und Halle Medizin, wo er insbesondere bei Johann Christian Reil (1759–1813), dem Leiter der Medizinischen Klinik, in die Schule ging. Nach dem frühen Tode seines Lehrers wurde er 1815 als dessen Nachfolger berufen. 1819 folgte er einem Ruf an die Bonner Universität und wurde Direktor der Medizinischen Klinik, die er in der Einheit von »Hospital«- und »Poliklinik« bis zu seinem Tode 1851 leitete. Er führte die seinerzeit modernste physikalische Diagnostik in die Krankenbehandlung und den klinischen Unterricht ein (unter anderem Stethoskop, Thermometer, Mikroskop). Zugleich beschäftigte er sich intensiv mit dem »thierischen Magnetismus« und der Psychiatrie.[42] In seiner Person vereinigte Nasse die wichtigsten Ansätze der medizinischen Forschung und Lehre im frühen 19. Jahrhundert. Er gilt heute auch als Wegbereiter der modernen medizinischen Anthropologie und Psychosomatik.

Über die enge Verknüpfung von Krankenbehandlung und klinischem Unterricht gibt Nasses Rechenschaftsbericht von 1825 Auskunft. Er lehrte in einem sogenannten »vereinten medicinischen Hospital- und Policlinicum« im Südwestflügel des jetzigen Universitätshauptgebäudes:

> »Die Kranken kommen zu jeder Stunde die gewünschte Hülfe nachsuchen und empfangen. Sie werden nach der verschiedenen Natur ihres Uebels, sowohl im Poli- als im Hospital-Klinikum zu verschiedenen Zeiten des Tages, und wo es nöthig ist, auch des Nachts besucht. Die in der Stadt wohnenden [Kranken] werden, wenn sie an acuten Uebeln leiden, täglich zwei bis dreimal, und wenn es chronische leidende sind, wenigstens einen Tag um den andern von den Praktikanten oder den Assistenten, die wo es erforderlich ist, der Direktor begleitet, besucht.«[43]

In einer Tabelle hatte Nasse das riesige Spektrum der behandelten Krankheiten zusammengestellt. Stellvertretend seien hier nur einige Diagnosen genannt: Skorbut, Syphilis, Schwindsucht, Herzerweiterung, eingeklemmter brandiger Bruch, Cholera, Samenfluß mit Krätze, Typhus, Hirnentzündung, Bräunung der Mandeln, Leberentzündung mit Ausgang in Verhärtung, Congestionen nach dem Uterus, Kindbettfieber, schleichendes Nervenfieber, Blasenkrampf, Rheumatismus des Kopfes, Epilepsie, Veitstanz und Nymphomanie. Wir müssen uns jedoch davor hüten, die betreffenden Ausdrücke mit heutigen Diagnosen eindeutig identifizieren zu wollen.

Das von Nasse entwickelte »Kurrikulum«, insbesondere seine Einteilung in einen pathologischen und einen therapeutischen Kurs, sei hier besonders hervorgehoben. Die Kursgröße von 1824 betrug 24 (selbstverständlich männliche)

42 Vgl. Noorden, Nasse, S. 24.

43 Nasse, Klinikum, S. 6.

Studierende, der praktische Unterricht kam unserer heutigen Idealvorstellung vom *bedside teaching* ziemlich nahe. Aufgabe der sogenannten pathologischen Übungen war es, die Studierenden »nun am Krankenbette beobachten und untersuchen [zu lehren], sie[,] was dem Arzte so Noth thut, sehen zu lehren, Aeusseres und Inneres.« Anschließend erläuterte Nasse dann im einzelnen, was darunter zu verstehen war:

> »Anweisung und Uebung in den ärztlichen Untersuchungsmethoden der verschiedenen Körpertheile, und namentlich des Ohres, Auges, der Nase und Mundhöhle, des Kehlkopfs, der Brust durch Veränderungen des Athemholens, durch Percussion und Stethoskop, des Unterleibs und seiner Exkretionen, des Hautzustandes, des Pulses und der Geistesthätigkeit. Durch chemische Reagentien leicht anzustellende Untersuchungen der Aussonderungsflüssigkeiten gehören mit zu diesen Uebungen.«[44]

Nasse war damit einer der ersten – vielleicht sogar der erste –, der in Deutschland das Stethoskop in die ärztliche Ausbildung einbezog, nachdem der aus der Bretagne stammende französische Arzt Hyacinthe Laënnec dieses Instrument erst 1819 in die Diagnostik der Lungenkrankheiten eingeführt hatte.[45] Nasses wichtigster Beitrag zur Bonner Medizin bestand wohl in dieser intensiven Art der praktischen ärztlichen Ausbildung.

Zur »Irrenheilkunde« und ärztlichen Ausbildung

Die Psychiatrie lag zwar außerhalb der unmittelbaren Reichweite der Bonner Universitätskliniken, aber dank der Weitsichtigkeit von Friedrich Nasse keineswegs außerhalb von deren Horizont. Die erste rheinische »Irren-Heil- und Pflegeanstalt« wurde 1825 in Siegburg unter der Leitung von Maximilian Jacobi (1775–1858) eröffnet. Übrigens war Carl Maria Finkelnburg dort von 1857 bis 1861 als Irrenarzt tätig, der nach einigen Zwischenstationen ab 1872 in Bonn als außerordentlicher Professor die ersten Vorlesungen zur Hygiene halten sollte.[46] In Bonn setzte sich vor allem Nasse für die Psychiatrie ein und integrierte dieses Fach in Zusammenarbeit mit Jacobis Siegburger Anstalt in die praktische Ausbildung der Studenten (»Hauspraktikum«). Zusammen mit seinem Sohn Werner Nasse (1822–1889), dem späteren Direktor der Siegburger Anstalt und ab 1882 der Psychiatrischen Klinik in Bonn (heute LVR-Klinik), gründete er 1848 die Private Heilanstalt für Männliche Geisteskranke in Bonn, eine von insgesamt sechs psychiatrischen Privatanstalten, die zwischen den 1840er und 1860er Jahren in Bonn existierten.

Die Irrenbehandlung oder »psychische Kur« bestand aus einer Kombination

44 Ebd., S. 16.
45 Vgl. Laënnec, De l'auscultation mediate.
46 Kistemann, Hygiene-Institut, S. 171.

von zeitgenössischer medizinischer Therapie, pädagogischer Nacherziehung und brachialen Zwangsmaßnahmen, die heutige Betrachter an Folter erinnern. Die Fesselungsapparaturen (Zwangsstuhl, Zwangsjacke *et cetera*) wurden erst in der zweiten Hälfte des 19. Jahrhunderts nach und nach im Sinne der »freien Behandlung« (*Non-restraint-System*) abgeschafft. Doch in diesem Zusammenhang soll nur der Bezug zur Medizinischen Fakultät interessieren. Auf Initiative von Nasse, der eng mit Jacobi kooperierte, wurde das »Siegburger Hauspraktikum« den Bonner Medizinstudenten höherer Semester als ein vierwöchiger praktischer Kurs in der Heilanstalt Siegburg angeboten. Die Studenten mussten dafür eine theoretische Vorprüfung absolvieren. Für den Aufenthalt in Siegburg erhielten sie eine Unterstützung von 20 Talern aus dem Universitätsetat. Während des Kurses lernten sie die wichtigsten psychiatrischen Krankheitsbilder aus eigener Anschauung kennen. Das Hauspraktikum sollte eine längere Tradition begründen: Es wurde nach Gründung der Provinzial-Heil- und Pflege-Anstalt Bonn im Jahre 1882 (heute LVR-Klinik) dorthin verlagert und endete 1909 mit der Aufnahme der Lehrveranstaltungen an der neu errichteten Universitäts-Nervenklinik Bonn.

Als sich die Psychiatrie als medizinische Disziplin im frühen 19. Jahrhundert in Form der Anstaltspsychiatrie konstituierte, gab es zwei Hauptströmungen in der psychiatrischen Krankheitslehre. Während die »Psychiker« (zum Beispiel Christian Heinroth) die Geisteskrankheit letztlich als Folge der Sünde ansahen und von der seelischen Einstellung der Kranken ableiteten, fassten die »Somatiker« (beispielsweise Maximilian Jacobi, Christian Friedrich Nasse) die Geisteskrankheit als gestörte Tätigkeit des Gehirns und des Nervensystems auf und führten sie somit auf Körpervorgänge zurück. Diese in psychiatriehistorischen Abhandlungen immer wieder gemachte Gegenüberstellung ist jedoch in praktischer Hinsicht ziemlich belanglos. Denn im therapeutischen Umgang mit den »Irren« gab es zwischen beiden Richtungen kaum einen Unterschied. Sie folgten grob gesagt der Logik des Brownianismus und seiner Gegenreizmethode: »Aufregung« gegen Melancholie, »Beruhigung« gegen Tobsucht.[47]

Robert Schumann als psychiatrischer Patient

Die psychiatrische Krankenversorgung war jedoch keineswegs auf die Siegburger Anstalt beschränkt. So gab es um die Mitte des Jahrhunderts eine Reihe von Privatanstalten für das gesellschaftlich besser gestellte Klientel, die von Ärzten betrieben wurden, die in Siegburg ausgebildet worden waren.[48] Insbesondere

47 Vgl. Schott/Tölle, Psychiatrie, S. 53–56.

48 Vgl. Psychiatrie in Bonn im 19. Jahrhundert: Schematische Übersicht, ausgearbeitet von dem

wäre hier Werner Nasse, der Sohn Friedrich Nasses hervorzuheben, der von 1848 bis 1854 eine »Privatanstalt für Gemüthskranke« am Kessenicher Weg (heute Schumannstraße) führte, seit 1882 die Bonner Provinzial-Irrenanstalt in Bonn leitete und der Medizinischen Fakultät als Honorarprofessor angehörte.[49] Der berühmteste psychiatrische Patient in Bonn war Robert Schumann. Im Jahre 1854 brachte man Schumann nach schweren Verstimmungszuständen und einem Selbstmordversuch in die Privatanstalt des Psychiaters Dr. Franz Richarz (am Ort des heutigen Schumannhauses in Endenich), die dieser 1844 als »Anstalt für die Behandlung und Pflege von Gemütskranken und Irren« gegründet hatte. Am 29. Juli 1856 starb Schumann nach langer Nahrungsverweigerung. Schumanns Krankengeschichte wird immer noch kontrovers diskutiert, die betreffende Diagnose ist bis heute umstritten und reicht von »Melancholie mit Wahn« (Richarz) über »Psychoneurose« und »Schizophrenie« bis hin zur »luischen Paralyse«, also Syphilis.[50]

Im Hinblick auf die Medizinische Fakultät gibt es eine interessante Episode. Der Physiologe und Anthropologe Hermann Schaaffhausen,[51] ein bedeutendes Mitglied der Medizinischen Fakultät, bescheinigte nämlich Schumann ein gesundes »Schädelorgan«. Als Vorsitzender des Schumannvereins konnte er dieses ein Vierteljahrhundert nach Schumanns Tod in Augenschein nehmen:

> »Ich hatte Gelegenheit, beim Schumannfeste in Bonn [1880] den Schädel Schumanns dem Grabe zu entnehmen und bei mir einige Tage aufzubewahren. Es wurde in meinem Beisein [...] ein vortrefflicher Schädelabguß und ein Ausguss der Schädelhöhle gemacht [...]. Ich habe [...] auch die Gehörknöchelchen aus dem Schädel herausschütteln können. Das Schädelorgan zeigt eine besonders starke Entwicklung der Windungen, die man mit dem musikalischen Genie in Beziehung wird bringen dürfen.«

Auch die Gehörknöchelchen hätten, wie Schaaffhausen schrieb, »eine kräftigere Bildung« als diejenigen von »Reihengräberschädeln«, ein Beweis, dass sich wie das Gehirn auch die Sinnesorgane »durch die Kultur fortbilden« und die »Schallwirkungen« der Musik sich in der »Gestalt der Gehörknöchelchen ausprägen.«[52] In einer solchen Einschätzung mischten sich phrenologische und lamarckistische Vorstellungen, die in der wissenschaftlichen Medizin damals Anklang fanden.

Psychiatriehistorischen Arbeitskreis an der Rheinischen Landesklinik Bonn, in: Schott, Medizin, Abb. 43.

49 Biographisches Lexikon Bd. 4, S. 326.

50 Vgl. Jänisch/Nauhaus, Obduktionsbefund; vgl. Appel, Schumann; vgl. Peteres, Schumann.

51 Siehe unten.

52 Schaaffhausen, Reliquien.

Geburtshilfe und Hebammenschule

Die 1818/19 im Schloss eingerichtete »Geburtshülfliche« Klinik war die erste Einrichtung in Bonn, die zur stationären Entbindung bereitstand.[53] Die reguläre Hebammenausbildung war freilich nicht mehr in Bonn angesiedelt, sondern nach Koblenz und Köln verlagert worden. Die Geburtenzahl in der Klinik unter Leitung des ersten Ordinarius Georg Wilhelm Stein d. J. (1773–1870) blieb sehr niedrig. Dieser folgte der englischen Schule und setzte auf den natürlichen Verlauf der Geburt. Er war also mit operativen Eingriffen äußerst zurückhaltend und meinte noch 1823, dass der Kaiserschnitt grundsätzlich zum Tode führe.[54] Er schien nur dann angezeigt, wenn das Leben der Mutter nicht mehr zu retten war und das Kind eine Überlebenschance hatte. Diese Einstellung war angesichts der Zeitumstände verständlich. Weit mehr als die Hälfte der Mütter verstarben statistisch gesehen nach Kaiserschnitt, was angesichts der mangelhaften hygienischen Verhältnisse (keine Antisepsis oder Asepsis), dem Fehlen einer Narkose sowie unzureichender Operationstechniken (man vernähte die Muskeln der Gebärmutter nicht) kaum verwunderlich ist.

In seiner Bonner Antrittsvorlesung »Über den Unterschied von Mensch und Thier im Gebären« hatte Stein die »Hebammen und Geburtshelfer« heftig kritisiert, die »durch unzeitige, durch harte, durch verkehrte Theilnahme an der Geburt« schwere Schäden verursachen würden.[55] 1822 gab er ein Lehrbuch über die angeblich »niedere Geburtshilfe« heraus, eine »Lehre der Hebammenkunst«, die für Ärzte wie Nichtärzte gedacht war.[56] Er vertrat wohl eine mittlere Position zwischen den Autoren, die zu häufig einen Arzt bei der Geburt heranzogen, und denen, die den Hebammen freie Hand ließen.[57] Letztlich beanspruchte er aber gerade auch im Hinblick auf das preußische Medizinalwesen eine Führungsrolle des Arztes. Die Hebammen sollten sich an der später von ihm so genannten »höheren Geburtshilfe« orientieren und sich in den Dienst der ärztlichen Geburtshilfe stellen. Das Beachten der schwierigen und gefährlichen Fälle »und das bescheidene Ueberweisen derselben an den Arzt und Geburtshelfer« mache »den verdientlichsten Theil des Geschäfts und Amtes der Hebammen aus.«[58]

Nach Steins Vorstellungen sollten alle Mediziner eine geburtshilfliche Ausbildung erhalten, da »aus demselben Grunde, warum der Geburtshelfer nicht in allen Fällen sicherer Geburtshelfer seyn kann, wenn er nicht Arzt ist, kann auch der Arzt nicht immer sicherer Arzt seyn, wenn er nicht wenigstens theoretischer

53 Bruchhausen, Versorgung, S. 40.
54 Ebd.
55 Zit. nach Bruchhausen, Hebammenlehrer, S. 16.
56 Stein, Hebammenkunst.
57 Vgl. Makowski, Stein, S. 8.
58 Zit. nach Bruchhausen, Hebammenlehre, S. 17.

Geburtshelfer ist.«[59] Stein meinte, dass der Geburtshelfer besondere Eigenschaften aufweisen sollte, insbesondere ein sensibles Tastgefühl. Nach dem Vorlesungsverzeichnis wurden seit 1825/26 erstmals »Explorationsübungen« angeboten. Der Unterricht bestand aus Vorlesungen und praktischen Übungen am Krankenbett, wobei Letztere in sechs Wochenstunden durchgeführt wurden und damit dieselbe Länge aufwiesen wie das entsprechende Praktikum in der Chirurgie.[60] Nach vorliegenden Berichten gab es 1824 mehr Praktikanten als Gebärende in der Bonner Klinik, was den beengten Raumverhältnissen und wohl auch der damals geringen Einwohnerzahl Bonns geschuldet war. Stein beschwerte sich öffentlich über die unzureichenden Mittel, die seiner Klinik zugeteilt wurden. Ihr Etat war nur halb so groß wie der der Medizinischen und der Chirurgischen Klinik. Die städtische Unterstützung, die man deren Polikliniken zuteil werden ließ, enthielt man Steins »Stadtpraxis« vor.[61] Es kam zu Spannungen mit dem Kurator der Universität, Philipp Joseph Rehfues, die im Laufe der Jahre an Heftigkeit zunahmen. Steins Kampf mit dem Kuratorium drehte sich um wirtschaftliche Probleme, insbesondere die Verpflegung der Patientinnen. Als der Streit weiter eskalierte, wurde er nach einem Disziplinarverfahren schließlich 1826 vom Dienst suspendiert.

Nach interimistischen Leitungen der Klinik durch den Privatdozenten Albert Hayn und den Anatomen Mayer wurde schließlich Hermann Friedrich Kilian (1800–1863) 1828 zum außerordentlichen Professor ernannt und mit der Leitung der Klinik beauftragt. 1831 wurde er zum Ordinarius ernannt. Er machte sich sofort daran, die Klinik in der zweiten Etage des Westflügels des Schlosses räumlich zu vergrößern und zu renovieren sowie für gute hygienische Verhältnisse zu sorgen.[62] Unter Kilian stieg die Zahl der Geburten deutlich an, von etwa 40 pro Jahr bei Stein auf in manchen Jahren über 200 unter seiner Ägide.[63] Er bot als Dozent einen vielseitigen Unterricht und behandelte neben den Themen der Geburtshilfe auch solche des jüngeren Faches der Gynäkologie, die sich den so genannten »Weiberkrankheiten« widmete. So führte er gynäkologische Operationen durch und ging in der Lehre auf gynäkologische Fragen ein. Er soll eine ansehnliche Hörerzahl um sich versammelt haben. Sein Beitrag zur Etablierung des Fachgebiets war aufgrund seiner einschlägigen Schriften bedeutend. Er war gegenüber der naturwissenschaftlichen Wende offen und strebte die Errichtung einer neuen Frauenklinik an. Diese wurde kurz vor seinem Tod 1863 genehmigt,

59 Zit. nach Berend, Geburtshilfe, S. 43.
60 Vgl. ebd., S. 44.
61 Vgl. Makowski, Stein, S. 78.
62 Vgl. Lentz, Kilian, S. 282.
63 Vgl. ebd., S. 283.

aber erst unter seinem Nachfolger Gustav Veit, der noch im selben Jahr nach Bonn berufen wurde, 1872 realisiert.[64]

Chirurgie

Im Jahre 1819 wurde Philipp Franz von Walther (1782–1849) als Ordinarius nach Bonn berufen. Sein Werdegang spiegelt die politisch unruhige Zeit im Gefolge der Französischen Revolution und die geistig bewegende Epoche zwischen Aufklärung und Romantik wider. Als Sohn eines pfälzischen Justizamtmanns musste er 1792 zusammen mit seinen Eltern vor den Franzosen nach Speyer und ein Jahr später nach Heidelberg fliehen und verlor einen Teil seines Vermögens.[65] Als junger Student befreundete er sich 1797 in Heidelberg mit dem Naturphilosophen Friedrich Wilhelm Joseph Schelling und musste 1799 wiederum vor den Franzosen fliehen. In seiner Wiener Lehrzeit von 1800 bis 1803 traf er unter anderem auf Johann Peter Frank (1745–1821), den Pionier der Sozialmedizin, dessen mehrbändige »Medizinische Polizey« (erschienen 1779–1812) als Meilenstein der öffentlichen Gesundheit gilt. Nach verschiedenen Zwischenstationen in Bamberg, Paris und Landshut, wo er 1804 zum Ordinarius der Physiologie und Chirurgie ernannt worden war und eine Chirurgische Klinik gegründet hatte, folgte er 1816 einem Ruf nach Halle. Im Jahr darauf wurde er nach Heidelberg und 1819 schließlich nach Bonn berufen. Er war eine Persönlichkeit mit starker Ausstrahlung weit über die Medizinische Fakultät hinaus. Die von ihm geleitete Klinik erwarb hohes Ansehen.[66] Gleichwohl fühlte er sich in Bonn offenbar nie so recht heimisch und folgte 1830 einem Ruf nach München, angeblich auch deshalb, um wieder mit Schelling zusammenzutreffen.

Von Walther wollte die Chirurgie und gleichermaßen die Ophthalmologie, sein Lieblingsfach, wissenschaftlich weiterentwickeln. So setzte er sich mit recht unterschiedlichen Erkrankungen, Behandlungsformen und Operationsmethoden auseinander, etwa mit verschiedenen Techniken der Amputation, der Entstehung der Harnsteine oder die der harten und weichen Krebse.[67] Er empfahl zur Behandlung des Kropfes die Unterbindung der oberen Schilddrüsenarterie und gilt als »Vater der osteoplastischen Trepanatation«.[68] Seine diversen Schriften zur Augenheilkunde waren innovativ. Er war der erste Augenarzt, der auf das von ihm so genannte »Coloboma iridis«, den Irisspalt hinwies, eine angeborene Hemmungsmissbildung. 1820, also in seiner Bonner Zeit, gründete er zusammen mit Graefe das Journal für Chirurgie und Augenheilkunde, das für

64 Zu dessen Wirken siehe den nächsten Hauptabschnitt.
65 Vgl. Redwitz, von Walther, S. 36.
66 Vgl. ebd., S. 37.
67 Vgl. Redwitz, Chirurgie, S. 16.
68 Ebd., S. 17.

eine stärkere Beachtung der Physiologie eintrat und damit zur Verwissenschaftlichung der beiden Fächer beitragen wollte.[69] Der Bonner Chirurg Erich von Redwitz schilderte ihn als

> »imponierend an Körper und Geist, von wahrhaft vornehmer Gesinnung. Als begeisterter Naturphilosoph war er einst ausgezogen mit dem Vorsatz, die höchsten Probleme des Lebens spielend zu lösen; in der bescheidenen Beschreibung neuer Krankheitsbilder und Operationsmethoden fand er schließlich sein bleibendes Verdienst.«[70]

Von Walthers Nachfolge trat Carl Wilhelm Wutzer (1789–1863) an, der Direktor der Chirurgischen Klinik in Halle war und 1830 auf den Bonner Lehrstuhl für Chirurgie berufen wurde. Er hatte in Berlin eine militärärztliche Ausbildung durchlaufen und bei so namhaften Internisten wie Christoph Wilhelm Hufeland (1762–1836) und Ernst Horn (1774–1848) an der Charité studiert. Wutzer legte in seiner »strengen Schule«, aus der große Chirurgen hervorgingen, besonderen Wert auf die praktische Ausbildung.[71] Er war auch in seiner Eigenschaft als Musikliebhaber und praktizierender Musiker an der Universität hoch angesehen. Sein wissenschaftliches Spektrum war breit und reichte von der Neuroanatomie – hier wäre seine Studie »Ueber den Zusammenhang des sympathischen mit den Spinalnerven« zu nennen[72] – bis hin zu speziellen Operationstechniken, wie etwa die »radikale Heilung« von Leistenbrüchen.[73] Die meisten seiner Arbeiten veröffentlichte er in zwei Fachzeitschriften, dem »Organ für die gesammte Heilkunde«, die von der »Niederrheinischen Gesellschaft für Natur- und Heil-Kunde« herausgegeben und von ihm und zwei weiteren Ordinarien, dem Internisten Naumann und dem Geburtshelfer Kilian, redigiert wurde, sowie der »Rheinischen Monatsschrift für practische Aerzte«, deren Mitherausgeber er war.

Es ist interessant, wie der Chirurg Wutzer die in den 1840er Jahren sehr aktuelle Debatte über die geeignete Form der Narkose aufgriff, in der Mesmerismus, Hypnotismus und Äthernarkose zur Diskussion standen. In einer Miszelle von 1847 ging er auf den Begründer des Hypnotismus James Braid ein, der als Chirurg Zahn- und Klumpfuß-Operationen »durch Mitwirkung des Hypnotism ohne allen Schmerz« ausgeführt habe.[74] Ebenso referierte er die Aufsehen erregende Schrift von James Esdaile »Mesmerism in India and its practical applications in Surgery and Medicine« (1846). Zustimmend zitierte er

69 Vgl. ebd., S. 18.
70 Vgl. ebd., S. 19.
71 Vgl. ebd., S. 23.
72 Siehe Archiv für Anatomie, Physiologie und wissenschaftliche Medicin (Müller's Archiv) 1834, S. 305–310.
73 Wutzer, Leistenbrüche.
74 Ders., Magnetism, S. 444.

Ennemoser, der damals Bonn bereits verlassen hatte. Dieser zog zwar grundsätzlich den Magnetismus dem »Schwefeläther« vor, gab aber zu bedenken, dass nur wenige »sich vielleicht der Kunst rühmen, [...] den Magnetismus auf die gehörige Weise jedesmal anzuwenden«.[75] Schließlich zitierte er ausführlich Justinus Kerner, einen Protagonisten des animalischen Magnetismus, der Wutzers Einschätzung nahe kam:

> »Bestreiten muss ich, dass jeder, der zu operiren fähig ist, auch fähig sei, den zu Operirenden vor der Operation in einen so tiefen magnetischen Schlaf zu versetzen, wie einer dazu erforderlich ist [...], und eben so muss ich auch bestreiten, dass jeder, der da operirt werden soll, fähig sei, in einen solchen magnetischen Schlaf gebracht werden zu können, versucht auch die Manipulation an ihm ein sonst stark einwirkender Magnetiseur.«[76]

Als Chirurg dürfte sich Wutzer wohl auf die 1846 eingeführte Äthernarkose verlassen haben, die trotz hoher Risiken zuverlässig wirkte. Eine Episode zeigt besonders deutlich Wutzers Offenheit gegenüber neuen Heilmethoden, die außerhalb der Universitätsmedizin entwickelt wurden. Der Lehrer und Mechaniker Carl Baunscheidt (1809–1873) erfand 1847 in Endenich ein Naturheilverfahren, das er selbstbewusst als »Baunscheidtismus« bezeichnete.[77] Durch Reizung von bestimmten Hautbezirken sollten die »Krankheitsstoffe« von den »Lebenssäften« abgesondert und die Organfunktionen angeregt werden. Mit Hilfe eines »Lebensweckers« (Instrument mit feinen kurzen Nadeln und einem Federzugmechanismus) wurden bestimmte Stellen der Oberhaut oberflächlich (ein bis zwei Milimeter tief) gestichelt und durch Auftragen eines »Original Baunscheidt-Öles« bis zu einer schwachen Pustelbildung gereizt. Der Baunscheidtismus gehört somit zur Gruppe der ableitenden und die Körperoberfläche reizenden Heilverfahren wie Schröpfen, Ziehpflaster und Reflexzonentherapie. Wutzer pries Baunscheidts Erfindungen – neben dem »Lebenswecker« auch den »mechanischen Blutegel« und den »Milchsauger« – im Jahr 1849 als nützliche und wirkungsvolle Mittel.[78] Er verglich die zeitgenössischen Ersatzapparaturen der Blutegeltherapie und kam zum Schluss: »Unter den drei Scarificatoren ist der des Herrn Baunscheidt der einfachste, wohlfeilste, dauerhafteste und am leichtesten transportable.« Den »Lebenswecker« lobte er als Äquivalent der Akupunktur: »Der Wirkungskreis des ›Lebensweckers‹ ist im allgemeinen den Krankheits-Zuständen zugewendet, bei welchen sich die Acupunctur nützlich erweist«, vorzugsweise anzuwenden bei »partiellen Lähmungen« und »Neuralgien«. Zum »Milchsauger« bemerkte er: »Die Kinder saugen leicht daran. Die

75 Zit. nach ebd., S. 448.
76 Zit. nach ebd., S. 449.
77 Baunscheidt, Baunscheidtismus.
78 Wutzer, Blutegel; ders., Acupunktur; ders., Milchsauger.

hiesige geburtshülfliche Klinik bedienet sich bereits seit fünf Jahren dieses Milchsaugers mit vollkommen günstigem Erfolg.«

Wutzers Nachfolger Wilhelm Busch (1826–1881) wurde 1855 nach Bonn berufen. Er war ein unmittelbarer Schüler von Johannes Müller und gehörte zu dessen engerem Mitarbeiterkreis. In diesem Kontext führte er intensive Studien zur vergleichenden Anatomie von Meerestieren durch und erzielte beachtliche Forschungsergebnisse. Gleichwohl entschied er sich für die chirurgische Laufbahn, wurde Assistent an der Chirurgischen Universitätsklinik in Berlin unter Bernhard von Langenbeck, wo er sich 1852 habilitierte und dessen Schule er zuzurechnen ist. Als er nach Bonn überwechselte, war die Fakultät im Umbruch: Die naturwissenschaftliche Ausrichtung stand nun im Vordergrund. Er kam gleichzeitig mit Hermann von Helmholtz[79] an die Medizinische Fakultät in Bonn, dessen Vorlesung er angeblich besucht hat.[80] Busch veranlasste die Berufung von Max Schultze und Eduard Pflüger[81]und sorgte dafür, dass Carl Otto Weber (1827–1867), der seit 1852/53 Assistent von Wutzer war, die neu geschaffene Disziplin der Pathologischen Anatomie etablieren konnte, zunächst als Extraordinarius (1857) und dann als Ordinarius (1862), bevor er 1865 die Leitung der Chirurgischen Universitätsklinik in Heidelberg übernahm.

Buschs chirurgische Interessen galten insbesondere der Geschwulstlehre und der Behandlung der Erkrankungen der Extremitäten. In seine Bonner Zeit fielen allgemeine Innovationen in der Chirurgie, die dieses Fach von Grund auf verwandelten. Joseph Lister (1827–1912), ein großer Bewunderer von Louis Pasteurs Entdeckung der Mikroben, führte die Antisepsis mit Hilfe des Carbolsprays in die Chirurgie ein und konnte damit die Gefahr von Wundinfektionen eindämmen. Busch experimentierte mit einer vereinfachten Methode und ersetzte die »Carbolsäure« durch Eukalyptusöl.[82] Die aufkommende Anästhesiologie spielte in der Chirurgie eine entscheidende Rolle, vor allem die Suche nach geeigneten Narkosemethoden war ein wichtiges Thema. Busch entwickelte ein eigenes Verfahren, wonach er die Narkose mit Äther einleitete und dann mit Chloroform fortsetzte. Angeblich habe er damit in seiner 26jährigen klinischen Tätigkeit keinen einzigen tödlichen Zwischenfall erlebt.[83] Busch, der als Militärchirurg unter anderem am Deutsch-Französischen Krieg 1870/71 teilnahm, befasste sich intensiv mit den Schusswunden, seine einschlägigen Abhandlungen hätten, so der Bonner Chirurg Erich von Redwitz, seinen Namen »für immer in die Annalen der Kriegschirurgie eingeschrieben«.[84] Es sei nur angemerkt, dass

79 Siehe unten.
80 Vgl. Redwitz, Chirurgie, S. 37.
81 Siehe unten.
82 Vgl. Redwitz, Chirurgie, S. 37.
83 Vgl. ebd., S. 38.
84 Vgl. ebd., S. 40.

nationalistisches und imperialistisches Denken Ärzte und Naturwissenschaftler im ausgehenden 19. Jahrhundert ideologisch beeinflusste und die internationale Zusammenarbeit der *scientific community* empfindlich störte. So verlieh die Medizinische Fakultät Bonn Louis Pasteur 1868 die Ehrendoktorwürde, die dieser jedoch nach dem Beschuss von Paris durch die deutschen Truppen 1870 unter Protest zurückgab.[85]

Naturwissenschaftlicher Umbruch und Ausdifferenzierung der Disziplinen

Der Bonner Medizinhistoriker Nikolaus Mani hat die Entwicklung der Medizinischen Fakultät unter dem Vorzeichen der Naturwissenschaften im 19. Jahrhundert genauer erforscht und hierzu eine Reihe von Dissertationen betreut. Wenn wir im Folgenden die beiden Jahrzehnte um 1850, die Zeit des naturwissenschaftlichen Umbruchs, skizzieren, so greifen wir vor allem auf seine Studien zurück.[86] Die naturphilosophische Ausrichtung der Medizin verlor ihre Attraktivität, und die naturwissenschaftlichen Disziplinen, allen voran Physik und Chemie, wurden zunehmend zu Leitbildern der Medizin. Die experimentelle Physiologie blühte auf, ebenso die physiologische Chemie sowie die mikroskopische Anatomie und anatomische Pathologie. Auf die klinische innere Medizin soll im Zeitraum bis 1870 nicht näher eingegangen werden. Sie war vom »therapeutischen Nihilismus« geprägt: In einer Zeit, als die traditionellen Heilkonzepte, insbesondere die Humoralpathologie, obsolet geworden waren, zugleich aber (im vorbakteriologischen, vorhygienischen Zeitalter) wirksame Arzneimittel und Behandlungsmethoden noch nicht zur Verfügung standen, hatte man offenbar keine effektiven Methoden der Therapie zur Hand und erhoffte sich solche vom zukünftigen Forschritt der naturwissenschaftlichen Medizin. Beispielhaft für den naturwissenschaftlichen Umbruch der Bonner Universitätsmedizin seien zwei herausragende Fakultätsmitglieder vorgestellt.

Hermann Schaaffhausen (1816–1893): Physiologe und Anthropologe

Schaaffhausen habilitierte sich in Bonn 1844 für das Fach Physiologie und wurde 1855 zum Extraordinarius für Anthropologie ernannt. Seine Leistungen lagen vor allem auf dem Gebiet der physischen Anthropologie, wie sein Umgang mit Robert Schumanns Schädel erkennen lässt (siehe oben, S. 25). Er war seit 1845 Mitglied der medizinischen Sektion der Niederrheinischen Gesellschaft für Natur- und Heilkunde und hielt auch in deren naturwissenschaftlichen Sektion

85 Vgl. Habs, Pasteur.
86 Mani, Medizin; ders., Naturwissenschaften.

zahlreiche Vorträge, hier vor allem zu anthropologischen und prähistorischen Themen.[87] Auf der Sitzung vom 4. Februar 1857 legte er der Gesellschaft einen Schädel vor, der im Neanderthal bei Hochheim in der Nähe von Düsseldorf gefunden worden war. Wie im Sitzungsbericht der medizinischen Sektion vermerkt, erwies sich die Hirnschale als »ungewöhnlich gross, in der Stirngegend aber schmal und sehr flach, so das [sic!] sie dem Caraibenschädel gleicht; die Augenbrauen-Bogen springen so stark vor, dass der Kopf einen fast thierischen Ausdruck erhält und an die Gesichtsbildung der grossen Affen erinnert.«[88] Schaaffhausens Deutung dieses Funds, der als »Neanderthaler« in die Geschichte eingehen sollte, war korrekt: Er diagnostizierte eine »natürliche Bildung«, der Schädel zeige »den menschlichen Typus auf einer so tiefen Stufe der Entwicklung, wie sie kaum bei den jetzt lebenden rohesten Menschrassen gefunden wird«. Damit behielt er gegenüber Rudolf Virchow recht, der die Auffassung, es handele sich um eine Vorform des *Homo sapiens*, ablehnte, und eine pathologische Deformität des Schädels annahm.

Schaaffhausen war Mitbegründer der Deutschen Gesellschaft für Anthropologie, Ethnologie und Frühgeschichte und fungierte zwischen 1872 und 1889 dreimal als deren Präsident. Seine anthropologischen Forschungen machten ihn weltberühmt. Charles Darwin erkannte in ihm einen Pionier der Evolutionsbiologie, der schon vor Erscheinen seines Hauptwerks »On the origin of species by means of natural selection« (1859) eine »Entwicklung organischer Formen auf Erden« angenommen habe.[89] Bereits 1847 hatte Schaaffhausen in seiner Studie »Ueber die Bestaendigkeit und Umwandlung der Arten« die These aufgestellt, die Darwin in seinem Werk in englischer Übersetzung zitierte: »So sind die lebenden Pflanzen und Thiere von den untergegangenen nicht durch eine neue Schöpfung getrennt, sondern für die durch Zeugung fortgesetzte Nachkommenschaft derselben zu halten.«[90]

An Schaaffhausens Schriften lässt sich der wissenschaftstheoretische Perspektivwechsel von Naturphilosophie und Vitalismus zur Naturwissenschaft verfolgen, der sich vor allem bei der Kontroverse über die »Lebenskraft« zeigte. In seiner Dissertation »Ueber die Lebenskraft« (1839) ging er noch von einer positiven Bewertung derselben aus: »Die Lebenskraft beschränkt die gewöhnlichen Verwandlungsgeschäfte der Materie, die, wenn sie ungehindert walten, das Leben vernichten«.[91] In seiner Antrittsvorlesung 1844 mit dem Titel »Ueber die Fortschritte der Naturwissenschaft, insbes. der Physiologie« kam er dagegen zum Schluss: »Es ist die Naturwissenschaft zu einer geistigen Macht geworden

87 Titius, Medizinische Sektion, S. 425.
88 Zit. nach ebd.
89 Mani, Medizin, S. 115.
90 Zit. nach ebd., S. 114.
91 Zit. nach ebd., S. 115.

und weil sie die Wohlfahrt ganzer Völker begründet, zu einer politischen.« Vor allem die Entdeckungen der Physik hätten die »ganze Naturwissenschaft auf eine höhere Stufe gehoben«. Schaffhausen war von den naturwissenschaftlichen Errungenschaften begeistert, ja, die Naturwissenschaft sei ein Leitbild für alle anderen Disziplinen:

> »Es heißt die Geschichte naturwissenschaftlich behandeln, wenn man die Ursachen der politischen und sozialen Erscheinungen aufsucht, wenn man zuletzt sich gestehen darf, daß das Auftreten und Verschwinden von Meinungen und Völkern nur die Phasen einer großen Entwicklung sind, die im geistigen Leben der Menschheit ebenso zu einem Ziele, zu einer Blüthe hinstrebt, wie sie in dem organischen Reich in stufenweiser Entfaltung der körperlichen Bildung ihre Vollendung sucht.«[92]

Diese Einstellung, in deren Mittelpunkt die Idee der gesetzmäßigen Entwicklung und ihrer naturwissenschaftlichen Erkenntnis stand, sollte für den so genannten Siegeszug der naturwissenschaftlichen Medizin in der zweiten Hälfte des 19. Jahrhunderts vorherrschend werden, auch und gerade in Bonn.

Hermann von Helmholtz (1821–1894): Anatom, Physiologe und Physiker

Von Helmholtz gehört neben Johannes Müller in der ersten und Eduard Pflüger in der zweiten Hälfte des 19. Jahrhunderts zu den berühmtesten Mitgliedern der Medizinischen Fakultät. Er war Schüler von Johannes Müller. Im Jahre 1849 wurde er als Professor für Physiologie nach Königsberg berufen, wo er im Laufe seiner sinnesphysiologischen Studien quasi nebenbei den Augenspiegel erfand und damit die Augenheilkunde revolutionierte. Mit diesem Gerät, einer Kombination von Gläsern, sei es möglich, wie er 1850 an seinen Vater schrieb, »den dunkeln Hintergrund des Auges durch die Pupille zu erleuchten.«[93] 1855 wurde er auf den Bonner Lehrstuhl für Anatomie und Physiologie berufen. Hier setzte er seine Studien über die Sinnesorgane fort. Im darauf folgenden Jahr erschien dann die erste Lieferung seines monumentalen »Handbuchs der physiologischen Optik« (Leipzig 1856). Im selben Jahr legte Helmholtz in der Niederrheinischen Gesellschaft Kurven von aufgezeichneten Muskelzuckungen beim Frosch vor, die »durch Reizung desselben Nerven an verschiedenen Stellen erhalten waren, und die Fortpflanzungsgeschwindigkeit der Reizung in den Nerven messen liessen«.[94] Bereits in seiner Königsberger Zeit hatte er ein entsprechendes Messgerät, ein »Myographion«, entwickelt, womit er die Nervenleitgeschwindigkeit physikalisch registrieren konnte.

Womit beschäftigte sich von Helmholtz, der bereits 1858 nach Heidelberg auf

92 Zit. nach ebd., S. 116.
93 Zit. nach ebd., S. 122.
94 Zit. nach ebd.

Abb. 2: Hermann von Helmholtz, Anatomie und Physiologe

eine gut ausgestattete Professur für Physiologie überwechselte, außerdem in seiner kurzen Bonner Zeit? 1857 hielt er seine Aufsehen erregende Vorlesung »Ueber die physiologischen Ursachen der musikalischen Harmonie«, wobei ihn, ähnlich wie seinen Lehrer Johannes Müller, der Zusammenhang von physikalischen, physiologischen und psychologischen Übertragungsvorgängen interessierte. Die musikalische Harmonie beziehungsweise Disharmonie war dabei ein geeignetes Feld für transdisziplinäre Experimente und Theorien. Dabei faszinierte ihn der seit der Antike diskutierte Zusammenhang der Tonlehre mit der Mathematik. Wie entsteht nun die Tonempfindung? Dass Erschütterungen der Luft als Ton empfunden werden, beruhe nicht auf deren besonderer Art, »sondern nur in der besonderen Empfindungsweise unseres Ohres und unseres Hörnerven.«[95] Hier lehnte er sich an Müllers Lehre von der spezifischen Sinnesenergie an, die dieser in seiner Bonner Zeit formuliert hatte (siehe oben,

95 Zit. nach ebd., S. 123.

S. 12f.).[96] Er versuchte, den physiologischen Vorgang (»das leibliche Ohr des Körpers«) mit dem psychologischen (»das geistige Ohr des Vorstellungsvermögens«) zu korrelieren. Er erklärte die Klangfarbe eines Tons mit den einen Grundton begleitenden Obertönen: »Wir hören den Ton einer Saite immer begleitet von einer gewissen Combination von Obertönen. Eine andere Combination solcher Töne gehört zum Ton der Flöte, eine andere zu dem der menschlichen Stimme«.[97] So kurz von Helmholtz auch in Bonn wirkte, so produktiv trieb er sein gigantisches wissenschaftliches Werk voran – als viel gerühmte Lichtgestalt einer neuen Epoche der Wissenschaftsgeschichte.

Der weitere Aufschwung der naturwissenschaftlichen Grundlagenforschung

Die Entfaltung der naturwissenschaftlichen Medizin nach der Jahrhundertmitte, im Allgemeinen auch als deren »Siegeszug« bezeichnet, spiegelte sich an der Bonner Medizinischen Fakultät eindrucksvoll wider. Ein Indiz dafür war die Aufspaltung des Lehrstuhls für Anatomie und Physiologie nach von Helmholtz' Weggang 1858. Wie weiter oben ausgeführt, wurde der anatomische Lehrstuhl mit Max Schultze (1825–1874), und der physiologische mit Eduard Pflüger (1829–1910) besetzt. Die wichtigsten Innovationen seien im Folgenden kurz darstellt.

Auf dem Gebiet der »mikroskopischen Anatomie« und der »vergleichenden Histologie« kamen namhafte Forscher nach Bonn. An erster Stelle wäre hier Schultze zu nennen. Er erforschte vor allem die zellulären Strukturen und studierte deren Bau und Funktion unter dem Mikroskop. So gelangte er 1861 zu der Erkenntnis: »Eine Zelle ist ein Klümpchen, Protoplasma, in dessen Inneren ein Kern liegt.«[98] Dies demonstrierte er insbesondere an den weißen Blutkörperchen. Daneben befasste er sich mit der anatomischen Feinstruktur der Sinnesorgane. So verglich er die Riechzone der Nasenschleimhaut bei einer Reihe von Tieren und beim Menschen, fand typische »Riechzellen«, die spindelförmig aussahen und die er dem Nervensystem zuordnete. Ähnlich untersuchte er in vergleichenden Studien den mikroskopischen Aufbau der Netzhaut (Retina), wobei er Zapfen- und Stäbchenzellen voneinander unterscheiden konnte, denen er das Tag- und Farbsehen beziehungsweise das Sehen in der Dämmerung zuordnen konnte. 1866 charakterisierte er auf einer Sitzung der Niederrheinischen Gesellschaft für Natur- und Heilkunde die Funktion der Retina: »Die schnelle Abnahme des Farbensinnes am Rande der macula lutea dürfte mit der hier schnell abnehmenden Zahl der Zapfen zusammenhängen, die […] mehr als die

96 Müller, Gesichtserscheinungen.
97 Zit. nach Mani, Medizin, S. 124.
98 Zit. nach ders., Naturwissenschaften, S. 26.

Stäbchen zu farbenempfindenden Elementen geeignet erscheinen.«[99] Vielleicht wurde er zu dieser Forschungsarbeit auch von Johannes Müller[100] inspiriert, dessen Vorlesung über die Anatomie der Sinnesorgane er als Berliner Student erlebt hatte.[101]

Für die Geschichte der Neurowissenschaft sind die Entdeckungen des Bonner Privatdozenten Otto Deiters (1834–1863) besonders bedeutsam.[102] Er habilitierte sich in Bonn 1859 für Anatomie, wurde jedoch in seinen Forschungsarbeiten wegen prekärer familiärer Verhältnisse und der Nichtbeförderung zum Extraordinarius stark behindert. Trotzdem gelangen Deiters, der bereits 29jährig an einer Typhusinfektion starb, bahnbrechende Entdeckungen auf dem Gebiet der Neuroanatomie. Er war ein Pionier der Neuronentheorie und beschrieb als erster die Struktur der isolierten Nervenzellen (Axon und Dendriten). Ihm zu Ehren spricht man heute noch vom »Deiters-Kern« (*Nucleus vestibularis lateralis*) im Gehirn und von »Deiters-Zellen« in der Gehörschnecke. Max Schultze vollendete eine grundlegende Schrift seines von ihm hochgeschätzten Kollegen nach dessen Tod und gab sie unter dem Titel »Untersuchungen über Gehirn und Rückenmark des Menschen und der Säugethiere« (Braunschweig 1865) heraus. Der Bonner Anatom Johannes Sobotta (1869–1945) stellte mehr als ein halbes Jahrhundert später mit Bedauern fest: »Was hätte die Wissenschaft von diesem Manne zu erwarten gehabt, wenn ihm ein längeres Leben beschieden gewesen wäre, ihm der unter primitiven Verhältnissen Entdeckungen gemacht hat, die zu den ersten in der menschlichen Histologie und Neurologie gehören.«[103] Die exakten Abbildungen der Nervenpräparate zu einer so frühen Zeit rufen in der Fachwelt heute noch Bewunderung hervor.[104]

Die »Physiologie« und insbesondere »physiologische Chemie« erlangte mit der Berufung von Eduard Pflüger im Jahr 1859 nach Bonn internationale Bedeutung. Er prägte bis zu seinem Tod 1910 das Fach Physiologie weit über Bonn hinaus, vor allem durch die von ihm 1868 begründete und herausgegebene wissenschaftliche Fachzeitschrift »Archiv für die gesammte Physiologie des Menschen und der Thiere«, die heute noch – mit relativ hohem *Impact Factor* – als »Pflügers Archiv – European Journal of Physiology« (abgekürzt: Pflügers Arch.) erscheint. Auch er war, wie die führenden Physiologen seiner Zeit, bei Johannes Müller in Berlin in die Schule gegangen und erforschte experimentell

99 Zit. nach ders., Medizin, S. 126f.
100 Siehe unten.
101 Vgl. Mani, Medizin, S. 126f.
102 Vgl. Deiters, Otto Friedrich Deiters.
103 Zit. nach ebd., S. 79.
104 Vgl. Guillery, Observations. Zu Ehren von Deiters wurde der historische Hörsaal im Anatomischen Institut der Bonner Universität 2013 nach ihm benannt (»Otto-Deiters-Hörsaal«).

lebende Organismen im gesamten Tierreich. So entdeckte er bei seinen elektrophysiologischen Studien das nach ihm benannte Zuckungsgesetz und die hemmende Wirkung des Sympathikus auf die Darmbewegungen. Sein Schwerpunkt lag auf der Erforschung der Atmung. Im Folgenden wollen wir nur seine frühen Arbeiten bis um das Jahr 1870 erwähnen. Zunächst wäre hier seine Erforschung der Kohlensäurebindung im Blut zu nennen, die ja mit dem Prozess der Kohlensäurediffusion aus dem Blut in die Lungenbläschen zusammenhängt. Die Frage war, wie das Kohlendioxyd aus dem Blut freigesetzt werden kann. Durch seine experimentellen Arbeiten konnte er, wie er in seiner Schrift »Die Kohlensähre des Blutes« (Bonn 1864) darlegte, nachweisen, »daß in den Blutkörperchen eine Substanz enthalten ist oder sich fortwährend neue bildet, welche die Zersetzung veranlaßt.«[105] Es handelte sich dabei um das später so genannte Enzym Carboanhydrase. In einer anderen Studie »Ueber die Ursache der Athembewegungen sowie Dyspnoë und Apnoë« (1868) konnte er im Tierexperiment zeigen, dass Dyspnoe durch Sauerstoffmangel und durch erhöhte Konzentration von Kohlesäure im Blut verursacht wird, während vermehrter Verbrauch von Sauerstoff in den Körperkapillaren zu seiner vermehrten Aufnahme in den Lungenkapillaren führt.[106] In den 1870er Jahren folgten grundlegende Studien zur Gewebe- und Zellatmung sowie zur Wärme und Oxydation in lebenden Organismen. Mit dem neuen Institut, das nach den Vorstellungen Pflügers mit einem entsprechenden Laboratorium 1878 eröffnet wurde, erhielt die Physiologie einen international beachteten Standort in Bonn, an dem vor allem die Stoffwechselforschung ihren Ort finden sollte, der Pflüger mit seinem gewichtigen Alterswerk über das Glykogen ein Denkmal setzte.[107] Seine darin geäußerten Ansichten zur Zuckerkrankheit erscheinen heute jedoch als ein Irrweg.[108]

Die »Cellularpathologie«, von Rudolf Virchow (1821–1902) mit dem gleichnamigen Werk 1858 inauguriert, hielt mit der Berufung des Pathologen und Virchow-Schülers Eduard Rindfleisch im Jahre 1865 auch Einzug in Bonn. In seiner Bonner Zeit – Rindfleisch ging 1874 nach Würzburg – veröffentlichte er das Standardwerk »Lehrbuch der pathologischen Gewebelehre« (Leipzig 1867). In diese Zeit fiel auch die Beschreibung der Typhuszellen. Er konnte mit seinen mikroskopischen Untersuchungen eine für die Krankheit »charakteristische Typhuszelle« entdecken, die später so genannte »Rindfleischzelle«. In der betreffenden Publikation von 1871 heißt es: »Die Typhuszelle repräsentiert die niderigste Stufe, gewissermaßen den ersten Ansatz einer epithelialen Entwick-

105 Zit. nach Mani, Medizin, S. 131.
106 Vgl. ebd.
107 Pflüger, Glykogen.
108 Siehe nächsten Hauptabschnitt.

lung.«[109] Mit der Zellularpathologie war eine allgemeine Basis der naturwissenschaftlichen Medizin geschaffen, womit das Fach Pathologie im Kontext einer Medizinischen Fakultät gerade auch für die klinische Medizin eine Schlüsselstellung erhielt.

Die »experimentelle Pharmakologie« erhielt durch das Wirken von Carl Binz (1832–1913) ein hohes Ansehen, wozu einschlägige Untersuchungen vorliegen.[110] Er habilitierte sich 1862 in Bonn für innere Medizin und *materia medica.* Ernst Bischoff hatte einen »pharmakologischen Apparat« aufgebaut, der aus Büchern und Proben von Drogen bestand und von seinem späteren Nachfolger Johann Friedrich Hermann Albers ab 1855 interimistisch geleitet, dann katalogisiert und erweitert wurde.[111] Nach seinem Tod 1867 übernahm Carl Binz die Sammlung mit dem Ziel, ein pharmakologisches Laboratorium einzurichten.[112] Er erkämpfte sich als Vorlesungs- und Arbeitsraum unter anderem zur Durchführung vivisektorischer Tierversuche den Hörsaal VII im Universitätsgebäude, der deswegen »von den Kollegen gemieden wurde«.[113] Binz wurde 1868 zum Extraordinarius ernannt, gründete dann das Pharmakologische Institut und erhielt schließlich 1873 das Ordinariat für Pharmakologie. Seine Chinin-Studien bildeten in den späten 1860er und in den 1870er Jahren einen auch heute noch beachteten Forschungsschwerpunkt.[114] Er untersuchte die therapeutische Wirksamkeit von Chinin bei Malaria und führte sie darauf zurück, dass Mikroorganismen, »kleinste, in fauligen Flüssigkeiten lebende Organismen«, abgetötet würden.[115] Durch den entsprechenden experimentellen Nachweis der Giftwirkung von Chinin auf verschiedene Protozoen und seine hypothetische Schlussfolgerung antizipierte er die Entdeckung der Malariaplasmodien 1880 durch Alphonse Laveran (1845–1922). Binz war ein bedeutender Vertreter der experimentellen Pharmakologie, welche die Mechanismen der Arzneimittelwirkung im Hinblick auf einzelne Körperorgane tierexperimentell aufdecken wollte. Zugleich war er als früherer Kliniker daran interessiert, dass die Forschungsergebnisse therapeutisch genutzt werden konnten. Nach heutigem Sprachgebrauch betrieb er somit translationale Forschung. Seine medizinhistorischen Studien zum Hexenwahn sind bemerkenswert. 1885 publizierte er eine sachkundige Biographie über Johann Weyer (1515/16–1588), einen wichtigen Gegner der Hexenverfolgung.[116] Seine diesbezüglichen Quellen werden heute in

109 Zit. nach Mani, Medizin, S. 137.
110 Bertling, Binz; Domenjoz, Binz.
111 Bertling, Binz, S. 28f.
112 Ebd., S. 30.
113 Schmiz, Medizin, S. 57.
114 Bickel, Binz.
115 Zit. nach Mani, Medizin, S. 139.
116 Vgl. Binz, Weyer.

der Abteilung für Rheinische Landesgeschichte des Instituts für Geschichtswissenschaft der Universität Bonn aufbewahrt.

Der naturwissenschaftlichen Ausrichtung und Ausdifferenzierung der medizinischen Fächer um die Jahrhundertmitte folgte keine unmittelbare Bautätigkeit. Es dauerte zwei bis drei Jahrzehnte, bis sich die neue Situation auch architektonisch in bestimmten Gebäuden manifestierte. Schon um 1850 diskutierten Stadt und Universität, wie und wo man neue Gebäude für die Medizin außerhalb des Stadtkerns errichten könnte.[117] Schließlich entschied man sich bei den klinischen Anstalten für einen Standort am Rhein, der dem heutigen Areal der Beethovenhalle entspricht, bei den vorklinischen Instituten für Poppelsdorf. Bis 1870 änderte sich jedoch wenig an der räumlichen Situation. Erst ab den 1870er und 1880er Jahren entstanden dann, wie an anderen Universitäten auch, die großen Kliniken und Institute, die der neuen, Platz greifenden naturwissenschaftlichen Medizin und ihrem Fächerkanon entsprachen.

Wissenschaftlich-technischer Fortschritt und Untergangsängste: Medizinische Fakultät und Universitätskliniken 1870–1933

Walter Bruchhausen

Als einzige ärztliche Ausbildungsstätte der preußischen Rheinprovinz war die Bonner Medizinische Fakultät im Kaiserreich von der Expansion der zunehmend naturwissenschaftlich und technisch orientierten Medizin sowie ihrer steigenden staatlichen Unterstützung stark betroffen, ja einer der Motoren dieser Entwicklung. Das drückte sich in grundlegenden Veränderungen des Medizinstudiums, der Arbeit vorklinischer Institute, großen Krankenhausneubauten, der Spezialisierung und Entstehung neuer Fächer, der Ausbildung neuer medizinischer Paradigmen wie der Infektionslehre und der Erbbiologie, der Reaktion auf neue Herausforderungen durch ökonomische, soziale und politische Veränderungen wie Verstädterung, Industrialisierung, »soziale Frage«, zunehmende Lebenserwartung und Massenkriege aus. Besonders die Spezialisierung, die Entstehung weiterer Perspektiven, jetzt insbesondere der inneren Steuerung durch Hormone, und die Herausforderung durch außermedizinische Veränderungen setzten sich in der Weimarer Republik fort. Dabei wurden verschiedene Entwicklungen in Bonn nicht zuletzt durch die Gründung weiterer medizinischer Fakultäten im früheren Einzugsgebiet, allen voran Köln, gebremst oder zumindest beeinflusst.

117 Höpfner, Universitätskliniken, S. 16.

Medizinstudium

Das Medizinstudium änderte sich im Verlauf des Kaiserreiches sowohl quantitativ als auch qualitativ in höchstem Maße, wie niemals zuvor und danach in so kurzer Zeit. Im Deutschen Reich verzehnfachte sich die Zahl der Medizinstudierenden in diesem Zeitraum. In Bonn entwickelte sich auch die Gesamtzahl der Studierenden in dieser Größenordnung, von unter 800 Studierenden um 1875[118] auf fast 7.000 im Sommersemester 1918, davon ein knappes Viertel, nämlich 1.682 (einschließlich 157 Studentinnen) in der Medizin.[119] Anschließend stagnierte die Gesamtzahl der Bonner Studierenden oder ging sogar leicht zurück, im akademischen Jahr 1932/33 waren es unter 6.200.[120] Die Zahl der Promotionen nahm jedoch nicht im selben Maße zu. Hatte es am Anfang dieses Zeitraums, im akademischen Jahr 1875/76, noch 27 Promotionen zum »Dr. medicinae et chirurgiae« gegeben,[121] so waren es in der Endphase des Kaiserreichs, im Jahre 1918, nur 67 in der Medizinischen Fakultät[122] und am Ende der Weimarer Republik, im akademischen Jahr 1932/33, in der Humanmedizin 79 und in der Zahnmedizin 75.[123] Dieser deutlich geringere Prozentsatz dürfte nicht zuletzt auf gestiegene wissenschaftliche Ansprüche hindeuten. Bei den inhaltlichen Veränderungen des Medizinstudiums war die Bonner Universitätsmedizin als Fakultät in Preußen nicht mehr so stark von der Gründung des Kaiserreichs betroffen wie etwa die ärztliche Ausbildung in Bayern, Baden oder Württemberg. Denn die preußische Regierung hatte schon 1861 das Medizinstudium als Voraussetzung für die ärztliche Tätigkeit in einer Approbationsordnung neu geregelt, was jetzt auf das gesamte Reichsgebiet übertragen wurde. Durch dieses Gesetz war das »Tentamen philosophicum« als ärztliche Vorprüfung vor Aufnahme der klinischen Studien durch das »Tentamen physicum« abgelöst worden, so dass die Lehrfächer Anatomie und Physiologie, Physik, Chemie und »beschreibende Naturwissenschaften« eine noch größere Bedeutung erlangten.

Vorklinische Institute

Die Institutsneubauten für Anatomie und Physiologie in Poppelsdorf entsprachen dieser gestiegenen Bedeutung, wobei die räumliche Trennung von den neuen Klinikbauten am Rhein sowohl die Trennung zwischen Vorklinik und

118 Vgl. Chronik 1875/76, S. 5.
119 Vgl. Chronik 1918/19, S. 30.
120 Vgl. Chronik 1932/33, S. 28.
121 Vgl. Chronik 1875/76, S. 6.
122 Vgl. ebd., S. 40f.
123 Vgl. Chronik 1932/33, S. 31.

Klinik als auch die Nähe zu den naturwissenschaftlichen Fächern ausdrückten, der Chemie in ihrem repräsentativen Neubau am Poppelsdorfer Schloss und der Biologie mit ihrem angestammten Sitz in diesem Schloss.

Im neuen Physiologischen Institut an der Nussallee, das 1878 bezogen wurde,[124] konnte Eduard Pflüger (1829–1910, Bonner Ordinarius 1859–1910)[125] allerdings nicht mehr seine früheren, lange anerkannten Forschungserfolge in der Neurophysiologie der Muskelaktion[126] und der Reizverarbeitung im Rückenmark[127] sowie der intrazellulären Atmung[128] fortführen. Während er als Wissenschaftssystematiker und Herausgeber weiterhin hoch geschätzt war, stellte er sich mit einigen Positionen insbesondere im Hinblick auf Chemie und Stoffwechsel zunehmend ins Abseits. So widersetzte er sich der wohl unumgänglichen Aufteilung der Physiologie in Biophysik und Biochemie, ebenso wie er seinen Widerstand gegen die Ansicht, Proteine ließen sich in Fette oder Kohlenhydrate umwandeln, erst spät aufgab. Mit seinem in den letzten sieben Lebensjahren verfolgten Ansatz, die Zuckerkrankheit mit Hilfe seiner physiologischen Konzepte zu verstehen,[129] beschritt er sogar einen geradezu klassisch gewordenen Holzweg der Forschung.[130] Der Anspruch, Ansätze, die im begrenzten experimentellen Rahmen der Physiologie als zutreffend belegt worden waren und darin ihre Gültigkeit nie verloren, als umfassende Erklärung für verbreitete Gesundheitsprobleme zu anzubieten, war in diesem Fall gescheitert.

Die nun ebenfalls in Poppelsdorf residierende Anatomie war im Vergleich zu den geschilderten klinischen Ansprüchen der Physiologie Pflügers wissenschaftlich weniger gewagt und umstritten, weil sie sich stärker mit dem Gewordenen und Vorliegenden als mit Funktionen und möglichen Fehlfunktionen beschäftigte. In der Tradition der vergleichenden Wirbeltieranatomie und des zeitgenössischen Darwinismus legte Robert Karl Eduard Bonnet (1851–1921, Bonner Ordinarius 1907–1919) nach zahlreichen Einzelstudien 1907 ein »Lehrbuch der Entwicklungsgeschichte« vor, das noch 1927 in fünfter Auflage erschien. Durch seine Beschäftigung mit den Skeletten eines eiszeitlichen Menschenpaares, das 1914 im damals noch nicht zu Bonn gehörenden Oberkassel aufgefunden worden war, gewann er auch lokalhistorische und paläontologische Bedeutung.[131] Bonnets berühmter Nachfolger Johannes Sobotta

124 Vgl. Pflüger, Physiologie.
125 Vgl. Heischkel, Pflüger; Heischkel-Artelt, Pflüger.
126 Vgl. Pflüger, Electrotonus.
127 Vgl. ders., Hemmungsnerven; ders., De sensu electrico.
128 Vgl. ders., Respiration.
129 Vgl. ders., Glykogen, S. 1–398.
130 Vgl. Schlich, Pflüger.
131 Vgl. Verworn/Steinmann/Bonnet, Menschenfund.

(1869–1945, Bonner Ordinarius 1919–1935)[132] verschrieb sich vor allem der Didaktik topographischer Anatomie. Sein schon in Würzburg begonnener dreiteiliger Anatomie-Atlas, den er gemeinsam mit ausgesprochen qualifizierten Zeichnern entwickelte, wurde zum Standardlehrbuch im deutschsprachigen Raum und von ihm weit über die Emeritierung hinaus bis zum Tod 1945 ständig überarbeitet.

Die Medizin des Kaiserreichs war nicht nur durch einen Aufschwung der vorklinischen Fächer, sondern auch durch die Entstehung neuer klinischer Disziplinen geprägt, die sich nach dem Ersten Weltkrieg fortsetzen sollte. Dazu gehören die im vorherigen Beitrag geschilderte Entstehung der Nerven- und Seelenheilkunde sowie die der Kinderheilkunde aus der Inneren Medizin, die gewonnene Eigenständigkeit der Behandlung von Haut- und Geschlechtskrankheiten, in Bonn durch einen Chirurgen, und die Einrichtung hygienischer Institute. Vertreter und Aktivitäten dieser Fachgebiete werden noch in anderen, disziplinübergreifenden Zusammenhängen eingehender behandelt werden. Deshalb sollen hier für die exemplarische Darstellung solcher Entwicklungen von Technisierung, Akademisierung und Emanzipation der Fächer Gebiete herausgegriffen werden, die weniger durch die Teilnahme an interdisziplinären Diskursen der Medizin gekennzeichnet sind, sondern vor allem durch die Aufwertung und Perfektionierung des Technischen: Die operativen Fächer Chirurgie, Gynäkologie und Augenheilkunde sowie die Zahnheilkunde, die durch einen eigenen Studiengang bis heute eine besondere Stellung innerhalb der Medizinischen Fakultät hat.

Akademisierung und Technisierung operativer Fächer: Chirurgie, Frauen-, Augen- und Zahnheilkunde

Im Bereich der klinischen Fächer profitierten vor allem die operativen Gebiete von den Neubauten. Denn die wesentlichen Errungenschaften für die Chirurgie – neue Maßnahmen zur Betäubung des Patienten, Verhinderung von Wundinfektionen und dadurch ermöglichte komplizierte Eingriffe in den großen Körperhöhlen – verlangten großzügige Räumlichkeiten mit guten Lichtverhältnissen, besserer Durchlüftung und praktikabler Trennung von Funktionsbereichen. Die in der Jahrhundertmitte eingeführte Narkose mit Äther, Lachgas oder Chloroform bedurfte eines großen Raumvolumens, damit die hohe Konzentration in der Atemluft des Patienten nicht den Operateur und sein Personal erreichte. Bei der Antisepsis, der früheren Methode des Karbolsprays gegen vermeintliche infektiöse Luftkeime, wie sie Friedrich Adolf Albrecht Trendelenburg

132 Vgl. Hagen, Sobotta, S. 88–91.

(1844–1924, Bonner Ordinarius 1882–1895) in seiner Glasgower Studienzeit bei ihrem Begründer Joseph Lister kennengelernt hatte,[133] wäre ein kleines Raumvolumen mit entsprechend weniger zu vermutenden Luftkeimen vielleicht noch von Vorteil gewesen. Doch als bei der jüngeren Asepsis nur noch durch Heißluftsterilisation keimfreie Textilien und Instrumente mit dem Operationsfeld in Berührung kommen durften, war es wichtig, um den Operationstisch herum einen ausreichend großen nicht sterilen Bereich für die Versorgung zu haben. In Bonn führte Trendelenburg die Methode der Asepsis schon 1882 ein, indem der erste »Heißdampfsterilisator« aufgestellt wurde, während ein solcher in der Berliner Klinik Ernst von Bergmanns gerade erst entwickelt wurde.[134] Bonn wäre also damit der Hauptstadt und universitären Konkurrentin in Preußen sogar um vier Jahre zuvorgekommen, auch wenn die jüngste medizinhistorische Forschung zur Interaktion von Chirurgie und Bakteriologie in ihrer Fokussierung auf die Metropole diesen rheinischen Schauplatz und seinen Akteur gänzlich ausblendet.[135]

In diesem Jahr 1882 war Trendelenburg, nach dem vorzeitigen Tod seines weniger operativ tätigen Vorgängers Carl David Wilhelm Busch (1826–1881, Bonner Extraordinarius seit 1855) an Blinddarmdurchbruch,[136] der erste der Chirurgie-Ordinarien gewesen, für die ihre Tätigkeit in Bonn nur Zwischenstation des Weges auf die Ordinariate in größeren Städten war.[137] Trendelenburg blieb der bekannteste Name unter ihnen, da er in mehreren bis heute verwendeten Fachbegriffen enthalten ist. Die »Trendelenburg-Lagerung« als Hochlagerung des Unterkörpers bei Operationen im Beckenraum hatte er schon vor seiner Berufung nach Bonn entwickelt.[138] In Bonn beschrieb er für die Beinvenenchirurgie den »Trendelenburg-Test«, um die Funktion der Venenklappen zu prüfen, und den ersten »Trendelenburg-Operation« genannten Eingriff, eine Unterbindung der *Vena saphena magna.*[139] Auch die Beschreibung des »Trendelenburg-Zeichens«, das auf verschiedenartige Fehlfunktionen im Hüftbereich hinweisen kann, entstand in der Bonner Zeit.[140] Später, auf seiner anschließenden Professur in Leipzig, kam als spektakulärer Notfalleingriff im Gefäßsystem eine weitere »Trendelenburg-Operation« bei Lungenembolie hinzu, um durch Eröffnung des Brustkorbs ein im venösen Blut entstandenes

133 Vgl. Lister, Wundbehandlung.
134 Vgl. Schmitt, Chirurgie, S. 728.
135 Vgl. Schlich, Asepsis.
136 Vgl. Redwitz, Busch.
137 Vgl. Sachs, Chirurgie, S. 39–41.
138 Vgl. Meyer, Trendelenburg; Thiery, Trendelenburg.
139 Vgl. Trendelenburg, Vena saphena magna; vgl. Loeprecht, Trendelenbrug; Ko, Trendelenburg.
140 Vgl. Trendelenburg, Hüftluxation.

Blutgerinnsel aus den Lungengefäßen, die es nach seiner Verschleppung verstopft (Lungenembolie), zu entfernen. Trendelenburgs Bedeutung für die operative Chirurgie ging noch weit über diese Verfahren hinaus, die nach ihm benannt sind. In der Narkose war sein Beitrag zur Entwicklung der endotrachealen Intubation bahnbrechend, zu der er durch einen Luftröhrenschnitt (Tracheotomie) einen Beatmungsschlauch in die Luftröhre einbrachte.

Nach Trendelenburg wurden Chirurgen allgemein und auch in Bonn wieder weniger durch technische Neuerungen berühmt. Das führte insgesamt seltener zur Verewigung des Namens in Eponymen. Nur dem kurz in Bonn lehrenden August Bier (1861–1949; Bonner Ordinarius 1903–1907)[141] gelang dies mit der »Bierschen Schnürung«, also dem Ansatz, Erkrankungen und Verletzungen durch Stauungshyperämie, das heißt eine künstlich hervorgerufene gesteigerte Blutfülle in einer Region, zu behandeln. Neben seinen chirurgisch wichtigen Studien zur Lokalanästhesie durch Kokain verdankte er seine große Popularität auch seiner Unterstützung anderer nicht-konventioneller Verfahren wie der Homöopathie. Sein Nachfolger hingegen galt eher innerhalb der Fachwelt als eine echte Größe. Denn laut dem Chirurgiehistoriker und Chirurgen Hans Killian gehörte Carl Garré (1857–1928, Bonner Ordinarius 1907–1926) »sicherlich zu unseren bedeutendsten Chirurgen, er hat außerordentlich viel für die Weiterentwicklung der deutschen Chirurgie getan«.[142] Wie Trendelenburg war auch Garré, der als erster wieder bis zur Emeritierung in Bonn blieb, in der Verhütung und Behandlung von Wundinfektionen engagiert, vor seiner Bonner Zeit sogar mit einem eigenen bakteriologischen Labor und bahnbrechenden Arbeiten unter anderem zur Knochenmarksentzündung. Durch seine gründliche Kenntnis des gesamten Gebietes damaliger Chirurgie, was nach seiner Zeit kaum mehr möglich war, wurde er als Autor und Mitherausgeber von Lehr- und Handbüchern einflussreich.

Wie Trendelenburg hat auch der mit ihm zwei Jahre zeitgleich in Bonn lehrende Gynäkologe und Geburtshelfer Heinrich Fritsch (1844–1915; Bonner Ordinarius 1893–1911) seinen Namen in Verfahren und Instrumenten verewigt.[143] Diese Innovationen spiegelten das damalige Bemühen wider, die Frauenheilkunde über geburtshilfliche Notfälle hinaus als operatives Fach zu etablieren. Demgegenüber hatte Fritschs Vorgänger Gustav (von) Veit (1824–1903; Bonner Ordinarius 1863–1893),[144] als Erbauer der Bonner Frauenklinik am Rhein institutionell sehr erfolgreich, noch seinen Schwerpunkt in der Geburtshilfe gehabt, und ging entsprechend durch ein geburtshilfliches Manö-

141 Vgl. Redwitz, Bier.
142 Killian/Krämer, Chirurgenschulen, S. 166.
143 Vgl. Ebert/David, Fritsch.
144 Vgl. Triebel-Schubert, Von Veit; Zusammenfassung von Engel, Von Veit.

ver, den Veit-Smellie-Handgriff zum Schutz des nachfolgenden Teils bei vorangehendem Becken des Kindes, in die Nomenklatur ein. Fritsch war als Mitbegründer des Zentralblatts für Gynäkologie, als Autor eines vielfach übersetzten, noch zu seinen Lebzeiten in zwölf Auflagen erschienenen Lehrbuchs der Frauenkrankheiten und als Operateur erfolgreich, nicht zuletzt in der gynäkologischen Urologie und hier bei den Fisteln zwischen Harn- und Geschlechtsorganen.[145] Das Ziel, operative Gynäkologie zu etablieren, konnte sich jedoch mittelfristig nicht nur damit begnügen, die Operationstechnik zu optimieren, sondern verlangte – ebenso wie in der Chirurgie – eine genauere Kenntnis davon, wie das zu Operierende pathologisch-anatomisch beschaffen ist. Diese notwendige Entwicklung vom vorrangigen Virtuosen im Operationssaal und Kliniker zum ebenso versierten Experten für die Veränderungen der Gewebe und Organe zeigt sich besonders deutlich an der weiteren Reihe der Bonner Ordinarien. Fritschs Nachfolger Otto von Franqué (1867–1937, Bonner Ordinarius 1912–1935) wird als Pionier besonders für krankhafte Veränderungen der Plazenta und für Krebserkrankungen einschließlich ihrer Vorstufen gewürdigt, dem »das unverrückbare Verdienst zukommt, als einer der Ersten die pathologische Anatomie und Histologie aktiv in die Geburtshilfe und Gynäkologie fest eingebaut zu haben«.[146] Ihren Ausdruck fand diese Kompetenz unter anderem darin, dass von Franqué gegen Ende der Weimarer Republik rund 200 Seiten zur Morphologie der Gebärmutter-Karzinome im Handbuch der Gynäkologie verfasste.[147] Konsequenz dieser umfassenden Expertise war auch der Einsatz für Strahlentherapie und Früherkennungsuntersuchungen, so dass die Gynäkologie zu weit mehr als einem bloß operativ tätigen Fach wurde.

Während sich Chirurgie und Geburtshilfe aus Gründungslehrstühlen der Bonner Fakultät weiterentwickeln konnten, entstanden andere operative Disziplinen aus privaten Initiativen in der Epoche um 1870, die wirtschaftshistorisch wegen ihrer Begünstigung neuer Unternehmungen als »Gründerzeit« bezeichnet wird und sich trotz des Börsenkrachs von 1873 noch einige Jahrzehnte lang auswirkte. Die Augen-, die Hals-Nasen-Ohren- und die Zahnheilkunde erhielten Kliniken und Lehrstühle, weil entsprechend wissenschaftlich und klinisch qualifizierte Experten nach und nach die Genehmigung zu einer privaten Heilanstalt, zum klinischen und poliklinischen Unterricht sowie zur Prüfung erhielten, woraus dann die Anerkennung als Universitätsklinik und die ordentliche Professur erwuchsen. Preußen war in dieser Hinsicht eher Nachzügler, andere deutsche Länder hatten schon früher Universitätskliniken zum Beispiel für Ophtalmologie eingerichtet.

145 Vgl. Franqué, Fritsch, identisch mit der Abhandlung in: Bonner Gelehrte, Medizin, S. 290f.
146 Bickenbach, von Franqué, S. 293; Buchheim, von Franqué.
147 Vgl. Franqué, Anatomie, S. 1–210.

Die Bonner Augenklinik entstand durch das Engagement des in Bonn niedergelassenen Augenarztes Theodor Saemisch (1833–1909, Bonner Ordinarius 1873–1908, Rektor 1892/93), der sich zuvor in Berlin beim »Gründungsvater« der preußischen Augenheilkunde, Albrecht von Graefe, sowie in Wiesbaden und Würzburg als Forscher und Kliniker qualifiziert hatte.[148] 1862 in Bonn habilitiert, erreichte er, dass jeweils auf Antrag der Fakultät ein Jahr später eine Privat-Augenheilanstalt mit 36 Betten eröffnet werden konnte und diese dann ein Jahrzehnt später zur Universitäts-Augenklinik erhoben wurde, mit ihm als Direktor. Durch den Neubau dieser Klinik mit 48 Betten in der Wilhelmstraße zwischen 1900 und 1903 krönte Saemisch seine institutionelle Aufbauleistung. Über Bonn und die Lehre hinaus ist er vor allem durch die Redaktion des siebenbändigen Handbuchs der gesamten Augenheilkunde und eigene Forschungen zu zwei Krankheitsbildern bedeutsam geworden, für die er bis heute verwendete, wenngleich nicht mehr (nach dem internationalen Diagnosenhandbuch ICD-11) terminologisch korrekte Bezeichnungen schuf: Das »Ulcus serpens corneae« als eitrige Schädigung der Hornhaut und den »Frühjahrskatarrh« als saisonal gehäufte Bindehautentzündung.

Im Vergleich dazu verlief in Bonn die universitäre Etablierung der anderen Fächer zum Bereich des Kopfes stärker verzögert. Die Hals-Nasen-Ohrenheilkunde entstand durch einen ehemaligen Assistenzarzt der Augenheilkunde, den gebürtigen Bonner Heinrich Walb (1848–1921),[149] der 1877 eine private Poliklinik in alten Räumlichkeiten der Chirurgie begann, bald regulären Unterricht halten konnte und 1884 deren Anerkennung als HNO-Universitätsinstitut erreichte. In gewisser Konkurrenz zur inneren Medizin, die bis dahin die Kehlkopferkrankungen behandelt und erforscht hatte, gelang ihm die weitere Etablierung des Fachgebiets durch die Ernennung zum etatsmässigen Extraordinarius 1889 und die Einrichtung einer Poliklinik in der Wilhelmstraße 1903, allerdings ohne die gewünschte stationäre Behandlung, die er deshalb im Marienhospital durchführen musste. Den inflationsbedingt verzögert fertig gestellten zweistöckigen Anbau der Hals-Nasen-Ohren-Klinik konnte später erst sein übernächster Nachfolger, Karl Grünberg (1875–1932, Bonner Ordinarius 1924–1932),[150] im Jahre 1925 eröffnen.

Noch schwerer wurde es in den Frühzeiten der Bonner Zahnheilkunde gemacht, nachdem sie mit zahnärztlicher Ausbildung als private Initiative ohne staatliche Gehaltszahlung begonnen hatte, geleistet durch den Zahnarzt Dr. Friedrich Günther (1855–1935). Die Medizinische Fakultät lehnte sogar noch 1882 Günthers Bitte ab, in der chirurgischen Klinik die Studierenden unter-

148 Vgl. Hammann, Saemisch; Müller/Hammann, Saemisch.
149 Vgl. Sawitzki, Otorhinolaryngologie, S. 37–50.
150 Vgl. Theissing, Grünberg.

richten zu dürfen, sodass er dies auf eigene Kosten in seinen Räumen tun musste. Günther durfte ab 1883 lediglich als erster Zahnarzt neben Medizinprofessoren in der »delegierten zahnärztlichen Examinations-Commission« mitwirken. Erst der Chirurg Trendelenburg beantragte 1890 erfolgreich Mittel zum Ausbau einer zahnärztlichen Abteilung, so dass dann 1891der Arzt und Zahnarzt Dr. Heinrich Boennecken zum Leiter berufen werden konnte. Die Etablierung der Zahnheilkunde als eigenes universitäres Fach verdankte sich dabei auch in Bonn Anstößen aus den USA,[151] denn die beiden ersten Leiter, Günther und Boennecken, hatten einen *Doctor chirurgiae dentalis* (D.D.S.) in Pennsylvania erworben. Dieser war vor allem mit einer Ausbildung in Prothetik, besonders Goldfüllungen, verbunden. Entsprechend lag ein großer Teil ihrer wissenschaftlichen Interessen auf dem Gebiet der operativen Tätigkeit. Mit der Übernahme der chirurgischen Klinik durch August Bier, der sich schon während seiner vorherigen Professur in Greifswald für die Zahnmedizin engagiert hatte,[152] stieg 1903 die zahnmedizinische Kompetenz der Klinikleitung. Das Interesse an der Prothetik spiegelte sich auch in der Ausbildung wider. 1894 wurde ein ganztägiger »Cursus der zahnärztlichen Prothetik« eingeführt, um 1900 gab es Kurse am Patienten und Phantom sowie in zahnärztlicher Metallurgie, und von 1909 an gehörte die Zahnersatzkunde zur Vor- und Hauptprüfung.[153] Ihren Höhepunkt erreichte die Bonner Zahlheilkunde in der Zwischenkriegszeit, mit dem 1918 ernannten Alfred Kantorowicz (1880–1962, Bonner Ordinarius 1923–1933),[154] unter dem Bonn ab 1920 eine eigene Zahnklinik und ab 1923 einen eigenen Lehrstuhl bekam.

Inter- und multidisziplinäre Themenbereiche in der Medizinischen Fakultät

Obwohl – vielleicht auch gerade weil – die akademische Medizin des Kaiserreichs durch einen zuvor und später kaum wieder erreichten Sprung in der Spezialisierung geprägt war, gab es wichtige Themenbereiche, die sich der exklusiven Behandlung durch ein einzelnes Fach entzogen. Denn die meisten Krankheitsursachen, zu denen gerade die naturwissenschaftliche Orientierung der Medizin revolutionierende Erkenntnisse lieferte, beschränkten sich nicht auf ein Fachgebiet, sondern betrafen mehrere, wenn nicht alle. Das gilt insbesondere für die Infektion, die Vererbung und die Krebserkrankung, aber auch die sozialen und psychischen Faktoren der Entstehung, Heilung und Verhütung von Krankheiten.

151 Vgl. Steiner, Zahnmedizin.
152 Vgl. Schmiedebach, Zahnmedizin.
153 Vgl. Helfgen, Protethik, S. 324.
154 Vgl. Rose(-Dams), Kantorowicz; Korkhaus, Kantorowicz.

Darüber hinaus beschäftigte die medizintheoretische Frage nach dem, was Krankheit oder Gesundheit sei und ausmache, in Zeiten zunehmender sozial- und bevölkerungspolitischer Debatten und Maßnahmen viele Fachgebiete.

Wissenschaftstheorie der Welterklärung und Krankheit

Besonders ausgeprägte Einflüsse der allgemeinen gesellschaftlichen und akademischen Diskussion zeigten sich naturgemäß in denjenigen medizinischen Fächern, die weniger klinisch als auf das verallgemeinernde Deuten empirischer Beobachtungen ausgerichtet waren. Das betrifft vor allem die damalige Psychiatrie, die Physiologie und die Pathologie, die in ihrer Beantwortung der Frage, was und wie wir erkennen und erklären können, was gesund und was krank ist, einschneidenden Veränderungen unterworfen waren. Entsprechend lassen sich im Werk von Bonner Lehrstuhlinhabern dieser Fächer während des Kaiserreichs, Carl Pelman (1838–1916; Bonner Ordinarius 1889–1904),[155] Max Verworn (1863–1921; Bonner Ordinarius 1910–1921)[156] und Hugo Ribbert (1855–1920; Bonner Ordinarius 1905–1920; Rektor 1916/17),[157] deutliche Anklänge, ja entscheidende Anlehnungen an die großen Themen der zeitgenössischen Diskussionen in Natur-, Geistes- und Gesellschaftswissenschaften finden. Ihren Ausdruck fanden diese Themen vor allem in damals sehr populären öffentlichen Vorträgen außerhalb eines medizinischen Fachpublikums, wo vieles, was in Expertenreisen stillschweigend als selbstverständlich vorausgesetzt wurde, deutlich, vereinfacht und teilweise pointiert ausgesprochen wurde.

Die Erfolge der Naturwissenschaften und die – trotz verschiedener kirchlicher und theologischer Adaptationsprozesse – insgesamt schwindende Deutungshoheit der christlichen Kirchen hatten dazu geführt, dass nicht zuletzt von Naturwissenschaftlern selbst Erwartungen, die zuvor von kirchlich verfasster Religion erfüllt worden waren, an die Naturwissenschaft herangetragen wurden. Nicht nur in der Metaphorik – das Labor als »Heiligtum« der Wissenschaft (Claude Bernard), erfolgreiche Krankheitsbekämpfung als »Erlösung« –, sondern auch als umfassende Weltanschauung sollte Wissenschaft an die Stelle der Religion treten. Prominentester Versuch dieser Art war der »Monismus« des Jenaer Naturforschers und studierten Mediziners Ernst Haeckel, der sich 1906 auf der Weltsynode des Monistenbundes zum »Gegenpapst« hatte krönen lassen. Haeckels Schüler Verworn behauptete, dass Haeckel mit seinem materialistischen Monismus den Dualismus von Körper und Seele ebenso wenig wirklich

155 Vgl. Dieckhöfer, Pelman.
156 Vgl. Wüllenweber, Verworn.
157 Vgl. Hamperl, Ribbert; Mettler, Ribbert.

überwunden hätte wie der ältere, vereinzelt wieder auflebende Vitalismus, der eine nicht naturwissenschaftlich erforschbare Lebenskraft postuliert hatte.[158] Das wäre nur mit einem »Psychomonismus« möglich, für den er schon 1904 den Grundsatz aufstellte: »Die Körperwelt existiert nicht neben der Psyche, sondern in der Psyche«.[159] Dass die letzte Einheit der Welt also nur in der psychischen Leistung von Sinneswahrnehmung und ihrer Verarbeitung gegeben sei, wie eine »vorurteilsfreie Naturforschung« zeige, bekräftigte Verworn in einem 1905 gehaltenen, aber erst im Krieg publizierten Vortrag noch einmal ausdrücklich[160] und entsprach so dem philosophischen Empiriokritizismus seiner Zeit. Als weitere Absage an die verbreitete naive Sichtweise lehnte Verworn auch den »Kausalismus« ab, der aus der Vielfalt der Entstehungsbedingungen einen Faktor als »Ursache« in unwissenschaftlicher Weise und damit unzulässig isoliere. Er war der Meinung, dass »es an der Zeit wäre, den Kausalbegriff einer Revision zu unterziehen, ja ihn am besten aus der exakten Wissenschaft völlig zu entfernen«.[161] Er versuchte, den Kausalbegriff durch eine »konditionale« Auffassung zu ersetzen, die alle notwendigen Bedingungen anerkennt.[162] Mit dieser Sichtweise kam Verworn den Pathologen und Klinikern entgegen, die damals – wie noch zu zeigen ist – auch in Bonn der Monokausalität der Bakteriologie diverse Modelle von Disposition entgegensetzten.

Auch beim pathologischen Fakultätskollegen Ribbert, dessen Rektoratsrede zum Krieg später behandelt wird, besteht eine deutliche Differenz zwischen bleibenden empirischen Leistungen und stark vom Zeitgeist geprägten Spekulationen. Während seine bedeutenden Lehrbücher der »pathologischen Histologie« (1896), »allgemeinen Pathologie und pathologischen Anatomie« (Erstauflage 1901, bis 1990 weitergeführt) sowie der »speciellen Pathologie und der speciellen pathologischen Anatomie« (1902) überwiegend fortschreibungs- und überarbeitungsfähige Ansätze beinhalteten, waren seine Bücher zum Wesen der Krankheit in höchstem Maße Ausdruck vorübergehender Moden.[163] Das gilt trotz ihrer teilweise bis heute vertretbaren historischen Darstellungen und philosophischen Überlegungen zur allgemeinen Krankheitstheorie, denn sie spiegeln allzu deutlich den Umschwung vom Historismus zum biologistischen Darwinismus wider. Für die allgemeine Pathologie hatte Ribbert noch in seiner Zeit in Zürich aus Mangel an pathologiegeschichtlichen Darstellungen in der Medizingeschichte eine eigene Entwicklungsgeschichte der »Lehren vom Wesen der Krankheiten« verfasst. Dabei ist ihm vor allem anderen die »Bedeutung der

158 Verworn, Erforschung, S. 7f.
159 Zit. nach Wüllenweber, Verworn, S. 24.
160 Verworn, Prinzipienfragen.
161 Ders., Erforschung, S. 8f.
162 Ders., Weltanschauung.
163 Vgl. Ribbert, Lehren; ders., Wesen; ders., Bedeutung.

politischen und culturellen Verhältnisse, der Naturwissenschaften, der Religion und der Philosophie für die Entwicklung der Lehre von den Krankheiten« wichtig. Dieses klassisch-historistische Programm, die Abhängigkeit von den Voraussetzungen der Zeit herauszuarbeiten, diente Ribbert allerdings nicht zu einem kritisch-relativierenden Blick auf die Medizin der Gegenwart, sondern ganz im Gegenteil dazu, den Gegensatz der empirisch fundierten Zellularpathologie Rudolf Virchows, der auch er sich verpflichtet fühlte, zu allen früheren, von jeweiligen zeitgenössischen Einflüssen bestimmten Spekulationen hervorzuheben.

Abb. 3: Hugo Ribbert, Pathologie

Ähnlich hatte auch der Psychiater Pelman den vermeintlichen Gegensatz seiner naturwissenschaftlich begründeten Seelenheilkunde zu früheren abergläubisch oder religiös bestimmten Umgangsweisen mit psychischer Krankheit stark gemacht. Allerdings sind die Begrifflichkeiten in physischer und psychischer Krankheitslehre hier bis fast zur Gegensätzlichkeit unterschiedlich. Während für die Pathologie »Rationalismus« den falschen Ansatz benennt, der wissenschaftliches Systemdenken über empirische Erkenntnis stellt,[164] ist »rational« in der Psychiatrie das, was »abergläubische« Vorstellungen ablösen muss.[165] Dass hingegen die anatomisch-pathologische und die psychiatrische Frage nach dem Wesen der Krankheit damals trotzdem nicht so weit auseinander lagen, zeigt sich darin, dass Ribbert seine Überlegungen auch in einer nervenheilkundlichen Fachzeitschrift publizieren konnte.[166] In der internationalen Forschungsliteratur erscheint Ribbert deshalb, wohl irrtümlich, sogar als »psychiatrist«.[167]

Degenerationsängste: Fortpflanzung, Vererbung und Rassenhygiene

Vererbung entwickelte sich erst um 1900 zu einem Schwerpunkt der medizinischen Forschung, so dass auch die bereits 1865 vom außeruniversitären Naturforscher Gregor Mendel publizierten Vererbungsregeln nicht vor diesem Zeitpunkt universitäre Aufmerksamkeit fanden. Wie an anderen Hochschulorten wurden in Bonn Anatomie, Pathologie und Psychiatrie zu den Disziplinen mit ausgeprägter Behandlung der Vererbbarkeit von Eigenschaften, Krankheiten und Krankheitsdispositionen. Das theoretisch-wissenschaftliche Interesse an Fortpflanzung und ihren Mechanismen begann jedoch schon lange vor den öffentlichkeitswirksamen, politisch einflussreichen praktischen Forderungen der Jahrhundertwende, und knüpfte an die Studien zur Bildung von Ei- und Samenzellen in der vergleichenden Säugetiermorphologie und -physiologie an. In der Bonner Physiologie hatte Pflüger bereits 1863 eine Monographie »Über die Eierstöcke der Säugethiere und des Menschen« herausgebracht. Der Anatom Adolf von Valette St. George (1831–1910; Bonner Ordinarius seit 1875; Rektor 1900/01) beschäftigte sich in vielen Publikationen seit 1865 hauptsächlich mit der Bildung von »Samenkörpern« bei verschiedenen Tierarten, darunter auch Schnecken, wobei er – gleichsam als Nebenprodukt – 1867 zum Erstbeschreiber des Golgi-Apparates als eigener Organelle in der Zelle wurde.[168] Auch seine Reden zur Geburtstagsfeier des königlichen Universitätsgründers widmete er zweimal, 1878 und 1898, der Samenbildung.[169] Im Rahmen seines ähnlichen, wenngleich etwas geringer in Publikationen belegbaren Interesses an »Eibil-

164 Vgl. ders., Lehren, S. 214.
165 Vgl. Pelman, Grenzen, S. 444.
166 Vgl. Ribbert, Begriff.
167 Weindling, Health, S. 147, anders (»pathologist«), S. 234.
168 Vgl. Valette St. George, Samenkörper; Douglas, La Valette St. George.
169 Vgl. Valette St. George, De spermatosomatum; ders., Spermatogenese.

dung« entstand unter seiner Anleitung 1882 eine medizinische Dissertation zum Dotterkern als Bestandteil der Eizelle, worin diese strukturelle Gemeinsamkeit von wirbellosen Tieren wie Schnecken und Spinnen bis zu den Säugetieren einschließlich Mensch aufgewiesen wurde.[170]

Bald ging auch das anatomische Interesse über die rein morphologischen Fragen hinaus. Der Bonner Extraordinarius der Anatomie Moritz Nussbaum (1850–1915), der sich zuvor mit der »Differenzierung des Geschlechts im Thierreich« (1880) auseinandergesetzt hatte, widmete sich schon im September 1887 in einem Vortrag in der *Academy of sciences* zu San Francisco dem Thema Vererbung, wobei ihn in Auseinandersetzung mit Charles Darwin und August Weismann die Vererblichkeit erworbener Eigenschaften interessierte. Er kam aus seiner Annahme der »Homologie der conjugierenden Geschlechtsproducte, aus denen der neue Organismus hervorgeht«, also des dauerhaften parallelen Vorliegens mütterlicher und väterlicher Erbanteile, zu dem Ergebnis, dass die »Einwirkungen der Außenwelt« über das »fertige Individuum« als »Mittelglied« auch auf »seine Geschlechtszellen« stattfände.[171] Über die »Continuität des Keimplasma's« hinaus wäre also eine »Variabilität« durch »Wechselwirkung von eigenen und fremden Kräften« möglich, an der dann »Selection« ansetzte und entschiede, »ob die Individuen und ihre Generationsstoffe verharren, abändern oder zu Grunde gehen«.[172] Damit erkannte Nussbaum, lange Zeit vor den Modellen von Chromosomen, Genom und erst recht Epigenom, mit den Erklärungsmitteln seiner Zeit an, dass es aufgrund empirischer Gegebenheiten unabweisbar eine doppelte Vererbung über eine von den Körperzellen völlig getrennte Keimbahn und mögliche äußere Einflüsse darauf geben müsse.

Bereits der erste Bonner Psychiatrie-Ordinarius Pelman hatte sich 1896 in einem publizierten Vortrag »Rassenverbesserung und natürliche Auslese« mit der Anwendung des Darwinismus auf die Psychiatrie beschäftigt.[173] Schon seine Einleitung lässt den Wunsch nach einer rassenhygienischen Neuorientierung der Medizin in kaum überbietbarer Deutlichkeit erkennen, wenn er über das gewählte Publikationsorgan, das Centralblatt für allgemeine Gesundheitspflege, schrieb:

> »In diesen Heften ist so viel, oder richtiger bemerkt, so ausschliesslich von dem Wohle des Einzelnen die Rede gewesen, dass es kaum etwas verschlagen wird, wenn zur Abwechslung einmal auf die Gefahren aufmerksam gemacht wird, welche der Gesammtheit [!] aus dem allzu einseitigen Schutze des Einzelnen erwachsen. Gewiss sind auch die Völker und Nationen organische Lebewesen, die zu ihrem Gedeihen ebenso

170 Vgl. Schütz, Dotterkern, S. 18.
171 Nussbaum, Vererbung, S. 22.
172 Ebd., S. 23.
173 Vgl. Pelman, Rassenverbesserung.

> wie das einzelne Individuum günstige Bedingungen, Regen und Sonnenschein zur gegebenen Zeit erfordern, die wie jenes wachsen und gedeihen, altern und vergehen. Während aber das einzelne Individuum und ebenso die politische Nation ein Auf- und Abgehen zeigt, kann sich die Rasse im ganzen Verlaufe ihrer Geschichte von diesem Verfalle frei erhalten. Was dort organisch bedingt ist, das Altern des Individuums, ist es hier nicht, und so sehen wir u.A., wie die Juden als Nation zu Grunde gegangen, als Rasse aber bis auf den heutigen Tag eine der begabtesten geblieben sind. Immerhin aber wird es auch für die Rasse nöthig sein, gewisse Gefahren zu erkennen und zu vermeiden, wenn sie nicht endlich den Schädlichkeiten unterliegen und zu Grunde gehen will.«[174]

Pelman sah in diesem »Conflict zwischen den humanitären und socialistischen Forderungen des Tages und dem Rassenwohle«[175] die hauptsächliche Aufgabe in der entsprechend zu entscheidenden Elternschaft, denn »wie der Staat den Vater zwingen kann, sein Kind in die Schule zu schicken, so muss er auch das Recht haben, ihm die Ehe mit einer minderwerthigen Frau zu verbieten.«[176] Zustimmend zitierte er deshalb den Eugeniker Haycraft in der Frage der Degeneration durch medizinische Rettung des Schwachen: »Auf dem Boden einer verständigen Auslese der Eltern des künftigen Geschlechtes werden wir auch nichts mehr von der Pflege zu fürchten haben, welche die moderne Kultur und die Hygiene dem Individuum gewähren. Wenn die Gemeinschaft die Auslese selbst ausübt, wird der auslesende Einfluss der Mikroorganismen von Scharlach, Keuchhusten und Tuberkulose entbehrlich«.[177]

Bei Pelmans Nachfolger Alexander Westphal (1863–1941; Bonner Ordinarius 1904–1928)[178] trat das wissenschaftliche Interesse an Vererbung als Krankheitsursache gegenüber dem an infektiösen und psychogenen Ursachen völlig in den Hintergrund, ebenso überhaupt das Interesse an Ätiologie gegenüber dem an Symptomatik.

Anders sah es zeitgleich in der Bonner Pathologie aus. Schon auf seinen Lehrstühlen vor Bonn hatte sich der Pathologe Ribbert mit Vererbung beschäftigt, so in Zürich 1894 in einem *Review*,[179] in Marburg 1902 in einer Kaisergeburtstagsrede[180] und in Göttingen 1904 mit einer einschlägigen Publikation.[181] Dabei ließ er eine starke Neigung zur Konstitutionspathologie erkennen. Dieser zunächst für den deutschen Sprachraum charakteristische Ansatz hatte eine doppelte Wirkungsgeschichte: In der Betonung vererbter und rassischer

174 Ebd., S. 3.
175 Ebd., S. 5.
176 Ebd., S. 13.
177 Ebd., S. 17.
178 Vgl. Eintrag Westphal, Alexander, in: Kreuter, Lexikon Bd. III, S. 1561–1565.
179 Vgl. Ribbert, Anschauungen.
180 Vgl. ders., Vererbung.
181 Vgl. ders., Krankheiten.

Merkmale unter anderem der Immunität kann sowohl ein – später als problematisch empfundener – erbbiologischer Bruch mit der liberal-universalistischen pathologischen Tradition eines Rudolf Virchow als auch eine zukunftsweisende weitere Kampfansage an die monokausale Krankheitstheorie der Bakteriologie gesehen werden. Während seines Bonner Ordinariats wurde Ribbert Mitglied der 1905 gegründeten Gesellschaft für Rassenhygiene[182] und verfasste »in dem Kampfe gegen die Rassekrankheiten« 1910 – als erhoffte »brauchbare Waffe« – aus einem Vortrag vor dem Rheinisch-westphälischen Frauenverein »[e]ine gemeinverständliche Darstellung« der »Rassenhygiene«[183]. Dabei gehörte er zu denjenigen, die Rassenhygiene nicht rassistisch auf eine bestimmte Rasse in ihrem »Kampfe ums Dasein« beschränkt wissen wollten, sondern verstand darunter ausdrücklich »die Vermeidung und Beseitigung der Krankheiten, die der gesamten menschlichen Rasse oder die allen einzelnen Rassen in gleicher Weise gefährlich werden können«.[184] Das Ziel war, »die Geburt neuer Minderwertiger nach Möglichkeit zu verhindern«, indem »wir die schon kranken Individuen verhindern, sich fortzupflanzen«, vor allem nach US-Vorbild durch »Eheverbote« für »ausgesprochene Geisteskranke, Gewohnheitsverbrecher, Säufer, schwer Tuberkulöse«, aber auch – »bei minder schweren Erkrankungen« – für »Grenzfälle«.[185] Mangels gesetzlicher Eheverbote müsse es zunächst darum gehen, die Bevölkerung aufzuklären und Kranke oder ihre Angehörige von der Heirat abzuhalten versuchen, weil es »ein Unrecht, ja vielfach geradezu ein Verbrechen ist, Kinder in die Welt zu setzen, die von Hause aus krank sind« – dies sei »nicht viel anders, als wenn Eltern ihre zunächst gesund geborenen Kinder künstlich und absichtlich krank machen wollten«.[186] In »Ergänzung des Eheverbotes« müsste dann »gewissen Gruppen erblich belasteter Menschen überhaupt die Gelegenheit zur Erzeugung von Kindern« genommen werden, wobei Ribbert als Mittel die »dauernde Internierung«, sei es durch Anstaltsunterbringung, Gefängnis oder Verschickung in »bestimmte Kolonien«, empfahl. Die weiteren Möglichkeiten, nämlich »die kranken Individuen zu kastrieren« oder bei Frauen abzutreiben, wurden ohne eine eigene Stellungnahme dazu erwähnt.[187] Zwei Jahre später bezeichnete er Kastration und Sterilisation schon als »[b]esonders wirksam« und verwies auf ihre Durchführung an »›Sträflingen‹, […] Blödsinnigen und Schwachsinnigen« in den USA und der Schweiz.[188] Mangels entsprechender gesetzlicher Grundlagen in Deutschland für

182 Vgl. Weindling, Health, S. 147.
183 Ribbert, Rassenhygiene.
184 Ebd., S. 6; vgl. Proctor, Hygiene, S. 21.
185 Ribbert, Vererbung, S. 61 f.
186 Ebd., S. 63.
187 Ebd., S. 64.
188 Ders., Bedeutung, S. 175.

Eheverbote und Unfruchtbarmachung forderte Ribbert schon damals, ins »Volksbewußtsein« zu bringen, »daß niemand in die Ehe treten sollte, ohne den Arzt zu Rate zu ziehen«.[189] Die darwinistisch-evolutionistische Sicht bestimmte damit zunehmend auch Ribberts allgemeine theoretische Beschäftigung mit Krankheit, es ging immer weniger um den einzelnen als um die Menschheit. Dass Ribberts Beitrag zu dieser Strömung als überdurchschnittlich bedeutsam angesehen wurde, zeigte sich unter anderem an einer 1918 in New York erschienenen englischsprachigen Übersetzung[190] durch den englischen sozialistischen Arzt Maurice Eden Paul und seine Frau, die ebenso Karl Marx' Kapital übertragen hatten. Ribberts früher Tod 1920 an den Folgen verschiedener Krankheiten, die er sich wohl im Sektionssaal zugezogen hatte,[191] verhinderte, dass sich eventuell weitere politische oder wissenschaftliche Konsequenzen aus seiner rassenhygienischen Perspektive ergeben konnten.

Praktisch umgesetzte eugenische Konsequenzen aus der Vererbung psychischer Krankheitsdisposition zog wenig später ein Psychiater der Bonner Universität, der damalige Oberarzt Arthur Hübner (1878–1934; Bonner Ordinarius 1929–1934),[192] mit seiner Eheberatung. Bereits an der Degenerationsdebatte der Vorkriegszeit hatte er sich beteiligt, wobei er sich 1913 auf den Aspekt der »degenerativen Charakterveranlagung« unter Ausklammerung der »Degenerationspsychosen« konzentrierte und mit den meisten Autoren eine »außerordentlich starke erbliche Belastung« annahm.[193] Trotzdem hielt er eine »Therapie« einzelner »Symptome« für möglich, zum Beispiel der »Onanie« durch »körperliche Beschäftigung«, darunter »kühle Waschungen«, und »kleine Bromgaben«, nicht aber bei »ausgesprochenen Homosexuellen«, bei denen weder »Verehelichung« oder »Kastration« noch »Hypnose« wirklich helfen könnten.[194] Auch in seinem »Lehrbuch der forensischen Psychiatrie« (1914) betonte er einerseits die »Bedeutung der erblichen Belastung«, sah aber andererseits beim erblich bedingten »Psychopathen« in den »Charaktereigenschaften« nur das »Fundament«, auf dem sich »nun weitere, schwere Störungen aufbauen« können, so dass »Haft«, »unglückliche Liebesgeschichte oder ähnliches (Vermögensverluste)« ihn »geisteskrank« machen könnten.[195] Übrigens betonte Hübner hier wie in der Degenerationsdebatte auch positive Seiten, dass nämlich diese »eigenartige Veranlagung« dem Psychopathen auch »zum Vorteil« gereichen

189 Ebd., S. 181.
190 Vgl. Ribbert, Heredity.
191 Vgl. Mettler, Ribbert, S. 10.
192 Vgl. Eintrag Hübner, Arthur, in: Kreuter, Lexikon Bd. II, S. 618f.
193 Hübner, Pathologie, zit. nach dem Sonderdruck, S. 1f.
194 Ebd., S. 12–16.
195 Ders., Lehrbuch, S. 84f.

könnte, wenn »die äußeren Umständen [...] besonders günstig« lägen,[196] und dass »es unter den Degenerierten auch geistig sehr hochstehende Menschen gibt«, denen mancher »Kulturfortschritt« zu verdanken ist, die »unter den schaffenden und ausübenden Künstlern [...] zahlreich vertreten« sind und in deren Reihen »viele von denen, die, wie Nietzsche sagt, ›neue Werte auf neue Tafeln schreiben‹, gehören«.[197] Im Lehrbuch zeigte Hübner schon ein ausgesprochenes Interesse am »Familienrecht der Geistesgestörten« und vertrat die Meinung, dass bei »Geistesschwachen [...], namentlich bei ruhigen, harmlosen, leicht schwachsinnigen Menschen« Eheschließung zu befürworten sei, nicht aber, wenn »in der Familie des anderen Teils erbliche Belastung« vorliegt, da dann die »Gefahren für die Nachkommen« zu groß seien.[198] In den Lehrbuchpassagen zum Tropenkoller verrät Hübner eine ausgeprägt rassistische Gesinnung, wenn er von der »Faulheit, Verlogenheit, Hinterlist und Unehrlichkeit der Neger« spricht, gegen die der Europäer eingreifen müsse.[199] Nach dem Ersten Weltkrieg wandte sich Hübner noch stärker der Verhütbarkeit einer Vererbung krankhafter Anlagen zu, wobei dieses Thema immer nur als eine negative Folge ungünstiger Ehen neben vielen anderen wie Ausbeutung, »Brutalitäten« oder »Ausschweifungen« auftrat.[200] Selbst in seinem Beitrag »Über Eheberatung« in der neuen »Zeitschrift für Volksaufartung und Erbkunde« (1926) ging es trotz des Titels des Publikationsorgans nur zum kleineren Teil um die Verhinderung von schwer krankem Nachwuchs, weitaus mehr um die von unglücklichen Ehen, deren Qualität er im Hinblick auf Scheidungsrate, Suizide, »ehewidriges Verhalten« sowie auf »Krankheit, wirtschaftliche Not und Unfrieden« maß.[201] Seine Beispiele für »minderwertige Nachkommenschaft« betrafen nicht solche schweren geistigen oder körperlichen Krankheiten beziehungsweise Behinderungen, die heute humangenetische Beratung und Pränataldiagnostik beschäftigen. Es ging vielmehr um Syphilis und sozial deviantes Verhalten wie Verkehr »in homosexuellen Kreisen«, »Streitigkeiten«, »Schulden«, Alkoholmissbrauch, unstetes Leben, Konflikte mit der Polizei und Entmündigung wegen »Geistesschwäche«, weshalb er fragte, ob ein so geführtes Leben »wirklich lebenswert« sei und »diese Menschen nicht eine Last für sich selbst, für die Volksgemeinschaft und die Familie« seien. Hübners Forderung, dass »jeder Ehekandidat zum Berater« solle, erwies sich als nicht zukunftsträchtig. Schon für die Zeit ab 1927 ist rückblickend vom »erkennbaren Scheitern der 1926 in Preußen eingeführten eugenischen Eheberatung« und einer »verstärkte[n] Hinwendung zu einer eu-

196 Ebd., S. 85.
197 Ders., Pathologie, Sonderdruck, S. 13.
198 Ders., Lehrbuch, S. 500.
199 Ebd., S. 979.
200 Ders., Eherecht, S. 6.
201 Ders., Eheberatung.

genisch indizierten Sterilisationspolitik« die Rede.[202] Entsprechend nahm Hübner 1932 als Experte an der entscheidenden Sitzung des Preußischen Landesgesundheitsrates zum Thema »Die Eugenik im Dienste der Volkswohlfahrt« teil, auf der die Grundlagen für ein eigenes Sterilisationsgesetz zur straffreien freiwilligen Unfruchtbarmachung aus eugenischen Gründen gelegt wurden.[203] Weiterhin publizierte Hübner auch zur einschlägigen Eheberatung.[204]

Eine solche Ausrichtung auf die Volksgesundheit statt auf das Individuum scheint jedoch bis dahin keineswegs völlig selbstverständlich für die Mitglieder der Bonner Fakultät gewesen zu sein. Während der Gerichtsmediziner Friedrich Pietrusky (1893–1971, Bonner Ordinarius 1930–1942)[205] später als Beisitzer des Erbgesundheitsobergerichts Köln Zwangssterilisationen aus eugenischen Gründen aktiv vertrat,[206] hatte er vor 1933 im wissenschaftlichen Diskurs die Sterilisation und Kastration nur als individuelles »Heilmittel« für verschiedene Störungen, insbesondere bei Sexualverbrechern, empfohlen, wobei er noch ausdrücklich die Absicht ausgeschlossen hatte, »Regeln aufzustellen, wann die Kastration oder Sterilisation vorgenommen werden soll oder nicht«.[207]

Vererbung spielte als Fragestellung der Medizin über den Kreis der Rassenhygieniker beziehungsweise der eugenischen Anliegen hinaus eine zunehmende Rolle, weil das Wissen über das Zusammenwirken externer und interner Krankheitsfaktoren die Grundlage möglicher präventiver und therapeutischer Interventionen auch beim bereits geborenen Individuum bildete. Wiederum in der Psychiatrie bot der außerordentliche Professor Otto Löwenstein (1889–1965),[208] der aufgrund seiner bereits 1926 erfahrenen Diskriminierung als Konvertit aus dem Judentum und seiner sozialpolitischen Orientierung einer nationalistischen Rassenhygiene unverdächtig war, seit 1925 bis zu seiner Vertreibung 1933 jedes Wintersemester eine Vorlesung über »Die Vererbung geistiger Eigenschaften und geistiger Erkrankungen« an – »mit Lichtbildern bzw. Demonstrationen«.[209] Welche Positionen Löwenstein hier in der Vererbungsfrage und ihren praktischen Konsequenzen eingenommen hat, ist schwer zu bestimmen, weil nach seinen Angaben das Manuskript der Vorlesung verloren gegangen ist.[210] Löwenstein begründete das »psychiatrisch-erbbiologische Archiv in Bonn«, das auf Grundlage der von 1820 bis 1880 an der »Irrenanstalt

202 Vossen, Eugenik, S. 106.
203 Vgl. ders., Gesundheitsämter, S. 167.
204 Vgl. Hübner, Psychiatrische Eheberatung.
205 Vgl. Schleyer, Medizin, S. 173.
206 Vgl. Forsbach, Fakultät, S. 120, sowie den nachfolgenden Beitrag von Hofer und den Beitrag von Forsbach in Bd. 2 dieser Festschrift.
207 Pietrusky, Kastration, S. 178.
208 Vgl. Loewenfeld, Lowenstein; Waibel, Löwenstein; dies., Jugendpsychiatrie.
209 Ebd., S. 59f.
210 Ebd., S. 57.

Siegburg« angelegten Krankengeschichten mit über 8.000 Aktenstücken im Jahre 1928 bereits circa 120, teilweise über acht Generationen reichende Stammbäume von Familien psychiatrischer Patienten erstellt hatte.[211] Löwensteins in mehreren Publikationen und Vorträgen belegbares Interesse an der Zwillingsforschung, auch »im Hinblick auf die Probleme der Erziehbarkeit«, spricht für eine zunehmende wissenschaftliche Beschäftigung mit ererbten Faktoren, ebenso die häufige Verwendung des Begriffs »Konstitution« ab 1927.[212]

Sozialhygiene, Demographie, Säuglings- und Kindergesundheit

In theoretischer Differenz, keineswegs aber politischer Unvereinbarkeit zur Vererbungslehre und Rassenhygiene stand die Sozialhygiene, die sich auf die sozialen Ursachen und damit sozialen Verhütungsmöglichkeiten von Krankheit konzentrierte. Bonn mit seiner vergleichsweise bescheidenen Industrialisierung und Stadtgröße war kein Schwerpunkt krankheitsverursachenden sozialen Elends. Entsprechend wurden Berlin mit Ärzten wie Alfred Grotjahn und Adolf Gottstein sowie für das Industriegebiet an Rhein und Ruhr Düsseldorf mit Ludwig Teleky (vorher Wien) und Arthur Schlossmann (vorher Dresden) die deutschen Zentren dieses medizinischen Ansatzes, der sich begrifflich schon auf das Frankreich des frühen 19. Jahrhunderts zurückführen lässt.[213] In den umfangreichen »Bibliographischen Jahresberichten über Soziale Hygiene, Demographie und Medizinalstatistik«, die von Grotjahn und Kriegel herausgegeben wurden, sind Bonner Fakultätsangehörige mit einer Ausnahme nicht vertreten.[214] Doch die Ideen der Sozialhygiene, deren »Gesellschaft für soziale Medizin, Hygiene und Medizinalstatistik« im Jahr 1905 zeitgleich mit der für Rassenhygiene gegründet worden war, hatten vor allem im Hinblick auf die hohe Säuglings- und Kindersterblichkeit auch an der Bonner Universität bereits eine Vorgeschichte. Schon als dieses Gesundheitsproblem Ende des 19. Jahrhunderts in statistisch-demographischen Erhebungen zunächst in den Industrienationen deutlich wurde, wandten sich verschiedene Bonner Fachvertreter seinen möglichen Ursachen zu.

Neben älterem Interesse an Infektionskrankheiten widmete sich nun der Hygieniker Finkler dem Thema Ernährung. Ausgangspunkt war der konstatierte Eiweißmangel breiter Bevölkerungsteile, für den Finkler zwei Lösungsansätze entwickelte. Der erste war die Gewinnung von Eiweiß als »Tropon« – nicht zu

211 Löwenstein, Archiv.
212 Vgl. das Schriftenverzeichnis in Waibel, Jugendpsychiatrie, S. 173–177.
213 Vgl. Ferdinand, Sozialhygiene.
214 Vgl. zum Beispiel Grotjahn/Kriegel, Jahresbericht, auf über 250 Seiten nur Westphal als Mitbearbeiter der 4. Auflage des Lehrbuchs der Psychiatrie.

verwechseln mit dem gleichnamigen Karbozyklid C_7H_6O – aus tierischen und pflanzlichen Ausgangsstoffen, was die Brüder Finkler zur industriellen, jedoch nicht dauerhaft erfolgreichen Produktion in den dazu gegründeten Troponwerken (ab 1969 zu Bayer gehörig) im damals noch nicht zu Köln eingemeindeten Mühlheim führte.[215] Der andere Ansatz war »Die Verwertung des ganzen Korns zur Ernährung«, womit er den Müllerei-Grundsatz, dass das Mehl für den Menschen und die Kleie für das Vieh sei, in Frage stellte.[216] Er propagierte das so genannte »Finalbrot« als neuen Typ des »Vollkornfeinbrots«, das gegenüber den bisherigen Arten des »Vollbrots« beziehungsweise »Vollkornbrots« durch einen geringeren Proteinverlust gekennzeichnet wäre, weil es auch Inhaltsstoffe der ansonsten unverdaulichen Kleie aufschlösse.[217]

Ein anderer Ursprung von Säuglingsfürsorge und -ernährung lag in der Entwicklungsgeschichte der Kinderheilkunde, die eine Antwort auf die hohe Krankheitslast und Sterblichkeit dieser Lebensphase bildete. Nachdem der Bonner Internist Johann Harless schon 1826 eine eigene Kinderklinik einrichten wollte und dies – wie an vielen Orten – am Widerstand des Direktors der Medizinischen Klinik gescheitert war, sollte es fast ein Jahrhundert, bis 1924 dauern, bis eine Kinderklinik eröffnet werden konnte. Dabei hatte sich schon 1864 eine eigene Kinderpoliklinik entwickelt, in der Kreisphysikus Emil Ungar (1849–1934, Bonner Ordinarius 1920/21), 1883 für »Staatsarzneikunde und innere Medizin« habilitiert,[218] neben seinen rechtsmedizinischen Aufgaben und Interessen engagiert und erfolgreich mit seinen Studenten etwa 2.500 Kinder pro Jahr behandelte. Ihm gelang auch in der Medizinischen Klinik die Einrichtung einer Kinderstation 1891 und einer Säuglingsstation 1909, dazu 1894 einer Abteilung am neuen St. Marien-Hospital.[219] In seinen vergleichsweise wenigen pädiatrisch ausgerichteten Publikationen beschäftigte sich Ungar mit Fragen infektiöser Erkrankungen, so der Therapie des Keuchhustens[220] und den Schutzimpfungen,[221] außerdem ist sein 1883 publiziertes Gutachten zu den sanitären Verhältnissen des Bonner Gymnasiums zu nennen.[222] Ungar hatte sowohl in seinem gerichtsmedizinischen als auch seinem kinderärztlichen Engagement Nachfolger, denen die soziale Dimension der Medizin wichtig war. Der Lehrauftrag für »soziale Medizin«, seit 1911 an einen Kliniker vergeben, wurde mit

215 Vgl. Finkler, Eiweissnahrung; WZ, Tropon, in: Deutsches Ärzteblatt 94 (1997), A – 2763.
216 Vgl. Finkler, Verwertung, S. 1.
217 Ebd., S. 33–37.
218 Vgl. Preuß/Madea, Ungar.
219 Vgl. Höpfner, Krankenhausgeschichte, S. 88, S. 153.
220 Vgl. Ungar, Keuchhusten.
221 Vgl. ders., Schutzimpfungen.
222 Vgl. ders., Gutachten.

der Berufung von Viktor Müller-Heß (1883–1960, Bonner Ordinarius 1922–1930) auf den Lehrstuhl für gerichtliche Medizin an diesen übertragen.[223].

Noch entschiedener sozialmedizinisch wirkte Ungars kinderärztlicher Nachfolger Bruno Salge (1872–1924, Bonner Ordinarius 1920–1924),[224] der schon in Berlin eine Säuglingsfürsorgestelle geleitet hatte, 1906/07 als Nachfolger des renommierten Sozialmediziners Arthur Schlossmann Direktor des Säuglingsheims in Dresden gewesen war, und mit diesem später die Zeitschrift für Säuglingsfürsorge herausgab. Jetzt war er durch den verlorenen Krieg von der Direktion der zuvor größten Kinderklinik des Deutschen Reichs in Straßburg abgesetzt worden.[225] Salge hatte sich nach Studien zu Hysterie und Infektionskrankheiten wiederum schwerpunktmäßig mit der Ernährung und ihren Störungen beschäftigt, vor allem beim Säugling. Dabei spielte der »Mehlnährschaden« durch Eiweiß- und Fettmangel bei reinem Getreidebrei eine zentrale Rolle,[226] wofür er die Einführung der Buttermilch als Heilmittel empfohlen hatte.[227] Besonders breitenwirksam wurde Salge durch ein »Therapeutisches Taschenbuch für die Kinderpraxis« (1905 bis 1920 in acht Auflagen) und eine »Einführung in die (moderne) Kinderheilkunde« (1909 bis 1920 in vier Auflagen), die auch ins Polnische übersetzt wurde. Bonn verdankt ihm die erste eigene Kinderklinik. Denn nachdem die bereits 1913 zu diesem Zweck vermachten 1,5 Millionen Mark durch die Inflation wertlos geworden waren, konnte kurz vor Salges Tod an Nierenversagen 1924 ein renovierter vorheriger kirchlicher Bau in der Lennéstraße als Helenen-Hospital eröffnet werden.

Die Sterblichkeitsstatistiken, die durch ihre Variabilität eine hohe Abhängigkeit von sozialen Umständen verrieten, ließen auch andere klinische Fächer nicht unbeeindruckt. Otto von Franqué, der sich als Geburtshelfer vor dem Weltkrieg mit Säuglingssterblichkeit und ihrer Bekämpfung durch Institutionen[228] sowie im Krieg mit dem Geburtenrückgang beschäftigt hatte,[229] wandte sich mit Kriegsende den Auswirkungen auf die mütterliche Gesundheit zu[230] und machte beide Fragenkreise zum Gegenstand seine Antrittsrede als Bonner Rektor 1922.[231] Die Rede war neben dem statistischen Aufweis der Auswirkungen des Krieges auf Geburtenzahl, Mortalität und Morbidität von Müttern und

223 Vgl. Schleyer, Medizin, S. 172; die Angabe dort, Ungar sei noch im Jahr seiner Ernennung zum ordentlichen Professor 1920 verstorben, trifft nicht zu, er wurde aus Altersgründen mit über 70 Jahren in den Ruhestand versetzt.

224 Vgl. Gött, Salge.

225 Vgl. Langstein, Salge.

226 Vgl. Salge, Pathologie.

227 Vgl. ders., Säuglingsmilch.

228 Vgl. Franqué, Entbindungsanstalten.

229 Vgl. ders., Geburtenrückgang.

230 Vgl. ders., Kriegsfolgen.

231 Vgl. ders., Nachkriegszeit.

Kindern mit Attacken gegen die physischen und sittlichen Auswirkungen von »Hungerblockade und Revolution« gespickt und endete mit der Zitierung des Bonner Ehrendoktors Thomas Mann für einen »Traum« von »Deutschland als Kultur«, der für Franqué »an den herrlichen Augusttagen des Jahres 1914« schon einmal Wirklichkeit gewesen war. Seine Schlussfolgerungen aus den Statistiken zu Todgeburten, Geschlechtskrankheiten, Geburtskomplikationen und Wochenbetterkrankungen waren zum einen die »Wahrheit der Worte eines Geburtshelfers [...]: Das Gebärbett ist das Schlachtfeld der Frau!«, zum anderen die Erkenntnis: »Für die Kinder ist die Geburtsgefahr durch die Not der Zeit nicht erhöht worden, wohl aber für die Mütter.«[232] Die Ursachen sah er jedoch nicht so sehr in den verschlechterten Lebensbedingungen, sondern in der verschlechterten geburtshilflichen Versorgung, denn bei den Klinikgeburten hätte es keine erhöhte Sterblichkeit gegeben.

Einen viel beachteten Beitrag zur Sozialhygiene leistete in Bonn auch die Zahnmedizin. Ihr Begründer Günther war zusätzlich zur operativen Tätigkeit durch Publikationen zur »Zahn- und Mundpflege« in den Volksschulen hervorgetreten. Diesem damals zunehmenden Interesse entsprechend, verstärkte sich mit den nächsten beiden Leitern des Bonner zahnärztlichen Universitäts-Instituts, Max Eichler (1855–1917, in Bonn ab 1897) und Alfred Kantorowicz, das Interesse an Gesunderhaltung statt Reparatur noch einmal erheblich. Beide hatten sich zuvor mit Bakteriologie beschäftigt, Eichler anfänglich auch Chemie studiert. So wurde die Mikrobiologie der Mundhöhle als zentrales Arbeitsgebiet zur Kariesprophylaxe ein wissenschaftlicher Schwerpunkt der Zahlheilkunde in Bonn. Eichler erreichte, was Günther zuvor lange erbeten hatte, nämlich eine eigene Einrichtung zur Schulzahnpflege, die 1912 als Schulzahnklinik begonnen wurde. Kantorowicz' Engagement in der Schulzahnpflege wurde als »Bonner System« rezipiert und umfasste unter anderem die Behandlung frühester Schäden am Zahn, die Gabe von Vitamin D zur Verhütung und Behandlung von Rachitis sowie das mobile schulzahnärztliche Team. Zu seinem Interesse an Vorbeugung gehörte nicht nur die Verhinderung von Karies, sondern auch die Kieferorthopädie, wofür seine frühere Zeit als Voluntärassistent in der Bonner Chirurgie 1907/08 besonders hilfreich war.

Sozialhygienisches Engagement im Bereich psychischer Gesundheit verraten Löwensteins in den Sommersemestern gehaltenen Spezial-Vorlesungen »Soziale Fürsorge in Einzelvorträgen: Kampf gegen den Alkoholismus« (1925 und 1926), »Die seelischen Abarten des Kindesalters im Hinblick auf die Ziele der path. Pädagogik« (1927 und 1928) und »Pathopsychologie des Kindesalters« (1931 und 1932, für 1933 nur noch angekündigt). Sie waren, wie auch die schon erwähnte Vorlesung über Vererbung, offen »für Hörer aller Fakultäten«, sollten

232 Ebd., S. 16, S. 20.

Abb. 4: Alfred Kantorowicz, Zahnheilkunde

also über den Bereich der Medizin hinaus beispielsweise auch zukünftigen Lehrern zu Gute kommen.

Bakteriologie und Infektionskrankheiten

Nicht zuletzt dadurch, dass sich die Förderung der Bakteriologie im Kaiserreich und speziell in Preußen sehr stark auf Robert Kochs Berliner Institut für Infektionskrankheiten konzentrierte, konnte Bonn keine Hochburg mikrobiologischer Forschung werden. Dabei war in Bonn schon fast ein Jahrzehnt, bevor Koch 1876 mit seinem experimentellen Nachweis der Milzbrandverursachung durch belebte Erreger dieser Theorie zum Durchbruch verhalf, ein ganz andersartiger experimenteller Beleg für die Erregertheorie geliefert worden. Der

Pharmakologe Carl Binz (1832–1913, Bonner Ordinarius 1873–1908)[233] hatte 1867 gegenüber der herrschenden Lehrmeinung, die schon lange bekannte spezifische Heilwirkung des Chinins bei Malaria beruhe auf einer Wirkung am Nervensystem, den Effekt dieses Mittels auf einzellige Organismen gezeigt und daraus auf die Verursachung der Malaria durch solche Kleinstlebewesen geschlossen.[234] Doch ein Pharmakologisches Institut, wie er es mit dem Rückenwind dieses Erfolges 1869 in Bonn gründete, konnte mit seinem zwangsläufigen Interesse an Stoffen kein geeigneter Ausgangspunkt für eine Ausdehnung von Forschung zu Krankheitserregern sein.

Auch die Bonner Geburtshilfe ging schon früh den ersten Schritt in Richtung Keimbekämpfung. In den 1860er Jahren gehörte ihr Ordinarius Veit zu den noch wenigen, die sich den damals umstrittenen Beobachtungen und Schlussfolgerungen von Ignaz Semmelweis über die Verursachung und mögliche Verhütung des Kindbettfiebers anschlossen.[235] In der Chirurgie, die es in der Ära vor Anti- und Asepsis mit vielen und schwersten Infektionen zu tun hatte, berichtete Busch als offenbar weltweit Erster schon 1866, dass Hautinfektionen die Größe einer Geschwulst vermindern können.[236] Diese Beobachtung überprüfte er ein Jahr später und kam zu dem Schluss, dass eine Entzündung einen zellreichen Tumor zur Verkleinerung bringen konnte.[237] Er gilt daher vielen als Pionier der Immuntherapie von Tumoren und hat deshalb auch die Würdigung erfahren, dass die neue Phase I-Station am Bonner Institut für Klinische Chemie und Pharmakologie, in der neuartige Therapieverfahren am Menschen getestet werden, 2010 nach ihm benannt wurde. Auch andere Bonner Chirurgen widmeten sich später in innovativer Weise dem Geschehen bei Infektionen. So beschrieb 1890 Max Schede (1844–1902; Bonner Ordinarius 1895–1902) zur Behandlung der Eiteransammlung in der Brusthöhle, dem Pleuraempyem, die von und manchmal auch nach ihm benannte »Thorakoplastik«, eine Entfernung der Schwarte, Rippen und Muskeln mit Deckung des Defekts durch Weichteile.[238]

Von allen Fächern betraf die neue Erregertheorie die Hygiene am stärksten. Ihr erster Bonner Fachvertreter Carl Maria Finkelnburg (1832–1896)[239] war für dieses Fachgebiet 1872 zum Extraordinarius ernannt worden, nachdem er sich ursprünglich für Psychiatrie und gerichtliche Medizin habilitiert hatte. 1876 wurde er als Experte für medizinische Statistik und die britische öffentliche Gesundheitspflege an das neu gegründete Kaiserliche Gesundheitsamt nach

233 Vgl. Domenjoz, Binz.
234 Vgl. Binz, Chininwirkung.
235 Vgl. Schmiz, Medizin, S. 20.
236 Vgl. Busch, Erysipeln.
237 Vgl. ders., Geschwülsten.
238 Vgl. Redwitz, Schede.
239 Vgl. Schäfer, Finkelnburg; Kleinpass, Finkelnburg.

Berlin berufen, wo er aber schon 1880 aufgrund interner Querelen um seine Versetzung in den Ruhestand bat, um nach Bonn zurückzukehren.[240] Bleibende Frucht seiner Berliner Zeit war die anschließende anhaltende Beschäftigung mit bakteriologischen Nachweismethoden, die er bei Epidemien von Scharlach in Köln und von Unterleibstyphus im Kreis Ahrweiler, aber auch zum Vergleich der Cholera-Erreger aus den asiatischen, Pariser und Hamburger Epidemien einsetzte.[241] Obwohl Finkelnburg die Erreger nach Wachstum auf verschiedenen Nährböden, bei verschiedenen Temperaturen und Sauerstoffkonzentrationen, in unterschiedlichen Formen, Geschwindigkeiten und Stoffwechselaktivitäten minutiös differenzierte, behielt er immer auch die prädisponierenden Faktoren beim Menschen im Blick, die für eine bakterielle Erkrankung verschieden anfällig machen. Finkelnburg konnte für diese Forschungen und auch für den ersten bakteriologischen Kurs 1890/91 zunächst nur das Labor des pathologischen Instituts benutzen,[242] denn seine Anträge auf Einrichtung eines eigenen bakteriologischen Labors scheiterten – trotz Unterstützung der Fakultät. Erst ein Jahr nach seinem Eintritt in den Ruhestand wurde 1893 eine bakteriologische Station errichtet.

In der Pathologie, die im In- und Ausland ebenso oft wie lange und zunächst auch in Bonn die Bakteriologie beherbergte, hatte sich damals Ribbert – neben seinem Hauptforschungsgebiet der Nierenerkrankungen – in seiner Bonner Zeit als Privatdozent und Extraordinarius mit verschiedenen Infektionen beschäftigt, als Befund bei Obduktionen (1880 in der Hirnrinde), im Tierexperiment (1883 Tuberkulose bei Hühnern und 1886 Endokarditis bei Kaninchen) und in *Reviews* (1885 zur Lokalisierung von Infektionskrankheiten und 1886 sowie 1890 zur Tuberkulose).[243] Entsprechend gab es damals auch in der Pathologie schon sehr früh, zeitgleich mit der Hygiene, eine Vorlesung über »Infektionskrankheiten«.[244] Seit 1887 verlagerte sich, für einen Pathologen naheliegend, Ribberts Interesse zunehmend vom Erreger über seine Abschwächung und sein Absterben[245] hin zur Immunität des Wirtsorganismus[246] und zur Heilung.[247] Als Bonner Ordinarius publizierte Ribbert dann nur noch bis 1906 und später ein einziges Mal 1918 über die Tuberkulose mit ihren markanten Gewebeveränderungen, wobei er als ausgesprochener Vertreter der »Dispositionslehre« wahrgenommen

240 Vgl. Hüntelmann, Hygiene, S. 69f., S. 83.
241 Vgl. Schäfer, Hygieniker, S. 80–89.
242 Vgl. Schmiz, Medizin, S. 87.
243 Die Publikationsdaten beziehen sich auf die Publikationsliste in Mettler, Ribbert, S. 99–122.
244 Vgl. Schmiz, Medizin, S. 87.
245 Vgl. Ribbert, Schimmelpilze.
246 Vgl. ders., Immunität.
247 Vgl. ders., Anatomie.

wurde.[248] Darüber hinaus war in Bonn wie an vielen anderen Universitäten die Frage, wo die Bakteriologie zu verorten wäre, schön längst zugunsten der Hygiene entschieden worden.

Deren zweiter Vertreter, Dittmar Finkler (1852–1912, Bonner Ordinarius 1895/98–1911),[249] machte sich als ausgesprochen klinisch orientierter Bakteriologe einen Namen, als er 1891 in einem fast 600 Seiten umfassenden Werk den infektiösen Ursprung der akuten Lungenentzündungen darlegte.[250] Nachdem sich mit Robert Kochs Arbeiten zum Milzbrand, zur Cholera und zur Tuberkulose die Lehre, dass Bakterien Krankheiten erregen können, endgültig durchgesetzt hatte, ging es nun bei vielen weiteren Krankheitsbildern um die Frage einer infektiösen Ursache – und damit auch um die Frage ihrer Verhütung durch geeignete individuelle und staatliche Maßnahmen als Aufgabe der Hygiene. Neben späteren Arbeiten zur Ernährung blieb Finkler auch nach 1900 den Fragen von Lungeninfektionen treu und betreute eine Reihe von Dissertationen auf diesem Gebiet.

Der technisch versiertere Bonner Bakteriologe dürfte hingegen sein Mitarbeiter und kurzeitiger Nachfolger Walter Kruse (1864–1943) gewesen sein, der 1894/95 die Leitung des bakteriologischen Laboratoriums übernahm[251]. Die Erstbeschreibung des Erregers der damals im Sommer auch im Rheinland grassierenden bakteriellen Ruhr, eines gram-negativen stäbchenförmigen Bakteriums, musste sich Kruse mit dem Japaner Shiga, dem Franzosen Chantemesse und dem Italiener Celli teilen.[252] Deshalb wurde die Erregerart Shigella getauft. Kruses Name taucht nur in den landläufigen Bezeichnungen für die serologische Gruppe A, die in Tropen und Subtropen schwerste Krankheitsverläufe verursacht, als »Shiga-Kruse-Bakterium« und für die Gruppe D als »Kruse-Sonnen-Bakterium« auf, das – als in Mitteleuropa häufigstes Shigellen-Bakterium – milde Verlaufsformen, vor allem den kindlichen Sommerdurchfall, hervorruft. Durch sein Interesse am Durchfall arbeitete Kruse dann schon um 1900 zu einem Gebiet, auf dem die Bonner Hygiene heute nationale und globale Reputation besitzt, nämlich der Wasserhygiene,[253] insbesondere des Talsperrenwassers, das Kruse – im Vergleich zu Bächen – als hygienisch unbedenklich und deshalb nicht der Filtrierung bedürftiges Oberflächenwasser einstufte.[254]

Während also trotz einzelner Forschungserfolge Bonn in der Bakteriologie keine ausgesprochene Pionierfunktion hatte, blieb die mit Binz' Studien zur

248 Vgl. Haecker, Rassenhygiene, S. 234.
249 Vgl. Eintrag Finkler, Dittmar, in: Pagel, Lexikon, Sp. 505–506.
250 Vgl. Finkler, Lungenentzündungen.
251 Vgl. Schmiz, Medizin, S. 87.
252 Vgl. Stader, Parasitologie, S. 17f.
253 Vgl. Kruse, Beiträge; ders., Hygiene.
254 Vgl. ders., Beurteilung.

Chininwirkung begonnene Parasitologie eine Bonner Besonderheit.[255] Es war ein Bonner Forscher aus der Inneren Medizin gewesen, Hermann Menche, der 1882 mit dem Nachweis von Eiern des eigentlich tropischen Hakenwurms (Ankylostoma duodenale) im Stuhl die rätselhafte Blutarmut von Grubenarbeitern, die »Ziegelbrenner-Anämie« aufklärte.[256] Mit dem Nachweis von »Dysenterieamöben« als Erreger der »Tropendysenterie«, deren Zerstörung der Darmschleimhaut sich von der durch Ruhr-Bakterien unterscheidet, leistete auch Kruse einen Beitrag zur Parasitologie.[257] Es entstanden wiederholt Dissertationen zu parasitologischen Themen wie der Malaria.[258] Als eigenes Bonner Fachgebiet begründete die später erste Bonner Professorin, Maria Gräfin von Linden (1869–1936), die Parasitologie.[259] Auf Bonner Assistentenstellen ab 1899 am Zoologischen und Vergleichenden Anatomischen Institut der Philosophischen Fakultät und ab 1906 am Anatomischen Institut der Medizinischen Fakultät hatte sie zu Entwicklung und Parasitismus wirbelloser Tiere geforscht, bevor sie auf Antrag Finklers 1908 die Leitung der neugegründeten Parasitologischen Abteilung des Hygienischen Instituts übernehmen konnte. Wie sehr sie sich dort in der Erforschung pathogener Mikroorganismen qualifizierte, zeigte 1914 das Angebot, die Leitung der Bakteriologischen Abteilung in Rostock zu übernehmen, das sie jedoch trotz der dort angebotenen, in Bonn zuvor verweigerten Habilitation ablehnte. Wissenschaftlicher Schwerpunkt wurden die Parasiten allgemein und die abtötende Wirkung von Kupfer auf Mikroorganismen. Bei Meerschweinchen konnte sie durch Kupfersalze »künstlich erzeugte Miliartuberkulose« an ihrem Fortschreiten hindern.[260] Daraufhin von Finkler – und auch außerhalb Bonns – am Menschen durchgeführte Heilversuche zeigten »nicht nur örtliche Heilwirkungen, sondern eine günstige Beeinflussung der Funktionen des Gesamtorganismus«,[261] waren aber auch aufgrund geringerer Standardisierbarkeit der Verläufe und von unerwünschten Wirkungen bei höherer Dosierung weniger eindeutig.[262] Auch die Behandlung von Rundwürmern mit Kupfer, die *in vitro* und im Tierversuch wirksam war, zeigte beim Menschen gemischte Erfolge: Bei Spulwürmern durchaus, bei Hakenwürmern nicht.[263] Trotz dieser Forschungserfolge und der Abtrennung eines parasitologischen Laboratoriums vom Hygienischen Institut wurde kein eigenes Universitätsinstitut errichtet, mit

255 Vgl. Stader, Parasitologie.
256 Vgl. Menche, Ziegelbrenneranaemie, S. 164.
257 Vgl. Kruse, Dysenteriefrage.
258 Vgl. Goerbig, Pathologie.
259 Vgl. Just, Von Linden; Flecken, Von Linden; sowie den Beitrag von Dominik Geppert zum Zeitraum 1900–1918 in Bd. 1 dieser Festschrift.
260 Linden, Kupferbehandlung, S. (405) 5.
261 Dies., Wirkungen, S. 3.
262 Dies., Kupferbehandlung, S. (451) 51-(458) 58.
263 Vgl. dies., Nematodenerkrankungen, S. (478) 78-(480) 80.

von Lindens erzwungenem vorzeitigen Ruhestand 1933 endete die Institutionalisierung der Bonner Parasitologie vorerst. Es ist sicher ungewöhnlich, dass die Malaria als weltweit wichtigste, in Mitteleuropa jedoch verschwindende parasitologische Erkrankung in Bonn schwerpunktmäßig nicht nur im 19. Jahrhundert durch Binz, sondern noch einmal ab 1932 in der Pharmakologie erforscht wurde. Damals übernahm mit Werner Schulemann ein Arzt und Chemiker, der vorher in der Forschungsabteilung der I.G. Farbenindustrie das erste synthetische Malariamittel Plasmochin entwickelt hatte, eine Lehrstuhlvertretung für Pharmakologie.[264]

Über die bisher behandelten klinisch-theoretischen Institute hinaus wurde auch in verschiedenen klinisch-praktischen Fächern zu Infektionskrankheiten und ihrer Behandlung geforscht, so auch in der Inneren Medizin, wie beim Hakenwurm schon angesprochen. Obwohl keiner der Bonner Ordinarien der Inneren Medizin in Kaiserreich und Republik eine Infektionskrankheit als eigentlichen Schwerpunkt hatte, widmeten sie sich damaliger Epidemiologie entsprechend auch Typhus, Tuberkulose und Syphilis. Zu allen diesen drei Erkrankungen publizierte Hugo Ernst Rühle (1824–1888, Bonner Ordinarius 1864–1888), neben seinem hauptsächlichen Interesse an Verdauungstrakt und Stoffwechselerkrankungen.[265] Der insgesamt eher neurologisch ausgerichtete Friedrich Schultze (1848–1943, Bonner Ordinarius 1888–1918) schrieb zu Typhus, Tuberkulose und der Syphilis-Folge *Tabes dorsalis.*[266] Carl Hirsch (1870–1930, Bonner Ordinarius 1919–1930), der hauptsächlich an Herz-Kreislauf-Erkrankungen interessiert war, erforschte den *Typhus abdominalis*, was ihm im Ersten Weltkrieg die Leitung eines großen Typhuslazaretts in Stenay mit der damals niedrigen Sterblichkeit von 7,4 Prozent einbrachte.[267]

Die Syphilis als verbreitetes Gesundheitsproblem war Domäne der Dermato- und Venerologie. Nachdem schon der erste Direktor der 1882 gegründeten Klinik für Hautkrankheiten, Josef Doutrelepont (1834–1918, Direktor 1882–1910), seit 1863 Vorlesungen über syphilitische Erkrankungen gehalten hatte, ohne dass damals der Erreger bekannt war, bekam Bonn mit dem Mitentdecker des Syphiliserregers, Erich Hoffmann (1868–1959, Bonner Ordinarius 1910–1934), einen besonders prominenten Experten für diese Erkrankungen als Lehrstuhlinhaber.[268] Es war zwar schon vor seiner Bonner Zeit gewesen, dass Hoffmann 1905 als Kliniker dem Biologen Fritz Schaudinn das richtige Material für die mikroskopische Identifizierung von *Spirochaeta pallida* (später *Treponema pallidum*) zur Verfügung gestellt und so entscheidend zu seiner Erstbe-

264 Vgl. Hulverscheidt, Schulemann.
265 Vgl. Pagel, Ruehle.
266 Vgl. Hörnemann, Leben; Welte, Schultze.
267 Vgl. Jacobi, Hirsch, S. 232.
268 Vgl. Traube, Hoffmann.

schreibung wie auch weiteren Erforschung beigetragen hatte.[269] Doch dieser Ruhm und sein Interesse an dieser Krankheit begleiteten ihn sein weiteres Leben lang,[270] sogar bis über die erzwungene Emeritierung 1938 hinaus,[271] die ihn wegen regimekritischer Äußerungen trotz anfänglicher Grußadresse an Hitler traf. Von außen sichtbare Veränderungen bei Syphilis bildeten entsprechend einen Schwerpunkt der großen, bis heute erhaltenen Moulagen-Sammlung in der Bonner Hautklinik.

Aufgrund ihrer neurologischen und psychiatrischen Spätfolgen, nämlich der Nervenausfälle durch die *Tabes dorsalis* (Rückenmarksschwindsucht) und der geistig-seelischen Veränderungen durch die progressive Paralyse (Gehirnaffektion bis hin zur Demenz), wurde die Syphilis auch in diesen Fachgebieten schwerpunktmäßig untersucht. Nachdem der Psychiater Westphal schon vor seiner Bonner Zeit mehrfach zu Verursachung und Krankheitsbildern der Syphilis publiziert hatte (1893, 1895, 1897 und 1899), interessierten ihn in Bonn Diagnostik, insbesondere die »Differentialdiagnose der Dementia paralytica« (1905 und 1907), Verlaufsformen, unter anderem Psychosen (1908 und 1922) und Bewegungsstörungen (1927) bei Befall des Zentralnervensystems, der Zusammenhang mit »Pseudosklerose« (1928) sowie vegetative Symptome (1906) und stationäre Formen (1918) der *Tabes dorsalis*, und zunehmend auch die Behandlung, so die Folgen der Syphilistherapie mit Salvarsan (1911), die »Behandlung der progressiven Paralyse« allgemein (1913) und speziell mit Malaria (1928).[272] Auch sein Oberarzt und späterer Nachfolger Hübner beschäftigte sich wiederholt und grundsätzlich mit den Auswirkungen der Syphilis auf Psyche und Nervensystem, unter wechselnden Begrifflichkeiten wie »Tabes-Paralyse-Syphilis-Frage« (1906) oder »syphilogenen Erkrankungen des Zentralnervensystems« (1909), sehr ausführlich mit angeborener Lues (1917, 1922 und 1925) und ebenfalls mit Schäden durch die Salvarsanbehandlung (1922 und 1923), darüber hinaus auf seinem Spezialgebiet auch mit forensischen Syphilisfragen (1922).[273] Dabei zeigte Hübner entsprechend seiner bereits dargestellten erbbiologischen Interessen eine starke Neigung zur Betonung der Wirtsfaktoren, vertrat also die These, dass nicht so sehr das »Gift«, das heißt der Erreger selbst oder seine Produkte, sondern die angeborene (*ab ovo*) »Disposition« oder »erworbene Schädlichkeiten« der jeweiligen »Vergifteten« für das tatsächliche

269 Vgl. Hoffmann, Syphilis; ders., Syphilisforschung.
270 Vgl. ders., Fortschritte; ders., Geißel; ders., Vorträge.
271 Vgl. ders., Salvarsanforschung.
272 Die Publikationsdaten beziehen sich auf die Publikationsliste in Kreuter, Lexikon Bd. III, S. 1561–1565.
273 Die Publikationsdaten beziehen sich auf die Publikationsliste in Kreuter, Lexikon Bd. II, S. 618f.

Auftreten der Paralyse verantwortlich seien.[274] Themenverlagerung und Abnahme der Zahl von Publikationen zur Syphilis spiegeln den Rückgang der neurologisch-psychiatrisch relevanten Spätformen seit der systematischen Bekämpfung der Geschlechtskrankheiten und der Einführung der Therapie mit Arsenpräparaten wider. Als neues und vorübergehendes Phänomen beschäftigte auch die »Encephalitis epidemica«, später nach ihrem Erstbeschreiber auch »Economo-Enzephalitis« oder ihrer Symptomatik »Encephalitis lethargica« (»Europäische Schlafkrankheit«) genannt, Anfang der 1920 Jahre (1921 bis 1927) die beiden Bonner Psychiater.

Altern als individuelle Degeneration: »Der natürliche Tod ist ein Gehirntod«

Die zunehmenden Erkenntnisse und Möglichkeiten der Medizin sowie die steigende Lebenserwartung führten zwangsläufig zu der Frage nach prinzipiellen Grenzen, also der Frage danach, welche Prozesse im Alter physiologisch und damit letztlich unabwendbar und welche pathologisch und damit potentiell behandelbar oder zu verhüten wären. Noch 1890 in seiner Rede zu Kaisers Geburtstag als Rektor war der medizinische Rat, den der Physiologe Pflüger zur klassischen makrobiotischen Frage der Medizin, wie nämlich das menschliche Leben zu verlängern sei, wenig spektakulär und wissenschaftlich: »Abhalten von Schädlichkeiten und Maß in allen Dingen«.[275]

Doch der Trend zur darwinistischen Sicht der Körpervorgänge veränderte auch die Deutung des Alters. Ausgangspunkt des Pathologen Ribbert in seiner Abhandlung »Der Tod aus Altersschwäche« von 1908 war dabei die Grundannahme der Evolutionstheorie in der Fassung Weismanns, dass die Lebensdauer der »sterblichen« Körperzellen danach bemessen war, den potentiell unsterblichen, weil sich im neuen Organismus immer wieder teilenden »Keimzellen« zum Weiterleben zu verhelfen.[276] Doch nicht alle Degenerationsprozesse der Körperzellen waren für Ribbert zwangsläufig. Die »Atrophie des Protoplasmas«, also die Schrumpfung in den Zellen, führte er auf »als Produkte des Stoffwechsels aufzufassende Einlagerungen« zurück, weshalb führ ihn galt: »Krankheiten des Greisenalters, zumal die Arteriosklerose, [...] gehören aber dem Greisenalter als solchem nicht an, so häufig sie auch in ihm auftreten, sie stellen vielmehr nur Komplikationen dar. Das Greisenalter an sich ist frei von krankhaften Zuständen.«[277] Trotzdem seien wir nicht potenziell unsterblich oder für eine starke

274 Vgl. Hübner, Lues nervosa.
275 Pflüger, Rede, S. 30.
276 Ribbert, Altersschwäche, S. 6.
277 Ebd., S. 84f.

Verlängerung der Lebenszeit geeignet, denn eine Zellart stelle die Begrenzung dar, nämlich die Zellen des zentralen Nervensystems: »Von den Zellen unseres Körpers kommen für den tödlichen Ausgang direkt nur die Ganglienzellen in Betracht. Der natürliche Tod ist ein Gehirntod. Die schließlich hochgradige Atrophie der Ganglienzellen ist mit dem Leben nicht mehr vereinbar.«[278] Die Veränderung anderer Zellen trage lediglich zum Tod der Ganglienzellen bei.

Das Altern war also ein vorwiegend nervenheilkundliches Thema, was sich auch in Bonn an einem entsprechenden Publikationsschwerpunkt in der Psychiatrie zeigt. Hübner widmete in den letzten Jahren des ersten Jahrzehnts verschiedene Veröffentlichungen den klinischen und histopathologischen Aspekten dieser Fragen.[279] Dabei zeigte sich Hübner insgesamt skeptisch gegenüber der These, dass das Alter eigene psychiatrische Erkrankungsformen mit sich brächte. In einem Vortrag zur »Involutionsmelancholie« bestritt er, dass es solch eine eigenständige Melancholieform der angeblichen Rückentwicklungsphase im höheren Lebensalter gäbe, sondern vertrat hier in Übereinstimmung mit Westphal die Sichtweise, dass »die senile Melancholie nicht von den Depressionszuständen der übrigen Lebensabschnitte getrennt« sei.[280] Ähnlich sah er in einem Vortrag zu Beziehungen zwischen feingeweblichen Untersuchungen der »senilen Hirnrinde« und Formen von Psychosen keine Spezifität von bestimmten Gehirnveränderungen wie »Neurofibrillen« und »Plaques« für bestimmte psychiatrische Krankheitsbilder, auch nicht eine eigene »Alterspsychose«, sondern ließ nur den »einen Schluss« zu, dass sie bei »einem geistes- oder gehirnkranken älteren Individuum« (das heißt von einem mindestens im fünften Lebensjahrzehnt stehenden Menschen)« auftreten.[281]

Krieg

Im Zeitalter zweier Kriege, die am Anfang (1870/71) und am Ende (1914–1918) des Deutschen Kaiserreichs standen, bildeten die Wirkung des Krieges auf die Gesundheit und kriegsbedingte Verletzungen und Erkrankungen auch wissenschaftliche – und manchmal wie die Erinnerungsliteratur auch weniger wissenschaftliche[282] – Themen für Bonner Medizinprofessoren. Die Reihe der theoretischen Auseinandersetzungen mit der medizinischen Bedeutung des Krieges, die für den modernen Krieg zu einer gehörigen Skepsis gegenüber der

278 Ebd., S. 85.
279 Vgl. Hübner, Greisenalter; ders., Psychopathologie.
280 Ders., Melancholie, S. 556.
281 Ders., Hirnrinde, S. 609 bzw. Sonderdruck S. 13.
282 Vgl. Fritsch, Erinnerungen.

angeblich reinigenden Wirkung von Kriegen tendierten, eröffnete der Psychiater Pelman mit seinen rassenhygienischen Überlegungen von 1896:

> »In den früheren Kämpfen blieben bei dem Mangel an Feuerwaffen die Stärksten, Gewandtesten und Schlauesten am Leben, der Schwache, Ungewandte und Dumme ging zu Grunde. In der Neuzeit dagegen, dem Zeitalter der weittragenden Schusswaffen, ist das Verhältnis ein wesentlich anderes, und jedenfalls ist es nicht mehr der Bessere, der am Leben bleibt. [...] Der moderne Krieg kann daher nicht mehr als eine Auslese im Sinne der Natur angesehen werden.«[283]

Im gleichen darwinistischen Sinne, allerdings mit einem weniger rassenhygienischen als vielmehr kultur- und sozialtheoretischen Ansatz bezweifelte auch der Physiologe Verworn, dass der moderne Krieg im Sinne der Evolution positiv zu bewerten sei. Wie viele Lebenswissenschaftler seiner Zeit war auch Verworn zunächst von einer »bis in die feinsten Einzelheiten hineingehenden, ich möchte fast sagen, vollkommenen Analogie« des »Organismuskörpers mit einem politischen Staatswesen« aus, von der Vorbildfunktion des »Idealstaates, der im menschlichen Zellenstaate realisiert ist«, für die »staatswissenschaftliche Ausbildung«, die ja Grundlage »menschlicher Gesetzgeber« darstellt, ja von »allernächster Verwandtschaft« der »Staatswissenschaft mit der Physiologie« ausgegangen.[284] In einer durch den Kriegsausbruch 1914 angestoßenen Reflexion »Die biologischen Grundlagen der Kulturpolitik. Eine Betrachtung zum Weltkriege« formulierte er diese Sicht als Ziel für die ganze Welt: »Ein einheitlicher Menschheitsorganismus kann sich, wie immer wieder betont werden muß, nur entwickeln auf kultureller Basis, als universaler Kulturorganismus«.[285] Für diese »Kulturentwicklung« unterschied er dann deutlich zwischen gewalttätiger und nicht-gewaltätiger Auseinandersetzung: »Die direkte Form des Daseinskampfes ist der Krieg, die indirekte Form, die friedliche Konkurrenz der Individuen und Völker untereinander.«[286] Verworn hielt die direkte Form für zerstörerisch, die indirekte für fortschrittsförderlich. Für ihn hatte England, dem er die Schuld am Krieg anlastete, »zu einem unerhörten Verbrechen an der universalen Kulturentwicklung« geführt, aufgrund des »Mangels an experimentellem Denken in den leitenden Kreisen Englands« und als »Schmach für die englische Bildung«.[287] Nur friedlicher Wettstreit in der Wissenschaft, in der Politik eines Landes und zwischen den Nationen konnte für Verworn durch die »am meisten der Wirklichkeit angepassten Anschauungen« die »fortschreitende Kulturentwicklung«

283 Pelman, Rassenverbesserung, S. 7.
284 Verworn, Erforschung, S. 19.
285 Ders., Kulturpolitik, S. 52.
286 Ebd., S. 17.
287 Ebd., S. 54f.

bringen – »ohne Konkurrenz nur Stagnation«.[288] Damit hat Verworn allerdings das Vorbild des strikt organisierten Zellenstaates aufgeben, wohl nicht bewusst ist er mit seiner Metaphorik innerhalb von wenigen Jahren vom Verteidiger des rein funktional organisierten Staates zum Verkünder der offenen Gesellschaft geworden.

Ebenfalls zugleich skeptisch gegenüber dem Krieg und darwinistisch inspiriert, aber wiederum rassenhygienisch argumentierend, beklagte der Pathologe Ribbert in seiner Rektoratsrede »Krieg und Krankheit« 1916, dass es »die vollkräftigen Individuen« sind,

> »die dem Kriege in großer Zahl zum Opfer fallen, während die älteren und schwächeren, die mit leiblichen Mängeln behafteten, die körperlich und geistig Kranken, dem Staat erhalten bleiben. Daher verminderte sich die Zahl der Menschen oft beträchtlich, an denen der Staat für seine aufsteigende Entwicklung das größte Interesse hat. So können die weniger brauchbaren Elemente überwiegen und sich in verhältnismäßig größerer Zahl fortpflanzen, als es sonst der Fall gewesen wäre.«[289]

Damit gehörte auch Ribbert bei der Beurteilung des Krieges zur Gruppe der Rassenhygieniker, die hier eine unerwünschte Auslese sahen, zu einem eugenisch motivierten Pazifismus gelangte er allerdings nicht. Jedoch ließ auch er wenig Zweifel, dass er im Krieg eher Schaden als Nutzen sah und die eigentliche, die größte Herausforderung in der »Regeneration«, im Heilen der »Wunden des Krieges« und im Erreichen einer erneuten »höchsten Blüte« Deutschlands.[290]

In den klinischen Fächern war man weniger spekulativ als praktisch in den Krieg und seine Folgen involviert. Der Chirurg Busch beschäftigte sich im Umfeld der preußischen Feldzüge zwischen 1866 und 1871 als Beratender Arzt und Generalarzt mit Schussverletzungen und Tetanus, der spätere Professor für Hals-Nasen-Ohren-Heilkunde Heinrich Walb promovierte nach seinem Einsatz als Truppenarzt 1870/71 in Bonn »Über die Schußverletzungen der Nerven«. Auch nach dem Ersten Weltkrieg sollten zahlreiche Dissertationen zu kriegsbedingten Gesundheitsschäden, ihrer Diagnostik und Therapie folgen. Zwei Bonner Chirurgie-Ordinarien, Karl Garré, obwohl gebürtiger Schweizer trotzdem Generalarzt und Beratender Chirurg des VIII. Armeekorps, und sein Nachfolger Erich Freiherr von Redwitz (1883–1964, Bonner Ordinarius 1928–1953), wurden besonders durch ihre Äußerungen zur Kriegschirurgie wahrgenommen, Garré zu »Unter- und Ueberdruckverfahren« sowie »Gas-

288 Ebd., S. 56f.
289 Ribbert, Krieg, S. 28.
290 Ebd., S. 29f.

ödemschutz und -bekämpfung«, von Redwitz zu Schussverletzungen des Magen-Darm-Trakts.[291]

Während die Chirurgen so in und nach diesem bisher größten Krieg der Jahre 1914 bis 1918 mit der Erstversorgung und der physischen Rehabilitation der zahlreichen Kriegsverletzten zu tun hatten, wurde der darin dominierende neuartige Stellungskrieg mit seinen zahlreichen Verschütteten und Zermürbten zu einer Herausforderung für die Psychiater, der sie sich vor dem Hintergrund verschiedener Theorien zur Entstehung und Heilbarkeit von Nervenleiden stellten. Insbesondere der forensisch interessierte und qualifizierte Hübner publizierte als einschlägiger Experte wiederholt zum Krieg: Anfangs, 1915, zusammen mit seinem Klinikdirektor eher allgemein »Ueber nervöse und psychische Erkrankungen im Kriege«,[292] alleine zu spezielleren Fachfragen wie »Ueber Kriegs- und Unfallpsychosen«[293] oder »Die strafrechtliche Begutachtung Heeresangehöriger«.[294] In seinem Lehrbuch von 1914 war er für diese wichtige Frage der Begutachtung noch zu dem Ergebnis gekommen, dass »mit dem Begriff Simulation sehr viel häufiger operiert wird, als es berechtigt ist«.[295] Am Ende des Krieges sah das in der populärwissenschaftlichen Darstellung offenbar schon deutlich anders aus. Denn im Vortrag »Ueber Wahrsager, Weltverbesserer, Nerven- und Geisteskrankheiten im Kriege« (1918), worin er sich auch zum eher politischen Themenkomplex »Sektierer, Erfinder, Friedensapostel und politische Phantasten« äußerte, behauptete er mit großer Zuversicht, es sei bei dem Aufwand der Verfahren »kaum denkbar, daß einem Rentenberechtigten Unrecht geschehen kann«.[296] Überhaut zeigte sich Hübner hier von der Leistungsfähigkeit der Medizin uneingeschränkt überzeugt und ging in geradezu erstaunlichem Ausmaß von Heilungsmöglichkeit aus. Er schilderte die Behandlungsmöglichkeiten dieser Kriegsopfer als Erfolgsstory: »Was die Schussverletzungen des Nervensystems anlangt, so hat man bei den Schädigungen der peripheren Nerven sowohl mit der Anwendung von Elektrizität, wie namentlich durch operative Methoden auch bei älteren Fällen die besten Erfolge gehabt«, so Foerster in Breslau bei seinen Nervenoperationen »315mal Heilung, 154mal Besserung und nur 29mal kein Erfolg«[297] Auch nach Gehirnverletzungen wäre ein »menschenwürdiges Dasein« »in einer überraschend großen Zahl von Fällen«

291 Schmidt, Kriegschirurgentagung, S. 76–114, S. 206f.; Güttgemann, von Redwitz; Killian/Krämer, Chirurgenschulen, S. 166f.; Schjerning, Handbuch.
292 Vgl. Hübner/Westphal, Erkrankungen, S. 381, S. 413.
293 Vgl. Hübner, Unfallpsychosen.
294 Vgl. ders., Begutachtung, S. 121, S. 135.
295 Ders., Lehrbuch, S. 85.
296 Ders., Wahrsager, S. 12, S. 30.
297 Ebd., S. 27.

möglich, schlecht sähe es nur bei »Rückenmarksschüssen« aus.[298] Durch Hypnose nach Max Nonne könne »ein geschickter Arzt die schwersten Lähmungs- und Zittererscheinungen usw. in wenigen Minuten oder Stunden« beseitigen, mit Heilungen bei »etwa 85 bis 90 Proz.«.[299] Geisteskrankheiten im Heer wären nicht unbedingt kriegsbedingt: »Für diese Fälle hat nicht die Heeresverwaltung und das Reich zu sorgen, das ist vielmehr Sache der Familie oder der zuständigen Landesbehörden.« Da, wo durch ärztliche Behandlung nicht alles beseitigt sei, könne der »kleine Rest« durch finanzielle Abfindung geheilt werden.[300] Nach diesem aus späterer und wohl auch anderer zeitgenössischer Sicht unhaltbaren Zweckoptimismus lassen die abschließenden Bemerkungen an Deutlichkeit, an staatstragendem Charakter und Glauben an die Möglichkeiten der zeitgenössischen Medizin kaum etwas zu wünschen übrig:

> »Gelegentlich begegnen uns auf der Straße, in Lokalen oder an der Haustür Bettler, Ansichtskartenverkäufer oder Orgeldreher, die Kriegsneurotiker sind und durch auffällige Lähmungen, Zittererscheinungen und ähnliches besonderes Mitleid erregen wollen. In neunundneunzig von hundert Fällen verdienen sie das nicht. Ihre Krankheit ist heilbar. Die Heeresverwaltung gewährt ihnen die Behandlung kostenlos. [...] Meist wollen die Kranken aber gar nicht geheilt sein, denn ihre auffälligen Symptome stellen eine bequeme und zuverlässige Einnahmequelle dar. [...] Deshalb ist Aufklärung nötig, zum Segen des Kranken, der wieder arbeiten soll, und zum Segen des Volkes, das nach Kräften dazu beitragen soll, die ohnehin schon große Zahl der Almosenempfänger zu verringern.«[301]

Gerade der verlorene Krieg offenbarte, wie national gesinnt oder kaisertreu ein großer Teil des medizinischen Lehrkörpers war.[302] Der soeben neu berufene Ordinarius für Innere Medizin Adolf Schmidt wählte am 11. November 1918 sogar die Selbsttötung in seinem Dienstzimmer, nachdem der Kaiser abgedankt hatte und der Waffenstillstand unterzeichnet worden war.[303] Anschließend fühlten sich einige Medizinprofessoren von der französischen Besetzung bedroht. Den Pathologen Ribbert, der sich früher selbst als »liberal« bezeichnet hatte,[304] ängstigte 1920 die Möglichkeit eines Anschlusses des Rheinlands an das republikanische Frankreich, noch mehr allerdings eines »ultramontan« geprägten selbständigen »Freistaats« Rheinland, mit der Gefahr, dass »unsere Bonner Universität [...] allmählich von der vom Ultramontanismus be-

298 Ebd., S. 28.
299 Ebd., 29.
300 Ebd., S. 30f.
301 Ebd., S. 31.
302 Vgl. Becker, Erinnerungsstücke, S. 339f.
303 Vgl. Höpfner, Krankenhausgeschichte, S. 31.
304 Vgl. Weindling, Health, S. 147.

herrschten Kölner Gründung erdrückt werden wird«.[305] Der Gynäkologe von Franqué vertrat als Rektor unter der französischen Besatzung selbstbewusst die Universitätsinteressen und trat 1926 zurück, als die Universitätsschließung angedroht wurde.[306]

Diese politisch-weltanschauliche Verunsicherung betraf jedoch nicht nur die Professorenschaft, sondern noch weitaus mehr die Studierenden. Verschiedene autobiographisch inspirierte Romane von Bonner Medizinstudierenden zeigen – bei aller Unzuverlässigkeit im historischen Detail – eindrucksvoll, wie radikal in dieser Nachkriegszeit mit ihren Hungerzeiten und Zukunftsängsten, studentischen Machtkämpfen zwischen politisch oder konfessionell unterschiedlichen Gruppen und bürgerkriegsähnlichen Kämpfen in der Rheinlandfrage die Suche junger Akademiker nach Sinn, Orientierung und Lebensform war.[307]

Die psychische Dimension der Medizin: Neurasthenie, »Krise der Medizin«, Psychosomatik und Psychotherapie

Mit seiner 1885 erschienenen Monographie über die Neurasthenie,[308] die vom amerikanischen Elektrotherapeuten George Miller Beard 1869 so benannte Nervenschwäche als angeblich weit verbreitetes Problem des Menschen in der modernen Gesellschaft,[309] begab sich der Physiologe Pflüger an einen damals aktuellen Versuch, psychische Krankheitsphänomene durch unphysiologische Überlastung zu erklären. Als bedeutenden Elektrophysiologen musste ihn ein Krankheitsbild beschäftigen, das durch elektrische Reize behandelt wurde. Doch diese Reduktion auf potenziell messbare Nervenaktivität unter Ausblendung innerpsychischer Vorgänge wurde später als zu mechanistisch aufgegeben.

Langfristig erfolgreicher, wenngleich ebenfalls keineswegs allgemein aufgenommen, war die Anknüpfung an die Lehren von Hysterie, Hypnose, Suggestion und Neurose. Diese Konzepte waren seit dem 19. Jahrhundert zur wissenschaftlichen Erklärung unleugbarer Phänomene von nicht physikalischer Verursachung und Beeinflussung krankhafter physischer und psychischer Vorgänge entwickelt worden. Auch in Bonn beschäftigten sich vor allem Psychiater mit solchen Krankheitsbildern und Therapieansätzen. Dass im Sinne der Hysterie subjektiv ehrlich empfundene und auch objektivierbare Störungen durch die Psyche hervorgerufen werden konnten, galt dabei als gesichert. Die Forschungsfragen betrafen ihre Entstehung und Bewertung, sichere Nachweisbar-

305 Brief an Otto Haab, Bonn 24.1.1920, S. 2f., zit. nach Mettler, Ribbert, S. 28.
306 Schott, Universitätskliniken, S. 234.
307 Weisenborn, Barbaren.
308 Vgl. Pflüger, Neurasthenie.
309 Vgl. Beard, Neurasthenia.

keit und mögliche Therapien. Bei dem Nervenarzt Westphal verstärkte sich mit seiner Berufung nach Bonn das Interesse an Hysterie in Form von »traumatischer Hysterie«, »Vorbeireden« und »Dämmerzuständen« (1904 und 1905), wobei ihn vor allem »hysterische« Phänomene an den Augen (1905, 1907, 1910 und 1920), aber auch »hysterische Gehstörungen« (1910 und 1916) und »hysterische Pseudotetanie« (1907 und 1912) beschäftigten.[310]

Löwenstein versuchte als Vertreter der experimentellen Psychologie, Methoden zur Unterscheidung zwischen »organischen« und »psychogenen« Störungen von Sinnesfunktionen am Beispiel der Taubheit beziehungsweise Schwerhörigkeit zu entwickeln (1920, 1921, 1923 und 1930), stellte die Frage nach dem »Krankheitswert des hysterischen Symptoms« (1921) und entwickelte daraus allgemeine, experimentell gestützte Aussagen zu Hysterie und Simulation, insbesondere im Hinblick auf ihre strikte Unterschiedenheit (1923 und 1924).[311] In seinem über 400 Seiten umfassenden Werk »Experimentelle Hysterielehre« kam er zu dem Ergebnis, dass »dem hysterischen Symptom insofern ein Krankheitswert nicht zukommt, als die angeblich hysterisch veränderte Funktion die richtige Ausübung der Funktion nicht behindert«.[312] Es käme damit stärker auf die biologische Funktion als auf das Leiden des hysterischen Patienten an. Auch wenn er nicht simuliere, sei er nicht wirklich krank, sondern zeige eine »normalpsychologisch erklärbare Reaktion«, die »einem ganz bestimmten, aber innerhalb der Variationsbreite des Normalen liegenden Konstitutionstyp eigentümlich« sei.[313] Der Versuch der experimentellen Objektivierung liefe auf die Negierung offenkundiger Erkrankung hinaus.

Auffallend ist, dass bei allen drei genannten Bonner Psychiatern das Interesse an »hysterischen« Phänomenen spätestens Mitte der 1920er Jahr deutlich nachließ, ja verschwand – während es andernorts, vor allem in Viktor von Weizsäckers intensiver Beschäftigung mit der »sozialen Krankheit« der »Rentenneurose« oder »Rechtsneurose«, erst um 1930 seinen Höhepunkt erreichte. Das Problem der »Kriegsneurotiker« hatte überdeutlich gezeigt, wie wichtig die Berücksichtigung der Psyche in der Medizin war. Der naturwissenschaftliche Ansatz des 19. Jahrhunderts alleine hielt in den Augen vieler Ärzte nicht, was er in der Euphorie erster Erfolge versprochen hatte, so dass in der Zwischenkriegszeit die Rede von einer »Krise der Medizin« aufkam.[314] Eine Antwort auf diese Krise war die anthropologische Medizin der so genannten Heidelberger Schule, an der sich zeigt, dass das damalige Interesse an psychischen Einflüssen

310 Die Publikationsdaten beziehen sich auf die Publikationsliste in Kreuter, Lexikon.

311 Die Publikationsdaten beziehen sich auf die Publikationsliste in Waibel, Jugendpsychiatrie, S. 173–177.

312 Löwenstein, Hysterielehre, S. 397.

313 Ebd., S. 399.

314 Vgl. Geiger, Krise.

auf den Gesundheitszustand über Außenseiterideen und die Fachpsychiatrie hinausging.[315] Mit Richard Siebeck (1883–1965; Bonner Ordinarius 1924–1931), der – unter anderem als Freund des Theologen Karl Barth – auch enge Beziehungen in die Theologie unterhielt und deshalb später eine für Ärzte ungewöhnliche theologische Ehrendoktorwürde erhielt, kam ein Vertreter dieser Schule als Direktor der Medizinischen Poliklinik nach Bonn. Getreu dem Motto dieses durch Ludolf von Krehl begründeten Ansatzes, Kranke und nicht (nur) Krankheiten zu behandeln, ging er immer über die bloß naturwissenschaftliche Ebene – auch in seinen eigenen bedeutenden Arbeiten zur Blutdruck- und Atemregulation – hinaus, um dem »ganzen« Menschen gerecht zu werden.[316] Seine einschlägige Bonner Vortragssammlung »Über Beurteilung und Behandlung Kranker« von 1928 zeigte nicht nur durch ihren ungewöhnlich allgemeinen Titel, worum es dieser Bewegung der anthropologischen Medizin, gewissermaßen dem Vorläufer der Psychosomatik, in ihrem auch auf Geisteswissenschaft gegründeten Ansatz ging. Es handelte sich für Siebeck um das »uralte Problem ›Medizin und Arzttum‹«, das die Ergänzung der »Krankheitsdiagnose« durch die »Krankenbeurteilung« und der »Therapie« durch die »Krankenbehandlung« und somit die Rückbesinnung auf Faktoren wie »Vertrauen«, »Diätetik« oder »Heilkraft der Natur« verlangte.[317]

Zusammenfassung

Diese ausgeprägte Expansionsphase der Bonner Universitätsmedizin, sowohl in der Zahl der Studierenden als auch der Fächer, lässt sich nicht auf wenige Schwerpunkte reduzieren. Als anfangs noch einzige Medizinische Fakultät der preußischen Rheinprovinz nahm sie an der baulichen Expansion des frühen Kaiserreichs teil und teilte später die Stagnation der Nachkriegszeit aus wirtschaftlichen Ursachen. In der Etablierung neuer Fächer war sie teils Vorreiter, teils folgte sie erst dem Beispiel anderer deutscher Universitäten. Obwohl sie im Bereich operativer Fächer weltweit beachtete Innovationen vorweisen konnte, musste sie doch die Abwanderung großer Operateure an attraktivere Standorte hinnehmen. Als Medizin an einem Ort, der keine Großstadt war und fern der Metropole lag, erfuhr sie in neuen Gebieten wie der Bakteriologie keine besondere staatliche Förderung und war weniger durch die gesundheitlichen Probleme rascher Verstädterung herausgefordert, reagierte aber trotzdem mit verschiedenen Formen des sozialhygienischen Engagements. Die politische Rand-

315 Vgl. Eich, Medizin.
316 Vgl. Engelhardt, Siebeck.
317 Siebeck, Beurteilung, S. III–IV und S. 116, S. 65–72.

lage verhinderte nicht, dass einzelne Fakultätsangehörige sich in Kulturkampf, den Debatten um Darwinismus und Eugenik oder anderen Formen des Biologismus exponierten und durch Krieg und Besatzung eine gewisse politische Radikalisierung erlebten, die jedoch eher gemäßigt blieb. Durch ihren quantitativ bedeutsamen Beitrag zur Krankenversorgung der Bonner Bevölkerung waren die Medizinprofessoren, die in Personalunion mit dem Lehrstuhl oder als Extraordinarius beziehungsweise Honorarprofessor auch Abteilungen der kirchlichen Krankenhäuser leiteten, nicht nur Teil des Bildungsbürgertums, sondern für alle Bevölkerungsgruppen wichtig, und damit prominente, teilweise sogar populäre Mitglieder der Bonner Gesellschaft.[318]

Gleichschaltung und Verlust, Erneuerung und Expansion: Die Medizinische Fakultät der Universität Bonn 1933–1973

Hans-Georg Hofer

Die politische Zäsur von 1933 brachte für die Bonner Universitätsmedizin tiefgreifende Wandlungsprozesse mit sich. Mit der Machtübernahme der Nationalsozialisten sah sich die Fakultät massiver Einflussnahme ausgesetzt, die vor allem in personellen Belangen, letztlich aber auf allen Ebenen eine Einengung ihres Handlungsspielraums bedeutete. Zugleich ließ sie aus ihren Reihen die Bereitschaft zur Selbstmobilisierung und Anpassung erkennen. Dies kam nicht nur durch die Hinnahme sowie – in einzelnen Fällen – durch aktive Teilnahme an der Verdrängung von als missliebig geltenden Fakultätsangehörigen zum Ausdruck. Auch an zentralen wissenschafts- und gesundheitspolitischen Zielen des NS-Regimes, wie der Etablierung der psychiatrisch-neurologischen Erbforschung oder der Durchführung von Zwangssterilisationen, waren Bonner Hochschulmediziner beteiligt.

Die Fakultät im Nationalsozialismus

»In unserer Fakultät«, so erinnerte sich später der Internist Paul Martini, »zeichneten sich in den auf die Machtübernahme folgenden Jahren drei Gruppen ab, die noch viele Übergänge untereinander hatten.« Einer kleinen Gruppe von Gegnern des Regimes sei eine ebenso kleine Gruppe von Bejahern gegenübergestanden. »Die mittlere Gruppe machte Kompromisse und war weitaus die

318 Bruchhausen, Krankheiten.

größte.«[319] Die Jahre nach der Machtübernahme beschrieb Martini als ein auf allen Ebenen geführtes Ringen der Fakultät mit dem Regime, das in der Wissenschaftspolitik von Beginn an aggressiv auftrat:

> »Wenn es uns in der Mehrzahl der Fälle auch gelang, unseren Willen bei den Berufungen durchzusetzen, und außerdem ganz besonders ungeeignete Habilitanden fern zu halten, so passierte doch auch genug Gegenteiliges, sowohl durch die Verhinderung von Berufungen, die im Interesse der Fakultät sehr erwünscht gewesen wären, als durch Fehlberufungen.«[320]

Als den »größten Verlust« bezeichnete Martini die Nichtberufung des dem NS-Regime fern stehenden Psychiaters Hans Gruhle sowie die Entlassung und Vertreibung des renommierten Lehrstuhlinhabers für Zahnheilkunde, Alfred Kantorowicz (1880–1962). Sein Fall wiegt schwer. Kantorowicz hatte 1918 den Ruf auf den Lehrstuhl für Zahnheilkunde angenommen. Unter seiner Leitung wurde die Bonner Zahnklinik eine über die Fachgrenzen hinaus angesehene Institution; Kantorowicz' »Klinische Zahnheilkunde« (1924, 3. Auflage 1930) war wissenschaftlich und didaktisch ein Meilenstein der Disziplin. Auch seine Initiativen zur Schulzahnpflege wurden weit über Bonn hinaus als vorbildlich angesehen. Durch seine Funktion als sozialdemokratischer Stadtverordneter war Kantorowicz auch politisch aktiv. Noch vor dem »Gesetz zur Wiederherstellung des Berufsbeamtentums«, das als »Grundlage« der Entlassungen diente, wurden aus Teilen der Fakultät Vorwürfe erhoben und Repressionen in Gang gesetzt; Signale des Misstrauens und Schritte der Herabwürdigung wurden somit nicht in Vollziehung externen politischen Drucks, sondern von innen heraus gesetzt. Am 1. April 1933 inhaftiert, gelang durch Intervention von in- und ausländischen Kollegen seine Freilassung im November; Kantorowicz verließ nur wenige Wochen darauf Bonn, um in Istanbul einen Ruf der Medizinischen Fakultät auf den Lehrstuhl für Zahnheilkunde anzunehmen. Anfragen von Kantorowicz an die Bonner Universität, ihm Unterlagen zukommen zu lassen, blieben unbeantwortet. Nach dem Zweiten Weltkrieg wollte ihn die Medizinische Fakultät zurückberufen, doch konnte dies Kantorowicz aus gesundheitlichen Gründen nicht annehmen. Im Jahre 1950 kehrt er nach Deutschland zurück,[321] 1954 wurde ihm ein Ehrendoktorat verliehen.

Ein fanatischer Nationalsozialist war der Neurologe und Hirnforscher Walter Poppelreuter (1886–1939), der als erster Bonner Hochschullehrer 1931 in die NSDAP eingetreten war und 1933 mit einem SA-Schlägertrupp den Kinderpsychiater Otto Löwenstein (1889–1965) vertrieb. Löwenstein hatte 1926 die

319 Martini, Paul: Erinnerungen und Erfahrungen, Unveröffentlichte Autobiographie (1964) (Archiv MHI), S. 187f.

320 Ebd., S. 189.

321 Forsbach, Fakultät, S. 346; Höpfner, Universität, S. 324f.

Leitung der »Provinzial-Kinderanstalt für seelisch Abnorme« übernommen und 1931 die Stiftungsprofessur der Rheinischen Provinzialanstalt für Pathopsychologie erhalten – ein ungewöhnlicher und von der Fakultät nicht unterstützter Schritt. Schon vor 1933 hatte Poppelreuter, der sich in Konkurrenz zu Löwenstein sah und diesem seine Erfolge neidete, Akte der Verleumdung initiiert. Nach der Machtübertragung an die Nationalsozialisten sah Poppelreuter seine Stunde gekommen und organisierte eine Vertreibungsaktion, die sich mit roher Gewalt gegen Löwenstein und seine Mitarbeiter richten sollte. Der telefonisch vorgewarnte Löwenstein, von Fakultät, Universität und Behörden im Stich gelassen, flüchtete in die Schweiz.[322] Poppelreuter, der sich selbst als kommissarischer Leiter eingesetzt hatte, arbeitete auf die Schließung des Instituts hin. Im September 1933 teilte er dem Ministerium und dem Universitätskurator mit, Löwensteins Institut »zur endgültigen Auflösung gebracht« zu haben.[323] Löwenstein wirkte zunächst als neurologisch-psychiatrischer Konsiliarius an der Privatklinik La Métairie im schweizerischen Nyon. 1938 emigrierte er nach Montreal und in weiterer Folge nach New York, wo er Professuren an der New York University und (ab 1952) an der Columbia University innehatte. Mit der Emigration in die USA verschob Löwenstein auch seinen Forschungsschwerpunkt. Hatte er in Bonn zur experimentellen Hysterielehre sowie zu kinder- und jugendpsychiatrischen Themen gearbeitet,[324] wurde er in den 1940er und 1950er Jahren zum Pionier der Pupillographie.[325]

Neben den Ordinarien Löwenstein und Kantorowicz entlassen wurden die außerplanmäßigen Professoren Adolf Nussbaum (Chirurgie), Hans König und Alfred Mayer (Psychiatrie), die Dozenten Felix Nussbaum (Gynäkologie) und Simon Nathan (Innere Medizin) sowie die Assistenten Joseph Löwenstein (Hygiene), Reinhard Waldsachs (Zahnheilkunde), Werner Jacobsen und Gerhard Wolf-Heidegger (Anatomie).[326] Im Vergleich zu Medizinischen Fakultäten anderer Universitäten (insbesondere Berlin und Wien) besaß die Bonner Fakultät nur eine geringe Zahl Angehöriger, die von den Nationalsozialisten als jüdische oder politisch missliebige Wissenschaftler verfolgt wurden.[327]

322 Höpfner, Universität, S. 304f.; Forsbach, Fakultät, S. 349.

323 Poppelreuter an MWKV über Kurator, 06.09.1933, Geheimes Staatsarchiv Preußischer Kulturbesitz Berlin (GStA), I. HA, Rep. 76, Nr. 905. Zit. nach Forsbach, Fakultät, S. 352.

324 Lowenstein, Hysterielehre; ders., Physiologie.

325 Forsbach, Fakultät, S. 347–353; Waibel, Jugendpsychiatrie.

326 Forsbach, Fakultät, S. 334; Höpfner, Universität, S. 30.

327 Höpfner, Universität, S. 272–274.

Belastung, Schuld, Distanz: Beispiele

Eine »unheilvolle Rolle« (Ralf Forsbach) spielte der Gerichtsmediziner Friedrich Pietrusky (1893–1971, Bonner Ordinarius 1930–1942). Pietrusky, zunächst noch Extraordinarius, war im April 1933 für ein Jahr zum Rektor gewählt worden und hatte dieses Amt ein weiteres Mal, 1935/36, inne. Zwar wandte sich Pietrusky gegen die Vertreibung von Otto Löwenstein und wehrte sich nach außen gegen parteipolitische Angriffe und Intrigen, die von Seiten der NSDAP gegen die Universität Bonn gerichtet waren; nach innen betrieb Pietrusky jedoch eine gleichermaßen rigorose wie undurchsichtige Anpassungspolitik an die neuen Verhältnisse, die von der Einführung nationalsozialistischer Schulungskurse über Attacken gegen katholische Universitätsangehörige bis hin zu seiner gegenüber hohen Wissenschaftsfunktionären geäußerten Unterstützung der »Vernichtung lebensunwerten Lebens« gingen.[328] In seiner Funktion als Beisitzer des Erbgesundheitsobergerichts in Köln war Pietrusky an der Zwangssterilisation von Menschen beteiligt. Mit seinem Amtsnachfolger als Rektor Karl Chudoba trug Pietrusky einen schweren Konflikt aus, der ihn eine Veränderung suchen ließ. 1942 wechselte er, mit Unterstützung des NS-Wissenschaftsfunktionärs Maximinian de Crinis, nach Heidelberg.[329]

Gerhart Panning (1900–1944) war 1942 mit der Vertretung des Lehrstuhls betraut worden und wurde ein Jahr später – als Nachfolger von Pietrusky – zum Ordinarius für gerichtliche und soziale Medizin ernannt. Davor hatte er die gerichtlich-medizinische Untersuchungsstelle der Militärärztlichen Akademie in Berlin geleitet. Gemeinsam mit dem von Bonn nach Berlin berufenen Viktor Müller-Heß forschte Panning über die Unfruchtbarkeit des Mannes und Untersuchungstechniken der Zeugungsunfähigkeit.[330] Im Jahr seiner Ernennung zum Ordinarius beging Panning mit jenen als »Einsatzgruppen« bezeichneten SS-Einheiten, die im Zuge des Vernichtungskrieges gegen die Sowjetunion die Ermordung der jüdischen Bevölkerung durchführten, Kriegsverbrechen. Um die »Wirkungsform und Nachweis der sowjetischen Infanteriesprengmunition« zu untersuchen, führten SS-Männer unter Pannings Leitung tödliche »Schussversuche« an sowjetischen Kriegsgefangenen durch. In der Veröffentlichung verschleierte Panning die Schussversuche.[331]

In den Reihen der Bonner Medizinischen Fakultät waren überzeugte Nationalsozialisten und hochrangige SS- und SA-Mitglieder, wie der Ophthalmologe Karl Schmidt (1899–1980), der unmittelbar nach der Übernahme der Augen-

328 Forsbach, NS-Zeit, S. 120–126.

329 Forsbach, NS-Zeit, S. 127; siehe hierzu auch näher den Beitrag von Ralf Forsbach in Bd. 2 dieser Festschrift.

330 Mueller-Hess, Panning; Jaske, Medizin, S. 117–123.

331 Panning, Wirkungsform; Thiel, Lehrkörper, S. 534f.; Preuss/Madea, Panning.

klinik von Paul Römer der Universität Bonn auch als Rektor vorstand (1936–1939). 1940 nahm Schmidt einen Ruf auf den neu eingerichteten Lehrstuhl für Augenheilkunde an der »Reichsuniversität Straßburg« an, deren Gründungsrektor er zugleich wurde. Nach 1945 wurde Schmidt die Rückkehr auf eine universitäre Position nicht mehr ermöglicht.[332] Anders lagen die Dinge bei dem Internisten Friedrich Tiemann (1899–1982), der nach dem Weggang Max Bürgers nach Leipzig die Leitung der Bonner Poliklinik übernommen hatte. Als Schüler des in Kiel und (ab 1934) in München wirkenden, dem Nationalsozialismus und der SS nahestehenden Alfred Schittenhelm machte sich Tiemann für die »Neue Deutsche Heilkunde« sowie für erbbiologische Denkweisen in der Inneren Medizin stark.[333] 1945 wurde Tiemann entlassen und interniert. Nach seiner Entnazifizierung lehnte die Fakultät sein 1949 eingereichtes Gesuch um Wiedereinsetzung ab. 1954 erlangte Tiemann jedoch gerichtlich seine alte Stellung wieder und leitete die Medizinische Poliklinik bis zu seiner Emeritierung 1968.[334]

Der fachlich hoch angesehene, menschlich als schwierig geltende Dermatologe Erich Hoffmann unterschrieb im Februar 1933 den Aufruf Bonner Hochschullehrer für Adolf Hitler, sah sich aber schnell in seinen Hoffnungen enttäuscht und zeigte sich als selbstbewusster und scharfer Kritiker des Regimes. Zur vorzeitigen Emeritierung gedrängt, wurde er in den Vorstand des Georg-Speyer-Hauses (des späteren Paul-Ehrlich-Instituts) berufen.[335] Nachfolger von Erich Hoffmann wurde Otto Grütz (1886–1963, Bonner Ordinarius 1934–1958). Obwohl seine Berufung nicht konfliktfrei verlief, erwarb sich Grütz das Vertrauen von den dem Regime fernstehenden Fakultätskollegen. Wissenschaftlich konnte er in Bonn mit Schwerpunktsetzungen wie der Mykologie und experimentellen Dermatologie Akzente setzen. In der therapeutischen Forschung an seiner Klinik, insbesondere zur Behandlung der Gonorrhoe mit Sulfonamiden, baute Grütz eine enge Kooperation zu Gerhard Domagk und der Forschungsabteilung der Bayer-Werke auf.[336]

Zu den im Krieg berufenen Bonner Universitätsmedizinern zählte Bernhard Langenbeck (1895–1964), der 1942 den Lehrstuhl für Hals-, Nasen- und Ohrenkrankheiten übernahm. Langenbeck wurde nach seiner Entnazifizierung wieder eingesetzt und arbeitete zur Audiometrie[337] sowie zur Entwicklung von

332 Forsbach, Fakultät, S. 266f.; Siehe zu Schmidts Wirken als Rektor der Bonner Universität näher den Beitrag von Ralf Forsbach in Bd. 2 dieser Festschrift.

333 Höpfner, Universität, S. 296f.; Forsbach, Fakultät.

334 Forsbach, Fakultät, S. 647–653; Schubert, Hörgeräteanpassung.

335 Forsbach, Hoffmann.

336 Ders., Fakultät, S. 228–233; Böhm, Klinik, S. 298. Nachruf Otto Grütz in: Chronik des akademischen Jahres 1963/64, S. 20f. Schulz, Grütz.

337 Langenbeck, Audiometrie.

Hörgeräten. Auch der 1943 von Rostock nach Bonn berufene Pädiater Otto Ullrich (1894–1957, Ordinarius für Kinderheilkunde in Bonn 1943–1957) suchte die Nähe zum Regime.[338] Seit 1941 Gaufachberater der Reichsarbeitsgemeinschaft »Mutter und Kind« im Reichsausschuss für Volksgesundheitsdienst beim Reichsministerium des Innern,[339] stand Ullrich für eine erbbiologisch ausgerichtete Pädiatrie, zu der er sich auch in der Nachkriegszeit bekannte.

Auf Distanz zum Regime blieben Ulrich Ebbecke (1883–1960, Ordinarius für Physiologie 1924–1952) sowie Wilhelm Ceelen (1883–1964, Ordinarius für Pathologie 1926–1954). Ceelen war 1945 von der britischen Militärregierung beauftragt worden, den städtischen Gesundheitsdienst wiederaufzubauen und neu zu gestalten. Als vornehme, diplomatisch agierende Persönlichkeit erwarb sich Ceelen auch in der Fakultät großen Respekt.

Es zeigt sich insgesamt, dass auch die »mutig Nichtangepassten« der Fakultät Schuld auf sich geladen hatten: »derartig ambivalentes, nie aber ernsthaft widerständiges oder einen Rückzug aus der Führungsposition in Kauf nehmendes, letztlich systemstabilisierendes Verhalten war in Bonn die Regel.«[340] Entschiedener Widerstand wurde dem Regime nicht entgegengesetzt. 1945/46 wurden mehrere Professoren der Medizinischen Fakultät aufgrund ihrer NS-Belastung entlassenen oder suspendiert. Hierzu zählten über die bereits genannten hinaus die Psychiater Friedrich Panse und Kurt Pohlisch sowie die Gynäkologen Wilhelm Büttner und Harald Siebke, weiterhin Wilhelm Balters (Zahnheilkunde), Heinrich Klövekorn (Dermatologie), Eckart Meyer (Pathologie), Bernhard Langenbeck (HNO-Klinik), Friedrich Proell (Kieferchirurgie), Wolfgang Riehm (Augenheilkunde) und Paul Weiland (Hygiene).[341]

Im Bestreben, Autonomie und Handlungsfähigkeit der Fakultät zu wahren, waren selbst NS-kritische Akteure wie Martini und der Chirurg Erich von Redwitz zu weitgehenden Konzessionen bereit. Dies verdeutlicht das Beispiel von Hermann Eyer (1906–1997, Bonner Ordinarius 1946–1957). Eyer war nach seiner Habilitation in Erlangen nach Berlin gewechselt und dort dem Robert-Koch-Institut zugeordnet worden. Nach Kriegsbeginn wurde er Leitender Sanitätsoffizier am Institut für Fleckfieber- und Virusforschung in Krakau. Zum 1. August 1946 berief ihn die Bonner Fakultät als Ordinarius für Hygiene und Bakteriologie und Direktor des Hygienischen Instituts. Im November 1946 wurde Eyer auf Anordnung der Militärregierung in »Schutzhaft« genommen und

338 Forsbach, Fakultät, S. 193–197. Ullrichs Vorgänger auf Lehrstuhl war der durch politische Intervention und gegen den Willen der Fakultät aus Breslau berufene Pädiater Hans Knauer (1895–1952, Bonner Ordinarius 1934–1940). Bereits 1935 mit einem förmlichen Dienststrafverfahren konfrontiert, wurde er 1940 suspendiert. Vgl. Forsbach, Knauer.

339 Buddrus/Fritzlar, Professoren, S. 411f.

340 Forsbach, Gleichschaltung, S. 134.

341 Ders., Fakultät, S. 608.

erst ein Jahr später, im November 1947, wieder freigelassen. Ein ehemaliger polnischer Mitarbeiter hatte Eyer vorgeworfen, an Kriegsverbrechen sowie an der Zerstörung wissenschaftlicher Institute und Bibliotheken beteiligt gewesen zu sein; polnische Behörden hatten daraufhin seine Auslieferung beantragt.

Von Seite der Fakultät setzte sich vor allem Martini, der mit Eyer seit längerem bekannt war und zu dessen Schwiegervater freundschaftliche Beziehungen pflegte, für die Freilassung und Rehabilitierung von Eyer ein. Obwohl Eyer bereits 1933 der SA beigetreten war, betonte Martini, dass er »den Nationalsozialisten immer feindlich war« und dem »damals so gequälten [polnischen] Volk das Gegenteil« der Anschuldigungen getan habe.[342] Bereits 1940 hatte Eyer jedoch die »Isolierung des jüdischen Gettos[!]« in Krakau gefordert. Ein Jahr später stimmte er Forderungen nach einer »restlosen Entfernung der jüdischen Bevölkerung aus Polen« ausdrücklich zu.[343] Da mehrere britische Untersuchungskommissionen Eyer keine Schuld nachweisen konnten, kam er im November 1947 frei und wurde auf seine Stelle wiedereingesetzt.[344] Rektorat und Kultusministerium werteten die Anschuldigungen als »Denunziation«. Eyer selbst sprach davon, dass er die Anschuldigungen »mit Leichtigkeit« habe entkräften können. 1955 nahm er einen Ruf an die Universität München an und baute dort das Max-Pettenkofer-Institut für Hygiene und medizinische Mikrobiologie wieder auf. Das ausführlichste Entlastungsschreiben kam von Heinrich Mückter, der in Krakau als Assistent und Stellvertreter von Hermann Eyer gearbeitet und nach dem Krieg bei dem Chemieunternehmen Grünenthal in Stolberg eine Anstellung gefunden hatte.[345] Bei Grünenthal stieg Mückter zum Leiter des wissenschaftlichen Labors auf und war maßgeblich für die Entwicklung des Wirkstoffs Thalidomid (»Contergan«) verantwortlich. Auch der Nachfolger von Eyer auf dem Lehrstuhl für Hygiene, der 1958 aus Heidelberg berufene Horst Habs (1902–1987), war belastet.[346] Als ehemaliges Mitglied der SS, Beratender Hygieniker der Wehrmacht und Mitglied des wissenschaftlichen Beirats des Bevollmächtigten für das Gesundheitswesens (Karl Brandt), war Habs von 1945 bis 1947 interniert gewesen, konnte sodann aber seine universitäre Karriere fortsetzen.[347]

Herta Oberheuser war die einzige Frau, die im Nürnberger Ärzteprozess

342 Schreiben Paul Martini an die Militär-Regierung Bonn (Mr. Roberts), 9. November 1947 (Abschrift), Universitäts-Archiv Bonn (UAB), PA Eyer, MF-PA 60; Schreiben Dekan Erich v. Redwitz an die britische Militärregierung (Major Roberts), 09.11.1946.

343 Neumann, »Seuchenpolitik, S. 48; Werther, Menschenversuche.

344 UAB, PA Eyer 1856, Schreiben Hermann Eyer an Hauptverwaltung der Universität (Dr. Cremerius), 23.02.1948.

345 Schreiben Heinrich Mückter an Dekan Medizinische Fakultät (von Redwitz), 19.11.1947, UAB, PA Eyer, MF-PA 60.

346 Chronik des akademischen Jahres 1957/58, S. 59.

347 Habs, Erinnerungen.

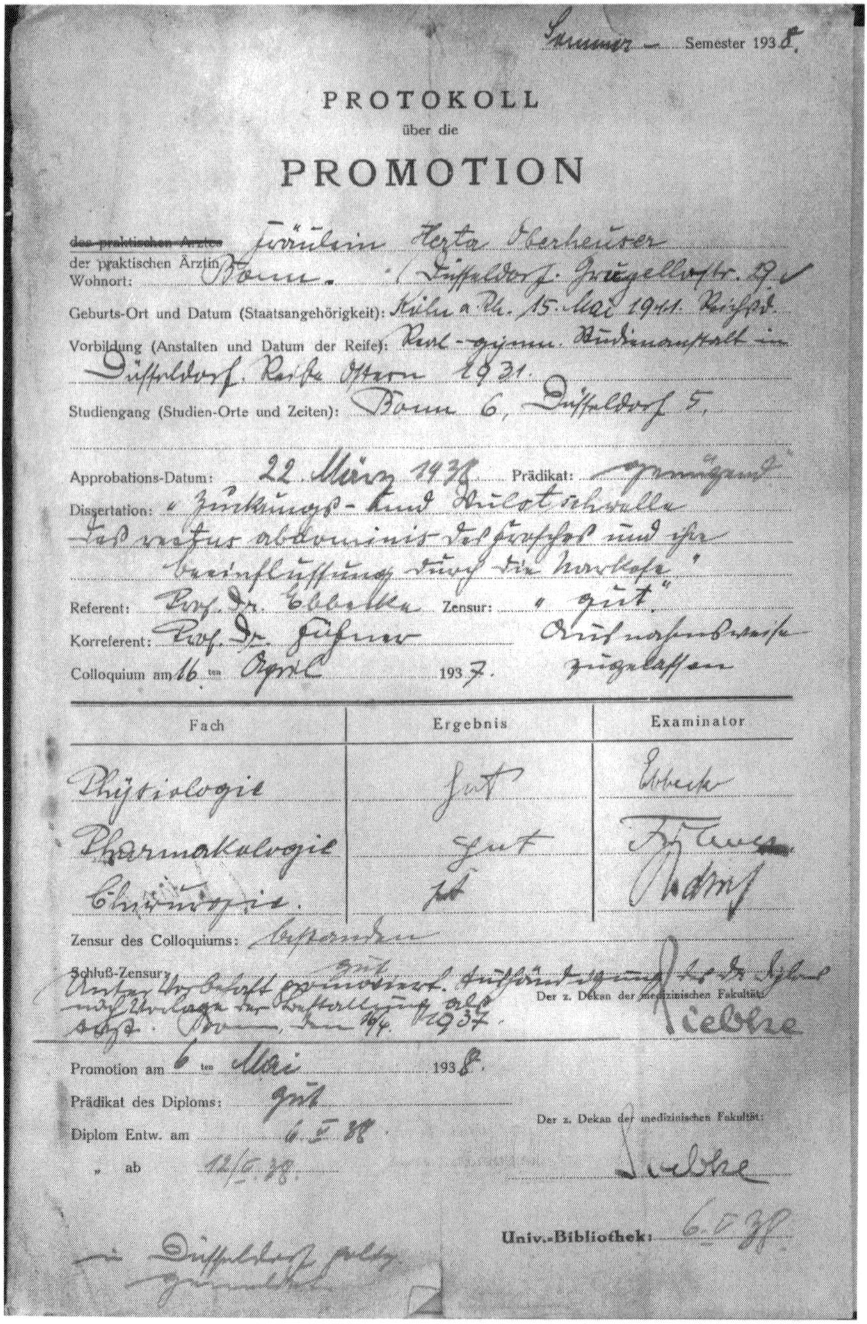

Sommer Semester 1938

PROTOKOLL

über die

PROMOTION

~~des praktischen Arztes~~ Fräulein Herta Oberheuser

der praktischen Ärztin

Wohnort: Bonn. (Düsseldorf, [illegible] str. 29)

Geburts-Ort und Datum (Staatsangehörigkeit): Köln a. Rh. 15. Mai 1911 Reichsd.

Vorbildung (Anstalten und Datum der Reife): Real-gymn. Studienanstalt in Düsseldorf. Reife Ostern 1931.

Studiengang (Studien-Orte und Zeiten): Bonn 6, Düsseldorf 5.

Approbations-Datum: 22. März 1937 Prädikat: genügend

Dissertation: „[illegible] und Blutschwelle des rectus abdominis des Frosches und ihre Beeinflussung durch die Narkose"

Referent: Prof. Dr. Ebbecke Zensur: „gut"

Korreferent: Prof. Dr. Fühner ausnahmsweise zugelassen

Colloquium am 16. ten April 1937.

Fach	Ergebnis	Examinator
Physiologie	gut	Ebbecke
Pharmakologie	gut	Fühner
Chirurgie	gut	[illegible]

Zensur des Colloquiums: bestanden

Schluß-Zensur: gut [illegible]

Der z. Dekan der medizinischen Fakultät: Siebke

Promotion am 6. ten Mai 1938.

Prädikat des Diploms: gut

Diplom Entw. am 6.V.38

„ ab 12/6.38.

Der z. Dekan der medizinischen Fakultät: Siebke

Univ.-Bibliothek: 6.V.38

Abb. 5: Promotionsakte von Herta Oberheuser

angeklagt und verurteilt wurde.[348] Oberheuser studierte in Bonn und Düsseldorf Medizin und promovierte 1936 am Physiologischen Institut der Universität Bonn. Bereits während ihres Studiums politisch in nationalsozialistischen Organisationen engagiert, bewarb sie sich 1940 auf eine Stelle als Ärztin in einem »Frauen-Umschulungslager in der Nähe von Berlin« und wurde nach mehrmonatiger Einarbeitung im Konzentrationslager Ravensbrück dienstverpflichtet. Dort wirkte Oberheuser von 1942 an aktiv an mehreren kriegschirurgischen Humanexperimenten mit, insbesondere an grausamen Versuchsreihen mit gesunden polnischen Frauen, denen absichtlich Wundinfektionen zugefügt wurden, um sodann die Wirksamkeit von Sulfonamiden testen zu können. Zudem war sie für die Selektion von Frauen in Vernichtungsanstalten verantwortlich und persönlich an der Ermordung von KZ-Insassinnen durch Benzininjektionen beteiligt.[349] Im Nürnberger Ärzteprozess wurde sie als KZ-Ärztin angeklagt und zu 20 Jahren Haft verurteilt. Bereits 1952 wegen »ausgezeichneter Führung« entlassen und von den Behörden als »Spätheimkehrerin« anerkannt, ließ sich Oberheuser in Schleswig-Holstein nieder, wo sie als Ärztin praktizierte. Nachdem sie ein ehemaliges Opfer aus Ravensbrück erkannt hatte, wurde Oberheuser 1958 die Approbation entzogen; ihre durch alle Instanzen geführte Anfechtungsklage, über die in deutschen und britischen Zeitungen ausführlich berichtet wurde, blieb erfolglos.[350] 1978 starb Herta Oberheuser in Linz am Rhein.

Harald Siebke und die Gynäkologie

Harald Siebke (1899–1964), 1935 aus Kiel berufen und ab 1937 planmäßiger Ordinarius für Gynäkologie, gelangte als bekennender Nationalsozialist rasch in exponierte Positionen. Noch zu Kieler Zeiten hatte Siebke am 5. März 1933 – im unmittelbaren Vorfeld der Reichstagswahl – eine Liste unterzeichnet, in der deutsche Hochschullehrer öffentlich zur Wahl Hitlers aufriefen. Die Liste wurde unter dem Titel »Die deutsche Geisteswelt für Liste 1« im Völkischen Beobachter veröffentlicht.[351] Seine Antrittsvorlesung in Bonn hielt Siebke in Parteiuniform.[352] Kaum in Bonn, wurde ihm das Amt des Dekans übertragen, das er vom Wintersemester 1936/37 bis 1940 innehatte.[353] 1937 wurde er vom Reichsinnenminister mit der »Führung der Delegation deutscher Ärzte auf dem III. In-

348 Woelk/Bayer, Oberheuser; Ebbinghaus, Oberheuser.
349 Woelk/Sparing/Bayer/Esch, Akademie, S. 260f.; Mitscherlich/Mielke, Medizin, S. 204f.
350 Ärzte: Oberheuser – Scherben in der Wunde, in: Der Spiegel Nr. 46 (1960), S. 47–49.
351 Die deutsche Geisteswelt für Liste 1 [NSDAP], in: Völkischer Beobachter Nr. 63 (04.03. 1933); Modersohn, Führerprinzip, S. 20.
352 Forsbach, Fakultät, S. 239.
353 Ebd., S. 238f.

ternationalen Pariser Ärztekongreß« betraut.[354] Einen 1941 an ihn herangetragenen Ruf an die »Reichsuniversität Straßburg« lehnte er ab.

Als gemäßigter, im Krieg wohl auch zweifelnder Nationalsozialist leitete Siebke eine Einrichtung, die »zu einem der großen Tatorte von Medizinverbrechen wurde«.[355] Die unter seinem Vorgänger Otto von Franqué gemäß dem »Gesetz zur Verhütung erbkranken Nachwuchses« begonnenen Zwangssterilisierungen führte Siebke fort. 1936 wurde sämtlichen Fachärzten an seiner Klinik die »Erlaubnis zur Unfruchtbarmachung erteilt«. Die Gesamtzahl der in Bonn zwangssterilisierten Frauen und Männer ist aufgrund der schlechten Quellenlage nicht bekannt, umfasste aber mit Sicherheit mehrere hundert Opfer.[356] Obwohl also Siebke an Zwangssterilisationen – und möglicherweise auch Zwangsabtreibungen – in verantwortlicher Position beteiligt war, brachte ihm die Fakultät nach 1945 ein hohes Maß an Solidarität und Wertschätzung entgegen. Die Fakultät, schrieb Dekan von Redwitz an Rektor Konen 1946, sei auf dem Standpunkt, dass Siebke zu denen gehörte, »die sich seinerzeit täuschen ließen«. Doch habe er sich »unter dem Eindruck der Judenverfolgungen« von der Partei abgewandt und als »gläubiger Christ« und »Wissenschaftler« agiert.[357]

Der bis zu seinem Tod 1964 – und damit fast drei Jahrzehnte – amtierende Siebke vermochte in der gynäkologischen Hormonlehre und Sterilitätsforschung weithin beachtete Akzente zu setzen. In seiner Kieler Habilitationsschrift hatte er sich mit dem »männlichen« Geschlechtshormon (*Androkinin*) im Körper der Frau befasst.[358] Nach dem Krieg forderte Siebke die Zusammenarbeit von Gynäkologen und Andrologen, um die Behandlung der Kinderlosigkeit von einem neuen, beide Geschlechter einschließenden Standpunkt aus zu erforschen.[359] Die Ursache für die Kinderlosigkeit von Ehen sah der Gynäkologe in erster Linie beim Manne, dessen Sexualität und Fortpflanzungsfähigkeit in den vergangenen Jahren belastenden Erfahrungen durch Krieg und Gefangenschaft ausgesetzt gewesen sei. Nicht nur gegenüber den Frauen, sondern auch gegenüber den Männern müssten die Untersuchungen zur Zeugungsfähigkeit mit fachlicher Kompetenz, Taktgefühl und Geduld durchgeführt werden: »Männer, die eine Dystrophie, Hungerödeme, Typhus, Malaria, längeres Fieber unklarer Ätiologie hatten, kommen erst ganz allmählich wieder zum normalen Befund,

354 UAB, PA Siebke, 7855, Schreiben Harald Siebke an Universitätskurator, 25.06.1937.
355 Forsbach, Fakultät, S. 245.
356 Ebd., S. 523.
357 UAB, PA Siebke, 7855, Schreiben von Redwitz an Dekan Konen, undatiert (1946).
358 Siebke, Thelykinin.
359 Ders., Gynäkologe, S. 635. Zu Siebke, an dessen Frauenklinik während der NS-Zeit eine große Zahl von Zwangssterilisierungen durchgeführt wurde, siehe auch Forsbach, Fakultät, S. 238–247.

oft ebenso langsam zum Impetus in der vita sexualis überhaupt.«[360] Mit Siebke wurde Bonn ein Ort der gynäkologischen Endokrinologie und Sterilitätsforschung, die auch von anderen Fächern mitgetragen wurde. Mit der 1958 erfolgten Berufung des Dermatologen und Andrologen Hans Schuermann (1908–1962) als neuer Lehrstuhlinhaber an der Hautklinik wurde die andrologische Abteilung (unter Leitung von Rudolf Doepfmer) ausgebaut und ein neues Labor für klinisch-chemische Untersuchungsmethoden eingerichtet.

Zum Nachfolger Siebkes berief die Fakultät Jürgen Plotz (1916–1990, Bonner Ordinarius 1967–1982). Plotz hatte seine gynäkologische Ausbildung in Hamburg-Eppendorf erhalten und war nach seiner Habilitation (1953) an das Department of Obstetrics and Gynecology der University of Chicago gewechselt. Dort vertiefte er seine Forschungen zur endokrinen Funktion der Nebenniere und zu Stoffwechselstörungen in der Schwangerschaft. 1958 wurde er zum Professor für Gynäkologie und Chairman an der Albany Medical School, New York, ernannt. 1967 nahm er den Ruf der Medizinischen Fakultät nach Bonn an.[361] Plotz förderte die unter Siebke begonnenen Schwerpunkte der Gynäkologischen Endokrinologie und Reproduktionsmedizin, und er konnte dafür eigene Abteilungen etablieren. Auch am Schwerpunktprogramm der DFG zum Thema »Physiologie und Pathologie der Fortpflanzung« war Plotz maßgeblich beteiligt. Zudem erkannte Plotz früh die Bedeutung der Ultraschall-Technik für die Pränatale Diagnostik und Therapie. 1971 wurde sein Mitarbeiter Manfred Hansmann Leiter des neu geschaffenen Ultraschall-Labors an der Frauenklinik. An der Verfeinerung sonographischer Techniken und deren Ausweitung zu therapeutischen Zwecken (insbesondere bei pränatalen Blut- oder Herzerkrankungen) war Hansmann maßgeblich beteiligt. 1985 wurde er Direktor der deutschlandweit ersten Abteilung für Pränatale Diagnostik und Therapie am Zentrum für Geburtshilfe und Frauenheilkunde.[362]

Anatomie

Im Jahre 1935 trat Philipp Stöhr (1891–1979) die Nachfolge von Johannes Sobotta (1869–1945, Bonner Ordinarius 1919–1935) als Direktor des Anatomischen Instituts an. Ähnlich wie Martini und von Redwitz blieb auch Stöhr auf Distanz zum NS-Regime und nahm seit 1934 an Kongressen seiner Fachgesellschaft nicht mehr teil. Zugleich aber ließ Stöhr ein hohes und anhaltendes Interesse an der Überstellung von »Leichen Hingerichteter« aus der Strafanstalt Köln erkennen.

360 Siebke, Gynäkologe, S. 636.
361 Bettendorf, Endokrinologie, S. 441f.; Ulrich, Geburtshilfe, S. 227.
362 Gembruch, Hansmann.

Zumindest zeitweilig entstand zwischen dem Bonner und dem Kölner Anatomischen Institut eine offene Rivalität um die »Verteilung« der Leichen, die Stöhr zufolge nicht nur zum studentischen Unterricht eingesetzt, sondern zum Abschluss von »persönlich geführten wissenschaftlichen Forschungsergebnissen« benötigt wurden.[363] Auch nach 1945 veröffentlichte Stöhr mehrere Arbeiten, die auf dem »Material« hingerichteter Opfer des NS-Regimes basierten.[364]

Aus dem Anatomischen Institut kam nach dem Krieg die erste an der Medizinischen Fakultät habilitierte Frau. Emmi Hagen (1918–1968) war nach ihrem Medizinstudium 1943 von Philipp Stöhr als Assistentin vorgeschlagen worden. Stöhr hatte die Einstellung damit begründet, dass die meisten seiner Assistenten zur Wehrmacht eingezogen waren und er dringend Unterstützung in der Fortführung seiner wissenschaftlichen Arbeit benötige. Das Reichsministerium des Innern, das seine Zustimmung zur Ernennung zu geben hatte, lehnte das Gesuch trotz persönlicher Vorsprache von Emmi Hagen in Berlin ab.[365] Erst über behördliche Umwege gelang es ihr, die Assistentenstelle einnehmen zu können. 1945 wurde die dem Nationalsozialismus fernstehende Hagen auf ihrer Stelle belassen.[366] Seit 1952 Leiterin der Abteilung für experimentelle Biologie, wurde sie 1955 aufgrund von drei internen und fünf auswärtigen Gutachten von Ordinarien der Anatomie zur außerplanmäßigen Professorin ernannt. »Alle ihre Arbeiten imponieren von der ersten bis zur letzten Zeile durch Sauberkeit und Gewissenhaftigkeit«, lobte der Pathologe Herwig Hamperl in seinem Gutachten die Arbeiten von Hagen, die sich hauptsächlich mit der Morphologie des vegetativen Nervensystems befassten.[367] 1960 wurde sie als Extraordinaria auf den Lehrstuhl für Anatomie an der Medizinischen Fakultät berufen. 1966, als der bisherige Ordinarius Emil Tonutti (1909–1987) einen Ruf an die Universität Ulm annahm, wurde Hagen mit der kommissarischen Leitung beauftragt und 1967 zur ordentlichen Professorin und Direktorin des Anatomischen Instituts ernannt. Ein knappes Jahr später, im August 1968, verstarb Hagen im Alter von nur 50 Jahren.

363 Philipp Stöhr an Generalstaatsanwalt Köln, 09.05.1944, zit. nach Forsbach, Fakultät, S. 531.

364 Hildebrandt, Research, S. 310.

365 Schreiben des Reichsministerium des Innern (Dr. Krüger) an Emmi Hagen, 23.11.1942. UAB, PA Hagen.

366 Habilitationsverfahren von Fräulein Dr. med. Emmi Hagen, 10.11.1949, UAB, PA Emmi Hagen, 8468.

367 Gutachten zum Antrag auf Verleihung des Titels eines außerplanmäßigen Professors an die Privatdozentin Fräulein Dr. E. Hagen, 29.06.1955.

Pharmakologie

Auch in der Pharmakologie stand Mitte der 1930er Jahre nach der Emeritierung von Hermann Fühner (1871–1944) ein personeller Wechsel an. Nach einigen Querelen mit dem Ministerium berief die Fakultät den aus der Industrieforschung kommenden Werner Schulemann (1888–1975), der – nachdem er bereits die Lehrstuhlvertretung übernommen hatte – 1938 das Ordinariat für Pharmakologie antrat.[368] Ähnlich wie Siebke trat auch Schulemann zunächst als überzeugter Nationalsozialist auf und hielt seine Antrittsvorlesung in SA-Uniform, ging aber in der Folge auf vorsichtig-kritische Distanz zum Regime. Von 1942 an suchte er als Dekan der Fakultät nach Wegen, die aggressiven politischen Interventionen abzuwehren und wissenschaftliche Qualifikationswege auch für jene Assistenten offenzuhalten, die der Partei nicht beigetreten waren. Ein Beispiel dafür war die Habilitation von Eduard Welte, seit 1939 Mitarbeiter von Martini an der Medizinischen Klinik. Zwar wurde Welte aufgrund »politischer Unzuverlässigkeit« die Ausübung der Dozentur verweigert, doch setzte Schulemann mit Unterstützung aus Teilen der Fakultät den Abschluss der Habilitation sowie die Verleihung des Titels »Dr. med. habil.« durch.[369] Auch gegenüber NS-Funktionären innerhalb wie außerhalb der Universität zeigte Schulemann Charakter. 1943 erwirkte er mit Hinweis auf die mangelnde wissenschaftliche Qualifikation (und die fehlende Habilitationsleistung) die Entlassung von Heinrich Müller (»SS-Müller«) aus der Zahnklinik. Müller hatte den Sicherheitsdienst der SS in Bonn aufgebaut und ein System von Bespitzelungen und Repressionen geschaffen.[370] Nach Kriegsende als nationalsozialistisch belastet angesehen, wurde Schulemann 1950 wieder als Direktor des Instituts eingesetzt, das nach den schweren Kriegszerstörungen in der ehemaligen Villa des Schreibwarenfabrikanten Soennecken in Bonn-Poppelsdorf untergebracht war.

Schulemann, der vor seinem Wechsel nach Bonn in der Forschungsabteilung von Bayer in Elberfeld (ab 1925 I.G. Farbenindustrie) gearbeitet und dort das erste synthetische Malariachemotherapeutikum entwickelt hatte, beschäftigte sich vor allem mit der experimentellen Erzeugung von Krankheiten im Tierversuch und der Erprobung potentieller Therapeutika (»experimentelle Pathologie«). Zudem setzte er die Bonner Forschungstradition zur Arzneitherapie parasitärer Erkrankungen fort und legte damit den Grundstein für die Verselbstständigung der Abteilung für Parasitologie unter Gerhard Piekarski.[371] 1958 folgte auf Schulemann der von der Universität des Saarlandes nach Bonn

368 Forsbach, Fakultät, S. 319–322.
369 Höpfner, Universität, S. 284.
370 Forsbach, Fakultät, S. 319–322.
371 Karzel/Göthert, Pharmakologie, S. 138.

berufene Robert Domenjoz (1908–1998, Bonner Ordinarius 1958–1978). Domenjoz war auf die Erforschung der Pathophysiologie entzündlicher Reaktionen spezialisiert. Ähnlich wie sein Vorgänger hatte Domenjoz zuvor als Leiter der Pharmakologischen Forschungsabteilung der Firma Geigy (Basel) in der chemisch-pharmazeutischen Industrie gearbeitet und an der Entwicklung der medikamentösen Behandlung von rheumatischen Erkrankungen mitgewirkt. Auch an der Entwicklung der Pharmakotherapie psychiatrischer Erkrankungen (1958 Markteinführung des Antidepressivums Imipramin), war Domenjoz zusammen mit seinem Mitarbeiter Roland Kuhn maßgeblich beteiligt.[372]

Psychiatrie: Pohlisch und Panse

Nach dem plötzlichen Tod von Arthur Hübner im März 1934 betraute die Fakultät den in Heidelberg lehrenden Hans Gruhle (1880–1958) mit der kommissarischen Leitung der Nervenklinik. Während die Berufungskommission der Fakultät, vertreten durch Martini und von Redwitz, Gruhle aussichtsreich platzierten, hintertrieb der »Vertrauensmann« der NSADP an der Fakultät, der Hygieniker Walter Blumenberg (1895–1968), diese Bemühungen. Unter Einfluss von Parteistellen und dem »Reichsleiter der Gesellschaft deutscher Neurologen und Psychiater«, Ernst Rüdin, präsentierte Blumenberg zunächst den Magdeburger Psychiater Walter Jacobi – der absagte – sowie den an der Berliner Charité wirkenden Kurt Pohlisch, einen exponierten Vertreter der erbbiologischen Psychiatrie. Ohne weitere Absprache mit der Fakultät wurde im November Kurt Pohlisch (1893–1955) auf den Bonner Lehrstuhl für Psychiatrie und Neurologie berufen.[373] Gleichzeitig wurde Gruhle mitgeteilt, dass er mit keiner Berufung rechnen könne. Blumenberg hingegen wurde 1934 der Lehrstuhl für Hygiene und Bakteriologie an der Universität Breslau zuerkannt; im Jahr darauf übernahm er zusätzlich das Amt des »Gaudozentenbundführers« von Schlesien.[374]

Der Bonner Lehrstuhl für Psychiatrie zählte in den 1930er Jahren zu den am besten ausgestatteten und einflussreichsten des Reiches. Mit seiner Übernahme verbunden waren die Leitung der Nervenklinik, der Provinzial Heil- und Pflegeanstalt, der (kurz zuvor Löwenstein entrissenen) Provinzialanstalt für seelisch abnorme Kinder sowie des neu begründeten Rheinischen Provinzial-Instituts für psychiatrisch-neurologische Erbforschung. Somit waren mit dem Lehrstuhl gleich vier Leitungsfunktionen verbunden.

---

372 Healy, Era, S. 48–50; Healy, Kuhn; »There is an unresolved dispute between Kuhn and Robert Domenjoz of Geigy as to whose idea it was to try this compound.« (S. 253f.).

373 UAB, MF 68/107, Personalakte Kurt Pohlisch.

374 Forsbach, Fakultät, S. 114; Höpfner, Universität, S. 311.

Bei Pohlisch handelte es sich um denjenigen Ordinarius der Medizinischen Fakultät, der auf mehreren Ebenen und insgesamt wohl am stärksten in die Medizinverbrechen des NS-Staats involviert war.[375] Das von ihm geleitete Rheinische Provinzial-Institut für psychiatrisch-neurologische Erbforschung zählte zusammen mit dem Kaiser-Wilhelm-Institut für Anthropologie zu einer der größten Einrichtungen seiner Art.[376] Dynamik und Dimension der erbbiologischen Erfassungspsychiatrie waren bemerkenswert. Allein in den Jahren 1936 bis 1938 wurden »2800 rheinische Sippen und 750.000 Einzelpersonen« erfasst und hunderte Gutachten sowie Obergutachten für Erbgesundheitsgerichte erstellt. Von den rund 100.000 Einwohnern der Stadt Bonn waren 1938 bereits 60.000 auf ihre »erbliche Gesundheitslage« hin erfasst worden. Gegenüber einer stärkeren Verankerung rassenhygienischer Ansätze in der Ausbildung der Medizinstudierenden zeigte sich die Fakultät eher zurückhaltend. Erst nachdem Kurt Pohlisch 1937 beim Dekan einen besoldeten Lehrauftrag für Rassenhygiene für Friedrich Panse beantragt hatte und auf Zustimmung gestoßen war, wurden ab dem Wintersemester 1937/38 rassenhygienische Veranstaltungen abgehalten. Mit rund 30 Hörern, darunter überwiegend Studierende anderer Fakultäten, waren diese Veranstaltungen nur mäßig besucht.[377] 1940 nahmen Pohlisch und sein Mitarbeiter Friedrich Panse (1899–1973) als Gutachter an der »T4-Aktion«, der systematischen Ermordung von geistig behinderten Menschen, teil. Dass sich die beiden Psychiater der Konsequenzen ihres Handelns bewusst waren, zeigen die beiden von Linda Orth nachgewiesenen Fälle, in denen Pohlisch und Panse am rheinisch-provinzialen Institut für Erbforschung die Daten von erfassten Familienangehörigen manipulierten, um sie vor der »Euthanasie« zu bewahren.[378]

Neben seiner Tätigkeit am Bonner Institut für Erbforschung und Gutachter der »Euthanasie« wirkte Friedrich Panse als Militärpsychiater.[379] Nachdem von 1941 an die Zahl psychisch erkrankter Soldaten sprunghaft zugenommen hatte, wandte Panse im Kriegslazarett Köln-Porz jene elektrosuggestiven Zwangsverfahren an, die im Ersten Weltkrieg als »Kaufmann-Methode« bekannt geworden waren.[380] Panse vermeldete, damit spektakuläre Erfolge erzielt zu haben. Gleichzeitig wollte er das Verfahren mit seinem Namen verknüpft sehen – und nicht mehr mit dem von Kaufmann, der den Nationalsozialisten als »Jude« galt und in die Emigration gezwungen worden war. Bald war unter den »Beratenden

375 Forsbach, Fakultät, S. 200.
376 Pohlisch, Erbforschung.
377 Forsbach, Panse, S. 333; Höpfner, Universität, S. 288; UAB, MF-PA 110, Friedrich Panse.
378 Orth, Kliniken, S. 33.
379 Forsbach, Panse, S. 329–336.
380 Benannt nach dem Internisten und Militärarzt Fritz Kaufmann, vgl. Hofer, Kaufmann.

Psychiatern« der Wehrmacht vom »Pansen« die Rede.[381] Die Durchführung der für die Soldaten äußerst schmerzhaften Verfahren oblag in den meisten Fällen Panses Assistent Günter Elsässer (1907–1999). Nach 1945 wusste sich Elsässer als Experte in psychotherapeutischen und gesundheitspolitischen Belangen zu positionieren. 1949 als Landesobermedizinalrat der Landesheilanstalt zum außerplanmäßigen Professor der Universität Bonn ernannt, gehörte Elsässer auch dem Sachverständigenbeirat des Bundesarbeitsministeriums für Fragen der Kriegsopferversorgung an. Elsässer stand damit in erster Reihe mit jenen Psychiatern, die – aufbauend auf Beschlüssen aus dem Ersten Weltkrieg – den Status von traumatischen Ereignissen als ursächlichem, krankmachendem Faktor in Abrede stellten.[382] Panse selbst hatte 1952 in einer nicht nur methodisch fragwürdigen Veröffentlichung, die anhand von selektiv ausgewählten Erlebnisberichten die Wirkung des Bombenkriegs auf die Zivilbevölkerung untersuchen sollte, kriegsbedingte psychische Langzeitschäden ausgeschlossen.[383] 1955 wurde er auf den Lehrstuhl für Psychiatrie an die Medizinische Akademie Düsseldorf berufen.

Anders als Panse blieb der 1937 mit der Leitung der so bezeichneten »Rheinischen Kinderanstalt für Seelisch Abnorme« beauftragte Hans Aloys Schmitz (1899–1973) gegenüber dem Regime und der von Pohlisch propagierten erbbiologischen Ausrichtung der Psychiatrie auf Distanz. Von 1940 an wurden jedoch aus der Klinik mindestens 160 Kinder abtransportiert und bis auf wenige Ausnahmen in den »Kinderfachabteilungen« ermordet.[384] 1946 auf Betreiben der Militärregierung entlassen, erfuhr Schmitz von Seiten der Fakultät und der Universität eine nachsichtige Beurteilung. 1949 wurde er zum außerplanmäßigen Professor ernannt. Als Gründungsmitglied (und späteres Ehrenmitglied) der Deutschen Gesellschaft für Kinderpsychiatrie und Heilpädagogik bekam Schmitz in seinem Fachgebiet Anerkennung.

Auf den Bonner Lehrstuhl für Psychiatrie, der 1945 durch die Absetzung von Kurt Pohlisch vakant geworden war, berief die Fakultät den zwölf Jahre zuvor durch politische Intervention verhinderten Hans Gruhle.[385] Er, dem in psychiatrischen und akademischen Kreisen größte Wertschätzung entgegengebracht wurde, hatte diese Position allerdings nur wenige Jahre inne. 1952 holte ihn und die Fakultät die Vergangenheit in Gestalt von Kurt Pohlisch ein. Dessen hartnäckiges Bemühen um »Wiedergutmachung« (Pohlisch), von einflussreichen Fürsprechern wie dem ersten Präses der evangelischen Kirche im Rheinland, Heinrich Held, unterstützt, hatte dazu geführt, das Pohlisch mittlerweile von

381 Roth, Modernisierung, S. 52, S. 62–65.
382 Kaul, Elsässer; Forsbach, Fakultät, S. 221–224; Goltermann, Kriegsheimkehrer.
383 Panse, Angst; Arnold, Memory, S. 46f.
384 Forsbach, Fakultät, S. 218; Orth, Transportkinder.
385 Forsbach, Fakultät, S. 197–200; Böhnke, Gruhle.

allen Vorwürfen freigesprochen worden war.[386] Die Medizinische Fakultät und die nordrhein-westfälischen Landesregierung ermöglichten daraufhin seine Wiedereinsetzung. Als Pohlisch 1955 starb, übernahm Gruhle – mittlerweile in seinem 75. Lebensjahr stehend – erneut die kommissarische Leitung. Ein Jahr später verstarb auch er. Über mehr als zwei Jahrzehnte, von den frühen 1930er Jahren, bis Mitte der 1950er Jahre, war Gruhle eine Art Schattenordinarius der Fakultät gewesen, die ihn unter den Bedingungen eines totalitären Regime nicht berufen konnte, in einem demokratischen Rechtstaat dann aber auch nicht den Mut und die gebotene Solidarität aufbrachte, um ihn in ihrem Kreise zu halten.

Der Neuanfang der Psychiatrie unter Weitbrecht

Die Berufung von Hans-Jörg Weitbrecht (1909–1975, Bonner Ordinarius 1956–1975) als neuer Lehrstuhlinhaber für Psychiatrie und Neurologie kam überraschend, erwies sich aber für die Bonner Fakultät als Glücksgriff. Weitbrecht hatte sich 1944 extern bei Kurt Beringer in Freiburg habilitiert[387] und war fast zwanzig Jahre Oberarzt an der Privatklinik Christophsbad in Göppingen gewesen, als ihn der Ruf nach Bonn erreichte.[388] Seine psychiatrische Ausbildung hatte er bei dem einflussreichen Tübinger Psychiater Ernst Kretschmer erfahren. Dem »innigen Ineinanderspielen endogener und psychisch reaktiver Kraftfelder« galt Weitbrechts wissenschaftlicher Ansatz. Anhand der »neuropsychiatrischen Problemgeschichte methodenkritisches Bewusstsein« auszubilden, bezeichnete er später selbst als sein wichtiges Vermittlungsziel.[389] Rasch erwarb sich Weitbrecht das Vertrauen der Fakultät und verband gleichermaßen wissenschaftspolitisches mit organisatorischem Geschick. Die Ablehnung eines Rufes auf den Psychiatrischen Lehrstuhl nach Frankfurt (1965) setzte Weitbrecht ein, um das von ihm maßgeblich initiierte, neu erbaute Nervenzentrum auf dem Venusberg mit weiteren Mitarbeiterstellen auszustatten.[390] 1965 übernahm er zudem für vier Jahre die Funktion des Direktors der klinischen Anstalten und stand der Universität 1969/70 als Rektor vor.[391]

386 Forsbach, Fakultät, S. 637f.

387 Weitbrechts Habilitationsschrift trug den Titel »Beiträge zur Religionspsychopathologie, insbesondere zur Psychopathologie der Bekehrung«.

388 UAB, PA 11264, Hans Jörg Weitbrecht; und UAB, MF-PA 408. Die Universitätschronik des Jahres 1964/65 stellte fest, dass das Nervenzentrum »angesichts der Personalnot bei allen nichtärztlichen Gruppen nur unter großen Schwierigkeiten und Schritt für Schritt in vollem Umfang in Betrieb genommen werden kann«.

389 Weitbrecht, Weitbrecht, S. 424.

390 Chronik des akademischen Jahres 1964/65, S. 97.

391 Weitbrecht, Weitbrecht; Huber, Weitbrecht. Der Hans Jörg Weitbrecht Wissenschaftspreis

In die Ära Weitbrecht fiel die Entscheidung, die lange praktizierte Personalunion zwischen dem Direktorium der Landesklinik für Psychiatrie am Kaiser-Karl-Ring und dem Lehrstuhl für Psychiatrie und Neurologie mitsamt der Leitung der Psychiatrischen und Neurologischen Universitätsklinik aufzugeben. Gleichzeitig stand das Nervenzentrum auf dem Venusberg für Kontinuität, sollte es doch »unter einem Dach und in organisch gewachsener Verflechtung Psychiatrie und Neurologie, Neurochirurgie und Neuropathologie samt allen Hilfseinrichtungen diagnostischer und therapeutischer Art« beherbergen. Ausdrücklich wurden hierbei spätere »Angliederungen« und »Untergliederungen« – und damit weitere Spezialisierungstendenzen – antizipiert, doch sah Weitbrecht im Zentrum die Idee eines »ursprünglichen einheitlichen Ganzen« verwirklicht.[392]

Das Nervenzentrum auf dem Venusberg wurde nach modernsten bautechnischen Standards errichtet und wies gegenüber der »alten« Klinik am Kaiser-Karl-Ring eine mehr als doppelt so große Bettenanzahl auf (rund 200). Ein Höchstmaß an technisch unterstützter Kommunikation sollte eine effiziente Zusammenarbeit zwischen Ärzten und Pflegekräften ermöglichen. Hierzu zählten die Installation einer »drahtlosen Arztrufanlage mit Schleifensystem im gesamten Hause«, die Integration von Farbfernsehkameras in den OP-Lampen des Operationssaals – mit der Möglichkeit der Direktübertragung im Hörsaal und im Seminar – sowie »Fernsehregistrierungs- und Überwachungsanlagen« in Zimmern für »besonders schwierige Fälle«. Dabei seien, so hieß es 1968 in einem Porträt des Nervenzentrums in der Zeitschrift »Das Krankenhaus«, »Affereien [sic!] und übertriebene Perfektion, zu denen jede hochentwickelte Technik lockt«, vermieden worden.[393]

Mit Martini verband Hans Jörg Weitbrecht die Kritik an einer (psychoanalytisch orientierten) psychosomatischen Medizin, deren methodische Herangehensweisen er infrage stellte.[394] Zugleich stand Weitbrecht für eine integrative, auch phänomenologischen Herangehensweisen zugewandte Psychiatrie und begründete an seiner Klinik eine eigene Psychotherapie-Station.[395]

Ein gewisses Maß an Selbstkritik sowie eine frühe Darstellung der Belastungen der Bonner Universitätspsychiatrie zeigt Weitbrechts Rede »Psychiatrie in der Zeit des Nationalsozialismus«, die er 1966 im Rahmen der Vortragsreihe des *Studium Universale* »Wissenschaft und Universität in der Zeit des Nationalsozialismus« hielt. Weitbrecht sprach einerseits von einer durch die natio-

wird seit 1989 im Zweijahresrhythmus für besondere Leistungen auf dem Gebiet der klinischen Neurowissenschaften vergeben.

392 Weitbrecht, Weitbrecht, S. 427.

393 Müller-Pauly, Nervenzentrum, S. 365f.

394 Weitbrecht, Grenzen, S. 1111; ders., Psychosomatik.

395 Maier/Linz, Psychiatrie, S. 77.

nalsozialistischen Machthaber »mißbrauchten« und »geschändeten« Disziplin, sah die Psychiatrie aber nicht als »Opfer« des Regimes, da aus ihren Reihen auch »Schrittmacher« und »Vollzugsgehilfen« hervorgetreten seien.[396] Hierzu zählte Weitbrecht insbesondere die NS-»Euthanasie«, deren Durchführung er in seiner Rede ausführlich erläuterte. Seine eigene Haltung zum Nationalsozialismus stellte Weitbrecht als eine von Distanz und subtilem Widerstand gekennzeichnete dar. Ob hierzu auch Weitbrechts »stammespsychologischen« Forschungen zu zählen sind, die er 1942 im Zusammenhang des Aufbaus einer »fundierten Rassenpsychopathologie« verortet haben wollte, wäre eine genauere Untersuchung wert.[397] Seinen Amtsvorgänger Kurt Pohlisch charakterisierte Weitbrecht in beschönigender Manier als Psychiater, der seine erbbiologischen Forschungen stets mit »wissenschaftlichem Geist« betrieben habe, sich vermeintlich nicht politisch instrumentalisieren ließ und im Zuge der »Euthanasie«-Aktionen sogar durch die Verlegung von Kranken »erfolgreichen Widerstand« geleistet habe.[398] An die Studierenden richtete Weitbrecht eindringliche Worte:

> »Sie, meine Kommilitoninnen und Kommilitonen, [...] tragen die Zukunft. Tun Sie alles, um sich und denen, die nach Ihnen kommen, eine Wiederholung solcher Finsternisse zu ersparen. Seien sie kritisch und huldigen Sie auch in der Politik nicht der bequemen Ausflucht, »die Alten« würden das schon irgendwie recht machen. Engagieren Sie sich und arbeiten Sie selbst mit an dem Haus, in dem Sie wohnen und leben werden. Bringen Sie Ihre Forderungen zur Geltung. Beteiligen Sie sich am Aufbau des Staatswesens. Es bedarf Ihrer notwendiger, als Sie zumeist denken.«[399]

Im Jahre 1974 mit dem Großen Bundesverdienstkreuz ausgezeichnet, verstarb Weitbrecht nur ein Jahr später. 1979 und 1985 veranstaltete sein Nachfolger auf dem Lehrstuhl, Gerd Huber (1921–2012, Bonner Ordinarius 1978–1987), Hans Jörg Weitbrecht Gedenksymposien.[400]

Erich von Redwitz und die Chirurgie

Erich von Redwitz übernahm 1928, von München kommend, die Chirurgische Klinik. Redwitz war von Anton von Eiselsberg in Wien in die Chirurgie eingeführt worden, hatte sich 1916 in Würzburg habilitiert und in seiner Münchener Zeit eng mit Ferdinand Sauerbruch zusammengearbeitet. Aus dieser Zeit stammte auch seine Freundschaft mit Martini, der in den 1920er Jahren seine

396 Weitbrecht, Psychiatrie, S. 9.
397 Ders., Rassenpsychopathologie, S. 150.
398 Der., Psychiatrie, S. 24, S. 40.
399 Ebd., S. 45.
400 Huber, Symposion; ders., Weitbrecht-Symposion. Die Symposien wurden von dem Kölner Arzneimittelhersteller Tropon unterstützt.

internistische Ausbildung in München bei Friedrich von Müller erhalten hatte. Wie Martini blieb von Redwitz der Bonner Medizinischen Fakultät bis zu seiner Emeritierung treu. Einen 1933 an ihn aus Heidelberg ergangenen Ruf lehnte er ab.[401] Seine Mitarbeiter schätzten an Redwitz seine umsichtige und vergleichsweise liberale Führung der Klinik, die er auch nach der Machtübernahme der Nationalsozialisten aufrecht zu erhalten versuchte.[402] Seinem Oberarzt Werner Wachsmuth, der dem Regime Linientreue verweigerte, ermöglichte von Redwitz den Wechsel zur Wehrmacht.[403] 1946 erlangte Wachsmuth das Ordinariat in Würzburg und wurde einem der einflussreichsten deutschen Chirurgen der Nachkriegszeit.

Trotz der distanzierten Haltung von Redwitz zum Regime wurde auch seine Klinik zu einem Ort, wo Menschen gegen ihren Willen eingewiesen und in Form von Zwangssterilisationen Leid zugefügt wurde. Im Januar 1936 gab von Redwitz die Zahl von zwangsterilisierten Männern selbst mit »20–40 im Monat« an – eine so hohe Zahl, dass von Redwitz gegenüber dem Dekan seine Sorge zum Ausdruck brachte, dass an seiner Klinik nicht mehr genügend Chirurgen für andere Operationen zur Verfügung stünden.[404] Die folgenden Monate brachten eine Ausweitung der Zwangssterilisationen mit sich. Zunächst wurde die Sterilisierung von Frauen durch Röntgen- und Radiumbestrahlung im »Röntgeninstitut der Chirurgischen Universitätsklinik« unter Robert Janker genehmigt.[405] Im September 1936 erhielten – wie auch in der Frauenklinik – sämtliche Fachärzte der Chirurgischen Klinik die Erlaubnis zur »Unfruchtbarmachung«. So wie für die Frauenklinik ist aufgrund der lückenhaften Quellenlage auch für die Chirurgische Klinik eine Ermittlung der Gesamtzahl der Opfer nicht möglich. Die Dimension lässt die Kartei des ehemaligen Bonner Erbgesundheitsgerichts erahnen, die 4.430 Anträge auf Sterilisierung Betroffener verzeichnet (2.751 Männer und 1.679 Frauen).[406] Die Gesamtzahl der im »Dritten Reich« zwangssterilisierten Menschen wird auf etwa 350.000 bis 400.000 geschätzt.[407]

In Fachkreisen wurde von Redwitz vor allem dadurch bekannt, dass er chirurgische Tätigkeit mit klinisch-experimentellen Untersuchungen zu verbinden wusste. In der Magenchirurgie, seinem wichtigsten Arbeitsgebiet, setzte er mit seinen Mitarbeitern neue Maßstäbe. Aus der klinisch-experimentellen Prüfung von Operationsverfahren im Magen-Darm-Bereich – wie beispielsweise der

401 Redwitz, Chirurgie, S. 93.
402 Wachsmuth, Leben, S. 44–46.
403 Behrendt, Kriegschirurgie, S. 247–250.
404 UAB, MF 79/106, von Redwitz an Dekan Stöhr, 20.01.1936, zit. nach Forsbach, Fakultät, S. 522.
405 Forsbach, Fakultät, S. 522.
406 Ebd., S. 523.
407 Benzenhöfer/Ackermann, Sterilisationen.

Gastroenterostomie oder der Pylorus-Entfernung – zog von Redwitz Rückschlüsse, wie sich Operationstechniken verfeinern ließen.[408] In diesen Zusammenhang gehören auch seine Arbeiten zur Chirurgie des peptischen Magengeschwürs.[409] Ansehen erwarb von Redwitz zudem durch seine Fähigkeit, neue Entwicklungen in der Chirurgie in »zahlreichen sichtenden, ordnenden und zusammenfassenden Monographien, Handbüchern und Lehrbüchern« anschaulich zu machen. Zusammen mit dem Berliner Chirurgen Erwin Gohrbandt veröffentlichte er das zweibändige »Lehrbuch der Chirurgie«. Es erreichte bis 1965 – zwei Jahre nach seinem Tod – elf Auflagen.[410]

An der Chirurgischen Klinik gab von Redwitz Spezialisierungstendenzen Raum, trat Bestrebungen zur Verselbstständigung aber auch energisch entgegen. Aufsehen erregte die in den Kellerräumen der Klinik untergebrachte »Kinoabteilung«, wo sein Mitarbeiter Robert Janker, häufig in Zusammenarbeit mit Fakultätskollegen – wie mit dem Gerichtsmediziner Friedrich Pietrusky – experimentelle Untersuchungen durchführte und mittels neuer medialer Techniken abzubilden suchte.[411] Die von Janker mitentwickelte »Röntgenkinematographie« galt im NS-Staat als medizinisch-technische Innovation mit vielfältigen sozial- und gesundheitspolitischen Anwendungsmöglichkeiten, etwa in Gestalt von röntgenologischen Reihenuntersuchungen zur Bekämpfung der Tuberkulose.[412] Dies veranlasste Janker zu Plänen für ein eigenes medizinisches Röntgeninstitut in Bonn. Da von Redwitz und die Fakultät diesen Plänen zurückhaltend gegenüberstanden, gründete Janker eine private Klinik für Strahlenheilkunde, blieb jedoch weiterhin der Fakultät als Extraordinarius zugehörig.[413] Trotz dieses Konflikts (und der Tatsache, dass in Jankers Röntgenabteilung Zwangssterilisationen durchgeführt wurden), wurde er 1951 von mehreren Bonner Fakultätskollegen – darunter Erich von Redwitz, Wilhelm Ceelen, Hermann Eyer und Ulrich Ebbecke – für den Nobelpreis vorgeschlagen.[414] 1957 wurde Janker ordentlicher Professor der Röntgenologie und Strahlenheilkunde und zum Dekan der Medizinischen Fakultät gewählt.[415]

Ähnlich wie Martini wuchs von Redwitz in eine prägende Rolle seines Fachs in

408 Wachsmuth, von Redwitz, S. 20f.

409 Redwitz, Magengeschwür; ders., Behandlung.

410 Gohrbandt/Redwitz, Lehrbuch.

411 Pietrusky/Janker [»Kinoabteilung der Chirurgischen Klinik der Universität Bonn«]: Einfluß des elektrischen Stromes auf das Herz und Gefäße beim narkotisierten Tier [1936, Hochschulfilm-Nr. C 66], Bundesarchiv/Filmarchiv Berlin, online: vlp.mpiwg-berlin.mpg.de/references?id=lit38415; zuletzt abgerufen am 10.03.2018.

412 Dommann, Durchsicht, S. 306f.

413 Forsbach, Fakultät, S. 262f.

414 Nomination Database – Physiology or Medicine. Nobelprize.org (http://www.nobelprize.org/nomination/medicine/nomination.php; zuletzt abgerufen am 31.08.2015).

415 UAB, MF-PA 145, Robert Janker.

der Nachkriegszeit hinein. 1950 versuchte er als Vorsitzender der Deutschen Gesellschaft für Chirurgie, die Fachtagung in Frankfurt am Main zu einem Forum der erneuten Begegnung von in- und ausländischen Chirurgen zu machen und internationales Vertrauen wiederzugewinnen.[416] Aus der von Redwitz geleiteten Bonner Chirurgischen Klinik gingen einflussreiche Chirurgen der Nachkriegszeit hervor, darunter die Lehrstuhlinhaber Theodor Nägeli (Tübingen), Werner Wachsmuth (Würzburg), Ernst Derra (Düsseldorf), Martin Reifferscheid (Aachen) und Alfred Gütgemann (1907–1985), der ihm 1954 auf den Bonner Lehrstuhl nachfolgte.

Paul Martini und die Innere Medizin

Im Jahre 1889 geboren, studierte Martini in München Medizin. Promotion und Habilitation erfolgten an der Medizinischen Klinik unter Friedrich von Müller, einem der angesehensten Internisten seiner Zeit. 1928 erlangte Martini die Position eines Chefarztes am katholischen St. Hedwigs-Krankenhaus in Berlin, deren Innere Abteilung er vier Jahre leitete. 1932 wurde Martini auf den Bonner Lehrstuhl für Innere Medizin mit der damit verbundenen Leitung der Medizinischen Klinik berufen. Rund 25 Jahre hatte Martini diese Position inne; mehrere auswärtige Rufe lehnte er ab. Nach seiner Emeritierung blieb er der Wissenschaft bis zu seinem Tod im Jahr 1964 eng verbunden. Der Paul-Martini-Preis, der von der gleichnamigen Stiftung seit 1969 jährlich vergeben wird, gilt als einer angesehensten Forschungspreise auf dem Gebiet der Inneren Medizin.[417]

Die besondere Bedeutung von Paul Martini liegt zunächst in seiner Rolle als wichtigster Proponent der klinisch-therapeutischen Forschung in Deutschland begründet. Die von ihm von den frühen 1930er bis in die späten 1950er Jahre geleitete Bonner Medizinische Universitätsklinik galt nicht nur als renommierter Ausbildungsort der Inneren Medizin (und der sich in diesem Zeitraum ausdifferenzierenden Spezialgebiete), sondern wurde zum Gravitationszentrum der therapeutischen Forschung in Deutschland.[418] Reformer der Therapieforschung war Martini freilich nicht von Anfang an. An der Münchner Klinik arbeitete er im physiologischen Labor, später zur diagnostischen Akustik. Sein wissenschaftliches Lebensprojekt war dort noch nicht erkennbar, sondern nahm erst in Berlin Konturen an. Seine 1932 veröffentlichte »Methodenlehre der therapeutisch-kli-

416 Erich Freiherr von Redwitz: Eröffnungsansprache des Vorsitzenden, 67. Tagung der Deutschen Gesellschaft für Chirurgie, S. 3–13.

417 UAB, MF-PA 118, Paul Martini.

418 Stoll/Roelcke/Raspe, Vorgeschichte, S. 1781–1784; Shelley/Baur, Martini, S. 1870–1873. UAB, MF 80-73 Medizinische Klinik 1945–1972.

nischen Untersuchung« entstand am Berliner St. Hedwigs-Krankenhaus, das ihm wohl vorzügliche Möglichkeiten zur Umsetzung seiner Ideen bot.

Die Grundpfeiler seiner Methodenlehre lassen sich in vier Punkten zusammenfassen:

(1) Die Ergebnisse therapeutischer Untersuchungen dürften nicht am Einzelfall, sondern müssten anhand einer Vielzahl von vergleichbaren Fällen gewonnen werden; dies sollte durch die Schaffung von möglichst homogenen Krankengruppen erreicht werden.
(2) Dem Vergleich als Grundlage der therapeutischen Untersuchung waren Kontrollmechanismen an die Seite zu stellen: Perioden der Vorbeobachtung, des Versuchs und der Nachbeobachtung waren genau zu definieren.
(3) Bei der Prüfung von Heilverfahren waren alle mitbeeinflussenden Faktoren auszuschalten, und zwar durch Anwendung der *unwissentlichen Versuchsanordnung*, die die Unkenntnis der Kranken über die zu verabreichenden Mittel voraussetzte; Martini sprach von der »Tarnung« von Medikamenten.
(4) Schließlich sollte die Auswertung und Beurteilung therapeutischer Resultate mittels statistischer Verfahren und mathematischer Rechenoperationen (retrospektive Anwendung der Wahrscheinlichkeitsrechnung) vorgenommen werden.[419]

Vollständig innovativ waren Martinis Forderungen nicht. Sie reichten in Teilen zurück bis in die britische Medizin des 18. Jahrhunderts und sind auch von der Pariser Hospitalmedizin des 19. Jahrhunderts formuliert worden.[420] Martini wurden diese Vorläufer und Konjunkturen der klinischen Forschung selbst erst viel später bewusst. Eine wesentliche Rolle spielten wohl auch die in den Krisenjahren der Weimarer Republik knappen wirtschaftlichen Ressourcen, die zu Richtlinien des Reichsgesundheitsamtes sowie zu einer Konjunktur der »rationellen Therapie« führten.[421] Hinzu kam die auch in anderen, nichtklinischen Fächern zu beobachtende Hinwendung zu statistisch-mathematischen Wissenstechniken.[422]

In den 1930er Jahren begann Martini mit Prüfungen von organtherapeutischen Präparaten und homöopathischen Arzneimitteln. Beides reklamierte die »Neue Deutsche Heilkunde« für sich; beides grenzte Martini von einer wissenschaftlichen Medizin ab.[423] In Bonn erarbeitete er sich den Ruf eines katholischen Universitätsmediziners, der sich der aggressiven Einflussnahme der Nationalsozialisten an den Hochschulen widersetzte und wissenschaftliche wie persön-

419 Martini, Methodenlehre.
420 Tröhler, Begründung; Matthews, Quantification.
421 Martini, Krankenbehandlung; Fraenkel, Therapie.
422 Zum Beispiel Roessle/Roulet, Pathologie.
423 Forsbach, Hofer.

liche Integrität zu wahren wusste. Seine mutig vorgebrachte ablehnende Haltung zum NS-Regime sah Martini allerdings in keinem Gegensatz zur Nutzung von Handlungsspielräumen, die ihm der Krieg eröffnete. 1940 präsentierte er sich als Teil der wissenschaftlichen Funktionselite des Heeres-Sanitätswesens, als Ideengeber und – mit dem obersten »Beratenden Internisten« der Wehrmacht Kurt Gutzeit – als Mitinitiator eines großangelegten Forschungsprojekts, das aus dem Kriegsgeschehen neue Erkenntnis hinsichtlich der Behandlung von Krankheiten versprach.[424] Unter dem Kürzel VT (»Vergleichende Therapieforschung«) sollte es in allen Wirkungsbereichen der »Beratenden Internisten« zu vergleichenden Untersuchungen über die Wirksamkeit von therapeutischen Interventionen kommen. Bedingt durch den Kriegsverlauf konnte das Projekt nur in Teilen verwirklicht werden.

Nach 1945, und insbesondere im zeitlichen Umfeld der Gründung der Bundesrepublik, erlangte Martini eine herausragende wissenschaftliche und wissenschaftspolitische Stellung. Hierbei erwiesen sich seine Kontakte zu höchsten politischen Repräsentanten der jungen Bundesrepublik als bedeutsam. Als ärztlicher – und später auch politischer – Berater von Konrad Adenauer und Theodor Heuss sowie von zahlreichen anderen Ministern und hohen Beamten Bonns erlangte Martini eine privilegierte Position, die er bei der Besetzung von hochrangigen Positionen in Wissenschaftspolitik und Forschung zu nutzen wusste.[425]

Bundeskanzler Konrad Adenauer setzte in Martini ein Maß an Vertrauen, das über eine Arzt-Patienten-Beziehung weit hinausging. Es war eine vielfältige, von gegenseitiger Wertschätzung gekennzeichnete politische, insbesondere wissenschafts- und hochschulpolitische Beziehung. Schon 1948 hatte Adenauer über Martini in einem Brief an den nordrhein-westfälischen Ministerpräsidenten Karl Arnold geschrieben:

> »Ich kenne Herrn Martini, seine Persönlichkeit und seinen Aufgabenkreis sehr genau. Er ist einer der angesehensten Internisten, die wir haben. [Er] steht absolut auf unserem Boden, ist überzeugter Katholik und gibt der sich auf der christlichen Ethik gründenden Auffassung über die ärztliche Tätigkeit und [den] Beruf des Arztes überall [...] offen zum Ausdruck.«[426]

---

424 Martini, Möglichkeit.

425 Etwa bei der Fusion des Deutschen Forschungsrats und der Notgemeinschaft der Deutschen Wissenschaft zur Deutschen Forschungsgemeinschaft (1951), der Einrichtung des Wissenschaftsrats (1957), im Bundesgesundheitsrat und in der Deutschen Arzneimittelkommission. Auch an den Hochschulreformen, die zur Einrichtung neuer Universitäten und medizinischer Fakultäten führten, war Martini maßgeblich beteiligt. Mensing, Adenauer, S. 15f.; Stamm, Selbstverwaltung, S. 139; Mensing, Gespräche, S. 297.

426 Zit. nach Mensing, Adenauer, S. 16.

Auf dieser gemeinsamen Vertrauensgrundlage konnte Martini für die Universität Bonn und darüber hinaus für die Gestaltung der westdeutschen Universitätsmedizin ungewöhnlich starken und weitreichenden Einfluss entwickeln.

In der Nachkriegszeit suchte Martini den Bezug zu den geistig-seelischen Dimensionen der Medizin in Form von Psychotherapie und Psychosomatik, deren Aufkommen er nicht nur als einen berechtigten Protest gegen die »Vereinseitigung des Denkens in der Medizin« begrüßte, sondern auch als geeignete Vorstöße ansah, »um überhaupt den geisteswissenschaftlichen Anteil der Medizin wieder zur Diskussion stellen zu können«.[427] Allerdings akzeptierte Martini für die anthropologische und psychosomatische Medizin keine anderen Bewertungsmaßstäbe als diejenigen, die er auch für seine klinische Forschung als zutreffend ansah. Infolgedessen geriet Martini in einen scharfen Oppositionskurs zu eminenten Vertretern der psychosomatischen Medizin wie Viktor von Weizsäcker oder Alexander Mitscherlich. Mit beiden duellierte sich Martini auf kontroverse und elegante Weise 1949, als auf der Tagungsagenda der Deutschen Gesellschaft für Innere Medizin die psychosomatische Medizin stand. Während Martini auf die Umsetzung exakter wissenschaftlicher Methodik pochte, insistierte Mitscherlich auf der prinzipiellen Unmöglichkeit, in der therapeutischen Forschung Subjektivierung und Objektivierung voneinander zu trennen; von Weizsäcker warnte vor »Zahlenbarbarei« und stellte sich auf den Standpunkt, dass die anthropologische und psychosomatische Forschung ihre eigenen Bewertungsmaßstäbe finden müsste.[428] In den 1950er Jahren setzten Martini und Mitscherlich ihre Kontroverse fort. Während Martini in mehreren von der DFG geförderten Forschungsprojekten Prinzipien der klinisch-therapeutischen Methodologie auf die Psychotherapie zu übertragen suchte, warf ihm Mitscherlich »überzogenes Ordnungstreben« und »rationalen Bewältigungsdrang« vor.[429]

Martinis Nachfolge war innerhalb der Fakultät nicht unumstritten. Nach seiner Emeritierung 1957 vertrat Martini noch zwei weitere Jahre seinen Lehrstuhl. Das Berufungsverfahren dauerte für einen klinischen Lehrstuhl ungewöhnlich lange. Teile der Fakultät sprachen sich für den in Marburg lehrenden Internisten Hans-Erhard Bock aus, doch fiel letztlich die Entscheidung auf den Martini-Vertrauten Adolf Heymer, der – aus Essen kommend – die Leitung der Medizinischen Klinik 1959 übernahm.[430] Während Heymer als ausgewiesener

427 Martini, Medizin.

428 Weizsäcker, Psychosomatische Medizin; ders.: Natur und Geist, S. 155. Martini, Psychosomatische Medizin.

429 Martini, Therapie; Mitscherlich, Psychotherapie.

430 UAB, MF-PA 134, Adolf Heymer; Hamperl, Werdegang, S. 243; Die Berufung von Heymer sorgte für einiges Aufsehen, vgl. den Spiegel-Artikel: Universität: Der dritte Mann, in: Der Spiegel Nr. vom 15.07.1959 (http://www.spiegel.de/spiegel/print/d-42625934.html; zuletzt

Praktiker galt, setzte in dessen Nachfolge der aus Gießen berufene Hans Josef Dengler (1925–1997, Bonner Ordinarius 1973–1992) den von Martini entwickelten Schwerpunkt, Innere Medizin mit besonderer Berücksichtigung der klinischen Pharmakologie, fort. Dengler, der 1968 das European Journal of Clinical Pharmacology mitbegründet hatte und auch als wissenschaftlicher Berater der Paul Martini-Stiftung tätig war, hatte maßgeblichen Anteil an der universitären Etablierung der klinischen Pharmakologie.[431]

Neuanfang auf dem Venusberg

Die Luftangriffe auf Bonn – insbesondere der vom 18. Oktober 1944 – hatten die meisten der an der Theaterstraße am Rhein erbauten Kliniken und Institute zerstört, darunter die Chirurgische und die Medizinische Klinik, die Frauenklinik, das Hygienische Institut, das Gerichtsärztliche Institut und das Pathologische Institut. Nach notdürftigen Unterbringungen, Auslagerungen und provisorischen Behelfslösungen fiel die Entscheidung, das bisherige, in Trümmern liegende Klinikgelände ganz aufzugeben und auf dem Venusberg einen Neuanfang zu wagen. Dort waren mit den ehemaligen Kasernengebäuden provisorische Unterkünfte gegeben. Der Bezug zur Stadt blieb. Paul Martini sprach 1949 – im Gründungsjahr der Bundesrepublik – von Bonn als der »Klinikstadt am Rhein«.[432]

Den baulichen Beginn der neuen Kliniken auf dem Venusberg markierten die Chirurgische Klinik und die Medizinische Klinik, die 1949 in Anwesenheit von Bundeskanzler Konrad Adenauer und der Kultusministerin des Landes Nordrhein-Westfalen, Christine Teusch (1888–1968, Kultusministerin 1947–1954), eröffnet wurden.[433] Damit war eine Entwicklung in Gang gesetzt, die sich Anfang der 1950er Jahre noch verstärkte. Auf dem Venusberg neu errichtet wurden die Frauenklinik, die Kliniken für Hals-, Nasen- und Ohrenkrankheiten und für Haut- und Geschlechtskrankheiten (1955),[434] die Augenklinik, das Pathologische Institut, das Hygieneinstitut und das Institut für Röntgenforschung (1958 in Institut für Biophysik umbenannt). Vorerst in der Stadt verblieben, in neu erbauten oder umgebauten Gebäuden untergebracht, die Medizinische Poliklinik und die Kinderklinik, die Nervenklinik und die Neurochirurgische Klinik sowie die Institute für Gerichtliche Medizin, Neuropathologie und Pharmakologie. Dabei erwiesen sich die Kliniken als mit zu geringen Kapazitäten gebaut.

abgerufen am 10.03.2018) sowie die internen Reaktionen darauf von Martini und dem Kultusministerium in: UAB, MF.

431 Dengler, In memoriam.

432 Martini, Bonn.

433 Van Rey, Institute; zu Teusch vgl. Dertinger, Frauen.

434 Grütz, Neubau.

Während das Pathologische Institut großzügig dimensioniert worden war und zahlreiche Gastwissenschaftler aufnehmen konnte, hatten die Kliniken mit Raumnot zu kämpfen, die Schritt für Schritt durch Erweiterungsbauten abgemildert wurde. Hierbei konnte man auf die Unterstützung der Bundesregierung und im Besonderen auf Kultusministerin Teusch zählen: »Speziell die Bonner Universität«, so Paul Martini in seiner Rektoratsrede 1953, verdanke »ihrem Verständnis und ihrem mütterlichen Wohlwollen einen ganz großen Teil ihrer Wiederauferstehung«.[435] Drei Jahre später zog der Medizinhistoriker Johannes Steudel in einem Porträt der Medizinischen Fakultät eine selbstbewusste Zwischenbilanz: Anknüpfend an die »große kulturpolitische Aufgabe« der Universität Bonn im preußischen Staate komme »heute – nach der Wahl Bonns zur vorläufigen Bundeshauptstadt – der Universität eine ähnliche Funktion zu; dem hierher blickenden Ausland gilt sie als Beispiel der an den deutschen Universitäten geleisteten wissenschaftlichen Arbeit.«[436]

Abb. 6: Universitätskliniken auf dem Venusberg 1950

Mit der Gründung der Bundesrepublik und der damit verbundenen Entscheidung für Bonn als provisorischer Hauptstadt fanden sich Medizinische Fakultät

435 Martini, Jahresbericht, S. 20.
436 Steudel, Heilkunde. 1958/59 bekleidete Steudel das Amt des Rektors der Universität. Zur Nachkriegsgeschichte der Universität siehe Becker, Diktatur.

und die Universitätskliniken nicht nur in einer neuen politischen Konstellation wieder. Auch die mediale, öffentliche Wahrnehmung der Bonner Universitätsmedizin verstärkte sich. Im »Wirtschaftswunder« wurden die Kliniken auf dem Venusberg zu einem gefragten Ort. 1954 wusste »Der Spiegel« zu berichten: »Mit imposanten Straßenkreuzern und nicht minder beachtlichen Herz- und Kreislaufstörungen rollten in den letzten Monaten zahllose Industrie-Kapitäne und mancher bundeshauptstädtische Politiker bei der Medizinischen Universitätsklinik Bonn vor.«[437] In den Ministerien am Rhein und in Martinis Klinik hatte die »Manager-Krankheit« Einzug gehalten.[438] Während in den unmittelbaren Nachkriegsjahren Infektionskrankheiten wie die Tuberkulose als drängendstes Problem gesehen wurden, rückten in den 1950er Jahren Herz- und Kreislauferkrankungen immer stärker in den Vordergrund. In pointierter Form symbolisierte die »Manager-Krankheit« die in Westdeutschland (wieder) eingekehrte »moderne Zivilisation«, in der Leistung statt Leid dominierte sowie Technik und Tempo den Alltag bestimmten. Gleichzeitig wirkten die Belastungen des Krieges nach. Die körperlichen und psychischen Erkrankungen der aus sowjetischer Kriegsgefangenschaft heimkehrenden Soldaten blieben Thema. 1954 erhielt der später als Regierungsmedizinalrat in Linz/Rhein tätige Helmut Paul den Preis der Medizinischen Fakultät für seine Arbeit »Das Seelenleben des Dystrophikers auf Grund eigener Erfahrungen«.[439]

Die gesellschaftlichen und technischen Wandlungsprozesse der Nachkriegszeit beeinflussten auch Bonner Universitätsmediziner in der Wahl und Ausrichtung ihrer Forschungsthemen. Ein Beispiel dafür ist die Blutalkoholforschung. In den frühen 1950er Jahren kam der Motorisierungsprozess Westdeutschlands in Fahrt: Binnen zehn Jahren verachtfachte sich der Bestand an Personenkraftwagen von rund 500.000 Autos im Jahre 1950 auf über vier Millionen im Jahre 1960.[440] Die damit verbundene dramatische Zunahme der Verkehrsunfälle wurde der wissenschaftliche Schwerpunkt des 1946 berufenen Gerichtsmediziners Herbert Elbel.[441] Seine in den 1950er Jahren für großes

437 Manager-Krankheit: Wen die Götter lieben. Der Spiegel vom 14.04.1954, S. 34–37 (http://magazin.spiegel.de/EpubDelivery/spiegel/pdf/28955856; zuletzt abgerufen am 10.03.2018).

438 Kaiser, Managerkrankheit (mit einem Vorwort von Paul Martini). Die von Otto Graf in Zusammenarbeit mit dem Kölner Gesundheitsmuseum erstellte Broschüre »Die Krankheit der Verantwortlichen. Die Manager-Krankheit« (Köln 1953) war im selben Jahr durch die Gesundheitsabteilung des Bonner Innenministeriums »an sämtliche Herren Staatssekretäre und Abteilungsleiter aller Ministerien und Bundesbehörden« versandt worden. Bundesarchiv (BA) Koblenz, B 142/2016.

439 Chronik des akademischen Jahres 1953/54, S. 37. Paul, Seelenleben. Der Preis der Fakultät wurde Paul zusammen mit cand. med. Ulrich Gries verliehen.

440 Südbeck, Motorisierung, S. 171.

441 1944 von Freiburg als außerplanmäßiger Professor berufen. Zu Elbels (bereits vor 1933

Aufsehen sorgenden Studien zur Thematik von »Alkohol, Verkehrsunfall und Verkehrstod« (Hamburg 1958), seine Tätigkeit als Gutachter in Verkehrsstrafsachen und Vortragsredner trugen mit dazu bei, die Problematik von Trunkenheit am Steuer ins öffentliche Bewusstsein zu bringen. Elbel leitete das Institut für Gerichtsmedizin bis ins Jahr 1976.

An der Chirurgischen Klinik führte die starke Zunahme von Leberverletzungen infolge von Verkehrsunfällen zu einer stärkeren Auseinandersetzung mit der Leberchirurgie.[442] Lange Zeit zu den »wenig operationsfreudigen Organen« (Rudolf Häring) gezählt, wurde die Chirurgie der Leber der Schwerpunkt des Nachfolgers von Erich von Redwitz, Alfred Gütgemann (1907–1985, Bonner Ordinarius 1954–1977). 1969 führte Alfred Gütgemann mit seinem Team die erste Lebertransplantation in Deutschland durch. Aus der Rückschau war dies eine Entscheidung, die sowohl von langer Vorbereitungszeit als auch spontanem Handeln gekennzeichnet war.[443] Maßgeblichen Anteil daran hatte der junge südkoreanische Chirurg Jong-Soo Lee, der an Gütgemanns Klinik eine Assistentenstelle innehatte. Nur wenige Tage zuvor war Lee bei Thomas Starzl, der 1963 in Denver die weltweit erste Lebertransplantation vorgenommen hatte, gewesen. Nach seiner Rückkehr erprobte Lee mit Gütgemanns Wissen im Keller der Klinik die Transplantationstechnik an Hunden. Da es zu diesem Zeitpunkt noch keine Organkonservierung gab, musste im Falle des Vorliegens eines Spenderorgans schnell gehandelt werden. Als am 16. Juni 1969 ein dreißigjähriger Mann einem Gehirnschlag erlegen war, entschloss sich Gütgemann – ohne die Zustimmung der Angehörigen des Verstorbenen einzuholen – zur Transplantation: Er stellte zwei Operationsteams zusammen, jeweils eines für die Entnahme und eines für Einpflanzung des Organs, und koordinierte die zweite Operation, die erfolgreich verlief. Der Empfänger des Organs lebte weitere sieben Monate, angesichts der erstmaligen Ausführung der Operation (und der zu diesem Zeitpunkt vergleichsweise kurzen Überlebenszeit von Transplantationspatienten) eine bemerkenswert lange Zeit. Die fehlende Einwilligung zog von Seiten der Bonner Staatsanwaltschaft ein gerichtliches Ermittlungsverfahren gegen Gütgemann nach sich. Dieses wurde jedoch im März 1970 mit dem Hinweis, dass es sich um einen »übergesetzlichen Notstand« sowie um eine »an sich achtenswerte, dem Fortschritt dienende Pioniertat« gehandelt habe, eingestellt.[444]

bestehendem) Nahverhältnis zum Nationalsozialismus vgl. Forsbach, Fakultät, S. 136–138. Elbel, Trunkenheit; ders.: Blutalkohol. Siehe auch Der Spiegel vom 05.02.1958, S. 57.

442 Häring, Chirurgie (Zitat aus Vorwort).

443 Jachertz, Organtransplantation; Vetter-Kauczok/Kaiser/Groß, Gütgemann; Anonym Faszination und Werk des »Leber«-Professors, in: General-Anzeiger vom 16.12.1985.

444 UAB, PA Gütgemann 2665, Zeitungsausschnittsammlung »Lebertransplantation« [Artikel General-Anzeiger vom 16./17.06.1969].

Technische Innovationen prägten die Entwicklung auch in anderen Fächern, wie ein Blick auf ein an der Bonner Augenklinik maßgeblich entwickeltes Operationsverfahren zeigt. Gerhard Meyer-Schwickerath (1920–1992) war Anfang der 1950er Jahre von der Hamburger an die Bonner Augenklinik gewechselt, wo er sich 1953 habilitierte. Mit seinem Namen verband sich bald eine neue »Lichtstrahl«-Operation am Auge, die Netzhautablösungen durch gezielte Vernarbung an den Rändern zum Stillstand bringen konnte. Das Verfahren entwickelte Meyer-Schwickerath an der Hamburger Augenklinik, wo er auf dem Dach der Klinik mit einem Heliostat Sonnenlicht bündelte und zur gezielten Behandlung von Netzhautdefekten einsetzte. In Zusammenarbeit mit Zeiss konnte der Ophthalmologe das Verfahren technisch verfeinern und unabhängig von der Witterung zum Einsatz bringen. An der Bonner Augenklinik wurde das Operationsverfahren mit dem »Lichtkauter« jährlich an hunderten Patientinnen und Patienten erfolgreich angewandt, darunter auch bei Diabetespatienten, denen durch die erhöhte Blutzucker-Konzentration Gefäßveränderungen in der Netzhaut und in weiterer Folge Erblindung drohten. 1959 folgte Meyer-Schwickerath einem Ruf als Chefarzt nach Essen, wo der die Leitung der Augenklinik der Städtischen Krankenanstalten und ab 1963 den damit verknüpften Lehrstuhl an der Universität Münster übernahm.[445]

Generationenumbruch

Ende der 1950er Jahre begann sich in der Fakultät ein Generationenwechsel anzukündigen. Mit den Berufungen von Adolf Heymer für Innere Medizin, Robert Domenjoz für Pharmakologie und Toxikologie, Horst Habs für Hygiene, Hans Schuermann für Dermatologie und Heinz Hungerland (1905–1987, Bonner Ordinarius 1958–1974) für Kinderheilkunde wurde eine Entwicklung in Gang gesetzt, die sich in den 1960er Jahren noch verstärkte. Ein markante Zäsur für den »Generationenbruch« war durch den Tod der langjährigen Ordinarien der Inneren Medizin, Chirurgie und Gynäkologie – Paul Martini, Erich von Redwitz und Harald Siebke – gegeben, die alle drei 1964 verstorben waren.

Die 1960er Jahre standen für Expansion und Ausdifferenzierung, die sich in zahlreiche Neugründungen und Neubesetzungen von Lehrstühlen manifestierten:[446]

1962 Emil Tonutti für Anatomie (Nachfolge Philipp Stöhr)
1963 Josef Pichotka für Physiologie (Nachfolge Kurt Wacholder)

445 Voswinckel, Meyer-Schwickerath; WWU Münster, Jahresbericht 1963, S. 22.
446 Auswertung der Jahrgänge der Chronik der Universität Bonn.

1964	Walter Becker für Hals-Nasen-Ohrenheilkunde (Nachfolge Langenbeck)
1964	Arthur Leinbrock für Dermatologie (Nachfolge Hans Schuermann)[447]
1965	Peter Thurn für Röntgenologie und Strahlenheilkunde (Neueinrichtung)
1966	Erich Weigelin für Experimentelle Ophthalmologie (Neueinrichtung)
1967	Robert Siebeck für Augenheilkunde
1967	Emmi Hagen für Anatomie (Nachfolge Emil Tonutti)
1967	Gerhard Piekarski für Medizinische Parasitologie (Neueinrichtung)
1967	Helmut Rössler für Orthopädie (Neueinrichtung)
1967	Günter Kersting für Neuropathologie (Nachfolge Gerd Peters)
1967	Ernst-Jürgen Plotz für Frauenheilkunde und Geburtshilfe (Nachfolge Siebke)
1968	Heinz Breuer für Klinische Biochemie (Neueinrichtung)
1968	Kurt Fleischhauer für Anatomie (Nachfolge Emmi Hagen)
1968	Hans-Georg Schwarzacher für Anatomie (1970 nach Wien)
1968	Walter Siegenthaler für Innere Medizin (1970 nach Zürich)
1968	Peter Gedigk für Pathologie (Nachfolge Herwig Hamperl)
1971	Lorenz Hupfauf für Zahnärztliche Prothetik (Neueinrichtung)
1971	Nikolaus Mani für Geschichte der Medizin (Nachfolge Steudel)
1971	Edgar Thofern für Hygiene (Nachfolge Horst Habs)
1971	Adalbert Schaede für Innere Medizin (Neueinrichtung)
1971	Winfried Vahlensieck für Urologie (Neueinrichtung)
1972	Cuno G. Winkler für Nuklearmedizin (Neueinrichtung).[448]

Ausdifferenzierung und Expansion

Vor allem die Innere Medizin und die Chirurgie sahen sich mit Prozessen der Spezialisierung, Ausdifferenzierung und Professionalisierung konfrontiert. Die Verselbstständigung von Fachgebieten verlief hierbei stets nach einem ähnlichen Modus: Im Zuge der Habilitation eines Mitarbeiters der Klinik in einem – oft international – neu entstehenden Wissensfeld, wurden Arbeitsbereiche eingerichtet, die in einem nächsten Schritt zu Abteilungen aufgewertet wurden, deren Leitung einem Oberarzt mit *venia legendi* überantwortet war. Hatte dieser die Unterstützung des Klinikdirektors und der Fakultät, konnte die Fortentwicklung zu einem Extraordinariat angestrebt, mit wissenschaftspolitischer Unterstützung sogar die Neueinrichtung eines Lehrstuhls mit eigener Klinik erreicht werden.

Je nach Fach zeigten sich spezifische Besonderheiten in der Geschwindigkeit und in der Ausgestaltung des Verselbstständigungsprozesses, die mit fach- und berufspolitischen Strukturen ebenso wie mit divergierenden Interessen handelnder Personen zu tun haben konnten. Ein Beispiel ist die Anästhesiologie, die

447 Lehmann, Schuermann.
448 Feld/De Roo, History, S. 57f.; Winkler, Nuclearmedizin.

auf den chirurgischen Fachkongressen der Nachkriegszeit mehrfach Gegenstand von zum Teil erbitterten Kontroversen gewesen war. Vor allem die Frage der Neuaufnahme eines Facharztes für Anästhesie, 1949 vom 52. Deutschen Ärztetag in Hannover beschlossen, stieß auf den Widerstand der (im Vorfeld ungefragt gebliebenen) universitären Chirurgen. Erich von Redwitz, der 1950 die 67. Tagung der Deutschen Gesellschaft für Chirurgie präsidierte, mahnte zunächst seine Fachkollegen zur Zurückhaltung. Nach einer vom Sozialministerium des Landes NRW angesetzten Aussprache, an der neben von Redwitz auch der Düsseldorfer Chirurgieordinarius Ernst Derra teilnahm, erklärte sich von Redwitz bereit, »Dozenturen für Narkose« zu unterstützen. 1953 wurde auf dem Deutschen Ärztetag in Lindau die Aufnahme des Facharztes für Anästhesiologie beschlossen; im gleichen Jahr gründete sich die Deutsche Gesellschaft für Anästhesiologie.[449] Im Jahr 1960 empfahl der Wissenschaftsrat die Etablierung der Anästhesiologie als eigenes akademisches Fach. 1966 wurde in Hamburg der erste Lehrstuhl eingerichtet.[450]

In Bonn hatte sich 1963 Leo Havers an der Chirurgischen Klinik für Anästhesiologie habilitiert.[451] Doch sollte es weitere sieben Jahre dauern, bis 1970 eine eigene Abteilung innerhalb der Chirurgischen Klinik geschaffen und von dem inzwischen zum apl. Professor ernannten Havers geleitet wurde. Die Einrichtung eines eigenen Lehrstuhls mitsamt der Neugründung eines Instituts für Anästhesiologie wurde 1974 realisiert. Erster Direktor wurde der aus Heidelberg berufene Horst Stoeckel.[452]

Eine ähnliche Entwicklung nahm die Urologie. Bereits 1937 hatte von Redwitz eine eigene »Sektion Urologie« innerhalb der Chirurgischen Universitätsklinik einrichten lassen. 1967 richtete Gütgemann einen »Urologischen Arbeitskreis« ein und setzte die Ernennung seines Mitarbeiters Winfried Vahlensieck zum Oberarzt und Leiter der Urologischen Abteilung durch. Vahlensieck habilitierte sich zwar 1965 mit der Schrift »Experimenteller Beitrag zu Fragen der Nierentransplantation«, hatte sich aber zugleich in urologische Gebiete eingearbeitet und forschte insbesondere über Harnsteinerkrankungen. 1969 zum apl. Professor ernannt, wurde er 1971 – mit Unterstützung der Fakultät und der Deutschen Gesellschaft für Urologie – in einem *unico-loco*-Verfahren auf den Lehrstuhl für Urologie berufen. Damit verbunden war die Leitung der neu eingerichteten Urologischen Klinik, die trotz fachlich-institutioneller Trennung in einem Nahverhältnis zur Chirurgischen Klinik blieb.[453]

449 Petermann/Schwarz, Spezialisierung, S. 305.
450 Schüttler, 50 Jahre, S. 89–99 sowie – zur Entwicklung in Bonn – besonders S. 362–368.
451 Havers Habilitationsschrift trug den Titel »Untersuchungen zur Frage der Narkosevertiefung durch Hyperventilation«.
452 Nadstawek/Hoeft, Klinik, S. 362.
453 Moll/Halling, Etablierung, S. 115–117; UAB, 80–84 Vereinbarungen über die Ausstattung

Im Jahre 1981 konnte Alfred Gütgemann in einem Schreiben an den Rektor hervorheben, in seiner Amtszeit »für 5 jetzige Lehrstuhlinhaber die Voraussetzungen zur selbstständigen Vertretung ihres Faches geschaffen« zu haben.[454] Neben den hier skizzierten Beispielen der Anästhesiologie und Urologie waren dies Peter Röttgen (1910–1995, Bonner Ordinarius für Neurochirurgie 1961–1978), Helmut Rössler (*1922, Bonner Ordinarius für Orthopädie 1967–1987) und – mit Blick auf die fachliche Zuordnung überraschend – Heinz Breuer (1926–1982, Bonner Ordinarius für Klinische Biochemie 1968–1982).[455] Breuer war bei Wilhelm Dirscherl mit einer Arbeit über Steroidhormone promoviert worden und ging 1954/55 mit einem Stipendium des British Council nach Sheffield, wo er bei dem Nobelpreisträger Sir Hans Krebs arbeitete. Die Biochemie der Geschlechtshormone sowie die Neuroendokrinologie wurden sein Hauptarbeitsgebiet. An der Chirurgischen Universitätsklinik von Gütgemann unterstützt, baute er dort eine Abteilung für Klinische Chemie auf und wurde 1968 auf den Lehrstuhl für Klinische Biochemie berufen. Mehre Rufe auf auswärtige Lehrstühle, darunter nach Chicago, Heidelberg und Köln, lehnte Breuer ab. Innerhalb der Fakultät wurde der Gynäkologe Jürgen Plotz sein wichtigster Forschungspartner.[456] Breuer war Mitherausgeber mehrerer Fachzeitschriften, darunter »Steroids« und »Journal of Clinical Chemistry and Clinical Biochemistry«.[457] Von 1971 bis 1973 Mitglied der Senatskommission der DFG und maßgeblich an der Entwicklung und Etablierung des neuen Förderformats »Sonderforschungsbereich« beteiligt, wurde er 1974 zum Vizepräsidenten der Deutschen Forschungsgemeinschaft gewählt.

Die hier am Beispiel der Chirurgie ausgeführten Entwicklungen waren auch in anderen Instituten und Kliniken zu beobachten. Drei Beispiele seien hier stellvertretend genannt: Im Hygienischen Institut wurde 1962 Gerhard Piekarski (1910–1992) auf einen »außerordentlichen« Lehrstuhl berufen und das Institut für Medizinische Parasitologie gegründet; 1967 wurde ihm das Ordinariat verliehen.[458] Der Medizinhistoriker Johannes Steudel (1901–1973) hatte bereits 1957 die Umwandlung seines Extraordinariats in ein Ordinariat erlangt. Sein Schüler Gernot Rath wurde 1959 an die University of Wisconsin (und später nach Göt-

des Lehrstuhls für Urologie zwischen Prof. Gütgemann und Prof. Vahlensieck (21.05.1971). Vahlensieck, Urologie,S. 59. Lehrstühle für Urologie bestanden zu diesem Zeitpunkt in Westdeutschland bereits in Aachen (1968), Düsseldorf (1963), Frankfurt (1969), Hamburg (1966), Heidelberg (1967), Homburg (1952), Mainz (1967), LMU München (1968), Tübingen (1970) und Würzburg (1971).

454 Schreiben A. Gütgemann an Rektor H.-J. Krümmel, 09.03.1981, UAB, PA Alfred Gütgemann, 2665.

455 Bettendorf, Endokrinologie. S. 65–66.

456 Plotz, Steroidtoxikologie.

457 Büttner, In memoriam.

458 Piekarski, Parasitologie; Stader, Parasitologie.

tingen) berufen.[459] Das von Steudel geleitete Institut erhielt 1968 einen Neubau; es war bundesweit die einzige Einrichtung, die als Medizinhistorisches Institut geplant wurde.[460] An der Medizinischen Klinik verlief der von Spezialisierung und Verselbstständigung gekennzeichnete Weg von Gerhard Oberhoffer (1919–1984). Als Schüler von Paul Martini 1961 für Medizinische Statistik und Innere Medizin habilitiert, baute Oberhoffer die Abteilung für Statistik, Dokumentation und Datenverarbeitung auf. 1973 wurde die Abteilung in ein eigenständiges Institut umgewandelt und Oberhoffer als erster Lehrstuhlinhaber und Direktor berufen.[461]

Expansion und Ausbau

Bei den Neugründungen wissenschaftspolitischer Organisationen wie dem Deutschen Forschungsrat, der sich 1949 auf Betreiben des Physikers Werner Heisenberg konstituierte, firmierte Paul Martini als Schaltstelle zwischen der Bundesregierung, dem Präsidium des Deutschen Forschungsrats, dem er selbst angehörte, und der Stadt Bonn. Zwei Jahre später, bei der 1951 erfolgten Fusion der Notgemeinschaft der Deutschen Wissenschaft mit dem Deutschen Forschungsrat zur Deutschen Forschungsgemeinschaft vermittelte Martini erneut als Vertrauter von Bundeskanzler Adenauer. Nach dieser Phase der Stabilisierung und finanziell-politischen Aufwertung begann die DFG wissenschaftspolitische Aspekte stärker zu integrieren und im Rahmen von »Schwerpunktprogrammen« zu realisieren. Durch die Steigerung der Bundeszuschüsse erweiterte sich der finanzielle Gestaltungsspielraums erheblich. 1949 war die Bonner Notgemeinschaft mit rund 2,7 Millionen Mark gestartet; zehn Jahre später betrug der Jahresetat der DFG bereits mehr als 75 Millionen Mark. Im Zeitraum zwischen 1949 und 1968 stand von allen 28 Fachausschüssen der DFG die Medizin mit rund 36.500 bewilligten Förderanträgen an der Spitze. Dies entsprach 23 Prozent aller im Rahmen von »Normalverfahren« bewilligten Finanzmittel.[462]

Auch auf dem Venusberg standen die Zeichen auf Ausbau und Bewilligung. Die Empfehlungen des Wissenschaftsrates, die 1960 einen massiven Ausbau der Hochschulen forderten, waren ein Referenzpunkt dieser Entwicklung.[463] »Während harter Frost in Düsseldorf das Keimen von Beamtenstellen verhinderte, herrschte für die Bewilligung von Sachmitteln Tauwetter«, resümierte

459 UAB, MF-PA 280 Gernot Rath.
460 Forsbach, Steudel; Schott, Medizingeschichte.
461 Nachruf auf Oberhoffer, S. 83f.
462 Orth, Autonomie, S. 140. An zweiter und dritter Stelle standen Chemie und Physik.
463 Bartz, Wissenschaftsrat, der allerdings in dieser Studie die Universitätsmedizin und die medizinische Forschung betreffenden Empfehlungen nicht behandelt hat.

Rektor Heinrich Niehaus das akademische Jahr 1961/62.[464] Die Aufstockung der »entscheidenden Titel des Etats«, insbesondere bei den Sachmitteln, betrugen in seinem Berichtsjahr knapp 20 Prozent. Ähnliche – und noch größere – Steigerungen waren in den Folgejahren nicht ungewöhnlich. 1963/64 hatten die Bonner Universitätskliniken zur »Ergänzung der Ausstattung von Instituten und Kliniken mit Apparaten und Büchern« 980.000 DM zur Verfügung gestellt bekommen. Ein Jahr später waren es bereits 1,4 Millionen DM. Von den vom Land der Universität Bonn zur Verfügung gestellten Baumitteln profitierte das Universitätsklinikum im Besonderen. Neben dem Großvorhaben der 1960er Jahre, ein neues Juridicum an der Koblenzer Straße zu errichten, standen die Mittel für den Neubau der Nervenklinik sowie für zahlreiche Erweiterungsbauten zur Verfügung. Die »starke Vermehrung der Baumittel« brachte zwischen 1962 (12 Millionen DM) und 1964 (32 Millionen DM) nahezu eine Verdreifachung mit sich.[465] Eindrucksvoll war auch die Steigerung des Grundzuschusses des Landes an die Universität Bonn; dieser wuchs allein zwischen 1961 und 1965 von 43 Millionen auf 105 Millionen DM.[466] Zwischen 1946 und 1966 erhielten die Universitätskliniken 128 Millionen DM. Damit waren die baulichen Ausgaben für die Institute und Kliniken der Medizinischen Fakultät höher als die aller anderen Institute und Einrichtungen der Universität zusammen (127 Millionen DM).[467] Hierzu mögen die guten Verbindungen, die das Rektorat zu dem lange Zeit an der Bonner Universität tätigen Rechtswissenschaftler Paul Mikat (1924–2011), seit 1962 Kultusminister des Landes, pflegte, beigetragen haben.[468]

Der Ausbau der Personalstellen kam ebenso voran: Zwischen 1955 und 1965 erhöhte sich an der Universität die Zahl der planmäßigen Lehrstühle (einschließlich der Extraordinariate) von 100 auf 216.[469] Die Zahl der Wissenschaftlichen Assistenten verdoppelte sich (auf 537), während die Zahl der verbeamteten unbefristeten Stellen im akademischen Mittelbau um mehr als das Dreieinhalbfache stieg (auf 156 Stellen im Jahr 1966).[470] Wie veränderten sich in diesem Zeitraum die Studierendenzahlen? 1955 studierten 654 Studierende »Vollmedizin« (davon waren 309 Frauen); 1966 waren es 2.284 Studierende (davon 601 Frauen). Damit hatte sich nach einem Jahrzehnt die Zahl der Bonner Medizinstudierenden verdreifacht. Nach dieser stürmischen Entwicklung

464 Niehaus, Bericht 1961/62, S. 10.

465 Dirscherl, Bericht 1963/64, S. 10.

466 Moser, Bericht 1964/65, S. 12.

467 Groth, Bericht 1965/66, S. 13.

468 Ebd., S. 15. Rektor Hugo Moser stellte in seinem Dank an Mikat heraus, dass er »die ihm mit Recht nachgesagte Initiative und Aktivität in hohem Maße den Hochschulen des Landes und auch unserer Universität zugutekommen ließ«.

469 Ebd., S. 10.

470 Gasser, Bericht 1966/67, S. 11.

zeichnete sich in der zweiten Hälfte der 1960er Jahre eine Abschwächung der Ausgabensteigerung ab; doch stagnierten diese auf einem Niveau, das noch wenige Jahre zuvor kaum für möglich gehalten wurde. Trotz »Wachstumskrise« (Rektor Edmund Gassner) wurden um 1970 erneut markante Steigerungsraten erzielt. 1970 betrug der Haushalt der Universität Bonn 200 Millionen DM, 1971 waren es 253 Millionen DM; das entsprach einer Steigerung von rund 27 Prozent.[471]

Internationalisierung

Herwig Hamperl (1899–1976), der von Marburg aus 1954 den Ruf auf den Lehrstuhl für Pathologie nach Bonn als Nachfolger von Wilhelm Ceelen (erstgereiht Franz Büchner, Freiburg) annahm, wusste wissenschaftliche Belange lokal wie international geschickt zu vereinen.[472] »Das Kultusministerium«, so erinnerte sich Hamperl später, hatte das 1953 (noch unter der Ägide von Ceelen) auf dem Venusberg neu erbaute Institut räumlich großzügig dimensioniert und »reichlich mit Stellen für wissenschaftliche und technische Assistenten« ausgestattet.[473] In seiner vergleichsweise kurzen Amtszeit (Emeritierung 1967) konnte Hamperl mehrere neue Abteilungen aufbauen. Während Seziersaal und bioptische Station das »Gravitationszentrum« (Hamperl) der Pathologie blieben, traten neue technische Verfahren wie die Elektronen- und Fluoreszenzmikroskopie sowie inhaltliche Schwerpunktsetzungen wie Immunbiologie und Krebsforschung hinzu. 1957 Carl-Schurz-Professor an der Universität Madison/Wisconsin, bemühte sich Hamperl um die Etablierung transatlantischer Verbindungen. Sein Institut wurde in den 1960er Jahren Ziel eines regen wissenschaftlichen Austausches mit Medizinern und Wissenschaftlern und Ziel von Gastwissenschaftlern aus den USA. Hierzu zählten auch im Nationalsozialismus vertriebene Mediziner, wie der am New Yorker Mount Sinai Hospital tätige Internist Hans Popper, den Hamperl noch aus gemeinsamen Wiener Zeiten kannte – und zu einem Gastvortrag nach Bonn holte.[474] Darüber hinaus übernahm Hamperl in der WHO zwei Funktionen, zum einen als Mitglied im *Advisory Council of Medical Research*, zum anderen in der Mitarbeit in Gremien und

471 Grünwald, Bericht 1970/71, S. 9.
472 UAB, PA Herwig Hamperl 2807, Personalbogen und UAB, MF-PA 98. Pfeifer, Pathologie.
473 Hamperl, Werdegang, S. 249.
474 Hans Popper, Mount Sinai Hospital, New York, hielt im April 1964 einen Vortrag am Pathologischen Institut. Siehe dazu: Chronik des akademischen Jahres 1964/65, S. 86.

Kommissionen, die eine international verständliche und einheitliche Klassifikation von Tumoren erarbeiten sollte.[475]

Seit Mitte der 1950er Jahre zeigte sich ein verstärktes Bemühen um die Wiederaufnahme von internationalen Kontakten und der Neuetablierung von Kooperationen, vor allem in Form von Teilnahmen an Kongressen und Forschungsreisen (1957 beispielsweise durch Hamperl sowohl in den USA als auch in der Sowjetunion).[476] Umgekehrt konnte die Fakultät, oft im Sog bundespolitischer Ereignisse und Initiativen, an die Tradition von Besuchen Delegierter wissenschaftlicher Gesellschaften oder akademischer Institutionen anknüpfen. 1955 wurde eine Abordnung der britischen *Royal Society of Medicine* an der Chirurgischen Klinik empfangen. Aus gezielten Einladungen anderer Medizinischer Fakultäten erwuchsen gegenseitige wissenschaftliche Besuche und Kooperationen, wie 1957 mit der Medizinischen Fakultät der Universität Basel.[477]

Auch auf der Ebene finanzieller Förderung von Forschungszweigen gelang ein Neuanfang. Von 1954 an wurde die von Emmi Hagen geleitete Abteilung für Experimentelle Biologie am Anatomischen Institut für mehrere Jahre durch Mittel der Rockefeller Stiftung unterstützt.[478] Einen bemerkenswerten Grad der Internationalisierung wies die Fakultät auch bei den Studierenden auf: Rund die Hälfte aller 1957/58 an der Universität Bonn eingeschriebenen ausländischen Studierenden gehörten zur Medizinischen Fakultät; unter den Medizinstudierenden selbst war dies rund ein Viertel.[479] An den in den 1950er Jahren intensivierten Bemühungen zur Impfbehandlung der Poliomyelitis nahm die Bonner Kinderklinik aktiv teil. Mit Mitteln des Innenministeriums wurde 1957 eine Poliomyelitis-Behandlungszentrale eingerichtet. Mitarbeiter der Klinik standen der Gesundheitsabteilung des Innenministeriums und den Medizinaldezernenten beratend zur Seite. Die Einführung der Schluckimpfung (orale Polio-Vakzine) wurde erst einige Jahre später ermöglicht.[480]

Fachliche Ausdifferenzierung und Internationalisierung zeigte in den 1960er Jahren auch die Veröffentlichungspraxis. 1959 hatte der Pharmakologe Robert Domenjoz die Zeitschrift *Medicina Experimentalis* gegründet, deren Titel er bald darauf auf *Medicina Experimentalis et Pharmacologia Experimentalis* (1965) erweiterte. 1968 wurde der zweite Teil der Zeitschrift, *Pharmacologia Experimentalis*, in *Pharmacology* umbenannt, von 1970 an die gesamte Zeitschrift

475 Hamperl, Werdegang, S. 271. Zu seinem Nachfolger berief die Fakultät 1968 Peter Gedigk (1920–2008), einen langjährigen Bonner Mitarbeiter von Hamperl.
476 Hamperl, Pathologie, S. 182–185, S. 218–221; ders., UdSSR.
477 Chronik des akademische Jahres 1955/56, 65 und Chronik des akademischen Jahres 1956/57, S. 52.
478 Chronik des akademischen Jahres 1957/58, S. 56.
479 Chronik des akademischen Jahres 1957/58, S. 11.
480 Ebd., S. 61; Lindner/Blume, Innovation.

unter dem neuen Begriff *Pharmacology* veröffentlicht. Dabei konnte Domenjoz von Bonn aus die internationale Ausrichtung des Journals als geschäftsführender Herausgeber mitgestalten.[481] In der Nachkriegszeit und in den 1950er Jahren hatten die Universitätsmediziner fast ausschließlich in deutschsprachigen Fachzeitschriften publiziert, nicht selten als alleinige Autoren. Selbst englische Übersetzungen der deutschen Zusammenfassung von Aufsätzen waren bis etwa 1960 noch unüblich. Hamperl, der die »Zeitschrift für Krebsforschung« im Springer-Verlag herausgab, erinnerte sich später, mit der »Verlegerpersönlichkeit Ferdinand Springer jahrelang gerungen« zu haben, um *Abstracts* in die Zeitschrift aufnehmen zu können.[482] Einen markanten Wandel bedeutete auch die Abkehr von der Monographie als einer Forschungsergebnisse umfassend darzustellenden Publikationsform. Paul Martini reicherte seine 1932 erstmals veröffentlichte »Methodenlehre der therapeutisch-klinischen Forschung« über seine Zeit als Bonner Ordinarius stetig mit neuen Forschungen an, hielt aber der Praxis eines in monographischer Form erscheinenden Werks fest. 1968 erschien posthum die von seinen Mitarbeitern ermöglichte vierte Auflage der »Methodenlehre«, zugleich eines der letzten Beispiele, das wissenschaftliche Lebenswerk eines Klinikers in Form eines Buches abzubilden.[483]

Rückkehr der Vergangenheit: Der Fall Ruff

Für die Bonner Medizinische Fakultät der Nachkriegszeit war der »Fall Ruff« von unmittelbarer Bedeutung. Ruff, der Medizin in Bonn studiert hatte, wurde 1934 Direktor des Instituts für Flugmedizin der Deutschen Versuchsanstalt für Luftfahrt und erlangte damit im Nationalsozialismus eine einflussreiche Stellung in der luftfahrtmedizinischen Forschung. Über die Höhenversuche von Sigmund Rascher und seinem Mitarbeiter Hans-Wolfgang Romberg im Konzentrationslager Dachau war Ruff unmittelbar informiert, da er das Forschungsprogramm im Grundsatz entworfen und als verantwortlicher Leiter den Abschlussbericht unterzeichnet hatte.[484] Als Angeklagter im Nürnberger Ärzteprozess wurde Ruff

481 Sewing, In memoriam, S. 173. Introduction, in: Pharmacology: International Journal of Experimental and Clinical Pharmacology 1 (1968) No. 1, 1. Domenjoz wissenschaftlicher Nachlass wird an der University of California, Los Angeles, aufbewahrt: Robert Domenjoz Papers, 1939–1993; beta.worldcat.org/archivegrid/collection/data/421627221; zuletzt abgerufen am 10.03.2018.

482 Hamperl, Werdegang, 241.

483 Martini/Oberhoffer/Welte, Methodenlehre.

484 Hans-Wolfgang Romberg/Sigmund Rascher/Siegfried Ruff, Versuche zur Rettung aus großen Höhen. Bericht der Deutschen Versuchsanstalt für Luftfahrt e.V., Geheime Kommandosache, 28.07.1942, BA-MA, H20/1031; Mitscherlich/Mielke, Dokumente, S. 38–41 und S. 45.

aus Mangel an Beweisen freigesprochen. Gleichwohl hielt das Gericht in seiner Urteilsbegründung fest, dass ein »schwerer Verdacht« bestehen bleibe, dass Ruff und sein Mitarbeiter Romberg »in die verbrecherischen Versuche in Dachau verwickelt waren«.[485] Nach dem Freispruch widmete sich Ruff dem Aufbau eines flugmedizinischen Instituts in Bad Godesberg, das sowohl von der Deutschen Forschungsgemeinschaft als auch dem Verkehrsministerium finanziell unterstützt wurde.[486] 1952 konnte Ruff, mittlerweile Direktor des von der Deutschen Versuchsanstalt für Luftfahrt getragenen Instituts, in Bonn auch akademisch wieder Fuß fassen. Die Fakultät stimmte seinem Gesuch auf Umhabilitierung zu und datierte die Verleihung der Bonner *venia legendi* »für Luftfahrtmedizin und Physiologie« an Ruff sogar ins Jahr 1938 zurück – damals hatte sich Ruff in Berlin habilitiert –, »da dieser Zeitpunkt dem des Probevortrages« entsprochen habe.[487] Nur kurze Zeit später, unter dem Rektorat von Paul Martini (1953/54), wurde Ruff zum außerplanmäßigen Professor für Physiologie und Luftfahrtmedizin ernannt. Martini hat Ruff die Urkunde persönlich ausgehändigt.[488]

Die akademische Rehabilitierung von Ruff blieb nicht unbeachtet und stieß nicht nur bei ehemaligen Lagerinsassen des Konzentrationslagers Dachau, sondern auch international auf Kritik. Dies wurde 1961 deutlich, als der World and European Congress of Aviation Medicine nicht – wie zunächst vorgesehen – in Bonn abgehalten, sondern nach Paris verlegt wurde.[489] Im März 1961 bat Rektor Carl Troll die Medizinische Fakultät um eine Stellungnahme. Diese richtete eine vierköpfige Untersuchungskommission ein. Dieser gehörte neben dem Gerichtsmediziner Elbel, dem Physiologen Wachholder und dem Psychiater (und späteren Kriminologen) Göppinger auch Martini an. Seiner gutachterlichen Stellungnahme kam zweifellos das größte Gewicht zu. Alle vier Mitglieder der Kommission entlasteten Ruff – auch Martini, der »einen Akt der Ungerechtigkeit« befürchtete, »wenn Herrn Ruff der Titel eines a.o. Prof. abgesprochen, bzw. wenn er aus der Fakultät auf irgendeine Weise entfernt würde«.[490] Daraufhin teilte Dekan Habs dem Rektor mit, dass »für die Fakultät kein Grund

485 Mitscherlich/Mielke, Dokumente, S. 67.

486 Wilhelm Schnitzler: »Wir müssen den Anschluß finden!«. Deutsche Luftfahrtforschung wieder in Tätigkeit – Institute für Flugmedizin in Bonn und Frankfurt. In: Neue Ruhr-Zeitung (15.11.1952).

487 Schreiben Dekan Medizinische Fakultät (Dirscherl) an Rektor der Universität Bonn, 02.08. 1952, UAB, PA Siegfried Ruff 7642.

488 UAB, PA Siegfried Ruff, MF-PA 308, Rektor Martini an Dekan Medizinische Fakultät, 27.01. 1954. Paul Martini, Bericht 1953/54, S. 10.

489 Menschenversuche. Ruff unter Druck, in: Der Spiegel vom 12.10.1960, S. 52–54; Affären: Ruff – Tadel verpflichtet, in: Der Spiegel vom 24.11.1965, S. 76–78.

490 Paul Martini, Gutachten zur Beurteilung des Vorgangs um Herrn Prof. Dr. Ruff, 20.11.1961 (S. 19). UAB, PA Siegfried Ruff, MF-PA 308.

[bestehe], ihre Beurteilung zu ändern, welche sie seinerzeit veranlaßt hat, Herrn Ruff die venia legendi zu erteilen«.

Die »Causa Ruff« (Martini) war damit aber nicht beendet. 1965 brachte Alfred Jahn, Assistent am Physiologischen Institut, den Stein erneut ins Rollen.[491] Jahn war in Berlin bei Josef Pichotka promoviert worden und war seinem Doktorvater – unter Anerkennung als »politischer Flüchtling« – nach Bonn gefolgt. 1965 las Jahn in einer Lehrveranstaltung die Ruff betreffenden Passagen aus Mitscherlichs und Mielkes Publikation über den Ärzteprozess vor. Ruff reagierte mit der Androhung rechtlicher Schritte gegen Jahn, der daraufhin ein Disziplinarverfahren gegen sich selbst einleitete. Auch das Bonner Studierendenparlament schaltete sich ein und erhob Protest in Form von Flugblättern und Kundgebungen vor Ruffs Institut.[492] Rektor Hugo Moser und die Universitätsverwaltung versuchten, den Konflikt nicht weiter eskalieren zu lassen. Im März 1966 erklärte sich Ruff bereit, von der Abhaltung weiterer Lehrveranstaltungen abzusehen.[493]

Die hier etwas ausführlicher geschilderten Fälle von Hermann Eyer und Siegfried Ruff mochten einige Besonderheiten aufweisen, doch sind sie zugleich als charakteristische Beispiele dafür zu werten, wie sich die westdeutsche Universitätsmedizin nach 1945 zu ihrer eigenen Vergangenheit verhielt. War es in der unmittelbaren Nachkriegszeit in erster Linie durch den Druck der Alliierten, zu Entlassungen und (bei schwer Belasteten) zu Internierungen gekommen, zeigten bereits die Vorgänge rund um die »Entnazifizierung« von Universitätsangehörigen jene Tendenzen der Nachsicht und des Entgegenkommens, die sich in der frühen Bundesrepublik zu einer Form von Abwehren und Verschweigen noch verstärkten. Erst in den 1960er Jahren zeigte sich in Medizin, Justiz und Hochschulöffentlichkeit eine wachsende Bereitschaft zur Auseinandersetzung und kritischen Reflexion der NS-Vergangenheit.[494]

491 H. B., Früher Dachau, heute Bonn, in: Die Zeit vom 03.12.1965. Jahn ging 1966 als Assistenzarzt nach Vietnam und schloss nach seiner Rückkehr eine Ausbildung zum Kinderchirurgen ab. Von 1983 bis 2002 wirkte er als Chefarzt der Kinderchirurgie am Kinderkrankenhaus St. Marien in Landshut. 2004 gründete er den Verein Kinderhilfe in Ruanda Dr. Alfred Jahn e.V. S. dazu Kaplan, Jahn.

492 Wickert, Neugier. Ulrich Wickert hatte sich als Mitglied des Bonner Studierendenparlaments an Alexander Mitscherlich mit der Bitte um eine Einschätzung zu Ruff gewandt. Mitscherlichs Antwort war ebenso eindeutig wie juristisch subtil. Er bezeichnete Ruff als »Zeuge der sogenannten ›terminalen‹ Versuche« in Dachau und hielt es »für unerträglich, dass ein Mann wie Professor Ruff an einer unserer Universitäten mit Lehre beauftragt ist«, ebd. Vgl. Freimüller, Mitscherlich, S. 283.

493 UAB PA Siegfried Ruff, MF-PA 308, Schreiben Ruff an Rektor Wilhelm Groth, 08.03.1966.

494 Forsbach, Abwehren.

Kritisches Bewusstsein

Auch in einer anderen Perspektive erwiesen sich die 1960er Jahre als Jahrzehnt kritischer Bewusstseinsbildung. Der Contergan-Skandal rückte unerwünschte und gefährliche Nebenwirkungen von Arzneimitteln ins Licht der Öffentlichkeit. In diesem Zusammenhang wurde der 1964 auf das Ordinariat für Humangenetik berufene (und zuvor als Oberarzt an der Bonner Klinik wirkende) Heinz Weicker ein gefragter Vortragsredner zu klinischen und epidemiologischen Fragen der »Thalidomid-Embryopathie«.[495] Ärztliches Fehlverhalten, insbesondere durch falsch eingeschätzte oder ignorierte Nebenwirkungen von Arzneimitteln, wurde zunehmend ein Thema.[496] Die Regulierung von Arzneimitteln war ein langer und schwieriger Weg, der nicht nur von politischen, sondern auch innermedizinischen Auseinandersetzungen gekennzeichnet war – und der erst mit dem Arzneimittelgesetz von 1975 seinen vorläufigen Endpunkt fand.[497] Dass eine kritisch-selbstreflexive Haltung nicht nur auf die (klinische) Pharmakologie beschränkt blieb, hatte 1966 der Psychiater Hans Jörg Weitbrecht mit seiner Monographie »Psychiatrische Fehldiagnosen« demonstriert.[498]

Im zeitlichen Umfeld von »1968« zeigten sich Bonner Universitätsmediziner als Akteure. Nach dem Militärputsch in Griechenland im April 1967 zählte der Physiologe Josef Pichotka (1911–1991) zu jenen fünf Bonner Professoren, die öffentlich protestierten und ihre Stimme gegen »die Maßnahmen gegen Angehörige der griechischen Universitäten« erhoben.[499] Pichotka hatte Eingriffe eines totalitären Staates am eigenen Leib erfahren. Von Freiburg i. Br. kommend 1958 auf den Lehrstuhl für Neurophysiologie der Humboldt-Universität in Ost-Berlin berufen, wurde er nach dem Berliner Mauerbau (1961) als politisch missliebig angesehen und aus seiner Stellung gekündigt.[500] Eine exponierte Position in der nach 1969 auch in Westdeutschland immer stärker werdenden Bewegung gegen den Vietnam-Krieg nahm der Psychiater Hans-Jörg Weitbrecht ein. Gemeinsam mit Bonner Kollegen anderer Fakultäten forderte Weitbrecht in Flugblättern die Öffentlichkeit auf, »einen an alle Beteiligten gerichteten Appell zur Beendigung« des Vietnamkrieges zu unterzeichnen.[501]

Mit der neuen Approbationsordnung, die ausdrücklich die Integration von

495 Propping, Humangenetik, S. 138.
496 Das 1960 veröffentlichte Werk »Klinik und Therapie der Nebenwirkungen« war diesbezüglich ein Meilenstein, vgl. Hofer, Medizin.
497 Daemmrich, Pharmacopolitics.
498 Weitbrecht, Fehldiagnosen.
499 Forsbach, Gesundheitspolitik, S. 85.
500 Rückher, Achtundsechziger-Bewegung, S. 108. UAB, MF-PA 261, Josef Pichotka (Physiologie) 1962–1991.
501 Forsbach, Gesundheitspolitik, S. 83.

psychosomatischen Themen in die medizinische Ausbildung forderte, wurden ältere Kontroversen wiederbelebt. Auf den 1973 neu geschaffenen Lehrstuhl für Innere Medizin des vegetativen Nervensystems und Psychosomatik wurde August Wilhelm von Eiff (1921–1998) berufen, der nach dem Wunsch der Fakultät »Neuropsychiatrie und Innere Medizin« zusammenführen sollte. Die Berufung von Eiffs war zunächst innerhalb der Fakultät umstritten. Zudem wurde von Seiten linker Studentengruppen sowie der Fachschaft Medizin in Flugblättern versucht, Einfluss auf die Berufung zu nehmen und Kandidaten mit psychosomatischer Ausrichtung zu verhindern. Aufgrund eines Sondervotums von Josef Pichotka (der 1970 selbst in einen Konflikt mit der Fachschaft Medizin geraten war)[502] konnte von Eiffs Berufung zum Abschluss gebracht werden, wurde jedoch von Seiten der Deutschen Gesellschaft der Hochschullehrer in der Psychosomatik (namentlich durch Horst-Eberhard Richter und Walter Bräutigam) kritisiert.[503]

Gemeinsam mit dem Heidelberger Physiologen und Sozialmediziner Hans Schaefer setzte von Eiff in den 1970er Jahren neue Akzente in der medizinischen Stressforschung.[504] Dies belegen nicht nur mehrere internationale und interdisziplinäre Konferenzen, die durch von Eiff federführend veranstaltet wurden, sondern auch weithin beachtete Untersuchungen zu Auswirkungen von Fluglärm. In von Eiffs »Stresslabor« an der Medizinischen Klinik wurden Freiwillige der Bundeswehr dem simulierten Lärm von »Turbojet-Maschinen« ausgesetzt und auf Pulsbeschleunigung und Blutzucker untersucht.[505] Auch an der Erforschung der für die 1970er Jahre so charakteristischen »Vergesellschaftung von Stress« (Patrick Kury) hatte von Eiff maßgeblichen Anteil,[506] die Katastrophenszenarien und Krisenerfahrungen dieses Jahrzehnts sowie ein abrupt gestiegenes mediales Interesse waren die Rahmenbedingungen dafür. 1979 deutete von Eiff sogar den »Deutschen Herbst« als »ungewolltes Massenexperiment zum Thema Stress«.[507]

---

502 Rückher, Achtundsechziger-Bewegung, S. 113–121.

503 UAB, Flugblatt »Rettet die Psychosomatik« (Fachschaft Klinik Bonn 1972); info med – Zeitung aller medizinisch Arbeitenden Nr. 17 (Juli 1972); Rückher, Achtundsechziger-Bewegung, S. 67–70.

504 Hofer, Labor.

505 DFG, Fluglärmwirkungen Bd. 1, S. 349–424; Bd. 2, S. 149–200; Eiff, Störungen.

506 Kury, Wissensgeschichte.

507 Eiff, Streß, S. 1 (Vorwort).

Zusammenfassung

Unter allen Fakultäten der Universität Bonn wies die Medizinische Fakultät die meisten Mitgliedschaften in der NSDAP auf. Gegenüber dem NS-Regime ließ sie ein breites Spektrum erkennen, das von regimetreuen, mitlaufenden, nonkonformistischen bis hin zu regimeskeptischen Repräsentanten reichte. Mit der Machtübernahme der Nationalsozialisten wurden renommierte Universitätsmediziner wie Alfred Kantorowicz und Otto Löwenstein vertrieben. Die Berufungsverfahren nach 1933 waren überwiegend von Druck und politischer Einflussnahme bestimmt, ließen nicht selten aber auch eine Konfliktbereitschaft der Fakultät erkennen, die ihre Interessen zu verfolgen wusste. Die Zerstörung der Kliniken im Zuge des Luftkriegs und das Kriegsende bedeuteten eine Phase der Unterversorgung und des Improvisierens. An NS-Verbrechen wie den 1934 einsetzenden Zwangssterilisationen waren Bonner Universitätsmediziner der Frauenklinik und Chirurgischen Klinik unmittelbar beteiligt. Auch an der »Euthanasie«, der systematisch betriebenen Ermordung von Menschen, die nach den gesundheitspolitischen Vorstellungen der Nationalsozialisten als »erbkrank« oder »minderwertig« galten, wirkten Bonner Universitätspsychiater mit. Gleichwohl gelang es einem überzeugten Nationalsozialisten wie Kurt Pohlisch, durch eine in der Nachkriegszeit von Nachsicht gekennzeichnete Politik und Justiz erneut in seine Stellung zu gelangen. Dass auch die Fakultät zunächst an der »Entnazifizierung« mitwirkte, sich aber zunehmend nachgiebig gegenüber ihren NS-belasteten Mitgliedern zeigte, lässt der Fall des Luftfahrtmediziners Siegfried Ruff erkennen.

Insgesamt ist trotz des politischen Umbruchs von 1945 und des räumlich-baulichen Neuanfangs auf dem Venusberg eine ausgeprägte personelle Kontinuität zu verzeichnen. Wichtige Lehrstühle, die von den 1930er Jahren bis in die 1950er Jahre kontinuierlich besetzt waren, umfassten die Innere Medizin (Paul Martini), die Chirurgie (Erich von Redwitz) und die Gynäkologie (Harald Siebke). Es waren dies nicht nur eminente Vertreter ihres Fachs, sondern Angehörige jener Generation von Universitätsmedizinern, deren Lebenslauf von Erfahrungen der politischen Instabilität und Radikalität gekennzeichnet war – ein Bogen, der vom Kaiserreich und dem Ersten Weltkrieg über die Weimarer Republik, den Nationalsozialismus und den Zweiten Weltkrieg bis in die Bundesrepublik reicht.

Nach einer von Unterversorgung gekennzeichneten Nachkriegszeit kam mit der Gründung der Bundesrepublik und der Entscheidung für Bonn als provisorischer Hauptstadt auch der Universitätsmedizin eine gewachsene Bedeutung zu. Die 1950er Jahre bestimmten Wiederaufbau und »Westintegration«, ermöglichten Internationalisierung durch Austausch und Kooperation und brachten zugleich neue Herausforderungen in der medizinischen Forschung und Versorgung. Expansion, Ausbau und Diversifizierung der theoretischen und klinischen-operativen Fächer, aber auch das Bemühen, die fachliche Spezialisierung in gemeinsamen Strukturen zu halten, kennzeichneten die medizinische Wissenschaftslandschaft der 1960er Jahre. Das 1965 eröffnete Nervenzentrum ist für diese Entwicklung ein aussagekräftiges Beispiel. Nach 1970 ging das Tempo der fachlichen Ausdifferenzierung zurück, hatte aber ein Niveau erreicht, das vor wenigen Jahrzehnten kaum vorstellbar gewesen war. Die wissenschaftliche und politische Konstellation, in der die Fakultät agierte, hatte sich freilich erneut verschoben: Der »Generalplan für die Kliniken Bonn-Venusberg«,[508] der 1973 den Stand von Forschungsvorhaben, Mittelaufwendungen, Schwerpunktplanungen und Entwicklungsvorstellungen zusammenführen sollte, bedeutete eine markante Zäsur.

Studienreform, Fächervermehrung und Schwerpunktbildung: Die Medizinische Fakultät Bonn seit 1970

Walter Bruchhausen

Die Entwicklung der Medizinischen Fakultät im letzten halben Jahrhundert ist durch große Umbrüche im Bereich von Studium und Lehre, wissenschaftlichen Paradigmen sowie Methoden, Möglichkeiten und Herausforderungen der Krankenversorgung gekennzeichnet, die in der Bonner Universitätsmedizin zahlreiche Innovationen mit sich brachten. Für die Entwicklungen und Ereignisse in Studium, Lehre, Professorenschaft und Forschungsförderung war an dieser Stelle erstmals ein Überblick aus publizierten und archivierten Dokumenten von Universität und Fakultät zu erarbeiten. Für Forschung und Krankenversorgung war aus Anlass der vollendeten 50 Jahre auf dem Venusberg, nach dem Neuanfang aufgrund der Kriegszerstörungen in der Innenstadt, im Jahr 2000 bereits eine erste umfassende Bestandsaufnahme dieses Zeitraums in Eigendarstellungen der einzelnen Kliniken, Institute und Funktionsbereiche geleistet worden.[509] Um deren ergänzende Zusammenfassung und fokussierende Fortführung anhand der jeweiligen Selbstdarstellungen wird es im zweiten Teil des Folgenden gehen.[510] Da das Universitätsklinikum den Schwerpunkt des da-

508 UAB, MF 68–22, Generalplan für die Kliniken Bonn-Venusberg.
509 Schott, Universitätskliniken.
510 Ich danke dem Dekanat der Medizinischen Fakultät sowie den Professoren Johannes Breuer, Peter Brossart, Rainer Ganschow, Franziska Geiser und Christian Kurts für die Ergänzung und gegebenenfalls sorgfältige Überprüfung der institutionellen Angaben. Den Emeriti Prof. Peter Propping (†) und Tilman Sauerbruch bin ich für kenntnisreiche Verbesserungsvorschläge zum gesamten Manuskript zu Dank verpflichtet. Den Mitarbeitern des

maligen Sammelbandes und des abschließenden Beitrags in diesem Band bildet, wird dieser Beitrag demgegenüber stärker Lehre und Forschung als spezifische Aufgaben einer Fakultät behandeln, dazu die Hochschul- und Forschungspolitik als deren Rahmenbedingung.

Studium

Das Jahr 1970 stellte für das Medizinstudium einen entscheidenden Einschnitt dar. Die in diesem Jahr verabschiedete neue ärztliche Approbationsordnung[511] brachte grundlegende Änderungen mit sich, wie sie nur in größeren Abständen vorgenommen werden. Die vorhergehende Bestallungsordnung für Ärzte stammte aus dem Jahr 1953, die nächste neue Approbationsordnung sollte bis 2002 auf sich warten lassen. Vom Kanzler der Bonner Universität wurde die Ausweitung der Lehre in der Approbationsordnung von 1970 nicht zuletzt als »neue Anforderungen in die bauliche Gestaltung der Kliniken« gesehen.[512]

Zu den schon in § 23 der Bestallungsordnung von 1953[513] genannten Pflichtlehrveranstaltungen im vorklinischen Studienabschnitt, das heißt vor dem jetzt Ärztliche Vorprüfung genannten »Physikum« nach den ersten beiden Studienjahren, kamen Medizinische Psychologie und Soziologie sowie Medizinische Terminologie neu hinzu. Zoologie und Botanik wurden zu Biologie zusammengefasst, was zum Verschwinden der noch 1953 ausdrücklich genannten »Heilpflanzen« aus der Ausbildung führte. Ähnlich verschwand auch die Belegpflicht einer Vorlesung zu Naturheilkunde im klinischen Studienabschnitt, in dem vor allem ein »Kursus des Ökologischen Stoffgebiets« (mit Allgemein-, Umwelt-, Seuchen- und Sozialhygiene sowie Sozial-, Arbeits- und Rechtsmedizin anstelle der früheren »Hygiene einschließlich Bakteriologie und Serologie und Gesundheitsfürsorge«)[514] und eigene Praktika der Psychosomatischen Medizin und Psychotherapie, Orthopädie und Urologie sowie die Trennung von Psychiatrie und Neurologie Neuerungen darstellten. Ebenso neu war die Trennung der Ärztlichen Prüfung in einen ersten Abschnitt mit klinisch-theoretischen Fächern, einen zweiten mit den klinischen Praktika und einen dritten nach dem Praktischen Jahr (PJ). Die Einführung dieses PJs war eine weitreichende Veränderung, da sie als verlängernder Teil des Medizinstudiums im Unterschied zur

---

Universitätsarchivs und der Universitätsbibliothek habe ich für ihre stets freundliche und hilfsbereite Unterstützung zu danken.

511 Vgl. Approbationsordnung für Ärzte vom 28.10.1970, in: Bundesgesetzblatt I (1970), S. 1458–1487.

512 Wahlers. Schriften, S. 38.

513 Vgl. Bestallungsordnung, in: Bundesgesetzblatt I (1953), S. 1334–1353.

514 Vgl. Steinmetzer, Medizinstudium.

bisherigen verpflichtenden zweijährigen Medizinalassistentenzeit nach dem Studium hinzukam. Dafür sollten über die Universitätskliniken hinaus Akademische Lehrkrankenhäuser benannt werden, deren leitende Ärzte von der Universität einen Lehrauftrag erhielten und deren Personal auf Landeskosten entsprechend aufgestockt wurde.[515] Als Stadt mit begrenzter eigener Bevölkerungszahl musste Bonn neben den größeren Bonner Krankenhäusern mit entsprechenden Fachabteilungen (Malteserkrankenhaus, St. Marienhospital und Evangelisches Waldkrankenhaus) auch auf geeignete Krankenhäuser in Sankt Augustin (Kinderklinik), der Nordeifel (Euskirchen und Mechernich), im nördlichen Rheinland-Pfalz (Andernach und Neuwied), zwischen Bonn und Köln (Wesseling), im Bergischen Land (Bergisch Gladbach und Waldbröl, vorübergehend auch Remscheid) und sogar im Sauerland (Lüdenscheid) und Siegerland (Siegen) zurückgreifen, um die erforderliche Zahl an Plätzen zu erreichen. Heute gehören auch die LVR-Kliniken Bonn, das mit dem Waldkrankenhaus vereinigte Bonner Johanniter-Krankenhaus und das St. Josef-Hospital in Troisdorf zu den Akademischen Lehrkrankenhäusern Bonns. Mit der Universität Siegen entsteht darüber hinaus eine vom Land unterstützte Kooperation im Klinischen Studienabschnitt nach vorklinischer Ausbildung in Bonn.

Das nach den Studentenunruhen von 1968 gestiegene studentische Selbstbewusstsein betraf in Bonn nicht nur Protest gegen empfundenen Machtmissbrauch von Medizinprofessoren,[516] sondern auch gegen die wahrgenommene Qualität des Unterrichts. Medizinstudierende des zehnten Semesters schrieben 1971 in einem Protestbrief zu den Hauptvorlesungen Innere Medizin und Chirurgie an den Dekan: »Unser Gesamteindruck vom klinischen Studium im Gegensatz zum vorklinischen Studium in Bonn ist schlecht«.[517] So ginge wegen »des unbefriedigenden Aufbaus des klinischen Studiums und der völlig fehlenden Koordination zwischen den einzelnen Fächern« viel Zeit verloren, weil zu viele Überschneidungen zwischen den jeweiligen beiden Semestern der zweisemestrigen Hauptvorlesung und sogar innerhalb eines Semesters vorkämen – und Vieles sehr »unvorbereitet« wirken würde. Der damit angesprochene Fachvertreter der Chirurgie rechtfertigte sich in einem sieben Seiten langen, einzeilig getippten Brief ausführlich, wobei er letztlich die Beurteilungskompetenz der Studierenden bezweifelte.[518] Weitgehender und grundsätzlicher war die

---

515 Vgl. UAB UV 262 Nr. 112, Lehrkrankenhäuser, Vereinbarung zwischen dem Land Nordrhein-Westfalen [...] und der Genossenschaft der Rheinisch-Westfälischen Malteser-Devotionsritter e.V., Düsseldorf, 05.12.1974.

516 Vgl. Rückher, Achtundsechziger-Bewegung, S. 107–121; Forsbach, Gesundheitspolitik, S. 111f.

517 UAB, MF 80–70 Planungskommission, Brief von Medizinstudierenden des 10. Semesters an Dekan, Bonn 11.02.1971.

518 Vgl. UAB, MF 80–70 Planungskommission, Güttgemann an Dekan, Bonn 16.02.1971.

studentische Kritik, die durch den eigens dafür 1972/73 gegründeten »Sprecherrat Nervenklinik« vorgetragen wurde.[519] Er forderte nicht nur eine organisatorisch und methodisch zeitgemäße Lehre mit mehr Patientennähe, Praxisorientierung, Filmen und Kursskripten sowie Mitsprache bei der Lehrstuhlbesetzung, sondern auch inhaltlich eine Berücksichtigung von psychiatriekritischen Ansätzen aus Psychiatriereform und Sozialpsychiatrie. Vereinzelt wurden sogar Sympathien mit extremer Antipsychiatrie wie dem Sozialistischen Patientenkollektiv Heidelberg geäußert.

Ob die geforderten Studienreformen in den gesetzlichen Vorgaben der nächsten Jahre tatsächlich verwirklich wurden, dürfte unterschiedlich beurteilt werden. Mit dem neuen Hochschulrahmengesetz von 1976 erhöhte sich die Regelungsdichte für Studiengänge ganz erheblich, was nicht nur die Westdeutsche Rektorenkonferenz als »Gefahr einer weitgehenden Verschulung des Studiums« und einen drohenden Eingriff in »die grundgesetzlich garantierte Freiheit von Forschung und Lehre« thematisierte.[520]. Für Bonn landesrechtlich relevant folgte aus dem Hochschulrahmengesetz das 1980 in Kraft getretene Gesetz über die wissenschaftlichen Hochschulen des Landes Nordrhein-Westfalen (WissHG). Es machte mit seinen Bestimmungen über die Form von Studienordnungen und -plänen zwar den Aufbau des Medizinstudiums transparenter, schränkte aber auch bisherige Freiräume für Studierende und Lehrende weiter ein.[521]

Einen fast so starken studentischen Protest wie im Gefolge der 1968er-Unruhen erlebte die Fakultät ab 1984. Er richtete sich gegen die teilweise Umstellung von Kleingruppen-Praktika auf Vorlesungen, die mit Personalmangel durch einen Landeserlass zur Überstundenbegrenzung begründet worden war, und gegen die Pläne der Bundesregierung zur Verlagerung der praktischen Ausbildung in eine zweijährige Phase, die als »Arzt im Praktikum« (AiP) nach dem sechsjährigen Studium abgeleistet werden sollte. Studentische Vertreter forderten die Fakultät auf, gegen die Pläne Stellung zu beziehen und die praktische Ausbildung im Studium sicherzustellen.[522] In öffentlichkeitswirksamen Aktionen wie Briefen an den Landesminister und Informationsständen auf dem

519 Vgl. Rückher, Achtundsechziger-Bewegung, S. 15–60.

520 UAB, MF 80, 86/1 Studienordnungen, Westdeutsche Rektorenkonferenz, Entwurf für das 124. Plenum am 13./14.02.1978, »Zum Problem staatlicher Vorgaben für die Aufstellung von Studienordnungen«, S. 4.

521 Vgl. UAB, MF 80, 86/1 Studienordnungen, Der Minister für Wissenschaft und Forschung des Landes Nordrhein-Westfalen an die wissenschaftlichen Hochschulen, Düsseldorf 16.07.1982, und ders. an die Universität Bonn, Betr. Studienordnung für den Studiengang Medizin an der Universität Bonn mit dem Abschluß Ärztliche Prüfung, Düsseldorf 27.08.1982.

522 Vgl. UAB, MF 80–114/1, AO-Arbeitskreis, Offener Brief an die E.F. [Engere Fakultät], Eingangsstempel 15.03.1984.

Münsterplatz,[523] später auch Demonstrationen und dem Boykott von Lehrveranstaltungen, gaben sie ihrem Unmut Ausdruck. Auf lokaler Ebene war der Protest erfolgreich: Die Medizinische Fakultät beschloss mit Verweis auf den resultierenden Wegfall von Assistentenstellen und die mit 850 DM monatlich zu niedrige Bezahlung für die AiPs eine eindeutige »Ablehnung der geplanten Neuregelung«,[524] und die klinischen Praktika wurden gesichert. Auf Bundesebene konnte allenfalls die Begrenzung der AiP-Phase auf 18 statt der ursprünglich geplanten 24 Monate als Erfolg gewertet werden.

Für viele Bonner Medizinstudierende, zeitweise ein Viertel, war der Beginn des europäischen Austauschprogramms ERASMUS 1988 eine Neuerung, die ihr Studium und ihr ganzes Leben durch das ein- bis zweisemestrige Auslandsstudium bereicherte. Da die Bonner Medizinische Fakultät von Anfang an intensiv teilnahm, konnte sie weit mehr, darunter auch besonders attraktive europäische Partner gewinnen als die meisten anderen deutschen Fakultäten.[525] Alle damaligen EG-Mitgliedsländer mit Ausnahme der Kleinstaaten sowie zusätzlich Schweiz und Norwegen waren unter den Bonner Partnern vertreten, bald auch mehrere ehemalige Ostblockstaaten. Die Partner aus Großbritannien, Irland und Schweden gingen im Laufe der Jahre mangels dortigen Interesses an einem Studium in Bonn verloren, türkische kamen hinzu. Der Wissenschaftsrat lobte 1997 in seinem ansonsten recht kritischen Gutachten zur Medizinischen Fakultät Bonn die hohen Entsendezahlen und die gute Integration ausländischer Studierender ausdrücklich.[526] Parallel zu diesen von der Fakultät organisierten Aufenthalten nahmen auch die selbst organisierten Krankenpflegepraktika, Famulaturen, Forschungsaufenthalte und PJ-Tertiale im europäischen und außereuropäischen Ausland stark zu. Eigene Fremdsprachenkurse zur Kommunikation im Krankenhaus seit 1999 und ein Wahlpflichtfach *Global Health* seit 2011 halfen, solche oft einschneidenden Erfahrungen vor- und nachzubereiten.

Während die ärztlichen Examina, die Praxisphasen und Bestimmungen zu einzelnen Fächern in den letzten drei Jahrzehnten des 20. Jahrhunderts mehrfach durch Novellen geändert wurden, blieb der Aufbau des Medizinstudiums weitgehend gleich. Dabei häuften sich – nicht zuletzt mit Verweis auf die Stu-

523 Vgl. NF, Medizinstudenten gegen neue Bundesärzteordnung, in: General-Anzeiger vom 23.05.1984; ba, Mediziner fordern Praktikum in Klinik, in: Bonner Rundschau vom 29.03.1984.

524 UAB, MF 80–114/1, Dekan Heifer an die Vorsitzenden des Medizinischen Fakultätentages und des Bundestagsausschusses für Jugend, Familie und Gesundheit, die Bundesminister für Bildung und Wissenschaft sowie Jugend, Familie und Gesundheit, Bonn 10.07.1984, mit Anlage »Stellungnahme der Medizinischen Fakultät der Rheinischen Friedrich-Wilhelms-Universität auf Antrag der studentischen Vertreter zu den Novellen der ärztlichen Approbationsordnung bzw. der Bundesärzteordnung beschlossen am 03.07.1984«.

525 Vgl. Hansis/Breipohl/Shiozawa/Stümpfig/Rohde, Ausbildung, S. 80f.

526 Vgl. Wissenschaftsrat, Stellungnahme, S. 15, S. 45.

dien(re)formen der westlichen und nördlichen Länder Europas – Forderungen nach einer stärkeren Praxis- und Patientenorientierung und einer besseren Verzahnung von Klinik und Vorklinik. Die Bonner Fakultät führte in den 1990er Jahren »im Vorgriff auf eine Neuformulierung der Approbationsordnung oder als Ersatz hierfür« Blockpraktika unter Beteiligung von vierzehn klinischen Fächern ein.[527] Gegenüber den so genannten Reform- oder Modellstudiengängen nach der »Experimentierklausel«, die eine stärkere Organsystem- und Problemorientierung und damit Abkehr von den etablierten wissenschaftlichen Fächern umsetzen wollten,[528] war die Bonner Fakultät während ihrer damals intensiv laufenden Umgestaltung der Forschungsorganisation im Hinblick auf Veränderungen der Lehre zurückhaltender.

Bei der Umsetzung der neuen ärztlichen Approbationsordnung, die 2002 vom Bundesministerium erlassen wurde, entschied sich die Fakultät entsprechend gegen die Möglichkeit eines Modellstudiengangs mit landesrechtlicher Genehmigung[529] und setzte in der Form eines Regelstudiengangs ihr erklärtes Ziel einer umfassenden Ausbildung zum »guten Arzt« um.[530] Unter dieser Zielsetzung entstanden über das in der Approbationsordnung geforderte Minimum hinaus als »Schwerpunktveranstaltungen«, anfangs innerhalb eigener Themenwochen, bundesweit einmalige Pflichtlehrveranstaltungen wie »Gesprächsführung und Kommunikation«, »Schmerzmedizin« oder »Klinische Ethik«, schon vor der Einführung der bundesweiten Pflicht ebenso »Palliativmedizin«.[531] Auch bei der Zahl von Wahlpflichtfächern im zweiten Studienabschnitt entwickelte sich mit über 50 Fächern ein sehr breites Angebot.

Die größte Bedrohung für das Bonner Medizinstudium folgte weder aus Vorgaben der Bundesregierung noch Problemen vor Ort, sondern aus einer Initiative der Landesregierung. Die von dieser eingesetzte Strukturkommission Hochschulmedizin kam in ihren 2001 veröffentlichten Empfehlungen zu dem Ergebnis, die Vorklinische Ausbildung in Aachen, Bonn, Essen und an einem weiteren Standort sollte geschlossen werden. Hintergrund dieser Konzentrationsbemühungen war nicht zuletzt die Erfahrung der »Ärzteschwemme« in den 1990er Jahren. Doch angesichts des sich bereits abzeichnenden Ärztemangels der Zukunft, des Trends zur Verzahnung von Klinik und Vorklinik sowie der

527 Göthert, Umbruch, S. 64; Hansis/Breipohl/Shiozawa/Stümpfig/Rohde, Ausbildung, S. 82.
528 Vgl. Richter, Reformstudiengänge.
529 Vgl. Approbationsordnung für Ärzte vom 27.06.2002, in: Bundesgesetzblatt I (2002), S. 2405–2435, S. 2417–2418: § 41 Modellstudiengang.
530 Bruchhausen/Schott, Begleitung.
531 Studienordnung für den zweiten Abschnitt des Studienganges Humanmedizin an der Rheinischen Friedrich-Wilhelms-Universität Bonn mit dem Abschluß der Ärztlichen Prüfung vom 27.05.2004, § 9 (1).

Proteste auf allen Ebenen war von diesem Vorhaben schon bald nicht mehr die Rede.

Gegenüber den mehrfachen tiefgreifenden Veränderungen der ärztlichen Ausbildung blieb das Zahnmedizinstudium eher gleich, mit anhaltend hoher, teilweise dramatisch zunehmender Überlastung. Die 1955 erlassene Approbationsordnung für Zahnärzte wurde trotz wiederholter entsprechender Forderungen, insbesondere des Wissenschaftsrates 2005,[532] bisher trotz eines Bundestagsbeschlusses von 2017 wegen fehlender Zustimmung des Bundesrates nicht neugeordnet. Durch die erforderliche personal- und kostenintensive Ausbildung am Patienten ist die zahnärztliche Ausbildung in besonderer Weise von Kapazitätsproblemen betroffen. Vertreter der Zahnmedizin drängten deshalb häufig und intensiv auf Bewilligung neuer Mitarbeiterstellen, denn sie empfanden bereits 1972, »daß die Mund-, Kiefer- und Zahnklinik in Bezug auf ihre Unterrichtsintensität weitaus an erster Stelle liegt.«[533]

Bei allen Versuchen, die Qualität der Ausbildung zu verbessern, spielte der quantitative Aspekt der Studierendenzahlen eine entscheidende Rolle, nicht nur in der Zahnmedizin. Anfang der 1970er Jahre herrschte in dieser Hinsicht größte Unsicherheit. Das lag nicht an unsicherer Nachfrage nach einem Medizin- oder Zahnmedizinstudium in Bonn. Denn die Zunahme des allgemeinen Interesses an den medizinischen Studiengängen hatte schon 1964 zur Einführung einer Zulassungsbeschränkung und trotzdem zu weiter stark steigenden Zahlen von Studienanfängern geführt. Schuld an der Unsicherheit waren vielmehr widersprüchliche staatliche Planungsvorgaben und unberechenbare faktische Zulassungszahlen. Im Sommersemester 1970 waren in Bonn 2.303 Studierende in der Medizinischen Fakultät eingeschrieben[534] – drei Jahre zuvor waren es noch fast 300 mehr gewesen.[535] Dagegen teilte der Minister für Wissenschaft und Forschung des Landes Nordrhein-Westfalen Anfang 1971 der Universität bei den neuen Planungswerten mit, dass für die Zukunft 2.500 Plätze in Humanmedizin und 700 in Zahnmedizin, also insgesamt 3.200 und damit fast 1.000 mehr als bisher vorgesehen seien.[536] Ganz im Gegensatz dazu sahen die nur zwei Wochen später zugesandten Empfehlungen des Wissenschaftsrates zum Ersten Rah-

532 Vgl. Wissenschaftsrat, Empfehlungen zur Weiterentwicklung der Zahnmedizin an den Universitäten in Deutschland (Drs. 6436–05), Berlin, 2005; web.archive.org/web/20070202031847/http://www.wissenschaftsrat.de/texte/6436-05.pdf; zuletzt abgerufen am 10.03.2018.

533 UAB, MF 80–70 Planungskommission, Prof. Hupfauf an Dekan, 17.01.1972.

534 In der Humanmedizin 1.862, der Zahnmedizin 441, vgl. Chronik des akademischen Jahres 1969/70, S. 56.

535 Insgesamt 2.591, »Vollmedizin« 2.156, Zahnmedizin 435 im Sommersemester 1967, vgl. Rheinische Friedrich-Wilhelms-Universität Bonn (Hg.), Vorlesungsverzeichnis für das Wintersemester 1967/68, Bonn 1967, S. 270.

536 Wahlers, Schriften, S. 30f.

menplan nach dem Hochschulbaufördergesetz, der die Finanzierungsbereitschaft des Bundes festlegt, eine drastische Verminderung, nämlich auf nur noch 1.700 in »Allgemeine Medizin und Zahnmedizin« vor, das heißt fast 25 Prozent weniger als bisher und fast nur die Hälfte der vom Land vorgesehenen Plätze. Die Studierendenzahl stieg dann vorübergehend mit bald 4.000 auf weit mehr als das Doppelte dieser Empfehlungen des Wissenschaftsrats – mit vorübergehenden Höchstständen Anfang und Ende der 1980er Jahre.[537] Die durch solche Zahlen entstehenden Überhänge konnten 1982 bei den räumlich begrenzten Praktikumsplätzen in Laboren und im Präpariersaal der Anatomie nur in »einer einmaligen Sonderaktion« durch zusätzliche abendliche Kurse abgebaut werden, um die »großen menschlichen Härten« für die Studierenden zu vermeiden.[538] Die Studierendenzahl stabilisierte sich seit den 1990er Jahren in der Mitte zwischen den beiden extremen Planungsvorgaben, bei etwa 2.500, mit einem deutlichen Anstieg auf zuletzt über 3.000 in den letzten Jahren.[539]

Die Feminisierung der Medizin war auch in Bonn zu beobachten. 1970 lag der Anteil der Studentinnen in der Humanmedizin noch bei einem Viertel, in der Zahnmedizin sogar weit darunter. Im Jubiläumsjahr 2018 bilden sie wie seit den 2000er Jahren auch weiterhin die deutliche Mehrheit. Allerdings gilt dies nur für das Studium, bei den weiteren Karrierestufen in der Hochschulmedizin sinkt der Frauenanteil kontinuierlich bis auf unter zehn Prozent bei den ordentlichen Professuren.

Auffallend rückläufig war die Zahl der Promotionen. Im Akademischen Jahr 1969/70 promovierten in der Humanmedizin 339, in der Zahnmedizin 35,[540] das heißt bei einer durchschnittlichen Absolventenzahl von knapp 400 in der Humanmedizin über 80 Prozent, in der Zahnmedizin etwas weniger als die Hälfte der über 80 Staatsexamina pro Jahr. Im Studienjahr 2013/14 waren es dagegen insgesamt nur noch 75 Promotionen, davon 62 in der Human- und 13 in der Zahnmedizin.[541] Der weitaus größere Rückgang in der Humanmedizin ist neben gesunkenen Studierendenzahlen und mehr Nebenjobs nicht zuletzt den stark gestiegenen Ansprüchen an eine Promotion geschuldet. Dabei sind jedoch auch

537 Insgesamt 3.912 (Medizin 3.219, Zahnmedizin 693) im Wintersemester 1982/83 bzw. 3.957 (3.243 Medizin, 714 Zahnmedizin) im Sommersemester 1988, vgl. Rheinische Friedrich-Wilhelms-Universität Bonn (Hg.), Vorlesungsverzeichnis für das Sommersemester 1983, Bonn 1983, S. 590, bzw. dies. (Hg.), Vorlesungsverzeichnis für das Sommersemester 1989, Bonn 1989, S. 635.

538 UAB, MF 80, 86/1 Studienordnungen, Protokoll der Fakultätssitzung vom 07.07.1982, S. 6, TOP 7.1.4.2.

539 Vgl. im Wintersemester 2015/16 insgesamt 3.003, nämlich 2.408 in der Human- und 595 in der Zahnmedizin, nach Universität Bonn (Hg.), Rechenschaftsbericht und Zahlenspiegel 2015, S. 36.

540 Vgl. Chronik des akademischen Jahres 1969/70, S. 65.

541 Vgl. Rechenschaftsbericht und Zahlenspiegel 2015, S. 28.

Abb. 7: Absolventinnen der Medizin bei der Abschlussfeier der Universität im Jahr 2017

zwei weitere Entwicklungen nach dem Jahr 2000 zu berücksichtigen: Die ausgeweitete Anwesenheitspflicht im regulären Studium bedeutete geringere zeitliche Freiräume für diese ja meist studienbegleitenden Forschungsleistungen, und der für junge Ärztinnen und Ärzte sehr günstige Arbeitsmarkt ließ den Doktortitel als Bewerbungsvorteil in den Hintergrund treten. Bei den Zahnmedizinern hatte die »Promotionsmüdigkeit« schon früher eingesetzt, als der Doktor-Titel für approbierte Zahnärzte seit den 1970er Jahren nicht mehr so sehr zur Abgrenzung von den »nachträglich in den Zahnärztestand integrierten Dentisten« angestrebt wurde.[542]

Ein eigenes SciMed-Stipendienprogram, um das Studium zugunsten der Doktorarbeit unterbrechen zu können, sollte in Bonn die Möglichkeit und die Qualität der medizinischen Doktorarbeit steigern. Inhaltlich und methodisch wurden Promotionsarbeiten der Medizinstudierenden dadurch besser vorbereitet, dass zusätzlich zur Einarbeitung in Klinik oder Institut schon vor der ärztlichen Vorprüfung ein fakultätsweiter Pre-SciMed-Kurs zur Einführung in die Molekulare Medizin absolviert werden konnte und dadurch die Möglichkeit zur Aufnahme in das seit 2011 bestehende strukturierte Promotionsprogramm des SciMed-Promotionskollegs eröffnet wurde.

Bei der Universitätsgründung war das Medizinstudium als ärztliche Ausbildung der einzige Studiengang der Medizinischen Fakultät gewesen, im frühen

542 Schäfer/Groß, Zahnärzte, S. 290.

20. Jahrhundert kam die Zahnmedizin als zahnärztliche Ausbildung hinzu. Gelegentliche Pläne, einen deutschsprachigen Studiengang *Public Health*/Öffentliches Gesundheitswesen zu etablieren, wurden bisher nicht weiter verfolgt. Ähnliches gilt für die Akademisierung der Krankenpflege durch einen pflegewissenschaftlichen Studiengang. Nach der Jahrtausendwende führte die verstärkte Einbeziehung von molekularbiologischen und biochemischen Fachgebieten aus den Naturwissenschaften zur gleichberechtigten Beteiligung der Medizin an Studiengängen, die nicht auf eine Tätigkeit in der direkten Krankenversorgung vorbereiten. So wurde seit 2003 unter Federführung der Mathematisch-Naturwissenschaftlichen Fakultät einer der ersten deutschsprachigen Diplom-Studiengänge für Molekulare Biomedizin mit durchschnittlich 700 Bewerbungen für die 30 Studienplätze pro Jahr angeboten, wenig später mit der Bologna-Reform in einen Bachelor- und Master-Studiengang aufgespalten.

Ein Master-Studiengang *Neurosciences* folgte 2009, diesmal unter Verantwortung der Medizinischen Fakultät.[543] Weitere ihrer Master-Studiengänge entstanden in rascher Folge, 2014 der berufsbegleitende Weiterbildungsstudiengang in Klinischer Medizintechnik und 2017 zwei weitere englischsprachige M.Sc.-Programme: der forschungsorientierte in *Medical Immunosciences and Infection* unter dem Dach des Exzellenz-*Clusters ImmunoSensation* und der eher praxisorientierte Weiterbildungsstudiengang in *Global Health – Risk Management and Hygiene Policies* in Zusammenarbeit mit anderen Fakultäten und der UN-Universität.

Auch an nicht-ärztlichen Promotionen ist die Medizinische Fakultät zunehmend beteiligt und interessiert. Fakultätsangehörige aus der Pharmakologie kooperieren in der Leitung und als Dozenten mit der Pharmazie der Mathematisch-Naturwissenschaftlichen Fakultät in der Bonn International Graduate School of Drug Sciences (BIGSDrugsS). Inzwischen können Nicht-Mediziner, also Nachwuchs aus den Natur- und Sozialwissenschaften, an der Medizinischen Fakultät zum PhD promovieren, der im Unterschied zum Dr. med. und Dr. med. dent. keine Approbation voraussetzt. Mit diesen Öffnungen wurde die Fakultät der Multidisziplinarität heutiger medizinischer Forschung und Dienstleistung gerecht, ohne ihre Hauptaufgabe in der Lehre, die ärztliche Ausbildung, aus dem Auge zu verlieren.

Lehrkörper

Während die Zahl der Medizinstudierenden vor allem im Kaiserreich sprunghaft gestiegen war, wuchs nach 1970 bei im Wesentlichen gleichbleibenden Studie-

543 Vgl. Dähn, Forscher, S. 7.

rendenzahlen die der ordentlichen Medizinprofessoren vergleichbar rasch, von 27 im Wintersemester 1969/70[544] auf 102 im Jahr 2013. Diese Steigerung war das Ergebnis wiederholt vorgetragener Forderungen im Hinblick auf die vielfältigen und weitgehenden Veränderungen der Anforderungen an Lehre, Forschung und Krankenversorgung. Schon 1970 hatte der Rektor angemahnt:

> »Völlig unmöglich ist es vollends, die mit dem Wirksamwerden des Hochschulgesetzes und speziell im Bereich der Medizin die mit der neuen Approbationsordnung sich ungeheuer vermehrenden Ansprüche an Hochschulpersonal zu befriedigen. Geschieht das nicht, so werden lediglich Potemkinsche Dörfer ohne Funktionsfähigkeit gebaut.«[545]

Die Vorschläge, die von der Planungskommission der Medizinischen Fakultät für den Zeitraum 1970 bis 1974 unterbreitet wurden, sahen entsprechend ehrgeizige Steigerungen vor: 19 neue Lehrstühle, das heißt fast 70 Prozent mehr als bisher, 47 neue wissenschaftliche Abteilungsleiter-Stellen, 27 Custoden, 180 wissenschaftliche Assistenten.[546] Alleine die Innere Medizin beanspruchte 1969, nach einem der US-amerikanischen und Schweizer Praxis entsprechenden Konzept des damaligen Poliklinik-Direktors, drei weitere Lehrstühle (für Kardiologie, Hepatologie und Propädeutik) und 13 Abteilungen.[547] Die von der Planungskommission vorgesehenen neuen Lehrstühle und Abteilungen entsprachen zum größeren Teil der bereits erwähnten Einführung neuer klinischer Lehrfächer durch die neue Approbationsordnung von 1970. Diese neuen Lehrfächer wiederum bildeten zum Teil die auch in Bonn bereits erfolgte oder laufende institutionelle Etablierung ab, vor allem in den operativen Fächern. So war die Neurochirurgie schon 1954 als eigene Abteilung und 1962 als Klinik[548] und die Orthopädie ab 1961 beziehungsweise 1967 eingerichtet worden.[549] Andere Fächer folgten bald, so die Urologie, wo Lehrstuhl und Klinik 1971 aus einer urologischen Sektion der Bonner Chirurgie entstanden,[550] und die Anästhesiologie, die 1974 den Lehrstuhl erhielt.[551]

Das Schicksal der verschiedenen Vorschläge auf der Liste war jedoch insge-

---

544 Vgl. Rheinische Friedrich-Wilhelms-Universität Bonn (Hg.), Vorlesungsverzeichnis für das Wintersemester 1969/70, Bonn 1969, S. 115–118.
545 Chronik des akademischen Jahres 1969/70, S. 11.
546 Vgl. UAB, MF 80–70 Planungskommission, in mehrfacher Hektographie erhaltener Vorschlag der Planungskommission, undatiert (ca. 1970).
547 Vgl. UAB, MF 80–70 Planungskommission, Prof. Walter Siegenthaler an Dekan, Bonn 21.07.1969.
548 Vgl. Schramm, Klinik.
549 Vgl. Schmitt/Wallny/Kowalski, Klinik.
550 Vgl. Müller, Klinik; ders., 30 Jahre.
551 Vgl. Nadstawek/Hoeft, Anästhesiologie, S. 220–223.

samt durchaus unterschiedlich.[552] Während die meisten dieser Lehrstühle in den nächsten Jahren tatsächlich eingerichtet wurden und bis heute bestehen, konnten einige nicht verwirklich werden. Zu den nicht oder nicht dauerhaft eingerichteten gehörten: Die an erste Stelle gesetzte und als einzige unterstrichene Position eines (hauptamtlichen) Studiendekans, eine eigene poliklinische Chirurgie, die Hepatologie, die nur vorübergehend besetzte Sportmedizin bis zur Umwidmung der C3-Professur in eine für Genetische Epidemiologie 1997[553] sowie die Arbeits- und Sozialmedizin. Für letzteres, in der Approbationsordnung verpflichtend vorgesehenes Gebiet gab es – nach der Streichung durch einen Sparerlass des Landes 1975 und darauf folgendem studentischem Protest[554] – Ende 1980 sogar die Ausschreibung einer C4-Professur.[555] Doch die Besetzung verzögerte sich aufgrund von Raumproblemen zur Unterbringung des neuen Instituts[556] und wurde schließlich ganz ausgesetzt – auch mit Hinweis darauf, dass »keiner der Bewerber den Vorstellungen der Fakultät« entspräche[557].

Einzelne Professuren wurden in veränderter Weise geschaffen. Statt des vorgeschlagenen Lehrstuhls »Med V« für Erkrankungen des vegetativen Nervensystems entstand 1973 in Anlehnung an die Formulierung der Approbationsordnung, die namentlich »Psychosomatische Medizin und Psychotherapie« verlangte, eine Abteilung »Vegetatives Nervensystem und Psychosomatik« der Medizinischen Klinik, die 1993 zur eigenständigen »Klinik für Psychosomatische Medizin und Psychotherapie« wurde[558] und nach einer Erweiterung auf 20 Betten 2008 durch die Wiederbesetzung des Lehrstuhls 2012 langfristig gesichert werden konnte.

Die in der Approbationsordnung geforderte Allgemeinmedizin wurde ab 1976 – unter Aufsicht einer Fakultätskommission Allgemeinmedizin – durch Lehraufträge an niedergelassene Ärzte abgedeckt, die zusätzlich zu ihren Vorlesungen und später Kursen auf dem Venusberg auch die Teilnahme am ärztlichen Notdienst und ein Praktikum in ihren Praxen anboten – seit 1996 in 30 Lehrpraxen.[559] Nach der nochmaligen Stärkung der Allgemeinmedizin im Pflichtkurrikulum wurde 2012 bei inzwischen 100 Lehrpraxen im Bonner Raum ein

552 Vgl. UAB, MF 80–70 Planungskommission, Vorschlag »Bedarf an Lehrstühlen« 1970–1974, undatiert (ca. 1969).
553 Vgl. UAB, MF 90–19 Fakultätsbeschlüsse, Rektorat an Dekan, Bonn 16.07.1997.
554 Vgl. UAB, MF 80–68 Arbeits- und Sozialmedizin, Fachschaft Medizin an Dekan, Bonn 10.02.1976.
555 Vgl. Stellenausschreibung im Deutschen Ärzteblatt H. 48 vom 27.11.1980, S. 14.
556 Vgl. »Planstelle sucht eine Unterkunft. Besetzung des Lehrstuhls für Arbeitsmedizin scheitert an Raumfrage«, in: General-Anzeiger vom 04.06.1982.
557 UAB, MF 80–68 Arbeits- und Sozialmedizin, Dekan an Minister für Wissenschaft und Forschung des Landes, Bonn Juni 1982.
558 Vgl. Liedtke/Schilling, Psychotherapie.
559 Vgl. Keseberg, Poliklinik.

»Institut für Hausarztmedizin« gegründet, das von weiterhin niedergelassenen Allgemeinmedizinern durch Teilung einer W3-Professur geleitet wurde, bis 2018 der Lehrstuhl hauptamtlich besetzt werden konnte.[560]

Bei den neuen theoretischen Fächern war die Bonner Einrichtung eigener Institute, Abteilungen oder Lehrstühle stärker verzögert und setzte erst deutlich nach 1970 ein. Das gilt für Biomathematik und Statistik mit dem Institut für Medizinische Statistik, Dokumentation und Datenverarbeitung 1975, das aufgrund der Bonner internistischen Tradition in der Statistik aus einer Abteilung der Medizinischen Klinik entstand[561] und seit 1999 Institut für Medizinische Biometrie, Informatik und Epidemiologie (IMBIE) heißt. Andere Professuren ließen entweder noch länger auf sich warten, wie die Medizinische Psychologie, die erst 1988 als Abteilung der Psychiatrie eingerichtet wurde,[562] oder wurden nie geschaffen, wie im Fall der Medizinischen Soziologie. Statt des geplanten Lehrstuhls »Med III« für Propädeutik kam es 1973 zu einem eigenständigen Institut für Didaktik der Medizin, besetzt mit einem Internisten und entsprechenden Schwerpunkten, vor allem in der kardiologischen Untersuchung.[563] Dieses Institut forderte mehr Aufmerksamkeit für die Lehre ein und entwickelte zahlreiche neue Modelle, auch des Computer-gestützten Lernens, wurde aber mit der Emeritierung seines Gründungsdirektors 1990 bereits wieder aufgelöst.[564]

Auch außerhalb der beiden Listen neuer Lehrfächer aus der Approbationsordnung und notwendiger Lehrstühle aus der Planungskommission hatte es Vorschläge gegeben, die jedoch meistens nicht umgesetzt wurden. So hatte bereits 1969 – damaliger Aufmerksamkeit für psychosoziale Fragen entsprechend – der in den Ruhestand gehende Lehrbeauftragte für Psychotherapie angeregt, aufgrund des wachsenden Bedarfs eine eigene Poliklinik für Psychotherapie einzurichten.[565] Der Dekan reichte diesen Vorschlag an den Lehrstuhlinhaber für Psychiatrie weiter,[566] der selber – für Universitätskliniken damals ungewöhnlich – eine eigene Station für Psychotherapie betrieb.[567] Eine von der Psychiatrie unabhängige Poliklinik entstand nicht. Ein Lehrstuhl für Gerontologie wurde 1973 vom Direktor der Physiologischen Chemie angeregt und aus der Urologie

560 Vgl. Hibbeler/Weckbecker, Hausarztmedizin.

561 Vgl. Baur/Schillo, Statistik, S. 116–118.

562 Vgl. Falkai, Psychologie, S. 273f.

563 Vgl. Renschler/Burkhard, Herzuntersuchung; UAB, MF 80, 85, Institut für Didaktik der Medizin, Übersicht über die Bonner kardiologischen Kurse, Bonn 01.10.1983.

564 Vgl. Florian Eitel, Nachruf Prof. Dr. med. Hans Renschler, geb. 18.04.1925 – gest. 30.04.2011, in: GMS Zeitschrift für Medizinische Ausbildung 28 (4) (2011): Doc46, DOI: 10.3205/zma000758.

565 Vgl. UAB, MF 80–70 Planungskommission, Prof. Günter Elsässer an Dekan, Bonn 04.03.1969.

566 Vgl. UAB, MF 80–70 Planungskommission, Dekan Piekarski an Weitbrecht, 27.05.1969.

567 Vgl. Gross/Huber/Maier, Psychiatrie, S. 268.

uneingeschränkt, von der Chirurgie unter der Bedingung klinischer Anbindung befürwortet,[568] kam aber trotzdem nicht zustande, auch nicht in Form der stärker klinischen Geriatrie. Nach Ende des Zeitraums 1970–1974, den die ehrgeizige Liste der Planungskommission abgedeckt hatte, wurde 1978 der erste deutsche Lehrstuhl für Epileptologie besetzt.[569] Gegenüber dieser bis heute stark expandierenden Klinik war das Institut für Strahlenbiologie eine eher vorübergehende Erscheinung, sein Erbe hat nach Fakultätsratsbeschlüssen von 1989 und 1991 zur Weiterführung als Abteilung[570] die Experimentelle Radiologie innerhalb der Radiologischen Klinik übernommen.[571]

Die Zahnmedizin erhöhte ihre Zahl an Professuren ohne die Anstöße einer neuen Approbationsordnung. Nachdem in den 1960er Jahren bereits die jeweils ersten Bonner Lehrstühle für »Mund-, Kiefer- und Gesichtschirurgie«,[572] für »Zahnerhaltung«[573] und für »Kieferorthopädie«[574] eingerichtet worden waren, wurden seit 1970 noch zwei weitere Lehrstühle geschaffen und besetzt: für »Zahnersatzkunde«, später »Zahnärztliche Prothetik« genannt, Ende 1970[575] und für »Chirurgische Zahn-, Mund- und Kieferheilkunde« 1974.[576] Von den Teilgebieten der Zahnerhaltung wurden die »Präventive Zahnheilkunde« 1974 Abteilung, die »Endodontie« zwischen 1974 und 1977 vorübergehend und die »Parodontologie« ab 1995 dauerhaft durch eine eigene Professur vertreten, wobei die Einführung von eigenständigen Prüfungsfächern »Parodontologie« und »Kinderzahnheilkunde« 1994 letztere Professur begünstigte. Die Poliklinik für Zahnärztliche Prothetik erhielt 1984 einen zusätzlichen Lehrstuhl für vorklinische Prothetik.

Da die politisch gewollte Verschiebung weg von der Vorlesung hin zu Praktika und Kleingruppenunterricht erhöhte zeitliche Anforderungen an die Lehre stellte, bemerkte die Planungskommission 1973 zu den akademischen Direktoren, Oberräten, Räten und Custoden (lat.: »Wächter«), dass »die Tätigkeitsmerkmale dieser Stellengruppe sich gewandelt haben. An die Stelle der früher für Custoden vorgesehenen Betreuung komplizierter Apparaturen, Sammlungen und dergl. ist für die Akademischen Räte die Übernahme ausgedehnter Lehrverpflichtungen getreten«.[577]

568 Vgl. UAB, MF 80–70 Planungskommission, Schreiben der Planungskommision, 09. 06. 1972.
569 Vgl. Elger/Kurthen/Burr, Epileptologie.
570 Vgl. UAB, MF 91–19 Fakultätsbeschlüsse, Fakultätsratssitzung vom 20. 12. 1989, TOP 6.2.1. und 23. 01. 1991, TOP 6.4.1 bzw. 6.4.2.
571 Vgl. Rink, Röntgenforschungsinstitut.
572 Niederhagen, Gesichtschirurgie.
573 Schüler, Parodontologie.
574 Freisfeld, Kieferorthopädie.
575 Helfgen, Prothetik.
576 Wahl, Kieferheilkunde, S. 328f.
577 UAB, MF 80–70 Planungskommission, Planungskommission 27. 11. 1973.

Die Diskussion einer notwendigen Umgestaltung der Bonner Hochschulmedizin betraf in einer Zeit, in der an anderen Universitäten Fachbereiche an die Stelle der klassischen Fakultäten traten, auch die Frage ihrer strukturellen Organisation. Hier entwarf 1972 die Planungskommission – unter Beibehaltung einer starken gemeinsamen »zentralen Ebene« der Medizin unterhalb der Universitätsebene im Sinne des bisherigen Dekanats – zwei Modelle mit entweder drei Fachbereichen (»Theoretische Medizin«, »Klinische Medizin« und »Zahnmedizin«) oder fünfen (Theoretische Medizin I und II, Klinische Medizin I und II, Zahnmedizin)[578] – von denen aber keines umgesetzt wurde. Statt einer solchen eher an der Lehre orientierten akademischen Einteilung kam es in den folgenden Jahrzehnten zu einer auf die Krankenversorgung bezogenen Zentrenbildung, während die auf das Studium bezogenen Zusammenhänge lange Zeit durch drei unterschiedliche Studienkommissionen abgebildet wurden.[579] Die Forschungsorganisation verlief über inhaltliche Gemeinsamkeiten in den Schwerpunktbildungen, die quer zu allen Einteilungen in theoretische und klinische Fächer lagen.

Die mit den Hochschulreformen um 1970 beabsichtigte Verlagerung der hauptsächlichen Lehrbelastung von den Professoren auf den Mittelbau wurde in einer erhöhten Zahl der wissenschaftlichen Mitarbeiter berücksichtigt, aber insgesamt bei Weitem nicht in dem geforderten und erforderlichen Umfang. Bei gleichzeitig steigenden Anforderungen an Umfang, Qualität und Dokumentation der Krankenversorgung wie an Forschungsleistungen, über die Vertreter der Bonner Fakultät bei einem Besuch aus dem Bundesministerium für Bildung und Wissenschaft 1984 mit Verweis auf die nordrhein-westfälischen Verhältnisse ausdrücklich klagten,[580] drohte hier die Lehre als dritte Aufgabe weniger berücksichtigt zu werden.

Zur weiteren Differenzierung des Fächerspektrums trugen auch spezifische Fördermaßnahmen des Landes bei. So entstand 1992 auf ein Angebot des Landesministeriums für Wissenschaft und Forschung hin[581] die Schaffung der selbstständigen Abteilung für Klinische Pharmakologie, der bisher einzigen in Nordrhein-Westfalen,[582] die inzwischen zu einem Institut für Klinische Chemie und Klinische Pharmakologie ausgebaut wurde. Im Rahmen des Netzwerks Frauenforschung unterstützte der Fakultätsrat 1993 die Planungen zu zwei C3-

578 UAB, MF 80–70 Planungskommission, Planungskommission zur »künftigen Organisationsform der Medizin an der Universität Bonn«, undatiert, nach Begleitschreiben Januar 1972
579 Vgl. Wissenschaftsrat, Stellungnahme, S. 16.
580 Vgl. UAB, MF 80–114/2, Protokoll der Fakultätssitzung vom 03.07.1984, Auszug über das Gespräch mit Staatssekretär Pfeifer u. a. am 09.06.1984.
581 Vgl. UAB, MF 91–19 Fakultätsbeschlüsse, Fakultätsratssitzung vom 28.11.1990, TOP 6.3.1.
582 Vgl. Bergmann, Pharmakologie, S. 154.

Professuren, von denen schließlich eine, mit der ursprünglichen Bezeichnung »Gynäkopsychopathologie und -pathopsychologie«,[583] als »Gynäkologische Psychosomatik« eingerichtet und besetzt wurde.[584]

Wegen des anhaltenden Mangels an Lehrpersonal wurde später nicht mehr die Zahl der Mitarbeiter aus ordentlichen Haushaltsmitteln, sondern der wöchentlichen Stunden an Lehre pro Lehrperson erhöht. Neue Stellen entstanden seit Ende der 1980er Jahre zumeist durch Drittmittel für die Forschung und waren dadurch nicht mit Lehrverpflichtungen verbunden. Besonders charakteristisch für die jüngere Entwicklung ist die Zunahme von dauerhaften Wissenschaftler-Stellen ohne intensiven Bezug zur Krankenversorgung und ärztlichen Ausbildung, das heißt mit fast ausschließlichen Forschungsaufgaben. Sie gilt auch für die Einrichtung von Professuren für Spezialgebiete, die im Medizinstudium nicht als eigene Fächer vorkommen und daher allenfalls in einzelnen Stunden oder für Studierende ohne Berufsziel Arzt unterrichtet werden. Bei diesem Aufgabenspektrum ist die vorherige ärztliche Ausbildung nicht mehr zwingende Voraussetzung, so dass zunehmend Naturwissenschaftler die biomedizinische Forschung mitbestimmen. Damit sind auch die Fakultätsgrenzen durchlässiger geworden, was mehr gemeinsame Forschungsprojekte und sogar die angesprochenen gemeinsamen Studiengänge ermöglichte.

Die steigende Komplexität der Krankenversorgung bei gleichzeitigen Klagen über einen Mangel an qualifiziertem Personal im Pflegebereich und hoher Belastung der Ärzte durch Forschung und Lehre bedingte eine zunehmende Sensibilität für das Thema vermeidbarer Behandlungsfehler. In der Bonner Fakultät wurde dies bereits zweimal auch in der Einrichtung entsprechender Professuren berücksichtigt, einer mit dem Institut für Medizinische Biometrie, Informatik und Epidemiologie assoziierten Professur für Klinisches Qualitätsmanagement, die Anfang der 2000er Jahre aus der Unfallchirurgie entstand, und 2009 des ersten deutschen Instituts für Patientensicherheit, finanziert durch das Aktionsbündnis Patientensicherheit e.V. als Zusammenschluss wichtiger Akteure im deutschen Gesundheitswesen.

Forschungsförderung und Schwerpunktbildung

Seit den 1970er Jahren etablierten sich unter dem Anspruch leistungsbezogener Mittelverteilung verschiedene neuartige Instrumente der Forschungsförderung, die wissenschaftliches Arbeiten an der Bonner Medizinischen Fakultät durchgreifend veränderten. Wurde bisher die Forschung überwiegend vom Personal

583 UAB, MF 91–19 Fakultätsbeschlüsse, Fakultätsratssitzung vom 27.01.1993.
584 Vgl. Rohde, Psychosomatik, S. 232f.

der so genannten Grundausstattung geleistet, also den Wissenschaftlerinnen und Wissenschaftlern im ärztlichen und medizinisch-technischen Dienst auf ordentlichen Haushaltsstellen, so gewannen jetzt zusätzliche Stellen, die früher nur in vereinzelten Drittmittelprojekten vor allem der Deutschen Forschungsgemeinschaft möglich waren, eine entscheidende Bedeutung.

Trotz verschiedener Erfolge in der Einwerbung solcher Drittmittel war Mitte der 1990er Jahre die Forschungsorientierung der Fakultät aus externer Sicht jedoch noch unzureichend, was sich im Blick auf die baulichen und strukturellen Voraussetzungen zeigte. Das bereits erwähnte Gutachten des Wissenschaftsrats von 1997 machte dies in kaum überbietbarer Deutlichkeit öffentlich:

> »Abgesehen von dem kürzlich eingerichteten BONFOR-Programm orientieren sich die finanziellen Zuweisungen an die Kliniken und Institute ebenfalls am Gewohnheitsprinzip. Hierdurch werden die wissenschaftlich aktiven Gruppen erheblich benachteiligt. [...] Wenn die organisatorischen und strukturellen Probleme fortbestehen, ist nach Einschätzung des Wissenschaftsrates der akademische Anspruch der Fakultät in Frage gestellt«.[585]

Diesen Warnschuss nahm die Fakultät ernst und schuf innerhalb von wenigen Jahren die Voraussetzungen dafür, dass sich die Bonner Universitätsmedizin in der Forschung, gemessen an Drittmitteleinwerbung und quantifizierender Bewertung der Publikationen (nach *Impact*-Faktoren), im Wettbewerb der nordrhein-westfälischen Fakultäten, der auch zu einer Umverteilung der Landesmittel führte, an die Spitze setzen konnte.

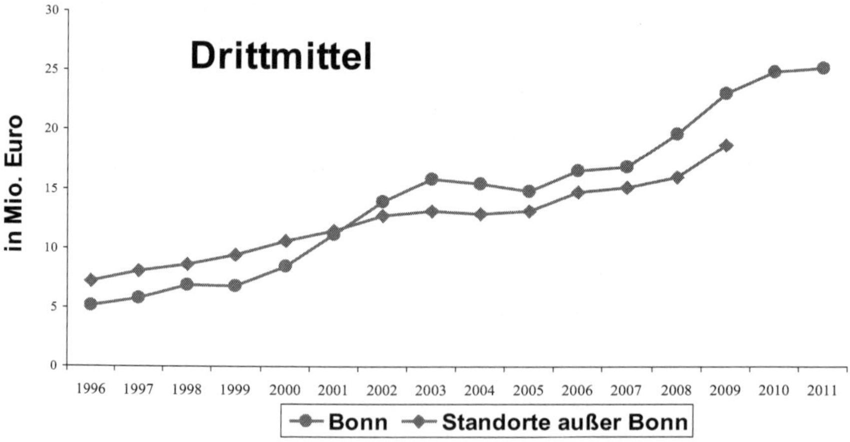

585 Wissenschaftsrat, Stellungnahme, S. 30; vgl. auch Medizinische Fakultät, Bericht.

Ein erster wichtiger Schritt dazu war – aufgrund der Kritik des Wissenschaftsrates an veralteten Räumen für die Tierhaltung – das nach sehr kurzer Umsetzungszeit bereits 1998 eröffnete »Haus für Experimentelle Therapie« (HET). Es ist eine hochmoderne Anlage für die Forschung mit Versuchstieren, deren Namensgebung eventuellen Kritikern von Tierversuchen in Erinnerung rufen sollte, dass Tierversuche – zum Beispiel mit transgenen Mäusen – letztlich die Entwicklung neuer Therapien zum Ziel haben.

Um die kritische Masse an Expertise für ein größeres Forschungsgebiet zu erreichen, wurden klinik- und institutsübergreifende Schwerpunkte gebildet, auf die nicht zuletzt die Berufungspolitik abzustimmen war. Als Schwerpunkte wurden aufgrund bereits international anerkannter herausragender Forschungsleistungen »Neurowissenschaften«, »Genetische Grundlagen und genetische Epidemiologie menschlicher Erkrankungen«, »Hepatogastroenterologie« und »Erkrankungen des Herz-Kreislauf-Systems« benannt,[586] die noch im Einzelnen darzustellen sind. Später kam, mit entsprechenden Berufungen und Institutsgründungen, noch der Schwerpunkt Immunologie und Infektiologie dazu.

Als ein weiteres neues Instrument der Forschungsförderung wurde die Zielvereinbarung der Universitäten und Universitätsklinika mit dem Landesministerium eingeführt, die für Bonn erstmals 2002 abgeschlossen wurde und von allen Fakultäten der Medizinischen Fakultät den mit weitem Abstand umfangreichsten Paragrafen einräumte.[587] Die vier genannten Schwerpunkte erfuhren hier eine ausführliche Würdigung, die Einrichtung des Forschungs- und Entwicklungszentrums *Life&Brain* in gemeinsamer Finanzierung wurde vereinbart und außerdem in einem eigenen Paragrafen zu den Biowissenschaften auch der Ausbau von LIMES (*LIfe&MEedical Sciences*)[588] und der Aufbau der interfakultären Studiengänge angekündigt.

Wie in der Zielvereinbarung vorgesehen, beeinflusste die Einwerbung von Sonderforschungsbereichen die medizinische Forschung stark. Sie verlangte die intensive Zusammenarbeit mit Mitgliedern der Mathematisch-Naturwissenschaftlichen Fakultät, wobei bisher nur dann, wenn krankheitsrelevante Störungen und nicht die Erkenntnis von physiologischen Mechanismen im Vordergrund standen, Angehörige der Medizinischen Fakultät auch die Sprecherfunktion übernahmen. Hatte noch 1991 im SFB 284 »Glykokonjugate und

586 Göthert, Umbruch, S. 64–66.

587 Vgl. § 12 der Vereinbarung der Rheinischen Friedrich-Wilhelms-Universität und des Universitätsklinikums Bonn mit dem Ministerium für Schule, Wissenschaft und Forschung des Landes Nordrhein-Westfalen vom 24.04.2002, S. 3–5 (www3.uni-bonn.de/einrichtungen/rektorat/zielvereinbarung.pdf; zuletzt abgerufen am 10.03.2018).

588 Siehe unten sowie den Beitrag von Thiele im Abschnitt zur Mathematisch-Naturwissenschaftlichen Fakultät in diesem Band.

Kontaktstrukturen der Zellmembran«, an dem die Physiologische Chemie der Medizin beteiligt war, die Mathematisch-Naturwissenschaftliche Fakultät mit ihren Instituten für Zellbiologie und für Genetik die Sprecherfunktion, so kam es 1994 mit dem SFB 400 »Molekulare Grundlagen zentralnervöser Erkrankungen«[589] und 2002 in einem der ersten neuen universitätsübergreifenden »Transregionalen Sonderforschungsbereiche« (TR) mit TR 3 »Mesiale Temporallappen-Epilepsien« dazu, dass die Bonner Medizin den Sprecher stellte. Der dritte SFB mit einem Sprecher aus der Bonner Medizin entstand erneut durch die Epileptologie. In diesem SFB 1089 »Funktion synaptischer Mikronetzwerke und deren Störungen bei Erkrankungen des Zentralnervensystems« arbeiteten seit 2013 auch Forscher der Universität Haifa mit.

Seit der Zielvereinbarung von 2002 ist die Zusammenarbeit mit Forschergruppen aus der Mathematisch-Naturwissenschaftlichen Fakultät stark gestiegen, besonders im neuen Forschungszentrum LIMES, das seit 2006 biomedizinisch forschende Angehörige der Mathematisch-Naturwissenschaftlichen Fakultät zunächst unter einem organisatorischen und, seit Bezug des neuen Poppelsdorfer Gebäudes 2010, auch zum größeren Teil räumlichen Dach vereint. Die Bonner Medizin war dabei in zwei SFBs vertreten: Seit 2007 gab es den SFB 645 »Regulation und Manipulation von biologischer Informationsübertragung in dynamischen Protein- und Lipidumgebungen«, in dem die Kliniken für Neurologie und Psychiatrie neben molekurlarbiologischen Instituten mitwirkten, und seit 2006 den SFB 704 »Molekulare Mechanismen und chemische Modulation der lokalen Immunregulation«, bei dem die Medizin vor allem durch das Engagement des neuen Instituts für Molekulare Medizin und Experimentelle Immunologie involviert war.

Darüber hinaus beteiligten sich Einrichtungen der Medizinischen Fakultät auch an SFBs mit anderen Bonner Fakultäten als der Mathematisch-Naturwissenschaftlichen und mit anderen Universitäten. So war das Medizinhistorische Institut von 1999 bis 2002 am Bonner SFB 534 »Judentum – Christentum. Konstituierung und Differenzierung in Antike und Gegenwart« für ein Teilprojekt zu jüdischen Aspekten der psychoanalytischen Psychosomatik verantwortlich. Bonner Wissenschaftler aus der Medizinischen Fakultät arbeiteten – wiederum mit Bonner Molekularbiologen und Biochemikern der Mathematisch-Naturwissenschaftlichen Fakultät – auch in zwei SFBs mit der Nachbaruniversität Köln zusammen: dem seit 2006 bestehenden SFB 670 »Zell-autonome Immunität« und dem von 2009 bis 2014 geförderten SFB 832 »Molekulare Basis und Modulation der zellulären Interaktionen im Tumormikromilieu«. Noch stärker überregionale Zusammenarbeit besteht seit 2009 im TR 57 »Organfibrose: Von den Mechanismen der Schädigung zur Beeinflussung der Erkrankung« mit

589 Siehe unten.

einem Sprecher in Aachen und maßgeblichen Verdiensten der Bonner Experimentellen Immunologie, seit 2010 im TR 83 »Molekulare Architektur und zelluläre Funktionen von Lipid/Protein Komplexen« mit Sprecher in Heidelberg und seit 2014 im SFB 1123 »Atherosklerose: Mechanismen und Netzwerke neuer therapeutischer Zielstrukturen« mit Sprecher in München. Seit 2016 ist die Experimentelle Immunologie am von Hamburg aus geleiteten SFB 1192 »Immunvermittelte glomeruläre Erkrankungen – Grundlagen und klinische Auswirkungen« beteiligt.

Nach und neben den Sonderforschungsbereichen der DFG wurde die Exzellenz-Initiative der Bundesregierung zu einem Förderinstrument, das viele Kräfte von Antragstellern über längere Zeiträume band. Ein wichtiger Beitrag für die Gesamtuniversität in ihrer allerdings nicht erfolgreichen Bewerbung um den Titel und die Förderung als Exzellenz-Universität war das DFG Exzellenz-Cluster 1023 »ImmunoSensation: the immune sensory system«, das seit 2012 als eines von bundesweit 17 Exzellenzclustern besteht und vom Institut für Klinische Biochemie und Klinische Pharmakologie koordiniert wird. Es verfolgte den Ansatz, das Immunsystem als großes Sinnesorgan der Unterscheidung zwischen Fremd und Eigen zu erforschen und so auch bei Volkskrankheiten wie Atherosklerose, Diabetes, Neurodegeneration und Krebs neue Ansatzpunkte für die Behandlung zu finden. Auch im laufenden Auswahlverfahren der Exzellenzinitiative war die Bonner Medizin in der bereits abgeschlossenen Vorrunde erfolgreich.

Eine weitere Bundesinitiative zur Förderung von Verbundforschung im großen Maßstab bezog sich nur auf den Gesundheitsbereich: Die Bildung von »Zentren für Gesundheitsforschung« (DZG) mit jeweils mehreren Standorten zur Erforschung besonders häufiger Krankheiten. Bonn wurde hier 2009 der Hauptstandort für das Deutsche Zentrum für Neurodegenerative Erkrankungen (DZNE)[590] und in der nächsten Runde zusammen mit Köln einer von sieben Standorten des Deutschen Zentrums für Infektionsforschung (DZIF).

Der wichtigste bauliche Schritt dazu, wie wiederholt angemahnt die räumlichen Voraussetzungen für Spitzenforschung zu schaffen, war der Bau des architektonisch einfallsreichen, 2009 eingeweihten Biomedizinischen Zentrums (BMZ), dessen Bogenform im zwischenzeitlichen Logo des Universitätsklinikums das aufragende rechteckige Bettenhaus umfängt. Die damit ausgedrückte enge Verbindung von Forschung und Krankenversorgung betrifft die hier untergebrachten etwa 250 Angehörigen von acht Kliniken und Instituten in unterschiedlichem Maße. Denn hier befinden sich zwar auch die Forschungslabors von Kliniken, auf vielen der 6.500 m^2 Laborfläche sind jedoch stärker grundla-

590 Siehe unten.

genwissenschaftliche Disziplinen mit mittel- bis langfristiger Anwendungsperspektive untergebracht.

Als Plattform zwischen Pharmazie und Medizin wurde das Bonner Pharma-Zentrum gegründet, das viele Einrichtungen aus Medizinischer und Mathematisch-Naturwissenschaftlicher Fakultät sowie der Region als Mitglieder aufweist und sich als »Schnittstelle der Grundlagenforschung zur Anwendung« für die Entwicklung neuer Wirkstoffe und Erforschung von Wirkmechanismen versteht. Insbesondere im Rahmen der Neuroallianz wird hier gemeinsame Forschung universitärer Einrichtungen mit Firmen durchgeführt.

Erhebliche Forschungsgelder sind auch mit dem höchsten deutschen Wissenschaftspreis, dem von vielen als »deutscher Nobelpreis« gesehenen Leibniz-Preis, verbunden, den 2012 gleich zwei Bonner Fakultätsmitglieder für ihre Forschungen im Bereich der Immunologie erhielten.[591] Ein Beitrag zum Promotionsstudium wie zur Forschung ist die Einwerbung von Graduiertenkollegs (GKs), in denen im Rahmen einer strukturierten Doktorandenausbildung durch Mitarbeit in Arbeitsgruppen intensiv geforscht wird. Die Bonner Medizin begann 2013 in diesem Förderprogramm zusammen mit der Mathematisch-Naturwissenschaftlichen Fakultät das GK 1873 als *Research Training Group* »Pharmacology of 7TM-receptors and downstream signaling pathways«, 2016 kam das GRK 2168 »Myeloid antigen presenting cells and the induction of adaptive immunity« hinzu. Die Forschung durch überdurchschnittlich wissenschaftlich interessierten ärztlichen Nachwuchses wird durch das 2011 eingeworbene Else Kröner-Forschungskolleg mit Rotationsstellen, Mentorenprogramm und eigenen Fortbildungsveranstaltungen gefördert.

Eine weitere wichtige externe Forschungsförderung wurde die Einwerbung von Stiftungsprofessuren aus öffentlichen Mitteln (DFG, Alexander von Humboldt-Stiftung, Bundes- und Landesministerium für Forschung), gemeinnützigen Stiftungen und Industrieunternehmen. Dabei sind neben dem deutlichen Schwerpunkt in den Neurowissenschaften (nämlich »Kognitive und klinische Neurophysiologie«, »Stammzellpathologien« in der Rekonstruktiven Neurobiologie, »Neuro-Immunologie«, »Molekulare Neurochemie«, »Neuroökonomie«, »Neurophysiologie« und »Kognitive und Klinische Neurophysiologie« sowie die drei DZNE-Professuren »Dendritische Pathophysiologie«, »Vaskuläre Neurologie« und »Klinische Demenzforschung«) auch andere primär molekularbiologische (»Zellbiologie und Molekulare Wirkstoffforschung«, »Molekulare Medizin«, »Regulation von Immunfunktionen durch nichtkodierende RNA« und »Translationale Immunologie«), verschiedene klinisch definierte (»Prostata-

591 Prof. Gunter Hartmann, Institut für Klinische Chemie und Pharmakologie, Prof. Christian Kurts, Institut für Experimentelle Immunologie und Prof. Eicke Latz, Institut für Angeborene Immunität.

karzinom«, »Neurourologie«, »Dermatogenetik«, »Degenerative Netzhauterkrankungen«, »Imaging und Ophthalmologische Epidemiologie«, »Patientensicherheit« und »Psychosomatik und Kommunikation in der Onkologie und Transplantationsmedizin«) und zahnmedizinische Gebiete (»Oralmedizinische Technologie« und »Experimentelle Zahn-, Mund- und Kieferheilkunde«), aber auch ein klassisches Fach wie die Anatomie und ein neues wie Global Health vertreten.[592]

Neben den zunehmend wichtigen europäischen Forschungsförderprogrammen waren Einrichtungen der Bonner Medizin bei der Einwerbung von BMBF-Verbundprojekten erfolgreich, so die Pharmakologie und Toxikologie mit der »Neuroallianz«, die Humangenetik mit »IntegraMent. Ganzheitlicher Ansatz zur Aufklärung der Ursachen und Mechanismen psychischer Störungen«, die Medizinische Mikrobiologie, Immunologie und Parasitologie mit »TakeOff – Netzwerk zur Überwindung der Schwierigkeiten bei der Bekämpfung von Filariose« und die Hygiene und Öffentliche Gesundheit (IHPH) mit »HyReKA: Biologische bzw. hygienisch-medizinische Relevanz und Kontrolle Antibiotikaresistenter Krankheitserreger in klinischen, landwirtschaftlichen und kommunalen Abwässern und deren Bedeutung in Rohwässern«. Auch die an anderer Stelle behandelten deutschlandweiten Forschungszentren DZNE und DZIF lassen sich in diese Kategorie der BMBF-Förderung einreihen.

Die Revolution biomedizinischer Forschung: Molekularisierung der Medizin

Für die biomedizinische Forschung des letzten halben Jahrhunderts wurde keine andere Entwicklung derart bestimmend wie die Möglichkeiten der Untersuchung auf molekularer Ebene. Dem konsequenten Auf- und Ausbau entsprechender Labore und Arbeitsgruppen mit oft sehr kostspieligen Geräten verdankt auch die Bonner Medizinische Fakultät einen großen Teil ihrer Forschungserfolge. Das zunehmende Gewicht der Molekularbiologie spiegelte sich auch in der Einrichtung oder entsprechenden Umbenennung einzelner theoretischer Institute wider. So erfolgte gemäß der Fachbezeichnung in der Approbationsordnung von 2002 die Umbenennung zum Institut für Biochemie und Molekularbiologie, wie das weiterhin im gründerzeitlichen Institutsgebäude an der Nussallee untergebrachte ehemalige Institut für Physiologische Chemie heute heißt[593] – obwohl, vielleicht auch gerade weil in diesem klassischen vorklinischen Fach die Orientierung an der molekularen Ebene schon so lange wie in kaum einem

592 Vgl. www3.uni-bonn.de/forschung/Drittmittel%20und%20Projekte/stiftungsprofessuren-an-der-universitaet-bonn (zuletzt abgerufen am 29.06.2018).

593 Vgl. Egge, Chemie.

anderen Fach der Medizinischen Fakultät selbstverständlich und dominierend gewesen war.[594] In der klinisch-theoretischen Forschung drückten Institutsbezeichnungen wie Molekulare Medizin oder Molekulare Psychiatrie die Untersuchungsebene des Moleküls als Unterschied zum entsprechenden klinischen Bereich aus. Unter den erforschten Molekülen fanden diejenigen verstärktes Interesse, die zwischen oder innerhalb von Zellen als Botenstoffe fungieren, also Signale übertragen. In der Bonner Pharmakologie bildeten solche Signalmoleküle, ihre Freisetzung und Wirkung schon früh einen Schwerpunkt, seit 1979 Adenosin, später Serotonin, Histamin, Glutamat, Noradrenalin und Stickstoffmonoxid, aber auch der Ko-Transmitter Adenosintriphosphat (ATP).[595] Intra- und extrazelluläre Signalwege wurden später Forschungsgegenstand in den meisten Kliniken und Instituten.

Vereinzelt erhoben sich auch in Bonn warnende Stimmen gegen eine Ausschließlichkeit der molekularen Perspektive, mit der andere wissenschaftliche Expertisen verloren gehen könnten, so in der Pathologie:

> »[E]s ist abzusehen, dass der Weg von der biologischen Struktur zum Molekül irgendwann keine grundsätzlichen Herausforderungen mehr enthalten wird. Auf dem wahrscheinlich weit mühsameren Weg vom Molekül zur Struktur und zur Vielfalt der Funktionen wird man in einem ›postmolekularen Zeitalter‹ auf die morphologischen Fächer essentiell angewiesen sein.«[596]

Entsprechend gelang es auch dem vorklinischen Gegenstück zur Pathologie, dem Anatomischen Institut, seine Bedeutung gerade in der interdisziplinären Forschung zu unterstreichen, in dem es seit den 1990er Jahren – im Gegensatz zur für die Lehre weiterhin zentralen makroskopischen Anatomie – die »molekularen Grundlagen morphogenetischer Prozesse« untersuchte, zum Beispiel die Bedeutung bestimmter Genexpressionsdomänen, Wachstumsfaktoren und Matrixmoleküle für die Formentstehung.[597]

Die Molekulargenetik war, nicht zuletzt in Bonn, ein Schrittmacher der Molekularbiologie. Im Schatten der Aufmerksamkeit für das Genom im expandierenden Feld der *Genomics* entwickelte sich jedoch auch der Bedarf an der Erforschung der weiteren Schritte vom DNA-Molekül zur Funktion, was sich in neuen Begriffen wie »Epigenom«/»Epigenetik«, »Transkriptom« oder »Proteom«/»Proteomics«/»Proteomik« ausdrückt.

Als Beispiele für die überragende Bedeutung molekularbiologischer Methoden in der medizinischen Forschung sollen im Folgenden die beiden Bonner Schwerpunkte Genetik/Neurowissenschaften sowie Immunologie und Infek-

594 Vgl. Thomas, 50 Jahre.
595 Vgl. Göthert/Karzel, Pharmakologie; Göthert/Karzel, Institut, S. 121–124.
596 Pfeifer, Pathologie, S. 163.
597 Vgl. Franz, Institut, S. 100f.

tiologie näher betrachtet werden, wobei in all diesen Bereichen auch zellbiologische Ansätze und bildgebende Verfahren als ebenso notwendige Arbeitsgebiete zu berücksichtigen und deshalb zuvor kurz anzusprechen sind.

Zellbiologie

Dass es mit Molekülen alleine nicht getan ist, zeigt die wachsende Bedeutung der Zellbiologie, die – weitgehend gestützt auf Ergebnisse aus der molekularbiologischen Forschung – ein umfassenderes Modell als die Interaktionen zwischen einzelnen Molekülen zum Studienobjekt hat. In medizinischer Hinsicht wurden zwei Aspekte bedeutsam: Die Notwendigkeit, untergegangene Zellen als Ursache verschiedener Krankheitsbilder zu ersetzen, und die Möglichkeit, Stammzellen in spezialisierte Zellen umzuwandeln. Der erste Ausgangspunkt bedeutet potentiell ein sehr breites Spektrum an klinischen Anwendungsbereichen, etwa nach Verlust von funktionstüchtigen Zellen durch Infarkte, Verletzungen oder Entzündungen. In Bonn wurde vor allem zum möglichen Ersatz von Nervengewebe geforscht, wofür seit 2001 das Bonner Institut für Rekonstruktive Neurobiologie, inzwischen am *Life&Brain Centre* Bonn, eine einzigartige Forschungseinrichtung darstellt. Der zweite Ausgangspunkt, die Möglichkeit der Umwandlung aus Stammzellen, brachte in der Fakultät und bundesweit geführte Kontroversen mit sich.[598] Denn die Zelllinien, die für die damalige Forschung als die geeignetsten angesehen und unter Zerstörung künstlich erzeugter Embryonen gewonnen wurden, die humanen embryonalen Stammzellen, sollten auf Antrag der Bonner Forscher 2000 erstmals aus Israel importiert werden. Zur Regelung dieses Imports verabschiedete der Bundestag 2002 ein eigenes Stammzellgesetz mit einem später noch einmal verschobenen Stichtag. Inzwischen stehen für Forschung und Therapieversuche auch Stammzellen zur Verfügung, die durch Reprogrammierung aus Körperzellen gewonnen werden können.

Bildgebung

Die 1970er Jahre brachten durch die Computertomographie und den Ultraschall eine Darstellung innerer Organe und Gewebe, die in der Forschung zahlreiche neue Erkenntnisse zum lebenden Organismus ergab und in fast allen klinischen Fächern durch eine präzisierte Diagnostik neue Behandlungsmöglichkeiten eröffnete. Insbesondere bei Tumoren erlaubte eine Bestimmung der genauen Lo-

598 Vgl. Klinkhammer, Diskussion.

Abb. 8: Life & Brain Centre 2005

kalisation, der Abgrenzung, der Ausdehnung, der Dichte und der Homogenität, die Prognose besser abschätzen und die Therapien besser planen, durchführen und auswerten zu können. 1985 erhielten die Bonner Universitätskliniken einen der ersten Kernspin-Tomographen Deutschlands.[599] Seitdem boten solche Geräte viele Arten von Schichtaufnahmen ohne Strahlenbelastung und führten für manche Gewebe und Organe zu einer noch besseren Darstellbarkeit. Diese Magnetresonanztomographie (MRT), wie sie später genannt wurde, bildete einen Forschungsschwerpunkt der Radiologischen Klinik, um eine verbesserte Diagnostik von Brustkrebs, Schlaganfall, Epilepsie, Lunge, Leber und Durchblutung einschließlich des Herzens zu ermöglichen. Verbesserungen entstanden neben neuen Geräten auch durch den differenzierten Einsatz von neuen Kontrastmitteln und Sequenzen.

Über die Diagnostik hinaus wurde die Radiologie auch zum interventionellen Fach, weil sie durch das Vorschieben von Gefäßkathetern aus diagnostischen Gründen die Möglichkeit eröffnete, dort Mittel zur Auflösung oder Erzeugung von Blutgerinnseln, zur örtlich begrenzten Chemotherapie oder zum Offenhalten der Gefäße einzubringen. Neben dieser Interventionellen Radologie werden in der aktuellen Forschung in eigenen Schwerpunkten Fragen der Magnetresonanz, der Kontrastmittel, der Kosten-Nutzen-Analyse und der Telemedizin, der Molekularen und Experimentellen Radiologie, der Strahlentherapie und Medizinischen Physik untersucht.

599 Vgl. Bachmann/Schild, Klinik, S. 307.

Als neue Möglichkeit, ohne Einsatz von Kontrastmittel die Durchblutung einzelner Hirnteile kontinuierlich zu beobachten, fand die funktionelle MRT (fMRT) besonders in der neurowissenschaftlichen Forschung Interesse, ja hat weite Arbeitsgebiete hier überhaupt erst ermöglicht.

Auch die Nuklearmedizin stellte ein vorwiegend diagnostisch-bildgebendes Fach mit therapeutischen Anteilen dar, bei dem schwach strahlende Substanzen zur Darstellung und stark strahlende zur Behandlung eingesetzt wurden, Letzteres zunächst hauptsächlich der Schilddrüse, ab 1997 auch der Leber. Die Nuklearmedizin war in Bonn aus der Chirurgie entstanden und in den 1960er Jahren mit der ersten Gammakamera Deutschlands vorangetrieben worden.[600] Im folgenden Jahrzehnt entwickelte sie szintigraphische Verfahren zu so unterschiedlichen Fragestellungen wie der Diagnostik von Organschäden durch Vinylchlorid, zur Leberdurchblutung bei Pfortader-Hochdruck, zur Bestimmung von Binnenraum und Wandbeweglichkeit des Herzens sowie zur Funktion von Schilddrüse, Niere und Gallenwegen. Mit dem zweiten Emissionstomographen Deutschlands konnten ab 1979, mit einem Positronen-Emissions-Tomographen ab 1994 verschiedene Erkrankungen von Gehirn, Herz, Lunge und Skelettsystem untersucht werden, wobei Tumorbildungen, Herzkrankheiten und Epilepsien den größten Teil darstellten. Heute arbeiten eigene Arbeitsgemeinschaften der Klinik und Poliklinik für Nuklearmedizin zu Molekularer Bildgebung, Funktioneller Neurobildgebung, Präklinischer Forschung und Klinischer Therapieforschung.

Schwerpunkt Genetik

Bis 1979 war die Humangenetik in Bonn ein Fach gewesen, das die Entwicklung angeborener Krankheitsbilder untersuchte, ohne das Erbgut selbst analysieren zu können.[601] Sogar Studien zu angeborenen Fehlbildungen wurden in der »experimentellen Teratologie« nicht an vererblichen Ursachen, sondern an der äußeren Ursache Thalidomid (Contergan) durchgeführt. Mit der Einführung der Zytogenetik ließen sich dann Veränderungen bei und an Chromosomen als Ursache klinischer Auffälligkeiten demonstrieren. Auch in der Humangenetik stellten jedoch die neuartigen molekularbiologischen Methoden die eigentliche Umwälzung dar. Insbesondere an Viren und Bakterien hatten schon Mitte des Jahrhunderts Studien zum Erbgut und seiner Übertragbarkeit ein Verständnis der Funktion von Desoxy-Ribo-Nukleinsäure (DNS oder englisch DNA) eröffnet, das dann zunächst die vererbbare Grundlage verschiedener Erkrankungen

600 Vgl. Biersack, Nuklearmedizin.
601 Vgl. Propping, Humangenetik.

in einem fehlerhaften genetischen Code studieren und erklären ließ. Nach 1984 gehörte das Bonner Institut für Humangenetik zu den molekulargenetischen Forschungseinrichtungen, die Veränderungen mit Krankheitswert in Beziehung zu Varianten des genetischen Codes setzten. Das Zusammenspiel zwischen formaler und klinischer Genetik mit der molekulargenetischen Untersuchung erfolgte in den folgenden Jahrzehnten auf so verschiedenen Gebieten wie Netzhauterkrankungen (seit 1985), spinale Muskelatrophien (ab 1990), polyzystischen Nierenkrankheiten, Epilepsien, Tumorerkrankungen in Dickdarm und Brustdrüse, Haarlosigkeit und vor allem neuropsychiatrische Krankheiten, so zu familiär gehäuften manisch-depressiven Erkrankungen (seit 1989) und zu Mutanten von Neurotransmitter-Rezeptoren (seit 1993). Diese Studien verlangten eine enge Zusammenarbeit mit den entsprechenden klinischen und klinisch-theoretischen Einrichtungen, vor allem der Epileptologie, Psychiatrie, Inneren Medizin, Gynäkologie und Pharmakologie.

Für verschiedene klassische Bonner Domänen bedeutete die genetische Untersuchungsmöglichkeit neue Perspektiven. So konnte die Klinische Pharmakologie in der Medizinischen Klinik I durch die »Aufschlüsselung genetischer Defekte und Polymorphismen bei der Metabolisierung von Medikamenten« weitere Erklärungen für die Unterschiedlichkeit von Arzneimittelwirkungen bei verschiedenen Patienten liefern.[602] Die Psychosomatik und Psychotherapie kooperierten nach 2012 in der Erforschung genetischer und biographischer Ursachen der Sozialen Phobie.

Schwerpunkt Neurowissenschaften

Zur langen Tradition der Neurowissenschaften in Bonn gehörte die Einrichtung des ersten deutschen Lehrstuhls für Neuropathologie 1952.[603] Durch den Forschungsschwerpunkt des 1971 ernannten Direktors zu Hirntumoren wurden nicht nur Proben fixiert und mikroskopisch untersucht, sondern auch Zell- und Gewebekulturen angelegt und ihr Wachstum sowie dessen Beeinflussung etwa durch Cytostatika erforscht. Mit der Neubesetzung 1992 kamen die molekularneuropathologischen Methoden hinzu, was mehr als nur die Erforschung von Hirntumoren ermöglichte und einen Grundstein für den großen Erfolg in der Drittmitteleinwerbung bildete. Denn noch vor der durchgreifenden Hinwendung der Fakultät zur konsequenten Forschungsförderung erhielt Bonn 1994 einen der begehrten Sonderforschungsbereiche (SFB) der DFG, die es für die

602 Sauerbruch, Medizin, S. 255.
603 Vgl. Wiestler/Gullotta, Neuropathologie.

Förderung interdisziplinärer Grundlagenforschung seit 1968 gibt:[604] Den SFB 400 »Molekulare Grundlagen zentralnervöser Erkrankungen« mit Beteiligung von acht Instituten und vier Kliniken.[605] Es ging darin um die Molekulargenetik von Hirntumoren und von neuro-psychiatrischen Erkrankungen in Bezug zu Pharmakologie und Epidemiologie sowie um Epilepsien. Mitte der 1990er Jahre kam das Graduiertenkolleg 246 »Pathogenese von Krankheiten des Nervensystems« hinzu. Damit war die Bonner Fakultät zu einem bundesweit und international sichtbaren Ort für die Erforschung erkrankter Nervenzellen geworden.

Das Thema Epilepsie hatte schon lange ganz oben auf der Bonner Agenda für Krankenversorgung und Forschung gestanden. Aufgrund des ungewöhnlichen eigenen Lehrstuhls für Epileptologie und einer entsprechenden Ausrichtung in der Neurochirurgie wurde Bonn ein europaweit führendes Zentrum der Epilepsie-Chirurgie und -Forschung. Zur genauen Abklärung erfolgte vor einem Eingriff bei Bedarf die vorübergehende neurochirurgische Implantation von Elektroden zur Lokalisierung des Krampfzentrums im Gehirn. Dieses Verfahren hat auch für die neurowissenschaftliche Forschung besonderen Wert.[606] Während der mehrtägigen Beobachtungszeit in der Klinik, in der eventuelle Anfälle aufgezeichnet wurden, hatten die Patienten so die Gelegenheit, an verschiedenen psychologischen Tests teilzunehmen, bei deren Bearbeitung dann zeitgleich völlig unschädlich die Veränderungen in den Hirnströmen einzelner Areale, ja sogar einzelner Zellen gemessen werden konnten.

Auch in der Psychiatrie brachte 1995 der Direktorenwechsel, der zur Umbenennung in »Klinik und Poliklinik für Psychiatrie und Psychotherapie« führte, die Hinwendung zur molekularen Genetik mit sich.[607] Unter den beiden Vorgängern hatten zeittypisch noch ganz verlaufs- und sozialpsychiatrische Fragen sowie Früherkennung und -behandlung beziehungsweise Psychopharmakologie und Neurochemie bei der Forschung im Vordergrund gestanden. Nun ging es hautsächlich um Genorte, Neuropathologie, Bildgebung und Risikofaktoren bei allen Arten von psychischen Störungen, also Schizophrenien und affektiven Störungen ebenso wie Suchterkrankungen und Demenz.

Ähnlich wie in der Psychiatrie war 1996 in der Neurologie mit der Wiederbesetzung des 1981 erstmals besetzten Lehrstuhls eine Verschiebung der Forschungsmethoden zur Molekularbiologie verbunden.[608] Statt reiner Histopathologie wurden nun ebenso die genetischen und zellbiologischen Grundlagen erforscht, zusätzlich zu den neuromuskulären jetzt auch bei neurodegenerativen und neuroonkologischen Erkrankungen.

604 Vgl. Streiter, 20 Jahre.
605 Vgl. Wiestler, Sonderforschungsbereich.
606 Vgl. Elger/Kurthen/Burr, Epileptologie, S. 282.
607 Vgl. Gross/Huber/Maier, Psychiatrie, S. 271.
608 Vgl. Hartmann/Klockgether, Klinik.

Mehrere Institute und Kliniken, die nicht primär dem Nervensystem verpflichtet waren, widmeten ihm ebenfalls intensive Forschungen. Die Pharmakologie und Toxikologie betrieb seit Ende der 1980er Jahre zunehmend Neuropharmakologie, so bei der Erforschung von Rezeptoren für Cannabis- und Opium-ähnliche Stoffe und den schon erwähnten Neurotransmittern Noradrenalin und Serotonin.[609] Naturgemäß beschäftigte sich ebenso die Rechtsmedizin bei Substanzen insbesondere mit solchen, die auf die Funktion des zentralen Nervensystems einwirken, woraus Forschungen zu »Opiatrezeptoren im Gehirn Drogentoter« und endogenen Neurotoxinen bei Alkoholikern entstanden.[610] Die Nuklearmedizin entwickelte zwischen 1983 und 1986 Radiopharmaka für die Hirndiagnostik, vor allem bei Epilepsie und psychiatrischen Erkrankungen, später auch zur Differenzierung zwischen Tumorrezidiv und Narbengewebe sowie zur Untersuchung von Veränderungen bei Drogenmissbrauch und Morbus Alzheimer.[611] Selbst die Neonatologie baute in Bonn ihre Forschung schwerpunktmäßig zum Gehirn aus, nämlich zur Hirnblutung Frühgeborener und Hirnreifung, zum *Hydrocephalus* und zu Hirndurchblutungsstörungen einschließlich ihrer Untersuchung durch Ultraschall und zuletzt Nahinfrarotspektroskopie.[612]

Als eigene GmbH nicht zum Universitätsklinikum gehörend, aber von Professoren der Fakultät gegründet und geleitet, betreibt das *Life&Brain*-Zentrum auf dem Campus Venusberg anwendungsorientierte Forschung überwiegend zu Funktionen und Erkrankungen des Nervensystems. Es besteht aus den vier Abteilungen *Cellomics* für die Differenzierung pluripotenter Stammzellen, *NeuroCognition* für die biologische Erforschung des Denkens, *Genomics* zu den genetischen Grundlagen von Erkrankungen und *Transgenics* zu Tiermodellen funktioneller Genetik.[613]

Für die Fakultät war der Höhepunkt neurowissenschaftlicher Drittmitteleinwerbung der Zuschlag für den Hauptsitz des Deutschen Zentrums für Neurodegenerative Erkrankungen (DZNE) im Jahr 2008 – mit einem wie vorgegeben bloß zehnseitigen Vorschlag in der ersten Bewerbungsrunde, wie sich der damalige Prorektor für Forschung und wissenschaftlichen Nachwuchs und spätere Dekan erinnerte.[614] Diese neuartige Forschungsförderung des Bundes für gesundheitspolitisch besonders wichtige Themen war 2007 beschlossen worden, wurde der Helmholtz-Gemeinschaft zugeordnet und für die Erforschung der

609 Vgl. Göthert/Karzel, Pharmakologie, S. 122f.
610 Vgl. Madea, Rechtsmedizin, S. 136.
611 Vgl. Biersack, Nuklearmedizin, S. 311–313.
612 Vgl. Bartmann, Neonatologie, S. 248.
613 Vgl. Life & Brain, Bonn (wa3230.mj13.serverdomain.org/cms/upload/PDF/Broschuere-LaB.pdf; zuletzt abgerufen am 10.03.2018).
614 Vgl. Hibbeler, Demenzzentrum.

Demenz und anderer Erkrankungen, die durch Abbauprozesse des Nervensystems gekennzeichnet sind, an inzwischen neun Standorten mit Kernzentrum in Bonn vergeben. Der überwiegend vom Land finanzierte Neubau stellte das größte Bauprojekt auf dem Venusberg dar, bis zu dessen Fertigstellung 2017 die bereits arbeitenden Bonner Forschungsgruppen in verschiedenen Gebäuden im Stadtgebiet angesiedelt waren.

Die Expansion der Neurowissenschaften hält auch außerhalb des DZNE an. Inzwischen hat das Neurozentrum die wohl stärkste Untergliederung aller Zentren, mit eigenen Labors, Abteilungen oder Arbeitsgruppen für Gebiete wie Neurochemie, funktionelle Genomik kognitiver Störungen, Neuropsychologie, Neuromodulation der Emotionen, Klinische Demenzforschung, Hirnstimulation, Neurophysiologie, Kognitive Neurowissenschaften, Neurophysik, Neuroökonomie und experimentelle Neurobiologie.[615]

Schwerpunkt Immunologie und Infektiologie

Als vorwiegend molekularbiologischer Bereich lieferte die Immunologie mit der Produktion monoklonaler Antikörper schon früh Möglichkeiten zur Identifizierung, Isolierung und Neutralisierung von Zellbestandteilen, die für Forschung, Diagnostik, Prophylaxe und Therapie viele Anwendungsbereiche fanden. Sie blieb jedoch auch in ihrer ursprünglichen Aufgabe, nämlich das Abwehrsystem des Körpers gegen Krankheitserreger zu erforschen und therapeutisch zu beeinflussen, ein zentrales Gebiet. Dazu wurde 2001 das Institut für Molekulare Medizin und Experimentelle Immunologie (IMMEI) als Plattform der Fakultät für hochkarätige immunologische Grundlagenforschung und Translation gegründet und errang eine international sichtbare Position in der Erforschung immunologischer Krankheitsmechanismen. Dabei galt ein besonderes Bonner Interesse der Frage, wie das Immunsystem Abwehrvorgänge gegen Mikroben induziert, aber gegen körpereigene Strukturen vermeidet, und warum diese Unterscheidung manchmal scheitert, was dann zu immunvermittelten Erkrankungen führt. Im Jahre 2013 wurde es nach der Berufung seines Gründers nach München in die separaten Institute für Molekulare Medizin und für Experimentelle Immunologie geteilt. Nicht nur die Erkennung der Abwehrvorgänge, sondern auch die Erforschung der Krankheitserreger profitierte von molekularbiologischen Methoden. Die klassischen bakteriologischen Methoden der Züchtung, Färbung, Mikroskopie und Serologie wurden durch Zellkulturen zur Viruskultivierung, Phagentypisierung von Bakterien (Empfänglichkeit

615 Vgl. Rheinische Friedrich-Wilhelms-Universität Bonn (Hg.), Vorlesungsverzeichnis für das Wintersemester 2013/14, Bonn 2013, S. 352.

gegen spezielle, Bakteriophagen genannte Viren), Elektronenmikroskopie und bald weitere immunologische Untersuchungsverfahren mit Markierung durch Fluoreszenz, strahlende Stoffe und Enzyme sowie schließlich monoklonale Antikörper und PCR erweitert, ergänzt und teilweise ersetzt. Dabei kam den Bonner Forschern die hier vergleichsweise frühe, schon in den späten 1960er Jahren vollzogene Differenzierung des bisherigen Hygiene-Instituts nach Aufgaben – eher Hygiene oder eher Erregerstudium – und nach den Erregergruppen – in Mikrobiologie für Bakterien und Pilze, Parasitologie und Virologie – zugute. Diese Aufteilung erlaubte eine Spezialisierung auf die jeweils besonders geeigneten Verfahren. Denn der Fokus auf das Erbgut von Viren oder die Zellstrukturen und Enzyme von Bakterien (wie in der Taxonomie) oder deren Funktion als Angriffsziel für Antibiotika (wie in der Funktionseinheit Pharmazeutische Mikrobiologie) erforderten unterschiedliche Methoden.[616] So konnte ein klassisches bakteriologisches Arbeitsgebiet wie die Taxonomie »schlecht beschriebener Bakteriengruppen« in den 1990er Jahren durch die chemische Analyse der Zellstruktur mittels Massenspektrometrie weiterentwickelt werden. Die zunehmenden Resistenzen von Bakterien gegen Antibiotika bildeten die gemeinsame Herausforderung der meisten Arbeitsgruppen, von denen mehrere nach möglichen Angriffszielen für neue Wirkstoffe suchten.

Die Virologie war schon 1968 durch Umzug von Göttingen nach Bonn als zunehmend selbstständige Funktionseinheit des Instituts für Medizinische Mikrobiologie und Immunologie entstanden.[617] Sie nutzte die neuen Möglichkeiten des verbesserten Nachweises von Viren oder ihren Bestandteilen besonders für Herpes- und später HI-Viren. Dadurch lieferte sie auch entscheidende Beweise in einer medizinischen und politischen Kontroverse, die in den deutschen Massenmedien in reißerischer Weise ausgetragen worden war:[618] Während der Direktor der Bonner Blutbank wiederholt die Übertragung von AIDS durch Blutprodukte aus seinem Haus bestritt, weil ja – so laut der Zeitschrift »Der Spiegel« in einem gemeinsamen Leserbrief mit Fachkollegen von 1984 – auch der Zusammenhang zwischen positivem AIDS-Test und AIDS-Erkrankung »Spekulation« wäre,[619] wiesen die Bonner Virologen mittels PCR nach, dass die HIV-positiven Bluterkranken tatsächlich durch ungenügend inaktivierte Gerinnungsfaktor-Präparate infiziert worden waren.[620] Der bis 2017 in Bonn tätige Stelleninhaber des neu eingerichteten Ordinariats hat besonders durch die Er-

616 Vgl. Schaal, Mikrobiologie.
617 Vgl. Schneweis/Matz/Eis-Hübinger, Virologie.
618 Vgl. »Spender aus den Slums«, in: Der Spiegel H. 12 (1987), S. 133–135; »AIDS: Mieses Verhalten«, in: Der Spiegel H. 24 (1987), S. 50–53; »Bluter: Spur im Amt«, in: Der Spiegel H. 41 (1987), S. 85–91; »Bluterkranke: Praktisch blind, in: Der Spiegel H. 19 (1990), S. 125–128.
619 »Der Tod aus der Spritze«, in: Der Spiegel H. 47 (1991), S. 126–131, hier S. 131.
620 Vgl. Schneweis/Matz/Eis-Hübinger, Virologie, S. 182.

forschung der Coronaviren, von denen SARS die Welt 2002/03 in Atem gehalten hatte, eine Expertise für neue Erreger aus Säugetieren[621] erarbeitet und entsprechend eine Leitungsfunktion im Bereich »Neu auftretende Infektionskrankheiten« des Deutschen Zentrums für Infektionskrankheiten eingenommen.

Die Forschung der Parasitologie war naturgemäß von weltweiter Kooperation geprägt, wobei die Beteiligung am Aufbau von Instituten für Hygiene in Togo und für Bilharziose in Ägypten in den 1970er Jahren neue Möglichkeiten bot.[622] In Zusammenarbeit mit Partnern in Ghana ließ sich seit 2003, nach der Zusammenlegung der Parasitologie mit der Mikrobiologie, ein neuartiger Therapieansatz für Krankheiten durch Filarien, nämlich das zu Elephantiasis führende Lymphödem und die Flussblindheit, weiter entwickeln, indem die innerhalb dieser Würmer lebenden symbiontischen Bakterien, die Wolbachien, zum Angriffspunkt einer antibiotischen Behandlung gemacht wurden.

Mit dem erneuerten Interesse an Infektionskrankheiten wurde auch deutlich, wie wichtig die Kenntnis ihrer Häufigkeiten und räumlichen Verteilung ist. Auch deshalb entstanden in der Hygiene Abteilungen für Epidemiologie und Medizinische Geographie.[623] In deren Forschungen wurde, wie in der Mikrobiologie, die Entwicklung von Antibiotikaresistenzen ein zentrales Thema, was auch für andere Arbeitsgebiete des Instituts wie Krankenhaus- und Praxishygiene sowie Desinfektionsmittelprüfung gilt.

Die nationale und internationale Bedeutung der Bonner Infektionsforschung fand darin Anerkennung, dass hier die Nationalen Referenzzentren für Salmonellen, Staphylokokken und Herpesviren, das deutsche Konsiliarzentrum für Coronaviren sowie das »WHO Kollaborationszentrum für Wassermanagement und Risikokommunikation zur Förderung der Gesundheit« eingerichtet wurden. Trotz der starken Diversifizierung blieben die verschiedenen infektiologisch ausgerichteten klinisch-theoretischen Institute miteinander verbunden, organisatorisch vereint in einem Zentrum für Hygiene und Medizinische Mikrobiologie, das später in Zentrum für Infektiologie und Infektionsschutz umbenannt wurde.

Außerhalb dieses Zentrums leisteten verschiedene klinische Fächer Beiträge zu Infektionskrankheiten und Mikrobiologie. So erforschte die Dermatologie in den 1970er Jahren Bakterienstoffwechsel und Eiweißstoffwechsel bei verschiedenen Hauterkrankungen sowie die Behandlung von Pilzinfektionen[624]. Die Medizinische Klinik I war schon früh in der klinischen HIV/AIDS-Forschung

621 Vgl. Drosten, MERS.
622 Vgl. Stader, Parasitologie; Seitz/Stader, Parasitologie; Rensch/Bruchhausen, Science.
623 Vgl. Kistemann, Hygiene-Institut.
624 Vgl. Böhm, Klinik, S. 299.

engagiert und führte zahlreiche Studien zur medikamentösen Therapie dieser Krankheit durch, auch im Hinblick auf Resistenzentwicklung und zur HIV/HCV Doppelinfektion.[625]

Schwerpunkt Erkrankungen des Herz-Kreislauf-Systems

Gegenüber den beiden Schwerpunkten »Neurowissenschaften« und »Genetik« sowie der Immunologie und Infektiologie, die – trotz eines Sprechers aus der Klinik für Epileptologie bei den Neurowissenschaften – von eher oder rein theoretischen Forscherteams dominiert wurden, waren die beiden anderen Schwerpunkte, »Erkrankungen des Herz-Kreislauf-Systems« und »Hepatogastroenterologie«, stärker eine Domäne von vorwiegend klinisch tätigen Professoren, obwohl auch bei den Herz-Kreislauferkrankungen der Sprecher Direktor des Instituts für Physiologie I ist. Diese stärkere Verortung in der Klinik bedeutete andere Formen und Möglichkeiten der Expansion.

Die Kardiologie hatte als erstes internistisches Einzelfach einen eigenen Lehrstuhl bekommen. Der bundesdeutschen Öffentlichkeit bekannt wurde dessen damaliger Inhaber, weil er von 1979 bis 1984 als Gutachter des Gerichts am medial ausgebreiteten »Ärztestreit« um die Herzerkrankung des Hauptbeschuldigten im bis dahin größten Prozess um einen Banken-Bankrott beteiligt war.[626] Kardiologische Fachsprache und Verfahren, darunter auch der Herzschrittmacher, erfuhren so eine unerwartete Popularisierung. Nach diesem nicht zuletzt hämodynamisch interessierten Ordinarius entwickelte Bonn eine weltweit beachtete Expertise in der Erforschung und Behandlung der Herzrhythmusstörungen. Denn mit der Berufung eines Rhythmologen auf den Lehrstuhl für Kardiologie 1983 eröffnete sich durch enge Zusammenarbeit mit der Herzchirurgie die Möglichkeit, die jeweils neuesten Generationen von Herzschrittmachern und Defibrillatoren zu implantieren, darunter 1996 den ersten in Deutschland implantierten Vorhofdefibrillator.[627] Auch in der gezielten Abtragung von Herzgewebe, das für Rhythmusstörungen verantwortlich ist, wurden Bonner Kardiologen führend.[628] Nach der Jahrtausendwende entwickelte sich der Herzklappenersatz über Katheter zu einer neuen Spezialität der Bonner

625 Vgl. Sauerbruch, Medizin, S. 254–256.

626 Vgl. Gerhard Mauz, Der Ehrengeneral der Prinzengarde tritt ab. SPIEGEL-Reporter Gerhard Mauz über Iwan D. Herstatts Ausscheiden aus dem Herstatt-Prozeß, in: Der Spiegel vom 05. 10. 1979, S. 100–103; Hans Halter, Bona? Pessima? Dubia? SPIEGEL-Reporter Hans Halter über den Ärztestreit um Iwan Herstatts Herzschrittmacher, in: Der Spiegel vom 30. 01. 1984, S. 66–68.

627 Vgl. Gabler-Sandberger, Vorhof-Defibrillator.

628 Vgl. Ewig/Lüderitz, Kardiologie, S. 260.

Kardiologie, so 2013 die in die USA *live* übertragene Weltpremiere einer Mini-Herzklappe.[629] Die heutige Medizinische Klinik und Poliklinik II für Kardiologie, Angiologie, Pneumologie und Internistische Intensivmedizin bietet als Teil des neuen Herzzentrums die ganze Palette kardiologischer Therapien und erforscht diese in eigenen klinischen Arbeitsgruppen zu Interventioneller Kardiologie, zu AAA (Arrhythmie, Ablation, Antikoagulation), zu Angiologie und zu Pneumologie. Daneben widmen sich Arbeitsgruppen zur Molekularen Kardiologie und zur Experimentellen Elektrophysiologie der Grundlagenforschung.

In der Herzchirurgie galten weitere kooperative Projekte den Auswirkungen von Herzoperationen. So wurden Möglichkeiten verbessert, die Sauerstoffversorgung des Herzmuskels unter der Operation durch Ultraschall von der Speiseröhre aus zu messen, und die neurologischen und neuropsychologischen Folgen verschiedener Vorgehensweisen bei Herzoperationen erforscht.[630] In der Kooperation mit der Kinderkardiologie, die als Abteilung zur Kinderklinik beziehungsweise dem Zentrum für Kinderheilkunde gehört, wurde nach 2001 in der Behandlung von Kindern, Jugendlichen und Erwachsenen mit angeborenen und erworbenen Herzfehlern die Durchführung komplexer herzchirurgischer Operationen, neuer katheterinterventioneller Behandlungsverfahren und Hybrid-Operationen ausgebaut.

Schwerpunkt Hepatogastroenterologie

Dieser Schwerpunkt entstand durch entsprechende Prioritäten in der Chirurgie und der Inneren Medizin. Ein zwischenzeitliches Alleinstellungsmerkmal der Bonner Chirurgie war die Transplantation der Leber, die 1969 für Deutschland erstmals in Bonn erfolgreich durchgeführt worden war.[631] Nach einer folgenden Expansionsphase wurde sie unter dem nächsten Ordinariat zugunsten des deutschlandweiten Zentrums in Hannover wieder zurückgefahren, seit 1992 erfuhr sie einen erneuten Aufbau bis hin zu einem interdisziplinären Transplantationszentrum, in dem seit 1998 auch die kombinierte Bauchspeicheldrüsen- und Nierentransplantation durchgeführt wird.[632] Eine Sektion »Chirurgische Forschung« mit eigener Professur untersuchte seit 1997 vor allem die Schäden, die an einer Leber vor, während und nach der Transplantation entstehen. In den 1980er Jahren erlebte die chirurgische Behandlung von Erkrankungen des Dick- und Enddarms sowie der Leber und der Gallenwege besondere

629 Vgl. »4,8 Millimeter kleiner Lebensretter. Bonner Professor setzt erstmals eine Miniherzklappe ein. 12000 Kollegen sehen zu«, in: General-Anzeiger vom 31.10.2013.
630 Vgl. Welz/Kirchhoff, Herzchirurgie, S. 205f.
631 Vgl. Vetter-Kauczok/Kaiser/Groß, Gütgemann.
632 Vgl. Hirner, Gefäßchirurgie, S. 198f.

Aufmerksamkeit. In der heutigen Klinik und Poliklinik für Allgemein-, Viszeral-, Thorax- und Gefäßchirurgie forschen zwei Arbeitsgruppen, die AG Perioperative Pathophysiologie und die AG Immunpathophysiologie, zu unterschiedlichen Mechanismen der postoperativen Darmbewegungsstörung, die AG *Tissue Engineering* und Zelltransplantation zu Gewebeersatz für Leber und endokrine Bauchspeicheldrüsen sowie die AG Onkologie zu Behandlungsverfahren bei Lebermetasten, deren operationsvorbereitende Chemotherapie mit einer bestimmten Komplikation einherging.

Das chirurgische Interesse an der Leber korrelierte mit einigen Gebieten der sehr breit aufgestellten Medizinischen Klinik. So wurden in den 1970er und 1980er Jahren gemeinsam »neue Wege des Leberersatzes beim fulminanten Leberversagen (Pavian-Leber-Perfusion)« beschritten und wieder verworfen.[633] Auch in der darauf folgenden Zeit gehörten Lebererkrankungen und ihre Folgen zu den überregional nachgefragten Versorgungsleistungen der Klinik. In damaligen und späteren Studien ging es darum, die Entwicklung von Folgeschäden der Leberzirrhose an anderen Organsystemen, etwa Niere oder Kreislauf, weiter aufzuklären, aber auch um Immuntherapie des Leberzellkarzinoms, virale Leberentzündungen und zunehmend um die Pathophysiologie und Therapie des Hochdrucks der Pfortader. Der hepatologische Schwerpunkt der Medizinischen Klinik I wird auch heute durch vorwiegend immunologische, metabolische und molekulargenetische Fragestellungen zu Leberkarzinomen und -entzündungen fortgesetzt. Daneben galt, wie in der Chirurgie, das Interesse dem Magen-Darm-Trakt, vor allem der Entwicklung von erblichen Krebserkrankungen des Dick- und Enddarms und den diagnostischen ebenso wie den therapeutischen endoskopischen Verfahren.

Qualitätssicherung der Forschung

Zur medizinischen Forschung am Menschen gehörte nach den Grenzüberschreitungen in der Infektionsforschung des späten 19. Jahrhunderts, besonders aber seit den verbrecherischen wehrmedizinischen und erbbiologischen Menschenversuchen im Nationalsozialismus, die Frage ihrer rechtlichen und ethischen Kontrolle. In den 1970er Jahren begann, angestoßen von der Aufarbeitung der US-amerikanischen Tuskegee-Syphilis-Studie zum unbehandelten Verlauf dieser mit Penicillin seit 1942 gut behandelbaren Erkrankung, die Institutionalisierung der ethischen Beratung von Forschungsprojekten mit Versuchspersonen. Zunächst geschah dies freiwillig, dann zunehmend auf der Grundlage rechtlicher oder administrativer Bestimmungen. Auch in Bonn kam dies zuerst

633 Sauerbruch, Medizin, S. 254.

als Anforderung aus den USA. Denn die dortige Food and Drug Administration verlangte 1977 von allen deutschen Einrichtungen, die an einer Studie zu einem neuen Mittel (Urokinase) bei tiefer Beinvenenthrombose teilnehmen wollten, die »Existenz eines ethischen Komitee« [!], das daraufhin in Bonn der Direktor der Poliklinik mit drei Ärzten der Medizinischen Poliklinik und einem Juristen unter Vorsitz des Dekans vorschlug und umsetzen ließ.[634] Im Dezember 1978 wurden für die Bundesärztekammer Richtlinien zu Ethik-Kommissionen erarbeitet, die auf die Deklaration des Weltärztebundes von Helsinki verwiesen und – wie in Bonn ein Jahr zuvor praktiziert – einen Juristen und vier ärztliche Mitglieder verlangten, darunter allerdings auch einen »theoretisch erfahrenen Forscher« und einen »Vertreter der Ärztekammer«.[635] Das Landesheilberufegesetz und spezielle Gesetze wie das Arzneimittel- und später Medizinproduktegesetz sahen schließlich vor, dass Ethikkommissionen zur Forschung am Menschen auch an Medizinischen Fakultäten eingerichtet werden. Die Ethikkommission der Bonner Medizinischen Fakultät wurde offiziell am 17. Oktober 1979 gegründet, war jedoch auch schon vorher – wie von der DFG verlangt – für den SFB 89 tätig gewesen.[636]

In Bonn wirken in dieser interdisziplinären Kommission zusätzlich zu den forschungserfahrenen Ärzten neben Patientenvertretung, Pharmazie und Ethik auch Juristen der Abteilung Rechtswissenschaften der Rechts- und Staatswissenschaftlichen Fakultät mit. Über die Medizinische Fakultät hinaus berät die Kommission auf Wunsch des Rektorats auch Forschung an Versuchspersonen in anderen Fachbereichen.

Die einwandfreie Durchführung klinischer Studien, vor allem der Prüfung von Arzneimitteln, Medizinprodukten und Verfahren auf ihre Wirksamkeit und Unbedenklichkeit beim Menschen, ist derart anspruchsvoll geworden, dass eigene klinische Studienzentren und eigene *study nurses* die Studien beraten, organisieren beziehungsweise begleiten. Regelmäßige Prüfarztkurse befähigen die verantwortlichen und beteiligten Ärzte zur gesetzeskonformen und fachlich kompetenten Planung und Durchführung. Daneben sind auch der Tierschutz – als Staatsziel ins Grundgesetz aufgenommen – und die Qualitätsstandards der Versuchstierhaltung durch eigene Baulichkeiten und Experten zu berücksichtigen.

---

634 Vgl. UAB, MF 90–1 Ethikkommission, Direktor der Medizinischen Poliklinik Krück an Dekan, Bonn 02.09.1977, mit Vermerk »Anlage wurde vom Dekan bei einer pers. Besprechung unterzeichnet.«

635 Vgl. UAB, MF 90–1 Ethikkommission, Dr. Brauer, Bundesärztekammer, an Verteiler (in Bonn Breuer und Dengler), Köln-Lindenthal 26.01.1979, mit Anlage »Empfehlung zur Einrichtung von Ethik-Kommissionen bei den Ärztekammern«.

636 Vgl. UAB, MF 90–1 Ethikkommission, Dekan an DFG-Präsident, Bonn 19.12.1979.

Medizin am Lebensanfang: Die Zentren für Geburtshilfe und Frauenheilkunde und für Kinderheilkunde

Die möglichst unmittelbare Umsetzung wissenschaftlicher Erkenntnisse in die Krankenversorgung – inzwischen Translation genannt und selbst ein wachsendes Forschungsfeld – gehört zu den zentralen Aufgaben der Hochschulmedizin, ist ihr Alleinstellungsmerkmal gegenüber außeruniversitären Forschungseinrichtungen und anderen Krankenhäusern der Maximalversorgung. Wie sehr diese Umsetzung die Medizin verändert hat, zeigte sich vor allem in den gesellschaftlich stark diskutierten neuen Möglichkeiten am Lebensanfang und -ende, die zunehmend auch als ethische Fragen wahrgenommen wurden.

In der Bonner Pränanalmedizin und Geburtshilfe wurden zur Jahrtausendwende die tiefgreifenden Veränderungen der Medizin am Lebensanfang pointiert formuliert:

> »Was war Geburtshilfe ›früher‹?
> – Die Lehre vom weiblichen Becken.
> – ›Blinde‹, ›Späte‹ und wenig effiziente Schwangerschaftsdiagnostik.
> – Hauptsorge um Leben und Gesundheit der werdenden Mutter.
> – Bezug zum Kind erst am Ende der Tragzeit.
> – Katastrophenmedizin im Kreißsaal!
>
> Was ist Geburtsmedizin ›heute‹?
> – Die Lehre von der Empfängnis mit technischen Wegen zum Wunschkind.
> – ›Sehende‹ Diagnostik ab der 3. Lebenswoche.
> – Sorge um Leben und Gesundheit des ungeborenen Kindes .
> – Sicherheit für die werdende Mutter.
> – Die Geburt – ein kalkulierbares Familienerlebnis.«[637]

Die darin angesprochenen, auch in Bonn eingeführten Methoden der »assistierten Fertilisation« durch Behandlung männlicher und weiblicher Fertilitätsstörungen durch Hormonbehandlung und *In-Vitro-Fertilisation* – das erste Bonner »IVF-Baby« wurde hier 1985 geboren – zogen viele hundert ungewollt kinderlose Paare an,[638] mit der Konsequenz der Gründung eines Zentrums für Reproduktionsmedizin, das neben der gynäkologischen Endokrinologie auch die dermatologische und urologische Andrologie umfasst.[639] Noch stärker nachgefragt war die Pränataldiagnostik, in der schon zwischen 1979 und 1984 bei 500 Frauen aus mehr als einem Dutzend humangenetischer Institute »gezielte frühe Ausschlussdiagnosen bei Risikoträgern« und 1983 bei Frauen, die zu 65 Prozent von außerhalb des Bonner Einzugsbereichs kamen, »etwa 8000 Ul-

637 Hansmann, Diagnostik.
638 Vgl. Kupka, Reproduktionsmedizin.
639 Vgl. Müller, Klinik, S. 213f.; Böhm, Klinik, S. 300.

traschalluntersuchungen, etwa 600 Frühamniocentesen und 32 intrauterine Transfusionen durchgeführt« wurden.[640] Da bei einem positiven Untersuchungsergebnis zumeist die Frage des Schwangerschaftsabbruchs gestellt wurde, kam es zum Modellprojekt einer freiwilligen psychosozialen Beratung in einer pränatalmedizinischen Einrichtung.[641] Insbesondere bei Fehlbildungen des Herz-Kreislauf-Systems führte die Bonner Pränatalmedizin in Zusammenarbeit mit der Kinderkardiologie Therapien in der Gebärmutter durch und gehörte damit zu den Pionieren auf diesem neuen Gebiet.

Auch die Neugeborenenperiode nach extremen Frühgeburten und bei schweren angeborenen Fehlbildungen oder Störungen hat sich in den Jahrzehnten nach 1970 stark verändert, ja wurde durch diese Veränderungen überhaupt erst möglich. So gelangen 1971 der Bonner Neonatologie »die ersten erfolgreichen Langzeitbeatmungen über Stunden und Tage bei Frühgeborenen mit einem klassischen Atemnotsyndrom«, »zum Ende der 70er Jahre dann geübter Standard«, was auch das Überleben bei einem Geburtsgewicht von unter 1.000 Gramm ermöglichte.[642] Weitere Beiträge zur besseren Versorgung kranker Neugeborener waren eine angepasste Behandlung mit Antibiotika, die Einführung des ersten Neugeborenen-Transportdienstes in der Region 1975, der behandlungsbedürftige Neugeborene von ihrem Geburtsort in die Universitätsklinik brachte, und die freie Besuchszeit für die Eltern schon seit 1972, was andernorts erst viel später und gegen Widerstand durchgesetzt wurde.

Jenseits der Neugeborenenperiode widmete sich die Bonner Kinderklinik besonders – neben der Behandlung des ganzen Spektrums kindlicher Erkrankungen in der Abteilung für Allgemeine Pädiatrie – seit 1987 in eigenen Abteilungen der Kinderkardiologie[643] und der pädiatrischen Onkologie und Hämatologie.[644] Weitere Schwerpunkte entstanden seit 1990 in der Gastroenterologie und seit 1998 der pädiatrischen Pulmonologie und Allergologie.[645] Wissenschaftlich ging es darüber hinaus vor allem um den Zusammenhang zwischen Ernährung und Wachstum beziehungsweise Entwicklung, was 2001 zur gleichzeitigen Leitung des renommierten, 1964 gegründeten Dortmunder Forschungsinstituts für Kinderernährung durch den seinerzeitigen Direktor der Bonner Kinderklinik führte.[646] Unter dem neuen Direktor besteht seit dem Jahr

640 UAB, MF 80–81, Dekan an Ministerium für Wissenschaft und Forschung des Landes, Antrag »Umwidmung der C3-Stelle für Neuropathologie des Kindesalters in eine solche für Pränatale Diagnostik und Therapie fetaler Erkrankungen und Fehlbildungen an der Universitäts-Frauenklinik [...]«, 07. 05. 1984.
641 Vgl. Rohde/Woopen, Beratung, S. 3f.
642 Bartmann, Neonatologie, S. 247.
643 Vgl. Redel, Kinderkardiologie, S. 250f.
644 Vgl. Bode, Hämatologie, S. 252f.
645 Vgl. Lentze, Pädiatrie.
646 Vgl. Manz, Ernährung.

2014 sowohl ein Kinderleber- als auch ein Kindernierentransplantationsprogramm. Den größten Schwerpunkt bilden in der Allgemeinen Pädiatrie und Poliklinik die Diabetologie und Endokrinologie, auch mit Aktivitäten in der Grundlagen- und Krankheitsbezogenen Forschung zu verschiedenen angeborenen und erworbenen Krankheitszuständen. Die Abteilung für Pädiatrische Hämatologie und Onkologie widmet sich über das übliche Behandlungsspektrum hinaus insbesondere Rezidiven und therapieresistenten Erkrankungen sowie der Kinderpalliativmedizin.

Medizin an den Grenzen des Lebens: Zwischen Intensiv- und Palliativmedizin

Einen anderen Bereich heftiger gesellschaftlicher Diskussion neben den ethischen Fragen am Lebensanfang erzeugten die intensivmedizinischen Möglichkeiten der Lebenserhaltung bei Erwachsenen. Auch in Bonn betraf das nicht zuletzt die Klinik für Anästhesiologie, weil sie ab 1995 zunehmend die organisatorische Leitung der Intensivstationen der operativen Fächer übernahm, zunächst der Chirurgie, nach Einrichtung einer eigenen Professur für operative Intensivmedizin 1997 dann später auch der Herzchirurgie.[647] Entsprechend erhielt die Klinik den Namenszusatz »und Operative Intensivmedizin«. In der Inneren Medizin und Kinderheilkunde betreut der ärztliche Dienst der jeweiligen Klinik die Intensivbetten eigenständig. Die Intensivmedizin hatte und hat in ihren wissenschaftlich, ärztlich und pflegerisch, technisch und organisatorisch anspruchsvollen Verfahren des vorübergehenden Ersatzes lebensnotwendiger Organfunktionen mit gesellschaftlichen Vorbehalten gegen ein Leben und Sterben »an Schläuchen« umzugehen und betont entsprechend, dass lebenserhaltende Maßnahmen kein Selbstzweck sind, sondern dem Ziel einer Heilung oder zumindest eines weitgehend autonomen Zustandes der Behandelten dienen.

Die anhaltende medizinische und politische Auseinandersetzung mit der Frage nach dem »guten Sterben«, an der auf Bundesebene in der Enquete-Kommission des Deutschen Bundestages und später im Nationalen beziehungsweise Deutschen Ethikrat mehrere Bonner Fakultätsmitglieder beteiligt waren,[648] führte in der Bonner Universitätsmedizin zu institutionellen Innovationen. Der erste Lehrstuhl für Palliativmedizin in Deutschland wurde 1999 an der Universität Bonn eingerichtet, bis heute mit der Leitung des Zentrums für Palliativmedizin am Malteser-Krankenhaus Bonn/Rhein-Sieg und – seit der Wiederbesetzung 2010 – auch einer neuen Klinik für Palliativmedizin am Uni-

647 Vgl. Nadstawek/Hoeft, Klinik, S. 222f.
648 Die Professoren Eberhard Klaschik, Linus Geisler, Peter Propping und Thomas Heinemann.

versitätsklinikum Bonn verbunden. Nach anfänglicher rein konsiliarärztlicher Tätigkeit neben Drittmittelprojekten zur Versorgungsqualität am Lebensende erhielt die Klinik Ende 2014 die versprochenen Betten für eine eigene Palliativstation, nachdem die dafür vom Land bewilligten Betten früher auf die großen Kliniken aufgeteilt gewesen waren. Aktuelle Forschungen widmen sich der Schmerztherapie von Tumorerkrankungen, der Behandlung von Müdigkeit (Fatigue) und Abmagerung (Kachexie), der palliativen Sedierung und dem Umgang mit ethischen Konflikten. Im Jahr 2000 initiierte der Qualitätsbeauftragte des Klinikums zur Beratung von aktuellen Fällen und grundsätzlicheren Fragen klinischer Ethik eine Arbeitsgemeinschaft medizinische Ethik. Sie wurde über ein Jahrzehnt vom Medizinhistorischen Institut geleitet, solange die erforderliche ärztliche Kompetenz dort gewährleistet war. Seit der Umwandlung der Arbeitsgemeinschaft in ein Klinisches Ethik-Komitee 2012, das alle in der Krankenversorgung tätigen Berufsgruppen (ärztlicher Dienst, Pflege, Sozialarbeit, Klinikseelsorge) umfasst, wird die klinische Ethikberatung durch die Palliativmedizin, bei der dafür eine eigene Geschäftsstelle eingerichtet wurde, geleitet, organisiert und bei Bedarf an Einzelgesprächen oder an umgehenden Reaktionen auch alleine durchgeführt.

Onkologie als Querschnittsaufgabe

Die beständig steigende Lebenserwartung – im höheren Lebensalter nicht zuletzt durch häufigeres Überleben von schweren Infektionen, Herz-Kreislauf-Erkrankungen und chirurgischen Krankheitsbildern verursacht – war zwangsläufig mit einer Zunahme von Krebserkrankungen verbunden. Wie ansonsten nur noch die Infektionen betreffen onkologische Erkrankungen alle klinischen Fachgebiete, wenngleich mit großen Häufigkeitsunterschieden. Sie stellen daher ein Querschnittsgebiet dar, in dem die klinischen Fächer für die Diagnostik, zunehmend auch die begleitende, zum Beispiel intraoperative Diagnostik, mit den klinisch-theoretischen Fächern der Pathologie, bildgebenden Verfahren und klinischen Chemie und für die Behandlung mit chemotherapeutischer Pharmazie, Strahlentherapie und teilweise hoch spezialisierten operativen Verfahren der Organerhaltung oder -rekonstruktion eng verbunden werden mussten. Von daher wurde die qualifizierte Behandlung vieler Krebserkrankungen von den interdisziplinären Möglichkeiten eines Universitätsklinikums abhängig. Hinzu kommt die Forderung, dass neuartige Therapien, wie sie in der Onkologie in hoher Frequenz entwickelt wurden, nur in möglichst hoher Fallzahl und unter wissenschaftlicher Auswertung angewendet werden sollen. Das bedeutete eine zusätzliche Konzentration onkologischer Patienten in der Universitätsmedizin. Dies galt für vorwiegend operative wie für nicht operative Fächer. So hatte die

Medizinische Klinik I schon vor der Einrichtung eines eigenen Lehrstuhls für Onkologie und Hämatologie einen Schwerpunkt in der Hämatologie-Onkologie und den soliden Tumoren vor allem des Verdauungstraktes entwickelt,[649] die Frauenklinik in der strahlen- und chemotherapeutischen Begleit- und Nachbehandlung operativ behandelter gynäkologischer Karzinome, der Immuntherapie des Ovarialkarzinoms und der Hochdosischemotherapie des Mammakarzinoms.[650] Nach der Auflösung der Medizinischen Poliklinik entstand 2008 – durch Übertragung der Hämatologie und Onkologie aus der Medizinischen Klinik I – eine neue Medizinische Klinik III für Onkologie, Hämatologie und Rheumatologie, die inzwischen zu den führenden Zentren in Deutschland zählt und auch allogene Knochenmarkstransplantationen durchführt. Aktuelle Forschungsschwerpunkte der Arbeitsgruppen betreffen insbesondere Tumorimmunologie und Immuntherapien, aber auch Stammzellen des blutbildenden Systems, Autoimmunität und Immunschwäche.

Die Bonner Medizinische Fakultät reagierte auf die komplexen interdisziplinären Herausforderungen der Krebsbehandlung und -forschung 2007 ebenso durch eine einzigartige Kooperation mit dem Universitätsklinikum Köln in Form eines gemeinsamen Zentrums für Integrierte Onkologie, des *Comprehensive Cancer Center* CIO Köln Bonn, das alle relevanten Akteure an beiden Standorten zur Optimierung von Patientenversorgung und Forschung vereint. Von den spezialisierten Ambulanzsprechstunden über interdisziplinäre Fallkonferenzen und der Teilnahme an Klinischen Studien mit den neuesten Therapieansätzen, anerkannten Behandlungszentren und Kooperation mit niedergelassenen Onkologen, Begleitung durch Lotsen, onkologische Pflege und leitliniengerechte psychoonkologische Betreuung durch die Klinik und Poliklinik für Psychosomatik und Psychotherapie bis hin zur eventuellen Nachbetreuung oder palliativmedizinischen Versorgung reicht die eng verzahnte Zusammenarbeit, die nach wiederholter Begutachtung zur Auszeichnung als onkologisches Spitzenzentrum durch die Deutsche Krebshilfe geführt hat.

Operative Medizin

In der zweiten Hälfte des 20. Jahrhunderts gewannen die operativen Fächer durch neuartige Implantate, optische Instrumente und andere Formen der intraoperativen Orientierung, schonendere Narkose und eine verbesserte Nachbehandlung stark erweiterte Behandlungsmöglichkeiten. Der deshalb erhöhten Zahl von Eingriffen und den erhöhten Anforderungen an ihre Durchführung

649 Vgl. Sauerbruch, Medizin, S. 255–257.
650 Vgl. Ulrich, Geburtshilfe, S. 228.

wurde die Bonner Hochschulmedizin durch den 1994 eingeweihten Funktionsbau eines Operativen und Poliklinischen Zentrums gerecht, in dem Chirurgie, Herzchirurgie und Unfallchirurgie sowie die Urologie und Hals-Nasen-Ohrenheilkunde ihre Operationen durchführen und die chirurgischen Intensivpatienten unter formaler Leitung und Verantwortung der Anästhesiologie behandelt werden.[651]

In der nach den Ausgliederungen verbliebenen Chirurgischen Klinik wurde neben dem erwähnten hepato-gastroenteralen Schwerpunkt die Nierentransplantation zusammen mit Urologen und Internisten ausgebaut und neben der Thoraxchirurgie bis 1991 auch die Unfallchirurgie betrieben. 1998 wurde die Gefäßchirurgie wieder ganz der Chirurgischen Klinik zugeordnet, nachdem sie seit 1977 auch in der Klinik für Herz- und Gefäßchirurgie betrieben worden war.

In Unfallchirurgie und Orthopädie waren es vor allem Gelenkersatz und Osteosynthese bei knöchernen Verletzungen und krankhaften Veränderungen, die das früher häufig konservative therapeutische Handeln grundlegend in Richtung operativer Eingriffe verschoben.[652] In Bonn wurden dabei insbesondere die korrigierenden und stabilisierenden Wirbelsäuleneingriffe bei schweren Verkrümmungen (Skoliosen) durch interne Fixateursysteme und Bandscheibenersatzblöcke möglich.[653] Wegen der vielen Bonner Bluter-Patienten mit ihren Gelenkschäden durch Gelenkblutung und in der Tumorchirurgie spielte der hoch spezialisierte Gelenkersatz eine große Rolle.

Obwohl die Unfallchirurgie in der außeruniversitären Patientenversorgung eine große und wachsende Bedeutung hatte, wurde für sie erst 1991 eine eigene Klinik und Poliklinik eingerichtet – womit aber Bonn noch immer nach Essen den zweiten solchen Lehrstuhl in Nordrhein-Westfalen hatte.[654] Angesichts der guten Abdeckung durch die Krankenhäuser der Region lag die Aufgabenstellung dieser Klinik ganz in der Maximalversorgung, nämlich »polytraumatisierter (mehrfachverletzter) Patienten«, »komplexer Einzelverletzungen am Stütz- und Bewegungsapparat« und »posttraumatischer oder postoperativer Infektionen an Knochen und Weichteilen« sowie korrigierenden »Zweit- und Folgeeingriffen«.[655] In der Forschung liegen die heutigen Schwerpunkte bei der osteogenen Differenzierung von Stammzellen, Implantaten und Osteoimmunologie, also den immunologischen Prozessen bei der Knochenbildung.

Da im Bonner Raum nur die Medizinischen Einrichtungen beziehungsweise das Universitätsklinikum alle eventuell notwendigen Fachgebiete für mehrfache Schwerstverletzungen (»Polytraumen«) boten, waren sie als Traumazentrum

651 Vgl. Hirner, Gefäßchirurgie, S. 199.
652 Vgl. Schlich, Surgery.
653 Vgl. Schmitt /Wallny/Kowalski, Klinik, S. 217.
654 Vgl. Hansis, Unfallchirurgie.
655 Ebd., S. 201.

prädestiniert und haben diese organisatorisch anspruchsvolle Aufgabe entsprechend ausgebaut. Aber auch für weniger komplexe Fälle wurde 2008 ein interdisziplinäres Notfallzentrum eröffnet, um für Notfälle eine einzige Anlaufstelle für die Notaufnahme zu haben, in der dann über die Behandlung in den beteiligten Kliniken entschieden werden kann.

Neben der raschen Entwicklung von Implantaten und der interdisziplinären Kooperation veränderte das endoskopische Operieren die operative Tätigkeit,[656] in den 1970er Jahren zunächst in der Gynäkologie, seit den späten 1980er Jahren in vielen Bereichen der Allgemein- und Unfallchirurgie, zuletzt sogar in der Herzchirurgie, in der Bonn zusammen mit der Helmholtz-Großforschungseinrichtung in Sankt Augustin »Untersuchungen zur interaktiven 3D-Modellierung und Mechatronic für Training, Planung und Durchführung minimal invasiver kardiochirurgischer Eingriffe« durchführte.[657]

Ebenfalls zum Chirurgischen Zentrum gehören die Anästhesiologie, die Augenklinik, die Klinik und Poliklinik für Hals-Nasen-Ohrenheilkunde/Chirurgie und die Klinik und Poliklinik für Urologie und Kinderurologie sowie ein 2012 fertiggestelltes Zentrum für ambulantes Operieren (ZAO).

Am Chirurgischen Zentrum erfüllt die Anästhesiologie für alle operativen Gebiete ihre ursprüngliche Aufgabe der Betreuung von Patienten während einer Operation sowie die bereits geschilderte der postoperativen Intensivmedizin. Hinzu kommen die immer wichtigeren Gebiete der Notfallmedizin, für die zusammen mit der Feuerwehr der Stadt Bonn das Zentrum für Notfall- und Rettungsmedizin operativ geleitet wird, und die Schmerztherapie. Geforscht wird heute vor allem zu septischen Krankheitsbildern einschließlich ihrer Molekulargenetik und der angeborenen Immunabwehr, zu Beatmungsstrategien, Antibiotika und Immunmodulation, klinischem Monitoring und den neuronalen Ionenkanälen unter Einwirkung von Anästhetika.

Die Jahre um 1970 werden für die Augenklinik als »unruhige Zeit« bezeichnet, weil es – bedingt durch einen Unfalltod und zwei wegen Streitigkeiten sehr kurzen Amtszeiten – von 1967 bis 1981 dauerte, bis der Lehrstuhl dauerhaft wiederbesetzt werden konnte.[658] Trotzdem wurde während dieser Zeit in der Abteilung für Klinische Mikrochirurgie des Auges, die von 1972 bis 1989 bestand, die neue Operationsmethode des Grauen Stars durch Absaugung der verflüssigten Linse erstmals in Deutschland etabliert.[659] Forschungen nach 1981 betrafen die Entwicklung des Auges, das tränenbildende System und die Behandlung entzündlicher Augenerkrankungen. Inzwischen stellt die Behandlung

656 Vgl. Schlich, Chirurgie, S. 256f.
657 Welz/Kirchhoff, Herzchirurgie.
658 Spitznas, Augenklinik, S. 189.
659 Vgl. Lindner, Augenheilkunde.

der feuchten Makuladegeneration mit wachstumshemmenden Faktoren einen Forschungsschwerpunkt dar. Die schon seit 1964 bestehende, als Institut ab 1968 zunehmend selbstständige »Experimentelle Ophtalmologie« beziehungsweise »Biochemie des Auges« beschäftigte sich zunächst ausschließlich mit der Linse und deren Stoffwechsel und Beeinflussung durch Schadstoffe und Arzneimittel.[660] Zwischen 1991 und der Umwandlung des Instituts kamen Forschungen zur Wachstumsregulation von Zellen aller Augenabschnitte und zum »Trockenen Auge« hinzu. Heute liegen Forschungsbereiche der Abteilung neben Zellkultur und Molekularbiologie in *Molecular Imaging* und *Adaptive Optics*. Die 1996 personell neu besetzte Klinische Ophthalmopathologie mit dem Alfried-Krupp-Labor für ophthalmopathologische Forschung wird regelmäßig auch international konsultiert. Das 2006 gegründete *GRADE Reading Center* leistet eine standardisierte, systematische Auswertung von digitalen Aufnahmen der Netzhaut für klinische Studien. 2015 wurde mit der Stiftungsprofessur für ophthalmologische Epidemiologie und neuroretinale Bildgebung die deutschlandweit erste Professur für augenheilkundliche Epidemiologie besetzt.

Die Bonner Hals-Nasen-Ohrenheilkunde trat in den 1970er Jahren vor allem durch Atlas und Lehrbuch über das ganze Fachgebiet hervor, mit Übersetzungen sogar ins Chinesische und Japanische.[661] Der nächste Lehrstuhlinhaber ergänzte das Forschungsspektrum durch eine ingenieurswissenschaftlich-physikalische Arbeitsgruppe. Auf dieser Basis entwickelten sich verschiedene Untersuchungs- und Therapieverfahren zum Nervensystem im Fachgebiet, so die Überwachung von Hirnnerven nach Schädigungen oder unter Operationen in ihrer Nähe und insbesondere die umfassende Versorgung Tauber mit Cochlea-Implantaten. Eine eigene Professur für Phoniatrie und Pädaudiologie erlaubte die Entwicklung zusätzlicher Expertise für Stimmbildungs- und Hörorgan. In den Forschungsbereichen beschäftigt sich die »Robotik« mit roboterassistierter Nasennebenhöhlenchirurgie, die Arbeitsgruppe »Optogenetischer Schrittmacher für den Kehlkopf« unter Einbeziehung des Instituts für Physiologie mit der Muskelstimulierung durch Lichtsignale (statt elektrischer Impulse) bei Stimmnervenlähmung und die »Prädiktive Medizin« mit individuellen Vorhersagemöglichkeiten von Tumorerkrankungen durch Biomarker und Objektträger-basierte Zytometrie, also die mikroskopische Vermessung einzelner immobilisierter Zellen statt der indirekten Messung des Durchflusses von Zellpopulationen.

Durch technische Entwicklungen in der Endoskopie und der Erzeugung gerichteter Schallwellen wurde die Urologie auf verschiedenen Gebieten weniger operativ als in ihren Anfangszeiten. Obwohl in Bonn der Harnstein einen international anerkannten Forschungs- und Behandlungsschwerpunkt bildete,

660 Vgl. Breipohl, Ophtalmologie.
661 Vgl. Walther/Herberhold, Klinik.

konnte hier aufgrund der Großgeräteverordnung erst 1987 die bereits 1980 eingeführte extrakorporale Stoßwellenlithotrypsie (ESWL) zur berührungsfreien Steinzertrümmerung aufgenommen werden.[662] Zusammen mit den endoskopischen Verfahren, die durch die Haut oder durch Harnröhe, -blase und –leiter zum Stein vordringen und ihn – neben Schall- auch durch Laserenergie oder mechanisch – zerkleinern, also der perkutanen endoskopischen Steinentfernung (PNL) und der Ureterorenoskopie (URS), können diese Verfahren offene Operationen in den allermeisten Fällen vermeiden. Die Urologie deckt heute daneben und neben den Nierentransplantationen operativ und nicht-operativ auch die Spezialgebiete urologische Onkologie, Kinderurologie, Andrologie, Urogynäkologie und Neurourologie ab. Das Forschungslabor untersucht Biomarker und epigenetische Veränderungen bei urologischen Krebserkrankungen.

Außerhalb des Chirurgischen Zentrums ebenfalls operativ ist – sogar zu einem nicht unbedeutenden Teil – die Hautklinik. Denn dort bildete die Dermatochirurgie in den 1980er Jahren eine höchst aktive Funktionseinheit aus, mit Verfahren wie »Expanderimplantation, Dermabrasion, Transplantationschirurgie, Venenchirurgie incl. der perkutanen minimalinvasiven Phlebektomie, Chemical peeling sowie Liposuction« und ab 1988 einem eigenen neuen OP-Trakt.[663] Nach dem Direktorenwechsel 1997, jetzt unter dem Namen Klinik und Poliklinik für Dermatologie, wurden die Dermatochirurgie um Lasertherapie und präoperative Diagnostik durch hochauflösenden Ultraschall und Auflichtmikroskopie erweitert und in der Forschung immunologische Studien zu malignem Melanom und Neurodermitis neue Schwerpunkte. Die zahlreichen Arbeitsgruppen beschäftigen sich entsprechend unter anderem mit Dermato-Onkologie, Lebensmittelallergien und Autoimmunität, aber auch venösen Durchblutungsstörungen.

Zahnmedizin

Durch die frühe Akademisierung der Zahnheilkunde in Bonn, den Neubau der Universitätsklinik und Poliklinik für Mund-, Zahn- und Kieferkrankheiten 1960 und die bereits geschilderte personelle Verbreiterung seit den 1960er Jahren hatten die Nachfolgeeinrichtungen der Universitäts-Zahnklinik eine hervorragende Ausgangsposition, um Forschung und Klinik zu verbinden. Forschungsgebiete der Zahnerhaltung wurden Kariologie, »biologische Verträglichkeit verschiedener Wurzelfüllmaterialien«, »Regeneration oder auch Neubildung der am Zahnhalteapparat beteiligten Gewebe« durch »differenzierte Operations-

662 Vgl. Müller, Klinik, S. 207–209.
663 Böhm, Klinik, S. 299; vgl. Kreysel, Dermatologie.

verfahren« sowie Komposit-Füllungsmaterialien.[664] Die Kieferorthopädie beschäftigte sich zunächst mit herausnehmbaren Apparaturen und mit der Diagnostik am Fernröntgenseitenbild, dessen notorische Größenverzerrung durch ein Röntgen-Stereomeßgerät und Verwendung eines Passpunktsystems verringert werden konnte.[665] Später traten neben festsitzenden Apparaturen mit ihren Mundhygieneproblemen, materialtechnischen Studien und Untersuchung der Zahnbewegung, unter anderem computertomographisch zur Wurzelresorption, drei Gebiete in den Vordergrund: Lippen-Kiefer-Gaumenspalte, craniofasziale Missbildungen und Behandlung Erwachsener mit vorgeschädigtem Gebiss. Die Zahnärztliche Prothetik konnte seit den 1970er Jahren eine führende Position in der zahnärztlichen Funktionsdiagnostik und -therapie gewinnen.[666] Werkstoffwissenschaftliche Studien zur biologischen Verträglichkeit kamen auch hier hinzu. Für die Chirurgische Zahn-, Mund- und Kieferheilkunde bildeten zusätzlich biologische Implantate, nämlich Zahn und Knochen im Hinblick auf ihre Transplantierbarkeit, therapeutische Vorgehensweisen mittels Fibrinkleber, Kryochirurgie oder *Softlaser* und seit den 1990er Jahren diagnostische Verfahren der Röntgenbildanalyse, Szintigraphie und Ultraschall besondere Interessensgebiete.[667] Als einzige bettenführende Klinik der Zahnmedizin, und damit seit 1988 auch einzige mit zwei Standorten, hatte es die Mund-, Kiefer- und Gesichtschirurgie mit größeren Eingriffen zu tun, bei denen die Behandlung angeborener Fehlbildungen und von Deformitäten nach Infektionen und Verletzungen im Vordergrund stand.[668]

Institute außerhalb von Zentren und Schwerpunkten

Aufgrund ihrer zugleich breiten, nämlich viele medizinische Disziplinen betreffenden, und engen, weil auf bestimmte Aspekte fokussierten Ausrichtung eignen sich neben den klassischen vorklinischen Instituten, die Bau und Funktion des gesunden Organismus gewidmet sind, verschiedene Institute nicht zu einer festen Zuordnung an Zentren oder Forschungsschwerpunkte. Neben den bereits behandelten Instituten zu hausärztlicher Versorgung, Geschichte, Statistik und Medikamentenforschung betrifft das in Bonn die Gebiete Blut und Recht.

Mit dem Institut für Experimentelle Hämatologie und Bluttransfusionswesen baute die Medizinische Fakultät eine der größten Einrichtungen seiner Art auf.

664 Schüler, Parodontologie, S. 316f.
665 Vgl. Freisfeld, Kieferorthopädie, S. 319f.
666 Vgl. Helfgen, Protethik, S. 324.
667 Vgl. Wahl, Kieferheilkunde, S. 328.
668 Vgl. Niederhagen, Gesichtschirurgie, S. 330f.

Entstanden aus einer 1967 zur »Abteilung für Gerinnungsphysiologie und Bluttransfusionswesen« avancierten Funktionseinheit des Physiologischen Instituts, versorgte das Institut – seit 1970 durch einen entsprechenden Lehrstuhl konsolidiert – die Universitätskliniken mit den entsprechenden Dienstleistungen und Produkten der Transfusionsmedizin, Hämostasiologie (Blutgerinnungslehre) und Hämotherapie (Behandlung mit Blutkomponenten beziehungsweise -derivaten).[669]

Die Rechtsmedizin hat die starke Schrumpfung ihres geographischen Zuständigkeitsgebiets für die Rechtspflege, das vor dem Krieg bis zur Mosel reichte und heute – nach Gründung von Instituten in Aachen, Köln und Mainz – nur noch Bonn und den Rhein-Sieg-Kreis umfasst, durch eine umfangreiche Ausweitung der Diagnostik und Forschung ausgeglichen.[670] Nicht zuletzt die Klinische Toxikologie mit einem routinemäßigen Nachweis von mehr als 1.500 verschiedenen Substanzen durch vielfältige spektroskopische und chromatographische Verfahren machte sie zu einem Fach, das bei Lebenden ebenso wie bei Toten zum Einsatz kommt.[671] Dazu gehörten auch die traumatologisch informierte »Rekonstruktion von Handlungs- und Bewegungsabläufen« und die Identifizierung durch molekularbiologische Methoden.

Medizin der »Hauptstadt-Universität«: Kontakte zu Bundeseinrichtungen

Die meisten der hier geschilderten Entwicklungen dürften sich an fast allen Medizinischen Fakultäten Deutschlands mehr oder weniger ähnlich vollzogen haben, insbesondere die Expansion der Zahlen von Studierenden und Lehrenden, die Umsetzung gesetzlicher Vorgaben zur ärztlichen Ausbildung, Patientenversorgung und Universitätsorganisation, die Verlagerung der Forschungsmethoden und -themen in den molekularbiologischen Bereich sowie die wachsende Bedeutung der Drittmittelforschung. Dabei waren einzelne Entwicklungen in Bonn sicher weit überdurchschnittlich ausgeprägt, vor allem die konsequente Forschungsorientierung seit den 1990er Jahren mit den entsprechenden Erfolgen in der Einwerbung von Drittmitteln. Was jedoch noch für die Hälfte der Zeit seit 1970 ein Alleinstellungsmerkmal der Bonner Hochschulmedizin in Deutschland darstellte, war ihre Zuständigkeit für die Hauptstadt beziehungsweise für den Regierungssitz der »Bonner Republik«.

Auch wenn nach 1970 die Verbindung zwischen Spitzenpolitikern und Mitgliedern der Bonner Medizinischen Fakultät nicht mehr so eng wie zur Ade-

669 Vgl. Hertfelder/Egli/Hanfland, Hämatologie; Seringhaus, Hämatologie.
670 Vgl. Madea, Rechtsmedizin; Madea/Preuss, Geschichte.
671 Vgl. Klemmer, Toxikologie.

nauer-Zeit war – und aus Gründen ärztlicher Schweigepflicht heute noch nicht so behandelt werden kann wie für den früheren Zeitraum –, ergaben sich bis zum Bonn/Berlin-Gesetz von 1994 und sogar darüber hinaus durch die räumliche Nähe doch vielfältige, besondere Kontakte zwischen Bundeseinrichtungen und Fakultät oder Klinikum. So schrieb 1982 ein Ministerialdirektor aus dem Bundesministerium für Bildung und Wissenschaft, der den Ministerbesuch bei der Fakultät zu »Fragen der Personalstruktur, des praxisnahen Unterrichts und der Förderung des wissenschaftlichen Nachwuchses und der Forschung in der Medizin« vorbereitete:

> »Die besonderen Informationsvorteile, die die ›Hauptstadt-Universität‹ dabei bietet, haben wir als die zuständigen Beamten in vielfältiger Weise oft benutzt. Es wäre schön, wenn das Gespräch mit Herrn Engholm diese Themen aufgreifen könnte. Ich erinnere mich sehr gut daran, daß Herr Bundesminister Rohde seinerzeit von dem Gespräch mit der Medizinischen Fakultät sehr beeindruckt war«.[672]

Auch unter der nachfolgenden Regierung wurde zum Meinungsaustausch 1984 ein Besuch aus einem Bundesministerium verhandelt, dieses Mal aus dem Ministerium für Jugend, Familie und Gesundheit und durch den Staatssekretär.[673] Mit dem Bundesgesundheitsministerium war die Fakultät auch durch die Mitwirkung einzelner Mitglieder im 1963 gegründeten und 1996 aufgelösten Bundesgesundheitsrat verbunden, so des 1970 emeritierten Lehrstuhlinhabers für Hygiene.[674] Dieser war ebenfalls im Verteidigungsministerium Berater für das Sanitätswesen gewesen, was einer seiner Nachfolger 1995 wieder übernahm. Er hatte ebenfalls schon vor Gründung des Gesundheitsministeriums und des Entwicklungshilfeministeriums 1960 durch die Gesundheitsabteilung des Innenministeriums den Auftrag erhalten, den Aufbau eines Hygiene-Instituts in Togo zu begleiten, was später von der Bonner Parasitologie weitergeführt wurde.[675] Das Bundesministerium für Arbeit wurde in den 1980er Jahren in Fragen biologischer Sicherheit durch eine Arbeitsgruppe aus der Bonner Mikrobiologie beraten.[676]

Die Nähe der Hygiene zu politischen Aufgaben führte auch noch nach dem Umzug des Regierungssitzes zu entsprechender Beratungstätigkeit des Bonner Lehrstuhlinhabers im nachgeordneten Bereich des Bundesumweltministeriums, nämlich für das diesem untergebene Bundesumweltamt in der Badewasser-

672 UAB, MF 80–114/2 Änderung der Arzt-Approbations-Ordnung, 5. Änderungsnovelle, 1982–1985, Ministerialdirektor Dr. Eberhard Böning an Dekan Stoeckel, Bonn 07.10.1981.
673 Vgl. UAB, MF 80–114/2 Änderung der Arzt-Approbations-Ordnung, 5. Änderungsnovelle, 1982–1985, Protokoll der Fakultätssitzung am 03.07.1984.
674 Vgl. UAB, MF-PA – 112 Habs, Horst, 1957–1982 (1987).
675 Vgl. Seeliger, 50 Jahre, S. 211.
676 Vgl. Schaal, Mikrobiologie, S. 176.

Kommission (1988–2001), der Innenraumlufthygiene-Kommission (1992–2005) und der Trinkwasserkommission (ab 1990, seit 2002 als Vorsitzender).[677]

Unterhalb der Leitungsebene von Bonner Bundesministerien und Bundesämtern gab es ebenfalls vielfältige Kontakte. So waren verschiedene Mitarbeiter der Bundesministerien als Lehrbeauftragte in denjenigen Fächern beteiligt, für die es an der Bonner Fakultät keine Institute gab, insbesondere in der Medizinischen Soziologie, der Sozial- und Arbeitsmedizin, teilweise auch als außerplanmäßige Professoren.[678] Gemeinsame Veranstaltungen mit Bundesministerien, Bundesbehörden oder bundesweit agierenden öffentlichen Institutionen gehörten ebenso zu den Aktivitäten von Bonner Fakultätsmitgliedern wie die punktuelle Mitwirkung an Publikationen und gesetzlichen Regelungen. Mit der gewandelten Rolle Bonns von der Bundeshauptstadt zur Wissenschaftsstadt und zum Zentrum im Nord-Süd-Dialog verschob sich dabei die Thematik solcher Kooperationen in Richtung Wissenschaftsförderung und globale Herausforderungen.

Was auch immer die unerlässlichen Erfolgsfaktoren für eine Medizinische Fakultät sein mögen: Die Entwicklung vor und nach dem Umzug des Regierungssitzes von Bonn nach Berlin legt nahe, dass der »Hauptstadt-Bonus« nicht zwingend dazu gehörte.

Aktuelle Herausforderungen des Universitätsklinikums Bonn – Das UKB in der Balance zwischen Exzellenz und Ökonomie

Wolfgang Holzgreve / Walter Bruchhausen

Universitätsklinika wie das UKB sind den drei gleichermaßen wichtigen Aufgaben Forschung, Lehre (F&L) und Krankenversorgung (KV) verpflichtet und als weitgehend selbstverantwortliche Anstalt des öffentlichen Rechtes (unter der Rechtsaufsicht und Gewährträgerhaftung des Landesministeriums) gehalten, mit den von den Krankenkassenzahlern für die ambulante und stationäre KV sowie mit dem von den Steuerzahlern aufgebrachten Zuführungsbetrag für F&L Spitzenqualität zu bieten, und zwar möglichst ohne Budget-Defizit. Diese Verpflichtung zur ökonomischen Auskömmlichkeit ist wie die zur Qualität im Krankenhaus, zum *Primum non nocere*, zur *Caritas* und zur Empathie gleichermaßen wichtig. Defizite in einem Klinikum müssen letztlich immer von der Allgemeinheit getragen werden, und die Bereitschaft, Erhöhungen von Krankenkassenbeiträgen oder Steuern zu tragen, stößt in der Bevölkerung ver-

677 Vgl. Christiansen, 60. Geburtstag.

678 Vgl. beispielsweise Rheinische Friedrich-Wilhelms-Universität Bonn (Hg.), Vorlesungsverzeichnis für das Wintersemester 1989/90, Bonn 1989, S. 187, S. 208.

ständlicherweise an Grenzen. Qualität und Ökonomie stehen also nicht im Gegensatz zueinander, sondern sind gemeinsam ethische Verpflichtungen, aber mögliche Fehlanreize müssen in jedem Gesundheitssystem frühzeitig identifiziert und ausgeglichen werden,[679] wobei es das ideale Gesundheitswesen in keinem Land gibt.[680]

Seit der Jahrtausendwende haben sich verschiedene organisatorische Herausforderungen der verschiedenen Restriktionen im Gesundheitswesen spürbar verschärft.[681] Das Universitätsklinikum Bonn hat darauf unter anderem mit weiteren Schwerpunktbildungen, neuartigen Kooperationsformen[682] und vor allem vielen Maßnahmen der Organisationsoptimierung zur Exzellenz-Sicherung bei gleichzeitiger Wirtschaftlichkeit reagiert, die hier als Situationsbeschreibung und Ausblick am Ende der Darstellung von 200 Jahren in der Medizin stehen sollen.

Die Bemühung um ein Gleichgewicht zwischen den höchsten Anforderungen an die Qualität sowohl in F&L sowie KV als auch in der Betriebswirtschaft hat es mit sich gebracht, dass in den letzten Jahren mehr als zwei Drittel der Universitätsklinika in ihren Jahresbilanzen ein Defizit auswiesen.[683] Das UKB konnte nach einem Defizit von knapp 20 Millionen im Jahre 2014 in 2015 wieder einen positiven Jahresabschluss von knapp drei und in 2016 von knapp vier Millionen Euro und damit einen bemerkenswerten *Turn-around* schaffen.[684]

Das Gesamtkapital des UKB wuchs von 2015 auf 2016 von etwa 821 Millionen auf 904 Millionen und wird bei den augenblicklichen Baumaßnahmen ab 2018 wohl die Grenze von einer Milliarde Euro überschreiten. Die Rückstellungen wuchsen in diesem Zeitraum von 74,4 auf 89,1 Millionen, wobei sich das UK in jedem Jahr auf veränderte Rahmenbedingungen einstellen muss, zum Beispiel 2018 auf den sogenannten Fixkostendegressions-Abschlag, der die wirtschaftliche Situation aller Universitätsklinika noch einmal erschweren wird.

Die Situation der Universitätsklinika ist insgesamt schwierig, weil sich in dem zehn-Jahres-Zeitraum von 2002 bis 2011 die Leistungsentgelte nur um sieben Prozent nach oben entwickelt haben, während die Inflationsrate in demselben Zeitraum plus 16 Prozent war und die Personalkosten alleine um 25 Prozent

679 Vgl. Leopoldina, Zum Verhältnis von Medizin und Ökonomie im deutschen Gesundheitssystem, 8 Thesen zur Weiterentwicklung zum Wohle der Patienten und der Gesellschaft, o. O. 2016.
680 Vgl. Szucs TD (Msrg.), Medizin und Ökonomie. Therapeutische Umschau, Jahrgang 74 (2017).
681 Vgl. Holzgreve, Jahresbericht UKB 2016.
682 Vgl. CHB Bertelsmann, Krankenhausbetten und Arztdichte pro 10.000 Einwohner.
683 Vgl. VUD-Politikbrief Nr. 01/2016, finanzielle Herausforderungen des KHSG.
684 Vgl. Jahrespressekonferenz UKB, 25.04.2017 und Geschäftsbericht 2017.

stiegen, so dass diese Schere nur durch eine signifikante Effizienzsteigerung zu kompensieren war.[685]

Am UKB hat neben vielen anderen Massnahmen vor allem in der Prozess-Steuerung auch der sogenannte *International Medical Service* (IMS) geholfen, die wirtschaftliche Situation zu verbessern, da die Patienten von außerhalb des EU-Raumes wie einheimische Privatpatienten vom IMS auf freie Betten gelegt werden, aber Vorauskasse leisten müssen. Während vor 2012 nur etwa 200 Patienten nach diesen Vorgaben stationär behandelt wurden, stieg ihre Zahl in wenigen Jahren auf jetzt 800 bis 900, wobei in Bonn die arabischen Herkunftsländer dominieren.

Bonn ist mit den inzwischen 20 *United Nations Agencies*, den verbliebenen Ministerien, der Gesellschaft für internationale Zusammenarbeit (GIZ) und anderen global tätigen Akteuren zu einer internationalen Stadt geworden. Die Schwerpunkte liegen im Bereich Nachhaltigkeit, Umweltrisiken und *Global Health*. Deshalb wurde gerade ein Weiterbildungs-Master-Studiengang in Zusammenarbeit mit der United Nations University aufgebaut und zusammen mit dem damaligen Bundesminister für Gesundheit, Hermann Gröhe, der Öffentlichkeit vorgestellt. Darin sollen die einheimischen Absolventen vorwiegend für internationale Aufgaben und die internationalen Studierenden für anspruchsvolle Aufgaben in *Global Health* in ihren Herkunftsregionen ausgebildet werden.

Organisation und Finanzierung der Hochschulmedizin in Deutschland und am UKB

Für die Organisation der Krankenversorgung bildete die Umwandlung der Medizinischen Einrichtungen Bonn (MEB) in das Universitätsklinikum Bonn (UKB) als selbstständige Anstalt des öffentlichen Rechts zum 1. Januar 2001 einen tiefen Einschnitt. Am UKB wurde neben dem fünfköpfigen Vorstand, bestehend aus dem Pflegedirektor, dem Kaufmännischen Direktor, dem Dekan, dem Stellvertretenden Ärztlichen Direktor und dem Ärztlichen Direktor als Vorstandsvorsitzendem ein Aufsichtsrat aus Rektor und Kanzler, je einem Vertreter des Wissenschafts- und Finanzministeriums, je zwei auswärtigen Vertretern der Wirtschaft und Wissenschaft, dem Sprecher der Klinik-und Instituts-Direktoren, der Gleichstellungsbeauftragten sowie den Vertretern des Wissenschaftlichen und Nicht-Wissenschaftlichen Personalrates gebildet. Der Aufsichtsratsvorsitzende rekrutiert sich aus dem Vorstand.

Die Funktion der Verwaltungsdirektion wurde abgeschafft, und die Außenvertretung des UKBs erfolgt nun durch den Vorstandsvorsitzenden und seinen

685 Vgl. VUD, Trendumfrage, 2011. Vgl. Institut der deutschen Wirtschaft, Schere.

Vertreter. Die Professoren erhalten zwei Arbeitsverträge, den einen wie in den anderen Fakultäten vom Rektorat, welches mit dem Medizinischen Dekanat auftritt, und den anderen vom UKB. Der Fortbestand des Klinikums hängt dadurch nicht mehr nur von der Qualität in Forschung und Lehre oder dem politischen Willen, sondern gleichzeitig auch vom wirtschaftlichen Erfolg ab. Die Kosten für Forschung und Lehre sollten durch die sogenannte Trennungsrechnung zwischen F&L auf der einen und KV auf der anderen Seite transparenter werden, wobei der Zuführungsbetrag des Landes für F&L im Haushalt garantiert ist, während die um etwa den Faktor sieben höheren Mittel für die KV immer wieder neu mit den sogenannten Kostenträgern, das heißt im Wesentlichen den gesetzlichen und privaten Krankenkassen, verhandelt und durch die medizinischen Leistungen erwirtschaftet werden müssen. Wie an vielen Universitätsklinika wurde wegen der gewachsenen koordinativen Aufgaben zwischen F&L und KV nach Verselbstständigung der UKs der Dekan Mitglied des UKB-Vorstands. Das Dekanat erhielt zusätzlich einen hauptamtlichen Geschäftsführer, aber gesetzlich wurde die Hauptamtlichkeit des Dekans nicht verpflichtend. Die Position des Ärztlichen Direktors ist dagegen verpflichtend hauptamtlich, und auch der Kaufmännische sowie der Pflege-Direktor müssen ihre Ämter hauptamtlich ausführen.

Der starke Anstieg der ambulanten Patienten ist historisch gesehen interessant, weil in Deutschland nach dem Zweiten Weltkrieg eigentlich eine sehr strenge Trennung zwischen ambulanter und stationärer Betreuung vorgesehen war, indem die Klinikärzte mehr oder weniger exklusiv für die stationäre Betreuung zuständig sein sollten und für die ambulante Betreuung die niedergelassenen Ärzte in der Praxis. Diese hatten im Gegensatz zu anderen Ländern nur an wenigen Krankenhäusern Belegrechte für stationäre Behandlung, gaben ihre Patienten für Operationen oder Geburten in die Krankenhäuser »ab« und übernahmen erst danach wieder ihre ambulante Betreuung. Die Krankenhäuser waren im Gegenzug von der ambulanten Behandlung weitgehend ausgeschlossen, von wenigen Ausnahmen persönlicher oder Institutsermächtigungen sowie Chefarzt-Privatambulanzen abgesehen. Die etwa 30 Universitätsklinika in Deutschland bekamen aber das Recht zur Führung der Ambulanzen, um ihren Aufgaben in der Forschung und insbesondere in der Lehre nachkommen zu können, da ein großer Anteil der Ärzte jedes Ausbildungsjahrganges später in der Praxis tätig ist. Diese relativ strikte Trennung zwischen ambulanter und stationärer Versorgung besteht in anderen Ländern deutlich weniger, und so haben zum Beispiel in der Schweiz die meisten Praxis-Ärzte Belegrechte in außeruniversitären Kliniken, und im Gegenzug haben die Interessenvertretungen der Praxis-Ärzte dann keine Skepsis gegenüber großen Ambulanzen in den Kliniken. In Deutschland war man beim schnell erforderlichen Wiederaufbau der Gesundheitsversorgung nach dem Krieg standespolitisch daran interessiert, die Ambulanz-Tätigkeit wirtschaftlich nicht attraktiv für die Krankenhäuser inklusive der Universitätsklinika zu gestalten. Daher wurde eine sogenannte Hochschulambulanzpauschale eingeführt, die nicht kostendeckend ist. Bei dem starken Anstieg der ambulanten Patienten an den meisten deutschen Universitätsklinika hat sie zu Unterdeckungen in diesem Bereich in zweistelliger Millionenhöhe geführt, was durch Einnahmen in anderen Bereichen gedeckt werden muss. Weil sich also die Wirklichkeit anders entwickelte als die ursprüngliche Planung, stellt die Zunahme der ambulanten Patienten für die Uniklinika generell in Deutschland ein finanzielles Problem dar, welches nur durch adäquates Anheben der Hochschulambulanzpauschale kompensiert werden kann.

Grundsätzlich neu wurde die Geschäftsgrundlage der Hochschulmedizin 2003 mit der Einführung der Vergütung von Krankenversorgung nach den sogenannten *Diagnosis Related Groups* (DRGs), das heißt Fallpauschalen für die Behandlung nach Diagnosegruppen, nachhaltig verändert. Denn dabei bleibt zunächst unberücksichtigt, ob eine Leistung unter den niedrigeren Kosten eines kleineren beziehungsweise einschlägig spezialisierten Krankenhauses oder aber der Supramaximalversorgung eines Universitätsklinikums mit den hohen Vorhaltekosten für fast alle Möglichkeiten der Medizin, zum Beispiel in der Notfall-Medizin oder bei der Diagnostik und Behandlung seltener Erkrankungen, erbracht wurde. Das führte zu einer erkennbaren Risikoselektion, die zwar ansatzweise auch schon bisheriger Aufgabenteilung entsprach, jetzt aber noch konsequenter erfolgte: Komplikationsarme Fälle wurden häufiger in außeruniversitären Krankenhäusern betreut, während absehbar kostenintensivere Patienten in der Tertiären Versorgung der Universitätsklinik aufgenommen werden mussten. Auch die häufig teurere innovative Therapie wurde aufgrund fehlender Kostenübernahme durch Krankenkassen zu einer finanziellen Belastung der Universitätsklinika.[686]

Die Verpflichtung zur gleichwertigen Berücksichtigung der drei großen Aufgabenfelder Lehre und Forschung sowie Krankenversorgung kommt auch im Leitbild des UKBs zum Ausdruck. Gleichzeitig werden dort Aussagen zur Umgangskultur zwischen den Angestellten des UKB und seinen Patienten markiert und mit einem klarem Bekenntnis zur Diversität und wechselseitigem Respekt verbunden.

Charakteristika des UKB

Das Universitätsklinikum Bonn führt aktuell auf einer Fläche von 44,5 ha 23 Institute und 52 Kliniken mit knapp über 1.230 Betten. Obwohl die Belegung mit

686 Vgl. Jahresergebnis UKB 2016.

durchschnittlich 86 bis 88 Prozent für ein Universitätsklinikum hoch ist und die Bettenkapazitäten manchmal an Grenzen stoßen, ist ein signifikanter Bettenausbau unter anderem wegen der in Deutschland nach allen OECD-Statistiken extrem hohen Bettenzahl bezogen auf die Bevölkerung nicht geplant. Außerdem kann wegen der auf einen Bebauungsplan aus den 1960er-Jahren zurückgehenden Beschränkung der sogenannten Baumassenzahl (Verhältnis der bebauten Fläche zur Grundfläche) am Venusberg diese BMZ nicht erhöht und nur alte Bausubstanz durch funktionstüchtigere neue ersetzt werden. Die Dichte von Krankenhausbetten ist in Bonn mit 141 Betten pro 10.000 Einwohner die höchste in Deutschland.[687]

Deutlich geringer ist die Krankenhausdichte zum Beispiel in Köln mit 79, Hamburg 65, Berlin 61 und München 93 Krankenhausbetten pro 10.000 Einwohnern. Bei der Ärztedichte liegt Bonn mit 291 nur knapp hinter München mit 313 Ärzten pro 10.000 Einwohner, Köln hat dagegen nur 243, Hamburg 219 und Berlin 233 Ärzte pro 10.000 Einwohner. Insgesamt ist bei den 33 Universitätsklinika in Deutschland zwischen 1994 und 2012 die Bettenzahl um zehn Prozent zurückgegangen. Gleichzeitig stiegen die Fallzahlen in demselben Zeitraum um 19 Prozent. Eine solche Entwicklung ist natürlich mit einer stärkeren Arbeitsbelastung des Personals verbunden und nur mit einer kontinuierlichen, deutlichen Verbesserung der Prozesse zu meistern. Das UKB hat als wichtigen Teil seiner Strategie festgelegt, dass das gut ausgebildete und menschlich qualifizierte Personal einen besonderen Schutz verdient. Das zeigt sich zum Beispiel darin, dass gleichzeitig mit der deutlichen Bilanzverbesserung von 2015 auf 2016 von plus drei auf plus vier Millionen Euro die Personalausgaben in demselben Zeitraum um 6,8 Prozent von 324.072 auf 343.955 Millionen Euro bei gleichbleibender Fallzahl, aber deutlich höherem Fallschweregrad gestiegen sind.

Das UKB hat es mit seiner Strategie in den letzten fünf Jahren wie kaum ein anderer Standort in Deutschland geschafft, insbesondere durch konstruktive Zusammenarbeit der Krankenhäuser verschiedener Versorgungsstufen die besonders schweren Fälle zugewiesen zu bekommen, was sich im sogenannten *Case-Mix*-Index (CMI), dem durchschnittlichen Fall-Schweregrad der Klinik, widerspiegelt. So hatte das UKB zwischen 2010 und 2015 mit plus 15 Prozent den zweithöchsten CMI-Anstieg in Deutschland. Mit dem aktuellen CMI von 1,95 liegt das UKB nach der VUD-Statistik unter den besten drei Klinika in Deutschland.

Im Folgenden sollen einige der vielen interessanten Entwicklungen am UKB innerhalb der letzten fünf Jahre dargestellt werden.

687 Vgl. www.ukb.uni-bonn.de/quick2web/internet/internet.nsf/vwUNIDLookup/D6FCED6F0A551F38C12577D900449FF6; zuletzt abgerufen am 14.05.2018.

Abb. 9: Das Universitätsklinikum Bonn 2013

Seltene Erkrankungen

Zu den innovativen Besonderheiten der Bonner Universitätsmedizin gehört die besondere Aufmerksamkeit für Krankheiten, die selten, das heißt bei weniger als fünf von 10.000 Menschen vorkommen. Bei solchen Erkrankungen, für die in Arztpraxen oder weniger großen Krankenhäusern oft nicht die notwendigen Diagnose- und Behandlungsmöglichkeiten bestehen, hat das UKB mit seinen spezialisierten Untersuchungs- und Therapieverfahren, aber auch Forschungsmöglichkeiten, eine verbesserte Versorgung aufgebaut. Dafür wurde, ähnlich wie an einzelnen anderen deutschen Universitätsklinika, 2012 ein »Zentrum für seltene Erkrankungen Bonn« (ZSEB) gegründet, in dem bezüglich Erkrankungen zum Beispiel von Magen-Darm-System, Blutgerinnung und -bildung, Nerven- und Muskelsystem, kindlicher Nieren- und Leber-, Augen- sowie frühkindlichen Virus-Erkrankungen die betreffenden klinischen Einrichtungen zusammenarbeiten. Auch klinisch-theoretische Forschungszentren beteiligen sich am ZSEB. Als erstes solcher Zentren bietet das Bonner Zentrum eine eigene »Interdisziplinäre Kompetenzeinheit für Patienten ohne Diagnose« (InterPoD) und kümmert sich mit diesem Instrument und regelmäßiger interdisziplinärer Arbeit, unter anderem gefördert von der Robert Bosch-Stiftung und dem Innovationsfonds, gezielt um diejenigen Patienten, bei denen trotz zahlreicher

Untersuchungen bisher keine zutreffende Diagnose gestellt werden konnte. Die richtige Diagnose erlaubt dann eine gezieltere Therapie und die Behandlung durch die am besten qualifizierten Medizin-Teams.

Die neuen Zentren: Eltern-Kind-Zentrum (ELKI), Zentrum für Neurologie, Psychiatrie, Psychosomatik (NPP) und Herzzentrum

Die verstärkte interdisziplinäre Zusammenarbeit in der Behandlung komplexer Erkrankungen und Verletzungen verlangt kurze Wege zwischen den verschiedenen Spezialeinrichtungen und weitere strukturelle Verbesserungen der interdisziplinären Zusammenarbeit, zum Beispiel durch gemeinsame Leitungen verschiedener früher getrennter Disziplinen, von Ambulanzen, Stationen und Tageskliniken. Dem stand viele Jahre unter anderem die historisch bedingte Verteilung der Bonner Universitätskliniken auf verschiedene Standorte entgegen. Insbesondere die Lage der Kinderklinik am Rhein führte zu zahlreichen Fahrten von Kindern, Personal und Waren (circa 20.0000 pro Jahr) zwischen der alten Kinderklinik an der Adenauerallee und den Einrichtungen auf dem Venusberg und bedingte darüber hinaus eine eigene Neonatologie an der Frauenklinik auf dem Venusberg.

Diese unbefriedigende Situation führte zur Planung eines neuartigen »Eltern-Kind-Zentrums« (ELKI) auf dem Venusberg, das alle Disziplinen der Kinderheilkunde und der Geburtshilfe unter einem Dach vereint. Um nicht nur Funktionalität, sondern auch eine für alle Nutzergruppen – Kinder, Eltern, Angehörige, Angestellte, Gesundheitsberufe, Studierende – ansprechende Gestaltung zu erreichen, wurde ein europaweit ausgeschriebener Architektenwettbewerb mit vielen speziellen Vorgaben veranstaltet. Ein hochkarätiges kindgerechtes Kunstkonzept wird mit Hilfe von ausgewiesenen Spezialisten aus dem Kulturbereich umgesetzt. Nach Spatenstich 2016 und Richtfest Anfang 2017 soll der 12.500 Quadratmeter Nutzfläche umfassende Bau bis Anfang 2019 bezugsfertig sein. An externen Geldern stellen neben den Fördermitteln des Landes verschiedene private Stiftungen und Vereinigungen eine angemessene Ausstattung sicher. So wird zum Beispiel durch hundertprozentig philanthrope Mittel ein Elternhaus in unmittelbarer Nähe des ELKIs erstellt, in dem die Angehörigen von stationär behandelten Kindern, die tagsüber oft viele Stunden am Bett des erkrankten Kindes verbringen, nicht nur eine Übernachtungsmöglichkeit in unmittelbarer Nähe bekommen, sondern auch Schulungsmöglichkeiten, damit sie besser auf die ambulante Nachbehandlung von langfristig oder chronisch erkrankten Kindern zum Beispiel mit Krebs-, Herz- oder orthopädischen und vielen anderen Leiden vorbereitet werden. Erstmals hat 2017 das UKB schließlich die Zulassung bekommen, ein sogenanntes Sozialpädiatrisches Zentrum (SPZ) zu führen, in dem auch die sozialpädiatrische Betreuung chronisch kranker Kinder mit einem breiten Spektrum von Erkrankungen noch einmal deutlich verbessert werden kann. Da ein solches SPZ nur von spezialisierten Fachärzten der Sozialpädiatrie (die noch nicht zur Verfügung stehen), der Kinder- und Jugend-Psychiatrie (die am UKB nicht geführt wird) oder der Neuropädiatrie geleitet werden kann, wurde am Zentrum für Kinderheilkunde eine neue Abteilung für Pädiatrische Neurologie gegründet, deren Leitung dann in Personalunion das SPZ führen kann.

2018 wurde das neue Zentrum für Neurologie, Psychiatrie und Psychosomatik (NPP) eröffnet, welches durch einen Tunnel – quasi als Symbol gelebter Translation zwischen Forschung und Krankenversorgung – mit dem schon zuvor eröffneten Deutschen Zentrum für Neurodegenerative Erkrankungen (DZNE) verbunden ist. In Fortsetzung der Bonner Pionierleistung, mit einem »Nervenzentrum« schon früh Psychiatrie und Neurologie unter einem Dach näher zueinander gebracht zu haben, wird jetzt auch die in Deutschland historisch bedingt eher aus der Inneren Medizin stammende Psychosomatik zusätzlich im selben Gebäude untergebracht. Damit wird den großen Überschneidungsbereichen dieser drei klinischen Fächer und ihren Beziehungen zur neuesten neurowissenschaftlichen Forschung Rechnung getragen. Das NPP-Gebäude wird neben den vielen stationären und ambulanten Bereichen der drei Kliniken auch eine große Tagesklinik haben – ein für die moderne Betreuung erforderliches Angebot der Psychosomatik, welches an ihrem alten Standort überhaupt nicht zur Verfügung stand.

Neubauten sind aber nicht nur neue Hüllen für alte Konzepte, sondern können im Idealfall den Rahmen für strukturelle Weiterentwicklungen der Medizinischen Versorgung bieten. So wurde für das NPP im Bereich der am UKB sowohl in der F&L wie in der KV besonders stark entwickelten Geronto-Neurologie/Psychiatrie eine neue Klinik gegründet, die gemeinsam von einer Psychiatrie-Professorin und einem Neurologie-Professor geführt wird und somit tradierte Fächergrenzen zum Wohle der Patienten überwindet.

Eine ähnliche Überwindung tradierter Fachgrenzen hat sich am UKB auch im Bereich der Herzmedizin vollzogen, indem die beiden traditionellen und in sich großen Fächer der Herzchirurgie und Kardiologie immer mehr zusammengewachsen sind. So können heute bestimmte Eingriffe an Gefäßen oder Herzklappen über spezielle, durch den Fortschritt der Technik entwickelte Katheter so über Gefäße an den Ort der notwendigen Behandlung herangeführt werden, dass Operationen am »offenen Herzen« dadurch teilweise ersetzt werden können. Der Idealzustand ist, dass die ausgewählte Form der Behandlung nicht davon abhängt, von welcher der beiden Kliniken der Patient zufällig aufgenommen worden ist, sondern die Auswahl der Behandlungsstrategie nach den Regeln der evidenzbasierten Medizin von einem interdisziplinären Team fest-

Abb. 10: UKB-Direktor Wolfgang Holzgreve mit Bundeskanzlerin Angela Merkel und damaliger NRW-Wissenschaftsministerin Svenja Schulze bei der Einweihung des DZNE-Neubaus 2017

gelegt werden sollte. Nicht die Fach-Blickwinkel sollten wegweisend sein, sondern alleine die interdisziplinäre Optimierung der Behandlungsstrategie. Nach längerer Vorbereitung und Überzeugung der Entscheidungsträger im Ministerium wurde dem UKB dankenswerter Weise im Rahmen des Medizin-Modernisierungs-Programmes (MedMoP) des Landes NRW auch der Neubau eines Herzzentrums bewilligt, welches gerade geplant worden ist und bis 2020 fertiggestellt werden soll. Hier wird dann auch die modernste Technologie zum Beispiel des sogenannten Hybrid-OP, in dem kathetergesteuerte Eingriffe ebenso wie komplette Herzoperationen stattfinden können, unter demselben Dach angeboten zusammen, mit den unterschiedlichen anderen Einheiten der Herzmedizin in den Ambulanzen, Stationen, OPs, Intensiv-, *Intermediate-Care*-Stationen *et cetera*. Das neue Herzzentrum ist auch der Einstieg für das UKB in ein Zentralklinikumsgebäude. Neben den Einheiten der Herzmedizin entsteht gleichzeitig eine zentralisierte Radiologie, in der Bildgebungs-Modalitäten wie CT und MRT ebenfalls unter einem Dach zusammengefasst werden – in unmittelbarer Nähe der Organfächer.

Weil solche interdisziplinären Behandlungszentren der Entwicklung der Medizin und dem Wohl der Patienten entsprechen, ist am UKB geplant, dass dem Herzzentrum nach dessen Schlussrechnung bald ein entsprechendes Zentrum für Patienten mit gastroenterologischen Erkrankungen folgen soll, bei dem die Viszeralchirurgie eng mit der internistischen Gastroenterologen zusammenarbeiten soll.

Nicht-medizinische Infrastruktur: Verkehr, Versorgung, Kinderbetreuung

Als nach dem Zweiten Weltkrieg in Bonn wie in vielen anderen deutschen Städten die Gebäude des bestehenden Universitätsklinikums weitgehend zerstört waren, musste schnell eine bauliche Lösung gefunden werden, um den Bedarf der Bevölkerung an medizinischer Maximalversorgung zu bedienen. Hier bot sich die Nutzung der alten Kaserne auf dem Venusberg und des dort freigewordenen Geländes an, welches in der Nord-Süd-Achse eine Ausdehnung von 1,2 km und in der Ost-West-Achse von 800 m hat.

Die dadurch entstandene mikroklimatisch günstige Lage des UKB auf einem Campus, der von Naturschutzgebieten umgeben ist, bedingt aber nicht nur eine Begrenzung der Ausdehnungsmöglichkeiten für Neubauten, sondern auch der Zufahrtswege. Zum UKB auf dem Venusberg führt im Prinzip leider nur eine einspurige Straße, so dass gerade an den Knotenpunkten der Zubringer-Straßen regelmäßig Staus entstehen, die etwa 50.000 stationäre und über 350.000 ambulante Patienten pro Jahr ebenso belasten wie die über 8.000 Angestellten des UKB sowie die Anwohner am Venusberg und in Ippendorf.

In den nächsten Jahren wird für die Bundesstadt Bonn ein Bevölkerungswachstum von sieben Prozent pro Jahr erwartet. Die bestehenden, in den letzten Jahren ausgebauten Buslinien gehören zu den am stärksten belasteten in der Stadt. Zusätzlich entsteht bei wachsendem Individualverkehr mit dem PKW das Problem, dass trotz der massiven Erweiterung von Parkplatz-Möglichkeiten auf dem Venusberg (das UKB eröffnete in den letzten fünf Jahren das Parkhaus Süd und baut gerade ein weiteres großes Parkhaus mit 500 Einstellplätzen im zentralen Eingangsbereich) etwa 400 bis 500 Autos außerhalb des Geländes an den Zufahrtstrassen in den Wohngebieten parken, was die Wohnqualität der Anwohnerschaft erheblich einschränkt. Daher ist das oberste Ziel des UKB beim Mobilitätsmanagement, den Umstieg vom motorisierten Individualverkehr auf den Öffentlichen Nahverkehr (ÖPNV) zu fördern, denn eine gute Nachbarschaft mit den Anwohnern in der Umgebung ist ein hohes Gut, und die Zukunft eines Klinikums hängt in entscheidender Weise von der Erreichbarkeit ab.

Die Zunahme der Patienten- und Mitarbeiterzahlen wie auch der Motorisierung hat zu einem starken Anwachsen der Zahl von Kraftfahrzeugen geführt. Parkraumbewirtschaftung, große Gelenkbusse der Buslinien auf den Venusberg und deren enge Taktung zu Stoßzeiten, Förderung der Anfahrt mit dem Fahrrad durch Motivierungsaktionen, überdachte Abstellplätze und kostenlose Aufladung für *e-Bikes* sowie Unterstützung bei deren Erwerb oder Nutzung konnten diesem Trend nicht ausreichend entgegenwirken. Der Neubau mehrerer Parkhäuser hat nur die Parkraumsituation verbessern können, an den morgendlichen Staus, die gelegentlich sogar den Einsatz von Rettungswagen behindern, ändert er naturgemäß nichts oder befördert sogar noch die Nutzung des Privat-PKWs.

Deshalb setzt das UKB auf weitere Verkehrsformen, von denen die viel diskutierte Seilbahn zum UN-Campus am Fuß des Venusbergs und eventuell bis über den Rhein die ökologisch und ökonomisch favorisierte Alternative darstellt. Eine solche Seilbahnverbindung von der Mitte des Venusberg-Campus zum neuen Bahnhof der Deutschen Bahn »UN-Campus« hinter der Bundeskunsthalle würde eine signifikante Verlagerung des Individualverkehrs in den ÖPNV bewirken, die bei einer Verlängerung über den Rhein auf die Seite Beuel/Ramersdorf nach der offiziellen Machbarkeitsstudie eine Straßenverkehrsentlastung von über 15 Proznt bringen würde. Bereits die kurze Seilbahnverbindung zwischen Venusberg und dem neuen DB-Haltepunkt UN-Campus zeigte in dieser Machbarkeitsstudie ein hohes Potential von über 6.000 Fahrten pro Tag. Die Studie konnte für den ersten Abschnitt linksrheinisch ein positives Betriebsergebnis von plus 76.000 Euro nachweisen. Die empfohlene Ein-Seil-Seilbahn hätte für den ersten Abschnitt Investitionskosten von knapp 20 Millionen Euro, von denen das Land 90 Prozent übernehmen würde. Bei diesem »1S-Seilbahntyp« wären die Trassenbreite und die Eingriffe in die Umgebung am geringsten, weshalb die Bonner Umweltverbände diese ökologisch günstigste Lösung für das Verkehrsproblem unterstützen. Das Eröffnen einer weiteren vom Normalverkehr benutzbaren Straße durch den Kottenforst-Wald zur Entlastung ist wegen der strengen Flora-Fauna-Habitat-Bestimmungen kein gangbarer Weg, und ein Tunnel durch den Venusberg mit Aufzug zum Klinikum wäre mit einer dreistelligen Millionensumme sehr teuer, so dass nur die Errichtung einer Seilbahn eine realistische Alternative darstellt. Ein weiterer besonderer Standort-Vorteil für die Seilbahnlösung ist die Tatsache, dass genau in den Zeiten, in denen zum Beispiel an Wochenenden, Feiertagen und in den Ferien das UKB einen geringeren Bedarf hat, die Seilbahn touristisch von der Bevölkerung von Bonn und Umgebung zum Erreichen des Kottenforstes als attraktivem Naherholungsgebiet genutzt werden kann, zumal das Ausflugsziel »Waldau« mit seinem Tierpark derzeit aus Mitteln des Bonn-Berlin Ausgleichs renoviert wird und weitere touristische Erschließungen denkbar sind.

Aktuell laufen im UKB an jedem Alltag mehr als 30 teilweise sehr umfangreiche Operationen parallel, und die für die ersten Operationen des Tages eingeteilten Teams müssen pünktlich vor acht Uhr alles perfekt gerichtet haben, damit das ärztliche und pflegerische Personal, die Kardiotechniker *et cetera* optimal arbeiten können. Eine verkehrsbedingte Verzögerung des OP-Beginns ist nicht tolerabel, so dass viele der UKB-Mitarbeiter zum Beispiel aus dem Kölner Raum oder dem nördlichen Rheinland-Pfalz morgens sehr früh ihren Wohnort verlassen müssen, um in den kritischen Zeiten sicher rechtzeitig auf dem Venusberg anzukommen. Vor allem während der Stoßzeiten am frühen Morgen, zu den Schichtwechseln speziell im pflegerischen Bereich und den Laufzeiten der vielen Ambulanzen verschlechtert sich die Verkehrssituation kontinuierlich. So hat die Zahl der jetzt über 350.000 ambulanten Patienten in den letzten fünf Jahren (neben inzwischen über 30.000 Fällen im Interdisziplinären Notfall-Zentrum) um 25 Prozent, das heißt fünf Prozent in jedem Jahr, zugenommen. Es gibt keinen Grund für die Annahme, dass sich dieser Trend in den nächsten Jahren abflachen würde.

Ein bedeutender Engpass im UKB wie in vielen anderen UKs ist auch die Bereitstellung von ausreichenden Kinderbetreuungsmöglichkeiten, und nach arbeitsplatznahen Kindertagestätten-Plätzen gibt es eine grosse Nachfrage. Da die Einrichtungen anderer Träger in der unmittelbaren Nachbarschaft allenfalls den Bedarf der ortsansässigen Wohnbevölkerung abdecken, betrieb das UKB schon lange eine eigene Kindertagesstätte, die mit den veränderten gesetzlichen Rahmenbedingungen und einem Neubau erheblich ausgeweitet wurde. Mit 150 Plätzen hat das UKB die größte KITA aller Universitätsklinika in NRW gebaut und dort günstige Bedingungen wie weit ausgedehnte Öffnungszeiten und attraktive Angebote für unter Dreijährige geschaffen. Dennoch muss trotz der erheblichen finanziellen Unterstützung der bestehenden KITA aus dem UKB-Budget der Vorstand im Moment noch mit einer das Angebot übersteigenden Nachfrage leben.

Nicht-ärztliche Gesundheitsberufe: Akademisierung der Pflege, OP-Assistenten, Hebammenschule, Bildungszentrum

Schon seit der Gründung der Bonner Universitätskliniken haben sich diese auch in der Aus- und Weiterbildung nicht-ärztlicher Gesundheitsberufe engagiert. Den Anfang machte die Geburtshilfe mit dem Hebammenunterricht. Dieser älteste nicht-ärztliche Gesundheitsberuf wurde durch enge Anbindung an die Frauenklinik später in einer eigenen Hebammenschule weiterentwickelt, die seit ihrer Wiedereröffnung 1973 zunächst berufsbegleitend bereits examinierte Krankenschwestern achtzehn Monate lang ausbildete, inzwischen aber in einem dreijährigen Kurs umfassend ausbildet.

Das UKB war auch eines der ersten Universitätsklinika in Deutschland, wo ein sogenannter Hebammen-Kreißsaal eingeführt wurde. Hierbei handelt es sich um ein spezielles Konzept in der Geburtshilfe, bei dem nach einem optimalen Kompromiss zwischen dem einerseits verständlichen Wunsch vieler Schwangerer nach einer kontinuierlichen und ganzheitlichen Betreuung durch eine Hebamme der Wahl und der auch bei optimaler vorheriger Risiko-Evaluierung und Selektionierung nicht vollständig zu gewährleistenden Sicherheit außerhalb der Kliniken gesucht wird. Beim Hebammen-Kreissaal erfolgt die Betreuung durchgehend und umfassend durch die Hebammen, die aber jederzeit in Notfällen auf die optimale Absicherung durch die Vorhaltungen des UKB einschließlich hochspezialisierter Ärzte zurückgreifen können. Dieses Bonner Modell hat sich im Verlauf der Jahre immer besser bewährt und wird gerade auch in einer Studie im Rahmen des Innovations-Fonds von pflegerischer und ärztlicher Seite aus wissenschaftlich evaluiert.

Nachdem sich die Krankenpflege um 1900 professionalisiert hatte, entstand in Zusammenarbeit mit den DRK-Schwesternschaften eine strukturierte Krankenpflegeausbildung, die später ebenfalls in eine eigene UKB-Krankenpflegschule mündete. Diese ist heute als Ausbildungszentrum für Pflegeberufe (ABZ) die größte und älteste Pflegebildungsstätte im Raum Bonn/Rhein-Sieg und bildet – vor der anstehenden Reform der Pflegeberufe – in Gesundheits- und Krankenpflege, Gesundheits- und Kinderkrankenpflege sowie Gesundheits- und Krankenpflegeassistenz aus. Da in Deutschland wie in anderen westlichen Industrie-Ländern ein Mangel an Pflegefachkräften besteht, ist die Vorhaltung einer Pflege-Schule einschließlich der Ausbildungskapazitäten für Subspezialitäten in der Pflege (Intensiv- und OP-Bereich, Neuro-, Kardio-Bereiche *et cetera*) eine wichtige Maßnahme, um eigenen Pflege-Nachwuchs zu fördern. Durch eine gute Ausbildung und Attraktivität eines Schulungs-Standortes entstehen Bindungen der Ausgebildeten, die für die Zukunfts-Sicherung sehr hilfreich sind. Aus diesem Grund hat das UKB ein großes neues Ausbildungszentrum geplant, in dem modernste Lehrmethoden zur Anwendung kommen sollen. Dies dient auch als Vorbereitung zum *Life-long-learning*, welches die rasante Entwicklung in der Medizin heute erfordert. Staatlich anerkannte Schulen für Laboratoriums- und Radiologieassistentinnen und -assistenten komplettieren das breite Ausbildungsangebot des »Bildungsbereichs Ausbildung«. In den letzten Jahren kam die Ausbildung zur Operationstechnischen Assistenz (OTA) hinzu. An den entsprechenden Kliniken sind zudem über den »Bildungsbereich Weiterbildung« die Fachweiterbildungen in Intensivpflege und Onkologie sowie Weiterbildungen in *Palliative Care* möglich.

Insgesamt bildet das UKB circa 500 junge Menschen pro Jahr in den Gesundheitsberufen aus, die zusätzlich zu den etwa 2.900 Medizinstudierenden von dem großen und differenzierten Lehr-Angebot auf dem Venusberg profitieren. Das neue Ausbildungszentrum, in dem sich wie im alten Bildungszentrum auch das Medizinhistorische Institut befinden soll, wird bewusst in der Nähe des aus Mitteln der Studiengebühren finanzierten Lehrgebäudes für die Medizin-Studierenden errichtet, weil der Austausch zwischen den Berufsgruppen und die

Erziehung zum respektvollen und produktiven Umgang miteinander in den Teams schon in der Ausbildungsphase gefördert werden soll. In diesem Bereich besteht in Deutschland auch im Vergleich zu Nachbarländern wie zum Beispiel in den Benelux-Ländern oder in Skandinavien, dem Vereinigten Königreich und der Schweiz noch ein gewisser Nachholbedarf.

Die Vereinigung der drei Bildungsbereiche Aus-, Fort- und Weiterbildung unter dem Dach des Bildungszentrums, für das der Neubau entsteht, stellt somit nicht nur eine organisatorische, sondern auch eine programmatische Entscheidung dar. Bildung in Form des lebenslangen Lernens ist in Ergänzung zu den traditionellen Aufgaben ein für die Zukunft immer wichtiger werdender strategischer Bereich im UKB.

Kooperation mit anderen Krankenhäusern der Stadt und Region

Nicht nur in der ärztlichen Ausbildung durch Blockpraktika und Praktisches Jahr arbeitet die Bonner Universitätsmedizin eng mit weiteren Krankenhäusern zusammen, sondern zunehmend auch in der Krankenversorgung. Gesundheitspolitische Vorgaben als Instrument der Qualitätssicherung verlangen in vielen Bereichen zunehmend Mindestzahlen an Fällen oder durchgeführten Eingriffen, die manchmal nur gemeinsam mit Krankenhäusern anderer Träger zu erreichen sind. Zudem ergeben sich sinnvolle Allianzen durch attraktivere gemeinsame Weiterbildungsangebote, Spezialisierungen an den beiden Standorten *et cetera.* So werden Synergismen geschaffen, die der Entwicklung des Gesundheitswesens in der Region Rheinland und Deutschland insgesamt förderlich sind.

Historisch gesehen haben sich die Universitätsklinika in Deutschland lange Zeit eher abgegrenzt von anderen nicht-universitären Krankenhäusern, die in der Regel nur als Überweisungspartner gesehen wurden, während die Uniklinika in großem Selbstbewusstsein oft meinten, allen Herausforderungen autonom gewachsen zu sein. Heute ist eine etwas demütigere Einstellung der Uniklinika angezeigt, da die optimale Versorgung der Bevölkerung eine sinnvolle Verzahnung nicht nur der ambulanten und stationären Sektoren erfordert, sondern auch eine sachgerechte Verteilung der Aufgaben der universitären wie nicht-universitären Häuser. Einerseits sind durch Forschung und Lehre gewisse Anforderungen an ein Universitätsklinikum gestellt wie ausreichend große Ambulanzbereiche oder Erfüllbarkeit der Facharzt-Weiterbildungs-Anforderungen. Darüber hinaus muss die Aufgabenverteilung klug und kooperativ entwickelt werden, damit die Patienten von einer transparenten Strukturierung der Krankenhausangebote mit einem optimalen Kosten-Nutzen-Verhältnis ausgehen können.

Das UKB hat gerade in den letzten fünf Jahren umfangreiche und sehr unterschiedliche Kooperationen mit anderen Krankenhäusern der Region gestartet beziehungsweise systematisch ausgebaut:[688] Mit dem nur wenige Kilometer unterhalb des UKB am Venusberg gelegenen Marien-Hospital, welches zu den GFO-Kliniken gehört, gibt es mehrere produktive Kooperationen zum Nutzen beider Institutionen und vor allem der Patienten. So besteht zum Beispiel ein gemeinsam zertifiziertes Brustzentrum, das regelmäßig Tumorkonferenzen per digitaler Videoübertragung durchführt, während die pathologischen Untersuchungen zentral am UKB erfolgen. Auch bei der spezialisierten Herzklappen-Versorgung besteht eine Kooperation mit dem Marien-Hospital. Erwähnenswert ist speziell die Zusammenarbeit im Bereich der Kinderchirurgie, die bisher an den beiden nahe zueinander gelegenen Krankenhäusern separat bestand. Beim altersbedingt anstehenden Wechsel der Kinderchirurgie-Leitung am GFO-Klinikum wurde nach sorgfältiger Analyse der Situation schließlich ab der zweiten Jahreshälfte 2015 das Konzept einer gemeinsamen 50 Prozent-Leitung der beiden Kinderchirurgischen Abteilungen durch den bisherigen 100 Prozent-Leitenden Arzt am UKB umgesetzt, so dass dadurch in diesem kleinen, häufig defizitären, aber wichtigen und hochspezialisierten Fach ein nicht-produktiver Wettbewerb ausgeschaltet und Synergien zum Beispiel bei der Arztrotation genutzt werden können. Gleichzeitig steigerte sich die gesamte Attraktivität der gemeinsamen Klinik. An beiden Standorten wurden Schwerpunkte gebildet, Traumatologie wegen der schon dort bestehenden Notfall-Praxis am Marien-Hospital und Neonatal-Chirurgie wegen der in Deutschland führenden Pränatalen Medizin am UKB.

Auch mit dem Malteser-Krankenhaus in Bonn wurde eine kreative Zusammenarbeit im Bereich der Geriatrie etabliert: Da Bonn zwei große und gute Kliniken für Geriatrie am Malteser- und am Johanniter-Krankenhaus hat und das Netzwerk Geriatrie unter Koordination des Bonner Gesundheitsamtes kooperativ gut funktioniert, wurde am UKB strategisch beschlossen, nicht eine weitere Klinik für allgemeine Geriatrie aufzubauen. Unter Berücksichtigung unseres Zentrums für Neurodegenerative Erkrankungen wurde entschieden, neben der Geronto-Psychiatrie/Neurologie eine Station für Geronto-Orthopädie/Unfall-Chirurgie zu etablieren, auf der für jeweils ein Jahr ein Facharzt für Geriatrie vom Malteser-Krankenhaus mit dem Team des UKB zusammenarbeitet und eine integrierte Betreuung der Patienten zwischen ihrer orthopädisch/unfallchirurgischen und geriatrischen Spezial- Behandlung sicherstellt.[689]

Das Betreiben einer Intensiv-Station im Neurologischen Reha-Zentrum Go-

688 Vgl. UKB intern, UKB Strategie Kooperationen.

689 Vgl. Urs Brügger, Medizin und Ökonomie-Freunde oder Feinde, Therapeutische Umschau (2017), 74 (1), S. 777–785.

deshöhe durch Ärzte des UKB ist seit mehreren Jahren etabliert und eine Hilfe bei der Bewältigung von Kapazitätsengpässen in der Intensivtherapie auf dem Venusberg sowie gleichzeitig eine hilfreiche Erweiterung des Betreuungsangebotes der im Reha-Zentrum Godeshöhe behandelten Patienten.

Das CIO KölnBonn ist als interdisziplinäre Plattform (*Comprehensive Cancer Center*) für die Onkologie unter den 14 Onkologischen Spitzenzentren das einzige, welches durch die Deutsche Krebshilfe seit 2007 in vollem Umfang kontinuierlich gefördert und kürzlich rezertifiziert wurde. Mit seinen 18.000 Patienten (zusammen mit Köln circa 35.000) und 20 internen Zentren, Transits, Modulen und Schwerpunkten ist es das größte Onkologie-Zentrum im Raum Bonn. Es bietet aktiv Kooperationen mit anderen Kliniken in der Region an, sowohl klinisch als auch bei Studien, wobei das sogenannte *Click View Tool* zur Rekrutierung eingesetzt wird und das zentrale Studienzentrum Bonn (SZB) mit den einzelnen Prüfzentren die Studien zentral steuert.

Zusammenfassung

Das UKB hat in den letzten Jahren seinen Ruf regional, national und international sehr gut ausbauen können und erscheint inzwischen in allen Rang-Tabellen (*Rankings*) auf den vorderen Plätzen. Im wissenschaftlichen Bereich war die Medizinische Fakultät für 2015 mit einem Drittmittel-Volumen von 50,6 Millionen im Förderatlas der DFG auf Platz eins in NRW, obwohl das UKB aus historischen Gründen leider im Zuführungsbetrag für F&L von etwa 100 Millionen fünf bis 24 Millionen weniger erhält als die vergleichbaren Universitätsklinika in NRW. Dieser Spitzenplatz im NRW-*Ranking* konnte bis jetzt immer verteidigt werden. Die ungerechtfertigte Ungleichbehandlung beim Zuführungsbetrag unter den sieben NRW-Uniklinika wurde vom Vorstand dem Landesministerium zur Kenntnis gebracht und eine möglichst baldige Korrektur angemahnt. Die fakultären Schwerpunkte Neurologie, Kardiologie und Gastro-Enterologie genießen großes Ansehen, ebenso wie die in Bonn sehr prominent vertretenen Querschnitts-Gebiete wie Genetik und Immunologie.

Das *Excellenz-Cluster* Immunosensation ist ein hervorragendes Beispiel für die Zusammenarbeit des UKB mit der Universität (Medizinische Fakultät mit dem Limes-Institut) und ein wichtiger Bestandteil auf dem bisher sehr erfolgreichen Weg der Universität Bonn zur anerkannten Exzellenz-Universität, was neue Bundesmittel erschliessen würde. Für den klinischen Bereich gibt es keine staatliche oder institutionelle *Ranking*-Agentur, aber wie in anderen Ländern hat auch in Deutschland eine Wochen-Zeitschrift seit einigen Jahren diese Lücke gefüllt: Mehr als 10.000 Ärzte werden befragt, über 100.000 Krankenkassendaten und Qualitäts- sowie Hygiene-Berichte ausgewertet. Bei diesem Klinik-Report wurde dem UKB 2016 der achte Platz bundesweit und zum fünften Mal hintereinander der erste Platz aller Kliniken in NRW zugesprochen.[690]

Für die Universitätsklinika stellt speziell der Anstieg der unterfinanzierten ambulanten Leistungen ein Problem dar – zum Beispiel am UKB in den fünf Jahren von 2010 bis 2015 von 260.212 auf 351.568 (plus 35 Prozent) und der Notfälle in demselben Zeitraum von 27.137 auf 33.822 (plus 25 Prozent) –, solange in diesem Bereich die tatsächlichen Kosten nicht adäquat ausgeglichen werden.

Die Universitätsklinika haben im Vergleich zu anderen Krankenhäusern in der Summe außerdem größere Belastungen durch Extremkostenfälle, Facharztweiterbildung, Innovationen bei Diagnostik und Therapie, wobei die Uniklinika – ähnlich wie in der Risikoselektion bei der stationären Versorgung, in der viele kleinere Krankenhäuser die kostendeckenden Fälle behandeln und die kostenintensiven den Einrichtungen der Maximalversorgung überlassen – die besonders aufwändigen Fälle übernehmen. Außerdem ist die Behandlung in Universitätsklinika auch deshalb aufwändiger, weil zusätzliche Zeit für Ausbildung gebraucht wird und die Betreuung häufig im Rahmen wissenschaftlicher Studien erfolgt, die zusätzliche diagnostische Maßnahmen erfordern und nicht selten neue, noch ausgesprochen teure Diagnose- und Behandlungsverfahren einsetzen. Diese Aufgaben einer Universitätsmedizin werden jedoch nach wie vor in den Erstattungen aus Krankenkassenmitteln nicht angemessen abgebildet. Es resultiert eine strukturelle Unterfinanzierung, die nur mit größten Anstrengungen kompensiert werden kann. Das UKB hat diese Herausforderungen angenommen und sowohl in F&L wie in der KV Spitzenpositionen erreicht bei gleichzeitigem wirtschaftlichen *Turn-around* und positivem Betriebsergebnis in den letzten Jahren.

Literaturverzeichnis

Appel, Bernhard R. (Hg.): Robert Schumann in Endenich (1854–1856). Krankenakten, Briefzeugnisse und zeitgenössische Berichte, Mainz u. a. 2006.

Arnold, Jörg: The Allied Air War and Urban Memory. The Legacy of Strategic Bombing in Germany, Cambridge 2011.

Bachmann, Rainald/Schild, Hans Heinz: Radiologische Klinik, in: Heinz Schott (Hg.): Universitätskliniken und Medizinische Fakultät Bonn 1950–2000. Festschrift zum 50jährigen Jubiläum des Neuanfangs auf dem Venusberg, Bonn 2000, S. 307–309.

Bartmann, Peter: Abteilung für Neonatologie, in: Heinz Schott (Hg.): Universitätskliniken und Medizinische Fakultät Bonn 1950–2000. Festschrift zum 50jährigen Jubiläum des Neuanfangs auf dem Venusberg, Bonn 2000, S. 247–249.

690 Vgl. Focus Klinikranking 2016/2017.

Bartz, Olaf: Der Wissenschaftsrat. Entwicklungslinien der Wissenschaftspolitik in der Bundesrepublik Deutschland 1957–2007, Stuttgart 2007.

Baunscheidt, Carl: Der Baunscheidtismus, Bonn 1851.

Baur, Max P./Schillo, Waltraud: Institut für Medizinische Statistik, Dokumentation und Datenverarbeitung, in: Heinz Schott (Hg.): Universitätskliniken und Medizinische Fakultät Bonn 1950–2000. Festschrift zum 50jährigen Jubiläum des Neuanfangs auf dem Venusberg, Bonn 2000, S. 116–118.

Beard, George Miller: Neurasthenia, or nervous exhaustion, in: The Boston Medical and Surgical Journal (1869), S. 217–221.

Becker, Thomas P.: Erinnerungsstücke zur Geschichte der Universitätskliniken und der Medizinischen Fakultät im Archiv der Universität, in: Heinz Schott (Hg.): Universitätskliniken und Medizinische Fakultät Bonn 1950–2000. Festschrift zum 50jährigen Jubiläum des Neuanfangs auf dem Venusberg, Bonn 2000, S. 338–340.

Becker, Thomas P. (Hg.): Zwischen Diktatur und Neubeginn. Die Universität Bonn im »Dritten Reich« und in der Nachkriegszeit, Göttingen 2008.

Behrendt, Karl Philipp: Die Kriegschirurgie von 1939–1945 aus der Sicht der Beratenden Chirurgen des deutschen Heeres im Zweiten Weltkrieg, Med. Diss. Freiburg 2003.

Benzenhöfer, Udo/Ackermann, Hanns: Die Zahl der Verfahren und der Sterilisationen nach dem Gesetz zur Verhütung erbkranken Nachwuchses, Münster 2015.

Berend, Sarah Elena: Geburtshilfe im preußischen Bonn (1815–1933), Med. Diss. Bonn 2009.

Bergmann, Klaus von: Abteilung für Klinische Pharmakologie, in: Heinz Schott (Hg.): Universitätskliniken und Medizinische Fakultät Bonn 1950–2000. Festschrift zum 50jährigen Jubiläum des Neuanfangs auf dem Venusberg, Bonn 2000, S. 154.

Bertling, Renate Maria: Der Pharmakologe Carl Binz, Med. Diss. Bonn 1969.

Bettendorf, Gerhard (Hg.): Zur Geschichte der Endokrinologie und Reproduktionsmedizin. 256 Biographien und Berichte, Berlin u. a. 1995.

Bickel, Marcel H.: Carl Binz (1832–1913): An Early Pioneer of Pharmacology and Chemotherapy, in: Pharmacy in History 38 (1996), S. 134–138.

Bickenbach, Werner: Otto von Franqué 1867–1937, in: Bonner Gelehrte. Beiträge zur Geschichte der Wissenschaften in Bonn. Medizin, Bonn 1968, S. 292–305.

Biersack, Hans-Jürgen: Klinik und Poliklinik für Nuklearmedizin, in: Heinz Schott (Hg.): Universitätskliniken und Medizinische Fakultät Bonn 1950–2000. Festschrift zum 50jährigen Jubiläum des Neuanfangs auf dem Venusberg, Bonn 2000, S. 310–313.

Binz, Carl: Experimentelle Beobachtungen über das Wesen der Chininwirkung, Berlin 1868.

Binz, Carl: Doctor Johann Weyer, ein rheinischer Arzt, der erste Bekämpfer des Hexenwahns. Ein Beitrag zur Geschichte der Aufklärung und der Heilkunde, Bonn 1885.

Bode, Udo: Abteilung für Pädiatrische Hämatologie und Onkologie, in: Heinz Schott (Hg.): Universitätskliniken und Medizinische Fakultät Bonn 1950–2000. Festschrift zum 50jährigen Jubiläum des Neuanfangs auf dem Venusberg, Bonn 2000, S. 252–253.

Böhm, Ingrid: Klinik und Poliklinik für Dermatologie, in: Heinz Schott (Hg.): Universitätskliniken und Medizinische Fakultät Bonn 1950–2000. Festschrift zum 50jährigen Jubiläum des Neuanfangs auf dem Venusberg, Bonn 2000, S. 297–302.

Böhnke, Claudia: Hans Walter Gruhle (1880–1956). Leben und Werk, Med. Diss. Bonn 2008.

Breipohl, Winrich: Institut für Experimentelle Ophtalmologie, in: Heinz Schott (Hg.): Universitätskliniken und Medizinische Fakultät Bonn 1950–2000. Festschrift zum 50jährigen Jubiläum des Neuanfangs auf dem Venusberg, Bonn 2000, S. 193–196.

Bremm, Jakob: Der Tiroler Joseph Ennemoser 1787–1854. Ein Lehrer des tierischen Magnetismus und vergessener Vorkämpfer des entwicklungsgeschichtlichen Denkens in der Medizin, Professor der Medizin in Bonn a. Rh. Ein Beitrag zur Kenntnis des sog. tierischen Magnetismus, zur Geschichte der Freiheitskriege und der Medizinischen Fakultät in Bonn (Arbeiten zur Kenntnis der Geschichte der Medizin im Rheinland und Westfalen 4), Jena 1930.

Bruchhausen, Walter: Akademische Hebammenlehrer in Bonn. Vom kurfürstlichen Leibarzt zum preußischen Professor (1777–1828), in: Geschichte der Pflege (2012), S. 13–18.

Bruchhausen, Walter: Geburtshilfliche Versorgung des Bonner Raumes im 18. und 19. Jahrhundert, in: Die Laterne. Bonner Familienkunde 40 (2013), S. 37–45.

Bruchhausen, Walter: Krankheiten und Krankenversorgung in Bonn, 1818–1918, 2 Teile, in: Die Laterne. Bonner Familienkunde 41 (2014), S. 31–35 und 61–65.

Bruchhausen, Walter/Schott, Heinz: Begleitung auf dem Weg zum »guten Arzt«. Medizinethische Themen in der Bonner Lehre, in: Walter Bruchhausen/Hans-Georg Hofer (Hgg.): Ärztliches Ethos im Kontext. Historische, phänomenologische und didaktische Analysen (Medizin und Kulturwissenschaft 6), Göttingen 2010, S. 143–154.

Brügger, Urs: Medizin und Ökonomie – Freunde oder Feinde?, in: Therapeutische Umschau 74 (2017) 1, S. 777–785.

Buchheim, Liselotte: Franqué, Otto Friedrich Wilhelm Paul von, in: Neue Deutsche Biographie (NDB), Bd. 5, Berlin 1961, S. 352.

Buddrus, Michael/Fritzlar, Sigrid: Die Professoren der Universität Rostock im Dritten Reich. München 2007.

Büttner, Johannes: In memoriam Heinz Breuer, in: Journal of Clinical Chemistry and Clinical Biochemistry 21 (1983), S. 65–68.

Busch, Carl Wilhelm: Ueber den Einfluss, welchen heftigere Erysipeln zuweilen auf organisirte Neubildungen ausüben, in: Sitzungsberichte der Niederrheinischen Gesellschaft für Natur- und Heilkunde in Bonn (1866), S. 28–33.

Busch, Carl Wilhelm: Neuere Beobachtungen über den Einfluss [...], welchen heftige Erysipele auf die Rückbildung von Geschwülsten haben, die hauptsächlich aus zelligen Wucherungen bestehen, in: Sitzungsberichte der Niederrheinischen Gesellschaft für Natur- und Heilkunde in Bonn (1867), S. 14–16.

Christiansen, Bärbel u. a.: 60. Geburtstag von Professor Dr. med. Martin Exner. Professor für Hygiene und Direktor des Instituts für Hygiene und Öffentliche Gesundheit am Universitätsklinikum Bonn, in: Umweltmedizin in Forschung und Praxis 16 (2011) 2, S. 109–112.

Dähn, Vanessa: Forscher vom Venusberg studieren die kleinen grauen Zellen. Ausbildungsgang in Neurowissenschaften lockt ausländische Hochschüler nach Bonn, in: Handelsblatt v. 18.05.2009, Beilage Spezial: Bonn, S. 7.

Daemmrich, Arthur A.: Pharmacopolitics: Drug Regulation in the United States and Germany. Chapel Hill/London 2004.

Deiters, Vera Sabina: Otto Friedrich Deiters. Leben und Werk, Med. Diss. Bonn 2006.

Dengler, Hans J.: In memoriam, in: European Journal of Clinical Pharmacology 54 (1998), S. 495–495.

Dertinger, Antje (Hg.): Frauen der ersten Stunde. Aus den Gründerjahren der Bundesrepublik, Bonn 1989.

Deutsche Forschungsgemeinschaft: Fluglärmwirkungen. Eine interdisziplinäre Untersuchung über die Auswirkungen des Fluglärms auf den Menschen. Der medizinische Untersuchungsteil, 2 Bde., Boppard 1974.

Dieckhöfer, Klemens: Carl Pelman 1838–1916, in: Bonner Gelehrte. Beiträge zur Geschichte der Wissenschaften in Bonn. Medizin, Bonn 1992, S. 309–313.

Dirscherl, Wilhelm: Bericht über das akademische Jahr 1963/64, in: Chronik des akademischen Jahres 1963/64, Bonn 1964, S. 7–17.

Domenjoz, Robert: Carl Binz 1832–1913. Ein Beitrag zur Geschichte des Pharmakologischen Instituts, in: Bonner Gelehrte. Beiträge zur Geschichte der Wissenschaften in Bonn. Medizin, Bonn 1992, S. 156–162.

Dommann, Monika: Durchsicht, Einsicht, Vorsicht. Eine Geschichte der Röntgenstrahlen 1896–1963 (Interferenzen 5), Zürich 2003.

Douglas, S. Hilda: A note on the work of v. La Valette St. George, the discoverer of the Golgi apparatus and mitochondria of modern cytology, in: Journal of the Royal Microscopical Society 55 (1935), S. 28–31.

Drosten, Christian: Is MERS another SARS, in: The Lancet Infectious Diseases 13 (2013) 9, S. 727–728.

Ebert, Andreas D./David, Matthias: Medizinisches Instrument und sein Entwickler. Heinrich Fritsch und der Bauchdeckenhalter, in: Geburtshilfe und Frauenheilkunde 72 (2012) S. 114–115.

Ebbinghaus, Angelika: Dokumentation: Die Ärztin Herta Oberheuser und die kriegschirurgischen Experimente im Frauen-Konzentrationslager Ravensbrück, in: Dies. (Hg.): Opfer und Täterinnen. Frauenbiographien des Nationalsozialismus, Frankfurt/ Main 1996, S. 313–343.

Egge, Heinz: Institut für Physiologische Chemie, in: Heinz Schott (Hg.): Universitätskliniken und Medizinische Fakultät Bonn 1950–2000. Festschrift zum 50jährigen Jubiläum des Neuanfangs auf dem Venusberg, Bonn 2000, S. 106–109.

Eich, Wolfgang: Psychosomatische Medizin als anthropologische Medizin. Die Heidelberger Tradition, in: Heinz Schott (Hg.): Meilensteine der Medizin, Dortmund 1996, S. 540–546.

Eiff, August Wilhelm von (Hg.): Seelische und körperliche Störungen durch Streß, Stuttgart 1976.

Eiff, August Wilhelm von (Hg.): Streß. Phänomenologie, Diagnose und Therapie in den verschiedenen Lebensabschnitten, Stuttgart 1978.

Elbel, Herbert: Trunkenheit und Verkehrsunfälle, Hamburg 1954.

Elbel, Herbert: Blutalkohol. Die wissenschaftlichen Grundlagen der Beurteilung von Blutalkoholbefunden bei Strassenverkehrsdelikten, Stuttgart 1956.

Elger, Christian E./Kurthen, Martin/Burr, Wieland: Klinik für Epileptologie, in: Heinz Schott (Hg.): Universitätskliniken und Medizinische Fakultät Bonn 1950–2000. Festschrift zum 50jährigen Jubiläum des Neuanfangs auf dem Venusberg, Bonn 2000, S. 279–283.

Engel, Carola: Leben und Werk des Bonner Frauenarztes Gustav von Veit, Diss. med. Bonn 1983.

Engelhardt, Karlheinz: Richard Siebeck – ein Exponent der »Heidelberger Schule«. Rückblick auf einen großen Arzt in seinem 40. Todesjahr, in: Deutsche Medizinische Wochenschrift 130 (2005), S. 1227–1229.

Ennemoser, Joseph: Ueber die nähere Wechselwirkung des Leibes und der Seele, mit anthropologischen Untersuchungen über den Mörder Adolph Moll, Bonn 1825.

Ennemoser, Joseph: Der Geist des Menschen in der Natur, oder die Psychologie in Uebereinstimmung mit der Naturkunde, Stuttgart und Tübingen 1849.

Ennemoser, Joseph: Anleitung zur Memserischen Praxis, Stuttgart/Tübingen 1852.

Ennemoser, Joseph: Was ist Cholera und wie kann man sich vor ihr sicher bewahren?, Bonn 1931.

Ewig, Santiago/Lüderitz, Berndt: Medizinische Klinik und Poliklinik II. Innere Medizin-Schwerpunkte Kardiologie und Pneumologie, in: Heinz Schott (Hg.): Universitätskliniken und Medizinische Fakultät Bonn 1950–2000. Festschrift zum 50jährigen Jubiläum des Neuanfangs auf dem Venusberg, Bonn 2000, S. 258–262.

Falkai, Peter: Abteilung für Medizinische Psychologie, in: Heinz Schott (Hg.): Universitätskliniken und Medizinische Fakultät Bonn 1950–2000. Festschrift zum 50jährigen Jubiläum des Neuanfangs auf dem Venusberg, Bonn 2000, S. 273–274.

Feld, Michael/Roo, Michel de: History of Nuclear Medicine in Europe, Stuttgart 2003.

Ferdinand, Ursula: Der »faustische Pakt« in der Sozialhygiene Alfred Grotjahns (1869–1931), in: Regina Wecker/Sabine Braunschweig/Gabriela Imboden u. a. (Hgg.): Wie nationalsozialistisch ist die Eugenik? Internationale Debatten zur Geschichte der Eugenik im 20. Jahrhundert, Wien/Köln/Weimar 2009, S. 173–185.

Finkler, Dittmar: Die acuten Lungenentzündungen als Infectionskrankheiten. Nach eigenen Untersuchungen bearbeitet, Wiesbaden 1891.

Finkler, Dittmar: Eiweissnahrung und Nahrungseiweiss, Leipzig 1898 [Sonderdruck aus: Deutsche Medizinische Wochenschrift 1898].

Finkler, Dittmar: Die Verwertung des ganzen Korns zur Ernährung, Bonn 1910.

Flecken, Susanne: Maria Gräfin von Linden. Wissenschaftlerin an der Universität Bonn von 1899 bis 1933, in: Elisabeth Dickmann u. a. (Hgg.): Barrieren und Karrieren. Die Anfänge des Frauenstudiums in Deutschland, Berlin 2000, S. 253–269.

Forsbach, Ralf: Ein einsamer Nationalsozialist. Der Bonner Pädiater Hans Knauer (1895–1952), in: Karen Bayer/Frank Sparing/Wolfgang Woelk (Hgg.): Universitäten und Hochschulen im Nationalsozialismus und in der frühen Nachkriegszeit, Stuttgart 2004, S. 167–181.

Forsbach, Ralf: Die Medizinische Fakultät der Universität Bonn im »Dritten Reich«, München 2006.

Forsbach, Ralf: Die Medizinische Fakultät in der NS-Zeit, in: Thomas Becker (Hg.): Zwischen Diktatur und Neubeginn. Die Universität Bonn im »Dritten Reich« und in der Nachkriegszeit. Göttingen 2008, S. 123–140.

Forsbach, Ralf: Die 68er und die Medizin. Gesundheitspolitik und Patientenverhalten in der Bundesrepublik Deutschland (1960–2010) (Medizin und Kulturwissenschaft. Bonner Beiträge zur Geschichte, Anthropologie und Ethik der Medizin 5), Göttingen 2011.

Forsbach, Ralf: Erich Hoffmann: Ein arrivierter Dermatologe und dilettierender Dichter als Repräsentant medizinischer Funktionseliten vom Kaiserreich zur Bundesrepublik, in: Magnus Brechtken (Hg.): Life Writing and Political Memoir. Lebenszeugnisse und Politische Memoiren, Göttingen 2012, S. 107–125.

Forsbach, Ralf: Friedrich Panse – etabliert in allen Systemen. Psychiater in der Weimarer Republik, im »Dritten Reich« und in der Bundesrepublik, in: Der Nervenarzt 83 (2012), S. 329–336.

Forsbach, Ralf: Die Gleichschaltung an der Medizinischen Fakultät der Universität Bonn, in: Ursula Ferdinand/Hans-Peter Kröner/Ioanna Mamali (Hgg.): Medizinische Fakultäten in der deutschen Hochschullandschaft 1925–1950, Heidelberg 2013, S. 125–136.

Forsbach, Ralf: Johannes Steudel (1901–1973) als Begründer der Bonner Medizingeschichte. Anfänge der Bonner Medizingeschichte, in: Medizinhistorisches Journal 49 (2014), S. 159–182.

Forsbach, Ralf: Friedrich Albert Panse (1899–1973), Psychiater und T-4-Gutachter in der NS-Zeit; www.rheinische-geschichte.lvr.de/persoenlichkeiten/P/Seiten/FriedrichAlbertPanse.aspx?print=true; zuletzt abgerufen am 15.09.2015.

Forsbach, Ralf: Abwehren, Verschweigen, Aufklären. Der Umgang mit den NS- Medizinverbrechen seit 1945, in: Zeitgeschichte online, Dezember 2013; www.zeitgeschichte-online.de/themen/abwehren-verschweigen-aufklaeren; zuletzt abgerufen am 01.02.2016).

Forsbach, Ralf/Hofer, Hans-Georg: Die Deutsche Gesellschaft für Innere Medizin in der NS-Zeit. Ausstellung aus Anlass des 121. Kongresses der Deutschen Gesellschaft für Innere Medizin, 18.–21. April 2015 in Mannheim, Wiesbaden 2015.

Fraenkel, Albert (Hg.): Der Weg zur rationellen Therapie, Vorträge gehalten zu Heidelberg vom 01.–03. August 1932 in der gemeinnützigen öffentlichen Krankenanstalt Speyererhof. Leipzig 1933.

Franqué, Otto von: Entbindungsanstalten, Wöchnerinnen- und Säuglingsheime als Mittel zur Bekämpfung der Säuglingssterblichkeit, in: Zeitschrift für soziale Medizin, Säuglingsfürsorge und Krankenhauswesen sowie die übrigen Grenzgebiete der Medizin und Volkswirtschaft 3 (1909), S. 241.

Franqué, Otto von: Heinrich Fritsch, in: Chronik des akademischen Jahres 1915, Bonn 1916, S. 11–16.

Franqué, Otto von: Geburtenrückgang, Arzt und Geburtshelfer, Würzburg 1916.

Franqué, Otto von: Kriegsfolgen auf gynäkologischem und geburtshilflichem Gebiet, in: Würzburger Abhandlungen auf dem Gesamtgebiet der Medizin 17 (1918), S. 197–212.

Franqué, Otto von: Folgen der Kriegs- und Nachkriegszeit für Mutter und Kind. Rede gehalten beim Antritt des Rektorats der Rheinischen Friedrich-Wilhelms-Universität am 18. Oktober 1922, Bonn 1923.

Franqué, Otto von: Anatomie, Histogenese und anatomische Diagnostik der Uteruscarcinome, in: Walter Stoeckel (Hg.): Handbuch der Gynäkologie, Bd. 6/1, München 1930.

Franz, Thomas: Anatomisches Institut, in: Heinz Schott (Hg.): Universitätskliniken und Medizinische Fakultät Bonn 1950–2000. Festschrift zum 50jährigen Jubiläum des Neuanfangs auf dem Venusberg, Bonn 2000, S. 100–101.

Freimüller, Tobias: Alexander Mitscherlich. Gesellschaftsdiagnosen und Psychoanalyse nach Hitler (Beiträge zur Geschichte des 20. Jahrhunderts 6), Göttingen 2007.

Freisfeld, Marita: Poliklinik für Kieferorthopädie, in: Heinz Schott (Hg.): Universitätskliniken und Medizinische Fakultät Bonn 1950–2000. Festschrift zum 50jährigen Jubiläum des Neuanfangs auf dem Venusberg, Bonn 2000, S. 319–323.

Fritsch, Heinrich: 1870/71. Erinnerungen und Betrachtungen, Bonn 1913.

Gabler-Sandberger, Elisabeth: Vorhof-Defibrillator in Deutschland erstmals implantiert, in: Deutsches Ärzteblatt 93 (1996), S. A-2076/B-1760/C-1656.

Gasser, Edmund: Bericht über das akademische Jahr 1966/67, in: Chronik des akademischen Jahres (1966/67), Bonn 1967, S. 7–17.

Geiger, Karin: »Krise« – zwischen Schlüsselbegriff und Schlagwort. Zum Diskurs über eine »Krise der Medizin« in der Weimarer Republik, in: Medizinhistorisches Journal 45 (2010), S. 368–410.

Gembruch, Ulrich u. a.: Nachruf-Prof. Dr. med. Manfred Hansmann, in: Ultraschall in der Medizin 30 (2009), S. 411–412.

Goerbig, Fritz: Beitrag zur Pathologie und Therapie der Malaria. Diss. med. Bonn 1917.

Göthert, Manfred: Medizinische Fakultät im Umbruch, in: Heinz Schott (Hg.): Universitätskliniken und Medizinische Fakultät Bonn 1950–2000. Festschrift zum 50jährigen Jubiläum des Neuanfangs auf dem Venusberg, Bonn 2000, S. 64–68.

Gohrbandt, Erwin/Redwitz, Erich von: Lehrbuch der Chirurgie. Erster und Zweiter Band, 11. Aufl. Jena 1965.

Gött, Theodor: Bruno Salge 1872–1924, in: Bonner Gelehrte. Beiträge zur Geschichte der Wissenschaften in Bonn. Medizin, Bonn 1992, S. 333–335.

Goltermann, Svenja: Die Gesellschaft der Überlebenden. Deutsche Kriegsheimkehrer und ihre Gewalterfahrungen im Zweiten Weltkrieg, München 2009.

Gross, Gisela/Huber, Gerd/Maier, Wolfgang: Klinik und Poliklinik für Psychiatrie und Psychotherapie, in: Heinz Schott (Hg.): Universitätskliniken und Medizinische Fakultät Bonn 1950–2000. Festschrift zum 50jährigen Jubiläum des Neuanfangs auf dem Venusberg, Bonn 2000, S. 267–272.

Groth, Wilhelm: Bericht über das akademische Jahr 1965/66, in: Chronik und Bericht über das akademische Jahr 1965/66, Bonn 1966, S. 8–20.

Grotjahn, Alfred/Kriegel, F. (Hgg.): Bibliographischer Jahresbericht über Soziale Hygiene, Demographie und Medizinalstatistik. Bericht über die Jahre 1914 und 1915 (Veröffentlichungen aus dem Gebiete der Medizinalverwaltung VI), Berlin 1916.

Grünwald, Gerald: Bericht über das akademische Jahr 1970/71, in: Chronik des akademischen Jahres 1970/71, Bonn 1971, S. 7–15.

Grütz, Otto: Der Neubau der Universitäts-Hautklinik Bonn-Venusberg, in: Der Hautarzt 7 (1956), S. 520–523.

Güttgemann, Alfred: Erich Freiherr von Redwitz 1883–1964, in: Bonner Gelehrte. Beiträge zur Geschichte der Wissenschaften in Bonn. Medizin, Bonn 1968, S. 208–215.

Guillery, Ray W.: Observations of synaptic structures: origins of the neuron doctrine and its current status, in: Philosophical Transactions of the Royal Society B 360 (2005), S. 1281–1307.

Haberling, Wilhelm: Johannes Müller. Das Leben des rheinischen Naturforschers. Auf Grund seiner Quellen und seiner Briefe dargestellt, Leipzig 1924.

Habs, Horst: Erinnerungen an meine Vorgänger auf dem Lehrstuhl für Hygiene der Rheinischen Friedrich-Wilhelms-Universität Bonn, in: Bonner Universitätsblätter 1984, S. 5–18.

Habs, Horst: Louis Pasteur und die Medizinische Fakultät der Rheinischen Friedrich-Wilhelms-Universität Bonn – Erinnerung an eine historische Kontroverse, in: Bonner Universitätsblätter 1986, S. 49–56.

Haecker, Valentin: Vererbungsgeschichtliche Probleme der sozialen und Rassenhygiene, in: Adolf Gottstein/Arthur Schlossmann/Ludwig Teleky (Hgg.), Handbuch der sozialen Hygiene und Gesundheitsfürsorge, Bd. 1, Berlin 1925, S. 184–255.

Hansis, Martin/Breipohl, Winrich/Shiozawa, Thomas/Stümpfig, Anke/Rohde, Anke: Ärztliche Ausbildung und internationaler Studentenaustausch, in: Heinz Schott (Hg.): Universitätskliniken und Medizinische Fakultät Bonn 1950–2000. Festschrift zum 50jährigen Jubiläum des Neuanfangs auf dem Venusberg, Bonn 2000, S. 76–82.

Hansmann, Manfred: Abteilung für Pränatale Diagnostik und Therapie, in: Heinz Schott (Hg.): Universitätskliniken und Medizinische Fakultät Bonn 1950–2000. Festschrift zum 50jährigen Jubiläum des Neuanfangs auf dem Venusberg, Bonn 2000, S. 234–237.

Häring, Rudolf (Hg.): Chirurgie der Leber. Herrn Prof. Dr. med. Alfred Gütgemann zum 75. Geburtstag gewidmet, Weinheim 1983.

Hagen, Emmi: Johannes Sobotta 1869–1945, in: Bonner Gelehrte. Beiträge zur Geschichte der Wissenschaften in Bonn. Medizin, Bonn 1968, S. 88–91.

Hammann, Klaus: Edwin Theodor Saemisch. Eine historische Studie, Diss. med. Bonn 1969.

Hamperl, Herwig: Hugo Ribbert 1855–1920, in: Bonner Gelehrte. Beiträge zur Geschichte der Wissenschaften in Bonn. Medizin, Bonn 1968, S. 140–146.

Hamperl, Herwig: Pathologie in den USA, in: Deutsche Medizinische Wochenschrift 82 (1957), S. 182–185 und S. 218–221.

Hamperl, Herwig: Pathologie in der UdSSR, in: Deutsche Medizinische Wochenschrift 82 (1957), S. 416–419.

Hamperl, Herwig: Werdegang und Lebensweg eines Pathologen, Stuttgart/New York 1972.

Hansis, Martin: Klinik und Poliklinik für Unfallchirurgie, in: Heinz Schott (Hg.): Universitätskliniken und Medizinische Fakultät Bonn 1950–2000. Festschrift zum 50jährigen Jubiläum des Neuanfangs auf dem Venusberg, Bonn 2000, S. 201–203.

Harleß, Christian Friedrich: Guter Rat für das zuträgliche Verhalten der Gesunden zur Zeit der herannahenden Cholera, Koblenz 1849.

Hartmann, Alexander/Klockgether, Thomas: Neurologische Klinik, in: Heinz Schott (Hg.): Universitätskliniken und Medizinische Fakultät Bonn 1950–2000. Festschrift zum 50jährigen Jubiläum des Neuanfangs auf dem Venusberg, Bonn 2000, S. 275–278.

Healy, David: The Antidepressant Era, Cambridge 1997.

Healy, David: Obituary: Roland Kuhn (1912–2005), in: History of Psychiatry 17 (2006), S. 253–255.

Heischkel, Edith: Eduard Pflüger (1829–1910), in: Ingeborg Schnack (Hg.): Lebensbilder aus Kurhessen und Waldeck 1830–1930, Bd. 4, Marburg 1950, S. 253–263.

Heischkel-Artelt, Edith: Eduard Pflüger 1829–1910, in: Bonner Gelehrte. Beiträge zur Geschichte der Wissenschaften in Bonn. Medizin, Bonn 1968, S. 92–98.

Helfgen, Ernst-Heinrich: Poliklinik für Zahnärztliche Protethik, in: Heinz Schott (Hg.): Universitätskliniken und Medizinische Fakultät Bonn 1950–2000. Festschrift zum 50jährigen Jubiläum des Neuanfangs auf dem Venusberg, Bonn 2000, S. 324–327.

Hertfelder, Hans-Jörg/Egli, Hans/Hanfland, Peter: Institut für Experimentelle Hämatologie und Transfusionsmedizin, in: Heinz Schott (Hg.): Universitätskliniken und Me-

dizinische Fakultät Bonn 1950–2000. Festschrift zum 50jährigen Jubiläum des Neuanfangs auf dem Venusberg, Bonn 2000, S. 125–131.
Hibbeler, Birgit: Deutsches Demenzzentrum in Bonn: »Das ist gewaltig, was hier entsteht«, in: Deutsches Ärzteblatt 105 (2008) 44, S. A-2319/B-1982/C-1930.
Hibbeler, Birgit/Weckbecker, Klaus: Neues Institut für Hausarztmedizin in Bonn, in: Deutsches Ärzteblatt 109 (2012) 19, S. A-979/B-843/C-835.
Hildebrandt, Sabine: Research on Bodies of the Executed in German Anatomy: An Accepted Method That Changed During the Third Reich. Study of Anatomical Journals From 1924 to 1951, in: Clinical Anatomy 26 (2013), S. 304–326.
Hirner, Andreas: Klinik und Poliklinik für Allgemein-, Viszeral-, Thorax- und Gefäßchirurgie, in: Heinz Schott (Hg.): Universitätskliniken und Medizinische Fakultät Bonn 1950–2000. Festschrift zum 50jährigen Jubiläum des Neuanfangs auf dem Venusberg, Bonn 2000, S. 197–200.
Höpfner, Hans-Paul: Bonner Krankenhausgeschichte. 175 Jahre Universitätskliniken, Bonn 1992.
Höpfner, Hans-Paul: Die Universität Bonn im Dritten Reich. Akademische Biographien unter nationalsozialistischer Herrschaft (Academica Bonnensia 12), Bonn 1999.
Höpfner, Hans-Paul: Bonner Universitätskliniken 1818–1945, in: Heinz Schott (Hg.): Universitätskliniken und Medizinische Fakultät Bonn 1950–2000. Festschrift zum 50jährigen Jubiläum des Neuanfangs auf dem Venusberg, Bonn 2000, S. 16–22.
Hörnemann, Susanne: Das Leben und Werk Friedrich Schultzes unter besonderer Berücksichtigung seiner Tätigkeit als Direktor der Medizinischen Klinik der Universität Bonn (1888–1918), Diss med. Bonn 1988.
Hofer, Hans-Georg: Der falsche Täter? Fritz Kaufmann (1875–1941) und die deutsche Kriegspsychiatrie, in: Praxis. Schweizerische Rundschau für Medizin 90 (2001), S. 2232–2234.
Hofer, Hans-Georg: Medizin. Macht. Fehler. Zur historischen Verortung einer aktuellen Diskussion, in: Andreas Frewer/Kurt W. Schmidt/Lutz Bergemann (Hgg.): Fehler und Ethik in der Medizin. Neue Wege für Patientenrechte (Jahrbuch Ethik in der Klinik 6), Würzburg 2013, S. 21–44.
Hofer, Hans-Georg: Labor, Klinik, Gesellschaft. Stress und die westdeutsche Universitätsmedizin (1950–1980), in: Zeithistorische Forschungen/Studies in Contemporary History 11 (2014) 3, S. 382–405.
Hoffmann, Erich: Ätiologie der Syphilis, Berlin 1906.
Hoffmann, Erich: Atlas der ätiologischen und experimentellen Syphilisforschung, Berlin 1908.
Hoffmann, Erich: Fortschritte in der Erkennung und Behandlung der Syphilis. Dauererfolge der kombinierten Quecksilber-Salvarsanbehandlung, Bonn 1913.
Hoffmann, Erich: Wie kann die Menschheit von der Geißel der Syphilis befreit werden?, Berlin 1927.
Hoffmann, Erich: Vorträge und Urkunden zur 25jährigen Wiederkehr der Entdeckung des Syphiliserregers (Spirochaeta pallida), Berlin 1930.
Hoffmann, Erich: Die angeborene Syphilis im Lichte 30jähriger Spirochäten- und 25jährigen Salvarsanforschung, Berlin 1936.
Huber, Gerd: Hans Jörg Weitbrecht 1909–1975, in: Archiv für Psychiatrie und Nervenkrankheiten 220 (1975), S. 269–274.

Huber, Gerd (Hg.): Symposion zum Gedenken an Hans Jörg Weitbrecht (Das ärztliche Gespräch 32), Köln 1979.

Huber, Gerd (Hg.): 2. Hans Jörg Weitbrecht-Symposion (Das ärztliche Gespräch 41), Frankfurt/Main 1986.

Hübner, Arthur: Zur Lehre von der Lues nervosa, o. O. 1906 [Sonderdruck].

Hübner, Arthur: Klinische Studien über die Melancholie, in: Archiv für Psychiatrie 43 (1907), S. 505–559.

Hübner, Arthur: Ueber das Greisenalter in psychologischer, psychopathologischer und forensischer Beziehung, in: Archiv für Psychiatrie und Nervenkrankheiten 43 (1908), S. 505–559.

Hübner, Arthur: Zur Psychologie und Psychopathologie des Greisenalters, in: Medizinische Klinik 6 (1910), S. 1205–1208.

Hübner, Arthur: Zur Histopathologie der senilen Hirnrinde, in: Archiv für Psychiatrie und Nervenkrankheiten 46 (1910) S. 598–609.

Hübner, Arthur: Pathologie und Therapie der Degeneration, in: Deutsche Medizinische Wochenschrift 39 (1913), S. 921–925.

Hübner, Arthur: Lehrbuch der forensischen Psychiatrie, Bonn 1914.

Hübner, Arthur/Westphal, Alexander: Ueber nervöse und psychische Erkrankungen im Kriege, in: Medizinische Klinik 11 (1915).

Hübner, Arthur: Ueber Kriegs- und Unfallpsychosen, in: Archiv für Psychiatrie und Nervenkrankheiten 58 (1917), S. 324–400.

Hübner, Arthur: Die strafrechtliche Begutachtung Heeresangehöriger, in: Aerztliche Sachverständigen-Zeitung 23 (1917), S. 121 und S. 135.

Hübner, Arthur: Ueber Wahrsager, Weltverbesserer, Nerven- und Geisteskrankheiten im Kriege. Vortrag gehalten in der Anthropologischen Gesellschaft zu Bonn (Deutsche Kriegsschriften 26), Bonn 1918.

Hübner, Arthur: Das Eherecht der Geisteskranken und Nervösen, Bonn 1921.

Hübner, Arthur: Über Eheberatung, in: Zeitschrift für Volksaufartung und Erbkunde 1 (1926), S. 147–148.

Hübner, Arthur: Die psychiatrische Eheberatung, in: Zentralblatt für die gesamte Neurologie und Psychiatrie 64 (1932), S. 265f.

Hüntelmann, Axel C.: Hygiene im Namen des Staates. Das Reichsgesundheitsamt 1876–1933, Göttingen 2008.

Hulverscheidt, Marion: The Scientist-Entrepreneur or Financing in Pharmaceutical Research: a portrait of the malariologist Werner Schulemann, 1888–1975, in: Viviane Qirke (Hg.): Perspectives on twentieth-century pharmaceuticals, Oxford 2010, S. 121–148.

Hundeshagen, Bernhard: Die Stadt und Universität Bonn am Rhein. Mit ihren Umgebungen und zwölf Ansichten dargestellt, Bonn 1832.

Institut der deutschen Wirtschaft Köln: Die Schere zwischen beitragspflichtigem Einkommen und Ausgaben im gesetzlichen Gesundheitssystem wird immer größer, Köln 2017.

Jachertz, Norbert: Organtransplantation: Gewagte Entscheidung, in: Deutsches Ärzteblatt 106 (2009) 25, A 1294.

Jacobi, Josef: Carl Hirsch 1870–1930, in: Bonner Gelehrte. Beiträge zur Geschichte der Wissenschaften in Bonn. Medizin, Bonn 1968, S. 230–235.

Jänisch, Werner/Nauhaus, Gerd: Der Obduktionsbefund der Leiche des Komponisten Robert Schumann – Veröffentlichung und Wertung eines wiederentdeckten Dokuments, in: Zentralblatt für allgemeine Pathologische Anatomie 132 (1986), S. 129–136.

Jaske, Gregor: Die gerichtliche und soziale Medizin in Berlin von 1930 bis 1954 unter Victor Müller-Heß, Berlin 2008.

Just, Ulrike: »Sie wird kein ganzer Mann und ist keine rechte Frau mehr«. Maria Gräfin von Linden. Die erste Tübinger Studentin und erste Professorin in Bonn, in: Frauen in Geschichte und Gesellschaft 22 (1992), S. 87–92.

Kaiser, Karl: Die Managerkrankheit lässt sich vermeiden, Köln 1953.

Kaplan, Suzanne (Hg.): Kinderchirurg Dr. Alfred Jahn und die Waisenkinder von Kigali, Nierstein 2004.

Karzel, Karlfried: Geschichte der Pharmakologie und Toxikologie an der Universität Bonn, in: Bonner Universitätsblätter 1995, S. 69–80.

Göthert, Manfred/Karzel, Karlfried: Institut für Pharmakologie und Toxikologie, in: Heinz Schott (Hg.): Universitätskliniken und Medizinische Fakultät Bonn 1950–2000. Festschrift zum 50jährigen Jubiläum des Neuanfangs auf dem Venusberg, Bonn 2000, S. 119–124.

Göthert, Manfred/Karzel, Karlfried: Institut für Pharmakologie und Toxikologie, Medizinische Fakultät der Rheinischen Friedrich-Wilhelms-Universität Bonn, in: Philippu, Athineos (Hg.): Geschichte und Wirken der pharmakologischen, klinisch-pharmakologischen und toxikologischen Institute im deutschsprachigen Raum, Bruneck 2004, S. 135–143.

Kaul, Marco Bernhard: Günter Elsässer. Von der Erbforschung zur Psychotherapie, Med. Diss. Gießen 2013.

Kerner, Justinus: Sendschreiben an die Bürger des Oberamts Weinsberg Betreff der uns drohenden Cholera, Karlsruhe 1924.

Keseberg, Adalbert: Medizinische Poliklinik-Lehrbereich Allgemeinmedizin, in: Heinz Schott (Hg.): Universitätskliniken und Medizinische Fakultät Bonn 1950–2000. Festschrift zum 50jährigen Jubiläum des Neuanfangs auf dem Venusberg, Bonn 2000, S. 295–296.

Killian, Hans/Krämer, Gertrud: Meister der Chirurgie und die Chirurgenschulen im Deutschen Raum, Stuttgart 1951.

Kistemann, Thomas: Hygiene-Institut, in: Heinz Schott (Hg.): Universitätskliniken und Medizinische Fakultät Bonn 1950–2000. Festschrift zum 50jährigen Jubiläum des Neuanfangs auf dem Venusberg, Bonn 2000, S. 171–175.

Kleinpass, Hans: Zum 100. Todestag von Ferdinand Carl Maria Finkelnburg (+ 1896), in: Godesberger Heimatblätter 34 (1996), S. 78–81.

Klemmer, Markus: Klinische Toxikologie (1997–2003) am Institut für Rechtsmedizin der Rheinischen Friedrich-Wilhelms-Universität Bonn, Diss. med. Bonn 2006.

Klinkhammer, Gisela: Diskussion an der Bonner Universität, in: Deutsches Ärzteblatt 98 (2001) 49, S. A-3270/B-2762/C-2565.

Ko, Annette: Friedrich Trendelenburg. Eine Bewertung seiner Leistungen für die Phlebologie, Diss. med. Bonn 1993.

Körschner, Dieter: Der Kampf ums Cholerahospital in Bonn im Jahre 1832, in: Bonner Geschichtsblätter 42 (1992), S. 277–310.

Korkhaus, Gustav: Alfred Kantorowicz 1880–1962, in: Bonner Gelehrte. Beiträge zur Geschichte der Wissenschaften in Bonn. Medizin, Bonn 1968, S. 409–420.

Kreuter, Alma: Deutschsprachige Neurologen und Psychiater. Ein biographisch-bibliographisches Lexikon von den Vorläufern bis zur Mitte des 20. Jahrhunderts, 3 Bde., München 1996.

Kreysel, Hans-Wilhelm: Dermatologie im Rückblick von 100 Jahren, in: Bonner Universitätsblätter 1990, S. 39–48.

Kruse, Walter: Kritische und experimentelle Beiträge zur hygienischen Beurteilung des Wassers, in: Zeitschrift für Hygiene und Infectionskrankheiten 17 (1894), S. 1–58.

Kruse, Walter: Hygienische Beurteilung des Talsperrenwassers, in: Centralblatt für allgemeine Gesundheitspflege 20 (1901), S. 145.

Kruse, Walter: Der jetzige Stand der Dysenteriefrage, in: Deutsche Ärzte-Zeitung (1902), Nr. 2.

Kruse, Walter: Beiträge zur Hygiene des Wassers, in: Zeitschrift für Hygiene und Infektionskrankheiten 4 (1908), S. 6–94.

Kupka, Markus S.: Abteilung für Gynäkologische Endokrinologie und Reproduktionsmedizin, in: Heinz Schott (Hg.): Universitätskliniken und Medizinische Fakultät Bonn 1950–2000. Festschrift zum 50jährigen Jubiläum des Neuanfangs auf dem Venusberg, Bonn 2000, S. 238–242.

Kury, Patrick: Der überforderte Mensch. Eine Wissensgeschichte vom Stress zum Burnout, Frankfurt/New York 2012.

La Valette St. George, Adolph von: Ueber die Genese der Samenkörper. Zweite Mittheilung, in: Archiv für mikroskopische Anatomie 3 (1867), S. 263–273.

La Valette St. George, Adolph von: De spermatosomatum evolutione in plagiostomis. Programm zur Geburtstagsfeier des Gründers der Universität vom 3.8.1878, Bonn 1878.

La Valette St. George, Adolph von: Die Spermatogenese bei den Säugethieren und dem Menschen. Programm zur Geburtstagsfeier des Gründers der Universität vom 3.8. 1898, Bonn 1898.

Laënnec, René-Théophile-Hyacinthe: De l'Auscultation médiate, ou Traité du diagnostic des maladies des poumons et du cœur, fondé principalement sur ce nouveau moyen d'exploration, 2 vol., Paris 1819.

Langenbeck, Bernhard: Leitfaden der praktischen Audiometrie, Stuttgart 1952.

Langstein, Leo: Zur Erinnerung an Bruno Salge, in: Zeitschrift für Kinderheilkunde 38 (1924), S. I–III.

Lehmann, Sabine: Hans Schuermann (1908–1962), Diss. med. Bonn 1987.

Lentz, Hildegard: Hermann Friedrich Kilian 1800–1863, in: Bonner Gelehrte, Beiträge zur Geschichte der Wissenschaften in Bonn. Medizin, Bonn 1968, S. 281–286.

Lentze, Michael J.: Kinderklinik und Poliklinik-Allgemeine Pädiatrie, in: Heinz Schott (Hg.): Universitätskliniken und Medizinische Fakultät Bonn 1950–2000. Festschrift zum 50jährigen Jubiläum des Neuanfangs auf dem Venusberg, Bonn 2000, S. 243–246.

Hacker, Jörg (Hg.): Zum Verhältnis von Medizin und Ökonomie im deutschen Gesundheitssystem, 8 Thesen zur Weiterentwicklung zum Wohle der Patienten und der Gesellschaft (Diskussion 17), Halle (Saale) 2016.

Liedtke, Reinhard/Schilling, Guntram: Klinik und Poliklinik für Psychosomatische Medizin und Psychotherapie, in: Heinz Schott (Hg.): Universitätskliniken und Medizini-

sche Fakultät Bonn 1950–2000. Festschrift zum 50jährigen Jubiläum des Neuanfangs auf dem Venusberg, Bonn 2000, S. 263–266.
Linden, Maria von: Erfahrungen der Kupferbehandlung bei der experimentellen Tuberkulose des Meerschweinchens und bei den verschiedenen Formen der Tuberkulose des Menschen (Veröffentlichungen aus dem Gebiete der Medizinialverwaltung VI, Heft 6), Berlin 1917, S. (403) 3-(458) 58.
Linden, Maria von: Die bisherigen Ergebnisse der Kupferbehandlung bei Nematodenerkrankungen mit besonderer Berücksichtigung der experimentellen Trichonose (Veröffentlichungen aus dem Gebiete der Medizinialverwaltung VI, Heft 6), Berlin 1917, S. (459) 59-(487) 87.
Linden, Maria von: Die biologischen Wirkungen des Kupfers, o. O. 1936 [Sonderdruck].
Lindenberg, Wladimir: Himmel in der Hölle. Wolodja als Arzt in unseliger Zeit, München 1983.
Lindner, Thomas: Die Entwicklung der Augenheilkunde in den letzten 100 Jahren aufgezeigt am Beispiel der Universitäts-Augenklinik Bonn, Diss. med. Bonn 1992.
Lindner, Ulrike/Blume, Stuart: Vaccine Innovation and Adoption. Polio Vaccines in the UK, the Netherlands and West Germany 1955–1965, in: Medical History 50 (2006), S. 425–446.
Lister, Joseph: Erste Veröffentlichungen über antiseptische Wundbehandlung 1867, 1868, 1869. Übersetzt und eingeleitet von Friedrich Trendelenburg, Leipzig 1912.
Loeprecht, Henning: Trendelenburg – Initiator der funktionellen Varizenchirurgie, in: Christian Schwokowski (Hg.): Friedrich Trendelenburg (1844–1924). Zeitloser Glanz seiner Verdienste um die Chirurgie, Darmstadt 1994, S. 59–67.
Loewenfeld, Irene E.: Otto Lowenstein 1889–1965, in: Bonner Gelehrte. Beiträge zur Geschichte der Wissenschaften in Bonn. Medizin, Bonn 1968, S. 314–322.
Löwenstein, Otto: Experimentelle Hysterielehre, Bonn 1923.
Löwenstein, Otto: Das psychiatrisch-erbbiologische Archiv in Bonn, in: Archiv für Psychiatrie und Nervenheilkunde 85 (1928), S. 271–272.
Löwenstein, Otto: Experimentelle und klinische Studien zur Physiologie und Pathologie der Pupillenbewegungen mit besonderer Berücksichtigung der Schizophrenie, Berlin 1933.
Madea, Burkhard: Institut für Rechtsmedizin, in: Heinz Schott (Hg.): Universitätskliniken und Medizinische Fakultät Bonn 1950–2000. Festschrift zum 50jährigen Jubiläum des Neuanfangs auf dem Venusberg, Bonn 2000, S. 132–137.
Madea, Burkhard/Preuss, Johanna: Geschichte der Rechtsmedizin an der Universität Bonn. Vom 18. ins 21. Jahrhundert, in: Burkhard Madea (Hg.): 100 Jahre deutsche Gesellschaft für Gerichtliche Medizin/Rechtsmedizin. Vom Gründungsbeschluss 1904 zur Rechtsmedizin im 21. Jahrhundert, o. O. 2004, S. 174–191.
Maier, Wolfgang/Linz, M.: Geschichte der psychiatrischen Versorgung in Bonn und des Faches Psychiatrie und Psychotherapie an der Bonner Universität, in: Hans Hippius (Hg.): Universitätskolloquien zur Schizophrenie, Bd. 2, Heidelberg 2004, S. 73–84.
Makowski, Hans Michael: Georg Wilhelm Stein und die frühe Geburtshilfe in Bonn, Med. Diss. Bonn 1979.
Mani, Nikolaus: Naturwissenschaftliche Medizin in Bonn von 1820 bis 1900, in: Heinz Schott (Hg.): Medizin, Romantik und Naturforschung. Bonn im Spiegel des 19. Jahr-

hunderts, anlässlich der 175-Jahrfeier der Universität Bonn (Studium Universale 18), Bonn 1993, S. 110–144.

Mani, Nikolaus: Medizin und Naturwissenschaften im ersten Jahrhundert der Medizinischen Fakultät Bonn 1820–1920, in: Heinz Schott (Hg.): Universitätskliniken und Medizinische Fakultät Bonn 1950–2000. Festschrift zum 50jährigen Jubiläum des Neuanfangs auf dem Venusberg, Bonn 2000, S. 23–29.

Manz, Friedrich: Institutionalisierte Wissenschaft und Praxis der Ernährung gesunder Kinder. Geschichte und Beiträge des Forschungsinstituts für Kinderernährung, in: Monatsschrift für Kinderheilkunde 162 (2014), S. 600–606.

Martini, Paul: Gedanken zur Ökonomie der Krankenbehandlung, in: Soziale Medizin 4 (1931), S. 425–432.

Martini, Paul: Methodenlehre der therapeutisch-klinischen Untersuchung, Berlin 1932.

Martini, Paul: Über die Möglichkeit des Fortschritts der inneren Medizin im Kriege, in: Münchener Medizinische Wochenschrift 87 (1940), S. 469–474.

Martini, Paul: Psychosomatische Medizin, in: Verhandlungen der Deutschen Gesellschaft für Innere Medizin 55 (1949), S. 51–57.

Martini, Paul: Bonn als Klinikstadt am Rhein, in: Wirtschaft am Rhein, Sonderheft (1949), S. 19–20.

Martini, Paul: Jahresbericht, in: Chronik des akademischen Jahres 1953/54, Bonn 1954, S. 7–21.

Martini, Paul: Die rationale Therapie, ihre Reichweite und ihre Grenzen, in: Die Therapiewoche 8 (1958), S. 277–280.

Martini, Paul/Oberhoffer, Gerhard/Welte, Eduard: Methodenlehre der therapeutisch-klinischen Forschung, 4. Aufl. Berlin 1968.

Matthews, J. Rosser: Quantification and the Quest for Medical Certainty, Princeton 1995.

Mayer, August Franz Joseph Karl: Ueber Histologie und eine neue Eintheilung der Gewebe des menschlichen Körpers bei Gelegenheit der Eröffnung seiner Vorlesungen über Anatomie an der Königl. Preussischen Rhein-Universität, Bonn 1919.

Mayer, August Franz Joseph Karl: Systematischer Catalog der Präparate des anatomischen Museums der Königlichen Rheinischen Friedrich-Wilhelms-Universität zu Bonn. Erstes Decennium vom Jahre 1820–1830, Bonn 1835.

Medizinische Fakultät der Universität Bonn (Hg.): Bericht zum Besuch des Ausschusses Medizin des Wissenschaftsrats am 27. 05. 1997 in Bonn, 5 Bde., Bonn 1997.

Menche, H.: Anchylostomum duodenale bei der Ziegelbrenneranaemie in Deutschland, in: Zeitschrift für Klinische Medizin VI (1883), S. 164.

Mensing, Hans Peter (Bearb.): Adenauer-Heuss: Unter vier Augen. Gespräche aus den Gründerjahren 1949–1959 (Rhöndorfer Ausgabe), Berlin 1997.

Mensing, Hans Peter: Konrad Adenauer und die Universität Bonn (Uniclub-Hefte 2), Bonn 2006.

Mettler, Markus: Der Pathologe Hugo Ribbert (1855–1920) (Zürcher medizingeschichtliche Abhandlungen 234), Diss. med. Zürich 1991.

Meyer-Abich, Adolf (Hg.): Biologie der Goethezeit. Klassische Abhandlungen über die Grundlagen und Hauptprobleme der Biologie von Goethe und den großen Naturforschern seiner Zeit: Georg Forster, Alexander v. Humboldt, Lorenz Oken, Carl Gustav Carus, Karl Ernst v. Baer und Johannes Müller, Stuttgart 1949.

Meyer, Ernst: Friedrich Trendelenburg (1844–1924) und seine Verdienste um die Beckenhochlagerung, Diss. med. Basel 1964.

Mitscherlich, Alexander: Rationale Therapie und Psychotherapie, in: Psyche 12 (1958), S. 721–731.

Mitscherlich, Alexander/Mielke, Fred (Hgg.): Medizin ohne Menschlichkeit. Dokumente des Nürnberger Ärzteprozesses, Frankfurt/Main 1960.

Modersohn, Wolf J.: Das Führerprinzip in der deutschen Medizin 1933–1945, Med. Diss. Kiel 1982.

Moll, Friedrich/Halling, Thorsten: Etablierung urologischer Lehrstühle und Herausbildung urologischer Krankenabteilungen in Westdeutschland 1945–1980. In: Thorsten Halling/Friedrich Moll/Heiner Fangerau (Hgg.): Urologie 1945–1990. Entwicklung und Vernetzung der Medizin in beiden deutschen Staaten. Berlin/Heidelberg 2015, S. 101–126.

Moser, Hugo: Bericht über das akademische Jahr 1964/65, in: Chronik und Bericht über das akademische Jahr 1964/65, Bonn 1965, S. 7–28.

Müller, Johannes: Über die phantastischen Gesichtserscheinungen. Eine physiologische Untersuchung, Koblenz 1826.

Müller, Hans Karl/Hammann, Klaus Edwin: Theodor Saemisch 1833–1909, in: Bonner Gelehrte. Beiträge zur Geschichte der Wissenschaften in Bonn. Medizin, Bonn 1968, S. 353–363.

Mueller-Hess, Viktor: Gerhart Panning. Die Zeugungs- und Beischlaffähigkeit des Mannes in rechtlicher Hinsicht, in: Jahreskurse für ärztliche Fortbildung 30 (1939), S. 44–78.

Müller-Pauly, K.-H.: Das Nervenzentrum der Universität Bonn-Venusberg, in: Das Krankenhaus 60 (1968) 9, S. 357–366.

Müller, Stefan C.: Klinik und Poliklinik für Urologie, in: Heinz Schott (Hg.): Universitätskliniken und Medizinische Fakultät Bonn 1950–2000. Festschrift zum 50jährigen Jubiläum des Neuanfangs auf dem Venusberg, Bonn 2000, S. 207–214.

Müller, Stefan C.: 30 Jahre urologische Universitätsklinik Bonn 1971–2001. Festschrift anlässlich des 30jährigen Bestehens, Bonn 2001.

Nadstawek, Joachim/Hoeft, Andreas: Die Klinik und Poliklinik für Anästhesiologie und spezielle Intensivmedizin, in: Heinz Schott (Hg.): Universitätskliniken und Medizinische Fakultät Bonn 1950–2000. Festschrift zum 50jährigen Jubiläum des Neuanfangs auf dem Venusberg, Bonn 2000, S. 220–223.

Nadstawek, Joachim/Hoeft, Andreas: Rheinische Friedrich-Wilhelms-Universität Bonn: Klinik und Poliklinik für Anästhesiologie und spezielle Notfallmedizin, in: Jürgen Schüttler (Hg.): 50 Jahre Deutsche Gesellschaft für Anästhesiologie und Notfallmedizin. Tradition und Innovation, Berlin 2003, S. 362–368.

Nasse, Friedrich: Das medicinische Klinikum zu Bonn, Koblenz 1825.

Nettekoven, Gabriele: Bibliographie zur Geschichte der Medizinischen Fakultät und der Universität Bonn. Auszug aus dem Katalog des Medizinhistorischen Instituts (Stand: 1. Januar 1993), in: Heinz Schott (Hg.): Medizin, Romantik und Naturforschung. Bonn im Spiegel des 19. Jahrhunderts, anlässlich der 175-Jahrfeier der Universität Bonn (Studium Universale 18), Bonn 1993, S. 155–223.

Nettekoven, Gabriele/Schott, Heinz: Medizinhistorisches Institut, in: Heinz Schott (Hg.): Universitätskliniken und Medizinische Fakultät Bonn 1950–2000. Festschrift zum 50jährigen Jubiläum des Neuanfangs auf dem Venusberg, Bonn 2000, S. 110–115.

Neumann, Alexander: »Ausschaltung der Ansteckungsquellen« – Die Seuchenpolitik der deutschen Wehrmacht im Krieg gegen die Sowjetunion 1941–1944, in: Sabine Schleiermacher/Udo Schagen (Hgg.): »Gesundheitsschutz für alle« und die Ausgrenzung von Minderheiten. Historische Beiträge zur Aushöhlung eines gesundheitspolitischen Anspruchs, Berlin 2006, S. 43–59.

Niederhagen, Bernd: Klinik und Poliklinik für Mund-, Kiefer- und Gesichtschirurgie, in: Heinz Schott (Hg.): Universitätskliniken und Medizinische Fakultät Bonn 1950–2000. Festschrift zum 50jährigen Jubiläum des Neuanfangs auf dem Venusberg, Bonn 2000, S. 330–332.

Niehaus, Heinrich: Bericht über das akademische Jahr 1961/62, in: Chronik des akademischen Jahres 1961/62, Bonn 1962, S. 7–13.

N.N., Nachruf auf Gerhard Oberhoffer, in: Chronik und Berichte über die akademischen Jahre 1983/84 und 1984/85, Bonn 1986, S. 83–84.

Noorden, Werner von: Der Kliniker Christian Friedrich Nasse. Ein Vorkämpfer und Webereiter des deutschen Arzttums (Abhandlung zur Geschichte der Medizin und der Naturwissenschaften 13), Jena 1936.

Nussbaum, Moritz: Ueber Vererbung. Vortrag gehalten in der Academy of Sciences zu San Francisco im September 1887. Bonn 1888.

Orth, Linda: Die Geschichte der Rheinischen Kliniken Bonn, in: 125 Jahre Rheinische Kliniken Bonn. Von der Provinzial-Heil- und Pflegeanstalt zur Fachklinik, Bonn o. J., S. 19–41.

Orth, Linda: Die Transportkinder aus Bonn. »Kindereuthanasie«. Köln/Bonn 1989.

Orth, Karin: Autonomie und Planung der Forschung. Förderpolitische Strategien der Deutschen Forschungsgemeinschaft 1949–1968, Stuttgart 2011.

Pagel, Julius: Biographisches Lexikon hervorragender Ärzte des neunzehnten Jahrhunderts, Berlin/Wien 1901.

Pagel, Julius Leopold: Ruehle, Hugo Ernst Heinrich, in: Allgemeine Deutsche Biographie 29 (1889), S. 609–610.

Panning, Gerhart: Wirkungsform und Nachweis der sowjetischen Infanteriesprengmunition, in: Der Deutsche Militärarzt 7 (1942), S. 20–30.

Panse, Friedrich: Angst und Schreck in klinisch-psychologischer und sozialmedizinischer Sicht, Stuttgart 1952.

Paul, Helmut: Das Seelenleben des Dystrophikers aufgrund eigener Erfahrungen, in: Zeitschrift für Psychotherapie und medizinische Psychologie 5 (1955), S. 168–180.

Pelman, Carl: Ueber die Grenzen zwischen psychischer Gesundheit und Geistesstörung. Eine Studie (Sammlung gemeinverständlicher wissenschaftlicher Vorträge Ser. 19), Berlin 1884.

Pelman, Carl: Rassenverbesserung und natürliche Auslese, in: Centralblatt für allgemeine Gesundheitspflege 15 (1896), S. 190–203.

Peters, Uwe Henrik: Gefangen im Irrenhaus. Robert Schumann, Köln 2010.

Petermann, Heike/Schwarz, W.: Die Spezialisierung an den Universitäten unter dem Blickwinkel der Anästhesie, in: Jürgen Schüttler (Hg.): 50 Jahre Deutsche Gesellschaft für Anästhesiologie und Intensivmedizin, Berlin/Heidelberg 2003, S. 298–307.

Pfeifer, Ulrich: Zentrum für Pathologie – Pathologisches Institut, in: Heinz Schott (Hg.): Universitätskliniken und Medizinische Fakultät Bonn 1950–2000. Festschrift zum 50jährigen Jubiläum des Neuanfangs auf dem Venusberg, Bonn 2000, S. 155–163.

Pflüger, Eduard: Untersuchungen über die Physiologie des Electrotonus, Berlin 1859.
Pflüger, Eduard: Experimentalbeitrag zur Theorie der Hemmungsnerven, in: Archiv für Anatomie, Physiologie und wissenschaftliche Medicin (1859), S. 13–29.
Pflüger, Eduard: De sensu electrico, Bonn 1860.
Pflüger, Eduard: Beiträge zur Lehre von der Respiration. Ueber die physiologische Verbrennung in den lebendigen Organismen, in: Archiv für die gesammte Physiologie des Menschen und der Thiere 10 (1875), S. 251–367.
Pflüger, Eduard: Wesen und Aufgaben der Physiologie. Rede zur feierlichen Eröffnung des neuen physiologischen Instituts in Poppelsdorf bei Bonn am 9. Nov. 1878, in: Archiv für die gesammte Physiologie des Menschen und der Thiere 18 (1878), S. 427–442.
Pflüger, Eduard: Neurasthenie (Nervenschwäche), ihr Wesen, ihre Bedeutung und Behandlung vom anatomisch-physiologischen Standpunkte für Aerzte und Studirende, Wien u. a. 1885.
Pflüger, Eduard: Über die Kunst der Verlängerung des menschlichen Lebens. Rede zur Feier des Geburtstages Seiner Majestät des Kaisers und Königs Wilhelm II. am 27. Januar 1890, Bonn 1890.
Pflüger, Eduard: Das Glykogen und seine Beziehungen zur Zuckerkrankheit, Bonn 1903.
Piekarski, Gerhard: 35 Jahre Medizinische Parasitologie an der Universität Bonn 1943–1978, in: Bonner Universitätsblätter 1978, S. 25–29.
Pietrusky, Friedrich: Die gerichtsärztliche und sozialärztliche Bedeutung der Kastration und Sterilisation als Heilmittel, in: Deutsche Zeitschrift für die gesamte gerichtliche Medizin 3 (1924), S. 162–179.
Plotz, Ernst Jürgen (Hg.): Methodik der Steroidtoxikologie für Forschung und klinische Anwendung der Steroide, Stuttgart 1971.
Pohlisch, Kurt: Das Rheinische Provinzial-Institut für psychiatrisch-neurologische Erbforschung in Bonn, in: Der Erbarzt 3 (1936), S. 49–52.
Preuß, Johanna/Madea, Burkhard: Emil Ungar (1849–1934). Kinderarzt und Gerichtsmediziner in Bonn, in: Rechtsmedizin 12 (2002), S. 325–327.
Preuß, Johanna/Madea, Burkhard: Gerhart Panning (1900–1944): A German Forensic Pathologist and his Involvement in Nazi Crimes During Second World War, in: The American Journal of Forensic Medicine and Pathology 30 (2009), S. 14–17.
Proctor, Robert: Racial Hygiene. Medicine under the Nazis, Cambridge 1988.
Propping, Peter: Institut für Humangenetik, in: Heinz Schott (Hg.): Universitätskliniken und Medizinische Fakultät Bonn 1950–2000. Festschrift zum 50jährigen Jubiläum des Neuanfangs auf dem Venusberg, Bonn 2000, S. 138–145.
Redel, Dierk A.: Abteilung für Kinderkardiologie, in: Heinz Schott (Hg.): Universitätskliniken und Medizinische Fakultät Bonn 1950–2000. Festschrift zum 50jährigen Jubiläum des Neuanfangs auf dem Venusberg, Bonn 2000, S. 250–251.
Redwitz, Erich von: Chirurgie des Magengeschwürs, München 1929.
Redwitz, Erich von: Die chirurgische Behandlung des Magen- und Zwölffingerdarmgeschwürs, Stuttgart 1955.
Redwitz, Erich von: Der Lehrstuhl für Chirurgie an der Rheinischen Friedrich-Wilhelms-Universität Bonn 1818–1953, Bonn 1957.
Redwitz, Erich Freiherr von: August Bier 1861–1949, in: Bonner Gelehrte. Beiträge zur Geschichte der Wissenschaften in Bonn. Medizin, Bonn 1968, S. 197–202.

Redwitz, Erich Freiherr von: Wilhelm Busch 1826–1881, in: Bonner Gelehrte. Beiträge zur Geschichte der Wissenschaften in Bonn. Medizin, Bonn 1968, S. 181–187.

Redwitz, Erich Freiherr von: Max Schede 1844–1924, in: Bonner Gelehrte. Beiträge zur Geschichte der Wissenschaften in Bonn. Medizin, Bonn 1968, S. 192–196.

Redwitz, Erich von: Philipp Franz von Walther 1782–1849, in: Bonner Gelehrte. Beiträge zur Geschichte der Wissenschaften in Bonn. Medizin, Bonn 1968, S. 36–40.

Renger, Christian: Die Gründung und Einrichtung der Universität Bonn und die Berufungspolitik des Kultusministers Altenstein (Academia Bonnensia 7), Bonn 1982.

Rensch, Carola/Bruchhausen, Walter: Medical Science meets ›Development Aid‹. Transfer and Adaptation of West German Microbiology to Togo, 1960–1980, in: Medical History 61-(2017), S. 1–24.

Renschler, Hans E./Burkhard, G. P.: Erfahrungen mit dem Einsatz eines audivisuellen Programmes zur Herzuntersuchung, in: Medizinische Ausbildung 3 (1986), S. 21–28.

Retzius, Gustav (Hg.): Briefe von Johannes Müller an Anders Retzius von dem Jahre 1830 bis 1857, Stockholm 1900.

Rey, Manfred van: Die Institute und Kliniken der Medizinischen Fakultät-1944 bis 1950, in: Heinz Schott (Hg.): Universitätskliniken und Medizinische Fakultät Bonn 1950–2000. Festschrift zum 50jährigen Jubiläum des Neuanfangs auf dem Venusberg, Bonn 2000, S. 37–50.

Ribbert, Hugo: Der Untergang pathogener Schimmelpilze im Körper, Bonn 1887.

Ribbert, Hugo: Der jetzige Standpunkt der Lehre von der Immunität, in: Deutsche Medizinische Wochenschrift 16 (1890), S. 690–694.

Ribbert, Hugo: Die pathologische Anatomie und die Heilung der durch den Staphylococcus pyogenes aureus hervorgerufenen Erkrankungen, Bonn 1891.

Ribbert, Hugo: Neuere Anschauungen über Vererbung, Descendenz und Pathologie, in: Deutsche Medizinische Wochenschrift 20 (1894), S. 10–12, S. 31–33.

Ribbert, Hugo: Die Lehren vom Wesen der Krankheiten in ihrer geschichtlichen Entwicklung, Bonn 1899.

Ribbert, Hugo: Die Vererbung der Krankheiten, in: Politisch-anthropologische Revue 3 (1904), S. 85–101.

Ribbert, Hugo: Ueber Vererbung. Rede (Marburger akademische Reden 6), Marburg 1902.

Ribbert, Hugo: Der Tod aus Altersschwäche, Bonn 1908.

Ribbert, Hugo: Das Wesen der Krankheit, Bonn 1909.

Ribbert, Hugo: Rassenhygiene. Eine gemeinverständliche Darstellung, Bonn 1910.

Ribbert, Hugo: Die Bedeutung der Krankheiten für die Entwicklung der Menschheit, Bonn 1912.

Ribbert, Hugo: Krieg und Krankheit, Bonn 1916.

Ribbert, Hugo: Heredity, disease and human evolution, New York 1918.

Ribbert, Hugo: Ueber den Begriff der Krankheit, in: Deutsche Zeitschrift fuer Nervenheilkunde 60 (1918), S. 169–178.

Richter, Eva A.: Reformstudiengänge Medizin. Mehr Praxis, weniger Multiple Choice, in: Deutsches Ärzteblatt 98 (2001), A-2020/B-1708/C-1604.

Rink, Hermann: Vom Röntgenforschungsinstitut über das Institut für Biophysik und das Institut für Strahlenbiologie zur Experimentellen Radiologie. 80 Jahre, in: Bonner Universitätsblätter 2003, S. 79–84.

Roessle, Robert/Roulet, Frédéric C.: Maß und Zahl in der Pathologie (Pathologie und Klinik in Einzeldarstellungen 5), Berlin 1932.

Rohde, Anke: Funktionsbereich Gynäkologische Psychosomatik, in: Heinz Schott (Hg.): Universitätskliniken und Medizinische Fakultät Bonn 1950–2000. Festschrift zum 50jährigen Jubiläum des Neuanfangs auf dem Venusberg, Bonn 2000, S. 232–233.

Rohde, Anke/Woopen, Christiane: Psychosoziale Beratung im Kontext von Pränataldiagnostik. Evaluation der Modellprojekte in Bonn, Düsseldorf und Essen, Köln 2007.

Rose(-Dams), Ingeborg: Alfred Kantorowicz. Sein Leben und seine Bedeutung für die Zahnheilkunde, Diss. med. dent. Bonn 1969.

Rückher, Die Achtundsechziger-Bewegung und die Medizinische Fakultät der Universität Bonn (Medizin und Kulturwissenschaft 9), Göttingen 2014.

Sachs, Michael: Geschichte der operativen Chirurgie, Bd. 4: Vom Handwerk zur Wissenschaft. Die Entwicklung der Chirurgie im deutschen Sprachraum vom 16. bis zum 20. Jahrhundert, Heidelberg 2003.

Salge, Bruno: Ueber holländische Säuglingsmilch (Buttermilchgemenge). Auszug aus einem Vortrag, in: Jahrbuch für Kinderheilkunde (1902), Sonderdruck.

Salge, Bruno: Ein Beitrag zur Pathologie des Mehlnährschadens der Säuglinge, in: Jahrbuch. für Kinderheikunde 76 (1912), S. 125–142.

Sauerbruch, Timan: Allgemeine Innere Medizin, in: Heinz Schott (Hg.): Universitätskliniken und Medizinische Fakultät Bonn 1950–2000. Festschrift zum 50jährigen Jubiläum des Neuanfangs auf dem Venusberg, Bonn 2000, S. 254–257.

Sawitzki, Eckhard: Die Otorhinolaryngologie an der Rheinischen Friedrich-Wilhelms-Universität Bonn, Diss. med. Bonn 1969.

Schaaffhausen, Hermann: Einige Reliquien berühmter Männer, in: Correspondenzblatt der deutschen Gesellschaft für Anthropologie, Ethnologie und Urgeschichte 16 (1885), S. 147–149.

Schaal, Klaus P.: Institut für Medizinische Mikrobiologie und Immunologie, in: Heinz Schott (Hg.): Universitätskliniken und Medizinische Fakultät Bonn 1950–2000. Festschrift zum 50jährigen Jubiläum des Neuanfangs auf dem Venusberg, Bonn 2000, S. 176–186.

Schäfer, Karin: Carl Maria Finkelnburg und die frühe Hygiene in Bonn, in: Bonner Universitätsblätter 1987, S. 13–26.

Schäfer, Karin: Carl Maria Finkelnburg. Hygieniker und Psychiater im 19. Jahrhundert, Diss. med. Bonn 1987.

Schäfer, Gereon/Groß, Dominik: Von nicht akademischen Behandlern zu modernen Zahnärzten. Der Weg der zahnärztlichen Profession in Deutschland, in: Dominik Groß/Hans Joachim Winckelmann (Hgg.): Medizin im 20. Jahrhundert. Fortschritte und Grenzen der Heilkunde seit 1900, München 2008, S. 281–293.

Schjerning, Otto von (Hg.): Handbuch der ärztlichen Erfahrungen im Weltkriege 1914/18, Bd. 2, Leipzig 1922.

Schleyer, Franz: Zur Geschichte des Lehrstuhls und Instituts für Gerichtliche Medizin der Universität Bonn, in: Bonner Gelehrte. Beiträge zur Geschichte der Wissenschaften in Bonn. Medizin, Bonn 1968, S. 171–175.

Schlich, Thomas: Making mistakes in science. Eduard Pflüger, his concept of physiology and his unsuccessful theory of diabetes, 1903–1910, in: Studies in the History and Philosophy of Science 24 (1993) S. 411–441.

Schlich, Thomas: Surgery, Science and Industry: A Revolution in Fracture Care, 1950s–1990s (Science, Technology and Medicine in Modern History), Basingstoke 2002.

Schlich, Thomas: Asepsis and Bacteriology: A Realignment of Surgery and Laboratory Science Medical History 56 (2012), S. 308–334.

Schlich, Thomas: Die minimal-invasive Chirurgie. Operationen durchs »Schlüsselloch«, in: William Bynum/Helen Bynum (Hgg.): Die großen Entdeckungen in der Medizin, Köln 2012, S. 256–257.

Schmidt, Georg (Red.): Verhandlungen der dritten Kriegschirurgentagung, Brüssel 11. und 12. Februar 1918, in: Beiträge zur klinischen Chirurgie 113 (1918).

Schmiedebach, Heinz-Peter: August Bier und die Etablierung der Zahnmedizin in Greifswald, in: Siegfried Hensel u. a. (Red.): Festschrift 100 Jahre Zahnmedizin an der Universität Greifswald. Mit Register der Studenten, Mitarbeiter und Helferinnen (Lege artis), Greifswald 2000, S. 20–25.

Schmitt, W.: Das chirurgische Erbe. Zur Geschichte der modernen Chirurgie, ein Abriß, Teil I, in: Zentralblatt für Chirurgie 107 (1982), S. 727–736.

Schmitt, Ottmar/Wallny, Thomas/Kowalski, Silvia: Orthopädische Klinik und Poliklinik, in: Schott, Heinz (Hg.): Universitätskliniken und Medizinische Fakultät Bonn 1950–2000. Festschrift zum 50jährigen Jubiläum des Neuanfangs auf dem Venusberg, Bonn 2000, S. 215–219.

Schmitz, Karl Wilhelm: Der Tierische Magnetismus als Teilaspekt der Romantischen Naturphilosophie des frühen 19. Jahrhunderts im Lebenswerk des Tirolers Joseph Ennemoser, Med. Diss. Bonn 1995.

Schmiz, Karl: Die medizinische Fakultät der Universität Bonn 1818–1918. Ein Beitrag zur Geschichte der Medizin, Bonn 1920.

Schneweis, Karl-Eduard/Matz, Bertfried/Eis-Hübinger, Anna-Maria: Funktionseinheit Virologie, in: Heinz Schott (Hg.): Universitätskliniken und Medizinische Fakultät Bonn 1950–2000. Festschrift zum 50jährigen Jubiläum des Neuanfangs auf dem Venusberg, Bonn 2000, S. 178–182.

Schott, Heinz: Sozialmedizinische Perspektiven in Kerners Werk. Zum 200. Geburtstag des Oberamtsarztes Justinus Kerner (1786–1862) aus Weinsberg, in: Das öffentliche Gesundheitswesen 48 (1986), S. 670–674.

Schott, Heinz: Medizingeschichte in Bonn. Das Medizinhistorische Institut der Universität, in: Bonner Universitätsnachrichten 25 (1992), S. 17–18.

Schott, Heinz: Medizin um 1800 und die Pionierzeit der Bonner Fakultät, in: Ders. (Hg.): Medizin, Romantik und Naturforschung. Bonn im Spiegel des 19. Jahrhunderts, anläßlich der 175-Jahrfeier der Universität Bonn (Studium universale 18), Bonn 1993, S. 11–36.

Schott, Heinz (Hg.): Medizin, Romantik und Naturforschung. Bonn im Spiegel des 19. Jahrhunderts, anläßlich der 175-Jahrfeier der Universität Bonn (Studium universale 18), Bonn 1993.

Schott, Heinz (Hg.): Meilensteine der Medizin, Dortmund 1996.

Schott, Heinz (Hg.): Universitätskliniken und Medizinische Fakultät Bonn 1950–2000. Festschrift zum 50jährigen Jubiläum des Neuanfangs auf dem Venusberg, Bonn 2000.

Schott, Heinz/Tölle, Rainer: Geschichte der Psychiatrie. Krankheitslehren – Irrwege – Behandlungsformen, München 2005.

Schramm, Johannes: Neurochirurgische Klinik, in: Heinz Schott (Hg.): Universitätskliniken und Medizinische Fakultät Bonn 1950–2000. Festschrift zum 50jährigen Jubiläum des Neuanfangs auf dem Venusberg, Bonn 2000, S. 284–291.

Schüler, Norbert: Poliklinik für Zahnerhaltung und Parodontologie, in: Heinz Schott (Hg.): Universitätskliniken und Medizinische Fakultät Bonn 1950–2000. Festschrift zum 50jährigen Jubiläum des Neuanfangs auf dem Venusberg, Bonn 2000, S. 314–318.

Schubert, Kurt (Hg.): Theorie und Praxis der Hörgeräteanpassung sowie Probleme der Begutachtung. Festschrift Bernhard Langenbeck zu seinem 65. Geburtstage, Stuttgart 1960.

Schüttler, Jürgen (Hg.): 50 Jahre Deutsche Gesellschaft für Anästhesiologie und Intensivmedizin. Berlin/Heidelberg 2003.

Schütz, Joseph: Über den Dotterkern, dessen Entstehung, Structur, Vorkommen und Bedeutung. Diss. med. Bonn 1882.

Schulz, Ernst A.: Otto Julius Grütz. Leben und Lebenswerk, Diss. med. Bonn 1982.

Seeliger, Heinz P. R.: 50 Jahre erlebte Mikrobiologie und Hygiene, in: Würzburger Medizinhistorische Mitteilungen 9 (1991), S. 207–215.

Seitz, Hanns Martin/Stader, Florian: Institut für Medizinische Parasitologie, in: Heinz Schott (Hg.): Universitätskliniken und Medizinische Fakultät Bonn 1950–2000. Festschrift zum 50jährigen Jubiläum des Neuanfangs auf dem Venusberg, Bonn 2000, S. 151–153.

Seringhaus, Eva: Das Institut für Experimentelle Hämatologie und Bluttransfusionswesen der Rheinischen Friedrich-Wilhelms-Universität Bonn. Sein Entstehen und sein Wirken in der Zeit von 1946–1989, Diss. med. Bonn 2003.

Sewing, Karl-Friedrich: In memoriam R. J. Domenjoz, in: Pharmacology 57 (1998), S. 173.

Shelley, J.H./Baur, Max: Paul Martini: The First Clinical Pharmacologist?, in: The Lancet 353 (1999), S. 1870–1873.

Siebeck, Richard: Über Beurteilung und Behandlung von Kranken, Berlin 1928.

Siebke, Harald: Thelykinin und Androkinin, das weibliche und männliche Sexualhormon, im Körper der Frau, in: Archiv für Gynäkologie und Geburtsheilkunde 146 (1931), S. 417–462.

Siebke, Harald: Gynäkologe und Androloge bei der Sterilitätsberatung, in: Zentralblatt für Gynäkologie 73 (1951), S. 633–637.

Spitznas, Manfred: Augenklinik mit Poliklinik, in: Heinz Schott (Hg.): Universitätskliniken und Medizinische Fakultät Bonn 1950–2000. Festschrift zum 50jährigen Jubiläum des Neuanfangs auf dem Venusberg, Bonn 2000, S. 188–192.

Stader, Florian: Geschichte der Parasitologie an der Universität Bonn, Diss. med. Bonn 1986.

Stamm, Thomas: Zwischen Staat und Selbstverwaltung. Die deutsche Forschung im Wiederaufbau 1945–1965, Köln 1981.

Stein, Georg Wilhelm: Lehre der Hebammenkunst, aufgestellt, mit Rücksicht auf Aertze wie Nichtaerzte, welche die Ausübung beurtheilen möchten, Elberfeld 1822.

Steiner, Frank: Der Einfluß der US-amerikanischen Zahnmedizin auf die deutsche Zahnheilkunde zu Beginn des 20. Jahrhunderts unter besonderer Berücksichtigung von G. V., Diss. med. Bonn 1988.

Steinmetzer, Jan: Neue Einflüsse auf das Medizinstudium: Die Etablierung »theoretischer« Fächer an der Nahtstelle von Medizin und Gesellschaft, in: Dominik Groß/Hans Joachim Winckelmann (Hgg.): Medizin im 20. Jahrhundert. Fortschritte und Grenzen der Heilkunde seit 1900, München 2008, S. 203–217.

Steudel, Johannes: Lehrer der Heilkunde: Rheinische Friedrich-Wilhelms-Universität Bonn, in: Münchener Medizinische Wochenschrift 98 (1956), Sonderdruck.

Stoll, Susanne/Roelcke, Volker/Raspe, Heiner: Gibt es eine deutsche Vorgeschichte der Evidenz-basierten Medizin? Methodische Standards therapeutischer Forschung im beginnenden 20. Jahrhundert und Paul Martinis »Methodenlehre der therapeutischen Untersuchung« (1932), in: Deutsche Medizinische Wochenschrift 130 (2005), S. 1781–1784.

Streiter, Axel (Hg.): 20 Jahre Sonderforschungsbereiche, Weinheim 1989.

Südbeck, Thomas: Motorisierung, Verkehrsentwicklung und Verkehrspolitik in Westdeutschland in den 50er Jahren, in: Axel Schildt/Arnold Sywottek (Hgg.): Modernisierung im Wiederaufbau. Die westdeutsche Gesellschaft der 50er Jahre. Bonn 1998, S. 170–187.

Szucs, Thomas D.: Medizin und Ökonomie, in: Therapeutische Umschau 74 (2017) 1, S. 175.

Theissing, Gerhard: Karl Grünberg 1875–1932, in: Bonner Gelehrte. Beiträge zur Geschichte der Wissenschaften in Bonn. Medizin, Bonn 1968, S. 364–368.

Thiel, Jens: Der Lehrkörper der Friedrich-Wilhelms-Universität im Nationalsozialismus, in: Heinz-Elmar Tenorth/Rüdiger vom Bruch (Hgg.): Geschichte der Universität Unter den Linden. Bd. 2: Die Berliner Universität zwischen den Weltkriegen 1918–1945, Berlin 2012, S. 465–538.

Thiery, M.: Friedrich Trendelenburg (1844–1924) and the trendelenburg position, in: Gynecological Surgery 6 (2009), S. 295–297.

Thomas, Helmut: 50 Jahre Physiologische Chemie an der Universität Bonn, in: Bonner Universitätsblätter 1991, S. 35–44.

Titius, Bärbel Ruth: Die Medizinische Sektion der Niederrheinischen Gesellschaft für Natur- und Heilkunde zu Bonn vom Gründungsjahr 1818 bis 1865, Diss. med. Bonn 1987.

Traube, Klaus-Michael: Erich Hoffmann, in: Christoph Löser/Gert Plewig (Hgg.): Pantheon der Dermatologie, Heidelberg 2008, S. 452–459.

Trendelenburg, Friedrich: Ueber die Unterbindung der Vena saphena magna bei Unterschenkelvaricen, in: Beiträge zur Klinischen Chirurgie 7 (1890), S. 195–210.

Trendelenburg, Friedrich: Über den Gang bei angeborener Hüftluxation, in: Deutsche Medizinische Wochenschrift 2 (1895), S. 21–24.

Triebel-Schubert, Charlotte: Gustav von Veit 1824–1903 in: Bonner Gelehrte. Beiträge zur Geschichte der Wissenschaften in Bonn. Medizin, Bonn 1968, S. 287–289.

Tröhler, Ulrich: Die wissenschaftliche Begründung therapeutischer Entscheide oder »Evidence-Based Medicines« im Lauf der Geschichte, in: Wolfgang Eich u.a. (Hgg.): Wissenschaftlichkeit in der Medizin, Frankfurt/M. 1999, S. 101–127.

UKB intern, IMS-Entwicklung der stationären Fälle, Bonn 2017.

Ullrich, Otto: Über typische Kombinationsbilder multipler Abartungen, in: Zeitschrift für Kinderheilkunde 49 (1930), S. 271–276.

Ulrich, Uwe: Klinik und Poliklinik für Geburtshilfe und Frauenheilkunde, in: Heinz Schott (Hg.): Universitätskliniken und Medizinische Fakultät Bonn 1950–2000. Festschrift zum 50jährigen Jubiläum des Neuanfangs auf dem Venusberg, Bonn 2000, S. 224–229.

Ungar, Emil: Über die Behandlung des Keuchhustens mit Chinin, in: Deutsche Medizinische Wochenschrift 18 (1891), Sonderdruck.
Ungar, Emil: Ueber Schutzimpfungen insbesondere die Schutzpocken-Impfung (Deutsche Zeit- und Streifragen 7, Neue Folge 107), Hamburg 1893.
Ungar, Emil: Gutachten von Dr. Emil Ungar vom 8. 7. 1883 über den sanitären Zustand des alten Bonner Kgl. Gymnasiums (Bonngasse), mitgeteilt und eingeleitet von H. Krumme, in: Beethoven-Gymnasium (Hg.): Jahresbericht 1992, S. 18–22.
Rektorat der Rheinischen Friedrich-Wilhelms-Universität Bonn (Hg.): Rechenschaftsbericht und Zahlenspiegel 2015, Bonn 2016.
Vahlensieck, Winfried: Zur Entwicklung der Urologie in Bonn, in: Bonner Universitätsblätter 1972, S. 55–59.
Velten, Anton: Medizinische Topographie des Kreises Bonn. Eine Beschreibung von Land und Leuten um 1825, hg. von Dieter Körschner, Bonn 1988.
Verworn, Max: Die Erforschung des Lebens, Jena 1911.
Verworn, Max: Die biologischen Grundlagen der Kulturpolitik. Eine Betrachtung zum Weltkriege, Jena 1915.
Verworn, Max: Die Prinzipienfragen in der Naturwissenschaft, Jena 1917.
Verworn, Max: Kausale und konditionale Weltanschauung, Jena 1918.
Verworn, Max/Steinmann, Gustav/Bonnet, Robert: Der diluviale Menschenfund von Obercassel bei Bonn, Wiesbaden 1919.
Vetter-Kauczok, Claudia S./Kaiser, Stephanie /Groß, Dominik: Alfred Gütgemann (1907–1985). Pionier, strafrechtlich genehmigt!, in: Zentralblatt für Chirurgie 139 (2014), S. e13-e14.
Vossen, Johannes: Die Umsetzung der Politik der Eugenik bzw. Rassenhygiene durch die öffentliche Gesundheitsverwaltung im Deutschen Reich (1923–1939), in: Regina Wecke/Sabine Braunschweig u. a. (Hgg.): Wie nationalsozialistisch ist die Eugenik? Internationale Debatten zur Geschichte der Eugenik im 20. Jahrhundert, Wien/Köln/Weimar 2009, S. 93–106.
Vossen, Johannes: Gesundheitsämter im Nationalsozialismus. Rassenhygiene und offene Gesundheitsfürsorge in Westfalen 1900–1950, Essen 2001.
Voswinckel, Peter: Art. Gerhard Meyer-Schwickerath, in: NDB 17 (1994), S. 384–385; http://www.deutsche-biographie.de/ppn123903211.html; zuletzt abgerufen am 16. 05. 2018.
Wachsmuth, Werner: In memoriam Prof. Erich Freiherr von Redwitz, Bonn 1966.
Wachsmuth, Werner: Ein Leben mit dem Jahrhundert, Berlin 1985.
Wahl, Gerhard: Poliklinik für Chirurgische Zahn-, Mund- und Kieferheilkunde, in: Heinz Schott (Hg.): Universitätskliniken und Medizinische Fakultät Bonn 1950–2000. Festschrift zum 50jährigen Jubiläum des Neuanfangs auf dem Venusberg, Bonn 2000, S. 328–329.
Wahlers, Wilhelm: Zwischen Prinzip und Praxis. Universitätsgeschichtliche und hochschulrechtliche Schriften, Bonn 1992.
Waibel, Annette: Prof. Dr. Otto Löwenstein und die Gründerjahre der Provinzialkinderanstalt für seelisch Abnorme in Bonn, 1926–1933, Diss. med. Bonn 1998.
Waibel, Annette: Die Anfänge der Kinder- und Jugendpsychiatrie in Bonn. Otto Löwenstein und die Provinzial-Kinderanstalt 1926 bis 1933 (Rheinprovinz 13), Köln 2000.

Walther, Eberhard K./Herberhold, Claus: Klinik und Poliklinik für Hals-, Nasen- und Ohrenkranke, in: Heinz Schott (Hg.): Universitätskliniken und Medizinische Fakultät Bonn 1950–2000. Festschrift zum 50jährigen Jubiläum des Neuanfangs auf dem Venusberg, Bonn 2000, S. 303–306.

Weindling, Paul: Health, Race and German Politics between National Unification and Nazism 1870–1945, Cambridge 1989.

Weisenborn, Günter: Barbaren. Roman einer studentischen Tafelrunde, Berlin 1931.

Weitbrecht, Hans Jörg: Zum Problem der Rassenpsychopathologie, in: Der Nervenarzt 15 (1942), S. 145–150.

Weitbrecht, Hans Jörg: Grenzen der psychosomatischen Betrachtungsweisen, in: Deutsche Medizinische Wochenschrift 78 (1953), S. 1111–1116.

Weitbrecht, Hans Jörg: Kritik der Psychosomatik, Stuttgart 1955.

Weitbrecht, Hans Jörg: Psychiatrie in der Zeit des Nationalsozialismus, Rede, gehalten am 10. Februar 1966, Bonn 1966.

Weitbrecht, Hans Jörg: Psychiatrische Fehldiagnosen in der Allgemeinpraxis, Stuttgart 1966.

Weitbrecht, Hans Jörg: Hans Jörg Weitbrecht, in: Ludwig J. Pongratz (Hg.): Psychiatrie in Selbstdarstellungen, Bern 1977, S. 422–469.

Welte, Eduard: Friedrich Schultze 1848–1934, in: Bonner Gelehrte. Beiträge zur Geschichte der Wissenschaften in Bonn. Medizin, Bonn 1968, S. 228–229.

Welz, Armin/Kirchhoff, Paul Gerhard: Klinik und Poliklinik für Herzchirurgie, in: Heinz Schott (Hg.): Universitätskliniken und Medizinische Fakultät Bonn 1950–2000. Festschrift zum 50jährigen Jubiläum des Neuanfangs auf dem Venusberg, Bonn 2000, S. 204–206.

Werther, Thomas: Menschenversuche in der Fleckfieberforschung, in: Angelika Ebbinghaus/Klaus Dörner (Hgg.): Vernichten und Heilen. Der Nürnberger Ärzteprozeß und seine Folgen, Berlin 2001, S. 152–173.

Wickert, Ulrich: Neugier und Übermut. Von Menschen, die ich traf, München 2014.

Wiestler, Otmar D.: Sonderforschungsbereich 400. Molekulare Grundlagen zentralnervöser Erkrankungen, in: Heinz Schott (Hg.): Universitätskliniken und Medizinische Fakultät Bonn 1950–2000. Festschrift zum 50jährigen Jubiläum des Neuanfangs auf dem Venusberg, Bonn 2000, S. 69–72.

Wiestler, Otmar D./Gullotta, Filippo: Institut für Neuropathologie, in: Heinz Schott (Hg.): Universitätskliniken und Medizinische Fakultät Bonn 1950–2000. Festschrift zum 50jährigen Jubiläum des Neuanfangs auf dem Venusberg, Bonn 2000, S. 164–170.

Windischmann, Karl Joseph Hieronymus: Über Etwas, das der Heilkunst Noth thut. Ein Versuch zur Vereinigung dieser Kunst mit der christlichen Philosophie, Leipzig 1824.

Winkler, Cuno: Nuclearmedizin. Entwicklung, Methoden, Ergebnisse in deutschen Instituten und Kliniken, Bonn 1967.

Wissenschaftsrat: Stellungnahme zur weiteren Entwicklung der Medizinischen Fakultät der Universität Bonn, Berlin 1997.

Woelk, Wolfgang/Sparing, Frank/Bayer, Karen/Esch, Michael (Hgg.): Nach der Diktatur. Die Medizinische Akademie Düsseldorf nach 1945, Essen 2003.

Wüllenweber, Raimund: Der Physiologe Max Verworn, Diss. med. Bonn 1968.

Wutzer, Carl Wilhelm: Ueber radicale Heilung beweglicher Leistenbrüche, in: Organ für die gesammte Heilkunde 1 (1840), S. 1–54.

Wutzer, Carl Wilhelm: Animalischer Magnetism, als Mittel, chirurgische Operationen schmerzlos auszuführen, in: Rheinische Monatsschrift für practische Aerzte 1 (1847), S. 444–449.

Wutzer, Carl Wilhelm: Ueber neuere mechanische Blutegel, in: Rheinische Monatsschrift für praktische Aerzte 3 (1849), S. 27–48.

Wutzer, Carl Wilhelm: Eine neue Art der Acupunktur, in: Rheinische Monatsschrift für praktische Aerzte 3 (1849), S. 48–51.

Wutzer, Carl Wilhelm: Der Milchsauger des Herrn Baunscheidt, in: Rheinische Monatsschrift für praktische Aerzte 3 (1849), S. 51–53.

Westfälische Wilhelms-Universität Münster (Hg.): Jahresbericht 1963 des Rektors Professor Dr. Joachim Ritter, Münster 1964.

Wolfgang Alt / Thomas Becker / Günter Bergerhoff / Thomas Burckhardt / Ralph Burmester / Armin B. Cremers / Karl Heinz Dötz / Michael Geffert / Andreas Hense / Stefan Hildebrandt (†) / Wighart von Koenigswald / Sigrid Peyerimhoff / Gerhard Rücker / Konrad Sandhoff / Klaus Peter Sauer / Winfried Schenk / Johann Christoph Strelen / Christoph Thiele / Wolf Vielstich / Heinrich Wamhoff (†)

Die Mathematisch-Naturwissenschaftliche Fakultät

Einleitung (Wolfgang Alt / Thomas Becker / Armin B. Cremers) 216
Profil der Fakultät, Herkunft und Zukunft 216
Anfänge und institutionelle Strukturierung der Mathematisch-Naturwissenschaftlichen Sektion innerhalb der Philosophischen Fakultät 1818–1936 223
Die Gründung der Mathematisch-Naturwissenschaftlichen Fakultät 227
Ausbau und Differenzierung der Fakultät nach dem Zweiten Weltkrieg: Bildung von Fachgruppen und Instituten 230

FACHGRUPPE MATHEMATIK/INFORMATIK 238
Mathematik an der Universität Bonn von 1818 bis 2018 (Stefan Hildebrandt †) 238
Der Beginn: Plücker, Lipschitz, Minkowski (1818–1903) 238
Study, Schur, Hahn, Hausdorff, Toeplitz (1904–1933) 241
Nationalsozialismus und Wiederaufbau (1933–1956) 245
Periode der Erweiterung (1956–1973) 247
Sonderforschungsbereiche und Max-Planck-Institut für Mathematik (1970–2006) 251
Hausdorff Center for Mathematics (ab 2007) 256
Anhang: Listen der Professoren, der Habilitationen und der Ehrenpromotionen 257

Das Bonner Institut für Informatik (Johann Christoph Strelen / Armin B. Cremers) 264
Erste Anfänge 264
Aufbau des Faches Informatik 265
Gründung des Instituts für Informatik 267
Diskrete Mathematik 268
Bonn-Aachen International Center for Information Technology (B-IT) 269
Fachgruppe und Institut für Informatik 270
Anhang: Habilitationen für das Lehrgebiet Informatik 276

FACHGRUPPE PHYSIK/ASTRONOMIE 278
Die Geschichte des Faches Physik an der Universität Bonn (Ralph Burmester) 278
Gründungszeit (1818–1835) 278
Plücker – Clausius – Hertz (1835–1894) 279

Kayser – Konen – Füchtbauer (1894–1951) 282
Neue Themen und Institute – Die Entwicklung der Bonner Physik nach 1952 285
Die Experimentalphysik am Physikalischen Institut unter Wolfgang Paul (1952–1981) 286
Schwerpunkte der experimentellen Forschung im Physikalischen Institut (1981–2014) 291
Die Entwicklung der Theoretischen Physik im Physikalischen Institut 297
Die weitere Entwicklung des Instituts für Angewandte Physik (IAP) nach dem Tod Jaeckels (1963–2015) 306
Die gegenwärtige Situation der Bonner Physik 308

Die Geschichte des Faches Astronomie an der Universität Bonn (Michael Geffert) 308
Die Anfänge der Astronomie in Bonn (1818–1835) 308
Argelander und Schönfeld (1835–1891) 309
Die Astronomie in Bonn zu Beginn des 20. Jahrhunderts – Küstner und Kohlschütter 313
Die Bonner Astronomie nach dem Zweiten Weltkrieg 315
Die Entstehung des Max-Planck-Instituts für Radioastronomie 318
Die Astronomie in Bonn heute 318

Fachgruppe Chemie 320
Chemie allgemein sowie Organische Chemie (Heinrich Wamhoff † / Karl Heinz Dötz) 320
Vorwort 320
Die erste Phase: Wurzer – Kastner – Bischof (1777–1863) 321
Die Ära Landolt-Hofmann (1863–1867) 322
Die Blütephase unter Kekulé (1867–1896) 324
Die Ära Anschütz (1898–1922) 326
Die Ära Pfeiffer (1922–1947) 327
Die Ära Helferich (1947–1960) 329
Der Zeitabschnitt Tschesche/Korte (1960–1975) 331
Der Zeitabschnitt Steglich/Vögtle (1975–1992) und Vögtle/Dötz (1992–2009) 333
Der Zeitabschnitt Höger/Menche (seit 2006/2011) 336

Die Anorganische Chemie und das Studium der Chemie in Bonn (Günter Bergerhoff) 337
Die Anfänge im 19. Jahrhundert 337
Die Entwicklung im 20. Jahrhundert 340
Die gegenwärtige Situation 343

Biochemie und Chemische Biologie (Konrad Sandhoff) 344
Entstehungsphase 344
Gründung der Abteilung für Biochemie 345
Sonderforschungsbereiche und Auszeichnungen 346
Anhang: Tabelle Habilitationen Biochemie 348

Physikalische Chemie (Wolf Vielstich) 349
Die erste Generation 349
Die zweite Generation 354
Gemeinsame Berufungen der Fachgruppe Chemie mit dem Forschungszentrum Jülich 357

Theoretische Chemie (Sigrid Peyerimhoff) 358
Entstehungsphase 358
Ausbau 359
Veränderungen zu Beginn des 21. Jahrhunderts 361
Die gegenwärtige Situation 362

FACHGRUPPE PHARMAZIE 364
Entwicklung der Pharmazie in Lehre und Forschung (Gerhard Rücker) 364
Vorwort 364
Die Pharmazie an der Kurkölnischen Universität Bonn 366
Die Pharmazie nach Gründung der heutigen Bonner Universität.
Der »Pharmazeutische Apparat« 366
Das »Pharmazeutische Institut« 370
Pharmazeutisches Institut 376
Institut für Pharmazeutische Biologie 381
Pharmazeutische Mikrobiologie (Medizinische Mikrobiologie für Pharmazeuten) 384
Studiengänge der Fachgruppe Pharmazie 385
Graduiertenschulen (Graduiertenkollegs), größere Forschungsprojekte und Drittmittelinitiativen innerhalb der Fachgruppe Pharmazie 388

FACHGRUPPE ERDWISSENSCHAFTEN 392
Kontinuitäten und Diskontinuitäten der geographischen Forschung und Lehre in Bonn im Spiegel der Entwicklung der Professuren (Winfried Schenk) 392
Vorgeschichte 393
Entwicklungslinien der Professuren der Physischen Geographie 394
Entwicklungslinien der humangeographischen Professuren 403
Entwicklungslinien der Professuren für Methodik der Geographie 405
Verbindung von Forschung und Lehre – Studiengänge und Studierende der Geographie 406

Die Meteorologie an der Universität Bonn: Ein halbes Jahrhundert Atmosphärenforschung (Andreas Hense / Thomas Burkhardt) 409
Vorgeschichte 409
Gründung des Meteorologischen Instituts 410
Die Entwicklung der Lehre 412

Die Bonner Geowissenschaften (Wighart von Koenigswald) 413
Die ersten Berufungen 414
Die Differenzierung der Fächer und Institute 417
Das Naturhistorische Museum, das Mineralogische Museum und das Goldfußmuseum 418
Institut und Museum für Mineralogie 1883–2008 421
Institut und Museum für Geologie und Paläontologie 1883–1963 424
Institut und Museum für Geologie 1963–2008 429
Das selbständige Institut für Paläontologie 1963–2008 431
Gründung des Steinmann-Institutes 2008 435

FACHGRUPPE BIOLOGIE 436
Entwicklung der Biologie (Wolfgang Alt / Klaus Peter Sauer) 436

Geschichte der Zoologie und des Forschungsmuseums Alexander Koenig (Klaus Peter Sauer) 439
Gründung und Ausbau des Zoologischen Institutes 445
Institut für Angewandte Zoologie – Institut für Evolutionsbiologie und Ökologie 457
Institut für Zoophysiologie – Institut für Molekulare Physiologie und Entwicklungsbiologie 459
Zoologisches Forschungsinstitut und Museum Alexander Koenig 460

Botanik, Botanischer Garten sowie Ursprünge der pharmazeutischen Biologie (Wolfgang Alt) 462
Aufbau des Botanischen Gartens und der Botanik/Pharmazie-Ausbildung (1818–1864) 462
Gründung des Botanischen Instituts und Aufbau der Pharmakognosie sowie Erweiterung und Ausbau des Botanischen Gartens (1865–1912) 467
Botanisches Institut und Botanischer Garten in den Kriegs- und Nachkriegszeiten sowie Gründung des Pharmakognostischen Instituts (1912–1969) 471
Erweiterungen und Differenzierungen von Forschung und Lehre sowie Institutsaufgliederung der Bonner Botanik (1970–2016) 477

Geschichte der Bonner Genetik (Wolfgang Alt) 484

Zellbiologie an der Universität Bonn (Wolfgang Alt) 488

Geschichte der Bonner Mikrobiologie (Klaus Peter Sauer) 494

Fachgruppe Molekulare Biomedizin 498
Molekulare Biomedizin 2006–2014 (Christoph Thiele) 498
Vorgeschichte und Gründung 498
Berufungen und inhaltliche Ausrichtung 500
Studiengänge 502
Forschungsverbünde 503
Das LIMES Institutsgebäude 504

Einleitung

Wolfgang Alt / Thomas Becker / Armin B. Cremers

Profil der Fakultät, Herkunft und Zukunft (Armin B. Cremers)

Die Mathematisch-Naturwissenschaftliche Fakultät hat eine lange Vorgeschichte als »Sektion« der Philosophischen Fakultät unserer Universität durchlaufen. Wesentliche Meilensteine waren das Naturhistorische Museum, das Naturwissenschaftliche Lehrerseminar, der Botanische Garten und die Sternwarte. Für die Entwicklung von Forschung und Lehre in den Naturwissenschaften sowie für die

Beschaffung und den Betrieb von Apparaten und Laboratorien wurden Institute und Seminare eingerichtet.

Erst 1936 kam die Ausgründung als eigenständige Fakultät mit zehn naturwissenschaftlichen Instituten und zwei mathematischen Seminaren zustande. Damals hatte die Fakultät 27 Professoren (rund 10 Prozent der Professorenschaft der Universität) bei 339 Studierenden (inklusive 137 Studierenden der Pharmazie), also rund 10 Prozent von insgesamt 3.250 Studierenden der Universität, von denen 1.303 in Medizin eingeschrieben waren.

Zur besseren Koordination der seit den 1950er Jahren stark einsetzenden Entwicklung fand 1963/64 eine Aufgliederung der Fächer der Fakultät in Fachgruppen statt. Fast alle Institute waren zunächst auf dem »Campus Poppelsdorf« konzentriert und das Dekanat dort angesiedelt. Durch Neugründung von weiteren Instituten kam es dann zur Ausdehnung auf den neu-eingerichteten »Campus Endenich«.

Bis 2013 war die Fakultät auf acht Fachgruppen und 25 Institute auf dem Doppel-Campus angewachsen (zum bisherigen Bestand ist in Poppelsdorf ein Neubaucampus mit Hörsaalgebäude und Institutsbauten hinzu gekommen), mit 219 Professoren (mehr als einem Drittel der Professorenschaft) bei 7.620 Studierenden (rund 25 Prozent) von insgesamt über 30.000 Studierenden (darunter 5.200 Studierende der Medizin).

Die Fakultät gehört damit zu den größten Mathematisch-Naturwissenschaftlichen Fakultäten in Deutschland; sie gliedert sich derzeit in die Fachgruppen Mathematik, Informatik (eigenständig seit 2011), Physik/ Astronomie, Chemie, Erdwissenschaften, Biologie, Molekulare Biomedizin (gegründet 2006) und Pharmazie. Die inhaltliche Konzeption und der Aufbau der Fakultät haben sich bewährt. Zahlreiche interdisziplinäre Verknüpfungen haben in Sonderforschungsbereichen, Zentren, fakultäts- und zum Teil universitätsübergreifenden Verbünden und Forschergruppen sowie *Curricula* ihren zukunftsorientierten organisatorischen Rahmen gefunden, deren Entstehung und Entwicklung im Verlauf der letzten Jahrzehnte in den detaillierten Beiträgen der Fachgruppen dargestellt sind.

Nach wie vor spiegelt die Fakultät die nahezu volle Breite der modernen Naturwissenschaften wider; auf mehreren Gebieten konnte eine national oder gar international führende Rolle beziehungsweise Alleinstellung erreicht oder diese verstärkt werden. Mit zahlreichen Instituten der Max-Planck-Gesellschaft, der Fraunhofer-Gesellschaft, der Helmholtz-Gemeinschaft und der Leibniz-Gemeinschaft besteht eine enge Zusammenarbeit. Die Kooperation mit international hervorragenden Institutionen spielt eine immer wichtigere Rolle in der Mathematisch-Naturwissenschaftlichen Fakultät, hier seien exemplarisch die enge Zusammenarbeit in den Lebenswissenschaften und der Informatik mit der

Waseda-Universität (Tokio, Japan) sowie ein deutsch-chinesischer transregionaler Sonderforschungsbereich in der Theoretischen Physik genannt.

Es ist das Ziel der Fakultät, durch fokussierte sowie trans- und interdisziplinäre Forschung und durch Qualität und Breite im Lehrangebot ihre hervorragende Stellung zu bewahren und auszubauen. Diese ist durch die vielen internationalen Kontakte in fast allen Fächern belegt und schlägt sich in zahlreichen Auszeichnungen und Preisen der Mitglieder der Fakultät nieder. Die Fakultät ist auch ein Vorreiter in der Zusammenarbeit mit außeruniversitären Forschungsinstituten. Hier ergeben sich in den kommenden Jahren weitere exzellente Möglichkeiten, insbesondere auch am Standort Bonn mit dem Deutschen Zentrum für Neurodegenerative Erkrankungen (DZNE), sowie mit der hier ansässigen United Nations University. Fakultätsübergreifend ist die Zusammenarbeit mit den aus Bonn-Berlin-Ausgleichsmitteln im ehemaligen Regierungsviertel gegründeten Forschungszentren: Caesar, Zentrum für Enwicklungsforschung (ZEF) und Bonn-Aachen International Center for Information Technology (B-IT).

In baulicher Hinsicht ist in der jüngeren Zeit insbesondere mit der architektonisch und denkmalgerechten Renovierung der ehemaligen Landwirtschaftskammer an der Endenicher Allee für die Mathematik, den Neubauten für die Molekulare Biomedizin (*Life and Medical Sciences*, LIMES) sowie für die Informatik/B-IT und das Anfang der 1990er Jahre gegründete Institut für numerische Simulation am neu errichteten Campus Poppelsdorf eine zukunftsweisende Infrastruktur entstanden, die durch den mit dem Arithmeum verbundenen Neubau für die Diskrete Mathematik am Hofgarten ergänzt wird.

Der Struktur- und Entwicklungsplan der Fakultät aus 2008 ist zum heutigen Hochschulentwicklungsplan (Stand Februar 2015) fortgeschrieben worden und fließt redaktionell aktualisiert in die folgenden Ausführungen ein.

Fakultätsorganisation – Fakultätsmanagement

In den acht Fachgruppen wird die Lehre der einzelnen Fächer koordiniert, und es werden fachspezifische Entscheidungen vorbereitet, die dann im Fakultätsrat beschlossen werden. Diese Form der Organisation hat sich über die Jahre bewährt. Die Fakultät wird von einem Dekanat geleitet, das aus dem Dekan sowie drei Prodekanen für die Ressorts Finanzen, Lehre sowie Forschung und wissenschaftlicher Nachwuchs besteht. Die Mittel der Fakultät werden nach Vorabzügen an die Fachgruppen oder die Institute der Fachgruppen anhand eines festen Schlüssels, der im Wesentlichen die Mitarbeiterstellen beinhaltet, verteilt. Die Vorabzüge dienen der Fakultät hauptsächlich für Berufungsverhandlungen, Gleichstellungsmaßnahmen, Investitionen sowie für den Aufbau und Betrieb von Exzellenzbereichen.

Forschungsschwerpunkte

Die besondere Forschungsstärke der Mathematisch-Naturwissenschaftlichen Fakultät zeigt sich insbesondere in der hohen Zahl an Sonderforschungsbereichen (SFB) der Deutschen Forschungsgemeinschaft, die an der Fakultät schon seit Jahrzehnten beheimatet sind; zur Zeit nimmt sie die Sprecherrolle in acht SFB bezehungsweise Transregios wahr und ist an weiteren SFBs und TRs beteiligt. Hinzu kommen mehrere DFG-finanzierte Forschergruppen und Graduiertenkollegs sowie die Beteiligung an vier Förderschwerpunkten des BMBF. Eine besonders schöne Bestätigung ihrer wissenschaftlichen Leistungsfähigkeit bedeuten die Erfolge im Rahmen der Exzellenzinitiative (*Cluster* »Mathematik: Grundlagen, Modelle, Anwendungen«, *Cluster* »Immunosensation« mit der Medizinischen Fakultät und die Schule »Bonn Cologne Graduate School of Physics and Astronomy«) sowie eine Reihe von ERC-*Grants*. Darüber hinaus ist es gelungen, zwei Humboldt-Professuren in der Fachgruppe Physik/Astronomie einzuwerben. Die Perspektive der Fakultät stellt sich wie folgt dar: Die Mathematik hat bereits Initiativen ergriffen, die im Rahmen der Exzellenzinitiative angestoßenen Projekte (Hausdorff Research Institute for Mathematics, Bonn-Junior-Fellow Programm und Forschungscluster) weiter zu entwickeln und zu verstetigen. Die Informatik wird durch die Verzahnung mit den Fraunhofer-Instituten FKIE und IAIS und dem B-IT die Schwerpunkte »IT-Sicherheit« und »Data Science« weiter stärken und strebt große Verbundprojekte hierzu an. In der Fachgruppe Physik/Astronomie ergeben sich durch den Forschungsneubau Detektorphysik auf dem ehemaligen Gelände der Pharmazie am Kreuzbergweg neue und zukunftsträchtige Möglichkeiten, zu großen Verbundprojektoren in der Teilchen- und Hadronenphysik wesentlich beizutragen (CERN, Belle-II, FAIR) sowie die Verknüpfung in andere Bereiche wie die Medizin und die Lebenswissenschaften zu verstärken. Der Betrieb der weltweit einzigartigen Beschleunigeranlage ELSA sollte bis zum Start der FAIR-Experimente circa 2020 gesichert werden, um so die führende Rolle der Bonner Hadronenphysik zu gewährleisten. Weitere Schwerpunkte sind die Astrophysik, die Photonik und die Theoretische Physik, die sehr fruchtbar mit den experimentellen Aktivitäten verbunden ist. Die Fachgruppe Chemie konzentriert ihre Forschungen auf die Themen »Chemie an Spinzentren« und »Supramolekulare Chemie«, und strebt einen weiteren SFB an. Beide Bereiche profitieren enorm von der sehr starken theoretischen Chemie. In der Biologie findet zurzeit eine Strukturentwicklung statt. In einer vertieften Zusammenarbeit mit dem Leibniz-Institut »Museum König« ergeben sich für den Schwerpunkt »Biodiversität und Evolution« enorme Chancen für den Aufbau eines führenden Biodiversitätszentrums. Andere Schwerpunkte sind die molekulare Stressphysiologie, die Zelldynamik und die Bionik, die durch zukünftige Berufungen weiter zu stärken sind. Erste Schritte zum Aufbau einer passenden Strukturbiologie werden durchgeführt. In der Fachgruppe Erdwissenschaften gibt es zwei große Unterbereiche, die Geographie und die Geowissenschaften. Die Geographie hat drei Profilschwerpunkte, »Wasser«, »Risiko« und »Geomatik«. Die Geowissenschaften haben sich durch die Integration zuvor getrennter Bereiche der Themengebiete Endogene Geoprozesse, Exogene Geoprozesse, Geophysik/Geodynamik und Paläontologie zur besseren Nutzung der Infrastruktur und der Ressourcen im Steinmann-Institut zusammengeschlossen. Dabei bleibt die enge Verzahnung mit der Meteorologie gewährleistet. In der Fachgruppe Molekulare Biomedizin sind durch die Beteiligung am Exzellenz-*Cluster* »Immunosensation« und am TR 83 wesentliche Strukturen festgelegt. Aufgrund der in den Jahren 2016 beziehungsweise 2017 auslaufenden, aus LIMES koordinierten SFBe haben entsprechende Strukturüberlegungen zur Ausrichtung neuer Forschungsverbünde bereits begonnen. Hier sollen verstärkte Kollaborationen mit dem DZNE und dem Forschungszentrum Caesar eine wesentliche Rolle spielen. In der Fachgruppe Pharmazie gibt es drei Forschungsschwerpunkte, die chemisch-biologische und pharmazeutisch-technologische Grundlagenforschung, die Wirkstoffforschung und die Arzneimittel-Sicherheits-Forschung. Diese sollen in der Zukunft weiter verstärkt werden, auch in Zusammenarbeit mit der Medizinischen Fakultät sowie den in Bonn ansässigen Bundeseinrichtungen.

Lehre und Nachwuchspflege

Seit dem Jahre 2009 lobt die Mathematisch-Naturwissenschaftliche Fakultät einen internen Lehrpreis in allen Fachgruppen aus, um die Bedeutung der Lehre noch besser hervorheben zu können. Dieser Lehrpreis wird sehr gut angenommen, da er zusätzliche Motivation für gute Lehre gerade auch im Mittelbau schafft. Im Rahmen der Wiedereinführung der Lehrerausbildung hat die Fakultät zwei Didaktik-Professuren besetzt, eine Junior-Professur geschaffen und unterstützt weitere Maßnahmen durch abgeordnete Lehrer.

Die Perspektiven in der Lehre sind eng verknüpft mit denen in der Forschung, da die Studierenden frühzeitig in Forschungsprojekten eingebunden sind und in den Arbeitsgruppen regelmäßig über ihre Fortschritte berichten und auf einer täglichen Basis betreut werden. Die Lehreinheiten sind eng mit den Fachgruppen verknüpft, darüber hinaus gibt es eine Reihe fächerübergreifender Studiengänge. Die Graduiertenausbildung ist grundsätzlich strukturiert, was auch (aber nicht nur) durch eine Reihe von Graduiertenschulen in diversen Fächern belegt wird. Die Einführung des Bachelor-/Master-Systems seit Mitte der 2000er Jahre hat zu einer erhöhten Belastung im Prüfungswesen geführt, und hier finden weiterhin Optimierungsprozesse statt. In der Mathematik stellt die Wiedereinführung des Lehramtes auf Grund der hohen Nachfrage die größte Herausforderung dar, wobei durch die Besetzung einer W3-Stelle für die »Mathematik und ihre Didaktik« ein wichtiger Eckpfeiler gesetzt wurde. Die Informatik strebt eine Einführung neuer Masterabschlüsse passend zu den Forschungsschwerpunkten an sowie einen »Joint Master« mit einem renommierten europäischen Informatikstandort. Weiterhin soll ein NRW Forschungskolleg die auslaufende B-IT *Research School* ablösen. Zur Stärkung der Lehre wurde eine Junior-Professur zur Didaktik der Informatik etabliert. In der Physik/Astronomie haben Überlegungen begonnen, die erfolgreiche Bonn-Cologne Graduate School of Physics and Astronomy nach dem Auslaufen der Exzellenzförderung weiterzuentwickeln und zu verstetigen. Die Chemie stellt weiterhin ein gefragtes Studienfach dar, hier gilt es insbesondere Finanzierungsfragen, die sich aus dem erheblichen Lehrexport (innerhalb der MNF und in andere Fakultäten) mit sehr hohem Praktikumsanteil ergeben, langfristig zu klären. Ein erster Versuch zur Lösung dieses Problems im Jahre 2009 wurde vom Rektorat gestoppt. Dies gilt auch für die Biologie, zu deren Stärkung der Lehre und der Lehrerausbildung eine W2-Professur für Didaktik etabliert wurde. Das breite Angebot an Master-Studiengängen in der Biologie soll aufrechterhalten werden, allerdings bedarf es dazu der besseren räumlichen Gegebenheiten und der Zusammenlegung von Verwaltungs- und Organisationsstrukturen. Ein entsprechender Strukturplan der Biologie liegt vor. Dieser kann aber nur umgesetzt werden, wenn zentrale Mittel zum Ausbau der Biologie-Institute in der Kirschallee bereitgestellt werden. In den Erdwissenschaften konzentriert sich die Lehre an den Forschungsschwerpunkten sowie an Verbünden (GeoVerbund und Zusammenarbeit mit der Landwirtschaftlichen Fakultät). Die studentische Nachfrage ist groß und daher ist es von vordringlicher Wichtigkeit, die knapper werdenden Ressourcen effektiver einzusetzen. Die Fachgruppe Molekulare Biomedizin arbeitet an der Einführung eines Bachelor-Studienganges, um unter anderem die erfolgreiche Graduiertenausbildung lokal zu verankern. Weiterhin soll auch die Zusammenarbeit in der Graduiertenausbildung mit der Waseda-University vertieft werden. Das Lehrangebot der Pharmazie geht über den Staatsexamen-Studiengang hinaus. In den kommendem Jahren gilt es, die profilgebende etablierte Struktur weiter zu pflegen (MSc *Drug Regulatory Affairs*) und neue Einrichtungen zu konsolidieren und fortzuentwickeln (Graduiertenschule BIGS DrugS mit dem MSc Studiengang »Arzneimittelforschung/*Drug Research*«).

Förderung des wissenschaftlichen Nachwuchses, Promotion

Die Förderung des wissenschaftlichen Nachwuchses ist eines der Hauptanliegen der Fakultät. Genannt seien die Exzellenzschulen des Hausdorff Centers sowie die Bonn-Cologne Graduate School for Physics and Astronomy (BCGS) und die zahlreichen Fördermaßnahmen innerhalb von Sonderforschungsbereichen,

Transregios und Graduiertenkollegs. Es ist anzumerken, dass eine Promotion in der Fakultät immer strukturiert ist, denn es finden regelmäßig Arbeitsgruppentreffen sowie Evaluierungen der Promovierenden statt.

Ein wichtiges Ziel der Fakultät ist die Internationalisierung der Ausbildung durch enge Zusammenarbeit und gemeinsame Doktorandenbetreuung mit Spitzeninstitutionen weltweit. Interdisziplinär angelegte, fakultätsübergreifende Programme sind schon heute auf der Basis der gültigen Promotionsordnung der Mathematisch-Naturwissenschaftlichen Fakultät möglich. Diese eröffnet auch Professorinnen und Professoren, die nicht der Fakultät angehören, das Recht zur Erstbetreuung. Wenngleich im Englischen von »PhD-Programmen« gesprochen wird, bleibt der von der Fakultät verliehene Doktorgrad auch in Zukunft »Doktor der Naturwissenschaften« (*Doctor rerum naturalium*, Dr. rer. nat.). Darüber hinaus strebt die Fakultät die Einführung eines zweiten Doktorgrades zur weiteren Profilschärfung und Zusammenarbeit mit der Philosophischen Fakultät an.

Gleichstellung, Berufungspolitik

Die Fakultät strebt eine Erhöhung des Frauenanteils an, vor allem bei der Neubesetzung von Wissenschaftlerstellen und Professuren. Hierzu stellt die Fakultät Mittel in Höhe von 400.000 Euro pro Jahr bereit (diese Summe musste für die Jahre 2014 und 2015 auf Grund von Kürzungen auf 250.000 Euro pro Jahr reduziert werden). Damit gelang es in den vergangenen fünf Jahren, 15 hoch qualifizierte Forscherinnen zu berufen und sechs weitere an der Mathematisch-Naturwissenschaftlichen Fakultät zu halten. Dieser positive Trend wird fortgesetzt werden. Ein weiterer wichtiger Aspekt der Berufungspolitik der Fakultät ist die Etablierung des *Tenure-Track*-Verfahrens. Hier spielt die Fakultät eine Vorreiterrolle an der Universität, es wurden bereits eine Reihe von solchen Verfahren von W1 auf W2 und von W2 auf W3 durchgeführt. Es wird angestrebt, die Zahl solcher Verfahren zu erhöhen, um auch jungen Wissenschaftler/innen langfristige Perspektiven an der Universität zu ermöglichen, vorausgesetzt natürlich, dass die hohen Qualitätskriterien in Forschung und Lehre erfüllt werden. Auch die Möglichkeit der Durchführung von außerordentlichen Berufungsverfahren wird in der Fakultät wenn immer nötig genutzt, so gelang es mehrfach, exzellente Wissenschaftler/innen mit Hilfe eines sehr kurzen Verfahrens an die Universität Bonn zu berufen. Es wird angestrebt, in allen Lehreinheiten eine Reihe von Eckprofessuren zu definieren, um grundständige Lehrinhalte zu garantieren und langfristige Forschungsschwerpunkte zu ermöglichen. Gleichzeitig soll sich die Besetzung der anderen Professuren stärker an neueren Forschungsentwicklungen orientieren oder zur Verstärkung von Forschungsverbünden genutzt werden.

Anfänge und institutionelle Strukturierung der Mathematisch-Naturwissenschaftlichen Sektion innerhalb der Philosophischen Fakultät 1818–1936 (Wolfgang Alt)

Obwohl die offizielle Formation einer eigenen Fakultät erst knapp 120 Jahre nach der Universitätsgründung erfolgte, hatte die entscheidende Prägung der bis heute wirkenden Fakultätsstrukturen schon in den anfänglichen 50 Jahren stattgefunden: ab 1822/1827 waren es zunächst sechs, dann sieben und ab 1856 zeitweise gar acht naturwissenschaftlich-mathematische Ordinariate, welche die grundlegenden Fächer etablierten, auf denen aufbauend die institutionelle Strukturierung bis zum Ende der 1870er Jahre Bestand haben sollte:

(1) **Mathematik** und (2) mathematische **Physik**, begründet durch Diesterweg und den über 30 Jahre lang wirkenden Plücker bis hin zu den beiden berühmten Ordinarien Lipschitz (als Gründer eines »Mathematischen Seminars«) und Clausius (als Gründer des »Physikalischen Instituts«); (3) **Astronomie**, initiiert durch von Münchow und (mit dem Bau der Sternwarte) zur Blüte gebracht durch Argelander; (4) **Chemie** zunächst als »technische« und geologische Chemie aufgebaut von Bischof und dann weltberühmt gemacht durch Kekulé im neu erbauten Chemischen Institut; ergänzt durch die (5) **Pharmazie**, welche zunächst durch Nees von Esenbeck den Jüngeren als pharmazeutische Botanik begründet und dann von Bergemann als pharmazeutische Chemie bis 1867 weitergeführt wurde; (6) **Geologie** (inklusive **Mineralogie**) bestimmt durch die 50jährige Tätigkeit des nicht-akademisch ausgebildeten Leiters des (Ober-) Bergamtes Noeggerath mit seinem Nachfolger vom Rath; dazu später die **Geographie**, um 1850 kurzfristig vertreten von Mendelssohn, aber erst ab 1874 aufgebaut durch von Richthofen; schließlich die beiden biologischen Fächer (7) **Zoologie** mit dem paläontologisch ausgerichteten Goldfuß und seinem Nachfolger Troschel als führenden Direktoren des Naturhistorischen Museums sowie die (8) **Botanik** mit Nees von Esenbeck dem Älteren als Gründer des Botanischen Gartens bis hin zu von Hanstein als Begründer eines »Botanischen Instituts«.

Der beiliegende Schauplan visualisiert den Gesamtverlauf der Bildung und Umbildung dieser sechs bis acht Ordinariate über die Gründung von Seminaren und Instituten bis zur Ausbildung von zunächst fünf beziehungsweise sechs Fachgruppen (1963/1971) und schließlich (2006/2011) der heute bestehenden acht Fachgruppen – mit einigen Verschiebungen und etlichen Differenzierungen zeigt sich dennoch eine erstaunlich persistente Entwicklung. Im Detail sind die Fächer- und Instituts-Entwicklungen allerdings auch wesentlich durch die Einführung und Besetzung der relativ wenigen Extraordinariate beeinflusst worden (so etwa vom Chemiker Landolt als Mitdirektor beim Chemie-Neubau 1864–1867); zunächst waren es nur 2 bis 4 Stellen in der Mathematisch-Naturwissenschaftlichen Sektion, dann ab den 1870er Jahren wurden für viele Jahrzehnte immer circa acht Extraordinariate besetzt, bei circa zehn Ordinariaten. Dem gegenüber standen die damaligen Zahlen der Personalstellen in der gesamten Philosophischen Fakultät mit circa 42 bis 45 Ordinariaten und circa 16 bis 20 Extraordinariaten. Wenn auch personell somit nur ein Drittel bis ein Viertel der Gesamtfakultät umfassend, bildete die 1834 offiziell eingerichtete[1] »Mathematisch-Naturwissenschaftliche Abteilung« doch eine starke eigenständige Fraktion neben den drei anderen Abteilungen: der Philosophischen, der Philologischen und der Historisch-Staatswissenschaftlichen. Nach §8 der Fakultätsstatuten war nämlich bei »Meinungs-Verschiedenheit [...] mit übrigen Facultätsmitgliedern [...] die [mehrheitliche, W.A.] Abstimmung der Abtheilung entscheidend, und bildet[e] den Beschluß der Facultät«, was von der Mathematisch-Naturwissenschaftlichen Sektion mehrere Male in Anspruch genommen wurde (so zum Beispiel am 9. Dezember 1855 bei der Entscheidung über die Zulassung des Berliner Botanikers Caspary als Privatdozent an der Universität Bonn unter Ersparnis der üblichen Habilitationsleistungen).

Der starke und effektive Zusammenhalt der mathematisch-naturwissenschaftlichen Ordinarien lag auch darin begründet, dass mehr als die Hälfte von ihnen beim 1819 bis 1821 begründeten »Naturhistorischen Museum« beteiligt waren, mit seinen (botanischen, zoologischen, paläontologischen, mineralogischen und technischen) Sammlungen im Poppelsdorfer Schloss, sowie fast alle beim ebenfalls dort 1825 etablierten »Seminar der gesammten Naturwissenschaften«. Dies war das erste, größte und bis 1887 existierende preußische Lehrerseminar mit den fünf (für alle Seminar-Teilnehmer obligatorischen) Fächern Botanik, Zoologie, Mineralogie, Chemie und Physik,[2] welches viele der später in Bonn wirkenden Privatdozenten und Professoren durchlaufen hatten. Mit einer wöchentlichen Versammlung aller fünf »Vorsteher« und einer kooperativen Organisation (mit gemeinsamer Handbibliothek, einem Lese- und Arbeitsraum, ab 1829 einem modernen Handmikroskop) war damals ein in Deutschland hervorragendes Zentrum für Naturwissenschaften entstanden. Es hatte über 60 Jahre Bestand und verlor erst an Bedeutung, als sich 1866 bis 1874 die ersten eigenständigen Institute (Botanik, Chemie und Physik) »ausgründeten« und, auch im Jahr 1866, das Seminar für Mathematik entstand sowie die neue »Lehrerprüfungsordnung« für Preußen in Kraft trat.

Offensichtlich hatten das Naturwissenschaftliche Seminar und das Naturhistorischen Museum als wichtige gemeinsame institutionelle Rahmen für das Zusammenwirken innerhalb der Sektion gedient. Denn nach Aufteilung des Naturhistorischen Museums (1882/83) in drei eigenständige Museen und ent-

1 16 Jahre nach Universitätsgründung beim Vollzug der Fakultätsstatuten am 18. Okt. 1834, siehe Bezold Geschichte (1920) S. 287.
2 Siehe Schubring, Seminar (2004).

sprechender Neugründung von Instituten (für Zoologie, Paläontologie und Mineralogie) sowie der Proklamierung eines eigenen »Pharmazeutischen Instituts« durch den Kekulé-Schüler Wallach, war innerhalb der Mathematisch-Naturwissenschaftlichen Sektion die auch heute noch bestimmende »autonome« Instituts-Struktur etabliert worden: Acht bis zehn eigenständige Institute mit jeweils einem Ordinarius als Direktor, mindestens einem zugeordneten Extraordinarius oder Kustoden sowie ein bis zwei Assistenten (zusätzlich zu den oben benannten Institutionen noch die Sternwarte an der Poppelsdorfer Allee und der Botanische Garten um das Poppelsdorfer Schloss, letzteres mit dem Botanischen Institut formell verbunden zu den »Botanischen Anstalten«). Mit einigen Ausnahmen beziehungsweise Umänderungen bestand diese Situation ungefähr 50 Jahre lang bis zur Gründung der eigenen Fakultät.

Während das Mathematische Seminar (seit 1892 sogar mit zwei Ordinarien) im Hofgartenschloss verblieb, zogen das (ab 1885 in dessen Südwestflügel etablierte) Physikalische Institut sowie das (seit 1889 aus dem Poppelsdorfer Schloss ins Hauptgebäude verlegte) Paläontologische Institut und Museum 1911/13 in jeweils eigene Neubauten an der Nussallee und bildeten somit die wesentliche naturwissenschaftliche Ergänzung zum Poppelsdorfer Schloss und der bestehenden Chemie auf dem (durch die Medizinischen und Landwirtschaftlichen Institute schon) gewachsenen »Campus Poppelsdorf«. Nach einigen Vorläufen verankerte Alfred Philippson ebenfalls 1911 das Geographische Seminar (ab 1923 als Geographisches Institut) im Hauptgebäude an der Konviktstraße, zwar auch zur Historisch-Staatswissenschaftlichen Sektion gehörend, federführend jedoch in der Mathematisch-Naturwissenschaftlichen. Dementsprechend führten auch die Vorlesungsverzeichnisse (ab WS 1891/92) »Geschichte und Geographie« unter einer eigenen Rubrik neben der »Mathematik und Astronomie« und den »Naturwissenschaften«, letztere aufgeteilt in die fünf Fachgebiete (a) Physik, (b) Chemie, (c) Geologie, Mineralogie und Paläontologie, (d) Botanik und (e) Zoologie.

Der Erste Weltkrieg hatte eine Lähmung des gesamten Universitätslebens bewirkt, obwohl die älteren Professoren und Dozenten, im Personalverzeichnis mit all ihren vorigen militärischen Orden und Ehren aufgeführt, meist vor Ort bleiben konnten, während die jüngeren Jahrgänge (wie etwa die beiden frisch berufenen biologischen Ordinarien Fitting und Hesse) zusammen mit den Assistenten und Studierenden in der Regel zum Heeresdienst eingezogen wurden – und etliche davon auf dem Schlachtfeld blieben, wie aus dem mathematisch-naturwissenschaftlichen Bereich fast zehn Assistenten und weit mehr als 100 Studenten.

1919 zum nachgefeierten 100jährigen Universitäts-Jubiläums erhielt Johannes Wanner, Assistent des geologisch-paläontologischen Instituts in der Nussallee, eine (dem im Krieg gefallenen jungen Geologen aus der Industrie-Familie

Haniel gewidmete) Stiftungs- Professur und eröffnete dort die »Anstalt für angewandte Geologie«, wobei ein geplanter Anbau wegen der Inflation nicht zustande kam. Auch der von Philippson betriebene Ausbau seines Geographischen Instituts im Hauptgebäude wurde erst 1926 begonnen und nach Philippsons Relegation von dessen Nachfolger Troll weitergeführt. Ähnlich zögernd verlief die Entwicklung des 1923 aus Spendenmitteln der GEFFRUB begründeten und unterhaltenen interdisziplinären »Röntgen-Forschungs und -Lehrinstituts« mit dem 1922 zum Extraordinarius ernannten Physiker Grebe als Leiter. Es musste sich mit engen Räumlichkeiten im Hygiene-Institut an der Theaterstraße begnügen.

Dagegen blühte auf dem Campus in Poppelsdorf vor allem das noch während der Vorkriegszeit enorm gewachsene Chemische Institut mit fünf bis sechs eigenen Abteilungen: 1924 übernahm ein anorganischer Chemiker, der unter den Nationalsozialisten einflussreiche Antropoff, die Abteilung für Physikalische Chemie, während der organische Chemiker Frerichs sich als zweiter Ordinarius endgültig mit einem offiziellen »Pharmazeutischen Institut« in der »Alten Chemie« selbständig machen konnte. Nachdem auch im Physikalischen Institut schon 1920 ein zweites Ordinariat für den Angewandten Physiker Pflüger geschaffen worden war, musste das zweite Mathematik-Ordinariat anlässlich der Relegation des jüdischen Wissenschaftlers und Publizisten Hausdorff 1935 ans Botanische Institut abgegeben werden; stattdessen genehmigte die nationalsozialistische Universitätsleitung dem (seit 1920 persönlichen) Ordinarius Beck die Gründung eines eigenen »Seminars für Angewandte Mathematik«. Ebenfalls 1935 richtete das Zoologische Institut eine eigene »Abteilung für Parasitologie« ein, und zwar in Übernahme einer 1913 am Hygiene-Institut der Medizinischen Fakultät gegründeten gleichnamigen Abteilung, die von der ersten Bonner (Titular-) Professorin Gräfin von Linden an der Endenicher Allee 19 aufgebaut und geleitet worden war – bis zu ihrer vorzeitigen Zwangsentpflichtung, direkt im Jahre 1933.

Zahl der Studierenden in Mathematik und Naturwissenschaften				
1910:	476	12 %	von 3833 Stud.	*(58 Pharm. + 485 Mediz.)*
1920:	504	10 %	von 5350 Stud.	*(126 Pharm. + 1491 Mediz.)*
1930:	963	14 %	von 7027 Stud.	*(61 Pharm. + 1638 Mediz.)*
	2306	33 %	Studierende in der Philosophischen Fakultät (zum Vergleich)	

Die Gründung der Mathematisch-Naturwissenschaftlichen Fakultät (Thomas Becker)

Als die Universität Bonn 1818 gegründet wurde, hatten die Naturwissenschaften eine für damalige Verhältnisse nicht unvorteilhafte Stellung. Waren insbesondere Chemie und Pharmazie vorher lediglich Hilfswissenschaften innerhalb der Medizinischen Fakultät gewesen, so wurden sie zusammen mit Astronomie und Biologie nunmehr zu einer Sektion innerhalb der Philosophischen Fakultät. Das war eine Verbesserung, zumal die Philosophische Fakultät in Bonn aus ihrer inferioren Stellung den anderen Fakultäten gegenüber befreit war und sogar den Doktortitel vergeben durfte, doch gab es von Anfang an Bestrebungen, aus dieser Sektion eine eigenständige Fakultät zu machen. Immerhin hielt die Fakultätsgemeinschaft von Naturwissenschaften und Geisteswissenschaften an der *Alma mater Bonnensis* über 100 Jahre. Erst nach dem Ersten Weltkrieg kam es zu ernsthaften Trennungsbemühungen, die schließlich von Erfolg gekrönt waren.[3]

Als 1930 auf Veranlassung des preußischen Kultusministeriums eine neue Satzung für die Universität Bonn in Kraft trat, war dort immer noch die Gemeinschaft der Natur- und Geisteswissenschaften in der Philosophischen Fakultät festgeschrieben. Aber die Spaltung lag in der Luft, denn schon seit dem ersten Entwurf für diese Statuten findet sich der Passus: »Der Minister ist ermächtigt, im Namen des Staatsministeriums die ›Philosophische Fakultät‹ nach Anhörung dieser Fakultät in eine Philosophische und eine Naturwissenschaftliche Fakultät zu teilen.«[4]

Im Sommersemester 1932 wurde, um einen Kompromiss zwischen Trennungsbefürwortern und -gegnern zu bilden, die Fakultät in zwei Abteilungen aufgeteilt, die nun sozusagen noch über den Sektionen rangierten. Jede der Abteilungen, also der Mathematisch-Naturwissenschaftlichen und der geisteswissenschaftlichen (die Staatswissenschaften hatten schon 1927 zur Juristischen Fakultät gewechselt), sollte abwechselnd den Dekan stellen. Ein Jahr später wurde zudem eingeführt, dass der Dekan einen Stellvertreter erhalten sollte, der jeweils aus der anderen Abteilung stammte.[5] Dies sollte die Einheit der Fakultät durch weitgehende Mitspracherechte gewährleisten. Aber sie genügte nicht mehr, um die Bestrebungen der Naturwissenschaftler nach Unabhängigkeit zu befriedigen. Im Anschluss an die Sitzung der mathematisch-naturwissenschaftlichen Abteilung vom 6. November 1933 fand eine Aussprache statt, deren einstimmiges Ergebnis Eingang ins Protokoll fand. »Die Math.-Naturw. Abtei-

3 Zum Ganzen siehe Becker, Gründung (2006).

4 Schäfer, Verfassungsgeschichte (19689, S. 470.

5 Universitätsarchiv Bonn (UAB), Bestand Philosophische Fakultät, Signatur PF 138 Nr. 186: Fakultätsprotokolle 1932–1945.

lung gibt [...] die Erklärung ab, dass sie sich vorbehält, evtl. in einem geeigneten Moment die Fakultätstrennung herbeizuführen.«[6] Damit war endgültig klar, dass der stillschweigende Konsens über die Beibehaltung des *Status quo* nun endgültig aufgekündigt worden war. Am 20 Dezember 1933 stellte die Mathematisch-Naturwissenschaftliche Abteilung kurzerhand den Antrag auf Trennung der Fakultät. Der Antrag führte zu einer langen Diskussion, deren Verlauf im Gegensatz zur sonstigen Gewohnheit nicht mit einigen Sätzen im Ergebnis zusammengefasst, sondern in Form des Votums jedes einzelnen anwesenden Professors protokolliert wurde.

Die Meinungen gingen in verschiedene Richtungen, wobei der Graben durchaus nicht entlang der Abteilungsgrenzen verlief. Der Psychiater Heinrich Bickel sprach sich als Geisteswissenschaftler für die Trennung aus. Die Abstufung Fakultät – Abteilung – Sektion sei eine Überorganisation und eine zu große zeitliche Belastung. Der Mathematiker Otto Toeplitz dagegen sprach sich gegen eine Trennung aus, weil er die alten Prinzipien der *Universitas Litterarum* gewahrt sehen wollte. Der Geograph Leo Waibel war ebenfalls gegen eine Trennung. Sollte es doch dazu kommen, bat er um Aufnahme in beide Fakultäten, was auf allgemeine Zustimmung stieß. Der Althistoriker Friedrich Oertel schließlich bot eine Kompromissformel an, indem er riet, nicht auf die Option der Teilung zu verzichten, aber erst einmal das neue System mit wechselnden Dekanen und zugeordneten Stellvertretern zu erproben. Dieser Position schlossen sich am Ende die meisten Deputierten an.

Für etwas mehr als ein Jahr vermochten es die Trennungsgegner auf diese Weise, das Thema aus den Beratungen der Fakultät heraus zu halten. Aber am 6. Februar 1935 wurde erneut ein Antrag auf Trennung gestellt.[7] Der Althistoriker Oertel jedoch, der 1933 die Kompromissformel entwickelt hatte, mit deren Hilfe die Fakultät noch zwei Jahre lang zusammenhielt, war nun auch für die Teilung, gleichermaßen der Geograph Waibel. Auch die geisteswissenschaftliche Abteilung rang sich mehr und mehr zu einer einheitlichen – und zwar einer befürwortenden – Haltung zur Teilung durch. Am 13. Februar 1935 verlas der Dekan eine Stellungnahme der geisteswissenschaftlichen Abteilung der Philosophischen Fakultät, in der festgestellt wird, dass die geisteswissenschaftliche Abteilung mit Ausnahme der Vertreter der Dozentenschaft sich für die Durchführung der Trennung entschieden habe.[8] Danach verlas der Abteilungsführer der Mathematisch-Naturwissenschaftlichen Abteilung einen einstimmig beschlossenen Antrag, in dem die Teilung gemäß der Universitätssatzung gefordert

6 Ebd., fol. 121r. Die Erklärung wird auf der allgemeinen Fakultäts-Sitzung am 08.11.1933 noch einmal verlesen und wörtlich ins Protokoll aufgenommen. Vgl. Ebd., fol. 118r.
7 Ebd., fol. 82r.
8 Ebd., fol. 79r.

wurde. Allerdings begannen nun, wo die grundsätzliche Übereinstimmung zur Aufteilung der Fakultät erzielt war, die Verteilungskämpfe um das Erbe. Denn es waren ausgerechnet die Naturwissenschaftler, die jetzt, wo durch den eigenen Antrag der Beschluss zur Trennung zum Greifen nahe war, um Aufschub der Entscheidung baten. Zu groß sei die Gefahr, dass die Haushaltsmittel und die Stellen in Anbetracht ungeklärter organisatorischer Verhältnisse nicht korrekt transferiert werden könnten.[9]

Die Angelegenheit hätte sich vielleicht noch länger hingezogen, doch jetzt übernahm das Ministerium in Berlin die Regie. Genauer die Abteilung W I. Diese, mittlerweile vom Chemiker Franz Bachér geführt, war die schon im preußischen Kultusministerium für die Universitäten zuständige Hochschulabteilung, die nun in das sogenannte »Amt für Wissenschaft« innerhalb des Reichserziehungsministeriums integriert worden war, das von dem Mathematiker Theodor Vahlen geleitet wurde. Der besondere Auftrag dieses Amtes lag nicht in der Förderung eines den Prinzipien einer freien und unabhängigen Wissenschaft verpflichteten Forschungsideals, sondern in der Steigerung der Wehrfähigkeit Deutschlands. Und eine von den Geisteswissenschaften unabhängige Mathematisch-Naturwissenschaftliche Fakultät erschien unter diesem Gesichtspunkt durchaus im Interesse nationalsozialistischer Hochschulpolitik. Auch für Berlin und Königsberg wurden nun Überlegungen angestellt, die Trennung zu vollziehen. Erst einmal ließ man allerdings nach guter alter Ministerialtradition die Bonner schmoren. Am 16. Januar 1936 schrieb Bachér an den Bonner Universitätskurator:

> »Es ist in Aussicht genommen, mit Wirkung vom 1. April 1936 ab durch Abzweigung von der Philosophischen Fakultät eine siebente Fakultät mit der Bezeichnung »Mathematisch-Naturwissenschaftliche Fakultät« zu schaffen und die Amtsvergütung für den Dekan in Höhe von jährlich 870 RM dauernd in den Entwurf zum nächstjährigen Staatshaushaltsplan einzustellen.«[10]

Durch den Vorstoß des Ministeriums waren die Bonner in ihren eigenen Bemühungen um Aufteilung der Fakultät von den Ministerialbeamten überholt worden und bemühten sich jetzt, das Verfahren der Trennung in geregelte Bahnen zu lenken.

Schon am 30. April 1936 hatte das Ministerium in einem erneuten Erlass keinen Zweifel daran gelassen, dass die Teilung beschlossene Sache war. Trotzdem war nun eine Verunsicherung eingetreten. Erst ein weiterer Erlass vom 6. Juli 1936 schuf unmissverständlich für alle Seiten völlige Klarheit. Wahr-

9 Ebd., fol. 79^{r}, 80^{v}.

10 UAB, Slg. Bib. Nr. 777, fol. 4^{r}. Konzept auf Formular mit handschriftlichen Eintragungen und Zusätzen. Schon zwei Jahre vorher, 1934, war die Landwirtschaftliche Hochschule Poppelsdorf als sechste Fakultät der Universität angegliedert worden.

scheinlich ist es dieser Verunsicherung zwischen April und Juni 1936 zu verdanken, dass wir nichts von einem Stichtag für die Gründung der neuen Fakultät hören. Vielmehr wirkt es so, als ob alle Beteiligten mitten in der Bewegung verharrten und erst langsam und tastend die neue Situation ausprobierten. So vielleicht ist es zu erklären, dass das erste Dokument, das uns überhaupt davon Kenntnis gibt, dass die neue Fakultät sich zu regen begann, einen sehr zurückhaltenden Charakter hat. Der Chemiker Paul Pfeiffer berief nämlich für den 3. Juni 1936 eine Sitzung der Mathematisch-Naturwissenschaftlichen Abteilung ein und schrieb in der Einladung: »Ich beabsichtige nun am gleichen Tage um 18 Uhr 45 eine Sitzung der mathematisch-naturwissenschaftlichen Abteilung als Fakultätssitzung einzuberufen und bitte Sie, die notwendigen Schritte zu veranlassen.«[11]

Dass die Fakultät sich erst finden musste, weil so manche einfache Angelegenheit erst nach und nach geregelt werden konnte, sehen wir an der Frage der Fakultätsfarbe, die erst 1937 vom Ministerium in Berlin bestimmt wurde, zu einem Zeitpunkt also, an dem die Fakultät schon längst ihren Betrieb aufgenommen hatte.[12] Wir haben es vermutlich also nicht mit einem einmaligen Gründungsakt zu tun, sondern eher mit einem schleichenden Prozess. In Ermangelung anderer Quellen spricht vieles dafür, dass die Mathematisch-Naturwissenschaftliche Abteilung sich seit dem 3. Juni als eigenständige Fakultät empfand, die lediglich noch einen Dekan brauchte und die Zuteilung einer eigenen Fakultätsfarbe, um selbstbewusst neben den anderen agieren zu können.

Ausbau und Differenzierung der Fakultät nach dem Zweiten Weltkrieg: Bildung von Fachgruppen und Instituten (Wolfgang Alt)

Bald nach Ende des Zweiten Weltkrieges wurde unter dem Rektorat des Physikers und späteren Kultusministers Konen mit den Wiederaufbau-Arbeiten begonnen, die im Bereich der Mathematisch-Naturwissenschaftlichen Fakultät von den ersten Nachkriegsdekanen Fitting und Troll effektiv gefördert und koordiniert wurden. So erreichte Direktor Pfeiffer im unbeschädigten Chemischen Institut die Wiedereinrichtung des während des Krieges geschlossenen Pharmazeutischen Instituts; demgegenüber mussten alle Institute im weitgehend zerstörten Poppelsdorfer Schloss (bis auf das Mineralogisch-Petrologische Institut) wäh-

11 UAB, Bestand Philosophische Fakultät, Signatur PF 138 Nr. 186, fol. 61r.

12 Schreiben des Rektors an das Reichserziehungsministerium vom 28.01.1937: Die neugegründete Mathematisch-Naturwissenschaftliche Fakultät hat im Benehmen mit dem Beirat für Kunstfragen, mich gebeten, als Fakultätsfarbe hellblau nehmen zu dürfen. Ich habe nach Rücksprache mit dem dort zuständigen Referenten diesem Antrag stattgegeben. UAB, Slg. Bib. Nr. 777, fol. 22r.

rend der von Baurat Gelderbloom beharrlich durchgeführten Restauration in anderen Institutsgebäuden des Campus Poppelsdorf provisorisch unterkommen – wobei das Botanische Institut schließlich im aufgestockten ehemaligen Garteninspektor-Haus gegenüber vom Schloss (heutiges Nees-Institut) verblieb. Dort eröffnete der 1948 als Extraordinarius berufene Botaniker Steiner 1951 ein eigenes Pharmakognostisches Institut mit modernem Isotopen-Labor; analog konnte am Zoologischen Institut im Poppelsdorfer Schloss 1954 ein fakultätsübergreifend initiiertes »Zentrallaboratorium für Übermikroskopie« eingerichtet werden.

Während das im Hofgarten-Schloss ausgebombte Mathematische Seminar (wie auch das formell weitergeführte Seminar für Angewandte Mathematik) eine vorläufige Bleibe in der Sternwarte gefunden hatte, wurde das Geographische Institut zunächst vom Geologisch-Paläontologischen Institut in der Nussallee aufgenommen. Im benachbarten, nur leicht beschädigten Physikalischen Institut hatte Weizel schon 1949 ein eigenes Institut für Theoretische Physik eröffnen können, im Jahr darauf Grothe im Chemischen Institut ein eigenes Institut für Physikalische Chemie. Hier wie in den anderen Institutsgebäuden auf dem Poppelsdorfer Campus entwickelte sich bei wieder steigenden Studierenden-Zahlen bald eine starke Raumnot, so dass die Fakultät die vorgelegten Pläne zur Errichtung von Instituts-Neubauten mit Nachdruck zu verwirklichen suchte. An der Nussallee bezog 1953 der Physiker Riezler sein neues »Institut für Strahlen- und Kernphysik« und 1955 zogen in die neuen Gebäude an der Wegelerstr. 10–12 das Institut für Theoretische Physik sowie die Mathematischen Institute, wobei das Institut für Angewandte Mathematik dort mit den ersten Rechenmaschinen von IMB ausgestattet werden konnte. Gleichzeitig eröffnete Winterfeld am Kreuzbergweg den modernen Neubau für das Pharmazeutische Institut.

Zu Beginn der 1960er Jahre setzte sich dieser Trend zur fachlichen Differenzierung und Instituts-Neugründung innerhalb der Mathematisch-Naturwissenschaftlichen Fakultät weiter fort: Das verbliebene große Chemische Institut spaltete sich in eines für »Organische« und eines für »Anorganische« Chemie auf; aus dem vom späteren Nobelpreisträger Paul geführten Physikalischen Institut entsprossen ein Institut für »Theoretische Kernphysik« und eines für »Angewandte Physik«; zusätzlich zur alten Sternwarte war ein »Institut für Radioastronomie« mit neuem Observatorium auf dem Stockert entstanden und das vom Angewandten Pysiker Flohn gegründete »Meteorologische Institut« – doch dieses musste zuerst ein angemietetes ehemaliges Verbindungshaus in der nahen Kurfürstenstraße beziehen.

In dieser Innovations- und Erweiterungsphase mit einer langen Präferenzliste zusätzlicher Institutsneubauten erwies sich die seit Gründung 1936 personell schon auf das Doppelte angewachsene Fakultät als zu unübersichtlich: sie bestand inzwischen aus 20 Instituten mit 24 Ordinarien, zwar nur noch vier Extraordinarien, dafür aber 25 Wissenschaftlichen Räten beziehungsweise außerplanmäßigen Professoren. Daher schien es geboten, dass sich während des akademischen Jahres 1963/64 im Fakultätsrat fünf Fachkommissionen organisierten mit jeweils einem Vorsitzenden und dessen Stellvertreter, welche geeignete Beratungen und Beschlüsse aus den verschiedenen Fachperspektiven koordinierten. Unter dem effektiven und weitsichtigen Dekanat des Mathematikers Hirzebruch war so die Grundstruktur der bis heute praktizierten Aufteilung unserer Fakultät in Fachgruppen geschaffen worden; zu Beginn gab es deren fünf, nämlich Mathematik, Physik/Astronomie, Chemie, Erdwissenschaften und Biologie, wobei sich die Institute für Physikalische Chemie, Meteorologie, Geologie/Paläontologie sowie Pharmakognosie jeweils zwei Fachgruppen zugeordnet hatten. Als ein Thema in dieser Zeit stand die Verabschiedung von neuen Diplomprüfungsordnungen an mit der erforderlichen Fakultäts-internen und bundesweiten Abstimmung (Westdeutsche Rektorenkonferenz). Für das Fach Biologie musste eine neue Ordnung geschaffen werden, während die für Mathematik, Physik, Chemie und Geologie aus den 1930/40er Jahren übernommen werden konnten. Die Forschungsförderung war ein weiteres Thema zur Abstimmung zwischen den Fächern, insbesondere die Anträge zur Finanzierung von Projekten über (nicht-militärische) »Strahlennutzung« und »Strahlenwirkungen«, welche vom Bundesministerium für Atomkernenergie (und Wasserwirtschaft), ab 1962 für allgemeine Wissenschaftliche Forschung relativ großzügig angeboten und von vielen der oben genannten Institute als einzig verfügbare Drittmittelquelle genutzt wurde.

Wichtigstes Thema in den Jahren ab 1963 blieben aber die nötigen Erweiterungsbauten. Während Paläontologie und Pharmakognosie auf der nordöstlichen Seite der Nussallee noch Platz für Neubauten gefunden hatten, war eine Ausdehnung auf das freie Campus-Gelände südwestlich der Nussallee bisher aus sukzessiven historischen Gründen nicht zustande gekommen. Die schon Ende der 1920er Jahre dringende Ausgliederung von Klinischen Instituten aus dem Bonner Stadtbereich hatte zwar diesen Standort vorgesehen, scheiterte damals aber an den Vorrechten der Deutschen Reichsbahn auf eine Verlegung des Bonner Hauptbahnhofs zum dortigen Güterbahnhof der ehemaligen Wessel-Industriebahn im Falle der Anlage einer Schienenumgehung von West- und Südstadt. So war es 1935 zu einem Tauschvertrag zwischen Universität und Stadt Bonn gekommen mit Verzicht auf die Kliniken-Grundstücke und Erwerb des Gesamtgeländes Gut Hoheneich, welches von Endenich bis zur Landwirtschaftskammer an der Endenicher Allee reichte. Nun, nach 30 Jahren Krieg, Aufbau und Technisierung, war in Kompensation zur Geländeverkleinerung durch die Trassen der Bonner Umgehungs-Autobahn ein weiteres Gebiet des (heutigen) Campus Endenich jenseits der Straße »Auf dem Hügel« hinzugekommen – weit ausdehnungsfähig bis aufs Meßdorfer Feld hinaus. Da der noch freie Teil des Campus Poppelsdorf inzwischen von der Landwirtschaftlichen Fakultät für deren »100-jährige Versuchsfelder« weiter genutzt und beansprucht wurde, mussten und konnten sich die Neubau-Planungen zunächst nur nach Endenich ausrichten. Zeitweise wurden sogar Pläne zur dortigen Errichtung einer kompletten neuen Technischen Universität laut. Realisierbar war jedoch zunächst nur die Verlegung von neuen oder bestehenden Instituten der Fakultät in die sukzessive fertiggestellten Neubauten: 1965/66 die »Angewandte Zoologie« (vorher Abteilung für Parasitologie), die »Cytologie und Mikromorphologie« (vorher Lab. für Übermikroskopie) und das »Meteorologische Institut« rechterhand »Auf dem Hügel« und erst fünf Jahre später linkerhand die inzwischen in mehrere Teile aufgetrennten »Astronomischen Institute«. Kurz vorher, 1971/72, waren die zwei neuen Chemie-Gebäude unterhalb des Endenicher Hügels bezogen worden von den Abteilungen Chemie und Technologie des Pharmazeutischen Instituts sowie vom den beiden Instituten für Anorganische Chemie und Organische Chemie und Biochemie.

Aber auch auf dem Universitätscampus in Poppelsdorf waren in dieser Zeit Erweiterungen und Veränderungen erfolgt. 1964/65 war die Angewandte Mathematik in das neuerbaute Hochhaus Wegelerstraße 6 eingezogen und im dortigen Parterre- und Kellergeschoss ein modernes Rechenzentrum etabliert worden. Diese Verbindung und die Planung zur Einführung eines Informatik-Studiengangs induzierten fünf Jahre später die offizielle Umbenennung als »Institut für Angewandte Mathematik und Informatik«, welches zusammen mit dem in der Wegelerstraße 10 verbliebenen »Mathematischen Institut« die ebenfalls umbenannte Fachgruppe »Mathematik/Informatik« bildete; und wiederum fünf Jahre später kam es dann 1975 zur Aufspaltung in zwei eigene Institute für »Angewandte Mathematik« und für »Informatik«. Im Kontrast dazu vereinigte sich 1966 das Physikalische Institut unter dem Direktor Paul wieder mit dem abgetrennten Institut für Theoretische Physik und erhielt eine neue Organisationsstruktur mit jährlich wechselnder Geschäftsführung, welche auf die Forschungsarbeiten mit dem neuerbauten zweiten Elektronen-Synchrotron zugeschnitten war.

Ab 1971 gab es sechs Fachgruppen, da sich die Pharmazie mit dem teilweisen Umzug in den Endenicher Campus wesentlich vergrößert hatte und sich nun als eigene Fachgruppe Pharmazie aus der Chemie herauslöste, zusammen mit der Pharmakognosie, die ab 1974 unter Kating die Bezeichnung »Institut für Pharmazeutische Biologie« annahm, entsprechend der beiden im Pharmazeutischen Institut gebildeten Abteilungen »Pharmazeutische Chemie« und »Pharmazeutische Technologie«. Innerhalb der restlichen Fachgruppe Chemie war das in der Wegelerstaße verbliebene Institut für Physikalische Chemie durch einen Lehrstuhl für »Theoretische Chemie« erweitert worden, welcher unter Sigrid Peyerimhoff ab 1972 zu einer eigenen Abteilung ausgebaut wurde.

Während in der Fachgruppe Erdwissenschaften die Organisation konstant weiterlief (außer, dass sich im Hauptgebäude an der Franziskanerstraße verschiedene Teilbereiche der Geographie zu einem Verbund der Geographischen Institute zusammengeschlossen hatte), kam es in den Jahren 1965–1972 zur Ausgründung von mehreren fachlich spezialisierten Instituten. Neben den schon erwähnten beiden Instituten auf dem Endenicher Campus gab es nun in Poppelsdorf unter Gottschalk ein »Institut für Genetik« und unter Trüper ein »Institut für Mikrobiologie«, welches sich seit 1975 in der renovierten »Alte Chemie« befindet. Kurz danach, 1977, war vom neuberufenen Zoologen Keller das »Institut für Zoophysiologie« im frisch errichteten Allgemeinen Verfügungszentrum (AVZ I) an der Endenicher Allee eröffnet worden, wo sich Laboratorien und Praktikumsräume für Institute aus mehreren Fachgruppen einfanden.

Die Mathematisch-Naturwissenschaftliche Fakultät hatte sich somit nach 40jährigem Bestehen im Laufe der 1970er Jahre zu einer der größten und am besten organisierten Fakultäten an der Universität mit sechs Fachgruppen und über 25 eigenständigen Instituten entwickelt.

Anhang: Naturwissenschaftliche Ehrenpromotionen an der Philosophischen Fakultät sowie ab 1936 an der Mathematisch-Naturwissenschaftlichen Fakultät

Bevorzugte Ehrungstage: 3. August (Geburtstag des Stifters der Universität) – 18. Oktober (Univ.-Jubiläum)
Besondere Jahre wie die Universitäts-Jubiläums-Jahre 1843, 1868, 1919, 1943, 1968.

Datum	Vorname, **Nachname**	**Herkunft**	Fach	Stellung/Funktion
03.08. 1819	Ernst **Graf von Beust**	**Bonn**	Geologie	Direktor des Oberbergamtes
03.08. 1819	Christian Gottried **Nees von Esenbeck**	**Bonn**	Naturgesch. & Botanik	(als Mediziner bei seiner Berufung zum ›Gründungs-Professor‹)
15.04. 1821	Friedrich **Nasse**	**Bonn**	Medizin	(zur ›Habilitation‹ in der Philos. Fak.)
03.08. 1822	Wilhelm **Liessem**	**Bonn**	Mathematik	Oberlehrer/Prof. am Kgl. Gymnasium
03.08. 1825	Dietrich Franz Leonhard **von Schlechtendal**	**Berlin**	Botanik	Kustos am Königlichen Herbar

(Fortsetzung)

Datum	Vorname, **Nachname**	**Herkunft**	Fach	Stellung/Funktion
18.01. 1827	Peter Gustav **Lejeune Dirichlet**	**Paris**	Mathematik	zu seiner Berufung als Mathematik-Privatdozent in München
18.01. 1827	Carl Friedrich Philipp **von Martius**	**München**	Botanik	(ordentlicher Professor)
03.08. 1829	Josef **Ennemoser**	**Bonn**	Medizin	Prof. auch für Anthropologie
28.12. 1830	Wilhelm **Olbers**	**Bremen**	Astronomie	Arzt und Astronom (50. Doktorjubil.)
03.08. 1834	Heinrich **von Dechen**	**Bonn**	Geologie	Direktor des Oberbergamtes
03.08. 1834	Franz Julius **Meyen**	**Berlin**	Botanik	(Dr. med. und ordentlicher Professor)
25.09. 1835	Alexandre **Brongniart**	**Paris**	Mineralogie	Chefingenieur der Bergwerke, Prof. am Naturhistorischen Museum
16.07. 1841	August Franz **Mayer**	**Bonn**	Medizin	Prof. der Anatomie und Physiologie
18.10. 1843	August Wilh. **Hülsmann**	**Elberfeld**	Astronomie	Superintendent
18.10. 1843	Ludwig Imman. **Magnus**	**Berlin**	Mathematik	oberster Beamter beim Kassenverein
02.05. 1845	Johann Wilhelm **Meigen**	**Stolberg**	Entomologie	Sekretär der Handelskammer
15.07. 1847	Carl Ludwig **Hencke**	**Driesen**	Astronomie	Postsekretär, Ratsherr, Schiedsmann
27.01. 1848	Julius **Budge**	**Bonn**	Medizin	Prof. der Anatomie und Physiologie
09.05. 1855	Carl Theodor **Luther**	**Düsseldorf**	Astronomie	Direktor der Bilker Sternwarte
15.03. 1860	Philipp Lutley **Sclater**	**London**	Zoologie	Sektretär der Zoolog. Gesellschaft
15.12. 1862	Michael **Bach**	**Boppard**	Entomologie	Lehrer an der höheren Stadtschule
05.07. 1864	Leopold **Dippel**	**Idar**	Naturwiss.	Lehrer an der höheren Bürgerschule
04.08. 1868	Heinrich **Geißler**	**Bonn**	Mechanik	Hersteller der (Geißler-)Glasröhren
04.08. 1868	Carl **Lischke**	**Elberfeld**	Zoologie	Conchylien-Kenner (Oberbürgermstr.)

(Fortsetzung)

Datum	Vorname, **Nachname**	**Herkunft**	Fach	Stellung/Funktion
04.08. 1868	Julius **Schmidt**	**Athen**	Astronomie	Direktor der Sternwarte
04.08. 1868	Jean Servais **Stas**	**Brüssel**	Chemie	Ehem. Prof. an der Militärschule
04.08. 1868	Otto Wilh. **von Struve**	**Petersburg**	Astronomie	Direktor der Nikolai-Hauptsternwarte
04.08. 1868	Friedrich **Wilms**	**Münster**	Pharmazie	Apotheker, Mitgl. D. Medizinal-Koll.
23.02. 1875	Luc. Friedr. **von Heyden**	**Frankfurt**	Entomologie	Direktor der Senckenbergischen Ges.
23.06. 1878	Theodor **Schwann**	**Lüttich**	Medizin	Prof. der Physiologie
21.10. 1896	Wilhelm **Hittorf**	**Münster**	Physik	Prof. für Physik und Chemie
08.08. 1913	Lilien Jane **Martin**	**Stanford**	Psychologie	(als Doktorandin zurückgewiesen)
02.08. 1919	Bernhard **Stütz**	**Bonn**	Geologie	
02.08. 1919	Emil **Kräpelin**	**München**	Psychiatrie	Gründer der Forschungsanstalt
02.08. 1919	Nathan **Zuntz**	**Berlin**	Physiologie	Gründer des Tierphysiolog. Instituts
02.08. 1919	Ferdinand Paul **Wirtgen**	**Bonn**	Pharmazie	Botaniker (im Naturhistor. Verein)
16.01. 1924	Frank **Springer**	**Las Vegas**	Paläontolog.	Smithsonian Institution
15.02. 1936	Hermann **Höne**	**Shanghai**	Entomologie	(Leiter Agfa-Laboratorium in China)
18.10. 1943	Percy **Quensel**	**Stockholm**	Mineralogie	Prof. (Koopertion mit Cloos)
18.10. 1943	Peutti **Eskola**	**Helsinki**	Mineralogie	Prof. (Koopertion mit Cloos)
18.10. 1943	Väinö **Auer**	**Helsinki**	Geographie	Prof. (Kooperation mit Troll)
18.10. 1943	Hans **Vogt**	**B.-Dahlem**	Physik	Ingenieur (Erfinder des Tonfilms)
11.02. 1946	Alfred **Philippson**	**Bonn**	Geographie	zum 50-jährigen Dr.phil. in Bonn
15.10. 1947	Heinrich Mathias **Konen**	**Bonn**	Physik	Rektor und design. Kultusminister
30.11. 1949	Otto **Bayer**	**Leverkusen**	Chemie	Arbeit an techn. Polymer-Synthese

(Fortsetzung)

Datum	Vorname, **Nachname**	**Herkunft**	Fach	Stellung/Funktion
06.08. 1950	Clemens **Schäfer**	**Köln**	Physik	zum 50-jährigen Dr.phil. in Bonn
27.01. 1953	Albert **Schumacher**	**Waldbröl**	Botanik	Volksschullehrer (im Naturhist.Verein)
07.02. 1953	Hans **Meerwein**	**Marburg**	Chemie	zum 50-jährigen Dr.phil. in Bonn
28.06. 1955	August **Reichensperger**	**Bonn**	Zoologie	zum 50-jährigen Dr.phil. in Bonn
13.10. 1955	Fritz **Gajewski**	**Troisdorf**	Chemie	zum 70. Geburtstag (bei Dynamit-AG)
14.05. 1956	Hugo **Gross**	**Bamberg**	Pfl.-Geogr.	Gymnasial-Studienprofessor
16.07. 1958	Walter **Hoesch**	**Namibia**	Zoologie	Landwirt (Kooper. mit Niethammer)
21.11. 1959	Oscar **Klement**	**Hannover**	Botanik	Lichenologe (Flechtengesellschaften)
05.03. 1962	Otto **Haupt**	**Erlangen**	Mathematik	seit 1953 emer. Prof.
11.05. 1965	Karl Heinrich **Slotta**	**Miami (Fl.)**	Biochemie	(Doktorvater von Rudolf Tscheche)
23.05. 1966	Otto Heinr. **Schindewolf**	**Tübingen**	Paläontolog.	ehem. Instituts-Direktor
22.07. 1966	Paul **Harteck**	**Troy (N.Y.)**	Phys.chemie	›Uranmaschine‹ / Entdecker des Tritium
17.07. 1967	Victor F. **Weißkopf**	**MIT Camb.**	Kernphysik	ehem. Dir. des CERN in Genf
12.06. 1968	Sir Michael F. **Atiyah**	**Oxford**	Mathematik	1966 Fields-Medaille (Koop. mit Hirzebruch)
13.07. 1968	Pierre-Paul **Grassé**	**Paris**	Zoologie	Lehrstuhl für Evolution der Lebewesen
03.07. 1971	Edmund **Wolters**	**Bonn**	Ornithologie	Kurator am Museum Koenig
13.10. 1978	Robert R. **Wilson**	**Chicago**	Kernphysik	Gründ.-Dir. Fermilab-Beschleuniger
28.11. 1986	Fritz **John**	**New York**	Mathematik	(Kooperation Math. Institut und MPI)
28.11. 1986	Hans **Lewy**	**Berkeley**	Mathematik	(Kooperation Math. Institut und MPI)
28.11. 1986	Jacques **Tits**	**Paris**	Mathematik	Collège de France (1964–74 in Bonn)
27.04. 1990	Hans **Grauert**	**Göttingen**	Mathematik	(Doktorvater von I. Lieb und W. Alt)

(Fortsetzung)

Datum	Vorname, **Nachname**	**Herkunft**	Fach	Stellung/Funktion
04.02. 1991	Chauncy D. **Harris**	**Chicago**	Geographie	Kulturgeographie (Koop. mit Troll)
16.12. 1992	Norbert **Pfennig**	**Konstanz**	Mikrobiol.	1967–81 Dir. Mikrobiol. in Göttingen
26.01. 2001	Heinz Günter **Floss**	**Washington**	Pharm.Biol.	(Organ. Chemie)
16.11. 2001	Günther **Osche**	**Freiburg**	Evol.biol.	(Doktorvater von K.P. Sauer)
13.05. 2002	Olga A. **Ladyshen-skaya**	**Petersburg**	Mathematik	(Kooperation Inst. Angewandte Math.)
18.04. 2008	Paul **Malliavin**	**Paris**	Mathematik	Kalkül der Stochastischen Analysis
23.04. 2010	Julius **Rebek jun.**	**La Jolla**	Org. Chemie	Biomolekül-Synthese

Fachgruppe Mathematik/Informatik

Mathematik an der Universität zu Bonn von 1818 bis 2018

Stefan Hildebrandt†[13]

Der Beginn: Plücker, Lipschitz, Minkowski (1818–1903)

Bei ihrer Gründung wurde die Universität Bonn mit zwei Lehrstühlen für Mathematik ausgestattet, wobei der zweite auch für Astronomie und Physik zuständig war. Die ersten Vertreter waren Adolf Diesterweg (1818–1835), der sich mit elementargeometrischen Fragen und dem Werk von Apollonius befasste, und Karl Dietrich von Münchow (1818–1836). Dieser las über Kegelschnitte, Trigonometrie, Lineare Algebra, Differential- und Integralrechnung; nebenher vertrat er Astronomie und Physik. Nach von Münchow fiel der zweite Lehrstuhl mit der Berufung von F.W.A. Argelander (1836) an die Astronomie, die durch sein Wirken Weltruf erlangte. Als Diesterwegs Professur frei wurde, hoffte C.G.J. Jacobi, vom abgelegenen Königsberg nach Bonn versetzt zu werden, doch das zuständige Ministerium und auch Bessel wollten ihn in der ostpreußischen

13 Ergänzt (bis einschließlich 2017) von Carl-Friedrich Bödigheimer.

Spitzenuniversität behalten, und so ging der Ruf an Julius Plücker (1835–1868) aus Halle, wie von der Fakultät vorgeschlagen.[14]

Plückers Laufbahn ist einzigartig: Von seiner Habilitation (1825) an bis 1846 arbeitete er vornehmlich als Geometer, danach bis 1863 als erfolgreicher Experimentalphysiker, und dann noch vier Jahre wieder als Geometer. In dieser Zeit entstand der erste Teil seiner »Neuen Geometrie des Raumes«; den zweiten Teil verfasste posthum Plückers Schüler Felix Klein, der eigentlich hatte Physik studieren wollen. Klein schrieb: »Plückers Ziel in der Geometrie und seine Leistung ist der Neuaufbau der analytischen Geometrie. Er verfolgte dabei eine aus der Mongeschen Tradition weitergebildete Methode: das völlige Zusammenwachsen von Konstruktion und analytischer Formel.«[15] Durch Einführung der allgemeinen homogenen Dreieckskoordinaten gelangte er zum Gedanken des »beliebigen Raumelementes« und von hier zur vollständigen Begründung des von Poncelet und Gergonne aufgestellten Dualitätsprinzipes. Noch Sophus Lie vermerkt, wieviel seine Kontaktgeometrie den Plückerschen Ideen verdankt. Als Hauptleistung Plückers in der Theorie der algebraischen Kurven in der Ebene bezeichnet Klein die Plückerschen Formeln, welche Ordnung, Klasse und einfache Singularitäten einer Kurve verknüpfen.

Zwischen 1835 und 1856 waren Privatdozenten und Extraordinarien wesentlich am mathematischen Unterricht beteiligt. Zu nennen sind hier insbesondere Eduard Heine (Kugelfunktionen, Potentialtheorie) und August Beer (mathematische Physik). Heine war sehr vielseitig und las über die verschiedensten mathematischen Gebiete; beispielsweise hielt er in Bonn wohl die erste Vorlesung über elliptische Funktionen. Im Jahre 1856 folgte er einem Ruf nach Halle, während Beer gleichzeitig in Bonn auf den wiedererrichteten zweiten mathematischen Lehrstuhl berufen wurde, den er bis zu seinem Tode 1863 innehatte.

Plücker erhielt neben seiner mathematischen eine Professur für Physik, die er zuvor nur provisorisch verwaltet hatte. Beers Nachfolger wurde 1864 Rudolf Lipschitz, übrigens gegen den Wunsch von Plücker, der Alfred Clebsch oder Otto Hesse bevorzugt hätte.

Im Jahre 1866 kam es zur Gründung des Mathematischen Seminars. Diese ging auf einen Bericht des Kurators der Universität vom September 1864 an das zuständige Ministerium zurück, der zwar die »Lehrgabe« der Professoren lobte, dann aber feststellte, dass sich der Mathematikunterricht auf den Gymnasien der westlichen Provinzen

> »durchgängig kaum auf dem Niveau des Mittelmäßigen hält, und die von denselben zur Universität entlassenen Schüler, welche sich dem Studium der höheren Mathematik

14 Königsberger, Jacobi (1905).
15 Klein, Vorlesungen, S. 119–126 (1926).

widmen wollen, vielfach in erschreckender Weise unwissend und meistens nicht genügsam vorgebildet sind, um den mathematischen Vorträgen folgen und dieselben verarbeiten zu können«.[16]

Folglich würden die Gymnasien von der Universität mit Mathematiklehrern versehen, die nur ausnahmsweise ihrer Stellung genügten; der Unterricht auf den Gymnasien würde ungenügend bleiben und das hiesige Mathematikstudium sich in einem *circulus vitiosus* fortbewegen. Die Ursache dieses Missstandes sah der Kurator im nur aus Vorlesungen bestehenden Universitätsunterricht, und zur Behebung drängte er auf die Errichtung eines Seminars, das mathematische Übungen abhielte. Plücker sträubte sich zunächst, aber schließlich kam es im Herbst 1866 zur Gründung des Mathematischen Seminars unter Leitung von Lipschitz und Plücker. Nach Plückers Tod trat Hermann Kortum (1869–1904) neben Lipschitz in die Seminarleitung ein. Kortum war nicht mathematisch produktiv, sondern widmete sich vornehmlich dem mathematischen Unterricht im Seminar.

Lipschitz (1864–1903) war ein außerordentlich vielseitiger Mathematiker, der während seiner Bonner Tätigkeit fast alle mathematischen Gebiete in Vorlesungen behandelt und die Bonner Mathematik in ihrer ersten Periode nachhaltig geprägt hat. Die mathematischen Arbeiten von Lipschitz betrafen zunächst die Zahlentheorie und die mathematische Physik. Dann folgten bahnbrechende Arbeiten zur Konvergenz von Fourierreihen und zur Lösung von Systemen gewöhnlicher Differentialgleichungen (»Lipschitzbedingung«). Von besonderer Bedeutung ist seine gleichzeitig mit Christoffels Arbeit erschienene Untersuchung über Differentialinvarianten, in der Riemanns Habilitationsvortrag ausgearbeitet und weiterentwickelt wurde. Hier finden wir Grundlagen der Riemannschen Geometrie, die hundert Jahre später zu einem der Paradegebiete der Bonner Mathematik wurde. Nach einem Lehrbuch der Analysis folgen schließlich Arbeiten über Zahlsysteme (»Clifford-Algebren« und »Clifford-Lipschitz-Gruppen«) sowie Untersuchungen zur Zahlentheorie und zur Theorie der elliptischen Funktionen und der Modulfunktionen.

Der neben Plücker und Lipschitz bedeutendste Mathematiker der ersten Periode war Hermann Minkowski aus Königsberg, der sich 1887 in Bonn habilitierte und 1892/93 eine außerordentliche Professur innehatte. Sowohl seine Dissertation wie seine Habilitationsschrift und eine anschließende Untersuchung befassten sich mit der Theorie quadratischer Formen und damit verbundener Fragen der Zahlentheorie. Die hierauf folgenden Jahre bezeichnete Hilbert als die für Minkowskis mathematische Produktion reichste und bedeutendste Epoche. Angeregt von einem Briefe Hermites an Jacobi (1850), schuf

16 London/Toeplitz, Das Mathematische Seminar (1933); Ernst, Plücker (1933); Schubring, Entwicklung (1985).

er seine berühmte »Geometrie der Zahlen«. Die ersten vier Arbeiten erschienen zwischen 1891 und 1893, und 1896 kam bei Teubner der Hauptteil der »Geometrie« heraus, gleichsam ein Gegenstück zu Hilberts Zahlbericht. Der Minkowskische Gitterpunktsatz der Zahlen zeigt, wie sich tief liegende zahlentheoretische Sätze durch geometrische Betrachtungen gewinnen lassen. Dabei gelangte Minkowski, wie Hilbert schrieb, »zum ersten Male zur Erkenntnis, dass überhaupt der Begriff des konvexen Körpers ein fundamentaler Begriff in unserer Wissenschaft ist und zu deren fruchtbarsten Forschungsmitteln gehört«.[17] Er entwickelte dabei die Konvexgeometrie, in der das Euklidische Axiom von der Dreieckskongruenz durch die Dreiecksungleichung der Minkowskischen Distanzfunktion ersetzt wird, die mittels der Eichfunktion des zugrunde liegenden konvexen Körpers definiert ist. Von hier ist es nicht mehr weit zu den Begriffen »metrischer Raum« (Fréchet), »topologischer Raum« (Hausdorff) und »linearer normierter Raum« (Banach, H. Hahn), den Grundbegriffen der Funktionalanalysis und der mengentheoretischen Topologie.

Nachfolger Minkowskis auf dem planmäßigen Extraordinariat waren Eduard Study (1894–1896), Ludwig Schlesinger (Sommersemester 1897), Lothar Heffter (1897–1904) und Felix Hausdorff (1910–1913).

Study, Schur, Hahn, Hausdorff, Toeplitz (1904–1933)

Im Jahre 1904 wurde E. Study aus Greifswald als Nachfolger von Lipschitz nach Bonn zurückberufen, wo er bis zu seinem Tode 1928 lehrte. Study war ein Geometer, dessen Untersuchungen sich auf Methoden der Invariantentheorie stützten. Seine Arbeiten zeichneten sich durch begriffliche Präzision aus und verschmähten die seinerzeit vielfach bei Geometern übliche Formulierung, wonach Theoreme »im allgemeinen« gelten sollten, ohne dass die Reichweite ihrer Gültigkeit präzise abgesteckt war. Studys scharfsinnige Kritiken waren gefürchtet. Elie Cartan[18] bemerkte: »Wer Studys Bedeutung für die Geometrie würdigen will, muss nicht nur an die von Study selbst veröffentlichten Arbeiten denken, sondern auch an die Arbeiten anderer, die seinetwegen nicht veröffentlicht wurden«.[19] Eines von Studys Hauptwerken ist seine – heute wohl weitgehend vergessene – »Geometrie der Dynamen« (1903). Geblieben sind seine Untersuchungen zur komplexen Differentialgeometrie (Fubini-Study Metrik, isotrope Kurven (Studysche Krümmungsinvariante), seine dualen

17 Minkowski, Abhandlungen Bd. 1 (1911).
18 Siehe Krull, Study (1968).
19 Ders., Plücker (1968).

Zahlen und ihre Anwendung in der Geometrie (Strahlengeometrie) sowie seine Präzisierung von Lies Kugelgeometrie.

Abb. 11: Felix Hausdorff (1868–1942), Begründer der mengentheoretischen Topologie

Study sah sich selbst wohl als schlechten Lehrer, ließ sich häufiger beurlauben und überließ die Anfängervorlesungen gerne anderen. Dafür hat er das Verdienst, bedeutende Mathematiker nach Bonn gezogen zu haben, darunter Hans Hahn, Felix Hausdorff, Issai Schur als Professoren und Constantin Carathéodory (1908), Erhard Schmidt (1906–1908), Wilhelm Blaschke (1910–1911) als Dozenten. Schmidts bedeutendste Leistungen in dieser Zeit sind seine Arbeiten über lineare und nichtlineare Integralgleichungen, die einen außerordentlichen Einfluss auf die Entwicklung der Funktionanalysis hatten, insbesondere durch die von Schmidt konzipierte Geometrisierung der benutzten Funktionenräume. In seiner 1906/07 publizierten Dissertation stellte er die Schwarzsche und die Besselsche Ungleichung an den Anfang, und in einer weiteren Arbeit (1908) führte er den Hilbertschen Folgenraum l^2 ein und bewies den Satz von der Orthogonalprojektion auf einen Unterraum. Damit ist Schmidt zusammen mit seinem Göttinger Doktorvater David Hilbert der Begründer der Hilbertraumtheorie. Die vielleicht bedeutendste mathematische Leistung von Schmidt ist seine Bonner Habilitationsschrift (1907 publiziert), in der das Problem der Verzweigung von Lösungen nichtlinearer Integralgleichungen behandelt wird.

Blaschke führte in seiner Bonner Zeit das Prinzip der kinematischen Abbildung (1911) ein, ein Abbildungsprinzip, das ebene Kinematik und räumliche Geometrie verbindet. Später hat Blaschke immer wieder den Zusammenhang von Geometrie und Kinematik behandelt, in der Tradition seines Lehrers Study, dem er in mehreren Schriften ein Denkmal gesetzt hat.

Carathéodory, der sich 1908 von Göttingen nach Bonn umhabilitiert hatte und schon 1909 nach Hannover berufen wurde, vollendete in Bonn seine berühmten Untersuchungen über die Grundlagen der Thermodynamik. Daneben entstand eine gemeinsame Arbeit mit Study über die isoperimetrische Eigenschaft des Kreises.

Als Nachfolger von Kortum im Mathematischen Seminar kam Franz London (1904–1917) nach Bonn, zunächst als Extraordinarius, dann ab 1911 als Ordinarius. Er wirkte vornehmlich durch seine Vorlesungen, insbesondere über darstellende Geometrie, und die zugehörigen Übungen.

Nach Hausdorff wurde mit Issai Schur (1913–1916) ein weiterer bedeutender Mathematiker auf das planmäßige Extraordinariat berufen, der in vielen mathematischen Gebieten tätig war. Seine größten Leistungen erzielte er in der Gruppentheorie, insbesondere in der Darstellungstheorie von Gruppen, einem von Schurs Lehrer Frobenius begründeten Gebiet, das später auch in der Physik außerordentlich wichtig wurde.

Auf Schur folgte 1916 Hans Hahn, der bereits 1917 auf die durch den Tod von London freigewordene ordentliche Professur berufen wurde, die er bis zu seiner Berufung nach Wien im Jahre 1921 innehatte. Bis zum Ersten Weltkrieg arbeitete Hahn in einer Vielzahl von Gebieten, insbesondere in der klassischen Variationsrechnung eindimensionaler Integrale, was ihn vermutlich zur Funktionalanalysis führte. Unabhängig von und fast gleichzeitig mit Banach führte er den Begriff des vollständigen normierten linearen Raumes ein, benutzte das Prinzip der gleichmäßigen Beschränktheit, und 1927 bewies er das heute als Satz von Hahn-Banach bekannte Ergebnis, das die Grundlage der Dualitätstheorie von Banachräumen bildet. Als schwer Kriegsverletzter (1915) wurde Hahn Pazifist, und sein Freund, der Wirtschaftswissenschaftler Schumpeter, berichtete, dass Hahn in Bonn pazifistische Flugblätter verteilte, was ihn zur *persona non grata* machte. Zurückgekehrt nach Wien, gründeten Hahn, Schlick und von Neurath den Wiener Kreis, zu dem später unter anderem auch Kurt Gödel und Karl Popper gehörten.[20]

20 Siegmund, Vienna circle (1995).

Felix Hausdorff aus Leipzig wurde 1910 auf das planmäßige Extraordinariat berufen, nachdem er sich mit seinen Arbeiten zur Mengenlehre einen Namen gemacht hatte. In Bonn arbeitete er an seinem berühmten Buch »Grundzüge der Mengenlehre«, das 1914 erschien, als er bereits einem Ruf nach Greifswald (1913) gefolgt war. In diesem Werk wurde die Theorie der metrischen Räume (von M.R. Fréchet als »classes [E]« eingeführt, die heute übliche Bezeichnung stammt von Hausdorff) systematisch entwickelt und durch viele wichtige Begriffe bereichert, wodurch sie zu einem der Grundsteine der Funktionalanalysis wurde. Noch wichtiger ist, dass Hausdorff eine abgeschlossene Theorie der topologischen Räume entwickelte, ausgehend von Umgebungsaxiomen, und damit im Alleingang die mengentheoretische Topologie schuf. Freilich hat es noch längere Zeit gedauert, bis es sich durchsetzte, mathematische Theorien axiomatisch auf der Grundlage der Topologie zu errichten. Erste Fassungen seiner Umgebungstheorie hatte Hausdorff in Vorlesungen 1910 und 1912 in Bonn vorgetragen.

Von großer Bedeutung sind auch zwei Beiträge Hausdorffs zur Maßtheorie. Einmal zeigt er die Nicht-Existenz von Maßen im euklidischen Raum der Dimension drei und höher, die gewissen Additivitäts- und Kongruenzaxiomen genügen sollen; dazu konstruiert er das später nach ihm benannte Hausdorffsche Kugelparadoxon: Eine Kugel kann (abgesehen von einer abzählbaren Restmenge) so in drei Teile A, B und C zerlegt werden, dass diese sowohl untereinander als auch zu der Vereinigung von B und C kongruent sind. Dieses verblüffende Resultat, das auf der komplizierten Vielfalt von Untergruppen in der Symmetriegruppe der Kugel und auch dem Auswahlaxiom von Zermelo beruht, wird heute meist Banach und Tarski zugeschrieben, die 1924 eine Verallgemeinerung zeigten. Die zweite Arbeit (1919) wurde von einer Verallgemeinerung des Lebesgueschen Maßbegriffes durch Carathéodory angeregt und liefert die Definition der Hausdorffdimension und des Hausdorffmaßes. Aus dieser einen Arbeit ist die geometrische Maßtheorie entstanden, die in Herbert Federers Monographie von 1969 dargestellt ist und die immer mehr in der Analysis an Bedeutung gewinnt.

Im Jahr 1921 kehrte Hausdorff an die Universität Bonn zurück. In seine zweite Bonner Periode fallen neben der Neufassung der »Grundzüge« in der 1927 erschienenen »Mengenlehre«, die eigentlich ein ganz neues Buch ist, der Beweis der Vollständigkeit von L^p, eine Lösung des Momentenproblems, eine Verallgemeinerung der Summationsverfahren von Hölder und Cesàro, und ein wesentlich vereinfachter Beweis des Hölderschen Satzes, wonach die Gammafunktion keiner algebraischen Differentialgleichung genügt.

Als Nachfolger von Study kam 1928 Otto Toeplitz von Kiel nach Bonn. Habilitiert hatte er sich in Göttingen (1907) mit einer Arbeit über quadratische und bilineare Formen auf dem kurz zuvor von Hilbert geschaffenen Gebiet der Analysis der unendlich vielen Variablen, das später nach den Arbeiten von J. von

Neumann und S. Banach in der abstrakten Funktionalanalysis aufging. Die Göttinger Zeit (1906–1913) waren Toeplitz' produktivste Jahre. In dieser Periode verfasste er Arbeiten über unendliche Matrizen und quadratische Formen, darunter auch den berühmten Brief an Carathéodory (1911), in dem die Fourierkoeffizienten einer positiven, reellwertigen Funktion charakterisiert werden; der Begriff Toeplitzoperator ist mit dieser Entdeckung verbunden. Im Jahre 1927 erschien der mit Ernst Hellinger verfasste Enzyklopädieartikel, und 1934 entstand eine gemeinsame Arbeit mit Gottfried Köthe, aus der später die Theorie der vollkommenen Räume hervorging. Aber bereits in Kiel hatte Toeplitz seine Interessen auf die Geschichte der Mathematik gerichtet, und diese Arbeit setzte er in Bonn fort, zusammen mit Erich Bessel-Hagen, einem Schüler von Carathéodory. Die von beiden zusammengetragene Bibliothek historischer Werke ist 1944 bei einem Bombenangriff gänzlich verbrannt. Die heute noch in der mathematischen Bibliothek aufgestellten älteren Schriften stammen aus dem Nachlass von Bessel-Hagen. Besondere Mühe verwandte Toeplitz auf seine Vorlesungen und Übungen, besonders auf die Anfängervorlesungen. Er hatte eine eigene Methode entwickelt, mit der er seinen Hörern die Infinitesimalrechnung zu vermitteln suchte, ein Destillat seiner historischen Untersuchungen und didaktischen Überlegungen, er bezeichnete sie als genetische Methode.

Nationalsozialismus und Wiederaufbau (1933–1956)

Mit der Machtübernahme durch das Naziregime endete eine glänzende Zeit der Bonner Mathematik. Toeplitz wurde umgehend die Prüfungserlaubnis entzogen, und 1935 wurden er und Hausdorff wegen ihrer jüdischen Herkunft des Amtes enthoben. In der sogenannten »Reichskristallnacht« rettete der berühmte Geologe Hans Cloos das Leben von Toeplitz, indem er ihn mit seinem Wagen in ein sicheres Versteck brachte. Im Januar 1939 gelang es der Familie Toeplitz noch, nach Palästina zu emigrieren. Am 15. Februar 1940 ist Toeplitz, nur 58 Jahre alt, in Jerusalem gestorben.[21] Am 26. Januar 1942 schied Hausdorff, unzweifelhaft der bedeutendste Bonner Mathematiker seiner Zeit, gemeinsam mit seiner Frau und seiner Schwägerin durch Einnahme einer Dosis Veronal in seinem Haus Hindenburgstraße 61 (jetzt Hausdorffstraße 61) aus dem Leben,[22] nachdem sie eine Einweisungsanordnung ins Sammellager Endenich erhalten hatten. Zur Erinnerung an das Schicksal von Felix Hausdorff und Otto Toeplitz haben die Bonner Mathematiker zwei Gedenktafeln in ihrem Institutsgebäude anbringen

21 Hildebrandt/Lax, Toeplitz (1999).
22 Brieskorn, Gesammelte Werke Bd. 1; ders., Ausstellungskatalog.

lassen.[23] Seit 1997 werden Felix Hausdorffs »Gesammelte Werke« von Egbert Brieskorn und Walter Purkert als Mitherausgebern in neun Bänden (einschließlich seiner literarischen Werke) publiziert.

Über die Verhältnisse an der Universität und insbesondere im Mathematischen Seminar geben die Berichte von Marie und Paul Kahle, Hans-Paul Höpfner und Egbert Brieskorn Auskunft.[24] Der mathematische Unterricht wurde von Hans Beck, Ernst-August Weiß, Johannes Müller, Fritz Rehbock und dem »sehr guten Menschen« Bessel-Hagen getragen, der Toeplitz und Hausdorff noch besuchte, als sie längst verfemt waren. Beck wurde 1917 als Nachfolger von Hahn (und eigentlich von London) auf das Extraordinariat berufen als Direktor des Zeichensaales, und 1920 wurde er zum ordentlichen Professor ernannt. Weiß war Schüler von Study und habilitierte sich 1926; über ihn kann man sich im Nachruf von Blaschke (1942) informieren. J. Müller, von Hilbert promoviert und 1909 in Bonn habilitiert, war von 1921 bis 1937 (nichtbeamteter) Extraordinarius in Bonn; im Wintersemester wurde ihm wegen seiner jüdischen Herkunft die Lehrbefugnis entzogen. Rehbock, 1932 habilitiert, hatte einen Lehrauftrag (1936–1939) inne.

Der Lehrstuhl von Hausdorff wurde nach Göttingen verlegt; stattdessen kam ein Göttinger Extraordinariat nach Bonn, das 1937 mit Ernst Peschl (1937–1974) besetzt wurde. Im Tausch mit der Bonner Botanik wurde 1946 diese außerordentliche gegen eine ordentliche Professur ausgewechselt, auf die Peschl 1948 berufen wurde. Peschl, ein Schüler von Carathéodory, befasste sich vornehmlich mit geometrischer Funktionentheorie (konforme Abbildungen) und mit der Theorie von Funktionen mehrerer komplexer Variabler. Als langjähriger geschäftsführender Direktor des Mathematischen Seminars und darauf des Mathematischen Instituts hat er maßgeblich den Wiederaufbau der Institutsbibliothek geleitet wie auch die Neubauten des Instituts und seiner Hörsäle in der Wegelerstraße betreut (Eröffnungsfeier am 21. Oktober 1955). Am 21. März 1955 hatte der Kultusminister die Umbenennung der beiden mathematischen Seminare in »Mathematisches Institut« (MI) und »Institut für Angewandte Mathematik« (IAM) genehmigt. Im Mai wurde innerhalb des MI eine Abteilung für Grundlagenforschung (Leiter: Paul Lorenzen) und im IAM eine Abteilung für Mathematische Statistik (Leiter: Walter Thimm) eingerichtet. Das IAM war ursprünglich zum Unterricht der Darstellenden Geometrie bestimmt. Mit Erlass der Prüfungsordnung für das Lehramt vom 5. Juli 1921 verlagerte sich das Schwergewicht der Lehre der angewandten Mathematik auf die Anwendung

23 Zunächst in der Wegelerstraße 10, befinden sich die beiden Tafeln nun im Foyer des Gebäudes Endenicher Allee 60.

24 Vgl. M. Kahle/P. Kahle, Nazi-Zeit (1998); Höpfner, Universität Bonn (1999); Brieskorn, Ausstellungskatalog.

graphischer, numerischer und instrumenteller Methoden. Die Übungen wurden im Zeichensaal abgehalten.

Der Lehrstuhl von Toeplitz wurde erst zum 1. November 1938 wieder besetzt durch Wolfgang Krull, einen bedeutenden Algebraiker. Von ihm stammt die Verallgemeinerung der Galoistheorie auf unendliche algebraische Erweiterungen, wozu er die Galoisgruppe topologisierte. Im Jahre 1928 entstanden der heute als Krulldimension bezeichnete Begriff der Dimension eines kommutativen Noetherschen Ringes und der zugehörige Krullsche Hauptidealsatz; 1932 schrieb er die Theorie der additiven Bewertungen, und 1938 erschien Krulls fundamentale Arbeit über Stellenringe. Im Wesentlichen geht die Anwendung des Lokal-Global-Prinzips in der kommutativen Algebra auf Krull zurück. Nach einer kriegsbedingten Pause lehrte Krull bis 1967 in Bonn.

Das von Peschl geräumte Extraordinariat ging an die Botanik, und als Nachfolger von Hans Beck wurde Emanuel Sperner (1949–1954) berufen. Seine bedeutendsten Leistungen (1928) sind das Spernersche Lemma und der Spernersche Satz. Ersteres liefert einfache Beweise für wichtige Sätze der Dimensionstheorie und für den Brouwerschen Fixpunktsatz, und der Spernersche Satz gibt an, wieviel Teilmengen es in einer Menge von n Elementen höchstens gibt, von denen keine in einer anderen enthalten ist, nämlich nicht mehr als »n über [n/2]« Stück. Später hat Sperner geordnete Geometrien behandelt.

Sperners bedeutendster Doktorand in Bonn war Gerhard Ringel, der 1951 die Verallgemeinerung des Vierfarbensatzes für nichtorientierbare Flächen beliebigen Geschlechts bewies. Später gelang ihm in Zusammenarbeit mit Youngs der Beweis des allgemeinen Vierfarbensatzes (ausgenommen das Geschlecht null). Ein weiterer bedeutender Doktorand war Claus Müller (1944 bei E. Peschl), der sich insbesondere mit den Maxwellschen Gleichungen befasste und erstmals die moderne Theorie der partiellen Differentialgleichungen nach Bonn brachte.

Periode der Erweiterung (1956–1973)

Mit der Berufung von Friedrich Hirzebruch (1956–1993) im Jahre 1956 auf das planmäßige Extraordinariat, das bereits 1958 in eine ordentliche Professur umgewandelt wurde, begann eine Entwicklung, in deren Verlauf in Bonn ein Zentrum der mathematischen Forschung entstand. Hirzebruch hat diese Entwicklung in Gang gesetzt, und der Erfolg ist zu einem beträchtlichen Teil sein Verdienst. Er gründet sich auf seine wissenschaftlichen Leistungen, seine Lehre, und seine Tätigkeit als Wissenschaftsorganisator in Bonn wie auch auf nationaler und internationaler Ebene.

Hirzebruchs mathematische Arbeiten erstrecken sich insbesondere auf die Gebiete der algebraischen Geometrie, Topologie, Singularitätentheorie und

Zahlentheorie. Hierzu gehörten der Beweis des Satzes von Riemann-Roch für holomorphe Vektorraumbündel auf algebraischen Mannigfaltigkeiten (ausführlich dargestellt in der berühmten Monographie »Neue topologische Methoden in der algebraischen Geometrie« von 1956) und zuvor der Beweis der Signaturformel und Untersuchungen über die Rolle charakteristischer Klassen in der Theorie von Mannigfaltigkeiten, die Begründung der topologischen K-Theorie (zusammen mit Atiyah), und ferner die Beziehungen zwischen Zahlentheorie und Geometrie.[25] Diese Untersuchungen waren wegweisend für viele Entwicklungslinien der modernen Mathematik.

Hirzebruch hat nicht nur anregende Vorlesungen gehalten, sondern – zusammen mit dem Physiker Horst Rollnik – den mathematischen Übungsbetrieb verbessert durch die Einrichtung der »Übungen in kleinen Gruppen«. In seiner Amtszeit als Dekan der Mathematisch-Naturwissenschaftlichen Fakultät (1962–1964) wurden die Fachgruppen eingeführt, und das Mathematische Institut verabschiedete sich weitgehend vom »Lehrstuhlprinzip«, weit vor der sogenannten Hochschulreform. Diese Neuerungen wurden gestützt und verstärkt durch zahlreiche Rufe Hirzebruchs an andere Universitäten und die gute wirtschaftliche Lage des Landes NRW in den 1950er und anfangs der 1960er Jahre. Bei Bleibeverhandlungen mit dem Ministerium wurden seine Wünsche regelmäßig beschieden mit der Antwort: »Aber selbstverständlich, Herr Professor.«

Entscheidend für die weitere Entwicklung der Bonner Mathematik war die Gründung des Sonderforschungsbereichs Theoretische Mathematik (SFB 40) im Jahre 1969, den Hirzebruch bis 1985 leitete und aus dem 1980 das hiesige Max-Planck-Institut für Mathematik hervorging.[26]

Eine besondere Einrichtung ist die von Hirzebruch ins Leben gerufene Arbeitstagung, die 1957 erstmalig stattfand und bis 1991 in jedem Sommer viele Mathematiker ersten Ranges für eine Woche nach Bonn zog und die neuesten Ergebnisse verhandelte,[27] seit 1993 wird die Arbeitstagung im Sommer eines jeden »ungeraden« Jahres weitergeführt. Das Mathematische Forschungsinstitut Oberwolfach und die Bonner Arbeitstagung boten und bieten jungen Mathematikern die Gelegenheit, aus erster Hand dargestellt zu bekommen, welche neuen Ideen die Mathematik vorantreiben. Gerade in der Nachkriegszeit war dies unschätzbar wertvoll, insbesondere für junge Wissenschaftler, bei den finanziell eingeschränkten Reisemöglichkeiten.

Die Jahre 1956 bis 1973 waren eine Zeit zuvor ungekannten Wachstums. Vornehmlich durch Ernst Peschl wurde der Aufbau der angewandten Mathematik vorangetrieben, die zuvor in Bonn eine eher kümmerliche Rolle gespielt

25 Hirzebruch, Gesammelte Abhandlungen (1987).
26 Siehe unten.
27 Schappacher, Max-Planck-Institut (1985).

Abb. 12: Friedrich Hirzebruch (1927–2012), zentrale Gestalt für die Mathematik in Bonn

hatte. Während unter dem Einfluss von Felix Klein die angewandten mathematischen Fächer in Göttingen frühzeitig gefördert wurden und Carl Runge 1904 den ersten deutschen Lehrstuhl für angewandte Mathematik erhielt, waren die Bonner lange Zeit den Anwendungen abhold. Dies änderte sich mit der Entwicklung der elektronischen Rechenmaschinen. Zunächst wurde Heinz Unger (1958–1979) auf einen Lehrstuhl für Angewandte Mathematik berufen. Unter seiner Leitung wurden elektronische Großrechenanlagen aufgestellt. Im Frühjahr 1964 bezog das IAM den Neubau Wegelerstraße 6, den es sich mit der Angewandten Physik teilte. Hinzu kamen die Lehrstühle für Mathematische Statistik und Wahrscheinlichkeitstheorie, den Walter Vogel (1964–1988) übernahm, für Mathematische Methoden der Physik, auf den Rolf Leis (1965–1996) berufen wurde, und für Angewandte Analysis, besetzt mit Jens Frehse (1973–2010), und ferner noch Professuren für Eberhard Schock (1970–1974), Jörg Blatter (1971–1975), Manfred Schaback (1973–1976) und Manfred Schäl (1973–2008).

Aus dem Rheinisch-Westfälischen Institut für Instrumentelle Mathematik (IIM) heraus wurde 1968 die »Gesellschaft für Mathematik und Datenverarbeitung« (GMD) in Birlinghoven gegründet. Das IIM, geschaffen 1955, war eine der Universität angegliederte Einrichtung, die überwiegend Auftragsarbeiten aus Industrie und Wirtschaft erledigte.

In ähnlichem Umfang wuchs das Mathematische Institut. Neu begründet wurden die Lehrstühle für Jacques Tits (1964–1974), Wilhelm Klingenberg (1966–1989) und Stefan Hildebrandt (1970–2001). Günter Harder (1968–1974) übernahm den Lehrstuhl von Krull, und Gisbert Hasenjäger (1962–1984) hatte ab 1964 einen von der Philosophischen Fakultät ausgeliehenen Lehrstuhl für Logik inne. Dazu kamen noch Professuren für Jürgen Neukirch (1970/71), Otto Endler (1970–1974), Wolfram Schwabhäuser (1970–1973), Hermann Karcher (1971–2004) und Ernst Ruh (1972–1985), die planmäßig waren und später wiederbesetzt wurden, und ferner die Professuren für Helmut Unkelbach (1961–1968), Walter Thimm (1962–1970), Friedhelm Erwe (1963–1966), Wolfgang Hahn (1963/64), Jürgen Schmidt (1963–1971), Helmut Schiek (1964–1980), Dietmar Arlt (1970–1994), Josef Weier (1970–1993) und Reinhard Olivier (1971–1995).

Ein großer Gewinn für die Bonner Mathematik war die Berufung von Jacques Tits aus Brüssel (1964), schon damals ein berühmter Gruppentheoretiker und Geometer, dessen Vorlesungen und Seminare großen Eindruck machten. Zwischen 1965 und 1972 erschienen die gemeinsamen Arbeiten mit Armand Borel, in denen die Theorie der einfachen algebraischen Gruppen über beliebigen Körpern entwickelt wurde. Seine bis 1962 erzielte kombinatorisch-geometrische Interpretation der halbeinfachen Gruppen baute Tits in seiner Bonner Zeit (bis 1974) zu einer Theorie der Gebäude aus, die heute mehr und mehr an Bedeutung gewinnt. Tits' geometrische Methoden bei der Untersuchung von Gruppen, die die Gruppentheorie als »Theorie der Symmetrie« sehen, ist die Fortentwicklung der Ideen von Sophus Lie und Felix Klein in unserer Zeit.[28]

Unter der souveränen Leitung von Jacques Tits blühte – wie allen Teilnehmern unvergesslich – das mathematische Kolloquium auf, so wie auch das mathematische Leben in dieser Zeit einen großen Aufschwung nahm. Das zeigt sich auch an den zahlreichen Promotionen und Habilitationen. Die Arbeitsgruppe um Friedrich Hirzebruch war wohl die interessanteste in der Periode von 1960 bis 1968; die »differenzierbare« Variante des Sphärensatzes von Detlef Gromoll

28 Scharlau, Abel-Preis (2008).

und die Arbeiten von Egbert Brieskorn über Singularitäten und differenzierbare Strukturen von Mannigfaltigkeiten illustrieren dies.

Sonderforschungsbereiche und Max-Planck-Institut für Mathematik (1970–2006)

Die in diesem und im nächsten Abschnitt beschriebene Entwicklung ist so vielfältig, dass sie – abgesehen von wenigen Ausnahmen – nur skizziert werden kann. Dies mag aber auch nicht schaden, denn die Bedeutung heutiger Entdeckungen für die künftige Arbeit ist nicht immer absehbar.

Die Entwicklung der Bonner Mathematik ab 1970 wurde entscheidend beeinflusst durch die Einrichtung der Sonderforschungsbereiche. Deren Entstehung beschrieb Hirzebruch bei der Eröffnung des »Hausdorff Center for Mathematics« am 19. Januar 2007 wie folgt:

»Als das neue Programm der Sonderforschungsbereiche um 1965 bekannt wurde, waren alle Teile der Bonner Mathematik begeistert (Mathematisches Institut und Institut für Angewandte Mathematik) und investierten viel Arbeit in die ungewohnte Antragsstellung. Schließlich handelte es sich um ein Zukunftsprogramm für die nächsten 10 bis 14 Jahre (die Sonderforschungsbereiche sind zeitlich begrenzt). Es war eine Aufbruchstimmung ähnlich wie heute. Der Antrag für einen gemeinsamen Sonderforschungsbereich wurde eingereicht. Ich wurde beauftragt, ihn bei der Deutschen Forschungsgemeinschaft zu vertreten. Ich saß vor der Tür des zuständigen Ausschusses, als der Mathematiker Karl Heinrich Weise (Universität Kiel) herauskam und sagte: ›Wir können den Antrag nicht bewilligen, der SFB wäre viel zu groß, aber wir haben beschlossen, zwei Sonderforschungsbereiche für Mathematik in Bonn einzurichten, falls Sie einverstanden sind.‹ So entstanden der SFB 40 (Theoretische Mathematik) und der SFB 72 (Approximation und mathematische Optimierung in einer anwendungsbezogenen Mathematik). In der nächsten Fakultätssitzung gab es auch kritische Bemerkungen: ›Herr Hirzebruch, Sie sollten einen SFB mitbringen, aber nicht zwei!‹ oder ›Wenn das so weitergeht, dann haben wir in der Mathematik bald Verhältnisse wie in Harvard!‹, worauf ich sagte: ›Das wäre doch nicht so schlimm.‹ Die Fakultät lachte. ›Unser Cluster of Excellence hat alle Chancen, die Befürchtungen eines Fakultätsmitgliedes der Realität näher zu bringen.‹«[29]

Aus dem SFB 40 entstand 1980 das Max-Planck-Institut für Mathematik. Der SFB 72 hatte mehrere Nachfolger, zunächst den SFB 256 (»Nichtlineare partielle Diffferentialgleichungen«), dann den SFB 611 (»Singuläre Phänomene und

29 Hirzebruch, Ansprache (2007).

Skalierung in mathematischen Modellen«), sowie den SFB 1060 (»The Mathematics of Emergent Effects«).[30]

Eigentlich waren Sonderforschungsbereiche von der Deutschen Forschungsgemeinschaft als Forschergruppen zur Bearbeitung spezieller Projekte in einer bestimmten Zeit geplant, wie sie sich typischerweise in den Natur- oder Ingenieurwissenschaften finden. Für die Arbeitsweise der Mathematiker ist das ursprüngliche SFB-Konzept viel weniger geeignet und könnte sich als Prokrustesbett erweisen. Jedoch waren die DFG und ihre Gutachter großzügig und weise genug, den Mathematikern mit einem Thema wie »Theoretische Mathematik« völlig freie Hand zu lassen, solange nur etwas dabei herauskam. Damit konnten große Teile der beiden Institute in die Arbeitsgruppen der Sonderforschungsbereiche einbezogen werden, und umgekehrt beeinflussten letztere die Neuberufung von Professoren. Als besonders glücklich erwies sich, dass die Mitarbeiter und die vielen Gäste der Sonderforschungsbereiche in den Institutsgebäuden untergebracht waren und sich regelmäßig an Vorlesungen, Seminaren und Kolloquien, kurzum, am gesamten Institutsleben beteiligten. Dieses blühte auf, und der Gewinn hiervon, insbesondere auch für Diplomanden und Doktoranden, ist unschätzbar.

Im Laufe der Zeit bildeten sich zahlreiche Arbeitsgruppen, die sich durch Gäste verstärkten und auch miteinander kooperierten. Als erstes sei die Differentialgeometrie und speziell die Riemannsche Geometrie genannt, die durch Wilhelm Klingenberg (1966–1989) nach Bonn kam. Sein berühmtestes Ergebnis ist der Sphärensatz, den er um 1960 zusammen mit Marcel Berger bewies. Klingenberg hat eine ganze Generation von Diffentialgeometern in Deutschland und auch in der Schweiz ausgebildet oder zumindest beeinflusst. Zwei seiner Schüler, Werner Ballmann (1989–2016) und Ursula Hamenstädt (ab 1991), lehrten beziehungsweise lehren in Bonn, wo die Differentialgeometer seit über vierzig Jahren stets stark vertreten waren, insbesondere auch durch Hermann Karcher (1971–2004), Ernst Ruh (1972–1985) und neuerdings Matthias Lesch (ab 2005).

Der Schwerpunkt der reinen Mathematik in Bonn liegt in einem umfangreichen, vielfältig verwobenen Bereich, der etwas unzureichend mit den Stichworten Zahlentheorie, Algebra, Algebraische Geometrie, Geometrie der Singularitäten, Globale Analysis, Modulräume und automorphe Formen beschrieben ist. Vertreter waren oder sind Egbert Brieskorn (1975–2001), Jens Franke (ab 1992), Günter Harder (1968–1974 und 1980–2003), Friedrich Hirzebruch (1956–1993), Daniel Huybrechts (ab 2004), Werner Müller (1993–2016), Michael Rapoport (1986–1989 und 2003–2017), Peter Scholze (ab 2012), und am Max-

30 Laufzeiten: SFB 40: 1969–1985; SFB 72: 1971–1986; SFB 256: 1987–2001; SFB 611: 2002–2012; SFB 1060: ab 2013.

Planck-Institut für Mathematik Yuri Manin (1994–2005), Gerhard Faltings (ab 1995), Matilde Marcolli (2000–2010), Peter Teichner (ab 2008) und Don Zagier (ab 1984). Für längere Zeit wirkten auf den oben genannten Gebieten auch Otto Endler, Hanspeter Kraft, Fritz Grunewald, Florian Pop, Claus Michael Ringel, Jens Carsten Jantzen, und neuerdings sind Jan Schröer (ab 2005) und Catharina Stroppel (ab 2008) zu nennen. Ferner waren tätig: Jürgen Neukirch (1970/71), Wolf von Wahl (1972/73), Christian Okonek (1989–1992).

Die nach ihrer Blütezeit in den 1960er Jahren für ein Weilchen eingeschlafene Topologie ist mit den Berufungen von Carl-Friedrich Bödigheimer (ab 1993), Stefan Schwede (ab 2001), Matthias Kreck (2007–2014) und Wolfgang Lück (ab 2010) wiedererweckt; ebenso ist Peter Teichner am MPI zu den Topologen zu zählen.

Die Mathematische Logik war und ist in Bonn sehr gut vertreten durch Gisbert Hasenjäger (1962–1984) auf einem Lehrstuhl der Philosophischen Fakultät und durch Wolfram Schwabhäuser (1970–1973), Alexander Prestel (1973–1975), Ronald Jensen (1976–1978), Martin Ziegler (1979–1988) und Peter Koepke (ab 1990).

Mit den Berufungen von Rolf Leis (1965–1998, Differentialgleichungen der mathematischen Physik), Stefan Hildebrandt (1970–2001, Geometrische Differentialgleichungen und Variationsrechnung), Jens Frehse (1973–2010, Angewandte Analysis) und Ingo Lieb (1975–2006, Komplexe Analysis), fand die Theorie der partiellen Differentialgleichungen endgültig Eingang in die Bonner Mathematik, mit den Nachfolgern Felix Otto (1999–2010), Reiner Schätzle (2001–2004), Herbert Koch (ab 2004) und Sergio Conti (ab 2008). Inzwischen sind zwei weitere Lehrstühle hinzugekommen, auf die Stefan Müller (ab 2008, Analysis, Kontinuumsmechanik, Mikrostrukturen) und Benjamin Schlein (2010–2014) sowie Massimiliano Gubinelli (ab 2016) berufen wurden.

Nachfolger von Heinz Unger (1958–1979) auf dem sehr gut ausgestatteten Lehrstuhl für Numerische Mathematik war Helmut Werner (1980–1985, Approximationstheorie), dem 1986 Hans Wilhelm Alt (1982–1986 und 1986–2010) folgte. Mit Alt begann in Bonn endlich die Numerik partieller Differentialgleichungen; als sein Nachfolger wurde Juan José López-Vélazquez (ab 2011) gewonnen. Auf dem gleichen Gebiet wie auch auf dem Felde der partiellen Differentialgleichungen arbeiteten Gerhard Dziuk (1984–1990), Stephan Luckhaus (1988–1997), Dietmar Kröner (1991/92) und Rolf Krause (2002–2009). Folgerichtig wurde nun das Gebiet der Numerischen Simulation aufgebaut, zunächst innerhalb einer Arbeitsgruppe im IAM, und dann systematisch durch die Berufungen von Martin Rumpf (1996–2001 und ab 2004), Michael Griebel (ab 1996) und Angela Kunoth (1999–2007). Diese Arbeitsrichtung gewann schnell an Bedeutung und führte 2003 zur Gründung des Instituts für Numerische Simulation (INS), dem neben Michael Griebel, Martin Rumpf und Marc Alexander

Schweitzer (ab 2013) die Professoren Mario Bebendorf (2008–2014), Ira Neitzel (ab 2015), Sven Beuchler (2011–2017) sowie Carsten Burstedde (ab 2011, Wissenschaftliches Rechnen, Nachfolger von Helmut Harbrecht [2007–2009]), Sören Bartels (2007–2012), Daniel Petersheim (ab 2013) und Jochen Garcke (ab 2011) angehören.

Die Stochastik begann in Bonn mit der Berufung von Walter Vogel (1964–1988, Wahrscheinlichkeitsrechnung und Mathematische Optimierung). Ihm folgten auf der gleichen Professur Hans Föllmer (1988–1994), Stochastische Analysis, Stochastik der Finanzmärkte), Sergio Albeverio (1997–2007, Stochastik, Mathematische Physik) und zuletzt Anton Bovier (ab 2008).

Zwei weitere Professuren auf diesem Gebiet waren oder sind besetzt mit Manfred Schäl (1973–2008), Patrick Ferrari (ab 2009) und zum anderen Michael Röckner (1990–1994), Karl-Theodor Sturm (ab 1997). Neu hinzugekommen ist eine Professur für Stochastische Analysis, auf die Andreas Eberle (ab 2003) berufen wurde. Die Approximationstheorie wurde vertreten durch Manfred Schaback (1973–1976), Rainer Hettich (1977–1983) und Karl Scherer (1974–2010). Ferner lehrten im IAM Ulrich Trottenberg (1977–1983) und László Székelyhidi (2007–2011).

An der mathematischen Lehre in Bonn waren wesentlich die Privatdozenten beteiligt, die im Anhang mit dem Jahre ihrer Habilitationen verzeichnet sind. Insgesamt sind von 1818 bis Ende 2017 nach (der nicht ganz sicheren) Aktenlage 203 Habilitationen im Fach Mathematik vermerkt, davon 16 bis 1900, weitere 10 bis 1945, sodann 34 zwischen 1946 und 1970 und schließlich 143 im Zeitraum 1971 bis 2017.

Aus dem Sonderforschungsbereich 40 (»Theoretische Mathematik«) entstand 1980 unter der Leitung von Friedrich Hirzebruch das Bonner Max-Planck-Institut für Mathematik (MPI), das inzwischen eine nicht mehr wegzudenkende mathematische Institution geworden ist; es ist eng verbunden mit dem Fachbereich Mathematik, denn seine Direktoren sind auch Professoren am Mathematischen Institut. Emeritierte Direktoren des MPI sind Friedrich Hirzebruch (1980–1995, Gründungsdirektor), Günter Harder (1995–2006) und Yuri Manin (1994–2005). Die derzeit aktiven Direktoren sind Gerhard Faltings (ab 1995), Don Zagier (ab 1995), Werner Ballmann (ab 2007), und Peter Teichner (ab 2008). Nach den ersten beiden Jahren in der Beringstraße bezog das MPI im Januar 1982 ein Gebäude in Bonn-Beuel, das sich allerdings bald als nicht ausreichend herausstellte. Schon im März 1999 fand das MPI eine neue Unterkunft im Postcarré der ehemaligen Hauptpost (Vivatsgasse 7), nun mit einem schönen Hörsaal und ausreichend Platz für die Bibliothek versehen.

Die Doktorandenausbildung war in Bonn immer von großer Bedeutung. In den letzten Jahrzehnten spielten die von der DFG finanzierten Graduiertenkollegs eine wichtige Rolle: Dem GRK4 »Mathematik« (1991–2000) folgte das

GRK1150 »Homotopy and Cohomology« (2005–2014). Am MPI gibt es eine International Max Planck Research School »Moduli Spaces«. Im Jahr 2001 wurde die Bonn International Graduate School (BIGS) gegründet; sie war von 2001 bis 2006 eine gemeinsame Einrichtung mit der Physik und wurde 2006 ein Teil des Hausdorff Center for Mathematics (HCM).

In welchen Gebäuden waren die Mathematiker untergebracht? Die Räume des Mathematischen Seminars befanden sich ab 1866 im Hauptgebäude der Universität, dem vormaligen Stadtschloss des Kurfürsten, bis dieses beim Luftangriff auf Bonn am 18. Oktober 1944 teilweise zerstört wurde. Dabei verbrannten gänzlich die Seminarbibliothek und die Sammlung mathematischer Modelle. In der ersten Nachkriegszeit herrschte große Raumnot. Das Mathematische Seminar war in den Jahren 1949 bis 1951 provisorisch in der Sternwarte untergebracht, und 1951 bis 1953 kamen drei weitere Räume im (alten) Chemischen Institut hinzu. Im Juni 1952 wurde das Richtfest für den Neubau Wegelerstraße 10 gefeiert, wo sich auch die beiden Hörsäle befinden, und am 1. Oktober 1954 konnte das oberste Stockwerk bezogen werden. Die Bibliothek war 1955 etwa zur Hälfte neu beschafft, Lesesaal und Magazin eingerichtet, und am 21. Oktober desselben Jahres fand die Eröffnungsfeier für den Neubau statt.

Schon 1958 wurde der Erweiterungsbau fertig, in dem die ersten Großrechenanlagen aufgestellt waren, und 1964 konnte das IAM den Neubau in der Wegelerstraße 6 beziehen. Das Mathematische Institut erhielt zwischen 1958 und 1970 die Häuser Beringstraße 1, 3, 4, 6 und zeitweise auch Nr. 12 sowie Meckenheimer Allee 160 zur Benutzung. Hier fand bis 2009 weitgehend das Institutsleben des MI, des SFB 40 und zahlreicher Arbeitsgruppen der Sonderforschungsbereiche 72, 256 und 611 statt: Spezialvorlesungen, Seminarvorträge, Arbeitsräume, Besprechungen. Ende der 1990er Jahre wurde der gesamte zweite Stock der Wegelerstraße 10 umgebaut zu einer großzügigen Institutsbibliothek.

Mit dem Umzug in das Gebäude der ehemaligen Landwirtschaftskammer (Endenicher Allee 60) sind die beiden größeren der vier mathematischen Institute, nämlich das MI und das IAM, mitsamt ihrer Bibliothek in einem einzigen Gebäude untergebracht, überdies so schön und wohl eingerichtet, wie selten zu finden.

Im Jahre 1964 hat sich die Mathematisch-Naturwissenschaftliche Fakultät in Fachgruppen gegliedert, denen weitgehend die Fakultätsgeschäfte übertragen wurden. Die hierbei entstandene Fachgruppe Mathematik wurde 1969 in Fachgruppe Mathematik und Informatik umbenannt. Seit dem Sommersemester 2011 bilden Mathematik und Informatik nunmehr zwei eigenständige Fachgruppen.

Die didaktische Ausbildung der Lehrer für das Gymnasium lag seit den 1980er Jahren bei Paul Bungartz und Alexander Wynands. Nach einer mehrjährigen Unterbrechung wurde die Lehramtsausbildung 2011 (jetzt als Bachelor-/Masterstudiengänge) wieder aufgenommen. Auch der Diplomstudiengang ist seit 2007 durch Bachelor-/Masterstudiengänge ersetzt worden. Seit 2013 ist die Didaktik durch Rainer Kaenders vertreten.

Hausdorff Center for Mathematics (ab 2007)

Mit dem Eröffnungskolloquium des Hausdorff Center for Mathematics (HCM) am 19./20. Januar 2007 begann eine neue Periode in der Geschichte der Bonner Mathematik. Das Hausdorff-Zentrum wird von fünf Instituten der Universität Bonn (MI, IAM, INS, FDM, IGW)[31] und vom Max-Planck-Institut für Mathematik (MPI) getragen. Es entstand im Rahmen der »Exzellenzinitiative« des Bundes und der Länder zur Förderung von Wissenschaft und Forschung an deutschen Hochschulen als sogenanntes »Excellence Cluster«, und es ist das einzige Cluster in ganz Deutschland für das Fach Mathematik. Bisherige Koordinatoren waren Felix Otto (2006–2009), Werner Ballmann (2009–2012) und Karl-Theodor Sturm (ab 2012).

Das HCM hat drei Ziele. Erstens möchte es eine internationale Drehscheibe für die mathematischen Wissenschaften sein. Dazu ist das Hausdorff Research Institut for Mathematics (HIM) mit wechselnden Trimesterprogrammen gegründet worden. Es ist in einem eigenen Gebäude in der Poppelsdorfer Allee 45 untergebracht; die Direktoren sind Matthias Kreck (2007–2011), Wolfgang Lück (2011–2017) und Christoph Thiele (ab 2017).

Zweites Ziel ist die breit angelegte Förderung des wissenschaftlichen Nachwuchses. Dazu wurden circa zehn temporäre Professuren (W2 mit maximal 5 Jahren Laufzeit) geschaffen, die Bonn Junior Fellows. Weiter gibt es circa zwölf Postdoktorandenstellen (Hausdorff *Postdocs*). Die schon 2001 gegründete Doktorandenschule BIGS ist ein Teil des HCM geworden.

Als drittes Ziel wird durch die Einrichtung von fünf neuen und besonders ausgestatteten Lehrstühlen (Hausdorff *Chairs*) das Fach deutlich verstärkt. Die ersten Berufungen sind Stefan Müller (ab 2008), Benjamin Schlein (2010–2014), bereits gefolgt von Massimiliano Gubinelli (ab 2015), Sven Rady (ab 2011) in der Ökonomie, Christoph Thiele (ab 2012) sowie Peter Scholze (2012–2017, dann Nachfolger von Michael Rapoport). Im August 2018 erhielt Scholze die weltweit renommierte Fields-Medaille, die auch als »Nobelpreis für Mathematik« bezeichnet wird.

Das HCM, welches derzeit seine dritte Förderperiode als Exzellenzcluster

31 FDM = Forschungsinstitut für Diskrete Mathematik; IGW = Institut für Gesellschafts- und Wirtschaftswissenschaften.

beantragt, hat die Mathematik an der Universität Bonn durch Verstärkung, Internationalisierung und Umstrukturierung in großem Maße weitergebracht.

Anhang: Listen der Professoren, der Habilitationen und der Ehrenpromotionen

Mathematik (MI)

Professur (Ordinariat, zeitweise Extraordinariat):
Adolf Diesterweg (1818–1835), Julius Plücker (1835–1868), Hermann Kortum (1869–1904; 1869–1891 ao. Prof.), Franz London (1911–1917, 1904–1910 ao. Prof.), Hans Hahn (1917–1921), Felix Hausdorff (1921–1935), Ernst Peschl (1937–1974; 1937–1948 ao. Prof.), Ingo Lieb (1975–2006), Daniel Huybrechts (ab 2004).

2. Professur (Ordinariat):
Karl Dietrich von Münchow (1818–1836), abgegeben 1836 an die Astronomie und mit Argelander besetzt; 1856 neu eingerichtet als Professur der Mathematik; August Beer (1856–1863), Rudolf Lipschitz (1864–1903), Eduard Study (1904–1927), Otto Toeplitz (1928–1935), Wolfgang Krull (1938–1967), Günter Harder (1968–1974), Egbert Brieskorn (1975–2001), Stefan Schwede (ab 2001).

3. Professur (Extraordinariat; ab 1958 Ordinariat):
Hermann Minkowski (1892–1893), Eduard Study (1894–1896), Ludwig Schlesinger (1897), Lothar Heffter (1897–1904), Gerhard Kowalewski (1904–1909), Felix Hausdorff (1910–1913), Issai Schur (1913–1916), Hans Hahn (1916–1917), Hans Beck (1917–1941, ab 1920 o. Prof. per Ministerialerlass, vgl. Kahle (1998), S. 93–94, 118–119), Emanuel Sperner (1949–1954, persönl. o. Prof.), Friedrich Hirzebruch (1956–1993; 1956–1958 persönl. Ordinarius, ab 1958 o. Prof.), Werner Müller (1993–2016).

4. Professur (Ordinariat):
Jacques Tits (1964–1974), gesperrt von 1975–1980, Günter Harder (1980–2003), Michael Rapoport (2003–2017), Peter Scholze (ab 2017, davor 2012–2017 Hausdorff Chair).

5. Professur (Ordinariat):
Wilhelm Klingenberg (1966–1989), Werner Ballmann (1989–2016).

6. Professur (Ordinariat):
Stefan Hildebrandt (1970–2001), Reiner Schätzle (2001–2004), Herbert Koch (ab 2004).

7. Professur (Extraordinariat):
Jürgen Neukirch (1970–1971), Wolf von Wahl (1972–1973), Hanspeter Kraft (1975–1980), Fritz Grunewald (1981–1992), Florian Pop (1996–2004), Jan Schröer (ab 2005).

8. Professur (Extraordinariat):
Otto Endler (1970–1974), Claus Michael Ringel (1974–1978), Jens Carsten Jantzen (1978–1985), Michael Rapoport (1986–1989), Jens Franke (ab 1992).

9. Professur (Extraordinariat):
Wolfram Schwabhäuser (1970–1973), Alexander Prestel (1973–1975), Ronald Jensen (1976–1978), Martin Ziegler (1979–1988), Peter Koepke (ab 1990).

10. Professur (Extraordinariat):
Hermann Karcher (1971–2004), Matthias Lesch (ab 2005).

11. Professur (Extraordinariat):
Ernst Ruh (1972–1985), Werner Ballmann (1986–1987), Christian Okonek (1989–1992), Carl-Friedrich Bödigheimer (ab 1993).

12. Professur (Extraordinariat, ab 1992 Ordinariat):
Ursula Hamenstädt (ao. Prof. 1991–1992, ab 1992 o. Prof.).

13. Professur (Extraordinariat, ab 2011 Ordinariat):
Otmar Venjacob (2005–2006), Catharina Stroppel (ao. Prof. 2008–2010, ab 2011 o. Prof.).

14. Professur (Ordinariat):
Matthias Kreck (ab 2007), Wolfgang Lück (ab 2010).

15. Professur (Ordinariat/Hausdorff Chair):
Peter Scholze (2012–2017).

16. Professur (Ordinariat/Hausdorff Chair):
Christoph Thiele (ab 2012)

17. Professur (Ordinariat):
Rainer Kaenders (ab 2013)

Logikprofessur:
Gisbert Hasenjäger (1962–1964 ao. Prof. der Phil. Fak., 1964–1984 o. Prof. der MNF und der Phil.Fak., zurückgefallen an letztere 1984).

Weitere Extraordinate:
Friedrich Christian Riese (1829–1868), F.W. Gustav Radicke (1847–1883), Eduard Heine (1848–1856), Johannes Müller (1921–1937, anschließend Lehrbefugnis vom NS-Regime entzogen), Ernst-August Weiß (1932–1940), Erich Bessel-Hagen (1931–1939 ao. Prof., 1939–1946 apl. Prof.), Helmut Unkelbach (1961–1968; apl. Prof. 1958–1960), Walter Thimm (1962–1970; apl. Prof. 1956–1962), Friedhelm Erwe (1963–1966; apl. Prof. 1962), Wolfgang Hahn (1963–1964), Jürgen Schmidt (1963–1971), Helmut Schiek (1964–1980), Dietmar Arlt (1970–1994), Josef Weier (1970–1993), Reinhard Olivier (1971–1995), Werner Raab (1980–1999, per Ministerialerlass), Peter Ucsnay (1980–1997, per Ministerialerlass), Alexander Wynands (1986–2007).

Außerplanmäßige Professoren:
Claus Müller (1952–1955), Paul Lorenzen (1952–1956), Gerhard Ringel (1959–1960), Karl Wilhelm Bauer (1968), Don Zagier (ab 1976), Hans Joachim Baues (1979–2008).

Professoren auf Zeit:
Michael Grüter (1986–1988).

Studienprofessor:
Paul Bungartz (1975–2004).

Langfristige Gastprofessoren des SFB 40:
Peter Gabriel (1970–1974), Manfred Hermann (1978–1979).

Professoren und Direktoren am MPI

Gründungsdirektor: Friedrich Hirzebruch (1980–1995).

Honorarprofessoren und Direktoren am MPI: Yuri Manin (1994–2005), Gerhard Faltings (ab 1995), Peter Teichner (ab 2008).

Direktoren am MPI und Professoren am MI: Günter Harder (1995–2006), Werner Ballmann (ab 2007), Don Zagier (ab 1995).

Angewandte Mathematik (IAM und INS)

1. Professur (Ordinariat):
Heinz Unger (1958–1979), Helmut Werner (1980–1985), Hans Wilhelm Alt (1986–2010), Juan José López-Vélazquez (ab 2011).

2. Professur (Ordinariat):
Walter Vogel (1964–1988), Hans Föllmer (1988–1994), Sergio Albeverio (1997–2007), Anton Bovier (ab 2008).

3. Professur (Ordinariat):
Rolf Leis (1965–1996), Felix Otto (1999–2010), Barbara Niethammer (ab 2012).

4. Professur (Extraordinariat):
Eberhard Schock (1970–1974), Karl Scherer (1974–2007), László Székelyhidi (2010–2011), Margerita Disertori (ab 2016).

5. Professur (Extraordinariat):
Manfred Schaback (1973–1976), Ulrich Trottenberg (1977–1983), Gerhard Dziuk (1984–1990), Dietmar Kröner (1991–1992), Martin Rumpf (1996–2001), Ralf Hiptmair (2002), Rolf Krause (2002–2009), Sven Beuchler (2011–2017).

6. Professur (Extraordinariat):
Jörg Blatter (1971–1975), Rainer Hettich (1977–1980), Hans Wilhelm Alt (1981–1986), Stephan Luckhaus (1988–1997), Angela Kunoth (1999–2007), Mario Bebendorf (2008–2014), Ira Neitzel (ab 2015).

7. Professur (Extraordinariat):
Manfred Schäl (1973–2008), Patrick Ferrari (ab 2009).

8. Professur (Ordinariat):
Jens Frehse (1973–2010), Sergio Conti (ab 2008).

9. Professur (Extraordinariat):
Michael Röckner (1990–1994), Karl-Theodor Sturm (ab 1997, ab 2015 Ordinariat).

10. Professur (Ordinariat):
Michael Griebel (ab 1996).

11. Professur (Extraordinariat):
Andreas Eberle (ab 2003).

12. Professur (Ordinariat):
Martin Rumpf (ab 2004; Umwidmung einer Professur der Landw. Fak., vormals H.-P. Helfrich).

13. Professur (Extraordinariat):
Helmut Harbrecht (2007–2009), Carsten Burstedde (ab 2011).

14. Professur (Ordinariat/Hausdorff Chair):
Stefan Müller (ab 2008).

15. Professur (Ordinariat/Hausdorff Chair):
Benjamin Schlein (2010–2014), Massimiliano Gubinelli (ab 2015).

Weitere Professur (gemeinsame Berufung mit der GMD auf eine H4-Leerstelle):
Diethard Pallaschke (1977–1981).

Institut für Numerische Simulation (INS)

Dieses Institut wurde 2003 von Michael Griebel gegründet, der seit 2010 auch dem Direktorium des Fraunhofer-Instituts für Algorithmen und Wissenschaftliches Rechnen (FI) im Schloß Birlinghoven angehört. Die oben im Abschnitt Angewandte Mathematik aufgeführten Professuren, 5, 6, 10, 12 und 13 gehören jetzt zum INS.

16. Professur (Ordinariat/FI): Marc Alexander Schweitzer (ab 2013).

Professuren auf Zeit: Sören Bartels (2007–2012), Daniel Petersheim (ab 2013); Jochen Garcke (2011–2016, verstetigt zus. mit FI ab 2016).

Forschungsinstitut für Diskrete Mathematik (FDM)

Dieses Institut ist eine zentrale wissenschaftliche Einrichtung der Universität. Die dort wirkenden Professoren sind Bernhard Korte (ab 1971), Jens Vygen (ab 2003), Stefan Hougardy (ab 2007) und die Juniorprofessoren auf Zeit Tim Nieberg (2007–2013), Stefan Held (ab 2010).

Bonn Junior Fellows

Jens Hornbostel (MI, 2007–2010), Nicolas Perrin (MI, 2007–2012), László Székelyhidi (IAM, 2007–2011), Nitin Saxena (MI, 2008–2013), Adám Timár (IAM, 2008–2011), Holger Rauhut (INS, 2008–2013), Alexey Chernov (INS, 2008–2013), Stefan Geschke (MI, 2009–2013), Stefan Ankirchner (IAM, 2009–2010), Emanuele Macri (MI, 2010–2011), Matei Demetrescu (Ökonomie, 2010–2011), Margherita Dissertori (IAM, 2014–2016 tenure track; ab 2016 am IAM), Daniel Krämer (Ökonomie, 2008–2011), Lillian Pierce (MI, 2013–2015), Ana Caraiani (MI, ab 2016), Joseph Neeman (IAM, 2015), Ngoc Tran (IAM, 2015), Andre Uschmajew (INS, 2014–2017), Markus Bachmayr (INS, ab 2016), Tobias Dyckerhoff (MI, ab 2014), Yichao Tian (MI, ab 2017).

Habilitationen

1825: Julius Plücker, Franz Baumann. 1826: Friedrich Christian von Riese. 1840: F.W. Gustav Radicke. 1844: Eduard Heine. 1850: Franz Wöpcke, August Beer. 1857: Rudolf Lipschitz. 1865: Hermann Kortum. 1869: Arnold Giesen, Paul Güssfeldt. 1873: Franz Gehring. 1881: August Vogler (UH [Umhabilitation] von Aachen). 1883: Reinhold von Lilienthal. 1887: Hermann Minkowski. 1888: Karl Reinhertz. 1902: Julius Sommer (UH von Göttingen). 1906: Erhard Schmidt. 1908: Constantin Carathéodory (UH von Göttingen), Gerhard Hessenberg. 1909: Johannes Müller. 1910: Wilhelm Blaschke. 1926: Ernst-August Weiß. 1927: Axel Schur. 1928: Erich Bessel-Hagen (UH von Göttingen und Halle). 1932: Fritz Rehbock. 1946: Paul Lorenzen. 1947: Claus Müller, Hans Hermes. 1949: Walter Thimm. 1952: Helmut Unkelbach (UH von Berlin). 1953: Heinz Schöneborn, Gerhard Ringel. 1956: Friedhelm Erwe. 1957: Helmut Schiek. 1962: Peter Dombrowski. 1963: Otto Endler. 1964: Karl Wilhelm Bauer, Josef Weier, Manfred Breuer. 1965: Stefan Schottländer (UH von Hannover). 1966: Wilhelm Schwabhäuser (UH von Münster). 1967: Klaus Lamotke, Jürgen Neukirch, Egbert Brieskorn, Fritz Krückeberg, Ronald Jensen, Ludwig Reich, Karl Heinz Böhling. 1968: Dietmar Arlt, Georgios Pantelidis, Karl Heinz Mayer. 1969: Klaus Jänich, Rudolf Wille, Reinhard Olivier, Jörg Blatter. 1970: Hermann Karcher, Diethard Pallaschke, Eberhard Schock, Wilfried Brauer. 1971: Bernhard Korte, Christian Fenske, Peter Ucsnay, Werner Raab, Wilhelm Junkers, Manfred Reufel. 1972: Alexander Prestel, Stephan Ruscheweyh, Norbert Weck, Franz Hering, Johannes Nikolaus (UH von Karlsruhe). 1973: Ulrich Koschorke, Herbert Möller, Klaus Steffen. 1974: Sabine Koppelberg, Hanspeter Kraft, Michael Reeken. 1975: Don Zagier, Claus Gerhardt. 1976: Helmut Kaul, Jürgen Rohlfs, Ernst Heintze, Joachim Baues, Manfred Krämer, Detlef Vogt. 1977: Walter Borho, Heinz Otto Peitgen, Hermann König, Wolfgang Rueß, Matthias Kreck. 1978: Rolf Rannacher,

Jens Carsten Jantzen. 1979: Karlheinz Knapp, Werner Meyer. 1980: Gert-Martin Greuel, Hans-Christoph Im Hof, Norbert Christopeit, Ulrich Herkenrath, Jaroslav Mach, Wolfgang Gaul, Jürg-Peter Buser. 1981: Michael Kohlmann, Wolfgang Dahmen, Dieter Kalin, Manfred Dobrowolski. 1982: Rainer Picard, Josef Bemelmans, Herbert Arndt, Hans Dieter Alber, Joachim Schwermer, Kurt Helmes. 1983: Horst Knörrer, Kurt Georg, Victor Bangert. 1984: Peter Slodowy, Werner Ballmann, Jürgen Jost, Michael Struwe, Hélène Esnault (UH von Paris). 1985: Gudlaugur Thorbergsson, Maung Min-Oo, Gisbert Wüstholz (UH von Wuppertal), Ulrich Pinkall. 1986: Werner Ebeling, Dietmar Kröner, Ernst-Ulrich Gekeler. 1988: Martin Fuchs (UH von Düsseldorf), Norbert Schappacher (UH von Göttingen), Uwe Abresch. 1989: Reinhard Racke, Joachim Michel. 1990: Jürgen Pöschl, Reinhold Farwig. 1991: Hans-Bert Rademacher, Wolfgang Soergel, Richard Pink. 1993: Christian Bär, Frank Duzaar (UH von Düsseldorf). 1994: Stefan Müller. 1995: Ruth Kellerhals, Ulrich Dierkes (UH von Saarbrücken). 1996: Ernst Kuwert, Gerd Schmalz, Ludger Overbeck, Ulrike Tillmann, Song Jian. 1997: Lothar Götsche, Lan Ma. 1998: Bernhard Leeb, Sebastian Noelle, Heike Mildenberger, Boris Moroz, Karsten Große-Brauckmann, Michael Ruzicka. 1999: Vincente Cortés-Suaréz, Anton Thalmaier. 2000: Kai Köhler, Harald Garcke, Dorothee Schüth, Franz Lemmermeyer, Matthias Weber. 2001: Claus Hertling, Carsten Ebmeyer, Günther Grün, Heiko von der Mosel, Gerhard Zumbusch. 2002: Barbara Niethammer. 2003: Chandrashekar Devchand, Hanno Gottschalk. 2004: Christoph Hamburger, Ralph Martin Kaufmann, Benedikt Löwe, Yevgen Lytvynov, Axel Vogt, Thomas Püttmann, Daniel Grieser, Torsten Wedhorn. 2005: Gregor Weingart, Alina Vdovina. 2006: Ulrich Görtz. 2007: Moritz Kaßmann, Thomas Gerstner. 2008: Christian Ausoni, Alexander Lytchak, Marc Alexander Schweitzer. 2009: Igor Burban. 2010: Gerald Gaudens, Axel Grünrock, Eva Viehmann. 2012: Matthias Kurzke. 2013: Steffen Sagave, Thomas Vogel. 2014: Boris Vertmann. 2015: Vlad Lazic, Sebastian Andres. 2016: Mariusz Mirek, Eugen Hellmann, Christian Rieger. 2017: Philipp Schlicht, Sebastian Hensel, Philipp Lücke, Diogo Oliveira e Silva, Olaf Schnürer.

Ehrendoktoren der Mathematik

Im 19. Jahrhundert erhielten neben Peter Gustav Lejeune Dirichlet (1827) und Wilhelm Olbers (1830) vier weitere Mathematiker die Ehrendoktorwürde der Philosophischen Fakultät (s. Hildebrandt (1988), S. 7–10). Nach einer Pause von 110 Jahren hat die Mathematisch-Naturwissenschaftliche Fakultät mit dem Dr.h.c. ausgezeichnet: Otto Haupt (1962), Sir Michael Atiyah (1968), Fritz John, Hans Lewy, Jacques Tits (1986), Hans Grauert (1990), Olga Alexandrovna Ladyzhenskaya (2002), Paul Malliavin (2008)

Das Bonner Institut für Informatik

Johann Christoph Strelen / Armin B. Cremers

Erste Anfänge

Das Bonner Institut für Informatik entstand zu der Zeit, als Anfang der 1970er Jahre an mehreren deutschen Universitäten und in vielen anderen Ländern zum ersten Mal Studiengänge dieses neuen Wissenschaftszweiges eingerichtet wurden. Die von Konrad Zuse erfundenen und seit den 1940er Jahren weiterentwickelten programmierbaren Maschinen zum Rechnen hatten einen Stand erreicht, wo sie mit Nutzen in zahlreichen Bereichen angewendet werden konnten. Nun wurden immer mehr Fachleute dafür benötigt. Als eine der »Wiegen« des maschinellen Rechnens und der elektronischen Datenverarbeitung war Bonn als Informatik-Standort besonders prädestiniert.

Im Jahre 1954 wurde das Rheinisch-Westfälische Institut für Instrumentelle Mathematik (IIM) bei der Angewandten Mathematik der Bonner Universität gegründet, der Vorläufer des Bonner Informatik-Instituts. Es war eine vom Land Nordrhein-Westfalen finanzierte außeruniversitäre Forschungseinrichtung mit dem Auftrag, Forschung in der Computerwissenschaft zu betreiben und Auftragsarbeiten für die regionale Industrie durchzuführen.[32] Der erste Leiter war der Mathematiker Professor Ernst Peschl. Ab 1958 hatte er dann die Leitung zusammen mit dem neu berufenen Kollegen Heinz Unger (Lehrstuhl für Angewandte Mathematik) inne.[33] In den 1960er Jahren wurde dort in erster Linie mathematische Grundlagenforschung für die Informatik betrieben.[34] Das IIM war die Keimzelle der Informatik an der Rheinischen Friedrich-Wilhelms-Universität und weiterer Informatikeinrichtungen in Bonn wie der Gesellschaft für Mathematik und Datenverarbeitung (GMD), später Teil der Fraunhofer-Gesellschaft. Gleich im Gründungsjahr wurde eine elektromechanische Integrieranlage der Firma Schoppe und Fäser, Minden, angeschafft, und 1959 dann ein digitaler Dezimalrechner, die ER 56 von Standard-Elektrik-Lorenz, sowie der Dualrechner LGP 30 (Librascope General Purpose/Precision).[35]

1959 kam Karl-Heinz Böhling aus Hannover zur Angewandten Mathematik nach Bonn, promovierte dort und wurde 1963 technischer Leiter des Hochschulrechenzentrums. Im selben Jahr erhielt das IIM den ersten Großrechner,

32 Pieper, Hochschulinformatik (2009), S. 137.
33 Siehe hierzu den Beitrag von Stefan Hildebrandt zur Mathematik in diesem Kapitel.
34 Ebd.
35 Böhling, Zeittafel Informatik (unveröffentlicht, ohne Datum).

eine IBM 7090/1410, der auch anderen Instituten für Dienstleistungen zur Verfügung stand.

Vorbild für das IIM war das Institut für Praktische Mathematik (IPM) in Darmstadt[36] mit seinen wichtigen Forschungsbereichen für analoge und digitale Rechenmaschinen. Dessen Leiter, der Pionier des elektronischen Rechnens Alwin Walther, hat großen Einfluss auf die Gründung der Informatik in Bonn gehabt. Er war Berater bei der Gründung des IIM und hatte dort mehrere Lehraufträge. Einem Ruf nach Bonn ist er nicht gefolgt. Ohne seinen Schüler Heinz Unger, der 1958 den Lehrstuhl für Angewandte Mathematik erhielt, hätte es die Informatik in Bonn erst später und nicht in dieser Form gegeben, wenn überhaupt. Das IPM wurde gleich nach Walthers Tod Anfang 1967 aufgelöst. In der Bonner Informatik hat zumindest der Geist des IPM weiter gelebt.

Seit den 1950er Jahren war Carl Adam Petri, ein weiterer Schüler Walthers, wissenschaftlicher Assistent am IIM und ab 1963 Leiter des Rechenzentrums der Universität Bonn. In seiner Dissertation entwickelte er eine Modellierungsmethode für nebenläufige Vorgänge mit Abhängigkeiten, in der von den Ablaufgeschwindigkeiten abstrahiert wird. Sie begründete die Allgemeine Netztheorie und ist ein Meilenstein der Informatik. Weltweit werden diese »Petri-Netze« angewendet, darüber hinaus gibt es zahlreiche daraus abgeleitete Modellierungsmethoden.

Aufbau des Faches Informatik

Die ersten Jahrzehnte der neuen Studiengänge und Institute waren beherrscht von Anfangsschwierigkeiten. Es war gar nicht klar, was Informatik überhaupt sei. Die Elterndisziplinen, Mathematik und Elektrotechnik, Theoretiker und Praktiker, und die an den Anwendungen Interessierten hatten grundverschiedene Vorstellungen davon. Es fehlten Geld und Räume, und diese Ressourcen wurden teilweise auf Kosten anderer Disziplinen bereitgestellt, die davon natürlich nicht begeistert waren.

Um die finanziellen Möglichkeiten für die Gründung von Informatikinstituten zu verbessern, legte der Bund das Überregionale Forschungsprogramm Informatik (ÜRF) auf.[37] Damit wurden ab 1971 Forschungsgruppen finanziert. Teilnehmen konnten Universitäten, die einen Studiengang Informatik hatten. Um den zu genehmigen, war es wiederrum erforderlich, dass es mindestens zwei Lehrstühle gab, die Informatik-Themen bearbeiteten. Bis 1977 wurden so 14 Universitäten gefördert.

36 Pieper, Hochschulinformatik (2009), S. 137.
37 Ebd., S. 30–41.

Abb. 13: Carl Adam Petri, Informatik

Im Sommersemester 1967 wurde in Bonn der erste Informatik-Studiengang eingerichtet, »Computing Science«, als Spezialisierung des Mathematikstudiums. Ab Sommersemester 1968 gab es regelmäßig Vorlesungen »Automatentheorie und Formale Sprachen« und »Programmierung von Rechenanlagen«. In demselben Jahr wurde die Gesellschaft für Mathematik und Datenverarbeitung (GMD) gegründet, eine Großforschungseinrichtung des Bundes, die aus dem Institut für Instrumentelle Mathematik hervorging. Sie hatte drei mathematische und zwei Informatik-Institute, darunter das Institut für Angewandte Mathematik unter Leitung von Professor H. Unger, das Institut für Theorie der Automaten und Schaltnetzwerke unter Leitung des Privatdozenten Karl-Heinz Böhling und das Institut für Informationssystemforschung unter Leitung von Carl Adam Petri, dem Erfinder der Petri-Netze.

In den Jahren 1969/70 wurde die bereits bestehende Mathematische Fachgruppe als Fachgruppe »Mathematik und Informatik« eingerichtet und im Institut für Angewandte Mathematik eine Abteilung »Automatentheorie« unter Leitung des nun zum wissenschaftlichen Rat und Professor ernannten Karl-Heinz Böhling geschaffen. Der Diplom-Studiengang »Informatik« mit den Nebenfächern reine Mathematik, angewandte Mathematik, Physik oder Wirtschaftswissenschaften wurde im Januar 1970 vom zuständigen Ministerium genehmigt. Ab Wintersemester 1970/1971 gab es regelmäßigen Studienbetrieb[38], wobei ein beträchtlicher Teil der Lehrveranstaltungen im Rahmen von Lehraufträgen von Wissenschaftlern der GMD abgehalten wurden. Bereits 1970 fand mit Wilfried Brauer die erste Habilitation für Informatik statt; 1971 folgte Bernd Reusch. Ein Vollstudium Informatik war möglich.[39] Das Interesse der Studierenden an Informatik war groß, im Wintersemester 1971/1972 waren es 226 im Hauptfach und 162 im Nebenfach, und im darauf folgenden Wintersemester noch einmal fast 150 mehr. Die Last war kaum zu bewältigen, 1972 gab es drei Professuren für Informatik. P. P. Spies hatte in seiner ersten Grundvorlesung etwa 500 Hörer. Extreme Überlast sollte für Jahrzehnte ein Problem bleiben. 1972 erhielt der erste Student ein Diplom in Informatik, und 1973 wurde die erste Diplomprüfungsordnung für Informatik erlassen. Es gab die ersten beiden Promotionen im Fach Informatik.

Gründung des Instituts für Informatik

Auf den ersten Informatiklehrstuhl, »Automatentheorie und Formale Sprachen«, wurde K.H. Böhling berufen. Daraus entstand später die Abteilung I des Instituts für Informatik. Zusammen mit dem Seminar für Logik und Grundlagenforschung der Universität Bonn war damit die Voraussetzung des Bundesministeriums für die Einrichtung eines Informatik-Studienganges erfüllt.[40]

In einer Phase der Konsolidierung wurden sodann die Informatik-Abteilungen II–IV eingerichtet. Die vier Abteilungen bildeten bei ihrer Gründung 1975 den Kern des Instituts für Informatik, und diese Struktur bestand bis 1988. Sie wurden in den ersten Jahren noch durch fünf weitere Professuren (Extraordinariate, H3, später C3, und noch später W2) verstärkt. Für die Frage, welche Universitäten in Deutschland als Erste Informatik einführten, ist dieses Datum ungeeignet, wenn man bedenkt, dass 1972 in Bonn schon der erste Diplom-Informatiker graduiert wurde. 1981 und in den folgenden Jahren war die Überlast in der Informatik kaum noch zu bewältigen; hinsichtlich der Anzahl der Studierenden pro Professor und pro Wissenschaftler gehörte Bonn zu den

38 Böhling, Zeittafel.
39 ÜRF-Antrag der Universität Bonn vom 10.11.1972, Anlage A, S. 4.
40 Pieper, Hochschulinformatik (2009), S. 31.

Schlusslichtern in Deutschland. In der Fachgruppe wurden Stimmen laut, das Wachstum der Informatik in Bonn zu stoppen. 1987 und 1988 waren Jahre des Umbruchs. Es kam zu mehreren Wegberufungen, die personelle Ausstattung war vollkommen unzureichend. Professor Spies folgte 1987 einem Ruf auf einen Lehrstuhl an der Universität Oldenburg. Professor Zima erhielt 1989 einen Ruf auf einen Lehrstuhl an der Universität Wien. Die seit 1984 vakante Stelle der zweiten Professur in der Abteilung IV musste zum dritten Mal ausgeschrieben werden. Professor Lautenbach aus der Abteilung I erhielt einen Ruf auf einen Lehrstuhl an der EWH Koblenz.

In dieser Notsituation griff die Universität helfend ein, die Informatik erhielt einen fünften Lehrstuhl, mit dem die Abteilung V aus der Abteilung III heraus gegründet werden konnte. Dekan Penselin berief eine Kommission für die Zukunft der Informatik ein; seine Bemühungen um die Informatik haben sich als außerordentlich fruchtbar erwiesen. Eine wesentliche Verbesserung der Ausstattung war Ende der 1980er Jahre durch das Hochschulsonderprogramm des Bundes möglich geworden. Diese Mittel flossen hauptsächlich in die personelle Ausstattung der Abteilung III sowie der Bibliothek; zusätzlich konnte die neue Abteilung VI eingerichtet werden.[41]

Diskrete Mathematik

Bernhard Korte wurde 1987 Zweitmitglied in der Fachgruppe Mathematik-Informatik. Er gründete 1989 das Institut für Diskrete Mathematik als Zentrale Wissenschaftliche Einrichtung und wurde dessen Direktor. Sein Arbeitsgebiet war kombinatorische Optimierung und das Chipdesign.

Im Jahr 2003 erhielt Jens Vygen einen Lehrstuhl am Institut für Diskrete Mathematik,[42] und er war als Zweitmitglied der Mathematisch-Naturwissenschaftlichen Fakultät am Institut für Informatik tätig. Seine Arbeitsgebiete sind Kombinatorische Optimierung und das Chip-Design: Entwicklung und Analyse von Algorithmen für diskrete Optimierungsprobleme (wie beispielsweise das für seinen exponentiellen Rechenaufwand bekannte Problem des Handlungsreisenden) sowie Anwendungen im Layout komplexester Computerchips.

Im Jahr 2007 wurde der Extraordinarius am Institut für Diskrete Mathematik Stefan Hougardy Zweitmitglied der Mathematisch-Naturwissenschaftlichen Fakultät in der Informatik. Seine Arbeitsgebiete sind Kombinatorische Opti-

41 Zur Historie der einzelnen Abteilungen siehe die Ausführungen weiter unten.

42 Siehe den entsprechenden Beitrag im Abschnitt über die Zentralen Wissenschaftlichen Einrichtungen in diesem Band.

mierung, Approximationsalgorithmen und exakte Algorithmen für NP-schwere Probleme, insbesondere Probleme, die im Chip-Design auftreten.

Bonn-Aachen International Center for Information Technology (B-IT)

Im Jahr 2002 wurde das Bonn-Aachen International Center for Information Technology (B-IT) als Zentrale Wissenschaftliche Einrichtung gegründet.[43] Seitens der Universität Bonn war Professor Armin Cremers, der seit 1990 in Bonn wirkte und von 1988 bis 1996 Mitglied des Aufsichtsrats der GMD war, mit der Antragstellung und anschließenden Leitung betraut.

Im Jahr 2004 wurde mit Jürgen Bajorath ein erster Stiftungslehrstuhl am Bonn-Aachen International Center for Information Technology (B-IT) besetzt. Sein Arbeitsgebiet *Life Science Informatics* bildete den Bonner Kern des gleichnamigen Studiengangs, der gemeinsam mit der RWTH Aachen als an beiden Standorten erster internationaler Masterstudiengang ins Leben gerufen wurde und die bis 2003 in Bonn vertretene Vertiefungsrichtung Bioinformatik ablöst. Professor Bajorath wurde 2005 kooptiertes Mitglied des LIMES-Instituts.

Ebenfalls 2004 erhielt Joachim von zur Gathen den Stiftungslehrstuhl für Computersicherheit und Computeralgebra am Bonn-Aachen International Center for Information Technology (B-IT). Sein Arbeitsgebiet umfasst Kryptographie in Theorie und Praxis, Kryptanalyse, Sicherheit von mobilen Geräten und im Internet, schnelle Algorithmik, Polynomberechnungen, insbesondere Faktorisieren, Abzählprobleme; als Lehrgebiet ist es eingebettet in den gemeinsamen Masterstudiengang *Media Informatics* mit der RWTH sowie in das *International Program of Excellence in Computer Science* des B-IT.

Die Abteilung *Life Science Informatics* des B-IT wurde 2006 durch Martin Hofmann-Apitius als Extraordinarius verstärkt, während 2008 Christian Bauckhage als Extraordinarius Albrecht Schmidt im Bereich *Media Informatics* des B-IT nachfolgte, der 2006 hierhin berufen worden war.

2009 wurde Holger Fröhlich als Extraordinarius für *Life Science Informatics* an die neu eingeworbene B-IT *Research School* berufen, die als NRW *Research School* ein gemeinsames Doktorandenprogramm der B-IT *Universities* implementiert.

43 Siehe den entsprechenden Beitrag im Abschnitt über die Zentralen Wissenschaftlichen Einrichtungen in diesem Band.

Fachgruppe und Institut für Informatik

Die Fachgruppe Mathematik-Informatik spaltete sich am 31. März 2011 in eine Fachgruppe Mathematik und eine Fachgruppe Informatik auf. Die Bonner Informatik kann nach mehr als 40 Jahren auf eine adäquate räumliche Unterbringung hoffen. Vorher waren die Abteilungen und die Hörsäle in der Stadt verstreut, in der Wegelerstraße 10, am Berta-von-Suttner-Platz, in der Römerstraße 164, der ehemaligen Pädagogischen Hochschule (Fakultät) und im Landesbehördenhaus. Das Bonn-Aachen International Center for Information Technology (B-IT) erhielt in der ehemaligen nordrhein-westfälischen Landesvertretung in der Dahlmannstraße seine Räume. Ein Neubau auf dem Campus Poppelsdorf vereinigt seit 2017 alle Beteiligten.

Abteilung I

Aus dem Informatiklehrstuhl »Automatentheorie und Formale Sprachen«, besetzt mit Karl-Heinz Böhling, entstand die Abteilung I. 1972 erhielt Gerd Veenker ein Extraordinariat für Dialogsprachen und maschinelles Beweisen. Er wandte sich später der künstlichen Intelligenz, insbesondere der Robotik, neuronalen Netzen, Fuzzy-Logik und Bildverstehen zu.

Im Jahr 1979 kam an die Abteilung I für das Gebiet Informationssysteme eine dritte Professur, ein Extraordinariat, das mit Kurt Lautenbach besetzt wurde. Sein Forschungsinteresse war die Modellierung von Informationssystemen, insbesondere mit Petri-Netzen, später auch Datenbanken, Darstellung und Verarbeitung unsicheren Wissens und die Darstellung von Bayes-Netzen mit Petrinetzen. 1988 folgte er einem Ruf auf einen Lehrstuhl an der EWH Koblenz.

1999 erhielt Christel Baier das Extraordinariat des 1996 verstorbenen Professors Gerd Veenker. Ihre Forschung ist fokussiert auf Modellierung, Spezifikation und Verifikation reaktiver Systeme, Quantitative Analyse stochastischer Systeme, *Model Checking*, Koordinationssprachen, Kompatibilität von Komponenten, Temporale und Modale Logik, Automaten über unendlichen Strukturen, Spieltheorie, Verifikation von Systemen mit unendlichen Zustandräumen. 2006 nahm sie einen Ruf auf einen Lehrstuhl an der TU Dresden an.

Im Jahr 2000 wurde Rolf Klein als Nachfolger des emeritierten Karl-Heinz Böhling auf den Lehrstuhl berufen. Sein Forschungsgebiet liegt auf den Gebieten Algorithmische Geometrie, der *On-line* Algorithmen, Algorithmen und Datenstrukturen und effiziente Lösung geometrischer Distanzprobleme, ferner Multimedia-Anwendungen in der Lehre.

2008 wurde Christian Sohler Extraordinarius. Seine Forschungsinteressen betreffen randomisierte Algorithmen und ihre Analyse, sublineare Algorithmen (*streaming algorithms, property testing, sublinear time approximation algo-*

rithms), Clusteranalyse und Algorithmische Geometrie. 2009 folgte er einem Ruf nach Dortmund.

Im Jahr 2010 erhielt Heiko Röglin das Extraordiariat, seit 2013 ist er hier Ordinarius. Sein Arbeitsgebiet ist Theoretische Informatik und umfasst Algorithmik, insbesondere probabilistische Analyse von Algorithmen (*Smoothed Analysis*), Entwurf und Analyse von *Online*-Algorithmen und algorithmische Spieltheorie.

Abteilung II

Im Jahr 1972 erhielt die Informatik den zweiten Lehrstuhl, und es wurde die Abteilung II für Betriebssysteme gegründet. Erster Ordinarius war Peter Paul Spies. Seine Arbeitsgebiete umfassten insbesondere Betriebssysteme, verteilte Betriebssysteme, stochastische Modelle für Rechensysteme und Sicherheit in Informationssystemen. Er nahm 1987 einen Ruf an die Universität Oldenburg an und ging später an die Technische Universität München.

Eine weitere Professur für Betriebssysteme, ein Extraordinariat, wurde 1976 mit Otto Spaniol besetzt. Seine Forschungsinteressen sind Kommunikationssysteme und verteilte Systeme, insbesondere mobile und drahtlose Netzwerke, Netzwerkmanagement, mobile und intelligente Agenten, *Middleware*-Plattformen, Sicherheit in Netzwerken und Leistungsbewertung von Kommunikationssystemen. 1981 folgte er einem Ruf auf einen Lehrstuhl an der Universität Frankfurt/Main und von dort anschließend nach Aachen. Später hat er noch einmal in Bonn gelehrt, am Bonn-Aachen International Center for Information Technology (B-IT).

1982 wurde als Nachfolger des wegberufenen Professor Spaniol Johann Christoph Strelen auf das Extraordiariat berufen. Seine Arbeitsgebiete sind Betriebssysteme, stochastische Modelle für Rechen- und Kommunikationssysteme, Simulation und Datenstrukturen. Später wechselte er in die Abteilung IV, 2006 ging er in den Ruhestand.

Im Jahr 1989 erhielt Arnold Schönhage den Lehrstuhl der Abteilung II. Sein Fachgebiet ist hier die Theoretische Informatik, insbesondere Komplexitätstheorie mit Verbindungen zur Numerischen Mathematik und zur Computer-Algebra, wo er effiziente Algorithmen für beliebig genaue Berechnungen entwickelt. In früheren Jahren hatte er auch in der Approximationstheorie und der klassischen Numerischen Mathematik gearbeitet und zusammen mit Volker Strassen den später nach den Erfindern benannten Schönhage-Strassen-Algorithmus zur schnellen Multiplikation großer Zahlen entwickelt. 2000 wurde er emeritiert.

1992 wurde Joachim Buhmann auf ein Extraordinariat in der Abteilung II berufen. Seine Forschungsschwerpunkte umfassen den Bereich der Mustererkennung und Datenanalyse, wobei methodische Fragen des maschinellen Lernens, der statistischen Lerntheorie und der angewandten Statistik im Vordergrund stehen. Anwendungsschwerpunkte finden sich in der Bildanalyse, insbesondere Bildsegmentierung, der Fernerkundung und der Bioinformatik. Später wechselte er in die Abteilung III, und 2003 folgte er einem Ruf auf einen Lehrstuhl an der ETH Zürich.

Im Jahr 2000 trat Reinhard Klein die Nachfolge des emeritierten Ordinarius Arnold Schönhage an und leitet seitdem die Abteilung II, deren Arbeitsgebiet fortan Computer Graphik, Multimedia, Simulation und Virtuelle Realität ist. Seine Forschungsaktivitäten behandeln Themen aus den Gebieten geometrische Modellierung, wissenschaftliche und Geodaten-Visualisierung, fotorealistisches *Rendering* und physikalisch basierte Animation. Analyse und mathematische Modellierung der zugrundeliegenden physikalischen Prinzipien dienen der Entwicklung effizienter, robuster Algorithmen. Modelle und Algorithmen werden anhand von gemessenen realen Daten oder durch perzeptuelle Analyse evaluiert.

2001 nahm Andreas Weber den Ruf auf das Extraordinariat an. Seine Forschung auf den Gebieten Multimedia, Simulation und Virtuelle Realität konzentriert sich auf die Analyse und Synthese menschlicher Bewegungsdaten sowie auf die Modellierung von Haaren und Frisuren. Aufbauend auf der Grundlagenforschung werden angewandte Forschungsprojekte durchgeführt.

Im Jahr 2013 erhielt Thomas Schultz in der Abteilung II eine Juniorprofessur für praktische Informatik und leitet seitdem die Arbeitsgruppe »Visualisierung und Medizinische Bildanalyse«. Sein Arbeitsgebiet umfasst Interaktive graphische Darstellung und teilautomatisierte Analyse wissenschaftlicher Daten, insbesondere aus dem Bereich der Neurobildgebung.

Abteilung III

Mit dem dritten Informatik-Lehrstuhl wurde 1975 die Abteilung III für Programmiersprachen und Compilerbau gegründet. Erster Ordinarius war Hans Zima. Seine Arbeit in der Forschung konzentrierte sich auf höhere Programmiersprachen und effiziente Verfahren für deren Übersetzung in Maschinensprache. Später lag der Schwerpunkt auf der Entwicklung neuer Sprachen und Algorithmen für parallele Systeme im Rahmen des SUPRENUM Projekts. 1989 nahm er einen Ruf an die Universität Wien an.

In der Abteilung III wurde ein Extraordinariat angesiedelt, das mit Peter Raulefs besetzt wurde. Sein Arbeitsfeld umfasste auch Künstliche Intelligenz. Er nahm 1981 einen Ruf an die Universität Kaiserslautern an. 1985 wurde als Nachfolger von Raulefs Marek Karpinski auf das Extraordiariat der Abteilung III berufen. 1989 wurde er auf den Lehrstuhl der neuen Abteilung V berufen.

1990 trat Armin B. Cremers die Nachfolge Zimas als Leiter der Abteilung III an. In Kontinuität seines früheren Ordinariats in Dortmund vertrat er hier die Gebiete Informationssysteme und Softwaretechnologie. Ausgestattet mit zusätzlichen Stellen aus dem Spitzenforschungsprogramm des Landes NRW begründete er die Forschungsgruppe Künstliche Intelligenz, aus der unter anderem die Arbeitsrichtungen der probabilistischen Robotik und des Computersehens hervorgingen, sowie eine Forschungsgruppe Software-Ergonomie, die sich auch mit Themen der aufkommenden Informationsgesellschaft beschäftigte.

Im Jahr 1992 kam Dieter Fellner an die Abteilung III, und zwar auf die Stelle des ehemaligen Extraordiariats Karpinski. Professor Fellner vertrat Computer Graphics sowie das neue Gebiet der Auszeichnungssprachen für Anwendungen des World Wide Web. 1998 nahm er den Ruf auf einen Lehrstuhl an der Technischen Universität Braunschweig an. Im selben Jahr folgte Rainer Manthey dem Ruf auf ein Extraordinariat für Datenbanken und Informationssysteme an der Abteilung III, wo er eine Arbeitsgruppe für das Gebiet Intelligente Datenbanken begründete.

Ebenfalls 1992 erhielt Thomas Lengauer ein Ordinariat in der Abteilung III und wurde gleichzeitig Direktor am Institut für Algorithmen und Wissenschaftliches Rechnen des GMD-Forschungszentrums Informationstechnik in Sankt Augustin. Sein Arbeitsgebiet ist Bioinformatik und Angewandte Algorithmik. Die bioinformatischen Themen sind Proteinstrukturvorhersage, Protein-*Ligand Docking* und virtuelle Wirkstoffsuche, Analyse von Genexpressionsdaten und Resistenzanalyse bei HIV. Andere Themen sind Zweidimensionale Anordnungsprobleme in der Textil- und Lederindustrie, dreidimensionale Anordnungsprobleme im Automobilsektor und der Entwurf intergrierter Schaltkreise. Seit 2001 ist er Direktor im Max-Planck-Institut für Informatik an der Universität Saarbrücken und seit 2003 Honorarprofessor an der Universität Bonn. Sein Arbeitsgebiet der Bioinformatik findet eine Fortsetzung am 2002 gegründeten Bonn-Aachen International Center for Information Technology (B-IT).

2002 wurde Stefan Wrobel auf ein Extraordinariat für Praktische Informatik (Maschinelles Lernen und *Data Mining*) berufen, und zwar gemeinsam mit dem damaligen Fraunhofer-Institut für Autonome Intelligente Systeme (AIS), dessen Mit-Leitung er erhielt. 2007 wurde er zum W3-Professor an der Universität Bonn ernannt und übernahm die Institutsleitung des Fraunhofer-Instituts für Intelligente Analyse- und Informationssysteme (IAIS). 2012 wurde er nach einem vorgezogenen Berufungsverfahren als Nachfolger von Armin B. Cremers zum Ordinarius für Praktische Informatik/Intelligente Informationssysteme bestimmt und übernahm von diesem im Jahr 2014 die Leitung der Abteilung III sowie anschließend auch die Leitung des B-IT. Der Schwerpunkt der Arbeiten von Wrobel liegt auf der Gestaltung intelligenter und adaptiver Informationssysteme, insbesondere mit Methoden des maschinellen Lernens, der Mustererkennung und des *Data Mining* sowie der interaktiven visuellen Analyse von Daten mit Techniken aus dem Bereich *Visual Analytics*. Ein besonderes Augenmerk gilt dabei den Herausforderungen, die stark wachsende Datenmengen mit sich bringen *(Big Data)*.

Im Jahr 2005 erhielt Daniel Cremers ein Extraordinariat als Nachfolger von Joachim Buhmann in der Abteilung III. Sein Forschungsgebiet sind Bildverarbeitung und Mustererkennung, neuerdings auch Robotik. In erster Linie geht es um die Entwicklung effizienter Algorithmen, um aus Bilddaten Information über die abgebildete Welt zu erhalten. Konkrete Beispiele sind 3D-Rekonstruktion, semantische Bildanalyse, Fahrerassistenzsysteme, Hinderniserkennung im Straßenverkehr und autonome Quadrokopter. Er folgte 2009 dem Ruf auf einen Lehrstuhl an der Technischen Universität München. Sein Nachfolger wurde 2013 Jürgen Gall. 2009 wurden Alexander Markowetz (Datenbanken, *Mobile Computing*) und Janis Voigtländer (Programmiersprachen, Theorie der Programmierung) als Juniorprofessoren an die Abteilung III berufen.

2013 wurde mit Sören Auer (*Enterprise Information Systems*) gemeinsam mit dem Fraunhofer IAIS ein weiterer neuer Lehrstuhl an der Abteilung III besetzt. Das gemeinsame Berufungsverfahren für einen zusätzlichen Lehrstuhl (*Data and Software Engineering*) mündete 2016 in die Berufung von Jens Lehmann, so dass nunmehr drei Lehrstühle der Abteilung eine erweiterte Struktur in enger Kooperation mit Fraunhofer aufprägen.

Abteilung IV

Bereits 1975 kam der vierte Informatik-Lehrstuhl hinzu und die Abteilung IV für Rechnerorganisation und Schaltwerke wurde gegründet. Erster Ordinarius war Wolfgang Everling. Er kam aus der Industrie, von IBM, wie eine ganze Reihe der Informatikprofessoren der ersten Stunde in Deutschland. Seine Arbeitsgebiete waren Rechnerorganisation (Hardwaretechnik und Aufbau), Rechnerarchitekturen (Kommunikation und Programmierung) und mathematische Methoden beider Gebiete. 1993 wurde er emeritiert. Ein Extraordinariat für Rechnerorganisation wurde mit Werner Kluge besetzt. Er folgte 1984 dem Ruf auf einen Lehrstuhl an der Universität Kiel.

1988 nahm Norbert Blum den Ruf auf das Extraordinariat an. Sein Arbeitsgebiet sind Methoden der diskreten Mathematik und deren konkrete Anwendungen, zum Beispiel Probleme der Bioinformatik, der Formalen Sprachen, der Übersetzer, Grundlagen der kombinatorischen Optimierung, Approximationsalgorithmen für NP-harte Probleme, neue Algorithmen zur Lösung von *Matching*-Problemen sowie der Beweis von unteren Schranken für die Schaltkreiskomplexität von Booleschen Funktionen. Später wechselte er in die Abteilung V.

Im Jahr 1996 erhielt Peter Martini den Lehrstuhl des emeritierten Professors Everling und wurde damit Leiter der Abteilung IV. Seine aktuellen Arbeitsgebiete sind Informationstechnik(IT)-Sicherheit, Mobilkommunikation und heterogene Kommunikationssysteme. Seit 2009 ist er außerdem Leiter des Instituts für Kommunikation, Informationsverarbeitung und Ergonomie (FKIE) bei der Fraunhofer-Gesellschaft. 2007 wurde Pedro José Marrón auf ein Extraordinariat berufen. Seine Forschungsinteressen liegen auf den Gebieten Sensornetzwerke, Adaptive Systeme, System-Software für eingebettete Systeme, Datenmanagement in mobilen Umgebungen, *Hoarding/Caching*, *Ubiquitous/Pervasive Computing* und Semi-strukturierten Datenbanken. 2009 folgte er einem Ruf an die Universität Duisburg-Essen. Sein Nachfolger wurde 2012 Matthew Smith, dessen Arbeitsgebiet *Usable Security* und Datenschutz umfasst.

2012 wurde Michael Meier auf einen Lehrstuhl für Informationstechnik(IT)-Sicherheit berufen und kam an die Abteilung IV. Zugleich ist er am Institut für Kommunikation, Informationsverarbeitung und Ergonomie (FKIE) bei der Fraunhofer-Gesellschaft tätig. Sein Arbeitsgebiet ist IT-Frühwarnung, Erkennung und Analyse von Schadsoftware und Angriffen, verteiltes kooperatives Sicherheitsmonitoring und datenschutzkonforme Log-Datenanalyse.

Zwischen 2010 und 2014 wechselten die Privatdozenten Wolfgang Koch und Volker Steinhage sowie der apl. Prof. Frank Kurth zur Abteilung IV. Das Gebiet des Datenschutzes und der Datensicherheit beim Ubiquitären Rechnen übernahm 2014 Delphine Christin als Juniorprofessorin.

Abteilung V

1989 wurde Marek Karpinski als Ordinarius auf einen neuen Lehrstuhl berufen, als Leiter einer neuen Abteilung V. Diese trägt seit 2000 den Namen »Parallele Systeme und Algorithmen, Kombinatorische Optimierung«. Seine Arbeitsgebiete sind der *Entwurf effizienter Algorithmen* sowie besonders *randomisierte und approximative Algorithmen für* Probleme der *algorithmischen molekularen Bioinformatik* bei der *Theorie von parallelen und verteilten Systemen* und den fundamentalen Fragen der *Berechnungskomplexität* und der *Schaltkreistheorie.* Dazu kommen *Methoden der effizienten Approximation* für geometrische und kombinatorische Optimierungsprobleme.

Ebenfalls 1989 erhielt Michael Clausen das Extraordinariat des wegberufenen Professors Lautenbach. Nach zehn Jahren wechselte er in die Abteilung III, der er bis zu seinem Ruhestand 2014 angehörte. Sein Fachgebiet war zunächst Algebraische Komplexitätstheorie, Computeralgebra (insbesondere Entwurf schneller Fouriertransformationen für nichtabelsche Gruppen) und ab 1998 zusätzlich Audiosignalverarbeitung, Musikinformatik und Digitale Musikbibliotheken.

Professor Nittin Saxena ist Extraordinarius am Hausdorffzentrum für Mathematik und Mitglied der Abteilung V. Sein Forschungsgebiet umfasst das *Polynomial Identity Testing* (PIT) und das *Polynomial Factoring.*

Abteilung VI

Im Jahr 1992 war Reiner Kolla als Extraordinarius für Technische Informatik für kurze Zeit an der Abteilung VI. Ebenfalls 1992 erhielt Rolf Eckmiller den Lehrstuhl für Neuroinformatik in der neuen Abteilung VI. Seine Arbeitsgebiete sind Neurophysiologie und Biophysik des Nervensystems, Visuelles System, Auge-Hand Koordination bei Primaten, Neuronale Netze für Robotik, Prädiktion und Planung sowie Neurotechnologie (*Retina Implant und Motor Implant*). 2006 ging er in den Ruhestand.

1995 folgte Joachim Anlauf als Extraordinarius dem nach Würzburg wegberufenen Professor Kolla nach. Sein Fach ist Technische Informatik; Forschungsthemen sind die Simulation von neuronalen Netzen mit Hardware, der Entwurf paralleler, objekt-orientierter Systeme unabhängig von der Implementierung mit Software oder Hardware und *Field-programable Gate Arrays* (FGPA) sowie Anwendungen in der Finanzmathematik und der Entdeckung von Kollisionen bei dreidimensionaler Simulation.

Im Jahr 2008 wurde Sven Behnke zum Nachfolger vom Rolf Eckmiller als Leiter der Abteilung auf den Lehrstuhl berufen. Sein Fachgebiet sind Autonome Intelligente Systeme, seine Arbeitsgebiete kognitive Robotik und *Computational Intelligence.* Im Bereich der kognitiven Robotik werden Verfahren zur Wahrnehmung der Roboterumgebung sowie zur Planung der Bewegungen entwickelt. Beispielsysteme sind humanoide Fußballroboter, Service-Roboter sowie Flugroboter. Im Bereich *Computational Intelligence* werden lernende Verfahren zur Interpretation von Bildern entwickelt.

Anhang: Habilitationen für das Lehrgebiet Informatik

Brauer, Wilfried, 1970
Reusch, Bernd, 1971
Ecker, Klaus, 1973
Schütt, Dieter, 1973
Indermark, Klaus, 1974
Weihrauch, Klaus, 1975
von Henke, Friedrich-Wilhelm, 1976
Böhme, Johann-Friedrich, 1977
Brandenburg, Franz-Josef, 1982

Verbeek, Rutger, 1983
Reisig, Wolfgang, 1987
Best, Eike, 1988
Dahlhaus, Elias, 1990
von Braunmühl, Burchard, 1991
Nett, Edgar, 1991
Lickteig, Thomas, 1992
Lakemeyer, Gerhard, 1994
Plümer, Lutz, 1994
Steger, Angelika, 1994
Wanke, Egon, 1994
Hertzberg, Joachim, 1995
Shokrollahi, Mohammad A., 1998
Steinhage, Volker, 1999
Breunig, Martin, 2000
Kirrinnis, Peter, 2000
Beetz, Michael, 2001
Hinze, Ralf, 2001
Rarey, Matthias, 2001
Vygen, Jens Peter, 2001
Spalka, Adrian, 2001
Kurth, Frank, 2004
Müller, Meinard, 2007
Sminchisescu, Christian, 2008
Koch, Wolfgang, 2010
Behrend, Andreas, 2011
Langetepe, Elmar, 2013
Frintrop, Simone, 2014

Fachgruppe Physik/Astronomie

Die Geschichte des Faches Physik an der Universität Bonn

Ralph Burmester[44]

Gründungszeit (1818–1835)

Die Physik zählt zu den Disziplinen, die seit der Gründung zum Fächerkanon der Universität Bonn gehören. Allerdings führte sie im Vergleich zu ihrer heutigen Rolle zunächst ein Schattendasein. Die Räumlichkeiten, euphemistisch als »Physikalisches Kabinett« bezeichnet, beschränkten sich in der Realität auf ein einziges Zimmer im Poppelsdorfer Schloss.[45] Vertreten wurde das Fach zunächst von dem Chemiker Karl Wilhelm Gottlob Kastner (1783–1857), der neben seinem Fach Chemie auch noch Pharmazie lehrte. Kastner wechselte jedoch schon 1821 mit seinem berühmtesten Schüler Justus von Liebig nach Erlangen.[46] Die Pflicht zur Abhaltung einer physikalischen Vorlesung wurde nun dem Astronomen Karl Dietrich von Münchow (1778–1836) übertragen. Beginnend mit dem Sommersemester 1819 hielt er die Vorlesung zur Experimentalphysik bis zu seinem Tod 1836.[47]

---

44 Der Aufsatz speist sich aus verschiedenen Untersuchungen: Der erste Teil von 1818 bis zum Tode von Heinrich Hertz fußt vor allem auf meinen Recherchen für die Begleitpublikation zur gleichnamigen Sonderausstellung des Deutschen Museums Bonn: Heinrich Hertz – vom Funkensprung zur Radiowelle, hrsg. von Ralph Burmester und Andrea Niehaus, Bonn 2012. Karl-Heinz Althoff gab hier wertvolle Hinweise zur wissenschaftshistorischen Einordnung der Arbeiten von Plücker, Hittdorf, Geißler, Hertz und Lenard. Die Entwicklung der Experimentalphysik im Physikalischen Institut entstand auf Grundlage des Beitrages: Das Physikalische Institut der Universität Bonn 1818–2013. Die Geschichte der wissenschaftlichen Heimat von Wolfgang Paul, in: Ralph Burmester und Andrea Niehaus: Wolfgang Paul – Der Teilchenfänger, Bonn 2013, S. 123–155. Dieser Beitrag entstand damals unter maßgeblicher Mitwirkung von Dirk Husmann, Jan Peter Toennies, Friedrich Klein und Norbert Wermes. Für die Beschreibung der Entwicklung der Theoretischen Physik im Physikalischen Institut seit 1965 verdanke ich Hans Peter Nilles, Herbert Dreiner, Günther von Gehlen und Werner Sandhas wertvolle Informationen. Karl-Heinz Schittko versorgte mich mit Material zu Leben und Werk von Rudolf Jaeckel. Die Rekonstruktion der Geschichte des IAP nach dem Tode Jaeckels war nur Dank der Unterstützung durch Dieter Meschede möglich. Zur Entwicklung des Instituts für Theoretische Kernphysik gab mir Max Georg Huber entscheidende Hinweise und Materialien. Dieter Eversheim machte mich nicht nur mit dem Isochron-Zyklotron des HISKP vertraut, er erschloss mir auch die Geschichte dieses Instituts. Ergänzt wurde die Recherche durch die Sichtung diverser Personalakten im Bestand des Universitätsarchivs Bonn. Allen genannten sei an dieser Stelle für Ihre Hilfe gedankt.

45 Siehe Jaeckel/Paul, Physik (1970), S. 91.

46 Vgl. Wamhoff/Bergerhoff, Entwicklung (2011), S. 92.

47 Es ist bezeichnend für die Qualität der damaligen physikalischen Lehre, dass sich der Astronom von Münchow in seiner Vorlesung auf das vom Chemiker Kastner verfasste

Plücker – Clausius – Hertz (1835–1894)

Durch die beschriebene fachfremde Vertretung wurde das Fach Physik in den ersten zwölf Jahren der Universitätsgeschichte lediglich gelehrt. Erst mit der Berufung von Julius Plücker (1801–1868) nach Bonn im Jahre 1835 begann das Wissenschaftsgebiet experimenteller, physikalischer Forschung, die seitdem in Bonn Tradition hat. Plücker war gleichzeitig Physiker und Mathematiker.[48] Seine Forschungsgebiete waren algebraische (Lamé)-Kurven in der Mathematik sowie in der Physik neben Gasentladungsphänomenen auch Magnetismus in Kristallen, worüber er im regen Austausch mit Michael Faraday in England stand. Vor allem die von Plücker 1858 begonnenen Untersuchungen über elektrische Gasentladungen öffneten der physikalischen Forschung neue Perspektiven und machten Plücker und die Bonner Physik international bekannt. Mit seinem Schüler Johann Wilhelm Hittorf (1824–1914) experimentierte Plücker mit Gasentladungsröhren, die der Glasbläser des Instituts, Heinrich Geißler, kunstvoll anfertigte. Die Experimente zur Gasentladung bereiteten den Weg für die spätere Atomphysik. Die Geißlerschen Röhren bestanden aus einer gasgefüllten Glasröhre mit einer Anode an der einen Seite und einer gegenüberliegen Kathode. Bei Anlegen einer bestimmten Spannung kommt es zu einer Gasentladung, bei der Licht ausgesendet wird. Die Herausforderung bestand in der Erzeugung guter Vakua, die die Beobachtung der Gasentladungsphänomene erlaubten.

Im Jahre 1865 veröffentlichten Plücker und Hittorf einen wegweisenden Aufsatz über die »mehrfachen Spektren« der Gase.[49] Darin beschrieben sie als Resultat ihrer Forschungsergebnisse das Phänomen, dass ein elementares Gas je nach Entladungsbedingungen verschiedene Spektren emittiert, die »auch nicht eine einzige Linie gemeinsam haben.« Die Erkenntnisse sollten später für das Verständnis des Atomaufbaus noch eine große Rolle spielen.[50] Hittdorf, der sich in Bonn habilitiert hatte, setzte die Forschungen nach seinem Wechsel an die Universität Münster fort. Dort entdeckte er 1869 die »Kathodenstrahlen«. Deren Untersuchung, die auch in Bonn seit 1892 von Heinrich Hertz und dann von dessen damaligem Assistenten Philipp Lenard fortgesetzt wurden,[51] führten sowohl zur Entdeckung der Röntgenstrahlen (1895) durch Wilhelm Conrad Röntgen als auch des Elektrons (1897) durch den englischen Physiker Joseph John Thomson. Der Glasbläser Geißler erhielt für seine technischen Beiträge zu

Lehrbuch »Grundriss der Experimentalphysik« stützte. Vgl. Schmidt, Astronomen (1990), S. 15.

48 Siehe hierzu auch den Beitrag von Stefan Hildebrandt zur Mathematik in diesem Kapitel.

49 Plücker/Hittorf, gases (1865).

50 Jaeckel/Paul, Physik (1970), S. 92.

51 Philipp Lenard erhielt 1905 den Nobelpreis für Physik für seinen Beitrag zur Untersuchung der Kathodenstrahlen. Siehe auch Schirrmacher, Lenard (2012), S. 23.

den Plückerschen Experimenten, vor allem für die Konstruktion einer neuartigen Vakuumpumpe, 1868 den Ehrendoktortitel der Universität Bonn. Berühmt wurde Geißler aber durch seine kunstvollen Glasbläserarbeiten, von denen viele heute noch im Institut vorhanden sind und gelegentlich vorgeführt werden.

Das Physikalische Kabinett der Universität Bonn hatte in diesen Jahren nicht nur an Renommee gewonnen, es war auch gewachsen. Mit Plückers Schüler August Beer (seit 1855) und Eduard Kettler (seit 1865) verstärkten zwei außerordentliche Professoren das Fach. Inhaltlich forschten beide vor allem auf dem Gebiet der Optik. Als vorteilhaft hatte sich auch die bereits 1819 unter von Münchow vorgenommene Umsiedlung des Kabinetts in das Hauptgebäude der Universität, das vormals kurfürstliche Schloss, erwiesen. Dort residierte die Physik im mittleren Gebäudeteil zwar unter dem Dach, dafür aber auf einer größeren Grundfläche als zuvor im Poppelsdorfer Schloss.[52]

Nach Plückers Tod am 22. Mai 1868,[53] wurde Rudolf Clausius (1822–1888) als Nachfolger berufen. Sein wissenschaftliches Interesse galt im Gegensatz zu seinen Vorgängern der theoretischen Physik. Clausius' sehr grundlegende Forschung auf dem Gebiet der Thermodynamik machte ihn zu einem der einflussreichsten Physiker des 19. Jahrhunderts. Seine Arbeiten trugen wesentlich zum Verständnis aller Erscheinungen bei, die mit dem Begriff »Wärme« zusammenhängen. Clausius formulierte den bis heute gültigen II. Hauptsatz der Thermodynamik, der in der Clausius'schen Formulierung besagt, dass es keine Zustandsänderung gibt, deren einziges Ergebnis die Übertragung von Wärme von einem Körper niederer auf einen Körper höherer Temperatur ist. Er entdeckte und formulierte die Zustandsgröße »Entropie«, deren fundamentale Bedeutung bis in Bereiche der modernen Quantenphysik hineinreicht, und trug grundlegend sowohl zum Verständnis des Kraft-Wärme-Zyklus als auch der Phasenübergänge und -grenze zwischen Gasen und Flüssigkeiten bei.

Clausius bemühte sich jahrelang um den Bau eines eigenen Institutsgebäudes in Poppelsdorf. Fast schien er am Ziel. 1878 meldete die Bonner Universitätschronik, dass die Vorarbeiten für den Neubau abgeschlossen seien und stellte »die Inangriffnahme des Baues für das nächste Jahr in Aussicht«.[54] Statt diese Baupläne voranzutreiben, beließ es die Universitätsleitung bei der rein nominellen Aufwertung des Physikalischen Kabinetts zum Physikalischen Institut[55] und bot Clausius 1882 dafür die üppigen Räumlichkeiten im Südwestflügel des Kurfürstlichen Hofgarten-Schlosses als neue Bleibe an. Dort waren zuvor die

52 Siehe dazu auch Kayser, Erinnerungen (1936/1996).

53 Sein imposantes Grabmal befindet sich noch heute auf dem Alten Friedhof in Bonn.

54 Chronik der Universität Bonn 1877/78.

55 Ebd. sowie Personalakten der Philosophischen Fakultät: es hieß ab 1869 »Physikalisches Laboratorium« und ab 1874 »Physikalisches Institut«.

Abb. 14: Heinrich Hertz, Physik

medizinischen Kliniken untergebracht gewesen. Clausius war schlecht zu Fuß,[56] daher nutzte er beim Umzug 1885 die Gelegenheit, um seinen Wohnsitz direkt ins Institut zu verlegen. Geschmackssicher wählte Clausius die ehemaligen Zimmer des Kurfürsten Clemens August (1700–1761) im ersten Stock als eigenes Domizil. Neben einem schönen Ausblick auf das Poppelsdorfer Schloss und den Hofgarten konnte er den begehbaren Garten im extra dazu aufgeschütteten Innenhof des Schlossflügels nutzen. Ursprünglich gedacht, um dem Kurfürsten den direkten Gang von seinen Gemächern in einen privaten Garten zu ermöglichen, erwies sich dieses gartenbauliche Kleinod als schwere Hypothek für spätere Nutzer. In Ermangelung einer Drainage sogen sich die inneren Mauern

56 Während seiner Teilnahme als Führer eines studentischen Sanitätscorps am Deutsch-Französischen Krieg wurde er in der Schlacht bei Gravelotte am 18. 08. 1870 am Knie verwundet. Siehe Reinganum, Clausius (1910), S. 720.

des Erdgeschosses zunehmend mit Wasser voll.[57] Während Clausius die trockeneren Räume im ersten Stock vollauf genügten, litten seine Nachfolger unter dem feuchten Gemäuer. Nach Clausius Tod am 24. August 1888 wurde Heinrich Hertz (1857–1894) zu seinem Nachfolger berufen. Hertz hatte gerade erst in Karlsruhe die elektromagnetischen Wellen entdeckt und ihre Eigenschaften experimentell untersucht. Dies war ein herausragender Beitrag zur physikalischen Grundlagenforschung, der internationales Aufsehen erregte und Hertz zu einem hoch angesehenen Forscher machte. Hertz übernahm das Bonner Institut im heutigen Hauptgebäude der Universität im Frühjahr 1889. Im Institut wohnen wollte er aber nicht, da er mehr Räume für den Experimentier- und Praktikumsbetrieb benötigte. Der marode Zustand der Räume machte ihm jedoch zu schaffen.[58] Nachdem sich Hertz im Institut so gut es eben ging eingerichtet hatte, widmete er sich wieder der physikalischen Forschung. Neben der weiteren Erforschung der elektromagnetischen Wellen sind hier vor allem auch seine Versuche mit Kathodenstrahlen hervorzuheben. Da sich Hertz ab 1892 mit der Abfassung seines umfangreichen theoretischen Werkes »Die Prinzipien der Mechanik« befasste, überließ er dieses vielversprechende Arbeitsgebiet seinem damaligen Assistenten Philipp Lenard, der 1905 für seine Bonner Arbeiten über Kathodenstrahlen den Nobelpreis erhielt. Später »profilierte« er sich in der Zeit des Nationalsozialismus als exponierter Vertreter der »Deutschen Physik« und diffamierte seinen einstigen Lehrer.[59] Im Sommer 1892 erkrankte Hertz schwer. Aus einem anfänglichen Schnupfen entwickelte sich eine seltene, aber letztlich tödliche Erkrankung seines Gefäßsystems. Heinrich Hertz starb am Neujahrstag 1894 im Alter von nur 36 Jahren. Die feuchten, schimmeligen Wände seines Bonner Instituts waren an diesem tragischen Schicksal nicht unschuldig. Seinen Eltern schrieb er in seinem letzten Brief: »Wenn mir wirklich etwas geschieht, so sollt ihr nicht trauern, sondern sollt ein wenig stolz sein und denken, dass ich dann zu den besonders Auserwählten gehöre, die nur kurz leben und doch genug gelebt haben.«[60]

Kayser – Konen – Füchtbauer (1894–1951)

Trotz der Tragödie seines Vorgängers konnte sich auch Hertz' Nachfolger Heinrich Kayser (1853–1940) nicht sofort mit dem Wunsch nach einem neuen

57 Vgl. Hertz, Erinnerungen (1927), S. 272–274.

58 »Und all die Keller und Gänge, wo das Wasser von der Decke tropft und man Quellen rauschen hört«. Ebd., S. 288.

59 Hierzu auch Wolff, Umgang (2012), hier vor allem S. 47.

60 Vermächtnis von Heinrich Hertz, Bonn, den 09.12.1893. Zit. nach Fölsing, Hertz (1997), S. 515.

und trockenen Institutsgebäude in der Universität durchsetzen.[61] Erst nach langen, zähen und für Kayser frustrierenden Verhandlungen mit dem preußischen Kultusministerium gelang ab 1911 schließlich mit maßgeblicher Unterstützung durch den Kurator der Universität, Gustav Ebbinghaus, der Bau eines neuen Physikalischen Instituts. In die Planungen war Kayser stark involviert, auch wenn er sich nicht in allen Belangen durchsetzen konnte.[62] 1913 erfolgte der Umzug der Physiker an den neuen Standort in der Nußallee, der bis heute das Physikalische Institut beheimatet. Kaysers wissenschaftlicher Schwerpunkt war die Spektroskopie, speziell die Untersuchung der Lichtemission und -absorption von Molekülen und Atomen mit Hilfe von Beugungsgittern und Prismen. Er und seine Schüler lieferten sehr viel experimentelles Material für das Verständnis des Atomaufbaus.[63]

Kayser war der erste Institutsdirektor seit langem, der nicht im Dienst starb, sondern 1921 ganz unspektakulär emeritiert wurde. Zu seinem Nachfolger wurde sein Schüler Heinrich Konen (1874–1948) berufen. Wie nicht weiter verwunderlich, setzte er die Arbeiten auf dem Gebiet der Spektroskopie fort. Dabei verlagerte sich der Schwerpunkt von den Atomspektren zu den komplexeren Molekülspektren.

Konen trug dem gestiegenen Bedarf an Physikern in der Industrie durch einen Ausbau der Ausbildungskapazitäten Rechnung. Der von seinen Kollegen hochgeschätzte Konen war von 1928 bis 1930 auch Rektor der Bonner Universität. Neben seinen Hochschulverpflichtungen engagierte sich Konen politisch in der katholisch geprägten Zentrumspartei und lehnte den aufkommenden Nationalsozialismus ab.[64] Schon bald nach der »Machtergreifung« 1933 wurde Konen Opfer einer politischen Intrige. Man warf ihm persönliche Bereicherung durch Veruntreuung von öffentlichen Geldern vor. Obwohl die Oberstaatsanwaltschaft Bonn das Verfahren schon am 10. Januar 1934 einstellte, nutzte Reichserziehungsminister Bernhard Rust den Vorfall, um Konen in den Ruhestand zu versetzen. Rust berief sich dabei auf das, für die Entfernung politisch unliebsamer Personen extra geschaffene, Gesetz zur Wiederherstellung des Berufsbeamten-

61 Kayser schildert seine langjährigen Bemühungen um einen Institutsneubau in Bonn recht anschaulich und ausführlich in seinen Memoiren. Darin zitiert er die zynische Reaktion eines ungenannten Vertreters des preußischen Kultusministeriums auf seine Forderung nach einem Institutsneubau als Konsequenz auf die ungesunden Verhältnisse im alten Institut: »Nein lieber Professor, so schnell geht das nicht. Da müssen erst noch ein paar andere Herren drauf gehen«, Kayser, Erinnerungen (1936/1996), S. 166.

62 Ebd., S. 231–234.

63 Vgl. Jaeckel/Paul, Physik (1970), S. 94.

64 Vgl. dazu die Bonner Universitätszeitung vom 20.01.1948, S. 2.

tums vom April 1933.[65] Immerhin errang der kämpferische Konen noch die Erlaubnis zur weiteren Betreuung von bereits begonnenen Doktorarbeiten.[66]

Erst 1936 erhielt das Institut mit Christian Füchtbauer (1877–1959) einen neuen Direktor. Auch er setzte die spektroskopische Forschung solange fort, bis nach dem Kriegsbeginn 1939 immer weitere Einschränkungen die Arbeiten zum Erliegen kommen ließen. Als Folge der verheerenden alliierten Luftangriffe wurden 1944 die Experimentalphysik nach Gieboldehausen bei Göttingen und die Theoretische Physik ins thüringische Hildburghausen ausgelagert. Während Apparate und Personal in relativer Sicherheit waren, nahm das Bonner Institutsgebäude bei einem Bombenangriff Ende 1944 schweren Schaden.[67] Als die Dozenten und Angestellten des Physikalischen Instituts nach Kriegsende nach Bonn zurückkehrten, fanden sie den Dachstuhl und das dritte Stockwerk ausgebrannt. Alle Fenster und nahezu alle Türen waren zerbrochen. Regenwasser tropfte durch die Decken und die Heizung war kaputt.[68] Die erheblichen Schäden konnten zwar notdürftig repariert werden, doch blieb das ausgebrannte oberste Stockwerk noch lange unbenutzbar. Ebenso schwerwiegend wie diese Zerstörungen wirkte sich die personelle Situation des Instituts auf dessen Betrieb aus. Nach der nicht ganz freiwilligen Emeritierung Füchtbauers im November 1945[69] übernahm der aus alliierter Haft entlassene Walter Gerlach (1896–1964) zwischen April 1946 und April 1948 die Leitung des Physikalischen Instituts, bevor er wieder auf seinen Münchner Lehrstuhl zurückkehrte. In diesen beiden Jahren war er gemeinsam mit Walter Weizel und Wolfgang Riezler vor allem mit dem Wiederaufbau des Instituts beschäftigt. Nach Gerlachs Weggang übernahm Wolfgang Riezler (1905–1962), der 1935 als Assistent Füchtbauers nach Bonn gekommen war und sich dort habilitieren konnte, kommissarisch die Leitung des Instituts, während Weizel weiterhin die Theoretische Physik leitete, deren Ordinarius er seit 1936 war. Die Neubesetzung des Ordinariats für Experimentalphysik und damit auch der Institutsleitung zog sich bis zum Wintersemester 1952 hin. Da die Fakultät eine sogenannte »Hausberufung« vermeiden wollte,

65 Siehe zu diesem Vorgang: Archiv der Universität Bonn (UAB), PA 4377, Personalakte Heinrich Konen.

66 Bonner Universitätszeitung vom 20.01.1948, S. 2.

67 UAB, Walter Weizel und Wolfgang Riezler an die Universitätsverwaltung vom 22.03.1949, Akten des Physikalischen Instituts der Universität Bonn, Bestand A III, Dienstverkehr des Instituts.

68 Vgl. Jaeckel/Paul, Physik (1970), S. 95f.

69 Füchtbauers »getrübter Verstand«, wie Weizel diagnostizierte, machte in den Augen seiner Kollegen die Emeritierung nötig. Als »unerträglich« bezeichnete Weizel, der ihn seit 1925 kannte und durchaus nicht für einen überzeugten Nationalsozialisten hielt, »Füchtbauers Propaganda für den Krieg und für Ungesetzlichkeiten«. UAB, Gutachten von Walter Weizel über Füchtbauer vom 16.08.1945, R-2229, Füchtbauer. Zu den näheren Umständen der Emeritierung siehe ebd. Eine über diese schlaglichthaften Befunde hinausgehende Untersuchung des Institutsbetriebes im Nationalsozialismus steht noch aus.

blieb der naheliegende Kandidat Riezler chancenlos.[70] Nach langen Verhandlungen und einigen Absagen konnte schließlich der Experimentalphysiker Wolfgang Paul (1913–1993) als neuer Institutsdirektor gewonnen werden, der sein Amt zum 1. Oktober 1952 antrat.[71]

Neue Themen und Institute – Die Entwicklung der Bonner Physik nach 1952

Wolfgang Paul wurde für nahezu drei Jahrzehnte zur prägenden Figur des Physikalischen Instituts. Unter seiner Ägide erlebte es eine dynamische Entwicklung und einen erheblichen Ausbau der Forschungsaktivitäten. Auf Pauls Initiative hin entwickelte sich die Beschleunigung, Filterung und Speicherung von Teilchen aller Art zum Schwerpunkt der Institutsaktivitäten. Mit dieser inhaltlichen Neuausrichtung erlebte das Haus eine wissenschaftliche Blüte und Paul gelang der Zugang zu einflussreichen Kreisen der Wissenschaft und Forschungspolitik. Diese Kontakte nutzte er zum Ausbau des eigenen Instituts und zur Knüpfung nationaler und internationaler Verbindungen. Davon profitierte der wissenschaftliche Nachwuchs in vielfältiger Form. Mit der Berufung Pauls setzte gleichzeitig eine rasche Differenzierung der physikalischen Forschung an der Universität Bonn ein. Innerhalb von wenigen Jahren entstanden neben dem Physikalischen Institut noch zwei weitere Institute, die in kurzer Zeit ein eigenes Profil gewinnen sollten. Diese Entwicklung sei hier nur angedeutet und wird in eigenen Abschnitten zu den Instituten ausführlicher behandelt.

Um Wolfgang Riezler eine Wirkungsstätte zu geben, die seinem Ansehen und seinen Fähigkeiten entsprach, wurde er am 13. Juni 1953 auf ein für ihn eingerichtetes Ordinariat berufen und zum Direktor des neuen »Instituts für Strahlen- und Kernphysik« (ISKP) ernannt,[72] das direkt neben dem Physikalischen Institut errichtet wurde. Das bisher von Riezler besetzte Extraordinariat im Physikalischen Institut erhielt nun Rudolf Jaeckel (1907–1963). Einst als Assistent von Lise Meitner am Berliner Kaiser-Wilhelm-Institut für Chemie tätig, hatten ihm in der NS-Zeit aufgrund seiner jüdischen Großmutter[73] die rassistischen Bestimmungen des »Gesetzes zur Wiederherstellung des Berufsbeamtentums« eine Hoch-

70 Dekan Helferich argumentierte mit der klassischen akademischen Sichtweise, nach der »ein Aufrücken bis zum planmäßigen Ordinarius und selbständigen Institutsdirektor an der eigenen Hochschule nur in ganz seltenen Ausnahmefällen empfehlenswert ist«. UAB, Der Dekan der Mathematisch-Naturwissenschaftlichen Fakultät, Burkhardt Helferich, an das Kultusministerium des Landes Nordrhein-Westfalen vom 26.02.1951, Akten der Universitätsverwaltung, Akte Nr. 3700/6, Bd. 1, Experimentalphysik.

71 Vgl. dazu ausführlich Burmester, Synchrotron (2010), S. 29–37.

72 UAB, Kultusministerium an Riezler vom 13.06.1953, PA 7444, fol 39.

73 Fragebogen der alliierten Militärverwaltung vom 14.01.1946, UAB, R 3590.

schulkarriere unmöglich gemacht.[74] Jaeckel war deshalb viele Jahre als Wissenschaftler bei der Vakuum-Firma Leybold tätig. 1947 konnte er sich an der Universität Bonn habilitieren,[75] blieb aber zunächst noch Mitarbeiter bei Leybold. Seine erfolgreiche Forschungs- und Lehrtätigkeit führte 1955 zu seiner Berufung auf das planmäßige Extraordinariat für Experimentalphysik.[76] Hier widmete sich Jaeckel seinem Spezialgebiet, der Vakuum-Physik und der Erzeugung und Anwendung von Atomstrahlen. Seine rund 20köpfige Arbeitsgruppe »Angewandte Physik« verblieb zunächst in den Räumlichkeiten des Physikalischen Instituts. Ähnlich wie Paul pflegte er ein familiäres Klima und war daher bei seinen Studierenden überaus beliebt.[77] Im Jahre 1962 wurde er als ordentlicher Professor berufen und zum Direktor des neu errichteten »Instituts für Angewandte Physik« (IAP) ernannt.[78] Doch wirken konnte Jaeckel in dieser Funktion nicht mehr. Er verstarb am 17. Januar 1963 mit nur 55 Jahren.[79]

Die Experimentalphysik am Physikalischen Institut unter Wolfgang Paul (1952–1981)

Wolfgang Paul hatte ein fast grenzenloses Interesse an der Sortierung, Speicherung und Lenkung von Teilchen. Vor seinem Wechsel nach Bonn hatte er sich zuvor in Göttingen schon intensiv mit Molekularstrahlen und der Massenspektroskopie beschäftigt. Zudem hatte er erste Erfahrungen bei Konstruktion und Betrieb eines kleinen Elektronenbeschleunigers, eines 6 MeV Betatrons, gesammelt. Dies bildete das Fundament für die Neuausrichtung der Experimentalphysik.

Der furiose Start: Teilchenbeschleuniger und Massenfilter

Unmittelbar nach seinem Amtsantritt in Bonn bot sich Paul die Möglichkeit, seinen schon in Göttingen gehegten Plan zum Bau eines Elektronenbeschleunigers für höhere Energien in die Tat umzusetzen.[80] Die Maschine wurde nach dem kurz zuvor in den USA publizierten Prinzip der »starken Fokussierung« von

74 UAB, Lise Meitner an den Dekan der Mathematisch-Naturwissenschaftlichen Fakultät, Friedrich Hirzebruch, vom 14.03.1963, R 3590, fol 122.
75 UAB, Walter Weizel an das Kultusministerium vom 08.08.1948, R 3590, fol. 10 ver.
76 UAB, Kultusminister Werner Schütz an Jaeckel vom 27.06.1955, R 3590, fol. 34.
77 Gespräch mit Franz Josef Schittko am 09.04.2014.
78 UAB, Kultusminister Paul Mikat an Jaeckel vom 26.11.1962, PA 3590, fol. 100.
79 Ebd., fol. 111.
80 Siehe dazu Burmester, Synchrotron (2010), S. 28–37.

Abb. 15: Wolfgang Paul, Physik, Nobelpreisträger 1989

Teilchen in Ringbeschleunigern konzipiert.[81] Unter der Projektleitung von Hans Ehrenberg gingen eine Handvoll Doktoranden, Diplomanden und Techniker die Herausforderung an.

Noch im Embryonalstadium des Projekts gelang Wolfgang Paul durch unkonventionelles Querdenken ein großer Wurf, als er während der intensiven Beschäftigung mit der »starken Fokussierung« zusammen mit dem Bonner Theoretiker Helmut Steinwedel ein neuartiges Massenspektrometer entwickelte. Ihr elektrisches Massenfilter nutzte statt eines klobigen Magneten ein hochfrequentes elektrisches Vierpolfeld zur Trennung der Teilchensorten. Paul hatte Steinwedel eigentlich nach Bonn geholt, um bei der komplizierten Bahnberechnung der Teilchen im Synchrotron zu helfen. Gemeinsam meldeten sie ihr Vierpol-Massenfilter 1953 in der Bundesrepublik zum Patent an. Bis heute wird

81 Dieses Prinzip basiert auf dem Einsatz von Magneten mit starken Gradientenfeldern in alternierender Folge für horizontale und vertikale Fokussierung. Dazu ausführlich ebd., S. 37–39.

es für die physikalische Forschung ebenso wie für die Messtechnik in unzähligen Apparaturen verwendet.[82]

Seine Weiterentwicklung führte dann 1954 zum »Ionenkäfig«, in dem geladene Teilchen für eine gewisse Zeit gespeichert werden konnten. So gelang es, ihre fundamentalen physikalischen Eigenschaften präzise zu messen. Darüber hinaus erlaubte der Ionenkäfig die Entwicklung extrem genauer Uhren und wurde bis heute zu einem überaus zuverlässigen und schnellen Massenanalysator weiterentwickelt. Zusammen mit Norman Ramsey und Hans Dehmelt erhielt Paul für seine Arbeiten auf diesem Gebiet im Jahre 1989 den Nobelpreis für Physik.[83]

Doch zurück zum Beschleunigerprojekt: Nach rund fünfjähriger Bauzeit war das Bonner 500 MeV-Elektronen-Synchrotron im Sommer 1958 das erste funktionierende Synchrotron mit starker Fokussierung in Europa, weltweit das zweite.[84] Schon nach kurzer Zeit wurden die ersten Experimente zur Erzeugung von Pionen auf komplexere Reaktionen erweitert.[85] Die von Pauls Assistenten Karl-Heinz Althoff 1963 initiierten Polarisationsexperimente legten den Grundstein zu einer Ära sehr erfolgreicher Experimente mit polarisierten Targets.[86]

Der weitere Ausbau des Instituts

Zu diesem Zeitpunkt war der Physiker Wolfgang Paul schon mehr und mehr hinter den Wissenschaftsorganisator, Netzwerker und Ideengeber zurückgetreten. Durch eine ebenso selbstbewusste wie umsichtige Verhandlungsstrategie gegenüber der Universität Bonn und dem Land Nordrhein-Westfalen konnte er zwischen 1957 und 1965 insgesamt vier letztlich abgewehrte Rufe an renommierte Hochschulen dazu nutzen, sowohl die personelle als auch die materielle Ausstattung des Physikalischen Instituts deutlich zu verbessern. Dabei erschien ihm das traditionelle Modell des allein herrschenden und auch allein verantwortlichen Direktors angesichts des stark expandierenden Instituts als überholt. Ab 1965 führte Paul eine jährlich wechselnde Geschäftsführung ein, die er sich

82 Dazu ausführlich Burmester, Paul (2013), S. 59–61 sowie Werth, Massenfilter (2013), S. 193–201.

83 Ebd.

84 Dazu ausführlich Burmester, Synchrotron (2010).

85 Hier seien die Erzeugung von positiven und negativen Pionen am »schweren Wasserstoff« (Deuterium), der Spaltung des Deuteriumkerns (Deuteron) mit Photonen und die elastische Streuung von Photonen an Wasserstoffkernen genannt. Ebd. S. 195–207 sowie S. 228–230.

86 Dazu vor allem ebd., S. 199–206.

mit seinen neu berufenen Kollegen Gerhard Knop, Hans Rollnik und Karl-Heinz Althoff teilte.[87]

Von diesen dreien ging dann auch 1963 die Initiative zum Bau eines zweiten Elektronen-Synchrotrons mit einer Maximalenergie von 2,5 GeV aus. Dank der hauseigenen Expertise, einem engen Austausch mit dem Deutschen Elektronen Synchroton DESY in Hamburg und der Finanzierung durch das Land NRW wurde die Maschine zügig gebaut und 1967 fertig gestellt.[88]

Die Forschung am neuen Synchrotron setzte die Arbeiten am »kleinen« Synchrotron systematisch fort. Durch die höhere Energie der Maschine konnten auch schwerere Teilchen erzeugt und vermessen werden. Für die Spektroskopie von Atomen und Molekülen mit Synchrotronstrahlung stand auch ein Synchrotronlichtkanal zur Verfügung.[89]

Wie schon das 500 MeV Elektronen-Synchrotron diente auch die neue Maschine der Nachwuchsförderung. Paul und seinen Kollegen ging es darum, »Physiker auszubilden, die sowohl Beschleuniger und Apparate bauen als auch Elementarteilchen-Experimente ausführen konnten.«[90] Das »kleine« Synchrotron brachte es zwischen 1958 und 1984 auf beeindruckende 150 Diplom- und Doktorarbeiten. Diese Zahl wurde in der siebzehn Jahre währenden Betriebszeit des »großen« Synchrotrons mit insgesamt 210 Diplom- und Doktorarbeiten noch übertroffen.

Die Arbeitsgruppen »Atom- und Molekularstrahlen« und »Weltraumforschung«

Auch wenn der Schwerpunkt der Institutsaktivitäten eindeutig auf den Beschleunigern lag, gediehen noch andere fruchtbare Forschungszweige. Unter der Ägide von Hans Gerhard Bennewitz etablierte sich ab 1953 mit der Atom- und Molekularstrahlphysik ein sehr vitaler Arbeitsbereich im Institut, der bis zur Emeritierung von Bennewitz im Jahre 1989 bestand. Die von der Bennewitz-Gruppe erarbeiteten Methoden zur Erforschung der elementaren Stoßprozesse und Wechselwirkungen, die dem dynamischen Verhalten von Gasen zu Grunde liegen, haben in Fachkreisen große Resonanz gefunden.[91]

87 Dazu ausführlich ders., Paul (2013), S. 74–78.

88 Vgl. Althoff/Knop, Elektronen-Synchrotron (1973), S. 93–99.

89 Im polarisierten Elektronenstrahl sind die Eigendrehimpulse (Spins) der Elektronen überwiegend in eine bestimmte Richtung ausgerichtet. Im Rahmen des Projekts wurden Methoden entwickelt, um die Verluste an Polarisationsgrad im Laufe des Beschleunigungsvorgangs zu minimieren oder gänzlich zu unterbinden.

90 Teucher, DESY (1973), S. 114.

91 Dazu ausführlicher: Burmester/Husmann/Klein/Toennies/Wermes, Heimat (2013), S. 134–137.

Ein gutes Beispiel für die von Wolfgang Paul propagierte »gelenkte Anarchie« als idealer Form der Institutsführung[92] ist die Geschichte der Arbeitsgruppe Weltraumforschung. Sie kam auf Initiative seines Schülers Ulf von Zahn zustande, der vorschlug, das von ihm zum Monopolspektrometer weiterentwickelte Massenfilter für die Erforschung der Hochatmosphäre einzusetzen. Paul unterstützte das Projekt, zu dessen Höhepunkten der Flug dieses Spektrometers auf dem Satelliten ESRO IV (1972 bis 1974) oder die Mission eines doppelfokussierenden magnetischen Massenspektrometers zum Planeten Venus auf der NASA »Pioneer Venus Multiprobe« 1978 zählte. 1995 ermittelte ein optisches Interferometer-Experiment auf der NASA Galileo-Raumsonde das Mischungsverhältnis von Helium zu Wasserstoff in der Atmosphäre des Jupiters. Die Arbeitsgruppe wurde nach dem Weggang von Ulf von Zahn an die Universität Rostock ab 1993 von Franz-Josef Lübken weitergeführt. Nachdem dieser wiederum von Zahn in Rostock nachfolgte, wurde die Arbeitsgruppe im Jahr 2000 aufgelöst.[93]

Ausstrahlungen – Bonner Forschung an externen Beschleunigern

Wolfgang Paul gehörte zu den Initiatoren des ersten deutschen Großforschungsprojektes auf dem Gebiet der Teilchenphysik, dem DESY in Hamburg. Dessen erster Beschleuniger, das namensgebende 6 GeV Elektronen-Synchrotron, nahm 1964 seinen Betrieb auf. Zu dessen ersten Nutzern zählte nicht zufällig eine vierköpfige Bonner Arbeitsgruppe, die ab 1965 in Photon-Proton-Reaktionen erzeugte neutrale Mesonen untersuchte.[94] In den folgenden Jahren kamen regelmäßig Bonner Arbeitsgruppen ans DESY und festigten die kollegialen Beziehungen beider Institutionen. Zwischen Januar 1971 und Mai 1973 wirkte Paul als DESY-Direktor. In seine Amtszeit fiel die Fertigstellung des Elektron-Positron-Speicherrings DORIS (Doppel-Ring-Speicher), in dem Strahlen von Elektronen und ihren Anti-Teilchen, den Positronen, über Stunden gespeichert und zum Zusammenstoß gebracht werden. Eine Bonn/Mainzer Arbeitsgruppe baute das Experiment BONANZA auf, das ab 1974 an DORIS lief und auf den Nachweis von Nukleonen und Anti-Nukleonen spezialisiert war. Geleitet wurde sie von Gerhard Nöldeke, der 1967 als weiterer Ordinarius für Experimentalphysik ans Institut gekommen war.

Unmittelbar nach der Fertigstellung von DORIS wurde mit PETRA, der Po-

---

92 Paul erläuterte die unkonventionelle Führungsmethode im letzten Interview vor seinem Tod am 20.07.1993 gegenüber Peter Steiner vom Deutschen Museum Bonn. Siehe: Frieß/Steiner (Hgg.), Forschung und Technik (1995), S. 212.

93 Dieser Abschnitt basiert auf einem Gespräch von Ulf von Zahn mit Ralph Burmester vom 18.02.2013.

94 Vgl. Lübelsmeyer, DESY-Gastgruppe (1973), S. 100.

sitron-Elektron Tandem Ring-Anlage, bei DESY ein neuer Beschleuniger gebaut. 1979 gelang damit die Entdeckung des Gluon. Die internationale Kollaboration TASSO (*Two Arm Spectrometer SOlenoid*), an der auch eine große Bonner Gruppe beteiligt war, wies jenes Teilchen nach, das für den Zusammenhalt von Quarkmaterie verantwortlich ist. Die Gruppe wurde von Herbert Fischer, Erwin Hilger, Gerhard Knop und Rudolf Wedemeyer geführt. Sowohl beim Bau des Detektors als auch an den mit dem Detektor durchgeführten Experimenten waren die Bonner beteiligt. Ihr Spezialgebiet war die direkte Streuung von Photonen aneinander.

Mit dem Genfer CERN unterhielt das Bonner Institut ebenfalls seit den späten 1950er Jahren einen regen Kontakt.[95] Unter Federführung von Pauls wissenschaftlichem Assistenten und früherem Doktoranden Christoph Schlier[96] bildete sich Anfang der 1960er Jahre eine Bonner Arbeitsgruppe, die bei der Auswertung der Teilchenspurfilme, die am Protonen-Synchrotron des CERN aufgenommen wurden, mitwirkte.[97] In den nachfolgenden Jahren beteiligte sich Bonn mit den Gruppen von Klaus Böckmann und Bernd Nellen sowie Klaus Heinloth und Ewald Paul an den Experimenten mit großen Blasenkammern am CERN mit Protonen- und Neutrinostrahlen sowie bei DESY mit Elektronenstrahlen.[98] Verbesserte experimentelle Bedingungen fanden letztere Anfang der 1970er Jahre auch in einer langjährigen Beteiligung am OMEGA Experiment des CERN vor. Die Blasenkammergruppe im Physikalischen Institut existierte rund 20 Jahre und fand ihren Abschluss in der Beteiligung an Experimenten der *Big European Bubble Chamber* des CERN am Super-Proton-Synchrotron und an dem Streamerkammer-Experiment UA5 des Proton-Antiproton-Speicherrings.

Schwerpunkte der experimentellen Forschung im Physikalischen Institut (1981–2014)

Wolfgang Paul wurde 1981 mit 68 Jahren emeritiert. In den drei Jahrzehnten seines Wirkens war das Physikalische Institut von ursprünglich je einer ordentlichen Professur in Experimenteller und Theoretischer Physik sowie einer außerplanmäßigen Professur auf insgesamt vier Ordinariatsprofessuren, sechs weitere Plan- sowie vier außerplanmäßige Professuren gewachsen. Dazu kam

95 Wolfgang Paul war durch Vermittlung Heisenbergs von Beginn in die Planungen der ersten Beschleunigergeneration am CERN involviert und wirkte dort in verschiedenen verantwortlichen Positionen über Jahrzehnte. Dazu ausführlich: Burmester, Paul (2013), S. 62–91.

96 Schlier hatte 1956 bei Paul mit einer Arbeit über die »Messung der Hyperfeinstruktur des Kaliumfluorids mit der Molekülstrahlresonanzmethode« promoviert.

97 Vgl. Nellen, Ausweitung (1973), S. 104.

98 Vgl. ebd.

eine Abteilung in Theoretischer Physik mit sechs Professoren. Die hieraus und aus späteren Berufungen entstandenen Arbeitsgruppen entwickelten ihre Aktivitäten in zunehmender Unabhängigkeit voneinander und spezialisierten sich auf eigene Themen. Diese wurden sowohl an den Beschleunigern im Physikalischen Institut als auch an externen Forschungszentren wie CERN und DESY verfolgt.

Ein neues Forschungsinstrument im Physikalischen Institut: ELSA[99]

Schon vor 1980 wurde deutlich, dass für Experimente zur genaueren Erforschung von Atomkernen und ihrer Bestandteile Beschleuniger mit neuen Eigenschaften nötig waren. Bisherige Elektronbeschleuniger lieferten Strahlen nur in kurzen intensiven Pulsen, die während der Pulsdauer die Detektoren mit Teilchen überfluteten und so deren eindeutige zeitliche Zuordnung und Vermessung verhindern. Aber genau diese Exaktheit ist bei komplexeren Reaktionen, aus denen meist mehrere Teilchen gleichzeitig hervorgehen, unabdingbar. Eine Lösung besteht in der Erzeugung von Strahlen, die nicht gepulst, sondern zeitlich kontinuierlich, wie ein Dauerstrich, auf das *Target* treffen. Um dies in Bonn zu ermöglichen, wurde auf Anregung von Herbert Fischer unter der Regie von Karl-Heinz Althoff und Dirk Husmann ein weiterer neuartiger Kreisbeschleuniger entworfen: die so genannte Elektron-Stretcher-Anlage »ELSA«. In ihr wird aus dem gepulsten Strahl des bereits existierenden 2,5 GeV-Elektronen-Synchrotrons ein zeitlich »gedehnter« Strahl (engl. *stretched*, daher Stretcher-Anlage) erzeugt. Der neue ELSA-Ring wurde so konzipiert, dass er den Elektronenstrahl auch auf eine höhere Endenergie (3,5 GeV) nachbeschleunigen sowie den Strahl über längere Zeit speichern konnte, um etwa das von ihm abgestrahlte Synchrotonlicht zu nutzen. Seinen vollen Wert erhält ein Dauerstrich-Strahl in Verbindung mit großen Detektoren, die möglichst alle Teilchen aus einer Reaktion gleichzeitig erfassen können. Drei solcher Detektoren wurden an verschiedenen Messplätzen errichtet und 1988 in Betrieb genommen. In dieser Phase kam Berthold Schoch aus Mainz als Nachfolger des emeritierten Gerhard Knop nach Bonn und brachte seine einschlägigen Erfahrungen mit derartigen Koinzidenz-Experimenten ein. Unter seiner Leitung wurde die Elektronenstreuanlage ELAN fertiggestellt, mit der Experimente zur Spaltung des schweren Wasserstoffs (Deuterium) sowie zur Erzeugung spezieller Teilchen (Pionen) in Stößen mit Elektronen durchgeführt wurden. Im PHOENICS-Experiment wurde die von Althoff und dessen Mitarbeiter Werner Meyer entwickelte Technik zur

99 Der folgende Abschnitt basiert in weiten Teilen auf mehreren Gesprächen mit Friedrich Klein im Zeitraum zwischen Herbst 2014 und Frühjahr 2016.

Spinpolarisation eingesetzt.[100] Besonders in Experimenten mit dem unter Leitung von Walter Schwille gebauten SAPHIR-Spektrometer wurde die Dauerstrich-Eigenschaft des ELSA-Strahles experimentell ausgenutzt. 1995 kam Friedrich Klein aus Mainz als Nachfolger von Gerhard Nöldeke nach Bonn und beteiligte sich neben seiner Tätigkeit am COMPASS-Experiment am CERN leitend am SAPHIR-Experiment. Die in diesen Experimenten erzielten Erfolge bildeten die Grundlage für die Einrichtung eines von Schoch koordinierten Schwerpunktpunktprogramms der Deutschen Forschungsgemeinschaft und der erfolgreichen Umsiedlung des großen Crystal-Barrel-Detektors vom CERN zu ELSA.

Neben der Spinpolarisation der zu untersuchenden Atomkerne im so genannten *Target*, auf das der Strahl gerichtet wird, bietet auch die Ausrichtung der Elektronen des Strahles selbst eine zusätzliche wertvolle Entflechtung von Reaktionen und Teilcheneigenschaften. Zunächst fehlten dafür aber noch eine zuverlässige Quelle für polarisierte Elektronen sowie geeignete Verfahren zu deren Erhalt bei der Beschleunigung in ELSA. Schließlich setzte sich das Konzept von Schochs Mitarbeiter Wolfgang Hillert (heute Technischer Leiter von ELSA) durch. Damit waren zusammen mit der auf Althoff und Meyer zurückgehenden Expertise der Kernpolarisation die Voraussetzungen für so genannte Doppelpolarisations-Experimente geschaffen.

Kurz vor Schochs Pensionierung übernahm Klein die Gesamtleitung der ELSA-Anlage im Physikalischen Institut. 2004 gelang es ihm auf der Grundlage vorangegangener Experimente mit Partnern aus dem benachbarten Helmholtz Institut für Strahlen- und Kernphysik (HISKP) und Arbeitsgruppen aus den Universitäten Bochum und Gießen, den transregionalen Sonderforschungsbereich SFB/TR16 »Elektromagnetische Anregung subnuklearer Systeme« bei der Deutschen Forschungsgemeinschaft einzuwerben. In der wissenschaftlichen Begründung spielten die erwiesenen Expertisen zur Bereitstellung polarisierter Strahlen und *Targets* in Bonn eine entscheidende Rolle. Experimentell gründete der SFB/TR 16 vor allem auf Doppelpolarisationsexperimenten mit dem Crystal-Barrel-Spektrometer an ELSA. Bei der Durchführung der Experimente und ihrer Auswertung spielten die Partner aus Bochum, Gießen und dem benachbarten HISKP eine zunehmende Rolle. In den nächsten Förderphasen des SFB/TR16 wurden die experimentellen Untersuchungen zur Erzeugung »seltsamer« Teilchen durch einen zweiten komplementären Detektoraufbau, dem BGO-OD-Spektrometer unter Leitung von Hartmut Schmieden, erweitert. Der SFB/TR 16 lief nach maximal möglicher Laufzeit im Juni 2016 aus.

100 Gespräch mit Karl-Heinz Althoff am 15.04.2015.

Forschungsarbeiten am DESY

Parallel zum Bau von LEP bei CERN wurde in Hamburg bei DESY nach den sehr erfolgreichen Jahren mit PETRA das nächste Großprojekt in Angriff genommen: Die Hadron-Elektron Ringanlage HERA. Damit sollte die Substruktur des Protons (Quarks und Gluonen) mit bis dato unerreichter Auflösung untersucht werden. 1993 nahm HERA mit den Experimenten ZEUS und H1 den Betrieb auf und lief bis 2007. Protonen von 920 GeV wurden mit Elektronen von 27.5 GeV zur Kollision gebracht. Erwin Hilger, nach einer zwischenzeitlichen Professur an der Universität Hamburg 1984 auf die Nachfolge Paul berufen, baute die externen Forschungsaktivitäten des Physikalischen Institut weiter aus. Zusammen mit den Kollegen Ian Brock, Klaus Heinloth, Ewald Paul und Rudolf Wedemeyer engagierte sich Bonn in der ZEUS- Kollaboration sowohl beim Bau des Großdetektors (Energie messende Kalorimeter sowie Spurdetektoren zur Aufzeichnung von Teilchenspuren) als auch bei der Analyse der komplexen Elektron-Proton-Kollisions-Produkte. Ohne die tiefen Erkenntnisse über die Quark/Gluon-Struktur des Protons aus den HERA-Experimenten wären die präzisen Experimente des 2009 am CERN fertig gestellten *Large Hadron Collider* (LHC) nicht möglich gewesen.

Forschungsarbeiten am CERN

Die Elementarteilchenphysik erlebte in den 1970er Jahren eine Blütezeit, deren Ergebnisse bei CERN zum Bau der großen Speicherring-Anlage LEP (*Large Elektron-Positron Collider*) führte, die 1989 in Betrieb genommen wurde. Die Elektronen- und Positronenstrahlen konnten an vier ausgewählten Stellen des Ringes mit der damals maximal erreichbaren Energie von jeweils 104 GeV zur Kollision gebracht werden. An einem der vier Wechselwirkungspunkte befand sich der OPAL-Detektor, an dem Mitarbeiter des Bonner Physikalischen Instituts zunächst unter Leitung von Herbert Fischer und Bernd Nellen, ab 1992 dann von Norbert Wermes und von 1999 bis 2006 von Michael Kobel arbeiteten. Sie engagierten sich für die Entwicklung und den Bau einer elektronischen Nachweisdrahtkammer für geladene Teilchen und die Datenanalyse. Die Experimente lieferten neue Erkenntnisse zur maximalen Anzahl der »echt« elementaren Teilchen (6 Quarks und 6 Leptonen) und konnten mittels unzähliger Präzisionsmessungen das theoretische Gebäude der Elementarteilchen festlegen. Lediglich das ominöse Higgs-Teilchen fehlte noch.

Die Entwicklung von Teilchendetektoren am Physikalischen Institut[101]

Im September 1992 wurde Norbert Wermes, ehemals Doktorand am Institut, inzwischen Professor in Heidelberg, als Nachfolger Althoffs nach Bonn berufen. Damit wurde ein weiterer Schritt in Richtung externer Experimente bei höchsten Energien zur Untersuchung von Elementarteilchen getan. Wermes engagierte sich zuerst mit den Bonner Kollegen an LEP und nahm ab 1993 auch die Planungen der Bonner Beteiligung beim nächsten Flaggschiff der Elementarteilchenphysik, dem LHC in Angriff. Beim LHC laufen Protonenstrahlen gegenläufig in getrennten Stahlrohren und kollidieren in vier Experimenten, die mit den Akronymen ATLAS (*A Toroidal LHC ApparatuS*), CMS (*Compact-Muon-Solenoid-Experiment*), ALICE (*A Large Ion Collider Experiment*) und LHCb (*Large Hadron Collider beauty*) bezeichnet werden.

Mit Wermes und seinen Mitarbeitern wurde in Bonn die Entwicklung von neuartigen Detektoren, sogenannten Halbleiter-Pixeldetektoren, in den 1990er Jahren begonnen, die auch die Entwicklung von integrierten Schaltungen (ASIC-Chips) beinhaltete. Diese herausragende Expertise erlaubte es, die aus den LHC-Strahlkollisionen entstehenden Teilchen im ATLAS-Experiment unmittelbar am Kollisionspunkt mit Mikrometergenauigkeit zu vermessen.

Neben der Bonner Beteiligung am Bau des ATLAS-Pixel-Detektors stießen weitere Bonner Gruppen unter Klaus Desch und Ian Brock ab 2006 zur Bonner ATLAS-Beteiligung hinzu. Die Datennahme mit ATLAS begann 2009 und kulminierte 2012 in der Entdeckung des gesuchten Higgs-*Bosons* gemeinsam in den Experimenten ATLAS und CMS. Bonner Wissenschaftler waren an dieser spektakulären Entdeckung mit Analysen und dem Detektorbetrieb beteiligt. Damit war auch der letzte fehlende Baustein der Theorie der Elementarteilchen gefunden. Die Entdeckung des Higgs-*Bosons* führte 2013 zur Verleihung des Nobelpreises für Physik an die Väter der Higgs-Theorie, Francois Englert und Peter Higgs. Mit enormer Präzision bei der Messung und Analyse der Kollisionsdaten konnten bis 2015 bereits wesentliche Eigenschaften dieses fundamentalen neuen Teilchens bestimmt werden.

Die neue Forschungsrichtung »Detektorentwicklung« wurde zu einem Schwerpunkt in Bonn und führte 2013 zur prestigeträchtigen Einwerbung eines neuen Gebäudes für das Forschungs- und Technologiezentrum Detektorphysik (FTD) in der Wegelerstraße. Für die Entwicklung von neuartigen Detektoren sowohl für den Teilchennachweis als auch für bildgebende Anwendungen in der Biomedizin wurde Bonn international bekannt.

Klaus Desch wurde 2006 aus Freiburg auf die Nachfolge Hilger nach Bonn berufen. Zusammen mit Ian Brock schloss er sich dem bestehenden Experi-

101 Der folgende Abschnitt basiert wesentlich auf Informationen von Norbert Wermes.

mentierprogramm mit dem ATLAS-Detektor an, allerdings mit anderen Schwerpunkten. Während Wermes sich auf die Suche und Erforschung des Higgs-*Bosons* konzentrierte, lag der Schwerpunkt von Desch auf Fragestellungen, die über etablierte Theorien hinausgingen, und Brock konzentrierte sich auf die Physik des Top-Quarks, dem schwersten bekannten Elementarteilchen. Die Arbeitsgruppe Desch erweiterte das Spektrum der existierenden Mikroelektronik basierten Detektorentwicklung um die Entwicklung hochauflösender gasgefüllter Detektoren. Diese Entwicklungen zielen vor allem auf einen Einsatz des in Japan geplanten *International Linear Collider* (ILC) ab.

Im Jahre 1995 begann die Arbeitsgruppe Wermes mit einem anspruchsvollen Pixeldetektorentwicklungsprojekt, das 2008 für den innersten Detektor des Belle II-Experimentes am Speicherring SuperKEKB in Japan ausgewählt wurde. Zu den komplexen experimentellen Fragestellungen, die speziell mit dem Studium der Zerfälle von B-Mesonen angegangen werden können, wurde 2011 durch die Berufung von Jochen Dingfelder nach Bonn eine neue Arbeitsgruppe ins Leben gerufen. Mit Dingfelder und der Berufung von Bernhard Ketzer 2014 im HISKP wurde außerdem die Kontinuität der Bonner Detektorentwicklungsexpertise für das neue Detektor-Zentrum FTD sichergestellt.

Weitere Forschungskooperationen am CERN

Unabhängig von diesen Entwicklungen brachte Friedrich Klein eine Beteiligung an Experimenten am Myon- und Mesonstrahl des CERN-SPS nach Bonn. Neben seinem Engagement bei den dort durchgeführten Experimenten zum Aufbau von Proton und Neutron aus Quarks war er 1996 Mitgründer der COMPASS-Kollaboration, die seither vor allem Fragen nach dem Ursprung des Spins von Proton und Neutron sowie der Polarisierbarkeit von Pionen und der Suche nach angeregten Zuständen nachgeht. Nach und nach schlossen sich weitere Arbeitsgruppen aus dem eigenen Institut und dem HISKP dieser Kollaboration an. Das gegenwärtig am CERN genehmigte und durch das Bundesministerium für Bildung und Forschung (BMBF) geförderte Programm läuft 2018 aus, eine Weiterführung von Experimenten mit verändertem Schwerpunkt an gleicher Stelle wird gegenwärtig eruiert.

Energie und Umwelt

Eine Besonderheit in der wissenschaftlich vielfältigen Verzweigung des Instituts spielt die intensive Beschäftigung von Klaus Heinloth (1935–2010) mit dem Thema Energie. Seit 1973 als Professor in Bonn, hielt der gelernte Teilchenphysiker 1979 eine erste Vorlesung zum Thema Energie und Energieversorgung, die bei den Studierenden großen Anklang fand und ihn zur Vertiefung in diese

Thematik bewog. 1983 erschien sein bekanntes Buch »Energie«.[102] Heinloth wurde durch die frühe intensive Beschäftigung mit diesem bis heute sehr aktuellen Thema in Physikerkreisen und in der Öffentlichkeit bekannt und war ein angesehener Politikberater.

Der Forschungsbereich Optik

Auf Initiative von Berthold Schoch gelang es 2000, eine Heinrich-Hertz-Stiftungsprofessur der Deutschen Telekom für fünf Jahre einzuwerben, auf die zunächst Karsten Buse berufen wurde, der dann von 2005 bis 2011 Schochs Nachfolge antrat. Buses Arbeitsgebiet war Materialforschung und -strukturierung sowie Nichtlineare Optik. Auf ihn folgte 2013 der Quantenoptiker Michael Köhl, der mit Unterstützung einer Humboldt-Professur aus Cambridge (UK) nach Bonn geholt werden konnte. Die neue Ausrichtung des Instituts außerhalb der Teilchenphysik wurde 2010 durch Stefan Linden (Optik/Photonik) komplettiert.

Im Rahmen der Exzellenz-Initiative gelang die Einrichtung der auf zehn Jahre geförderten Bonn-*Cologne Graduate School of Physics and Astronomy.* Dies eröffnete die Möglichkeit, im Jahr 2010 (bis 2014) mit Marek Kowalski einen Astroteilchenphysiker an das Physikalische Institut zu berufen.

Die Entwicklung der Theoretischen Physik im Physikalischen Institut

Auch wenn sich Clausius ausschließlich theoretischen Fragen widmete,[103] war doch Hermann Lorberg (1831–1906) seit 1891 der erste, wenn auch außerordentliche Lehrstuhlinhaber für Theoretische Physik an der Universität Bonn. Ihm folgte 1908, zunächst weiterhin als Extraordinarius, Alexander Pflüger (1869–1946), der dann 1920 auch den ersten ordentlichen Lehrstuhl für Theoretische Physik an der Universität Bonn erhielt. Zu seinen Arbeitsschwerpunkten zählten Fragestellungen der Optik. Nach seiner Emeritierung wurde der Lehrstuhl 1936 mit Walter Weizel (1901–1982) besetzt, der zugleich auch Direktor der Abteilung und des späteren Instituts für Theoretische Physik wurde. Organisatorisch blieb es weiterhin Teil des Physikalischen Instituts,[104] auch wenn die Räumlichkeiten im angrenzenden Institut für Mathematik lagen. Während sich Füchtbauer auf der experimentellen Ebene mit der Spektroskopie beschäftigte, bearbeitete Weizel in den ersten Jahren deren theoretische Fragestellungen und

102 Heinloth/Diekmann, Energie (1997).
103 Jaeckel/Paul, Physik (1970), S. 93.
104 UAB, REM an Weizel vom 03.071936, PA 11273/1.

verfasste ein vielbeachtetes und einflussreiches Buch über Molekülspektren.[105] Ein zweibändiges »Lehrbuch der Theoretischen Physik« folgte ab 1949.[106] Zu dieser Zeit hatte Weizel sein Interesse der Gaselektronik zugewandt und untersuchte mit verschiedenen Mitarbeitern eine große Zahl von Fragestellungen des Lichtbogens, der Funken und Glimmentladung.[107] Weizels Wirken beschränkte sich nicht auf seine theoretische Forschung. Nach Kriegsende war er zusammen mit Wolfgang Riezler maßgeblich am Wiederaufbau des Physikalischen Instituts beteiligt. Auf politischer Ebene wurde er zunächst für die SPD als Stadtverordneter aktiv,[108] bevor er 1950 von Leo Brandt als Gründungsmitglied in die »Arbeitsgemeinschaft für Forschung des Landes Nordrhein-Westfalen« berufen wurde und nun auf die Forschungspolitik Einfluss nehmen konnte.[109] In dieser Rolle beteiligte sich Weizel aktiv am Aufbau der Kernforschungsanlage Jülich. Zudem gab er wesentliche Impulse zum Bau des Zyklotrons im Institut für Strahlen- und Kernphysik seiner Hochschule und zur Entwicklung des Bonner Max-Planck-Instituts für Radioastronomie durch die Errichtung des 25-Meter Radioteleskops auf dem Stockert. Darüber hinaus erkannte er frühzeitig die Bedeutung der Computertechnologie und engagierte sich für den Aufbau eines Rechenzentrums.[110]

Eine personelle Verstärkung der Theoretischen Physik konnte Wolfgang Paul im Zuge der Verhandlungen zur Abwehr seines Rufes an die TU München 1965 erlangen. Dabei gelang ihm die Einrichtung von zunächst drei weiteren ordentlichen Lehrstühlen am Physikalischen Institut.[111] Davon wurde einer mit dem Theoretiker Hans Rollnik besetzt. Damit sollte nach den kurzzeitigen »Gastspielen« von Helmut Steinwedel und Hans Marschall, die das Synchrotron-Projekt in dessen Frühphase mit ihrer Expertise unterstützt hatten, Kontinuität in die theoretische Betreuung der Institutsarbeit gebracht werden. Rollnik hatte am CERN von den Forschungsmöglichkeiten am Bonner Institut erfahren und wechselte deshalb an den Rhein.[112] Schon bald nach seiner Berufung beschlossen Rollnik und Paul, die theoretische Physik stärker in das Physikalische Institut zu integrieren. Folgerichtig wurde auch die Bezeichnung »Institut für Theoretische Physik« abgelegt. Damit war der Anfang eines »*Department*-Systems« nach Münchner Muster gelegt, das im Laufe der 1960er Jahre mit insgesamt acht

105 Siehe UAB, Pressemitteilung der Universität Bonn vom 31.07.1961, PA 11273/1
106 Weizel, Lehrbuch (1949).
107 Ebd.
108 Siehe General-Anzeiger Bonn vom 30.07.1981.
109 Siehe Brandt, Arbeitsgemeinschaft (1966/67), S. 457.
110 Siehe die Stellungnahme Rollniks zur Anregung, Herrn Prof. Dr. W. Weizel das große Verdienstkreuz der Bundesrepublik Deutschland zu verleihen, vom 23.03.1968 in UAB, PA 11273/1.
111 Dazu ausführlich Burmester, Paul (2013), S. 78.
112 Ders., Synchrotron (2010), S. 236.

ordentlichen Professoren besetzt wurde, vier Experimentalphysikern und vier Theoretikern. Der sukzessive personelle Ausbau der theoretischen Physik setzte sich 1967 mit der Berufung von Kurt Meetz fort. Nach der Emeritierung Weizels 1969 wurde Klaus Dietz zu seinem Nachfolger berufen. 1973 wurde das letzte der vier Ordinariate für theoretische Physik mit Werner Sandhas besetzt. Ebenfalls Anfang der 1970er Jahre verstärkten die Extraordinarien Günther von Gehlen und Vladimir Rittenberg die theoretische Forschung.

Auch wenn sich beide Zweige im Institut im Laufe der Jahre zu mehr und mehr eigenständig forschenden Abteilungen entwickeln sollten, war die theoretische Physik bis in die 1970er Jahre noch eng mit der institutseigenen Beschleunigerphysik verbunden. Als die Relevanz der Arbeiten im Energiebereich der beiden Synchrotrone abgenommen hatte, wandte sich die Mehrheit der Bonner Theoretiker anderen Fragestellungen zu. Kurt Meetz beschäftigte sich mit der Quanten-Feldtheorie. Zentrales Thema der Arbeiten von Klaus Dietz waren relativistische Vielteilchensysteme. Ende der 1980er Jahre rückten starke Laserfelder und damit periodisch getriebene Quantenfelder in den Mittelpunkt seines Interesses.[113] Dietz, Meetz und Rittenberg verband zudem das starke Interesse an der Gruppentheorie der Symmetrie, in deren Mathematik sie sich intensiv einarbeiteten.[114] Werner Sandhas forschte intensiv zu den mathematischen Grundlagen quantenmechanischer Stoßprozesse. Diese Arbeiten, die auch in internationalen Kooperationen durchgeführt wurden, bildeten die Grundlage zur weiteren Beschäftigung mit der Mehrkörper-Stoßtheorie. Später traten Fragen der atomaren und molekularen Mehrteilchenphysik in den Vordergrund.[115].

Vladimir Rittenberg gilt als der erste Vertreter der Stringtheorie in Bonn.[116] Mit der Berufung von Werner Nahm auf ein Ordinariat für Theoretische Physik kam 1989 ein weiterer hinzu. Nahm war zudem in Bonn bestens bekannt. 1972 hatte er bei Klaus Dietz promoviert und von 1982 bis 1986 war er auch schon Heisenberg-Stipendiat am Bonner Institut. Nahm trug grundlegende Arbeiten zur mathematischen Formulierung der Supersymmetrie bei. 2002 folgte er einem Ruf an das Institute for Advanced Studies in Dublin.

Mitte der 1990er Jahre setzte dann ein Generationenwechsel in der Theoriegruppe des Instituts ein. Nach der Emeritierung von Kurt Meetz 1993 wurde seine Stelle 1995 mit dem Festkörperphysiker Hartmut Monien von der ETH Zürich neu besetzt. Seine Arbeitsschwerpunkte bilden seitdem die Theorie der Kondensierten Materie und die mathematische Physik. 1996 erreichte auch

113 Lechtenfeld, Nachruf Dietz (2014).
114 Gespräch mit Günther von Gehlen am 10.07.2014.
115 Gespräch mit Werner Sandhas am 29.08.2014.
116 Gespräch mit Günther von Gehlen am 10.07.2014.

Horst Rollnik die Altersgrenze und wurde emeritiert. Zu seinem Nachfolger wurde im Jahr darauf Hans Peter Nilles, der zuvor am CERN gearbeitet hatte und eine Professur an der Technischen Universität München innehatte, ernannt. Für ihn, der seine akademische Laufbahn von der Diplom- über die Doktorarbeit bis zu seiner grundlegenden Habilitation zur Supersymmetrie und Supergravitation am Bonner Institut begonnen hatte, war es eine Rückkehr. Dafür lehnte er sogar den parallel an ihn ergangenen Ruf an die EPFL Lausanne ab. Nilles Forschungsinteressen, Supersymmetrie, Kosmologie, Elementarteilchen- und Astroteilchenphysik haben sich auch zu den Schwerpunkten der Theoretischen Forschungen am Institut entwickelt.[117] Das lag auch an den neuen Kollegen. Mit Herbert Dreiner kam 2000 ein Elementarteilchenphysiker vom Rutherford Laboratory im englischen Oxfordshire als Nachfolger von Günther von Gehlen nach Bonn. Dreiners Arbeit war eng mit den Experimenten zur Suche und Entdeckung des Higgs-*Boson* verknüpft. Er widmet sich mit seiner Arbeitsgruppe dem besseren theoretischen Verständnis dieses Teilchens. Zudem beschäftigt er sich mit der Supersymmetrie sowie der Phänomenologie und Modellentwicklung der Physik jenseits des Standardmodells. Nach Vladimir Rittenbergs Pensionierung 1999 wurde seine Stelle 2002 mit dem Festkörperphysiker Johann Kroha neu besetzt. Seine Forschungsinteressen reichen von stark wechselwirkenden Elektronen-Systemen über Mesosokopie bis hin zu Kalten Atomen. Manuel Drees legte 2004 seine Professur an der Technischen Universität München nieder, um die Nachfolge des 2000 emeritierten Klaus Dietz anzutreten. Drees, dessen Forschungsschwerpunkt auf der Supersymmetrie und Astroteilchenphysik liegt, hat auch grundlegende Rechnungen zur Dunklen Materie vorgelegt. 2007 erfolgte die bis heute letzte Neuberufung mit Albrecht Klemm, der sich vornehmlich mit der Stringtheorie und mathematischer Physik beschäftigt.

Seit 2006 und noch bis 2018 sind Drees, Dreiner und Nilles im Sonderforschungsbereich Transregio 33 der DFG »The Dark Universe« engagiert. Gemeinsam mit Bonner Astronomen und Kollegen von den Universitäten Heidelberg und München sollen die bisher unbekannten Bestandteile des Universums, die dunkle Energie und die dunkle Materie daraufhin untersucht werden, ob und wie sie mit dem bisherigen Standardmodell der Elementarteilchenphysik vereinbar sind, und der Frage nachgegangen werden, ob nicht ein überzeugenderes und einfacheres Modell gefunden werden kann.[118]

Neben dieser nationalen Kooperation kam es 2008 auf Initiative von Hans Peter Nilles auch zur Gründung eines internationalen Forschungszentrums für theoretische Physik in Bonn. Das »Bethe Center for Theoretical Physics« (BCTP)

117 Gespräch mit Hans Peter Nilles am 15.12.2014.
118 Ebd.

ist ein gemeinschaftliches Unternehmen von theoretischen Physikern und Mathematikern an verschiedenen Instituten der Universität Bonn. Im Sinne des Namenspatrons Hans Bethe (1906–2005) fördert es Forschungsaktivitäten über ein größeres Spektrum der theoretischen und mathematischen Physik. Schwerpunkte bilden dabei die Elementarteilchenphysik, die Hadronen und Kern-Physik, die Physik kalter Atome, verdichtete Materie sowie mathematische Physik und Astroteilchenphysik. Die Universität hat die Einrichtung des BCTP in den Räumlichkeiten der ehemaligen Bibliothek des Mathematischen Instituts in der Wegelerstraße 10 großzügig unterstützt. Dort können auch Gastwissenschaftler arbeiten. Monatlich findet ein Colloquium statt, zu dem jeweils ein externer Referent eingeladen wird. Zudem gibt es mit dem »Bethe Forum« noch eine mehrtägige Vortrags- und Diskussionsveranstaltung, die regelmäßig zu wechselnden Themen stattfindet.[119] Eine weit über Bonn hinaus bekannte der Form der Wissensvermittlung ist zudem aus der Theoretischen Physik hervorgegangen: Die 2001 von Herbert Dreiner initiierte »Physikshow«. Deren jeweiliges Programm wird vornehmlich von den Studierenden selbst konzipiert und realisiert und zeigt, dass sogar Theoretische Physik äußerst unterhaltsam sein kann.

Das Institut für Strahlen- und Kernphysik (ISKP)

Wolfgang Riezlers Forschungsinteresse galt der Kernphysik. Nach der Promotion 1929 in München bei Wilhelm Wien verbrachte er ein prägendes Jahr am Cavendish Laboratorium in Cambridge bei James Chadwick und Ernest Rutherford. Nach seiner Rückkehr wurde er 1931 Assistent Füchtbauers am Physikalischen Institut der Universität Rostock. Mit Füchtbauer kam der frisch habilitierte Riezler dann 1935 mit nach Bonn.[120] Während des Zweiten Weltkrieges wurde Riezler im Rahmen des Uranvereins Leiter der deutschen Arbeitsgruppe am Pariser Zyklotron.[121] Mit diesem Beschleunigertyp sammelte Riezler im besetzten Paris zwischen dem Frühjahr 1942 und dem Sommer 1944 wertvolle Erfahrungen,[122] die in dem Wunsch mündeten, auch am eigenen Institut über ein derartiges Experimentierwerkzeug zu verfügen. Nach dem Krieg erhielt er zunächst aber »nur« einen 400KV Cockroft-Walten-Beschleuniger, mit dem Versuche an Deuteronen durchgeführt wurden.[123] Erst im Zuge seiner Berufung 1953 zum Direktor des neu gegründeten Instituts für Strahlen- und Kernphysik sollte Riezlers Wunsch erfüllt werden. Parallel zur Errichtung des

119 Ebd.
120 UAB, Lebenslauf Wolfgang Riezler, PA 7444, fol. 10 r.
121 Siehe Walker, Uranmaschine (1990), S. 161.
122 UAB, Personalakte Wolfgang Riezler, PA 7444, fol. 119.
123 Gespräch mit Dieter Eversheim am 28. 10. 2014.

Institutsgebäudes entstand in dessen Tiefkeller ein Synchrozyklotron im Eigenbau.[124]

Im Mai 1958 ging der Beschleuniger in Betrieb.[125] Erste Experimente galten Arbeiten über Kernreaktionen, Gammaspektroskopie und Strahlungseinflüssen auf Festkörper.[126] Der erhoffte Erfolg blieb der Maschine aber zunächst versagt, da die Frequenzmodulation nicht befriedigend gelöst werden konnte.[127] Riezler konnte diese Schwierigkeiten nicht mehr beheben. Er starb kurz nach Fertigstellung »seines« Instituts am 27. September 1962. Riezler war Mitglied der Atomkommission und zählte 1957 zu den Unterzeichnern der gegen eine militärische Nutzung der Atomenergie in der Bundesrepublik Deutschland gerichteten »Göttinger Erklärung«.[128]

Noch vor Riezlers Tod wurde zum Wintersemester 1962 ein neuer Lehrstuhl für Kern- und Neutronenphysik am ISKP eingerichtet und mit Erwin Bodenstedt (1926–2002), einem früheren Schüler Riezlers, besetzt. Bodenstedt hatte zuvor bereits an der Konstruktion des 500 MeV-Elektronen-Synchrotrons im Nachbarinstitut mitgewirkt. Seine weiteren Stationen führten ihn zu Robert Wilson an die Cornell Universität, wo er seine Expertise beim dortigen Bau eines 1,5 GeV Elektronensynchrotrons einbringen konnten. 1956 ging er zu Willibald Jentschke an die Universität Hamburg, wo er sich auch habilitierte. Seine dortigen Arbeiten zur experimentellen Kernphysik konnte er in Bonn nahezu nahtlos fortsetzen, allerdings mit einer sehr viel besseren finanziellen und personellen Ausstattung. Bodenstedts Forschungen galten der Kernspektroskopie in all ihren Facetten,[129] vor allem aber der Kern- und Neutronenphysik. Seine Arbeitsgruppen forschten intensiv mit dem Zyklotron. Bis zur 1965 erfolgten Berufung des neuen Direktors Theo Mayer-Kuckuk (1927–2014) leitete Bodenstedt kommissarisch das Institut. Im Frühjahr 1964 konnte zwar ein in Eigenregie vorgenommener Umbau des Synchrozyklotrons auf höhere Energien (etwa 90 MeV) abgeschlossen werden, doch zeigte sich bald, dass dieser Beschleunigertyp überholt war.[130] Problematisch für den Experimentierbetrieb war vor allem der gepulste Teilchenstrahl der Maschine.

Theo Mayer-Kuckuk, der das Institut bis zu seiner Emeritierung 1992 leitete,

124 Chronik für das akademische Jahr 1955/56, S. 83.

125 Chronik für das akademische Jahr 1957/58, S. 81. Diese Maschine war allerdings nicht die erste ihrer Art in Bonn. Schon 1937 bastelte Leonhard Grebe mit einigen Mitarbeitern im damaligen Röntgenforschungs-Institut ein kleines Zyklotron, das Deuteronen auf bis zu 1,5 MeV beschleunigen konnte. Es wurde während des verheerenden Bombenangriffs vom 18. 10. 1944 zerstört. Siehe dazu Osietzki, Liliput-Zyklotron (1987).

126 Chronik für das akademische Jahr 1958/59, S. 82.

127 Siehe Schmidt-Rohr, Teilchenbeschleuniger (2001), S. 54.

128 Siehe Kant, Riezler (2003), S. 619.

129 Siehe Speidel, Bodenstedt (2004), S. 5–7.

130 Chronik für das akademische Jahr 1963/63, S. 117.

wurde dort zu einer ähnlich prägenden Figur wie Wolfgang Paul es im Nachbarinstitut war. Direkte Parallelen gab es vor allem im Führungsstil, denn Mayer-Kuckuk gewährte seinen Mitarbeitern große Freiheiten und ermunterte sie zur Verfolgung eigener Forschungsideen. In diesem Institutsklima entwickelten sich einige bemerkenswerte Arbeitsgruppen, die sich der Anwendung kernphysikalischer Methoden widmeten. Ihr Spektrum reichte von der Archäometrie bis zur Medizinphysik.[131] Um die experimentelle Forschung im Institut wieder zu beleben, initiierte Mayer-Kuckuk einen grundlegenden Umbau des Synchrozyklotrons zu einem Isochronzyklotron. Den Auftrag dazu erhielt AEG und schloss ihn 1970 erfolgreich ab.[132] Anstelle eines gepulsten Strahls erzeugte die Maschine nun einen kontinuierlichen Teilchenstrahl. Das gemeinsam mit AEG entwickelte Strahlführungssystem ermöglichte ab 1973 eine Vielzahl kernphysikalischer Untersuchungen mit Protonen, Deuteronen, 3Helium-und 4Helium Teilchenstrahlen. Mit der Entwicklung von spin-polarisierten Protonen- und Deuteronen-Strahlen eröffneten sich weitere Experimentiermöglichkeiten.[133] Aber auch außerhalb der eigenen Institutswände erschloss Mayer-Kuckuk seinen Mitarbeitern ein neues Forschungsinstrument. Gemeinsam mit Jülicher Kollegen konzipierte er das Cooler-Synchrotron (COSY), das an der Kernforschungsanlage (KFA) Jülich errichtet wurde.[134] COSY ist, ähnlich wie ELSA, eine Kombination von Synchrotron und Speicherring, allerdings nicht für Elektronen, sondern für Protonen, Deuteronen und mittelschwere Ionen. Als in den 1980er Jahren der Prozess der Konzentration der Fördermittel auf die großen Beschleunigerlabore wie CERN, DESY oder auch das Forschungszentrum (FZ) Jülich immer stärker wurde und kleine Institutsmaschinen immer weniger genutzt und auch demontiert wurden,[135] konnte Mayer-Kuckuk das Isochronzylotron vor einem ähnlichen Schicksal bewahren. Damit erhielt er dem Institut ein auch heute noch attraktives Forschungsinstrument. Die aktuellen Arbeitsschwerpunkte der Maschine sind die Isotopenproduktion, Strahlungshärtetests von Detektoren und Elektronik sowie die Bestrahlung von Proben, wie den polarisierten *Targets* für die Versuche am benachbarten ELSA.[136]

Der Beginn der 1990er Jahre markierte eine Zäsur in der Geschichte des ISKP. Zunächst wurde Erwin Bodenstedt emeritiert. Ihm folgte Karl Maier, der recht unterschiedliche Arbeitsgruppen etablierte. In der Medizinphysik werden neue

131 Siehe Huber/Krubasik, Nachruf Mayer Kuckuk (2014).

132 Gespräch mit Dieter Eversheim am 28.10.2014. Zu den technischen Details des Umbaus siehe auch Schmidt-Rohr, Teilchenbeschleuniger (2001), S. 54f.

133 Informationen von Frank Hinterberger.

134 Zu den Hintergründen dieses Projektes siehe Schmidt-Rohr, Teilchenbeschleuniger (2001), S. 130–135.

135 Ebd., S. 122f.

136 Gespräch mit Dieter Eversheim am 28.10.2014.

Methoden zur Kontrasterzeugung in der Magentresonanztomographie zur Frühdiagnostik von Krebsgewebe entwickelt. Der Bereich Festkörperoptik erforschte die Änderung der Eigenschaften optischer Kristalle durch hochenergetischen Ionenbeschuss am Isochronzyklotron. Ein weiteres großes Gebiet war die Materialforschung. Diese Arbeiten wurden aber eingestellt.

Im Jahre 1992 wurde auch Theo Mayer-Kuckuk emeritiert und Reinhard Maschuw wurde zum Direktor des Instituts ernannt. Maschuw betreute den Bonner Beitrag zum Karlsruher Rutherford Mittelenergie Neutrino Experiment (KARMEN). In seine Amtszeit fiel die Umbenennung des Instituts, das seit 1998 »Helmholtz-Institut für Strahlen- und Kernphysik« (HISKP) heißt. Damit sollte nicht nur die neue innere Geschlossenheit durch die Reintegration des einst selbständigen Instituts für Theoretische Kernphysik zum Ausdruck gebracht werden. Vor allem erhoffte man sich von der Bündelung der Institutskräfte eine günstigere Ausgangslage bei der immer schwieriger werdenden Akquise von Fördermitteln.[137] 2000 wechselte Maschuw als Vorstandsmitglied zum Forschungszentrum (FZ) Karlsruhe. Ihm folgte bis zu seiner Emeritierung 2004 Eberhard Klempt, der sich vor allem der experimentellen Nutzung des *Crystal Barrel* Detektors zunächst am CERN und später an ELSA widmete. Reinhard Beck, der seit 2004 Direktor des HISKP ist, intensivierte die Arbeiten an diesem Detektor. Dabei geht er, gemeinsam mit der 2006 auf eine Professur berufenen Ulrike Thoma, Fragestellungen zur Baryonenspektroskopie, Hadronenstruktur und seltenen Mesonenzerfällen nach.

Das Institut für Theoretische Kernphysik

Im Institut für Strahlen- und Kernphysik wurde zum Sommersemester 1960 ein Ordinariat für Theoretische Kernphysik eingerichtet und mit dem Schweizer Konrad Bleuler (1912–1992) besetzt.[138] Bleuler kam durch Vermittlung von Wolfgang Paul nach Bonn. Er hatte sich an der ETH Zürich auf dem Gebiet der Quantenelektrodynamik profiliert.[139] Intendiert war bei Bleulers Berufung eine gegenseitige Befruchtung zwischen ihm und den experimentellen Arbeiten am Zyklotron. Diese Hoffnungen erfüllten sich nicht. Ursächlich dafür war neben technischen Schwierigkeiten des Zyklotrons und Animositäten zwischen Riezler

137 Gespräch mit Max Georg Huber am 09.12.2014.

138 Siehe UAB, NRW-Kultusministerium an den Rektor der Universität Bonn vom 09.10.1959, in: Personalakte Konrad Bleuler, PA 654, fol. 4.

139 Zusammen mit dem indischen Theoretiker Suraj N. Gupta führte Bleuler ein Quantisierungsverfahren des elektromagnetischen Feldes in die Quantenelektrodynamik ein, das als »Bleuler-Gupta-Formalismus« Eingang in die Standardwerke der Quantenfeldtheorie fand. Siehe dazu: Kernphysik war sein Lebenswerk, zum 70. Geburtstag von Konrad Bleuler, in: Bonner Rundschau vom 23.09.1982.

und Bleuler vor allem Bleulers eigenes Forschungsinteresse. Es etablierte sich ein respektvolles Nebeneinander im ISKP.[140] Die Einrichtung eines eigenen Instituts für Theoretische Kernphysik im selben Jahr verdeutlichte diese Emanzipationsbestrebungen. Neben dem Direktor gehörten dem neuen Institut noch drei wissenschaftliche Assistenten, eine wissenschaftliche Hilfskraft, ein Laborant und eine Schreibkraft an.[141] 1961 wurde das Institut auch räumlich im neu errichteten Gebäude des Instituts für Strahlen- und Kernphysik beheimatet.[142] Bleulers Forschungsschwerpunkt galt der Theorie der Kerne, wobei er wegweisende Arbeiten zur Nukleon-Nukleon-Wechselwirkung vorlegte. In den 1970er Jahren beschäftigte er sich intensiv und erfolgreich mit der Quarkstruktur der Atomkerne.[143] Bleulers Freude an der Mathematik ließ ihn 1971 mit der »International Conference on Differential Geometric Methods in Theoretical Physics« eine Konferenzreihe begründen, die einen regelmäßigen Gedankenaustausch zwischen Physikern und Mathematikern ermöglichte und die er bis zu seinem Tode 1992 begleitete.[144] 1980 wurde Bleuler zwar emeritiert, doch da sich die Neubesetzung seines Lehrstuhls verzögerte, blieb er zunächst noch als sein eigener Vertreter im Amt.[145] Mit der Berufung von Max Huber endete dieses Interregnum 1983.[146] Huber hatte bei Hans Marschall promoviert und wurde daher »experimentnah« ausgebildet. Er folgte dem Bonner Ruf gern, weil er seine zukünftigen Kollegen im ISKP Mayer-Kuckuk und Bodenstedt sowie Karl-Heinz Althoff aus dem benachbarten Physikalischen Institut bereits kannte und schätze, vor allem aber, weil er deren zukünftige Pläne kannte. Mit der Beteiligung des ISKP am Cooler-Synchrotron (COSY) der damaligen KFA Jülich, die vor allem Mayer-Kuckuk initiiert hatte, und der maßgeblich von Althoff vorangetriebene Bau von ELSA am Nachbarinstitut standen Mitte der 1980er zwei auch für theoretische Kernphysiker hochinteressante Maschinen der Mittelenergiephysik zur Verfügung. Hubers Forschungsansätze zur Mesonenproduktion am Deuteron und der Untersuchung der Quark-Freiheitsgrade interessierten auch Mayer-Kuckuk. Daraus resultierte eine langjährige fruchtbare Zusammenarbeit. Für den Theoretiker Huber waren die in den 1990er Jahren durchgeführten, parallelen Untersuchungen zur elektromagnetischen Wechselwirkung der Elektronen an ELSA und zur hadronischen Wechselwirkung am

140 Gespräche mit Karl-Heinz Althoff am 11.07.2014 und mit Max Georg Huber am 09.12.2014.

141 Vgl. UAB, NRW-Kultusministerium an den Rektor der Universität Bonn vom 09.10.1959, in: Personalakte Konrad Bleuler, PA 654, fol. 8.

142 Chronik für das Akademische Jahr 1961/62, S. 92.

143 Vgl. Huber, Nachruf Bleuler (1992).

144 Vgl. ders., Ansprache Beisetzung (1992).

145 Vgl. UAB, NRW Kultusministerium an die Universität Bonn vom 23.06.1983, PA 654.

146 Das Institut bestand bei seinem Amtsantritt aus einem außerplanmäßigen Professor, drei Assistenten und einigen drittmittelfinanzierten Mitarbeitern und belegte einige Räume im ISKP.

COSY besonders reizvoll. Auch wenn die Intensität dieser Arbeiten unter den Doppelbelastungen, denen Mayer-Kuckuk als Präsident der Deutschen Physikalischen Gesellschaft (DPG) und Huber während seines Rektorats an der Universität Bonn (1992–1997) ausgesetzt waren, ein wenig litt, hatte sich das Verhältnis zwischen den Theoretikern und den Experimentalphysikern innerhalb des ISKP durch die enge Zusammenarbeit grundlegend zum Besseren gewandelt. Ausdruck dieses neuen Gemeinschaftsgefühls war dann die schon erwähnte Neuorganisation unter dem Titel »Helmholtz-Institut für Strahlen- und Kernphysik«, in der die Theoretische Kernphysik nicht mehr als eignes Institut, sondern als Abteilung firmiert.[147]

Nach Hubers Emeritierung wurde im Januar 2003 Ulf Meißner, der schon seit 1996 außerplanmäßiger Professor am Institut war, sein Nachfolger. In den zahlreichen Arbeitsgruppen der Theorieabteilung werden heute folgende Themen bearbeitet: Chirale QCD Dynamik, effektive Feldtheorien in der Kern- und Atomphysik, Gitter Quanten-Chromodynamik, Physik der Hadronen und Kerne und Quarkmodelle der Hadronen.

Die weitere Entwicklung des Instituts für Angewandte Physik (IAP) nach dem Tod Jaeckels (1963–2015)

Zum Nachfolger Jaeckels wurde 1965 der Atomphysiker Siegfried Penselin berufen. Er leitete das Institut bis zu seiner Emeritierung 1992. Wie Wolfgang Paul war auch Penselin Schüler von Hans Kopfermann. Während Paul im benachbarten Institut den Schwerpunkt auf die Beschleuniger- und Teilchenphysik gelegt hatte, führte Penselin in Bonn zunächst die von Kopfermann angeregten Forschungen zur Hyperfeinstruktur des Atomkerns fort. Zusammen mit anderen Kopfermann-Schülern war er in den folgenden Jahren einer der prägenden bundesdeutschen Forscher auf dem weitgespannten Forschungsfeld von der Atomphysik bis hin zur Quantenoptik.

Experimente an Atomstrahlen waren das zentrale wissenschaftliche Thema Siegfried Penselins. Neben Präzisionsmessungen der Hyperfeinstrukturaufspaltung freier Atome mit der Atomstrahlresonanzmethode widmete er sich mit seinen Arbeitsgruppen auch der Entwicklung neuer apparativer und messtechnischer Entwicklungen. So gelang mit einer neuen Methode zur Erzeugung von Atomstrahlen schwer verdampfbarer Elemente die Untersuchung der Hyperfeinstrukturwechselwirkung an den Übergangselementen der fünften und sechsten Periode, was zum umfassendsten Test der modernen Theorie der Hyperfein-

147 Gespräch mit Max Georg Huber am 09.12.2014.

struktur führte.[148] Anfang der 1970er Jahre entstand am IAP ein neues Arbeitsgebiet: Die Entwicklung einer Atomstrahlquelle für polarisierte Protonen und Deuteronen, die am Isochron-Zyklotron im benachbarten ISKP zum Einsatz kam. Penselin erkannte früh die Möglichkeiten des kontinuierlich durchgestimmten Farbstofflasers für die Präzisionsspektroskopie. So initiierte er schon zu Beginn der 1970er Jahre Anwendungen von Farbstofflasern in der Atomstrahltechnik. Mit seiner Forschungsgruppe bereitete Penselin in den 1980er Jahren ganz wesentlich den Boden für die vielfältigen Erfolge und die weitreichenden Perspektiven der Laserspektroskopie für die Entwicklung der Quantenoptik in der bundesdeutschen Forschungslandschaft. Penselin war generell allen Forschungsperspektiven im Spannungsfeld der Atomphysik und Quantenoptik sehr aufgeschlossen. Daher unterstütze er ab Mitte der 1980er Jahre aktiv die neuen Methoden der Laserkühlung und Lasermanipulation, die sein ehemaliger Schüler und nunmaliger Kollege Wolfgang Ertmer im IAP untersuchte.

Als Nachfolger Penselins wechselte zum Wintersemester 1994/95 Dieter Meschede mit seiner Forschungsgruppe vom Institut für Quantenoptik an der Universität Hannover an das IAP.[149] Nur kurze Zeit später übernahm Wolfgang Ertmer die Professur Meschedes in Hannover. Dieter Meschede, der bei Herbert Walther promoviert hatte, verbrachte seine wissenschaftlichen Lehrjahre bei Frank Steglich (Köln), Serge Haroche (Yale University, USA) und Theodor W. Hänsch (MPI für Quantenoptik, Garching). Er hat in Bonn die Experimentierkunst in der Kontrolle einzelner Atome im Rahmen der Wissenschaft einzelner atomarer Teilchen, der Atomlithographie und der Quanteninformation vorangetrieben. Insbesondere das »optische Förderband«, mit dem sich Atome auf der Mikrometerskala sehr genau positionieren lassen, wurde zu einem zentralen Instrument entwickelt. Damit werden so genannte »Quantenwalks« realisiert. Sie dienen dazu, mit Atomen Quantenbewegungen auf einem Gitter zu studieren.

Inhaber der auf eine volle Professur (W3) aufgewerteten zweiten Professur am IAP wurde 2005 Martin Weitz von der Universität Tübingen. Er erntete 2010 einen großen Erfolg, als es ihm gelang, das Phänomen der Bose-Einstein-Kondensation mit einem Photonengas zu demonstrieren. Das IAP hatte wesentlichen Anteil an der Entwicklung der fortgeschrittenen Ausbildung von Physik-Studenten. Die Veränderungen durch den so genannten Bologna-Prozess wurden durch die Einrichtung neuer Strukturen im Promotionsstudium mitgestaltet. Nach dem Vorläufer »Bonn International Physics Program« hat insbesondere die Einrichtung der »Bonn-Cologne Graduate School of Physics and Astronomy« (BCGS) ab 2006 dazu geführt, dass ein starker Zustrom internationaler Studenten zu verzeichnen

148 Büttgenbach/Ertmer/Meschede, Nachruf Penselin (2015).

149 Den folgenden Informationen zur Entwicklung des IAP seit 1994 liegt ein Manuskript zugrunde, das Dieter Meschede im Frühjahr 2015 zur Orientierung des Autors verfasste.

ist, der das IAP heute stark prägt und es zu einem Bildungsort für junge Wissenschaftler aus der ganzen Welt gemacht hat. Ab 2007 wurde die BCGS im Rahmen der Exzellenzinitiative der Bundesregierung gefördert.

Die gegenwärtige Situation der Bonner Physik

Die historisch gewachsene Struktur der einzelnen Institute und ihrer Abteilungen hat dazu geführt, dass diese jahrzehntelang nebeneinander gelebt, aber kaum zusammengearbeitet haben. Erst in den 1990er Jahren erkannten einige Akteure in den jeweiligen Instituten nicht zuletzt unter dem Druck, mehr Drittmittel einwerben zu müssen, die Notwendigkeit zur Zusammenarbeit, und es ergaben sich verstärkt gemeinsame Forschungsinteressen. Diese Tendenz hält im Wesentlichen an und verstärkt sich auf einigen Gebieten. Dies hat in den letzten Jahren die Frage nach einem Neuarrangement der Bonner Physik aufgeworfen und zu intensiven Diskussionen innerhalb der Institute und der Fachgruppe geführt.

Die Geschichte des Faches Astronomie an der Universität Bonn

Michael Geffert[150]

Die Anfänge der Astronomie in Bonn (1818–1835)

Bereits kurz nach der Gründung der Bonner Universität wurde als erster Ordinarius für Astronomie Karl Dietrich von Münchow (1778–1836) im Jahre 1819 an die Bonner Universität berufen. Von Münchow arbeitete zu dieser Zeit als Professor für Mathematik in Jena und leitete dort die Herzogliche Sternwarte von 1812 bis 1817. Seinen Wechsel nach Bonn verband er mit der Hoffnung, eine neue astronomische Beobachtungsstation in Bonn mit modernen Geräten ins Leben zu rufen, um sich verstärkt der astronomischen Beobachtung zu widmen. In den Berufungsverhandlungen hatte man von Münchow diese Sternwarte auch zugesagt.

150 Allgemein wurden für diesen Beitrag folgende Schriften verwendet: Schmidt, Hans: Astronomen der Rheinischen Friedrich-Wilhelms-Universität Bonn, Ihr Leben und Werk 1819–1966, Bonn 1990; Jahresberichte der Astronomischen Institute aus den Mitteilungen der Astronomischen Gesellschaft ab 1948; Küstner, Friedrich, Zur Jahrhundertfeier der Bonner Universität – Die Entwicklung der Naturwissenschaft an der Bonner Universität seit ihrer Begründung, Astronomie, in: Die Naturwissenschaften, Heft 31, 536 (1919).

Für den Bau einer Sternwarte konnte von Münchow einen Refraktor der Firma Dollond (London) mit einer Öffnung von 8,3 cm und einer Länge von 120 cm erwerben. Dieses erste Fernrohr der Bonner Astronomie ist heute noch erhalten und Bestandteil der Sammlung Historischer Himmelsaufnahmen der Bonner Universität. 1820 entstand der erste Plan für die Sternwarte, die am Alten Zoll errichtet werden sollte. Das Preußische Ministerium hat allerdings im Jahre 1821 diesen Plänen eine Absage erteilt. Von Münchow nutzte daraufhin als Ersatz unter anderem einen achteckigen Pavillon aus der kurfürstlichen Zeit am Alten Zoll als astronomische Beobachtungsstation. 1832 veröffentlichte er mit der Erfassung eines Merkurdurchgangs[151] vor der Sonne die erste astronomische Beobachtung an der Bonner Universität. Transitbeobachtungen von Merkur und vor allem der Venus spielten in der Astronomie des 19. Jahrhunderts eine große Rolle, weil sie die Bestimmung der Astronomischen Einheit (mittlere Entfernung Erde-Sonne) und damit der Dimensionen unseres Sonnensystems ermöglichten.[152]

Infolge der eingeschränkten Beobachtungsmöglichkeiten in Bonn verlegte sich von Münchow auf seine didaktischen Fähigkeiten. Er begann in Bonn zunächst mit Vorlesungen in Astronomie und Mathematik. Ab 1821 las von Münchow zusätzlich noch die Vorlesungen über Experimentalphysik von Professor Kastner, der einen Ruf nach Erlangen erhalten hatte. Zusätzlich betreute von Münchow das »Physikalische und Optische Cabinet« im Poppelsdorfer Schloss, hielt auch Vorlesungen verwandter Wissensgebiete und schrieb neben einem Buch über Trigonometrie[153] auch einen umfangreichen Artikel über die Musik der Griechen, was seine Vielseitigkeit unterstreicht. Von Münchow hat sich wie kein anderer Bonner Astronom nach ihm um die breite Vermittlung naturwissenschaftlicher Lehrinhalte bemüht.

Argelander und Schönfeld (1835–1891)

Mit Friedrich Wilhelm August Argelander (1799–1875) kam 1837 ein Professor an die Bonner Universität, der bereits große Erfahrung auf dem Gebiet der beobachtenden Astronomie mitbrachte. Argelander hatte mehrere Jahre Sternwarten in Finnland geleitet und war als Schüler des berühmten Physikers und Astronomen Friedrich Bessel (1874–1846) mit vielen Gebieten der Astronomie in Berührung gekommen. Sein vorrangiges Ziel in Bonn war zunächst die Errichtung einer Sternwarte für wissenschaftliche Beobachtungen. Mit Unter-

151 Münchow, Beobachtung, S. 183.
152 Geffert, Bestimmung, S. 8.
153 Vgl. Münchow, Grundlehren (1826).

stützung des Preußenkönigs Friedrich Wilhelms IV., der durch die Umstände des Krieges mit Napoleon eine Zeitlang in Ostpreußen gelebt hatte und so Jugendfreund Argelanders geworden war, gelang es dem neuberufenen Professor, den Bau einer Sternwarte umzusetzen, die mit modernen astronomischen Geräten ausgestattet war. Die Sternwarte, die nach einigen Wirren um die Grundstücksfrage in der Poppelsdorfer Allee 49 errichtet wurde, enthielt neben den Beobachtungsmöglichkeiten (drei Beobachtungssäle) und Arbeitszimmern auch eine geräumige Wohnung für die Familie Argelander. Die erste astronomische Beobachtung auf der Sternwarte war die Beobachtung eines Kometen im Jahre 1844. Als Gründungstag könnte man den 10. August 1845 ansehen, an dem König Friedrich Wilhelm IV. die Sternwarte anlässlich der Einweihung des Beethovendenkmals auf dem Bonner Münsterplatz besuchte. Gänzlich vollendet wurde der Bau aber erst 1846. Seit dieser Zeit nannte man das Bonner Institut der Astronomen die »Sternwarte der Universität Bonn«. Das Gebäude der »Alten Sternwarte« (heutige Bezeichnung) ist immer noch erhalten und beherbergte danach andere Institute der Bonner Universität, weil die Astronomen mit der Neugründung des Max-Planck-Instituts für Radioastronomie 1973 nach Bonn-Endenich umzogen.

Abb. 16: Friedrich Wilhelm August Argelander, Astronomie

Bevor Argelander die neue Sternwarte in Betrieb nehmen konnte, widmete er sich der Beobachtung der veränderlichen Sterne. In Ermangelung von entsprechenden Geräten entwickelte er mit der »Stufenschätzung« ein Verfahren, mit dem man Helligkeitsänderungen von Sternen nur mit bloßem Auge erfassen konnte. Argelanders Methode der Helligkeitsmessung hat bis heute eine große Verbreitung auch gerade bei Amateurastronomen. Bereits im Jahre 1844 erwähnte der Bonner Astronom in seiner »Aufforderung an Freunde der Astronomie zur Anstellung von ebenso interessanten und nützlichen, als leicht auszuführenden Beobachtungen über mehrere wichtige Zweige der Himmelskunde«[154] die Möglichkeit, dass Amateurastronomen wichtige Beiträge zur Messung von veränderlichen Sternen leisten können. Seine Vision von damals ist in den letzten 20 Jahren auch durch die verbesserten technischen Möglichkeiten und deren geringe Kosten wahr geworden. Heute ist das Arbeitsgebiet der Beobachtung veränderlicher Sterne zu einem signifikanten Teil ein Arbeitsgebiet für professionell arbeitende Amateurastronomen geworden.

In der Mitte des 19. Jahrhunderts stand die Astronomie weltweit an einem Wendepunkt. Geräte älteren Typs, beispielsweise Meridiankreise, mit denen Sterndurchgänge gemessen wurden, dienten zur Verbesserung der Sternpositionen etwa bei der Bestimmung von Positionen von Kometen und Asteroiden, und hatten ihre praktische Anwendung auch in der Zeit- und Ortsbestimmung auf der Erde. Daneben entwickelte sich aber auch die moderne Astrophysik mit der Ermittlung der ersten Sternentfernungen, der Spektroskopie und der Untersuchung veränderlicher Sterne. Die Astronomen begannen, mit ihren Messungen die Größe und später auch die Entwicklung der Sterne näher zu untersuchen. Dies war nur schwer möglich, da Sterne dem Beobachter selbst im größeren Fernrohr nur als Punkte erscheinen.

In der Zeit Argelanders wurde Bonn eines der Zentren der Astronomie weltweit. Die Bonner Durchmusterung,[155] das erste große Sternverzeichnis der Neuzeit, stellte vermutlich für die Bonner Astronomie das spektakulärste Projekt dar. Auf 48 Karten und in drei Bänden erfassten Bonner Astronomen unter der Leitung von Argelander mit Beobachtungen über sieben Jahre mehr als 324.000 Sterne und bestimmten ihre Positionen am Sternhimmel. Dieses Werk, wofür die Bonner Wissenschaftler ein kleines Fernrohr (D=7.7 cm, f=65 cm) verwendeten, etablierte sich als Grundlage vieler weiterer Untersuchungen an Sternen und machte die Bonner Astronomie international bekannt. Für etliche Arbeiten von der Entdeckung kleiner Planeten bis hin zur Erforschung der Struktur unserer Milchstraße erwiesen sich die Karten und Daten als unschätzbare Hilfsmittel.

154 Argelander, Astronomisches Jahrbuch (1844), S. 122.
155 Ders., Sternverzeichniss, erste bis dritte Sektion (1859–1862).

Die Benennungen nach der Bonner Durchmusterung waren für viele Sterne die erste Bezeichnung und sind bis heute in Gebrauch.

Unbedingt erwähnt werden müssen an dieser Stelle auch die Mitarbeiter Argelanders, Adalbert Carl Nikolaus Krüger (1832–1896), Johann Friedrich Julius Schmidt (1825–1884), Eduard Schönfeld (1828–1891) und Friedrich August Theodor Winnecke (1835–1897). Sie prägten zusammen mit Argelander die Astronomie Mitte des 19. Jahrhunderts in Bonn und leiteten später selbst Sternwarten in Europa: Athen (Schmidt), Helsinki (Krüger), Mannheim (Schönfeld) und Straßburg (Winnecke). Die in den letzten Jahren wiederentdeckten Beobachtungstagebücher[156] von Julius Schmidt, der 1846 als Assistent an die Bonner Sternwarte kam, weisen zahlreiche zeichnerische Dokumente der allerersten Himmelsbeobachtungen an der damals neuen Sternwarte auf. Schmidt war es auch, der den Konservator Thomas Dickert (1801–1883) vom Naturhistorischen Museum der Bonner Universität 1849 zu einer spektakulären Aktion motivierte. Aus Beobachtungen des Mondes, die Schmidt teilweise selber in der Sternwarte angestellt hatte, fertigte Dickert ein Reliefmodell der Hälfte des sichtbaren Mondes an.[157] Dieses drei Meter große Modell bestand aus 116 Gipsplatten und wurde in der zweiten Hälfte des 19. Jahrhunderts in den USA in Ausstellungen gezeigt. Nach einer Ausstellung im Field Columbia Museum in Chicago verliert sich die Spur dieses Objekts.[158]

Bonner Astronomen spielten bei der Bestimmung der ersten Sternentfernungen eine bedeutende Rolle. Argelander hatte als Hauptinstrument der Sternwarte in der Poppelsdorfer Allee kein normales Linsenfernrohr, sondern ein sogenanntes Heliometer[159] angeschafft. Bei diesem Gerät ist die Frontlinse geteilt und kann definiert gegeneinander verschoben werden. Ein solches Fernrohr gestattet die sehr präzise Messung von kleinen Winkeln. Mit einem Instrument solchen Typs hatte Friedrich Bessel 1838 die erste Sternentfernung zu dem Doppelstern 61 Cygni bestimmt. Ab 1845 widmeten sich auch die Bonner Astronomen der Messung solcher Sternentfernungen, die nur sehr mühsam über umfangreiche Beobachtungen festzustellen waren. Im Jahre 1875 waren die Entfernungen zu 20 Sternen bekannt.[160] Vier Objekte (Groombridge 1830, Lalande 21185, 70 Ophiuchi, und Gliese 687) waren in Bonn gemessen worden. Das Bonner Heliometer ist übrigens das einzig erhaltene Gerät seines Typs und steht heute im Universitätsmuseum.

Argelanders Beiträge zu der Erfassung des Lichtwechsels veränderlicher Sterne gaben dem Arbeitsgebiet »veränderliche Sterne« enorme Impulse. Ver-

156 Geffert, *Beobachtungstagebücher*, S. 242.
157 Schmidt, Relief (1854).
158 Farrington, Moon (1927), S. 35; in Bonn ist über dieses Modell heute nichts mehr bekannt.
159 Geyer, Heliometer (1985), S. 311.
160 Klein, Fortschritte.

änderliche Sterne sind heute wichtige Meilensteine der astronomischen Forschung, mit denen man die Entfernungen von Sternsystemen (Galaxien) bestimmt. Die große Bedeutung Argelanders für die Astronomie in Deutschland wird auch dadurch unterstrichen, dass er sich für die Gründung der »Astronomischen Gesellschaft« (1863) einsetzte und diesen Zusammenschluss nationaler und internationaler Sternwarten intensiv unterstützte.

Argelanders Nachfolger Eduard Schönfeld (1828–1891) übernahm nach dessen Tode 1875 die Leitung der Bonner Sternwarte. Schönfeld hatte von 1853 bis 1859 bereits in Bonn gearbeitet und war einer der maßgeblichen Beobachter der Bonner Durchmusterung. Argelander hatte nicht den ganzen von Bonn aus sichtbaren Teils des Sternhimmels, sondern nur den nördlichen Teil bis zu Deklination -2 Grad erfasst. Der südliche Teil wurde nun von Eduard Schönfeld beobachtet. 1886 erschien der im Wesentlichen von Schönfeld alleine erarbeitete südliche Teil der Bonner Durchmusterung mit Daten von 133.659 Sternen.

Die Astronomie in Bonn zu Beginn des 20. Jahrhunderts – Küstner und Kohlschütter

Unter den Bonner Astronomen vor dem Zweiten Weltkrieg ist Karl Friedrich Küstner (1856–1936), der 1891 nach Bonn berufen wurde, neben Argelander wohl die bedeutendste Persönlichkeit. Trotz seiner mehr als dreißigjährigen Tätigkeit für die Bonner Astronomie ist er - wohl zu Unrecht - etwas in Vergessenheit geraten.[161] Küstner war einer der letzten großen Astronomen, die noch visuell am Fernrohr beobachteten. Sein Drang nach absoluter Präzision astronomischer Messungen, für die er viel Zeit opferte, versagten Küstner möglicherweise den ganz großen Erfolg in der Astronomie. Bevor er nach Bonn kam, hatte er auf Grund seiner sehr exakten Messungen mit dem Meridiankreis in Berlin 1885 die Polhöhenschwankungen der Erde (Verlagerungen der Erdachse im Erdkörper) entdeckt und war auf dem Gebiet der beobachtenden Astronomie einer der bedeutendsten Vertreter seines Fachs. Für seine Arbeiten mit dem klassischen Meridiankreis erhielt Küstner 1910 die Goldmedaille der Royal Astronomical Society. Trotz seiner Bedeutung als Beobachter am Meridiankreis, ein Arbeitsgebiet, das seit Argelander in Bonn eine große Tradition hatte, war Küstner weitsichtig genug, auch neuere Entwicklungen in der Astronomie zu erkennen und ihnen nachzugehen.

Ende des 19. und Anfang des 20. Jahrhunderts gab es in der Astronomie zwei wichtige Entwicklungen. Die Spektroskopie wurde als Methode zur Untersuchung der Radialgeschwindigkeiten und zur Bestimmung der Oberflächen-

161 Vgl. Becker, Küstner.

temperatur der Sterne etabliert. Außerdem erkannten die Astronomen, dass Spiralnebel eigene Sternsysteme außerhalb unserer Milchstraße waren. Möglich wurden die neuen Techniken vor allem durch die aufkommende Fotografie, mit der man erheblich schwächere Sterne erfassen konnte als mit dem bloßen Auge.

Als Küstner 1891 nach Bonn kam, war die Bonner Sternwarte in einem Zustand, in dem Modernisierungen und neue Geräte dringend notwendig erschienen. Den entscheidenden Beitrag zur Modernisierung der Bonner Sternwarte erreichte Küstner durch die Anschaffung eines Refraktors, der zwei Systeme mit etwas mehr als fünf Metern Brennweite und einer Öffnung von 30 cm beziehungsweise 36 cm in sich vereinigte. Dieses Gerät war das größte astronomische Fernrohr, das je in Bonn gestanden hat und wurde nach 1900 das Hauptinstrument der Bonner Astronomie. Wegen seiner Dimensionen konnte es nicht im Hauptgebäude der Sternwarte untergebracht werden, sondern erhielt im Garten der Sternwarte ein eigenes Gebäude.

Zum Testen nahm Küstner in den Jahren 1900 bis 1904 etliche Fotoplatten des Mondes auf.[162] Die ersten Untersuchungen ergaben, dass das Fernrohr eine herausragende Qualität hatte, der Bonner Nachthimmel aber für astronomische Beobachtungen nicht optimal war. Küstner benutzte das neue Teleskop am Anfang vorwiegend spektroskopisch. Er begründete die Bonner Tradition der Messung von Radialgeschwindigkeiten, die auch nach dem Zweiten Weltkrieg am Observatorium Hoher List fortgesetzt wurde. Küstner prüfte zuerst die spektroskopische Methode, indem er sie benutzte, um die bekannte Astronomische Einheit zu bestimmen. Erst als dieser Test befriedigende Resultate zeigte, begannen die Arbeiten zur Messung der helleren Sterne. Bis 1913 hatte er die Geschwindigkeiten von 300 Objekten bestimmt. Allerdings stellte er die Arbeiten zur Spektroskopie bereits im Jahre 1914 wegen der Konkurrenz durch die amerikanischen Großteleskope weitgehend ein. Danach setzte er die Aufnahmeserien von Sternhaufen fort, um zukünftigen Astronomen die Möglichkeit zu eröffnen, auch die tangentiale Bewegung von Sternen durch den Vergleich von Aufnahmen mit großer Epochendifferenz zu messen. Bonner Astronomen haben sich nach dem Zweiten Weltkrieg bemüht, die Küstnerschen Aufnahmen für die Messung von Eigenbewegungen (tangentiale Geschwindigkeiten der Sterne) zu nutzen. Dabei kam ihnen die herausragende Qualität der Küstnerschen Aufnahmen zugute.

Arnold Kohlschütter (1883–1948) wurde 1925 zum Professor für Astronomie und Direktor der Bonner Sternwarte berufen. Auch er widmete sich der Spektroskopie der Sterne. Hatte Küstner noch Sternspektren von Einzelsternen aufgenommen, so setzte Kohlschütter diese Untersuchungen mittels Objektivprisma und eines neuen Astrographen, der aber wegen der besseren Bedin-

162 Geffert, Moon photographic plates (in press).

gungen und der südlichen Lage in La Paz (Bolivien) aufgestellt wurde, an 3.377 Sternen fort. Bis 1927 arbeitete er sehr erfolgreich unter anderem an der Entfernungsbestimmung von Sternen mittels Spektren (spektroskopische Parallaxe).

Als Direktor der Bonner Sternwarte und Nachfolger von Küstner musste er sich dann aber wegen der eingegangenen Verpflichtungen dem »Zonenunternehmen« der Astronomischen Gesellschaft widmen, das ab 1926 viel Zeit und Energie absorbierte. Grob gesagt ging es um die Erstellung eines Sternkatalogs, der als Neuauflage der »Bonner Durchmusterung« für viele Arbeiten in der Astronomie unerlässlich schien. Dafür musste die Präzision der Positionen aber um ein Vielfaches genauer sein als bei der Bonner Durchmusterung. Dieses Unternehmen verzögerte sich aber mehr und mehr – nicht zuletzt durch den Beginn des Zweiten Weltkriegs.

Auch Bonner Astronomen nahmen am Zweiten Weltkrieg teil, in dem die Mitarbeiter Wilhelm Trippe und Oswald Wachtl fielen. Mit Ausnahme von Friedrich Becker waren die Bonner Astronomen in dieser Zeit Parteimitglieder und unterstützen die damaligen Machthaber.[163] Wie Hans Schmidt in seinem Buch ausführte, kann das Werk von Kohlschütter aber nur vor dem Hintergrund seiner eigenen tragischen Geschichte vollständig beurteilt werden: Kohlschütter hatte versucht, bei Ausbruch des Ersten Weltkriegs von den USA nach Deutschland zurückzukehren und geriet – noch bevor er Deutschland erreichte – in englische Kriegs-gefangenschaft. Nach knapp zwei Jahren hatte sich sein Gesundheitszustand wegen eines Ischias-Leidens so sehr verschlechtert, dass er entlassen wurde.

Außerdem leitete Kohlschütter in Bonn ein großes Projekt der Positionsastronomie, obwohl sein eigentliches Interesse und seine Erfolge auf dem Gebiet der Astrophysik lagen.

Die Bonner Astronomie nach dem Zweiten Weltkrieg

Die Bonner Astronomie der Nachkriegszeit ist geprägt durch das Wirken Friedrich Beckers (1900–1985). Als Mitarbeiter, der sich den Machthabern im »Dritten Reich« nicht angepasst hatte, war er prädestiniert, die Sternwarte nach der zwangsweise erfolgten Emeritierung von Kohlschütter wieder aufzubauen. Becker leistete darüber hinaus auch einen wichtigen Beitrag dazu, die Verbindung der Astronomie in Deutschland zur internationalen Gemeinschaft wieder herzustellen.

In dieser Zeit änderte sich auch die Struktur der Astronomie in Bonn. Wie

163 Dürbeck, Third Reich, S. 383.

Hans Schmidt in Nachwort seines Buches ausführte, war die wissenschaftliche Ausrichtung der Bonner Sternwarte bis dahin allein durch den jeweiligen Direktor der Sternwarte geprägt, der die Forschungsrichtungen in seinem Institut festlegte. Nach 1945 begann Becker, diese Struktur aufzulösen und die Sternwarte zu einem Institut mit Personen mit jeweils eigenen Forschungsprojekten umzustrukturieren: »Der Institutsleiter übernahm vielmehr die Aufgabe, Arbeitsmöglichkeiten für seine Mitarbeiter zu schaffen«.[164] Diese Einstellung, zu der sich auch sein Nachfolger Hans Schmidt bekannte, und neue technische Entwicklungen ermöglichten es Becker, die Bonner Astronomie auszubauen. In dieser Zeit entstanden mit der Aufgabe der Direktorenwohnung neue Arbeitsmöglichkeiten für die Astronomen im Gebäude der Sternwarte.

Die astronomische Forschung nach 1950 ist generell geprägt durch die beginnende Radioastronomie und später durch die Beobachtungen in anderen Wellenlängen (Infrarot, UV Bereich, Röntgen-, Gammastrahlung). Diese neuen Messungen ergänzten nicht nur die optischen Beobachtungen, sondern ermöglichten auch den Vorstoß zu einer völlig neuen Astronomie. Daneben führte die Entwicklung der Weltraumfahrt zu weiteren Arbeitsgebieten und zu einem verstärkten Interesse der Öffentlichkeit an astronomischen Fragen. Becker nutzte diese Chancen zu einer Erweiterung der Bonner Astronomie. In Gesprächen mit älteren Mitarbeitern erfuhr der Verfasser dieses Beitrags, dass an diesem Ausbau auch der Physikprofessor Wolfgang Paul (1913–1993) einen großen Anteil hatte.

Zunächst einmal ging es darum, durch Verlagerung der Teleskope den Bonner Astronomen wieder die Möglichkeit zur eigenen astronomischen Beobachtung zu geben. Mit dem Bau des Observatoriums Hoher List (1952–1954) und seiner Erweiterung in den Jahren 1966/67, die vom späteren Direktor der Bonner Sternwarte, Hans Schmidt, geleitet wurden, konnten Astronomen der Sternwarte die optische Astronomie in den klassischen Disziplinen Astrometrie, Fotometrie und Spektroskopie betreiben. Zum Beispiel wurde der Bonner Doppelrefraktor genutzt, um die alten Küstnerschen mit neuen Aufnahmen zu kombinieren, und so Eigenbewegungen von Sternen in Sternhaufen oder die Bewegung von Kugelsternhaufen in der Galaxis abzuleiten. Über viele Jahre entstand hier eine fruchtbare Zusammenarbeit von Astronomen und Geodäten der Bonner Universität (Professoren Brosche, Campbell, Hallermann und Meurers), das bis zu der Nutzung der VLBI Technik für Basismessungen auf der Erde und für die Realisierung eines Inertialsystems für die Messung von Sternbewegungen führte. 1967 erhielt das Observatorium Hoher List mit einem *Cassegrain*-Teleskop mit einem Spiegeldurchmesser von etwas mehr als einem Meter das seinerzeit größte optische Teleskop der Bundesrepublik Deutschland. Spektro-

164 Schmidt, Astronomen, S. 161.

skopische Messungen von Radialgeschwindigkeiten und die Entwicklung sowie der Bau von entsprechenden Geräten (E. H. Geyer, W. Seggewiß) prägten das Gesicht der Forschung an der Eifelsternwarte genauso wie die Untersuchung von variablen Sternen und Sternhaufen. Die Beobachtungen am Hohen List wurden zunehmend ergänzt durch Beobachtungen an der Europäischen Südsternwarte (ESO) in Chile. Hier fanden die beobachtenden Astronomen nicht nur deutlich bessere meteorologische Bedingungen an, sondern es entstanden auch wichtige Kontakte zu anderen Europäischen Kolleginnen und Kollegen.

Ab 1985 fanden zuerst sporadisch, dann regelmäßig am Observatorium Hoher List Studentenpraktika statt, bei denen Studierende an Teleskopen ihre ersten eigenen Beobachtungserfahrungen sammeln konnten. Später gestaltete man sogar Schülerpraktika am Observatorium. Wegen der hohen Betriebskosten musste das Observatorium allerdings im Jahre 2012 schließen.

Im Jahre 1951 wurde die von dem niederländischen Astronomen Hendrik van der Hulst (1918–2000) vorhergesagte 21 cm des neutralen Wasserstoffs von verschiedenen Arbeitsgruppen nachgewiesen. Die Aussichten in diesem neuen Forschungsgebiet faszinierten Becker und seine Mitarbeiter. Er engagierte sich mit Hilfe des Landes NRW für die Entwicklung der Radioastronomie in Bonn. 1951 habilitierte sich Hans Schmidt mit einer Arbeit über die Möglichkeiten der Radioastronomie, für die Becker inzwischen schon den Bau eines eigenen Radioobservatoriums vorantrieb. Im Herbst 1956 konnte die Radiosternwarte am Stockert in Betrieb genommen werden, für die Dr. Wolfgang Priester zunächst die wissenschaftliche Betreuung übernahm. Mit der Errichtung eines Extraordinariats und der Berufung von Otto Hachenberg im Jahre 1962 wurde die »Radiosternwarte Stockert«, später das »Institut für Radioastronomie«, zu einem eigenständigen Institut. Mit dem Radioteleskop am Stockert begannen die Untersuchungen der 21 cm Linie.

Ausgehend von den ersten Satelliten, deren Signale in einem Hochfrequenzlabor mit einer Empfangsanlage für 20 MHz registriert und ausgewertet wurden, etablierte sich in der Sternwarte eine neue Arbeitsgruppe Weltraumforschung unter der Leitung von Priester und Bennewitz. Im Dachgeschoß der Sternwarte entstand ein neues Messlabor. 1960 stieß Max Römer zu dieser Gruppe, der über Bahndaten des Satelliten Echo I den Verlauf der Luftdichte in 1.200 bis 1.600 km Höhe bestimmte. Theoretische Untersuchungen über Zustandsgrüßen der Hochatmosphäre ergänzten die Beobachtungsdaten. 1964 wurde die Arbeitsgruppe Weltraumforschung zu einem weiteren selbständigen »Institut für Astrophysik und extraterrestrische Forschung«, dessen Leitung Wolfgang Priester 1964 übernahm. In diesem Institut entstanden in den folgenden Jahren theoretische Arbeitsgruppen zur Astrophysik (Hans Fahr, Wolfgang Kundt) sowie Arbeitsgruppen, die sich weiter mit der Atmosphäre der Erde beschäftigten (Gerd Prölß, Max Römer, Hans Volland).

Friedrich Becker hatte es geschafft, mit der Ausgründung dieser zwei neuen Institute die Sternwarte zu den drei Astronomischen Instituten der Universität Bonn auszubauen. Seine Nachfolge in der Sternwarte übernahm nach 1965 Hans Schmidt, der Gründer und langjährige Leiter des Observatoriums Hoher List.

Die Entstehung des Max-Planck-Instituts für Radioastronomie

Nach den Ausgründungen der Institute für Radioastronomie und des neuen Instituts für Astrophysik und extraterrestrische Forschung gingen 1964 die drei Direktoren Friedrich Becker, Otto Hachenberg und Wolfgang Priester daran, die Planung für ein vollbewegliches Radiofernrohr in Deutschland in Angriff zu nehmen. Die Stiftung Volkswagenwerk war grundsätzlich bereit, die Finanzierung eines solchen Großprojektes in Angriff zu nehmen, wenn die Trägerschaft dieses Projekts bei einem großen Institut liegen würde. Diese Bedingung führte im Jahre 1966 zur Gründung des Max-Planck-Instituts für Radioastronomie. Der Gründungsdirektor Otto Hachenberg initiierte eine Arbeitsgemeinschaft »Radioteleskop ARGE« der Firmen Krupp und MAN, die den Auftrag zum Bau eines vollbeweglichen 100 m Radioteleskops übernahm. Standort des neuen Teleskops wurde ein Tal bei Bad Münstereifel-Effelsberg. Nach der Ernennung von Peter Mezger und Richard Wielebinski im Jahre 1969 wurde das MPI von drei Direktoren geleitet. Mit der Gründung des MPI wuchs die Zahl der in der Bonner Astronomie tätigen Mitarbeiter so stark an, dass eine Unterbringung in den Gebäuden der Poppelsdorfer Allee nicht mehr möglich war. Mit der Umsiedlung nach Bonn-Endenich entstanden 1973 zwei Institutsgebäude für die MPI-Mitarbeiter und die Angehörigen der Universität. 1977 ersetzte Kenneth I. Kellermann Otto Hachenberg in der Leitung des MPI, der sich wieder auf seine Arbeit im Universitätsinstitut konzentrierte. Mit Kellermann bekam die Radiointerferometrie und damit vor allem die VLBI Technik einen großen Aufschwung. Die Berufung von Gerd Weigelt 1989 führte zu einer Ergänzung der interferometrischen Methoden im optischen und infraroten Wellenlängenbereich.

Die Astronomie in Bonn heute

Nachfolger von Otto Hachenberg wurde 1981 Ulrich Mebold und Nachfolger von Hans Schmidt wurde 1985 Klaas de Boer. Schon mit der Besetzung von de Boer zum Nachfolger von Hans Schmidt im Jahre 1986 gab man die Einteilung der Astronomen in Bonn nach Fachgebieten wie beispielsweise optische Astronomie und Radioastronomie auf. De Boer hatte zunächst weniger Erfahrungen in der optischen Astronomie als vielmehr in der UV Astronomie. Auch wenn er sich mit seiner Mitwirkung am DIVA Projekt und bei der Ausgestaltung der Arbeit und Studentenpraktika am Observatorium Hoher List stark in der optischen Astronomie engagierte, war er einer der führenden Kräfte bei der Beendigung der fachlichen Trennung der drei Universitätsinstitute. 2006 beschlossen die damaligen Leiter der drei Institute (de Boer, Mebold und Schneider), alle Arbeitsgruppen der Universitätsastronomen zu einem Institut zusammenzufassen. In Erinnerung an den bedeutendsten Bonner Astronomen wurde dieses gemeinsame Institut zum Argelander-Institut für Astronomie der Universität Bonn (AIfA).

Im AIfA arbeiten heute sowohl theoretische wie auch beobachtende Gruppen. Die Beobachtungen erstrecken sich über einen großen Wellenlängenbereich von der Radiostrahlung bis zur Röntgenastronomie. Die wissenschaftlichen Arbeitsgebiete der Professoren und Privatdozenten im AIfA umfassen Arbeiten zur Sternphysik (N. Langer), mm und Submm -Untersuchungen der Sternentstehung und galaktischer Evolution (F. Bertoldi), Radio- und Röntgenstrahlung von der Milchstraße bis zu aktiven Galaxien (Priv. Doz. J. Kerp), Galaxien (U. Klein), Gravitationslinsen und schwacher Linseneffekt, (P. Schneider), Röntgenastronomie, Galaxienhaufen, Kosmologie (T. Reiprich), großräumige Strukturen im Universum und Kosmologie (C. Porciani).

Das Max-Planck-Institut für Radioastronomie komplettiert mit drei großen Arbeitsgruppen zur Radioastronomischen Fundamentalphysik (M. Kramer), Millimeter- und Submillimeterastronomie (K. Menten) und zur Radioastronomie/VLBI (A. Zensus) die astronomische Forschung in Bonn. Die Gruppenleiter – wie auch andere habilitierte Mitarbeiter – bereichern das Vorlesungsangebot der Bonner Astronomie und beteiligen sich an der Ausbildung von Studierenden. Die bedeutendste Außenstelle der Bonner Astronomie ist nach wie vor das 100 m Teleskop in Effelsberg, dass nicht nur zu den größten vollbeweglichen Radioteleskopen der Erde gehört, sondern auch durch kontinuierliche Verbesserungen im technischen Bereich zu den modernsten Geräten dieser Art zählt.

Die Öffentlichkeitsarbeit hatte in der Bonner Astronomie schon immer eine besondere Bedeutung. Als Beispiel für das MPI mag der Pavillon bei dem Radioteleskop in Effelsberg gelten, wo neben einem regelmäßigen Angebot an Vorträgen bei einem Tag der offenen Tür Tausende Besucher kommen. Regelmäßige Führungen am Observatorium Hoher List boten Besuchern über viele Jahre einen kleinen Einblick in die Welt der Sterne, während die Veranstaltung »Astronomie/vor Ort« der Astronomen des AIfA in den letzten 25 Jahren mehr als 40.000 Kinder in ihren Schulen erreichte.

Fachgruppe Chemie

Chemie allgemein sowie Organische Chemie

Heinrich Wamhoff† / Karl Heinz Dötz

Vorwort[165]

Die Chemie in ihrer heutigen Form als exakte Naturwissenschaft entstand durch Anwendung rationaler Schlussfolgerungen und aus den Beobachtungen und Experimenten der Alchimie im 17. und 18. Jahrhundert: Die Lehre vom Aufbau, Verhalten und der Umwandlung von Stoffen und von den dabei geltenden Gesetzmäßigkeiten.

Zu den traditionellen Fachrichtungen Allgemeine Chemie, Anorganische Chemie und Organische Chemie gesellten sich im 19. und 20. Jahrhundert die Physikalische Chemie (1890), Biochemie, Theoretische Chemie, Technische Chemie, Nuclearchemie, Biotechnologie und viele andere, also eine rasche und breite Auffächerung in Spezialdisziplinen, die zu zahlreichen Übergängen mit den anderen klassischen Naturwissenschaften führten: Chemie-Biologie, Physik-Chemie, aber auch Mathematik-Chemie, Medizin-Chemie oder Geologie-Chemie.

Die Chemie ist heute aufgrund ihrer unzähligen Aufgaben, die sie erfüllt, aus dem heutigen Leben nicht mehr wegzudenken: Von der Metallurgie über Keramiken, neue Materialien und Kunststoffe, Katalysatoren, Farben, Wirkstoffen in Medizin und Pflanzenschutz, Agrarchemie, Halbleitertechnik, Petrochemie und Biotechnologie gibt es tausendfach Anwendungen im Alltag. Die Theoretische Chemie erhellt zudem energetische und strukturelle Zusammenhänge der Materie und räumliche Dimensionen der Moleküle. Kurz, die Wissenschaft Chemie ist – für viele unbewusst – ein essentieller Bestandteil der Lebenskultur geworden.

Das Fach Chemie war von Anfang an in zunehmender Stärke und Bedeutung an der Universität Bonn vertreten. Nach zögerlichem Beginn spielte die Chemie an der Universität Bonn in der weltweiten Entwicklung des Faches eine herausragende Rolle, und das bis auf den heutigen Tag.

165 Herrn Prof. Dr. Dr. h.c. Heinrich Wamhoff (1937–2014) in tiefem Dank und in Würdigung seiner Verdienste um das Institut für Organische Chemie und später um das Kekulé-Institut für Organische Chemie und Biochemie gewidmet. Er hat die beiden Institute über mehr als ein halbes Jahrhundert begleitet und den größten Teil dieses Beitrags verfasst.

Die erste Phase: Wurzer – Kastner – Bischof (1777–1863)

Zu Zeiten der Kurkölnischen Akademie Bonn,[166] 1786 durch kaiserliches Edikt zur Universität aufgestiegen, war die Chemie in Bonn noch nicht vertreten. Erste spärliche Anfänge des Faches waren 1793 mit Dr. med. Ferdinand Wurzer (1765–1844) gemacht, kein »Vollblut-Chemiker«, sondern ein praktischer Arzt, der die Chemie als Liebhaberei betrieb. Einen praktischen Chemie-Unterricht gab es nicht. Immerhin sind von ihm ein mineralogisch-geologisches Taschenbuch über das Siebengebirge und die Vulkane der Nachbarschaft und eine »physikalisch-chemische« Beschreibung der Mineralquelle zu Godesberg (»Draitschbrunnen«) überliefert.

Nach Gründung der Universität Bonn 1818 wurde für die innerhalb der Philosophischen Universität angesiedelten Fächer Chemie, Pharmazie und Physik Karl Wilhelm Gottlob Kastner (1783–1857) aus Halle berufen. Die Universität zog in das kurfürstliche Residenzschloss und das Fach Chemie in das nahegelegene Schloss Poppelsdorf. Kastner bildete mit den Kollegen Christian Gottfried Nees van Esenbeck und Georg August Goldfuß einen wissenschaftlichen und persönlichen Freundschaftsbund fränkischer Naturwissenschaftler, mit denen zusammen er mehrere frühe Werke verfasste. Dies mag als wichtiger Hinweis dafür gelten, dass die Geschichte der Bonner Pharmazie eng mit der Geschichte der Chemie verknüpft war.[167]

Kastner, ein bedeutender Chemiker seiner Zeit, widmete sich in erster Linie der Lehre, allerdings ohne Experimenten und Apparaten. Hierzu hat sich der junge Bonner Chemiestudent Justus von Liebigs kritisch geäußert.[168] Kastner besaß zwar ein kleines Privatlabor, aber eine praktische Unterweisung der Studierenden fand nicht statt. So war sein Weggang 1821 nach Erlangen kein großer Verlust für Bonn; Justus von Liebig folgte ihm dorthin.

Schon 1819 war der Chemiker und Geologe Karl Gustav Bischof (1792–1870) aus Erlangen als Professor der Technologie berufen worden und wurde nach Kastners Weggang 1822 auch mit der Professur für Chemie betraut; er bezog weitere Räume im Poppelsdorfer Schloss inklusive eines Hörsaals und Laboratoriums. Sein Hauptwerk war ein »Lehrbuch der chemischen und physikalischen Geologie«. Wie sein Vorgänger befasste er sich intensiv mit geologischen Problemen, wie beispielsweise mit der Erschliessung neuer, heute noch genutzter Mineralwasserquellen (Lippspringe, Apollinaris-Quelle, Heppinger Brunnen) und analysierte deren Inhaltsstoffe. Bischofs Vorlesung über »Allgemeine Che-

166 Braubach, Maxische Akademie (1966).
167 Siehe hierzu näher den Beitrag von Gerhard Rücker zur Geschichte der Pharmazie in diesem Kapitel.
168 Anschütz, Das Chemische Institut (1933), S. 357.

mie« wurde von Studenten der Naturwissenschaften und von Persönlichkeiten der regionalen Industrie besucht. Für Experimente stand nur ein primitiver Raum im Poppelsdorfer Schloss zur Verfügung, der Platz für maximal vier Personen bot.[169]

In seiner aufsehenerregenden Schrift »Über das Studium der Naturwissenschaften und über den Zustand der Chemie in Preußen« hatte Justus von Liebig ausgeführt, dass die dortigen Räumlichkeiten »ein vortreffliches Lokal« seien, das zu allen anderen Zwecken vielleicht, aber »nicht für ein Laboratorium passend seien«.[170] Auch unter Bischof gab es keinen praktischen Unterricht. Die Aufforderung, selbst einen Kostenvoranschlag über die Einrichtung eines Laboratoriums 1844 einzureichen, fand bei ihm wenig Gegenliebe.

August Wilhelm Hofmann (1818–1892), einer der begabtesten Schüler von Liebigs, hatte sich 1845 bei Bischof habilitiert und war gerade dabei, ein erstes Praktikum für Studenten einzurichten. Aber nach dem Besuch von *Queen* Victoria und ihres Prinzgemahls Albert anlässlich der Einweihung des Beethoven Denkmals, bei dem Prinz Albert seine ehemalige Studentenwohnung wiedersehen wollte, in der jetzt Hofmann ein Laboratorium eingerichtet hatte und dem Königspaar chemische Experimente vorführte, erhielt er kurz darauf einen Ruf nach London. Seine erste Aufgabe war es, dort ein chemisches Laboratorium wie das von Liebig in Gießen zu erbauen, das Royal College of Chemistry. Damit waren Hofmann und seine Intentionen für Bonn vorerst verloren.

1852 hatte sich Carl Boedeker (1815–1895) habilitiert und wollte den praktischen Unterricht ausführen; er bekam diesen von Bischof überlassen. So wurde im Gartensaal des Poppelsdorfer Schlosses ein Laboratorium für zwölf Praktikanten eingerichtet, bis er 1854 nach Göttingen wegberufen wurde. 1857 erging der Ruf auf eine außerordentliche Professur an den Zürcher Privatdozenten Hans Heinrich Landolt (1831–1910). Die Praktikantenzahl stieg auf 30 und die Enge wurde zunehmend drückender, so dass Landolt seine Vorlesung über Experimentalchemie zweimal täglich halten musste, da der Hörsaal für die Schar der Zuhörer zu klein war. Eine Vergrößerung der Räumlichkeiten oder besser ein Neubau wurden immer dringlicher.

Die Ära Landolt-Hofmann (1863–1867)

Noch um die Mitte des 19. Jahrhunderts hatten die Naturwissenschaften und besonders die Chemie um Anerkennung gegenüber den mächtigen Geisteswissenschaften zu kämpfen. Befanden sich die »historischen Wissenschaften« im

169 Vgl. Benrath, Bischofs Bedeutung (1933).
170 Vgl. Liebig, Zustand der Chemie (1840).

europäischen Vergleich auf einem hohen Standard, so blieb die Naturforschung deutlich hinter den Leistungen der Franzosen und Engländer zurück.[171] Zu dieser Zeit blickten die Vertreter der Geisteswissenschaften an den deutschen Universitäten mit unverhohlener Geringschätzung auf die Naturwissenschaften herab. Verursacht war dies durch die Naturphilosophie, die naturwissenschaftliche Probleme und Fragestellungen ohne Experimente, sondern nur mit der Methode des nachsinnenden Denkens zu lösen meinte. Hinzu kam die geringe Wertschätzung der Naturwissenschaften in der Grundausbildung an den Höheren Schulen, vornehmlich an den humanistischen Gymnasien; das Fach Chemie, oder gar chemische Experimente, waren im Lehrplan nicht existent. So ist es kein Wunder, dass sich in jener Zeit nur sehr wenige Studierende dem Fach Chemie zuwandten, von dem sie in der Schule einfach überhaupt nichts erfahren hatten.

Hofmann entwickelte derweil eine ungewöhnlich fruchtbare Tätigkeit in London und war Mitbegründer der *Chemical Society of London.* Wissenschaftlich hatte er durch Arbeiten über das Anilin, seine Derivate und einige »Anilinfarbstoffe« die aufblühende organische Chemie wesentlich bereichert.[172] Als Bischof im Jahre 1863 sein Lehramt niederlegte, erhielten zwei Schüler von Liebig nacheinander den Ruf nach Bonn: Zunächst Hofmann, der den Ruf unter der Bedingung annahm, dass dort ein großes Chemisches Institut errichtet werden würde. Dieser Neubau wurde unverzüglich in Angriff genommen, und Hofmann leitete von London aus die Planung und den Bau gemeinsam mit dem Universitätsarchitekten August Dieckhoff. Hofmann sprach in diesem Zusammenhang von »The dignity of a great public building dedicated to science«.[173]

Noch vor Vollendung des Institutsbaus berief das preußische Unterrichtsministerium Hofmann zum Nachfolger des verstorbenen Eilhard Mitscherlich nach Berlin. Der Ruf war mit einer Zusage zur Errichtung eines neuen, der ersten Universität Preußens würdigen Chemischen Instituts verknüpft; der nunmehr dritte Neubau unter seiner Regie!

Das Bonner Chemische Institut wurde in dieser Zeit des Neubaus von Landolt geleitet. Sein Name ist bis heute mit dem Standardwerk »Physikalisch-Chemische Tabellen« verknüpft, heute bekannt als der »Landolt-Börnstein« mit circa 380 Bänden. Landolt war neben Wilhelm Ostwald ein Pionier auf dem Gebiet der sich gerade etablierenden Physikalischen Chemie. Das neue Institut stand 1867

171 So auch Heinrich von Treitschke: »Soweit Deutschlands historische Wissenschaften den Nachbarvölkern vorauseilten, ebenso tief blieb der Stand unserer Naturforschung hinter den Franzosen und Engländern zurück«; zit. nach Anschütz, Chemie (1933), S. 548.

172 Vgl. Helferich, Geschichte (1970).

173 Hofmann, Chemical Laboratories (1866). Vgl. auch Knopp, Gebäude (1989), S. 193f. Vgl. dazu den Abschnitt »Das Chemische Institut« im Kapitel »Die Universität Bonn 1849–1870« von Thomas Becker in Bd. 1 dieser Festschrift.

im Rohbau fertig, als Hofmanns jüngerer hessischer Landsmann August Kekulé, Schüler von Justus von Liebig, aus Gent nach Bonn berufen wurde. Für kurze Zeit leitete Landolt gemeinsam mit Kekulé das Bonner Institut, bis er 1869 einem Ruf nach Aachen folgte.

Die Blütephase unter Kekulé (1867–1896)

Kekulé wurde 1867 im Alter von 38 Jahren Direktor des Bonner Chemischen Instituts, eines der bestausgestatteten Deutschlands. Jetzt hatten die Chemiker endlich den dringend benötigten Platz, und die Chemie konnte sich in Bonn stürmisch entwickeln. Zunächst nahm die Zahl begeisterungsfähiger Studenten zu, unter ihnen der junge Henricus van't Hoff. Als Kekulé nach Bonn kam, hatte er bereits viele bedeutende Entdeckungen gemacht,[174] zum einen die Tetravalenz des Kohlenstoffs, und dann die Ringstruktur des Benzols (»Über die Konstitution des Benzols«). In Bonn untermauerte er diese theoretischen Vorstellungen durch experimentelle Arbeiten.

Die Vorlesungen Kekulés begeisterten eine stetig wachsende Zahl von Studenten; sie waren in sich abgerundete Kunstwerke; er sprach völlig frei und seine Vorlesungsversuche waren perfektioniert und folgten exakt an der richtigen Stelle. Die erste Auflage seines richtungsweisenden »Lehrbuches der organischen Chemie« erschien 1859 in Erlangen.[175] Er konnte in diesem großzügig angelegten Institut die ganze Kraft seiner Persönlichkeit entfalten und eine Schule bilden, die dem Institut Weltgeltung verschaffte. Um den praktischen Unterricht kümmerte sich Kekulé weniger, sondern überließ ihn seinen Abteilungsvorstehern und Assistenten: Carl Glaser, Theodor Zincke und Otto Wallach, dem Nobelpreisträger für Chemie im Jahr 1910. Seine Arbeitsgebiete waren die ätherischen Pflanzenöle, synthetische Duftstoffe, die Entdeckung der biogenen Isoprenregel und die Leuckart-Wallach-Reaktion. Weitere berühmt gewordene Mitarbeiter Kekulés in dieser Zeit waren H. Wichelhaus, T.E. Thorpe, Hugo Schrötter, A.P.N. Franchimont, Otto Strecker, Richard Anschütz, E. Beckmann und Arne Pictet.[176]

Die Ablehnung eines Rufes 1873 zum Nachfolger von Justus von Liebig in München brachte Kekulé eine Bewilligung von erheblichen Mitteln des preu-

174 Vgl. Tschesche, Geschichte (1965).
175 Vgl. V.M. Tyler/V.E. Tyler, Schwarting (1992).
176 Unter Kekulé habilitierten sich unter anderem folgende Assistenten: Ludwig Claisen (1878), Richard Anschütz (1878), Heinrich Klinger (1878), Julius Bredt (1889), Felix Klingemann (1891) und Emil Erlenmeyer (1891). Theophil Engelbach (1823–1872) wurde 1869 als apl. Professor nach Bonn berufen und übernahm 1870 für kurze Zeit die anorganische Abteilung.

Abb. 17: Denkmal von August Kekulé von Stradonitz, Chemie. Das Denkmal von Hans Everding wurde im Jahr 1903 vor dem damaligen Chemischen Institut aufgestellt.

ßischen Kultusministeriums, um von 1874 bis 1876 einen ersten Erweiterungsbau durchzuführen, der drei neue Arbeitssäle, fünf Nebenräume, im Keller einen Arbeitssaal für Langzeit-Experimente und im Erdgeschoß einen Arbeitssaal für physikalische Chemie brachte. Im ersten Stock entstand zudem ein Arbeitssaal für das Medizinerpraktikum. Damit war ein Zustand erreicht, dass neben der organischen Chemie fast alle damals existierenden Fachrichtungen (anorganische, physikalische, pharmazeutische und technische Chemie), sowie Praktika für Nebenfächler (Medizin, Biologie, Lehramt sowie Physik) unter einem Dach des alten Chemischen Instituts versammelt waren, ein Zustand, der bis zum Kriegsende 1945 anhielt.

Die Pharmazie, am Beginn durch Kastner vertreten, hatte seit 1822 der Botaniker Nees van Esenbeck jr. (1787–1837) übernommen. Er richtete ein pharmazeutisches Laboratorium (»pharmazeutischer Apparat«) ein. Ihm folgten 1838 Carl Wilhelm Bergemann (1804–1884) und Carl-Friedrich Mohr (1806–

1879), bekannt geworden durch seine maßanalytischen Methoden. Mit seinem Ausscheiden ging der »pharmazeutische Apparat« bis 1924 als Abteilung in das Chemische Institut über.

Kekulé starb am 13. Juli 1896. 29 Jahre hat er die Chemie in Bonn zur Weltspitze geführt; seine Schule hat entscheidend zur Entwicklung der Chemie beigetragen. Sein heute von der Stadt Bonn gepflegtes Grab befindet sich auf dem Poppelsdorfer Friedhof. Als Nachfolger wurde Theodor Curtius (1857–1928) berufen, und auch ihm wurde eine wesentliche Erweiterung des Instituts als Berufungszusage gemacht, deren Realisierung er mit dem Universitätsarchitekten R. Schulze plante. Curtius, vorher in Kiel, hatte das Hydrazin und die Stickstoffwasserstoffsäure entdeckt. Aber noch ehe die Planungen in Angriff genommen werden konnten, nahm Curtius einen Ruf nach Heidelberg an.

Die Ära Anschütz (1898–1922)

Richard Anschütz (1852–1937) aus Darmstadt, 1883/84 zum a.o. Professor ernannt, war als Nachfolger von Otto Wallach 1888 Leiter der chemischen Praktika geworden. Nach dem Tode Kekulés hatte er bis zur Ankunft von Curtius das Institut vertretungsweise geleitet und die von Curtius vorbereitete Institutserweiterung durchgeführt: Zwei neue Arbeitssäle und einige Spezialräume kamen hinzu. Nunmehr standen insgesamt acht Arbeitssäle für 340 Praktikanten zur Verfügung. Die Arbeitsgebiete umfassten gesättigte und ungesättigte Dicarbonsäuren, Kohlenwasserstoffe, Phenole- und Salicylsäure-Derivate. Über 100 Doktoranden hat er wissenschaftlich angeleitet. Nach der Einrichtung einer Druckwasserleitung entwickelte er die Vakuum-Destillation, eine Methode, um im Wasserstrahlvakuum (oder Quecksilber-Hochvakuum) hochsiedende Verbindungen zersetzungsfrei zu destillieren und zu reinigen. Eine besondere Leistung war seine umfangreiche Biographie Kekulés.[177]

Der Betrieb des Instituts wurde unter seiner Leitung seit 1898 organisatorisch neu aufgeteilt. Drei Abteilungsvorsteher waren nun als a.o. Professoren tätig: Eberhard Rimbach (1852–1933) als Leiter der Anorganisch-Analytischen Abteilung, ihm folgte 1913 Alfred Benrath (1878–1969) nach. Heinrich Klinger (1862/63–1945) hatte den »Pharmazeutischen Apparat« von Wallach übernommen, 1895 gefolgt von Alfred Partheil (1861–1909) und 1903 von Georg Frerichs (1873–1940), der bis 1924 Abteilungsvorstand, dann Direktor eines

177 Vgl. Anschütz, Kekulé (1929).

selbständigen Instituts für Pharmazie war. Schließlich vertrat ab 1905 Karl Kippenberger (1868–1937) die Nahrungsmittelchemie.[178]

Am 9. Juli 1903 wurde das von Hans Everding geschaffene Denkmal August Kekulés feierlich im Vorgarten des Instituts von Eitel Friedrich Prinz von Preußen enthüllt. Es war von Schülern, Freunden und Verehrern des großen Chemikers gestiftet worden.[179]

Die Ära Pfeiffer (1922–1947)

Obzwar Richard Anschütz zum 1. April 1921 emeritiert wurde, blieb er auf Anordnung des Ministers bis zum 1. Mai 1922 Institutsleiter. Paul Pfeiffer (1875–1951), von der TH Karlsruhe als Nachfolger berufen, übernahm die Leitung des Instituts zu diesem Zeitpunkt. Pfeiffer war bereits ab 1893 zwei Semester lang Student in Bonn gewesen, war aber danach zu Alfred Werner nach Zürich gewechselt. Angeregt durch Alfred Werner hat Pfeiffer zur Entwicklung der Komplexchemie wesentlich beigetragen. Um 1915 hatte er maßgeblichen Anteil an der Durchsetzung der »chemischen Koordinationslehre«. So entwickelte er den Aufbau chemischer Verbindungen höherer Ordnung mit Zentralatomen und Liganden. Ferner befasste er sich mit der Struktur von Betainen, Chinhydronen und Oximen sowie mit der Halochromie organischer und komplex-chemischer Verbindungen. Auch Farbstoffen, der Theorie des Anfärbens, widmete er sich und versuchte die Struktur der Naturfarbstoffe Brasilin und Hämatoxylin durch Synthesen zu sichern. Monographien über die Stereochemie der Komplexverbindungen und, gemeinsam mit A. Werner, »Neue Anschauungen auf dem Gebiet der Anorganischen Chemie« rundeten seine Forschungsarbeiten ab. Nach ihm benannt ist der »Pfeiffer-Effekt«, ein optisches Phänomen, bei dem die Gegenwart einer optisch aktiven Verbindung die optische Rotation eines racemischen Gemisches einer zweiten Verbindung beeinflusst.

Pfeiffer erhielt 1927 einen Ruf als Nachfolger von Arthur Hantzsch nach Leipzig, den er jedoch ablehnte. Ihm wurde daraufhin eine wesentliche Erweiterung und Renovierung des Instituts zugesagt: Zwei neue große Arbeitssäle sowie ein großer Hörsaal mit eingebauter Galerie mit 452 Sitzplätzen, der im Wintersemester 1929/30 in Benutzung genommen wurde, und in dem auch heute noch Vorlesungen stattfinden.

178 Unter Anschütz habilitierten sich unter anderem folgende Assistenten: Georg Schröter (1898), Hermann Pauly (1901), Conrad Laar (1902) und Hans Meerwein (1908).

179 Vgl. hierzu näher den Beitrag von Dominik Geppert zur Geschichte der Universität im Zeitraum 1900–1918 in Bd. 1 dieser Festschrift.

Am 6. und 7. September 1929 fand unter Beteiligung der Gesellschaft Deutscher Chemiker im Chemischen Institut die Feier des 100. Geburtstages von August Kekulé statt. Festredner waren Heinrich Wieland, Paul Pfeiffer, Otto Diels, Paul Karrer und Otto Hahn.[180]

1924 wurde eine besondere Abteilung für Physikalische Chemie eingerichtet und im Folgejahr Andreas von Antropoff (1878–1956) aus Karlsruhe unter Ernennung zum persönlichen Ordinarius übertragen. Er befasste sich mit der Adsorption von Gasen, formulierte 1926 den Begriff »Neutronium« und entwarf eine neue Form des Periodischen Systems der Elemente. Wegen seiner tiefen Verstrickung mit dem Nationalsozialismus[181] wurde er 1945 aus dem Hochschuldienst entlassen.[182]

Hans Meerwein, Leiter der organischen Übungen, folgte 1922 einem Ruf nach Königsberg. Er wurde durch Walther Dilthey (1877–1955) ersetzt, der sich im gleichen Jahr nach Bonn umhabilitierte. Gemeinsam mit Robert Wizinger arbeitete er über Farbe und Konstitution und stellte eine Theorie der Farbstoffe auf, die als Vorläufer der Elektronentheorie betrachtet wird (Der »Bonner Punkt« als erste Formulierung für ein Radikal). Wizinger wurde wegen seiner kritischen Haltung zum Nationalsozialismus, geprägt von seiner katholischen Einstellung, 1938 gekündigt, er habilitierte sich im gleichen Jahr an die Universität Zürich um; ein ähnliches Schicksal traf Paul Dreyfuß, Schüler von Wizinger, der als Jude über Italien und Belgien in die USA emigrieren musste.[183] Die Stelle als Abteilungsleiter für Anorganische Chemie nahm ab 1924 Gustav Jantsch (1882–1954) wahr; ihm folgte Heinrich Rheinboldt (1891–1955), der auf Druck des NS-Regimes 1934 nach São Paulo emigrieren musste; seine Stelle übernahm Otto Schmitz-Du Mont (1899–1982), der Rheinboldts 1934 erstmals veröffentlichtes Buch »Unterrichtsversuche« weiter herausgab.

Die Zahl der Studierenden nahm nach Ende des Ersten Weltkriegs wieder deutlich zu, erreichte nach 81 im Wintersemester 1918/19 in den 1920er Jahren fast das Doppelte und pendelte sich um 1930 auf etwa 130 ein. Die Zahl der Lehramtskandidaten stieg von 28 (1918/19) auf 178 und die der Medizinstudenten von 61 (1918/19) auf knapp 300 jeweils im Sommersemester 1931. So besuchten Anfang der 1930er Jahre fast 600 Studierende das Institut. Das ändert sich allerdings drastisch 1939 mit dem Beginn des Zweiten Weltkrieges. Das Chemische Institut wurde zusammen mit der Zerstörung des Poppelsdorfer Schlosses durch einen Bombenangriff am 4. Februar 1945 erheblich beschädigt,

180 Unter Pfeiffer habilitierten sich unter anderem folgende Assistenten: Heinrich Rheinboldt (1924), Otto Schmitz-Du Mont (1927), Robert Wizinger (1928), Mark von Stackelberg (1930) und Hermann-Josef Antweiler (1939).

181 Siehe hierzu näher den Beitrag von Ralf Forsbach in Bd. 2 dieser Festschrift.

182 Höpfner, Universität Bonn (1999), S. 493–498.

183 Ebd., S. 494.

überstand aber im Wesentlichen den Zweiten Weltkrieg. Der rechte Turm wurde von Brandbomben getroffen, den Rest besorgten die Löscharbeiten; auch die »Wohnung« des Direktors war betroffen; die durch Wassereinwirkung schwankenden Decken waren nicht mehr belastbar.

Die Ära Helferich (1947–1960)

Burckhardt Helferich (1887–1982), Schüler Emil Fischers in Berlin, kam nach Habilitation (1920) und Berufungen nach Frankfurt (1922), Greifswald (1925) und Leipzig (1930) mit seinem Schüler Joachim Goerdeler (1912–2007) und vielen anderen Wissenschaftlern 1945 in einem Tross der US-Army aus Leipzig nach Weilburg/Lahn. Als politisch unbelasteter Hochschullehrer wurde er im Dezember 1945 Gastprofessor in Bonn und 1947 zum o. Professor für Chemie und Direktor des Chemischen Instituts berufen.[184] Im Juli 1947 kehrte auch das Bronze-Denkmal Kekulés von einem Sammelplatz in Hamburg zurück; es war dem Schicksal einer Einschmelzung zu Kriegszwecken entronnen.

Helferich übernahm ein Institut, das noch unter den schweren Kriegsschäden litt. Die Wiederaufnahme und die Normalisierung des Unterrichts, der Praktika und der Doktoranden-Forschung hat er in kurzer Zeit mit Tatkraft und Organisationstalent gemeistert.[185] Das Institut hatte seinen Betrieb schon 1945 eingeschränkt wieder aufgenommen. Vor der Einschreibung zum Studium mussten die zukünftigen Studenten 125 Arbeitstage im Studentenbautrupp ableisten.[186]

Beginn einer Differenzierung der Fächer innerhalb der Chemie

Das von Pfeiffer gleich nach dem Kriege wieder ins Leben gerufene Pharmazeutische Institut, zunächst unter seiner Leitung, wurde von Karl Winterfeld (1891–1971) aus Freiburg/Brsg. im Jahre 1949 übernommen; 1955 zog die Pharmazie in einen eigenen Neubau am Kreuzbergweg 26. Mit der Berufung von Wilhelm Groth (1904–1977) aus Hamburg 1950 als Ordinarius für Physikalische Chemie wurde ein selbständiges Institut für Physikalische Chemie gegründet, und 1954 wurde ein Neubau an der Wegelerstraße bezogen. Damit war bis auf die Anorganische Chemie, zunächst vertreten durch den Extraordinarius Otto

184 Goerdeler, Nachruf Helferich.
185 Ebd.
186 Zu den Bautrupps siehe George, Studieren in Ruinen (2010), S. 100–105. Unter Helferich habilitierten sich folgende Assistenten: Heinz Krebs (1950), Joachim Goerdeler (1952) und Hermann Stetter (1952).

Schmitz-Du Mont, eine erste Differenzierung des »Chemischen Instituts« in Teilbereiche vollzogen.

Von den habilitierten Kollegen folgten Heinz Krebs (Zonenschmelzverfahren; schwarze Phosphor-Modifikation) 1960/61 einem Ruf nach Stuttgart und Hermann Stetter (Stetter-Synthese) 1955 einem Ruf zur LMU nach München, später zur RWTH Aachen. Joachim Goerdeler (1912–2007) wurde 1963 zum Abteilungsvorsteher und Wissenschaftlichen Rat ernannt und leitete ab 1966 eine Abteilung für Heterocyclische Chemie sowie mit großer Hingabe das Organisch-Chemische Praktikum.[187]

Helferich setzte in Bonn seine wegweisenden Arbeiten über Kohlenhydrate fort (Acetobromglucose, Nucleosidsynthesen, Schutzgruppenstrategie, Enzyme, Emulsin, Derivate der Arsanilsäure, Sultame, cyclische Sulfonamide wie »Ospolot«). Seine Experimentalvorlesung war aufgrund seiner Attraktivität bei den Studierenden aller Fächer sehr beliebt. Neben dem Thermitverfahren und Nitroglycerin-Detonationen demonstrierte er auch experimentell die Gefährlichkeit der eben bekannt gewordenen Staudinger-Explosion. Helferich war 1956/57 Präsident der Gesellschaft Deutscher Chemiker (GDCh), wurde zum Mitglied der Leopoldina gewählt und erhielt 1960 die Emil-Fischer-Medaille. Er verstarb am 5. Juli 1982 in seiner Wohnung am Bonner Talweg. Die Universität Leipzig benannte nach ihm einen Burckhardt-Helferich-Preis.

Mit seiner Vision von der zukünftigen Struktur der Chemie, dem »unitarischen Prinzip«, das heißt Anorganische und Organische Chemie vereint in einem Institut und unter einem Direktorat, konnte er sich jedoch in der Fakultät nicht durchsetzen; die Mehrheit beschloss die Einrichtung eines zweiten Ordinariats für Chemie.[188] 1960, im Jahr der Übergabe des Instituts an seinen Nachfolger Rudolf Tschesche aus Hamburg, wurde Otto Schmitz-Du Mont der erste Direktor des Anorganisch-Chemischen Instituts. Dem Wunsch der Mathematisch-Naturwissenschaftlichen Fakultät folgend, entwarf Helferich gemeinsam mit der Gattin von Wilhelm Groth das bis heute verwendete Dienstsiegel, das einen jungen Forscher in römischer Toga auf den Stufen sitzend, einen großen Kristall in seiner rechten Hand betrachtend, zeigt.

187 Einem guten Brauch folgend wurden zahlreiche Persönlichkeiten aus Industrie und Wirtschaft zu Honorarprofessoren an den Chemischen Instituten ernannt und beteiligten sich am Lehrangebot: Bruno Blaser (1947, Henkel AG), Werner Gabel (1952, Lebensmittelchemie), Fritz Mietzsch (1952, Bayer AG), Ulrich Haberland (1954, Bayer AG), Günther Otto Schenk (1961, MPI Mülheim), Helmut Grünewald (1961, Verlag Chemie), Siegfried Petersen (1962, Bayer AG), Gustav Schaum (1968, Agfa AG), Herbert Grünewald (1975, Bayer AG), Heinz Hoberg (1978, MPI Mülheim), Wolfgang Swodenk (1981, Bayer AG), Werner Büchner (1985, Bayer AG), Karl-Heinz Büchel (1989, Bayer AG).

188 Goerdeler, Nachruf Helferich.

Der Zeitabschnitt Tschesche/Korte (1960–1975)

Das »Institut für Organische Chemie und Biochemie«

Die Emeritierung Helferichs wäre eigentlich 1955 fällig gewesen. Helferich war aber zu diesem Zeitpunkt Rektor der Universität. Da eine Dienstzeitverlängerung aufgrund eines neuen Gesetzes nicht mehr möglich war, stimmte das Ministerium einer längeren Selbstvertretung des Lehrstuhls nach seiner Emeritierung zu.

So nahm nach mehreren erfolglosen Berufungslisten erst 1960 Rudolf Tschesche (1905–1981) den Ruf nach Bonn an. Zu seinen Berufungszusagen gehörten Mittel zur Renovierung des Instituts, hier vor allem zum Ausbau des Vorderflügels (frühere Dienstwohnung des Direktors) mit seinen brüchigen Holzdecken. Die Teilung der Chemie in ein Anorganisch- und Organisch-Chemisches Institut wurde vollzogen; allerdings fiel der Ausbau des Anorganisch-Chemischen Instituts weitaus bescheidener aus.[189] Im Jahr 1964 wurde Friedhelm Korte (1923–2013) Extraordinarius und leitete zugleich die Shell Grundlagenforschungs GmbH im Schloss Birlinghoven bei Sankt Augustin; 1967 wurde er zum Ordinarius für Organische Chemie ernannt.[190] In diese Zeit fiel die Ausstattung der Organischen Chemie mit modernen spektroskopischen Methoden. In der Abteilung Korte befanden sich ein Beckman DK-2 UV- sowie ein Perkin-Elmer IR-Spektrophotometer, beide für organisch-präparatives Arbeiten unerlässliche, selbstregistrierende Messgeräte. In der Abteilung Tschesche gab es bald ein erstes NMR-Gerät, Trüb-Täuber KISS 25, was damals noch einen Raum voller Elektronik bedeutete. Der bei Tschesche habilitierte Günter Snatzke (1928–1992) betreute einen Optischen Rotatations-Dichrographen (ORD) und einen Circular-Dichrographen (CD), wichtige Geräte für die Naturstoffchemie. Hinzu kam ein erstes Massenspektrometer (MS) von den Atlas-Werken in Bremen. Auch die Chromatographie (Säulen-, Dünnschicht- Kapillarsäulenchromatographie) hielt später mit ersten Gaschromatographen Einzug in das Organisch-Chemische Institut, wie auch die Flüssig-Flüssig-Verteilungschromatographie (*Counter Current Distribution*).

Tschesche arbeitete zu dieser Zeit über Steroide, pflanzliche Herzgifte (Synthese, Metabolismus in Digitalis Pflanzen mit der C14-Methode, terpenoide

189 Vgl. hierzu den Beitrag von Günter Bergerhoff zur Anorganischen Chemie in diesem Kapitel.

190 In der Zeitspanne Tschesche/Korte 1960–1975 habilitierten sich folgende Assistenten: Hans Machleidt (1962), Günther Snatzke (1965, Ruf nach Bochum), Günter Legler (1968), Hans-Dieter Scharf (1968, Ruf nach Aachen), Günter Wulff (1970, Ruf nach Düsseldorf)), Peter Welzel (1971, Rufe nach Bochum und später nach Leipzig) und Heinrich Wamhoff (1971, später Professor in Bonn).

Bitterstoffe, Cyclopeptide), während Korte und seine Gruppe, ausgehend vom Gentiopikrin, die Acyl-Lacton-Umlagerung, Isolierung und Synthese von Tetrahydrocannabinol, den Metabolismus von Heterocyclen, später von chlorierten KW in Warmblütlern untersuchte, letzteres in einem neu eingerichteten Isotopenlaboratorium.

Tschesche hielt die große Vorlesung »Organische Chemie« erstmals ohne Experimente; dafür hielt er eine zusätzliche Vorlesung »Einführung in die Biochemie«. Mit seiner Berufung nach Bonn wurden auch Neubaupläne aktuell, allerdings war für die vorgesehene Größe der Institute für Anorganische und Organische Chemie, Biochemie und Technische Chemie kein ausreichendes Baugelände in Poppelsdorf vorhanden, sodass auf ein neues Gelände in der Immenburg in Endenich ausgewichen wurde. Zusätzlich waren Hörsäle und Werkstätten vorgesehen. Mediziner, Nebenfächler und Naturwissenschaftler sollten im alten Gebäude an der Meckenheimer Allee verbleiben.[191] Anders als geplant beschloss das Land NRW – anstatt der Entwürfe einer Architektengemeinschaft – einen Neubau aus Fertigbauteilen (IMBAU, Tochter von »Neue Heimat«) zu errichten. Der damalige Finanzstaatssekretär Hallauer ging davon aus, dass das Institut so schnell und billig errichtet würde, da es höchstens 25 Jahre zu halten hätte, dann würde ohnehin ein neues, moderneres Institut an seiner Stelle erbaut.[192] Diese Einschätzung erwies sich allerdings als wenig zutreffend: Die Firma IMBAU ging, ebenso wie die »Neue Heimat«, in Konkurs. Der Einzug in das neue Institut an der Gerhard-Domagk-Strasse erfolgte dann 1972/73.[193] Kurz nach der Inbetriebnahme (5. Dezember 1973) brach in einem Dauerbetriebsraum ein Feuer aus, das – mangels funktionierender und geeigneter Feuerschutzklappen – in die mit brennbaren Materialien verkleideten Abzugstürme vordrang und diese zerstörte. Der Rauchpilz war bis Siegburg zu sehen; die vorbeiführende Autobahn musste gesperrt werden. Eine jahrelange Umbau- und Reparaturphase mit starken Einschränkungen des Lehr- und Forschungsbetriebes etwa bis 1975 war die Folge. Heute, über 40 Jahre nach Inbetriebnahme, wird das Institut nach kostspieligen Restaurierungsmaßnahmen nach wie vor genutzt. Rudolf Tschesche wurde 1975 emeritiert; Friedhelm Korte erhielt 1972 einen Ruf der TU München und wurde gleichzeitig Direktor eines neugegründeten Instituts für Ökologische Chemie der Gesellschaft für Strahlenforschung und Umwelt (GSF) in Neuherberg.

191 Vgl. Tschesche, Geschichte (1965).
192 Persönliche Mitteilung von Rudolf Tschesche.
193 Vgl. Appel, Gebäude (1976).

Die Zeitabschnitte Steglich/Vögtle (1975–1992) und Vögtle/Dötz (1992–2009)

Das »Kekulé-Institut für Organische Chemie und Biochemie«

Der schwere Brandschaden und die Wiederherstellungsarbeiten im Organisch-Chemischen Teil des Neuen Instituts erschwerten auch die Neuberufungen auf die frei gewordenen Lehrstühle, so dass mehrere Berufungslisten erforderlich wurden. Schließlich konnte im Jahre 1975 Wolfgang Steglich von der TU Berlin als Nachfolger Tschesches gewonnen werden. Steglichs Arbeitsschwerpunkte lagen in der Naturstoffchemie. Er entwickelte neue, zum Teil biomimetische, Synthesemethoden von Meeresalkaloiden und Peptiden. Sein Name ist mit einer Veresterungsvariante unter Verwendung des Kopplungsreagens DCCD (Dicyclohexylcarbodiimid) unter DMAP (4-Dimethylaminopyridin)-Katalyse verknüpft (»Steglich-Veresterung«). Darüber hinaus beschäftigte er sich mit der Biosynthese, der Isolierung und der Strukturaufklärung von biologisch aktiven Verbindungen, insbesondere von Pilzinhaltsstoffen wie den Strobilurinen, die als Leitstrukturen für die Entwicklung neuer umweltfreundlicher Fungizide dienten. Im Jahre 1992 nahm Wolfgang Steglich einen Ruf als Nachfolger von Rolf Huisgen an und wechselte nach München an die Ludwigs-Maximilians-Universität.

Ebenfalls im Jahre 1975 wurde Fritz Vögtle von der Universität Würzburg als Nachfolger von Friedhelm Korte berufen. Er beschäftigte sich mit Hohlraummolekülen wie Cyclophanen, Siderophoren, Kronenethern und besonderen Großmolekülen, die aufgrund ihrer Wirt-Gast-Eigenschaften zur Entwicklung der »Supramolekularen Chemie« beitrugen. Bereits in Würzburg stellte er die ersten krakenartigen »Kaskadenmoleküle« dar, die später als »Dendrimere« populär, und von ihm zu nanoskaligen Dendrimeren mit besonderen Hohlraum- und optischen Eigenschaften weiterentwickelt wurden. Mit verketteten (»Catenanen«), verknoteten (»Knotanen« und »Brezelanen«) und aufgefädelten Molekülen (»Rotaxanen«) wurden durch supramolekulare Templatsynthese weitere Nanostrukturen mit chiroptischen Eigenschaften (»topologische Chiralität«) synthetisiert. Ein Dirotaxan, in dem auf ein Achsenstück zwei Reifen aufgefädelt und miteinander verknüpft sind, ist nach dem Ort der Erstsynthese benannt (»Bonnan«). Vögtle ist Autor mehrerer Lehrbücher der Organischen Chemie. Er wurde im Jahre 2006 emeritiert; seinem Engagement verdankt das Institut seinen heutigen Namen »Kekulé-Institut für Organische Chemie und Biochemie«.

Als Nachfolger von Wolfgang Steglich wurde Karl Heinz Dötz nach Bonn berufen. Er hatte sich unter Ernst Otto Fischer am Anorganisch-chemischen Institut der Technischen Universität München habilitiert und kam über Marburg, wo er eine Professur für Metallorganische Chemie innehatte, im Jahre 1992 an das Institut für Organische Chemie nach Bonn. Ein derartiger »Stallwechsel«

mag zu dieser Zeit ungewöhnlich erschienen sein; er beweist jedoch, wie chemische Einzeldisziplinen zunehmend miteinander verwoben und in der Folge traditionelle Schranken gelockert werden, wie es für die Einrichtung von fachübergreifenden Forschungsverbünden wie beispielsweise Sonderforschungsbereichen förderlich ist. Karl Heinz Dötz etablierte die Metallorganische Chemie in Bonn und beschäftigte sich insbesondere mit Templatreaktionen, bei denen Moleküle durch Koordination an ein Metall aktiviert und nachfolgend stufenweise miteinander verknüpft werden, eine Thematik, die 2002 auch in einen Sonderforschungsbereich der DFG mündete. Sein Name ist mit der chrominduzierten Benzanellierung von Carbenen durch Alkine und Kohlenmonoxid zu Phenolderivaten (»Dötz-Reaktion«) verbunden, die unter anderem zur Synthese von Vitaminen und Antibiotika herangezogen wurde. Weitere Arbeitsschwerpunkte waren Metall-modifizierte Zucker und niedermolekulare Gelatoren.

Die vorgenannten Forschungsfelder des Instituts wurden durch folgende Arbeitsgebiete erweitert: Heinrich Wamhoff (1972–2002), vorher Assistent von Tschesche, beschäftigte sich mit Heterocyclen und photochemischen Prozessen. Eberhard Breitmaier (1975–2003) widmete sich der Naturstoffsynthese und der NMR-Spektroskopie. Eberhard Steckhan (1981–2000) etablierte in Bonn eines der wenigen deutschen Zentren für Organische Elektrochemie, eine in der Industrie häufig genutzte Synthesemethode.

Eine Besonderheit des Instituts war die »Sprungbrett-C3-Professur«, auf die bewusst talentierte junge Nachwuchswissenschaftler berufen wurden, die meist bereits nach kurzer Zeit renommierte Lehrstühle in Deutschland übernehmen konnten. Hierzu zählten Manfred T. Reetz (1978–1980, stereoselektive Reagentien), der eine C4-Professur in Marburg übernahm und später das Max-Planck-Institut für Kohlenforschung in Mülheim leitete, ebenso wie Dieter Enders (1980–1985, stereoselektive Synthese), der an die RWTH Aachen berufen wurde. Siegfried Blechert (1986–1990, Naturstoffsynthese und Metathese) folgte einem C4-Ruf an die TU Berlin. Herbert Waldmann (1991–1993, enzymatische Reaktionen) wechselte nach Karlsruhe und leitet seit 1999 die Abteilung Chemische Biologie am Max-Planck-Institut für Molekulare Physiologie in Dortmund. Norbert Krause (1994–1998, konjugierte Addition) und Stefan Bräse (2001–2003, Kombinatorische Chemie) übernahmen C4-Professuren in Dortmund und Karlsruhe. Siegfried Waldvogel (2004–2010, Supramolekulare Chemie Sensorik, und anodische Oxidation) wurde an die Universität Mainz berufen.

Als Nachfolger von Krause wurde im Jahre 2000 Andreas Gansäuer aus Freiburg berufen. Sein Schwerpunkt liegt in der Radikalchemie, die er zu einer selektiven Synthesemethode entwickelte. Auf Heinrich Wamhoff folgte 2002 Ruth Gschwind von der TU München, die sich der hochauflösenden NMR-Spektroskopie widmete und 2005 nach Regensburg wechselte. Als Nachfolger von Breitmaier kam 2004 Jörn Piel aus Jena nach Bonn; er entwickelte biosynthetische Methoden, insbesondere zum Aufbau von Polyketidgerüsten. Im Jahre 2013 wurde er als *Full Professor* an das Institut für Mikrobiologie der ETH Zürich berufen. Die Nachfolge von Gschwind trat 2006 Arne Lützen aus Oldenburg an. Er verstärkt nach der Emeritierung von Fritz Vögtle die Supramolekulare Chemie in Bonn, nutzt Selbstorganisationsprozesse in der Synthese und supramolekulare Koordinationsverbindungen zur molekularen Erkennung.[194]

Die Vielfalt und die Komplimentarität der am Kekulé-Institut und an den Instituten für Anorganische, Physikalische und Theoretische Chemie abgedeckten Forschungsfelder ermöglichte, teilweise auch in Kooperation mit Arbeitsgruppen aus der Physik, die Einrichtung verschiedener fachübergreifender Forschungsverbünde. So wurden mit der Einrichtung von Sonderforschungsbereichen zu den Themen »Wechselwirkungen in Molekülen« SFB 334 (1989–2001, Federführung Theoretische Chemie und Organische Chemie), »Template« SFB 624 (2002–2013, Federführung Organische Chemie) und »Chemie an Spinzentren) SFB 813 (seit 2009, Federführung Physikalische Chemie) jeweils längerfristige Forschungsprojekte durch die Deutsche Forschungsgemeinschaft gefördert. Damit konnten auch leistungsstarke hochauflösende NMR- und Massenspektrometer beschafft werden, wie sie für die Strukturaufklärung der zunehmend komplexer werdenden Verbindungen der Supramolekularen Chemie und der Naturstoffchemie erforderlich sind. Bereits im Jahre 1979 wurden mit der Biochemie und der Biotechnologie zwei neue C4-Professuren am Institut eingerichtet. Die Biochemie wurde von Konrad Sandhoff vertreten, der vom Max-Planck-Institut für Psychiatrie in München nach Bonn berufen wurde. Sein Arbeitsgebiet umfasste die Untersuchung von Vorgängen des zellulären Metabolismus. Im Mittelpunkt standen Glycosphingolipide und ihr Verhalten an Phasengrenzflächen. Sein Name ist mit der erstmaligen Beschreibung einer seltenen lyosomalen Speicherkrankheit bei Kindern (»Morbus Sandhoff«) verbunden. Seit seiner Emeritierung im Jahre 2007 wirkt Konrad Sandhoff als *Senior Professor* am LIMES-Institut.

194 In diesem Zeitraum fanden im Kekulé-Institut mehrere Habilitationen statt. Zwischen 1975 und 2009 habilitierten sich Martin G. Peter (1982, Naturstoffchemie, Ruf nach Potsdam 1994), Edwin Weber (1984, Supramolekulare Chemie, Ruf nach Freiberg 1993), Udo Kragl (1998, Biotechnologie, Ruf nach Rostock 1998), Gerhild van Echten-Deckert (1998, Biochemie), Thomas Kolter (2002, Biochemie), Christoph Schalley (2003, Supramolekulare Chemie, Ruf an die FU Berlin 2005), Kilian Muniz (2005, Stereoselektive Katalyse, Ruf nach Straßburg 2005), Andreas Marx (2003, DNA-Polymerase, Ruf nach Konstanz 2004), Alexander Heckel (2003–2007, DNA-Nanoarchitekturen, Ruf nach Frankfurt 2007) und Stephan Lütz (2008, Biotechnologie). Freiwerdende C-3-Stellen wurden mit den besten Nachwuchswissenschaftlern besetzt und entwickelten sich zu »Sprungbrett-Stellen« für C-4-Stellen an den führenden Universitäten: Martin G. Peter (1982), Edwin Weber (1984) und die Berufungen von Eberhard Breitmaier (1975), Manfred T. Reetz (1978), Dieter Enders (1980), Eberhard Steckhan (1981), Norbert Krause (1994) und Stefan Bräse (2000).

In einer gemeinsamen Berufung mit dem Forschungszentrum Jülich wurde Christian Wandrey aus Clausthal berufen, um die Biotechnologie in Bonn einzurichten. Er baute die Enzym- und Fermentationstechnologie sowie die Zellkulturtechnik auf und entwickelte ein Biogas-Verfahren zur Reinigung hochbelasteter Abwässer. Christian Wandrey wurde im Jahre 2008 emeritiert.

Im Jahre 1993 wurde mit der Bioorganischen Chemie eine weitere neue Fachrichtung am Institut etabliert. Als deren Leiter wurde im Jahr darauf Wilhelm Boland aus Karlsruhe berufen. Er baute eine Arbeitsgruppe auf, die Abwehrmechanismen in Pflanzen und Insekten studierte. 1997 wurde er als Direktor an das neu gegründete Max-Planck-Institut für Chemische Ökologie nach Jena berufen. Seine Nachfolge trat 1999 Michael Famulok an, der sich insbesondere Aptameren und der DNA-Nanotechnologie zuwandte. 2006 wurde die Arbeitsgruppe in das neu gegründete LIMES-Institut eingegliedert.

Der Zeitabschnitt Höger/Menche (seit 2006/2011)

LIMES-Ausgliederung

Als Nachfolger von Fritz Vögtle wurde 2006 Sigurd Höger aus Karlsruhe berufen. Sein Forschungsschwerpunkt sind aromatische und heteroaromatische Funktionsmaterialien.

Die Bandbreite seiner Forschung reicht von kleinen kondensierten Aromaten mit besonderen optischen und elektrooptischen Eigenschaften bis zu hochmolekularen Polymeren. Daneben beschäftigt er sich mit konjugierten Oligomeren definierter Länge und spezifischer Endfunktionalisierung. Ein weiterer Schwerpunkt liegt auf der Synthese und Untersuchung von makrocyclischen Verbindungen, und sogenannten molekularen Wagenrädern, die auch bei lateralen Ausdehnungen im zweistelligen Nanometerbereich eine hohe Formtreue besitzen. Mit der Berufung von Professor Höger wurde auch das Fach Makromolekulare Chemie in die Lehre mit aufgenommen.

Des Weiteren konnte die Methode der Rastersondenmikroskopie im Kekulé-Institut etabliert werden, die durch den unabhängigen Nachwuchswissenschaftler Dr. Stefan. Jester betrieben wird. Das Kekulé-Institut hat damit seine Tradition fortgesetzt, Synthese und Analytik auf höchstem Niveau zu betreiben.

Weitere Nachwuchswissenschaftler, die in der jüngeren Vergangenheit am Kekulé-Institut tätig waren, sind Dr. Tobias Gulder und Frau Dr. Birgit Esser. Beiden haben als DFG-geförderte Emmy Noether-Stipendiaten ihre eigenen Forschungsfelder in das Institut eingebracht. Dr. Gulder beschäftigte sich mit dem »Naturstoffengineering«, bei dem er sowohl chemische als auch biologische Methoden nutzt, um neue biologisch aktive Verbindungen zu erhalten, und wurde 2014 an die TU München berufen. Frau Dr. Esser erforschte neue Organische Funktionsmaterialien, unter anderem für die Anwendung in organischen Batterien. Sie wurde 2014 auf eine Professur in Freiburg/Brsg. berufen.

Auf Karl Heinz Dötz folgte 2011 Dirk Menche aus Heidelberg. Seine Forschungsinteressen liegen im Bereich der Naturstofftotalsynthese, der Entwicklung hierfür geeigneter Syntheseverfahren und der medizinischen Chemie von Naturstoffen. Im Rahmen seiner Berufung führte die Fachgruppe Chemie dringend notwendige Neuinvestitionen und Renovierungen der zentralanalytischen Abteilungen durch und besetzte die Leitung der NMR-Abteilung erstmals mit einer Wissenschaftlerin, nachdem diese vorher von einem Techniker betreut wurde. Einige Jahre zuvor war bereits eine neue Leiterin für die MS-Abteilung gefunden worden. Damit ist diese zentrale Einheit der chemischen Institute wieder zukunftsfähig ausgestattet.

Die Metallorganische Chemie bleibt jedoch auch nach der Emeritierung von Karl Heinz Dötz in Bonn präsent und wird weiter am Anorganischen Institut bei Alexander Filippou und bei Andreas Gansäuer am Kekulé-Institut gepflegt. Herr Gansäuer erhielt 2013 einen Ruf an die Universität Wien. Er konnte jedoch an der Universität Bonn gehalten werden. Als Nachfolger für Jörn Piel wurde 2014 Jeroen Dickschat berufen. Seine Arbeitsgebiete liegen im Bereich der Biosynthese terpenoider Naturstoffe aus Mikroorganismen.

Die Anorganische Chemie und das Studium der Chemie in Bonn

Günter Bergerhoff

Die Anfänge im 19. Jahrhundert

Mit der Gründung der Universität im Jahre 1818 wurde im Rahmen der Philosophischen Fakultät sogleich ein Lehrstuhl für Chemie eingerichtet. Seine Entwicklung bis 1932 beschreiben die späteren Inhaber des Lehrstuhls, Richard Anschütz und Paul Pfeiffer, ausführlich in der 1933 von Adolf Dyroff herausgegebenen Geschichte der Fächer und Disziplinen an der Bonner Universität.[195] Seit dieser Zeit sind weitere Einzelheiten bekannt geworden, die das damals gezeichnete Bild ergänzen und bis heute fortführen.[196]

Das Buch des ersten Lehrstuhlinhabers Karl Wilhelm Gottlob Kastner (1783–1857) »Einleitung in die neuere Chemie«[197] zeigt einerseits deutlich, wie

195 Anschütz, Chemisches Institut I. Teil (1933); vgl. Pfeiffer, Chemisches Institut II. Teil (1933).
196 Werner, Geschichte (2017).
197 Kastner, Einleitung (1814).

wenig sich die damaligen Kenntnisse mit den heutigen vergleichen lassen, andererseits, dass eine praktische Chemie der Elemente – die Anorganische Chemie – im Vordergrund stand, denn eine Vorstellung vom Aufbau chemischer Verbindungen bestand noch nicht. Kastners Aussage, er sei überzeugt, dass man in der Chemie nur dann etwas Tüchtiges zu leisten vermögen wird, wenn man mit den nötigen praktischen Kenntnissen zur Anstellung glücklicher und folgenreicher Versuche ausgerüstet ist, gilt jedoch heute noch. Er konnte seine Wünsche aber nicht in die Tat umsetzen, denn ihm stand nur ein kleines, privates Laboratorium im Hauptgebäude der Universität zur Verfügung, das seinen Ansprüchen, die er in seinem genannten Buch sehr deutlich beschreibt, kaum genügen konnte.[198] 1821 folgte er einem Ruf nach Erlangen, auch aus politischen Gründen.

Im Sommer 1819 war bereits Karl Gustav Bischof (1792–1870) zusätzlich als a.o. Professor für Chemie und Technologie berufen worden.[199] Für das Wintersemester 1919/20 kündigte er die Vorlesungen »Die Lehre von den chemischen Verbindungsverhältnissen und deren Gesetzen«, »Technologie« und »Die Probierkunst« an. Für ihn wurden ein Hörsaal und ein Praktikum für Studenten im Poppelsdorfer Schloss eingerichtet. Allerdings kam ein Betrieb des Praktikums erst 1852 in Gang. Es ist bezeichnend, dass Friedrich Moritz Baumert (1818–1865), der den praktischen Unterricht nach Carl Detlev Boedeker (1815–1895) ab 1855 leitete, schon 1857 auf eigenen Wunsch hin entlassen wurde, »weil er bei der schlechten Beschaffenheit des Laboratoriums krank geworden sei«. Bischof befasste sich mehr mit theoretischen Überlegungen, vor allem zur Geologie.[200] Seine Vorlesungen besuchten 30 bis 40 Hörer. Dies dürften aber nicht nur Studenten der Chemie gewesen sein. Es geht aus den »Verzeichnissen der Studirenden« hervor, dass sich die Studenten erst ab dem Winter-Semester 1860/61 für dieses Fach eintrugen. Vorher ist wohl der Eintrag »Naturwissenschaften« üblich. Das Studium war sehr großzügig geregelt. Das beschreiben die »Statuten der Universität Bonn« von 1829. Es werden keine bestimmten Vorlesungen und keine Studiendauer vorgeschrieben. Den Abschluss bildete die Promotion mit einer Dissertation, die bis 1864 in lateinischer Sprache abgefasst wurde. Eine erste solche Dissertation mit Titel chemischen Inhaltes ist in den Promotionsalben der Philosophischen Fakultät für 1850 vermerkt. Für die Jahre 1867 bis 1885 lässt sich aus diesen und den »Verzeichnissen der Studirenden« entnehmen, dass es insgesamt 49 Studenten waren, deren Dissertationstitel auf Chemie hinweist. Im Durchschnitt schlossen sie mit 24 Jahren ihr Studium ab.

198 Kirschke, Kastner (2001).
199 Diergart, Stellung (1927); Krenkel, Bischof, Karl Gustav Christoph, in: NDB 2 (1955), S. 261 f. (www.deutsche-biographie.de/sfz4567.html; zuletzt abgerufen am 19.04.2018).
200 Ebd.

Die lockere Handhabung des Studiums und die inhaltlich nahe Verbindung zur Pharmazie ermöglichten es, dass in dem 1831 gegründeten, privaten Laboratorium des Apothekers Ludwig Clamor Marquart[201] auch Chemiestudenten praktische, analytische Erfahrung sammeln konnten. Einer dieser Studenten war 1840 Carl Remigius Fresenius (1818–1897).[202] Es wurde täglich drei bis vier Stunden analytisch gearbeitet und im Semester bis zu 200 Analysen durchgeführt. Dies regte den Studenten Fresenius schon im zweiten Semester 1840/41 zur Abfassung eines Büchleins an: »Anleitung zur qualitativen chemischen Analyse oder systematisches Verfahren zur Auffindung der in der Pharmazie, den Künsten und Gewerben häufig vorkommenden Körper«. Zwischen 1842 und 1888 erlebte es als »Anleitung zur qualitativen chemischen Analyse« – wie auch die ergänzende »Anleitung zur quantitativen chemischen Analyse« – 13 Auflagen als in Bonn und international verbreitetes Praktikumsbuch im Chemieunterricht. Fresenius wechselte allerdings schon 1841 zu von Liebig nach Gießen. Die Lektüre einer älteren Auflage macht einerseits deutlich, wie viele beziehungsweise wenige chemische Verbindungen der Elemente bekannt waren und genutzt wurden, andererseits wie gering die richtige Kenntnis ihrer Zusammensetzung und Struktur war und mit welchen – aus heutiger Sicht – sehr einfachen Methoden Ergebnisse erzielt wurden. Eine wichtige Ergänzung für die analytische Arbeit wurde die Entwicklung der Maßanalyse durch Carl Friedrich Mohr (1806–1879), der 1867 als Professor für Pharmazie nach Bonn kam.[203] Seine Methode wurde Standard im analytischen Praktikum.

Der Nachfolger Bischofs war Hans Heinrich Landolt (1831–1910)[204] von 1857 bis 1869. Er machte die physikalischen Eigenschaften chemischer Verbindungen zum Hauptthema seiner Forschungen. Auch wenn sich mit der Entdeckung weiterer Elemente und der Aufstellung des Periodensystems durch Mendelejeff und Meyer 1869 die Kenntnisse in der Anorganischen Chemie deutlich klärten, trat mit August Kekulé und seiner Epoche machenden Theorie über die Molekülgestalt des Benzols die Organische Chemie in Bonn ganz in den Vordergrund. Im neuen Institut in der Meckenheimer Allee gab es zwar mehr Platz für Praktika in Anorganischer und Analytischer Chemie, deren Leiter waren vielfach Schüler von Kekulé und damit in der Forschung mit Themen aus der Organischen Chemie befasst. Später gab es eine Abteilung für Anorganische und Analytische Chemie. Deren Leiter waren als a.o. Professoren die Herren Theophil Engelbach,

201 Bayer, Marquart (1962).
202 Poth, Fresenius (2007).
203 Pachaly, Pharmazie (1996); Fachgruppe Pharmazie, Festschrift (2006); Schüller, Mohr (2007).
204 Pribram, Landolt (1911).

ab 1898 Eberhard Rimbach, ab 1913 Alfred Benrath,[205] ab 1924 Georg Jantsch und ab 1928 Heinrich Rheinboldt.

Die Entwicklung des Faches Chemie ließ in der zweiten Hälfte des 19. Jahrhunderts eine blühende chemische Industrie entstehen. Die Zahl der Chemiestudenten betrug 1886 in Bonn etwa 50 und stieg um die Jahrhundertwende auf über 100. Es stiegen aber auch die Ansprüche an die Kenntnisse der in der Industrie benötigen Chemiker. Man verlangte einen strenger geregelten Studienabschluss, der zuerst mit einem sogenannten Verbandsexamen angestrebt und später mit einer offiziellen, zweistufigen Diplomprüfung erreicht wurde.[206] Nach wie vor blieb die Promotion jedoch der vorrangige Studienabschluss. In den Jahren des Ersten Weltkrieges sank die Zahl der Studierenden verständlicherweise wieder auf etwa 50 ab, wovon nun zwei Drittel Frauen waren.[207]

Die Entwicklung im 20. Jahrhundert

Wie unter Kekulé lag auch bei seinen Nachfolgern Richard Anschütz (1852–1937) in der Zeit von 1882 bis 1922 und Paul Pfeiffer (1875–1951) in der Zeit von 1922 bis 1947 die Betonung auf der Organischen Chemie. Ebenso hatte Pfeiffer als Ordinarius, Lehrstuhlinhaber für Chemie und Direktor des Instituts die Gesamtverantwortung für Lehre und Forschung und vertrat die Interessen des Faches in der Fakultät. Eine selbständige Mathematisch-Naturwissenschaftliche Fakultät hatte sich erst 1936 durch Spaltung der Philosophischen Fakultät ergeben.[208] Pfeiffers Stellung äußerte sich vor allem auch darin, dass er im Sommer- und Wintersemester beide großen Grundvorlesungen in Anorganischer und Organischer Experimentalchemie hielt und die Ausgaben des Instituts verantwortete. Gemäß der Verfassung der Universität von 1930 gab es nur unter ihm weitere, nicht beamtete Professoren, die Vorlesungen in den sich entwickelten Spezialgebieten und für die Studenten hielten, die Chemie als Nebenfach hören mussten (Physik, Medizin, Mineralogie, Biologie) oder Chemie als Lehrfach an Gymnasien anstrebten.[209] Sie betreuten auch die das Studium begleitenden Praktika im Institut mit Assistenten.

Im Zweiten Weltkrieg wurde das Institut beschädigt, konnte aber in Teilen noch benutzt werden. Zum Wintersemester 1944/45 wurde die Universität geschlossen, schon vorher waren Arbeitsgruppen der Professoren »ausgelagert« worden. Die »Anorganische Chemie« war nach Ebstorf, Kreis Uelzen, gezogen,

205 Benrath, Erinnerungen.
206 NN, Studium der Chemie (1897).
207 Anschütz, Chemisches Institut I. Teil (1933); vgl. Pfeiffer, Chemisches Institut II. Teil (1933).
208 Becker, Gründung (2006).
209 Duisberg, Hochschulunterricht (1906); Peters, Lehrerausbildung (1996).

wo einige Doktoranden ihre Dissertation fertig stellen konnten. Nach Kriegsende wurde – auch mit Hilfe der Studierenden – das Institut wieder funktionsfähig gemacht. Burkhardt Helferich (1887–1982) folgte Paul Pfeiffer 1947 bis 1960 als Direktor. Unter ihm änderten sich die Verhältnisse wenig. Allerdings war die Zahl der Chemie-Studenten wesentlich gestiegen und betrug zeitweise über 400. 1950 hatte die Physikalische Chemie ein selbständiges Institut mit Wilhelm Groth als Direktor erhalten und wurde 1951 eigenes Promotionsfach. Die Anorganische Chemie hatte mit den Möglichkeiten der Röntgenstrahlenphysik[210] und der Koordinationslehre Alfred Werners, die sein Schüler Paul Pfeiffer mit nach Bonn brachte, mittlerweile neue Bedeutung erlangt. So erhielt sie mit der Nachfolge Helferichs 1960 ebenfalls ein eigenes Institut in den Räumen des Chemiegebäudes in der Meckenheimer Allee. Sein Direktor wurde Otto Schmitz-Du Mont (1899–1982).[211] Er hatte schon lange die Leitung der Praktika in Anorganischer Chemie von Rheinboldt übernommen, der 1934 nach Brasilien emigrierte. Schmitz-Du Mont hielt jetzt auch die *große* Vorlesung in Anorganischer Experimentalchemie. 1927 in Bonn bei Rheinboldt noch mit einem Thema aus der Organischen Chemie habilitiert, hatte er sich ab 1939 der Anorganischen Chemie zugewandt. Als a.o. Professor führte sein Schüler Bernd Ross auch die Untersuchungen in flüssigem Ammoniak von 1972 bis 2003 weiter.

Eine Ergänzung erfuhr die Anorganische Chemie schon 1953 mit Ernst Kordes (1900–1976), der von der Universität Jena nach Bonn kommen konnte. Er erhielt eine k.w.Professur und bereicherte die Bonner Forschungen durch solche an Keramik und Gläsern.

Eine weitere Steigerung der Studentenzahlen zeichnete sich ab. Sie sollte 1990 einen Höhepunkt von 1.500 erreichen. Im Jahr 1962 wurde deshalb ein zusätzliches Extraordinariat und später Ordinariat für Anorganische Chemie eingerichtet, das Rolf Appel (1921–2012) übernahm.[212] Dieser zeigte in zahlreichen Veröffentlichungen unter anderem, dass das Element Phosphor vielerlei Moleküle zusammen mit Kohlenstoff zu bilden vermag. Seine Arbeiten wurden 1972 mit dem IMPHOS *Scientific Prize* und 1986 mit der Liebig-Denkmünze der Gesellschaft Deutscher Chemiker ausgezeichnet. Als sein Schüler weitete Dieter Hänssgen 1975–2001 als apl. Professor seine Untersuchungen in der Metallorganischen Chemie auf andere Elemente aus. In Rolf Appels Zeit wurde 1972 das traditionsreiche Institut in der Meckenheimer Allee[213] verlassen zugunsten eines modernen Neubaus der Chemischen Institute in Bonn-Endenich. Für dessen anorganischen Teil gab Rolf Appel wichtige Impulse.[214]

---

210 Pfeiffer, Röntgenstrahlenphysik (1920).
211 Friebel, Schmitz-Du Mont (1999).
212 Filippou/Niecke, Appel (2012).
213 Knopp, Gebäude (1989).
214 Appel, Gebäude (1976).

Nicht nur die Entwicklung neuer Synthesemethoden war für die Chemie von Bedeutung, sondern ebenso die Entwicklung physikalischer Untersuchungsmethoden, insbesondere die Untersuchung von Kristallstrukturen mit Röntgenstrahlen. In der Abteilung für Physikalische Chemie hatte Mark von Stackelberg diese Methode bereits für die Untersuchung der Gashydrate verwendet. Später folgten ihm dabei im Institut für Anorganische Chemie Heinz Krebs als apl. Professor in den Jahren 1950 bis 1960 und Günter Bergerhoff als Wissenschaftlicher Rat und Professor von 1963 bis 1991. Heute werden derartige Einkristalluntersuchungen zur Strukturaufklärung so allgemein durchgeführt, das 2016 die Zahl bekannter Kristallstrukturen in der im Bonner Institut aufgebauten *Inorganic Crystal Structure Database* (ICSD) mehr als 180.000 anorganisch-chemische Strukturen beträgt. Sie wird jetzt vom FIZ Karlsruhe und dem National Institute of Standards and Technology (NIST) gemeinsam fortgeführt. Damit entstehen neue, rationelle Möglichkeiten, Strukturen und ihre Eigenschaften systematisch zu untersuchen.[215]

Auf Otto Schmitz-DuMont folgte Heinrich Puff in den Jahren 1964 bis 1986. Er förderte die röntgenographische Strukturuntersuchung, leistete Beiträge zur Chemie der metallorganischen Verbindungen des Zinns und Germanium und widmete sich der Ausbildung der Lehrer für Chemie unter anderem durch die weitere Herausgabe des von Rheinboldt und Schmitz-DuMont begonnenen Buches »Chemische Unterrichtsversuche« mit andern Bonner Autoren. Die Ausbildung der Chemielehrer hatte die Universität von der Pädagogischen Hochschule Rheinland 1980 bis 2002 und wieder ab 2012 übernommen.[216]

Mit Martin Jansen als Nachfolger von Heinrich Puff in den Jahren 1987 bis 1998 erhielt die Anorganische Festkörperchemie einen starken Auftrieb. Bis zu seiner Berufung an das Max Planck Institute for Solid State Research in Stuttgart entstanden über 300 Veröffentlichungen, die auch aus dem Einsatz vieler weiterer Untersuchungsmethoden und theoretischer Überlegungen (mit Christian Schön) folgten. Sein Nachfolger Johannes Beck (ab 1999) und die Nachfolger von Günter Bergerhoff, Bernd Harbrecht (1991–1995), Harald Hillebrecht (1997–2000) und Robert Glaum (seit 2000) förderten dieses Gebiet, nicht zuletzt durch Nutzung neuer Synthesemethoden und Testen praktischer Anwendungen.

Eine weitere Verstärkung auf dem Gebiet der festen Stoffe erfolgte durch eine neue Professur, die 1993 mit Werner Mader besetzt wurde. Er führte insbesondere die Elektronenmikroskopie als Untersuchungsmethode ein, mit der unter anderem Ursachen und Konsequenzen der Abweichungen vom idealen Aufbau fester Körper untersucht werden können. Er musste allerdings in die Römer-

215 FIZ Karlsruhe, Focus (2015).
216 Peters, Lehrerausbildung (1996).

strasse in ein anderes Gebäude ausweichen, weil im neuen Institut in Bonn-Endenich der Platz schon nicht mehr ausreichte.

Die Chemie phosphorhaltiger anorganischer Moleküle, die Rolf Appel so erfolgreich untersucht hatte, wurde von seinem Nachfolger Edgar Niecke in den Jahren 1986 bis 2004 und dessen Schüler Rainer Streubel ab 2003 ergänzt. Edgar Nieckes Nachfolger Alexander C. Filippou bezog seit 2005 die höheren Homologen des Kohlenstoffs (Silicium, Germanium, Zinn, Blei) in die Synthesen der Moleküle ein und fand unerwartete Dreifachbindungen zwischen diesen Elementen und Übergangsmetallen. Für seine Arbeiten erhielt er 2016 den *Wacker Silicone Award.*

Die gegenwärtige Situation

Das Institut für Anorganische Chemie hat heute eine umfangreiche Palette von Arbeitszielen und Arbeitsmöglichkeiten. Physikalische Untersuchungsmethoden sind selbstverständliche Werkzeuge. Die Ergebnisse werden nach wie vor in den traditionellen Zeitschriften veröffentlicht. Ein Überblick ist nur noch möglich, weil zahlreiche Datenbanken über Veröffentlichungen, aber auch über Eigenschaften einen systematischen Zugriff über das Internet erlauben. Im Oktober 2016 betrug die Zahl registrierter chemischer Verbindungen über 122.000.000. Der *Registry File* von *Chemical Abstracts* zeigt,[217] dass sie sich pro Minute um circa 20 erhöht.

Die Erhöhung unserer Kenntnisse in der Chemie, die sich in diesen Zahlen widerspiegelt, konnte nicht ohne Einfluss auf das Studium bleiben. Das durchschnittliche Alter der 31 Chemie-Studenten, die 1982 promovierten, war bereits auf 31 gestiegen. Zwischen 2002 und 2011 wurden im Fach Chemie durchschnittlich 32 Studierende pro Jahr promoviert. Sie verteilten sich auf die inzwischen entstandenen Fachrichtungen Anorganische Chemie (19 Prozent), Organische Chemie (38 Prozent), Biochemie (12 Prozent), Physikalische und Theoretische Chemie (24 Prozent) und Technische Chemie (7 Prozent in Kooperation mit dem Forschungszentrum Jülich GmbH). Knapp ein Viertel (24 Prozent) der Promovierten waren Frauen, die die Fachrichtungen Organische Chemie (29 Prozent) und Biochemie (38 Prozent) bevorzugten. Erwähnt sei, dass 12 Prozent der Promovierten Ausländer waren. Die Universität Bonn hatte zum Beispiel seit 1962 eine Partnerschaft mit der Universität Kabul (Afghanistan), in deren Rahmen ein Team der Fachgruppe Chemie viele Jahre in Kabul tätig war.[218] In den 1980er Jahren wurde mit deutschen Mitteln sogar ein

217 Vgl. www.cas.org (zuletzt abgerufen am 19.04.2018).
218 Jäger, Partnerschaft (1965).

neues Institut für Chemie in Kabul errichtet, das allerdings in den späteren Wirren seinen Zweck nicht mehr erfüllen konnte.

Infolge der Neuordnung des Studiums durch den Bologna-Prozess wurde in Bonn der Diplomstudiengang Chemie ab 2007 durch zwei akkreditierte, konsekutive Studiengänge ersetzt. Der Bachelorstudiengang Chemie vermittelt die Grundlagen der Chemie und führt nach einer Regelstudienzeit von sechs Semestern zum akademischen Grad *Bachelor of Science* (B.Sc.) Chemie. Der Masterstudiengang hat ein forschungsorientiertes Profil und führt nach einer Regelstudienzeit von vier Semestern zum akademischen Grad *Master of Science* (M.Sc.) Chemie. Beide Studiengänge sind in Module mit einem jeweils definierten Leistungskatalog unterteilt, die mit Modulprüfungen abgeschlossen werden. Im Studienjahr 2012/2013 erreichten die ersten 17 Studenten den Masterabschluss. Dem Masterstudiengang Chemie schließt sich in der Regel die Promotion an.

Biochemie und Chemische Biologie

Konrad Sandhoff

Entstehungsphase

Biochemisch orientierte Forschungsrichtungen gehören schon seit den 1940er Jahren zu den Arbeitsgebieten der Chemie in Bonn. Im Jahre 1947 wurde Burckhardt Helferich Direktor des Chemischen Instituts in Bonn.[219] Als Schüler von Emil Fischer hatte er sich einen Ruf auf dem Gebiet der chemischen Kohlenhydratsynthese erworben.[220] In Bonn setzte er seine Arbeiten zur Synthese von Di- und Oligosacchariden und zur Reinigung und Spezifität von Glykosidasen fort. Eine β-Glucosidase aus Süßmandel-Emulsin wurde sogar kristallisiert und ihre Spezifität gegenüber natürlichen Oligosacchariden und synthetischen Strukturanaloga analysiert.[221] Auch die Spezifität der N-Acetylglucosaminidasen wurde mit Hilfe synthetischer Substratanaloga bestimmt. Nach seiner Emeritierung 1955 und der Gründung der Teilinstitute für Anorganische, Physikalische und Organische Chemie übernahm Rudolf Tschesche 1960 das Organisch-Chemische Institut in Bonn und erweiterte es zum Institut für Organische Chemie und Biochemie. Tschesche isolierte Naturstoffe, klärte ihre Strukturen

219 Siehe hierzu auch den Beitrag von Heinrich Wamhoff und Karl Heinz Dötz zur Organischen Chemie in diesem Kapitel.

220 Stetter, Helferich (1985).

221 Helferich/Kleinschmidt, Kenntnis (1967).

auf und entwickelte Syntheseverfahren für pharmakologisch interessante Saponine, Steroide, Glykoside und zyklische Peptidalkaloide. Er führte eine Vorlesung Biochemie ein und betrieb den Bau der neuen Chemischen Institute in Endenich, die ab 1972 bezogen wurden. 1975 ging Rudolf Tschesche in den Ruhestand.

Wolfgang Steglich wurde sein Nachfolger auf dem Lehrstuhl für Organische Chemie. Steglich war für seine Naturstoff- und Peptidsynthesen bekannt. Unter anderem isolierte und synthetisierte er neuartige Pilz-Metabolite und -inhaltsstoffe (darunter fungizid wirkende Strobilurine), studierte ihre Biosynthesewege und klärte die Bildung von Chalciporon und beta-Dopa auf.[222] Er entwickelte neue Methoden zur Aktivierung von Carboxylgruppen und zur Synthese von Peptiden.

Gründung der Abteilung für Biochemie

Im Rahmen des weiteren Ausbaus der Chemie wurde bereits 1978 eine eigene Abteilung für Biochemie eröffnet, deren Leitung 1979 Konrad Sandhoff übernahm. Er hatte an der LMU in München Chemie studiert, wurde von Feodor Lynen habilitiert und kam aus der Neurochemischen Abteilung von Horst Jatzkewitz am Max-Planck-Institut für Psychiatrie. Dort und an der Johns Hopkins University in Baltimore (Saul Roseman) und dem Weizmann-Institut in Rehovot (Ruth Arnon) hatte er neueste Methoden der Membran- und Lipidbiochemie sowie der Zellbiologie und Immunologie kennen gelernt. Er erweiterte die biochemische Ausbildung der Studierenden durch Praktika und Seminare zu biochemischen Grundlagen, die nach seiner Emeritierung zunächst von Thomas Kolter (ab 2007) und ab 2009 von Christoph Thiele (LIMES) geleitet wurden. Die Arbeitsgruppe Sandhoff führte an postmortalen Geweben und Zellkulturen von Patienten der Amaurotischen Idiotie chemische Analysen von Membranlipiden und Stoffwechseluntersuchungen durch. Diese sowie enzymatische und zellbiologische Studien erlaubten die Identifizierung und Aufklärung mehrerer neurodegenerativer lysosomaler Erbkrankheiten, unter anderem der Lipidspeicherung und des enzymatischen Defekts bei einer neu entdeckten Gangliosid-Speicherkrankheit, die seit Anfang der 1970er Jahre unter dem Eponym *Sandhoff Disease* bekannt ist. Die Arbeitsgruppe klärte Struktur und Funktion lysosomaler Proteine (Enzyme und Lipidbindungsproteine) auf, ebenso die molekularen Ursachen weiterer lysosomaler Lipidspeicherkrankheiten (unter anderem Tay-Sachs-Erkrankung, Niemann-Pick'sche Erkrankung Typ A und B,

222 Weber/Anke/Steffan/Steglich, Antibiotics (1990); Koiß/Steglich, Total synthese (2004); Weber/Anke/Bross/Steglich, Strobilurin D (1990).

Farber-Erkrankung) sowie neue Lipidosen, die durch erblich bedingte Defekte von Lipidbindungsproteinen verursacht werden. Sie leistete konzeptionell wichtige Beiträge zur Aufklärung der Gangliosidbiosynthese, der Lipidenzymatik an Membranphasengrenzen und der Topologie der zellulären Endozytose von Glykolipiden.[223] Diese Arbeiten bilden eine Grundlage für die Entwicklung von Therapieansätzen. Im Jahr 2007 wurde Konrad Sandhoff emeritiert. Er führt eine Arbeitsgruppe im Rahmen der Fachgruppe LIMES als Seniorprofessor weiter.

Sonderforschungsbereiche und Auszeichnungen

Die Zusammenarbeit mit anderen Fächern führte 1992 zur Gründung des SFB 284 »Glykokonjugate und Kontaktstrukturen der Zelloberfläche« unter Federführung der Biochemie mit Projekten aus der Chemie, Biologie und Medizin. Es folgten DFG geförderte Kooperationen im SFB 400, SFB 645, TRR83, in den Forschergruppen 425 und 367 sowie den Graduiertenkollegs 804 und 98.

Die Arbeiten der biochemischen Abteilung zum Sphingolipidstoffwechsel und zur molekularen Analyse erblicher Krankheiten wurden mit der Verleihung mehrerer Preise an Konrad Sandhoff ausgezeichnet, unter anderem mit dem Heinrich-Wieland-Preis (1979), Max-Planck-Forschungspreis (1999) und Zülch-Preis der Max-Planck-Gesellschaft (1998), der Richard-Kuhn-Medaille der GDCh (1992) und Mendel-Medaille der Deutschen Akademie der Wissenschaften Leopoldina (2001), Otto-Warburg-Medaille der GBM (2006), dem *European Lipid Science Award* (2008) und dem *WORLD Award* für *Innovation and Accomplishment and Therapy* in San Diego (2017).

Zur Erweiterung der Forschung im SFB 284 und der Ausbildung im Bereich Biochemie/Bioorganische Chemie wurde 1994 die erste Professur (C4) für Bioorganische Chemie in Deutschland etabliert und mit Wilhelm Boland von der Universität Karlsruhe besetzt. Boland hatte Chemie in Münster und Köln studiert. Bekannt wurde er für seine Untersuchungen über Duftstoffe als induzierbare Komponenten der indirekten Insekten-Abwehr durch Pflanzen. Zu den bedeutendsten Ergebnissen gehört die Entdeckung von Jasmonsäure als Kontrollelement der pflanzlichen Duftproduktion nach Fraßschäden durch Insekten. Synthesen von mikrobiellen Phytotoxinen (Coronatin) mit vergleichbarem Wirk- und Aktivitätsspektrum führten zur heute allgemein akzeptierten Hypothese, dass ein Konjugat von Jasmonsäure mit der Aminosäure Isoleucin die eigentlich wirksame Signalkomponente darstellt. Ein weiteres Forschungsgebiet war die chemische Kommunikation bei marinen Braunalgen über Pheromone

223 Sandhoff, My journey (2012).

(ungesättigte C_{11}-Kohlenwasserstoffe). Ihre Biosynthese aus hoch ungesättigten Eicosanoiden wurde durch Einsatz gezielt isotopenmarkierter Vorstufen erarbeitet.[224] 1997 wurde Wilhelm Boland zum Direktor der Abteilung für Bioorganische Chemie des MPI für Chemische Ökologie in Jena berufen und 2003 zum *Fellow of the Royal Chemical Society of Great Britain* ernannt.

Sein Nachfolger wurde 1999 Michael Famulok. Er hatte in Marburg Chemie studiert, war Postdoktorand am Mass. Inst. Techn. bei Julius Rebek (Supramolekulare Chemie) und am Harvard Dept. of Genetics bei Jack Szostak (RNA Selex- und Aptamer-Technologie) in Boston. 1996 habilitierte er sich am Institut für Biochemie der LMU München. Famulok forscht auf dem Grenzgebiet zwischen Organischer Chemie und Biochemie. Schwerpunkte seiner Gruppe sind die gerichtete Evolution kombinatorischer Nukleinsäurebibliotheken (SELEX-Technik), die Chemische Biologie kleiner Guaninnukleotid-Austauschfaktoren (GEFs) und die DNA-Nanotechnologie. Aptamere und kleine organische Moleküle werden in verschiedenen Zellsystemen und Modellorganismen (Drosophila, Maus) zur Funktionsaufklärung von Zielproteinen verwendet.[225]

Seine Arbeiten wurden unter anderem mit dem Leibniz-Preis der DFG (2002), dem Otto-Klung-Wilhelmy-Preis für Chemie (1998) und dem GlaxoSmithKline Award (2008) ausgezeichnet. Von 2002 bis 2011 war er Sprecher des Graduiertenkollegs (GRK) 804 »Analysis of cellular functions by combinatorial chemistry and biochemistry«. Famulok ist seit 2006 Direktor der »Program Unit Chemical Biology & Medical Chemistry« am LIMES Institut und hat dort die »NRW International Graduate Research School LIMES – Chemical Biology« gegründet.

Jörn Piel wurde 2004 als Nachfolger von Prof. Breitmaier zum Professor (C3/W2) für Biologische und Organische Chemie an das Kekulé-Institut berufen. Nach einem Chemie-Studium in Bonn und einer Postdoktorandenzeit an der Universität Washington in Seattle war er Gruppenleiter am MPI for Chemical Ecology in Jena, wo er sich 2004 an der Universität habilitierte. Seine Gruppe in Bonn arbeitete im Schnittfeld zwischen Organischer Chemie, Molekulargenetik und Biochemie.

Um neuartige bioaktive Metabolite zu erzeugen, wurden in seiner Arbeitsgruppe bakterielle Biosynthesewege genetisch gezielt verändert. Im Mittelpunkt stehen ungewöhnliche Enzyme der Polyketid- und nicht-ribosomalen Peptidbiosynthese, um die Palette der verfügbaren Werkzeuge für die maßgeschneiderte Biosynthese von Wirkstoffen zu erweitern.[226] Ausgezeichnet wurden seine Arbeiten unter anderem mit dem *Young Scientist Award for Natural Products Research* der DECHEMA (2004) und mit dem *Matt Suffness Award of the Ame-*

224 Mithofer/Boland, Plant defense (2012).
225 Famulok/Hartig/Mayer, Functional aptamers (2007).
226 Piel, Approaches (2011).

rican Society of Pharmacognosy (2004). Rufe nach Berlin und an die TU München hat er abgelehnt, 2012 ist er schließlich einem Ruf an die ETH Zürich gefolgt.

Im Jahr 2006 wechselten Famulok und Sandhoff zur neugegründeten Fachgruppe LIMES, Molekulare Biomedizin, in der Mathematisch-Naturwissenschaftlichen Fakultät. In den folgenden Jahren wurden mit Dirk Menche (2011, Naturstofftotalsynthese, medizinische Chemie von Naturstoffen) und Jeroen Dickschat (2014, Biosynthese terpenoider Naturstoffe aus Mikroorganismen) zwei Professoren an das Kekulé-Institut berufen, die auch biochemische Arbeitsziele verfolgen.

Anhang: Tabelle Habilitationen Biochemie

Habilitierte im Kekulé-Institut (a) und Berufungen auf C-3 Stellen (b) im Zeitraum 1980 bis 2012:

(a/b)	Name	Jahr	Fach	Entwicklung
A	Martin Peter	1982	Naturstoffe	1987 C-2 Universität Bonn, 1994 C-4 Universität Potsdam
A	Ernst Conzelmann	1988	Biochemie	1989 C-3 Universität Würzburg
A	Athanasios Giannis	1992	Org. Chemie u. Biochemie	1997 C-3 Universität Karlsruhe, 2002 C-4 Universität Leipzig
A	Gerhild van Echten-Deckert	1998	Biochemie	
A	Thomas Kolter	2002	Org. Chemie u. Biochemie	
A	Andreas Marx	2003	Chemische Biologie	2004 C-4 Universität Konstanz
A	Günter Mayer	2009	Chem.Biol./ Mol.Biomedizin	2010 C-3 Universität Bonn

Ohne Habilitation wurden berufen:

2002 Alexander Heckel zum Emmy-Noether Gruppenleiter in Bonn und 2007 Professor (C3) an der Universität Frankfurt.

2004 Christoph Arenz (Synthese von Enzyminhibitoren) zum Junior Professor an der Humboldt-Universität Berlin und 2011 C3 Professor,

1991 Elisabet Mandon, Humboldt-Stipendiatin (Zellbiologie des Lipidstoffwechsels) an die University of Massachussetts, Worcester, MA.;

1994 Peter Hoffmann zum Vizepräsidenten von Genzyme, Boston.

Physikalische Chemie

Wolf Vielstich

Im Jahr 1924 wurde im Rahmen des Chemischen Instituts der Universität Bonn erstmalig eine Abteilung für Physikalische Chemie geschaffen, geleitet [1925–1946] von Andreas von Antropoff. Er ist besonders bekannt durch seine spezielle Anordnung der Elemente im Periodensystem, an dessen Spitze er ein hypothetisches chemisches Element der Ordnungszahl 0, das Neutronium, setzte. Antropoffs Assistent, Mark Freiherr von Stackelberg, habilitierte sich 1930, wurde 1936 zum Professor ernannt und leitete von 1946 bis 1950 die Abteilung für Physikalische Chemie im Chemischen Institut der Bonner Universität. Er wurde Mitarbeiter am 1955 neu errichteten Institut für Physikalische Chemie und im Jahre 1961 auf das dort neu errichtete Extraordinariat für Elektrochemie berufen. Seine ersten Arbeiten sind geprägt durch Strukturuntersuchungen an Carbiden, Nitriden, Boriden und phasentheoretische Untersuchungen der Mischkristallbildung. Seit 1935 beschäftigte er sich hauptsächlich mit elektrochemischen Problemen und gilt neben Heyrovsky in Prag als der wesentliche Entwickler der Polarografie.[227]

Im Vergleich zu anderen Universitäten in Deutschland erfolgte die Einrichtung eines Lehrstuhls und Instituts für Physikalische Chemie im Jahre 1950 sehr spät. Berufen wurde Wilhelm Groth, der sich 1939 in Hamburg bei Paul Harteck habilitiert hatte. Er betrieb sehr engagiert den Bau eines modernen Institutsgebäudes mit hervorragenden Werkstätten in der Wegelerstraße, das nach $3\frac{1}{2}$ jähriger Bauzeit am 28. Januar 1955 eingeweiht wurde.

Die erste Generation

Groths Arbeitsgebiet war zunächst die Photochemie von Gasen, insbesondere bis ins Vakuum UV. Die ursprüngliche Motivation hierfür war die Frage nach dem Einfluss der Photochemie in Planetenatmosphären, insbesondere die Bildung möglicher Vorläufer für die Entstehung des Lebens. Unter seiner Leitung entwickelte sich das Institut zu einem Zentrum für die Chemie der Atmosphäre. Er organisierte den Bau der »großen Kugel« mit einem Durchmesser von 7,5 m, die auf einen Druck von einigen 10^{-9} Torr evakuierbar war.[228] In ihr konnten unter anderem Reaktionen der oberen Atmosphäre simuliert werden, da in ihr auch bei niedrigen Drucken die Zahl der Stöße der Gasmoleküle mit der Gefäßwand

227 Stackelberg (1950), Arbeitsmethoden (1950).
228 Groth et al., Untersuchungen (1972).

klein war im Vergleich zu den Volumenstößen der Gasmoleküle untereinander. Aus Groths Arbeitsgruppe gingen viele Wissenschaftler hervor, die sich in den folgenden Jahren und später auch an anderen Universitäten mit der Chemie der Atmosphäre, der Smogbildung, der Luftverschmutzung, speziell auch der Rolle der OH und NOx-Moleküle und dem Ozonabbau beschäftigt haben.

Von 1962 bis 1964 hatte Robert Haul den neuen Parallel-Lehrstuhl zu Groth inne, bevor er einen Ruf an die Universität Hannover annahm. Als erster habilitierte sich im Arbeitskreis Groth 1959 Hans-Dieter Beckey, der mit Groth von Hamburg nach Bonn gekommen war und dann von 1965 bis 1983 als Nachfolger von Haul in Bonn tätig war. Sein Arbeitsgebiet war zunächst die Gaskinetik im Hinblick auf Isotopentrennung und die Massenspektroskopie organischer Moleküle. Diese Untersuchungen führten ab 1957 zur Entwicklung der Felddesorptions-Massenspektroskopie, einer schonenden Ionisierungsmethode, die auch den massenspektrometrischen Nachweis von Molekülen im Bereich höherer Molekulargewichte ermöglicht und als Vorläufer von MALDI (*Matrix Assisted Laser-Desorption/Ionisation*) angesehen werden kann.[229] An seinem Lehrstuhl habilitierte sich 1975 Karsten Levsen, der von 1985 bis 2001 Leiter des Bereichs Analytische Chemie im Frauenhofer Institut für Toxikologie und Experimentelle Medizin in Hannover wurde. Die mehr theoretischen Arbeiten führte Franz Röllgen fort, der nach seiner Habilitation 1974 als Professor der Abteilung »Massenspektroskopie und Feldemission« von 1974 bis 2001 vorstand und sich vor allem mit der Massenspektroskopie thermisch labiler Verbindungen beschäftigte.

Unter Groths ersten Habilitanten (1964) war auch Franz Comes, der 1972 als Institutsleiter an die Universität Frankfurt/Main wechselte und dort die Gruppe Laserchemie mit starkem Interesse im Bereich atmosphärische Chemie aufgebaut hat. Es folgte 1966 die Habilitation von Karl-Heinz Welge, der 1973 auf den Lehrstuhl für Experimentalphysik an die Universität Bielefeld berufen wurde. Karl-Heinz Becker habilitierte sich 1972 und führte zunächst als Abteilungsleiter die Arbeitsgruppe nach Groths Emeritierung 1972 fort.[230] Er wurde 1974 an die Bergische Universität Gesamthochschule Wuppertal berufen und baute dort das Institut für Physikalische Chemie auf; Schwerpunkt der Forschung waren Laboruntersuchungen luftchemischer Prozesse und Verbrennungsvorgänge, Photooxidantienbildung und Ozonchemie. Dieter Kley habilitierte sich 1973, führte ab 1975 seine Arbeiten im Aeronomy Laboratory of the National Oceanic and Atmospheric Administration in Boulder fort und war wesentlich beteiligt an der Messung von Spurengasen in der Stratosphäre und Troposphäre mit Hilfe von Ballon-Aufstiegen und Flugzeugen. Von 1985 bis 2002 war er Direktor am

229 Beckey, Experimental Techniques (1979).
230 Schurath/Weber/Becker, Electronic Spectrum (1977).

Institut für Chemie und Dynamik der Geosphäre des FZ Jülich. Die letzten Habilitanten aus der Ära Groth, welche unter anderem an der Großen Kugel arbeiteten, waren Ewald Fink (1975) und Ulrich Schurath (1977). Fink wurde 1977 Professor für Physikalische Chemie an der Bergischen Universität Gesamthochschule Wuppertal und setzte dort vor allem die UV Spektroskopie an kleinen Molekülen fort. Schurath, 1978 zum Professor ernannt, leitete die Abteilung Luftchemie und Matrixspektroskopie, bis er 1995 an das Institut für Umweltphysik der Universität Heidelberg berufen wurde und (nach dem »Jülicher Modell«[231]) am FZ Karlsruhe am Institut für Meterologie und Klimaforschung den Institutsbereich »Atmosphärische Aerosolforschung« (IMK-AAF) aufbaute.

Ein noch heute interessantes Arbeitsgebiet, das Groth schon in Hamburg mit Harteck begonnen hatte, waren Isotopentrennverfahren. Im neuen Bonner Institut entwickelte Groth in Serie geschaltete Ultrazentrifugen zur Trennung der Uranisotope, wobei die Entwicklung des Rotors ohne Lagerreibung und Ölschmierung wesentlich war für die spätere Erstellung technischer Anlagen. So entstand die erste technisch einsetzbare Uranzentrifuge weltweit.[232]

Groth war sehr aktiv in der Selbstverwaltung der Universität. Als Rektor im akademischen Jahr 1965/66 verstärkte er die Öffentlichkeitsarbeit und intensivierte die Beziehungen zwischen der Universität und den politisch-gesellschaftlichen Kreisen im Bonner Raum. Er hat sich besonders eingesetzt für die Planung der Kernforschungsanlage Jülich (heute Forschungszentrum Jülich) und war einer der Gründungsväter der Anlage 1956. Für seine vielfältigen Aktivitäten wurde Groth 1970 mit dem Großen Bundesverdienstkreuz ausgezeichnet. Er wurde 1972 emeritiert und verstarb 1977.

Von 1956 bis 1980 leitete Lothar von Erichsen am Institut die Abteilung Nuklearchemie. Nach Jahren in der Industrie war er 1948 an die Landwirtschaftliche Fakultät der Universität gekommen und hatte dort bereits 1951 das erste Isotopenlabor aufgebaut und radiochemische Ausbildungskurse für Studierende eingerichtet. Schwerpunkt seiner Forschungsarbeiten waren Korrosionsuntersuchungen und die Dekontamination von Abwässern. Gefragt war sein Buch über Anreicherung von Uran-235.[233]

Das zweite Forschungsgebiet der »ersten Generation« Physikalische Chemie in Bonn, die Elektrochemie, erfuhr ebenfalls starken Zuspruch. Im Jahr 1957 wurde Wolf Vielstich Assistent beim Extraordinarius Mark Freiherr von Stackelberg. Vielstich demonstrierte 1959 erstmalig, dass zyklische Voltagramme nicht nur am Quecksilbertropfen als Arbeitselektrode (Polarografie) zu erhalten sind,

231 Siehe hierzu näher unten.
232 Groth, Gaszentrifugen-Anlagen (1973).
233 Krämer/Erichsen, Uranisotopentrennung (1985).

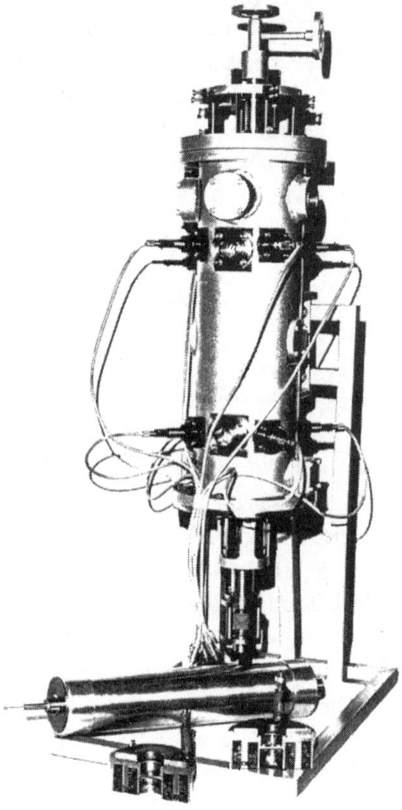

Abb. 18: Ultrazentrifuge. Prototyp einer am Institut für Physikalische Chemie entwickelten Gaszentrifuge zur Anreicherung von Uran-235 in Uranhexafluorid. Das Gerät wurde in der Arbeitsgruppe von Prof. Groth konstruiert nach dem Prinzip der Gastrennung durch zentrifugale Kräfte (Foto von circa 1960)

sondern auch an Platin, Gold und anderen Metalloberflächen. Hierfür war die Anwendung des von Vielstich – am MPI in Göttingen (1953) – entwickelten *elektronischen* Potentiostaten notwendig. Die Methode ist seitdem unentbehrlich für die Untersuchung elektrochemischer Reaktionen.[234]

Das Hauptinteresse von Vielstich galt dem Thema der Brennstoffzellen für Energiegewinnung aus Wasserstoff und Sauerstoff. Das Gebiet der Brennstoffzellen untersuchte er während der Vorbereitung seiner Habilitation. Letzteres wurde die Basis für sein 1965 erschienenes Buch »Brennstoffelemente«. Das Buch wurde ins Spanische, Russische und Englische übersetzt. Auf Anfrage von

234 Vielstich, Analyse (1963).

Wernher von Braun (Huntsville, USA) nahm 1961 Dr. Jose Giner aus der Arbeitsgruppe Elektrochemie an der Entwicklung der 500 Watt alkalischen H_2/O_2-Brennstoffzellen für das Apollo-Projekt teil.

Im Jahre 1965 wurde Vielstich Leiter dieser Arbeitsgruppe und 1972 Nachfolger auf dem Lehrstuhl von Groth. Die Arbeitsgruppe Elektrochemie widmete einen großen Teil ihrer Arbeit der Erforschung von Lithium-Batterien und Brennstoffzellen, einer Technologie, die heute im Bereich des Antriebs von U-Booten und Automobilen eine wichtige Rolle spielt.

Im Jahr 1978 habilitierte sich Wolfgang Schmickler und forschte als Heisenberg-Stipendiat außer in Bonn auch in den USA und in Frankreich; er befasste sich mit der Elektrochemie bei tiefen Temperaturen, sowohl experimentell als auch theoretisch, sowie mit passivierten Elektroden und der elektrolytischen Doppelschicht.[235] Seit 1992 ist er als Abteilungsleiter für Theoretische Elektrochemie an der Universität Ulm tätig. Carl H. Hamann wurde 1975 auf den Lehrstuhl für Physikalische Chemie nach Oldenburg berufen und hat dort das Forschungsgebiet Elektrochemie weiter geführt. Joachim Heitbaum habilitierte sich 1978 am Bonner Institut. Von 1985 bis 1989 hatte er einen Lehrstuhl für Physikalische Chemie in Witten-Herdecke inne und arbeitete zwischen 1989 und 2005 in führender Stelle bei der Metallgesellschaft. Ein wichtiger Beitrag von Heitbaum in Bonn betrifft den erstmaligen Nachweis von gleichzeitig mehreren elektrochemischen Reaktionsprodukten in Form eines Voltamogramms,[236] über ein mit der Messelektrode direkt verbundenes Massenspektrometer (DEMS).

Nach seiner Pensionierung 1988 wurde Vielstich vom Ministerium für Wissenschaft und Forschung des Landes NRW für weitere 5 Jahre mit der Leitung der nächsten Arbeitsgruppe Elektrochemie betraut, deren Hauptinteresse im Rahmen des Euro-Projektes »Direct Methanol Fuel Cell« (1986–1994) auf der Entwicklung von tragbaren Methanol-Brennstoffzellen lag; 2003 gingen diese in die industrielle Herstellung (Smart Fuel Cell AG, Brunnthal). Die Arbeiten von Vielstich wurden 1998 durch die Verleihung der *Faraday Medal* der *Royal Society of Chemistry* ausgezeichnet.

Helmut Baltruschat, der sich an der Universität Witten-Herdecke bei Heitbaum habilitiert hatte, kam 1993 nach Bonn und führt bis heute den Forschungszweig Elekrochemie als Abteilung weiter. Bei ihm stehen die Untersuchungen der Fest/Flüssig-Grenzflächen im Vordergrund. Neben klassischen elektrochemischen Methoden stehen ihm moderne Experimentiertechniken wie die elektrochemische Rastertunnelmikroskopie und die differentielle Massenspektroskopie (DEMS) zur Verfügung.

---

235 Iwasita/Schmickler/Schultze, Influence (1985).
236 Wolter/Willsau/Heitbaum, Reaction Pathways (1985).

Die zweite Generation

Als Nachfolger von Lothar von Erichsen wurde 1981 Dieter C. Aumann aus München für den Bereich Nukearchemie berufen. Seine Untersuchungen widmeten sich insbesondere den natürlichen und anthropogenen radioaktiven Stoffen in der Biosphäre und der daraus resultierenden Strahlenbelastung für den Menschen.

Nach dem frühen, krankheitsbedingten Ausscheiden von Beckey wurde 1982 Martin Quack aus Göttingen als Nachfolger berufen. Allerdings folgte er bereits 1983 einem Ruf an die ETH Zürich. Sein Nachfolger auf diesem Lehrstuhl von 1984 bis 2004 wurde Joachim Bargon von den *IBM Research Laboratories* in San Jose (Kalifornien). Sein Interesse galt der Polymerchemie und nichtmetallischen Werkstoffen mit besonderen elektrischen und optischen Eigenschaften, speziell auch ihrer Nutzung als chemische Sensoren. Im Vordergrund stand die Aufklärung von Reaktionsmechanismen mit spektroskopischen Methoden, insbesondere der NMR Spektroskopie. Einen Schwerpunkt bildeten die Untersuchungen homogen katalysierter, asymmetrischer Hydrierungen mit der von ihm entwickelten und international angewendeten Para-Hydrogen Induced Polarization (PHIP)-Methode.[237] Klaus Woelk habilitierte sich 1999 in der Arbeitsgruppe Bargon mit der Entwicklung eines speziellen NMR Detektors (*Toroid Cavity NMR Spectroscopy*), welcher international große Anerkennung und Weiterentwicklung fand. Woelk ist heute *Associate Professor* an der Missouri University of Science and Technology in Rolla, USA.

Nachfolger von Vielstich wurde 1988 Klaus Wandelt vom Fritz-Haber-Institut der Max-Planck-Gesellschaft Berlin. Mit ihm begann die Ära der Oberflächenchemie. Ziel war es, Festkörperoberflächen im Ultrahochvakuum und in Flüssigkeiten bis in den atomaren Bereich hinsichtlich ihrer strukturellen und elektronischen Eigenschaften zu charakterisieren, sie durch Abscheidungs- und Reaktionsprozesse gezielt zu modifizieren sowie daran schließlich elementare Prozesse der Adsorption, des Filmwachstums, der spontanen Nanostrukturbildung und der heterogenen Katalyse zu untersuchen. Dafür standen unter anderem verschiedene Varianten der Rastersondenmikroskopie, die zum Teil in der Gruppe selbst entwickelt wurden, zur Verfügung. Verstärkt wurden die Untersuchungen durch regelmäßige Messungen mit Hilfe von Synchrotron-Strahlung in Berlin (BESSY) und Grenoble (ESRF). Die Arbeitsgruppe Wandelt war wesentlich an drei Sonderforschungsbereichen beteiligt, dem SFB 334 (»Wechselwirkungen in Molekülen«), SFB 408 (»Anorganische Festkörper ohne Translationssymmetrie«), in dem es erstmals gelang, die Struktur von amorphen Oberflächen mit atomarer Auflösung abzubilden sowie SFB 624 (»Template«).

237 Eichhorn/Koch/Bargon, In situ (2001).

Mit den Methoden und Konzepten der Oberflächenphysik wurde in Zusammenarbeit mit dem NEES-Institut der Universität Bonn auch begonnen, Struktur und Wachstum epikutikularer Wachse von Pflanzenblättern hochaufgelöst zu studieren. Klaus Wandelt war Sprecher des Graduiertenkollegs (1991–2001) »Spektroskopie isolierter und kondensierter Moleküle«. Für seine Arbeiten wurde Wandelt 2007 mit der Ehrendoktor-Würde der Universität Leipzig ausgezeichnet; er trat 2010 in den Ruhestand.

Im Arbeitskreis Wandelt habilitierten sich Conrad Becker (2009) mit dem Thema »Funktionale bimetallische Oberflächen-Reaktivität und Nanostrukturierung« und Peter Broekmann (2010) mit dem Thema »Copper/Additive and Additive/Additive Interactions at Electrified Interfaces under Reactive Conditions«. Conrad Becker wurde auf eine Professur an der Universität Marseille berufen, Peter Broekmann als *Lecturer* an die Universität Bern.

Während an den Lehrstühlen Forschungsthemen langfristig angelegt waren, fand in Abteilungen teilweise ein schneller Führungswechsel statt. Robert J. Buenker, der von 1973 bis 1975 als Preisträger der Alexander von Humboldt-Stiftung in Westdeutschland forschte, wurde 1976 für eine neue Abteilung Theoretische Spektroskopie gewonnen. Er nahm allerding breits 1977 den Ruf auf den Lehrstuhl Theoretische Chemie an der Bergischen Universität Gesamthochschule Wuppertal an. Auf die durch den Weggang von Schurath 1995 frei werdende Professur wurde Jörg August Becker 1997 berufen. Mit moderner Laser- und Molekularstrahltechnik untersuchte er die chemische Bindung in *Clustern*, also den Übergang von nanometergroßen Halbleiterstrukturen zur typischen molekularen Bindung in isolierten Teilchen. Bereits nach einem Jahr wurde er 1998 auf den Lehrstuhl Physikalische Chemie an der Universität Hannover berufen.

Das Forschungsgebiet Oberflächenchemie wurde 2000 durch die Berufung von Moritz Sokolowski aus dem Institut für Experimentalphysik der Universität Würzburg erweitert. Seine Abteilung beschäftigt sich mit dem Schichtwachstum von Filmen auf Grenzflächen und untersucht mit oberflächensensitiven Messmethoden grundlegende Aspekte der Adsorption und Bindung großer Moleküle an der Festkörperoberfläche. Mit den so erhaltenen Filmen werden auch optische Experimente durchgeführt. Im Mittelpunkt des Interesses stehen große organische, meist pi-konjugierte Moleküle, die in Form von Filmen halbleitende organische Schichten bilden können. Solche Filme sind in den letzten Jahren intensiv im Zusammenhang mit elektronischen und optischen Bauelementen auf Basis organischer Materialien untersucht worden (zum Beispiel OLEDs, OFETs).

Im Jahre 2004 wurden zwei Lehrstühle (Nachfolge Bargon und Aumann) neu besetzt. Als Nachfolger von J. Bargon wurde Peter Vöhringer, Universität Straßburg und Max-Planck-Institut für biophysikalische Chemie in Göttingen, berufen. Er beschäftigt sich mit der Aufklärung von molekulardynamischen

Phänomenen in kondensierten Phasen mit Hilfe modernster zeitaufgelöster Verfahren der kohärenten Laserspektroskopie. Hierzu synthetisiert man mit Hilfe der nichtlinear-optischen Frequenzkonversion komplexe Sequenzen aus ultrakurzen Lichtimpulsen in den Spektralbereichen des Ultravioletten, des Sichtbaren und des nahen bis mittleren Infrarot. Ein Schwerpunkt der heutigen Arbeiten liegt in der Entwicklung und Anwendung der mehrdimensionalen Schwingungsresonanz zur Beobachtung von ultraschnellen Strukturrelaxationen in wasserstoff-verbrückten Systemen. Exemplarisch seien hier die *Korrelations* (IRCOSY) und die Austauschspektroskopie (IR-EXSY) von supramolekularen Komplexen mit Femtosekunden-Infrarotimpulsen genannt. Ein weiterer Forschungsschwerpunkt des Lehrstuhls liegt in der Femtochemie von Spinzentren. So widmet man sich intensiv der Multiphoton-Ionisation von assoziierten Flüssigkeiten und überkritischen Fluiden sowie der Dynamik der daraus resultierenden solvatisierten Elektronen.

Der Physiker Ulrich Kubitscheck aus Münster übernahm im Oktober 2004 die Stelle von Dieter Aumann. Diese Professur wurde inhaltlich neu ausgerichtet und ist heute im Bereich der Biophysikalischen Chemie angesiedelt. Schon kleinste biologische Systeme – Viren, Bakterien, einzelne Zellen – oder deren Substrukturen (supramolekulare Komplexe) sind unglaublich kompliziert in ihrem Aufbau und ihrer Funktion. Das Anliegen der Arbeitsgruppe Kubitscheck ist es, diese Komplexität und die Dynamik solcher Systeme zu beobachten und zu verstehen. Zu diesem Zweck werden verschiedene Techniken der modernen quantitativen Lichtmikroskopie weiterentwickelt und eingesetzt: Lasergestützte Verfahren, die es erlauben, mit Hilfe von sehr empfindlichen und sehr schnellen Kameras die Bewegung einzelner Moleküle zu verfolgen (Einzelmolekültracking) oder komplexe biologische Strukturen dreidimensional hoch aufgelöst abzubilden (Konfokale *Laser-Scanning*-Mikroskopie, Lichtscheiben-Mikroskopie). Mit den größtenteils selbst entwickelten Meßaufbauten kann beispielsweise die Brownsche Molekularbewegung einzelner Farbstoffmoleküle, Peptide, Oligonukleotide oder Proteine in wässriger Lösung oder im Inneren lebender Zellen direkt abgebildet werden. Diese Technik wird angewendet, um diverse biologische und biophysikalische Systeme zu untersuchen. Dazu gehört die Wechselwirkung von bioaktiven Peptiden mit fixierten Modellbiomembranen auf Oberflächen oder unilamellaren Riesenvesikeln sowie mit spezifischen, rekonstruierten Rezeptorproteinen in Biomembranen.

Im September 2011 übernahm Olav Schiemann den Lehrstuhl von Klaus Wandelt. Sein Arbeitsgebiet umfasst die Elektronen Paramagnetische Resonanz (EPR) Spektroskopie und knüpft damit an Arbeiten von Joachim Bargon an. Er habilitierte sich 2003 in Frankfurt/Main und lehrte dann bis 2011 an der Universität von St. Andrews, Schottland. Zum einen entwickelt er EPR-Methodiken, insbesondere im Zusammenhang mit Nanometerabstandsmessungen und der

Synthese von neue Spinlabeln, zum anderen wendet er die gesamte Breite der modernen gepulsten Multifrequenz-EPR-Spektroskopie auf Struktur-Dynamik-Funktions-Beziehungen in biomolekularen Maschinen an. Im Zentrum dieser Arbeiten stehen katalytisch aktive RNAs, Helikasen und Membranproteine. Dabei ermöglicht es ihm die EPR-Spektroskopie, die Funktionsweise dieser Systeme sowohl auf lokaler/atomarer Ebene aufzulösen als auch globale Strukturänderungen auf der Nanometerskala zu verfolgen.

Gemeinsame Berufungen der Fachgruppe Chemie mit dem Forschungszentrum Jülich

Seit der Gründung der Kernforschunganlage Jülich 1956 mit aktiver Unterstützung der Universität Bonn wurden gemeinsame Berufungen durchgeführt, die als »Jülicher Modell« bekannt wurden. Die entsprechenden Professoren waren Institutsleiter in Jülich und beteiligten sich an der Diplomanden- und Doktoranden-Ausbildung der Bonner Universität sowie zum Teil auch aktiv am Vorlesungsprogramm.

In diesem Rahmen wurde von der Physikalischen Chemie George Comsa 1974 als Professor und Leiter des Jülicher Instituts für Grenzflächenforschung und Vakuum Physik berufen. Comsa war in den Jahren 1970/71 als Alexander von Humboldt-Stipendiat am Bonner Institut tätig gewesen. Aus seiner Arbeitsgruppe habilitierte sich 1989 Klaus Kern, der kurze Zeit danach den Ruf an die EPFL in Lausanne annahm. Comsa wurde 1993 mit der Medard W. Welch Medaille der *American Vacuum Society* ausgezeichnet.

Ulrich Stimming wurde 1991 in der gemeinsamen Berufung als Leiter des Institutes für Energieverfahrenstechnik (*Energy Process Engineering*) nach Jülich berufen. Er ist seit 1997 an der TU München tätig.

D.S. McKenna war von 1994 bis 2001 Leiter am Institut für Stratosphärische Chemie (ICGI) des FZ Jülich und wurde dann nach Boulder, Colorado (USA) berufen. Die Berufung von Rudolf Merkel als Professor für Physikalische Chemie und Direktor des Instituts für Schichten und Grenzflächen in Jülich erfolgte 2002. Christian Wandrey war durch die gemeinsame Berufung von 1979 bis 2008 Leiter des »Instituts für Biotechnologie 2« des FZ Jülich. Er hat sich in Bonn sehr aktiv in der Lehre eingesetzt und Praktika in Biotechnologie eingerichtet. Im Jahr 1999 erhielt er die Carl-Friedrich-Gauß-Medaille der Braunschweigischen Wissenschaftlichen Gesellschaft und 2002 wurden seine Arbeiten durch den Friedrich-Wöhler-Preis der Gesellschaft Deutscher Chemiker gewürdigt.

Theoretische Chemie

Sigrid Peyerimhoff

Entstehungsphase

Im Rahmen des weiteren Ausbaus der Chemie an der Universität Bonn wurde 1967 ein Lehrstuhl für das Fach Theoretische Chemie etabliert. Obwohl Deutschland hervorragende Wissenschaftler hatte, die bereits in den 1930er Jahren die neue Quantenmechanik zur Erklärung der chemischen Bindung herangezogen hatten,[238] übernahmen Wissenschaftler in den USA, teilweise aus Europa stammend, nach dem Zweiten Weltkrieg die führende Rolle in der Entwicklung der Quantenchemie, einem wesentlichen Bereich der Theoretischen Chemie. Diese Entwicklung ging eng mit der Verfügbarkeit elektronischer Rechenanlagen in den USA einher, – vor allem IBM-Maschinen – während in Deutschland zwar der erste voll programmierbare automatische digitale Computer entwickelt worden war,[239] der sich aber nicht auf dem Weltmarkt durchsetzen konnte. Mit der Einführung dieses Lehrstuhles spielte die Universität Bonn eine Vorreiterrolle, denn bis dahin war die Theoretische Chemie nur an sehr wenigen Universitäten in Deutschland als eigenes Fach vertreten. Der erste Lehrstuhlinhaber war Karl-Heinz Hansen.

Das Fach Theoretische Chemie wurde gut in das allgemeine Chemiestudium integriert, indem die Möglichkeit eröffnet wurde, einen Diplom-Studiengang mit Schwerpunkt Theoretische Chemie zu absolvieren. Von diesen Studierenden wurde weniger Arbeit in den chemischen Praktika der anorganischen und organischen Chemie, dafür aber eine Vertiefung in den Fächern Mathematik und Theoretische Physik verlangt, was die Forschungsarbeiten in diesem Bereich erforderten. Die Diplomprüfung fand dann in Theoretischer Chemie anstelle der Physikalischen Chemie statt. Dieser Studiengang war über viele Jahre einmalig an deutschen Universitäten und zog viele theoretisch- beziehungsweise computer-orientierte Chemiestudierende nach Bonn. Er wurde schließlich 2007/08 durch das Bachelor-/Master-Studium abgelöst.

238 Hückel, Quantenchemie (1930); ders., Quantentheoretische Beiträge (1931); Hellmann, Einführung (1937); es war dies das erste Lehrbuch in diesem Fach.

239 Zuse, Z3 (1941); vgl. auch ders., Lebenswerk (1984).

Ausbau

Karl-Heinz Hansen verstarb 1970. Zu seiner Nachfolgerin wurde 1972 Sigrid Peyerimhoff berufen. Nach ihrem Physik-Studium in Gießen hatte sie in den damals bedeutendsten Zentren für quantenchemische *ab initio* Berechnungen (Chicago bei C.C.J. Roothaan und R.S. Mulliken, Seattle bei E.R. Davidson und in Princeton bei L.C. Allen) gearbeitet und die modernsten Methoden und Computerprogramme der theoretischen Chemie mit nach Deutschland gebracht. Ihre Arbeitsgruppe war äußerst attraktiv und zog viele Studierende, aber durch ihre vielseitigen internationalen Kontakte auch viele ausländische Postdoktoranden und Gäste an; bei Mitarbeitern war der rege gegenseitige Austausch mit internationalen Arbeitsgruppen besonders beliebt. Die gute Zusammenarbeit mit dem Rechenzentrum der Universität und die Unterstützung durch seinen Leiter Erich Jasper war besonders in der ersten Zeit für die Forschungsarbeiten von zentraler Bedeutung.

Die Arbeitsgruppe wurde vor allem durch die Entwicklung des Multi-Referenz-CI-Verfahrens (*Configuration Interaction*) bekannt, welches die quantenchemische *ab initio* Berechnung kleiner Moleküle in beliebigen Elektronenzuständen mit hoher Genauigkeit ermöglicht. Diese Methode wurde durch die Berechnung elektronisch angeregter Moleküle, in enger Kooperation mit Experimentatoren, ein wesentliches Instrument zum Verständnis von Molekülspektren und photochemischen Reaktionen, das heißt vereinfacht gesagt, ein »theoretisches Spektrometer«. Die Untersuchungen befassten sich unter anderem auch mit Molekülen in der Atmosphäre, deren Lebensdauern und strahlenden und nicht-strahlenden Zerfallsprozessen in angeregten Zuständen (um umweltrelevante Reaktionen besser zu verstehen). Weitere theoretische Untersuchungen beschäftigten sich mit der Vorhersage der Stabilität und den Eigenschaften neuer Materialien, insbesondere von *Clustern* und Nanopartikeln.

Die enge Zusammenarbeit mit den experimentellen Fächern führte bereits 1980 zur gemeinsamen Arbeit im SFB 43 »Eigenschaften angeregter Moleküle: Quantentheoretische und experimentelle Untersuchungen« unter der Federführung der Theoretischen und Physikalischen Chemie mit Projekten aus der Chemie und der Physik der beiden Universitäten Bonn und Wuppertal. Der weitere, von der Theoretischen Chemie initiierte SFB 334 »Wechselwirkung in Molekülen: Synthese, spektroskopische Analyse und quantentheoretische Behandlung charakteristischer Strukturen« (1989–2000) mit Projekten aus der gesamten Chemie und der experimentellen und theoretischen Physik zeigt sehr deutlich die Integration der Theoretischen Chemie in das gesamte Fächerspektrum der Chemie und Physik.[240]

240 Peyerimhoff (Ed.), Final Report (2003).

Die Theoretische Chemie in Bonn wurde 1989 besonders ausgezeichnet durch die Verleihung des Gottfried-Wilhelm-Leibniz Preises an Sigrid Peyerimhoff. Damit gelang es auch, die 1986 vom Deutschen Stifterverband auf 5 Jahre befristete Stiftungsprofessur zu verstetigen: Das Land NRW bewilligte eine C3-Professur für die Bonner Theoretische Chemie, auf die Bernd Artur Heß 1990 berufen wurde. Ihm gelang ein Durchbruch in der quantenchemischen Berechnung der relativistischen Effekte von Molekülen, eine wesentliche Voraussetzung zur theoretischen Beschreibung der chemischen Eigenschaften in Systemen mit schweren Atomen; 1994 erhielt er für diese Arbeiten die Medaille der *International Academy of Quantum Molecular Science.*

Von 1972 bis zur Emeritierung von Sigrid Peyerimhoff im Jahr 2002 habilitierten sich mit Arbeiten im Bereich der Theoretischen Chemie: 1973 W.H. Eugen Schwarz, (Röntgenabsorptionsspektroskopie, seit 1976 C3-Professor Universität Siegen); 1981 Joachim Römelt (Quantenmechanische Behandlung von dreiatomigen, kollinearen Reaktionen in Delves Koordinaten, seit 1986 BAYER AG); 1991 Christel M. Marian (»Theoretische Spektroskopie zweiatomiger Übergangsmetallverbindungen«, seit 2001 C4-Professorin Universität Düsseldorf); 1992 Bernd Engels (»Quantenmechanische Berechnung von magnetischen Hyperfeinkopplungskonstanten in Molekülen«, seit 1999 C3-Professur Uni Würzburg); 1997 Stefan Grimme (»Entwicklung und Anwendung quantenchemischer Verfahren zur Untersuchung organischer Moleküle«, 2000–2011 C4-Professor Universität Münster). Von ehemaligen Mitarbeitern wurden auf eine Professur an Fachhochschulen berufen: Helmut Dohmann (Hochschule Fulda, Angewandte Informatik), Christa Oligschleger (Hochschule Bonn-Rhein-Sieg, Technische Mathematik) und Max Mülhäuser (Duale Hochschule Baden-Württemberg, Fakultät Technik).

Sigrid Peyerimhoff war in zahlreichen nationalen und internationalen Gremien aktiv. Sie war Vize-Präsidentin der Deutschen Forschungsgemeinschaft (1990–1996) sowie Präsidentin der *International Academy of Quantum Molecular Science* (2006–2009). Ihr wissenschaftliches Werk wurden 2007 von der Deutschen Akademie der Wissenschaften Leopoldina mit der Cothenius-Medaille in Gold ausgezeichnet, ihr Engagement in Wissenschaft und Forschung mit dem Großen Bundesverdienstkreuz gewürdigt (2008); im Jahr 2011 erhielt Frau Prof. Peyerimhoff die Ehrendoktorwüde Dr. rer.nat h.c. der Universität Ulm und wurde 2018 mit der Wilhelm-Ostwald-Medaille der Sächsischen Akademie der Wissenschaften ausgezeichnet.

Veränderungen zu Beginn des 21. Jahrhunderts

Die Jahrhundertwende brachte verschiedene Änderungen. Bernd Artur Heß nahm 1998 den Ruf auf eine C4-Professur an der Universität Erlangen-Nürnberg an. Seine Nachfolger auf der C3-Stelle in Bonn wurde 1999 Michael Dolg vom Max-Planck-Institut für Physik Komplexer Systeme in Dresden, der 2003 auf eine C4 Stelle an der Universität zu Köln berufen wurde. Seine Nachfolge übernahm 2003 Andreas Görling von der TU München, seit 2004 Professor (C4) an der Universität Erlangen-Nürnberg.

Sigrid Peyerimhoff wurde 2002 emeritiert. Auf ihrer Professur folgte 2003 Bernd Artur Heß, der jedoch im Jahr darauf verstarb. Es gab verschiedene Interims-Lösungen und beide Professuren wurden 2006 wieder besetzt mit Frank Neese (W3/C4) vom Max Planck Institut für Bioanorganische Chemie in Mülheim und mit Thomas Bredow (W2/C3) von der Universität Hannover. Im gleichen Jahr habilitierte sich Barbara Kirchner (»Theory of Complicated Liquids«), die 2007 eine W3-Professur an der Universität Leipzig annahm.

Frank Neese fand den Zugang zur Theoretischen Chemie über ein Studium der Biologie. Er ist international bekannt einerseits durch sein äußerst effizientes und benutzerfreundliches quantenchemisches Programmsystem ORCA, das mittlerweile über 5.000 Anwender in der Chemie und Pharmazie hat und vor allem auch die Berechnung verschiedener in der Spektroskopie wichtiger Moleküleigenschaften ermöglicht, andererseits durch seine wegweisenden Arbeiten im engen Zusammenhang mit Experimentatoren zur Aufklärung der geometrischen und elektronischen Struktur und Reaktivität von Übergangsmetallverbindungen von biologischer Relevanz. Hierbei sind besonders erwähnenswert die Untersuchungen der Mechanismen von Eisenenzymen, zur Rolle von Mangan im Photosystem II sowie diverse grundlegende Beiträge zur Theorie der EPR Spektroskopie und des molekularen Magnetismus. Neese unterhielt weiterhin enge Bindungen zum Max-Planck-Institut in Mülheim, das ihn 2008 zum *Max-Planck-Fellow*, dem ersten in der Chemie, berief. Seine Arbeiten wurden 2008 mit dem Klung-Wilhelmy-Weberbank Preis für Nachwuchswissenschaftler in Physik und Chemie und 2010 mit dem Gottfried-Wilhelm-Leibniz Preis ausgezeichnet. Forschungsschwerpunkte von Thomas Bredow, der Chemie studierte, sind die Entwicklung von quantenchemischen Methoden zur Berechnung von kristallinen Festkörpern und Oberflächen, mit Anwendungen in der Defektchemie und der heterogenen Katalyse. Sein *Cyclic Cluster* Modell (CCM) erlaubt die Berechnung komplexer periodischer Systeme mit geringer *Symmetrie* und ermöglicht den Zugang zu elektronischen Eigenschaften von Festkörpern mit Konfigurationswechselwirkungs(CI)-Methoden.

Beide Kollegen haben wesentliche Projekte in den seit 2002 bestehenden SFBs 624 (»Template«, Sprecher Organische Chemie) und dem von Neese 2009 initiierten und als Sprecher geleiteten SFB 813 »Chemistry at Spin Centers – Concepts, Mechanisms, Functions« betreut. Dazu kommen Verbundprojekte innerhalb der DFG Schwerpunktprogramme (beispielsweise über ionische Festkörper und ionische Leitfähigkeit, kristalline Nichtgleichgewichtsphasen, Molekularen Magnetismus *et cetera*) sowie gemeinsame Projekte mit Arbeitsgruppen aus Israel (GIF) und den USA (NSF/DFG). Die Arbeitsgruppe Bredow ist an mehreren Industriekooperationen beteiligt, die durch das Bundesministerium für Bildung und Forschung innerhalb der Innovationsallianzen »Lithium-Ionen-Batterie LIB 2015« sowie »Höchstleistungswerkstoffe für mehr Energieeffizienz und CO2-Einsparung« gefördert werden.

Die gegenwärtige Situation

Die gesamte Arbeitsgruppe Theoretische Chemie ist in ihrer Forschung außerordentlich breit aufgestellt, sie ist sehr aktiv, international besetzt und hatte 2016 circa 60 Mitarbeiter. Der Einsatz des Arbeitsmittels »Computer« hat sich über die Jahrzehnte völlig geändert. Heute besteht ein immer stärkerer Trend zu vernetzten *Clustern* von recht einfachen *Personal* Computern, die üblicherweise unter dem Betriebssystem Linux laufen und je Knoten ein bis vier CPU (vier bis 16 Prozessorkerne pro CPU) enthalten. So verfügte die Arbeitsgruppe 2016 über mehrere Rechnercluster der modernsten AMD- und Intelarchitektur mit insgesamt circa 14.000 Prozessorkernen in circa 800 Knoten, auf denen parallelisiert Implementierungen der quantenchemischen Programme effizient für Anwendungen genutzt werden.

Auf der Basis der internationalen Reputation der Bonner Theoretischen Chemie und mit Ermunterung durch viele ausländischer Kollegen schlug Frank Neese die Gründung eines »Mulliken Center for Theoretical Molecular Sciences« vor. Damit sollte Bonn als international herausragender Standort für Theoretische Chemie in voller Breite etabliert werden und entsprechend die besten Nachwuchstalente und Gastwissenschaftler weltweit anlocken. Frank Neese erhielt 2010 einen Ruf als Direktor an das Max-Planck-Institut für Chemische Energiekonversion in Mülheim. Trotz erheblicher Anstrengungen des Rektorats war er nicht mehr an der Universität Bonn zu halten und ist seit 1. Juli 2011 Direktor am MPI in Mülheim. Als Honorarprofessor ist er weiterhin im Mulliken Center integriert.

Im Oktober 2011 übernahm Stefan Grimme, seit 2000 Inhaber des Lehrstuhls für Theoretische Organische Chemie an der Westfälischen Wilhelms-Universität Münster, die Professur für Theoretische Chemie und die Leitung des Mulliken Center. Er war an der TU Braunschweig 1991 mit einer kombiniert experimentell/theoretischen Arbeit über die Photochemie von Ketonen in der Physikalischen Chemie promoviert worden. Seine Forschungsschwerpunkte sind die Entwicklung und Anwendung quantenchemischer Methoden für große molekulare Systeme. Dazu gehören elektronisch angeregte Zustände (theoretischer Spektroskopie) und chirale Systeme als auch die Thermochemie und vor allem nicht-kovalente Wechselwirkungen. Seine Methodenentwicklungen im Bereich der wellenfunktions-basierten Quantenchemie als auch in der Dichtefunktionaltheorie sind in allen großen Quantenchemie-Programmen implementiert und werden weltweit routinemäßig verwendet. Er ist ordentliches Mitglied (2011) der Akademie der Wissenschaften und der Künste des Landes Nordrhein-Westfalen. Im Jahr 2013 wurde er von der WATOC (*World Association of Theoretical and Computational Chemists*) mit der Schrödinger Medaille »for his outstanding work on ab initio and density functional methods for large molecules« ausgezeichnet und als Mitglied in die *International Academy of Quantum Molecuar Science* gewählt; beides sind die höchsten internationalen Auszeichnungen im Bereich Theoretische Chemie/Computerchemie. Im Jahre 2015 erhielt Grimme den Gottfried-Wilhelm-Leibniz Preis. Die Freude war groß, denn dies ist bereits der dritte Leibniz Preis für die Theoretische Chemie in Bonn. Bemerkenswert dabei ist, dass alle drei Preisträger zuerst experimentell gearbeitet haben und erst nach dem Diplom in Richtung Theorie steuerten.

Zum 1. Januar 2013 konnte Barbara Kirchner, bislang W3-Professorin an der Universität Leipzig, auf eine weitere Professur am Mulliken Center gewonnen werden. Ihre Forschungsschwerpunkte liegen in der Untersuchung der Moleküldynamik in chemischen Reaktionen, mit Kraftfeld- und *ab initio*-Methoden, der Modellierung von (ionischen) Flüssigkeiten und Lösungsmitteleffekten als auch dem Studium intermolekularer Kräfte und Prozessen in kondensierter Phase. Seit November 2011 sind alle Mitarbeiter der Theoretischen Chemie in der Beringstrasse 4 und 6 ansässig; die freigewordenen Räume in der Wegelerstraße 12 werden von Arbeitsgruppen der Physikalischen Chemie genutzt. Mit den drei Arbeitsgruppen im Mulliken Center, erweitert durch die Honorarprofessur, ist nahezu die volle Breite der Theoretischen Chemie vertreten: Entwicklung und Anwendung von *ab initio* Wellenfunktionsmethoden, Dichtefunktionaltheorie, semiempirische Methoden und molekulardynamische Simulationen für Probleme der Molekülchemie, in der Festkörperchemie als auch zur Beschreibung des Molekülverhaltens in Lösungen.

Die Bonner Theoretische Chemie ist auch in den neuen Studiengängen breit vertreten. Neben grundlegenden Kursen Theoretische Chemie I und II im Bachelorstudiengang (BS) existiert ein Wahlpflichtkurs für Computerchemie, der gut nachgefragt ist. Ein besonderes Merkmal der Bonner Ausbildung ist das verpflichtende Modul über moderne quantenchemische Methoden im Masterstudiengang (MS); vertiefte Studien in der Theorie, Spektroskopie und Molekulardynamik, in der Computerchemie und im modernen Programmieren sind

Wahlmodule im MS-Studiengang. Damit wird partiell an den ursprünglich sehr erfolgreichen Studienschwerpunkt Theoretische Chemie angeknüpft.

Fachgruppe Pharmazie

Entwicklung der Pharmazie in Lehre und Forschung

Gerhard Rücker

Vorwort

Die bis zum 18. Jahrhundert stark handwerklich geprägte »Apotheker-Kunst«[241] hat sich in Deutschland erst im 19. und 20. Jahrhundert zu einem Universitätsfach im Verbund aus Pharmazeutischer Chemie, Pharmazeutische Biologie und Pharmazeutischer Technologie entwickelt. Im 20. und 21. Jahrhundert kamen noch die Pharmakologie und Toxikologie, die Klinische Pharmazie, die Medizinische Mikrobiologie und an der Universität Bonn als erster Universität in Deutschland das Gebiet *Drug Regulatory Affairs* als Weiterbildungsstudiengang hinzu.[242]

Bis zum Ende des 18. Jahrhunderts ist die Ausbildung von Apothekern als handwerkliche »Lehrzeit« in Apotheken durchgeführt worden.[243] An der Wende vom 18. zum 19. Jahrhundert entstanden dann zunächst nicht unmittelbar mit einer Universität verbundene, aber oft mit ihr zusammenarbeitende, private sogenannte »pharmazeutische Institute«,[244] so zum Beispiel 1779 in Langensalza, 1795 in Erfurt, 1802 in Berlin, 1806 in Rothenburg/Tauber, 1821 in Jena und 1837 in Bonn (s. unten).[245] Ein Kursus dauerte meist ein Jahr. Erst am 1. Dezember 1825 wurde in Preußen ein pharmazeutisches Universitätsstudium gefordert.[246] Jedoch konnte meist erst viel später ein sachgerechter pharmazeutischer Laboratoriums-Unterricht, etwa an der Universität Bonn im Chemischen Institut erst ab 1833 (als »Pharmazeutischer Apparat« bezeichnet), aufgenommen werden.[247] In diesem Zusammenhang soll auf die 1837 in Bonn in der damaligen »Keller'schen Apotheke« in der Wenzelgasse von Ludwig Clamor Marquart ge-

241 Gaude, Apotheke (1979), S. 23–26.
242 Deutsche Apotheker-Zeitung 145 (2005). S. 556–559.
243 Gaude, Apotheke (1979), S. 23–26.
244 Bayer, Marquart (1962).
245 Schmitz, Hochschulinstitute (1969), S. 52–63.
246 Ebd., S. 55–57.
247 Ebd.

gründete private »Pharmazeutische Lehranstalt« hingewiesen werden,[248] in der bis zur Schließung 1845 mit staatlicher Erlaubnis circa 150 Apotheker ausgebildet wurden. Die angestrebte Aufnahme dieser Einrichtung in die Universität scheiterte jedoch.[249] Das Abitur als Vorbedingung für das Pharmaziestudium wurde in Preußen erst 1920 vorgeschrieben.[250]

Die Geschichte der Bonner Pharmazie war bis zur Gründung des selbstständigen Pharmazeutischen Instituts im Jahre 1924 und der damit vollzogenen Loslösung des »Pharmazeutischen Apparates« vom Chemischen Institut eng mit der Geschichte der Bonner Chemie verbunden.[251] 1936 wurde die »Naturwissenschaftliche Abteilung« der Philosophischen Fakultät, zu der auch die Pharmazie gehörte, ausgegliedert und als Mathematisch-Naturwissenschaftliche Fakultät einschließlich der Fachgruppe Pharmazie selbstständig.[252] Nach Aufhebung des Pharmaziestudiums in Bonn[253] im Jahre 1938 wurde nach dem Zweiten Weltkrieg 1946 das Studium der Pharmazie mit Unterstützung des Chemikers Professor Paul Pfeiffer wieder eingerichtet.[254] 1947 wurde das Pharmazeutische Institut selbstständig und 1949 Karl Winterfeld als Direktor auf den ordentlichen Lehrstuhl für Pharmazie berufen.[255]

Die Arzneipflanzenkunde (Pharmakognosie), die schon im 18. und 19. Jahrhundert bei der Ausbildung der Pharmazeuten eine wichtige Rolle einnahm, lag früher in den Händen der Botaniker.[256] Unter Maximilian Steiner, Extraordinarius für »Systematische Botanik und Pharmakognosie« am Botanischen Institut Bonn, wurde 1951 das selbstständige »Pharmakognostische Institut« mit einem Ordinariat gegründet und M. Steiner wurde zum ordentlichen Professor für Pharmakognosie ernannt.[257] Nach dem Zweiten Weltkrieg wurde unter Fritz Gstirner im Pharmazeutischen Institut eine Abteilung für Pharmazeutische Technologie eingerichtet und 1971 mit Fritz Müller aus Kiel besetzt.[258] Ebenfalls innerhalb des pharmazeutischen Instituts wurden später Abteilungen für »Pharmakologie und Toxikologie«, »Klinische Pharmazie« und ein Lehrstuhl

248 Wühr, Apotheken (1985), S. 253–258.
249 Ebd.
250 Schmitz, Hochschulinstitute (1969), S. 59.
251 Rücker, Geschichte.
252 Siehe dazu die Einleitung von Alt, Becker und Cremers zur Mathematisch-Naturwissenschaftlichen Fakultät.
253 Höpfner, Universität (1999), S. 505f.
254 Pachaly, Pharmazie (1996), S. 93–100.
255 Ebd. sowie den Abschnitt Botanik im Beitrag über die Biologie.
256 Rücker, Geschichte.
257 Ebd.
258 Zymalkowski, Institut (1967), S. 12; Deutsche Apotheker-Zeitung 111 (1971), S. 2042. Die Weiterentwicklung des Faches Pharmakognosie unter M. Steiner in den 22 Jahren seines Wirkens sowie seiner Nachfolger siehe im Abschnitt »Pharmazeutische Biologie«.

für *Drug Regulatory Affairs* geschaffen.[259] Im Wintersemester 1971/72 wurde innerhalb der Mathematisch-Naturwissenschaftlichen Fakultät die Fachgruppe Pharmazie gegründet, bestehend aus der Pharmazeutischen Chemie, der Pharmazeutischen Technologie und der Pharmazeutischen Biologie (bisher in der Fachgruppe Biologie). Fachgruppenvorsitzender war 1972/73 Professor Doktor Fritz Müller (Pharmazeutische Technologie).

Die Pharmazie an der Kurkölnischen Universität Bonn

An der 1777 beziehungsweise 1783 vom Kölner Kurfürsten Maximilian Friedrich von Königsegg-Rothenfels gegründeten, aus dem »Gymnasium Clementinum zu Bonn« hervorgegangenen ersten »Bonner Akademie«, auch »Maxische Akademie« genannt, gab es zwar Vorlesungen über »Arzneimittel« und Botanik, aber noch kein selbständiges Pharmaziestudium.[260] Im Jahre 1784 waren innerhalb der Medizinischen Fakultät der Akademie ein Professor für »Arznei gelehrtheitt« und Botanik (Doktor Crevelet) und an die Philosophische Fakultät ein Doktor der Arzneikunst als Professor der Physik und Naturgeschichte (Konstantin von Schönbeck) berufen worden. Nach Änderung der Stellung und des Namens der Akademie aufgrund eines kaiserlichen Patents in »Kurkölnische Universität« im Jahre 1786 berief ein Dekret des Kurfürsten Maximilian Franz vom 14. März 1793 den Mediziner Dr. med. Ferdinand Wurzer auf einen Lehrstuhl für Chemie. Da kein Laboratorium vorhanden war, nahm er die chemischen Experimente in einer Apotheke vor. Seine Vorlesungen besuchten etwa 70 Hörer. Die »Kurkölnische Universität« wurde am 28. April 1798 im Nachgang zu den Wirren der französischen Revolution sowie den Napoleonischen Kriegen geschlossen.[261]

Die Pharmazie nach Gründung der heutigen Bonner Universität. Der »Pharmazeutische Apparat«

Nach den Befreiungskriegen wurde am 18. Oktober 1818 die »Preußisch-Rheinische Universität Bonn« von König Friedrich Wilhelm III von Preußen gegründet.[262] Es war innerhalb der Medizinischen Fakultät auch ein Ordinariat für »Pharmakologie, Pharmazie sowie für reine und medizinische Chemie« vorgesehen. Der erste Professor für Chemie, Pharmazie und Physik war ab 1818 Karl

259 Deutsche Apotheker-Zeitung 145 (2005), S. 556–559.
260 Schmitz, Hochschulinstitute (1969), S. 52.
261 Ebd.
262 Pachaly, Pharmazie (1996), S. 93.

Wilhelm Gottlob Kastner, der schon 1821 an die Universität Erlangen ging. Seinen später berühmtesten Schüler, Justus von Liebig, den ehemaligen Apothekerlehrling, der in Bonn studiert hatte, nahm er mit. Kastner hatte in Bonn nur ein kleines Privatlaboratorium zur Verfügung. Nach Kastner Weggang übernahm 1822 der außerordentliche Professor für technische Chemie Karl Gustav Bischof das Ordinariat für Chemie.[263] Der Botaniker und Apotheker Theodor Friedrich Ludwig Nees von Esenbeck, der jüngere Bruder des Botanikers Christian Gottfried Nees von Esenbeck, hielt zunächst als Privatdozent Vorlesungen über Pharmazeutische Botanik und habilitierte sich in der ersten Habilitation dieser Art für Pharmazie.[264] Nahezu auf eigene Kosten wurde 1825 im Hauptgebäude der Universität ein kleines Laboratorium eingerichtet, dass die Anforderungen des »Reglements für die Staatsprüfungen der Medizinalpersonen« erfüllte.[265] Ab 1833 erhielt das Labor, welches als »Pharmazeutischer Apparat« bezeichnet wurde, auch staatliche Unterstützung. Die Forschung von Theodor Friedrich Ludwig Nees von Esenbeck hatte ihren Schwerpunkt in der Pharmazeutischen Botanik beziehungsweise Pharmakognosie (zum Beispiel Arbeiten über Catechu, Chinin, Ratanhia, Gummi Arabicum, Farn, Flores, Koso). Er verfasste das Lehrbuch »Plantae officinales« (1821–1831).[266] Nach dem Tode von Theodor Friedrich Ludwig Nees von Esenbeck im Jahre 1837 übernahm von 1838 bis 1867 Carl Wilhelm Bergemann aus Berlin den »Pharmazeutischen Apparat«. Er hatte sich 1827 in Bonn für Pharmazeutische Chemie habilitiert und war ab 1829 als außerordentlicher Professor für Pharmazie tätig. Er wurde 1867 emeritiert.[267]

Interessant ist auch, dass – unabhängig von der Entwicklung der Pharmazie an der Universität Bonn der Apotheker Ludwig Clamor Marquart 1837 in der von ihm verwalteten »Kellerschen Apotheke« in Bonn, Wenzelgasse (früher Nr. 519, später Nr. 53), mit staatlicher Erlaubnis ein pharmazeutisches Laboratorium gründete.[268] Es gelang ihm jedoch nicht, das »Institut« mit 18 Laborplätzen sowie sich selbst an der Universität fester zu verankern. Es wurde daher 1845 nach Ausbildung von über 150 Schülern geschlossen. Einer der bekanntesten Schüler Marquarts war Carl Remigius Fresenius. Da er an der Universität keine Möglichkeit fand, in einem Laboratorium präparative und analytische Arbeiten

263 Wühr, Apotheken (1985), S. 290; Bohley, Nees (2003), S. 55–67; vgl. dazu auch den Beitrag von Heinrich Wamhoff und Karl Heinz Dötz (Allgemeine und Organische Chemie) in diesem Kapitel.

264 Bohley, Nees (2003), S. 61.

265 Schmitz, Hochschulinstitute (1969), S. 54f.

266 Ebd.

267 Pachaly, Pharmazie (1996), S. 94.

268 Schmitz, Hochschulinstitute (1969), S. 55; Wühr, Apotheken (1985), S. 253–259; Pachaly, Pharmazie (1996), S. 94.

Abb. 19: Theodor Friedrich Ludwig Nees von Esenbeck, Pharmazie

durchzuführen, kam er in das Marquart'sche Institut. Er gab 1841 das Lehrbuch »Anleitung zur qualitativen chemischen Analyse« heraus. Später folgte das Lehrbuch »Anleitung zur qualitativen chemischen Analyse«.[269] Fresenius ging 1841 auf Rat von Marquart zu Justus von Liebig nach Gießen.

Carl Friedrich Mohr als Leiter des »Pharmazeutischen Apparates«

Nachfolger Bergemanns wurde 1867 der Apotheker Carl Friedrich Mohr als Extraordinarius für Pharmazie und Leiter des »Pharmazeutischen Apparates« innerhalb des Chemischen Instituts.[270] Mohr hatte 1840 zunächst die väterliche »Mohren-Apotheke« in Koblenz übernommen und war im selben Jahr als Medizinalassessor in das dortige Rheinische Medizinal-Kollegium eingetreten, dem er bis zu seinem Tod angehörte. Er war 1844 mit seiner Bewerbung um das Lehramt für Chemie in Bonn gescheitert, weil er nicht an der Universität promoviert worden war. Er verkaufte die »Mohren-Apotheke« und habilitierte sich

269 Pachaly, Pharmazie (1996), S. 94.
270 Rücker, Geschichte; Pachaly, Pharmazie (1996), S. 97; Schmitz, Hochschulinstitute (1969), S. 55–57.

1859 in Berlin und 1864 in Bonn.[271] Hier ernannte man ihn 1867 zum Extraordinarius für Pharmazie und zum Leiter des »Pharmazeutischen Apparates«. Mohr entwickelte insbesondere die Maßanalyse zu einem eigenen Zweig der analytischen Chemie.[272]Von ihm eingeführte Methoden und Geräte werden noch heute in der Analytik eingesetzt, zum Beispiel die Bestimmung von Chlorid nach Mohr oder die Mohr'sche Quetschhahnbürette und die Mohr'sche Waage. Seine schriftstellerische Tätigkeit berücksichtigte ebenfalls dieses Forschungsgebiet wie das »Lehrbuch der chemisch-analytischen Titrier-Methode« (Braunschweig 1855) zeigt.[273] Daneben veröffentlichte er den zweiten Band der »Pharmacopoea universalis« (1886–1845), ein Lehrbuch der pharmazeutischen Technik (Braunschweig 1847), Kommentare zu *Pharmacopoea Borussica* und *Pharmacopoea Germanica* sowie eine »Mechanische Theorie der chemischen Affinität und die neuere Chemie« (Braunschweig 1868).[274] Ein Porträt Mohrs und seiner Gattin befindet sich heute im Pharmazeutischen Institut in Bonn-Endenich.[275] Das Grabmal von Mohr liegt auf dem Alten Friedhof in Bonn.[276]

August Kekulé von Stradonitz, Direktor des Chemischen Instituts, und Otto Wallach, Leiter des »Pharmazeutischen Apparates«

Nach dem Tode Mohrs 1879 wurde das Laboratorium im Universitätshauptgebäude aufgelöst und der »Pharmazeutische Apparat« in dem 1868 eröffneten, unter H. H. Landolt gebauten neuen Chemischen Institut (Bonn-Poppelsdorf, Meckenheimer Allee) untergebracht, welches später, während der Amtszeit von August Kekulé, in den Jahren 1874 bis 1876 zusätzlich an der Nordseite einen Erweiterungsbau erhielt.[277] Otto Wallach übernahm 1879 als außerplanmäßiger Professor für Pharmazie die Leitung des »Pharmazeutischen Apparates« und den Lehrauftrag für Pharmazie.[278] Von seinen Werken »Tabellen zur chemischen Analyse«, »Forschungen und Lehre in der Chemie« (1899) sowie »Terpene und Campher« (2. Aufl. Leipzig 1914) charakterisierte vor allem das letztgenannte Wallachs spezielles Arbeitsgebiet. Seine Forschungen über die ätherischen Öle und Riechstoffe gaben den Anstoß zu der großen industriellen Entwicklung der Therpen-Chemie, wofür er 1910 mit dem Nobelpreis für Chemie ausgezeichnet

271 Helferich, Chemie (1970), S. 70; Rücker, Geschichte.
272 Ebd.
273 Ebd.
274 Ebd.
275 Rücker, Geschichte.
276 Pachaly, Pharmazie (1996), S. 93–100.
277 Helferich, Chemie (1970), S. 70; siehe dazu auch die Beiträge zur Chemie in diesem Kapitel.
278 Rücker, Geschichte; Pachaly, Pharmazie (1996), S. 93–100; Schmitz, Hochschulinstitute (1969), S. 52–63.

wurde. Im Jahre 1899 folgte er einem Ruf auf das Ordinariat für Chemie an der Universität Göttingen. August Kekulé verstarb am 1. Juli 1896. Sein Grab befindet sich auf dem Poppelsdorfer Friedhof in Bonn. Für die Pharmazie war die Ausbildung der Pharmazeuten in dem von diesem weltweit bekannten Chemiker geleiteten Institut sicherlich ein großer Vorteil.

Leitung des »Pharmazeutischen Apparates« in den Jahren 1889–1924

Die freigewordene Position Wallachs übernahm am 10. Oktober 1889 Richard Anschütz, während das von diesem bisher verwaltete frühere Mohr'sche Extraordinariat auf Heinrich Klinger, Unterrichtsassistent für analytische Chemie, überging.[279] Letzterer erhielt auch die Direktion des »Pharmazeutischen Apparates«. Ein Ministerialerlass vom 11. November 1889 bestätigte Heinrich Klinger rückwirkend als außerordentlichen Professor mit dem Auftrag, »pharmazeutische Chemie und Toxikologie« zu lesen sowie die praktischen Übungen für Pharmazeuten zu leiten. Nachdem Klinger 1895 nach Königsberg als Direktor des dortigen Pharmazeutischen Instituts berufen worden war, trat Alfred Partheil an seine Stelle.[280] Aus dem Apotheker-Stande hervorgegangen und ein Schüler Ernst Schmidts in Marburg, folgte er Klinger bereits 1903 in der Leitung des Chemisch-Pharmazeutischen Instituts der Universität Königsberg.[281] Die Verwaltung des »Pharmazeutischen Apparates« in Bonn ging nach Partheils Ausscheiden erneut an den Direktor des Chemischen Instituts Richard Anschütz über.[282] Das um 1909 in einer Abteilungsvorsteherstelle umgewandelte Extraordinariat für Pharmazeutische Chemie erhielt Georg August Frerichs aus Braunschweig. Gleichzeitig lehrte auch Emil Mannheim in Bonn, der insbesondere über Wasser- und Harnanalytik sowie Sterilisation von Arzneimitteln las.[283]

Das »Pharmazeutische Institut«

Gründung des selbstständigen Bonner Pharmazeutischen Instituts 1924

Da seit dem Jahre 1920 in Preußen das Abitur Vorbedingung für die Zulassung zum Pharmaziestudium war, wurde durch das Preußische Kultusministerium 1924 in Bonn ein planmäßiges Ordinariat für Pharmazie eingerichtet. Dies hatte

279 Schmitz, Hochschulinstitute (1969), S. 52–63.
280 Ebd.
281 Ebd.
282 Ebd., S. 63; Pachaly, Pharmazie (1996), S. 93–100.
283 Pachaly, Pharmazie (1996), S. 93–100.

die Loslösung des »Pharmazeutischen Apparates« vom Chemischen Institut zur Folge. Im Januar 1925 wurde das Ordinariat und damit die Leitung eines selbstständigen Pharmazeutischen Instituts an den seit 1903 als Abteilungsvorstand tätigen Extraordinarius Georg August Frerichs übertragen.[284] Seine Ernennung erfolgte rückwirkend zum 1. Oktober 1924; somit entspricht dieser Zeitpunkt der Gründung des selbstständigen Bonner Pharmazeutischen Instituts.[285] Das Pharmazeutische Institut war weiterhin im Gebäude des Chemischen Instituts untergebracht und die notwendigen Räume standen zur Verfügung. In den folgenden 14 Jahren entwickelte sich das Institut nach denen in Berlin und München zur drittgrößten Einrichtung dieser Art in Deutschland.[286]

Aufhebung des Pharmaziestudiums in Bonn im Jahre 1938

Bereits im Jahre 1936 wurde im Rahmen einer Hochschulreform die Schließung mehrerer Pharmazeutischer Institute in Deutschland, auch des Bonner Instituts, angekündigt.[287] Die Mathematisch-Naturwissenschaftliche Fakultät schickte daraufhin den Dekan zu Verhandlungen nach Berlin. Dieser musste aber im Dezember 1936 berichten, dass die Auflösung des Bonner Instituts beschlossen sei.[288] Folglich wurde am 30. September 1938, wie auch beispielsweise in Göttingen und Heidelberg, das Pharmaziestudium in Bonn aufgehoben, obwohl im Sommersemester 1938 noch 40 Pharmazeuten studierten.[289] Die eigentlichen Gründe für die Schließung sind nicht bekannt, waren jedoch offensichtlich nicht politischer Natur, denn sowohl die Bonner Parteistellen als auch die Universität und die Stadt setzten sich für den Erhalt ein.[290] Es wird vermutet, dass die über 30 Jahre von Georg August Frerichs geprägte Pharmazieausbildung in Bonn nicht mehr dem neuesten Stand entsprach, die Räumlichkeiten seit langem nicht mehr ausreichten und ein kostspieliger Neubau oder Umbau erforderlich gewesen wäre.[291] Frerichs wurde zunächst beurlaubt und im März 1939 wegen Erreichens der Altersgrenze emeritiert.[292]

---

284 Rücker, Geschichte; Pachaly, Pharmazie (1996), S. 97; Höpfner, Universität (1999), S. 471, S. 505.

285 Ebd.

286 Sitzungsprotokolle der Mathematisch-Naturwissenschaftlichen Fakultät vom 16.11.1936 und 11.12.1936.

287 Höpfner, Universität (1999), S. 471–505.

288 Sitzungsprotokolle der Mathematisch-Naturwissenschaftlichen Fakultät vom 16.11.1936 und 11.12.1936; siehe auch Höpfner, Universität (1999), S. 471–505.

289 Schmitz, Hochschulinstitute (1969), S. 60.

290 Sitzungsprotokolle der Mathematisch-Naturwissenschaftlichen Fakultät vom 16.11.1936 und 11.12.1936; siehe auch Höpfner, Universität (1999), S. 471–505.

291 Van Rey, Universität Bonn (1995), S. 29–43.

292 Sitzungsprotokolle der Mathematisch-Naturwissenschaftlichen Fakultät.

Wiedereinrichtung des Pharmazeutischen Instituts in Bonn nach dem Zweiten Weltkrieg und Wiederbeginn des Pharmaziestudiums an der Universität Bonn

Nach schweren Luftangriffen und Zerstörungen im Zweiten Weltkrieg wurde die Universität Bonn zum Wintersemester 1945/46 wieder eröffnet. Die Wiedereinrichtung des Pharmazeutischen Instituts ist im Wesentlichen dem damaligen Direktor des Chemischen Instituts, Paul Pfeiffer, zu verdanken, der bereits 1946 dem Pharmazeutischen Institut die Räume im Chemischen Institut (Stadtteil Bonn-Poppelsdorf) wieder zur Verfügung stellte, die 1947 renoviert wurden. Er setzte sich vehement für die Pharmazie ein.[293]

Später wurden auch in den Laboratorien der stillgelegten Kraftstoff-Union in Wesseling Studenten untergebracht.[294] Karl Winterfeld aus Freiburg/Brsg. erhielt 1949 den Ruf als Direktor des Pharmazeutischen Instituts. Neben seiner wissenschaftlichen Leistung unter anderem auf dem Gebiet der Lupinen-Alkaloide, erwirkte er einen für die damalige Zeit großzügigen, idealen Neubau in Bonn-Poppelsdorf am Kreuzbergweg 26.[295] Der zunächst für 240 Studenten ausgelegte Bau wurde 1955 in Betrieb genommen und 1956 eingeweiht, musste aber schon 1961 erweitert werden. Am Institut war auch Herbert Jäger tätig, der sich dort 1953 habilitierte und später eine C3-Professur innehatte.[296] Jäger ging 1962 im Rahmen der Partnerschaft der Universitäten Bonn und Kabul mit nach Afghanistan und übernahm 1963 die Leitung des Deutschen Teams.[297] 1965 wurde Jäger zum außerplanmäßigen Professor ernannt und 1966 zum Wissenschaftlichen Rat und Professor. Er starb 1986.[298]

Im Jahre 1954 habilitierte sich Frau Melanie Rink als erste Frau in Deutschland für Pharmazeutische Chemie.[299]Sie wurde 1960 zur außerplanmäßigen Professorin ernannt und leitete von 1963 bis zu ihrem frühen Tod 1965 als Wissenschaftliche Rätin die Abteilung für Arzneimittelprüfung. Insbesondere entwickelte sie Titrationsmethoden für Arzneistoffe in nichtwässrigen Medien.

Als Nachfolger von Karl Winterfeld wurde 1963 Felix Zymalkowski aus Hamburg auf den Lehrstuhl für Pharmazeutische Chemie berufen.[300] Unter seiner Leitung wurde die Pharmazeutische Technologie zu einer selbstständigen

293 Schmitz, Hochschulinstitute (1969), S. 60; Rücker, Geschichte; Fachgruppe Pharmazie, Pharmacy (1995), S. 3.

294 Pachaly, Pharmazie (1996), S. 95.

295 Schmitz, Hochschulinstitute (1969), S. 60–62.

296 Chronik der Akademischen Jahre 1985/86, 86/87 sowie 87/88, S. 25f.

297 Ebd; siehe auch Chronik des Akademischen Jahres 1971/72, S. 47–49.

298 Ebd., S. 57.

299 Rücker, Geschichte; Pachaly, Pharmazie (1996), S. 98f.; Schmitz, Hochschulinstitute (1969), S. 62f.; Ponatowski/Rücker, Rink (2003), S. 55f.

300 Rücker, Geschichte; Pachaly, Pharmazie (1996), S. 98f.; Schmitz, Hochschulinstitute (1969), S. 62f.

Abteilung erweitert. Die Forschungseinrichtungen der Pharmazeutischen Analytik wurden wesentlich ausgebaut.[301]

Im Rahmen der wissenschaftlichen Arbeiten von Zymalkowski auf dem Gebiet der Arzneistoffsynthese fanden insbesondere die Substanzklassen der Aminoalkohole, Aminosäuren, der sogenannten Antiaminosäuren, N-Heterocyclen sowie der Laktone sein Interesse. 1972 wurde Zymalkowski Mitglied der Deutschen Akademie der Naturforscher Leopoldina zu Halle/Saale, 1975 erhielt er die »Karl Mannich-Medaille«.

In seiner Arbeitsgruppe habilitierten sich Peter Pachaly (1970) und August Wilhelm Frahm (1971). Zu C3-Professuren wurden berufen: Peter Pachaly (1971) und Gottfried Blaschke aus Kiel (1974). Als außerplanmäßige Professoren waren tätig: E. Reimann (seit 1973, 1979 auf eine C3-Professur nach München berufen) und August Wilhelm Frahm (seit 1975). Felix Zymalkowski wurde 1978 emeritiert. Er verstarb 2004, wenige Tage nach seinem 91. Geburtstag.

Schon 1966 war Hermann-Josef Roth von der TH Braunschweig unter gleichzeitiger Ernennung zum Ordinarius und zum weiteren Direktor des Pharmazeutischen Instituts nach Bonn berufen worden.[302] Er wurde mit seiner Abteilung zunächst im überfüllten Institut Bonn-Poppelsdorf untergebracht, 1968 mit nur 100 Studierenden im Verfügungszentrum Endenicher Allee. Im Amtsjahr 1969/70 war Hermann-Josef Roth Vorsitzender der Fachgruppe Chemie-Pharmazie. Arbeitsgebiete von Roth waren hauptsächlich Synthesen neuer Mannichbasen, fotochemische Darstellung neuer Wirkstoffe, Synthese analgetisch wirkender Heterocyclen.[303] Aus seinem Arbeitskreis habilitierten sich in Bonn E. Röder (1970), K. Fickentscher (1973), K. Eger (1981) und R. Troschütz (1983). Röder wurde 1971 zum C3-Professor in Bonn ernannt, Eger wurde nach Leipzig und Troschütz nach Berlin und Erlangen berufen.

Zusätzliches »Allgemeines Verfügungszentrum II (AVZ II)« für die Pharmazie

Wegen des großen Andrangs an Pharmaziestudenten in den späten 1960er Jahren (Semesterstärke etwa 100 Studierende) war 1971 ein zusätzlicher Verfügungsbau in Bonn-Endenich, An der Immenburg 4, schnell fertig gestellt und von der Anorganischen Chemie geräumt worden (Allgemeines Verfügungszentrum II, AVZ II, heute Gerhard-Domagk-Str. 3). In diesem wurde die Abteilung von Professor Roth mit allen Mitarbeitern und den jeweils zahlenmäßig halbierten Semester-Teilnehmern endgültig untergebracht und auch die Pharmazeutische Technologie aus Poppelsdorf aufgenommen. Der Leiter der Tech-

301 Ebd.

302 Ebd.

303 Schmitz, Hochschulinstitute (1969), S. 62f.; Zymalkowski, Institut (1967), S. 12–16.

nologie, Fritz Müller, war 1971 aus Kiel als Nachfolger von F. Gstirner auf das neu eingerichtete Ordinariat berufen worden. Leiter der Pharmazeutischen Chemie in Endenich wurde Hermann-Josef Roth. Ebenfalls nach Endenich waren I. Röder und K. Fickentscher gewechselt. Im Institut in Bonn-Poppelsdorf, Kreuzbergweg, verblieben neben F. Zymalkowski auch Peter Pachaly, August Wilhelm Frahm und P. Tinapp. Beide Häuser führten jeweils mit der Hälfte der Studierenden den gesamten Studiengang in Pharmazeutischer Chemie durch. Zum Wintersemester 1971/72 erfolgte die Gründung der Fachgruppe Pharmazie aus der Pharmazeutischen Chemie sowie der Pharmazeutischen Technologie. Vorsitzender war 1972/73 Fritz Müller.[304]

Nachfolger von Zymalkowski als Direktor des Pharmazeutischen Instituts in Bonn-Poppelsdorf wurde 1979 Gerhard Rücker aus Münster.[305] Seine Arbeitsgebiete waren Analytik und chemische Stabilität von Arzneistoffen, Isolierung und Strukturaufklärung von Arzneipflanzen-Inhaltsstoffen und Instrumentelle Analytik. Nach dem Weggang von Blaschke 1983 nach Münster wurde dessen C3-Professur der Pharmazeutischen Technologie Bonn-Endenich zugeschlagen.

Die nach dem Tode von K. Fickentscher am 6. August 1983 durch einen tragischen Flugzeugabsturz[306] frei gewordene Stelle hatte 1985 Detlef Geffken aus Braunschweig inne, nach dessen Weggang nach Hamburg seit 1990 Jochen Lehmann aus Hamburg. Im Jahr 1987 ist der Privatdozent Dr. Peter Tinapp, Oberassistent am Institut, in Bonn-Poppelsdorf, erst 51jährig verstorben.[307]

Hermann-Josef Roth nahm 1983 einen Ruf an die Universität Tübingen als Nachfolger von Professor H. Auterhoff an, sein Nachfolger in Bonn-Endenich wurde 1985 Peter Nickel aus Berlin.[308] Seine Arbeitsgebiete waren: Wirkstoffe gegen tropische Infektionskrankheiten, Suramin-Analoga und Purinoceptor-Antagonisten. Im Jahr 1989 wurde der schon seit langem am Pharmazeutischen Institut in Bonn-Poppelsdorf tätige Privatdozent Dr. Werner Meise zum außerplanmäßigen Professor ernannt. Nachfolgerin von August Wilhelm Frahm, der ebenfalls 1989 als ordentlicher Professor nach Freiburg/Brsg. berufen wurde, war seit 1990 Ulrike Holzgrabe aus Kiel.[309] 1991 wurde der Ministerialrat Dr. Ulrich Schlottmann, der seit 1979 Vorlesungen über »Spezielle Rechtsgebiete für Pharmazeuten« und »Einführung in das Gesundheitswesen« hielt, zum Honorarprofessor ernannt.[310] Nachfolger des in den Ruhestand getretenen E. Röder[311]

304 Rücker, Geschichte.
305 Ebd.
306 Chronik des Akademischen Jahres 1981/82 und 1982/83, S. 86.
307 Rücker, Nachruf, in: Deutsche Apotheker-Zeitung 127 (1987), S. 709.
308 Ders., Geschichte.
309 Ebd.
310 Deutsche Apotheker-Zeitung 141 (2001), S. 4321–4323.
311 Chronik der Akademischen Jahre 1992/93 und 1993/94, S. 217, S. 220.

wurde 1994 Peter Gmeiner aus München, der 1996 einem Ruf nach Erlangen folgte. Die freigewordene Stelle wurde in das neu eingerichtete Fachgebiet »Klinische Pharmazie« (Bonn-Endenich) übertragen und mit Ulrich Jaehde besetzt.[312]

Im Jahr 1996 wurde Gerhard Rücker emeritiert. Frau Professorin Christa E. Müller aus Würzburg wurde als seine Nachfolgerin auf den Lehrstuhl für Pharmazeutische Chemie am Institut in Bonn-Poppelsdorf berufen. Sie war von 2001 bis 2004 auch Prorektorin der Universität Bonn für Planung und Finanzen und von 2011 bis 2015 Prorektorin für Öffentlichkeitsarbeit und Internationales. Werner Meise trat 1996 in den Ruhestand, Peter Pachaly 1998 und Peter Nickel 1999. Im Jahre 2000 wurde Michel Wieser aus Halle/Wittenberg als Nachfolger von P. Ekel auf den Lehrstuhl für Pharmazeutische Chemie in Bonn-Endenich berufen.

Im Jahr 1999 wurde Harald Schwaim aus Berlin nach Bonn umhabilitiert und im Jahre 2005 zum C4-Professor für *Drug Regulatory Affairs* ernannt. Ulrike Holzgrabe, Prorektorin und Vorsitzende der Kommission für Lehre, Studium und Studienreform, nahm 1999 einen Ruf auf einen Lehrstuhl in Würzburg an. Nachfolger wurde 2001 Michael Gütschow von der Universität Leipzig. Jochen Lehmann nahm 2002 einen Ruf auf den Lehrstuhl für Pharmazeutische Chemie in Jena an. Sein Nachfolger in Bonn-Endenich ist seit 2003 Gerd Bendas aus Halle/Wittenberg.

Seit 1990 fanden folgende Habilitationen statt: Detlef Manns (1997), Michael Neugebauer (1998), Matthias Kassak (2003), Daniela Gündisch (2004). Detlef Manns, zunächst Verwalter der C3-Stelle von Frau Ulrike Holzgrabe, ging 2001 als Mitarbeiter im Fachgebiet Arzneibuch/Allgemeine Analytik an das Bundesamt für Arzneimittel und Medizinprodukte in Bonn. Er ist seit 2006 Leiter beziehungsweise stellvertretender Leiter der Deutschen Delegation bei der Europäischen Arzneibuch-Kommission sowie stellvertretender Vorsitzender der Deutschen Arzneibuch-Kommission und der Deutschen Homöopathischen Arzneibuch-Kommission. Privatdozent Michael Neugebauer nahm 2000 einen Ruf an die Fachhochschule Bonn/Rhein-Sieg in Rheinbach an und kehrte an die Universität Bonn als Akademischer Oberrat zurück. Matthias Kassak nahm 2006 einen Ruf an die Universität Düsseldorf an.[313] Daniela Gündisch folgte 2008 einem Ruf als Assistenzprofessorin an die Universität Hawai.[314]

312 Chronik des Akademischen Jahres 1998/99, S. 126.

313 Siehe die Angaben in den entsprechenden Chroniken der akademischen Jahre an der Universität Bonn.

314 Rücker, Geschichte.

Vereinigung der pharmazeutischen Institute. Bonn-Poppelsdorf und Bonn-Endenich zum »Pharmazeutischen Institut«

Das Pharmazeutische Institut in Bonn-Endenich wurde 1994 erstmals renoviert. Da das über 45 Jahre alte Institut in Bonn-Poppelsdorf in technischer Hinsicht nicht mehr den Erfordernissen und Vorschriften entsprach, begann man nach langer mühevoller Planung im Jahre 2000 mit einem Anbau an das Endenicher Institut in der Gerhard-Domagk-Str. 3. Dieser sollte ursprünglich die Pharmazeutische Chemie Poppelsdorf aufnehmen. 1996 wurde die Planung jedoch dahingehend geändert, dass im Anbau die Pharmazeutische Technologie sowie die Pharmakologie und Toxikologie untergebracht wurden.[315] Für die gesamte Pharmazeutische Chemie musste der Altbau in Endenich erneut renoviert werden, was wegen verschiedener Schwierigkeiten weiter verschoben wurde. So konnte erst am 20. November 2006 die endgültige »Wiedervereinigung« des Pharmazeutischen Instituts vollzogen werden. Fünf Jahre später wurde des 200. Geburtstags von Carl Friedrich Mohr (4. November 1811) gedacht und ein jährlich verliehener Carl-Friedrich-Mohr-Preis gestiftet.[316]

Pharmazeutisches Institut

Das Pharmazeutische Institut in Bonn-Endenich besteht seit dem Jahre 2006 aus folgenden Bereichen:
- Pharmazeutische Chemie I
- Pharmazeutische Chemie II
- Pharmazeutische Technologie und Biopharmazie
- Klinische Pharmazie
- Lehrstuhl für *Drug Regulatory Affairs*

Nach der Geschäftsordnung des Pharmazeutischen Instituts obliegt die Leitung des Instituts dem Institutsvorstand.[317] Dessen Zusammensetzung und Aufgaben ergeben sich aus § 28 der Ordnung der Mathematisch-Naturwissenschaftlichen Fakultät. Der Institutsvorstand besteht aus dem Professoren des Instituts, Vertretern der Wissenschaftlichen Mitarbeiterinnen und Mitarbeiter, Vertretern der Wissenschaftlichen und Studentischen Hilfskräfte einschließlich der Stipendiaten sowie Vertretern der Mitarbeiterinnen und Mitarbeiter aus Technik und Verwaltung. Die Geschäftsführende Direktorin oder der geschäftsführende Direktor wird jeweils im Sommersemester alternierend aus den sechs Bereichen

315 Ebd.
316 Fachgruppe Pharmazie, Festschrift (2006).
317 Geschäftsordnung des Pharmazeutischen Instituts der Universität Bonn.

des Instituts gewählt. Die innere Organisation und Verwaltung der einzelnen Bereiche obliegt den Bereichsleiterinnen oder Bereichsleitern.

Pharmazeutische Chemie I

Dieser Bereich ist aus der Pharmazeutischen Chemie Bonn-Poppelsdorf hervorgegangen. Bereichsleiterin ist Frau Prof. Christa E. Mueller. Ihre Arbeitsgebiete sind: Medizinische Chemie/Wirkstoffentwicklung, Purin und Pyramidin-Rezeptoren, Adenin-Rezeptoren, Ectonucleotidasen, G-Protein-gekoppelte Rezeptoren, Adenin, Adenosin. Darüber hinaus gehören dem Bereich an: Prof. Michael Gütschow (Arbeitsgebiete Protease-Inhibitoren, Peptidomimetika, Heterozyklische Wirkstoffe), und Priv.-Doz. Dr. Michael Neugebauer (Arbeitsgebiete Arzneistoffanalytik, Analytik von Ätherischen Ölen, Arzneistoffmetabolismus).

Im Januar 2011 wurde Frau Dr. Diana Imhoff berufen (Habilitation Oktober 2008, Jena) und zur W2-Professorin ernannt. Arbeitsgebiete sind Biochemie, Bioaktive Peptide. Im Januar 2012 habilitierte sich Frau Maria Christine Parr für Pharmazeutische Chemie. Weiterhin gehörten zur Abteilung Prof. em. Dr. Gerhard Rücker, Mitherausgeber des Kommentars zum Europäischen Arzneibuch, sowie Professor Werner Meise und Privatdozent Dr. Detlef Manns.

Pharmazeutische Chemie II

Der Bereich Pharmazeutische Chemie II umfasst die frühere Pharmazeutische Chemie Bonn-Endenich. Bereichsleiter ist Prof. Michael Wiese. Seine Arbeitsgebiete sind ABC-Transporter, QSAR- und Molekular Modelling.

Des Weiteren gehören dem Bereich an: Professor Gerd Bendas (Arbeitsgebiete Biophysikalische Techniken zur Untersuchung von Entzugsprozessen und Tumorzellmetastasen, Biosensortechniken zur Untersuchung von Ligand-Rezeptor-Wirkungen). Weiterhin gehören zur Pharmazeutischen Chemie II Prof. em. Peter Nickel, Professor Erhard Röder und Professor Jochen Lehmann (Lehrauftrag für Pharmazeutische Chemie).

Pharmazeutische Technologie und Biopharmazie

Schon in dem nach dem Zweiten Weltkrieg errichteten Pharmazeutischen Institut war eine Abteilung für Galenik (Pharmazeutische Technologie) eingerichtet worden.[318] Die Leitung hatte seit 1946 Fritz Gstirner als Gastdozent aus Graz, der später apl. Professor und Wissenschaftlicher Abteilungsleiter wurde.

318 Rücker, Geschichte.

1952 habilitierte er sich von Graz nach Bonn um.[319] Fritz Gstirner wurde 1970 emeritiert und verstarb 1972.[320] Sein Arbeitsgebiet lag hauptsächlich bei der Arzneizubereitung wie Salbengrundlagen (insbesondere Hydrogele und Vaselinarten), Injektionslösungen, Tabletten und Drogenzubereitungen.[321] Wegen der wachsenden Bedeutung der Pharmazeutischen Technologie, die auch in der Approbationsordnung von 1971 zum Ausdruck kam, wurde für das Fach ein Ordinariat eingerichtet. Besetzt wurde es 1991 mit Fritz Müller aus Kiel,[322] der die Pharmazeutische Technologie im Institutsgebäude Bonn-Endenich zu einer modernen Ausbildungs- und Forschungsstätte ausbaute. Hauptarbeitsgebiete von Professor Müller waren pharmakokinetische Probleme mit Betrachtungen aus dem Blickwinkel der physikalischen Pharmazie. Im Jahre 1981 habilitierte sich Richard Süverkrüp für Pharmazeutische Technologie. Er war bis 1989 Privatdozent. Die 1983 nach Berufung des pharmazeutischen Chemikers G. Blaschke nach Münster der Pharmazeutischen Technologie zugeschlagene C3-Professur wurde zunächst mit Hans-Peter Merkle aus Heidelberg besetzt, der 1987 nach Frankfurt berufen wurde. Nachfolger war seit 1989 Richard Süverkrüp. Seine Arbeitsgebiete waren Gefriertrocknung, Bioverfügbarkeit und Pharmakokinetik. Im Jahre 2002 bezog die Pharmazeutische Technologie Räume im Neubau Bonn-Endenich, Gerhard Domagk-Straße. Richard Süverkrüp trat mit Ablauf des Wintersemesters 2006/07 in den Ruhestand. Es folgte 2007 Professor Alf Lamprecht von der Université France-Comté Besançon, Frankreich.[323] Seine Arbeitsgebiete sind Transportphänomene bei Wirkstoffen, Arzneiformen für eine Selektive Entzündungstherapie und das DFG- Schwerpunktprogramm »Prozess-Spray«.

Fritz Mueller wurde zum Jahr 1992 emeritiert, auf die Professur wurde 1994 Klaus-Jürgen Steffens aus Braunschweig berufen.[324] Arbeitsgebiete von Steffens waren Verfahrenstechnik der Herstellung fester Arzneiformen, Überwachung und Steuerung von Granulations- und Tablettierungsprozessen, Entwicklung neuer Hilfsstoffe sowie Phasenumwandlungen und Polymorphie von Wirk- und Hilfsstoffen. Klaus-Jürgen Steffens wurde zum 1. September 2012 emeritiert. Als Nachfolger wurde Alf Lambrecht berufen, bisher C3-Professor am Institut für Pharmazeutische Technologie und Biopharmazie in Bonn. Seine Arbeitsgebiete behielt er bei. Auf die freigewordene C3-Professur wurde am 2. Mai 2013 Pri-

319 Deutsche Apotheker-Zeitung 110 (1970), S. 1955–1957; H. J. Roth, Deutsche Apotheker-Zeitung 112 (1972), S. 1818.

320 Ebd.

321 Ebd.

322 Rücker, Geschichte.

323 Siehe die Angaben in den entsprechenden Chroniken der Akademischen Jahre an der Universität Bonn.

324 Rücker, Geschichte.

vatdozent Karl Gerhard Wagner berufen. Wagner hatte sich an der Universität Tübingen habilitiert und war mehrere Jahre bei der Firma Böhringer, Ingelheim, tätig und parallel als Privatdozent an der Universität Tübingen. Innerhalb der Pharmazeutischen Technologie fanden seit 1990 folgende Habilitation statt: Manfred Wolf (1995) und Hubert Rein (2004).[325] Das Arbeitsgebiet von Dr. Rein ist unter anderem Schmelzextrusion.

Pharmakologie und Toxikologie

Bis zur Einführung der Approbationsordnung 1989 wurde der Unterricht der Pharmaziestudenten im Fach Pharmakologie am Pharmakologischen Institut der Medizinischen Fakultät durchgeführt.[326] Wegen der Erweiterung der Pharmakologieausbildung unter anderem durch die Einführung eines obligatorischen Demonstrationskurses in Pharmakologie, sollte dies geändert werden. Daher entschloss sich die Fachgruppe Pharmazie, eine schon länger geplante Abteilung »Pharmakologie und Toxikologie« innerhalb des Pharmazeutischen Instituts zu gründen. Diese musste nahezu vollständig aus eigenen Personal- und Sachmitteln ohne wesentliche Hilfe der Universität oder des Landes eingerichtet werden. Alle Bereiche der Fachgruppe Pharmazie trugen dazu bei. 1992 wurde Klaus Mohr aus Kiel auf eine C3 Professur für Pharmakologie und Toxikologie berufen.[327] Mohr übernahm den Demonstrationskurs in »Pharmakologie« und den »Physiologischen Kurs«. Seine Arbeitsgebiete umfassen die Pharmakologie G-gekoppelter Rezeptoren, Ligand-Rezeptor-Interaktoren und Intrazelluläre Signalwegsaktivierung. Mohr war ab 2002/03 Studiendekan der Mathematisch-Naturwissenschaftlichen Fakultät. Es fanden seit 1990 folgende Habilitationen statt: Martin Pfaffendorf (1996), Bob Wilfert (umhabilitiert aus Frankfurt/Main), Christian Tränkle (2000). Pfaffendorf leitet eine Apotheke und ist an der Universität Bonn apl. Professor für Pharmakologie und Toxikologie für Chemiker und Lebensmittelchemiker. Wilfert erhielt einen Ruf an die Universität Groningen/Niederlande. Die Arbeitsgebiete von Christian Tränkle sind Modulation G-Protein-gekoppelter Rezeptoren, Histondeacetylasen sowie pharmakologische Rezeptorinteraktionsmodelle.

325 Chronik der Akademischen Jahre 1994/95 und 1995/96, S. 87; Chronik des Akademischen Jahres 2004/05, S. 264.
326 Rücker, Geschichte.
327 Ebd.

Klinische Pharmazie

Mit der im Jahre 2000 in Kraft getretenen novellierten Approbationsordnung wurde das Fach »Klinische Pharmazie« als neues Examensfach in das Pharmaziestudium eingeführt, um patientenorientierte Lehrinhalte zu stärken und dem sich wandelnden Berufsbild des Apothekers gerecht zu werden. Die Universität Bonn hat 1999 als erste Universität in Deutschland eine C3-Professur für Klinische Pharmazie eingerichtet.[328] Es wurde Ulrich Jaehde aus Berlin als Nachfolger des pharmazeutischen Chemikers Peter Gmeiner auf die C3-Professur berufen und mit dem Aufbau des Bereiches Klinische Pharmazie betraut.[329] Diese wurde zunächst in den Bereich Pharmazeutische Chemie in Endenich integriert. Im Jahre 2004 wurde die Professur umgewidmet und die Klinische Pharmazie in einen eigenständigen Bereich innerhalb des Pharmazeutischen Instituts überführt.

Arbeitsgebiete der Abteilung von Professor Jaehde sind Pharmazeutische Betreuung von Patienten, Dosis-Individualismus, Arzneimittel-Therapiesicherheit. Am 28. Dezember 2011 wurde Frau Eva Susanne Dietrich als Honorar-Professorin berufen.[330]

Radiopharmazie

Der Unterricht in Radiopharmazie einschließlich Strahlenschutz für Studierende der Pharmazie wird als Wahlpflichtfach sowie als Promotionsfach unter Leitung von Frau Prof. Christa Müller und Prof. Hans-Jürgen Biersack (Klinik für Nuklearmedizin, Medizinische Fakultät) angeboten.[331]

Biochemische Untersuchungsverfahren für Studierende der Pharmazie

Im Rahmen der Approbationsordnung für Apotheker von 1971 wird von der Medizinischen Fakultät (NRW International Graduate Research School Biotech Pharma) seit 1974 für Studierende der Pharmazie der vorgeschriebene Kurs in Biochemischen Untersuchungsverfahren angeboten. Die dafür vorgesehene C3-Professur nahm seit 1975 Manfred Kämpfle ein. Nach seinem Ausscheiden wurde diese Aufgabe von Prof. Thomas Magin übernommen. Dieser folgte zum 1. Oktober 2009 einem Ruf als W3-Professor an die Universität Leipzig.[332] Der

328 Ebd.

329 Rücker, Geschichte.

330 Ebd.; Vorlesungsverzeichnis 2012/13, Fachkommission Fachgruppe Pharmazie, 19.04.2012, S. 1184f.

331 Vorlesungsverzeichnis Wintersemester 2012/13, S. 1186, 1192.

332 Chronik des Akademischen Jahres 2009/2010, S. 107.

Kurs in biochemischen Untersuchungsverfahren findet am heutigen »Institut für Biochemie und Molekularbiologie« (Medizinische Fakultät) statt.

Lehrstuhl und weiterbildender Studiengang für Drug Regulatory Affairs

Für dieses Spezialgebiet wurde zunächst ab dem Jahr 1999 unter Leitung von Karl-Werner Glombitza (Pharmazeutische Biologie) ein Weiterbildungsstudiengang mit dem Abschluss *Master of Drug Regulatory Affairs* aufgebaut, gefördert von der Deutschen Gesellschaft für Regulatorische Angelegenheiten (DGRA). 2004 wurde in Bonn als neue Disziplin die erste Professur (C4) für dieses Fach in Europa eingerichtet und am 10. Dezember 2004 mit Harald G. Schwalm besetzt, vormals Präsident des Bundesinstituts für Arzneimittel und Medizinprodukte.[333] Die Aufgaben des Lehrstuhls umfassen die Gebiete Arzneimittelzulassung, Arzneimittelvertrieb, Arzneimittelfälschungen, Pharmakovigilanz, Pharmakoökonomie und Gesundheitspolitik.[334] Es findet eine Zusammenarbeit mit der naturwissenschaftlichen Pharmazie, aber auch mit dem juristischen, medizinischen und empirisch-sozialwissenschaftlichen Bereich statt. Hinzu kommen Themen wie bibliometrische und informationstechnische Methoden. Zu erwähnen sind auch internationale Kontakte, zum Beispiel Training für die chinesische Zulassungsbehörde in Zusammenarbeit mit dem Bundesamt für Arzneimittel und Medizinprodukte und Kontakte mit verschiedenen Ländern von Nahost bis Russland. Professor Schwalm wurde 2011 als ordentliches Mitglied in die BfR-Kommission für pharmakologisch wirksame Stoffe und Tierarzneimittel berufen.[335]

Institut für Pharmazeutische Biologie

Schon im 19. Jahrhundert nahm die Arzneipflanzenkunde (Pharmakognosie) wegen der großen Bedeutung pflanzlicher Arzneimittel in der Ausbildung des Pharmazeuten eine wichtige Stellung ein.[336] Theodor Friedrich Ludwig Nees von Esenbeck, Professor für Pharmazie von 1825–1837, war Botaniker.[337] Auch in dem Lehrplan eines privaten »Pharmazeutischen Instituts« in Bonn (Gründung 1837 von Ludwig Clamor Marquart[338]) wurden jeweils im Sommersemester die Vorlesungen an der Universität über Allgemeine Botanik (Prof. Treviranus) und

333 Deutsche Apotheker-Zeitung 145 (2005), S. 556–559.
334 Chronik für die Akademischen Jahre 2003/04 und 2004/05, S. 263.
335 Chronik für das Akademische Jahr 2010/11, S. 154.
336 Gaude, Apotheke (1979), S. 23–26.
337 Rücker, Geschichte; s. auch Abschnitt Botanik.
338 Ebd.; Schmitz, Hochschulinstitute (1969), S. 54f.

im Wintersemester über Medizinisch-pharmazeutische Botanik (Dr. Seubert) einbezogen. Außerdem gab es im Sommer Demonstrationen lebender Pflanzen (Dr. Seubert) und botanische Exkursionen. Die Ausbildung der Pharmaziestudenten in Botanik und Pharmakognosie lag auch in den folgenden Jahrzehnten in den Händen von Botanikern (s. u. im Kapitel zur Biologie den Abschnitt Botanik). Das private Institut von Marquart wurde wie erwähnt 1845 aufgelöst.[339]

Extraordinariat für »Systematische Botanik und Pharmakognosie« 1947 und Gründung des »Pharmakognostischen Instituts« 1951

Nach dem Zweiten Weltkrieg wurde 1947 am Botanischen Institut in Bonn ein neues Extraordinariat eingerichtet und 1948 mit Maximilian Steiner aus München besetzt (s. unten Abschnitt Biologie). Er wurde mit dem Unterricht der Pharmazeuten in »Systematische Botanik und Pharmakognosie« betraut. Steiner leitete eine neue Entwicklung der Pharmakognosie an der Universität Bonn ein: 1951 wurde er zum ordentlichen Professor für das Fach Pharmakognosie ernannt und zur gleichen Zeit erfolgte die Gründung des »Pharmakognostischen Instituts«, des heutigen »Instituts für Pharmazeutische Biologie«.[340] Dieses war zunächst in einem Teil des Gebäudes Nussallee 2 untergebracht, 1964 erfolgte der Einzug in das neue Institutsgebäude Nussallee 6. Steiners wissenschaftliche Arbeiten lagen hauptsächlich auf dem Gebiet der chemischen Pflanzenphysiologie, umfassten aber auch anatomische und Pflanzen-systematische, insbesondere lichenologische Untersuchungen. Er war als Fachgutachter für Botanik bei der obersten Naturschutzbehörde des Landes tätig und ist als Mitglied in die Kommission für das DAB7 berufen worden, 1965 wurde er zum Präsidenten der Deutschen Botanischen Gesellschaft gewählt.[341] Im Jahr 1980 wurde Steiner das Bundesverdienstkreuz erster Klasse verliehen.

Institut für pharmazeutische Biologie

Nachfolger Steiners wurde 1973 Horst A. Kating aus Marburg.[342] Mit seiner Berufung erfolgte 1973 die Umbenennung des »Pharmakognostischen Instituts« in »Institut für Pharmazeutische Biologie«. Arbeitsgebiete von Kating waren unter anderem der Stickstoff-Stoffwechsel von Mikroorganismen, insbesondere von Hefen, Arminen und Alkaloiden, extrazelluläre Umsetzung von Aminosäuren sowie Inhaltsstoffe von Arnika-Arten, Helleborus, Drosera, Passiflora,

339 Bayer, Marquart (1962), einschließlich Anlagen A und B.

340 Siehe den Beitrag von Karl-Werner Glombitza in: Deutsche Apotheker-Zeitung 113 (1973), S. 648.

341 Ebd.

342 Siehe Deutsche Apotheker-Zeitung 148 (2008), S. 1488 f.

Ononis, Crinum und Solanaceen.[343] Horst Kating schrieb mit Sigmar-Walter Breckle zusammen ein erfolgreiches »Lehrbuch der Pharmazeutischen Biologie I«. Er ging 1981 in den Ruhestand.[344] Horst Kating verstarb im Jahre 2008.

Mit dem starken Anwachsen der Studierendenzahlen und der Änderung der Approbationsordnung 1971 war die Neueinrichtung einer zweiten Professur für Pharmazeutische Biologie notwendig. Diese wurde 1974 mit Karl-Werner Glombitza besetzt.[345] Glombitza hat sich intensiv für den Ausbau der Pharmazeutischen Biologie in Bonn und in der Bundesrepublik eingesetzt sowie die Fachgruppe Pharmazie in Bonn mitgestaltet. Er wurde im Jahre 2000 für sein Engagement für die Pharmazie und das Gesundheitswesen mit dem Verdienstkreuz erster Klasse des Verdienstordens der Bundesrepublik Deutschland ausgezeichnet.[346] Die wissenschaftlichen Arbeiten von Glombitza lagen auf dem Gebiet antibiotischer Substanzen in marinen Algen, der Strukturaufklärung von Tanninen in Braunalgen, ihrer Isolierung und der phytochemischen Analyse von höheren Pflanzen sowie der Entwicklung von Monographien für das HAB.

Im Jahr 1983 war Eckart Leistner aus Münster als Nachfolger für Horst Kating berufen worden.[347] Leistner arbeitete hauptsächlich über die Biosynthese von Naturstoffen, insbesondere von Chinonen, Vitaminen (B 6 und K), über die Wirksamkeit und Unbedenklichkeit von Gingko-Präparaten, über den Wirkungsmechanismus des Gingkotoxins und über endophytische Mikroorganismen.[348] 1990 fand in Bonn die »Tagung der Pflanzenforscher« aus 50 Ländern statt.[349] In den Jahren 1989 bis 1992 wurde eine gründliche Renovierung und Modernisierung des Instituts für Pharmazeutische Biologie durchgeführt, welches damit eine moderne Forschung-und Ausbildungsstätte darstellt. Die Gebäudeteile des Instituts Nussallee 2/4 und 6 wurden nach dem Jahr 2000 erheblich umgebaut und modernisiert. Ein Teil des Instituts ist seit 1971 in acht Räumen des »Allgemeinen Verfügungszentrums« (AVZ 1) der Universität Bonn untergebracht. Karl-Werner Glombitza wurde 1999 emeritiert;[350] auf den Lehrstuhl wurde im gleichen Jahr Frau Gabriele Maria König von der TU Braunschweig berufen.[351] Arbeitsgebiete von Frau König sind Naturstoffforschung an marinen Organismen und Pilzen, Biosynthese, Leitstrukturen für die Entwicklung wirksamer Substanzen.[352] Frau König gehört der DFG-Forschergruppe

343 Ebd.
344 Ebd.
345 Deutsche Apotheker-Zeitung 140 (2000), S. 1243f.
346 Chronik des Akademischen Jahres 1999/2000, S. 148.
347 Chronik der Akademischen Jahre 1981/82 und 1982/83, S. 100.
348 Deutsche Apotheker-Zeitung 124 (1984), S. 9.
349 »Tagung der Pflanzenforscher in Bonn«, in: Bonner Universitätsblätter 1990, S. 102.
350 Rücker, Geschichte.
351 Chronik des Akademischen Jahres 1998/99, S. 126.
352 König, Biotechnologie (2004), S. 55.

»Post Genomic Strategies for New Antibiotic Drugs and Standards« (FOR 854) als stellvertretende Sprecherin an.[353] Am Konsortium »Neuroallianz« ist Frau König mit dem Projekt »Einbringen von Naturstoffen in die Substanzbibliothek« beteiligt.

Nach der Emeritierung von Eckart Leistner wurde 2006 Frau Evi Kostenis von der *Biotec Company* Hoersolm in Dänemark als W3-Professorin berufen.[354] Arbeitsgebiete sind G-Protein-gekoppelte Rezeptoren und Signaltransduktion. Frau Kostenis ist mit dem Projekt »Neue Therapieansätze zur Behandlung ›demynisierender Erkrankungen‹« Mitglied des Konsortiums »Neuroallianz«.[355]

Die Leitung des Instituts für Pharmazeutische Biologie erfolgt jährlich wechselnd in gegenseitiger Absprache zwischen Frau Prof. König und Frau Prof. Kostenis. Seit 1990 wurden folgende Habilitationen durchgeführt: Lutz Heide (1989/1990), Ludger Beerhues (1996), Werner Knöss (1997), Michael Keusgen (1999), Harald Groß (2012).[356] Ludger Beerhues wurde 2000 auf eine C3-Professur für Pharmazeutische Biologie an die TU Braunschweig, Michael Keusgen 2003 auf eine Professur für Pharmazeutische Chemie in Marburg berufen.[357] Werner Knöss ist im Jahre 2000 als Hochschuldozent (C2) aus der Universität ausgeschieden und an das BfArM gegangen, wo er derzeit Leiter der Abteilung »Besondere Therapieeinrichtungen und Traditionelle Arzneimittel« ist und seit 2010 *Chair Person* des *Herbal Medicinal Product Committee* (HMPC) der EMA/London. Er wurde 2012 zum apl. Professor ernannt.

Pharmazeutische Mikrobiologie (Medizinische Mikrobiologie für Pharmazeuten)

Als Folge der Ausweitung der Approbationsordnung von 1971 wurde die Mikrobiologie Pflichtfach für die Ausbildung der Pharmazeuten. Dafür wurde im gleichen Jahr am »Institut für Medizinische Mikrobiologie, Immunologie und Parasitologie« der Medizinischen Fakultät eine Abteilung gegründet und später eine C3-Professur eingerichtet. Auf diese wurde 1974 Bernd Wiedemann berufen, mit der Aufgabe, die Medizinische Mikrobiologie für Pharmazeuten aufzubauen. Er wurde damit auch Zweitmitglied der Mathematisch-Naturwissenschaftlichen Fakultät und erhielt in der Fachgruppe Pharmazie Stimmrecht, da

353 Chronik des Akademischen Jahres 2007/08, S. 181 und Chronik des Akademischen Jahres 2008/2009, S. 172.
354 Chronik des Akademischen Jahres 2005/06, S. 175.
355 Chronik des Akademischen Jahres 2010/2011, S. 165.
356 Siehe dazu die Eintragungen in den entsprechenden Chroniken der Rheinischen Friedrich-Wilhelms-Universität Bonn.
357 Chronik des Akademischen Jahres 2002/03, S. 183.

der Schwerpunkt seiner Lehre auf dem Gebiet der Pharmazie lag.[358] Inzwischen war die Einrichtung einer Professur für Pharmazeutische Mikrobiologie von der DFG bewilligt worden. Diese sollte je zur Hälfte der Mathematisch-Naturwissenschaftlichen Fakultät und der Medizinischen Fakultät zugeordnet sein.[359] Im Jahre 2004 trat Wiedemann in den Ruhestand. Die Ausbildung der Pharmaziestudierenden in »Medizinischer Mikrobiologie« wird nach einer Vereinbarung mit der Medizinischen Fakultät seither weiter in Kooperation mit dieser Fakultät unter Leitung von Professor Hans-Georg Sahl durchgeführt. Damit gehört die Mikrobiologie für Pharmazeuten weiter sowohl zur Medizinischen Fakultät (»Zentrum für Infektiologie und Infektionsschutz«) als auch zur Fachgruppe Pharmazie. Sie ist nach wie vor Bestandteil des »Instituts für Medizinische Mikrobiologie, Immunologie und Parasitologie«. Die interfakultative Konstellation bietet für die Studenten der Pharmazie große Vorteile. Im Vorlesungsverzeichnis 2012/13 ist die Pharmazeutische Mikrobiologie sowohl in der Medizinischen Fakultät als auch im Pharmazeutischen Institut aufgeführt. Arbeitsgebiete von Sahl sind Zielstrukturen für Antibiotika, Wirkungsweise antibiotischer Naturstoffe, Glycopeptid- und Lipopeptid-Antibiotica. Er ist Sprecher der DFG-Forschergruppe »Post Genomic Standards for new Antibiotic Drugs and Standards« (FOR 854). Seit dem Jahre 1990 fanden folgende Habilitationen statt: 1997 habilitierte sich Peter Heisig für Pharmazeutische Biologie und Mikrobiologie.[360] Er wurde im Jahr 2000 auf den Lehrstuhl für dieses Fach an der Universität Hamburg berufen. 2006 fand die Habilitation von Frau Dr. Heike Brötz-Oesterheld, im Jahre 2011 die von Frau Imke Wiedemann statt. Frau Brötz-Oesterheld wurde im Jahre 2010 auf eine Professur für Pharmazeutische Mikrobiologie an die Universität Düsseldorf berufen. Im Jahre 2013 erhielt sie einen Ruf auf eine W3-Professur für Pharmazeutische Mikrobiologie in Bonn.[361]

Studiengänge der Fachgruppe Pharmazie

Staatsexamensstudiengang Pharmazie

Nach der Prüfungsordnung vom 8. Dezember 1934 begann die Ausbildung von Pharmazeuten mit einer zweijährigen Praktikantenzeit in einer Apotheke. Danach folgte ein Universitätsstudium der Pharmazie. Seit dem 1. Oktober 1971

358 Antrag der Fachgruppe Pharmazie an die Mathematisch-Naturwissenschaftliche Fakultät vom 05. 10. 1988.

359 Rücker, Geschichte.

360 Chronik des Akademischen Jahres 1996/97, S. 124.

361 Siehe dazu die Eintragungen in den entsprechenden Chroniken der Rheinischen Friedrich-Wilhelms-Universität Bonn.

wurde die Ausbildung mit einem Studium der Pharmazie von dreieinhalb Jahren (sieben Semestern) begonnen. Es schloss sich eine praktische Ausbildung von einem Jahr an.[362] 1989 wurde in Anpassung an Ausbildungsverfahren in Ländern der EWG die Studiendauer auf vier Jahre (acht Semester) und die Gesamtausbildung einschließlich Praktikantenzeit auf fünf Jahre verlängert. Weitere inhaltliche Veränderungen sowie Anpassungen im Rahmen der Wiedervereinigung Deutschlands führten schließlich zu der ab 2001 gültigen Approbationsordnung für Apotheker.[363] Der Staatsexamensstudiengang Pharmazie besteht danach aus zwei Abschnitten. Nach mindestens zwei Jahren (vier Semestern) Universitätsausbildung und einer Famulatur von acht Wochen unter Leitung eines Apothekers erfolgt eine schriftliche Prüfung (1. Prüfungsabschnitt). Danach beginnt der zweite Teil des Universitätsstudiums von vier Semestern. Der mündliche zweite Prüfungsabschnitt der Pharmazeutischen Prüfung, das sogenannte »Staatsexamen«, bildet den Abschluss des Universitätsstudiums.[364] Die Prüfungskommission für die Fachgruppe Pharmazie der Universität Bonn wird vom Landesprüfungsamt für Medizin, Psychotherapie und Pharmazie, Düsseldorf, bestimmt. Derzeit (Stand 2013) ist Prof. Ulrich Jaehde, Bonn, Vorsitzender und Prof. Klaus Mohr, Bonn, stellvertretender Vorsitzender. Nach dem dritten Ausbildungsabschnitt erfolgt eine einjährige praktische Ausbildung in einer Apotheke. Möglich ist auch eine halbjährige Ausbildung in einer Krankenhausapotheke oder Bundeswehrapotheke, der pharmazeutischen Industrie, einem Universitätsinstitut oder einer Arzneimitteluntersuchungsstelle. In diesen Fällen ist eine zusätzliche halbjährige Ausbildung in einer Apotheke vorgeschrieben. Die Abschlussprüfung des dritten Ausbildungsabschnitts erfolgt mündlich.

Diplomstudiengang Pharmazie

Im Jahre 1997 wurde nach dem Vorbild von Universitäten in den neuen Bundesländern unter dem Engagement von Karl-Werner Glombitza erstmalig auch in der alten Bundesrepublik eine Diplomprüfungsordnung für Pharmazeuten eingeführt.[365] Dieser Diplomstudiengang wurde im Wintersemester 2008/09 durch den Masterstudiengang »Arzneimittelforschung (Drug Research)« abgelöst.[366]

362 Deutsche Apotheker-Zeitung 110 (1970), S. 1958–1965.
363 Gaudich, Approbationsordnung (2002).
364 Deutsche Apotheker-Zeitung 110 (1970), S. 1958–1965.
365 Bonner Universitätsblätter 1997, S. 94.
366 Rücker, Geschichte.

Masterstudiengang »Arzneimittelforschung (Drug Research)«

Der viersemestrige, forschungsorientierte Masterstudiengang »Arzneimittelforschung (Drug Research)«[367] steht seit Wintersemester 2008/09 sowohl Absolventinnen und Absolventen des zweiten Staatsexamens Pharmazie als auch Absolventinnen und Absolventen aus naturwissenschaftlichen, pharmazienahen und medizinischen Studiengängen offen. Bis zum Sommersemester 2012 haben 50 Studierende aus Pharmazie, Chemie, Pharmatechnik, Biologie sowie Molekularer Biomedizin diesen Studiengang absolviert und erwarben den Grad »Master für Arzneimittelforschung (*Drug Research*)«.

Weiterbildender Masterstudiengang »Drug Regulatory Affairs«

Im Jahre 1999 erfolgte auf Initiative von Karl-Werner Glombitza die Einrichtung eines Weiterbildungsstudienganges »Drug Regulatory Affairs« (M.D.R.A.),[368] gefördert von der »Deutschen Gesellschaft für Regulatorische Angelegenheiten« (DGRA). Der einzige Studiengang dieser Art in Deutschland wird ab 2004 durch Professor Harald G. Schwalm (Pharmazeutisches Institut) weitergeführt. Voraussetzung ist der Abschluss eines Studienganges in Pharmazie, Biologie, Medizin, Tiermedizin, Chemie, Lebensmittelchemie oder eines anderen naturwissenschaftlichen Studiums. Der Zeitraum der Ausbildung beträgt mindestens 2–3 Jahre. Nach Abschluss verleiht die Fakultät ein Zertifikat »Expert for Drug Regulatory Affairs«.[369]

Bachelorstudiengang »Molekulare Biomedizin (LIMES)«

Der Studiengang wird vom »Institut für Molekulare Biomedizin« (LIMES-Institut) der Fachgruppe Molekulare Biomedizin (Mathematisch-Naturwissenschaftliche Fakultät) angeboten.[370] LIMES ist eine Abkürzung für *Life and Medical Sciences.* Die Pharmazie ist an der Durchführung beteiligt (Prof. Christa E. Müller und Prof. Michael Gütschow sind Zweitmitglieder der Fachgruppe »Molekulare Biomedizin«). Der Studiengang verknüpft Methoden und das molekulare Verständnis der Naturwissenschaften mit aktuellen Inhalten der Medizin. Ziel ist es, ein molekulares Verständnis der Mechanismen und Funktionsweisen komplexer Lebensvorgänge zu erhalten und die Pathophysiologie menschlicher Erkrankungen zu verstehen. Dies ist auch Grundlage für die

367 Chronik des Akademischen Jahres 2008/09, S. 170 und Chronik des Akademischen Jahres 2011/12, S. 178.

368 Ebd.; Deutsche Apotheker-Zeitung 152 (2012), S. 1091.

369 Deutsche Apotheker-Zeitung 145 (2005), S. 556–559.

370 Vorlesungsverzeichnis 2012/13, S. 1034; Chronik des Akademischen Jahres 2009/10, S. 167.

Entwicklung neuer Diagnostika und Therapie-Ansätze, die der Bekämpfung menschlicher Erkrankungen dienen sollen. Für gemeinsame Forschungsvorhaben werden Drittmittelinitiativen durchgeführt.

Weitere Studienangebote

Der Masterstudiengang »Life and Medical Sciences« (LIMES) ist integraler Bestandteil der Internationalen Graduierten-Schule LIMES.[371] Die Pharmazie ist durch Prof. Christa Müller und Prof. Michael Gütschow beteiligt. An dem Masterstudiengang »Life Science Informatics« (LSI) ist die Pharmazie ebenfalls beteiligt durch die Professorinnen und Professoren Christa Müller, Diana Imhof, Michael Gütschow, Michael Wiese und Gerd Bendas. Seit 2010 ist die Pharmazie darüber hinaus am Masterstudiengang Chemie der Universität Bonn ebenfalls durch Frau Müller und Herrn Gütschow beteiligt.[372]

Graduiertenschulen (Graduiertenkollegs), größere Forschungsprojekte und Drittmittelinitiativen innerhalb der Fachgruppe Pharmazie

Das Rektorat weist seit Oktober 2009 die Pharmaforschung als Forschungsschwerpunkt der Universität Bonn aus.[373]

Pharma-Zentrum Bonn (PZB): Im Herbst 2007 wurde an der Universität Bonn als erster Hochschule in Nordrhein-Westfalen die interdisziplinäre Arbeitsgruppe »Pharma-Zentrum Bonn (PZB)« gegründet (Arbeitsaufnahme 2008/09) als Forschungszentrum und Entwicklungszentrum für innovative Arzneistoffe und Pharmakotherapie.[374] Dem PZB gehören aus der Fachgruppe Pharmazie elf Hochschullehrer mit ihren Arbeitsgruppen an sowie Hochschullehrer der Medizinischen Fakultät. Mitwirkende sind Professor H. G. Enzmann (Direktor BfArM Bonn), Ursula Paulus (Zentrum für Klinische Studien der Universität Köln) und E. Schömig (Institut für Pharmakologie Köln). Derzeit (Stand 2012) sind mehr als 25 Mitglieder und 20 Arbeitsgruppen aus der Mathematisch-Naturwissenschaftlichen und der Medizinischen Fakultät am PZB

371 Chronik des Akademischen Jahres 2008/09, S. 173; Chronik des Akademischen Jahres 2009/10, S. 167.
372 Ebd.
373 Chronik des Akademischen Jahres 2010/2011, S. 164; Chronik des Akademischen Jahres 2011/12, S. 178.
374 Chronik des Akademischen Jahres 2007/08, S. 179; Chronik des Akademischen Jahres 2008/09, S. 170.

beteiligt.[375] Sprecherin ist Frau Professorin Christa Müller (Fachgruppe Pharmazie), stellvertretender Sprecher Professor Pfeifer (Institut für Pharmakologie und Toxikologie). Professorin Gabriele König, Professor Klaus Mohr (beide Fachgruppe Pharmazie) und Professor Johannes Oldenburg (Institut für Hämatologie und Transfusionsmedizin) sind Vorstandsmitglieder. In das PZB wurden folgende Projekte, an welchen die Fachgruppe Pharmazie beteiligt ist, integriert:[376]

Graduiertenkolleg 677: »Struktur und molekulare Interaktion als Basis der Arzneimittelwirkung« (einschließlich Radiopharmazie-Strahlenschutz), das Verbundprojekt Konsortium »Neuroallianz« (BMBF-Förderung), die Bonn International Graduate School of Drug Science (BIGS DrugS) sowie die DFG-Forschergruppe FOR 854 »Post-genomische Strategien für neue antibiotische Wirkstoffe und Zielstrukturen«. Sprecher ist Hans-Georg Sahl (Pharmazeutische Mikrobiologie), stellvertretende Sprecherin ist Gabriele König (Pharmazeutische Biologie).

Das PZB arbeitet auch mit folgenden Einrichtungen außerhalb der Universität zusammen:[377] Dem Bundesinstitut für Arzneimittel-und Medizinprodukte (BfArM), dem Forschungszentrum Jülich, dem Center of Advanced European Studies and Research (CAESAR), der NRW Internationale Graduierten-Forschungsschule Biotech-Pharma sowie der Firma Bayer Schering Pharma (BSP).

Bonn International Graduate School on Drug Sciences (BIGS DrugS): Die Graduiertenschule wurde – basierend auf dem im Jahr 2010 beendeten Graduiertenkolleg GRK 677/1 sowie dem Masterstudiengang »Arzneimittelforschung (Drug Research)« – gegründet.[378] Sie wurde in den BIGS-Verbund (*Bonn International Graduate School*) der Universität aufgenommen und steht allen Promovenden der Pharmazie offen.[379] Sie ist Bestandteil des Pharma-Zentrums Bonn (PZB). Das Programm wurde im Sommersemester 2010 eröffnet, im Jahre 2011 waren 45 Promovenden Mitglieder. Sprecher sind Frau Professorin Christa Müller (Fachgruppe Pharmazie) und Herr Professor Alexander Pfeifer (Medizinische Fakultät).

NRW Internationale Graduierten- Forschungsschule Biotech-Pharma: Die Pharmazie Bonn ist seit dem Wintersemester 2008/09 an der NRW-For-

375 Chronik des Akademischen Jahres 2009/10, S. 164; Chronik des Akademischen Jahres 2011/2012, S. 178.
376 Chronik des Akademischen Jahres 2010/2011, S. 164–168.
377 Chronik des Akademischen Jahres 2008/09, S. 171; Chronik des Akademischen Jahres 2010/2011, S. 167; Chronik des Akademischen Jahres 2011/12, S. 182.
378 Chronik des Akademischen Jahres 2009/2010, S. 165; Chronik des Akademischen Jahres 2011/2012, S. 179.
379 Chronik des Akademischen Jahres 2007/2008, S. 180; Chronik des Akademischen Jahres 2008/2009, S. 171; Chronik des Akademischen Jahres 2009/2010, S. 164.

schungsschule Biotech-Pharma des Pharma-Zentrums Bonn beteiligt, die vom Land Nordrhein-Westfalen gefördert wird. Sprecher ist Professor Alexander Pfeifer (Medizinische Fakultät), stellvertretende Sprecherin Frau Professorin Christa Müller und stellvertretender Sprecher Professor Klaus Mohr (beide Fachgruppe Pharmazie). Aus der Fachgruppe Pharmazie sind fünf Arbeitsgruppen beteiligt.

Internationale Graduiertenschule LIMES (LIMES International Graduate School. BIGS DrugS): Die Internationale Graduiertenschule[380] LIMES gehört zum »Institut für Molekulare Biomedizin (LIMES-Institut)« der Fachgruppe »Molekulare Biomedizin« (Math.-Nat. Fakultät). Mehrere Arbeitsgruppen der Fachgruppe Pharmazie sind in Forschung und Lehre mit der Fachgruppe »Molekulare Biomedizin« verbunden, insbesondere bei der Ausbildung von Studierenden in den Bachelor-/Master-Studiengängen. Frau Prof. Christa Müller und Herr Prof. Michael Gütschow (Fachgruppe Pharmazie) sind Zweitmitglieder der Fachgruppe »Molekulare Biomedizin« und an der Internationalen Graduiertenschule LIMES und der zugehörigen NRW-Forschungsschule »Chemical Biology« beteiligt. Eine Zusammenarbeit besteht mit der Waseda Universität in Tokio.[381] Für das LIMES-Institut wurde in Bonn-Poppelsdorf (Carl Troll-Straße) ein Neubau erstellt und im März 2010 von den Arbeitsgruppen der Fachgruppe »Molekulare Biomedizin« bezogen.

Konsortium »Neuroallianz«: Im Konsortium »Neuroallianz«[382] arbeiten Partner aus Wissenschaft, Kliniken und Unternehmen in einer gemeinsamen Strategie für eine effektive Medikamentenentwicklung zur Bekämpfung neurogener Erkrankungen zusammen. Die »Neuroallianz« stellt eine Ergänzung zu dem kürzlich bewilligten Deutschen Demenzzentrum (DZNE) dar, das seinen Hauptsitz auf dem Campus des Universitätsklinikums Bonn hat. Neben der Universität und dem Universitätsklinikum Bonn ist die Allianz auch im Pharmazentrum Bonn (PZB) integriert. Es sind beteiligt: *Life & Brain* GmbH, die Stiftung CAESAR, das Forschungszentrum Jülich, die Universität Duisburg-Essen mit den Rheinischen Kliniken Essen, das Fraunhofer-Institut SCAI in Sankt Augustin, das BfArM sowie der Arzneimittelhersteller Schwarz Pharma und voraussichtlich auch die Firma Siemens *Health*.

Das Verbundprojekt unter Federführung der Universität Bonn hat gemeinsam mit zwei weiteren Initiativen den Bio-Pharma-Wettbewerb des Bundesministeriums für Bildung und Forschung (BMBF) gewonnen. Das BMBF stellte dem

380 Chronik des Akademischen Jahres 2010/2011, S. 168; Chronik des Akademischen Jahres 2011/2012, S. 179.

381 Chronik des Akademischen Jahres 2010/2011, S. 167; Chronik des Akademischen Jahres 2011/2012, S. 182.

382 Chronik des Akademischen Jahres 2008/2009, S. 171; Chronik des Akademischen Jahres 2009/2010, S. 164; Chronik des Akademischen Jahres 2010/2011, S. 165.

Konsortium innerhalb von drei Jahren 20 Millionen Euro zur Verfügung. Wichtig ist, dass das Konsortium von universitären Arzneimittelfachleuten sowohl aus der Medizin als auch der Pharmazie geleitet wird. Sprecher sind Frau Professorin Christa Müller (Pharmazeutische Chemie), und Professor Alexander Pfeifer (Pharmakologie und Toxikologie). Zwei Projekte werden zurzeit im Institut für Pharmazeutische Biologie bearbeitet: Frau Prof. Evi Kostenis: »Neue Therapieansätze zur Behandlung demyelinisierender Erkrankungen« und Frau Prof. Gabriele König: »Einbringen von Naturstoffen in die Substanzbibliothek«.

DFG-Forschergruppe FOR 854: Post-genomische Strategien für neue antibiotische Wirkstoffe und Zielstrukturen: Die Forschergruppe hat sich das Ziel gesetzt, durch Grundlagenforschung dem drohenden Mangel an wirksamen Antibiotika entgegenzuwirken.[383] Es sind Gruppen aus der Medizinischen und Mathematisch-Naturwissenschaftlichen Fakultät vertreten. Sprecher ist Professor Hans-Georg Sahl (Pharmazeutische Mikrobiologie), stellvertretende Sprecherin Frau Prof. Gabriele König (Pharmazeutische Biologie). Das Verbundprojekt umfasst zehn Projekte, je zwei aus der Pharmazeutischen Mikrobiologie, der Pharmazeutischen Biologie, aus dem Institut für Medizinische Mikrobiologie und aus der Fachgruppe Chemie sowie ein Projekt aus der Pharmazeutischen Chemie.

Forschungsverbund des Bundesministeriums für Gesundheit (BMG) Arzneimitteltherapiesicherheit in Alten- und Pflegeheimen: Das zunächst bis Juli 2010 terminierte Projekt befasste sich mit der Analyse unerwünschter Arzneimittelwirkungen in 16 ausgewählten Alten- und Pflegeheimen in NRW.[384] Die Klinische Pharmazie der Universität Bonn (Arbeitsgruppe Prof. Ulrich Jaehde) war gemeinsam mit der Klinischen Pharmakologie der Universität Witten/Herdecke (Frau Prof. Petra Thürmann) federführend. Das Projekt wurde im Jahre 2013 wieder aufgenommen.

FFARMED: Untersucht werden sollen in einer Förderspanne von fünf Jahren molekulare Effekte von Nahrungsmittelbestandteilen auf Fettsäure-sensitive G-Protein-gekoppelte Rezeptoren.[385] Ziel ist die Analyse des Einflusses von Nahrung und Nahrungsbestandteilen (FFAR; *Free Faty Acid Receptor*) auf Diabetes oder Fettleibigkeit. Frau Professor Evi Kostenis (Pharmazeutische Biologie) ist Mitglied des Europäischen Konsortiums FFARMED.

EUROSTARS: Im Eurostars-Programm soll ein Projekt zur Entwicklung und Bioaktivitätstestung von Peptidase-resistenten, oral verfügbaren Peptiden zur Therapie von Herzinsuffizienz oder Diabetes mellitus entwickelt werden.[386]

---

383 Ebd.; Chronik des Akademischen Jahres 2009/2010, S. 165.

384 Chronik des Akademischen Jahres 2009/2010, S. 166; Chronik des Akademischen Jahres 2010/2011, S. 166; Chronik des Akademischen Jahres 2011/2012, S. 181.

385 Ebd.

386 Ebd.

Koordinatoren sind Frau Professorin Evi Kostenis (Pharmazeutische Biologie) und Dr. G Moll (Lanthio Pharma, Niederlande). Der Titel des Projekts von Frau Kostenis lautet »Herstellung und biologische Testung von peroral-verfügbaren Peptiden als Arzneistoffe zur Therapie von Herz- und Stoffwechselerkrankungen«.

Fachgruppe Erdwissenschaften

Kontinuitäten und Diskontinuitäten der geographischen Forschung und Lehre in Bonn im Spiegel der Entwicklung der Professuren

Winfried Schenk

Zur Mitte des Jahres 2018 war das Geographische Institut in acht wissenschaftliche Bereiche mit insgesamt 13 Professuren mit den drei Profilschwerpunkten »Wasser«, »Risiko« und »Geomatik« gegliedert, nämlich:

1. Klimatologie und Landschaftsökologie (Jörg Löffler)
2. Hydrologie und Wasserressourcenmanagement (Bernd Diekkrüger und Mariele Evers)
3. Geomorphologie (Jürgen Herget und Lothar Schrott)
4. Geographische Entwicklungsforschung (Detlef Müller-Mahn, Sabine Tröger und Julia Verne)
5. Stadt- und Regionalforschung (Claus-Christian Wiegandt)
6. Wirtschafts- und Sozialgeographie[387] (Britta Klagge und Nadine Marquardt)
7. Historische Geographie (Winfried Schenk)
8. Fernerkundung und Geographische Informationssysteme (Klaus Greve).

Diese Struktur ist das Ergebnis komplexer Entscheidungsprozesse seit der Einrichtung eines »Geographischen Apparats« im Jahr 1875, in denen sich persönliche Interessen sowie disziplin-, universitäts- und institutspolitische Aspekte vielfach überlagerten und vermischten und sich dennoch bis heute inhaltliche und institutionelle Kontinuitäten durchpausen. Letztere gliedern diesen Beitrag, indem die Entwicklung von Professuren verfolgt wird. Das erlaubt, zugleich inhaltliche Wandlungen und Kontinuitäten sichtbar zu machen, die oftmals für die Geographie in Deutschland insgesamt stehen. Auch wenn nachfolgend die Entwicklung der Professuren aus darstellerischen Gründen gegliedert nach den beiden Teildisziplinen der Geographie, nämlich Physischer

387 Diesem Bereich gehörte auch Dr. Jürgen Pohl, Professor für Sozialgeographie, an, der am 11.06.2014 verstarb; am 09.08.2016 verstarb Dr. Gunter Menz, Professor für Fernerkundung. Beiden sei dieser Beitrag gewidmet.

Geographie und Humangeographie sowie der methodischen Ausrichtung erfolgt, so wurde die Idee von der Einheit des Faches in Bonn nie aufgegeben, was sich darin spiegelt, dass sich das Bonner Institut als »Vollinstitut« versteht und mithin eine große inhaltliche Breite mit dem Anspruch eines »Referenzinstituts« für Deutschland anstrebt.

Vorgeschichte

Die Anfänge geographischer Lehre und Forschung in der ersten Hälfte des 19. Jahrhunderts blieben ohne institutionelle Rückbindung an die heutigen Strukturen.[388] Dazu gehört das zweite Extraordinariat der mathematisch-naturwissenschaftlichen Sektion der Philosophischen Fakultät, das 1829 der für das Fach »Mathematik und Physik« habilitierte Privatdozent Friedrich Christian von Riese (1790–1868) erhielt; er beschäftigte sich neben Goniometrie (mit Anwendungen in Astronomie und Geodäsie) vor allem mit der physikalischen Bestimmung von Magnetfeldern. Äußerst breit war das Spektrum der von ihm angebotenen Vorlesungen, wie etwa über »Geschichte der Mathematik«, »Bestimmung von Cometenbahnen« oder »Über die zur Physik gehörigen Theile der Physiologie«. Das Thema seiner ersten Vorlesung im Sommersemester 1829 war jedoch »Physische Geographie«, parallel angeboten zur ersten geographischen Vorlesung »Die Erdkunde Europas« des 1828 (nicht ohne Schwierigkeiten seitens der Fakultät) habilitierten Privatdozenten Georg Benjamin Mendelssohn (1794–1874). Da dieser sich trotz der von Regierungsseite veranlassten Beförderung zum außerordentlichen (1836) und ordentlichen (1847) Professor *ad personam* für »Geographie und Statistik« nur wenig in der Lehre auf diesem interdisziplinären Fach engagierte und sich auch 1848 beurlauben ließ, übernahmen andere Dozenten die geographische Ausbildung – so der bei Noeggerath promovierte Geognostiker und Biogeograph Philipp Wessel (1826–1855), der sich 1951 für »Physikalische und Physische Geographie« habilitiert hatte. Nach Lauer verhielt sich Mendelssohn im Rahmen der Bonner Philosophischen Fakultät »wie ein Privatgelehrter«[389] ohne besonderen Ehrgeiz, die Geographie auf

388 Die Ausführungen zum frühen 19. Jahrhundert folgen Recherchen von Prof. Wolfgang Alt in den Vorlesungsverzeichnissen und im Universitätsarchiv, dem dafür herzlich gedankt sei.

389 Lauer, Geographie in Bonn (1990), S. 2; ich danke meinem Vorgänger auf der Professur für Historische Geographie, Prof. Klaus Fehn, und Herrn Wolfgang Schmiedecken, zuletzt Akademischer Direktor am Geographischen Institut, für die Hilfen bei der Erschließung der Entwicklungslinien der Professuren des Instituts mit Hilfe tabellarischer Übersichten. Herrn Schmiedecken verdanke ich auch den Zugang zu einem Manuskript einer »Einladung zur Festsitzung der Geographischen Institute der Rheinischen Friedrich-Wilhelms-Universität Bonn zur Ehren des sich verabschiedenden Jahrtausends« am 20.12 1999, in dem sich viele institutsgeschichtliche Informationen finden.

Dauer zu institutionalisieren; offenbar verfügte er nicht einmal über einen eigenen Raum. Mit seiner Probevorlesung »De vallium ortu et forma in montibus maxime rheni schistosis« steht er dennoch am Beginn einer bedeutenden Bonner Tradition der geographischen Erforschung des Rheinischen Schiefergebirges[390], wenngleich er die Geographie zeittypisch im Kanon der Wissenschaften zwischen den Naturwissenschaften und der Geschichte vorortete.

Nach einer Pause von zwei Jahrzehnten, in denen innerhalb der geschichtlichen Sektion das Fachgebiet der »historischen Geographie« (etwa durch Heinrich Nissen) aufgebaut wurde, war 1875 in der Philosophischen Fakultät eine Professur für Geographie geschaffen worden, bestimmt für den China-Experten Ferdinand Freiherr von Richthofen (1833–1905). Mit der Einrichtung des damit verbundenen »Geographischen Apparats« im Zuge des allgemeinen Ausbaus der Geographie in Preußen als »Kolonial- und Schulfach«[391] lassen sich institutionelle Kontinuitäten leichter in der Physischen Geographie als in der Humangeographie bis in die Gegenwart verfolgen. Die Entwicklung der Physischen Geographie wird daher vorab geschildert; die Darstellung der Entwicklung der Räumlichkeiten des Instituts ist darin integriert.

Entwicklungslinien der Professuren der Physischen Geographie

Ferdinand Freiherr von Richthofen gilt als der erste Inhaber eines Lehrstuhls für Geographie in Bonn und zugleich als einer der Begründer der neuzeitlichen Geographie. Er betonte die Bedeutung von Beobachtung und Messung und sein fünfbändiges Werk »China, Ergebnisse eigener Reisen« (1877–1912) markiert den Beginn der wissenschaftlichen Länderkunde.[392] Seine Arbeit in Bonn startete allerdings recht holprig, denn er ließ sich 1877 zunächst gleich für 2 $\frac{1}{2}$ Jahre beurlauben, um das erwähnte Buch über China zu schreiben. Während dieser Beurlaubung vertrat ihn zunächst der Privatdozent Theobald Fischer (1846–1910); er war in Bonn als Historiker 1868 promoviert worden und hatte sich nach eigenen geographischen Forschungen 1876 möglicherweise im Fach »Geographie« habilitiert. Erst als einige Professoren ein erneutes Urlaubsgesuch von Richthofen vom 4. Februar 1878 mit der Bemerkung »Nicht ohne Erstaunen gelesen«[393] versahen, nahm er schließlich zum Wintersemester 1879 seine akademische Lehrtätigkeit auf – seine Diensträume bildeten zwei in-

390 Lauer, Geographie in Bonn (1990).
391 Schultz, Einheitsfrage (2011); ders., Bildungsfach (1989); ders. Die deutschsprachige Geographie (1980).
392 Lauer, Geographie in Bonn (1990), S. 3f.; ausführlich zu Richthofen Beck, Richthofen (1982); sowie mit starkem Bezug zu Bonn Richthofen-Kolloquium (1983).
393 Lauer, Geographie in Bonn (1990), S. 3.

einander gehende, dem Alten Zoll zugekehrte Zimmer im ersten Stock des Seitenflügels des Universitätshauptgebäudes – und schon zum Sommersemester 1883 folgte er einem Ruf nach Leipzig. 1880 hatte er ein »Geographisches Kolloquium« eingerichtet, das wöchentlich im »Geographischen Apparat« in der Konviktstraße stattfand und in dem er seine kausal begründende Geographie propagierte, die sowohl geologisch-morphologisch als auch humanwissenschaftlich ausgerichtet war; in dieser Tradition werden auch heute noch Geographische Kolloquien angeboten – 2018 wurde im Sommersemester das 730. Kolloquium abgehalten.

Mit seinem im selben Jahr ernannten Nachfolger Johannes Justus Rein (1835–1918) war ein weiterer Ostasienforscher berufen worden, der eine der zentralen Aufgaben in gründlicher Beschreibung und im deskriptiven Vergleich sah.[394] Seine Forschungen zu Japan sind dort so präsent, dass ihm japanische Erdwissenschaftler in der Gebirgsgemeinde Shiramine in der Präfektur Ishikawa einen Gedenkstein setzten, auf dem erläutert wird, dass Rein beim Durchstreifen des Gemeindegebiets im Juli 1874 Pflanzenversteinerungen gesammelt hatte und bestimmen ließ. Da dies die erste geologische Datierung in Japan gewesen sei, gilt die Fundstelle als Entstehungsort der geologischen Forschung in diesem Staat; schon 1905 war zudem die Justus-Rein-Stiftung mit dem Ziel gegründet worden, jungen Geographen aus Deutschland und Japan Studienreisen zu ermöglichen. Justus Rein wirkte sehr erfolgreich als Lehrer, was die Zuhörerzahlen im Sommer 1905 auf einhundert Personen ansteigen ließ. War Rein schon 1889 ein weiteres Zimmer im ersten Stock des Hauptgebäudes zugestanden worden, so wurde der »Geographische Apparat«, der von ihm bis 1890 sogar als »Institut« benannt wurde, 1903 schließlich ins Erdgeschoss verlegt, nunmehr aus drei Zimmern und einem Hörsaal bestehend. Zu Beginn des zweiten Jahrzehnts waren es dann vier Räume mit etwa 150 m^2. Zum Inventar gehörten ein Globus, ein Tellurium, jeweils circa 80 Wand- und Einzelkarten sowie 774 Bücher.

Seit dem Dienstantritt Alfred Philippsons (1864–1953) 1911 als Nachfolger des erst mit 75 Jahren emeritierten Justus Rein wird vom Geographischen Seminar gesprochen, für das Philippson 1913 eine Seminarordnung erließ,[395] insgesamt fünf Zimmer im Seitenflügel des Universitätshauptgebäudes gehörten dazu. Einen Eindruck von der Organisation geben die nachfolgenden Auszüge aus der »Ordnung für das Geographische Seminar« von 1913:

»1. In das Geographische Seminar können Studierende der Geographie aufgenommen werden, und zwar in das Proseminar vom ersten Studienhalbjahre an, in das Hauptseminar nur solche, welche bereits während mindestens dreier Studienhalbjahre die größeren geographischen Vorlesungen gehört haben. [...]

394 Ebd., S. 5.
395 Siehe unten.

2. Jedes Mitglied verpflichtet sich, den Übungen regelmäßig beizuwohnen und mindestens in jedem zweiten Studienhalbjahre eine Seminararbeit, in der Regel in Form eines mündlichen Vortrages zu liefern. Wer wiederholt ohne Entschuldigung eine Übung versäumt, kann als Seminarmitglied ausgeschlossen werden.
3. Jedes Mitglied des Hauptseminars zahlt eine Seminargebühr von drei Mark für das Studienhalbjahr zur Verstärkung des Anschaffungsfonds für Bibliothek und Sammlungen des Seminars. [...]
4. [...]
5. Der zur Bibliotheksbenutzung Berechtigte erhält auf Meldung beim Direktor oder Assistenten einen Schlüssel zum Bibliotheksraume. Hierfür ist dem Assistenten eine Sicherheit von drei Mark einzuhändigen, die vom Direktor in Verwahrung genommen und bei Rückgabe des Schlüssels zurückgezahlt wird. [...]
6. Der Inhaber des Bibliotheksschlüssels darf diesen nicht aus den Händen geben und keinem Unberechtigten den Eintritt in den Bibliotheksraum ermöglichen. [...]
7. Die Bibliothek kann benutzt werden: an Werktagen mit Ausnahme des Samstags von 8 Uhr morgens bis 8 Uhr abends; Samstag von 8 bis 1 Uhr, an Sonn- und Feiertagen von 10 bis 1 Uhr. [...] Außerhalb der Benutzungszeit darf niemand den Bibliotheksraum betreten.
8. [...]
9. Die Bibliothek ist eine Präsenzbibliothek. Es ist daher strengstens verboten, ein Buch aus den Räumen des Seminars zu entfernen.
10. Die Benutzung der Seminarräume, des Arbeitsgerätes und der Bücher hat unter Vermeidung jeder Beschädigung zu erfolgen. Insbesondere ist jedes Einschreiben in Bücher, Anstreichen und Unterstreichen sowie das Ausschneiden und Ausreißen von Blättern, Karten usw. strengstens verboten.
11. [...]
12. Jede laute Unterhaltung in den Seminarräumen ist untersagt.
13. Es wird erwartet, dass die Bibliotheksbenutzer es auch als ihre Ehrenpflicht erachten, das ihnen durch das Offenhalten der Bibliothek gewährte Vertrauen nicht zu missbrauchen, und dass sie insbesondere berücksichtigen, dass sie die Arbeit ihrer Kommilitonen selbst dann empfindlich stören, wenn sie Bücher auch nur zeitweise entfernen.
Der Direktor des Geographischen Seminars
PHILIPPSON«

Das Fach tauchte zukünftig im Vorlesungsverzeichnis als »Geographie und Völkerkunde« auf. Diese Doppelbezeichnung trug ab 1931 ebenfalls die »Gesellschaft für Erd- und Völkerkunde«. Sie war am 8. November 1910 von Bonner Professoren, allen voran dem Direktor des Physiologischen Instituts, Max Verworn, gemeinsam mit interessierten Bürgern als Bonner Anthropologische Gesellschaft gegründet worden, woraus dann 1998 die Bonner Geographische Gesellschaft abgespalten wurde. Das späte Gründungsdatum weist darauf hin, dass die Bonner Gesellschaft nicht wie andere im Geist des Kolonialismus gegründet worden war, sondern sich vielmehr als interdisziplinäres Diskussionsforum und damit als Gegengewicht zur voranschreitenden Spezialisierung der Wissenschaften verstand. Es ging anfangs eher um ein *Studium universale*[396] denn um die Präsentation geographischer Forschungen für eine breitere Öffentlichkeit, wie es das heutige Vereinsziel ist.

Philippson führte das Ordinariat für Geographie und die Direktion des ab 1923 so benannten »Geographischen Instituts« bis 1929. Sein Schicksal als deutscher Jude, der sich nur dank massiver Einflussnahme aus dem preußischen Kultusministerium in Bonn habilitieren konnte – von 1891 bis 1904 war er Privatdozent und ab 1899 Titularprofessor in Bonn –, ist ebenso ausführlich dokumentiert[397] wie seine Zeit im Konzentrationslager Theresienstadt zwischen 1942 und 1945. Dort hatten ihn die Nationalsozialisten samt Frau Margarete und Tochter Dora interniert, was glücklicherweise alle überlebten. 1945 kehrte er in seine Geburtsstadt Bonn zurück. Am 21. Dezember 1947 trug er sich mit folgenden Worten in das Goldene Buch der Stadt Bonn ein:

> »Die Liebe zur Heimat ist das köstlichste Band, das uns mit der Erde und der Menschheit verbindet! Der Vertrautheit mit der Heimat entsprießt das Verständnis für Länder und Völker. Die einst bezaubernde, auch heute in ihren Trümmern noch schöne Stadt Bonn und ihre reizvolle und mannigfaltige Umgebung haben in mir in der Jugend das Verlangen erweckt, Landschaften und Städte zu sehen und zu verstehen, kurz ein Geograph zu werden!«[398]

Im Jahr 1953 verstarb Philippson in Bonn im Alter von 90 Jahren. Seiner wird durch die Benennung des Hörsaals im aktuellen Geographischen Institut als »Alfred Philippson-Hörsaal« seit 2007 gedacht.[399] Als Vorsitzender des Fachausschusses der Geographie bei der Notgemeinschaft der Deutschen Wissenschaft von 1920 bis 1928 sowie als Vorsitzender des Zentralausschusses des Deutschen Geographentags von 1921 bis 1925 beeinflusste er die Entwicklung der Hochschulgeographie maßgeblich. Bis heute bekannt für seine landeskundlichen Arbeiten vor allem zu Griechenland und den Rheinlanden ist er fachdisziplinär als Geomorphologe in der Nachfolge seines Lehrers von Richthofen zu sehen. Die physisch-geographische Ausrichtung dieser Professur ist ein Kennzeichen bis in die Gegenwart hinein, auch wenn 1930 mit Leo Waibel (1888–1951) als Nachfolger Philippsons jemand berufen wurde, der vor allem mit dem in Brasilien entwickelten Konzept der Wirtschaftsformation in Anlehnung an die Pflanzenformation der Geobotanik in die Wirtschaftsgeographie hinein innovativ wirkte. Waibel war 1937 die Lehrbefugnis entzogen worden,

396 Dazu Meyer, 75 Jahre (1988); Paffen, 50 Jahre (1960).

397 Siehe dazu die Edition der Lebenserinnerungen: Philippson, Geographen (1996), sowie die Erschließung seines Nachlasses bei: Richter, Philippson (2004); Ehlers (Hg.), Philippson-Gedächtnis-Kolloquium (1990).

398 Festsitzung 1999, S. 6.

399 Wiegandt (Hg.), Festkolloquium (2007).

weil er sich weigerte, sich von seiner jüdischen Frau scheiden zu lassen, was so ausgelegt wurde, dass er »gesinnungsgemäß dem heutigen Staat negativ gegenübersteht«.[400] So wandte er sich nach Jahren des Exils in den USA wirtschaftsgeographischen Studien in Brasilien im Rahmen der von den USA finanzierten Untersuchungen zur Ansiedlung europäischer Aussiedler zu.[401]

Obgleich er in konzeptionellen Schriften die Geographie im Schnittpunkt von Natur-, Geistes- und Sozialwissenschaften sah, richtete sein Nachfolger Carl Troll (1899–1975), von Haus aus auch Biologe wie Waibel, ab 1938 diese Professur inhaltlich und methodisch eher physisch-geographisch aus. In ähnlicher Weise gilt das auch für die nachfolgenden Lehrstuhlinhaber Wilhelm Lauer (1923–2007) ab 1966, Matthias Winiger (*1943) ab 1988 sowie für dessen Nachfolger ab 2007 Jörg Löffler (*1967). Klimageographische und landschaftsökologische Fragestellungen vor allem zu Hochgebirgen verbinden diese Forscher miteinander. Namentlich der von Troll 1938 geprägte Begriff der »Landschaftsökologie« wirkt bis heute im globalen Rahmen durch die Betonung biologischer Vorgänge als Bindeglied zwischen belebter und unbelebter Welt in der Praxis der Landschaftsplanung und des Naturschutzes sowie der Ökologie nach.[402] Früh erkannte Troll auch die Bedeutung von Fernerkundungsmitteln wie dem Luftbild. Über seine Motive, von Berlin nach Bonn zu gehen, äußert sich Troll in einem von ihm verfassten Bericht 1945:

> »Nach der Rückkehr von der Himalaja-Expedition 1937 versuchte mich der Dozentenbund der Universität Berlin mit allen Mitteln zum Eintritt in die Partei zu bewegen. Man wollte mich im Zuge nazistischer Personalpolitik von Seiten des Dozentenbundes auf den Hauptlehrstuhl für Geographie an der Universität bringen bzw. von Seiten des Reichsministeriums und des Rektorats für mich ein großes Institut für Wirtschafts- und Überseegeographie errichten, aber unter der ausdrücklichen Bedingung meines Eintritts in die Partei. Aus der sehr schwierigen Lage wurde ich damals durch die Universität Bonn gerettet, die mir auf Betreiben des politisch verfolgten und später nach USA ausgewanderten Kollegen und Freundes L. Waibel und von Prof. Cloos das geographische Ordinariat der Bonner Universität anbieten ließ. Dadurch konnte ich mit gutem Grunde, nämlich zur Ausarbeitung meiner Reiseergebnisse, in die ruhigere Atmosphäre von Bonn ausweichen.«[403]

Seine Rolle insgesamt während der nationalsozialistischen Gewaltherrschaft beschreibt Troll im ersten Artikel der von ihm gegründeten Zeitschrift Erdkunde in auf Ausgleich bedachter Weise; der langjährige Chronist des Instituts Hans Böhm[404] (1937–2004), seit 1980 außerplanmäßiger Professor, sieht das wegen

400 Festsitzung 1999, S. 7.
401 Schenk (Hg.), Waibel (2013).
402 Löffler/Steinhardt (Hgg.), Landscape Ecology (2007).
403 Festsitzung 1999, S. 8.
404 Siehe dazu Hans Böhm in Winiger (Hg.), Troll-Kolloquium (2003).

Abb. 20: Carl Troll, Geographie

Unvollständigkeit und mancher exkulpierender Passagen im Lichte der Quellen kritischer. Durchgehend bemühte sich Troll um die Vergrößerung des Lehrkörpers und um die Verbesserung der Ausstattung des Geographischen Instituts. Als ihm schriftlich mitgeteilt wurde, dass sein Vorhaben der Einrichtung einer Dozentur für Kolonialgeographie ebenso wie einer für Geographische Landeskunde der Rheinlande nicht umgesetzt würde, sagte er kurzerhand aus Protest einen Vortrag vor dem Dozentenbund mit den Worten ab: »Zu meinem größten Bedauern muss ich Sie heute bitten, mein Referat vom Programm der Versammlung abzusetzen. Ich bin in einem völlig überarbeiteten Zustand in eine seelische Belastung versetzt worden, die mich gegenwärtig die innere Sammlung für die Vorbereitung eines solchen Vortrages nicht aufbringen läßt.«[405] Immerhin war Troll schon 1930 der Umzug des Instituts in den Westflügel des

405 Festsitzung 1999, S. 9.

Hauptgebäudes im Turmbereich mit sieben zusammenhängenden Räumen gelungen, 1932 folgte schließlich der Einzug in ein doppelt so großes Institut in der Nassestraße mit zwölf geräumigen Zimmern, Hörsaal, Bibliothek und Zeichensaal. Als es am 18. Oktober 1944 von Bomben nahezu vollständig zerstört wurde – wichtige Materialien und Unterlagen waren glücklicherweise rechtzeitig in Lager bei Herchen im Siegtal sowie nach Scheinfeld im fränkischen Steigerwald ausgelagert worden –, waren die Geographen vorübergehend Gast bei den Geologen in der Nußallee.[406] Troll scheiterte zwar in seinem Bemühen um den Neubau eines eigenen Institutsgebäudes,[407] aber im Zuge des Wiederaufbaus des Universitäts-Hauptgebäudes erhielt auch das Geographische Institut eine neue Heimstatt im Seitenflügel in der Franziskanerstraße 2. In den Jahren 1956 und 1964 folgten Ausbauten des Dachgeschosses und 1961 und 1967 wurden Räume in der Lennéstraße und 1970 im Haus Virnich in der Franziskanerstraße 17–19 angemietet. 1988 schließlich zog das Geographische Institut samt Institut für Wirtschaftsgeographie in die »Alte Chemie« in der Meckenheimer Allee 166 ein.[408] Mit dem Zusammenschluss des Geographischen Instituts und des Instituts für Wirtschaftsgeographie zum Geographischen Institut 2000 sowie der Umsetzung der Historischen Geographie[409] mit dem Verfasser dieser Zeilen als Bereichsleiter aus der Philosophischen Fakultät 2001 sind nun alle Geographien Bonns dort vereint. Entsprechend steht auf dem Eingangsschild nunmehr »Geographisches Institut der Universität Bonn« (GIUB); seit 2012 kann das Institut auch über Räumlichkeiten im Geozentrum im Umfang von gut 780 m^2 in der Meckenheimer Allee 176 (Alte Landwirtschaftliche Chemie) verfügen. Als der zunächst vertraulich gehandhabte Gedanke eines Umzugs der Geographie in die baufällige »Alte Chemie« durchsickerte, schrieb der damalige Fachschaftssprecher W. Schroer unter der Überschrift »Umzug des Geographischen Instituts – Fragezeichen« im Geo-Info 1/73, einem Mitteilungsblatt der Geographie-Studierenden, folgenden Beitrag:

> »Erst glaubte ich, es sei ein Scherz; aber, gutgläubig wie ich nun einmal bin, nahm ich es hin: Es bestehen Pläne [...], dass das Geographische Institut nach Poppelsdorf verlegt wird. Nun ja, das ist an sich nicht das Schlimmste; nur eines ließ mich fast vom Stuhle fallen, und das war die genauere Ortsbezeichnung: Hat man doch das uralte Chemie-Institut (der vordere Teil steht schon lange unter Denkmalschutz) im Auge. Da ich die Ehre habe, dort seit drei Semestern Chemie zu studieren und die miserablen Verhältnisse im Gebäude kenne, ist mir dieser Plan einfach unverständlich. Auch die Hoffnung, das alte Chemie-Institut könnte noch in die Luft fliegen, ist vage, denn bis auf ein paar

406 Lauer, Geographie in Bonn (1990), S. 27.
407 Ebd., S. 30.
408 Böhm, Beiträge (1991).
409 Zur Entwicklung der Historischen Geographie in Bonn siehe für die Zeit nach 2001 Haffke/Kleefeld/Schenk (Hgg.), Festschrift Fehn (2011).

eingestürzte Decken hat es durch Chemiker-Taten keine weiteren Zerstörungen gegeben. Selbstverständlich wird erst das Gebäude renoviert – ein geringer Trost, denn auch ein sauberes Museum bleibt ein Museum.«[410]

Die Renovierung des Gebäudes gelang aber so gut, dass man es sicherlich als eines der schönsten Geographischen Institute Deutschlands bezeichnen darf.

Doch nun wieder zurück zur institutionellen Entwicklung des Instituts nach Troll. Wilhelm Lauer, der 1966 die Nachfolge Trolls antrat, gelang es, einen weiteren Lehrstuhl für Physische Geographie einzuwerben. 1967 wurde darauf Adolf Leidlmair (1919–2010) berufen, dem 1970 Peter Wilhelm Höllermann (*1931), 1996 Richard Dikau (*1950) und 2013 in einem vorgezogenen Berufungsverfahren Lothar Schrott (*1962) folgten. Grundlegende Fragestellungen der Geomorphologie wurden von ihnen behandelt und seit einigen Jahren werden sie mit solchen der Naturgefahrenforschung verbunden. Ein Ausfluss davon ist der Weiterbildungsstudiengang »Katastrophenvorsorge und Katastrophenmanagement« (KaVoMa) in Zusammenarbeit mit dem Bundesamt für Bevölkerungsschutz und Katastrophenhilfe, und auch der aktuelle Profilschwerpunkt des Instituts »Risiko« hat darin eine seiner Wurzeln.

Der zweite aktuelle Profilschwerpunkt »Wasser« wurde schon 1952 mit der Berufung von Rainer Keller (1921–1996) auf eine außerordentliche Professur für Hydrogeographie in einer gleichnamigen Abteilung angelegt, kam aber danach nicht zum Tragen, da 1969 die Abteilung für Hydrogeographie in eine solche für spezielle und angewandte Physische Geographie umgewidmet wurde. Die Stelleninhaber entwickelten in der Folge je eigene Forschungsprofile: Albrecht Kessler (*1930) ab 1970 vor allem in der Meteorologie und Klimatologie, Klaus Heine (*1949) ab 1975 zur Morphodynamik in Trockenräumen, Jörg Grunert (*1945) ab 1980 in der geomorphologischen Prozessforschung und Ludwig Zöller (*1953) widmete sich ab 1997 besonders Methoden der Geoarchäologie. Mit der Berufung 2004 von Jürgen Herget (*1965) ist jedoch wieder eine intensive hydrogeographische Forschung über die Untersuchung von großen Hochwässern mit dieser Professur verbunden.

Eine zweite Wurzel des Profilschwerpunkts »Wasser« lag in der Umwidmung der an der Philosophischen Fakultät angesiedelten Professur für Geschichte der Naturwissenschaften im Jahre 1991, besonders der Geographie, die Hanno Beck (*1923) bis 1988 innehatte, in eine Professur für Hydrogeographie. Sie wurde mit Wolfgang A. Flügel (*1943) besetzt. Dessen Nachfolger seit 1996, Bernd Diekkrüger (*1955), vertritt eine naturwissenschaftlich orientierte Hydrogeographie, die seit 2012 mit der Berufung von Mariele Evers (*1966) auf eine Professur mit dem Schwerpunkt auf Ökohydrologie und Wasserressourcenmanagement er-

410 Festsitzung 1999, S. 18.

gänzt wird; diese Professur stammt aus der Umwidmung einer Professur für Kartographie der Landwirtschaftlichen Fakultät. Sie hatte zwischen 2007 und 2009 Alexander Zipf (*1971) mit einem Schwerpunkt auf der Visualisierung geographischer Themen inne; der Standort dieser Professur ist bis heute das Gebäude Meckenheimer Allee 172. Den Profilschwerpunkt »Wasser« rundet die 2006 erfolgte Ernennung von Thomas Zumbroich (*1959) zum Honorarprofessor ab, der ein Büro mit einem Schwerpunkt auf landschafts- und gewässerökologischen Fragestellungen betreibt. Der im selben Jahr ebenfalls zum Honorarprofessor ernannte Karl-Heinz Erdmann (*1956) ist beim Bundesamt für Naturschutz (BfN) beschäftigt und seit 1989 mit Lehraufträgen mit dem GIUB verbunden. Zum seit dem Wintersemester 2014/15 laufenden interfakultären Masterstudiengang Naturschutz und Landschaftsökologie (Nala) zwischen der federführenden Landwirtschaftlichen Fakultät und der Mathematisch-Naturwissenschaftlichen Fakultät trägt er Lehrveranstaltungen vor allem zum Modul »Naturschutzpolitik« bei.

Die Didaktik der Geographie war in Bonn über lange Zeit durchweg mit Vertretern der Physischen Geographie besetzt. Ab 1973 übernahm diese Aufgabe Studienprofessor Dieter Klaus (1938–2010), der vor allem klimageographisch arbeitete. Seine Stelle wurde 1982 in eine außerordentliche Professur für Didaktik der Geographie übergeleitet. Da der zweite Studienprofessor für Didaktik, Hans Jürgen Klink (*1933), insbesondere in der Vegetationsgeographie arbeitete und nur kurze Zeit in Bonn tätig war, lag nach der Auflösung der Lehramtsstudiengänge 2003 in Bonn eine Umwidmung der außerordentlichen Professur für Didaktik der Geographie in eine Professur für Vegetationsgeographie nahe. Die Begründung bezog sich dabei aber noch immer auf das Renommee Carl Trolls als Landschaftsökologe, denn in einem Strukturplan von 1994 heißt es dazu:

> »Der Bereich Landschaftsökologie, der mit Carl Troll eine Blüte in Bonn erlebte, ist derzeit nicht mit einer eigenen Professur vertreten. Dieser Mangel kann aus eigenen Kräften nicht behoben werden. Für diesen Bereich muss kurz- bis mittelfristig eine neue Professur eingerichtet werden. Sie soll schwerpunktmäßig auf den Bereich Vegetationsgeographie ausgerichtet sein und im Benehmen mit dem Fachbereich Biologie besetzt werden«.[411]

Dieser Sachverhalt wurde unter veränderten Vorgaben am 5. März 2002 erneut bei einem Gespräch im Rektorat vom damaligen Geschäftsführenden Direktor Gunter Menz vorgetragen und führte schließlich 2003 zu dem gewünschten Ergebnis. Diese Professur war 2003 kurzfristig mit Udo Schickhoff (*1960) und von 2006 bis 2013 mit Sebastian Schmidtlein (*1965) besetzt. Nach Wiederein-

411 Siehe Strukturplan GIUB, Mai 1994, S. 20.

führung der Lehramtsausbildung in Bonn zum Wintersemester 2011/12 fehlt der Geographie nun eine Professur für Didaktik, was derzeit durch einen in Didaktik promovierten abgeordneten Lehrer, Nils Thönnessen, aufgefangen wird.

Entwicklungslinien der humangeographischen Professuren

Die Entwicklung der humangeographischen Professuren verlief ungleich komplizierter als in der Physischen Geographie und spiegelt damit die starke Ausdifferenzierung dieser geographischen Teildisziplin vor allem seit dem Zweiten Weltkrieg wider.

Schon 1918 war eine außerordentliche Professur für Wirtschaftsgeographie eingerichtet und mit Otto Quelle (1879–1959) besetzt worden, dessen vielseitige Forschungsgebiete die Geographie, Geschichte und Kultur iberoamerikanischer Länder sowie die Wirtschaftsgeographie Südamerikas umfassten. 1923 war auf der Basis eines von Quelle gesammelten reichen Bücherbestandes ein iberoamerikanisches Forschungsinstitut gegründet worden, das zwei Jahre später dem Geographischen Institut mit eigenem Etat eingegliedert wurde. Dies ist der Beginn der Lateinamerikaforschung in Bonn. Mit Quelles Fortgang 1930 nach Berlin gingen auch diese Bücher für Bonn verloren. Zudem wurde diese Professur gestrichen und erst 1949 als außerordentliche Professur für Wirtschaftsgeographie erneut eingerichtet. Deren Inhaber, Fritz Bartz (1908–1970), gelang 1959 die Gründung des Instituts für Wirtschaftsgeographie, was aber nicht zu einer räumlichen Trennung führte. Vielmehr existierte seit 1963 ein Verbund des Geographischen Instituts, des Instituts für Wirtschaftsgeographie und des Seminars für Historische Geographie unter der institutionellen Einheit der »Geographischen Institute« bei Beibehaltung der gemeinsamen Funktionsräume wie Bibliothek, Archiv, Sammlungen und Labore.

Bartzens Nachfolger ab 1965, Helmut Hahn (1921–2008), hatte eine ordentliche Professur für Wirtschaftsgeographie inne. Seine Forschungen verbanden demographische und wirtschaftliche Aspekte häufig mit einem historischen Zugang rund um seinen Geburtsort Boppard.

Mit der Berufung von Eckart Ehlers (*1938) im Jahr 1987 als Nachfolger von Helmut Hahn kam es zu einer inhaltlichen Umorientierung in Richtung einer Kulturgeographie mit regionalem Ausgriff vor allem in den islamischen Orient sowie mit Ansätzen zur Entwicklungsforschung. Sein Nachfolger seit 2004, Hans-Georg Bohle (1948–2014), baute diese Ansätze zur renommierten Geographischen Entwicklungsforschung in Bonn aus, nun mit intensiven Forschungen in Indien, welche seit 2013 von Detlef Müller-Mahn (*1955) mit einem regionalen Schwerpunkt in Afrika weitergeführt werden. Er war schon einmal von 1998 bis 2000 als Nachfolger einer 1972 für Eberhard Mayer (1933–2006) eingerichteten C3-Professur für Geographie in Bonn tätig gewesen; Meyer hatte ein besonderes Interesse an den lateinamerikanischen Ländern und hat damit eine lange Forschungstradition innerhalb des Geographischen Instituts fortgesetzt. Müller-Mahn ist zusammen mit seiner im Jahr 2000 berufenen Nachfolgerin Sabine Tröger (*1954) und der 2015 berufenen Julia Verne (*1981) einer der Träger des Masterstudiengangs *Geography of Environmental Risks and Human Security*, bei dem erstmalig eine in nationalem Hochschulrecht verankerte Universität und eine auf Völkerrecht beruhende UN-Einrichtung, das *United Nations University Institute for Environment and Human Security* (UNU-EHS), institutionell miteinander verbunden wurden; die zwischen 2013 und 2015 in Bonn tätige Chinwe Ifejika Speranza (*1967) hatte an dessen Etablierung mitgewirkt.

Der zweimalige Ansatz zur Installation einer Wirtschaftsgeographie, nämlich 1918 und 1949 mündete also in der Geographischen Entwicklungsforschung. Sie trägt derzeit maßgeblich den humanwissenschaftlichen Part des dritten Profilschwerpunkts des Hauses, nämlich »Risiko«.

Auch die Gründung einer Abteilung für Angewandte Geographie im Institut für Wirtschaftsgeographie 1970 und die Besetzung mit Gerhard Aymans (1931–1996) als außerordentlicher Professur für Angewandte Geographie führte nur bedingt zu einer wirtschaftsgeographischen Fokussierung der Forschung, denn Aymans war ein eher historisch ausgerichteter Landeskundler zum Niederrhein[412] und sein Nachfolger seit 1993, Jürgen Pohl (1954–2014), war ausgewiesener Sozialgeograph. Aus der 1972 eingerichteten ordentlichen Professur für Wirtschaftsgeographie, besetzt mit Klaus-Achim Boesler (*1931), der vor allem durch Forschungen zur Politischen Geographie bekannt wurde, entwickelte dessen Nachfolger, Gernot Grabher (*1960), seit 1998 bis zu seiner Berufung nach Hamburg 2008 zusammen mit Jürgen Pohl eine spezifische Kombination aus Wirtschafts- und Sozialgeographie, was mit »Sozioökonomie des Raums« betitelt war. Seit 2012 führt die Wirtschaftsgeographin Britta Klagge (*1965) zusammen mit Jürgen Pohl diesen Bereich unter der Bezeichnung »Wirtschafts- und Sozialgeographie« fort; Jürgen Pohl verstarb am 11. Juni 2014, im Dezember 2016 trat Nadine Marquardt seine Nachfolge an.

Trotz allem war die »klassische« Wirtschaftsgeographie am Institut durchweg gut vertreten, zum einen seit 1983 in Person von Helmut Toepfer (*1943) als C2-Professor für Geographie auf einer übergeleiteten Diätendozentur, zum anderen war der 1985 berufene Reinhold Grotz (*1928) insbesondere auf dem Feld der Erforschung von Unternehmensgründungen aktiv. Er war der Nachfolger von Wolfgang Kuls (1920–2002), der 1963 eine ordentliche Professur für Kulturgeographie erhalten und vor allem bevölkerungsgeographisch geforscht hatte.

412 Kleefeld/Burggraaff (Hgg.), Entdeckungslandschaft (2008).

Die Bevölkerungsgeographie wurde in der Folge vor allem von den außerplanmäßigen Professoren Hans Böhm (1937–2004) von 1980 bis 2002, nach seiner Habilitation 1988 kurzzeitig 1993/94 durch Günter Thieme (1945–2014) als außerplanmäßigem Professor sowie von Kuls' Schüler Hans Dieter Laux (*1942) von 1995 bis 2007 fortgeführt. Mit Claus-Christian Wiegandt (*1958) hat nun ein in der Raumplanung ausgewiesener Forscher seit 2004 diese Professur inne und vermittelt Inhalte zur Stadt- und Regionalforschung in Theorie und Praxis.

Entwicklungslinien der Professuren für Methodik der Geographie

Spätestens seit Troll wird die naturwissenschaftliche Methodik am Geographischen Institut besonders gepflegt. Ein geochemisches und bodenphysikalisches Hauptlabor sowie Labore der Arbeitsgruppen, darunter ein geomechanisches und geophysikalisches Gefrierlabor, ein dendroökologisches Labor, ein Klimalabor und ein Kalorimeter-Labor sowie ein hydraulischer Versuchskanal zeugen davon; das wird durch das Audiovisuelle Labor – LAVA – ergänzt, welches vor allem von der Humangeographie genutzt wird.

Zur Etablierung eines Bereichs »Fernerkundung und Geographische Informationssysteme« bedurfte es des institutionellen Umwegs über die Gründung einer Abteilung für Geographische Landeskunde der Rheinlande[413] im Jahr 1953. In deren Besetzungen wird das immer wieder erkennbare Schwanken einiger geographischer Professuren zwischen natur- und humanwissenschaftlichen Zugängen besonders deutlich. So erhielt der Physische Geograph Karlheinz Paffen (1914–1983) die erste außerordentliche Professur für Geographische Landeskunde der Rheinlande. Seine Nachfolger, ab 1966 Armin Gerstenhauer (1926–2010) und 1970 Wilhelm Matzat (1930–2016), waren jedoch eher kulturgeographisch orientiert, ersterer mit zahlreichen Arbeiten auch zum Mittelmeerraum, letzterer mit regionalen Schwerpunkten auch in Norditalien, England sowie der chinesischen Provinz Schantung. Die zunehmende Geringschätzung landeskundlicher Ansätze im Zuge der szientistischen Wende der Geographie nach den 1970er Jahren führte zur Umwidmung der außerordentlichen Professur für Geographische Landeskunde der Rheinlande in eine ordentliche Professur für Fernerkundung. Im Kontext der Einführung des Diplomstudiengangs ab 1966 wurden zudem nun vor allem anwendungsbezogene Felder mit Professuren ausgestattet. Gunter Menz (1956–2016), der sich der Naturgeographie zuordnete, hatte sie seit 1998 inne. Zusammen mit Klaus Greve (*1957), der aus der Humangeographie kommt und eine 1996 neu eingerichtete

---

413 Zwischen 1952 und 1998 erschienen dazu die Arbeiten zur Rheinischen Landeskunde, die insbesondere Monographien zu Bonn und seiner weiteren Umgebung enthalten.

Professur für Geographische Informationssysteme bekleidet, bildete er unter dem Sammelbegriff Geomatik einen eigenen Bereich, der eng mit dem *Center for Remote Sensing of Land Surfaces* (abgekürzt ZFL im Rekurs auf die vormalige Bezeichnung »Zentrum der Fernerkundung der Landoberfläche«) verbunden ist. Geomatik ist zugleich der dritte Profilschwerpunkt des Instituts.

Verbindung von Forschung und Lehre – Studiengänge und Studierende der Geographie

Wenn der Schwerpunkt in dieser Darstellung bisher auf die Entwicklung der Professuren gelegt wurde, so erklärt sich das daraus, dass bei ihnen gemäß Hochschulsatzung die vornehmliche Verantwortung für Forschung und Lehre liegt. Das Geographische Institut ist seit Jahrzehnten aber auch durch einen starken Zentralbereich aus Akademischen Rätinnen und Räten gekennzeichnet, der den Lehrenden zahlreiche Aufgaben in der Studierenden- und der Finanzverwaltung sowie allgemein der Organisation des Alltags abnimmt. Dort finden sich Personen, die das Institut bisweilen ebenso intensiv wie mancher Professor geprägt haben. Stellvertretend seien dafür Eckart Stiehl und Wolfgang Schmiedecken (von 1970 bis 2000 beziehungsweise von 1971 bis 2008 am Institut) genannt, die beide zuletzt als Akademische Direktoren tätig waren. Mit Manfred Nutz (*1958) gehört seit 2007 ein außerplanmäßiger Professor in den Zentralbereich und mit Sonja Hock wurde zum 1. Oktober 2012 eine Geschäftsführerin eingesetzt, die die Prüfungsämter leitet sowie die Studienorganisation, Personalangelegenheiten und die Finanzen verantwortet.

Das Geographische Institut in Bonn zählt heute nach der Zahl der Professoren zu den größten in Deutschland und gilt, nimmt man die zahlreichen Spitzenplätze in diversen *Rankings* als Maßstab, auch als eines der erfolgreichsten. Mit ihm verbinden sich Namen, die das Fach national und international geprägt haben. Zum Beispiel wurde auf Initiative von Alfred Philippson anlässlich des 21. Deutschen Geographentages 1925 in Breslau der »Verband deutscher Hochschullehrer der Geographie« gegründet. Dies war der Vorläufer des heutigen Verbandes der Geographen an Deutschen Hochschulen (VGDH), dessen Bundesgeschäftsstelle, das »Geobüro«, zwischen 1991 und 2014 in unserem Institut angesiedelt war. 1997 fand in Bonn selbst schließlich der Deutsche Geographentag mit über 2.600 Teilnehmern statt. Auf internationaler Ebene war Eckart Ehlers lange Jahre Generalsekretär und Carl Troll Präsident der *International Geographical Union* (IGU). Letzterer hat darüber hinaus auch als Rektor dieser Universität von 1960 bis 1961 gewirkt, genau wie auch sein übernächster Nachfolger Matthias Winiger von 2004 bis 2009.

Der eigentliche Auftrag und das Vermächtnis des Instituts sind aber die

Ausbildung einiger tausend Geographinnen und Geographen, die das Studium bisher erfolgreich abgeschlossen haben; deren Anzahl je Jahr ist seit 1886 lückenlos belegt.[414] Sie profitieren in der Ausbildung vom breiten Lehrangebot, das aus der Tiefe der Forschung am Institut erwächst; derzeit werden in jedem Semester rund hundert Lehrveranstaltungen angeboten.

Dominierte lange Zeit die Lehrerausbildung, wurde 1966 der Diplomstudiengang auch in Bonn eingerichtet, was auf die lange Sicht länderkundliche und historische Inhalte zurücktreten und anwendungsorientierte und methodische Lehrangebote an Bedeutung gewinnen ließ. Kurz nach Einführung des Diploms erklärte sich das Institut gegenüber der Philosophischen Fakultät bereit, auch an dem neu gegründeten Magisterstudiengang Geographie mitzuwirken. Bis zur Einstellung aller Magisterstudiengänge zum Wintersemester 2006/07 bildete er neben dem Magisterstudiengang Historische Geographie eine wichtige Klammer zu dieser Fakultät, in der etliche Geographieprofessoren kooptiert sind und die in alle Berufungsverfahren der Geographie einen Vertreter entsendet. 1971/72 wurde zum ersten Mal die Zahl von 1.000 Studierenden der Geographie überschritten und die höchsten Zahlen wurden Anfang bis Mitte der 1980er Jahre mit über 1900 Studierenden erreicht. Nachdem sich im Studienjahr 1990/91 über 550 Erstsemester für das Fach Geographie, davon alleine 338 im Diplom-Studiengang, immatrikulierten, wurde wegen Überlast ein lokaler *Numerus Clausus* eingerichtet, der bis heute fortgeführt wird. Mit dem 30. September 2014 lief der Diplomstudiengang Geographie aus. An seine Stelle traten schon im Wintersemester 2007/08 der *Bachelor of Science* in Geographie, auf dem seit dem Wintersemester 2010/11 der *Master of Science* in Geographie »aufsitzt«. Rund 60 Prozent der Bonner Absolventinnen und Absolventen des B.Sc. in Geographie studieren auch in Bonn im Masterstudiengang weiter, damit kommen gut 40 Prozent aller Masterstudierenden von auswärts. Diese finden einen Masterstudiengang vor, der auf Studienrichtungen hin ausgelegt ist, nämlich »Entwicklung & Globalisierung«, »Governance & Raum« sowie »Umweltsysteme im Wandel«, und doch auch in einem ganz individuellen Profil zu studieren möglich macht. In allen drei Studienrichtungen gibt es Verbindungen zu den Profilschwerpunkten der Forschung am Institut, nämlich »Wasser«, »Entwicklungsforschung« und »Geomatik«, was weitere Spezialisierungen im Studium erlaubt.

Zusammen mit den Studierenden aus dem erwähnten UNU-Master und den Austauschprogrammen der EU ergibt das ein buntes und breit interessiertes studentisches Publikum, das sich nicht nur aus dem Bonner Umland rekrutiert. Internationalität ist durch einige englischsprachige Lehrveranstaltungen sowie seit dem Studienjahr 1989/90 durch die Teilnahme des Instituts an studentischen

414 Siehe die Grafik zur Zahl der Studierenden seit 1886 mit Angaben zu den hauptsächlichen Studiengängen (Lehramt, Diplom, Magister, Bachelor und Master).

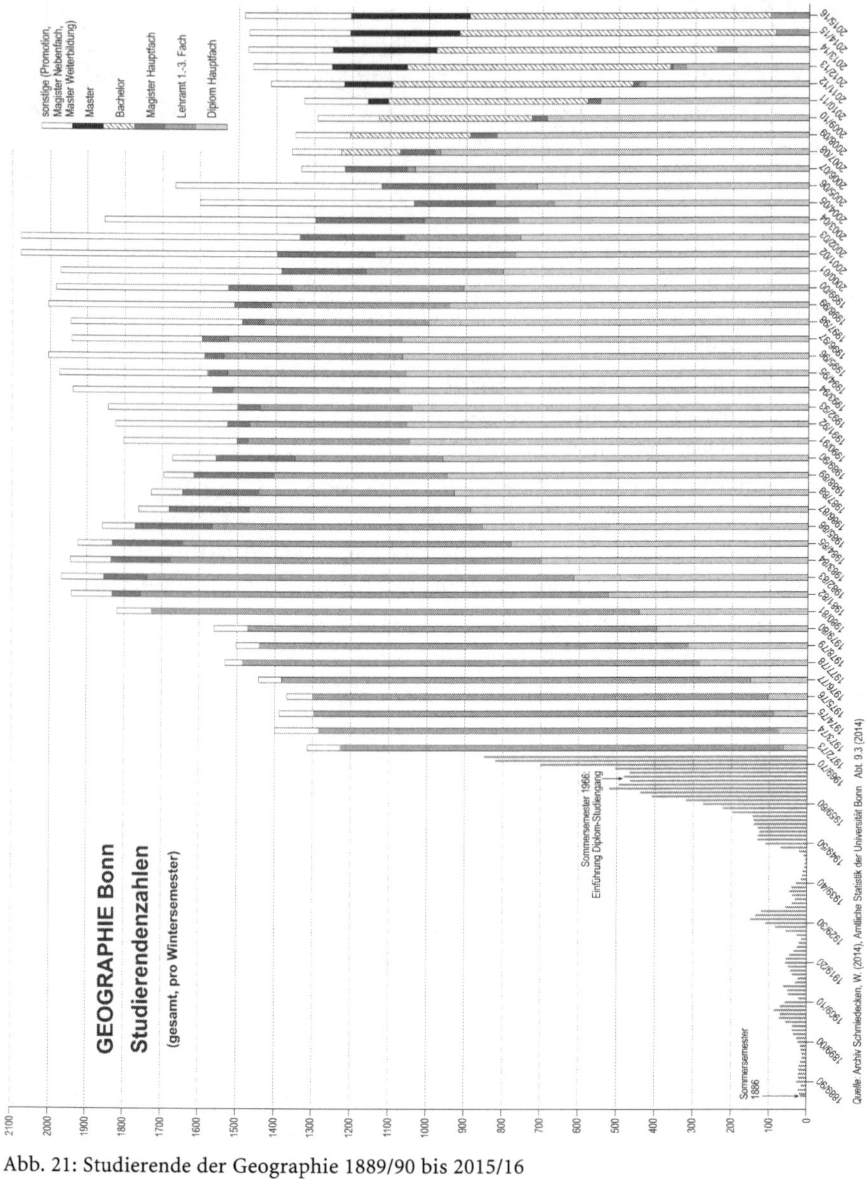

Abb. 21: Studierende der Geographie 1889/90 bis 2015/16

Austauschprogrammen der EU, namentlich Erasmus, gesichert. Das Institut hatte 2018 Austauschverträge im Erasmus-Programm mit über 38 Universitäten.

Allein im Studienjahr 2017/18 nutzten das 64 Bonner Studierende der Geographie, um mindestens ein Semester im Ausland zu studieren, während im Durchschnitt der Jahre 2010 bis 2018 etwa 5 bis 6 auswärtige Erasmus-Studierende nach Bonn kamen. Über die verschiedenen Studiengänge hinweg weilten im Studienjahr 2017/18 jedoch bis zu 117 ausländische Studierende am Institut. Verbleibanalysen unter Einschluss von Absolventinnen und Absolventen des Bonner Instituts[415] zeigen, dass die weitaus meisten sehr schnell und auf Dauer in gute Position kommen, was für eine professionelle Ausbildung spricht.

Die Meteorologie an der Universität Bonn: Ein halbes Jahrhundert Atmosphärenforschung

Andreas Hense / Thomas Burkhardt

Vorgeschichte

An der Universität Bonn wurde die Meteorologie schon vor Mitte des 19. Jahrhunderts in unregelmäßigen Vorlesungen durch Privatdozenten der Mathematik und Physik vertreten, wie etwa von Friedrich Christian von Riese (1790–1868) oder F. W. Gustav Radicke (1810–1883).[416] Auch der 1851 für »Physikalische und physische Geographie« habilitierte Privatdozent Philipp Wessel (1826–1855)[417] pflegte als Pflanzengeograph für einige Jahre das Spezialgebiet der »Meteorologie und Klimatologie«. Dieses wurde somit in der mathematisch-naturwissenschaftlichen Sektion schon relativ früh beachtet und einige Jahrzehnte später, gegen Ende des 19. Jahrhunderts, wieder in der Physik durch Vilhelm Bjerknes (1862–1951) vertreten, der seinerzeit Assistent von Heinrich Hertz im Physikalischen Institut war. Der norwegische Physiker und Meteorologe Bjerknes hat nach seiner Bonner Zeit 1904 unter anderem grundlegende Arbeiten zu Wettervorhersage durch Anwendung der hydrodynamischen Gleichungen veröffentlicht.

Bis zur Institutionalisierung in Form eines Lehrstuhls mit regelmäßigen Vorlesungen war es aber noch ein langer Weg. Nachdem die Mathematisch-Naturwissenschaftliche Fakultät im Oktober 1949 einen Lehrauftrag für »Me-

415 Föbker/Frei/Wiegandt, Geographiestudium (2006); zu den gestuften Studiengängen siehe Seckelmann, Geographieabsolventen (2014).
416 Siehe hierzu auch den Beitrag zur Geschichte der Mathematik in diesem Kapitel.
417 Vgl. den Beitrag zur Geschichte der Geographie in diesem Kapitel.

teorologie, Bioklimatologie und Geophysik« gestellt hatte, insbesondere auch für entsprechende Vorlesungen in der Landwirtschaftlichen und Medizinischen Fakultät, findet sich im Vorlesungsverzeichnis des Wintersemesters 1950/51 die Ankündigung zu einer Vorlesung »Geographie der Meteorologie«, die von Hellmut Berg, dem damaligen Leiter des Institutes für Meteorologie der Universität zu Köln, gehalten wurde. Hellmut Berg (1908–1960) hatte unter Carl Troll, dem Direktor des Geographischen Instituts in Bonn, eine »Diätdozentur für Meteorologie«[418] inne.

Gründung des Meteorologischen Instituts

Carl Troll und Hellmut Berg bereiteten dann auch zusammen mit Wolfgang Riezler vom Physikalischen Institut der Universität Bonn die Gründung des Meteorologischen Instituts in Bonn (MIUB) zum 2. November 1961 vor. Berufen wurde Hermann Flohn (1912–1997), der damals Leiter der Forschungsabteilung des Deutschen Wetterdienstes (DWD) in Offenbach war. In dieser Eigenschaft war er beteiligt an der Beschaffung des ersten Großrechners für den DWD. Als Ziel der Institutsgründung formulierte Flohn deshalb 1971 den »Einsatz der Datenverarbeitung für das Studium der großräumigen Zirkulationsprozesse (besonders in den Tropen) und ihrer quasi-persistenten Anomalien, letztere als Grundlagen einer physikalisch-mathematischen Disziplin, mit dem Einsatz radikal vereinfachter Skala« sowie den Aufbau einer »Klimatologie als physikalisch-mathematische Disziplin«.[419] Die Vision der Anwendung numerischer Methoden wurde durch die Pläne der Mathematik, allen voran Heinz Unger, gestützt, an der Universität Bonn ein leistungsfähiges Rechenzentrum einzurichten. Nach der Gründung war das MIUB zunächst provisorisch in einem Altbau in Bonn-Poppelsdorf in der Kurfürstenstraße 74 untergebracht. Am 20. Juni 1966 konnte dann der Neubau des Institutsgebäudes in Endenich Auf dem Hügel 20 bezogen werden. Kurz darauf wurde auch das universitäre RADAR-System zur Erkundung und quantitativen Abschätzung der mittel- bis kleinräumigen Struktur des Niederschlags durch den damaligen Akademischen Rat Ludwig Breuer auf dem Dach des benachbarten, von Ulrich Haberland gestifteten Studentenwohnheims installiert.

Hermann Flohn blieb bis 1977 Direktor des Instituts. Während dieser Zeit konnte eine Professur für Theoretische Meteorologie eingerichtet werden, auf

418 http://tolu.giub.uni-bonn.de/archiv/NLTroll/NLCT090.html (zuletzt abgerufen am 23.04. 2018).

419 Flohn, PROMET Fortbildungsheft des Deutschen Wetterdienstes DWD (1971). S. 44–45. (http://rcccm.dwd.de/DE/leistungen/pbfb_verlag_promet/archiv/archiv_promet.html; zuletzt abgerufen am 23.04.2018).

die Michael Hantel 1976 berufen wurde. Helmut Kraus als Nachfolger von Hermann Flohn fügte 1978 den bisherigen Lehr- und Forschungsaktivitäten des Instituts die modellierende und messende Meteorologie der bodennahen Grenzschicht sowie die mikroskalige Klimatologie, die mesoskalige Meteorologie und seit 1981 die Antarktis-Forschung hinzu. Dies machte die Schaffung von Laborraum notwendig, weshalb das Institutsgebäude durch den »Kraus-Anbau« erweitert wurde.

Nach der Berufung von Michael Hantel nach Wien wurde 1987 Heinz-Dieter Schilling als Nachfolger berufen. Durch ihn erfolgte neben einer Schwerpunktbildung im Bereich der globalen Modellierung mit konzeptionellen Modellen ein nachhaltiges Engagement des Instituts in der interdisziplinären Forschung unter anderem im Rahmen des geowissenschaftlichen Sonderforschungsbereichs 350 »Wechselwirkung kontinentaler Stoffsysteme und ihre Modellierung« sowie ab Beginn der 1990er Jahre eine Reaktivierung des nach der Pensionierung von Lothar Breuer brachliegenden RADARS.

Die nach der Emeritierung von Hermann Flohn im Jahre 1977 entstandene Lücke in der Lehre zur Klimatologie wurde durch die Schaffung einer neuen Professur zur Klimadynamik und der Berufung von Andreas Hense 1990 Rechnung getragen. Hierdurch wurde ein Schwerpunkt in der Diagnose natürlicher Klimavariabilität auf der Zeitskala größer als ein Jahr mit Beobachtungen und komplexen Klimamodellen geschaffen.

Im April 1996 wurde Clemens Simmer als Nachfolger von Helmut Kraus, der 1995 emeritiert wurde, berufen, wodurch eine weitere Akzentuierung der mesoskaligen Meteorologie am Institut erreicht wurde.

Das Hauptgewicht liegt dabei in der Kopplung meteorologischer Vorhersagemodelle mit Fernerkundungsdaten. Diese werden sowohl vom Boden aus mit RADAR-Geräten und Mikrowellenradiometern als auch vom Satelliten aus dem All gewonnen. Ziel ist u.a. die Modellvalidierung und Datenassimilation zur Erfassung des regionalen hydrologischen Zyklus.

Im März 2000 wurde Andreas Bott als Nachfolger Heinz-Dieter Schillings auf die Professur für Theoretische Meteorologie berufen. Heinz-Dieter Schilling war auf einer Forschungsreise jäh aus dem Leben gerissen worden. Andreas Bott arbeitet vornehmlich zu Themen der theoretischen Synoptik, der nummerischen Wettervorhersage und der atmosphärischen Chemie. Seit den 1990er Jahren erfolgte eine immer stärkere Vernetzung unterschiedlicher Fachbereiche in Forschung und Lehre inner- und außeruniversitär, beginnend mit dem erwähnten geowissenschaftlichen SFB 350. Ab 2004 übernahmen Professoren des Meteorologischen Instituts die Koordination des meteorologischen DFG-Schwerpunktprogramms SPP 1167, das sich bis 2010 mit dem Thema »Quantitative Niederschlagsvorhersage PQP« befasste. Es folgte 2008 der transregionale Sonderforschungsbereich SFB-TR32 »Patterns in Soil-Vegetation-Atmosphere

Systems – Monitoring, Modelling and Data Assimilation« und seit 2013 die DFG Forschergruppe (*Research Unit*) 2131 »Data Assimilation for Improved Characterization of Fluxes across Compartmental Interfaces«. Die Gründung des Geoverbunds ABC/J, enge Forschungskooperationen mit dem Deutschen Wetterdienst zu verschiedenen Themen der Wetterforschung und der Klimaüberwachung im Rahmen des »Hans Ertel Zentrums für Wetterforschung«, mit dem Max-Planck Institut für Meteorologie in Hamburg zu Klimaveränderungen und Klimavorhersagen und mit dem Deutschen Klimarechenzentrum DKRZ ebenfalls in Hamburg zu umfangreichen Simulationen mit globalen und regionalen Klimamodellen führten und führen dazu, dass die von Flohn 1971 formulierten Visionen zur Forschung am Meteorologischen Institut noch immer gelebt werden.

Die Entwicklung der Lehre

Die Lehre fand anfangs in enger Absprache mit Gustav Hoffmann, der seit 1965 neben Hans Karl Paetzold an der Universität zu Köln wirkte, statt. Ab den 1970er Jahren gingen beide Institute in der Lehre ihren eigenen Weg. Eine Ausnahme stellt das geophysikalisch-meteorologische Kolloquium dar, das nunmehr seit mehr als 50 Jahren existiert. Seit 2007 besteht wieder eine enge Kooperation in der Lehre mit dem Institut für Geophysik und Meteorologie über den Masterstudiengang »Physik der Erde und Atmosphäre«, der unter dem gleichen Namen mit unterschiedlichen Vorlesungen in Köln und in Bonn angeboten wird. In Bonn wird der Studiengang gemeinsam vom Meteorologischen Institut und der Abteilung Geodynamik/Geophysik des Steinmann Instituts betrieben. Geophysik und Meteorologie sind durch zwei gemeinsame Pflichtveranstaltungen verbunden. Auch im Bachelorstudiengang »Meteorologie« werden gemeinsame Messexkursionen und Instrumentenpraktika mit den Kollegen vom Institut für Geophysik und Meteorologie der Universität zu Köln durchgeführt. Die Ergebnisse der Lehrtätigkeit sind sichtbar an den Zahlen der Absolventinnen und Absolventen (Stand September 2016): Abgeschlossene Bachelorprüfungen seit 2007: 64; Masterprüfungen seit 2010: 43; Diplome 1963–2013: 271; Dissertationen: 116. Die Zahl der Habilitationen liegt bei elf. Aus Befragungen ist bekannt, dass etwa 75 Prozent der Diplom, Master- und Promotionsabsolventen in fachnahen Feldern in Wissenschaft und Wissenschaftsverwaltung arbeiten. Erfreuliches Ergebnis sind zwei *spin-off* Firmen von großer nationaler Bedeutung: »WetterOnline« und »WeatherOnline«, die beide 1996 gegründet wurden und zu denen enge Kontakte bestehen. Die neuen Techniken und Beratungsmöglichkeiten im Bereich der regenerativen Energien bieten derzeit ein weites Berufsfeld für Meteorologen, das ebenfalls zu Unternehmensgründungen geführt hat.

Die Bonner Geowissenschaften

Wighart von Koenigswald[420]

Im Jahre 2008 wurden an der Universität Bonn drei bis dahin selbständige geowissenschaftliche Institute zum »Steinmann-Institut für Geologie, Mineralogie und Paläontologie« zusammengeschlossen. Die drei Institute für Mineralogie, Geologie und Paläontologie hatten eine recht unterschiedliche Geschichte, weil sich der Zuschnitt dieser Fächer seit Beginn des 19. Jahrhunderts ganz erheblich verändert hatte.

Die Gründung der Universität Bonn fällt in eine Zeit, die als das »heroische Zeitalter« der Geowissenschaften bezeichnet wird, in der »mit wahrem Feuereifer die Zusammensetzung und der Aufbau der zugänglichen Teile der Erdkruste«[421] studiert wurde. Die gegensätzlichen Blickwinkel von Plutonismus und Neptunismus, ob Gesteine (vorwiegend) durch Vulkanismus oder durch Ablagerungen im Meer entstünden, waren in vollem Gange. Dahinter steht die grundsätzliche Frage, ob die Erdgeschichte in Form eines Kreislaufes sich wiederholt oder ob sie einmalig und damit gerichtet ist.[422]

Diese naturphilosophische Ebene der Diskussion stand in unmittelbarem Bezug zu dem großen wirtschaftlichen Interesse an Mineralen und Erzen. Die Mineralogie war auf den Bergbau, vornehmlich auf die Gewinnung und Verhüttung von Erzen, ausgerichtet. Um den Bergbau effizienter zu machen, bedurfte es einerseits eines besseren Verständnisses der Entstehung und der Verbreitung von Mineralen und Gesteinen und andererseits eines geordneten Bergrechts. Gerade für die 1815 preußisch gewordene Rheinprovinz spielte der Bergbau im Rheinischen Schiefergebirge eine große Rolle.

Bereits zwei Jahre vor der Universitätsgründung war das Oberbergamt Bonn neben dem alten Zoll[423] eingerichtet worden. Ihm oblag es, den Bergbau in der Region zu regeln und zu kontrollieren. In Frankreich hatte man nach der Revolution die Berggesetze 1794 reformiert und modernisiert. Diese Gesetze galten auch für den linksrheinischen Teil, der ja bis 1815 französisch war, und blieben bei der Etablierung der preußischen Rheinprovinz bestehen. In dieser Region gab es eine Vielzahl kleinerer und auch größerer Erzgruben, in denen vor allem Eisen, Blei und Zink gefördert wurden. Wie stark das Bergwesen gerade zu dieser Zeit ins Bewusstsein der geistigen und wirtschaftlichen Führungsschichten

420 Diese Zusammenstellung wäre nicht ohne die Hilfe vieler Bonner Kolleginnen und Kollegen möglich geworden, ihnen gilt mein herzlicher Dank. Darüber hinaus möchte ich mich für die große Unterstützung durch das Universitätsarchiv sowie das Büro der Fakultät bedanken.

421 Zittel, Geschichte (1899), S. 89.

422 Hölder, Kurze Geschichte (1989), S. 74.

423 Schlauch, Bergbau (2011), S. 28.

eindrang, kann man an der intensiven Beschäftigung von Johann Wolfgang von Goethe, Novalis oder Alexander von Humboldt mit dem Bergbau ablesen. Aber neben den vielleicht etwas von der Romantik geprägten Ideen gab es auch sehr deutliche Wirtschaftsinteressen, denn von diesem aufblühenden Bergwesen versprach man sich in Berlin eine erhebliche Steigerung des Wohlstandes für die Rheinprovinz. Deswegen ist es völlig einsichtig, dass bei der Gründung der Universität der erste Lehrstuhl der Geowissenschaften der »Mineralogie« gewidmet wurde. Dieses Fach umspannte damals noch die ganze Breite der seinerzeit aktuellen geowissenschaftlichen Fragen.

Die Fossilien, denen sich die Paläontologie widmet, spielten für die umfassende »Mineralogie« des frühen 19. Jahrhunderts als »Leitfossilien« eine wichtige Rolle. An den im Gestein eingeschlossenen Fossilien konnte man Gesteinsschichten sowohl untertage wie in anderen Regionen wieder erkennen und altersmäßig einordnen. Als ehemalige Lebewesen stellten die Fossilien aber auch viele Fragen an die biologischen Wissenschaften. Unbekannte Tierarten wurden entdeckt; marine Tierarten wurden auf den Kontinenten gefunden; umwälzende Veränderungen der Faunen und Floren wurden in den Schichtfolgen erkannt. Die am Ende des 18. Jahrhunderts aufblühende »vergleichende Anatomie« eröffnete den evolutionären Aspekt, den die Fossilien, besonders die fossilen Säugetiere, boten. Damit speist sich die Paläontologie aus zwei unterschiedlichen Wurzeln, der Geologie und der Zoologie.

Die ersten Berufungen

Johann Jakob Noeggerath

Bereits zwei Tage nach den Gründungsfeierlichkeiten der Rheinischen Friedrich-Wilhelms-Universität zu Bonn wurde der erste Professor für Mineralogie und Bergbauwissenschaften, Johann Jakob Noeggerath [*1788, †1877] (1818–1872),[424] berufen.[425] Damit wurde der erste Lehrstuhl für die Geowissenschaften eingerichtet, die Institute folgten erst später, nach 1880.

Die Berufung von Noeggerath auf den Lehrstuhl für Mineralogie sticht gegenüber den anderen Berufungen bei der Gründung der Universität hervor. Noeggerath besaß im Unterschied zu den anderen keine akademische Ausbildung und kam noch dazu direkt aus Bonn. Sein Interesse für Mineralogie stammte aus dem Elternhaus, da sein Vater als Mineralienhändler eine Alaunhütte in Friesdorf betrieb. Da in seiner Jugend das linke Rheinufer zu Frankreich

424 Die Lebensdaten stehen in eckigen, die Amtszeiten in Bonn in runden Klammern.
425 Brauns, Das Mineralogische Museum (1933), S. 378.; Neuhaus/Schilly, Johann Jakob Nöggerath (1970), S. 139f.

gehörte, besuchte er die *École Centrale* in Köln. Er stand mit den bedeutenden Mineraliensammlern im Rheinland in intensiver Verbindung und interessierte sich nicht nur für die Minerale selbst, sondern ebenso für die Geologie der Vorkommen und zu einem nicht unerheblichen Teil für die bergrechtlichen Rahmenbedingungen der wirtschaftlichen Nutzung. Sein umfangreiches Wissen erwarb er im Eigenstudium und publizierte einige Arbeiten zur Geologie von Lagerstätten. In Arnsberg legte er eine Prüfung als Bergmeister ab.[426]

Mit der Gründung der preußischen Rheinprovinz trat Noeggerath 1815 als Geheimer Bergrat in preußische Dienste im Oberbergamt Bonn. Ab 1817 hielt er für die Beamten im Gebiet des Oberbergamtes Bonn Vorlesungen zur Mineralogie, die damals die Geologie mit einschloss. Für die Berufung auf den Lehrstuhl für Mineralogie beeindruckte das Ministerium in Berlin sicherlich neben seinen fachlichen Kenntnissen von Mineralogie und Geologie besonders der angewandte Aspekt, nämlich die Erfahrungen im Bergbau und Bergrecht.

Gegen Noeggerath, der seit 1818 außerordentlicher Professor war und 1821 zum ordentlichen Professor ernannt werden sollte, gab es in der Philosophischen Fakultät noch immer einen gewissen Widerstand, weil Noeggerath nicht den üblichen Bildungsweg mit intensiven Griechisch- und Lateinkenntnissen sowie einem Universitätsstudium absolviert hatte. Seine Qualitäten lagen in der oft unterschätzten Praxis. Noeggerath war mit den französischen Berggesetzen bestens vertraut und übertrug sie nicht nur fachgerecht ins Deutsche, sondern trug damit wesentlich zur Vereinheitlichung des Bergwesens in der preußischen Rheinprovinz bei, die ja aus einer Vielzahl von Gebieten mit unterschiedlichen Rechtsformen zusammen gesetzt war.

Noeggerath war breit interessiert und schuf mit der Serie »Das Gebirge in Rheinland Westphalen« eine Plattform, auf der Ergebnisse zur regionalen Geologie mit Karten und Profilen erschienen.[427] Wichtige Beiträge stammten vom Berghauptmann Heinrich von Dechen, dem Chef des Bonner Oberbergamtes. 1847 erschien sein Buch »Die Entstehung und Ausbildung der Erde vorzüglich durch Beispiele aus Rheinland-Westphalen erläutert«. Er bearbeitete selber den Vulkanismus der Laacher See-Region und beobachtete dort die in der Asche aufrecht stehenden Baumstämme »im Gebirgsgestein«.[428] Er beschrieb sogar ein Phänomen aus der Ingenieur-Geologie, nämlich einen Grundbruch am Unkelstein, bei dem sich die Straße entlang des Rheins erheblich gehoben hatte. Noeggerath, der bis 1872 im Amt war, besaß eine große menschliche Ausstrahlung und warb mit großem Erfolg bei den Bonner Bürgern um ein breites Verständnis für geologische Erscheinungsformen. Es wird von großen Exkur-

426 Langer, Noeggerath (1978), S. 96f.
427 Vgl. Koch (2005), Gebirge.
428 Noeggerath (1870), Laacher See.

sionen berichtet, die er beispielsweise auf den Rodderberg führte, wobei er die Geologie im Gelände erläuterte.

Georg August Goldfuß

Wenn hier im Rahmen der Geowissenschaften auf die Berufung des Zoologen Georg August Goldfuß[429] [*1782, †1848] (1818–1848) eingegangen wird, so deshalb, weil mit ihm die Naturgeschichte und damit die Paläontologie an der Universität Bonn begründet wurde. Im Gegensatz zu Noeggerath hatte Goldfuß eine traditionelle akademische Laufbahn vor seiner Berufung nach Bonn durchlaufen. Er kam aus Franken, hatte in Berlin und Erlangen Medizin, Zoologie und Naturgeschichte studiert und wurde 1804 mit einer arzneikundlichen Arbeit über südafrikanische Käfer promoviert. Als Privatdozent lehrte er zwischen 1811 und 1818 an der Universität Erlangen als Lehrstuhlverwalter der Zoologie.[430] Schon 1813 wurde er in die Deutsche Akademie der Naturforscher Leopoldina aufgenommen, wo ihm als Sekretär die Betreuung der naturwissenschaftlichen Sammlung oblag.

Mehrfach wird geschildert, dass es Goldfuß gelang, die bedeutende naturwissenschaftliche Sammlung der Leopoldina an die neugegründete Universität Bonn zu bringen.[431] Die Sammlung wurde bis dahin stets im Hause des Präsidenten der Leopoldina aufbewahrt. Goldfuß betrieb die Berufung von Christian Gottfried Daniel von Nees zu Esenbeck 1817 zunächst auf den Lehrstuhl für Botanik in Erlangen und begünstigte seine Wahl zum Präsidenten der Leopoldina. Nees von Esenbeck war als Kandidat für die Botanik in Bonn vorgesehen, wohin er dann auch 1818 berufen wurde. So kam die Sammlung der Leopoldina durch Goldfuß und Nees von Esenbeck nach Bonn. Danach änderte man die Statuten so, dass die vergrößerte Sammlung nicht mehr mit der Präsidentschaft umziehen musste, sondern in Bonn bleiben konnte. Noch heute lassen sich Stücke aus dieser Sammlung im Goldfußmuseum der Universität Bonn nachweisen.

Goldfuß war mit zahlreichen Schriften zur Zoologie hervorgetreten, hatte sich aber auch intensiv den fossilen Knochen aus den Fränkischen Höhlen, beispielsweise mit der Arbeit über die Höhle von Muggendorf (1810) gewidmet. Diesen paläontologischen Aspekt verstärkte er in Bonn, indem er in den Jahren 1826 bis 1833 das monumentale Werk »Petrefacta Germaniae«[432] konzipierte, ein

429 Langer, Goldfuß (1970).
430 Müller/Langer, Georg August Goldfuß (1970), S. 163f.
431 Sander, Goldfuß-Museum (1999).
432 Goldfuß, Petrefacta Germaniæ (1826–1833).

großformatiges Tafelwerk, in dem die Fossilien der Sammlungen in Bonn und die des Grafen Münster, den geologischen Perioden gemäß, dargestellt wurden.

Nach dem Tode von Goldfuß übernahm Franz Hermann Troschel [*1810, †1882] (1849–1882) die Zoologie. Er beschäftigte sich zwar gelegentlich auch mit der Paläontologie, etwa mit der Beschreibung neuer Arten fossiler Fische aus dem Tertiär von Rott bei Bonn.[433] Ansonsten trennten sich aber mit den Tod von Goldfuß die institutionellen Wege der Paläontologie von denen der Zoologie. Die Sammlungsbereiche Zoologie, Mineralogie und Paläontologie waren bereits seit 1822 aufgeteilt, wobei die letztere die geologischen Objekte mit einschloss.[434]

Die Differenzierung der Fächer und Institute

Im Bereich der Naturwissenschaften begann in den 1860er Jahren die Gründung der Institute beziehungsweise Seminare (1865/66 Botanik, 1866 Mathematik, 1867/68 Chemie). In den Geowissenschaften wurden erst in den 1880er Jahren eigenständige Institute gegründet. Unter Noeggerath und unter Troschels Direktorium des Naturhistorischen Museums bildeten die Mineralogie, Geologie und Paläontologie noch eine institutionelle Einheit. Möglicherweise haben beide eine Aufteilung und damit Beschneidung ihrer dominanten Stellung für unnötig gehalten.

Im Jahr 1883 wurde das Naturhistorische Museum formal in drei selbständige Einheiten (Zoologie, Mineralogie und Paläontologie) aufgeteilt, denen jeweils Institute zugeordnet wurden. Zunächst blieben sie alle im Poppelsdorfer Schloss untergebracht. Das »Paläontologische Museum und Institut« wurde 1889 aus dem Poppelsdorfer Schloss zunächst in das Hofgartenschloss, dann in ein Nebengebäude ausquartiert. 1912 wurde die Sammlung in das neu errichtete Gebäude für das »Geolologisch-Paläontologische Institut der Rh. Fr. W. Universität« in der Nussallee 8 überführt und im Hochparterre in eigenen Schausälen repräsentativ ausgestellt. Die Zoologische Sammlung ging 1944 bei der Zerstörung des Poppelsdorfer Schlosses im Zweiten Weltkrieg vollständig verloren und wurde nicht mehr als Museum aufgebaut. Das Mineralogische Institut und Museum befindet sich bis heute im Poppelsdorfer Schloss und ging 2008 mit im neuen Steinmann-Institut auf.

Mit Blick auf die Geologie fällt besonders auf, dass bis 1899 die Chronik der Universität nur ein Paläontologisches Museum und ein Mineralogisches Museum auflistet. In der Chronik 1901/02 werden zwei Institutionen angeführt, an denen die Geologie beteiligt ist: Einmal das (unter Schlüter) ab 1900 so benannte

433 Koenigswald/Martin/Mörs/Pfretzschner, Wirbeltierfauna (1992), S. 339.
434 Langer, Notiz Okt. 1999.

»Geologisch-Paläontologische Institut und Museum« und das (unter Laspeyres) dann ab 1902 umbenannte »Mineralogische und Geologische Institut und Museum«.

Im Jahr 1912 wurde der Institutsneubau in der Nussallee 8, den der Geologe Gustav Steinmann anlässlich seiner Berufung durchsetzen konnte, bezogen. Dort war Raum für die große geologisch-paläontologische Schausammlung. In den Jahren 1919 bis 1946 gab es in diesem Institut eine gesonderte »Anstalt für angewandte Geologie«, die auf die Person von Georg Wanner zugeschnitten war. In den 1980er Jahren wurde das klassische Gebiet der Geologie durch Professuren für Angewandte Geophysik (seit 1985) und Geodynamik (seit 1988) erweitert.

Die Fächerkombination Geologie/Paläontologie blieb bis 1963, also immerhin 80 Jahre lang, erhalten. 1963 trennten sich die Institute, als auf das intensive Betreiben von Heinrich K. Erben hin ein eigenes Institutsgebäude für die Paläontologie im Garten hinter dem Altbau in der Nussallee errichtet wurde. Zu dem Lehrstuhl für Paläontologie wurde 1967 ein zweiter für Mikropaläontologie eingerichtet. 1980 wurde in allen Instituten eine Reihe von Assistentenstellen aufgewertet, so dass die Zahl der Universitätsprofessoren erheblich anstieg.

Im Jahre 2008 wurden alle diese Institute zum Steinmann-Institut für Geologie, Mineralogie und Paläontologie verwaltungstechnisch wieder zusammengeführt.

Das Naturhistorische Museum, das Mineralogische Museum und das Goldfußmuseum

Gegenüber anderen naturwissenschaftlichen Fächern spielen Sammlungen in den Geowissenschaften eine ganz zentrale Rolle. Zum einen muss in der Lehre die ungeheure Vielfalt von Mineralien, Gesteinen und Fossilien anschaulich gemacht werden, zum anderen sind die Materialien aus den Sammlungen wesentliche Objekte der Forschung. Schließlich müssen diese Objekte der Forschung auf Dauer verfügbar bleiben, denn sie sind die einzigen überprüfbaren Belege für frühere Forschungsergebnisse. Das gilt in besonderem Maße für die Fossilien, weil beispielsweise die Namen fossiler Arten fest an die zuerst beschriebenen Stücke gebunden sind, aber auch für die Mineralien aus bestimmten Vorkommen.

Mit der Überführung der Sammlung der Leopoldina nach Bonn kam eine willkommene Ergänzung zu den Beständen der kurfürstlichen mineralogischen Sammlung der ehemaligen Universität hinzu[435] und bildete den Grundstein für

435 Langer, Sammlungen (1984), S. 151.

das »Naturhistorische Museum in Bonn«, das 1818 im Poppelsdorfer Schloss eingerichtet wurde. Es war das Pendant zum Botanischen Garten, der rund um das Schloss entstand. Goldfuß war bis zu seinem Tode 1848 der Direktor des Museums, musste allerdings hinnehmen, dass Noeggerath 1819 – unter Vermittlung des Akademischen Senats – zum Mitdirektor ernannt wurde. Goldfuß achtete allerdings stark darauf, dass seine Stellung als uneingeschränkter Leiter unangetastet blieb.[436] Eine strenge Ordnung für die Besucher ist aus dem Jahr 1820 ist erhalten geblieben.[437] 1822 wurden die Sammlungsbereiche in Zoologie einerseits und die Mineralogie und Paläontologie andererseits, zu der auch die geologischen Objekte gehörten, aufgeteilt.[438] Nach dem Tode von Goldfuß im Jahre 1848 übernahm Noeggerath bis 1872 die Direktion des Museums.

Zur Pflege und Erweiterung der Sammlungen standen jährlich 450 Taler zur Verfügung. Noeggerath trug erheblich zum Ausbau des Sammlungsbestandes bei, natürlich entsprechend seines Interesses vor allem bei den Mineralien. Eine große Schenkung kam vom Freiherrn vom Stein anlässlich der Gründung der Universität, eine bedeutende Schenkung machte der Arzt und Mineraloge Karl Wilhelm Nose [*1753, †1835], der seit 1812 in der Endenicher Burg wohnte. Weiter wurden Mineral- und Gesteinssammlungen von Klöckner aus Köln, von Cramer in Dillenburg und von Müller in Karlsbad gekauft. Zu der letzten hatte Johann Wolfgang von Goethe Erläuterungen geschrieben, wie Neuhaus in seiner Schilderung über den Ausbau der mineralogischen Sammlung anmerkt.[439]

Das Mineralogische Museum blieb im Poppelsdorfer Schloss, wo es sich auch heute befindet. Allerdings sind die alten Sammlungsbestände 1944 durch Kriegseinwirkungen in erheblichem Maß verloren gegangen. Einige Teile waren erfreulicherweise ausgelagert worden. Das Poppelsdorfer Schloss war so stark zerstört, dass es gewichtige Stimmen zum totalen Abriss und Errichtung eines Zweckbaues gab. Erfreulicherweise begann der Wiederaufbau bereits 1946 und wurde 1956 fertig gestellt. Damit konnten Institut und Museum 1956 wieder in den Westflügel einziehen.

In den Jahren nach dem Kriege wurde eine beachtliche Sammlung – zum Teil mit Hilfe der GEFFRUB[440] – wieder aufgebaut. Dabei wirkte Friedrich Schumacher [*1884, †1975] im Rahmen einer Sonderprofessur besonders beim Aufbau der Lagerstättensammlung und des Lagerstättensaals des Museums mit. Drei Säle im ersten Stock mit Themenschwerpunkt Vulkaneifel und Siebengebirge

436 Brauns, Das Mineralogische Museum (1933), S. 378, S. 380; Langer, Noeggerath (1978), S. 164.

437 Sander, Goldfuß-Museum (1999).

438 Langer, Notiz Okt. 1999.

439 Neuhaus, Bonner Mineralogie (1966), S. 16f.

440 Gesellschaft der Freunde und Förderer der Universität Bonn, heute aufgegangen in der Bonner Universitätsgesellschaft.

wurden Mitte der 1980er Jahre zugunsten von Kurssälen aufgelöst. Schwerpunkte des nun vier Säle umfassenden Museums sind heute die Systematik der Minerale, Gesteine, Meteoriten, Edelsteine sowie mineralische Rohstoffe. Am Mineralogischen Museum wirkten als Kustoden beziehungsweise Kustodinnen: Helmut von Philipsborn (1950–1965), Wilhelm Schilly (1965–1973), H. Hamm (1973–1996) und Renate Schumacher (ab 1997).

Das Paläontologische Museum wurde 1889 aus dem Poppelsdorfer Schloss in das Hofgartenschloss umquartiert, weil Hausschwamm in den bisherigen Sammlungsräumen festgestellt wurde.[441] Da Steine nun einmal ein großes Gewicht haben und die Sammlung unter Clemens Schlüter auch ständig erweitert wurde, äußerte man Bedenken zur Tragkraft der Decke. Deswegen musste die Sammlung 1903 in ein (nicht näher bezeichnetes) Nebengebäude der Universität erneut umgesiedelt werden.[442] Diese unbefriedigende Situation änderte sich erst, als der Neubau des Geologisch-Paläontologischen Instituts in der Nussallee geplant wurde. Das erste Stockwerk war als großzügiges Museum eingeplant. Der nördliche Flügel, links vom Treppenabsatz, wurde der Paläontologie, der gegenüberliegende Flügel der Geologie gewidmet. Anlässlich der Neuaufstellung gingen erhebliche Schenkungen ein.[443] Im Unterschied zum Poppelsdorfer Schloss erlitt das Institut in der Nußallee keine Bombenschäden, so dass die Sammlungen erhalten blieben. Der geologische Teil der Schausammlung wurde 1987 zugunsten von Arbeitsräumen des neuen Lehrstuhls für Geodynamik aufgelöst. Die Paläontologie rang erfolgreich für den Erhalt ihrer Schausammlung, die heute als Goldfußmuseum bekannt ist. Schwerpunkte der Sammlung sind einerseits die Originale und Typen der Arbeiten von Goldfuß, eine ungewöhnliche Sammlung aus den Glarner Fisschiefern und die Sammlung der Fossilien aus dem Hunsrückschiefer. Die Kustoden der Geologisch-Paläontologischen Sammlung waren: Ab 1853 Ferdinand Römer [*1818, †1891], 1861 bis 1885, C. J. Andrae [*1816, †1885], Erich Jaworski [*1890, †1973] und Wilhelm Bierther [*1913, †1999] (ab 1948), dann Andreas Schäfer [*1940] (1975–2005). Für die Paläontologische Sammlung und damit für das Goldfußmuseum waren ab 1956 Heinrich K. Erben, dann Horst Remy [*1927, †2015] (1963–1992)[444] und Martin Sander [* 1960] (ab 1992) zuständig.

441 Chronik des Akademischen Jahres 1889/90, S. 59.
442 Chronik des Akademischen Jahres 1903/04, S. 68.
443 Sander, Goldfuß-Museum (1999).
444 Universitätsarchiv Bonn (UAB), Pa 7346.

Institut und Museum für Mineralogie 1883–2008

Nach dem Ausscheiden von Noeggerath, der bis 1872 und damit immerhin 54 Jahre im Amte war, wurde **Gerhard vom Rath** [**1830, †1888*] (1863–1880),[445] der seit 1863 außerordentlicher Professor in Bonn war, zum ordentlichen Professor für Mineralogie und Geologie ernannt. Er leitete die mineralogische Sammlung und war neben Troschel Mitdirektor des Naturhistorischen Museums. Vom Rath gelang es, eine bedeutende Mineralsammlung aus dem Nachlass von A. A. Krantz zu erwerben. Er erkannte die Notwendigkeit zu experimenteller Forschung in der Mineralogie, konnte sich aber mit der Forderung nach Gründung eines entsprechenden Institutes nicht durchsetzen und schied vorzeitig aus.[446] Sie wurde allerdings 1881 mit der Berufung von **Arnold Constantin Peter Franz von Lasaulx** [**1839, †1886*] (1881–1886)[447] zumindest teilweise erfüllt. Er hatte sich 1868 in Bonn habilitiert, wo er bis 1874 als Privatdozent gewirkt hatte. Da er kurz vor seiner Berufung nach Bonn Ordinarius für Mineralogie und Geologie in Kiel geworden war, hatte er einen großen Verhandlungsvorteil und wurde zum Direktor einer mineralogischen Abteilung des Naturhistorischen Museums ernannt. Erst nach Troschels Tod leitete er ab 1883 das nun eigenständige Mineralogische Museum und Institut. Lasaulx starb aber bereits im Januar 1886. Im gleichen Jahr kam **Hugo Laspeyres** [**1836, †1913*] (1886–1906)[448] nach Bonn. Seine Hauptarbeitsgebiete umfassten die geognostische Darstellung des Steinkohlengebirges und des Rotliegenden nördlich von Halle (Saale), Eruptivgesteine zwischen Saar und Rhein, die Geologie des Siebengebirges, der Vogesen und des Schwarzwaldes sowie kristallographische, mineralogische und petrographische Untersuchungen. 1907 folgte **Reinhard Brauns** [**1861, †1937*] (1907–1928) auf den Lehrstuhl, der sich den optischen Anomalien in Kristallen und der synthetischen Herstellung von Edelsteinen widmete. Er war 1908 Mitbegründer der Deutschen Mineralogischen Gesellschaft. Nach seinem Unfalltod 1937 wurde seine Asche in den Laacher See gestreut.[449] 1938 wurde **Karl F. Chudoba** [**1898, †1976*] (1934–1945) auf den Lehrstuhl berufen. Von Brauns und Chudoba stammt ein Lehrbuch der Mineralogie, das viele Auflagen erlebte. Chudoba hatte sich allerdings dem nationalsozialistischen Zeitgeist in sehr erheblichem Maße angeschlossen, war Gaudozentenführer und von 1939 bis 1945 sogar Rektor der Universität. Deswegen war er 1945 untragbar und wurde aus dem Amt entfernt. Ohne je wieder in Bonn

---

445 Neuhaus, Gerhard vom Rath (1970), S. 144f.
446 Ders., Bonner Mineralogie (1966), S. 20.
447 Brauns, Das Mineralogische Museum (1933), S. 383.
448 Frechen, Hugo Laspeyres, S. 147f.
449 Ders., Reinhard Anton Brauns, (1970), S. 149f.

gewirkt zu haben, wurde er 1966 offiziell emeritiert.[450] **Karl-Hermann Scheumann** [*1881, †1964*] (1946–1951)[451] war seit 1928 Professor für Mineralogie und Petrographie an der Universität Leipzig und wurde 1946 von H. Cloos geholt. Dort übernahm er das zerstörte Bonner Institut und baute den Lehrbetrieb wieder auf. Er wurde 1951 emeritiert.

Mit dem Schwergewicht in der Kristallographie und röntgenographischen Strukturuntersuchungen erhielt **Will Kleber** [*1906, †1970*] (1940–1953) 1940 eine Dozentur, die 1941 um die Petrographie erweitert wurde. 1943 wurde er zum außerplanmäßigen Professor ernannt. Große Bedeutung gewann sein Buch »Einführung in die Kristallographie«. 1953 wurde er an die Humboldt Universität in Ost-Berlin berufen. **Alfred Neuhaus** [*1903, †1975*] (1952–1972)[452] kam 1952 nach Bonn. Er widmete sich besonders den physikalisch-chemischen Eigenschaften der Kristalle im Hochdruck-Hochtemperatur-Bereich. Damit gelang es der Bonner Arbeitsgruppe 1965, die ersten künstlichen Diamanten in Deutschland herzustellen.

Die kristallographische Richtung wurde mit der Berufung von **Georg Will** [*1930] (1973–1995) fortgesetzt. Er arbeitete seit 1969 auf dem Gebiet der Neutronenbeugung mit dem Forschungszentrum Jülich zusammen und wurde 1973 als Nachfolger von Alfred Neuhaus berufen. Mit Hilfe der Neutronenbeugung trieb er die parametrische Untersuchung von Kristall- und magnetischen Strukturen voran. Ebenso lag ihm an der Verfeinerung der Strukturaufklärung an Mineralien und organischen Verbindungen mit Hilfe der Röntgen-Einkristalldiffraktometrie, die er durch *in-situ* Hochdruckexperimente mit Synchrotronstrahlung ergänzte.

Weiterhin waren in der Kristallographie tätig:

Hans Jürgen Meyer [*1927, †1989*] (1967–1989) beschäftigte sich als Professor für Mineralogie und Kristallographie mit der Chemie der Kristalloberflächen und der Messung von Verdampfungs- und Kondensationsvorgängen.

Manfred Gebhardt [*1934, †1998*] (1980–1995) war Professor für Mineralogie und Kristallographie. Ihn interessierten die Arbeitsgebiete Epitaxie, Korrosionsschutzschichten, Kalksandsteine, und vor allem Biomineralisation.

Karl Friedrich Seifert [*1934*] (1970–1989) übernahm als apl. Professor die Kustodie der Geräte und widmete sich der Hochdruck-Hochtemperatur Forschung.

Armin Kirfel [*1943*] (1996–2008) übernahm den Lehrstuhl für Mineralogie und Kristallographie. Er betonte den physikalischen, chemischen und materialwissenschaftlichen Aspekt in der modernen Kristallographie. In Anerkennung

450 Höpfner, Universität Bonn (1999).
451 Mehnert, Karl Hermann Scheumann (1970), S. 152f.; siehe auch UAB, PA 8193.
452 UAB, PA 6466; siehe auch Lehrberger, Neuhaus (1999).

seiner Leistungen auf dem Gebiet der Strukturforschung mit Beugungstechniken für vielfältige methodische Entwicklungen und Anwendungen auf Probleme der Archäologie, Chemie, Mineralogie, Pharmazie und insbesondere hochgenauer Elektronendichte-Verteilungen in gesteinsbildenden Mineralen sowie anisotroper resonanter Röntgen-Streuung wurde ihm 2009 die Carl-Hermann-Medaille der Deutschen Gesellschaft für Kristallographie verliehen.

Die von Neuhaus begründete Arbeitsgruppe Kristallzüchtung wurde von **Kurt Recker** [**1924, †2010*] (1964–1989) zu einer international anerkannten Institution weiter entwickelt. Sein Nachfolger **Helmut Klapper** [**1937*] (1990–2002) erweiterte den Arbeitsbereich um die Erforschung von metastabilen organischen Kristallen sowie von Kristalldefekten. 1993 wurden im Rahmen der *Second German Space-Lab Mission D – 2* zwei Experimente zur gerichteten Erstarrung eutektischer Systeme unter Schwerelosigkeit erfolgreich durchgeführt. Nach der Pensionierung von Helmut Klapper wurde die Abteilung Kristallzüchtung aufgelöst.

Mit **Joseph Frechen** [**1906, †1989*] (1955–1972)[453] löste sich 1963 die Petrologie von der Mineralogie/Kristallographie. Er hatte sich 1948 in Bonn habilitiert und wurde 1963 zum Extraordinarius und 1967 zum Ordinarius auf dem neu errichteten Lehrstuhl für Petrologie bestellt. Seine Arbeitsgebiete waren zahlreiche Aspekte der Rheinischen Vulkangebiete, insbesondere des jungen Vulkanismus im Laacher See-Gebiet.

Ihm folgte in der Petrologie **Gerhard Voll** [**1927, †2007*] (1973–1980), ein Pionier auf dem Gebiet der Gefügekunde. Voll hatte als einer der Ersten weltweit Erkenntnisse aus dem Gebiet der Metallurgie auf Gesteinsgefüge übertragen und somit deren Deutung für die Rekonstruktion geodynamischer Prozesse ermöglicht. 1981 wechselte Voll nach Köln. Unter seiner Initiative wurde am Lehrstuhl Petrologie die Professur für experimentelle Petrologie und Geochemie ins Leben gerufen, die in der Folge durch **Klaus Langer** [**1936*] (1974–1978) vertreten wurde. Unter seiner Leitung wurden grundlegende analytische Verfahren und Labors installiert. In den Jahren 1981/82 wurde der Lehrstuhl Petrologie von **Klaus Vieten** [**1932, †2014*] (1980–1996) vertreten, der sich intensiv dem Vulkanismus des Siebengebirges zuwandte. Die Nachfolge von G. Voll übernahm der aus Kiel kommende **Michael M. Raith** [**1940*] (1983–2005). Der Schwerpunkt seiner Forschung galt dem Aufbau und der Entwicklung der präkambrischen kontinentalen Kruste am Beispiel von Indien, Sri Lanka und Madagaskar, insbesondere der Genese granulitfazieller Gesteine. Er erneuerte in der Abteilung Petrologie die mikroanalytischen Analyseverfahren, die in den 1970er Jahren die Mineralogie und Petrologie weltweit revolutioniert hatten. Das Spezialgebiet von **Stephan Hoernes** [**1942*] (1980–2002) waren die Geochemie der

453 Vieten, Frechen (1989).

stabilen Isotope von Sauerstoff, Wasserstoff und Kohlenstoff, insbesondere bei Prozessen der Gesteinsmetamorphose, aber auch das Fraktionierungsverhalten der Isotope bei niedrigen Temperaturen.

Mit der Berufung von **Christian Ballhaus** [**1955*] (ab 2006) traten experimentelle Aspekte in den Vordergrund der petrologischen Forschung. Der Generationswechsel am Mineralogischen Institut wurde im Jahre 2004 durch die Berufung von **Carsten Münker** [**1966*] (2004–2009) auf die Nachfolge Hoernes eingeleitet. Sie führte zu einer grundlegenden Neuordnung der Aufgaben am Mineralogischen Institut und darüber hinaus zur Gründung des gemeinsamen geowissenschaftlichen Steinmann-Instituts, in dem nach 100 Jahren der Trennung die geowissenschaftlichen Disziplinen wieder zusammengeführt wurden. Im Jahre 2011 wurde **Thorsten Geisler-Wierwille** [**1966*] der Nachfolger von C. Münker. Im gleichen Jahr erhielt die Geochemie Verstärkung durch die Berufung von Frau **Ambre Luguet** [**1974*] (ab 2011) auf eine neu geschaffene Professur für Isotopengeochemie. Sie widmet sich intensiv dem Vulkanismus im Rheinischen Schiefergebirge.

Institut und Museum für Geologie und Paläontologie 1883–1963

Bei der Berufung von Lasaulx im Jahr 1880 befanden sich die Mineralogie, Geologie und Paläontologie noch unter dem einheitlichen Dach des Naturhistorischen Museums mit Troschel als Direktor. Nach dessen Tode 1882 und mit der Ernennung des Geologen und Paläontologen **Clemens August Schlüter** [**1835, †1906*] (1873–1906)[454] zum Ordinarius, wurde dieser 1883 Direktor eines eigenständigen Paläontologischen Museums und Instituts. Nach dessen Umzug 1889 ins Hofgartenschloss wurde es ab 1900 als »Geologisch-Paläontologisches Institut und Museum« bezeichnet. Schlüter hat unter anderem die Cephalopoden und Echiniden der deutschen Kreide bearbeitet. Ihm folgte 1906 **Gustav Steinmann** [**1856, †1929*] (1906–1924).[455] Er wurde bei Karl Alfred von Zittel in München promoviert und kam mit Stationen in Straßburg, Jena und Freiburg 1906 nach Bonn. Es gelang ihm 1909 den Neubau in der Nussallee für die Geologie und Paläontologie durchzusetzen und 1911 einzuweihen. Die Bausumme betrug knapp 300.000 Goldmark. Bereits in Freiburg hatte Steinmann ein ganz ähnliches Institut bauen können. Er galt allgemein als geschäftstüchtig. Wissenschaftlich vertrat er als ein »Ordinarius der Kaiserzeit« sein Fach auf vielen Kongressen in der vor dem Ersten Weltkrieg noch weit offenen Welt. Steinmann hat drei große Reisen nach Südamerika gemacht, um dort geologische Beob-

454 Brauns, Das Mineralogische Museum (1933), S. 386.
455 Gerth, Gustav Steinmann (1970), S. 168f., Seibold E./Seibold I., Steinmann (2010).

achtungen zum Bau der großen Gebirge zu sammeln. Das Buch zur Geologie Perus (1929) zeugt davon. Als ungemein ideenreicher und anregender Geologe und Paläontologe war er mit über 200 Arbeiten sehr produktiv. Seine Deutung der Evolution im Sinne des Lamarckismus ist unter darwinistischer Sicht obsolet. Dagegen war die Beobachtung von Tiefseegesteinen, der »Steinmann-Trinität« in Südeuropa, richtungweisend.

Anstalt für angewandte Geologie 1919–1946

Eine besondere Episode innerhalb des Bonner Institutes spielt die Anstalt für angewandte Geologie.[456] Sie wurde für **Johannes Wanner** [**1878, †1956*] (1919–1946)[457] eingerichtet. Er war Assistent bei Steinmann und kam mit ihm nach Bonn, wo er sich 1907 habilitierte. Das war noch während der deutschen Kolonialzeit vor dem Ersten Weltkrieg. Als Erdölgeologe war er 1902 in Niederländisch Indien und hat dabei in Timor fossilführende Sedimente aus dem Perm und der Trias entdeckt. Er führte 1910/1911 eine eigene Expedition durch und wurde unter anderem von den Brüdern Haniel, Söhne einer bedeutenden Industriellen-Familie, begleitet. Sie brachten eine sehr große Sammlung - vor allem von Echinodermen - mit. Der Erste Weltkrieg kam und der Geologe Haniel fiel 1915. In Erinnerung an den gefallenen Sohn stiftete die Familie Haniel 1919 zum 100jährigen Doppeljubiläum der Firma und der Universität ein persönliches Ordinariat, eine sogenannte »Jubiläumsprofessur« für Johannes Wanner. Damit sollte ein Anbau am Institut erstellt werden. Die Stiftungsgelder für diesen Anbau fielen allerdings 1923 der Inflation zum Opfer. Mit sehr bescheidenen Mitteln und beengt musste Wanner bis zu seiner Emeritierung 1946 im Geologischen Institut weiter arbeiten.

Zu den Dozenten im Geologisch-Paläontologischen Institut gehörte ebenfalls **Otto Wilckens** [**1876, †1943*] (1919–1938).[458] Er war Direktor des Geologischen Institutes in Straßburg gewesen, das er mit dem Ende des Ersten Weltkriegs 1918 verlassen musste. Er wurde von seinem Lehrer Steinmann an der Universität Bonn aufgenommen, arbeitete hier in der Lehre und publizierte über zahlreiche Themen, die von der »Geologie der Umgebung von Bonn« (1924) bis zur neuseeländischen Trias reichten. Im Zweiten Weltkrieg kehrte er 1941, obwohl bereits emeritiert, nochmals als Direktor des Geologischen Institutes nach Straßburg zurück.

456 Wanner, Angewandte Geologie (1933).
457 Gerth, Wanner (1957); Sieverts-Doreck, Nachruf Wanner (1959).
458 Wanner, Wilckens (1942).

Die Ära Cloos

Steinmann wurde 1926 durch **Hans Cloos** [**1885, †1951*] (1926–1951)[459] abgelöst. Er hat also wie seine Generation zwei Weltkriege und zwei Inflationen überlebt. Cloos hatte in Bonn, Jena und Freiburg studiert, wo er noch gerade ein Semester bei Steinmann gehört hatte. In seiner Dissertation ging es um die Tektonik im Schweizer Jura. 1910 übernahm er eine Forschungsarbeit in Deutsch-Südwestafrika und lernte den Granitstock des Erongo-Gebietes kennen. Von 1919 bis 1926 hatte er den Lehrstuhl für Geologie an der Universität Breslau inne. Dort widmete er sich auch den regional-geologischen Aspekten, nämlich der Dynamik aufsteigender Magmen im Riesengebirge, die er nach seinem Wechsel nach Bonn (1926) auch am Drachenfels eindrucksvoll demonstrierte. In Bonn erarbeitete er grundlegende Einsichten zum tektonischen Bau des Rheinischen Schiefergebirges, beginnend mit der feintektonischen Analyse von Faltung, Klüftung und Schieferung im Ahrtal, und zu den daraus erkannten Gesetzmäßigkeiten zur Kinematik von Faltengebirgen. Hierin folgten ihm viele seiner Schüler. Zum anderen eröffneten seine Versuche, tektonische Belastungen in Tonmodellen zu simulieren, das Feld der experimentellen Tektonik.

Um geologische Großstrukturen zu verstehen, experimentierte Cloos mit Tonblöcken, die er verschiedenen Kräften aussetzte. So erkannte er den »tektonischen Graben als Scheiteleinbruch eines Erdgewölbes – Modell aus Experimenten und Naturbeobachtungen kompiliert«, wie er auf der nachfolgenden Skizze zur Entstehung der Oberrheinebene vermerkte (Abb. 22).

Diese Modelle werden noch heute im Steinmann-Institut aufbewahrt. Seine systematischen Versuche zur tektonischen Grabenbildung machten erstmalig das Zusammenspiel synthetischer und antithetischer Bewegungen deutlich, die abgeleiteten Schlussfolgerungen zur Deformationsanalyse sind in der Geologie bis heute allgemeingültig.

Cloos kam aus einer künstlerischen Familie und wollte eigentlich Architekt werden. Dies kommt in seinen hervorragenden Strukturbildern zum Ausdruck. Sie sind sich selbsterläuternde geologische Interpretationen, wie etwa die Zeichnungen vom Rheingraben oder dem Rodderberg mit dem Siebengebirge. Sie finden sich auch in seinem weit verbreiteten Buch »Gespräch mit der Erde« von 1947. Ein Prachtstück seiner zeichnerischen Darstellungsweise ist die interpretative Karte des südlichen Deutschlands.[460] Aus heutiger Sicht ist es erstaunlich, dass ihm wie vielen seiner Zeitgenossen die Kontinentalverschiebung Wegeners nicht ins Konzept passte.

In die Zeit, in der Hans Cloos das Institut leitete, fielen auch die schwierigen

459 Bederke, Closs (1953); Bubnoff, Requiem (1953).
460 Cloos, Blockbild (1940).

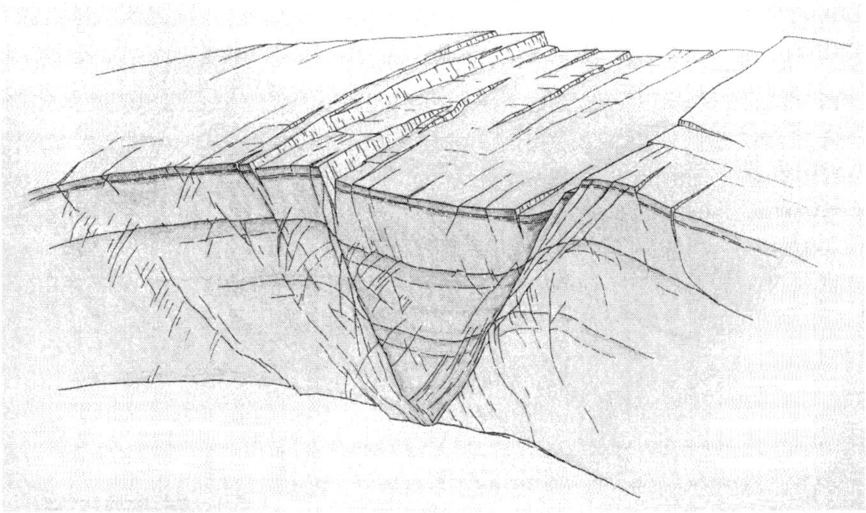

Abb. 22: Hans Cloos, Zeichnung eines tektonischen Grabens

Jahre der nationalsozialistischen Diktatur.[461] Es gibt eine sehr gute Untersuchung zur Universität Bonn in jener Zeit und die Integrität von Hans Cloos ist fraglos. Er hat einen jüdischen Kollegen aus der Chemie in der »Reichskristallnacht« 1938 in Sicherheit bringen können. Trotz aller Bemühungen um Gleichschaltung durch die NSDAP gelang es Cloos immer wieder, den nationalsozialistischen Geist vom Institut fern zu halten. Nur der Kustos für Paläontologie wurde Mitglied der NSDAP. Nach Kriegsende brachte der Wiederaufbau in Bonn äußerst schwierige Bedingungen, weil die Institute nach der Zerstörung des Hauptgebäudes der Universität und des Poppelsdorfer Schlosses auf sehr engem Raum untergebracht werden mussten. Der wegen seiner Unabhängigkeit sehr angesehene Cloos wirkte bei der Bewältigung der Probleme für Bonn sehr segensreich in der Nachkriegszeit mit. Im Band Bonner Gelehrte, der zum 150-jährigen Bestehen der Universität publiziert wurde, ist eine ausführliche Würdigung von Hans Cloos durch Henno Martin zu lesen.[462]

In der Ära Cloos gehörten noch folgende Wissenschaftler zum Bereich des Geologisch-Paläontologischen Institutes:

Walter Maximilian Lehmann [**1880, †1959*],[463] Spezialist für Röntgentechnik, die er auf Fossilien, speziell auf die des Hunsrückschiefers, anwendete. Damit machte er die Feinheit dieser marinen Fauna des Unterdevons sichtbar, ohne sie durch Präparation zu gefährden.

461 Höpfner, Universität Bonn (1999).
462 Martin, Hans Cloos (1970), S. 179.
463 Gerth, Lehmann (1961).

Heinrich Gerth [*1884, †1971*][464] kam 1948 nach Bonn, zunächst als Gastprofessor, später als ordentlicher Professor und lehrte am Bonner Institut. Er beteiligte sich wesentlich an der Bearbeitung der Fossilien von der Insel Timor.

Paul Woldstedt [*1888, †1973*][465] kam 1952 als Pensionär nach Bonn und bereicherte das Institut. Er fasste hier seine große Erfahrung aus der Quartärforschung in dem in ganz Europa für Jahrzehnte sehr beachteten Werk »Das Eiszeitalter« zusammen.

Norbert Tilmann [*1883, †1947*][466] war seinem Lehrer Steinmann 1906 nach Bonn gefolgt und arbeitete über die Schollenüberschiebungen im Ruhrkarbon. Gleichzeitig war er Kustos der Sammlungen.

Die Ära Brinkmann

Hans Cloos starb 1951 und wurde zunächst durch Roland Brinkmann vertreten, der 1952 ordentlich berufen wurde. Der Übergang war wohl zumindest für die Doktoranden nicht ganz einfach. Aber davon schweigen die Nachrufe. **Roland Brinkmann** [*1898, †1995*] (1952–1963)[467] hatte in Freiburg studiert, war Assistent bei Hans Stille und habilitierte sich mit einer statistisch-phylogenetischen Analyse über Ammoniten. Schon 1933 war er zum Ordinarius für Geologie und Paläontologie in Hamburg berufen worden. Aber er wollte sich nicht mit den Nationalsozialisten arrangieren, sondern wich über Spanien nach Portugal aus. 1940 wurde er auf die Reichsaußenstelle für Bodenforschung nach Krakau beordert, das heißt, er war zuständig für die Bodenschätze in Polen. Nach dem Krieg bekam er den Ruf nach Rostock, wurde aber von den Polen 1949 bis 1951 in Untersuchungshaft genommen, eben weil er in Krakau gewesen war. Der Prozess war sehr fair, und es wurde bestätigt, dass er stets korrekt gehandelt habe, so dass er voll rehabilitiert wurde. 1952 kam er dann nach Bonn. Er galt bei seinen Schülern als hervorragender, aber strenger Lehrer, der keine Ausreden gelten ließ. Von ihm lernten sie nicht nur Fachwissen, sondern vor allem klares Denken. Wir haben alle die Geologie aus seinem »Abriss der Geologie« und seinen anderen immer wieder aufgelegten vorzüglichen Lehrbüchern gelernt.

In Unterlagen fand sich die Bemerkung von Herrn Wurster, dass sich Brinkmann zum Festkolloquium anlässlich seines 80. Geburtstags die *Laudatio* ausdrücklich verbeten habe und stattdessen ein Kammerkonzert stattfand. Auch das war Brinkmann. Als er in Bonn 1963 emeritiert wurde, ging er nach Izmir,

464 Müller, Gerth (1972).
465 Duphorn, Woldstedt (1974); Look/Meyer, Paul-Woldstedt-Stein (1988).
466 Gerth, Tilmann (1951).
467 Grimmelmann et al., Brinkmann (1996); Wallbrecher, Brinkmann (1996).

denn sein Tatendrang war noch nicht erschöpft. An der Universität in Izmir baute er die Geologie auf.

Als weitere Dozenten in der Ära Brinkmann gehörten noch folgende Wissenschaftler zum Bereich des Geologisch-Paläontologischen Institutes:

Wilhelm Bierther [* *1913, †1999*] (1956–1978)[468] war ab 1948 Kustos der geologischen Sammlung, bearbeitete die Geologie des Südhunsrück und forschte zur Geochemie hydrothermaler Gänge im Siegerland. Er lehrte ab 1956 als Professor Regionale Geologie. Zusammen mit R. Hoeppener publizierte er das Buch »Tektonik und Lagerstätten im Rheinischen Schiefergebirge«.

Rolf Hoeppener [**1919, †1989*] (1962–1966)[469] promovierte 1949 bei Cloos über Klüftung im Rheinischen Schiefergebirge und befasste sich fortan systematisch mit der Deformationsanalyse und Typisierung tektonischer Gefüge. Er wurde 1966 auf den Lehrstuhl für Endogene Geologie der Ruhr-Universität Bochum berufen.

Institut und Museum für Geologie 1963–2008

Nach Brinkmanns Weggang wurde der Lehrstuhl von Werner Plessmann und Klaus Schmidt vertreten, bis **Paul Wurster** [**1926, †1994*] (1968–1991)[470] berufen wurde. Seine mustergültige Analyse von Kreuzschichtungsgefügen (Dissertation) und seine »Geologie des Schilfsandsteins« (Habilitation) in frühen Jahren haben seinen Ruf nach Bonn begründet. Für die Bonner Ära selbst sind methodisch orientierte Arbeiten in der subalpinen Molasse und zur Morphometrie von Geröllen sowie zur Paläogeographie der Germanischen Trias wichtig. Prägend waren dann vor allem die Forschungsprojekte im Rahmen des Internationalen Tiefseebohrprogramms (IPOD/DSDP) zur Entstehung des Atlantiks und zur Entwicklung des NW-Afrikanischen Kontinentalrandes. Zusammen mit Johannes Stets und zahlreichen Schülern (darunter Nico Froitzheim und Jean Thein) wurden das tektonische und sedimentäre Inventar der Küstenbecken Marokkos und des Hohen Atlas analysiert und eine umfassende Synthese der Rift- und Inversionsprozesse geschaffen. Modellhafte Blockbilddarstellungen vermitteln auf hervorragende Weise das Verständnis der geologischen Zusammenhänge und Prozessabläufe. Seine Person und seine Arbeitsweise wird mit dem von ihm zitierten Spruch »Mit dem Stift sieht man besser!« gut charakterisiert.

Wurster war an der Diversifizierung der Geologie und dem Ausbau des In-

468 Nagel/Meyer (2000), Bierther.
469 Schwarz, Hoeppener (1990).
470 Meyer/Stets, Wurster (1995).

stitutes sehr interessiert. Unter seiner Federführung wurde der Lehrstuhl für Geodynamik unter Verlust des Lehrstuhls für Mikropaläontologie für **Horst Neugebauer** [**1939*] (1988–2004) eingerichtet. Räumlich musste dafür die geologische Schausammlung geopfert werden. Neugebauer interessierte die Modellierung komplexer Geosysteme, darunter auch sedimentologischer und tektonischer Muster und Prozesse im Rheinischen Schiefergebirge und in der Niederrheinischen Bucht. Er errichtete einen Sonderforschungsbereich (SFB 350) für die Jahre 1991 bis 2000 mit dem Thema »Wechselwirkung kontinentaler Stoffsysteme und ihrer Modellierung«, an dem sich fast alle geowissenschaftlichen Fachrichtungen – einschließlich der Geographie – beteiligten. Sein Nachfolger **Stephen A. Miller** [**1960*] (2005–2014) legte sein Schwergewicht auf Erdbebenphysik. Seine Stelle ging an A. Kemna über.

Die Angewandte Geophysik wurde langjährig durch folgende Professoren repräsentiert:

Hans-Joachim Götze (1985–1987, dann Kiel), **Gerhard Jentzsch** (1987–1990, dann Jena) und **Hans-Joachim Kümpel** (1991–2001), der später Präsident der Bundesanstalt für Geowissenschaften und Rohstoffe (BGR) wurde. Diese Professur wurde in den Jahren 2001 bis 2007 durch **Andreas Hördt, Andreas Kemna** und **Corinna Kroner** vertreten. 2007 wurde **Andreas Kemna** [**1967*] auf die Professur berufen, der sich schwerpunktmäßig mit geophysikalischen Verfahren zur Erfassung und Charakterisierung von Strukturen und Fließ- und Transportprozessen im oberflächennahen Untergrund beschäftigt.

Jean Thein [**1949*] (1993–2015) folgte Wurster auf den Lehrstuhl für die allgemeine Geologie und brachte viele neue geowissenschaftliche Aspekte ein. Dazu gehörte die Rekonstruktion der Umweltverhältnisse während des Erdmittelalters und der Erdneuzeit. Der Schwerpunkt liegt bei der Auswirkung einmaliger Ereignisse, die sich in der Eventstratigraphie abbilden, wie etwa der globale Umbruch an der Kreide-Tertiär-Grenze. Neu für Bonn waren ebenfalls die angewandten Aspekte der Geologie, die in der aktuellen Umweltgeologie eine immer wichtigere Rolle spielen. Er war über zehn Jahre lang Mitglied der Reaktorsicherheitskommission der Bundesregierung, weil die Kreisläufe der Schadstoffe beispielsweise in den Endlagern radioaktiver Abfälle, aber auch bei Altlasten und in Untertagedeponien sein bevorzugter Forschungsgegenstand waren. Er war als Fachkoordinator des DAAD darüber hinaus am Wiederaufbau der universitären Lehre und geowissenschaftlichen Forschung in Afghanistan beteiligt.

In der Zeit von Wurster und Thein gehörten noch folgende Professoren zum Bereich des Geologischen Institutes:

Wilhelm Meyer [**1932*] (1969–1997) leitete die Abteilung Tektonik und ist ein hervorragender Kenner des Rheinischen Schiefergebirges – vom devonischen Sockel bis zur Terrassenlandschaft des Rheins und zum quartären Vulkanismus.

Er verfasste das Standardwerk zur Geologie der Eifel und zahlreiche geologische Führer, die er mit einprägsamen Skizzen und Blockbildern belebte. Er war langjähriger Vorsitzender des Naturhistorischen Vereins (NHV) und hat große Verdienste um den Natur- und Landschaftsschutz in der Eifel. So richtete er geologisch-naturkundliche Lehrpfade ein und betreut den Vulkanpark Brohltal/Laacher See seit seiner Gründung.

Johannes Stets [**1932, †2015*] (1968–1997), Studiendirektor im Hochschuldienst, entwickelte gemeinsam mit Wilhelm Meyer fundierte Synthesen der paläogeographischen und strukurgeologischen Entwicklung des linksrheinischen Schiefergebirges.

Joachim Nagel [**1931*] (1980–1996) arbeitete über die Tektonik geschieferter Faltengebirge am Beispiel von Harz und Ardennen.

Agemar Siehl [**1935*] (1980–2000) begann als Paläontologe (Brachiopoden, Fusuliniden) und wandte sich später den Arbeitsgebieten Sedimentgeochemie, geologische Modellierung mit 3D-GIS und Umweltradioaktivität zu.

Andreas Schäfer [*1940], Kustos und Akademischer Direktor, bearbeitete die permokarbonischen Vorland- und Binnensenken an Saar und Ruhr und entwarf ein sequenzstratigraphisches Konzept der Niederrheinischen Bucht.

Barbara Reichert [**1958*] (ab 1998) Hydrogeologie: Grundlagenforschung zu Transport- und Reaktionsprozessen in geklüfteten Gebirgskörpern sowie Wasserbilanzierung ausgewählter Flusseinzugsgebiete in West-Afrika im Rahmen des IMPETUS-Verbundprojekts Köln-Bonn.

Nikolaus Froitzheim [** 1958*] (ab 1999) Strukturgeologie: Erforschung komplexer orogener Prozesse und tektonometamorpher Entwicklungen in den Alpen, Karpathen und Rhodopen.

Tommy McCann [**1959*] (ab 2001) Sedimentologie: Interaktion zwischen Tektonik und Sedimentation, klimatische Steuerung sedimentärer Systeme. Die Arbeitsgebiete erstrecken sich von Nordspanien über das Rheinische Schiefergebirge und Rumänien bis nach Zentralasien.

Das selbständige Institut für Paläontologie 1963–2008

Heinrich K. Erben [**1921, †1997*] (1963–1986)[471] wurde 1963 zum Ordinarius für Paläontologie ernannt. Damit löste sich die Paläontologie in Bonn von der Geologie und bezog den neu errichteten Ziegelbau im Garten hinter dem alten Institutsgebäude, mit dem es durch zwei Brücken verbunden wurde. Ein großer Böhmischer Trilobit an der Rückseite des Gebäudes erinnert an die Heimat von Erben.

471 Ristedt, Erben (1998).

Nach einem längeren Aufenthalt in Mexiko wurde Erben 1956 zum Extraordinarius nach Bonn berufen. In den Jahren 1962/63 baute er in Afghanistan im Rahmen der Partnerschaft der Universitäten Bonn und Kabul die Naturwissenschaftliche Fakultät auf. Als Schüler von Otto H. Schindewolf standen Erben die Invertebraten, besonders die Ammonoideen, nahe. Er betonte die Bedeutung von Fossilien und der daraus abgeleiteten Biostratigraphie gegenüber der von geologischer Seite bevorzugten Lithostratigraphie. Neue Wege betrat Erben mit der Gründung der interdisziplinären Forschergruppe »Biomineralisation«. Unter Einsatz des damals ganz neu entwickelten Rasterelektronenmikroskopes konnten die biogenen Mineralisate der verschiedensten Tier- und Pflanzengruppen untersucht werden.

Abb. 23: Heinrich Karl Erben, Paläontologie

Heinrich K. Erben führte zusammen mit Paul Wurster in den Jahren 1982 bis 1986 ein breit angelegtes Deutsch-Chinesisches Gemeinschaftsprojekt durch, das sich den verschiedenen Aspekten der globalen Umwälzungen an der Kreide-Tertiär-Grenze widmete. Diese wurden an geeigneten Ablagerungen in Nanxiong im südöstlichen China untersucht. Seine Präsenz in vielen internationalen Gremien – zuletzt auch der UNESCO – brachten dem Bonner Institut großes internationales Ansehen. Seine Absage an alles Irrationale förderte die Transparenz der paläontologischen Forschung und ließ ihn auch in der Öffentlichkeit vehement gegen pseudowissenschaftliche Moden, die mit den Büchern Erich von Dänikens gerade in Mode waren, eintreten.

Systematisch baute Erben die Bonner Paläontologie aus. 1965 kam **Klaus Jürgen Müller** [**1923, †2010*] (1964–1988)[472] nach Bonn und wurde 1967 auf den Lehrstuhl für Mikropaläontologie berufen. Er entdeckte das Potential bestimmter paläozoischer Kalke, der Orsten Formation in Schweden, aus denen exzellent erhaltene Klein-Arthropoden mit Säuren herausgeätzt werden konnten. Damit ergaben sich ganz neue Aspekte zur Paläobiologie und Systematik dieser Gruppen. Diesen Typ der Fossillagerstätten konnte er mit seiner Arbeitsgruppe weltweit erfolgreich analysieren.

Zur Stärkung der Paläobotanik kam **Hans Joachim Schweitzer** [**1928, †2007*] (1966–1993)[473] nach der Pensionierung von P.W. Thomson im Jahr 1956 nach Bonn, habilitierte sich 1962 und wurde 1966 zum Professor ernannt. Er erforschte die Flora des Rheinischen Devon äußerst erfolgreich, wo er den Generationswechsel bei frühen Landpflanzen beschreiben konnte. Er beteiligte sich an dem deutsch-chinesischen Projekt der Bonner Geowissenschaften und unternahm mehrfach sehr erfolgreiche Sammel-Expeditionen nach Spitzbergen. Über Jahrzehnte gab er den paläobotanischen Teil der angesehenen Zeitschrift Palaeontographica heraus. Seine umfangreiche Sammlung ging nach Jena und dann nach Stockholm, weil Schweitzer dem Bonner Institut misstraute. Er fühlte sich dort nie angemessen anerkannt.

Mit der Emeritierung von Erben war die Zeit der hierarchisch ausgerichteten Universitätsstruktur zu Ende. Im Zuge der Universitätsreformen wurde eine stärkere Gleichwertigkeit der Professuren angestrebt, die nun auch eine wechselnde Geschäftsführung ermöglichte.

Deswegen wurde **Wighart von Koenigswald** [**1941*] (1987–2006), der die Nachfolge von Erben antrat, auch nicht mehr zum Ordinarius ernannt. Er war ein ausgesprochener Säugetierpaläontologe und brachte damit eine Richtung ein, die bislang in Bonn nicht vertreten gewesen war. Neben der systematischen Bearbeitung alttertiärer Säuger aus Messel, wie pleistozäner Säugetiere aus der

472 UAB, PA 6308 und PA 15811.

473 Kaiser, Schweitzer (2008); Snigirevsky/Snigirevkaya, Schweitzer (2008).

Oberrheinebene, galt sein Interesse der Funktionsmorphologie, besonders der Feinstruktur des Zahnschmelzes von Säugetierzähnen. Er initiierte 2002 auch die erste Bonner Georallye, die über zehn Jahre fortgeführt wurde.[474] Nach seiner Emeritierung gründete er eine DFG-Forschergruppe zur Funktion von Säugetiergebissen, die nach der ersten, erfolgreichen Phase von seinem Nachfolger Thomas Martin übernommen wurde.

In der Zeit von Erben, Müller und von Koenigswald gehörten noch folgende Professoren zum Bereich des Paläontologischen Institutes:

Robert Potonié [**1889, † 1974*], der Begründer der modernen Sporologie, war ab 1950 Honorarprofessor und lehrte Kohlenpetrographie und Pollenanalyse.

Winfried Haas [**1934, †2007*] (*1980–1999*)[475] widmete sich besonders den Trilobiten und Cephalopoden. Er übernahm von Erben die Herausgabe des paläozoologischen Teils der Palaeontographica.

Heinrich Ristedt [**1936, †2017*] (1980–2001), sein besonderes Interesse galt den fossilen und rezenten Bryozoen.

Wolfhart Langer [**1933, †2017*] (1980–1999) war als Mikropaläontologe tätig und widmete sich der Geschichte des Faches.

Diese Positionen konnten fast vollständig wieder besetzt werden: 1994 kam **Thomas Litt** [**1957*] als Paläobotaniker und als Spezialist für die Quartäre Pollenanalyse nach Bonn. Sein Arbeitsgebiet schließt neben der Eifel auch Israel und die Türkei ein, unter anderem im Rahmen des Internationalen kontinentalen Bohrprogramms (ICDP).

Martin Langer [**1959*] (ab 2000) übernahm die Mikropaläontologie und widmet sich den Themen Biogeographie und Biodiversität von Foraminiferen in Raum und Zeit, besonders an Indik, Pazifik und Mittelmeer.

Jes Rust [**1963*] (ab 2001) ist für die Invertebraten zuständig. Sein Spezialgebiet sind die Phylogenie der Arthropoden des Hunsrückschiefers und die Insekten aus Bernsteinen von Mexiko bis Indien. Ab 1999 übernahm er die Herausgabe des paläozoologischen Teils der Palaeontographica.

Der Kustos **Martin Sander** [**1960*] (ab 1993) ergänzte die Wirbeltierpaläontologie um die Dinosaurier und gründete eine sehr erfolgreiche DFG-Forschergruppe zu deren Biologie. Im Jahr 2007 wurde er zum Professor berufen.

Mit dieser Breite gewann das Institut wegen seiner intensiven internationalen Vernetzung eine gewisse Vorrangstellung in Deutschland. Als Preisträger der Alexander von Humboldt-Stiftung verbrachten auch mehrere Wirbeltierpaläontologen ihre Forschungsaufenthalte am Institut: Willam A. Clemens (Berkeley), Dale Guthrie (Univ. of Alaska), Kenneth D. Rose (Johns Hopkins), Philip D. Gingerich (Univ. of Michigan) und Zhe-Xi Luo (Chicago).

474 Siehe unten.
475 Braun, Hass (2007).

Thomas Martin [*1960] (ab 2006) übernahm den Lehrstuhl nach der Pensionierung von Koenigswalds und legte seinen Schwerpunkt auf die mesozoischen Säugetiere. Um an die seltenen Fossilien zu gelangen, führt er mit seiner Gruppe intensive Geländearbeiten in Südamerika, China und Sibirien durch. Ab 2010 übernahm er die Leitung der DFG-Forschergruppe zur Funktion von Säugetiergebissen. Er überführte das Institut für Paläontologie 2008 in das Steinmann-Institut, zu dessen erstem geschäftsführenden Direktor er gewählt wurde.

Gründung des Steinmann-Institutes 2008

Die geowissenschaftlichen Institute sind im Jahr der Geowissenschaften 2002 erstmals gemeinsam aufgetreten. Neben Ausstellungen und Vorträgen wurde eine Georallye veranstaltet, um die breite Bevölkerung auf die geowissenschaftlichen Besonderheiten des Bonner Raumes aufmerksam zu machen. Diese Georallye[476] wurde in den folgenden Jahren über ein dutzendmal erfolgreich durchgeführt.

Auf Drängen der Verwaltung zu größeren Einheiten wurden nach der Pensionierung von W. von Koenigswald und M. Raith die Institute für Geologie, Paläontologie und Mineralogie als Steinmann-Institut zusammengelegt und neu in die Bereiche Endogene Prozesse, Exogene Prozesse, Geophysik und Paläontologie gegliedert. 2015/16 waren dort folgende Universitätsprofessorinnen und Professoren tätig:

Endogene Prozesse: Experimentelle Petrologie: Christian Ballhaus (ab 2006) (Nachf. M. Raith); Geochemie: Ambre Luguet (ab 2011), Thorsten Geisler-Wierwille (ab 2011) (Nachf. Münker); Strukturgeologie: Niko Froitzheim (ab 1999) (Nachf. W. Meyer).

Exogene Prozesse (Geologie): Umweltgeologie: Jean Thein (1993–2015) (Nachf. P. Wurster). Seit seinem Ausscheiden wird diese Professur von Dr. habil Gösta Hoffmann verwaltet. Hydrogeologie: Barbara Reichert (ab 1998) (Nachf. J. Nagel); Sedimentologie: Tommy McCann (ab 2001) (Nachf. A. Siehl).

Paläontologie: Wirbeltierpaläontologie: Thomas Martin (ab 2006) (Nachf. W. v. Koenigswald), Martin Sander (ab 1995); Invertebratenpaläontologie: Jes Rust (ab 2001) (Nachf. H. Ristedt); Paläobotanik: Thomas Litt (ab 1994) (Nachf. H. J. Schweitzer); Mikropaläontologie: Martin Langer (ab 2000) (Nachf. W. Langer).

Geodynamik/Geophysik: Geodynamik: Stephen A. Miller (2005–2015) (Nachf. H. Neugebauer); Mit seinem Weggang nach Zürich wechselt Andreas

476 Koenigswald/Simon, Geo-Rallye (2007).

Kemna (ab 2007) (Nachf. H.-J. Kümpel) von der Angewandten Geophysik auf diese Stelle.

Damit ist das Steinmann-Institut sehr breit aufgestellt, um den Anforderungen zu genügen, die die veränderte Aufgabenstellung in der Universität erfordert. Bis in die 1990er Jahre sollte die Ausbildung in den Geowissenschaften einerseits möglichst breit sein, aber gleichzeitig von höchster Qualität. Dabei stand kein spezielles Berufsbild im Blickfeld, weil die Gewissheit bestand, dass sich die Studierenden aufgrund der breiten Basis in jedes Gebiet einarbeiten können. Dieses allgemeine Ziel weicht mit der Einführung der Bachelor-/Master-Studiengänge einer immer stärker werdenden Spezialisierung bei einer enorm ansteigenden Zahl der Studierenden.

Die Ausbildung zu einem Beruf ist aber nur ein Teil der gesellschaftspolitischen Aufgaben der Geowissenschaften. Als einzige Fachrichtung kann sie die großen zeitlichen Dimensionen der Erd- und Lebensgeschichte vermitteln, in der ein steter Wandel die einzige Konstante ist. Der ständige, aber langfristige Wandel wird häufig unterschätzt oder gar übersehen, wenn aus den kurzfristigen Erfahrungen der eigenen Lebenszeit und gar dem augenblicklichen Zustand auf die Zukunft der Erde, Annahmen für die Zukunft extrapoliert werden.

Fachgruppe Biologie

Entwicklung der Biologie

Wolfgang Alt / Klaus Peter Sauer

Im Vergleich zu den anderen naturwissenschaftlichen Fächern ist »Biologie« eine relativ junge Wissenschaftsdisziplin nicht nur im deutschsprachigen Raum, sondern in ganz Europa. Als Begriff für eine »Wissenschaft der belebten Natur« wird er erstmals um 1800 genutzt, etwa in der Schrift »Biologie oder die Philosophie der lebenden Natur« von Gottfried Reinhold Treviranus (1776–1837). Und im Titel von Lehrbüchern taucht er gar erst 100 Jahre später auf, so etwa bei Oskar Hertwig[477] und Moritz Nussbaum et al.,[478] und dies *nach* dem Aufkommen der Genetik als einer allgemeinen und grundlegend evolutionären Betrachtung des Lebens mit Beginn des 20. Jahrhunderts. Zwar waren schon um die Mitte des 19. Jahrhunderts mit der damals boomenden Chemie, der neu entstandenen »Zellenlehre« sowie der Darwinschen »Descencenz-Theorie« grundlegende biologische Mechanismen und Theorien in den Vordergrund gerückt – welche

477 Hertwig, Biologie (1906).
478 Nussbaum/Karsten/Weber, Lehrbuch (1911).

über die Grenzen der beiden biologischen Disziplinen Zoologie und Botanik hinaus reichten –, jedoch bildeten bei den entsprechenden experimentellen Untersuchungen die beiden aus der Medizin stammenden methodischen Disziplinen der Anatomie und Physiologie eine erneute Dichotomie, welche die Zusammenfassung der Lebenswissenschaften zu einer Disziplin namens »Biologie« weit hinausschob.

So wurde die Biologie bei Bildung der neugegründeten Bonner Universität 1818 auch durch zwei getrennten Ordinarien vertreten, nämlich durch den Professor für »Spezielle Naturgeschichte, Zoologie und Geologie« Georg August Goldfuß (1782–1848) und den Professor für »Allgemeine Naturgeschichte und Botanik« Christian Gottfried Nees von Esenbeck (1776–1858). Tatsächlich hat sich diese ursprüngliche Fächertrennung in zwei biologische Disziplinen in Bonn, wie an den meisten deutschen Universitäten, weit über 100 Jahre lang erhalten. Allerdings befanden sich beide Institutionen gemeinsam im Poppelsdorfer Schloss, aber nur bis zur Kriegszerstörung 1945. Dies waren zum Einen die sogenannten »Botanischen Anstalten«, nämlich der Botanische Garten sowie das 1866 von Johannes Hanstein gegründete Botanische Institut, von dem sich dann 1951 unter Maximilian Steiner ein eigenes Pharmakognostisches Institut absonderte; zum Anderen gab es bis 1848 innerhalb des von Goldfuß geleiteten Naturhistorischen Museums ein von ihm so bezeichnetes »Zoologisches Institut«, welches dann zunächst wieder verschwand und erst nach Aufteilung des von seinem Nachfolger Franz Hermann Troschel bis zu dessen Tod 1882 geführten großen Museums neu gebildet wurde: Unter Richard Hertwig wurde es als »Zoologisches (Museum und) Institut« offiziell konstituiert. Nach der Übernahme durch Hubert Ludwig erhielt es die neue Bezeichnung »Institut für Zoologie und Vergleichende Anatomie«.

Ein gemeinsames Prüfungsfach »Biologie« tauchte zwar kurz während des Zweiten Weltkrieges auf (ab Wintersemester 1941/42), verschwand allerdings nach dem Kriege wieder und wurde an der Universität erst zum Wintersemester 1957/58 endgültig eingeführt. Parallel dazu trat schließlich die Diplom-Prüfungsordnung für Biologen in Kraft und es erfolgte die Einsetzung eines entsprechenden Prüfungsausschusses für Diplom-Biologen zum Wintersemester 1961/62. Dieser Ausschuss waltete dann genau 50 Jahre lang. Seit 2011 ist er durch die analoge Kommission des Bachelorstudiengangs Biologie abgelöst worden.

Schließlich wurde mit Bildung der »Fachgruppe Biologie« (1963/64) dieses Fachgebiet innerhalb der (seit 1936 bestehenden) Mathematisch-Naturwissenschaftlichen Fakultät formell erkennbar und anerkannt – also erst knapp 150 Jahre nach Universitätsgründung. Unter dem offiziellen Namen »Fachkommission Biologie« wurden die nun an der gesamten Fakultät sprießenden

Pläne zur Vermehrung und Differenzierung der naturwissenschaftlichen Disziplinen konkretisiert und entsprechende Neubau-Vorhaben in die Wege geleitet. Dies führte in den Jahren 1965/66 zur Gründung von drei weiteren Instituten innerhalb der neu etablierten Fachgruppe Biologie, nämlich den Instituten für Angewandte Zoologie (Werner Kloft), Genetik (Werner Gottschalk) sowie Cytologie und Mikromorphologie (Karl-Ernst Wohlfarth-Bottermann), wobei im Vorlesungsverzeichnis jedes Institut seine Veranstaltungen unter dem entsprechenden Namen ankündigte und somit die Differenzierung in sechs biologische »Disziplinen« erkennbar wurde.

Auf diese Weise hatte sich innerhalb der beiden Nachkriegsjahrzehnte die Fachgruppe Biologie etabliert und – nach Gründung zweier weiterer Institute für Mikrobiologie (Hans Trüper 1972) und für Zoophysiologie (Rainer Keller 1977) – in acht selbständige Institute differenziert. Nach Dreiteilung des Botanischen Instituts 2003 und Übergang eines Zoologischen Instituts in die durch Initiative des molekularen Entwicklungsbiologen Michael Hoch ausgegründete neue Fachgruppe »Molekulare Biomedizin« 2006 mit dem LIMES-Institut besteht die verbliebene Fachgruppe Biologie derzeit wiederum aus acht miteinander kooperierenden Instituten:

- Institut für Zoologie
- Institut für Evolutionsbiologie und Ökologie (vorher ›Angewandte Zoologie‹)
- Nees-Institut für Biodiversität der Pflanzen
- Institut für Zelluläre und Molekulare Botanik (IZMB)
- Institut für Molekulare Physiologie und Biotechnologie der Pflanzen (IMBO)
- Institut für Genetik
- Institut für Zellbiologie
- Institut für Mikrobiologie und Biotechnologie

Außerdem sind die Professuren im Zoologischen Forschungsmuseum Alexander Koenig der Fachgruppe Biologie zugeordnet und die Direktion der Zentralen Betriebseinheit Botanische Gärten der Universität Bonn obliegt dem genannten Nees-Institut zusammen mit der Abteilung Pflanzen- und Gartenbau-Wissenschaften der Landwirtschaftlichen Fakultät.

Insgesamt hat sich die Biologie seit der zweiten Hälfte des 20. Jahrhunderts als ein Teil der ebenfalls in der Medizinischen und Landwirtschaftlichen Fakultät verankerten Lebenswissenschaften (*Life Sciences*) konsolidiert sowie inhaltlich erweitert und seit Beginn des 21. Jahrhunderts in ihrer thematischen Schwerpunktbildung wesentlich umstrukturiert. Dabei haben sich durch Bildung weiterer Forschergruppen und Graduierten-Kollegs sowie neuer Studiengänge (des *Bachelor of Science* in Biologie und fünf biologischer *Master of Science* sowie des ebenfalls *International Master* in *Molecular Biomedicine*) die folgenden Kern- und Anwendungsbereiche herausgebildet:

- Zelluläre und Molekulare Biologie (inklusive Genetik, Mikrobiologie und Biomedizin)
- Organismische Biologie (inklusive Evolutionsbiologie und Paläobiologie)
- Ökologie und Diversitätsforschung (auch: Botanische Gärten und Zoologisches Forschungsmuseum)
- Neurobiologie (inklusive medizinischer Neurologie)
- Biotechnologie (mit Anwendungen in Landwirtschaft und Technik – so auch Bionik)

Die hier kurz angedeutete Spanne von 200 Jahren »Biologie-Geschichte« an der Universität Bonn lohnt folglich einen wissenschaftshistorischen Rückblick, welcher mit deren Gründung unter dem traditionellen Dach zweier Lehrstühle (Ordinariate) startet und die kontinuierliche Entwicklung bis hin zum vielfältigen und dennoch methodisch konvergierenden Spektrum der heutigen modernen Biologie aufleben lässt – als eine Art »Ideengeschichte«. Diese wird zwar im Wesentlichen getragen von den einzelnen, jeweils hier wirkenden Wissenschaftlern und Wissenschaftlerinnen; aber die sichtbare Formierung und Darstellung für Unterricht und Anwendung geschieht effektiv in den Instituten, Institutionen und Forscherverbünden.[479]

Geschichte der Zoologie sowie des Forschungsmuseums Alexander Koenig

Klaus Peter Sauer

Innerhalb der Philosophischen Fakultät war die gesamte Naturwissenschaft einschließlich der Mathematik bei der Universitätsgründung 1818 nur durch sechs Lehrstühle vertreten. Die gesamte Naturgeschichte war zunächst durch den Lehrstuhl für allgemeine Naturgeschichte und Botanik abgedeckt. Für diesen Lehrstuhl war der Botaniker Christian Friedrich Nees von Esenbeck vorgesehen (1776–1858), der gerade zum Präsidenten der Leopoldina gewählt worden war.[480] Um mit der Berufung seines engen Freundes, Georg August Goldfuß (1782–1848), dem Sekretär der Leopoldina, auch einen Vertreter der Zoologie gewinnen zu können, musste eine weitere Professur für Spezielle Naturge-

479 Für die Bereitstellung von Dokumenten, Bildmaterial oder Information danken die Autoren dem Bonner Universitätsarchiv, dem Archiv des Naturhistorischen Vereins sowie etlichen Kolleginnen und Kollegen der Fachgruppe Biologie, insbesondere Frau Brigitte Buchen sowie den Herren Barthlott, Glombitza, Herzog, Keller, Stiemerling und Willecke, vor allen aber den inzwischen verstorbenen Kollegen Gottschalk und Trüper.

480 Siehe Abschnitt Botanik.

schichte, verbunden mit der Leitung der naturhistorischen Sammlung, geschaffen werden.[481] Beide Wissenschaftler wurden dann mit Erlass vom 20. September 1818 gleichzeitig nach Bonn berufen.[482]

Die Gründung der Rheinischen Universität fiel in die Epoche der Romantik. Zu dieser Zeit entwickelte sich als eine Reaktion auf den rigiden Reduktionismus und die Mechanisierung des Newtonschen Weltbildes in Deutschland eine ganz eigene Denkrichtung, die Naturphilosophie. Diese spekulative Philosophie wurde durch so prominente Philosophen und Naturforscher wie Hegel, Schelling und Oken vertreten. Die naturwissenschaftliche Forschung, die ihre Erkenntnis nicht *ex principiis*, sondern vielmehr *ex datis* durch Untersuchungen gewinnt,[483] wurde als vorwissenschaftlich angesehen. Die Naturphilosophen sahen nicht nur in den biologischen Arten, sondern auch in den höheren Kategorien ewige Urbilder; sie fassten Gattungen, Ordnungen und Klassen als Realitäten auf, die sich allerdings nur in der Idee darbieten.[484]

Neben Jena, Erlangen und München entwickelte sich auch Bonn zu einem Zentrum der Naturphilosophie. Vor allem war Goldfuß ein prominenter Vertreter dieser Denkrichtung.[485] Sein »Grundriß der Zoologie« (1826) weist ihn als überzeugten Naturphilosophen aus. Vor der Entwicklung der Darwinschen Evolutionslehre bereitete die systematische Einordnung der organismischen Mannigfaltigkeit unter Berücksichtigung ihrer abgestuften Gestaltähnlichkeit große Schwierigkeiten. Goldfuß sah im Menschen die »höchste Blüte des Thierreichs«.[486] Gemäß seiner Vorstellung seien im Menschen die »organischen Systeme in höchster Vollendung vereinigt. Die Thiere dagegen zerfallen wie der menschliche Körper in seine Systeme, in Klassen, deren jede einem dieser Systeme vorzugsweise entspricht. Je tiefer die Klasse steht, desto ausschließlicher ist nur ein organisches System in ihr hervor gebildet; je näher sie dem Menschen tritt, desto mehr Organe zeigen sich gleichförmiger nebeneinander entwickelt.«

Die abgestufte Gestaltähnlichkeit der Tiere hatte Goldfuß schon 1817 zu seiner Schrift »Über die Entwicklungsstufen des Thieres. Omne vivum ex ovo« angeregt, welche, als Sendschreiben an seinen Freund Nees von Esenbeck verfasst, von diesem sofort veröffentlicht wurde. Hier wurden von Goldfuß, ganz der naturphilosophischen Schule folgend, die stufenweise Gestaltveränderung der Tiere in ein geometrisches Modell gefasst. Er wählte die Form eines Eies für das Ganze. Die stufenweise Gestaltveränderung erfolgt als Bewegung zwischen Polaritäten. Diese kleine Schrift kann man aus heutiger Sicht »als ein besonders

481 Renger, Gründung (1982).
482 Kaasch, Akademieerneuerung (2004).
483 Sauer, Hermann Schaaffhausen (2007).
484 Stresemann, Entwicklung (1951), S. 175.
485 Querner, Einführung (1979).
486 Goldfuß, Zoologie (1826), S. 5.

Abb. 24: Georg August Goldfuß, Zoologie, Mineralogie, Zootomie, Geologie

eindrucksvolles Beispiel für die Bemühungen deutscher Naturhistoriker in den ersten Jahrzehnten des 19. Jahrhunderts ansehen, die Phänomene der Mannigfaltigkeit und der abgestuften Ähnlichkeit bei den organischen Formen zu verstehen und verständlich darzustellen«.[487]

Den Bonner Naturwissenschaften wurde das Poppelsdorfer Schloss als Forschungsstätte zugewiesen.[488] Die unteren Räume sollten das Naturhistorische Museum sowie die Vorlesungs- und Arbeitsräume aufnehmen. Im oberen Stockwerk befanden sich die Wohnungen der Professoren. Goldfuß widmete vor allem dem Aufbau des Naturhistorischen Museums seine ganz besondere Aufmerksamkeit. Neben einer zoologisch-zootomischen Sammlung beherbergte das Museum ein umfangreiches Herbar, eine Mineraliensammlung sowie eine Sammlung für die Naturgeschichte der Vorwelt. Mit seiner Schrift »Ein Wort über die Bedeutung naturwissenschaftlicher Institute und über ihren Einfluss auf humane Bildung«[489] lud Goldfuß zum Besuch des Museums ein und betonte die Bedeutung, welche die Naturwissenschaft an der humanen Bildung des

487 Querner, Einführung (1979).
488 Becker, Rang (2004).
489 Goldfuß, Bedeutung (1821).

Menschen hat. Die vorgeschichtliche Sammlung des Naturhistorischen Museums ging 1882/83 in das eigenständige »Paläontologisches Museum« über, das sich heute unter der Bezeichnung »Goldfuß-Museum« in der Nußallee 8 nahe des Poppelsdorfer Schlosses befindet.

Heute ist Goldfuß vor allem als Paläontologe bekannt. Sein monumentales Werk »Petrefacta germaniae« (1826–1844) weist ihn als bedeutenden Wegbereiter dieser Wissenschaft aus. In der Zoologie dagegen hat Goldfuß keine bleibenden Spuren hinterlassen. Er starb 1848. Richtungsweisend für die moderne Zoologie wurde vielmehr ein Mitglied der Medizinischen Fakultät, der aus Koblenz stammende Johannes Müller (1801–1858).[490] In den wenigen Jahren bis zu seiner Berufung 1833 nach Berlin veröffentlichte Müller 54 Arbeiten,[491] die ihn sowohl als bedeutenden experimentellen Physiologen ausweisen wie auch als herausragenden Naturgeschichtler.

Als Nachfolger von Goldfuß wurde 1849 Franz Hermann Troschel (1810–1882) als außerordentlicher Professor der Zoologie und zweiter Direktor des Naturhistorischen Museums (Poppelsdorf) an die Philosophische Fakultät berufen. 1851 wurde er zum ordentlichen Professor (für »Zoologie und allgemeine Naturgeschichte«) sowie 1873 auch zum ersten Direktor des Museums ernannt. Troschel kam aus Berlin. Dort war er 1834 mit einer Dissertation über die Süßwasser-Lungenschnecken promoviert worden. Mit dieser Arbeit erhielt er die ersten Anregungen für ein größeres Werk, an dem er zeitlebens gearbeitet hat: »Das Gebiss der Schnecken zur Begründung einer natürlichen Classification« (1856–1863). Seine Habilitation als Privatdozent für Zoologie erfolgte 1844. Sein wissenschaftliches Interesse galt vor allem der Systematik der Mollusken. So gab er auch die »Jahresberichte über Mollusken« seit 1838 und die über Herpetologie und Ichtyologie von 1840 an in Wiegmanns Archiv heraus.[492]

Seit 1840 war Troschel in Berlin Mitarbeiter von Johannes Müller gewesen, der seine wissenschaftliche Entwicklung ganz wesentlich geprägt hat. Aus dieser engen Zusammenarbeit gingen etliche gemeinsame veröffentlichen Arbeiten hervor wie »Über die Gattung der Ophiuren« (1840), »Neue Beiträge zur Kenntnis der Asteriden« (1843) sowie die »Horae ichtyologicae. Beschreibung und Abbildung neuer Fische« (1845) hervor. Diese Arbeiten sind in Wiegmanns Archiv für Naturgeschichte erschienen; diese Zeitschrift betreute Troschel seit seiner Übersiedlung nach Bonn (1849) auch als Herausgeber. So war der Ruf von Troschel als Systematiker und Zoologe wohl begründet.

Die systematische Zoologie befand sich zu Troschels Zeit allerdings in einer

490 Sie hierzu näher den Beitrag von Heinz Schott im Kapitel zur Geschichte der Medizinischen Fakultät in diesem Band.

491 Du Bois-Reymond, Johannes Müller (1860).

492 Dechen, Franz HermannTroschel (1883).

gewissen doktrinären Erstarrung. Die Kenntnis der biologischen Vielfalt wuchs täglich und machte das Ordnen in Systemen notwendig, aber auch immer schwieriger. Mit der Morphologie (vergleichenden Anatomie) erhielt die Systematik zwar eine neue Grundlage, denn jetzt konnte durch die Methode der Ermittlung von Homologien systematische Verwandtschaft erschlossen werden. Doch der Schluss, dass solche systematischen Verwandtschaften auf einem genealogischen (genetischen) Zusammenhang beruhen könnten, ließ zur Mitte des 19. Jahrhunderts auf sich warten. An eine Theorie der organismischen Gestaltmannigfaltigkeit wurde kaum gedacht, auch wenn Lamarck bereits 1809 mit seiner »Philosophie Zoologique« das bis dahin statische Weltbild durch ein dynamisches ersetzt hatte. Längst hatte man sich daran gewöhnt, das Problem der Entstehung der Arten als ein nicht lösbares aufzufassen.

So wurde der 24. November 1859 in der Denkgeschichte der Biologie ein herausragendes Datum. An diesem Tag erschien Charles Darwins (1809–1882) revolutionäres und epochemachendes Werk »On the origin of species by means of natural selection or the preservation of favoured races in the struggle for life«. Dieses geniale Werk schlug ein wie ein Blitz aus heiterem Himmel. Plötzlich erkannten vor allem die jüngeren unter den Naturforschern, dass sich in der Biologie über das Anhäufen von Detailkenntnissen hinaus Perspektiven größerer Zusammenhänge eröffneten.[493] Troschel nahm an diesem Aufschwung, den die Zoologie in dieser Zeit erfuhr, nicht teil; die Selektions- und Abstammungstheorien blieben ihm fremd.[494]

Auf der Suche nach frühen Spuren, die Darwins Theorien an der Universität Bonn hinterlassen haben, stoßen wir auf den heute fast vergessenen jungen Gelehrten William Thierry Preyer (1841–1897).[495] Ab Herbst 1859 bis Herbst 1860 studierte Preyer in Bonn Medizin und Naturwissenschaft. Im Frühjahr 1861 war nach langem Bemühen ein Exemplar von Darwins »Origin of species« in seinen Besitz gelangt[496] und bestimmte fortan seine biologische Gedankenwelt.[497] Im Sommer 1860 unternahm er eine Forschungsreise nach Island,[498] wo er zu seiner Dissertation über eine ausgestorbene Vogelart angeregt wurde: »Über Plautus impennis (Alca impennis L.)«. In dieser Arbeit versuchte Preyer (1862) das Aussterben des flugunfähigen Brillenalkes auf der Grundlage von Darwins Konkurrenzprinzip und der Selektionstheorie zu begründen. Preyer ließ allerdings den Kampf ums Dasein zwischen Arten und nicht zwischen In-

493 Montgomery, Germany (1974).
494 Hesse, Zoologie (1919).
495 Vgl. Weiling, Ehrenpromotion (1976); Neumann, William Thierry Preyer (1980); Sauer, Darwinismus (2011).
496 Sauer, Darwinismus (2011).
497 Preyer, Darwin (1896), S. 131.
498 Ders./Zirkel, Island (1860).

dividuen einer Art stattfinden, wie es Darwin vorgeschlagen hatte. Auch wenn Preyer in seiner Dissertation das Wesen von Darwins Selektionsprinzips noch nicht vollständig erfasst hatte, so gebührt ihm doch das Verdienst, »die erste in Deutschland veröffentlichte Arbeit, in welcher Darwins Anschauungen auf einen besonderen Fall angewendet werden«,[499] verfasst zu haben.

Nach seiner Promotion in Heidelberg im Jahre 1861 und Studienaufenthalten in Wien, Berlin und Paris kehrte Preyer 1865 nach Bonn zurück und habilitierte sich als Privatdozent für Zoochemie und Zoophysik an der Philosophischen Fakultät. Preyer hat zwischen 1865 und 1869 regelmäßig in Bonn gelesen. Seine letzte Vorlesung in Bonn im Wintersemester 1868/69 zu dem Thema »Die Darwinsche Theorie« war außerordentlich stark besucht. Es waren mehr als 101 Hörer, so dass der größte Hörsaal nicht ausreichte. Unter den Hörern waren auch einige Professoren.[500]

Anlässlich der 50-Jahrfeier der Universität Bonn wurden während eines Festaktes am 4. August 1868 50 Persönlichkeiten ehrenhalber promoviert.[501] In Bezug auf die Rezeption der Darwinschen Gedankenwelt an der Universität Bonn müssen zwei Ehrungen besonders hervorgehoben werden: Die von Charles Darwin selbst und die des Naturforschers Johann Friedrich Theodor Müller, genannt Fritz Müller (1822–1897), welcher gewissermaßen Darwins Experimentator war. Den Vorschlag zu diesen Ehrungen machte der damalige Dekan der Medizinischen Fakultät, Max Johann Sigismund Schultze (1825–1874), seit 1859 Direktor des Anatomischen Instituts. Sein Vorschlag dieser beiden Naturforscher, die in einem sehr intensiven Briefkontakt standen, zeugt von Max Schultzes intimer Kenntnis der aktuellen Entwicklungen der Darwinschen Gedankenwelt.

Eine preußische Besonderheit war die Trennung der vergleichenden Anatomie, auch der Tiere, von der Zoologie, mit der sie aufs engste verbunden ist.[502] So vertrat Hermann Troschel innerhalb der Philosophischen Fakultät nur die systematische Richtung der Zoologie und Max Schultze die vergleichende Anatomie und Histologie innerhalb der Medizinischen Fakultät. Nach heutigem Verständnis war Max Schultze jedoch Zoologe und Zellbiologe. Er ist vor allem durch wesentliche Beiträge zur Zelltheorie bekannt geworden und hat unter anderem über elektrische Organe bei Fischen, die Lebensvorgänge bei Turbellarien und die Anatomie und Physiologie der Retina gearbeitet und wurde mit diesen Arbeiten zu einem Pionier der modernen Zoologie.[503]

Nach Schultzes frühem Tod im Jahre 1874 sollte zunächst Ernst Haeckel als

499 Preyer, Darwin (1896), S. 132.
500 Ebd., S. 139.
501 Weiling, Ehrenpromotion (1976).
502 Taschenberg, Franz Leydig (1909), S. 42.
503 Vgl. auch Alt, Campus Poppelsdorf (2005).

Nachfolger berufen werden.[504] Nach dessen Absage wurde 1875 Franz von Leydig (1821–1908) aus Tübingen berufen. Das Ordinariat für Anatomie wurde geteilt: Die vergleichende Anatomie, Histologie und Embryologie vertrat Leydig als Mitdirektor, während die Anatomie des Menschen dem Freiherrn Adolf von Valette St. George als weiterem Direktor übertragen wurde.[505] Das »Lehrbuch der Histologie des Menschen und der Thiere« (1857) – Leydigs Hauptwerk – gilt als Grundlage der vergleichenden Gewebelehre, als deren Begründer er gefeiert wurde. Hier werden die »Leydigschen Zwischenzellen« beschrieben: Interstitielle Zellen, welche zwischen den Hodenkanälen liegen und Testosteron produzieren. Welch tiefen Eindruck die Darwinsche Theorie auf Leydig gemacht hat, hat dieser in der Einleitung seines Buches »Vom Bau des tierischen Körpers« (1864) eindringlich dargelegt.

Mit seinem Wechsel nach Bonn an die Medizinische Fakultät musste Leydig allerdings auf die ihm besonders wichtig gewordene Zoologie verzichten,[506] denn sie wurde von Troschel in der Philosophischen Fakultät vertreten. Diese Situation verschärfte die Trennung von Zoologie und vergleichender Anatomie, was jedoch im Widerspruch zur damals herrschenden wissenschaftlichen Anschauung stand.[507] Das führte wohl auch dazu, dass für Leydig zu wenig Lehrtätigkeit vorhanden war, um ihn zu befriedigen.[508]

Gründung und Ausbau des Zoologischen Institutes

Diese Situation fand Richard Hertwig (1850–1937) im Sommer 1883 vor, als er nach dem Tode Troschels als dessen Nachfolger sowie als Direktor des »Zoologischen Museums und Instituts« berufen wurde. Mit Hertwig bekam die Zoologie in Bonn einen würdigen Vertreter der neuen Schule. Zusammen mit seinem Bruder Oskar wurde Richard Hertwig, beide ehemalige Assistenten von Max Schultze, zum Begründer der modernen, experimentellen Zoologie. Doch die Gegebenheiten in Bonn waren für Hertwig Veranlassung, schon 1885 einem Ruf nach München zu folgen,[509] um die Vereinigung der Professuren für Zoologie und Vergleichende Anatomie (bis dahin in der Medizinischen Fakultät) unter einem Dach im Poppelsdorfer Schloss möglich zu machen.[510] Auf Hertwigs Veranlassung ersuchte die Regierung Leydig, auch den zoologischen Unterricht

504 Hertwig, Franz von Leydig (1922).
505 Ebd.; Taschenberg, Franz Leydig (1909).
506 Hertwig, Franz von Leydig (1922).
507 Ebd.
508 Taschenberg, Franz Leydig (1909).
509 Ebd.; Hertwig, Franz von Leydig (1922).
510 Hertwig, Franz von Leydig (1922).

zu übernehmen. Damit war Hertwig zum Begründer des später so bezeichneten »Instituts für Zoologie und Vergleichende Anatomie« geworden.[511] Doch die versuchte Neuordnung kam zu spät. Leydig war es als neuem Direktor (seit 1885) nicht mehr möglich, die von Hertwig begonnene Umgestaltung des Instituts im Poppelsdorfer Schloss zu Ende zu führen. Er ließ sich 1887 von seinen amtlichen Verpflichtungen entbinden.[512]

In der Nachfolge Leydigs wurde zum Frühjahr 1887 Hubert Ludwig (1852–1913) als ordentlicher Professor für Zoologie und Vergleichende Anatomie und Direktor des Zoologischen Museums und Instituts berufen. Er kam von der Universität Gießen, wohin er bereits 1881 mit nur 29 Jahren in ein gleichnamiges Ordinariat berufen worden war. Seine Arbeiten behandeln fast sämtlich das Gebiet der Echinodermen (Stachelhäuter). Schon als Student in Würzburg hatte ihm sein Lehrer Karl Semper (1832–1893) eine große Sammlung von Holothurien (Seewalzen) zur Bestimmung überlassen. Das Ergebnis hat er als erste seiner Schriften über Vertreter dieser Tiergruppe 1875 publiziert. 1889 bis 1892 veröffentlichte er in »Bronns Klassen und Ordnungen des Thier-Reichs« einen umfassenden Überblick über die Anatomie, Ontogenie, Systematik, Phylogenie, Ökologie und Paläontologie der Holothurien. Dieses Werk ist bis heute ein Klassiker der Zoologie.

Im Jahr 1882 erschien die Entwicklungsgeschichte des Seesterns »Asterina gibbosa«, mit der er sich – wie Spengel sagt – »mitten in die Reihe der besten Forscher auf dem Gebiet der Ontogenie gestellt hat«.[513] Ludwig entwickelte sich zum weltweit herausragenden Kenner der Echinodermen. Bis zu seinem plötzlichen Tod 1913 erschien jährlich eine bis mehrere Untersuchungen zu seiner geliebten Tiergruppe, den Stachelhäutern. Eine besondere Leistung hat Ludwig während seiner Zeit in Gießen vollbracht. Er bearbeitete von 1882 bis 1886 die zuerst von Johannes Leunis herausgebrachte »Synopsis der Tierkunde« neu, eine gedrängte systematische Übersicht des gesamten Tierreiches. In Bonn befasste sich Ludwig vorwiegend mit der Bearbeitung von Expeditionsausbeuten.[514] 1890 erhielt Ludwig für das nun so benannte »Zoologische und vergleichend anatomische Institut und Museum« eine Kustodenstelle, welche Philipp Bertkau (1849–1894) zugesprochen wurde. Dieser war seit 1874 noch unter Troschel Assistent der zoologischen Abteilung des Naturhistorischen Museums geworden und hatte nach dessen Tode 1882 als Extraordinarius die zoologische Lehre in der Landwirtschaftlichen Akademie weitergeführt. Nach Bertkaus früher tödlicher Erkrankung übernahm Ludwig selbst ab 1895 die »Landwirtschaftliche

511 Keller, Zoologie (2000).
512 Taschenberg, Franz Leydig (1909); Hanstein, Protoplasma (1908).
513 Spengel, Hubert Ludwig (1914), S. 10.
514 Schmidt, Hubert Ludwig 1968).

Zoologie« und beschränkte seine biologische Lehrtätigkeit auf die Vorlesungen »Allgemeine Zoologie« sowie »Parasitologie«.[515] Den Unterricht im Laboratorium legte er in die Hände von Walter Voigt (1865–1928). Dieser war wie Ludwig auch Schüler von Semper gewesen, dann 1887 als Assistent mit Ludwig nach Bonn gekommen und übernahm nunmehr 1901 als Titularprofessor die Kustodenstelle am Institut.

Auf die hierdurch freigewordene erste Assistentenstelle übernahm Ludwig die 1895 in Tübingen promovierte Zoologin Maria Gräfin von Linden (1869–1936), welche er schon seit April 1899 mit der Verwaltung der zweiten Assistenz betraut hatte. Sie ist somit die erste Wissenschaftliche Mitarbeiterin an der Universität Bonn. Ihr Fachgebiet war die Parasitologie, die sie in Bonn begründete. Schon 1906 wechselte sie aufgrund von Verstimmungen mit Ludwig als Assistentin zu Adolf von Valette St. George ans Anatomische Institut auf eine neugeschaffene zweite Assistentenstelle. Ihr gleichzeitig an die Philosophische Fakultät gerichteter Antrag auf Habilitation im Fach »Vergleichende Biologie« wurde nach längerem prinzipiellen Streit innerhalb der Mathematisch-Naturwissenschaftlichen Sektion (Physiker und Mathematiker gegen Biologen und Chemiker) schließlich 1908 durch allgemeine ministerielle Order abgelehnt. Im gleichen Zuge wurde ihr jedoch auf Bitten der Medizinischen Fakultät die Leitung einer »Parasitologischen Abteilung« im Hygiene-Institut übertragen sowie 1910 der Titel einer Professorin zuerkannt – erstmalig an der Universität Bonn.[516]

Als weitere Assistenten gewann Ludwig 1896 Adolf Borgert (1869–1957), 1906 Adolf Wilhelm Strubell (1861–1927) und 1921 Wilhelm Joseph Schmidt (1884–1974). Borgert hatte in Kiel studiert, wo damals die moderne Meeresforschung ihre Begründung fand. Er hat sich durch zahlreiche gründliche Plankton-, insbesondere Radiolarienstudien hervorgetan. Bei tripylen Radiolarien entdeckte er die endomitotische Chromosomenvermehrung. Er ist der Begründer der Protozoenforschung in Bonn, wo diese Fachrichtung bis in die jüngste Zeit fortgesetzt wurde.[517]

Strubells Forschungsschwerpunkt war die Entwicklungsgeschichte der Tiere. Sein embryologischer Kurs erhielt höchstes Lob.[518] Schmidt veröffentlichte während seiner Bonner Assistentenjahre von 1908 bis 1926 zahlreiche Untersuchungen der Integumente von Reptilien und Amphibien. Vor allem seine Untersuchungen der Skelettelemente der Echinodermen mittels der Polarisa-

515 Ebd.

516 Vgl. hierzu näher den Beitrag von Dominik Geppert zum Zeitraum 1900–1918 in Bd. 2 der Festschrift; für Auskünfte danke ich der ehemaligen Gleichstellungsbeauftragten der Universität Bonn, Frau Ursula Mättig.

517 Reichensperger, Zoologisches Institut (1933); Schmidt, Hubert Ludwig (1968); Wurmbach, Adolf Borgert (1968).

518 Reichensperger, Zoologisches Institut (1933).

tions-Mikroskopie haben eine große Beachtung gefunden und brachten ihm 1920 einen Lehrauftrag für Mikroskopie ein.[519] 1926 wurde Schmidt auf das Ordinariat für Zoologie und Vergleichende Anatomie der Universität Gießen berufen. Die fachlich breite Auswahl seiner Assistenten war ein wichtiger Teil von Ludwigs Aus- und Umgestaltung des Instituts. Daneben widmete er seine ganze Kraft der zoologischen Sammlung[520] – nach der Berliner und Göttinger Sammlung die größte an preußischen Universitäten.[521] Ludwig vermehrte die Museums-Sammlung durch eine vortreffliche Ausstellung der Echinodermen[522] und konnte auch noch einmal eine Verstärkung der Mittel erreichen. Ludwigs Einsatz für das Museum war um die Jahrhundertwende ein letzter Lichtblick. Danach ging es zunächst langsam, dann zunehmend schneller dem Zerfall entgegen: Bauschäden, fehlende Heizung und mangelnde Mittel wirkten sich negativ auf den Zustand der Sammlung aus.

Nach dem plötzlichen Tod von Ludwig im Herbst 1913 übernahm Richard Hesse (1868–1944) im Frühjahr 1914 den Lehrstuhl für Zoologie und Vergleichende Anatomie. Er kam von der Landwirtschaftlichen Hochschule Berlin, wohin er 1909 als Professor der Zoologie – von Tübingen kommend – berufen worden war. In Bonn fand Hesse für die Forschung wenig förderliche Verhältnisse vor. Der bauliche Zustand des Poppelsdorfer Schlosses befand sich in einem trostlosen Zustand.[523] Umso bemerkenswerter ist die Tatsache, dass Hesse während seiner Bonner Jahre eines der richtungsweisenden und einflussreichsten Werke seiner Zeit, die »Tiergeographie auf ökologischer Grundlage« (1924) verfasst hat. Seine Zielsetzung war, die Gesetzmäßigkeiten zu ergründen, welche die geographische Verbreitung der Tiere regeln. Hesses Methode war noch die des Vergleichs und nicht das physiologische Experiment. Doch mit diesem Werk hat Hesse die experimentelle Ökologie und Physiologie stark befördert. Auf der Grundlage des Vergleichens von Anpassungen hat er Hypothesen für die experimentelle Ökologie entwickelt. Die nachhaltige Wirkung dieses Werkes ergibt sich auch aus der Tatsache, dass es 1951 noch einmal in aktualisierter Form und in englischer Sprache neu aufgelegt wurde.[524]

Nach Kriegsende übernahm im Jahre 1919 Paul Krüger (1886–1964) eine Assistentenstelle. Durch ihn erhielt die Zoologie in Bonn eine Abteilung für vergleichende Tierphysiologie. Krüger war einer der ersten Zoologen, der exakte Methoden zur Lösung physiologischer Probleme wirbelloser Tiere angewandt

519 Ebd.
520 Ebd.
521 Schmidt, Hubert Ludwig (1968).
522 Ebd.
523 Danneel, Geschichte (1961).
524 Keller, Zoologie (2000).

hat.[525] Als Hesse im Jahre 1926 einem Ruf nach Berlin folgte, nahm er Krüger mit. Mit Hesses Weggang wurde Adolf Borgert vorübergehend die Institutsleitung übertragen. Er hatte sich 1897 bei Ludwig habilitiert und war 1907 zum außerordentlichen Professor ernannt worden. Mit der Berufung August Reichenspergers wurde Borgert zum persönlichen Ordinarius ernannt.[526]

Der desolate bauliche Zustand des Zoologischen Instituts einschließlich des Museums im Poppelsdorfer Schloss machte die Neubesetzung des Ordinariats sehr schwierig.[527] Schließlich wurde 1928 August Reichensperger (1878–1962) berufen. Er hatte in Bonn Naturwissenschaften studiert und wurde 1905 mit einer Arbeit über die Anatomie eines Schlangensterns promoviert. Auch in den folgenden Jahren arbeitete er intensiv an Echinodermen. Doch nach seiner Habilitation im Jahre 1908 wechselte er radikal sein Arbeitsgebiet. Er wandte sich der Analyse des Lebens der sozialen Insekten zu und studierte besonders die Ameisen und Termiten sowie deren Gäste, die Myrmecophilen und Termitophilen. Reichensperger übernahm 1912 als »Voluntärassistent« bei Ludwig auch dessen Zoologieausbildung an der Landwirtschaftlichen Akademie Bonn-Poppelsdorf. Seine Tätigkeit an der Universität und der Landwirtschaftlichen Hochschule wurde allerdings durch den Heeresdienst im Ersten Weltkrieg unterbrochen. 1919 folgte Reichensperger einem Ruf an die Universität Fribourg in der Schweiz. Dort setzte er seine Untersuchungen an sozialen Insekten fort, bis ihn 1928 der Ruf aus Bonn erreichte, den er annahm. Damit fiel ihm die schwierige Aufgabe der Verbesserung der Arbeitsbedingungen am Institut für Zoologie zu. Unter seiner Leitung wurden die Entwicklungsgeschichte, die vergleichende Tierphysiologie und die Parasitologie dem Institut als Abteilungen angegliedert. Damit unterstützte Reichensperger den Prozess der Herausbildung neuer Teildisziplinen. Der dazu benötigte Raum wurde durch den Ersatz der Ofenheizung durch eine Zentralheizung erreicht, wodurch mehr Raum verfügbar wurde.[528]

Die Abteilung für Entwicklungsgeschichte übernahm Hermann Wurmbach (1903–1976). Er wurde 1927 in Marburg promoviert. Im selben Jahr wechselte er als Wissenschaftlicher Assistent nach Bonn. Hier habilitierte er sich 1931 mit der entwicklungsgeschichtlichen Schrift »Das Wachstum des Selachierwirbels und seiner Gewebe«. In seiner Forschung standen der Einfluss von Hormonen auf das Wachstum und die Formbildung sowie Probleme der Regeneration und der Abwehrreaktionen im Vordergrund. Wurmbachs wissenschaftlicher Werdegang vollzog sich in politisch turbulenten Zeiten. Bereits 1933 trat er der NSDAP sowie

525 Duspiva, Paul Krüger (1966).
526 Wurmbach, Adolf Borgert (1968).
527 Reichensperger, Zoologisches Institut (1933).
528 Wurmbach, Adolf Burgert (1968).

der SA bei. 1937 wurde er zum apl. Professor ernannt und erhielt gleichzeitig einen Lehrauftrag für Zoologie an der Landwirtschaftlichen Fakultät. 1938 wurde er Oberassistent und übernahm die Funktion des stellvertretenden Gaudozentenführers. Er war der NSDAP innerlich verhaftet und gehörte dem engeren nationalsozialistischen Kreis der Universität an.[529]

Im Jahr 1940 hat Wurmbach im Rahmen der Kriegsvorträge in der Reihe »Wissenschaft im Kampf für Deutschland« zu dem Thema »Biologische Grundlagen für die Bevölkerungspolitik« gesprochen. In diesem publizierten Vortrag vertrat er die Auffassung, dass es möglich sei, »durch Ausschaltung der Einzelindividuen eines Volkes als Träger der Erbanlagen von der Fortpflanzung Zuchtwahl zu treiben«.[530] In diesem Zusammenhang betonte er die Wichtigkeit der Sterilisationsgesetze und der Nürnberger Rassengesetzgebung für die Unterbindung der »Zufuhr fremden Blutes«. Das war reinstes nationalsozialistisches Gedankengut.

1941 wurde Wurmbach zum Militärdienst eingezogen. Im Malaria-Lazarett Rheinblick in Godesberg führte er diagnostische Untersuchungen durch und arbeitete wissenschaftlich über Fragen der Malaria-Pathologie.[531] Wurmbach gehörte zu der politisch belasteten Gruppe von Hochschullehrern, die bereits im November 1945 von der Militärregierung aus dem Hochschuldienst entlassen wurden.[532] Erst 1948 wurde er erneut als Leiter der Abteilung Entwicklungsgeschichte in den Universitätsdienst übernommen. Die Krönung seiner Lehrtätigkeit war das zweibändige »Lehrbuch der Zoologie« (»der Wurmbach«), das in den Jahren 1957 und 1962 erschien. 1965 wurde Wurmbach als Direktor an das Institut für Landwirtschaftliche Zoologie und Bienenkunde berufen und 1971 emeritiert.

Die Abteilung für Vergleichende Tierphysiologie übernahm 1928 Curt Heidermanns (1894–1972), der damit Paul Krüger folgte. Heidermanns hat in Bonn Naturwissenschaften studiert und wurde bei Hesse promoviert. Seine Forschungsschwerpunkte waren die Stoffwechselphysiologie und die Exkretion. Er habilitierte sich 1928 in Zoologie und vergleichender Physiologie. 1933 erschien sein Lehrbuch »Grundzüge der Tierphysiologie«, das 1957 eine zweite Auflage erfuhr. 1935 wurde Heidermanns zum apl. Professor ernannt, 1938 erhielt er einen Ruf auf den Lehrstuhl für Zoologie in Greifswald.[533] Schon 1933 war er der NSDAP und der SA beigetreten. Dem Nationalsozialismus war er jedoch nie wirklich eng verbunden, wie mehrere Stellungnahmen, auch von Verfolgten des »Dritten Reiches«, nachdrücklich belegen; dennoch entließ ihn die Landesre-

529 Universitätsarchiv Bonn (UAB), PA Wurmbach.
530 Wurmbach, Biologische Grundlagen (1940).
531 UAB, PA Wurmbach.
532 Höpfner, Universität Bonn (1999), S. 537.
533 UAB, PA Heidermanns.

gierung von Mecklenburg-Vorpommern Anfang März 1946 aus dem Dienst.[534] Daraufhin ist er mit seiner Familie nach Bonn zurückgekehrt. Dort hat er Kontakt zu Reichensperger gesucht, um in irgendeiner Form wieder in Fühlung mit seiner alten Universität zu kommen. Anfang April 1947 bestätigte die Militärregierung, dass keine Bedenken gegen eine Wiederbeschäftigung sprechen würden,[535] worauf Reichensperger einen Lehrauftrag oder eine Gastprofessur beantragte und darauf hinwies, dass es Heidermanns gelungen sei, wichtige und wertvolle Apparaturen nach Bonn zu überführen. Diese wären für das von allen Unterrichtsmitteln durch Kriegsschäden entblößte Institut von größter Bedeutung. Heidermanns erhielt sowohl besoldete als auch unbesoldete Lehraufträge für »Vergleichende Physiologie« und wurde als Gastprofessor ins Vorlesungsverzeichnis aufgenommen.[536] 1954 hat die Universität zu Köln Heidermanns auf den Lehrstuhl für Vergleichende Tierphysiologie berufen. Dort wurde er 1963 emeritiert.

Rudolf Lehmensick (1899–1987) kam 1928 als dritter Assistent zu Reichensperger.[537] Er hatte in Jena, Freiburg, Tübingen und Marburg Naturwissenschaften und Medizin studiert. Durch Reichenspergers und Lehmensicks Bemühungen wurde das Parasitologische Laboratorium der Medizinischen Fakultät (Endenicher Allee 19) nach der Pensionierung der Gräfin von Linden 1933 nicht aufgelöst, sondern als etatmäßig selbständige Abteilung an das Zoologische Institut angegliedert und von Lehmensick ab 1937 betreut; nach seiner Habilitation im Jahre 1938 wurde er zu deren Vorstand ernannt und leitete die Abteilung 32 Jahre lang bis zu seiner Pensionierung. Seine Forschungsschwerpunkte waren die Medizinische und Vergleichende Parasitologie, insbesondere die Helminthologie. 1942 wurde Lehmensick zum Militär eingezogen und im Rang eines Stabsarztes zur Seuchenbekämpfung eingesetzt. Seine Ernennung zum apl. Professor erfolgte 1943. Mit seiner Entlassung aus dem Militärdienst wurde Lehmensick während der Schließung der Universität Bonn an die Universität Leipzig versetzt, von wo er 1946 an die Universität Bonn zurückkehrte und seinen Dienst wieder aufnahm, nachdem er bereits im November 1945 rehabilitiert worden war.[538] Er war zwar 1933 der NSDAP beigetreten, hatte aber keine nationalsozialistischen Aktivitäten entfaltet. Auch sein Kriegsvortrag, den er in der Reihe »Wissenschaft im Kampf für Deutschland« zu dem Thema »Deutsche Wissenschaftler als Kolonialpioniere«[539] gehalten hatte, enthielt keine NS-Ideologie, sondern war ein Beitrag zur Geschichte der Tropenmedizin.[540]

534 Universitätsarchiv Greifswald, PA Heidermanns.
535 UAB, PA Heidermanns.
536 UAB, PA Heidermanns.
537 UAB, PA Lehmensick.
538 UAB, PA Lehmensick.
539 Lehmensick, Kolonialpioniere (1940).

Reichensperger war auf dem besten Weg, den desolaten Zustand des Instituts für Zoologie zu überwinden und einer modernen Zoologie den Weg zu ebnen,[541] da brachen die nationalsozialistische Willkürherrschaft und in Folge der Zweite Weltkrieg über Deutschland herein. Reichensperger gehörte neben dem Botaniker Fitting zu der Gruppe der politisch nicht angepassten Ordinarien, die in der Fakultät dennoch großen Einfluss hatten. Eine Rückkehr nach Fribourg, wohin er 1937 erneut einen Ruf erhalten hatte, lehnte Reichensperger ab.[542] Am 4. Februar 1945 wurde das von ihm aufgebaute Institut im Poppelsdorfer Schloss bei einem Luftangriff zerstört. Reichensperger wurde erst 1948 im Alter von 70 Jahren emeritiert und leitete danach noch bis 1962 als Instituts-Abteilung eine Entomologische Forschungsstelle, die er gleich nach Kriegsende in seiner Wohnung aufgebaut hatte.

Nachfolger von August Reichensperger wurde 1949 der Genetiker und Entwicklungsbiologe Rolf Danneel (1901–1982). Er leitete den Wiederaufbau des im Kriege zerstörten Instituts im Poppelsdorfer Schloss.[543] Von 1920 bis 1925 hatte er Naturwissenschaften in Marburg und Rostock studiert und 1925 das Diplom in Chemie erworben. Zur Anfertigung seiner Dissertation wechselte er an das Institut für Zoologie nach Göttingen, wo er 1928 mit einer chemischen Arbeit promoviert wurde. 1929 ging Danneel an das Zoologische Institut der Universität Königsberg, wo er sich 1935 habilitierte und bis zu seinem Wechsel an das Institut für Biologie der Kaiser-Wilhelm-Gesellschaft in Berlin-Dahlem im Jahre 1941 als Dozent und außerordentlicher Professor für Zoologie und Vererbungslehre wirkte. Danneel arbeitete hauptsächlich an Säugern über Pigmentmusterbildung sowie über Augenfarbmutanten bei Drosophila. Seine breite naturwissenschaftliche Ausbildung ermöglichte ihm diese Arbeit auf dem Grenzgebiet zwischen Genetik und Entwicklungsbiologie. Er regte den wissenschaftlichen Nachwuchs insbesondere auf den Gebieten der experimentellen Zellforschung und der Strahlenbiologie an.

In seiner Amtszeit stützte sich Danneel auf Mitarbeiter, die ihre Ausbildung in Bonn begonnen und abgeschlossen hatten. So übernahm sein Schüler Norbert Weißenfels (1926–2002) 1964 die Leitung der Abteilung für Entwicklungsgeschichte.[544] Er hatte ab 1948 Biologie, Chemie und Physik studiert und begann 1951 unter Anleitung von Danneel mit seiner Diplomarbeit über das Wachstum der Haarmelanoblasten. Promoviert wurde er mit seiner Arbeit über das natürliche Ergrauen und die Depigmentierung der Haare beim Menschen.[545] Nach

540 UAB, PA Lehmensick.
541 Reichensperger, Zoologisches Institut (1933).
542 Höpfner, Universität Bonn (1999).
543 UAB, PA Danneel.
544 Schneider, Norbert Weißenfels (2002).
545 Ebd.

seiner Promotion untersuchte Weißenfels die Feinstruktur tierischer Zellen. In den 1970er Jahren wechselte Weißenfels sein Forschungsgebiet. Er untersuchte die Entwicklungsgeschichte des Süßwasserschwammes »Ephydatia fluviatilis«. Seine zahlreichen Ergebnisse sind in der 1989 erschienenen Monographie »Biologie und Mikroskopische Anatomie der Süßwasserschwämme« dargestellt. Danneels Schüler Ernst Wendt (*1928) – ein Strahlen- und Zellbiologe – übernahm 1969 mit seiner Ernennung zum außerplanmäßigen Professor als Nachfolger des Lehmensick-Schülers Armin Wessing (1924–2006) die Leitung der Abteilung für vergleichende Tierphysiologie. Armin Wessing war 1968 als Nachfolger von Wulf Emmo Ankel auf den Lehrstuhl für Zoologie an die Universität Gießen berufen worden. Er war 1952 mit einer Arbeit zu Problemen der Zellkonstanz promoviert, als Mitarbeiter in Bonn übernommen und schließlich nach seiner Habilitation von Danneel mit der Leitung der Abteilung für vergleichende Tierphysiologie beauftragt worden.

Es ist ferner das Verdienst von Danneel, dass aus der von Rudolf Lehmensick geleiteten Parasitologischen Abteilung ein eigenständiges Institut wurde. Unter Lehmensicks Planung entstand 1965, als dieser selbst schon seine Dienstzeit beendet hatte, der Neubau eines modernen zoologischen Forschungsinstituts. Erster Direktor dieses an der Immenburg auf dem Endenicher Campus gelegenen »Instituts für Angewandte Zoologie« war Werner Kloft (*1925). In Danneels Amtszeit kam es auch durch Umwandlung beziehungsweise Einrichtung neuer Stellen zu einer deutlichen Ausweitung und fachlichen Diversifizierung der Bonner Zoologie. So wurde der Wurmbach-Schüler Erich Scholtyseck (1918–1985) Leiter der neu geschaffenen Abteilung für Protozoologie. Nach seinem Studium der Biologie an der Rheinischen Friedrichs-Wilhelms-Universität wurde er 1952 promoviert. Sein Arbeitsfeld waren die Coccidien (parasitische Einzeller) und ihre zum Teil noch unbekannten Lebenszyklen. Nach seiner Habilitation im Jahre 1963 wurde Scholtyseck 1965 zum Wissenschaftlichen Rat und Professor ernannt und übernahm die Leitung der Protozoologie-Abteilung am Zoologischen Institut. Mit Hilfe der damals modernen Technik der Elektronenmikroskopie gelang ihm und seinen zahlreichen Schülern die Aufklärung der Feinstruktur der Entwicklungsstadien pathogener Coccidien. Scholtyseck war national und international anerkannt. Im Jahre 1982 wurde er zum Ehrenmitglied der *American Society of Protozoology* ernannt und erhielt 1983 die Ehrendoktorwürde für Naturwissenschaften der Andrews University of Berrien Springs (USA).

Neben diesen Abteilungen gab es vier Arbeitsgruppen, deren Leiter bis auf Frau Zippelius ihren gesamten wissenschaftlichen Werdegang in Bonn durchlaufen hatten. Der Lehmensick-Schüler Günther Stein (1925–1994) vertrat die Entomologie und Parasitologie. Er wurde 1952 promoviert und war ab 1957 Wissenschaftlicher Assistent bei Danneel. Nach seiner Habilitation im Jahr 1966 wurde er 1971 zum Wissenschaftlichen Rat und Professor ernannt. Jochen Niethammer (1935–1998) lehrte die vergleichende Anatomie und Systematik der Säugetiere. Nach seiner Promotion im Jahre 1964 übernahm ihn Danneel als Wissenschaftlichen Assistenten. Kurze Zeit danach wurde er für zweieinhalb Jahre beurlaubt, um das Fach Zoologie im Rahmen einer Universitäts-Partnerschaft an der Universität von Kabul (Afghanistan) zu vertreten. Im Oktober 1966 kehrte er nach Bonn zurück, wo er sich 1969 habilitierte und 1971 zum außerplanmäßigen Professor ernannt wurde. Bei der Anreise zu einer Exkursion in die Pyrenäen im Jahre 1991 kam es in Paris zu einem Verkehrsunfall, bei dem Jochen Niethammer schwere Schädelverletzungen davontrug. Eine fast dreißigjährige erfolgreiche Forschertätigkeit fand damit ihr abruptes Ende. Schließlich vertrat Hartmut Bick (*1929) die Ökologie und Limnologie; er wurde 1972 als Nachfolger von Wurmbach an die Landwirtschaftliche Fakultät berufen.

Hanna-Maria Zippelius (1922–1994) ging nach einem kurzen Studienaufenthalt in Freiburg/Brsg. 1941 nach München, wo sie 1944 mit einer Arbeit über »Die Paarungsbiologie einer Orthoptere« promoviert wurde. Mehrere Forschungsstipendien der DFG ermöglichten ihr in den 1950er Jahren Arbeiten auf dem Gebiet der Ultraschall-Orientierung. Im Jahre 1959 arbeitete sie als Lehrbeauftragte für Verhaltensbiologie der Säugetiere am Zoologischen Institut der Universität Gießen, wo sie sich 1965 habilitierte. Ab April 1966 war Frau Zippelius Lehrbeauftrage für Verhaltensforschung an der Universität Bonn. Im November 1972 wurde sie in Bonn zur Professorin ernannt. Das Amt übte sie bis 1987 aus. Aufsehen erregte ihr 1992 erschienenes Buch »Die vermessene Theorie«, in dem sie sich kritisch mit der Instinkttheorie von Konrad Lorenz auseinandersetzte.

In Nachfolge von Rolf Danneel wurde im Jahre 1970 Hans Schneider (*1929) aus Tübingen als Direktor des Zoologischen Instituts berufen. Von 1949 bis 1956 studierte er in Bamberg und München Naturwissenschaften. Nach seiner Promotion an der Universität München im Jahre 1956 mit einer Arbeit über Insektensymbiosen übernahm er am dortigen Zoologischen Institut die Stelle eines Wissenschaftlichen Assistenten. 1957 wechselte er an das Zoophysiologische Institut der Universität Tübingen. Dort habilitierte er sich 1963, wurde 1964 zum Privatdozenten und 1969 zum apl. Professor ernannt. Während er in Tübingen über die Ultraschallorientierung bei Fledermäusen arbeitete, begann er 1959 anlässlich eines Forschungsaufenthaltes an der Universität Wisconsin in Madison mit Untersuchungen über die Lautäußerungen bei Fischen, die er dann in Tübingen fortführte. 1965 wandte er sich den Froschlurchen zu und gestaltete sein Hauptarbeitsgebiet, die Bioakustik der Froschlurche, in Verbindung mit verhaltensphysiologischen, physiologischen und anatomischen Analysen sowie systematischen und tiergeographischen Untersuchungen in zahlreichen Ländern Europas und des Nahen Ostens. Da am Zoologischen Institut in Bonn morphologische und zytologische Forschungsrichtungen gut vertreten waren, war es ein Anliegen von Schneider, die Physiologie und Verhaltensforschung in Forschung und Lehre zu stärken und moderne Methoden einzuführen.

Mit Hans Schneider kam im Jahre 1970 als Wissenschaftlicher Assistent Uwe Schmidt (*1939) aus Tübingen. Er arbeitete sinnesphysiologisch an Mäusen und blutsaugenden Fledermäusen. Nach seiner Habilitation im Jahre 1975 wurde er im Jahre 1979 zum apl. Professor und 1982 zum C2-Professor ernannt. Nach seiner Entpflichtung (2004) wurde die Stelle nicht wieder besetzt. Mit Inkrafttreten des neuen Hochschulgesetzes am 1. Januar 1980 wurden die Abteilungs- und Arbeitsgruppenleiter zu C3-Professoren, die Herren Scholtyseck und Weißenfels wurden zu C4-Professuren ernannt. Im Zeitraum von 1987 bis 1992 kam es infolge von altersbedingten Entpflichtungen und nachfolgenden Berufungen auswärtiger Wissenschaftler zu einem umfassenden Wechsel in der Dozentenschaft des Zoologischen Instituts. Die noch in der Amtszeit von Hans Schneider Berufenen sind: Hans-Georg Heinzel, Steven F. Perry, Nobert Koch und Anne Rasa. Die C4-Professur für Protozoologie wurde nach der Entpflichtung von Erich Scholtyseck der Botanik zur Einrichtung eines Lehrstuhls für Systematische Botanik zur Verfügung gestellt. Den Ruf erhielt Wilhelm Barthlott.[546]

Nach der Entpflichtung von Ernst Wendt im Jahre 1989 übernahm Hans-Georg Heinzel (*1949) die Leitung der Abteilung für vergleichende Tierphysiologie, welche gleichzeitig in »Abteilung für Neurobiologie« umbenannt wurde. Heinzel hat an der Universität Düsseldorf Biologie studiert. Im Jahre 1975 erwarb er das Diplom und wurde 1978 promoviert. Im selben Jahr wechselte er als wissenschaftlicher Assistent an den Lehrstuhl für Tierphysiologie des Zoologischen Instituts der Universität zu Köln. Dort habilitierte er sich 1988 mit Arbeiten über Neuromodulation, neuronale Netzwerke und Verhalten des stomatogastrischen Nervensystems der Languste. Dieses Forschungsgebiet verfolgte er auch in Bonn. 2014 wurde Heinzel in den Ruhestand versetzt.

Nachfolger von Jochen Niethammer wurde 1995 Steven F. Perry (*1944). Er wurde mit einer Dissertation zu morphologischen Untersuchungen der Schildkrötenlungen an der Boston University promoviert. Seine Untersuchungen zur evolutiven Entwicklung der Amniotenlungen an der Universität Gießen führten zu seiner Habilitation an der Universität Oldenburg, wo er auf einer bis 1990 befristeten C2-Professur angestellt war. Danach wechselte er an die Calgary University. Nach seiner Berufung nach Bonn baute er eine Arbeitsgruppe mit dem Forschungsschwerpunkt »Funktionsmorphologie und Evolution der Atmungssysteme« auf. Seit 2004 ist er im Ruhestand.

Nachfolgerin von Hanna-Maria Zippelius wurde 1991 Anne Rasa (*1940). Ihren *Bachelor of Science* erwarb sie 1961 am Imperial College der Universität

546 Siehe den folgenden Abschnitt zur Botanik.

von London, den *Master of Science* 1965 an der Universität von Hawaii. Sie ging dann mit einem Stipendium an das Max-Planck-Institut für Verhaltensphysiologie in Seewiesen zu Konrad Lorenz. In dieser Zeit arbeitete sie über Aggression bei Fischen und wurde 1970 an der Universität London promoviert. In Seewiesen begann sie ihre Studien über die Zwergmangusten. 1975 wechselte sie als Wissenschaftliche Mitarbeiterin an die Universität Marburg, wo sie 1981 mit ihrer Arbeit über die Verhaltensontogenie von Zwergmangusten habilitiert wurde. Mit einem Heisenberg-Stipendium arbeite sie von 1981 bis 1986 an der Universität Bayreuth. Dort studierte sie das Verhalten der Zwergmangusten in freier Wildbahn. Die Ergebnisse ihrer Studie sind 1984 in ihrem weltweit beachteten Buch »Die perfekte Familie« erschienen. Von 1986 bis 1991 lehrte Anne Rasa an der Universität von Pretoria und folgte 1991 dem Ruf an die Universität Bonn. Hier lehrte sie Ethologie bis zu ihrer Entpflichtung im Jahre 2000.

Nach Hans Schneiders Emeritierung im Jahre 1994 wurde der Zoophysiologe Horst Bleckmann (*1948) als Nachfolger berufen. Er hatte an der Universität Gießen Naturwissenschaften studiert. Im Jahre 1977 erwarb er das Diplom in Biologie und wurde 1979 dort auch promoviert. Von 1979 bis 1981 arbeitete er als Wissenschaftlicher Angestellter am Institut für Tierphysiologie der Universität Gießen. Von 1981 bis 1984 war er Wissenschaftlicher Angestellter am Zoologischen Institut der Universität Frankfurt/Main, wo er sich auch habilitierte. Nach einem Aufenthalt als Gastwissenschaftler am Scripps Institut in San Diego war er von 1987 bis 1989 Heisenberg-Stipendiat an der Universität Bielefeld, von 1992 bis 1994 Inhaber des Lehrstuhls für Neurophysiologie an der TH Darmstadt. Von dort folgte er 1994 dem Ruf nach Bonn auf den Lehrstuhl für Zoologie und Neurophysiologie. Horst Bleckmanns Forschungsthemen reichen von der Sinnesphysiologie in den verschiedensten Tiergruppen über die Verhaltensphysiologie, die sensorische Ökologie, die Neurophysiologie bis zur funktionellen Anatomie. In die Amtszeit von Bleckmann fiel auch die Regelung der Nachfolge von Weißenfels, Frau Rasa und Perry. Als Nachfolger von Anne Rasa wurde 2002 Gerhard von der Emde (*1957) berufen, und zwar auf die umbenannte C3-Professur für »Sensorische Ökologie/Neuroethologie«. Gerhard von der Emde hat in Tübingen studiert und wurde dort auch 1987 promoviert. Seine Habilitation erfolgte 1995 in Regensburg, worauf er bis 2000 als Heisenberg-Stipendiat an der Bonner Universität bei Bleckmann arbeitete. Nach einem Aufenthalt an der Universität von Seattle folgte er 2002 dem Ruf aus Bonn. Sein Forschungsfeld erstreckt sich auf die neuronalen Grundlagen tierischen Verhaltens.

Als Nachfolger von Steven Perry wurde 2009 Michael H. Hofmann (*1961) auf die umbenannte C3-Professur für »Vergleichende Neuroanatomie« berufen. Hofmann hatte in Göttingen studiert und wurde dort 1992 mit einer neuroanatomischen Arbeit promoviert. Von 1993 bis 1995 war er *Postdoc* an der University of California in San Diego und am Scripps Institut in La Jolla. Danach war er bis 2004 Wissenschaftlicher Assistent in Bonn am Institut für Zoologie, wo er sich im Jahre 2000 habilitiert hat. Von Bonn wechselte er 2004 als *Assistant Professor* an die Universität von Missouri in St. Louis. Dort blieb er, bis ihn 2009 der Ruf aus Bonn erreichte. Hofmanns Arbeitsgebiet ist die Evolution und Diversität von Gehirnen.

Mit der Berufung von Gerhard von der Emde und Michael Hofmann war es Horst Bleckmann gelungen, die Bonner Zoologie zu einem Zentrum für Vergleichende Neurobiologie zu entwickeln. Während seiner Amtszeit konnte 1999 nach siebenjähriger Vakanz die Besetzung der Professur für Entwicklungsbiologie (Nachfolge Weißenfels) erfolgen. Berufen wurde Michael Hoch (*1961). Er hatte von 1983 bis 1989 an der Universität Heidelberg Biologie studiert und wurde an der Universität München promoviert. Von 1992 bis 1994 war er Wissenschaftlicher Assistent am Münchner Max-Planck-Institut für Biophysikalische Chemie in der Abteilung für Molekulare Entwicklungsbiologie. Von 1994 bis 1998 leitete er dort eine Nachwuchsgruppe. Seine Habilitation für Zellbiologie und Entwicklungsgenetik erfolgte an der Technischen Universität Braunschweig. Nach seiner Berufung 1999 auf den Lehrstuhl für Molekulare Entwicklungsbiologie am Bonner Institut für Zoologie war Michael Hoch einer der Hauptinitiatoren für die Gründung einer siebten Fachgruppe »Molekulare Biomedizin« an der Mathematisch-Naturwissenschaftlichen Fakultät.

Nachfolger von Günther Stein im Zoologischen Institut wurde 1990 Norbert Koch (*1950), ein Immunbiologe. Er hat an der Universität Marburg Chemie studiert und war dort im Fach Immunbiologie promoviert worden. Habilitiert hat er sich 1986 an der Universität Heidelberg, von wo er 1990 einem Ruf nach Bonn folgte. Die fachliche Neuausrichtung der Stelle war von der Fachgruppe Biologie beeinflusst und durchgesetzt worden. Das Arbeitsgebiet von Koch war jedoch von den Arbeitsgebieten der Kollegen am Zoologischen Institut zu weit entfernt, als dass sich eine Zusammenarbeit hätte ergeben können.

Institut für Angewandte Zoologie – Institut für Evolutionsbiologie und Ökologie

Das 1965 gegründete Institut für Angewandte Zoologie wurde bereits erwähnt. Sein erster Direktor, Werner Kloft (*1925), hatte in Würzburg Naturwissenschaften studiert, wurde 1948 bei Karl Gößwald promoviert und erwarb dort auch 1956 die *venia legendi* in Angewandter Zoologie. Von 1950 bis 1958 war er Wissenschaftlicher Assistent, danach Oberassistent; 1963 wurde er zum apl. Professor ernannt, 1965 folgte er dem Ruf nach Bonn. Kloft hat sich als vielseitiger Entomologe und Acarologe einen Namen gemacht. Er nutzte Radioisotopen in der Insektenökologie. Hervorgehoben sei sein Buch »Ökologie der Tiere« (1978). Er übernahm den Lehmensick-Schüler Ernst Kullmann

(1931–1996) als Mitarbeiter. Dieser hat in Bonn Medizin und Naturwissenschaften studiert und wurde 1957 mit einer arachnologischen Dissertation promoviert. Bis 1964 war er Wissenschaftlicher Assistent an der Parasitologischen Abteilung des Zoologischen Instituts. 1963 erfolgte seine Habilitation in den Fächern Zoologie und Parasitologie. Von 1962 bis 1966 war Ernst Kullmann Mitglied der deutschen Forschergruppe an der *Faculty of Science* der Universität Kabul. Von Kloft hatte Kullmann die Tracertechnik erlernt und auf seine Fragestellungen angewandt. So war es ihm gelungen, die Regurgitationsfütterung als wesentliches Element der Brutfürsorge bei Haubennetzspinnen nachzuweisen. 1970 wurde er zum Wissenschaftlichen Rat und Professor ernannt. 1972 erhielt er einen Ruf an die Universität Kiel, wo er den Lehrstuhl für Allgemeine Zoologie von Adolf Remane übernahm.[547]

Auf Klofts Betreiben hin wurde 1974 Gerhard Kneitz (*1934) auf die frei gewordene Professur berufen. Dieser hatte in Würzburg Naturwissenschaften studiert und wurde 1964 bei Karl Gößwald promoviert. Nach fünf Jahren als Wissenschaftlicher Assistent wurde er 1969 zum Akademischen Rat ernannt. Bis zu seiner Pensionierung 1999 hat er hauptsächlich die Freilandökologie in Bonn vertreten und auf diesem Gebiet eine große Zahl von Schülern ausgebildet.

Nach Klofts Emeritierung 1990 folgte nach einer Vakanz von zwei Jahren der Evolutionsbiologe Klaus Peter Sauer (*1941) dem Ruf auf den Lehrstuhl für Zoologie und Ökologie. Sauer hatte an der Universität Gießen Naturwissenschaften studiert und wurde 1969 promoviert. Von 1970 bis 1971 bekleidete er die Stelle eines Wissenschaftlichen Assistenten am I. Zoologischen Institut der Universität Gießen. Ende 1971 wechselte er in gleicher Funktion an die Universität Freiburg, wo er sich 1977 habilitierte. Im Jahre 1979 wurde Sauer als ordentlicher Professor auf den neu eingerichteten Lehrstuhl für Experimentelle Evolutionsforschung an die Fakultät für Biologie der Universität Bielefeld berufen; 1992 folgte er dem Ruf an die Universität Bonn als Leiter des Instituts für Angewandte Zoologie. Mit ihm wurde die experimentelle, aber auch die historische Evolutionsbiologie in der Bonner Zoologie in Forschung und Lehre stark akzentuiert. Das kommt auch in der Umbenennung des Instituts in »Institut für Evolutionsbiologie und Ökologie« programmatisch zum Ausdruck. Sauers Forschungsinteressen liegen auf dem Gebiet der experimentellen Evolutionsökologie, mit dem Schwerpunkt der Analyse der Wirkung der sexuellen und natürlichen Selektion in der Evolution von Paarungssystemen, bevorzugt der Arten der Skorpionsfliegen. Dazu wurden unter anderem mit molekulargenetischen Methoden Spermienkonkurrenz-Mechanismen analysiert.

In die Amtszeit von Sauer fiel auch die Regelung der Nachfolge Kneitz. Ende 1999 wurde der Evolutionsökologe Theo Bakker (*1952) berufen. Er hat an der

547 Sauer, Nachruf Ernst Josef Kullmann (1997).

Universität Groningen (Niederlande) Biologie mit Schwerpunkt Zoologie studiert. Nach einem Promotionsstudium an der Universität Leiden (Niederlande) wurde er dort 1986 promoviert. Im Jahre 1988 wechselte er als Wissenschaftlicher Assistent an die Universität Bern und habilitierte sich dort 1994. Von 1995 bis 1999 war er Oberassistent. 1999 folgte er dem Ruf nach Bonn. Die Forschungsschwerpunkte von Theo Bakker umfassen verschiedene Evolutionsprozesse in aquatischen Ökosystemen, insbesondere die Evolutionsökologie der sexuellen Selektion bei Fischen.

Nach der Emeritierung von Klaus Peter Sauer im Jahre 2008 wurde Thomas Bartolomaeus (*1959) als Nachfolger und Leiter des Instituts berufen. Er hat an der Universität Göttingen Biologie studiert und wurde dort 1987 mit einer Dissertation über die Ultrastruktur der Nierenorgane der Bilateria promoviert. Von 1987 bis 1993 war Bartolomaeus Hochschulassistent am II. Zoologischen Institut der Universität Göttingen. 1993 hat er sich dort habilitiert und war bis 1998 Hochschuldozent. Danach folgte er einem Ruf der Fakultät für Biologie der Universität Bielefeld als Leiter der Abteilung für Morphologie und Systematik und wechselte 2002 auf den Lehrstuhl für Evolution und Systematik der Tiere an der FU Berlin. Im Jahre 2008 folgte er dem Ruf nach Bonn. Bartolomaeus' Forschungsinteressen liegen auf dem Gebiet der historischen Evolutionsforschung. Er ist ein Morphologe und Phylogenetiker. Ein Schwerpunkt seiner Forschung ist die Ontogenese und Evolution von Leibeshöhlen und Nierenorganen. Bei seinen Untersuchungen konzentriert er sich auf die Evolution und Stammesgeschichte wirbelloser Tiere.

Institut für Zoophysiologie – Institut für Molekulare Physiologie und Entwicklungsbiologie

Im Jahre 1977 war im Bereich der Zoologie noch einmal eine Neugründung erfolgt, nämlich eines Instituts für Zoophysiologie. Diese Neugründung war notwendig geworden, um die Medizinerausbildung sicher zu stellen. Als Direktor dieses Instituts wurde Rainer Keller (*1936) berufen. Keller hatte an der Freien Universität Berlin Biologie studiert und war dort 1964 promoviert worden. Danach war er bis 1970 am Institut für Tierphysiologie Wissenschaftlicher Assistent. In diese Zeit fällt die intensive Auseinandersetzung mit der Stoffwechselregulation durch Neurohormone bei Krebsen. Mit diesen Arbeiten hat sich Keller 1970 habilitiert. Von 1977 an war er Wissenschaftlicher Rat und Professor. Im Jahre 1973 folgte er einem Ruf auf eine Professur an der Universität Ulm. 1977 wechselte Keller schließlich auf den Lehrstuhl für Zoophysiologie in Bonn, wo er nach fast 25jähriger wirkungsvoller Tätigkeit im Jahre 2001 emeritiert wurde. Seine zentralen Arbeitsgebiete sind die hormonalen Mechanismen bei Arthropoden und die Neurosekretion, wobei auch angewandte und umweltrelevante Aspekte eine Rolle spielen, zum Beispiel die hormonähnliche Wirkung von Umweltchemikalien. Keller setzt seine Forschungen als Mitarbeiter am Forschungsmuseum Alexander Koenig weiterhin fort.

Nach der Emeritierung von Rainer Keller wurde im Jahre 2002 Waldemar Kolanus (*1959) berufen, ein Vertreter der molekularen Immun- und Zellbiologie. Gleichzeitig wurde die Abteilung »Entwicklungsbiologie« (Hoch) aus dem Zoologischen Institut herausgelöst und in das ehemals Kellersche Institut überführt. Das Institut erhielt den neuen Namen »Institut für Molekulare Physiologie und Entwicklungsbiologie«. Während Koch mit seiner Abteilung für Immunbiologie aus dem Institut für Zoologie schließlich in das für Genetik übertrat,[548] wechselte das neue Institut mit erweiterten Forschergruppen im Jahre 2006 unter dem Namen »Life and Medical Sciences« (LIMES-Institut) in eine eigens gegründete Fachgruppe »Molekulare Biomedizin«.[549]

Zoologisches Forschungsinstitut und Museum Alexander Koenig

Eine bemerkenswerte Entwicklung in der Bonner Zoologie steht im Zusammenhang mit dem 1934 neu eröffneten Zoologischen Forschungsinstitut und Museum Alexander Koenig. Über lange Zeit hatte es keine besonders enge Verbindung beziehungsweise Zusammenarbeit mit den Zoologen an der Universität gegeben. Dies änderte sich, als 1989 Clas Naumann zu Königsbrück (1939–2004) Direktor des Museums wurde.[550] Der Empfehlung des Wissenschaftsrates und der Absicht des Ministeriums sowie der Fachgruppe Biologie folgend, wurde eine Verbindung mit der Universität dadurch erreicht, dass Clas Naumann in Personalunion als Museumsdirektor und Professor für »Spezielle Zoologie« an die Mathematisch-Naturwissenschaftliche Fakultät berufen wurde. Naumann hat diese enge Verbindung sehr gefördert und zu einer festen Größe gemacht. Vor seiner Berufung hatte Wolfgang Böhme (*1944), der Leiter der Sektion Herpetologie am Museum Koenig, ab Wintersemester 1980/1981 an der Universität gelehrt und Studierende betreut. Im Jahre 1988 hat dieser sich habilitiert und die *venia legendi* in Zoologie erhalten. 1996 wurde er zum apl. Professor an der Universität Bonn ernannt.

Nach dem Studium der Biologie in Tübingen wurde Naumann 1970 mit einer Arbeit zur Systematik und Phylogenie einer Schmetterlingsfamilie an der Universität Bonn promoviert. Zum Zeitpunkt seiner Promotion hatte die Universität

548 Siehe den Abschnitt Genetik.
549 Sie den Beitrag zur Molekularen Biomedizin in diesem Kapitel.
550 Keller, Zoologie (2000); Naumann, Museum Alexander Koenig (2000).

Bonn einen Partnerschaftsvertrag mit der Universität Kabul in Afghanistan. Naumann ergriff die sich ihm bietende Gelegenheit, um für zwei Jahre als Dozent für Zoologie in Kabul tätig zu werden. Aus Afghanistan nach Bonn zurückgekehrt, war Naumann von 1973 bis 1974 Wissenschaftlicher Assistent am Institut für Angewandte Zoologie. In dieser Zeit hat er die Auswertung seiner afghanischen Felduntersuchungen zu phylogentisch-zoogeographischen Problemen an Zygaeniden vorangetrieben. Dieser Gruppe, den Widderchen, galt seine besondere Aufmerksamkeit, und sie bestimmte sein wissenschaftliches *Opus.* Von 1975 bis zu seiner Habilitation im Jahre 1977 war Naumann als Wissenschaftlicher Assistent am Lehrstuhl für Spezielle Zoologie am Zoologischen Institut der Universität München tätig. Gleichzeitig mit seiner Habilitation wurde er als Wissenschaftlicher Rat und Professor an die Fakultät für Biologie der Universität Bielefeld berufen und mit der Leitung der Abteilung für Morphologie und Systematik der Tiere betraut. Nach zwölf fruchtbaren Jahren in Bielefeld schloss sich ein Lebenskreis. Mit der Annahme des Rufes auf den Lehrstuhl für Spezielle Zoologie an der Universität Bonn, verbunden mit der Leitung des Museums Koenig, ist Naumann an die Fakultät zurückgekehrt, die ihn promoviert hatte. Es blieben ihm noch weitere 15 Jahre, in denen er das Museum Koenig zu einer attraktiven Forschungsstätte ausgebaut hat. Er verstarb im Jahre 2004.

Als Nachfolger von Clas Naumann wurde im Jahre 2004 Wolfgang Wägele (*1953) auf den Lehrstuhl für Spezielle Zoologie berufen und mit der Leitung des Museums Koenig betraut. Nach dem Studium der Biologie und Chemie an der Universität Kiel war er dort 1980 promoviert worden. 1981 wechselte er als Akademischer Rat an die Universität Oldenburg, wo er sich 1988 habilitierte. 1991 folgte Wägele einem Ruf an die Universität Bielefeld, wo er als Nachfolger von Clas Naumann die Leitung der Abteilung für Morphologie und Systematik übernahm. Ende 1996 wechselte er auf den Lehrstuhl für Spezielle Zoologie an der Universität Bochum und übernahm schließlich 2004 die Leitung des Museums Koenig.

Die zahlreichen Expeditionen in die Antarktis – vor allem mit der »Polarstern« – weisen auf Wägeles Forschungsschwerpunkte hin. Seit seiner Dissertation hat er sich mit der Taxonomie und Stammesgeschichte der Asseln (Isopoda), einer Krebsgruppe, beschäftigt. Bei seinen Untersuchungen auf der Grundlage der Theorie der gemeinsamen Abstammung nutzt Wägele sowohl klassische morphologische als auch molekulare Merkmale.

Wie seine Vorgänger hat auch Wolfgang Wägele den Ausbau des Museums zu einer attraktiven Forschungsstätte auf dem Gebiet der Evolution und Phylogenie der Tiere mit großem Erfolg vorangetrieben. So ist es ihm gelungen, einen weiteren Lehrstuhl am Museum einzurichten, den Lehrstuhl für Molekulare Biodiversitätsforschung. Damit besteht das Museum jetzt aus zwei Zentren, dem Zentrum für Taxonomie und dem neuen Zentrum für Molekulare Biodiversitätsforschung. Wägele leitet als Direktor des Museums Koenig auch das Zentrum für Taxonomie.

Auf den neu eingerichteten Lehrstuhl wurde 2010 Bernhard Misof (*1965) berufen. Als Leiter des Zentrums für Molekulare Biodiversitätsforschung ist er gleichzeitig stellvertretender Direktor des Museums Koenig. Bernhard Misof hat in Wien Biologie studiert und 1991 mit dem Diplom abgeschlossen. Danach ging er für gut drei Jahre an die Yale Universität, um Homeobox-Gene bei niederen Wirbeltieren zu analysieren. Mit den Ergebnissen dieser Untersuchung wurde er 1995 an der Universität Wien promoviert. Im selben Jahr wechselte Misof als *Postdoc* an das Institut für Evolutionsbiologie und Ökologie der Universität Bonn. Im Jahre 1999 wurde er dort Wissenschaftlicher Mitarbeiter und übernahm von 2001 bis 2008 am Museum Koenig die Stelle des Kurators für basale Arthropoden. Diese Aufgabe war mit der Leitung des Molekularlabors verbunden. Im Jahre 2008 folgte Misof einem Ruf auf einen Lehrstuhl an der Universität Hamburg, um schließlich 2010 an das Museum Koenig zurückzukehren. Dort vertritt er im Schwerpunkt die molekulare Systematik. Er untersucht vor allem die Evolution basaler Hexapoden.

Die enge Zusammenarbeit des Museums mit den Universitäts-Zoologen öffnet Bonner Studierenden den Zugang zu den bedeutenden wissenschaftlichen Ressourcen des Museums. Das Angebot auf den Gebieten Biodiversität, Taxonomie, molekulare Systematik, Faunistik und Tiergeographie wird gut angenommen, und das Museum hat jetzt einen festen Stellenwert im Unterricht und in der Ausbildung von Examenskandidaten.

Botanik, Botanischer Garten sowie Ursprünge der Pharmazeutischen Biologie

Wolfgang Alt

Aufbau des Botanischen Gartens und der Botanik/Pharmazie-Ausbildung (1818–1864)

Der Zoologe und Paläontologe Goldfuß[551] war in Erlangen seit 1813 Sekretär der Akademie Leopoldina gewesen, welche dort auf sein Betreiben hin im August 1818, allerdings mit knapper und auch umstrittener Mehrheit, einen neuen Präsidenten gewählt hatte, nämlich den 42jährigen Mediziner und Botaniker Christian Gottfried Nees von Esenbeck (1776–1858). Dieser war 1817 nach Er-

551 Siehe den Abschnitt Zoologie.

langen berufen worden und folgte nun schon im Dezember 1818 dem Ruf auf das Bonner Ordinariat für »Allgemeine Naturgeschichte und Botanik«. Auf diese Weise hatte der preußische Kultusminister Altenstein in engem Kontakt mit Goldfuß und Nees die berühmte und nach den napoleonischen Kriegen in ihrer Existenz gefährdete Leopoldina an die preußische Rhein-Universität geholt. Der intern noch angefochtene Präsident Nees bestellte sogleich die beiden Physik- und Chemie-Kollegen Carl Wilhelm Gottlob Kastner (1783–1857) und Karl Gustav Bischof (1792–1870) zu Adjunkten der Gesellschaft und erreichte, dass nach etlichen Behinderungen und Verzögerungen die stattliche Leopoldina-Bibliothek schließlich Ende April 1819 im Poppelsdorfer Schloss aufgestellt werden konnte.

In Orientierung am Berliner Botanischen Garten, den C. G. Nees im Sommer 1819 für einige Monate besucht hatte, war innerhalb weniger Jahre aus dem ehemaligen kurfürstlichen Barock-Garten des Poppelsdorfer Schlosses, welcher durch die französische Besatzung verwüstet worden war, ein wissenschaftlicher Botanischen Garten entstanden, der die bisherige Geländeaufteilung im Wesentlichen beibehielt. Federführend für die gesamte Konzeption und Planung war der vorher am Brühler Schloss tätige Obergärtner Wilhelm (Werner Carl) Sinning (1791–1874), der einen Großteil der Pflanzen aus der dortigen ehemals kurfürstlichen »Orangerie« in den Poppelsdorfer Schlossgarten überführen konnte, hier auch das erste Gewächshaus erbaute sowie die Aussaaten der von zahlreichen Spendern aus allen Landen eingegangenen Samenproben besorgte (insgesamt 6.131).[552]

Als »Repetent der naturhistorischen Fächer« und »Demonstrator« sowie als Inspektor des Botanischen Gartens hatte C. G. Nees 1819 auch seinen jüngeren Bruder, den Pharmazeuten und Botaniker Theodor Friedrich Ludwig Nees von Esenbeck (1787–1837), von einer Garteninspektor-Stelle in Leiden an die Universität Bonn geholt, wo er sich für das Fach Botanik mit einer Schrift über ein natürliches System der Pilze habilitierte, deren Verwandtschaften er durch eine »verzweigte Wurzel« darstellte.[553] Im Nees-Sinning-Team wirkte er wesentlich an Aufbau und Entwicklung des Botanischen Gartens mit und unterstützte, seit 1822 als Extraordinarius, seinen älteren Bruder in der botanischen Forschung und Lehre, besonders über »kryptogame Gewächse« wie Moose und Farne.

Schon seit dem Sommersemester 1821 hatte Th. F. Nees im Anschluss an die vorher von Kastner gelesene »Pharmaceutische Chemie« für Mediziner deren Ausbildung in »Praktischer Pharmacie« und »Pharmaceutischer Botanik« übernommen, letztere zunächst angekündigt als Vorlesungen über »Medicinalpflanzen und pharmaceutische bzw. medicinische Waarenkunde«. Daraufhin

552 Barthlott, Geschichte (1990).
553 Jahn, Biologie (2004).

wurde er 1827 per ministeriellen Erlass zum ordentlichen Professor für »Pharmazie« ernannt. Ab 1828 wurden seine Vorlesungen von der Philosophischen Fakultät unter »Naturwissenschaften« angekündigt, wie dann auch regelmäßig wieder eine »Pharmaceutische Chemie« beziehungsweise »Pharmacie« von dem Chemie-Dozenten C. W. Bergemann[554] – dieses alles parallel zur »Arzneimittellehre« von Ernst Bischoff und weiterer Kollegen in der Medizinischen Fakultät. Sowohl das (spätestens seit 1838) von Bergemann im Hofgarten-Schloss betriebene »Pharmazeutische Laboratorium« als auch der von Bischoff geleitete »Königliche Apparat der Arzneistoffe«, aus dem der »Pharmakologische Apparat« und 1871 das Pharmakologische Institut der Medizinischen Fakultät hervorgegangen sind, gehen wohl beide auf eine »vollständige Sammlung von Heilpflanzen und Präparaten« zurück, welche schon vor 1825 von Th. F. Nees aufgebaut worden war, und zwar im Poppelsdorfer Schloss, wo sich nach 1945 noch Reste davon gefunden haben. In den Jahren 1821–1830 publizierte er die »Plantae officinales« und 1830–1832 gemeinsam mit C.H. Ebermaier ein zweibändiges »Handbuch der medicinisch-pharmaceutischen Botanik«.[555] Darüber hinaus war er 1834 Mitinitiator bei der Gründung des »Botanischen Vereins am Mittel- und Niederrhein«, dessen Vorsitz er innehatte und aus welchem 1843 der heute noch bestehende »Naturhistorische Verein der Rheinlande und Westphalens« erwuchs.

Parallel dazu hatte in diesem anfänglichen Universitäts-Jahrzehnt der ältere Bruder C. G. Nees, welcher als erster botanischer Systematiker im deutschsprachigen Raum auch die niederen Pflanzen erforschte (»System der Pilze« 1816, »Bryologia germanica« 1823/31), als allgemeiner Naturforscher und Mediziner eine eigene kritische Wissenschafts-Auffassung entwickelt, die schon in seinem »Handbuch der Botanik«[556] zur Geltung kam, noch verstärkt aber in seiner »Naturphilosophie« (1841) und schließlich in der »Allgemeinen Formenlehre der Natur« (1852).[557] Dieses Spätwerk ist vom Darwinisten Ernst Haeckel in dessen Schrift »Generelle Morphologie der Organismen« (1866) sogar hervorhebend erwähnt worden.[558]

Seine Forschungs- und Lehrtätigkeit als Ordinarius in Bonn war geprägt von einer fachübergreifenden Kollegialität, insbesondere zur Medizinischen Fakultät. So nahm er den dortigen Privatdozenten für »Physiologie und vergleichende Anatomie«, Johannes Müller (1801–1858), schon einen Monat nach dessen legendärer Antrittsvorlesung 1824 in die Leopoldina auf und ernannte ihn zu

554 Rücker/Ponatowski (2009); siehe auch den Beitrag zur Geschichte der Pharmazie in diesem Kapitel.
555 Jahn, Biologie (2004).
556 Nees, Handbuch (1820/21).
557 Für Details hierzu siehe Alt/Sauer, Biologie (2016), S. 60f.
558 C.G. Nees hatte 1857, ein Jahr vor seinem Tode, Charles Darwin in die Leopoldina berufen.

deren Sekretär. Gemeinsam mit ihm besorgte C. G. Nees die Herausgabe der Akademie-Zeitschrift »Nova Acta«. Allerdings hatte er schon gegen Ende der 1820er Jahre wegen eines intimen Verhältnisses zur Frau des ehemaligen Gründungsrektors und Geschichtsprofessors Hüllmann den Tausch seines botanischen Ordinariats mit dem der Universität Breslau erwirkt.[559] Demzufolge traf im Mai 1830 der von ihm gewünschte Nachfolger ein, der inzwischen auch schon 50jährige, ursprünglich aus Bremen stammende Arzt und Botaniker Ludolph Christian Treviranus (1779–1864). Obwohl sich dessen Medizin-Studium in Jena nur um ein Jahr mit dem seinigen überlappt hatte, war Treviranus ein vergleichsweise genauerer Beobachter und kritischer Empiriker. Er versuchte seine eigenen Entdeckungen (etwa der Pflanzengefäße als Zellreihen) und die damals diskutierten Theorien zur Entstehung, Funktion und Entwicklung des pflanzlichen Zellgewebes auf physiologische Mechanismen und auf die dabei wirkenden, aber »nur symbolisch zu bezeichnenden« Lebensprinzipien (wie etwa den »Bildungstrieb«) zurückzuführen, immer im Vergleich zur tierischen beziehungsweise menschlichen Physiologie.[560]

Nach Auseinandersetzungen mit dem Obergärtner Sinning, dessen Wirkungsvollmacht er vergeblich einzuschränken versuchte,[561] zog er sich vollkommen aus der Gartenleitung zurück, so dass diese 1833 wieder vom verbliebenen Th. F. Nees übernommen wurde, ab 1835 als gleichberechtigter Mitdirektor.[562] Nach dessen plötzlichem Tod im Mai 1838 ging seine Professoren-Stelle der Botanik verloren, denn per ministerieller Versetzungs-Order wurde der Berliner Extraordinarius Theodor Vogel (1812–1841) nur auf eine Privatdozenten-Stelle nach Bonn geholt. Er ergänzte die botanischen Standard-Vorlesungen von Treviranus und übernahm auch die Lehrveranstaltung in medizinisch-pharmazeutischer Botanik, allerdings verstarb er schon 1841 auf einer Niger-Expeditionsreise.

Nachdem Treviranus die Vorlesung »Officinale Gewächse« für Pharmazeuten und Mediziner selbst zwei Jahre lang gehalten hatte, gelang es ihm, für seine verbleibenden 20 Lebens- und Lehrjahre von 1843 an, bis auf kleinere Pausen immer einen jungen Privatdozenten der Botanik zu engagieren, welcher die medizinisch-pharmazeutische Botanik-Ausbildung weiterführte und als »Adjunkt des botanischen Gartens« sowie »Direktor des königlichen Herbariums« die botanischen Exkursionen sowie Demonstrationen im Garten (bwziehungsweise im Winter anhand des Herbars) übernahm, parallel zur leitenden Tätigkeit des seit 1839 zum Garteninspektor ernannten Sinning. Dabei waren den mehr-

559 Siehe hierzu auch den Beitrag von Heinz Schott zum Zeitraum 1818–1849 in Bd. 1 dieser Festschrift.
560 Vgl. auch von Martin, Treviranus (1866).
561 Treviranus, Bemerkungen (1848).
562 Stoverock, Poppelsdorfer Garten (2001).

fachen Versuchen, hierfür jeweils auch ein Extraordinariat zu erlangen, kein Erfolg beschieden.

Die vier Privatdozenten, welche der Reihe nach im Bonner »Seminar für die gesammten Naturwissenschaften« studiert hatten, werden in einer ausführlicheren Darstellung der Biologie-Geschichte[563] genauer beschrieben. Neben dem Zoologen und Botaniker Moritz Seubert (1818–1878) mit seinen zusätzlichen Vorlesungen über »Ökonomisch-technische Botanik« war es vor allem der Bonner Professorensohn Dietrich Brandis (1824–1907), der als Pflanzenökologe und Begründer der tropischen Forstwirtschaft Ende 1855 nach Ostindien (Birma) ging und erst 1883, hochgeehrt als »Sir Dietrich Brandis«, endgültig nach Bonn zurückkehrte.[564]

Es folgten der Pflanzenmorphologe Robert Caspary (1818–1887) und schließlich der 1858 mit einem Colloquium über »Bewegungserscheinungen im Pflanzenreiche« in Bonn habilitierte Evolutionsbiologe Friedrich Hildebrand (1835–1915). Letzterer erbrachte einen empirischen Nachweis für das von Darwin formulierte »allgemeine Naturgesetz«: 1867, ein Jahr vor seiner Berufung nach Freiburg/Brsg., erschien seine Schrift »Die Geschlechter-Vertheilung bei den Pflanzen und das Gesetz der vermiedenen und unvortheilhaften stetigen Selbstbefruchtung«.[565]

Zum Ende des Sommersemesters 1859 hatte der fast 80jährige Treviranus um Entpflichtung gebeten, allerdings nur von den Fundamental-Vorlesungen über Allgemeine Botanik, welche er 30 Jahre lang gehalten hatte. Bis zu seinem Tode 1864 bot er weiterhin regelmäßig Vorlesungen an, auch parallel zu seinem im April 1860 berufenen Nachfolger Hermann Schacht (1814–1864). Dieser in Hamburg ausgebildete Pharmazeut und praktizierende Apotheker war 1850 in Jena bei Schleiden promoviert worden. Nach Habilitation bei A. Braun in Berlin publizierte er seine methodisch-technologische Schrift »Das Mikroskop und seine Anwendungen« (1851) sowie entwicklungsgeschichtliche Arbeiten über die 30 Jahre zuvor von Treviranus beobachteten Interzellulär-Räume und Zell-Zell-Verbindungen (die »gehöften Tüpfel«). Nach seiner Berufung auf das Botanik-Ordinariat an der Universität Bonn blieben ihm bis zu seinem Tode allerdings nur vier Wirkungsjahre.

563 Alt/Sauer, Biologie (2016), S. 65–71.
564 Hesmer, Dietrich Brandis (1975).
565 Sauer, Darwinismus (2011).

Gründung des Botanischen Instituts und Aufbau der Pharmakognosie sowie Erweiterung und Ausbau des Botanischen Gartens (1865–1912)

Den Ruf als Nachfolger erhielt zu Beginn 1865 der vormalige Kustos des Königlichen Herbariums in Berlin, der dort und in Potsdam ausgebildete Gärtner und Privatdozent für Botanik Johannes Hanstein (1822–1880), welcher schon 1859/60 von Treviranus als sein Nachfolger favorisiert worden war. Gleich zu Beginn seiner fruchtbaren Bonner Tätigkeit bewirkte Hanstein die im Sommersemester 1866 vollzogene Gründung eines »Botanischen Instituts« im Poppelsdorfer Schloss. Dieses Institut war als solches das erste an einer deutschen Universität und auch das erste neuere naturwissenschaftliche Institut innerhalb der Bonner Philosophischen Fakultät. Schon im Laufe des Sommers 1867 konnte Hanstein einen Assistenten (J. B. Hüber) einstellen und dem neuen Institut – teils aus dem Kontingent seiner Wohnung – zusätzliche Räume verschaffen, insbesondere einen Hörsaal mit Vorbereitungsräumen im Nordost-Mittelturm über dem Schlosseingang.[566] Schon im Januar 1865 war Hanstein in das Direktorat des naturwissenschaftlichen Seminars als Vorsteher der botanischen Abteilung berufen worden, während die Leitung der chemischen Abteilung noch Hans Heinrich Landoldt unterstand, der vom Poppelsdorfer Schloss aus den Neubau des Chemischen Instituts besorgte und dessen Einweihung 1867/68 zusammen mit dem neu berufenen Institutsdirektor August Kekulé durchführte. Erst durch Landoldts Weggang wurden 1870 die ehemaligen Chemie-Räume im Schloss für das Botanische Institut frei.

Nach dem Tode des Mathematikers und Physikers Julius Plücker 1868 wurde Hanstein, der in jedem Wintersemester die »Botanische Pharmakognosie« zunächst selbst gelesen hatte, auch Direktor des »pharmaceutischen Studiums«. Sein Einsatz für die Ausbildung von Lehrern und Apothekern passt dazu, dass er sein Naturwissenschaftsstudium zwischen 1844 und 1849 in Berlin, vor allem bei Johannes Müller, sowohl mit Promotion als auch mit Staatsexamen abgeschlossen hatte, um danach für zehn Jahre zunächst als Lehrer an Berliner (Real- und Gewerbe-)Schulen zu wirken und sich währenddessen an der Universität für Botanik zu habilitieren (1855). Seine Publikationen lagen schon früh auf dem Spezialgebiet der mikroskopischen Pflanzen-Morphologie, aber auch in Pflanzensystematik. Seine im Februar 1866 (wegen der hierin vorkommenden »modernen Ausdrücke«) bewusst auf Deutsch gehaltene Antrittsvorlesung an der Bonner Philosophischen Fakultät »Ueber die Richtungen und Aufgaben der neueren Pflanzen-Physiologie« brachte neben einem historischen Rückblick eine deutliche Kritik an der einseitigen Schleiden'schen Zelltheorie und stattdessen ein klares Plädoyer für physiologische Ursachenanalysen. Das hierzu

566 Fitting, Geschichte (1933).

erforderliche »rationell angestellte Experiment« sollte versuchen, »im Organischen eben das Eigenartige und Andersartige zur erkennen und als solches zu analysieren«.

Obwohl Hanstein primär pflanzenmorphologisch arbeitete, entwickelte er in den Jahren 1873 bis 1875 auch einen eigenen experimentell-basierten Theorie-Standpunkt zur damals hochaktuellen Frage, ob und wie organische Prozesse auf physikalisch-chemische Gesetze atomarer Wechselwirkungen zurückgeführt werden könnten. In seiner letzten Arbeit über die »Biologie des Protoplasmas« (1882 posthum), welche eigene Beobachtungen über Zellkern-Morphologie insbesondere bei der Teilung darstellte und theoretisch interpretierte, bezeichnete er den Zellkern als ein gehirnähnliches »Centralorgan« für die gesamte Lebenstätigkeit der Zelle. Hiermit prognostizierte Hanstein, noch gut 20 Jahre vor Formulierung des Gen-Begriffs und knapp 80 Jahre vor Entschlüsselung der DNA, die zentrale Bedeutung der genetischen Regulation, wobei er in vorsichtiger Distanz zum Darwinismus dem Organismus Fähigkeiten zur eigen-gestalterischer Variation und Selektion durch diverse »Reaktions- und Nützlichkeitsbewegungen« zuerkannte.[567]

Nachdem der Botanische Garten jahrzehntelang primär dem Garteninspektor und dem Adjunkten überlassen war, widmete sich der neue Gartendirektor Hanstein mit Liebe der Ausgestaltung des Gartens und Neugestaltung des Systems, zusammen mit dem 1871 als Nachfolger von Sinning bestellten Gärtner Julius Bouché (1846–1922). Dessen Vater hatte er als Garteninspektor und Konstrukteur des Großen Palmenhauses in Berlin kennen gelernt, so dass nun ein ganz ähnlicher, schmuckvoller Eisen-Glas-Bau auch in Bonn entstand (1875) sowie ein rundes »Victoria-regia-Haus« (1878).[568] Bouché, seit 1875 Garteninspektor, und sein Stab konnten im Folgejahr 1879 einen zweigeschossigen Neubau des Gärtnerhauses an der Meckenheimer Allee beziehen (Ort des heutigen Nees-Instituts), in dessen noch aus kurfürstlicher Zeit stammendem Vorbau Sinning über fünf Jahrzehnte lang gewirkt hatte. Außerdem wurde das Gartengelände über den südöstlichen Graben des Schlossweihers hinaus erweitert. Obwohl seit 1875 durch Erkrankung eingeschränkt, war Hanstein für mehrere Jahre Senator und wurde schließlich im Akademischen Jahr 1879/80 zum Rektor gewählt, allerdings verstarb er bald darauf im Amt.

Nach Hildebrands Berufung 1868 auf das Freiburger Botanik-Ordinariat hatte Hanstein in den ihm verbleibenden zwölf Jahren nacheinander fünf fähige Privatdozenten beschäftigen können, die am Botanischen Institut forschten, zusätzliche Lehre (außer der »botanischen Pharmakognosie«) übernahmen und nach ihrem Weggang von Bonn als Professoren der Botanik allesamt große Be-

567 Vgl. auch Alt, Campus Poppelsdorf (2005).
568 Fitting, Geschichte (1933).

deutung erlangten.[569] Letzter in dieser Reihe war der aus Halle gekommene Privatdozent für Botanik und Pharmazie Friedrich Schmitz (1850–1895), der nach Hansteins Tod als fachkundiger Herausgeber von dessen posthum veröffentlichten Schriften wirkte und bis zu seinem Wechsel 1884 auf das Greifswalder Botanik-Ordinariat Kustos der hiesigen Botanischen Anstalten war.

In Nachfolge von Hanstein kam 1881 Eduard Strasburger (1844–1912) von Jena als Ordinarius an die Bonner Universität zurück. Denn das an der neugegründeten Universität seiner Heimatstadt Warschau zunächst begonnene naturwissenschaftliche Studium mit Schwerpunkt Botanik hatte Eduard Strasburger 1864 in Bonn weitergeführt. Dort waren seine Lehrer Max Schultze, Troschel und insbesondere Schacht, der ihm seine neuesten Mikrotom- und Mikroskopie-Techniken vermittelte und eine Assistentenstelle anbot. Nach dessen plötzlichem Tod wechselte Strasburger zu Pringsheim nach Jena, wo er als dessen Assistent am »Phyto-physiologischem Laboratorium« 1866 mit einer Dissertation über die Spaltöffnungen und das Chlorophyll des Farnblatts promoviert wurde. Nach in Warschau erfolgter Habilitation trat er in Jena die Nachfolge Pringsheims an als Extraordinarius (1869) beziehungsweise Ordinarius (1871). Freundschaftliche und wissenschaftliche Nähe zu seinem zehn Jahre älteren Zoologie-Kollegen Haeckel ließen Strasburger dort als 29jähriger begeisterter »Darwinianer« eine programmatische Antrittsvorlesung »Über die Bedeutung phylogenetischer Methoden für die Erforschung lebender Wesen« halten. Als er nun den Ruf nach Bonn erhielt, hatte er mit Hilfe gezielt eingesetzter Fixierungs- und Färbemethoden sowie neuester, von seinem Freud Ernst Abbe konstruierter Mikroskope schon wesentliche Eigenschaften der Pflanzen-Zellkerne und ihrer Teilung aufgeklärt, so dass er eine völlig umgearbeitete dritte Auflage seines 1875 erschienenen Buchs »Über Zellbildung und Zellteilung« mitbrachte.

Seine zell-morphologische Forschung und Lehre konnte Strasburger im Poppelsdorfer Schloss intensivieren. So publizierte er 1884 seine entscheidende Beobachtung, dass die beiden Zellkerne bei der sexuellen Befruchtung von Blütenpflanzen verschmelzen. Für die botanischen Praktika baute er zwei große Mikroskopier-Säle im Botanischen Institut aus. In seiner botanischen Lehre und Forschung betonte Strasburger nicht nur den phylogenetischen Aspekt, sondern auch den damit verbundenen ökologischen, vor allem die zell-physiologischen Entwicklungs- und Funktionsweisen, so in seinen Arbeiten über Pollenschlauch-Wachstum und Eizellen-Befruchtung.[570] Auch seine Antrittsrede als Rektor des Akademischen Jahres 1891/92 widmete er dem Thema »Das Protoplasma und die Reizbarkeit«, worin er auch auf ähnliche Theorien seiner medizinischen Kolle-

569 Siehe die ausführlichere Darstellung in Alt/Sauer, Biologie (2016), S 78–82.
570 Ebd., S. 85.

gen in Poppelsdorf hinwies, nämlich des schon 1876 verstorbenen Anatomen Max Schultze sowie des parallel zu ihm 30 Jahre lang wirkenden Physiologen Eduard Pflüger. Mit diesen und weiteren Arbeiten, welche sich der Klärung komplexer Fragen der Reduktionsteilung, Spindelbildung sowie der Chromosomen als Vererbungsträger (1900) und der Geschlechtsdifferenzierung bei diözischen Pflanzen (1900) widmeten, ist Strasburger zum führenden Begründer der modernen Botanik und insbesondere der Pflanzen-Zytologie geworden.[571] Zwei epochemachende Lehrwerke hat er hinterlassen: »Das Botanische Praktikum. Anleitung zum Selbststudium der mikroskopischen Botanik« (1884) und den weltbekannten, derzeit in seiner 36. Auflage befindlichen »Strasburger«, das umfassende »Lehrbuch für Botanik an Hochschulen«. Dessen erste Auflage (1894) wurde als »Bonner Viermännerbuch« in vier Teilen verfasst von ihm selbst (Einleitung und Morphologie), seinen beiden Assistenten Fritz Noll (1858–1908; Physiologie) und Heinrich Schenk (1860–1927; Kryptogamen) sowie seinem Kustos Andreas Franz Wilhelm Schimper (1856–1901; Phanerogamen). Einzelheiten hierzu sowie zur weiteren Besetzung von Extraordinariat und Kustodenstelle sind in der ausführlicheren Biologie-Geschichte dargestellt.[572]

Der Kustos und die jeweiligen Assistenten Strasburgers waren sowohl für das Botanische Institut als auch den Botanischen Garten eingestellt, so dass dieser sich als Direktor primär seinen Forschungen und weiteren Aktivitäten widmen konnte (etwa im Naturhistorischen Verein, im Poppelsdorfer Gemeinderat oder auf seinen zahlreichen »Riviera«-Reisen). Nach zügiger Erweiterung der Gartenfläche auf $8\frac{1}{2}$ Hektar durch Zuschüttung des halben Schlossweihers und nach Einfriedung mit einem eisernen Gitter konnte unter dem neuen Garteninspektor und Dendrologen Ludwig Beißner (1843–1927) ab 1887 auf den neu entstandenen Gartenstreifen eine ökologische sowie eine landwirtschaftliche Abteilung eingerichtet und das Arboretum neu bepflanzt werden. Der nun nach Berlin zweitgrößte botanische Garten Preußens war an drei Nachmittagen geöffnet, an einem auch die teilweise schon baufälligen Gewächshäuser. Als Behelf errichtete Strasburger 1892/93 auf dem Dachboden an der Nordostfront des Poppelsdorfer Schlosses ein kleines Gewächshaus, nachdem er schon 1890 die Eckräume im Ostturm als Laboratorien für das Botanische Institut hinzugenommen hatte, welches nun im Obergeschoss des Schlosses inklusive der Direktoren-Wohnung eine durchgehende Zimmerflucht der südöstlichen Schlosshälfte bildete, von der Kapelle bis zum Hörsaal über dem Eingang. Es sei auch auf seine 30jährige Mitgliedschaft im »Wissenschaftlichen Kränzchen« hingewiesen, dem seit Gründung 1877 schon Hanstein angehört hatte. Insgesamt 13 Vorträge aus sei-

571 Karsten, Eduard Strasburger (1912); Volkmann, Eduard Strasburger (2013).
572 Alt/Sauer, Biologie (2016), S. 87–89.

nem Forschungsbereich hat er dort gehalten, so im Juni 1910 über »Einwendungen gegen Darwin's natürliche Zuchtwahl« und im Januar 1912 – kurz vor seinem Tode – »Über die Bedeutung der Kerne als Erbträger«.[573]

Botanisches Institut und Botanischer Garten in den Kriegs- und Nachkriegszeiten sowie Gründung des Pharmakognostischen Instituts (1912–1969)

Als Nachfolger Strasburgers wurde zum Oktober 1912 der Pflanzenphysiologe Hans Fitting (1877–1970) berufen. Nach Studium der Botanik, Chemie und Geologie mit Promotion in Straßburg habilitierte er sich 1903 als Assistent von Vöchting in Tübingen »Über den Haptotropismus der Ranken« und erbrachte bis 1907 den experimentellen Nachweis, dass geotropische Reizbewegungen nicht durch eine unmittelbare »Statolithen-Theorie« zu erklären sind. Nach Studien mit Orchideenblüten, welche Fitting auf einer Java-Stipendienreise 1907/08 begonnen hatte, entdeckte er dann 1909 einen stark löslichen chemischen Stoff als Blühinduktor, welcher sich Jahrzehnte später als »Auxin« herausstellte. Diese sowie weitere Arbeiten zum Wasserhaushalt von Wüstenpflanzen führte er am Botanischen Institut in Straßburg durch, wohin ihn 1908 sein ehemaliger Lehrer, der Pflanzenphysiologe Ludwig Jost (1865–1947), als Extraordinarius geholt hatte.

Nach kurzen Zwischenstationen in Halle und Hamburg übernahm er nun in Bonn nach eigenen Worten die »sehr dornenvolle Aufgabe«, aus den kaum verbesserungswürdigen Räumen des vernachlässigten Botanischen Instituts im Poppelsdorfer Schloss »ein möglichst ›modernes‹ Institut hervorzuzaubern«.[574] Dazu hatte ihm die preußische Regierung bis zum Jubiläumsjahr 1918 einen Instituts-Neubau versprochen – »allerdings unter der Voraussetzung, dass es vorher nicht zum Krieg komme« – und ausreichende Mittel bereitgestellt für den Bau des heute noch bestehenden Versuchsgewächshauses im Botanischen Garten zur Durchführung physiologischer Experimente. Zusammen mit dem im April 1913 aus Göttingen gekommenen neuen Garteninspektor Christian Wiesemann (1876–1968) gelang die Fertigstellung kurz vor Ausbruch des Ersten Weltkrieges. Im Obergeschoss des Poppelsdorfer Schlosses hatte Fitting gleich 1912 den Hörsaal erweitern und den südwestlichen Trakt (zwischen Kapelle und seiner Wohnung) zu Laboratorien ausbauen lassen. Die durch Schenkung der

573 Ebd., S. 165; Barthlott, Krän. Für weitere Details zu Strasburgers Wirken vgl. Fitting, Geschichte (1933); ders., Romantische Schule (1970); Stoverock, Poppelsdorfer Garten (2001) sowie zeitgenössisch den Nachruf von Karsten, Eduard Strasburger (1912).

574 Fitting, Mein Leben (1970); Unterstreichung im Original.

Abb. 25: Johannes Fitting, Botanik

privaten Strasburger-Bibliothek seitens seiner Erben wesentlich aufgestockte Instituts-Bücherei wurde in wenigen Räumen unter der südöstlichen Mittelkuppel aufgestellt und das Herbarium auf deren Mansarde deponiert. Noch 1913 erschien in Bonn die 12. Auflage des »Strasburger«-Lehrbuchs, dessen Einführungs- und Morphologie-Teil Fitting auf Wunsch des Mitherausgebers Jost übernommen hatte und 40 Jahre lang bis zur 26. Auflage 1954 weiterführte.

Fittings Wirkungszeit bis zu seiner Emeritierung im Oktober 1946 umfasste beide Weltkriege, an deren Ende ihm jeweils das Nachkriegs-Dekanat (1918–1919 und 1945–1946) übertragen wurde. Während der kritischen Jahre 1922 bis 1924 amtierte er zudem als Rektor beziehungsweise Prorektor. Dies ließ ihm nur etwas mehr als ein Jahrzehnt frei für eigene Forschungen.[575] Neben weiteren reiz- und entwicklungsphysiologischen Themen (Wundhormone, Dorsi-Ventralität) wandte er sich seinem zweiten Arbeitsgebiet zu, der ökologischen Pflanzenphysiologie und -morphologie« mit biogeographischen Standort-Analysen. Mit seiner Unterstützung habilitierte sich im Kriegsjahr 1944 die Wissenschaftliche Mitarbeiterin am Naturhistorischen Verein in Bonn, Käthe Kümmel (1905–1995), beim Geographen Carl Troll aufgrund einer pflanzengeographisch-vegetationskundlichen Studie über das mittlere Ahrtal.[576]

In ähnlichem Maße unter Einbeziehung von Erfahrungen und Sammlungen seiner Tropenreisen widmete sich Fitting dem Botanischen Garten, in steter Unterstützung durch den (1927 beförderten) Gartenoberinspektor Wiesemann: Ergebnisse waren der Neubau des ehemaligen Palmenhauses sowie der Umbau des zugehörigen Pförtnergebäudes aus Mitteln des staatlichen »Rheinlandfonds« (1923–1926), die Anlage einer Xerophyten-Terrasse vor der sonnigen Südwestfront des Schlosses (ab 1924) sowie eines runden Wasserpflanzen-Beckens inmitten des Systems (1925).[577]

Die vor und nach den Kriegen zeitweise stark angewachsene Nachfrage nach botanischen Vorlesungen, Übungen und Praktika (für Biologen, Mediziner, Pharmazeuten sowie Nahrungsmittelchemiker) wurde mit Hilfe des Extraordinarius und dreier Assistenten bewältigt, von denen jeweils einer als Privatdozent und Kustos mitwirkte.[578] Zusätzlich zur standardmäßigen »Pflanzengeographie« wurden Vorlesungen über »Allgemeine Vererbungslehre« und »Entwicklungsmechanik von Pflanzen« angeboten sowie erstmalig eine Vorlesung zur »Biochemie der Pflanzen« von dem nur für ein Jahr in Bonn gebliebenen Pfeffer-Schüler und Stoffwechsel-Physiologen Kurt Noack (1888–1963). Nach dessen Weggang auf das Erlanger Botanik-Ordinariat wurden die für das Sommersemester 1922 schon angekündigten Pharmakognosie- und Systematik-Veranstaltungen durch einen kurzfristig erteilten Lehrauftrag an den Göttinger Botanik-Extraordinarius Siegfried Veit Simon (1877–1934) garantiert. Ende 1922, unter dem Rektorat von Fitting, bewirkte die Philosophische Fakultät die Berufung von Simon als »persönlicher ordentlicher Professor« zwecks Vertretung des planmäßigen Extraordinariats für »Botanik, Pharmakognosie und Nahrungsmittelbotanik« sowie Übernahme der Kustoden-Aufgaben in Institut und Garten. Dazu gehörten neben der dortigen Aufsicht insbesondere die Leitung von Exkursionen, die Führung des Herbariums und die Überwachung der Pflanzenbestimmungs-Übungen. Zusätzlich widmete sich Simon dem aufblü-

575 Ders., Physiologie (1922).
576 Vgl. Kümmel, Pflanzensoziologische Struktur (1952).
577 Stoverock, Poppelsdorfer Garten (2001), S. 232–241.
578 Vgl. für weitere Details Alt/Sauer, Biologie (2016), S. 93.

henden Gebiet der Vererbungsphysiologie und Genetik, so dass Anfang der 1930er Jahre auch in der Botanik wieder Veranstaltungen zur »Vererbungslehre« angeboten werden konnten. Dies war in der Zoologie schon vorher regelmäßig erfolgt und wurde dann während der nationalsozialistischen Zeit zu einer wechselseitig gehaltenen großen Pflichtvorlesung, vor allem für Medizin-Studierende.

Als aber Simon kurz vor Wintersemesterbeginn 1934/35 wegen einer schließlich tödlich verlaufenden Erkrankung ausfiel, war Fittings kurz zuvor habilitierter zweiter Assistent Walter Schumacher (1901–1976) zur Stelle: Als ausgebildeter Apotheker und Privatdozent übernahm er die schon angekündigte Lehre in Pharmakognosie und Nahrungsmittelbotanik und wurde dann zum April 1936 als Nachfolger zum »persönlichen ordentlichen Professor« mit Extraordinarien-Gehalt ernannt. Nun war das 1934 durch die Relegation Hausdorffs freigewordene dritte Mathematik-Ordinariat inzwischen von der Universitätsleitung und der nationalsozialistischen Regierung dem Botanischen Institut zugedacht worden (wahrscheinlich wegen der Bedeutung genetischer Pflanzenforschung) und wurde Schumacher schließlich im Kriegsjahr 1941 als zweites planmäßiges Botanik-Ordinariat zugesprochen. Dieser führte in Bonn sein volles Lehrdeputat und seine experimentellen Forschungen zum intrazellulär vermittelten Nah- und Ferntransport pflanzlicher Stoffe weiter, allerdings ohne die Funktion des Kustos innerhalb der Botanischen Anstalten wahrzunehmen, was zu Spannungen mit dem ersten Ordinarius Fitting führte. Noch während des Krieges erschien 1944 die 22. Auflage des »Strasburger«, für die neben Fitting erstmals auch Schumacher als Mitherausgeber des Jostschen Physiologie-Teils auftrat. Diese Zusammenarbeit sollte zehn Jahre lang über fünf Auflagen hin andauern.

Beim Bombardement des Poppelsdorfer Schlosses am 4. Februar 1945 war im Gegensatz zu den Bereichen der Zoologie und Mineralogie fast der gesamte Trakt des Botanischen Instituts relativ verschont geblieben, allerdings waren die Laboratorien durch Brand-Zerstörung unbenutzbar geworden (wertvolle Instrumente und Mikroskope waren nach Göttingen ausgelagert). Im Mai 1945 konnte der evakuierte Direktor und spätere Nachkriegsdekan Fitting im Auftrag der Besatzungsmacht zurückkehren und etliche Teile bergen (Bibliothek, Herbar und Schautafeln), musste den Unterrichts-Betrieb zum Wintersemesters 1945/46 aber ersatzweise im landwirtschaftlichen Institut für Pflanzenkrankheiten (Nussallee 9) aufnehmen. Anfang 1946 hatte Fitting als Leiter der Wiederaufbau-Kommission dem Ministerium vorgeschlagen, in Alternative zum Wiedereinzug in ein zu beengtes Poppelsdorfer Schloss das ausgebrannte Garteninspektor-Haus zum Botanischen Institut auszubauen. Nach seiner krankheitsbedingten Emeritierung zum Oktober 1946 und nach Rückgabe seines Ordinariats an die Mathematik (Beförderung Peschls) wurde der verbleibende Botanik-Ordinarius

Schumacher zum Februar 1947 Direktor der Botanischen Anstalten. Als solcher führte er die Bauplanungen zügig weiter und konnte nach zweijähriger Bauzeit im Frühjahr 1949 in das aufgestockte neue Institutsgebäude (heute Meckenheimer Allee 170) umziehen, mit drei Assistenten und dem Emeritus Fitting sowie mit dem neuen Kustos Heinz Paul (1908–1980) und dem 1948 berufenen Extraordinarius Maximilian Steiner (1904–1988). Steiner hatte als in Wien promovierter und in Göttingen tätiger chemischer Pflanzenphysiologe und ökologischer Pflanzengeograph schon ab Juni 1947 die Vertretung des planmäßigen Extraordinariates mit Lehre in Pharmakognosie und Pflanzen-Systematik übernommen und zusammen mit Schumacher erstmals ein »Botanisches Colloquium« angeboten. Die vorher von Schumacher geleisteten Kustoden-Funktionen waren davon abgetrennt und auf eine neugeschaffene Kustoden-Stelle übertragen worden; diese bekleidete, zunächst für ein Jahr vertretungsweise und dann 1949 voll, der in Königsberg promovierte Zoologe und kriegsverletzte Mathematik- und Latein-Lehrer Paul.

Auch schon Anfang 1948 war als Ersatz für den pensionierten Gartenoberinspektor Wiesemann der aus Schlesien geflüchtete Gartenarchitekt Jürg Strassberger (1907–1973) zunächst probeweise, dann ab 1949/1950 als Gartenleiter angestellt worden. In planender und tätiger Zusammenarbeit mit diesem und dem Kustos Paul gelang es dem Gartendirektor Schumacher, innerhalb von fünf Jahren den verwüsteten Botanischen Garten wieder neu anzulegen: Aufbau der Gewächshäuser, Anlage eines neuen »phylogenetischen Systems der Angiospermen«, die südwestliche Schlossterrasse mit dem heutigen Wasserpflanzenbecken, ein »Zwiebel- und Schmuckgarten« nach Verlegung der Arzneipflanzen-Abteilung, eine »historische« sowie eine »Blüten- und Frucht-ökologische« Abteilung. Mit der Verlegung von Wasserleitungen erhielten alle Wege einen neuen Unterbau und 1996 historische Namen von etlichen, für den Garten wichtigen Persönlichkeiten.[579] Maximilian Steiner als Extraordinarius für »Botanik, Pharmakognosie und Nahrungsmittelbotanik« nahm an der Gartengestaltung nicht teil, sondern konzentrierte sich auf seine umfangreiche Lehre, wobei er neben mehreren Praktika auch ein zusätzliches »Pharmakognostisches Colloquium« einführte. Seine Selbständigkeit verstärkte sich durch die Ernennung zum »persönlichen Ordinarius« im Juli 1949 und durch einen Ruf auf das Gießener Botanik-Ordinariat im Mai 1950, so dass nach intensiven Bleibeverhandlungen mit dem Kultusministerium – und nach Abklärung von Zuständigkeiten mit Schumacher als Direktor des Botanischen Instituts – Steiner unter Verzicht auf die botanische Systematik-Lehre schließlich Anfang des Wintersemesters 1951/52 zum planmäßigen Ordinarius für »Pharmakognosie« und Direktor eines neuen »Pharmakognostischen Institutes« ernannt wurde. Dieses

579 Stoverock, Poppelsdorfer Garten (2001), S. 253; Lobin, Wegenamen (2014).

konnte zum folgenden Wintersemester in die aufgestockten Räume des botanischen Kurssaal-Anbaus (heute Nussallee 2) mit einem Assistenten und einer Hilfskraft einziehen und den daran angebauten Großen Hörsaal der Botanik ab 1957 mitnutzen.

In den 22 Jahren seines engagierten Wirkens an der Universität und in der Stadt Bonn entwickelte Steiner zusammen mit einem Schülerkreis von bis zu vier Assistenten und zwei Privatdozenten sowie mit eigenem Kustos die Pharmakognosie zu einem bedeutenden Forschungs- und Lehrbereich mit Ausrichtung auf eine vergleichende Chemie pflanzlicher Naturstoffe. Dementsprechend ordnete sich das Institut 1964 – nach Einzug in den Neubau Nussallee 6 – primär der Fachgruppe Chemie beziehungsweise 1971 der neu gebildeten Fachgruppe Pharmazie zu, verblieb aber auch nach Umbenennung 1973/74 als »Institut für Pharmazeutische Biologie« bis heute Mitglied der Fachgruppe Biologie.[580]

Dem chemischen Physiologen Hermann Fischer (1911–1986), Schüler von Noack in Berlin, unter Fitting seit 1937 – bis auf den Kriegsdienst – durchgehend Assistent der Botanischen Anstalten und nach seiner Habilitation 1949 Oberassistent bei Schumacher, wurde 1958 aufgrund seiner engagierten Lehre (insbesondere der pflanzenphysiologischen Übungen) sowie seiner experimentellen Arbeiten zur pflanzlichen Zell- und Ökophysiologie eine Diätendozentur und außerplanmäßige Professur verliehen. Schon vier Jahre später erfolgte seine Ernennung zum Wissenschaftlichen Rat und Leiter der von ihm aufgebauten »Abteilung für experimentelle Ökologie«, die er von 1964 bis zu seiner Pensionierung 1976 in den ehemaligen Räumen der Pharmakognosie führte. Er organisierte erstmals botanische Seminare sowie ökophysiologisch orientierte Geländekurse über Habitate und organismische Wechselwirkungen. Noch mit über 70 Jahren führte er seine beliebten Exkursionen und Blockkurse durch.[581]

Während Direktor Schumacher seine eigenen Forschungen über Funktion und Struktur der Siebröhren sowie über zelluläre Verbindungen zwischen Wirtspflanzen und parasitären Haustorien mit Hilfe seiner zahlreichen Schüler und Assistenten fortführte, unterstützte er den Auf- und Ausbau weiterer Arbeitsgebiete: Unter Leitung des habilitierten Assistenten Rainer Kollmann entstand 1967 eine zweite Abteilung für Elektronenmikroskopie, für die Schumacher noch vor seiner Emeritierung 1969 ein eigenes Laboratoriums-Gebäude (heute Venusbergweg 22) in Auftrag gab; parallel dazu gründete er eine dritte Abteilung für chemische Pflanzenphysiologie, die von zwei kurz nacheinander (1963/64) habilitierten Dozenten geleitet wurde: Dieter Klämbt (*1930) und Johannes Willenbrink (1930–2008). Während Letzterer bald auf das Kölner

580 Rücker/Panatowski; Pharmazie (2009); siehe auch den Beitrag zur Geschichte der Pharmazie in diesem Kapitel.
581 UAB, MNF, PA 14884; Chronik 1985/86.

Botanik-Ordinariat wechselte, führte Klämbt als Wissenschaftlicher Rat und später auch apl. Professor die Abteilung unter dem neuen Titel »Molekularbiologie der Pflanzen« weiter und richtete hierzu ein gleichnamiges Praktikum ein. Seine Forschungs- und Lehrthemen »Pflanzliche Wuchsstoffe« und »Immunbiologie« stellten eine methodische und konzeptionelle Erweiterung der in der Bonner Botanik bisher betriebenen chemischen Pflanzenphysiologie dar.

Erweiterungen und Differenzierungen von Forschung und Lehre sowie Institutsaufgliederung der Bonner Botanik (1970–2016)

Zur Nachfolge Schumachers wurden von Fachgruppe Biologie und Mathematisch-Naturwissenschaftlicher Fakultät die Berufungen für gleich zwei (!) Botanik-Ordinariate durchgeführt, um das Direktorat des gewachsenen Botanischen Instituts »zu gleichen Rechten und Pflichten« aufzuteilen.[582] Angenommen hatte den Ruf auf »Lehrstuhl Botanik II« schon zum Jahresbeginn 1970 der Abteilungsleiter für »Enzymatische Regulation« bei der Gesellschaft für Molekularbiologische Forschung in Stöckheim (Braunschweig), Augustin Betz (1920–2003). Nach Promotion in Erlangen war er schon von 1952 bis 1961 in Bonn gewesen als Assistent von Schumacher und hatte dort ein neues Labor für biochemische Analyse des oszillierenden Zellstoffwechsels (in Wurzelmeristemen und Hefe) eingerichtet. Entsprechend seinem bisherigen Arbeitsgebiet hielt er nun seine Antrittsvorlesung über »Rhythmische Prozesse im Lebensgeschehen« und etablierte eine neue »Abteilung für Bioregulation« mit vier Mitarbeitern im schrittweise umgebauten Soennecken-Fabrikgebäude, welches er in ein funktionsfähiges Institutsgebäude verwandelte (Kirschallee 1–3). Angesichts der steigenden Studierendenzahlen erwirkte Betz ab Sommersemester 1971 eine Straffung und Intensivierung der gesamten Biologie-Ausbildung, vor allem durch Einführung der allgemeinen biologischen Grundvorlesung sowie der bewährten und bis heute praktizierten vierwöchigen Blockkurse.

Nachdem die inzwischen mehrfach ausgesprochenen Berufungen auf den Lehrstuhl »Botanik I« unter anderem wegen eines fehlenden Gesamt-Konzepts zum geplanten Biologie-Zentrum erfolglos waren, wurde nach einer weiteren Ausschreibungsrunde schließlich zum September 1972 der Bonner Pflanzen-Cytologe Andreas Sievers (1931–2009) als zweiter Mitdirektor der botanischen Anstalten berufen. Nach Promotion 1958 über die »Darstellbarkeit von Ektodesmen« bei Schumacher war er zunächst als Assistent, dann ab 1963 neben Paul als zweiter Kustos zuständig für die Betreuung der mikroskopischen Appara-

582 UAB, MNF, PA 14884.

turen am Botanischen Institut.[583] Nach seiner Habilitation 1967 war er aufgrund seiner originären Forschungen über submikroskopische Zell-Strukturen (Rolle von Golgi-Apparat und Statolithen beim Geotropismus) 1970 zum beamteten apl. Professor ernannt worden und leitete seither die Abteilung »Elektronenmikroskopie« im Venusbergweg 22. Diese nannte er nun »Abteilung für Cytologie« und erweiterte sie zusammen mit drei wissenschaftlichen Mitarbeitern und dem Akademischen Rat Maximilian Boecker (*1938), der für Lehre und für Exkursionen beauftragt war.

Das gesamte Botanische Institut wurde im Laufe von drei Jahren personell auf das zwei- bis dreifache vermehrt und durch Einrichtung von physiologisch-chemischen Labors wesentlich erneuert: der 1969 bei Steiner habilitierte pharmazeutischen Botaniker Thomas Hartmann (*1939) leitete eine zusätzliche Abteilung »Biochemie« in der Kirschallee und der aus München als Wissenschaftlicher Rat und Professur berufene »Pollen-Systematiker« Peter Leins (*1937) leitete eine sechste Abteilung »Morphologie und Systematik« im alten Institutsgebäude, wodurch dieses Gebiet nach der Entpflichtung von Paul fortgesetzt wurde.

Das derart vergrößerte Botanische Institut, mit seiner Gliederung in sechs Abteilungen und entsprechende Forschungsgebiete, hatte so zu Anfang der 1970er Aufbaujahre eine grundlegende Strukturierung erhalten, welche sich bis auf leichte Modifikationen auch nach 40 Jahren im heutigen Bestand der Professuren und Abteilungen widerspiegelt. Allerdings wurde das Botanische Institut im Jahr 2003 in drei eigenständige, miteinander kooperierende Institute aufgetrennt und einem Institut die Direktion der zuvor zusammengeführten Botanischen Gärten der Universität übergeben. Abschließend soll in drei gesonderten Abschnitten die Entwicklung der jeweiligen thematischen Bereiche bis zur aktuellen Situation kurz dargestellt werden.[584]

Systematik und Biodiversität (seit 2002/03: Botanische Gärten und Nees-Institut)

In wechselnder Geschäftsführung des Botanischen Instituts und Gartens konnten die beiden Direktoren Sievers und Betz seit 1972/73 die Gartengestaltung in Zusammenwirken mit dem Blütenentwicklungs-Experten Leins einem neu bestellten Leitungssteam anvertrauen: Als Garteninspektor dem ehemaligen Obergärtner Heinz Nettekoven (1926–1985) und als Kustos dem in Bonn promovierten Assistenten und Akademischen Oberrat Klaus Kramer (*1940). Insbesondere musste zwischen 1979 und 1984 die gesamte Gewächshausanlage

583 UAB, MNF, PA 16597.
584 Für weitere Details vgl. Alt/Sauer, Biologie (2016).

erneuert werden. Als Leins 1983 nach Heidelberg berufen wurde, schrieben Fachgruppe und Fakultät seine Stelle (nach Tausch mit der Stelle des emeritierten Protozoologen Scholtyseck) als C4-Professur für »Systematische Botanik« aus und gewannen hierfür den C3-Professor am gleichnamigen Institut der FU Berlin, Wilhelm Barthlott (*1946), welcher 1985 zum (nun wieder einzigen) Direktor des Botanischen Gartens ernannt wurde. Nach Promotion in Heidelberg über »Systematik und Biogeographie epiphytischer Kakteen« hatte er schon als Assistent die beiden Themenbereiche seines späteren Lebenswerks gefunden: Biogeographische Tropenökologie sowie Raster-Elektronenmikroskopie zur systematischen Struktur- und Funktions-Analyse pflanzlicher Grenzflächen, insbesondere von Blatt-Oberflächen.

In Bonn ließ Barthlott nach Einstellung des neuen technischen Gartenleiters Robert Krapp (1936–2005) und des neuen Kustos Wolfram Lobin (*1951) ein Schauhaus für fleischfressende Pflanzen errichten sowie nach Bleibeverhandlungen 1992 die Biotopanlage mit Moor und Trockenrasen. Forschungsprojekte mit wachsendem Mitarbeiterstab ermöglichten Barthlott ab 1994 die Patentierung von selbstreinigenden biomimetischen Oberflächen gemäß des »Lotus-Effekts«, welchen er ab 1992 mit seinem Schüler, dem Gärtner und Botaniker Christoph Neinhuis (*1962), systematisch analysierte. Ebenfalls 1994 gelang ihm zwecks Unterrichts-Entlastung und zur Betreuung der Biologie-Lehrerausbildung die Einstellung des Duisburger Bryologen Jan-Peter Frahm (1944–2014) als apl. Professor, welcher zusammen mit dem 1995 habilitierten Botanik-Assistenten und durch seine extensive Mitarbeit im Rheinland-Pfälzischen Ruanda-Projekt bekannten Systematiker und Ökologen Eberhard Fischer (*1961) einen viel beachteten »Exkursions-Führer« in die Bonner Umgebung geschrieben hat.

Als Nachfolger von Krapp übernahm die technische Gartenleitung 1999 Markus Radscheit (*1970), der im Bonner Garten sowie in den Londoner Kew Gardens ausgebildet worden war und sich unermüdlich für eine effektive Öffentlichkeitsarbeit des Botanischen Gartens eingesetzt hat. Dieser Schlossgarten wurde auf Initiative Barthlotts 2002 mit dem etwas jüngeren Nutzpflanzengarten der Landwirtschaftlichen Fakultät zur Zentralen Betriebseinheit »Botanische Gärten der Universität Bonn« zusammengelegt. Die übergreifende Direktion wurde dem 2003 durch Aufteilung des Botanischen Instituts gebildeten, von Barthlott geleiteten »Nees-Institut für Biodiversität der Pflanzen« zugeordnet, das den Namen des einstigen Gründers C. G. Nees aufgegriffen hat und weiter im alten Institutsgebäude verblieben ist.

Im Jahr 2007 wurde nach Planungen von Barthlott und Lobin das System vollständig erneuert, gemäß der historisch überlieferten Symmetrie des Schloss-Parterres und entsprechend dem aktuellen Kenntnisstand von Verwandtschaften mithilfe genetischer Marker. Zu diesem Arbeitsbereich wurde eine neue W2-Professur für »Molekulare Phylogenetik und Evolution« am Nees-Institut 2008 mit dem bei Neinhuis an der TU Dresden habilitierten Dietmar Quandt (*1972) passend besetzt, der unter anderem mit computergestützten Methoden eine neue Abteilung »Molekulare Systematik« aufgebaut hat. Daneben besteht derzeit am Nees-Institut noch die von Barthlott auch nach seiner Emeritierung 2011 weitergeführte Abteilung »Biodiversität und Bionik« sowie die Stammabteilung »Systematik und Blütenökologie« des neu berufenen C4-Professors und Gartendirektors Maximilian Weigend (*1969). Dieser hatte sich 2005 als Assistent am gleichen Berliner Institut wie Barthlott habilitiert und insbesondere über Blumennesselgewächse in Südamerika geforscht.

Bioregulation, Molekulare Biochemie, Physiologie und Biotechnologie (seit 2003: IMBIO)

Nach seiner Emeritierung 1985 führte Betz den Blockkurs »Stoffwechselphysiologie« im Lehrauftrag noch einige Semester weiter, dann übernahm diese Funktion Klämbt, bevor als Nachfolger schließlich 1989 der Biochemiker und Pflanzenphysiologe Herbert Böhme (1944–2003) aus Konstanz berufen werden konnte. Dort hatte er nach Promotion in Göttingen seit 1973 als Assistent und C2-Professor über Bioenergetik der Photosynthese gearbeitet mit neueren Cytochrom-Untersuchungen der Elektronentransportkette. In der nun »Molekulare Biochemie« benannten Abteilung des Bonner Botanischen Instituts sowie im Forscherverbund CYANOFIX fokussierte er sich auf die Rolle der Ferrodoxine bei der Stickstoff-Fixierung in Cyanobakterien. Die schon seit Jahrzehnten geplante Errichtung des »Biozentrums I« hat Böhme wesentlich vorangetrieben, konnte sich aber am Einzug seiner Abteilung in das 1999 vollendete Gebäude (Karlrobert-Kreiten-Str. 13) wegen Erkrankung nicht mehr aktiv beteiligen und wurde 2000 vorzeitig entpflichtet. Die Leitung der Abteilung, in der seine Schüler die Untersuchungen zur Wasserstoffproduktion von Cyanobakterien und Algen zunächst fortsetzen konnten, übernahm dann für drei Jahre der als Hauskustos des Soennecken-Gebäudes fungierende Akademische Rat, ab 1989 apl. Professor Wolfgang Hachtel (*1940), welcher die molekulare Genetik von Plastiden sowie den Stickstoff-Metabolismus von Algen und höheren Pflanzen als Forschungsfeld aufgebaut hatte. Auf dem von Betz breit geförderten Gebiet der Stoffwechsel-Regulation waren auch die Enzymologen Arnold Schwartz (*1937) und Jörn-Ullrich Becker (*1940) tätig.

1997 war Klämbt nach mehr als 30-jähriger Lehr- und Forschungstätigkeit entpflichtet worden, während der er neben seinen Arbeiten zur Wachstumsregulation (Funktion von Pflanzenhormonen, insbesondere von Auxin) auch deren Anwendungen untersucht und sich allgemein für eine anwendungsorientierte Biologie eingesetzt hatte. Als langjähriger Delegierter und auch Vorsitzender des Mathematisch-Naturwissenschaftlichen Fakultätentages war er hochschulpolitisch engagiert, weitsichtiger Experte in allen Struktur- und Raumfragen der Fachgruppe Biologie und stark in der Lehrerbildung aktiv. Seine Nachfolge als C3-Professorin für »Molekulargenetik und Physiologie der Pflanzen« trat die vorher am Kölner MPI für Züchtungsforschung tätige molekulare Pflanzenchemikerin Dorothea Bartels (*1951) an. Ihre Abteilung »Molekularbiologie« baute sie komplett neu auf als methodisch breit ausgestattetes gentechnischen Labor zur Fortsetzung ihrer Forschungen über Toleranz-Mechanismen bei Trockenstress, insbesondere bei der Wiederauferstehungspflanze, sowie über die regulierende Rolle des Pflanzenhormons Abszisinsäure. Nach zweijähriger Übernahme einer Professur in Amsterdam wurde sie zum April 2003 auf die Böhme-Nachfolgeprofessur für »Biochemie und Physiologie der Pflanzen« berufen und leitet nun die Abteilung »Molekulare Physiologie« im neugegründeten »Institut für molekulare Physiologie und Biotechnologie (IMBIO)«. Dieses Institut war zustande gekommen durch Überwechslung einer Abteilung der Landwirtschaftlichen Botanik im »Biozentrum I« (Karlrobert-Kreiten-Straße 13), welche seit 1986 von der C4-Professorin Heide Schnabl (*1941) geleitet worden war und nun unter dem Titel »Biotechnologie« in der Mathematisch-Naturwissenschaftlichen Fakultät angesiedelt wurde. Zur Nachfolge von Frau Schnabl wurde 2008 der Biochemiker Peter Dörmann (*1965) als Leiter der erweiterten Abteilung »Biotechnologie/Biochemie« in den Räumen des Biozentrums berufen.

Zytologie und Gravitationsbiologie, Bioenergetik, Ökophysiologie, Theoretische Biologie und Molekulare Evolution (seit 2003: IZMB)

Der Titel »Zellpolarität und Geotropismus« von Sievers' Antrittsvorlesung im Herbst 1973 kennzeichnet das über Jahrzehnte weitergeführte Bonner Forschungsprogramm seiner damaligen Abteilung »Cytologie«, welche mit Hilfe jeweils modernster mikroskopischer und sensorischer Apparaturen die zytologischen Strukturen und physiologischen Mechanismen der durch Schwerkraft induzierten Reiz- und Reaktionsketten (also »Graviperzeption und -response« als neueingeführten Begriffen) beim Spitzenwachstum von Wurzeln und Trieben untersuchte. Mit kontinuierlicher Assistenz von Brigitte Buchen (*1944) wurden hierzu verschiedenste Experimente *in situ* und vor allem unter Mikrogravitation (Klinostat) oder bei Schwerelosigkeit (Parabelflug, D1-Spacelab) durchgeführt und ausgewertet. Richtungsweisende Mitarbeiter hierbei waren der über viele Jahre am Institut gastierende Botaniker Zygmunt Hejnowicz (*1929) aus Katowice (Polen) mit seinen präzisen Messungen und Theorien zur mechanischen und elektromagnetischen Regulation des Gewebewachstums sowie der 1981 habilitierte Akademische Oberrat Dieter Volkmann (*1941), welcher im Rahmen seiner Tätigkeit als Weltraumbiologe 1986 zum apl. Professor ernannt wurde und für die Lehre entsprechende Seminare und Kurse anbot. Sievers selbst leitete von 1989 bis zu seiner Emeritierung 1996 das Exzellenzzentrum AGRAVIS und den Beirat »Forschung unter Weltraumbedingung« der Deutschen Raumfahrtagentur DARA. Auch danach setzte er seine Forschungs-, Publikations- und Herausgebertätigkeit fort, ab 2003 im Rahmen einer Arbeitsgruppe »Gravitationsbiologie« im IMBIO.

Parallel dazu waren in den 1970er Jahren aus der im Soennecken-Gebäude wirkenden Betz-Schule zwei neue Abteilungsleiter hervorgegangen. Nach Hartmanns Wechsel zum Institut für Pharmazeutische Biologie an der TU Braunschweig Ende 1976 übernahm dessen Abteilung der 1971 im Fach »Mikrobiologie« habilitierte und seit 1973 als apl. Professor wirkende Dozent Milan Höfer (*1936) unter der neuen Bezeichnung »Bioenergetik«. Seine Arbeiten über molekulare Zellmembran-Transporter und generelle Fragen des Ionen-Nährstoff-Symports mündeten nach seiner Entpflichtung 2001 in eine Arbeitsgruppe »Molecular Bioenergetics« im Rahmen der SysMO-Initiative.

Für den entpflichteten Pflanzenphysiologen Fischer ging die Leitung seiner Abteilung »Experimentelle Ökologie« 1977 über an den Wissenschaftlichen Rat und Professor Klaus Brinkmann (1936–2000), welcher nach Promotion in Tübingen bei Erwin Bünning über »Circadiane Rhythmik« sein originäres Arbeitsgebiet Photoperiodismus als Assistent von Betz erst in Braunschweig, dann in Bonn weiter ausgebaut und sich dort 1976 mit einer Antrittsvorlesung über »Biologische Zeitmessung« habilitiert hatte. Neben seinen Forschungen zum circadianen Bewegungsverhalten einzelliger Algen förderte Brinkmann als weiteres Arbeitsgebiet die Baumökologie und Baumschäden-Forschung, wozu passend er Ende der 1980er Jahre gemeinsam mit dem Zoologen Kneitz den fachübergreifenden Studienschwerpunkt »Ökologie und Umwelt« initiierte. Brinkmann förderte in der Fachgruppe Biologie eine stärkere Gewichtung der datenverarbeitenden Statistik sowie der biologisch-modellierenden »Kybernetik«,[585] und zwar durch entsprechende Einführungs-Veranstaltungen im Biologie-Studium sowie die Schaffung einer Professur für »Theoretische Biologie« zwecks Entwicklung physikalisch-mathematischer Methoden zur Modellierung und Analyse biologischer Systeme. Auf die im Rahmen der Leins-Nachfolge durch Tausch mit einer Zoologie-Stelle freigewordene C3-Professur wurde schließlich 1986 der Privatdozent für Angewandte Mathematik in Heidelberg, Wolfgang Alt (*1947), berufen, der mit seinem Forschungsgebiet »Modellierung und Simulation biologischer Bewegungssysteme« im Soennecken-Gebäude eine interdisziplinäre Abteilung »Theoretische Biologie« aufbaute, formell also die siebte Abteilung im Botanischen Institut. In Zusammenarbeit mit Mathematikern, Physikern und experimentellen Biologen wurden Seminare, Kolloquien

585 Siehe Alt/Sauer, Biologie (2016), S. 116f.

und Forschungsprojekte durchgeführt mit Promotionen und Habilitationen an der Mathematisch-Naturwissenschaftlichen Fakultät im Fach Theoretische Biologie, welches in Kooperation mit Bonner Bioinformatikern schon vor der Entpflichtung von Alt 2012 in das heutige Promotionsfach »Computational Life Sciences« übergegangen ist.

Als Nachfolger Sievers' war Ende 1996 der ehemalige Gruppenleiter am MPI für Zellbiologie in Ladenburg und Botanik-Dozent in Heidelberg Diedrik Menzel (*1949) berufen worden, welcher über Cytoskelett-Struktur und -Dynamik sowie zelluläre Morphogenese von Algen, insbesondere Acetabularia, gearbeitet hatte. Seine nun im »Soennecken« aufgebaute Abteilung »Zellbiologie der Pflanzen« richtete die insbesondere video-mikroskopisch arbeitende Forschung und Lehre auf die Lokalisierung von Aktin-Filamenten, Motor-Proteinen und Vesikeln bei der Endo- und Exocytose von Zellwandstoffen, bei einer möglichen Signaltransduktion über spezielle Zell-Zell-Kanäle sowie bei der Gleitbewegung von Diatomeen, womit verschiedene Thematiken der bisherigen Pflanzenzellforschung am Botanischen Institut weiterhin fortgesetzt wurden. Besonders setzte sich Menzel für eine konsequente Planung und Durchführung von Um- und Ausbaumaßnahmen im Soennecken-Gebäude ein, in effektivem Zusammenwirken mit dem für Sicherheitsfragen zuständigen Leiter der Elektronik/Mechatronik-Werkstatt, Paul Blasczyk (*1949), welcher diese 1971 unter Betz eingerichtet und weit über das Haus hinaus in den Dienst gestellt hatte.

Nach dem frühem Tod Brinkmanns wurde dessen C3-Professur 2001 wieder mit einem Ökophysiologen besetzt, Lukas Schreiber (*1963), der nach Habilitation in Würzburg die altersabhängige Funktionsgüte kutikulärer und endodermaler Transport-Barrieren von Blatt- beziehungsweise Wurzel-Oberflächen untersucht hatte. Seither führt er diese chemisch-physiologische Forschungsrichtung innerhalb seiner Abteilung »Ökophysiologie« weiter. Hierbei werden die Transport-Analysen durch molekular-biologische Untersuchungen ergänzt, etwa zur Biosynthese von Suberin in der Wurzel-Dermis oder von Wachs und Kutin in der Blatt-Kutikula, sowie durch Erforschung von ökologischen Wechselwirkungen mit Mikroorganismen auf Blatt-Oberflächen.

Die nach der Entpflichtung von Höfer 2001 freie C3-Professur wurde zwecks Ergänzung innerhalb der bestehenden Bonner Botanik für das Arbeitsgebiet der strukturellen und funktionellen Genomanalyse ausgeschrieben und Anfang 2003 dem Ulmer Privatdozenten und Molekulargenetiker Volker Knoop (*1963) übergeben, der hier eine substantiell neue Abteilung »Molekulare Evolution« einrichtete. Seitdem setzt er seine Forschungen über komplexe pflanzliche Mitochondrien-DNA und ihre Phylogenie bei den frühen Landpflanzen fort. Insbesondere interessiert ihn die Entstehung der bei Algen nicht vorkommenden post-transkriptionellen Modifikation, der RNA-Edition, bei gewissen Moosen sowie die pflanzlichen Genfamilien der Magnesium-Transporter im Gänsekraut Arabidopsis.

Seit 2003 wirken die drei genannten botanischen Abteilungen im neugebildeten »Institut für Zelluläre und Molekulare Botanik« zusammen, so insbesondere durch Federführung bei der Gründung des Fachgruppen-übergreifenden Bonner Masterprogramms »Plant Sciences« zum Wintersemester 2008/09. Das im Frühjahr 2014 angelaufene Berufungsverfahren auf die C4-Professur »Zellbiologie der Pflanzen« in der Nachfolge Menzel ist inzwischen durch die Berufung von Frau Ute Vothknecht von der LMU München erfolgreich abgeschlossen worden. Im Rahmen einer möglichen Restrukturierung der Fachgruppe Biologie ist jedoch die Zusammenführung dieses botanischen Instituts mit den gleichfalls molekular- und zellbiologisch ausgerichteten Instituten für Genetik und Zellbiologie zu einer umfassenden Einrichtung ins Gespräch gebracht worden, welche etwa die Bezeichnung »Institut für Zelluläre und Molekulare Biologie« tragen könnte und im renovierten Gebäude der ehemaligen Soennecken-Fabrik gut Platz finden würde.

Geschichte der Bonner Genetik

Wolfgang Alt

In Deutschland waren schon während des Ersten Weltkrieges und verstärkt danach Forschungsinstitute und Lehrstühle für »Vererbungslehre« beziehungsweise »Genetik« gegründet worden. Wie auch an etlichen anderen Orten, so entstand dieses Fachgebiet in Bonn zunächst innerhalb der Landwirtschaftlichen Hochschule, an dessen Institut für Landwirtschaftliche Botanik 1930 der Sojazüchtungs-Forscher Wilhelm Riede eine außerplanmäßige Professur für Botanik erhielt. Bis zu seiner Entpflichtung 1956 bot er regelmäßig Vorlesungen über »Pflanzenzüchtung« und »Vererbungslehre« an der Landwirtschaftlichen Fakultät an.[586]

Zur Nachfolge Riedes wurde vom neuen Institutsdirektor Hermann Ullrich eine entsprechende Diätendozentur geschaffen, auf welche die Fakultät 1957 Max Werner Gottschalk (1920–2013) berief. Dieser war gleich nach dem Zweiten Weltkrieg an der Universität Freiburg/Brsg. vom dortigen Botaniker und Cytochemiker Friedrich Oehlkers 1950/51 promoviert worden mit einer Dissertation über »Chromosomenstruktur von Tomaten und strahlungsinduzierte Mutationen«. Danach wurde er Assistent zweier bekannter Pflanzenzüchter an land-

586 Weiß, Entwicklungen (2013); siehe auch das Kapitel zur Landwirtschaftlichen Fakultät in diesem Band.

wirtschaftlichen Instituten: bei Otto Turnau in Göttingen und bei Arnold Scheibe in Gießen, wo er sich 1953 für das Fach Botanik mit einer Arbeit über Chromosomenstrukturen bei Nachtschattengewächsen habilitierte. 1960 erhielt Gottschalk eine außerplanmäßige Professur, 1963 wurde er Mitglied des sechs Jahre zuvor gegründeten Wissenschaftsrates und 1964 erschien seine erste wegweisende Monographie »Die Wirkung mutierter Gene auf die Morphologie und Funktion pflanzlicher Organe«.

Zu einer 1962 von der Mathematisch- Naturwissenschaftlichen Fakultät ausgeschriebenen neuen Ordinariats-Stelle für »Genetik« konnte in zweiter Berufungsrunde schließlich Anfang 1965 Max Werner Gottschalk (1920–2013) als Direktor das neu gegründete »Institut für Genetik« – als viertes biologisches Institut nach denen für Zoologie, Botanik und Pharmakognosie – in seinen bisherigen Räumen (am Katzenburgweg 11) eröffnen. Nach Wechsel in das von der Universität 1961 angemietete ehemalige Verbindungshaus Kurfürstenstraße 74 zog das Institut dann 1972 ins »provisorisch« vom Land NRW erworbene ehemalige Soennecken-Gebäude,[587] in welchem Gottschalk mit seinen Mitarbeitern und einer stattlichen Bibliothek hinreichend Raum fand. Schon 1966 hatte er ein »Genetisches Praktikum« eingerichtet und ein »Biologisches Dozenten-Kolloquium« gegründet, aus welchem zum Wintersemester 1969/70 unter der Rubrik »Allgemeine Biologie« das bis heute gehaltene »Biologische Kolloquium« hervorgegangen ist. Damals wurde dieses von dem Genetiker Gottschalk, dem Zoologen Weißenfels und dem Botaniker Willenbrink gemeinsam organisiert.[588]

Als Kustos des Instituts wurde im Februar 1966 der am Bonner Landwirtschaftlichen Institut für Pflanzenkrankheiten promovierte Botaniker und Mikrobiologe Hermann Peter Müller (1931–1992) bestellt, der nach dem Institutsumzug ins Soennecken-Gebäude ab Ende 1976 als Wissenschaftlicher Rat und Professor dort eine eigene Abteilung für Biochemische Genetik der höheren Pflanzen aufbaute und nach der Emeritierung von Gottschalk 1985 kurzfristig die Institutsleitung übernahm.

Nach intensiven Berufungsverhandlungen auf die nachfolgende C4-Professur für »Molekulare Genetik« mit Neuausstattung des Instituts zur genetisch-zellbiologischen Forschung mit transgenen Mäusen, nahm Ende 1986 der Biochemiker und Genetiker Klaus Willecke (*1940) seine Berufung als neuer Direktor des Instituts für Genetik an. Er hatte nach Studium der Chemie in Kiel und München seine Diplomarbeit und Dissertation beim Enzymbiochemie-Nobelpreisträger Feodor Lynen am dortigen MPI für Zellchemie angefertigt und nach Promotion 1968 für drei Jahre an der Princeton University und später für etwa

587 Siehe den Abschnitt Botanik.
588 Sauer/Alt, Biologie (2016), S. 124–126.

ein Jahr an der Yale University in New Haven geforscht. Dabei untersuchte er jeweils molekulare Transport- und Lipid-Eigenschaften an Bacillus subtilis beziehungsweise Methoden der somatischen Zellgenetik zur Charakterisierung humaner Gene durch Chromosomen-Transfer in Mauszellen. Mit diesem Arbeitsgebiet habilitierte er sich 1976 im Fach Genetik als Nachwuchswissenschaftler am Genetik-Institut der Universität zu Köln, worauf er als C3-Professor an das Institut für Zellbiologie und Tumorforschung der Universität Essen berufen wurde. Von dort brachte er neben den Mauszell-Transfer-Techniken für humane Onkogene zur zellbiologischen Differenzierung von Normal- und Tumorzellen auch ein anschließend in Bonn weiter ausgebautes Forschungsthema mit: die Biochemie und Zellbiologie von Gap-Junction-Proteinen, sogenannter »Connexine«. Einen seiner hierüber in Essen arbeitenden Post-Doktoranden konnte er ebenfalls mitbringen, nämlich den 1979 in Stuttgart promovierten Genetiker Otto Traub (*1946), der Antikörper gegen Connexine entwickelt hatte, sich nun im Fach »Zell- und Molekulargenetik« habilitierte (zunächst 1989 in Essen, dann 1995 in Bonn) und als Privatdozent bis zu seiner Pensionierung Ende 2009 in der Abteilung Molekulargenetik mitwirkte.

Im Jahr 1987 war eine C3-Fiebiger-Professur für Molekulargetik/Gentechnologie genehmigt worden, auf welche schließlich Anfang 1990 der Molekulargenetiker Karl Heinz Scheidtmann (*1944) aus Freiburg/Brsg. ans Institut für Genetik in der Römerstraße kam. Er hatte nach Goldschmiede-Lehre und Abend-Gymnasium in Köln sein Biologie-Studium 1978 mit einer Promotion im Fach Virologie/Genetik abgeschlossen und war dann an die Universität Freiburg/Brsg. gegangen, wo er nach seiner Habilitation 1984 in Zell- und Molekulargenetik als Privatdozent und Heisenberg-Stipendiat tätig war. Auf seinem Forschungsgebiet der regulativen Protein-Phosphorylierung untersuchte er vor allem das Tumorantigen des Affenvirus SV40 und die im Zellkern lokalisierte ZIP-Kinase mit deren Regulation von Transkription, Apoptose und Zytokinese. Bis zu seiner Entpflichtung im September 2009 führte er neben anderem auch die Genetik-Ausbildung für Mediziner durch.

Schon 2002 war aus dem Zoologischen Institut der Sprecher des Graduiertenkollegs »Funktionelle Proteindomänen« Norbert Koch (*1950)[589] mit seiner »Abteilung für Immunbiologie« zum Institut für Genetik übergewechselt, in welchem er – mit weiterlaufender Lehrverpflichtung für die Fachgruppe »Molekulare Biomedizin« – seither verblieben ist und jüngst mit einem Forscherteam einen neuartigen HLA-Rezeptor zur verbesserten Immunabwehr entdeckt hat. Die das übrige Institut umfassende Abteilung Molekulargenetik leitete Willecke zusammen mit der nunmehrigen Akademischen Direktorin Gisela Wolff. Im Rahmen mehrerer SFBs und Forschergruppen wurden in dieser Ab-

589 Siehe auch den Abschnitt Zoologie.

teilung Connexin-Gendefekte in Mäusen erzeugt oder durch entsprechenden Transfer von Patienten-Mutationen diverse »Mausmodelle« für humane Erbkrankheiten wie Herz-Arrhythmien, Hörverluste oder Hautdefekte. Mit Hilfe neuer Mausmutanten wurden auch die neuronalen und glialen Funktionen der Connexine in Gehirn und Retina des Menschen ausgiebig erforscht. Nach seiner Entpflichtung 2008 konnte Willecke als »Seniorprofessor« für Genetik gewonnen werden, wobei er im Rahmen des SFB 645 am LIMES-Institut sein Forschungsgebiet auf die Untersuchung von Schlüsselenzymen bei der Sphingolipid-Biosynthese erweitert hat.

Bei Ausrichtung der nachfolgenden W3-Professur »Genetik« spielte die molekulare Genetik an Mausmodellen eine zentrale Rolle, welche aber »komplementär zu den Forschungsarbeiten des Instituts für Zellbiologie« sein sollte. Hieraus resultierte schließlich die Berufung und (zum Februar 2009) die Zusage des Biochemikers, molekularen Zellbiologen und Maus-Genetikers Walter Witke (*1960). Er war nach seinem Biochemie-Studium in Tübingen 1991 bei Angelika Noegel am MPI für Biochemie Martinsried in der Abteilung von Günther Gerisch promoviert worden und arbeitete nach einer Post-Doktorandenzeit an der Harvard Medical School in Boston 1996 als Gruppenleiter und Mitbegründer des EMBL-Mausbiologie-Instituts in Monterotondo bei Rom. Dort zu einem der Direktoren avanciert, vertritt er nun hier in Bonn als Direktor des Instituts für Genetik ein Forschungsgebiet, das sich auf die Rolle des Aktin-Zytoskeletts bei Morphogenese, Zellmigration und Organphysiologie konzentriert. Durch die Analyse von Aktin-assoziierten Proteinen (wie etwa Cofilin und Profilin) berührt es sich eng mit verwandten Thematiken des derzeitigen Direktors des Instituts für Zellbiologie, Dieter Fürst.[590]

Ähnliches trifft zu für das Arbeitsgebiet des molekularen Zellbiologen Klemens Rottner (*1970), der auf der W2-Nachfolgestelle Scheidtmann von Juni 2010 bis zum Jahr 2014 am Institut für Genetik wirkte und neben genetischen Methoden auch Techniken der Photomanipulation und Mikroinjektion sowie der Fluoreszenz-Videomikroskopie angewandt hat, um Regulation und Dynamik des Aktin-Zytoskeletts zu analysieren. Nach vier Jahren interdisziplinärer Forschung und Lehre an der Universität Bonn leitet er nun die Abteilung »Molekulare Zellbiologie« an der TU Braunschweig.

Rückblickend wird erkennbar, dass das Bonner Institut für Genetik innerhalb der 50jährigen Spanne seines Bestehens durchgehend das Kernthema Mutationsforschung als Forschungsschwerpunkt hatte – von der strahleninduzierten Pflanzengewebe-Mutation bis zur heutigen Technik der konditionalen Mutagenese in Mäusen und der Induktion gezielter Veränderungen, etwa bei der Zellbewegung in deren Organen – und gleichzeitig, sowohl theoretisch als auch

590 Siehe auch den Abschnitt Zellbiologie.

experimentell, einen fachübergreifenden Ansatz verfolgte, um grundlegendes Verständnis der untersuchten physiologischen Prozesse durch die Anwendung sowohl biochemischer und zellbiologischer als auch genetischer Methoden erreichen zu können.

Zellbiologie an der Universität Bonn

Wolfgang Alt

Die »Zellbiologie« als eigener Wissenschaftsbereich institutionalisierte sich erst zur Mitte des 20. Jahrhunderts im Wechselspiel mit Genetik und Biochemie, erforscht die Struktur und Funktion von Zellen als fundamentale Einheiten des Lebens, den Aufbau und das Zusammenwirken ihrer Organellen und die Interaktion der Zellen mit ihrer Umgebung. Sie erfasst damit das weite Spektrum von einzelligen Organismen bis zu komplexen Gewebe-Zellen in Pflanzen und Tieren.[591] Diese Forschungsrichtung hat an der Universität Bonn eine lange Tradition. Schon im ersten Jahrhundert ihrer Gründung waren dort entscheidende Beiträge zur Grundlegung der Zellforschung erfolgt, so vor allem in der Botanik Untersuchungen zur Zell- und Kernteilung durch Hanstein und Strasburger,[592] in der Anatomie die Charakterisierung des Protoplasmas durch Max Schultze sowie in der Protozoologie das Studium von Einzellern durch Adolf Borgert.[593] Allerdings standen dann bis zur Mitte des 20. Jahrhunderts physiologische und biochemische Untersuchungen an Geweben und Organen im Blickfeld der Bonner biologischen Forschung.

In den Nachkriegsjahren 1949 bis 1952 waren im Zusammenhang mit der Neukonfiguration des im Kriege zerstörten Röntgenforschungsinstituts[594] gemeinsame Versuche der Mathematisch-Naturwissenschaftlichen und Medizinischen Fakultät gestartet worden, in Bonn ein Institut für Zellforschung mit Ausrichtung auf Krebsforschung und -therapie einzurichten.[595] Gleichzeitig liefen Planungen, unter Einbeziehung der Landwirtschaftlichen Fakultät, ein dem Rektor direkt unterstelltes »Hilfsinstitut für Übermikroskopie« aufzubauen – in enger Absprache mit dem Ende 1948 in Düsseldorf gegründeten »Rheinisch-Westfälischen Institut für Übermikroskopie« unter Leitung von Bodo von Borries, der zusammen mit Ernst Ruska in den Jahren 1937 bis 1945 die ersten

591 Aus dem Einführungstext der Jahrestagung der Deutschen Gesellschaft für Zellbiologie (1988) in München, organisiert von V. Herzog.
592 Siehe den Abschnitt Botanik.
593 Siehe den Abschnitt Zoologie.
594 Rink, Röntgenforschungsinstitut (2003).
595 Für weitere Details siehe Alt/Sauer, Biologie (2016), S. 133–135.

deutschen Elektronenmikroskope in der Berliner Firma Siemens & Halske entwickelt hatte.

Nach Misslingen des ersteren Projektes kam es nach einer längeren Planungspause schließlich Ende 1954 zur Gründung eines planmäßig ausgestatteten fakultätsübergreifenden »Zentral-Laboratoriums für Angewandte Übermikroskopie«, welches zum April 1955 im Poppelsdorfer Schloss eröffnet wurde, und zwar im Bereich des Zoologischen Instituts, dem es verwaltungstechnisch angegliedert war. Der von Rektor und Senat berufene Leiter wurde der in Münster promovierte Biologe Karl-Ernst Wohlfarth-Bottermann (1923–1997), welcher am dortigen Hygiene-Institut in der Abteilung »Elektromenmikroskopie« und später am 1948 gegründeten »Labor für Elektronenmikroskopie« des Stockholmer Karolinska-Instituts ausgebildet worden war und über die Ultrastruktur des Zytoplasmas gearbeitet hatte. In Bonn setzte er seine systematischen Untersuchungen zur Elektronen- und Phasenkontrast-Mikroskopie fort und habilitierte sich Ende 1956 als Privatdozent für »Cytologie und Mikromorphologie« an der Mathematisch-Naturwissenschaftlichen Fakultät. In Folge kündigte er unter dem Lehrgebiet Zoologie regelmäßig ein fünfstündiges Praktikum der Elektronenmikroskopie für Naturwissenschaftler und Mediziner an, eine zweisemestrige Vorlesung »Cytologie« sowie im Wintersemester jeweils ein »Elektronenmikroskopisches Colloquium«.

Das Laboratorium für Angewandte Übermikroskopie stand für mikromorphologische Untersuchungen allen interessierten Forschungsgebieten der beteiligten drei Fakultäten zur Verfügung stehen (dazu gehörten Chemie, Mineralogie, Physik, Anatomie, Histologie, Bakteriologie, Virusforschung, Zoologie und Botanik). Schon innerhalb weniger Jahre erlangte das Laboratorium das Format eines kleinen Instituts mit zwei Assistenten und zwei Hilfskräften. Vor der Senatskommission konnte Wohlfarth-Bottermann 1960 über die erfolgreiche Zusammenarbeit mit 14 Instituten und die Beschaffung eines dritten Elektronenmikroskops (Elmiskop I) durch die DFG berichten. Die eigene durch das damalige Bundesministerium für Atomkernenergie und Wasserwirtschaft aus Mitteln zur »Förderung der Strahlennutzung« finanzierte Projekt-Forschung erstreckte sich auf Veränderungen in der Feinstruktur von Zytoplasma, Mitochondrien und Vakuolen bei Einzellern (Ciliaten, Dinoflagellaten und Amöben). Deren Ergebnisse wurden in der Zeitschrift »Protoplasma« sowie in einer ersten Monographie »Zellstrukturen und ihre Bedeutung für die amöboide Bewegung« (1963) publiziert. Besonders intensiver Nutzer war auch das gastgebende Zoologische Institut, das unter Danneel mit Hilfe der gleichen Finanzierungsquellen über intrazelluläre Strukturen von Normal- und Tumorzellen bei Säugetier- und Vogelembryonen forschte. Die später selbständigen Mitarbeiter waren der Tierphysiologe und Strahlenbiologe Ernst Wendt, der Funktionsmorphologe Armin Wessing und der Entwicklungsbiologe Norbert Weißenfels. Hierbei ist auch der spätere Parasitologie-Professor Erich Scholtyseck zu erwähnen, der die dort vorher von Karl Grell wiederaufgenommene protozoologische Forschung nun weiterführte; zusammen mit ihm führte Wohlfarth-Bottermann ab 1966 ein »Protozoologischen Praktikum« ein, in Ergänzung zum »Cytologischen Praktikum« in Kollaboration mit Weißenfels.[596]

Nach Ernennung zum apl. Professor beziehungsweise Wissenschaftlichen Rat (1962/63) konnte Wohlfarth-Bottermann die Planungen für einen Instituts-Neubau an der Ulrich-Haberland-Straße 61a auf dem damals entstehenden Campus Endenich konkretisieren. Dort eröffnete er als erster ordentlicher Zellbiologie-Professor in Deutschland zum Juli 1966 das »Institut für Cytologie und Mikromorphologie« gemeinsam mit dem Kustos Albrecht Maas, den beiden Assistenten Hans Komnick und Wilhelm Stockem sowie mit inzwischen vier Elektronen-Mikroskopen. 1969 wirkte Wohlfarth-Bottermann mit bei der Initiierung der »Cytobiologie. Zeitschrift für experimentelle Zellforschung« als Organ der Deutschen Gesellschaft für Elektronenmikroskopie, deren Präsident er drei Jahre zuvor geworden war. Seit 1975 war sie ebenfalls Organ der von ihm mitgegründeten »Deutschen Gesellschaft für Zellbiologie«, als deren Vizepräsident er zwischen 1977 und 1981 amtierte. Nach Ablauf des von ihm mitgeleiteten DFG-Forschungsschwerpunktes »Zytoskelett« von 1983 bis 1988 wurde er emeritiert, blieb aber bis zu seinem Tode aktiver Teilnehmer an zellbiologischen Kongressen und Workshops.[597]

Hans Komnick (1934–2002), der 1960 bei Danneel mit einer histologischen Arbeit über Melanozyten in Xenopus-Larven promoviert worden war und seit 1963 als Wohlfarth-Bottermanns Assistent maßgeblich beim Institutsaufbau in Endenich mitgewirkt hatte, habilitierte sich 1968 in Zoologie mit einer Arbeit über die Transportmorphologie von Salzdrüsen. Sein originäres Lehr- und Forschungsgebiet war die funktionelle Morphologie des Ionentransports vor allem in den Saumzellen des Insektendarms (Osmoregulation) und die von ihm entwickelte histochemische Methode der Ionenlokalisation im Elektronenmikroskop. Ab 1971 als Wissenschaftlicher Rat und (seit 1980 als C3-)Professor leitete er bis zu seiner Entpflichtung im Jahr 1999 eine eigene Abteilung »Cytochemie« und führte ein angewandtes Blockpraktikum »Histologie« durch.

Wilhelm Stockem (1938–1998), der nach seiner histologisch-zellmorphologisch ausgerichteten Promotion in der Kölner Zoologie 1965 an das Bonner Zentral-Laboratorium gekommen war, beschritt dort mit etwa zweijährigem Versatz dieselben Stufen wie Komnick, wobei er sich stark für das reformierte Grundstudium in der neu eingerichteten Fachgruppe Biologie einsetzte, ab 1973 als Diätendozent und seit 1980 als C3-Professor mit einer Abteilung für »Expe-

596 Siehe den Abschnitt Zoologie.
597 Hierzu näher Alt/Sauer, Biologie (2016), S. 138.

rimentelle Zellmorphologie«. Mit seinem Arbeitsgebiet über Endozytose und Zytoskelett-Organisation bei Amöben und Schwammzellen ergänzte er das Forschungs-Spektrum der Bonner Zellbiologie und erwarb hierfür internationale Anerkennung. Zusammen mit seinen zahlreichen Doktoranden benutzte er auch die am Institut zunehmend angewandten und weiterentwickelten Techniken der Fluoreszenz-Mikroskopie sowie der Bildverarbeitung von Phasenkontrast-Bildern und -Videosequenzen bis zu seinem frühen Tode 1998.

Eine wesentliche Unterstützung für den Lehr- und Forschungsbetrieb des Instituts für Cytologie und Mikromorphologie erbrachte Rolf Stiemerling (*1940), einer der ersten dortigen Promovenden, der ab 1969 Assistent und seit 1971 Akademischer (Ober-) Rat und Kustos war. Insbesondere betreute er die Laborarbeiten am »azellulären« Schleimpilz Physarum, welchen er im Vorjahr der Emeritierung Wohlfarth-Bottermanns mit Hilfe von »attraktiven« Haferflocken als Nährmittel auf ein Guinness-würdiges Flächenmaß von über 5 m^2 in Form eines großen »W« auswachsen ließ.

Zum Nachfolger und Institutsdirektor berief die Mathematisch-Naturwissenschaftliche Fakultät als C4-Professor für Zellbiologie noch im Jahr 1988 den Mediziner und Biologen Volker Herzog (*1939) von der LMU München, der sich dort 1975 in Zellbiologie mit einer Arbeit über Enzym-Kompartimentierung in exokrinen Drüsen habilitiert hatte und 1982 als C2-Professor (seit 1980) kommissarischer Leiter des dortigen Instituts für Zellbiologie geworden war. Dort hat er seine experimentellen Forschungen über Enzymaktivitäten in Leukozyten und in verschiedenen Speichel-, Tränen- und Schilddrüsen begonnen und hieraus nach mehrjährigen Auslandsaufenthalten seine weiteren Forschungs-Schwerpunkte entwickelt: Mechanismen der Protein-Sekretion, -Endozytose und -Transport sowie post-translationale Modifikation sekretorischer Proteine und Membrankonstituenten unter Betonung der Bedeutung zellbiologischer Grundlagenforschung für die klinische Medizin.

Nach seinem Dienstantritt im Februar 1989 gestaltete Herzog die Gebäude- und Laborstrukturen um zu einem technisch modernisierten »Institut für Zellbiologie« und etablierte im Obergeschoss seine eigene Abteilung für »Molekulare Zellbiologie«. Als Chefredakteur des »Journal of European Cell Biology« intensivierte er in- und auswärtige Kooperationen, war von 1990 bis1992 Präsident der Deutsche Gesellschaft für Zellbiologie und auch Senator der Universität (bis 2004). Insbesondere initiierte er zusammen mit dem Privatdozenten Hans-Wilhelm Kaiser vom klinischen Institut für Dermatologie 1966 in Kooperation mit der Mathematisch-Naturwissenschaftlichen und der Medizinischen Fakultät die Gründung des »Bonner Forums Biomedizin« zur Erforschung von epithel-zellulären Erkrankungen, dessen Sprecher er bis 2003 blieb. Als Teilprojektleiter wirkte er zwischen 1991 und 2002 im drei Fakultäten übergreifenden SFB 284 über Glykokonjugate und Zell-Kontaktstrukturen. Ein

Thema war »Protein-Multimerisierung und -Degradation im endoplasmatischen Reticulum«, welches er zusammen mit der seit 1989 als Assistentin in der Abteilung Stockem wirkenden Klaudia Brix (*1962) bearbeitete. Im zweiten Teilprojekt und im Rahmen eines DFG-Schwerpunktes »Zelluläre Grundlagen der Alzheimer-Krankheit« konnte Herzog (als Initiator/Sprecher des Schwerpunktes) die mannigfachen Funktionen des Alzheimer-Vorläuferproteins weitgehend aufklären.

Hierzu ergänzend gründete Herzog 2000 die DFG-Forschergruppe »Keratinozyten- Proliferation und differenzierte Leistungen der Epidermis«, die er bis ein Jahr über seine Emeritierung 2005 hinaus leitete und worin er insbesondere das Thema »Adhäsion und Migration von Keratinozyten« in mehr als sechs Promotionen ausgiebig behandelte. Insbesondere die hierbei benutzte quantitative Bildverarbeitung wurde in einer Kollaboration mit der Abteilung »Theoretische Biologie«[598] weiterentwickelt. An dieser Thematik wirkte vor allem Gregor Kirfel (*1966) mit, der nach seiner Promotion bei Stockem über cytoskeletale Motorproteine in Schwamm-Epithelzellen seit 1997 Wissenschaftlicher Mitarbeiter des Instituts war, seit Beginn 2005 eine Kustodenstelle ausfüllt und sich im selben Jahr für Zellbiologie habilitiert hat mit einer Arbeit über »Regulation und Mechanismen der Migration und Motilität epidermaler Zellen«. Bis heute (Stand 2015) hat Volker Herzog seine interdisziplinär ausgerichtete Forschungs- und Publikationstätigkeit fortgesetzt, zum Beispiel über Themen wie die Genese des Vogelgesangs, epigenetische Aspekte der organismischen Regulation oder über das »Ur-Thema« der Lebensentstehung und Zellevolution, wozu 2010 unter seiner Federführung ein Buch erschienen ist.[599]

Die Nachfolge Herzogs als Direktor des Instituts für Zellbiologie übernahm 2004 durch Berufung auf eine C4-Professur für »Molekulare Zellbiologie« der Zellbiologe und Biochemiker Dieter O. Fürst (*1959) von der Universität Potsdam. Einige Jahre zuvor waren auch die Berufungen auf die beiden C3-Professoren für molekulare Zellbiologie in der Nachfolge Komnick und Stockem abgeschlossen: Im ersten Fall konnte 2000 der Zellbiologe und Arbeitsgruppenleiter am MPI für Biochemie in Martinsried, Jörg Höhfeld (*1964), gewonnen werden; nach seiner Promotion an der Universität Bochum 1992 war er am dortigen Institut für Physiologische Chemie und am ZMBH in Heidelberg tätig gewesen, wo er sich 1998 habilitierte. Im zweiten Fall konnte die Fachgruppe Biologie Anfang 2001 die Besetzung der C3-Professur durch den Mikro- und Zellbiologen Albert Haas (*1960) aus Würzburg erreichen.

Alle drei Professoren der Molekularen Zellbiologie sind Mitglieder im »Bonner Forum Biomedizin« sowie auch Zweitmitglieder in der Fachgruppe

598 Siehe den Abschnitt Botanik.
599 Herzog, Lebensentstehung (2010).

»Molekulare Biomedizin«, was die vielfältigen medizinischen Anwendungsmöglichkeiten und die molekulargenetischen Methoden ihrer Forschungsgebiete widerspiegelt. Jörg Höhfeld erforscht die Qualitätskontrolle der Zelle durch sogenannte »Chaperone«, welche falsch gefaltete Proteine erkennen und entweder reparieren oder der zellulären Entsorgung zuführen; aus Erkenntnissen über die Regulation solcher Chaperone (durch Co-Chaperone) könnten Therapieansätze zur Behandlung von Proteinaggregations-Erkrankungen wie Alzheimer, Mukoviszidose oder bestimmten Muskelerkrankungen folgen. Neueste Resultate erweisen etwa auch die Funktion von Chaperonen bei der dynamischen Homöostase von Proteinen (wie Filamin) im kontraktilen Apparat von Muskelzellen. Albert Haas führt seine zellbiologischen Forschungsarbeiten im Rahmen der SFBs 645 (Bonn) und 670 (Köln) über Membran-Protein-Wechselwirkungen und zellautonome Abwehr durch. Außerdem ist er Sprecher des DFG-Schwerpunktprogramms 1580 »Zellkompartimente als Orte der Pathogen-Wirt-Interaktion«, in welchem die »Nischen« pathogener intrazellulärer Mikroorganismen (wie Bakterien, Hefen und Protisten) charakterisiert werden. Die Pathogene vermehren sich in verschiedenen Kompartimenten der Wirtszelle und verändern deren normale Phagosomenreifung. Hierzu evolvierte wechselseitige Faktoren lassen sich mit Hilfe experimenteller Manipulationen beschreiben. Außerdem hat die Arbeitsgruppe ein zellfreies System zur biochemischen Analyse der Fusion zwischen Phagosomen und Endosomen/Lysosomen entwickelt, womit insbesondere die Entwicklung moderner Abwehrstrategien zur Bekämpfung von Krankheiten durch intrazelluläre Pathogene unterstützt werden kann.

Der derzeitige geschäftsführende Instituts-Direktor Dieter Fürst (*1959) hatte die Forschung auf dem Gebiet des Aktin-Zytoskeletts bereits im Rahmen seiner zoologischen Promotion 1986 beim Physiker John Victor Small an der Universität Salzburg beziehungsweise am Institut für Molekularbiologie der Österreichischen Akademie der Wissenschaften behandelt, nämlich in einer Arbeit über die »Funktion Aktin-bindender Proteine im glatten Muskel«. Zunächst als Postdoktorand und danach als Leiter einer Arbeitsgruppe am Göttinger MPI für Biophysikalische Chemie unter Klaus Weber trieb er die Charakterisierung von Titin (dem größten bis dato bekannten Protein) und den damit assoziierten Proteinen im quergestreiften Muskel voran, 1992 bis 1997 auch als Projektleiter im DFG-Schwerpunktprogramm »Kontrollmechanismen der Entwicklung und Funktion des quergestreiften Muskels«. Von 1995 bis 2004 forschte Fürst an der Universität Potsdam als C3-Professor für Zellbiologie (davon zwei Jahre als Geschäftsführender Leiter des Instituts für Biochemie und Biologie) an weiteren Proteinen des Zytoskeletts der Muskelzelle, um zu verstehen, wie die hochgeordnete Myofibrillenstruktur auf- und umgebaut wird. Diese Arbeiten führten ihn schließlich zu seinen heutigen Forschungsfeldern, den Proteinen des Aktin-

Zytoskeletts der Muskelzellen und den Grundlagen bestimmter neuromuskulärer Erkrankungen.

Nach seiner Berufung verbesserte Fürst ab 2005 erneut die Infrastruktur des Instituts und baute in erster Linie die hochauflösende Lichtmikroskopie zur Analyse lebender Zellen weiter aus. Die Arbeiten an der Schnittstelle zwischen Grundlagenforschung und biomedizinischer Anwendung ermöglichten Fürst zahlreiche nationale und internationale Kooperationen in Forschungsnetzwerken. So war er unter anderem an der Gründung des Muskeldystrophie-Netzwerks (acht Jahre lang vom BMBF gefördert) beteiligt, ist stellvertretender Leiter einer DFG- Forschergruppe (»Molekulare Pathogenese Myofibrillärer Myopathien«) und Sprecher einer weiteren DFG-Forschergruppe (»Struktur, Funktion und Regulation des myofibrillären Z-Scheiben Interaktoms«), in der die spezifischen Wechselwirkungen und Funktionen Aktin-assoziierter Proteine bei der Myofibrillen-Morphogenese untersucht werden. In einem weiteren Projekt werden die muskulären Zell-Matrix-Kontakte und ihre Rolle bei Umbauprozessen nach Verletzungen des Muskelgewebes erforscht.

Diese zell- und molekularbiologischen Forschungen finden in zunehmender Kooperation mit dem Institut für Genetik statt,[600] in welchem verwandte Thematiken mit ganz ähnlichen Methoden behandelt werden. Es gibt daher Bestrebungen, die Forschungs- und Lehrbereiche der entsprechenden Einzel-Institute langfristig zusammenzuführen, was durch einen eventuellen Umzug beider Institute in das Soennecken-Gebäude wesentlich erleichtert werden könnte.

Geschichte der Mikrobiologie

Klaus Peter Sauer

Die Mikrobiologie ist als Spezialdisziplin und als Lehrfach ein Kind des 20. Jahrhunderts. Die Bonner Biologen unternahmen im Jahre 1964 den ersten Versuch, eine Mikrobiologie zu etablieren. Auf den dafür geschaffenen Lehrstuhl berief man den Privatdozenten Holger W. Jannasch (1928–1998) aus Göttingen. Die räumliche Ausstattung, die sie dem Berufenen anbieten konnten, war jedoch so kümmerlich, dass dieser absagte.

Im Jahre 1971 unternahmen die Bonner Biologen einen zweiten Versuch, die Mikrobiologie in Forschung und Lehre aufzubauen. Das »Institut für Mikrobiologie« wurde schließlich nach Zusage des berufenen Privatdozenten Hans Georg Trüper (1936–2016), Universität Göttingen, und dessen Ernennung zum

600 Siehe den Abschnitt Genetik.

Institutsdirektor im Herbst 1972 gegründet. Trüper hat in Marburg und Göttingen Naturwissenschaften studiert und war im Jahre 1964 in Göttingen mit einer mikrobiologischen Dissertation zu dem Thema »CO_2-Fixierung und Intermediär-Stoffwechsel bei Chromatium okenii« promoviert worden. Zwei Jahre arbeitete er als Wissenschaftlicher Assistent am Institut für Mikrobiologie in Göttingen und wechselte dann als *Assistant Scientist* für vier Jahre zu H.W. Jannasch an die Woods Hole Oceanographic Institution, Mass. USA. Im Jahre 1968 ging er als Wissenschaftlicher Mitarbeiter in die Abteilung für Ernährungsphysiologie der Mikroben bei der Gesellschaft für Strahlen- und Umweltforschung in Göttingen. Dort habilitierte sich Trüper im Jahre 1971 mit einer Schrift zu dem Thema »Adenylsulfat-Reduktase in phototrophen Bakterien«. Hans Trüpers Forschungsfeld ist breit. So untersuchte er mit seinen zahlreichen Schülern unter anderem halophile Bakterien und die Mechanismen ihrer Salzresistenz sowie den mikrobiellen Schwefelstoffwechsel. Darüber hinaus bearbeitete er das schwierige Gebiet der Systematik und Nomenklatur der Prokaryonten.

Untergebracht war das Institut für Mikrobiologie anfangs in einem provisorischen, für Lehre und moderne mikrobiologische Forschung völlig unzureichenden Gebäude in der Kurfürstenstraße 74 in der Südstadt. Doch bereits im Jahr nach der Gründung des Instituts wurde 1973 eine weitere Professur für Angewandte Mikrobiologie besetzt, ohne dass aber dem aus der Universität Göttingen berufenen Privatdozenten Jobst Heinrich Klemme (*1941) adäquate Arbeitsräume angeboten werden konnten. Das Institut für Mikrobiologie musste jetzt zwei Abteilungen, die für »Mikrobenphysiologie« (Trüper) und die für »Angewandte Mikrobiologie« (Klemme) beherbergen. Klemme hatte wie Trüper in Göttingen studiert und wurde dort 1967 promoviert. Nach seiner Zeit als Wissenschaftlicher Assistent und einem Auslandsaufenthalt an der Indiana University (Bloomington, USA) hat er sich 1973 in Göttingen habilitiert. Im gleichen Jahr wurde er an der Universität Bonn zum Wissenschaftlichen Rat und Professor ernannt. Die bevorzugten Forschungsobjekte von Klemme waren die photosynthetisch aktiven Purpurbakterien. Diese Prokaryonten sind wegen ihrer weit gefächerten Stoffwechsel-Leistungen für die Biotechnik (Einsatz in speziellen Abwasserklärsystemen) von besonderem Interesse.

Die prekäre Raumsituation entspannte sich erst mit dem Umzug der Mikrobiologie in die »Alte Chemie«. Im Jahre 1974 wurde das Gebäude in der Meckenheimer Allee 168 in Bonn-Poppelsdorf frei, da für die Chemiker ein neues Institut bezugsfertig geworden war. Der Vordertrakt der »Alten Chemie« wurde notdürftig für die Mikrobiologie renoviert. Mit dem Umzug der Mikrobiologie der Mathematisch-Naturwissenschaftlichen Fakultät wurde die Abteilung Landwirtschaftliche Mikrobiologie (heute: Lebensmittelmikrobiologie und Hygiene, Prof. Johannes Krämer em.; Prof. André Lipski) gemeinsam in der

»Alten Chemie« untergebracht. Im Jahre 1983 wurde der Institutsname zu »Institut für Mikrobiologie und Biotechnologie« erweitert, um der Anwendung von Mikroben auch darin Ausdruck zu geben. Die Grundsanierung des Gebäudeteils der Mikrobiologie wurde 1985 beschlossen, damit ein attraktiver Ruf, den Hans Trüper von der University of Wisconsin in Madison, USA, erhalten hatte, abgewehrt werden konnte. Die Zeit der Bauarbeiten (1986–1991) war eine starke Belastung des Institutsbetriebes. Nach der Fertigstellung im Jahre 1991 konnte die beiderseits lange gewünschte und geplante räumliche Vereinigung mit der »Pharmazeutischen Mikrobiologie« (Prof. Bernd Wiedemann em.; Prof. Hans-Georg Sahl) der Medizinischen Fakultät vorgenommen werden. Trotz einer fünfjährigen Renovierungsphase blieb die wissenschaftliche Produktivität von Hans Trüper, seinen Mitarbeitern und Studenten unverändert hoch. Trüper hat das Fach Mikrobiologie innerhalb der Fachgruppe Biologie und in der Mathematisch-Naturwissenschaftlichen Fakultät zu einer festen Größe gemacht.

Von seinen zahlreichen Schülern haben etliche als Assistenten gewirkt, einige davon haben als habilitierte Privatdozenten die mikrobiologische Forschung und Lehre in Bonn effektiv unterstützt. Hierzu gehört im Bereich der Anwendungen vor allem René Fakoussa (*1950), der – von der Dissertation an – seine Arbeiten durch Bergbau-Forschungsgelder finanziert hat, sich 1995 habilitierte und alternative Verfahren zur Umsetzung von Braun- und Steinkohle durch Mikroorganismen oder entsprechende Enzyme untersucht, zeitweise in enger Kollaboration mit der Arbeitsgruppe um Milan Höfer.[601] Christiane Dahl (*1963) ist seit 1999 Privatdozentin für Mikrobiologie und arbeitet über den Schwefelstoffwechsel bei Prokaryonten und dessen Bedeutung für umweltrelevante und humanpathogene Bakterien.

Im Jahre 2001 wurde Prof. Dr. Dr. h. c. Hans Georg Trüper emeritiert. Als Nachfolger wurde sein Schüler Erwin A. Galinski (*1954) berufen. Er hatte von 1973 bis 1980 in Bonn und St. Andrews (Schottland) Biologie und Chemie studiert und mit dem Diplom in Biologie in Bonn abgeschlossen. Mit einer Dissertation zum Thema »Salzadaptation durch kompatible Solute bei halophilen phototrophen Bakterien« wurde er 1986 in Bonn promoviert. Hier habilitierte er sich auch 1993 mit einer Schrift zu dem Thema »Kompatible Solute aus Bakterien – Gewinnung, Anwendung, Struktur und Funktion«. Von 1993 bis 1997 war er am Institut für Mikrobiologie und Biotechnologie in Bonn als Hochschuldozent tätig. Im Jahre 1997 folgte er einem Ruf auf eine Professur für »Biochemie/Biotechnologie« im Fachbereit Chemie der Universität Münster. Im November 2001 trat Galinski die Nachfolge von Trüper an. Seine Forschungsthemen sind unter anderem die Anpassungsmechanismen extremophiler Bakterien, insbesondere salz- und trockentoleranter Mikroorganismen, Regulation und hetero-

601 Siehe den Abschnitt Botanik.

loge Expression von Biosynthese-Wegen für kompatible Solute sowie die Wechselwirkung von hygroskopischen Molekülen mit biologischen Grenzflächen.

Mit der Entpflichtung von Jobst-Heinrich Klemme im Jahre 2006 wurde Uwe Deppenmeier (*1962) als Nachfolger berufen. Er hatte an der Universität Göttingen Biologie studiert und 1988 mit dem Diplom abgeschlossen. Dort wurde er auch 1991 mit einer Dissertation zum Thema »Identifizierung und Charakterisierung membrangebundener protonentranslozierender Redox-Systeme in methanogenen Bakterien« promoviert. Er ging dann von 1991 bis 1992 als *Postdoc* in das Department of Microbiology and Molecular Genetics an die Universität von Kalifornien (Los Angeles, USA). Nach seiner Rückkehr war er bis zu seiner Habilitation 1999 als *Postdoc*, Habilitationsstipendiat der DFG und als Wissenschaftlicher Assistent am Institut für Mikrobiologie in Göttingen tätig. Er habilitierte sich 1999 mit einer Schrift zu dem Thema: »Redox-driven ion translocation in methagenic Archaea«. Von 2000 bis 2003 war er in Göttingen als Oberassistent tätig. Danach wechselte er als *Associate Professor* in das Department of Biological Science an der Universität Wisconsin (Milwaukee, USA). Von dort wurde er 2007 als Leiter der Abteilung für Angewandte Mikrobiologie an das Institut für Mikrobiologie und Biotechnologie nach Bonn berufen. Deppenmeiers Forschungsinteresse ist die Untersuchung des Stoffwechsels von methanogenen Archaea, die Analyse des Metabolismus von Darmbakterien und die Erforschung von Enzymen für die stereospezifische Biotransformation.

Da nur die beiden Abteilungen für »Mikrobenphysiologie« und für »Angewandte Mikrobiologie« des Instituts für Mikrobiologie und Biotechnologie hochschulrechtlich zur Mathematisch-Naturwissenschaftlichen Fakultät gehören, wurden diese hier ausführlich besprochen. Es sei allerdings hervorgehoben, dass das Institut für Mikrobiologie eine der wenigen fakultätsübergreifenden Einrichtungen der Universität Bonn darstellt: Forschung und Lehre (insbesondere das Masterprogramm »Mikrobiologie« seit 2011, koordiniert von Frau Dahl) werden zusammen mit den Abteilungen »Lebensmittelmikrobiologie und -hygiene« der Landwirtschaftlichen Fakultät und »Pharmazeutische Mikrobiologie« der Medizinischen Fakultät durchgeführt. Die Zusammenlegung der vier Abteilungen war sinnvoll und hat sich als äußerst fruchtbar erwiesen. Die gemeinsame Nutzung von Einrichtung und Geräten, die unmittelbare Nähe von Fachkollegen und der direkte Austausch von Forschungserkenntnissen und Forschungsmethoden hat sich in Forschung und Lehre als sehr förderlich herausgestellt.

Fachgruppe Molekulare Biomedizin

Molekulare Biomedizin 2006–2014

Christoph Thiele

Vorgeschichte und Gründung[602]

Die Gründung der Fachgruppe Molekulare Biomedizin im Mai 2006 war das Ergebnis eines Prozesses, der im Jahr 1999 mit der Berufung von Michael Hoch (Biologie) und Michael Famulok (Chemie) begonnen hatte. Die beiden Neuberufenen, die sich bei der Begrüßung durch den Rektor kennengelernt hatten, legten dem Rektorat im Oktober 2000 ein Konzept zur Fokussierung der Lebenswissenschaften in Bonn vor.[603] Das LIMES-(*Life and Medical Sciences*)-Konzept zielte darauf ab, im Schnittpunkt zwischen Biologie, Chemie und Medizin fächerübergreifend neue Forschungs- und Ausbildungsstrukturen zu schaffen. Es sah die Einwerbung von DFG-Forschungsverbünden, die Gründung eines Studienganges sowie den Bau eines Institutsgebäudes vor.[604] Seitens des Rektorates wurde das Konzept begrüßt und in der Zielvereinbarung I zwischen Land und Universität vom April 2002 verankert.[605] Zur Umsetzung wurde die Forschergruppe 425 der DFG (M. Hoch, M. Famulok mit C. Müller, Pharmazie, A. Zimmer, Medizin) beantragt und von 2001 bis 2003 gefördert, ebenso das Graduiertenkolleg 804 (2002–2011). Zur Bündelung der Aktivitäten wurden 2001 in der Fachgruppe Biologie im Zuge der Nachfolge Keller (Zoophysiologie) die Professuren Michael Hoch und Norbert Koch aus der Zoologie in die Zoophysiologie verlegt.[606] Mit der Berufung von Waldemar Kolanus auf die Nachfolge Keller entstand 2002 aus der Zoophysiologie der Kern des späteren LIMES Institutes, der im Februar 2003 den Namen »Institut für Molekulare Physiologie und Entwicklungsbiologie« erhielt und die Abteilungen Molekulare Entwicklungsbiologie (Hoch), Immunbiologie (Koch) und Zelluläre Biochemie (Kol-

602 Zur Quellenlage: Die hier zitierten Dokumente sind zumeist nicht veröffentlicht oder schwer zugänglich. Sie sind vollständig in der Dokumentation »Fachgruppe Molekulare Biomedizin 2006–2014« zusammengefasst und im Universitätsarchiv Bonn (UAB) unter der Signatur »Kleinere Sammlungen Nr. 321« einsehbar. Mein Dank geht insbesondere an Michael Hoch und Michael Famulok für die Überlassung zahlreicher Dokumente und Erinnerungen.

603 UAB, Schreiben Famulok und Hoch an Rektor Borchard vom 25. 10. 2000.

604 UAB, LIMES-Konzept 2000.

605 UAB, Zielvereinbarung vom 24. 04. 2002, § 5 Aufbau der Biowissenschaften, fortgeschrieben in den Zielvereinbarungen II und III, jeweils §4.

606 UAB, Senatsbeschluss mit Wirkung zum 01. 04. 2001.

anus) umfasste.[607] Zur Umsetzung der fächerübergreifenden Lehre wurde gemeinsam mit der Medizinischen Fakultät zum Wintersemester 2003/04 der Diplomstudiengang Molekulare Biomedizin gegründet.[608] Das Rektorat machte für den weiteren Ausbau Zusagen, deren Umfang an den Erfolg bei der Einwerbung weiterer Forschungsverbünde (SFB 645 ab 2005, SFB 704 ab 2006) gekoppelt wurden.[609] Es sollten weitere Professuren mit mehr als zehn Stellen entstehen,[610] deren Finanzierung durch Umlagerungen im Rahmen des Hochschulkonzeptes 2010 aufgebracht werden sollte.[611] Für die Durchführung der anstehenden Berufungen, die Organisation des wachsenden Studienganges[612] und die institutionelle Verknüpfung zwischen den Professuren aus verschiedenen Fachgruppen wurde nach Abstimmung zwischen Rektorat, Fakultät und den betroffenen Fachgruppen Biologie und Chemie[613] am 30. November 2005 beschlossen, das LIMES-Institut und die Fachgruppe Molekulare Biomedizin zu gründen.[614] Mit Beschluss vom 12. April 2006 wurden der Fachgruppe das Institut für Molekulare Biomedizin (LIMES-Institut) und der Diplomstudiengang Molekulare Biomedizin zugeordnet. Mit der Veröffentlichung durch das Rektorat am 24. Mai 2006 wurde die neue Fachgruppe offiziell etabliert.[615]

607 UAB, Senatsbeschluss vom 13.02.2003, siehe auch das Schreiben von M. Hoch an die Verwaltung vom 25.04.2003, das den rein formalen Charakter der Umbenennung betont.

608 Siehe unten.

609 UAB, Rektoratssitzung vom 25.11.2003 zum LIMES-Entwicklungsplan. Dort war noch eine Beteiligung von Gruppen aus der Pharmazie vorgesehen, von der später Abstand genommen wurde.

610 UAB, Schreiben Lutz an Hoch vom 08.04.2004, siehe auch die Darstellung der LIMES-Gründung durch Kanzler Lutz in: Grußworte anläßlich des 1. Spatenstichs für den Neubau des LIMES-Biozentrums am 08.12.2005, Bonn 2006 (UAB, Slg. Bib. Nr. 2052).

611 Berichte in forsch 2/2004 S.6, Presseinformation der Universität 81/2004 vom 25.02.2004 und Kölnische Rundschau vom 26.02.2004.

612 Da Kapazitätsverordnungen verlangten, dass Studiengänge eindeutig einer Lehreinheit zugeordnet werden sollten, hatte die Universität bereits 2004 die Einrichtung einer eigenen Lehreinheit »Life and Medical Sciences« beim Ministerium beantragt (UAB, Rektorat an Dekan Winiger vom 23.04.2004). Obwohl ausdrücklich als rein organisatorische Maßnahme ohne strukturelle Konsequenzen bezeichnet, war dies ein wichtiger Schritt zur Bildung der Fachgruppe, der auch im LIMES-Entwicklungsplan 2003 vorgesehen war.

613 Die Gründung wurde im Dekanat vorbereitet, siehe UAB, Protokoll vom 10.06.2005. Lehraustausch und Mitgliedschaften in den Fachgruppen wurden in Vereinbarungen geregelt, siehe Vereinbarung mit der FG Chemie vom 02.12.2005.

614 Fakultätsratsprotokoll vom 30.11.2005, hier ist eine Befristung auf fünf Jahre vorgesehen.

615 Fakultätsratsprotokoll vom 12.04.2006, nun unbefristet, so auch in der Amtlichen Bekanntmachung vom 24.05.2006.

Berufungen und inhaltliche Ausrichtung

LIMES-Professoren	berufen/ Mitglied der FG seit	vorher	Programmeinheit
Konrad Sandhoff	1979/2006, Sen.-Prof.	MPI Psychiat. München	Membranen & Biochemie
Michael Famulok	1999/2006	LMU München	Chemische Biologie
Michael Hoch	1999/2006	MPI BPC Göttingen	Genetik & Entwicklung
Waldemar Kolanus	2002/2006	LMU München	Immun- und Zellbiologie
Jürgen Bajorath	2004/2007	U Wash./Seattle	Chemische Biologie
Thorsten Lang	2007	MPI BPC Göttingen	Membranen & Biochemie
Joachim Schulze	2007	U Köln	Immun- und Zellbiologie
Michael Pankratz	2008	KIT Karlsruhe	Genetik & Entwicklung
Christoph Thiele	2009	MPI CBG Dresden	Membranen & Biochemie
Klaus Willecke	1986/2009, Sen.-Prof.	U Essen/U Bonn	Genetik & Entwicklung
Sven Burgdorf	2010	U Bonn	Immun- und Zellbiologie
Günter Mayer	2010	U Strathclyde	Chemische Biologie
Irmgard Förster	2012	U Düsseldorf	Immun- und Zellbiologie

Bei der Gründung 2006 umfasste die Fachgruppe zunächst nur die Professoren Michael Hoch (Schwerpunkt Metabolismus und Entwicklung am Modell *Drosophila melanogaster*) und Waldemar Kolanus (Zelluläre Dynamik im Immunsystem) aus der Fachgruppe Biologie sowie Michael Famulok (RNA-basierte Chemische Biologie) und Konrad Sandhoff (Lipidstoffwechsel mit Schwerpunkt lysosomaler Abbau) aus der Fachgruppe Chemie. Norbert Koch verblieb in der Fachgruppe Biologie, war dem Diplomstudiengang Molekulare Biomedizin jedoch bis zu dessen Auslaufen 2013 als Prüfungsausschussvorsitzender verbunden. Mit dem Ziel, eine Struktur mit vier tragfähigen wissenschaftlichen Bereichen bei einer Gesamtgröße von neun regulären Professuren zu schaffen, wurden ab 2007 sieben Neuberufungen durchgeführt. Für die Programmeinheit Genetik, Entwicklungsbiologie&Molekulare Physiologie wurde Michael Pankratz aus Karlsruhe berufen, der an der Fruchtfliege molekulare Mechanismen der Kontrolle des Fressverhaltens untersuchte. Der Genetiker Klaus Willecke, seit 1986 Professor in der Fachgruppe Biologie, wechselte als *Seniorprofessor* zur Molekularen Biomedizin und brachte seine Arbeiten an genetischen Mausmodellen des Ceramidstoffwechsels ein. In der Programmeinheit Molekulare Immun-& Zellbiologie erfolgten drei Berufungen: Joachim Schulze kam aus Köln und erforschte Mechanismen der Immunregulation mit den Methoden der Genomik, Sven Burgdorf wurde von der Bonner Universitätsklinik berufen und widmete sich der Rolle der Endozytose bei der Präsentation von Antigenen. Aus Mitteln des Exzellenzclusters »Immunosensation« konnte mit Irmgard Förster aus Düsseldorf die erste Frau gewonnen werden, um die Interaktion des Immunsystems mit Umwelteinflüssen zu untersuchen. Die Programmeinheit Membranbiologie& Biochemie wurde zunächst durch Thorsten Lang aus Göttingen verstärkt, der Komplexe von Membranproteinen mit biochemischen und biophysikalischen Methoden studierte; als Nachfolger von Konrad Sandhoff kam Christoph Thiele aus Dresden dazu, der Mechanismen der Fettspeicherung mit neuentwickelten markierten Molekülen untersuchte. Die Programmeinheit Chemische Biologie& Medizinische Chemie erhielt Verstärkung durch Jürgen Bajorath, der bereits seit 2004 als Chemieinformatiker an das Bonn-Aachen International Center for Information Technologies (BIT) berufen worden war und von der Fachgruppe Informatik in die Molekulare Biomedizin wechselte. Mit ihm wurde die Verknüpfung zur Informatik und dem Studiengang *Life Science Informatics* hergestellt. Zuletzt wurde Günter Mayer, der bei Michael Famulok habilitiert hatte, aus Schottland zurück nach Bonn berufen, und er setzte hier seine Arbeiten zur Entwicklung bioaktiver RNA-Moleküle, der Aptamere, fort.

Charakteristisch für die Fachgruppe war von Beginn an die große Zahl an Mitgliedern aus anderen Bereichen der Universität und Bonner Instituten. Darin spiegelten sich einerseits gemeinsame Forschungsinteressen, institutionelle Verknüpfungen und die Entstehungsgeschichte der Fachgruppe, andererseits auch das Interesse an der Promotion im Fach Molekulare Biomedizin, die die Mitgliedschaft eines der Betreuer in der Fachgruppe erforderte, wider.

Externe, Zweitmitglieder, Kooptierte	**Status**	**Fachgruppe oder Institut**
Frank Bradke	Erstmitglied nach Jülicher Modell	DZNE Bonn
Dieter Fürst	Zweitmitglied	FG Biologie
Michael Gütschow	Zweitmitglied	FG Pharmazie
Albert Haas	Zweitmitglied	FG Biologie
Jörg Höhfeld	Zweitmitglied	FG Biologie
Benjamin Kaupp	Kooptiert	CAESAR Bonn

(Fortsetzung)

Externe, Zweitmitglieder, Kooptierte	**Status**	**Fachgruppe oder Institut**
Norbert Koch	Zweitmitglied	FG Biologie
Percy Knolle	Kooptiert	Medizinische Fak.
Christa Müller	Zweitmitglied	FG Pharmazie
Jörn Piel	Zweitmitglied	FG Chemie
Hubert Schorle	Kooptiert	Medizinische Fak.
Walter Witke	Zweitmitglied	FG Biologie

Studiengänge

Der Diplomstudiengang »Molekulare Biomedizin« wurde als Kooperation zwischen der Medizinischen Fakultät und der Mathematisch-Naturwissenschaftlichen Fakultät geplant. Nach Verabschiedung der Planung durch die Fakultätsräte im Mai 2001 beziehungsweise November 2002 wurde zunächst die Einführung beim Land beantragt[616] und dann der Studiengang zum Wintersemester 2003/04 erstmals angeboten.[617] Nach einem aufwändigen Auswahlverfahren mit Bewerberinterviews[618] wurden aus einer großen Zahl von Bewerbern jedes Jahr 30 hoch motivierte Studierende zugelassen. Als einer der ersten Kooperationsstudiengänge dieser Art erregte er bundesweites Aufsehen, das sich auch in vielen Zeitungsberichten widerspiegelte.[619] Der Studiengang nahm mit der Aufteilung in Module und der Anwendung des ECTS-Systems Kernelemente des Bologna-Prozesses auf, blieb aber bei einer vierjährigen Regelstudienzeit und dem Abschluss Diplom. Nach der Umstellung aller Bonner Studiengänge auf das Bachelor-/Master-System 2007 lief der Diplomstudiengang zum allgemeinen Bedauern der Studierenden und der Dozenten aus; die letzten Studierenden schlossen das Studium 2013 ab. Die Bilanz – 115 von 120 Anfängern erreichten in einer durchschnittlichen Zeit von 9,7 Semestern den Abschluss mit einer Durchschnittsnote von 1,13 – dokumentierte einen großen Erfolg. Als Nachfolger wurden 2007 der sechssemestrige Bachelorstudiengang Molekulare Biomedizin und der dreisemestrig angelegte Masterstudiengang LIMES *Chemical*

616 UAB, Rektor Borchard an das Ministerium vom 14.01.2003.

617 Diplomprüfungsordnung vom 10.07.2003 und Änderungsordnung von 2008.

618 Die Bewerberinterviews, die auch im nachfolgenden Bachelorstudiengang durchgeführt wurden, mussten ab 2012 leider eingestellt werden, nachdem Gerichte verlangten, dass alle Bewerber (etwa 800 pro Jahr) und nicht nur die Besten unter ihnen zum Interview eingeladen werden sollten.

619 Vgl. etwa M. Hartung, Bonner Quanten-Springer, in: Die Zeit vom 24.06.2004.

Biology mit 30 beziehungsweise 40 Studienplätzen eingeführt. In diesen beiden Studiengängen waren im Sommersemester 2014 zusammen 160 Studierende eingeschrieben.

Die zweite wichtige Säule der Ausbildung im Fachbereich war das Promotionsstudium. Von der Gründung des Fachbereichs bis zum Ende des Wintersemesters 2012/13 promovierten 30 Frauen und 18 Männer in Molekularer Biomedizin, viele davon finanziert durch Stellen und Stipendien aus einem der Forschungsverbünde des LIMES-Instituts.

Forschungsverbünde

Für den Aufbau des Fachbereiches, die wissenschaftliche Ausrichtung und die Vernetzung mit anderen Institutionen der Universität ist die Organisation oder Beteiligung an Forschungsverbünden von besonderer Bedeutung gewesen. Die folgende Tabelle listet Forschungsverbünde auf, die federführend durch Professoren der Fachgruppe oder unter bedeutender Beteiligung der Fachgruppe entstanden.

Name	Geldgeber	Anzahl AG	davon LIMES	Zeitraum	Sprecher
FOR 425	DFG	4	2	2001–2004	M. Hoch
SFB 645	DFG	20	10	2005–2016	M. Hoch
SFB 704	DFG	22	7	2006–2017	W. Kolanus
TRR 83 mit DD und HD	DFG	18	4	2010–20XX	T. Söllner, HD C. Thiele
Excellenz-cluster Immuno-sensation	DFG			2013–20XX	G. Hartmann W. Kolanus
GRK 804	DFG	11	4	2002–2011	M. Famulok
NRW-Graduate School LIMES Chemical Biology	Land NRW	30 Stipendien		2008–2013	M. Famulok C. Thiele

Aus der ursprünglichen kleinen Forschergruppe 425 entstand 2005 der SFB 645 »Regulation und Manipulation von biologischer Informationsübertragung in dynamischen Protein- und Lipidumgebungen«, der Membran- und Entwicklungsbiologie verknüpfte und vor allem die Kontakte zwischen dem LIMES Institut und der Fachgruppe Biologie einbezog. Als Gegenstück entstand 2006 der

SFB 704 »Molekulare Mechanismen und chemische Modulation der lokalen Immunregulation«, der strukturbildend für den großen Aufschwung der Bonner Immunologie wirkte und die Verbindung von LIMES und Medizinischer Fakultät institutionalisierte, die 2013 zur Bildung des Excellenzclusters »Immunosensation« führte. Beide Sonderforschungsbereiche dienten auch der Verknüpfung zu anderen Bonner Forschungsinstituten wie dem Center of Advanced European Studies and Research (CAESAR) und dem Deutschen Zentrum für Neurodegenerative Erkrankungen (DZNE). Speziell abgestimmt auf die Interaktion über Bonn hinaus war die Beteiligung am Transregio 83 »Molecular architecture and cellular function of protein/lipid assemblies«, die den Kontakt zu den Partnerstandorten Heidelberg und Dresden vertiefte. Neben der strukturellen und wissenschaftlichen Bedeutung waren Forschungsverbünde auch finanziell von herausragender Wichtigkeit: 2012 wurden in der Fachgruppe 47 Prozent der Personalkosten und 38 Prozent der Gesamtkosten aus Drittmitteln bestritten.[620]

Das LIMES Institutsgebäude

Das Konzept einer neuen Fachgruppe auf vier wissenschaftlichen Säulen erforderte eine enge räumliche Vernetzung, die sich in den vorhandenen örtlich zerstreuten und flächenmäßig stark begrenzten Räumen nicht verwirklichen ließ. Daher war schon seit 2002 der Neubau eines Institutsgebäudes geplant worden, in dem zumindest der Großteil der Fachgruppe Platz finden sollte. Das neue LIMES-Institut sollte zugleich der erste große Neubau im Konzept des Campus Poppelsdorf werden.[621] Nach Planungen der Architektenbüros Grüner, Schnell und Partner (München) und K+H Architekten (Stuttgart) und der Freigabe der Mittel durch das Land,[622] erfolgte der erste Spatenstich im Dezember 2005.[623] Ein langwieriges Gerichtsverfahren, angestrengt von einem bei der Ausschreibung unterlegenen Bauunternehmen, sorgte dafür, dass die eigentlichen Bauarbeiten erst im Februar 2007 begannen.[624] Richtfest für den rund 25 Millionen Euro teuren Bau an der Carl-Troll-Straße mit 3.700qm Hauptnutzfläche wurde am 21. Januar 2008 gefeiert,[625] die ersten Arbeitsgruppen zogen im Februar 2010 ein.

Die schlichte Formgebung des vierstöckigen Gebäudes wird zur Straßenseite

620 Kosten- und Kennzahlenbericht 2012.
621 Dokumentation zum Hochschulentwicklungsplan vom 01.03.2007.
622 Briefwechsel Steinbrück-Famulok vom 24.03.2005.
623 Presseinformationen 2005/464 der Universität Bonn.
624 Bericht im General-Anzeiger Bonn vom 03.03.2007.
625 Einladung, Pressemeldung, Bericht im BLB-NRW Magazin 1/2008, S. 5.

durch farbige Elemente an den großen Fensteröffnungen aufgelockert, die sich deutlich von der sonst dunkel gehaltenen Fassade absetzen. Im Inneren zeigt sich das Gebäude in Weiß und Grau, und beherbergt neben Labor- und Büroräumen auch großzügige Einrichtungen für das Arbeiten mit verschiedenen Tiermodellen. Eine aufwendige Lüftungstechnik mit Wärmerückgewinnung und die Beschränkung der Klimatisierung auf die Laborräume ermöglichen einen ressourcenschonenden Betrieb. Das Nutzungskonzept legt seinen Schwerpunkt auf den Forschungsbetrieb; die fehlenden Kapazitäten für die praktische Ausbildung größerer Gruppen von Studierenden sind für einen benachbarten Erweiterungsbau vorgesehen, der auch mehr Platz für wissenschaftliche Nachwuchsgruppen und einen Hörsaal bieten wird.

Literaturverzeichnis

Althoff, Karl-Heinz/Knop, Gerhard: Das 2,5 GeV Elektronen-Synchrotron, in: Rheinische Friedrich-Wilhelms-Universität Bonn/Physikalisches Institut (Hg.): Festschrift: Prof. Dr.-Ing. Wolfgang Paul zum sechzigsten Geburtstag, Bonn 1973, S. 93–99.

Anonymus: Das Studium der Chemie und das Chemikerexamen, in: Angewandte Chemie 21 (1897), S. 691–696.

Anschütz, Richard/Pfeiffer, Paul: Das Chemische Institut, in: Geschichte der Rheinischen Friedrich-Wilhelms-Universität zu Bonn. Bd. 2: Institute und Seminare 1818–1933, Bonn 1933; S. 357–368.

Anschütz, Richard: August Kekulé, 2. Bde., Berlin 1929.

Anschütz, Richard: Chemie, in: Die Naturwissenschaften 7 (1919), S. 548.

Anschütz, Richard: Das Chemische Institut, I. Teil (1818–1918), in: Geschichte der Rheinischen Friedrich-Wilhelm-Universität zu Bonn. Bd. 2: Institute und Seminare, Bonn 1933, S. 357–366.

Appel, Rolf: Die neuen Gebäude der Chemie in Endenich, in: Bonner Universitätsblätter 1976, S. 27–34.

Argelander, Friedrich Wilhelm August: Bonner Sternverzeichniss. Section 1. Enthaltend die genäherten mittleren Oerter von 110984 Sternen zwischen 2 Grad südlicher und 20 Grad nördlicher Declination für den Anfang des Jahres 1855 (Astronomische Beobachtungen auf der Sternwarte der Königlichen Rheinischen Friedrich-Wilhelms-Universität), Bonn 1859.

Argelander, Friedrich Wilhelm August:Bonner Sternverzeichniss Section 2. Enthaltend die genäherten mittleren Oerter von 105075 Sternen zwischen 20 und 41 Grad nördlicher Declination für den Anfang des Jahres 1855 (Astronomische Beobachtungen auf der Sternwarte der Königlichen Rheinischen Friedrich-Wilhelms-Universität zu Bonn 4), Bonn 1861.

Argelander, Friedrich Wilhelm August: Bonner Sternverzeichniss. Section 3. Enthaltend die genäherten mittleren Oerter von 108129 Sternen zwischen 41 und 90 Grad nördlicher Declination für den Anfang des Jahres 1855 (Astronomische Beobachtungen auf der Sternwarte der Königlichen Rheinischen Friedrich-Wilhelms-Universität zu Bonn 5), Bonn 1862.

Bayer, Guido: Dr. Ludwig Clamor Marquardt (1804–1881). Ein Beitrag zur Geschichte der chemisch-pharmazeutischen Industrie, Bonn 1962.

Beck, Hanno: Ferdinand Freiherr v. Richthofen – vorbildlicher China-Forscher und anerkanntester Geograph seiner Zeit (1833–1905), in: Hanno Beck: Große Geographen. Pioniere – Außenseiter – Gelehrte, Berlin 1982, S. 149–163.

Becker, Friedrich: Friedrich Wilhelm August Argelander 1799–1875, in: Bonner Gelehrte. Beiträge zur Geschichte der Wissenschaften in Bonn. Mathematik und Naturwissenschaften, Bonn 1970, S. 73–78.

Becker, Friedrich: Friedrich Küstner 1856–1936, in: Bonner Gelehrte. Beiträge zur Geschichte der Wissenschaften in Bonn. Mathematik und Naturwissenschaften, Bonn 1970, S. 79–81.

Becker, Friedrich: Die Bonner Astronomie seit 1945, in: Bonner Gelehrte. Beiträge zur Geschichte der Wissenschaften in Bonn. Mathematik und Naturwissenschaften, Bonn 1970, S. 82–87.

Becker, Thomas P.: Der Rang der Naturwissenschaften in den ersten Jahren der Universität Bonn, in: Dietrich von Engelhardt (Hg.), Christian Gottfried Nees von Esenbeck – Politik und Naturwissenschaften in der ersten Hälfte des 19. Jahrhunderts (Acta Historica Leopoldina 43), Halle 2004, S. 115–131.

Becker, Thomas P.: Die Gründung einer Mathematisch-Naturwissenschaftlichen Fakultät an der Universität Bonn, in: Chronik der Universität Bonn für das Akademische Jahr 2005/06, Bonn 2006, S. 218–226.

Becker, Thomas P.: Die Gründung einer Mathematisch-Naturwissenschaftlichen Fakultät an der Universität Bonn, in: Annalen des Historischen Vereins für den Niederrhein 215 (2012), S. 117–132.

Beckey, H.D.: Experimental Techniques in Field Ionization and Field Desorption Mass Spectrometry, in: Journal of Physics E: Scientific Instruments 12 (1979), S. 72–83.

Bederke, E.: Hans Cloos †, in: Zeitschrift der Deutschen Geologischen Gesellschaft 104 (1953), S. 553–557.

Benrath, Alfred: Erinnerungen an mein akademisches Leben. Unveröffentlichtes Manuskript im Institut für Anorganische Chemie und Elektrochemie der RWTH Aachen, o. J.

Benrath, Alfred: Über Bischofs Bedeutung für den chemischen Unterricht vor Kekulé, in: Geschichte der Rheinischen Friedrich-Wilhelm-Universität zu Bonn. Bd. 2: Institute und Seminare, Bonn 1933, S. 371–377.

Bezold, Friedrich von: Geschichte der Rheinischen Friedrich-Wilhelms Universität von der Gründung bis zum Jahr 1870, Bonn 1920.

Blaschke, Wilhelm: E.A. Weiß, in: Jahresberichte der Deutschen Mathematiker-Vereinigung 52 (1942), S. 174–176.

Bohley, Johanna: Christian Gottfried Nees von Esenbeck. Der Botaniker und sein wissenschaftsorganisatorisches Wirken in Bonn, in: Bonner Universitätsblätter 2003, S. 55–67.

Böhm, Hans (Hg.): Beiträge zur Geschichte der Geographie an der Universität Bonn, herausgegeben anlässlich der Übergabe des neuen Institutsgebäudes in Bonn-Poppelsdorf (Colloquium Geographicum 21), Bonn 1991.

Brandt, Leo: Zur Geschichte der Arbeitsgemeinschaft für Forschung des Landes Nordrhein-Westfalen, in: Jahrbuch für Christliche Sozialwissenschaften 07/08 (1966/67), S. 457–461.

Braubach, Max: Die erste Bonner Hochschule. Maxische Akademie und kurfürstliche Universität 1774/77 bis 1798 (Academica Bonnensia 1), Bonn 1966.

Braun, Andreas: Winfried Hass (1934–2007), in: Palaeontographica A 280 (2007), S. 71–73.

Brauns, Reinhard: Das Mineralogische Museum und Institut. in: Geschichte der Rheinischen Friedrich-Wilhelm-Universität zu Bonn. Bd. 2: Institute und Seminare 1818–1933, Bonn 1933, S. 377–385.

Bubnoff, Serge von: Requiem auf Hans Cloos, in: Geologische Rundschau 41 (1953), S. 1–10.

Burmester, Ralph u. a.: Das Physikalische Institut der Universität Bonn 1818–2013. Die Geschichte der wissenschaftlichen Heimat von Wolfgang Paul, in: Ders./Andrea Niehaus (Hgg.): Wolfgang Paul – der Teilchenfänger. Begleitpublikation zur Sonderausstellung »Wolfgang Paul – Der Teilchenfänger« vom 13. November 2013 bis zum 24. August 2014 im Deutschen Museum Bonn, Bonn 2013, S. 123–155.

Burmester, Ralph: Die vier Leben einer Maschine: Das 500 MeV Elektronen-Synchrotron der Universität Bonn, Göttingen 2010.

Burmester, Ralph: Wolfgang Paul, Physiker, Nobelpreisträger, Wissenschaftsorganisator, in: Ralph Burmester/Andrea Niehaus (Hgg.): Wolfgang Paul – der Teilchenfänger. Begleitpublikation zur Sonderausstellung »Wolfgang Paul – Der Teilchenfänger« vom 13. November 2013 bis zum 24. August 2014 im Deutschen Museum Bonn, Bonn 2013, S. 21–108.

Burmester, Ralph/Niehaus, Andrea (Hgg.): Heinrich Hertz – vom Funkensprung zur Radiowelle. Begleitpublikation zur Sonderausstellung »Heinrich Hertz – vom Funkensprung zur Radiowelle« vom 26. April 2012 bis zum 13. Januar 2013 im Deutschen Museum Bonn, Bonn 2012.

Büttgenbach, Stephanus/Ertmer, Wolfgang/Meschede, Dieter: Nachruf auf Siegfried Penselin, in: Physik-Journal 11 (2015), S. 55.

Carathéodory, Constantin: Gesammelte mathematische Schriften, 5 Bde., München 1954–1957.

Clebsch, Alfred: Zum Gedächtnis an Julius Plücker, in: Abhandlungen der Königlichen Gesellschaft der Wissenschaften zu Göttingen 16 (1871).

Cloos, Hans: Ein Blockbild von Deutschland, in: Geologische Rundschau 31 (1940), S. 148–153.

Danneel, Rolf: Zur Geschichte des Zoologischen Instituts in Bonn, in: Verhandlungen der Deutschen Zoologischen Gesellschaft 24 (1961), S. 36–38.

Dechen, Ernst Heinrich von: Zur Erinnerung an Dr. Franz Hermann Troschel, in: Verhandlungen des Naturhistorischen Vereins der preussischen Rheinlande und Westfalens 40 (1883), S. 35–54.

Diekmann, Bernd/Heinloth, Klaus: Energie: physikalische Grundlagen ihrer Erzeugung, Umwandlung und Nutzung, Stuttgart 1997.

Diergart, Paul: Zur Stellung von Carl Gustav Bischof (Bonn) in der Chemie des 19. Jahrhunderts in: Julius Ruska (Hg.), Studien zur Geschichte der Chemie. Festgabe E. O. von Lippmann, Berlin 1927, S. 195–203.

Du Bois-Reymond, Emil Heinrich: Gedächtnisrede auf Johannes Müller, in: Abhandlungen der Berliner Akademie der Wissenschaften, Berlin (1860), S. 25–190.

Duerbeck, Hilmar W.: German Astronomy in the Third Reich. In: Andre Heck (Hg.): Organizations and Strategies in Astronomy 7 (2006), S. 383 413.

Duisberg, Carl: Über den chemischen Hochschulunterricht für Lehramtskandidaten, in: Angewandte Chemie 19 (1906), S. 1027–1039.

Duphorn, Klaus: Paul Woldstedt, in: Geologisches Jahrbuch A25 (1974), S. 3–12.

Duspiva, Franz: Paul Krüger. Nachruf, in: Verhandlungen der Deutschen Zoologischen Gesellschaft 29 (1966), S. 567–568.

Ehlers, Eckart (Hg.): Philippson-Gedächtnis-Kolloquium – 13.11.1989 (Colloquium Geographicum 20), Bonn 1990.

Eichhorn, A./Koch, A./Bargon, J.: In situ PHIP NMR, in: Journal of Molecular Catalysis A: 174 (2001), S. 293.

Ernst, Wilhelm: Julius Plücker. Eine zusammenfassende Darstellung seines Lebens und Wirkens als Mathematiker und Physiker auf Grund unveröffentlichter Briefe und Urkunden, Diss. Bonn 1933.

Fachgruppe Pharmazie der Mathematisch-Naturwissenschaftlichen Fakultät der Rheinischen Friedrich-Wilhelms-Universität Bonn: Pharmacy in Bonn, Bonn 1995.

Fachgruppe Pharmazie/Universität Bonn: Pharmazie in Bonn. Festschrift zur Akademischen Feier anlässlich des 200. Geburtstags von Carl Friedrich Mohr und der Wiedervereinigung des Pharmazeutischen Instituts, Bonn 2006.

Famulok, Michael/Hartig, Jörg S./Mayer, Günter: Functional aptamers and aptazymes in biotechnology, diagnostics and therapy, in: Chemical Reviews 107 (2007), S. 3715–3743.

Farrington, Oliver Cummings: The Moon, Chicago 1927.

Filippou, Alexander/Edgar Niecke: Rolf Appel (1921–2012), in: Nachrichten aus der Chemie 60 (2012), S. 575.

FIZ Karlsruhe Leibniz Institute for Information Infrastructure (Hg.): A Focus on Crystallography: modern crystallography – creation and development of crystal structure databases using the Inorganic Crystal Structure Database (ICSD) as an example, Eggenstein-Leopoldshafen 2015.

Föbker, Stefanie/Frei, Andreas/Wigandt, Claus: Geographiestudium in Bonn – und dann? Absolventinnen- und Absolventenbefragung am Geographischen Institut der Universität Bonn, in: Standort – Zeitschrift für Angewandte Geographie 30/4 (2006), S. 186–188.

Fölsing, Albrecht: Heinrich Hertz. Eine Biographie, Hamburg 1997.

Frechen, Josef: Hugo Laspeyres 1836–1913, in: Bonner Gelehrte. Beiträge zur Geschichte der Wissenschaften in Bonn. Mathematik und Naturwissenschaften, Bonn 1970, S. 147–148.

Frechen, Josef: Reinhard Brauns 1881–1937, in: Bonner Gelehrte. Beiträge zur Geschichte der Wissenschaften in Bonn. Mathematik und Naturwissenschaften, Bonn 1970, S. 149–151.

Friebel, Claus: Zum 100. Geburtstag von Otto Schmitz-DuMont. Erinnerungen an Stationen der Bonner Chemiegeschichte, in: Bonner Universitätsblätter 1999, S. 17–24.

Gaude, Werner: Die alte Apotheke. Eine tausendjährige Kulturgeschichte, Stuttgart 1979.

Gaudich, Christine: Approbationsordnung für Apotheker, Stuttgart 2002.

Geffert, Michael: Bestimmung der Astronomischen Einheit nach dem Verfahren von K.F. Küstner; astro.uni-bonn.de/~geffert/SAMMLUNG/Veroeff_v21b30/SHH_25.pdf; zuletzt abgerufen am 14.05.2018).

Geffert, Michael: Die Beobachtungstagebücher von Johann Friedrich Julius Schmidt (1825–1884); astro.uni-bonn.de/~geffert/SAMMLUNG/Veroeff1b10/BeobSchmidt.pdf; zuletzt abgerufen am 14.05.2018.

Geffert, Michael: Karl-Friedrich Küstners Moon photographic plates, in: Selene's Visible Face, 1840–1900, in: C. Pérez-González (Hg.): The Tension between the Scientific and Aesthetic Aspects of Lunar Photography, Journal of the Material and Visual History of Science, Brill 2016 (im Druck).

George, Christian: Studieren in Ruinen. Die Studenten der Universität Bonn in der Nachkriegszeit (1945–1955) (Bonner Schriften zur Universitäts- und Wissenschaftsgeschichte 1), Göttingen 2010.

Gerth, Heinrich: J. Wanner, in: Neues Jahrbuch Geologie und Paläontologie, Monatshefte 5 (1957), S. 226–232.

Gerth, Heinrich: Norbert Tilmann (Nachruf), in: Geologische Rundschau 39 (1951), S. 318–319.

Gerth, Heinrich: Walter Maximilian Lehmann (1880–1959), in: Paläontologische Zeitschrift 35 (1961), S. 231–234.

Gerth, Heinrich: Gustav Steinmann 1856–1929, in: Bonner Gelehrte. Beiträge zur Geschichte der Wissenschaften in Bonn. Mathematik und Naturwissenschaften, Bonn 1970, S. 168–170.

Geyer, Edward H.: The heliometer principle and some modern applications, in: Astrophysics and space science 110 (1985), Nr. 1, S. 183–192).

Gillispie, Charles Coulston u.a. (Hgg.): Dictionary of Scientific Biography, Vol. 1–18, New York 1970–1990.

Goldfuß, August: Ein Wort über die Bedeutung naturwissenschaftlicher Institute und der Einfluß auf humane Bildung als Einladung zum Besuch des naturhistorischen Museums, Bonn 1821.

Goldfuß, August/Münster, Georg zu: Petrefacta Germaniae : tam ea quae in Museo Universitatis Regiae Borussicae Fridericiae Wilhelmiae Rhenanae servantur quam alia quaecunque in Museis Hoeninghusiano Muensteriano aliisque extant; iconibus et descreptionibus illustrate – Abbildungen und Beschreibungen der Petrefacten Deutschlands und der angränzenden Länder. – Arnz & Comp. Düsseldorf (1826–1833).

Goldfuß, August: Grundriß der Zoologie, Nürnberg 1826.

Grimmelmann, W. u.a.: Roland Brinkmann 1898–1995, in: Geologische Rundschau 85 (1996), S. 186–190.

Groth, W./Becker, K.H. u.a.: Untersuchungen in der Großen Bonner Kugel, in: Naturwissenschaften 59 (1972), 379–387.

Groth, W.: Gaszentrifugen-Anlagen zur Anreicherung von Uran-235, in: Die Naturwissenschaften 60 (1973), S. 57–64.

Grulich, Oscar: Geschichte der Bibliothek und Naturaliensammlung der Kaiserlich Leopoldinisch-Carolinischen Deutschen Akademie der Naturforscher, Halle/Dresden 1894.

Haffke, Jürgen/Kleefeld Klaus-Dieter/Schenk, Winfried (Hgg.): Historische Geographie – Konzepte und Fragestellungen – Gestern – Heute – Morgen. Festschrift für Klaus Fehn zum 75. Geburtstag (Colloquium Geographicum 33), Bonn 2011.

Hanstein, Reinhold von: Franz v. Leydig. Nachruf, in: Naturwissenschaftliche Rundschau 23 (1908), S. 347–351.

Hausdorff, Felix: Gesammelte Werke, 9 Bde., hg. von Egbert Brieskorn u. a. Heidelberg ab 2001.

Hausdorff, Felix: Paul Mongré 1868–1942. Ausstellungskatalog Mathematisches Institut Bonn (24.-28.2.1992) und Elemente einer Biographie, verfasst von Egbert Brieskorn, Bonn 2012.

Helferich, Burckhardt/Kleinschmidt Traute: Zur Kenntnis des Süßmandel-Emulsins. Kristallisation der Komponente, in: B. Hoppe-Seyler's Zeitschrift für physiologische Chemie 348 (1967), S. 753–758.

Helferich, Burkhard: Zur Geschichte der Chemie in Bonn, in: Bonner Gelehrte. Beiträge zur Geschichte der Wissenschaften in Bonn. Mathematik und Naturwissenschaften, Bonn 1970, S. 119–135.

Hellmann, Hans: Einführung in die Quantenchemie, Leipzig/Wien 1937.

Hertwig, Richard: Franz von Leydig: geb. 21. Mai 1821, gest. 13. April 1908; 1875–1887. Professor der Vergleichenden Anatomie und Zoologie an der Universität Bonn, Bonn (1922).

Hertz, Heinrich: Erinnerungen, Briefe, Tagebücher, hg. von Johanna Hertz, 2. erw. Aufl. Weinheim/San Francisco 1977.

Hesse, Richard: Zoologie, in: Zur Jahrhundertfeier der Bonner Universität. Die Entwicklung der Naturwissenschaft an der Bonner Universität seit ihrer Begründung (Die Naturwissenschaften 7), Berlin 1919, S. 576–579.

Hilbert, David: Gesammelte Abhandlungen, 3 Bde., Berlin 1932–1935.

Hildebrandt, Stefan u. a.: Mathematische Betrachtungen anlässlich der Ehrenpromotionen der Mathematisch-Naturwissenschaftlichen Fakultät am 28. November 1986 (Bonner akademische Reden 68), Bonn 1988.

Hildebrandt, Stefan/Lax, Peter: Otto Toeplitz. Bonner Mathematische Schriften Nr. 319, Bonn 1999.

Hirzebruch, Friedrich: Gesammelte Abhandlungen, 2 Bde., Berlin 1987.

Hirzebruch, Friedrich: Gründungsgeschichte des Max-Planck-Instituts für Mathematik. Vortrag 31. März 2006, in: Mitteilungen der Deutschen Mathematiker-Vereinigung 14 (2006) 2, S. 73–79.

Hirzebruch, Friedrich: Ansprache zum Eröffnungskolloquium des Hausdorff Center for Mathematics, 19. Januar 2007; former.hcm.uni-bonn.de/opening-colloquium-address-hierzebruch.de; zuletzt abgerufen am 15.05.2018).

Hittorf, Wilhelm/Plücker, Julius: On the Spectra of ignited gases and vapours with especial regard to the different spectra of the same elementary gaseous substance, Leipzig 1904.

Hofmann, A.W.: The Chemical Laboratories in Course of Erection in the Universities of Bonn and Berlin, London 1866.

Hökaasch, Michael: Das Bestehende und das Werdende. Akademieerneuerung und Reformansätze unter Nees von Esenbeck, in: Acta Historica Leopoldina 43 (2004), S. 19–71.

Hölder, Helmut: Kurze Geschichte der Geologie und Paläontologie. Ein Lesebuch, Berlin 1989.

Höpfner, Hans-Paul: Die Universität Bonn im Dritten Reich. Akademische Biographien unter nationalsozialistischer Herrschaft (Academica Bonnensia 12), Bonn 1999.

Huber, Max G./Krubasik, Edward G.: Nachruf auf Theo Mayer Kuckuk, in: Physik Journal 12 (2014), S. 3.

Hückel, Erich: Quantentheoretische Beiträge zum Benzol Problem, in: Physik 70, (1932), S. 204.

Hückel, Erich: Zur Quantenchemie der Doppelbindung, in: Physik 60 (1930), S. 423.

Iwasita, T./Schmickler, W./Schultze, J.W.: The influence of the metal on the kinetics of outer sphere reactions (prove of the Marcus-Theory), in: Berichte der Bunsengesellschaft 89 (1985), S. 138.

Jaeckel, Barbara/Paul, Wolfgang: Die Entwicklung der Physik in Bonn 1818–1968, in: Bonner Gelehrte. Mathematik und Naturwissenschaften. Beiträge zur Geschichte der Wissenschaften in Bonn, Bonn 1970, S. 91–100.

Jäger, Herbert: Die Partnerschaft zwischen der Rheinischen Friedrich-Wilhelms-Universität Bonn und der Universität Kabul/Afghanistan, in: Bonner Universitätsblätter 1965, S. 23–26 und Bonner Universitätsblätter 1971, S.34.

Kahle, Marie: Was hätten Sie getan? Die Flucht der Familie Kahle aus Nazi-Deutschland/ Kahle, Paul: Die Universität Bonn vor und während der Nazi-Zeit (1923–1939), Bonn 1998.

Kaiser, Helmut: Prof. Dr. Hans-Joachim Schweitzer, in: Palaeontographica B178 (2008), S. 1–12.

Kant, Horst: Riezler, Wolfgang, in: NDB 21 (2003), S. 619.

Kastner, Karl W.G.: Einleitung in die neuere Chemie, Halle/Berlin 1814.

Kayser, Heinrich: Erinnerungen aus meinem Leben. Annotierte wissenschaftshistorische Edition des Originaltyposkriptes aus dem Jahre 1936, hg. von Matthias Dörries, München 1996.

Keller, Rainer: Zur Geschichte der Zoologie in Bonn, in: Zoologie 2000, in: Mitteilungen der Deutschen Zoologischen Gesellschaft (2000), S. 9–22.

Kippenberger, Carl: Der chemische Unterricht an deutschen Universitäten, in: Berichte der Deutschen pharmazeutischen Gesellschaft 29 (1919), S. 88–98.

Kirschke, Martin: Liebigs Lehrer Karl W.G. Kastner (1783–1857). Eine Professorenkarriere in Zeiten naturwissenschaftlichen Umbruchs, Berlin-Diepholz 2001.

Kleefeld, Klaus-Dieter/Burggraaff, Peter (Hgg.): Entdeckungslandschaft unterer Niederrhein – Land zwischen Maas und Rhein. Neue Forschungen zur Kulturlandschaft des Niederrheins auf der Grundlage der Arbeiten von Gerhard Aymans und Rudolf Straßer (Colloquium Geographicum 30), Bonn 2008.

Klein, Felix: Vorlesungen über die Entwicklung der Mathematik im 19. Jahrhundert, Teil I, bearbeitet von R. Courant und O. Neugebauer, Berlin 1926.

Kloft, Werner: Rudolf Lehmensick 85 Jahre, in: Parasitenkunde 70 (1984), S. 565–566.

Knopp, Gisbert: Das Gebäude des alten Chemischen Instituts der Universität Bonn, in: Jahrbuch der Rheinischen Denkmalpflege 33 (1989), S. 193–194.

Koch, Lutz: Das Gebirge in Rheinland-Westphalen und die Entstehung der Erde. Werke von Johann Jakob Noeggerath im Stadtarchiv Schwelm, in: Beiträge zur Heimatkunde der Stadt Schwelm und ihrer Umgebung, Neue Folge 54 (2005), S. 7–26.

Koenigswald, Wighart von u. a.: Die oberoligozäne Wirbeltierfauna von Rott bei Hennef am Siebengebirge – Synonymien und Literatur 1828–1991, in: Decheniana 145 (1992), S. 312–340.

Koenigswald, Wighart von: GeoRallye. Spurensuche zur Erdgeschichte; Bonn und Umgebung, Eifel; spannende Ausflüge in die Erdgeschichte für Familien, Schüler und Studenten, Bonn 2007.

Koiß, Stefan/Steglich, Wolfgang: Total synthese of the strobilorins G, M and N, in: Tetrahedron 60 (2004), S. 4921–4929.

Koller, Gottfried: Das Leben des Biologen Johannes Müller. 1801–1858, Stuttgart 1958.

König, Gabriele M.: »Blaue Biotechnologie«: Wirkstoffe aus dem Meer, in: Bonner Universitätsblätter 2004, S. 55–65.

Königsberger, Leo: Carl Gustav Jacob Jacobi. Rede zu der von dem Internationalen Mathematiker-Kongress in Heidelberg veranstalteten Feier der hundertsten Wiederkehr seines Geburtstages, gehalten am 9. August 1904. Verhandlungen des Dritten Internationalen Mathematiker-Kongresses in Heidelberg vom 8. bis 13. August 1904, Leipzig 1905.

Krämer, Hans Georg/Erichsen, Lothar von: Uranisotopentrennung in Zentrifugen, Bonn 1985.

Krenkel, Erich: Bischof, Karl Gustav Christoph, in: NDB 2 (1955), S. 261, www.deutsche.biographie.de/:pnd116193115.html (zuletzt abgerufen am 20. 08. 2013).

Krull, Wolfgang: Eduard Study 1862–1930, in: Bonner Gelehrte. Beiträge zur Geschichte der Wissenschaften in Bonn. Mathematik und Naturwissenschaften, Bonn 1970, S. 25–48.

Krull, Wolfgang: Julius Plücker, in: Bonner Gelehrte. Beiträge zur Geschichte der Wissenschaften in Bonn. Mathematik und Naturwissenschaften, Bonn 1970, S. 25–27.

Küstner, Friedrich, Astronomie, in: Die Entwicklung der Naturwissenschaft an der Bonner Universität seit ihrer Begründung. Zur Jahrhundertfeier der Bonner Universität, S. 536.

Langer, Wolfhart: Der Naturhistoriker Georg August Goldfuss (1782–1848), in: Decheniana 122 (1970), S. 177–180.

Langer, Wolfhart: Johann Jakob Noeggerath. Zur Erinnerung an seinen 100. Todestag, in: Bonner Geschichtsblätter 30 (1978), S. 95–107.

Langer, Wolfhart: »Mineralogische« Sammlungen und Mineraliensammler in Bonn während des 18. und frühen 19. Jahrhunderts, in: Bonner Geschichtsblätter 36 (1984), S. 149–164.

Lauer, Wilhelm: 160 Jahre Geographie in Bonn. Betrachtungen zur Disziplin- und Institutsgeschichte, in: Hans Böhm (Hg.): Beiträge zur Geschichte der Geographie an der Universität Bonn (Colloquium Geographicum 21), S. 1–43.

Lechtenfeld, Olaf: Nachruf auf Klaus Dietz, in: Chronik des Akademischen Jahres 2013/14, Bonn 2013, S. 33–34.

Lehmensick, Rudolf: Deutsche Wissenschaftler als Kolonialpioniere (Kriegsvorträge der Rheinischen Friedrich-Wilhelms-Universität Bonn am Rhein 24), Bonn 1940, S. 5–21.

Lehrberger, Gerhard: »Neuhaus, Alfred« in: NDB 19 (1999), S. 124–125; www.deutsche-biographie.de/pnd116954876.html#ndbcontent; zuletzt abgerufen am 17. 09. 2017).

Liebig, Justus: Der Zustand der Chemie in Preussen, in: Annalen der Chemie und Pharmacie 34 (1840), S. 97–136.

Löffler, Jörg/Steinhardt, Uta (Hg.): Landscape Ecology (Colloquium Geographicum 28), Bonn 2007.

London, Franz/Toeplitz, Otto: Das Mathematische Seminar der Universität Bonn, in: Geschichte der Rheinischen Friedrich-Wilhelms-Universität zu Bonn, Bd. 2: Institute und Seminare, Bonn 1933.

Look, Ernst-Rüdiger/Meyer, Klaus-Dieter: Der Paul-Woldstedt-Stein – ein Findling auf der Rehburger Endmoräne am Steinhuder Meer/Hannover, in: Eiszeitalter und Gegenwart – Quaternary Science Journal 38, 1 (1988), S. 1–5.

Lübelsmeyer, Klaus: DESY-Gastgruppe, in: Physikalisches Institut der Universität Bonn (Hg.): Professor Dr.-Ing. Wolfgang Paul zum sechzigsten Geburtstag, Bonn 1973; S. 100.102.

Ludwig, Hubert: Beiträge zur Kenntnis der Holothurien, in: Arbeiten aus dem zoologisch-zootomischen Institut in Würzburg, Bd. 2, Würzburg 1875, S. 77–118.

Martin, Henno: Hans Cloos 1885–1951, in: Bonner Gelehrte. Beiträge zur Geschichte der Wissenschaften in Bonn. Mathematik und Naturwissenschaften, Bonn 1970, S. 171–182.

Mehnert, Karl-Richard: Karl Hermann Scheumann 1881–1964, in: Bonner Gelehrte. Beiträge zur Geschichte der Wissenschaften in Bonn. Mathematik und Naturwissenschaften, Bonn 1970, S. 152–159.

Meyer, Eberhard: 75 Jahre Gesellschaft für Erd- und Völkerkunde zu Bonn, in: Bonn – Stadt und Umland (Arbeiten zur Rheinischen Landeskunde 58), Bonn 1988, S. 1–4.

Meyer, Wilhelm/Stets, Johannes: Paul Wurster, in: Jahresberichte und Mitteilungen des Oberrheinischen Geologischen Vereins Bd. 77 (1995), S. 39–46.

Minkowski, Hermann: Geometrie der Zahlen, Leipzig und Berlin 1910.

Minkowski, Hermann: Gesammelte Abhandlungen, 2 Bde., hg. von David Hilbert, Leipzig/ Berlin 1911.

Minkowski, Hermann: Briefe an David Hilbert, Berlin 1973.

Mithofer, Axel: Wilhelm Boland: Plant defense against herbivores: chemical aspects, in: Annual Review of Plant Biology 63 (2012), S. 431–450.

Montgomery, Wilhelm M.: Germany, in: Thomas F. Glick (Ed.): The Comparative Reception of Darwinism. Austin/London 1974, S. 81–116.

Müller, Fritz: Facts and Arguments for Darwin, London 1869.

Müller, Fritz: Für Darwin, Leipzig 1864.

Müller, Klaus J.: Heinrich Gerth (Nachruf), in: Paläontologische Zeitschrift 46 (1972), S. 11–12.

Müller, Klaus J./Langer, Wolfhart: Georg August Goldfuss 1782–1848, in: Bonner Gelehrte. Beiträge zur Geschichte der Wissenschaften in Bonn. Mathematik und Naturwissenschaften, Bonn 1970, S. 163–167.

Münchow, Karl Dietrich von: Grundlehren der ebenen und sphaerischen Trigonometrie in rechnender Entwickelungsweise, Bonn 1826.

Nagel, Joachim/Meyer, D. E.: Prof. Dr. Wilhelm Bierther verstorben, in: Nachrichten Deutsche Geologische Gesellschaft 73 (2000), S. 34.

Naumann, Clas: Zoologisches Forschungsinstitut und Museum Alexander Koenig, in: Zoologie 2000. Mitteilungen der Deutschen Zoologischen Gesellschaft, S. 53–55.

Nellen, Bernd: Ausweitung von Blasenkammerexperimenten, in: Physikalisches Institut der Universität Bonn (Hg.): Professor Dr.-Ing. Wolfgang Paul zum sechzigsten Geburtstag, Bonn 1973; S. 103–104.

Neuenschwander, Erwin: Der Nachlass von Erich Bessel-Hagen im Archiv der Universität Bonn, in: Historia Mathematica 20 (1993), S. 382–414.

Neuhaus, Alfred: Die Bonner Mineralogie und ihre Sammlungen, in: Bonner Universitätsblätter (1966), S. 16–22.

Neuhaus, Alfred: Gerhard von Rath 1830–1888, in: Bonner Gelehrte. Beiträge zur Geschichte der Wissenschaften in Bonn. Mathematik und Naturwissenschaften, Bonn 1970, S. 144–146.

Neuhaus Alfred/Schilly, Wilhelm: Johann Jakob Noeggerath 1788–1877, in: Bonner Gelehrte. Beiträge zur Geschichte der Wissenschaften in Bonn. Mathematik und Naturwissenschaften, Bonn 1970, S. 139–143.

Neumann, Rotraud: Leben und Werk des Physiologen William Thierry Preyer, Med. Diss. Jena 1980 (unveröffentlicht).

Noeggerath, Johann Jakob: Lacher See und seine vulkanische Umgebungen, in: Sammlung gemeinverständlicher wissenschaftlicher Vorträge Serie 5, 104 (1870), S. 289–320.

Osietzki, Maria: Das Liliput-Zyklotron – ein vergessenes Projekt, in: Kultur & Technik 3 (1987), S. 182–187.

Pachaly, Peter: Vom Pharmazeutischen Apparat zum Pharmazeutischen Institut – Entwicklungslinien der Pharmazeutischen Chemie an der Universität Bonn, in: Pharmazie in unserer Zeit 25 (1996), S. 93–100.

Paffen, Karl-Heinz: 50 Jahre Gesellschaft für Erd- und Völkerkunde zu Bonn. Bonn 1960.

Peschl, Ernst: Rudolf Lipschitz 1832–1903, in: Bonner Gelehrte. Mathematik und Naturwissenschaften. Beiträge zur Geschichte der Wissenschaften in Bonn, Bonn 1970, S. 17–24.

Peters, Walter: Lehrerausbildung in Nordrhein-Westfalen. Von der pädagogischen Akademie über die Pädagogische Hochschule zum Aufbruch in die Universität (Studien zur Pädagogik, Andragogik und Gerontagogik 32), Frankfurt/Main 1996.

Peyerimhoff, Sigrid D.: Interactions in molecules electronic and steric effects; final report of the Collaborative Research Centre 334 »Wechselwirkung in Molekülen: Synthese, Spektroskopische Analyse und Quantentheoretische Behandlung Charakteristischer Strukturen« 1989–2000, Weinheim 2003.

Pfeiffer, Paul: Befruchtung der Chemie durch die Röntgenstrahlenphysik, in: Die Naturwissenschaften 8 (1920), S. 984–991.

Philippson Alfred: Wie ich zum Geographen wurde. Aufgezeichnet im Konzentrationslager Theresienstadt zwischen 1942 und 1945, Bonn 1996.

Piel, Joern: Approaches to capturing and designing biologically active small molecules produced by uncultured mircobes, in: Annual Reviews of Microbiology 65 (2011), S. 431–453.

Pieper, Christine: Hochschulinformatik in der Bundesrepublik und der DDR bis 1989/1990, Stuttgart 2009.

Plewe, Ernst/Meckelein, Wolfgang/Lauer, Wilhelm: Richthofen – Gedächtnis-Kolloquium – 26. 11. 1979 (Colloquium Geographicum 17), Bonn 1983.

Ponatowski, Beate/Rücker, Gerhard: Melanie Rink (1914–1965). Eine Pharmazieprofessorin an der Universität Bonn in den Jahren des Wiederaufbaus (1948–1965), in: Ursula

Mättig (Hg.): Vor-Bilder. Wissenschaftlerinnen der Universität Bonn. Historische, soziologische und künstlerische Perspektiven, Bonn 2003, S. 55–56.
Poth, Susanne: Carl Remigius Fresenius – Wegbereiter der analytischen Chemie, Stuttgart 2007.
Preyer, William Thierry/Zirkel, Ferdinand: Reise nach Island im Sommer, Leipzig 1860.
Preyer, William Thierry: Über Plautus impennis (Alca impennis L.), Heidelberg 1862.
Preyer, William Thierry: Darwin. Sein Leben und Wirken, Berlin 1896.
Pribram, Richard: Hans Heinrich Landolt (Nachruf mit Publikationsliste, in: Chemische Berichte 44 (1911), S. 3337–3394.
Querner, Hans: Einführung in: Armin Geus (Hg.): Georg August Goldfuss. Über die Entwicklungsstufen des Thieres. Omne vivum ex ovo, Marburg 1979.
Reichensperger, August: Das Zoologische Institut und Museum, in: Adolf Dyroff (Hg.): Geschichte der Rheinischen Friedrich-Wilhelms-Universität zu Bonn am Rhein. Bd. 2: Institute und Seminare 1818–1933, Bonn 1933.
Reinganum, Maximilian: Rudolf Clausius, in: ADB 55 (1910), S. 720–729.
Renger, Christian: Die Gründung und Einrichtung der Universität Bonn und die Berufungspolitik des Kultusministers Altenstein (Academia Bonnensia 7), Bonn 1982.
Richter, Sabine: Wissenschaftliche Nachlässe im Archiv des Geographischen Instituts der Universität Bonn. Findbücher zu den Nachlässen von Carl Troll und Alfred Philippson (Colloquium Geographicum 27), Sankt Augustin 2004.
Ristedt, Heinrich: Heinrich Karl Erben, in: Paläontologische Zeitschrift 72 (1998), S. 1–5.
Rücker, Gerhard: Geschichte der Pharmazie an der Universität Bonn, aktualisiert von Beate Ponatowki, Harald Schweim; www.pharma.uni-bonn.de/geschichte; zuletzt abgerufen am 26.10.2017.
Sander, Martin: Von Atrypa bis Zamites: Das Goldfuß-Museum für Paläontologie, in: Bonner Universitätsblätter (1999), S. 49–59.
Sandhoff, Konrad: My journey into the world of sphingolipids and sphingolipidoses, in: Proceedings of the Japan Academy; Ser. B 88 (2012), S. 554–582.
Sauer, Klaus Peter: Die frühe Rezeption des Darwinismus an der Universität Bonn (Decheniana 164), Bonn 2011.
Sauer, Klaus Peter: Hermann Schaaffhausen (1816–1893) – sein Beitrag zum Evolutionsgedanken (Decheniana 160), Bonn 2007.
Sauer, Klaus Peter: Selektion, Individualentwicklung und Stammesgeschichte – Fritz Müllers Schrift »für Darwin«, in: K. Schmidt-Loske/C. Westerkamp/S. Schneckenburger/J. W. Wägele (Hgg.): Fritz und Hermann Müller- Naturforschung Für Darwin. Pesquisando a Naturaleza. Para Darwin. Natural Science For Darwin. Biologiehistorische Symposien, Rangsdorf 2013, S. 36–51.
Schäfer, Karl Theodor: Verfassungsgeschichte der Universität Bonn 1818 bis 1960, mit einem Anhang Bonner Kuratoren 1818 bis 1933 von Gottfried Stein von Kamienski, Bonn 1968.
Schappacher, Norbert: Max-Planck-Institut für Mathematik. Historical Notes on the New Research Institute at Bonn, in: The Mathematical Intelligencer 7 (1985), S. 41–52.
Scharlau, Rudolf: Abel-Preis 2008 für Jacques Tits, in: Mitteilungen der Deutschen Mathematiker-Vereinigung 16, Heft 4 (2008), S. 241–245.
Scharlau, Winfried: Mathematische Institute in Deutschland 1800–1945. Dokumente zur Geschichte der Mathematik, Bd. 5, Braunschweig/Wiesbaden 1990.

Schenk, Winfried (Hg.): Leo Waibel – zur Rezeption seiner Arbeiten in Brasilien, Afrika und Deutschland (Colloquium Geographicum 34), Bonn 2013.

Schirrmacher, Arne: Ein Leben mit Experimenten, Philipp Lenard zwischen Naturforschertum und moderner Physik, in: Wilhelm Füßl/Johannes-Geert Hagmann: Konstruierte Wirklichkeit. Philipp Lenard 1862–1947. Begleitpublikation zur gleichnamigen Sonderausstellung im Deutschen Museum, München 2012, S. 18–27.

Schlauch, Lothar: Der Bergbau im Rheinland und das Oberbergamt in Bonn, in: 25 Jahre Universitätsclub Bonn 1986–2011 (2011), S. 28–33.

Schmidt, Hans: Astronomen der Rheinischen Friedrich-Wilhelms-Universität Bonn. Ihr Leben und Werk 1819–1966, Bonn 1990.

Schmidt, Johann Friedrich Julius: Das Relief der sichtbaren Halbkugel des Mondes angefertigt von Thomas Dickert und Julius Schmidt, Bonn 1854.

Schmidt, Joseph Wilhelm: Hubert Ludwig 1852–1913, in: Bonner Gelehrte. Beiträge zur Geschichte der Wissenschaften in Bonn. Mathematik und Naturwissenschaften, Bonn 1970, S. 261–262.

Schmidt-Rohr, Ulrich: Die deutschen Teilchenbeschleuniger, Heidelberg 2001.

Schmitz, Rudolf: Die Deutschen Pharmazeutischen Hochschulinstitute. Das pharmazeutisch-chemische Institut der Universität Bonn, Ingelheim 1969.

Schneider, Hans: Norbert Weißenfels, in: Zoologie 2002. Mitteilungen der Deutschen Zoologischen Gesellschaft, S. 81–83.

Schubring, Gert: Die Entwicklung des Mathematischen Seminars der Universität Bonn 1864–1929, in: Jahresberichte der Deutschen Mathematiker-Vereinigung 87 (1985), S. 139–163.

Schubring, Gert: Das Bonner naturwissenschaftliche Seminar. (1825–1887) – Eine Fallstudie zur Disziplinendifferenzierung. Christian Gottfried Nees von Esenbeck. Politik und Naturwissenschaften in der ersten Hälfte des 19. Jahrhunderts, in: Historica Leopoldina (2004), S. 133–148.

Schüller, Bernhard: Carl Friedrich Mohr. Festschrift Real-Gymnasium, Coblenz 1907.

Schultz, Hans-Dietrich: Die deutschsprachige Geographie von 1800 bis 1970. Ein Beitrag zur Geschichte ihrer Methodologie (Abhandlungen des Geographischen Instituts – Anthropogeographie 29), Berlin 1980.

Schultz, Hans-Dietrich: Die Geographie als Bildungsfach im Kaiserreich – zugleich ein Beitrag zu ihrem Kampf um die preußische höhere Schule von 1870 bis 1914 nebst dessen Vorgeschichte und teilweiser Berücksichtigung anderer deutscher Staaten (Osnabrücker Studien zur Geographie 10), Osnabrück 1989.

Schultz, Hans-Dietrich: Geographie oder Geographien? Die Einheitsfrage aus der Perspektive ungeschehener Geschichte, in: Berichte zur deutschen Landeskunde 85 (2011), S. 397–412.

Schurath, U./Weber, M./Becker, K.H.: Electronic Spectrum and Structure of the HSO Radical, in: The Journal of Chemical Physics 67 (1977), S. 1101.

Schwarz, H.-U.: Rolf Hoeppener 1919–1989, in: Nachrichten Deutsche Geologische Gesellschaft 42 (1990), S. 191–192.

Seckelmann, Astrid u. a.: Auf dem Arbeitsmarkt angekommen! Verbleib und Akzeptanz von Geographieabsolventen mit Bachelor- und Masterabschlüssen (Materialien zur Raumordnung 77), Bochum 2014.

Seibold, Eugen/Seibold, Ilse: Gustav Steinmann (1856–1929): Ein deutscher Ordinarius der Kaiserzeit, in: International Journal of Earth Sciences (Geologische Rundschau) 99 (2010), S. 13–15.

Sieverts-Doreck, H.: Nachruf auf Johannes Wanner, in: Zeitschrift der Deutschen Geologischen Gesellschaft 111 (1959), S. 782–786.

Sigmund, Karl: A philosopher's mathematician: Hans Hahn and the Vienna circle, in: The Mathematical Intelligencer 17 (1995), S. 16–19.

Snigirevsky S.M./Snigirevkaya, N.S.: Hans Joachim Schweitzer (1928–2007), in: Paleontologicheskii Zhurnal (2008), S. 111–112.

Speidel, Karl-Heinz: Erwin Bodenstedt – In Memoriam, in: Hyperfine Interactions Vol. 158 (2004), S. 5–7.

Spengel, Johann Wilhelm: Hubert Ludwig, in: Leopoldina 50 (1914), S. 10–32.

Stackelberg, Mark von: Polarographische Arbeitsmethoden (Arbeitsmethoden der modernen Wissenschaften), Berlin 1950.

Stetter, Hermann: Burckhardt Helferich, in: Chemische Berichte (1985), S. I–IX.

Stresemann, Erwin: Die Entwicklung der Ornithologie, Berlin 1951.

Taschenberg, Otto: Franz Leydig. Nachruf, in: Leopoldina 45 (1909), S. 37–88.

Teucher, Martin W.: Wolfgang Paul bei DESY, in: Physikalisches Institut der Universität Bonn (Hg.): Professor Dr.-Ing. Wolfgang Paul zum sechzigsten Geburtstag, Bonn 1973; S. 112–115.

Tilmann, Norbert: Das Geologisch-Paläontologische Institut, in: Geschichte der Rheinischen Friedrich-Wilhelms-Universität zu Bonn. Bd. 2: Institute und Seminare 1818–1933, Bonn 1933, S. 385–389.

Tschesche, Rudolf: Die Geschichte des Chemischen Instituts der Universität Bonn, in: Bonner Universitätsblätter 1965, S. 27–30.

Tyler, V.M./Tyler, V.E.: The Academic Genealogy of Arthur E. Schwarting, Pharmacognosist, in: Journal of Natural Products 55 (1992) S. 833–844.

Van Rey, Manfred: Die Rheinische Friedrich-Wilhelms-Universität Bonn vom 18. Oktober 1944 bis zum 17. November 1945, in: Bonner Geschichtsblätter 1995, S. 29–44.

Vielstich, Wolf: Zur qualitativen Analyse von Elektrodenreaktionen mit der potentiostatischen Dreieckspannungsmethode, in: Instrumentenkunde 71 (1963), S. 29.

Vieten, Klaus: Prof. Frechen verstorben, in: BUN 175 (1989), S. 33.

Walker, Mark: Die Uranmaschine. Mythos und Wirklichkeit der deutschen Atombombe, Berlin 1990.

Wallbrecher, Eckart: Roland Brinkmann, in: Mitteilungen der Österreichischen Geologischen Gesellschaft 87 (1996), S. 119–120.

Wamhof, Heinrich/Bergerhoff, Günther: Die Entwicklung des chemischen Forschungsstandortes Bonn, in: Ralph Burmester/Andrea Niehaus (Hgg.): Kekulés Traum – Von der Benzolformel zum Bonner Chemiepalast, Bonn 2011, S. 89–110.

Wanner, Johannes: Die Anstalt für Angewandte Geologie, in: Geschichte der Rheinischen Friedrich-Wilhelms-Universität zu Bonn. Bd. 2: Institute und Seminare 1818–1933, Bonn 1933,S. 389–390.

Wanner, Johannes: Otto Wilckens, in: Geologische Rundschau 33 (1942), S. 499–506.

Weber, Wolfgang/Anke, Timm/Bross, Monika/Steglich, Wolfgang: Strobilurin D and strobilurin F: two new cytostatic and antifungal (E)-beta-methoxyacrylate antibiotic from Cyphellopsis anomala (1), in: Planta Medica 56 (1990), S. 446–450.

Weber, Wolfgang/Anke, Timm/Steffan, Bert/Steglich, Wolfgang: Antibiotics from basidiomycetes. XXXII. Strobilurin E: a new cytostatic and antfungal (E)-beta-methoxyacrylate antibiotic from Crepidotus fulvotomentosus Peck, in: Journal of Antibiotics. (Tokyo) 43 (1990), S. 207–212.

Weiling, Franz: Die Ehrenpromotion von Charles Darwin zum 50-jährigen Bestehen der Rheinischen Friedrich-Wilhelms-Universität zu Bonn im Lichte der übrigen aus dem gleichen Anlass im naturwissenschaftlichen Bereich erfolgten Ehrungen, in: Bonner Geschichtsblätter 28 (1976), S. 167–199.

Wenig, Otto (Hg.): Verzeichnis der Professoren und Dozenten der Rheinischen Friedrich-Wilhelms-Universität zu Bonn 1818–1968, Bonn 1968.

Werner, Helmut: Geschichte der anorganischen Chemie: Die Entwicklung einer Wissenschaft in Deutschland von Döbereiner bis heute, o. O. 2017.

Werth, Günter: Vom Massenfilter zur Paulfalle, in: Ralph Burmester/Andrea Niehaus (Hgg.): Wolfgang Paul – der Teilchenfänger. Begleitpublikation zur Sonderausstellung »Wolfgang Paul – Der Teilchenfänger« vom 13. November 2013 bis zum 24. August 2014 im Deutschen Museum Bonn, Bonn 2013, S. 193–204.

Wiegandt, Claus-Christian (Hg.): Beiträge zum Festkolloquium aus Anlass der Benennung des Hörsaals des Geographischen Instituts in »Alfred-Philippson-Hörsaal« (Colloquium Geographicum 29), Bonn 2007.

Winiger, Matthias (Hg.): Carl Troll: Zeitumstände und Forschungsperspektiven. Kolloquium im Gedenken an den 100. Geburtstag von Carl Troll (Colloquium Geographicum 26), Bonn 2003.

Wolff, Stefan L: Jüdische oder nichtjüdische Deutsche? Vom öffentlichen Umgang mit Heinrich Hertz und seiner Familie im Nationalsozialismus, in: Ralph Burmester/Andrea Niehaus (Hgg.): Heinrich Hertz – vom Funkensprung zur Radiowelle. Begleitpublikation zur Sonderausstellung »Heinrich Hertz – vom Funkensprung zur Radiowelle« vom 26. April 2012 bis zum 13. Januar 2013 im Deutschen Museum Bonn, Bonn 2012, S. 39–57.

Wolter, O./Willsau, J./Heitbaum, J.: Reaction Pathways of Formic Acid Oxidation by O18 Labeling – a DEMS study, in: Journal of the Electrochemical Society 132 (1985), S. 1635.

Wühr, Marion: Die Apotheken im ehemaligen Oberen Erzstift Köln, Stuttgart 1985.

Wurmbach, Hermann: Biologische Grundlagen für die Bevölkerungspolitik (Kriegsvorträge der Rheinischen Friedrich-Wilhelms-Universität Bonn am Rhein 26), Bonn 1940, S. 3–26.

Wurmbach, Hermann: Adolf Borgert 1868–1954, in: Bonner Gelehrte. Beiträge zur Geschichte der Wissenschaften in Bonn. Mathematik und Naturwissenschaften, Bonn 1970, S. 263–264.

Zittel, Karl Alfred von: Geschichte der Geologie und Paläontologie bis Ende des 19. Jahrhunderts, München 1899.

Zuse, Konrad: Der Computer. Mein Lebenswerk, Berlin/Heidelberg/New York 1984.

Zymalkowski, Felix: Das Pharmazeutische Institut der Universität Bonn, in: Bonner Universitätsblätter 1967, S. 12–16.

Faltblatt »Geschichte der Ordinariate, Kabinette, Museen, Laboratorien, Seminare, Institute und Fachgruppen innerhalb der Mathematisch-Naturwissenschaftlichen Sektion/Fakultät« (s. hinten)

In Form eines mehrwurzeligen Stammbaums ist die Bildung von heute **25 Instituten** der Fakultät aus den **7 mathematisch-naturwissenschaftlichen Ordinariaten** (ursprünglich in der Philosophischen Fakultät) nachgezeichnet, die in den ersten Jahren der Universität eingerichtet wurden.

Die dadurch initiierten Fachrichtungen und die nahezu entsprechenden, im Laufe der zwei Jahrhunderte ausgebildeten **6–8 Fachgruppen** sind (in der traditionellen Reihenfolge: hier von rechts nach links) farblich markiert:

- Mathematik – Astronomie bzw. später Informatik: (magenta)
- Physik – Astronomie: (blau – magenta)
- Chemie: (gelb)
- Pharmazie: (orange)
- Erdwissenschaften: (braun)
- Biologie: (Zoologie: rot – Botanik: grün)

Das außer der Mathematik/Astronomie alle Fächer umfassende Lehrer-**Seminar der gesamten Naturwissenschaften** (1825–1887) ist mit hellblauem Kasten umrandet.

Über 100 Jahre, zwischen 1834 und 1936 (horizontale rote Doppelstriche), bestand die **Mathematisch-Naturwissenschaftliche Sektion** innerhalb der Philosophischen Fakultät.

Bezüge sind erwähnt zur **Medizinischen Fakultät** (orange) und zur (seit 1936 getrennten) **Philosophischen Fakultät** (magenta).

Zwei horizontale schwarze Striche markieren die 3 Jahrzehnte zwischen den beiden Weltkriegen.

Das letzte halbe Jahrhundert der Fakultät nach Bildung der **Fachgruppen** (1963/64) ist mit einem grauen abgerundeten Rahmen umfasst.

Wolfgang Büscher / Thomas Heckelei / Ulrich Köpke / Theo Kötter /
Georg Noga / Karl-Heinz Südekum / Peter Stehle / Erich Weiß /
Matthias Wüst

Die Landwirtschaftliche Fakultät

Geschichte der Landwirtschaftlichen Einrichtungen in Bonn 522
Das Landwirtschaftliche Institut der Philosophischen Fakultät (1819–1847) 522
Die Königlich Höhere Landwirtschaftliche Lehranstalt zu Poppelsdorf (1847–1860) 522
Die Königlich Preußische Landwirtschaftliche Akademie zu Poppelsdorf (1861–1919) 523
Die Landwirtschaftliche Hochschule (1919–1934) 525
Die Landwirtschaftliche Fakultät der Universität Bonn (seit 1934) 527
Die Entwicklung der Fakultät nach 2018 – ein Ausblick 531

Lehr- und Forschungsbereiche im Wandel der Zeit 531
Agrarwissenschaften 532
Nutzpflanzenwissenschaften 532
Nutztierwissenschaften 546
Wirtschafts- und Sozialwissenschaften des Landbaus 551
Ernährungs- und Lebensmittelwissenschaften 558
Lebensmittelchemie und -wissenschaften 558
Haushaltstechnik 561
Ernährungswissenschaften 561
Institutionelle Weiterentwicklung in den Ernährungs- und Lebensmittelwissenschaften 563
Vermessungswesen/Geodäsie 564
Geodäsie 566
Entwicklung des Lehr- und Forschungsbereiches Städtebau und Bodenordnung 568
Geoinformation und Kartografie 570
Photogrammetrie und Fernerkundung 572
Astronomische, Physikalische und Mathematische Geodäsie 573
Theoretische Geodäsie 575
Landtechnik 576
Struktur und Ressourcen des Instituts 576

Berufungen an der Landwirtschaftlichen Fakultät (1934–2017) 578

Ehrenpromotionen an der Landwirtschaftlichen Fakultät 600

Geschichte der Landwirtschaftlichen Einrichtungen in Bonn[1]

Das Landwirtschaftliche Institut der Philosophischen Fakultät (1819–1847)

Noch während des Wiener Kongresses vom September 1814 bis Juni 1815 hatte der preußische König Friedrich Wilhelm III. im April 1815 die Gründung einer Universität in der neuen preußischen Rhein-Provinz beschlossen, die am 18. Oktober 1818 schließlich in Bonn in den Räumen des ehemaligen kurfürstlichen Schlosses als Hauptgebäude eröffnet wurde. Zur Erstausstattung der Universität gehörte auch das Schloss Clemensruh in Poppelsdorf mit etwa 40 Morgen umliegenden Ackerlandes sowie einigen landwirtschaftlichen Wirtschaftsgebäuden. Aufgrund der hohen politischen Wertschätzung der Landwirtschaft wurde im Juli 1819 die Einrichtung eines Landwirtschaftlichen Institutes in der Philosophischen Fakultät der Universität Bonn durch einen Erlass des Staatsministers angeordnet. Als erster Leiter des neuen Instituts wurde der ordentliche Professor für Landwirtschaft und Kameralwissenschaft Karl Christian Gottlob Sturm von der Universität Jena nach Bonn berufen. Für die theoretischen und praktischen Lehr- und Forschungsaktivitäten wurde ein etwa 100 Morgen großer Musterbetrieb aus Ländereien der ehemaligen Schweizerei in Poppelsdorf (etwa 40 Morgen, gepachtet von der Universität Bonn) sowie des Fronhofes in Endenich (etwa 60 Morgen im Oktober 1822 für die Universität Bonn käuflich erworben und sodann ebenfalls an die Gutswirtschaft verpachtet) eingerichtet. Im Jahre 1826 konnte die erfolgreich begonnene akademische Lehrtätigkeit aufgrund des Todes des damaligen Institutsleiters zunächst nicht fortgesetzt werden.

Ein neuer Anlauf zu Lehre und Forschung in einem Landwirtschaftlichen Institut an der Universität Bonn wurde 1836 gestartet. Dieser Versuch scheiterte jedoch bereits nach wenigen Jahren an der mangelhaften finanziellen Ausstattung sowie an der fehlenden praktischen Erfahrung der Institutsleitung in landwirtschaftlicher Betriebsführung.

Die Königlich Höhere Landwirtschaftliche Lehranstalt zu Poppelsdorf (1847–1860)

Die Entwicklung einer leistungsfähigen Landwirtschaft in Mitteleuropa gewann in der ersten Hälfte des 19. Jahrhunderts in praktischer, insbesondere aber in

1 Vgl. zu diesem Kapitel insb. Weiß, Erich: 200 Jahre Entwicklungen zur heutigen Landwirtschaftlichen Fakultät der Rheinischen Friedrich-Wilhelms-Universität zu Bonn (Alma Mater 107), Bonn 2013.

theoretischer Hinsicht, wachsende Bedeutung für Staat und Gesellschaft. Vor diesem Hintergrund wurde im Juli 1846 die Schaffung einer höheren, landwirtschaftlichen Lehranstalt in Poppelsdorf bei Bonn eingeleitet. Durch Erlass des preußischen Innenministeriums vom April 1847 wurde der »Plan zur Errichtung einer landwirtschaftlichen Lehranstalt in Poppelsdorf bei Bonn« veröffentlicht und diese damit eröffnet; bereits damals wurde ausdrücklich die Verbindung der »Königlich Höheren Landwirtschaftlichen Lehranstalt« mit der Universität Bonn hervorgehoben. Die Verfassung schrieb unter anderem vor, dass die Studierenden der Poppelsdorfer Lehranstalt zugleich an der Universität Bonn immatrikuliert und an der Philosophischen Fakultät eingeschrieben sein mussten.

Das Direktoren-, Verwaltungs- und Lehrgebäude der Lehranstalt (heute Dekanatsgebäude der Landwirtschaftlichen Fakultät, Meckenheimer Allee 174) entstand in den Jahren 1850 bis 1852.

Mit der Aufnahme des Lehrbetriebs im Mai 1847 wurde auch der Aufbau einer fachspezifischen Bibliothek begonnen. Ab 1850 wurden regelmäßig Etatansätze für den Aufbau und die Erweiterung der Bibliothek in den Haushaltsplan eingestellt. Die Bibliothek gilt damit als eine der ältesten landwirtschaftlichen Fachbibliotheken Deutschlands; während des Zweiten Weltkrieges hat sie keine nennenswerten Verluste erlitten. Bis heute wirkt sie als Bereichsbibliothek Ernährung, Umwelt- und Agrarwissenschaften der Deutschen Zentralbibliothek für Medizin (ZBMed) sowie als Abteilungsbibliothek für Medizin, Naturwissenschaften und Landbau der Universitäts- und Landesbibliothek Bonn.

Über die Jahre erfolgte ein umsichtiger Ausbau der Lehranstalt, wobei vor allem die aktuellen, öffentlichkeitswirksamen Forschungsarbeiten von Justus von Liebig auf den Gebieten der Chemie, hier insbesondere der organischen Chemie, der Agrikulturchemie sowie der Ernährungsphysiologie, als Richtschnur dienten.

Die Königlich Preußische Landwirtschaftliche Akademie zu Poppelsdorf (1861–1919)

Um eine größere administrative Selbständigkeit gegenüber der Universität Bonn zu erreichen, erfolgte im Jahre 1860 die Umbenennung der Landwirtschaftlichen Lehranstalt zur »Königlich Preußischen Landwirtschaftlichen Akademie« durch das preußische Ministerium für Landwirtschaft, Domänen und Forsten. Bei der damit verbundenen Umgestaltung galt die besondere Aufmerksamkeit der Verantwortlichen der nachhaltigen Verbesserung der akademischen Ausbildung, insbesondere in den naturwissenschaftlichen Grundlagen in den Fächern Botanik, Chemie, Geologie, Mineralogie, Physik, Zoologie, Technologie und

Physiologie. Die Akademie entwickelte sich zu einem anerkannten »Netzwerk« landwirtschaftlicher Ausbildungs- und Forschungsstätten.

Erste Forderungen durch ausgewiesene Wissenschaftler (unter anderem von Justus von Liebig), Lehre und Forschung in der Landwirtschaftswissenschaft an die Universitäten des Landes zu verlegen, führte an anderen Orten zu weitreichenden organisatorischen Veränderungen. Mit Hilfe materieller und inhaltlicher Unterstützung durch das preußische Ministerium für Landwirtschaft, Domänen und Forsten gelang es der Akademie Poppelsdorf, diese Zeit zu überstehen.

Nach wissenschaftspolitischen Vorgaben des Ministeriums wurde in den Jahren von 1876 bis 1890 zunächst ein neuer Studiengang für Kulturtechnik und daraus integrativ ein Studiengang für Vermessungswesen/Geodäsie mit entsprechenden Lehr- und Forschungsaktivitäten unter maßgeblicher Leitung von Friedrich Wilhelm Dünkelberg eingerichtet; Dünkelberg gilt heute als Begründer der Kulturtechnik als selbstständiger Wissenschaftsdisziplin. Diese Erweiterung des akademischen Angebots führte zu einer Steigerung der Studierendenzahlen und damit zu einer nachhaltigen Existenzsicherung der Akademie in Poppelsdorf.

Durch den Ankauf des etwa 200 ha umfassenden Versuchsgutes Annaberg (südöstlich von Bonn-Ippendorf), dem Bau des naturwissenschaftlichen Lehrgebäudes (heute Meckenheimer Allee 176) in den Jahren 1863 bis 1867 und des geodätischen Lehrgebäudes in den Jahren 1888 bis 1890 (heute Meckenheimer Allee 172) wurden wichtige Bedingungen für eine breite wissenschaftliche Lehre und Forschung geschaffen. Zu Beginn des 20. Jahrhunderts entstanden neue Institutsgebäude für Bodenlehre und Pflanzenbau (heute Katzenburgweg 5), für Tierphysiologie (heute Katzenburgweg 7–9), für Tierzucht und Molkereiwesen (heute Nußallee 5) und ein neues Landwirtschaftliches Hauptlehrgebäude (heute Nußallee 1). Die entsprechenden Institutsgründungen datieren wie folgt:

- 1901: Institut für Boden- und Pflanzenbaulehre (ab 1955 Institut für Pflanzenbau/ab 1955 Institut für Bodenkunde),
- 1901: Tierphysiologisches Institut (ab 1976 Institut für Anatomie, Physiologie und Hygiene der Haustiere),
- 1905: Institut für Tierzucht und Molkereiwesen (ab 1950 Institut für Tierzucht und Tierfütterung/ab 1967 Institut für Tierernährung als Ausgliederung/ab 1982 Institut für Tierzuchtwissenschaft),
- 1910: Institut für Landwirtschaftliche Betriebslehre,
- 1914: Institut für Volkswirtschaftslehre (ab 1971 Institut für Agrarpolitik, Marktforschung und Wirtschaftssoziologie),
- 1914: Institut für Kulturtechnik und Meliorationswesen (ab 1976 Institut für Städtebau, Bodenordnung und Kulturtechnik).

Bedeutsam für die weitere Ausrichtung der Akademie war auch die in etwa zeitgleiche Auflösung der Poppelsdorfer Gutswirtschaft in den Jahren 1903/05 sowie als Ersatz der Erwerb des Dikopshofes bei Wesseling (mit etwa 123 ha) sowie des nahebei liegenden Marhofes (mit etwa 6,5 ha). Dieser allgemeine Auf- und Ausbau der Akademie führte auch zu anwachsenden Zahlen in- und ausländischer Studierender. Der um die Jahrhundertwende wahrnehmbare Aufschwung in der Landwirtschaft förderte diese Entwicklung nachhaltig.

Die bis zum Ausbruch des Ersten Weltkrieges 1914 stetig wachsende Zahl an Studierenden bedingte zwingend neue bauliche Erweiterungen. Im Jahre 1912 wurde das Naturwissenschaftliche Lehrgebäude (heute Meckenheimer Allee 176) um eine Etage aufgestockt sowie um einen neuen Hörsaaltrakt nach Südwesten hin erweitert. Eine Vielzahl von Studierenden (etwa 330) und Dozenten (etwa 10) waren bereits zu Kriegsbeginn einberufen worden; ausländische Studierende und Dozenten gingen der Akademie, teilweise auch durch Verhaftung oder Internierung, verloren. Insgesamt fiel ihr Bestand auf das Niveau der 1880er Jahre zurück; jedoch musste die Akademie in Poppelsdorf ihre Pforten während der Kriegsjahre nicht schließen.

Die Landwirtschaftliche Hochschule (1919–1934)

Auf Beschluss der preußischen Staatsregierung wurde die Poppelsdorfer Akademie 1919 in den Rang einer Landwirtschaftlichen Hochschule mit Rektoratsverfassung und Promotionsrecht erhoben. Sie gliederte sich ab diesem Zeitpunkt in drei eigenständig verwaltete Fachabteilungen: Die Landwirtschaftliche Abteilung, die Geodätisch-Kulturtechnische Abteilung und die Naturwissenschaftlich-Volkswirtschaftliche Abteilung. Das Amt des Rektors der neuen Hochschule wechselte dabei regelmäßig alle zwei Jahre unter den Abteilungsvorstehern. Weiterhin wurde durch Erlass aus dem Jahre 1926 bestimmt, dass bei feierlichen Anlässen die Professoren der Landwirtschaftlichen Hochschule eine Amtstracht zu tragen hatten; der Rektor erhielt für solche Gelegenheiten zusätzlich eine Amtskette; diese Amtskette wird heute noch von der Dekanin/dem Dekan der Landwirtschaftlichen Fakultät bei akademischen Feierlichkeiten getragen.

An der neuen Hochschule gab es zu Anfang des Jahres 1921 etwa 990 Studierende, davon etwa 800 der Landwirtschaftswissenschaft und 160 der Geodäsie. Der Lehrkörper umfasste 13 Professoren, zwei Universitätsdozenten, etwa 15 Honorardozenten (heutigen Lehrbeauftragten entsprechend) sowie zwei Privatdozenten. Die 13 Professoren waren dabei mit folgenden Fächern vertreten: Drei Professuren für Landwirtschaft (Ackerbau, Tierzucht, Betriebslehre), fünf Professuren für Naturwissenschaften (Chemie, Experimentalphysik und

Maschinenkunde, Botanik, Pflanzenkrankheiten, Tierphysiologie), eine Professur für Volkswirtschaftslehre, zwei Professuren für Geodäsie, eine Professur für Kulturtechnik und Baukunde sowie eine Professur für Mathematik.

Nach der preußischen Prüfungsordnung für Studierende der Landwirtschaft an den Landwirtschaftlichen Hochschulen und mit Landwirtschaftlichen Instituten ausgestatteten Universitäten erhielten die Poppelsdorfer Absolventen des Diplom-Studienganges Landwirtschaft nunmehr auch den akademischen Grad »Diplomlandwirt« zuerkannt; diese Regelung galt bis zum Jahre 1970. Ergänzt wurde dieses Qualifizierungsangebot an der hiesigen Landwirtschaftlichen Hochschule durch eine vertiefende Ausbildung in landwirtschaftlicher Verwaltungskunde und Genossenschaftswesen, für Tierzuchtbeamte in Preußen sowie für Pflanzenzüchter. Für damalige Verhältnisse durchaus bemerkenswert: Bereits am 6. Februar 1922 erhielt die erste Doktorin der Landwirtschaft, Frau Änne Sprengel, ihr Doktor-Diplom nach der neuen Promotionsordnung.

Im Jahre 1921 wurde das erste »Institut für Pflanzenkrankheiten« an einer deutschen Hochschule gegründet; es blieb für Jahrzehnte das einzige seiner Art in Deutschland. Der Erwerb der Versuchsgüter Frankenforst (mit etwa 115 ha) bei Königswinter und Rengen (mit etwa 75 ha) bei Daun in der Eifel in den Jahren 1929/30 dokumentiert die weitere, politisch unterstützte Entwicklung der Landwirtschaftlichen Hochschule Bonn-Poppelsdorf.

Zudem erfolgte eine Angleichung des kulturtechnisch-geodätischen Studiengangs an die allgemeinen technischen Diplom-Studiengänge der neuen Technischen Hochschulen. Neue Ausbildungs- und Prüfungsvorschriften wurden den Anforderungen des höheren Vermessungsdienstes in Preußen entsprechend gestaltet und ab Herbst 1927 als erste Staatsprüfung für den höheren technischen Verwaltungsdienst anerkannt.

Ab dem Jahre 1933 wurde nach der Machtergreifung Hitlers die Landwirtschaft in Deutschland weitgehend auf eine neue nationalsozialistische Blut- und Bodenpolitik hin ausgerichtet; auch neue Autarkiebestrebungen in der Ernährungspolitik Deutschlands offenbarten alsbald erste kriegerische Ansätze der Konfliktbewältigung in Mitteleuropa und darüber hinaus. Als Folge dieser politischen Entwicklungen stand der Wissenschaftsbereich der Landwirtschaft in Deutschland vor einer großen Umgestaltung: Die allgemeinen, vor allem naturwissenschaftlich-landwirtschaftlichen Grundlagenforschungen mussten zugunsten der aktuellen landwirtschafts- und ernährungspolitischen Zielsetzungen zurückgeführt werden; entsprechendes galt vor allem auch hinsichtlich der akademischen Lehre.

Die wirtschaftliche und politische Entwicklung der Weimarer Republik zu Anfang der 1930er Jahre hatte mit ihren vielfältigen und vielgestaltigen Notsituationen zu einer Zusammenführung noch verfügbarer Ressourcen in der Wissenschaftspolitik geführt: So gingen die Aufgaben und Zuständigkeiten des preußischen Ministeriums für Landwirtschaft, Domänen und Forsten bezüglich landwirtschaftlicher und tierärztlicher Hochschulen auf das preußische Ministerium für Wissenschaft, Kunst und Volksbildung über. In der Folge wurden die Verwaltungsgeschäfte der Landwirtschaftlichen Hochschule Bonn-Poppelsdorf dem Kurator der Universität Bonn übertragen und die Kassengeschäfte der Poppelsdorfer Hochschule mit denen der Universitätskasse vereint. Durch Erlass der beteiligten Ministerien wurde die Landwirtschaftliche Hochschule mit Wirkung zum 1. November 1934 der Universität Bonn als (damals) sechste Fakultät eingegliedert.

Die Landwirtschaftliche Fakultät der Universität Bonn (seit 1934)

Zum Zeitpunkt der Eingliederung umfasste die Landwirtschaftliche Hochschule Bonn-Poppelsdorf insgesamt elf Institute, zwei Seminare und zwei sonstige Lehreinrichtungen mit 103 Bediensteten (Professuren, Privatdozenten, Lehrbeauftragten, Assistenten sowie Mitarbeitern in Verwaltung und Technik); die dazugehörigen Versuchsfelder und Versuchsgüter hatten eine Gesamtfläche von etwa 330 ha. Zum Ende des Sommersemesters 1934 waren 452 Studierende eingeschrieben; das war nahezu ein Drittel aller in Deutschland Studierenden der Landwirtschaftswissenschaft.

Die politisch gewachsene Bedeutung der Landwirtschaftswissenschaft für die nationalsozialistische Staatsmacht bildete sich alsbald auch in der zunehmenden Zahl von Studierenden an der Landwirtschaftlichen Fakultät der Universität Bonn ab: Waren es im Sommersemester 1933 noch 186 Studierende der Landwirtschaftswissenschaft, so stieg deren Zahl zum Wintersemester 1936/37 auf 312 Studierende; gleichzeitig sank die Zahl der Geodäsie-Studierenden von 323 auf 116. Mit Beginn des Zweiten Weltkrieges sank die Gesamtzahl der Studierenden an der Fakultät auf unter 60 Personen.

Mit der gesetzlichen Neuordnung des Vermessungswesens im Juli 1934 wurde die Ablegung einer Diplomprüfung in der Fachrichtung Vermessungswesen vorgeschrieben. Verbunden war damit an der Landwirtschaftlichen Fakultät letztendlich auch für die Diplomingenieure für Vermessungswesen die Promotion zum Doktor der Ingenieurwissenschaften, zunächst noch an der Mathematisch-Naturwissenschaftlichen Fakultät. Ab März/April 1942 wurde sie mittels einer neuen Promotionsordnung der Landwirtschaftlichen Fakultät (jetzt gemeinsam für den Dr. agr. und den Dr.-Ing.) übertragen.

Der letzte nationalsozialistische Rektor der Universität Bonn, Karl Chudoba (Mineralogie), übertrug unmittelbar vor seiner Flucht vor den amerikanischen Truppen zu Anfang des Jahres 1945 nach Göttingen die Leitung der Universität Bonn dem politisch unbelasteten Ordinarius für Betriebswirtschaftslehre an der

Landwirtschaftlichen Fakultät Theodor Brinkmann. Er leitete von März bis Juli 1945 die Geschäfte des Rektors der Universität Bonn. Dekan der Landwirtschaftlichen Fakultät blieb er danach noch bis ins Jahr 1947. Sein wissenschaftliches Ansehen hatte er sich bereits in jungen Jahren mit der Entwicklung der Landwirtschaftlichen Betriebslehre zu einer systematischen Wissenschaft erworben.

Unmittelbar nach dem Ende des Zweiten Weltkrieges wurde die Bevölkerung der Stadt Bonn mit Nahrungsmitteln vom Dikopshof, Versuchsgut der Landwirtschaftlichen Fakultät, versorgt. Landesweit zeichneten sich zugleich, heute kaum noch vorstellbar, allgemeine Ernährungsengpässe für die gesamte Bevölkerung ab, für Einheimische sowie für Flüchtlinge und Vertriebene. Daraus entstanden unmittelbar neue produktionswissenschaftliche Lehr- und Forschungsaufgaben in der Landwirtschaftlichen Fakultät zur Förderung weitergreifender Erzeugungsmöglichkeiten. Alsbald entwickelten sich daraus auch neue Anforderungen für die gesamte Agrarstrukturpolitik in unserem Lande mit ersten Perspektiven hin zur gemeinsamen europäischen Agrarpolitik.

Die weitere Entwicklung der Landwirtschaftlichen Fakultät nach dem Zweiten Weltkrieg lässt sich in drei größere Abschnitte gliedern: In den Jahren 1950 bis 1955 wurden die Institute für Photogrammetrie (1950), für Obstbau (1951/ab 1968 Institut für Obstbau und Gemüsebau), für Bienenkunde (1952/ab 1965 Institut für Landwirtschaftliche Zoologie und Bienenkunde) sowie für Theoretische Geodäsie (1955) gegründet. Es folgte in den Jahren 1965 und 1968 die Einrichtung der Institute für Kartographie und Topographie sowie für Ernährungswissenschaft. Der dritte Abschnitt umfasste in den Jahren 1991 bis 1993 die Gründungen der Institute für Lebensmitteltechnologie (1991), für Lebensmittelwissenschaft und Lebensmittelchemie (1992) sowie für Organischen Landbau (1993). Damit hatte die Landwirtschaftliche Fakultät diesbezüglich ihren Höchststand mit 22 Instituten erreicht.

Daraus erwuchsen erhebliche Ausbau- und Neubauanforderungen zur Erweiterung der Raum- beziehungsweise Gebäudekapazitäten für die Landwirtschaftliche Fakultät: Vor allem im Stadtbereich Endenich und in der Poppelsdorfer Nußallee entstanden mehrere neue Institutsgebäude und ein Neubau für die Landwirtschaftliche Abteilungsbibliothek der Universitätsbibliothek. Das Versuchsgut in Rengen/Eifel konnte im Jahre 1958 wieder fest der Landwirtschaftlichen Fakultät, Institut für Pflanzenbau, zugeordnet werden; die Domäne Klein-Altendorf, etwa 20 km westlich von Bonn, wurde im Jahre 1963 mit etwa 125 ha Flächenumlage dem Institut für Landwirtschaftliche Betriebslehre zu Forschungszwecken angegliedert. Schließlich konnte im Jahre 1985 auf etwa 76 ha Fläche der Versuchsbetrieb für Organischen Landbau auf dem Wiesengut bei Hennef an der Sieg aufgenommen werden.

Diesen vielfältigen und vielgestaltigen Entwicklungen hinreichend Rechnung tragend, wurden in der Landwirtschaftlichen Fakultät die Studieninhalte im Bereich Agrarwissenschaften an die neuen veränderten Anforderungen angepasst beziehungsweise erweitert. Zudem wurden neue Diplom-Studiengänge eingeführt: Ernährungs- und Haushaltswissenschaft (im Jahre 1968), Lebensmittelchemie (1981), Lebensmitteltechnologie (1987), im agrarwissenschaftlichen Hauptstudium die eigenständige vierte Studienfachrichtung Naturschutz und Landschaftsökologie (1990) sowie der Aufbaustudiengang Agrarwissenschaft und Ressourcen-Management in den Tropen und Subtropen (1993); sie hatten Bestand bis zum Bologna-Prozess zu Anfang des neuen Jahrhunderts. Hinzu kam für die Absolventen des agrarwissenschaftlichen Studienganges durch Erlass des Ministerpräsidenten des Landes Nordrhein-Westfalen vom März 1970 der Übergang vom akademischen Grad des »Diplomlandwirts« zum »Diplom-Agraringenieur«.

Ende der 1970er/Anfang der 1980er Jahre wurde unter besonderer Förderung des Ministeriums für Umwelt, Raumordnung und Landwirtschaft des Landes Nordrhein-Westfalen ein zwischen verschiedenen Fachdisziplinen der Fakultät vernetztes, umfangreiches Forschungsprojekt über »Umweltfreundliche Tier- und Pflanzenproduktion« begonnen. Die positiven Erfahrungen aus dieser interdisziplinären Forschungsarbeit und die bereits nach wenigen Jahren erzielten Ergebnisse führten dazu, dass im Jahre 1985 in Anlehnung an die Erfahrungen bei Sonderforschungsbereichen der Deutschen Forschungsgemeinschaft der fachlich sehr breit strukturierte Lehr- und Forschungsschwerpunkt »Umweltverträgliche und Standortgerechte Landwirtschaft« eingerichtet wurde.

Natürlich war dieser Wiederauf- und Ausbau der Landwirtschaftlichen Fakultät der Universität Bonn nur mit einer erheblichen Personalaufstockung realisierbar: Der Lehrkörper umfasste im Sommersemester 1989 61 Professuren (davon drei Zeitprofessuren), neun Honorarprofessuren, elf »außerplanmäßige« Professuren, acht Dozenten und Privatdozenten, einen Studienprofessor sowie 21 Lehrbeauftragte. Die Studierenden jener Zeit akzeptierten diese Entwicklungsstrategie der Landwirtschaftlichen Fakultät in hohem Maße. Die Studiengänge für Agrarwissenschaften, für Geodäsie, für Ernährungs- und Haushaltswissenschaft, für Lebensmittelchemie und für Lebensmitteltechnologie erreichten gegen Ende der 1980er Jahre trotz teilweiser Zulassungsbeschränkungen die jeweiligen Höchststände ihrer Studierendenzahlen.

Veränderte Rahmenbedingungen in der nationalen Organisation von Lehre und Forschung in der Wissenschaft sowie die europäischen Neugestaltungsanforderungen für eine effizientere Studienlandschaft führten in der jüngeren Vergangenheit zu tiefgreifenden strukturellen Veränderungen in der Landwirtschaftlichen Fakultät: Neue, noch stärker forschungsorientierte Studiengänge wurden entwickelt (Bologna-Prozess). Aktuell bietet die Landwirtschaftliche

Fakultät die B.Sc.-Studiengänge Agrarwissenschaften, Ernährungs- und Lebensmittelwissenschaften (ELW) sowie Geodäsie und Geoinformation (GuG) an. Durch die M.Sc.-Studiengänge Agricultural and Food Economics (AFECO), Agricultural Science and Resource Management in the Tropics and Subtropics (ARTS), Geodäsie und Geoinformation (GuG), Humanernährung, Lebensmitteltechnologie, Naturschutz und Landschaftsökologie (NALA), Nutzpflanzenwissenschaften und Tierwissenschaften wird das Angebot für den zweithöchsten Studienabschluss vertieft. Zudem besteht die Möglichkeit, das Staatsexamen in Lebensmittelchemie an der Landwirtschaftlichen Fakultät zu absolvieren. Des Weiteren können sowohl in Agrarwissenschaft als auch in der Ernährungs- und Hauswirtschaftswissenschaft der *Bachelor of Science* beziehungsweise der *Master of Education* für das Lehramt am Berufskolleg absolviert werden. Der M.Sc. Mikrobiologie und Molecular Biology and Biotechnology findet unter der Beteiligung der Landwirtschaftlichen Fakultät statt.

Für die zunehmend komplexer und interdisziplinärer werdenden Forschungsanforderungen auf lokaler, regionaler und globaler Ebene erfolgte eine tiefgreifende institutionelle Neustrukturierung. Aus den 22 Instituten sowie den Seminaren und sonstigen Einrichtungen der Fakultät heraus erfolgten fünf Institutsneugründungen: Das Institut für Ernährungs- und Lebensmittelwissenschaften (IEL, ab 1. Dezember 2004), das Institut für Tierwissenschaften (ITW, ab 1. April 2005), das Institut für Nutzpflanzenwissenschaften und Ressourcenschutz (INRES, ab 1. Oktober 2005), das Institut für Lebensmittel- und Ressourcenökonomik (ILR, ab 1. April 2006) sowie das Institut für Geodäsie und Geoinformation (IGG, ab 1. Oktober 2006). Für jedes dieser Institute wurden fünf so genannte Kernfächer definiert, durch die die Lehre in den Studiengängen gewährleistet werden soll. Darüber hinaus wurden und werden Professuren flexibel zur Wahrnehmung beziehungsweise zur Herausbildung gewünschter Forschungsschwerpunkte definiert. Das Institut für Landtechnik (ILT) sowie das Institut für Organischen Landbau (IOL) blieben in ihrer ursprünglichen Struktur zunächst erhalten. Im Rahmen von universitätsweiten Umstrukturierungs- und Einsparmaßnahmen erfolgte eine signifikante Reduzierung der Planstellenausstattung: Im Jahr 2000 waren noch 61 Professuren (41 für Agrarwissenschaft, 13 für Geodäsie, fünf für Ernährungs- und Haushaltswissenschaft, zwei für Lebensmittelchemie), 110 wissenschaftliche Mitarbeiterinnen und Mitarbeiter sowie 325 Mitarbeiterinnen und Mitarbeiter in Verwaltung und Technik ausgewiesen; zehn Jahre später war der Personalbestand auf 39 Professuren (32 für Agrarwissenschaft sowie Ernährungs- und Lebensmittelwissenschaften, sechs für Geodäsie, eine für Lebensmittelchemie), 111 wissenschaftliche Mitarbeiterinnen und Mitarbeiter sowie 207 Mitarbeiterinnen und Mitarbeiter in Technik und Verwaltung gesunken. Erwähnt werden müssen in diesem Zeit- und Sachzusammenhang auch die Abgabe des sanierungsbedürftigen ersten landwirtschaftlichen Lehrgebäudes (heute Meckenheimer Allee 176) an die Mathematisch-Naturwissenschaftliche Fakultät (Fachgruppe Erdwissenschaften) sowie die Zusammenführung der Lehr- und Forschungsaktivitäten der Landwirtschaftlichen Fakultät auf drei Versuchsgütern (Klein-Altendorf, Frankenforst und Wiesengut), insbesondere verbunden mit einem umfänglichen forschungsorientierten Ausbau des Standortes Klein-Altendorf. Dieses bedeutete aber zugleich die Aufgabe der Versuchsgüter Rengen (im Jahre 2007), Marhof (im Jahre 2008) sowie Dikopshof (im Jahre 2009). Die Reduzierung auf drei Standorte war mit der Entwicklung einer neuen, fakultätsunmittelbaren Organisationstruktur (von der Universität finanziell mit ausgestattete Außenlabore Agrar, Geodäsie, Ernährung; AGE) verbunden.

Die Entwicklung der Fakultät nach 2018 – ein Ausblick

Die Weltbevölkerung wird (trotz gegenläufiger demographischer Entwicklungen in Deutschland und Europa) weiter wachsen. Die nutzbare Fläche zur Erzeugung von Lebensmitteln für diese Bevölkerung nimmt dagegen Jahr für Jahr in Europa und weltweit aus unterschiedlichsten Gründen ab. Die Sicherstellung einer ausreichenden, ausgewogenen und den Energie- und Nährstoffbedarf deckenden Ernährung für die wachsende Zahl von Menschen auf dieser Erde bei schonendem Umgang mit den dafür verfügbaren Ressourcen, zugleich aber auch der Bereitstellung hinreichender Flächen für adäquates Wohnen und Arbeiten bei zumindest erträglicher Infrastruktur, und insoweit auch nachrangiger Produktion nachwachsender Rohstoffe, bleibt dabei das verbindende Ziel allen Wirkens von Lehre und Forschung an der Landwirtschaftlichen Fakultät der Universität Bonn. Diese Entwicklungen wissenschaftlich detaillierter zu dokumentieren, ist und bleibt eine Herausforderung für zukünftige Lehr- und Forschungsarbeit.

Lehr- und Forschungsbereiche im Wandel der Zeit

Die Landwirtschaftliche Fakultät vertritt in der Universität Bonn die Disziplinen Agrarwissenschaften, Ernährungs- und Lebensmittelwissenschaften sowie Geodäsie und Geoinformation (Vermessungswesen) und ergänzt somit in idealer Weise die traditionellen universitären Fächer in den sechs anderen Fakultäten. Als überwiegend angewandte Lehr- und Forschungsgebiete unterliegen die Disziplinen unsere Fakultät in besonderer Weise einem stetigen Wandel; stets spiegelten sich aktuelle gesellschaftliche Probleme in der strukturellen und inhaltlichen Entwicklung wider.

Agrarwissenschaften

Nutzpflanzenwissenschaften

Die Entwicklung der Nutzpflanzenwissenschaften in den letzten 200 Jahren ist als Folge kontinuierlicher Wissensmehrung geprägt von zunehmender Differenzierung und Spezialisierung. Bis etwa zum Ende des 19. Jahrhunderts waren die Fachrichtungen der Landwirtschaftslehre, Pflanzenbau, Tierhaltung und Betriebslehre in einem 1819 gegründeten Landwirtschaftlichen Institut beheimatet. In der Folge einer sukzessiven Spezialisierung verengte sich das inhaltliche Spektrum des landwirtschaftlichen Pflanzenbaus als zentrales Fachgebiet der Landwirtschaftslehre durch die Verselbstständigung von Teildisziplinen im 20. Jahrhunderts erheblich. Die Tochterdisziplinen Bodenkunde, Phytomedizin, Pflanzenernährung, Futterbau und Grünlandlehre entwickelten sich aus der Mutterwissenschaft Pflanzenbau fortan wissenschaftlich eigenständig ebenso wie der Obst-, Gemüse-, Zierpflanzen- und Waldbau, und waren ab dem ersten Drittel des 20. Jahrhunderts in eigenen Universitätsinstituten organisiert. Die damalige Idee, an jeder Universität, in der Landwirtschaft gelehrt werde, je ein eigenständiges Institut für Pflanzenproduktionslehre, Tierproduktionslehre, Agrikulturchemie, Kulturtechnik und landwirtschaftliche Maschinenkunde, landwirtschaftliche Technologie, Veterinärkunde und Wirtschaftskunde des Landbaus einzurichten, findet sich noch heute in den Institutsstrukturen der Bonner Fakultät wieder.

Noch vor Eröffnung der »Höheren Landwirtschaftlichen Lehranstalt Poppelsdorf« wurde im Oktober 1846 die Akademische Gutswirtschaft Poppelsdorf in Betrieb genommen, ein Sachverhalt, der die Bedeutung eigener Versuchswirtschaften für Forschung und Lehre deutlich macht. Letztlich war und ist es die landwirtschaftliche Praxis, welche die Fragen für die Forschung aufwirft. Die Probleme mussten in und mit der Praxis gelöst werden; auch sollten die Studierenden jederzeit mit den Abläufen im Gutsbetrieb vertraut gemacht werden können. Bereits 1858 wurde in Bonn-Poppelsdorf ein Lehr- und Demonstrationsbienenstand erwähnt; es folgten 1861 erste Vorlesungen über Fischzucht, Insektenkunde, Seidenbau und Bienenzucht. Die Bienenkunde in Bonn kann somit als älteste spezifische Facheinrichtung an einer deutschen akademischen Ausbildungsstätte angesehen werden. Als weiterer Schritt in Richtung Spezialisierung kann die Gründung des Instituts für Bodenlehre und Pflanzenbau (IBP) im Jahre 1901 eingeordnet werden.

Mit dem in ersten Signaturen aufscheinenden Fach »Pflanzenkrankheiten« befassten sich bis ins 20. Jahrhundert hinein noch Botaniker und Pflanzenbauer. Aus dem IBP erfolgte 1927 die Ausgründung des Instituts für Pflanzenkrankheiten und dessen Einweihung als erstes deutsches Hochschulinstitut seiner Art, gleichzeitig Signatur einer Beeinflussung der Wissenschaftsentwicklung durch phytopathologische Probleme der landwirtschaftlichen Praxis. Bevor es dazu kam, war am IBP schon 1914 eine »Pflanzenschutzstelle für die Rheinprovinz« etabliert, gefolgt von der Einrichtung und Besetzung einer ordentlichen Professur für Pflanzenkrankheiten 1921. Schon damals stand das Ziel einer Forschungsuniversität im Vordergrund der Bemühungen. Bearbeitet wurde vor allem die Klärung der Wechselbeziehungen zwischen Kulturpflanzen, ihren Parasiten und der Umwelt, wobei der Einfluss der Ernährung auf die Anfälligkeit der Pflanze im Vordergrund des Interesses stand. Einzigartige Untersuchungen über Virosen an Pflanzen wurden initiiert und Untersuchungen zu abiotischen Immissionsschäden eingeleitet. Pflanzliche Virosen sind heute eine besondere Herausforderung für den Pflanzenschutz; abiotische Immissionsschäden haben seit dem Auftreten neuartiger Waldschäden in den 1970er Jahren besondere Bedeutung.

Im Zeitraum von 1919 bis 1934 prägte vor allem Theodor Brinkmann, Direktor des Instituts für Landwirtschaftliche Betriebslehre von 1911 bis 1948, die Bonner Landwirtschaftliche Hochschule.

Abb. 26: Theodor Brinkmann, Landwirtschaftliche Betriebslehre

Theodor Brinkmann beschäftigte sich besonders intensiv mit der Entwicklung des landwirtschaftlichen Betriebs im Spannungsfeld zwischen der einerseits differenzierenden, zu hoher spezieller Intensität drängenden Betriebsorganisation und andererseits der integrierenden, nach Vielseitigkeit und Resilienz strebenden Betriebsorganisation. Für das Kernstück vielseitiger Betriebsorganisation, die Fruchtfolgegestaltung, entwickelte er eine Fruchtfolgesystematik, die bis heute Eingang in alle pflanzenbaulichen Lehrbücher findet. Brinkmanns Verständnis vom landwirtschaftlichen Betrieb in seiner Gesamtheit ist eine der präludialen Grundlagen des seit 1987 von Ulrich Köpke an der Bonner Fakultät weiter entwickelten wissenschaftlichen Konzepts des Organischen Landbaus.

Im Gegensatz zu den damals wie heute häufig vorgetragenen Forderungen nach einer effizienten und tiefgreifenden Forschung lag der Schwerpunkt in den Jahren vor und nach den Kriegszeiten in einer erfolgreichen Gestaltung der Lehre, im Wesentlichen fokussiert auf die Zielgruppe Diplomlandwirte. Ziel war es, die Studierenden zu akademisch ausgebildeten landwirtschaftlichen Betriebsleitern und nicht primär zu wissenschaftlich Forschenden auszurichten; als so genannte »Generalisten« sollten sie die Übersicht über das gesamte Gebiet der Landwirtschaft vermittelt bekommen. Dies war insbesondere in den kriegsbedingten Notzeiten und zur Überwindung der Versorgungsengpässe nach dem Zweiten Weltkrieg unabdingbar.

Im Institut für Pflanzenbau war nach dem Krieg die personelle Kontinuität durch Ernst Klapp gewährleistet und damit konnten auch die Ziele der Ernährungssicherung in West-Deutschland in der Nähe zur Bundesregierung konsequent und sicher verfolgt werden. Das Wirken und die wissenschaftlichen Meriten des Nachfolgers von Ernst Schaffnit auf der Professur für Pflanzenkrankheiten, Hans Braun (1948–1964), waren mit dem Aufzeigen der Vorteile indirekter und präventiver Maßnahmen als Wegbereitung des Integrierten Pflanzenschutzes charakterisiert.

Die weitere fachliche und räumliche Differenzierung nahm nach dem Krieg weiter zu. 1952 bezogen die Landwirtschaftliche Zoologie (Hermann Wurmbach) und die Bienenkunde (Gottfried Goetze) das Herrenhaus von Gut Melb. Das Institut für Bodenkunde wurde im Jahre 1955 unter Eduard Mückenhausen (1955–1975) begründet. Eduard Mückenhausens Beiträge prägen bis heute entscheidend die Systematik der Böden Deutschlands. Mit der Gründung des eigenständigen Instituts für Bodenkunde war das Institut für Bodenlehre und Pflanzenbau (IBP) Geschichte. Die Mutterwissenschaft, der landwirtschaftliche Pflanzenbau, verblieb mit der Grünlandwirtschaft im Institut für Pflanzenbau, das als eigenständige Einrichtung 1958 quasi zum zweiten Mal begründet wurde und damit die Endstufe der Segregation der Fachgebiete der Nutzpflanzenwissenschaften symbolisiert.

In den Nachkriegszeiten bestand das primäre Ziel darin, die Versorgungssicherheit zu garantieren. Die Schwerpunkte des Agrikulturchemischen Institutes lagen daher vor allem im Bereich der Anwendungsforschung und hier der Optimierung der Düngung von Nutzpflanzen. Für dafür notwendige Gefäßversuche wurde unter Hermann Kick (Professurinhaber 1954–1980) und Ehrenfried Große-Brauckmann ein Versuchsgefäß entwickelt, das den bis dahin verwendeten emaillierten Versuchsgefäßen deutlich überlegen war.

Das Fach Gemüsebau wurde an der Landwirtschaftlichen Fakultät bereits nach dem Zweiten Weltkrieg durch den damaligen Leiter der mit dem Institut für Pflanzenbau (Ernst Klapp) assoziierten Lehr- und Forschungsstation Marhof, Karl Witte, vertreten. Wieder war es ein Versuchsbetrieb (bestehend seit 1916), der eine Institutsgründung beförderte. Auf Anregung des Berufsstandes wurde zur wissenschaftlichen Bearbeitung von obst- und gemüsebaulichen Problemen 1951 das Institut für Obstbau und Gemüsebau gegründet. Friedrich Hilkenbäumer (1951–1976) wurde von der Universität Halle/Saale nach Bonn berufen und die Lehr-und Forschungsstation Marhof sowie die damals 7,5 ha große Obstversuchsanlage Klein-Altendorf dem Institut zugeordnet. Fortan standen die Physiologie der Obstgewächse, Anbau, Erziehung und Pflege von Obstgewächsen, die Lagerung und Verwertung gartenbaulicher Erzeugnisse sowie die Arbeits-und Betriebswirtschaft im Zentrum von Forschung und Lehre.

Die Forschung in der Bienenkunde änderte sich, als 1964 Wilhelm Drescher als Genetiker antrat. Die weltweite Bedrohung der Bienenhaltung durch die Varroa-Milbe veranlasste ihn, sich mit Abwehrmechanismen heimischer und tropischer Bienenvölker zur Entwicklung parasiten-toleranter Völker zu beschäftigen. Weitere Themen waren die Insektenbestäubung von Kulturpflanzen und der Pflanzenschutz. Als Nachfolger von Hermann Wurmbach hat Hartmut Bick (1972–1994) neben der Zoologie vor allem die Ökologie und die Limnologie in den Kanon der Lehre und in die Forschung eingefügt. Mit der bundesweit ersten Einführung der vierten Studienrichtung »Naturschutz und Landschaftsökologie« im Jahr 1989, dessen treibende Kraft Wolfgang Schumacher (Landwirtschaftliche Botanik, 1985–2010) war, ergaben sich auch weitere Arbeitsschwerpunkte für das Institut für Zoologie und Bienenkunde.

Mit der Übernahme der Professur und der Leitung des Instituts für Pflanzenkrankheiten durch Heinrich Carl Weltzien (1965–1993) fand ein Ausbau der experimentellen Möglichkeiten des Instituts statt. Weitere Abteilungen wurden eingerichtet: 1957 die Landwirtschaftliche Mikrobiologie unter Bernd Stille, 1960 die Angewandte Entomologie unter Volker Moericke, 1967 die Virologie unter Franz Josef Nienhaus. Seit 1970 bestand die Abteilung Pflanzenschutz unter Fritz Schönbeck.

Auf die Professur für Pflanzenschutz wurde 1976 Fred Klingauf berufen, dessen Untersuchungen zum Verhalten von Schad- und Nutzinsekten die wissenschaftlichen Arbeiten am Institut nachhaltig prägten. Die Professur für Entomologie und Pflanzenschutz und damit die Leitung dieser Abteilung übernahm Cetin Sengonca (1981–2006). Der Bedeutung bodenbürtiger Schadorganismen wurde 1992 durch die Einrichtung einer Professur für Phytomedizin in

Bodenökosystemen entsprochen. Sie wurde von Richard A. Sikora (1992–2009) wahrgenommen, der sich international im Bereich der Nematodenforschung sehr verdient gemacht hat. Schließlich wurde mit der Einrichtung des Studienganges »Ernährungs- und Haushaltswissenschaften« an der Fakultät (1968) das Forschungs- und Lehrangebot der Fakultät »rund um das Agrarprodukt« wesentlich erweitert. Nach dem Ausbau des Gebäudes der »Alten Chemie« wurde dort die Landwirtschaftliche und Lebensmittelmikrobiologie etabliert und von 1978 bis 2006 durch Johannes Krämer vertreten. Mit der Berufung von Heinz-Wilhelm Dehne (1994–2016) als Nachfolger Heinrich Carl Weltziens konnten die Arbeitsmöglichkeiten im Institut für Pflanzenkrankheiten weiter verbessert werden. Im landwirtschaftlichen Pflanzenbau wurden die Professuren Allgemeiner Pflanzenbau (Hans Georg Kmoch, 1964–1967; Peter Boeker, 1969–1981) und Spezieller Pflanzenbau und Pflanzenzüchtung (Gerhard Fischbeck, 1964–1969) eingerichtet. Eine Abteilung Bodenbearbeitung und angewandte Bodenphysik wurde von Heinrich Franken (1978–2002) geleitet.

Nach der Emeritierung von Friedrich Hilkenbäumer (1976) wurde Fritz Lenz als neuer Direktor des Instituts für Obstbau und Gemüsebau an die Fakultät berufen. In der Forschung fokussierte sich Lenz auf die Photosyntheseforschung und Physiologie als Grundlage für die Optimierung von Ertrag und Produktqualität. Nach seiner Habilitation und Ernennung zum Professor richtete Joachim Henze 1969 die Abteilung für Lagerung und Frischhaltung von Obst und Gemüse im Institut für Obstbau und Gemüsebau ein.

In der Bodenkunde setzte Heinrich Zakosek (1975–1986) Mückenhausens Wirken in den Schwerpunkten fort. Horst Wiechmann beschäftigte sich gleichfalls mit der Genese von Böden und Paläoböden und setzte dabei einen Schwerpunkt auf die Bodenhydrologie. Später rückten unter Armin Skowronek (1988–2011) die Paläopedologie und Bodengeographie, insbesondere der Tropen und Subtropen, sowie die Bodenerosion erneut in den Vordergrund. Erstmals wurden Ursachen und Teilprozesse der Erosion detailliert erforscht und damit das Verständnis dieser global wohl wichtigsten Bedrohung der Bodenfruchtbarkeit wesentlich erweitert.

Ab dem Jahre 1956 war es der Bundesrepublik Deutschland erlaubt, Nuklearforschung und -nutzung zu betreiben. Den Aufbau der Arbeitsgruppe Landwirtschaft organisierte an der Landwirtschaftlichen Fakultät Hermann Kick. Ab April 1967 wurden am im Institut für Zoologie Isotopenlaboratorien etabliert, verbunden mit der Genehmigung für offene Versuche mit etwa 40 verschiedenen Radioisotopen im angrenzenden Freiland. Ihre endgültige Heimat fanden die Bonner Wissenschaftler dann unter dem neuen Namen Radioagronomie, eingebettet in die interdisziplinärere Atmosphäre der Kernforschungsanlage Jülich im Jahre 1973, die im Jahre 1956 gegründet war. Durch die dortigen Versuchsreaktoren wurden verstärkt Isotopen für die Forschung an der Landwirtschaftlichen Fakultät verfügbar. Die radiometrischen Methoden von Hans-Wilhelm Scharpenseel (Bodenkunde-Institut, bis 1972) ergänzten die Forschung zum zeitlichen Verlauf der Bodenentwicklung und des Stoffumsatzes in idealer Weise. Durch die Bestimmung radioaktiver und stabiler C–Isotope sowie die gezielte Markierung organischer Stoffe konnten Fragen zu Humusstruktur und -umsatz aufgeklärt werden. In den Folgejahren wurde die Zusammenarbeit zwischen der Bonner Fakultät und dem Forschungszentrum Jülich (FZ Jülich) enger, personifiziert durch Fritz Führ. Seit 1962 Mitglied der Bonner Arbeitsgruppe Landwirtschaft/Radioagronomie, konnte er ab 1967 ein Landwirtschaftliches Institut in Jülich sicherstellen, aus dem später die intensiv in zahlreichen Projekten mit den Bonner Nutzpflanzenwissenschaftlern kooperierenden Institute für Phytosphäre (Leiter Ulrich Schurr) und Agrosphäre (Leiter Harry Vereecken) hervorgingen. Fritz Führ folgte dem Ruf auf die Professur für Radioagronomie an der Landwirtschaftlichen Fakultät Bonn im Jahre 1980. Zeitgleich wurden im Agrikulturchemischen Institut die Untersuchungen von Dieter Sauerbeck zum Isotopen-markierten Kohlenstoffumsatz der Wurzeln wegweisend. Im Pflanzenbau erlebte die Wurzelforschung orientiert auf Wurzelökologie und Bodenphysik ein Intermezzo, geprägt durch Hans Georg Kmoch (1963–1968).

Verglichen mit den anderen Agrarfakultäten Deutschlands – und vielleicht auch historisch durch ihr Hervorgehen aus der Landwirtschaftlichen Akademie Poppelsdorf – erscheint die Nähe zur landwirtschaftlichen Praxis für den Bonner Standort kennzeichnend. Klaus-Ulrich Heyland (1969–1992) verband das von ihm vertretene Fach »Spezieller Pflanzenbau« stets mit Aspekten der landwirtschaftlichen Betriebslehre und stand dadurch im direkten Dialog mit Ackerbaubetrieben Nordrhein-Westfalens. Integrierter Obstbau war als umweltschonendere Bewirtschaftung von Obstanlagen in Baden-Württemberg schon in den 1960er Jahren entstanden.

Mit der zunehmenden Intensivierung der pflanzlichen Erzeugung war die mineralische Stickstoffdüngung in der Nachkriegszeit gesteigert worden. Mit dem Ziel der effizienten Ausnutzung der energetisch aufwändig hergestellten mineralischen Stickstoffdüngemittel wurde durch Karl Sommer am Agrikulturchemischen Institut (ACI) zunächst für den Gemüsebau das sogenannte CULTAN-Verfahren entwickelt (Controlled Uptake Long-Term Ammonium Nutrition), das in der landwirtschaftlichen Praxis zunehmend eingesetzt wird. Heinrich Wilhelm Scherers (1983–2015) Augenmerk richtete sich auf das spezifisch gebundene Ammonium, den lange Zeit als nicht verfügbar (»nicht austauschbar«) angesehenen Ammonium-Stickstoff. Die Minimierung von negativen Umweltwirkungen durch effizienteres Düngermanagement schließt seit Ende der 1980er Jahre für mehrere Arbeitsgruppen der Nutzpflanzenwissenschaften das Ziel »Minderung der Emission klimarelevanter Spurengase (N_2O, NO, CH_4, CO_2, NH_3)« mit ein. Überschneidungen in den Forschungsinhalten ergaben sich für die verschiedenen Fachgebiete immer wieder beispielsweise bei der Minimierung von Schadstoffbelastungen in der Landwirtschaft durch Schwermetalle und organische Schadstoffe (Agrikulturchemie, Wilfried Werner, 1983–1995) und das Recycling von Reststoffen. Einen entsprechenden Schwerpunkt setzte in der Bodenkunde Gerhard Brümmer (1986–2004) mit seinen Arbeiten zur Dynamik von Schadstoffen im Boden, zu Bindung, Mobilität und Bioverfügbarkeit von Schwermetallen; auch organische Xenobiotika wurden von seiner Arbeitsgruppe untersucht.

Die zunehmend von der Landwirtschaft ausgehenden Umweltlasten führten auf Initiative des Landwirtschafts- und Umweltministeriums NRW zur Einrichtung des Lehr- und Forschungsschwerpunktes für Umweltverträgliche und Standortgerechte Landwirtschaft (USL). Kooperation und Integration waren Grundvoraussetzungen für die Antragstellung im Projektbereich Forschung des USL, in dem aus Landesmitteln – später unter Hinzuziehung von EU-Mitteln – Auftragsforschung als Form der Politikberatung eingeholt wurde. Mit dem Projektbereich Wissenstransfer wird die rasche Zulieferung der Arbeitsergebnisse der angewandten Forschung in die landwirtschaftliche Praxis sichergestellt.

Im Jahre 1987 wurde Ulrich Köpke (1987–2017) auf die Professur für Organischen Landbau berufen. Der Versuchsbetrieb Wiesengut als Modellbetrieb für Organischen Landbau wurde dem IOL zugeordnet. Organischer Landbau wurde – auch in Orientierung an Theodor Brinkmann – als Organisationsprinzip des weitgehend in sich geschlossenen landwirtschaftlichen Betriebsorganismus, im Ideal konzipiert als Gemischtbetrieb mit Rinderhaltung, verstanden. Noch vor Einrichtung des USL gab es im so genannten Boschheidehof-Projekt eine mehrjährige Zusammenarbeit zwischen der Fakultät, der Landwirtschaftskammer Rheinland und dem Forschungsring für Biologisch-Dynamische Wirtschaftsweise. Der Impuls zum partizipativen Ansatz, das heißt gleichgewichtige Einbeziehung der landwirtschaftlichen Praktiker in die Zusammenarbeit von Wissenschaft und Beratung im Projekt »Leitbetriebe des Ökologischen Landbaus in Nordrhein-Westfalen«, finanziert durch das USL, wurde vom Ministerium für Landwirtschaft NRW an die Professur Organischer Landbau herangetragen.

Bereits seit 1946 beschäftigen sich die Professuren für Landtechnik mit Fragen zur Saat, Pflege und Ernte von Nutzpflanzen. Schwerpunkt der Arbeiten von Carl-Heinrich Dencker (1945–1967), Wolfgang Brinkmann (1970–1985) und Karl-Heinz Kromer (1985–1991) war der Anbau von Zuckerrüben. Dieser Forschungsschwerpunkt hat nachweislich einen wichtigen Beitrag zur Steigerung der Ressourceneffizienz, zur Arbeitserleichterung und zur Umweltentlastung im europäischen Zuckerrübenanbau geleistet. Peter Schulze Lammers (seit 1992) fokussiert seine Arbeiten auf Fragestellungen zum Energieverbrauch und zu

Emissionen aus der Landwirtschaft. Daraus entwickelte sich eine Forschergruppe, die sich schwerpunktmäßig mit der technischen Messung von Gerüchen aus Tierhaltungsanlagen beschäftigte und dabei fundamentale Erkenntnisse zur technischen Geruchsmessung erarbeitete, wie auch technische Systeme auf der Basis von Schwingquarzen entwickelte. In Fortsetzung der Aktivitäten seiner Vorgänger beschäftigt er sich zudem mit der Entwicklung und Bewertung von Anbauverfahren von Zuckerrüben, mit der mechanischen Unkrautbekämpfung sowie mit der teilflächenspezifischen Ausbringung von Herbiziden mittels Direkteinspeisung. Erstmals etablierte Peter Schulze Lammers ein Verfahren zur positionsgesteuerten Ablage von Samen, womit die Individualisierung von Einzelpflanzen im Feldanbau ermöglicht wird. Mit den neu entwickelten Bodensensorsystemen werden Forschungsarbeiten zur Ermittlung der Wassergehalte des Bodens und der Nutzpflanzen in der Vegetationsperiode durchgeführt.

Die Forderung nach fächerübergreifender Zusammenarbeit wird seit Beginn des 21. Jahrhunderts mit einer zunehmenden Anzahl von Verbundprojekten mit Bonner Beteiligung beantwortet. In der so genannten ABC-Region (Wissenschaftsregion Aachen-Bonn-K/Cöln) und bundesweit in zahlreichen fakultäts- und universitätsübergreifenden Verbundprojekten wurden unter Beteiligung der Bonner Agrarwissenschaften Netzwerke zur effektiven Einwerbung von Drittmitteln etabliert.

Die Gründung des bundesländerübergreifenden Kompetenzzentrums Gartenbau (KoGa) im Jahre 2002 durch das Dienstleistungszentrum Ländlicher Raum (DLR) Rheinpfalz und die Universität Bonn (Georg Noga) führte Grundlagenforschung, angewandtes Versuchswesen und Beratung in einer Einheit zusammen. Die enge Verzahnung von Wissenschaft und Praxis schaffte ein in seiner Leistungsfähigkeit europaweit einzigartiges Zentrum, in dem die ganze Breite sowohl aktueller als auch künftiger Problemstellungen im Gartenbau kompetent und effizient bearbeitet werden können. Alle Versuchsansteller des Partners DLR und der Landwirtschaftskammer NRW (Beitritt 2012) sind gleichzeitig Berater, womit ein schneller Informationstransfer in die Betriebe gesichert wird. Als international ausgewiesener Entwicklungs- und Technologie-Träger bringt das FZ Jülich (Beitritt im Jahre 2008) weiteres Potenzial und Expertise für Forschung und Versuchswesen in KoGa ein. Bereits das erste BMBF-geförderte Projekt mit Ulrich Schurr, FZ Jülich, resultierte mit der Entwicklung und Bereitstellung UV-B transparenter Materialien für die Gewächshauseindeckung in einer Innovation für die gärtnerische Praxis. Aus einer weiteren gemeinsamen Initiative ging der AgroHort-Projektverbund hervor, der neue Infrastruktur, wie moderne Gewächshäuser, Rainout Shelter et cetera bereitstellt. Parallel führte die Fakultät die pflanzen- und gartenbaulichen Lehr- und Forschungsstationen am Standort Campus Klein-Altendorf zusammen.

Abb. 27: Campus Klein-Altendorf

Die Kooperation der Fakultät mit dem FZ Jülich wurde in der ersten Dekade des neuen Jahrhunderts auch im Bereich Pflanzen- und Bodenwissenschaften weiter ausgebaut und fruchtete im Rahmen der bundesweiten Ausschreibung »Kompetenznetzwerke Agrar« unter Beteiligung zahlreicher Partner aus Forschung und Privatwirtschaft in der gemeinsamen Einwerbung von »CROP.SENSe.net«, an dem viele Kollegen des INRES mitwirken (Heiner Goldbach als Initiator, Jens Léon, Wulf Amelung, Georg Noga, Heinz-Wilhelm Dehne, Erich Oerke, Ralf Pude). Die mit »CROP.SENSe.net« eingeworbenen Drittmittel konnten komplementär zum weiteren Ausbau der Infrastruktur des Campus Klein-Altendorf genutzt werden. Der Verbund adressiert ein auch international bedeutendes Schlüsselthema und innovatives Forschungsfeld: Die Entwicklung und den Einsatz zerstörungsfreier Methoden zur qualitativen wie quantitativen Erfassung von pflanzlichen Merkmalen in Pflanzenzüchtung und Bestandsführung. Das Projekt bündelt hierzu unter anderem die in Deutschland allozierten Expertisen aus Sensorik, automatisiertem Gewächshausmanagement, Datenhaltung und -auswertung, molekularen und konventionellen Züchtungsmethoden sowie Kulturpflanzenforschung. Es bezieht auch bedeutende Unternehmen der Züchtung und des Pflanzenschutzes aktiv in das Konsortium mit ein. Die Verknüpfung mit hochaufgelösten Bodendaten und Boden-durchdringenden Methoden ermöglicht zudem ein wesentlich präziseres Bestandsmanagement, um beispielsweise mittels Sensoren hochkomplexe Merkmale wie Biomasseertrag oder Dürretoleranz ohne Einbußen an Qualitäts- und Resistenzeigenschaften rasch und nachhaltig zu verbessern.

Unter Walter Kühbauch (Allgemeiner Pflanzenbau, 1981–2006) erfolgten Arbeiten zur Nutzung und Verteilung von Photoassimilaten und Reservestoffen in landwirtschaftlichen Nutzpflanzen unter variierenden Umwelteinflüssen. Erwähnenswert sind auch die erarbeiteten Strategien zur Verringerung des Herbizideinsatzes auf der Basis von Unkrautschadschwellen, sensorgestützte automatische Unkrauterkennung sowie teilschlaggerechte Unkrautregulation mit elektronisch-/GPS-gesteuerten Feldspritzen als Elemente des *precision farming*. Letzteres wurde in Walter Kühbauchs Arbeitsgruppe auch mit der Satelliten-Fernerkundung zur Erfassung des Arten-Inventars und des Zustandes landwirtschaftlich genutzter Vegetation mit Hilfe optischer Sensoren und Radar und Integration von Fernerkundungsdaten in Geoinformationssystemen für operationelle Anwendungen weiter entwickelt. In ähnlicher Weise gilt dies für die Professur Spezieller Pflanzenbau und Pflanzenzüchtung (Jens Léon, seit 1996) mit Arbeiten zur optimierten Nutzung genetischer Ressourcen durch quantitativ genetische Analyse von Gerstenwildformtypen im Hinblick auf deren Eignung zur Verbesserung von Zuchtmaterial, Isolation von Genen aus Wildformen von Gerste und Weizen mittels moderner DNA-Markertechniken und klassischer Rückkreuzungsprogramme zur Verbesserung der Trockenresistenz und Trockentoleranz bei Getreide.

Das 2010 gegründete Bioeconomy Science Center (BioSC) bedient sich eines neuen Instrumentariums, indem es für eine Projektförderung Kooperationen unter Beteiligung von mindestens zwei seiner Forschungsschwerpunkte und mindestens zwei der vier Standorte (FZJ, die Universitäten Bonn und Düsseldorf sowie RWTH Aachen) als *conditio sine qua non* einfordert. Das BioSc umfasst vier Forschungsschwerpunkte:

1. Nachhaltige pflanzliche Bioproduktion und Ressourcenschutz,
2. Mikrobielle und molekulare Stoffumwandlung zur Herstellung von Wertstoffen,
3. Verfahrenstechnik nachwachsender Rohstoffe,
4. Ökonomie und gesellschaftliche Implikationen.

Drei Querschnittsthemen sind für mehrere Forschungsschwerpunkte relevant und stellen verbindende Elemente dar: Systems Engineering, Bioinformatik und Wissensmanagement sowie Strukturbiologie. Das BioSc bündelt in einem europaweit einzigartigen integrativen Forschungsnetzwerk die Kompetenzen von mehr als 50 Instituten seines Verbundes, darunter mehrerer Arbeitsgruppen des INRES. Das Konsortium widmet sich entlang einer gemeinsamen, langfristig ausgerichteten Strategie-Forschung den zentralen Themen einer umweltschonenden Ökonomie auf der Basis nachwachsender Rohstoffe, wie der nachhaltigen Produktion von Pflanzen, neuen Verfahren zur Verarbeitung von Biomasse (vorbereitende Arbeiten durch Ralf Pude, Nachwachsende Rohstoffe; seit 2010) und des Einsatzes von Mikroorganismen zur Herstellung von Wertstoffen. Für eine rasche wirtschaftliche Umsetzung der Forschungsergebnisse sieht das Konsortium eine Zusammenarbeit mit der Industrie als integralen Bestandteil vor. BioSc bedient sich modernster Infrastruktur in der genetischen Analyse, in der Quantifizierung und Selektion pflanzlicher Eigenschaften (Phänotypisierung), der Bioanalytik, der Boden- und Grundwassercharakterisierung, im Feldversuchswesen, der Verfahrenstechnik nachwachsender Rohstoffe und im Supercomputing.

Mit der Berufung von Mathias Becker (1999) im Institut für Pflanzenernährung wurde die Forschungsarbeit um Fragestellungen im Bereich der Tropen und Subtropen erweitert. Insbesondere die Stress-Physiologie von Reis, Stoffflüsse in Reis-Anbausystemen sowie die Möglichkeiten und *trade-offs* der agrarischen Nutzung von Feuchtgebieten in Afrika sind Forschungsgegenstände der mit zahlreichen anderen Arbeitsgruppen der ABC-Region und mit Partnern in Asien und Afrika vernetzten Arbeitsgruppe. Synergistisch für die Forschung koordiniert und organisiert Mathias Becker auch den seit 1993 bestehenden, DAAD-prämierten internationalen Master-Studiengang ARTS.

Die Außenlabore Agrar, Geodäsie, Ernährung (AGE) der Landwirtschaftlichen Fakultät stellen als fakultätsunmittelbare Organisationseinheit der Landwirtschaftlichen Fakultät eine unverzichtbare physische und organisatorische Grundlage für Forschung und Lehre in den Nutzpflanzenwissenschaften dar. Im Rahmen ihrer Kapazitäten stehen die Standorte grundsätzlich allen Einrichtungen der Universität Bonn für vornehmlich interdisziplinäre Forschung und Lehre zur Verfügung. Die Außenlabore der Nutzpflanzenwissenschaften Campus Klein-Altendorf und die Lehr- und Forschungsstation für Organischen Landbau, Wiesengut, bieten dafür jeweils spezifische Möglichkeiten und zusammen mit dem Standort Frankenforst für die Tierwissenschaften entscheidende Vorteile im Wettbewerb mit den anderen landwirtschaftlichen Fakultäten Deutschlands.

Nach der Emeritierung von Lenz übernahm Noga 1998 den Lehrstuhl Obstbau und Gemüsebau. Er erweiterte das Spektrum der vom Institut in Forschung und Lehre bearbeiteten Sonderkulturen um den Bereich Zierpflanzen sowie Heil- und Gewürzpflanzen. Auf seinen Antrag hin wurde die Denomination des Instituts in »Institut für Gartenbauwissenschaft« geändert (2003). Mit der 2005 erfolgten Gründung des INRES wurden die Fachgebiete der Nutzpflanzenwissenschaften (Bodenwissenschaften, Pflanzen- und Gartenbauwissenschaften, Nutzpflanzengenetik und Biotechnologie, Phytomedizin, Pflanzenernährung) strukturell wieder gebündelt. Im Fokus des Instituts steht die wissenschaftliche Erarbeitung systemorientierter Grundlagen für die Entwicklung innovativer Produktionstechnologien und Strategien nachhaltiger Ressourcennutzung, beispielsweise durch Aufklärung pflanzeneigener Schutz- und Abwehrmechanismen, sowie die Entwicklung fluoreszenzbasierter, nichtinvasiver Verfahren zur Früherkennung und Differenzierung von Stressbelastungen. Die gewonnenen Erkenntnisse tragen wesentlich zur Verbesserung der Aufnahme von Pflanzenschutzmittel-Wirkstoffen und Blattdüngern in die Pflanze sowie zur Weiterentwicklung des Präzisionspflanzenschutzes und zur Verringerung der Umweltbelastung bei. Die fluoreszenzbasierten Verfahren erschließen in der gartenbauwissenschaftlichen Forschung neuartige Möglichkeiten auch für die präzise Bestimmung der Fruchtqualität und des optimalen Erntetermins. Mit seinen Kooperationen weitet das Institut die internationale wissenschaftliche Zusammenarbeit zielgerichtet im Umfeld einer sich rasch vollziehenden globalen Vernetzung der Warenströme gärtnerischer Erzeugnisse aus.

In der Bodenkunde setzt Wulf Amelung (seit 2004) neue Schwerpunkte, vor allem zur Nachhaltigkeit landwirtschaftlicher Bodennutzung und zur Regeneration von Böden. Mit Stabilisotopenmethoden wird die Kohlenstoff- und Stickstoff-Dynamik in Böden unter dem Einfluss von Klima und Bodennutzung untersucht. Die Aufklärung des Verhaltens organischer Fremdstoffe konzentriert sich auf moderne Pflanzenschutz- und Arzneimittel. Neue Sensormethoden, die zum Teil nicht-invasiv im Feld eingesetzt werden können, ermöglichen einen nie gekannten Probendurchsatz und liefern mittels multivariater statistischer Auswertung vielfältige Informationen zu den raumzeitlichen Mustern der Kohlenstoff- oder Nährstoffdynamik im Boden beziehungsweise zur Erfassung der Bodenheterogenität im Feld. Mit Claudia Knief (seit 2012), die sich zum Ziel gesetzt hat, die Kommunikation zwischen Bodenmikroorganismen und Pflanze beispielsweise bei der Nährstoffaufnahme aufzuklären, wird das Fachgebiet durch Arbeiten auf dem Gebiet der »Mikrobiologie der Rhizosphäre« fortgeführt beziehungsweise erweitert.

Die Expertisen der Arbeitsgruppen des Bereichs Pflanzenernährung (Heiner Goldbach, 1997–2016) umfassen Ökosystemanalysen wie die abgestimmte Nutzung von Landschaft und Erhaltung von Ressourcen (Schwerpunkt Feuchtgebiete in Afrika). Hier widmet sich Mathias Becker international ausgerichteten Vorhaben, so zum Beispiel in Kooperation mit dem Bundesministerium für Bildung und Forschung (BMBF) dem Verbundvorhaben GlobE und der DFG Forschergruppe »Functions and Uses of Wetlands in Changing Savannah Environments (RCR)«. Ein weiterer Schwerpunkt ist die Stresstoleranz von Nutzpflanzen, insbesondere die Toleranz von Reis gegenüber Eisentoxizität (eines der größten Probleme im Reisanbau in Afrika und Teilen Asiens), und die Ozonbelastung; zudem Kälte- und Trockentoleranz in Nutzpflanzen (Gerste, Zuckerrübe, Raps, Sonnenblume und Modelpflanze Arabidopsis) und ihre Beeinflussung durch die Nährstoffversorgung. Veränderungen werden mittels molekularer Methoden, Stoffwechseluntersuchungen (Metabolomics) und

Sensorik erfasst (AGs Heiner Goldbach, Monika Wimmer, Michael Frei). Weitere Forschungsaktivitäten adressieren die Funktionen der Nährelemente Bor (Heiner Goldbach, Monika Wimmer) und Schwefel (Heinrich Scherer) im pflanzlichen Stoffwechsel sowie die Beziehungen zwischen Auflagerungen auf Blattoberflächen und dem Wasserhaushalt der Pflanze, Transportprozesse zwischen Blatt-/Fruchtoberfläche und Blatt-/Fruchtinnerem (AG Heiner Goldbach, Jürgen Burkhardt und Thomas Eichert). Im »INRES-Pflanzenkrankheiten und Pflanzenschutz« widmet sich die AG Heinz-Wilhelm Dehne der Entwicklung neuer Pflanzenschutzstrategien (zum Beispiel Induzierte Resistenz), der Bewertung physiologischer und morphogenetischer Wirkungen von Fungiziden auf die Nutzpflanzen, Untersuchungen zum Auftreten, zur Bedeutung und Vermeidung von Zytotoxinen (Lunarium-Toxine) in Lebens- und Futtermitteln. Weitere Schwerpunkte sind die Erfassung und Bekämpfung von invasiven Schaderregern (in Zusammenarbeit mit den amtlichen Pflanzenschutzdienststellen), die Verwendung von Sensoren für die Erfassung Identifizierung und Quantifizierung von Pflanzenkrankheiten für den praktischen Pflanzenschutz beziehungsweise die Phänotypisierung von Nutzpflanzen. Untersuchungen zu Wirt-Pathogen-Interaktionen an landwirtschaftlichen und gartenbaulichen Nutzpflanzen vervollständigen das Spektrum der Arbeitsthemen. Bei der Professur Ökophysiologie der Pflanzenernährung unter der Leitung von Gabriel Schaaf steht die Forschung im Bereich der Nährstoffaufnahme, der Assimilation oder der Verlagerung von Stoffen in Pflanzen, insbesondere in Nutzpflanzen, und Modellbasierte Forschungsansätze sowie das ausgeprägte Verständnis der Physiologie der Gesamtpflanze und der Pflanzen-Umwelt-Interaktionen im Vordergrund. Vernetzungsmöglichkeiten mit anderen Forschungsschwerpunkten (zum Beispiel Boden-Wurzel-Pflanze-Interaktionen, Reaktion von Nutzpflanzen auf Umweltstress, Biofortifikation, Ernährungsphysiologie) werden genutzt und weiter entwickelt.

Die Berufung von Frank Ewert (2008) auf die Professur für Pflanzenbau erweiterte die Fachgebiete des INRES um Aspekte der Modellierung. Die Arbeitsgruppe um Frank Ewert nutzt in verschiedenen fächerübergreifenden Projekten eine Reihe mathematischer Modellierungsansätze und Analyseverfahren, um beispielsweise die von Anbaumanagement und Umwelt (Klima, CO_2, Wasser, Nährstoffe, Ozon) beeinflussten Prozesse in Anbausystemen zu beschreiben, zu verstehen und bewusst im Sinne einer bedarfsgerechten, nachhaltigen Pflanzenproduktion zu gestalten. Besondere Aufmerksamkeit widmet die Arbeitsgruppe den Reaktionen von Anbausystemen auf unterschiedlichen Skalen und skalenübergreifenden Wechselwirkungen. Ein weiter gefasster Ansatz der integrierten Systemmodellierung *(integral systems modelling)* zielt auf besseres Verstehen komplexer Problemfelder wie Ernährungssicherung, Klimawandel und Landnutzungsänderung mit dem Ziel, die Resilienz und Anpassungsfähigkeit von Mensch- Umwelt-Systemen zu steigern und hierdurch letztlich Handlungsempfehlungen für Politikentscheider zu verbessern.

Den klassischen Fächern der Pflanzenproduktionslehre wurden im Jahr 2010 vier Neuberufungen, *Molecular Phytomedicine* (Florian Grundler), *Crop Functional Genomics* (Frank Hochholdinger), *Chemical Signalling* (Andreas Meyer) und *Crop Bioinformatics* (Heiko Schoof) mit primärem Fokus auf Genetik und Einzelpflanze zur Seite gestellt.

Florian Grundler beschäftigt sich in der Professur *Molecular Phytomedicine* mit der Biologie pflanzenparasitärer Zysten- und Wurzelgallennematoden. Die daraus gewonnen Ergebnisse werden in Kooperation mit Partnern aus Forschung und Entwicklung in neue Konzepte für den Pflanzenschutz und die Züchtung umgesetzt.

Bei der Professur *Crop Functional Genomics* unter der Leitung von Frank Hochholdinger steht die molekulargenetische Analyse der Wurzelentwicklung von Mais und die Untersuchung der molekularen Grundlagen der Heterosis im Vordergrund. Des Weiteren werden die molekularen Mechanismen studiert, mit denen Wurzelsysteme von Getreiden auf abiotischen Stress wie Kälte und Trockenheit reagieren.

Die Professur *Chemical Signalling* unter der Leitung von Andreas Meyer untersucht die physiologische Rolle thiolbasierter Redoxprozesse bei Pflanzen. Hierbei sollen die zelluläre Glutathionhomöostase und die Funktion thiolbasierter Redox-Schalter bei der Regulation von Stressreaktionen verstanden werden, um so die Grundlagen für die Züchtung von Nutzpflanzen mit verbesserter Stresstoleranz und Leistung zu erarbeiten.

Die Professur *Crop Bioinformatics* unter der Leitung von Heiko Schoof befasst sich mit der bioinformatischen Analyse von Genomen von landwirtschaftlichen Kulturen. Die Arbeitsgruppe konzentriert sich auf die Entwicklung von Methoden zur funktionellen Annotation dieser Genome.

Die neu strukturierte *Professur* Agrar- und Produktionsökologie/Organischer Landbau (Nachfolge Dieter Wittmann/Ulrich Köpke) wurde 2017 in das INRES integriert. Nach der Emeritierung der Professoren Hartmut Bick und Wilhelm Drescher 1994 hatte Dieter Wittmann (1996–2014) die Propädeutik und die Forschung in der Zoologie, Ökologie, Limnologie und Bienenkunde weitergeführt. Die wesentlichen Themen waren Naturschutz, Agrarökologie, Bestäubungsökologie, Limnologie, Funktionsmorphologie, aber auch Biodiversitätsinformatik und Bionik.

Durch Entwicklung und Integration von Naturschutzkonzepten in eine agrarwissenschaftliche Systemforschung liefern die Bonner Nutzpflanzenwissenschaften mit ihrer interdisziplinär ausgerichteten Forschung und Lehre eine zukunftsweisende Grundlage für die Fortentwicklung und Implementierung einer nachhaltigen Ressourcen- und Raumnutzung entlang der landwirtschaftlichen und gärtnerischen Wertschöpfungskette. Technikentwicklungen des *precision farming* stellen dabei Schlüsseltechnologie für dauerfähige ressourcenschonende Bodennutzungssysteme, landwirtschaftliche Betriebe und Anbauverfahren zur Verfügung, die sich vorausschauend immer mehr an ökologischen Zusammenhängen orientieren müssen und dabei geplante und assoziierte Diversität berücksichtigen und in die Konzepte und Strategien des Pflanzenbaus einbeziehen. Damit werden im INRES die Nutzpflanzenwissenschaften auf den drei Skalenebenen Einzelpflanze, Bestand und System/Landschaftsbezug repräsentiert.

Nutztierwissenschaften

Die verbindende Klammer tierwissenschaftlicher Aktivitäten an der Landwirtschaftlichen Fakultät ist die Forschung für eine nachhaltige, bedarfs- und tiergerechte Erzeugung tierischer Lebensmittel, die sich mit unterschiedlichen Schwerpunktsetzungen, bedingt durch Erkenntniszuwachs und sich verändernde gesellschaftliche Rahmenbedingungen und Anforderungen, durch viele vergangene Jahrzehnte bewegt. In Bonn entwickelten sich die Tierwissenschaften zunächst auf zwei parallelen Strängen, namentlich Tierphysiologie und Tierzucht.

Die Tierphysiologie ging im 19. Jahrhundert aus der medizinischen Physiologie hervor, was ihren Niederschlag auch darin fand, dass bis zum Ende des 19. Jahrhunderts Professoren der Medizin an der Landwirtschaftlichen Versuchsstation Poppelsdorf arbeiteten und auch Themen der Tierphysiologie unterrichteten. Mit dem Beschluss von 1894, die landwirtschaftliche Versuchsstation Poppelsdorf speziell als Tierphysiologische Versuchsanstalt weiterzuführen, war der Grundstein gelegt für die eigenständige Entwicklung der Tierphysiologie, die mit der Gründung und Etablierung des Instituts für Anatomie, Physiologie und Hygiene der Haussäugetiere ihren sichtbaren Ausdruck fand. Geprägt waren die Jahre bis 1926 von Oskar Hagemann, dessen Forschungsschwerpunkte Stoffwechselforschung (Calorimetrie), Ernährungsphysiologie, Jod- und andere Mineralstoffe waren. Die nachfolgende Konsolidierungsphase (1926–1945) unter schwierigen Bedingungen ist verbunden mit dem Namen von Wilhelm Klein, der vielfältige Forschungsschwerpunkte vor allem an Wiederkäuern verfolgte. Der Wiederaufbau und Ausbau des Instituts (1945–1971), vorangetrieben zunächst von Theodor Asher, ab 1951 dann über 20 Jahre von Ernst Schürmann, war begleitet von mehrfachen Umbenennungen des Instituts, die auch damit zusammenhingen, dass bald nach 1945 in Übereinstimmung mit dem Rektorat der Universität Pläne zur Errichtung einer Veterinärmedizinischen Fakultät an der Universität Bonn entwickelt wurden, die spätestens nach Schließung der seit 1948 dem Institut angegliederten Tierklinik im Jahr 1953 wieder fallengelassen wurden. Statt dessen gelang es Ernst Schürmann und seinen Mitstreitern jedoch, sowohl ein Isotopenlaboratorium für Forschungs- und Ausbildungszwecke als auch die Geflügelforschungsstation einzurichten, die lange erfolgreiche Jahre der systematischen Erforschung von Geflügelkrankheiten ermöglichte.

Nach der Berufung von Heiner Sommer 1972 erfolgte eine Umbenennung in Institut für Anatomie, Physiologie und Hygiene der Haustiere, gleichzeitig wurde es dabei in selbständige Abteilungen untergliedert: Hygiene, Biochemie, Veterinär- und Lebensmittelhygiene (1972), Anatomie und Physiologie (1979), und schließlich 1990 der Forschungsbereich präventive Gesundheitskontrolle, die heutige Professur Präventives Gesundheitsmanagement (Brigitte Petersen). Passend zur strukturellen Gliederung des Instituts waren die Forschungsschwerpunkte gesetzt, sie reichten von Systemen zur Gesundheitskontrolle und -vorsorge über die Erfassung unerwünschter Stoffe bereits im Vorfeld der Produktion von Lebensmitteln tierischer Herkunft bis zur Biomineralisation von Eischalen und dem Embryotransfer. Nicht unerwähnt bleiben soll, dass die Etablierung der Tierernährung (1961) und Ernährungswissenschaft (1967) zu selbständigen Lehr- und Forschungseinrichtungen aus dem Institut für Anatomie, Physiologie und Hygiene der Haustiere hervorging. In den Folgejahren wurde der Name des Instituts den veränderten Rahmenbedingungen und den damit verbundenen Anpassungen und Neuausrichtungen der Arbeitsgruppen angepasst (Institut für Physiologie, Biochemie und Hygiene der Tiere). Die verbliebenen Arbeitsgruppen fokussierten sich in der Physiologie nach der Berufung von Helga Sauerwein (1998) auf die Aufklärung der Zusammenhänge zwischen metabolischen und endokrinen Signalen vor allem bei laktierenden Nutztieren. In der Biochemie (Brigitte Schmitz) wurde die Glykolysierung von Proteinen bei Erkrankungen wie etwa dem metabolischen Syndrom und der Alzheimerdemenz sowie die Funktion neuraler Zelladhäsionsmoleküle im sich entwickelnden und adulten Nervensystem erforscht. Diese Professur war bis zum Ausscheiden von Brigitte Schmitz in Forschung und Lehre primär in den Ernährungswissenschaften verankert und wurde deshalb auch nicht im Institut für Tierwissenschaften wiederbesetzt. Die Arbeitsschwerpunkte von Brigitte Petersen (damals Präventive Gesundheitskontrolle) lagen in der Entwicklung computergestützter Informationssysteme und Prognosemodelle zur Unterstützung deskriptiver und prognostischer Epidemiologie bei der Prävention von Krankheiten bei der Erzeugung vom Tier stammender Lebensmittel, der Entwicklung und Erprobung von Konzepten und Instrumenten für einzelbetriebliche und kettenbezogene Gesundheitsvorsorge- und Qualitätsmanagementsystemen in der Fleischwirtschaft sowie der Modellierung der Verderbskinetik und des Frischeverlustes von Lebensmitteln tierischen Ursprungs zur Verbesserung des Kühlkettenmanagements.

Die Tierzucht wurde bis zum Jahre 1905 innerhalb der Königlich Preußischen Landwirtschaftlichen Akademie zu Poppelsdorf unterschiedlich vertreten und gelesen. Eine wesentliche Stärkung erfolgte durch die Gründung eines Instituts für Tierzucht und Molkereiwesen unter gleichzeitigem Erwerb und Angliederung der Versuchswirtschaft Dikopshof. Direktor beider Einrichtungen war bis 1910 Johannes Hansen, nach dessen Wechsel nach Königsberg bis 1929 August Richardsen. Beiden lag die Förderung der tierischen Erzeugung zur Sicherstellung und Verbesserung der Versorgung der Bevölkerung mit Lebensmitteln tierischer Herkunft am Herzen. Unabdingbare Voraussetzung hierfür war die systematische Einführung und Nutzung von Leistungsprüfungen, um die sich besonders Johannes Hansen verdient machte. Nach der Berufung von Georg Rothes (1929–1954) wurde der Dikopshof 1930 an den Pflanzenbau abgegeben und stattdessen die heutige Lehr- und Forschungsstation Frankenforst in Vinxel als Versuchswirtschaft übernommen. Georg Rothes war besonders der Wissenstransfer von der Wissenschaft in die Praxis ein Anliegen. Dies fand seinen sichtbaren Ausdruck darin, dass er die Hochschultagungen der Landwirtschaftlichen Fakultät ins Leben rief, die über viele Jahre im Wechsel zwischen Bonn und Münster als Tagungsort der Wissensvermittlung eine hervorragende Plattform bot. 1950 erfolgte eine Umbenennung in Institut für Tierzucht und Tierfütterung und die Einrichtung einer Professur für Kleintierzucht und -haltung, der vor allem durch Johannes Petersen zur Blüte gelangte. In den Jahren 1953/54 konnte das Institut in das neue Gebäude in der Endenicher Allee 15 einziehen, das bereits ganz maßgeblich nach den Vorstellungen des neuberufenen Heinrich Havermann (1954–1971) erbaut worden war. Für die damalige Zeit besonders hervorzuheben sind die Güte der Laboreinrichtungen, die bestens ausgestattete Institutsbibliothek und der bereits 1954 gelegte Grundstein für die Anwendung der Datenverarbeitung nicht nur in der Tierzucht, sondern als Dienstleister für weite Bereiche der Universitätsverwaltung und auch außeruniversitäre Einrichtungen wie die Landwirtschaftskammer. In der Forschung standen im Vordergrund populationsgenetische Themen, die Entwicklung moderner Melktechniken, Kreuzungen in der Fleischrinderzucht und der Einsatz von Tiefgefriersperma nordamerikanischer Spitzenbullen in der Milchrinderzucht in Nordrhein-Westfalen. Aber auch in der Schweineproduktion wurde über die Entwicklung moderner Methoden der Züchtung, Haltung und Fütterung geforscht. Diese Arbeiten wurden dann unter Franz Schmitten (1973–1995) systematisch weitergeführt und ausgebaut, so konnte 1975 eine Abteilung für Haustiergenetik eingerichtet werden, auch die Tierhaltungstechnik war ab 1980 als Abteilung im Institut sichtbar, bevor sie in das Institut für Landtechnik integriert wurde. 1982 erfolgte dann eine Umbenennung in Institut für Tierzuchtwissenschaft. Mit der Berufung von Karl Schellander als Professor für Tierzucht und Tierhaltung (1996) erfolgte eine Fokussierung der Forschung auf die Identifizierung genetischer Komponenten der Merkmalsvariation beim Schwein und beim Rind auf Populations- und molekularer Ebene.

Die Tierernährung mit Richard Müller, der zuvor in der Tierphysiologie die Belange der Ernährungsphysiologie vertreten hatte, wurde 1961 zunächst als Abteilung im Institut für Tierzucht und Tierfütterung etabliert, bevor es 1967 zur Gründung des Instituts für Tierernährung kam, dessen Leiter Müller bis zu seiner Emeritierung 1978 war. Ihm war vor allem an der Bewertung von Nahrungs- und Futterproteinen gelegen, womit er eine Klammer zwischen Tier- und Humanernährung schuf. Sein Nachfolger wurde Ernst Pfeffer (1978–2004), dessen Beiträge zur Wissenschaft der Tierernährung in grundlegenden Arbeiten der Mineralstoffernährung, insbesondere der Phosphaternährung und dem Phosphatstoffwechsel von Tieren und der Dynamik der Stickstoffumsetzung in Wiederkäuern lagen. Daraus konnten schon früh Empfehlungen zur Energie- und Nährstoffversorgung unter Beachtung ökologischer Zusammenhänge abgleitet werden, die zu einer verbesserten, gleichermaßen tier- und leistungsgerechten Fütterung der Tiere führten.

Im Jahr 2005 wurde das Institut für Tierwissenschaften aus der Zusammenlegung der ehemaligen Institute für Tierernährung, Tierzuchtwissenschaft sowie Physiologie, Biochemie und Hygiene der Tiere neu eingerichtet. Durch die Zusammenlegung entstand eine Kompetenzbündelung auf dem komplexen Gebiet der tierischen Erzeugung von Lebensmitteln, die die interdisziplinäre Konzeption problemlösungsorientierter Forschung ermöglicht und gleichzeitig die notwendige Fokussierung auf innovative Forschungsfelder in internationalem Kontext erreichen kann. Damit wird auch die hohe Qualität der Aus- und Weiterbildung durch die Bonner Tierwissenschaft – als Teil der vernetzten Systemwissenschaft Agrarwissenschaft – für die Zukunft gesichert. Die Lehr- und Forschungsstation Frankenforst ist dem Institut angegliedert und gehört zu den Außenlaboren Agrar, Geodäsie, Ernährung (AGE) der Landwirtschaftlichen Fakultät. Das Institut hat derzeit fünf Arbeitsgruppen: »Hautiergenetik«, »Physiologie und Hygiene«, »Präventives Gesundheitsmanagement«, »Tierernährung« sowie »Tierzucht und Tierhaltung«.

In der AG Haustiergenetik, die nach dem Ausscheiden von Wolfgang Trappmann als eigenständige AG von Ernst Tholen geleitet wird, werden populationsgenetische und biometrische Arbeiten unter anderem mit den Schwerpunkten Zuchtplanung bei landwirtschaftlichen Nutztieren, Integration von Markerinformationen in der Zuchtwertschätzung beim Schwein, Schätzung der Schlachtkörperqualität mittels invasiver und nicht-invasiver Methoden sowie Auswertung und Integration zeitserieller Daten aus automatischen Melksystemen in Zuchtprogrammen beim Milchvieh durchgeführt.

Der Schwerpunkt der Forschung der AG Physiologie und Hygiene (Helga Sauerwein) liegt auf physiologischen Arbeiten zu Entzündungsparametern bei

Rind und Schwein sowie den Effekten einzelner Futteradditiva auf den Gesundheitsstatus verschiedener Nutztierspezies (Schwein, Pferd und Huhn). Eine zentrale Rolle nehmen Arbeiten zum metabolischen Stress bei hochleistenden Nutztieren ein, hier insbesondere die Aufklärung der Rolle des Fettgewebes. Weiterhin werden Stoffwechselindikatoren im Rahmen der Milchleistungsprüfung erforscht.

Die Arbeitsschwerpunkte des Präventiven Gesundheitsmanagements (Brigitte Petersen) liegen kontinuierlich schwerpunktmäßig bei Themen, bei denen die gesamte Erzeugungs- und Verarbeitungskette vom Tier stammender Lebensmittel im Fokus steht: Biologische und hygienisch-medizinische Relevanz und Kontrolle antibiotikaresistenter Krankheitserreger in klinischen, landwirtschaftlichen und kommunalen Abwässern und deren Bedeutung in Rohwässern, Konzept zur Reduzierung der Arzneimitteleinträge aus der landwirtschaftlichen Tierhaltung in die Umwelt sowie Entwicklung antimikrobiell wirkender Kunststoffe für die Lebensmittel- und Haushaltswarenindustrie als wichtiger Beitrag zur Verbesserung der Lebensmittelqualität und -sicherheit.

In der Tierernährung (Karl-Heinz Südekum) werden Futtermittel und Fütterungsmaßnahmen umfassend hinsichtlich erwünschter und unerwünschter Wirkungen sowohl auf den tierischen Organismus als auch auf die Umwelt charakterisiert und bewertet. Dies wird realisiert, indem *in vitro*-Systeme zur Bewertung von Futtermitteln für landwirtschaftliche Nutztiere (Wiederkäuer, Schwein) weiterentwickelt werden und die Präzisierung der Energie- und Nährstoffversorgung durch Entwicklung von Methoden erforscht wird, die es auch erlauben, Interaktionen zwischen Nährstoffwirkungen und der genetischen »Ausstattung« der Tiere zu untersuchen und besser zu verstehen.

Die mit der Berufung von Karl Schellander als Professor für Tierzucht und Tierhaltung erfolgte Fokussierung der Forschung auf die Identifizierung genetischer Komponenten der Merkmalsvariation beim Schwein und beim Rind auf Populations- und molekularer Ebene hat folgende Schwerpunkte. Im Mittelpunkt der molekulargenetischen Analysen beim Schwein stehen die Merkmalskomplexe Krankheitsresistenz, Vitalität, Stressresistenz sowie Schlachtkörper- und Fleischqualität. Schwerpunkt der molekularen Arbeiten beim Rind ist die preimplantative Genetik und die Embryobiotechnologie. Dabei werden vor allem molekulare Studien an *in vitro* und *in vivo* produzierten Rinderembryonen durchgeführt mit dem Ziel, Markermoleküle zu charakterisieren, die indikativ für die Entwicklungskompetenz der Embryonen sind.

In der Arbeitsgruppe von Wolfgang Büscher werden seit 2002 zu folgenden Schwerpunktthemen drittmittelfinanzierte Forschungsprojekte (üblicherweise mit Promotionsabsicht der Bearbeiter) durchgeführt:

- Luftgetragene Emissionen aus Tierställen (Stäube, klimarelevante und umwelttoxische Gase),

- Energieeffizienz von Klimatechnik und Biogasanlagen,
- Konservierungsverfahren von Futter und nachwachsenden Rohstoffen,
- Elektronische Tierüberwachung und Prozesssteuerung.

Häufig haben die Projekte einen starken Anwendungsbezug und werden gemeinsam mit Industriepartnern durchgeführt. Zwei Patente und zahlreiche deutsch- und englischsprachige Publikationen dokumentieren einen hohen Innovationsgrad der Forschung mit guter Sichtbarkeit in der Fachwelt. Besonderes Ansehen hat sich die Arbeitsgruppe von Wolfgang Büscher durch die zahlreiche, systematische Untersuchungen in den Bereichen Stallklima und Emissionsminderung erworben.

Wirtschafts- und Sozialwissenschaften des Landbaus

Die Wirtschafts- und Sozialwissenschaften waren seit jeher wichtige Teilgebiete der Agrarwissenschaften. In der Poppelsdorfer Landwirtschaftlichen Hochschule und später in der Landwirtschaftlichen Fakultät der Universität Bonn wurden diese traditionell durch das 1910 gegründete Institut für Landwirtschaftliche Betriebslehre sowie von dem 1914 eingerichteten Institut für Volkswirtschaftslehre vertreten. Letzteres wurde 1937 in Institut für Agrarwesen und Agrarpolitik, 1949 in Institut für Agrarpolitik und Markforschung sowie 1971 in Institut für Agrarpolitik, Marktforschung und Wirtschaftssoziologie umbenannt, was die schrittweise Erweiterung der Lehr- und Forschungsgebiete von der Volkswirtschaftslehre auf wissenschaftliche Agrarpolitik, die Agrarmarktforschung sowie die Agrar- und Wirtschaftssoziologie dokumentiert. Das heutige Institut für Lebensmittel- und Ressourcenökonomik (ILR) entstand am 1. April 2008 durch die Zusammenlegung des Instituts für Landwirtschaftliche Betriebslehre und des Instituts für Agrarpolitik, Marktforschung und Wirtschaftssoziologie.

Bis Mitte der 1960er Jahre wurde die Landwirtschaftliche Betriebslehre an Universitäten durch eine Professur vertreten (Hugo Böker, 1949–1967). Nachfolger auf die Professur für Allgemeine Landwirtschaftliche Betriebslehre wurde Werner Skomroch (1968–1992). Im Jahre 1964 wurde in Bonn – wie auch an anderen Universitätsstandorten mit Agrarfakultäten – eine zweite betriebswirtschaftliche Professur eingerichtet (Angewandte Landwirtschaftliche Betriebslehre). Auf diesen Lehrstuhl wurde Günther Steffen berufen.

Dem Institut war ein Versuchsgut angegliedert (Gutswirtschaft Klein Altendorf); verantwortlich für dessen spezifische Belange war der akademische Oberrat Heinrich Wortmann und später Dietrich Born, der 1978 zum außerplanmäßigen Professor ernannt wurde. Mit den beiden Professuren deckte das Institut sowohl die stärker theoretisch ausgerichtete wie auch die anwendungsorientierte landwirtschaftliche Betriebslehre in Forschung und Lehre ab. In den 1960er Jahren begann die Zeit der quantitativen Methoden in der Analyse und Planung und damit die Mathematisierung der Betriebswirtschaftslehre. Beide Professuren widmeten sich der quantitativen Analyse, wobei Werner Skomroch seine Arbeiten schwerpunktmäßig auf der Linearen Programmierung (LP) aufbaute, während für Günther Steffen von Anfang an eher die methodische Vielfalt (Deckungsbeitragsrechnung und Voranschläge, diverse Simulationstechniken) charakteristisch war. Werner Skomroch blieb während der Zeit seines Wirkens bei der Linearen Programmierung als methodischem Schwerpunkt, wobei er zwei Aspekten besondere Aufmerksamkeit widmete: Der expliziten Erfassung der Unsicherheit einerseits sowie inflationsbedingten Wertänderungen und deren Berücksichtigung in der Planung andererseits. Die Professur Günther Steffen verlagerte in den späten 1970er und in den 1980er Jahren den Schwerpunkt mehr auf die Systemtheorie und Systemsimulation mit besonderer Betonung auf dynamischen Modellen.

Im Jahr 1968 erweiterte sich das Lehrangebot der Fakultät durch Einführung des Diplomstudiengangs Ernährungs- und Haushaltswissenschaft (EHW). Seitens des Instituts für Landwirtschaftliche Betriebslehre waren hierfür die betriebswirtschaftlichen Lehrinhalte zu konzipieren und zu vermitteln. Dazu wurden zwei neue Professuren geschaffen, die zu Beginn der 1970er Jahre besetzt werden konnten. Diese waren die Professur für Wirtschaftslehre des Haushalts, auf die 1973 Barbara Seel berufen wurde, sowie die Professur für Betriebslehre der Ernährungswirtschaft, die im Jahr 1973 Reimar von Alvensleben übernahm. Letzterer folgte 1977 einem Ruf auf die Professur für Marktlehre am Institut für Gartenbauökonomie der Universität Hannover. Als sein Nachfolger wurde Johannes Weindlmaier von der Universität Hohenheim berufen, der die Professur bis 1991 innehatte.

Ebenfalls zu Beginn der 1970er Jahre erfuhr das Institut eine nochmalige Erweiterung durch die Angliederung der Abteilung für Mathematik und Statistik, die mit einer Professur für Angewandte Mathematik und Statistik sowie einer Studienprofessur für Fachdidaktik ausgestattet wurde. Letztere bekleidete von 1973 bis zu seiner Pensionierung im Jahr 2005 Friedrich Koßwig. Auf die Professur für Mathematik und Statistik wurde 1975 Joachim Hartung berufen, der bis 1979 in Bonn tätig war, um dann – nach einem kurzen Zwischenstopp in Münster – eine Statistikprofessur an der Universität Dortmund zu übernehmen. Sein Nachfolger wurde Otto Richter, dessen Arbeitsschwerpunkt auf der mathematischen Modellierung von Ökosystemen lag. Daraus ergab sich eine fruchtbare Zusammenarbeit mit Günter Steffen, aus der eine Reihe von Forschungsarbeiten entstanden, welche die dynamische bioökonomische Modellierung agrarischer Produktionssysteme zum Gegenstand hatten.

Der Übergang von den 1980er in die 1990er Jahre brachte erhebliche personelle Veränderungen für das Institut mit sich. So folgte Otto Richter 1988 dem Ruf auf eine Professur für Agrarökologie mit Schwerpunkt Systemökologie und Modellierung an die Universität Braunschweig. Auf Beschluss der Fakultät wurde die nunmehr vakante Professur nicht wiederbesetzt und die Abteilung für Mathematik und Statistik am Institut aufgelöst. Im Jahr 1989 wurde Günther Steffen emeritiert; 1990 wurde Barbara Seel an die Universität Hohenheim berufen und ein Jahr später Johannes Weindlmaier an die TU München nach Weihenstephan. Mit den Neuberufungen einher gingen Neuausrichtungen und entsprechende Umbenennungen der Professuren. Die Nachfolge von Steffen trat 1990 Gerhard Schiefer an, dessen Professur – den Schwerpunkten seiner Arbeit folgend – in Unternehmensführung, Organisation und Informationsmanagement umbenannt wurde. Mit dieser Neuausrichtung wurde die Betrachtung von der landwirtschaftlichen Urproduktion auf den *Agribusiness*-Bereich ausgedehnt. Damit verbunden war die Einbeziehung von Wertschöpfungsketten in die Forschungs- und Lehraktivitäten. Die Nachfolge von Skomroch wurde als Produktions- und Umweltökonomie ausgeschrieben und 1993 von Ernst Berg übernommen. Diese Professur blieb schwerpunktmäßig auf die landwirtschaftliche Urproduktion ausgerichtet, wobei die Systembetrachtung im Vordergrund stand. Damit baute der Stelleninhaber Berg den bereits während seiner Zeit am Lehrstuhl Steffen in den 1980er Jahren verfolgten system- und entscheidungsorientierten Forschungsansatz konsequent weiter aus.

Als Nachfolger von Barbara Seel wurde 1991 Michael-Burkhard Piorkowsky berufen. Aufgrund des veränderten Arbeitsschwerpunkts wurde die Professur von Wirtschaftslehre des Haushalts in Haushalts- und Konsumökonomik umbenannt. Die 1991 vakant gewordene Professur für Betriebslehre der Ernährungswirtschaft konnte 1993 wieder besetzt werden. Sie wurde von Rainer Kühl übernommen, der sie bis 1999 innehatte. Dann folgte er einem Ruf an die Justus-Liebig-Universität Gießen; aufgrund von notwendigen Einsparungen wurde die Professur nicht wiederbesetzt. Auch die Professur für Haushalts-und Konsumökonomik war nicht von dauerhaftem Bestand: nach der Pensionierung Piorkowskys im Jahr 2013 wurde diese Stelle unter der bisherigen Denomination ebenfalls nicht wieder besetzt.

Im Jahr 2013 wurde Stefanie Bröring als Nachfolgerin von Gerhard Schiefer auf die Professur *Agribusiness Management* berufen, die entsprechend ihrem Forschungsschwerpunkt in 2014 in Technologie- und Innovationsmanagement im *Agribusiness* umbenannt wurde. Diese Weiterentwicklung trägt auch der zunehmenden Diskussion und Forschung zur Entwicklung der Bioökonomie Rechnung. Alle Professuren des ILR sind als *core groups* Partner im NRW Strategieprojekt »Bioeconomy Science Center« (BioSC) – eine Kooperation zwischen den Universitäten Düsseldorf, Aachen und Bonn sowie dem Forschungszentrum Jülich. Die Arbeitsgruppe von Stefanie Bröring trägt hier in besonderem Maße durch die Erforschung der Entstehung, Akzeptanz und Verbreitung neuer Technologien bei. Neben der Bioökonomie stehen auch Fragen des Innovationsmanagements in der Agrar- und Ernährungswirtschaft auf der Forschungsagenda.

Robert Finger folgte Ernst Berg 2014 auf die umbenannte Professur Produktionsökonomik, auf der er insbesondere das Risikoverhalten landwirtschaftlicher Betriebsinhaber vor dem Hintergrund einer agrarpolitisch bedingten größeren Preisunsicherheit und den Veränderungen der Variabilität von Erträgen durch den Klimawandel in den Fokus rückte. Seine Zeit an der Universität Bonn war nur relativ kurz, da er bereits im Frühjahr 2016 einem Ruf an die ETH Zürich folgte. Im September 2017 folgte Silke Hüttel dem Ruf auf die Professur Produktionsökonomik, die zentral für die Kooperation des ILR mit den anderen Disziplinen der Agrarwissenschaft und der Geodäsie ist.

Der volkwirtschaftlich orientierte Teil der Wirtschafts- und Sozialwissenschaften des Landbaus an der Universität Bonn nach dem Zweiten Weltkrieg wurde in besonderem Maße von Heinrich Niehaus (1946–1966, Rektor 1961/62) in der Professur für Volkswirtschaftslehre und Agrarpolitik und als Direktor des Instituts für Agrarpolitik und Marktforschung geprägt. Er entwickelte wesentliche inhaltliche, methodische und organisatorische Bausteine und Perspektiven für das sozialökonomische Lehr- und Forschungsprogramm des Instituts. So hat er schon früh das agrarpolitische Lehrprogramm durch die Mitwirkung von Kollegen erweitert: Mit der Berufung von Helmut Wollenweber (1962–1968) auf die Professur Agrargeschichte und ländliche Soziologie sowie von Otto Strecker (1969–1973) auf die Professur Landwirtschaftliche Marktforschung wurde das Institut auf drei separat vertretene Kernbereiche ausgebaut, was 1971 in die Umbenennung zum Institut für Agrarpolitik, Marktforschung und Wirtschaftssoziologie mündete. Die folgende Darstellung der personellen und inhaltlichen Entwicklung bis zum heutigen Tag strukturiert sich entlang dieser Kernbereiche.

In seiner Forschung arbeitete Heinrich Niehaus unter anderem zu den Grundlagen der wissenschaftlichen Agrarpolitik, Leitbildern der Agrarpolitik in der modernen Gesellschaft und zu den damals aktuellen agrarpolitischen Fragen der europäischen Integration. Sein Nachfolger in der Professur für Volkswirtschaftslehre und Agrarpolitik war Franz Gerl (1966–1970), der schon vorher die Kommunikation und Beratung im Lehrprogramm des Institutes vertrat. Im Jahr 1970 wurde die nun umbenannte Professur für Agrarstrukturpolitik und Agrargeschichte mit Ernst Lipinsky (1970–1993) besetzt, wodurch die agrarpolitischen Lehr- und Forschungsinhalte erweitert wurden. Insbesondere seine Forschung und Lehre zu Agrarsystemen im internationalen Vergleich sind hier hervorzuheben. Eine weitere Erweiterung des Lehrangebots des Institutes sowohl für den agrar- als auch ernährungswissenschaftlichen Studiengang war die

Einrichtung der Professur für Welternährung und ihre Besetzung mit Walter Schug (1971–2006). In den 35 Jahren seiner Tätigkeit widmete sich Walter Schug mit seiner Arbeitsgruppe den Fragen der internationalen Ernährungssicherheit und ländlichen Entwicklung aus ökonomischer Sicht. Sein Einsatz im Bereich der Armuts- und Hungerbekämpfung im Rahmen der Welthungerhilfe und für die internationale Verständigung, speziell als Vorsitzender der Deutsch-Taiwanischen Gesellschaft für Sozialökonomie, wurde 2006 durch die Verleihung der Bundesverdienstkreuzes am Bande durch den Bundespräsidenten geehrt. Die Professur fiel Einsparungen unter dem Qualitätspakt zum Opfer und wurde nach 2006 nicht mehr besetzt.

Der Volkswirt und Agrarökonom Wilhelm Henrichsmeyer (1971–2001) folgte Franz Gerl auf die Professur für Volkswirtschaftslehre, Agrarpolitik und landwirtschaftliches Informationswesen. Unter anderem geprägt vom Nobelpreisträger Wassily Leontief in seinem Jahr als *research fellow* an der Harvard University, verschrieb sich Henrichsmeyer der quantitativen Wirtschaftsforschung. Auf Basis des Anfang der 1970er Jahre gemeinsam mit der Universität Göttingen eingeworbenen DFG-Schwerpunktprogramms »Konkurrenzvergleich landwirtschaftlicher Standorte« entwickelte er mit seinen Mitarbeitern computergestützte Modelle der deutschen und europäischen Landwirtschaft zur Politikfolgenabschätzung. Konsequente Umsetzung einer Datengrundlage basierend auf der volkswirtschaftlichen Gesamtrechnung sowie die Nutzung der Modelle im kontinuierlichen Dialog mit politischen Entscheidungsträgern machten ihn zu einem Pionier der quantitativen, modellgestützten Politikberatung auf nationaler und europäischer Ebene. Henrichsmeyers Bezug zur aktuellen Agrarpolitik wird auch durch seine langjährige Mitgliedschaft im wissenschaftlichen Beirat des für Landwirtschaft zuständigen Bundesministeriums deutlich (1970–2000). Seine Lehrbücher zur Volkswirtschaftslehre (gemeinsam mit Oskar Gans und Ingo Evers) und Agrarpolitik (gemeinsam mit Heinz-Peter Witzke) hatten einen nicht unerheblichen Einfluss auf eine ganze Generation deutscher Agrarökonomen und darüber hinaus.

Henrichsmeyer beschäftigte sich in den späteren Jahren seiner Tätigkeit auch mit der Erforschung von Agrar-Umweltbeziehungen und initiierte entsprechend der zunehmenden gesellschaftlichen Bedeutung dieses Bereichs die Umwidmung der vakanten Stelle Agrarstrukturpolitik und Agrargeschichte auf eine Professur für Ressourcen- und Umweltökonomik. Erster Professurinhaber war Helmut Karl (1993–1997) der sich in seiner Bonner Zeit insbesondere mit institutionellen Fragen der Regional- und Umweltpolitik auseinandersetzte, bevor er auf eine Professur an der Universität Jena berufen wurde. Seine Nachfolgerin wurde die Volkswirtin Karin Holm-Müller (seit 1999; seit 2015 Prorektorin). Karin Holm-Müller beschäftigt sich in der Forschung insbesondere mit institutionenökonomischen Ansätzen zur Analyse umweltpolitischer Instrumente.

Dabei geht es ihr inhaltlich nicht nur um die Wechselbeziehung zwischen Landwirtschaft und Umwelt, sondern im größeren Kontext um das Zusammenwirken von Agrar-, Umwelt- und Energiepolitik. Ein besonderes Augenmerk ihrer Forschung gilt der Biodiversität und Ökonomie genetischer Ressourcen. Zwischen 2008 und 2015 war sie Mitglied im Sachverständigenrat für Umweltfragen, seit 2012 als stellvertretende Vorsitzende.

Thomas Heckelei (seit 2003) wurde als Nachfolger von Henrichsmeyer auf die umbenannte Professur Wirtschafts- und Agrarpolitik berufen und setzt mit seiner Arbeitsgruppe die Tradition der dialogorientierten, modellgestützten Politikberatung fort. Den agrarpolitischen Entwicklungen entsprechend fokussiert sich die quantitative Politikanalyse zunehmend auf internationalen Handel und Agrar-Umwelt-Beziehungen einschließlich der Berücksichtigung des Klimawandels. Interaktionen zwischen biophysikalischer und ökonomischer Sphäre stehen im Mittelpunkt zahlreicher interdisziplinärer Projekte. Neben der angewandten Forschung wurde ein Zweig grundlagenorientierter Forschung aufgebaut, der sich bis heute der Methodenentwicklung zur verbesserten empirischen Spezifikation komplexer Simulationsmodelle widmet. In den letzten Jahren wendet sich die AG Heckelei neuen Ansätzen der Modellierung dynamischer Interaktion und begrenzt-rationalen Verhaltens in landwirtschaftlichen Märkten und sozial-ökologischen Systemen zu. Diese Entwicklung soll längerfristig zu eine vertieften ökonomischen Verständnis von Politikwirkungen führen.

Die landwirtschaftliche Marktforschung war neben der Agrarpolitik der zweite Kernbereich der von Heinrich Niehaus geprägten Struktur des Instituts für Agrarpolitik, Marktforschung und Wirtschaftssoziologie. Nicht zufällig wurde die gleichnamige Professur 1969 mit Otto Strecker (1969–1973) besetzt, zuvor Doktorand und Habilitand bei Heinrich Niehaus und Direktor des Instituts für landwirtschaftliche Marktforschung an der Bundesforschungsanstalt in Braunschweig. Otto Strecker war ein Pionier des Agrarmarketing und entwickelte dazu in seiner kurzen Zeit in Bonn die wissenschaftlichen Grundlagen. Seine Karriere setzte er als Manager und Berater im *Agribusiness* fort. Rudolf-Ernst Wolffram (1973–2001) wurde als Nachfolger auf die leicht umbenannte Professur für Landwirtschaftliche Marktlehre berufen. Er trug in seiner fast 30 Jahre währenden Tätigkeit an der Universität Bonn in vielfältiger Weise in Lehre und Forschung zum Verständnis von Agrarmärkten bei. Wolffram widmete sich vornehmlich den Bestimmungsgründen der Nachfrage nach Nahrungsmitteln und dem Absatz von Agrarprodukten sowie – als Kritiker der EU-Agrarpolitik – den Auswirkungen markt- und preispolitischer Maßnahmen auf die nationalen und internationalen Agrarmärkte. Interessant vor dem aktuellen Hintergrund regionaler Absatzstrategien der Ernährungswirtschaft und der Entwicklung der Bioökonomie ist Wolfframs frühe Beschäftigung mit regionalen

Vermarktungskonzepten für Agrarprodukte und seine Forschung im Bereich nachwachsender industrieller Rohstoffe.

Mit der Berufung von Monika Hartmann (seit 2002) als Wolfframs Nachfolgerin wurde die Denomination der Professur auf Marktforschung der Agrar- und Ernährungswirtschaft geändert. Dies trug der zunehmenden Betrachtung ganzer Wertschöpfungsketten in der marktbezogenen, ökonomischen Forschung und Lehre in den Agrar- und Ernährungswissenschaften Rechnung. Dementsprechend umfassen die Forschungsaktivitäten der Arbeitsgruppe qualitative und quantitative Analysen zu den Märkten und Akteuren des Agrar- und Ernährungssektors auf nationaler und internationaler Ebene. Umfang, Determinanten sowie Auswirkungen ökologisch, sozial und ökonomisch (un-)verantwortungsvollen Handelns stehen im Zentrum. Die Förderung des nachhaltigen Konsums durch (staatliche) Anreize und die Kommunikation dieser Nachhaltigkeit an Konsumenten, oder allgemeiner *Stakeholder*, bilden dabei einen Schwerpunkt der Analysen. Gleichzeitig ist auch die Wettbewerbsfähigkeit der Ernährungswirtschaft ein international beachteter Gegenstand der Forschung der Professur. Mit dem zunehmenden Einsatz experimenteller Wirtschaftsforschung im Grenzbereich zur Psychologie entwickeln sich so – neben den Inhalten – auch die Methoden der Marktforschung an der Fakultät kontinuierlich weiter.

Der dritte Kernbereich des volkswirtschaftlich orientierten Institutes vor der Zusammenlegung mit der Betriebswirtschaft war die Wirtschaftssoziologie. Nach Ausscheiden des schon erwähnten und noch der Professur Heinrich Niehaus zugeordneten Wollenwebers folgte 1969 die Einrichtung einer eigenständigen Professur Wirtschaftssoziologie. Die konzeptionelle Ausrichtung war bis dahin mit seiner organisatorischen und intradisziplinären Verknüpfung von Agrar- und Entwicklungssoziologie mit Haushalts- und Konsumsoziologie ohne Beispiel in Deutschland. Dabei wurde das Lehrprogramm zunächst ausschließlich und auch weiterhin schwerpunktmäßig eingebunden in die Studiengänge Agrarwissenschaften und Ernährungs- und Haushaltswissenschaften. Später erfolgte die Mitwirkung im Aufbaustudiengang Agrarwissenschaften und Ressourcenmanagement in den Tropen und Subtropen. Zum ersten Professurinhaber wurde Herbert Kötter (1969–1982) berufen, der als Professor das Institut für Agrarsoziologie der Universität Gießen geleitet hatte und dort auch Universitätsrektor war. Seine Forschungsarbeiten zur Theorie der integrierten ländlichen Entwicklung mit den vielfältigen empirischen Forschungsbezügen in Entwicklungsländern führten ihn von Beginn an in führende Positionen der wissenschaftlichen Beiräte für Agrarpolitik und Entwicklungszusammenarbeit. Kurt-Heinz Junghans (Professor für International vergleichende Agrarpolitik und Agrarsoziologie, 1973–1987) hat als erfahrener Entwicklungsforscher über viele Jahre der Professur angehört. Wilhelm Wehland (1974–1979) erlangte nach der Promotion unter Franz Gerl seine Habilitation als Mitarbeiter der Professur Kötter und hatte danach bis zur Übernahme des Chefredakteursposten bei »top agrar« die Professur für Kommunikation und Beratung inne.

Thomas Kutsch (1989–2008), Institutsleiter und später Direktor der Bundesforschungsanstalt für Ernährung in Karlsruhe, übernahm die vakante Professur 1989. Entsprechend seiner *Vita* wurde die stärkere Profilierung im Bereich der sich neu etablierenden Ernährungs- und Konsumsoziologie Programm. Thomas Kutsch trieb ohne die weitverbreitete sozialkritische Prägung mit zumeist empirischen Arbeiten die wissenschaftlichen Auseinandersetzungen mit Konzepten zur Konsumgesellschaft voran. Die Professur behielt aber insgesamt die thematische Orientierung entlang der Wertschöpfungskette von der sozialen Lage der Landwirte bis zum Konsum in unterschiedlichen sozialen Milieus und Haushaltsstrukturen. Neben der Forschungs- und Lehrtätigkeit war Kutsch über Jahre hinweg nicht nur Vorsitzender der Wissenschaftlichen Arbeitsgemeinschaft Ernährungsverhalten e.V., sondern auch Sprecher der Sektion Land- und Agrarsoziologie in der Deutschen Gesellschaft für Soziologie in Zeiten des Umbruchs. Die deutschlandweite Entwicklung wegfallender und umgewidmeter Professuren der Agrarsoziologie ereilte auch die Bonner Fakultät, wo der 2006 im Zuge der Institutszusammenlegung neu geschaffene Bereich Ökonomik und Soziologie von Haushalt und Konsum mit den Professuren Piorkowsky und Kutsch einer neuen inhaltlichen Profilierung der Fakultät im Rahmen der Zielvereinbarung zwischen Fakultät und Universität im Herbst 2007 zum Opfer fiel. So verbleiben heute im Institut für Lebensmittel- und Ressourcenökonomik insgesamt fünf Professuren.

Ernährungs- und Lebensmittelwissenschaften

Lebensmittelchemie und -wissenschaften

Die Geschichte der Lebensmittelchemie an der Universität Bonn beginnt bereits im Jahre 1905. Karl Kippenberger (1868–1937) leitete seit dieser Zeit eine neue Abteilung Nahrungsmittelchemie am Chemischen Institut der Philosophischen Fakultät. Er wurde 1924 ordentlicher Professor und vertrat ab 1927 auch die Technische Chemie. Im Jahre 1935 wurde er emeritiert und die Stelle nicht wieder besetzt. Auf Basis der »Vorschriften, betreffend die Prüfung der Nahrungsmittelchemiker, Bundesratsbeschluß vom 22. Februar 1894«[2] erfolgte in Kooperation mit der Universität Bonn (Lehrveranstaltungen in Chemie und

2 Vgl. Baier, Eduard (Hg.): Bujard-Baiers Hilfsbuch für Nahrungsmittelchemiker: zum Gebrauch im Laboratorium für die Arbeiten der Nahrungsmittelkontrolle gerichtlichen Chemie und anderen Zweige der öffentlichen Chemie. 4. Aufl. Berlin/Heidelberg 1920.

Botanik) die Ausbildung zum Nahrungsmittelchemiker. Dieser Erlass erhob den »Nahrungsmittelchemiker« damit zum ältesten staatlich geregelten und anerkannten Chemikerberuf in Deutschland. Der frühere Leiter des Bonner Chemischen Untersuchungsamtes, Wilhelm Pelz, hat als Honorarprofessor der Mathematisch-Naturwissenschaftlichen Fakultät das Fach Lebensmittelchemie an der Universität zusammen mit Karl-Werner Glombitza (Pharmazeutische Biologie) in den 1970er Jahren etabliert. Es wurden drei bis fünf Absolventen pro Jahr ausgebildet, wobei unter anderem der damalige Referatsleiter für Lebensmittelchemie und -recht im Bundeslandwirtschaftsministerium, Werner Gabel, als Vorsitzender des Prüfungsausschusses fungierte. Den Staatsexamens-Studiengang »Lebensmittelchemie«, angesiedelt an der Landwirtschaftlichen Fakultät, gibt es erst seit 1978.

Der Ausbau der Lebensmittelwissenschaften in Bonn begann mit der Berufung von Konrad Pfeilsticker 1970 auf die neu eingerichtete Professur für Lebensmittelwissenschaft. Im Jahre 1983 erfolgte die Umbenennung in Professur für Lebensmittelwissenschaften und Lebensmittelchemie. Der Schwerpunkt seiner Forschung lag auf den Abbaureaktionen der Ascorbinsäure, den Folgen einer Lebensmittelbehandlung mit ionisierenden Strahlen und der Unterscheidung von Lebensmitteln aus konventionellem und alternativem Anbau. Die im internationalen Raum übliche Fachdefinition *food science* wurde von Konrad Pfeilsticker akzentuiert für sich vertreten. Er war wesentlich am Aufbau der beiden Studiengänge Oecotrophologie und Lebensmittelchemie an der Universität Bonn beteiligt. Mit der Berufung von Hans Büning-Pfaue 1981 auf die Professur für Lebensmittelchemie wurde der Bereich der Lebensmittelwissenschaften weiter personell verstärkt. Seine Forschungsschwerpunkte lagen auf der Analyse und dem Verhalten von Rückständen in Lebensmitteln und Böden, auf Untersuchungen zum bioaktiven Potential von Gemüse-Glukosinolaten sowie auf der Methoden-Entwicklung im Bereich der Nahinfrarotspektrometrie (NIRS) und deren Einsatz in der Produkt- und Prozesskontrolle. Im Jahre 1992 erfolgte dann die Gründung des Instituts für Lebensmittelwissenschaft und Lebensmittelchemie, in das die zuvor eigenständigen Professuren für Lebensmittelchemie und für Lebensmittelwissenschaft eingegliedert wurden.

Als Nachfolger für den 1995 verstorbenen Konrad Pfeilsticker wurde Rudolf Galensa (1995–2013) berufen. Schwerpunkte seiner Forschungsarbeiten waren die Entwicklung von GC-, HPLC- und CE-Analysenverfahren zur Bestimmung von Lebensmittelinhalts- und Zusatzstoffen (Qualitätssicherung, Verfälschungskontrolle, Rückverfolgbarkeit), die technologische Bewertung von pflanzlichen Lebensmittelinhaltsstoffen und die Bewertung beziehungsweise Einführung von *functional food*. Nach dem Ausscheiden von Büning-Pfaue wurde dessen Professur mit der neuen Denomination Bioanalytik (Lebensmittelchemie) ausgeschrieben und mit Matthias Wüst (seit 2009) besetzt. Mit seinen

Forschungsschwerpunkten zur Methodenentwicklung für die Analytik terpenoider Verbindungen in Lebensmitteln sowie die Untersuchung der Biosynthese pflanzlicher Aromastoffe ergänzte er auf ideale Weise die Arbeiten von Galensa. Die erfolgreichen Arbeiten im analytischen Bereich trugen und tragen bis heute entscheidend zur internationalen Sichtbarkeit der Bonner Lebensmittelwissenschaft und Lebensmittelchemie bei.

Bis 2004 war die Professur für Landwirtschaftliche und Lebensmittel-Mikrobiologie am Institut für Pflanzenkrankheiten angesiedelt. Nach Emeritierung von Bernd Stille wurde die Professur mit der Bezeichnung Lebensmittel-Mikrobiologie und -Hygiene den Lebensmittelwissenschaften zugeschlagen und mit Johannes Krämer (1978-2009) besetzt. Er beschäftigte sich schwerpunktmäßig mit der Entwicklung spezifischer Anreicherungsverfahren für humanpathogene Mikroorganismen aus Lebensmittelmatrizes, mit der Definition von Richt- und Warnwerten zur Einstufung der mikrobiologischen Qualität von Lebensmitteln, mit der Entwicklung beziehungsweise Anwendung von molekularbiologischen und gentechnischen Verfahren für die Anwendung im Lebensmittelbereich.

Nachfolger wurde André Lipski (seit 2009); in seinen Forschungsarbeiten befasst sich Lipski mit Fragen zu Kälteanpassungsmechanismen bakterieller Zellmembranen (Stichwort Biofilme auf Oberflächen) und Antibiotikaresistenzen von Bakterienisolaten aus Lebensmitteln.

Mit der Berufung von Benno Kunz (1989–2011) zum Professor für Lebensmitteltechnologie und -biotechnologie und der Gründung des Instituts für Lebensmitteltechnologie 1991 wurde eine fachliche Lücke in den Lebensmittelwissenschaften geschlossen. Die Arbeitsschwerpunkte von Kunz waren die Entwicklung biotechnologischer Verfahren in der Lebensmittelproduktion, die Entwicklung technologischer Strategien beziehungsweise Konzepte zur optimalen Nutzung agrarischer Rohstoffe (*upgrading*) sowie die Entwicklung beziehungsweise Charakterisierung von neuartigen Prozessen mit lebensmitteltechnologischer Anwendung (Bio-Hybridreaktoren, Membrantrennprozesse). Im Jahre 2011 erfolgte die Neubesetzung der Professur mit Andreas Schieber. In Teilen setzt Schieber die Arbeiten von Kunz fort (Entwicklung von Verfahren zur Verwertung von Nebenprodukten der Lebensmittelherstellung); mit Arbeiten zum Einsatz der gewonnenen Wertstoffe als biofunktionelle und technofunktionelle Inhaltsstoffe trägt er entscheidend zur Etablierung dieses wissenschaftlichen Ansatzes in der Praxis bei. Neben weltweit anerkannten Arbeiten zur Analytik von Polyphenolen in Lebensmitteln und biologischen Proben beschäftigt er sich erfolgreich mit Fragen der Qualitäts- und Authentizitätskontrolle von Lebensmitteln und mit der Herstellung von funktionellen Lebensmitteln und Nahrungsergänzungsmitteln.

Haushaltstechnik

Mit seiner Ernennung zum Wissenschaftlichen Rat und Professor im Jahre 1972 übernahm Manfred Schätzke die Leitung des von Wolfgang Brinkmann am Institut für Landtechnik aufgebauten Lehr- und Forschungsbereichs Haushaltstechnik im Rahmen des neu geschaffenen Studiengangs der Haushalts- und Ernährungswissenschaften. Sein besonderes Verdienst beim Aufbau der Abteilung Haushaltstechnik zu Beginn der 1970er Jahre und die Vielzahl von Veröffentlichungen, Promotionen und Gutachten auf dem Spezialgebiet der Techniken der Nahrungszubereitung wirken bis in die Gegenwart hinein. Die nationale, europäische und internationale Normung von Haushaltsgeräten war Manfred Schätzke ein besonderes Anliegen. Seine Forschungsarbeiten begannen auf dem Gebiet des automatisierten Kühlens und Regenerierens von Speisen und konzentrierten sich dann auf die Optimierung von Gargeräten und die Erarbeitung von Prüfverfahren für Haushaltsgeräte.

In der Arbeitsgruppe von Rainer Stamminger werden seit 2002 insbesondere Forschungen entlang der Lebensmittelkette vom Supermarkt über die Einlagerung im Haushalt, die Vor- und Zubereitung der Speisen und auch das anschließende Reinigen des Geschirrs durchgeführt. Ziel ist dabei zum einen, die Kühlkette zu optimieren, um eine optimale Nährwerterhaltung zu gewährleisten, zum anderen aber auch die benötigten Ressourcen für die Lagerung, Zubereitung und Aufbereitung so gering wie möglich zu halten. Diese Arbeiten umfassen insbesondere auch das Studium und die Optimierung des Verbraucherverhaltens im Umgang mit den Geräten und Techniken im privaten und gewerblichen Haushalt.

Weitere Forschungsschwerpunkte sind insbesondere die Reinigung von harten (Geschirr) und weichen (Wäsche) Gegenständen in Haushalt und Gewerbe, vernetzte und autonome Hausgeräte, und allgemein die Nachhaltigkeit der Hausarbeit. Darüber hinaus wird die aktuelle Politik der Energieeffizienz und des *Ecodesigns* in einigen Produktgruppen intensiv unterstützt.

Ernährungswissenschaften

Ohne Frage ist »Ernährung« ein interdisziplinärer Gegenstand, der von verschiedenen Disziplinen aus den Naturwissenschaften, der Medizin, den Agrarwissenschaften und der Sozioökonomie bearbeitet wird. Beginnend mit den Arbeiten von Justus von Liebig in Gießen entwickelte sich in der Kooperation dieser Fachgebiete die »Ernährungswissenschaft«, an einigen universitären Standorten noch ergänzt durch die »Haushaltswissenschaft«. An mehreren Universitäten in Deutschland wurde dieser neue Lehr- und Forschungsbereich geschaffen und entweder in Agrarwissenschaftliche oder seltener in Naturwissenschaftliche Fakultäten eingegliedert. In der Bonner Landwirtschaftlichen Fakultät wurde die Ernährungswissenschaft 1968 durch die Berufung von Dieter Hötzel auf die neu eingerichtete Professur für Ernährungswissenschaft etabliert. Als Direktor des gleichnamigen Instituts leistete er Aufbauarbeit für den neu eingeführten Studiengang Ernährungs- und Haushaltswissenschaft (Oecotrophologie). Schwerpunkte seiner Lehrtätigkeit lagen in den Fächern »Ernährung des Menschen« und »Angewandte Ernährungswissenschaft und Diätetik«. Die Forschungsinteressen von Dieter Hötzel erstreckten sich auf den Versorgungszustand der Bevölkerung mit B-Vitaminen, Mineralstoffen und Jod. Seine gesundheitspolitischen Anliegen richteten sich auf die Vorbeugung und die Beseitigung von Jodmangel-Krankheiten und Schilddrüsenfunktionsstörungen sowie auf die Prophylaxe der Osteoporose. Nach der Emeritierung Hötzels wurde Peter Stehle (seit 1994) auf die Professur für Ernährungsphysiologie berufen. Unter seiner Leitung erfolgte eine Neuorientierung der Ernährungsforschung. Der Schwerpunkt der Forschungsarbeiten in der Humanernährung liegt heute in der Durchführung von kontrollierten Interventionsstudien zum Studium der Bioverfügbarkeit, der Metabolisierung und der Funktionalität von Nährstoffen (sekundäre Pflanzenstoffe, Aminosäuren, Lipide) und einzelnen Lebensmitteln bei gesunden Probanden. In Kooperation mit der Medizin werden Studien zum Nährstoffbedarf im Krankheitszustand durchgeführt. Hinzu kommen Querschnittserhebungen zum Ernährungsverhalten von Älteren und Heranwachsenden sowie die Erarbeitung von diätetischen Konzepten.

Mit der Berufung von Klaus Pietrzik 1982 auf die Professur für Pathophysiologie der Ernährung des Menschen am Institut für Ernährungswissenschaft wurde das Fachgebiet an der Landwirtschaftlichen Fakultät personell verstärkt. Der Schwerpunkt seiner Forschung lag auf der Bedeutung von Homozystein und den in diesem Zusammenhang wichtigen B-Vitaminen, insbesondere Folsäure, in der Entwicklung präventiver Vitamin-abhängiger Strategien zur Verhinderung ernährungsassoziierter Erkrankungen, wie beispielsweise Herz-Kreislauf-Erkrankungen, Demenz oder angeborener Fehlbildungen. Nach der Pensionierung von Pietrzik wurde die Professur Pathophysiologie der Ernährung in Ernährungsepidemiologie umgewidmet; damit ist dieses Fach bislang nur in Bonn an einem universitären Institut vertreten. Verbunden war die Einrichtung der Professur mit der Leitungsfunktion der Dortmunder Langzeitstudie DONALD (Dortmund Nutritional und Anthropometric Longitudinally Designed Study). Diese Kohortenstudie erfasst das Ernährungsverhalten von Kindern von der Geburt bis zum 18. Lebensjahr und korreliert dieses mit dem Gesundheitszustand und ausgewählten Biomarkern. DONALD ist die einzige Studie ihrer Art in Europa. Mit Ute Nöthlings (seit 2012) wurde eine international ausgewiesene Ernährungsepidemiologin mit weitreichenden Erfahrungen in der Methodenentwicklung zur Ernährungserhebung in epidemiologischen Studien sowie zur

Untersuchung von Ernährung und Lebensstil als Risikofaktoren chronischer Erkrankungen berufen. In Ergänzung der klassischen Fachgebiete wurde 2012 die Professur für *Human Metabolomics* mit Jan Frank besetzt. Ziel war eine Erweiterung der am Institut vorhandenen biochemischen beziehungsweise analytischen Kompetenz durch molekularbiologische Methoden. Bereits 2013 nahm Frank jedoch einen Ruf an die Universität Hohenheim an. Seither ist diese Stelle vakant.

Ab Mitte der 1990er Jahre begann in der internationalen Lebensmittel- und Ernährungsforschung eine grundlegende Neuausrichtung. Angetrieben durch methodische Fortschritte (beispielsweise Einsatz stabiler Isotope) konzentrierte sich das wissenschaftliche Interesse der Grundlagenforschung auf ernährungsphysiologische, biochemische und zellbiologische Aspekte (*Proteomics*, *Metabolomics*). Im Bereich der angewandten Forschung wurde intensiver die Rolle der Ernährung in der Prävention (Gesundhaltung, Gesundheitsförderung) und der Diätetik (Ernährungstherapie) bearbeitet. Daraus ergaben sich wegweisende Erkenntnisse für die Primärproduktion und die Veredlung von ernährungsphysiologisch hochwertigen Lebensmitteln beziehungsweise Diätetika (*functional food* beziehungsweise *medical food* für bestimmte Bevölkerungsgruppen) unter Verwendung von nachhaltigen Produktionsverfahren (zum Beispiel Grüne Gentechnik). Damit verbunden waren wissenschaftliche Arbeiten im Bereich des *risk assessment* (lebensmittelchemische, toxikologische und mikrobiologische beziehungsweise hygienische Untersuchungen) und der Lebensmitteltechnologie.

Institutionelle Weiterentwicklung in den Ernährungs- und Lebensmittelwissenschaften

Die oben beschriebene Entwicklung in der Forschung hatte zwangsläufig zur Folge, dass die Fachgebiete Humanernährung, Lebensmittelchemie, -technologie und -mikrobiologie sehr viel näher zusammen rücken mussten. Konsequenterweise bündelte die Landwirtschaftliche Fakultät mit Wirkung vom 1. Dezember 2004 die Kompetenz der bereits vorhandenen Professuren aus dem Bereich Ernährung beziehungsweise Lebensmittel im neuen Institut für Ernährungs- und Lebensmittelwissenschaften (IEL) in die drei Fachgebiete Humanernährung, Lebensmittelchemie und Lebensmitteltechnologie und -mikrobiologie. Damit verbunden war eine schrittweise Umbenennung der Professuren; in der weiteren strukturellen Entwicklung wurden die zwischenzeitlich gebildeten Fachgebiete wieder aufgelöst. Heute beheimatet das IEL sieben Fachgebiete: Bioanalytik, Ernährungsepidemiologie, Ernährungsphysiologie (vormals Ernährungswissenschaft), Lebensmittelchemie, Lebensmittelmikrobiologie und -hygiene, Lebensmittelverfahrenstechnik, Molekulare Lebensmitteltechnologie (vormals Lebensmitteltechnologie und -biotechnologie).

Im bundesweiten Vergleich besteht damit an der Landwirtschaftlichen Fakultät der Universität Bonn erstmals die Möglichkeit, eine moderne, interdisziplinäre und innovative Lebensmittel- und Ernährungsforschung im Rahmen eines Netzwerkes durchzuführen. Das IEL erfüllt in seiner Struktur die Forderung nach einer organisatorischen und forschungsorientierten Einheit zur Durchführung einer qualifizierten Ernährungsforschung von Lebensmitteln (Chemie, Technologie, Mikrobiologie) über die Ernährungsphysiologie bis hin zur Erarbeitung von Ernährungskonzepten für gesunde beziehungsweise kranke Menschen (Diätetik, Ernährungsepidemiologie). Ziel der interdisziplinären Forschung am IEL ist seit der 2012 erfolgten Neustrukturierung die Entwicklung und Etablierung von Ernährungskonzepten, die dazu beitragen, die Leistungsfähigkeit des Menschen zu erhalten und das Risiko für chronische Erkrankungen zu verringern. Faktoren wie Geschlecht, Alter, Genetik, *Lifestyle* und Umwelt werden in diesem Kontext betrachtet und bewertet. Dazu ist es notwendig, die funktionellen Eigenschaften von Lebensmittelinhaltsstoffen auf zell- und molekularbiologischer Ebene zu erforschen. Die gewonnenen Erkenntnisse dienen als Grundlage für die technologische Umsetzung bei der Herstellung von »funktionellen« Lebensmitteln.

Vermessungswesen/Geodäsie

Das akademische Studium und die wissenschaftliche Forschung im Bereich Geodäsie an der Universität Bonn haben ihre Ursprünge in den kulturtechnischen Kursen, die im Jahr 1876 durch Friedrich Wilhelm Dünkelberg an der damaligen Landwirtschaftlichen Akademie zu Poppelsdorf für die preußischen Feldmesser eingeführt wurden. Mit der Einrichtung der ersten Professur für Geodäsie und ihrer Besetzung durch August Vogler im Jahr 1880 begann der systematische Auf- und Ausbau der Bonner Geodäsie und Geoinformation bis zum heutigen Stand als moderne Ingenieurwissenschaft. Bis zum Ende des Zweiten Weltkrieges wurde der zwischenzeitlich etablierte geodätische Studiengang durch zwei Professuren für Geodäsie und zwei weitere Professuren für Baukunde und Melioration seit 1884 und für Mathematik seit 1891 getragen sowie von vier Lehrbeauftragten aus der Landeskultur- und Katasterverwaltung unterstützt.

Der dynamische Ausbau der Bonner Geodäsie begann freilich erst nach dem Zweiten Weltkrieg und reicht bis in die Mitte der 1970er Jahre. Den Ausgangspunkt bildete das bereits 1925 eingerichtete Institut für Geodäsie, das bis 1958 unter der Leitung von Gustav Schütz stand, der die Gründung und die Weiterentwicklung des Instituts für Bau- und Kulturtechnik unter der Leitung von Martin Schirmer und ab 1954 von Edmund Gassner maßgeblich betrieb. Es folgten das Institut für Photogrammetrie unter der Leitung von Alfred Möhle und 1955 nach der Berufung von Helmut Wolf das Institut für Theoretische Geodäsie, das erstmals den ausgeprägten mathematischen Zweig der Geodäsie in Bonn entwickelte. Schließlich kam 1965, nach der Berufung von Aloys Heupel, das Institut für Kartographie und Topographie hinzu, das die Reihe der Institutsgründungen abschloss und eine Reihe planmäßiger Erweiterungen der Lehr- und Forschungsbereiche innerhalb der Institute nach sich zog. Zu nennen sind zunächst die Ergänzungen des Instituts für Geodäsie um die Abteilungen für elektronische Messtechnik und für Ingenieurgeodäsie. Die Weiterentwicklung elektrooptischer Entfernungsmesser höchster Präzision sowie die Kalibrierung von Messinstrumenten standen hier im Fokus der Forschung. Angesichts der herausragenden Bedeutung von Städtebau und Regionalplanung in dem stark urbanisierten Bundesland Nordrhein-Westfalen wurde zugleich das Institut für Bau- und Kulturtechnik zu einem Institut für Städtebau, Bodenordnung und Kulturtechnik mit drei entsprechenden Professuren ausgebaut. Im Institut für Theoretische Geodäsie wurden mit der Ausgleichungsrechnung und Statistik, der astronomischen und physikalischen Geodäsie sowie der Landesvermessung drei Lehr- und Forschungsbereiche durch planmäßige Professuren eingerichtet.

In Jahr 1970 konnte mit der Satellitengeodäsie durch die Inbetriebnahme der Satellitenstation Todenfeld eine neue wissenschaftliche Disziplin in Bonn etabliert werden. Schließlich begann mit der Beteiligung an dem nur 7 km entfernten Radioteleskop Effelsberg auch die Forschung zu geodynamischen Fragestellungen. Seither werden die dort stattfindenden *Very-Long-Baseline-Interferometry-Messungen* (VLBI) zentral am Bonner geodätischen Institut prozessiert.

Durch diese Entwicklung hat sich das Spektrum der in der Lehre und Forschung vertretenen Gebiete zu dem spezifischen Bonner Profil der Geodäsie ausgeweitet. Dabei spielte die Kulturtechnik, ursprünglich Anlass und Ausgangspunkt der geodätischen Ausbildung in Bonn, bereits Mitte der 1970er angesichts veränderter gesellschaftspolitischer Anforderungen, Aufgaben in der Praxis und Fragestellungen in der Forschung lediglich noch eine untergeordnete Rolle.

Im Jahr 1976 stellte die Bonner Geodäsie mit fünf Instituten und einem eigenen mathematischen Seminar sowie insgesamt 13 planmäßigen Professuren den größten geodätischen Hochschulstandort in Deutschland dar. Auch die Anzahl der Studierenden erreichte mit über 150 Anfängern in den Folgejahren einen vorläufigen Höchststand.

Im Rahmen der Institutsneugliederung der Landwirtschaftlichen Fakultät wurden die fünf eigenständigen Institute des geodätischen Bereichs zum neuen

Institut für Geodäsie und Geoinformation zusammengefasst und die personelle Ausstattung der bestehenden Lehr- und Forschungsgebiete auf sechs planmäßige Professuren konzentriert. Bei diesem tiefgreifenden Umbau wurden zugleich die Chancen der stärkeren interdisziplinären Vernetzung und Schärfung des Profils unter Beibehaltung der Qualität in der Ausbildung genutzt. Das Institut für Geodäsie und Geoinformation umfasst derzeit folgende Professuren: Geodäsie; Städtebau und Bodenordnung; Geoinformation; Photogrammetrie; Astronomische, physikalische und mathematische Geodäsie; Theoretische Geodäsie.

Zur Vernetzung mit den Agrarwissenschaften wurden darüber hinaus mehrere Juniorprofessuren unter anderem für die Gebiete Landnutzungsmodellierung und ökologische Dienstleistungen, Raumzeitliche Muster sowie Fernerkundung eingerichtet. Insgesamt hat der einschneidende strukturelle Umbau neben einer inhaltlichen Fokussierung auch eine Vielzahl von Synergien und neuen Forschungsinitiativen gebracht. Zu den aktuellen Zukunftsaufgaben der traditionsreichen wissenschaftlichen Disziplin der Geodäsie stehen in Bonn die Vermessung, die Abbildung und die Gestaltung der Erde in globalen, regionalen und lokalen Maßstäben im Mittelpunkt. Das Spektrum der wissenschaftlichen Fragestellungen reicht vom Verständnis des komplexen Systems Erde als gekoppeltes Mensch-Umwelt-System über die digitale Erfassung und Visualisierung der natürlichen und gebauten Umwelt bis zum nachhaltigen Landmanagement.

Die allgemein erforderlichen mathematischen Grundlagen der Ingenieurmathematik, der Darstellenden Geometrie und der Differentialgeometrie für den geodätischen Studiengang wurden jeweils vom Mathematischen Seminar der Fakultät eingebracht. Zu erinnern ist hierbei für die jüngere Vergangenheit an Hilmar Wendt für die Jahre 1948 bis 1981 mit seinem Forschungsschwerpunkt in der theoretischen Strömungsmechanik sowie an Hans-Peter Helfrich für die Jahre 1997 bis 2007 mit seinem Forschungsschwerpunkt in der Methodik zur Flächenapproximation (Sonderforschungsbereich 350 der DFG 1991–2001). Seitdem wird für den geodätischen Studiengang ein spezielles Lehrangebot der Mathematisch-Naturwissenschaftlichen Fakultät wahrgenommen; entsprechendes gilt bereits seit Jahrzehnten für die Physik.

Geodäsie

Nach dem Zweiten Weltkrieg stand unter der Ägide von Gustav Schütz (1942–1958) und danach von Walter Hofmann (1958–1977) insbesondere die Entwicklung mechanischer Instrumente für die geodätische Winkel-, Strecken- und Höhenmessung im Vordergrund. Bereits 1965 konnte Hans Zetsche (1969–1978), der die zwischenzeitlich neu geschaffene Abteilung für elektronische Messtechnik leitete, den Prototyp eines ersten registrierenden Theodolits mit lichtelektrischer Abtastung vorstellen. In der Folgezeit entwickelte Hans Zetsche mit seinen Mitarbeitern die ersten Digitalnivelliere und beschäftigte sich auch mit Weiterentwicklungen von elektro-optischen Entfernungsmessern. Anfang der 1970er Jahre brach am Geodätischen Institut die Ära der Satellitengeodäsie und insbesondere der Radiointerferometrie auf langen Basislinien (VLBI) an. Ausgehend von ersten Initiativen in den USA haben die seinerzeit als Assistenten am Institut beschäftigten James Campbell, Günter Seeber und Bertold Witte Interesse für die VLBI entwickelt und erste diesbezügliche Arbeiten veröffentlicht. Mit der Berufung von Hermann Seeger (1978–1988) zum Professurinhaber wurden weitere Weichen zum Ausbau der VLBI-Aktivitäten gestellt. In der Folgezeit war das Institut maßgeblich am bereits 1970 an der TU München etablierten DFG-Sonderforschungsbereich 78 »Satellitengeodäsie« und der damit verbundenen Errichtung des 20 m-Radioteleskops auf der Geodätischen Fundamentalstation Wettzell im Bayerischen Wald beteiligt. Für die Prozessierung der Daten wurde außerdem ein Abkommen mit dem Max-Planck-Institut für Radioastronomie in Bonn über die Beteiligung und Nutzung des Mark-3-Korrelators in Bonn geschlossen. Zeitlich befristet wurde das Geodätische Institut durch zwei weitere Professuren ergänzt, die von 1982 bis 2004 James Campbell und von 1974 bis 2002 Ludger Hallermann innehatten. Ludger Hallermann leitete die Abteilung Ingenieurgeodäsie, während James Campbell in dieser Zeit die VLBI-Forschungsgruppe zu einem weltweit anerkannten VLBI-Zentrum ausbaute. Auch die Nutzung des GPS als geodätisches Messverfahren stand in dieser Zeit im Fokus des Interesses. In der Zeit von 1991 bis 1999 war James Campbell mit seinen Mitarbeitern mit Arbeiten zur GPS-Höhenbestimmung am Bonner SFB 350 »Wechselwirkungen kontinentaler Stoffsysteme und ihre Modellierung« beteiligt. Von 1989 bis 2002 leitete Berthold Witte das Institut und beschäftigte sich hauptsächlich mit der Problematik der Abweichungen geodätischer Instrumente und mit der terrestrischen Refraktion. Seit 2003 ist Heiner Kuhlmann Inhaber der Professur für Geodäsie. Neben den Deformationsanalysen hat sich die Objekterfassung durch mobile Messplattformen, unter anderem seit 2011 im Rahmen der DFG-Forschergruppe »Mapping on Demand«, als Schwerpunkt der Professur etabliert. Es werden Hardware und Methoden entwickelt, die zur autonomen Bestimmung der äußeren Orientierung von Oktokoptern für bildgebende Systeme dienen. Ein weiteres DFG-Projekt zum *Precision Farming* konzipiert kinematische Steuerungsprozesse für die Rübensaat. Im Kompetenznetzwerk »CROP.SENSe.net« wird Nahbereichslaserscanning zur Phänotypisierung von Nutzpflanzen eingesetzt. Dadurch konnte geodätische Expertise für die agrarwissenschaftliche Forschung genutzt und die Kooperation mit den Agrarwissenschaften der Fakultät intensiviert und innovative Forschungsbereiche für die Professur erschlossen werden. Neue Forschungsfelder liegen in der flächenhaften Abtastung von Objekten mit Laserscannern und Tiefenkameras sowie deren Modellierung. Bei diesen Sensoren und bei GNSS-Empfangsantennen stellt die Kalibrierung aus geodätischer Sicht eine anspruchsvolle wissenschaftliche Herausforderung dar. 2003 wurde die VLBI-Forschung, in der die Professur weltweit kooperiert, durch Axel Nothnagel weiter intensiviert. Insbesondere die Korrelation weltweiter Beobachtungsreihen sowie der Aufbau der Twin-Radioteleskope am Geodätischen Observatorium Wettzell des Bundesamtes für Kartographie und Geodäsie und der TU München gaben der Wissenschaft in diesem Bereich neue Impulse und boten Möglichkeiten für mehrere DFG-geförderte Forschungsvorhaben. Auf dem Gebiet der globalen Referenzsysteme ist die Professur seit Anfang 2012 mit Axel Nothnagel als Sprecher der DFG-Forschergruppe »Space-Time Reference Systems for Monitoring Global Change and for Precise Navigation in Space« aktiv.

Entwicklung des Lehr- und Forschungsbereiches Städtebau und Bodenordnung

Die boden-, wohnungs- und städtebaupolitischen Herausforderungen und zugleich auch die agrar-, ernährungs- und umweltpolitischen Probleme der weltweiten Urbanisierungsprozesse haben die Entwicklung der beiden Disziplinen Städtebau und Bodenordnung einschließlich der Institutsentwicklung seit den 1950er Jahren bis heute maßgeblich geprägt.

Im Jahr 1950 erhielt Edmund Gassner (1954–1976) den Ruf auf die Professur für Städtebau und Siedlungswesen im Institut für Bau- und Kulturtechnik. Mit der ihm eigenen Zielstrebigkeit gelang es Gassner, durch weithin beachtete Forschungsarbeiten auf zahlreichen Gebieten der städtebaulichen Planung sowie seinen ingenieurtechnischen und wirtschaftlichen Grundlagen die »Bonner Schule des Städtebaus« zu begründen, die rasch über die Grenzen Bonns hinaus auch international bekannt wurde. In der Phase des Wiederaufbaus und des Stadtwachstums hat er sich zur Bewältigung des Wohnungsmangels mit technischen und ökonomischen Infrastrukturfragen und der Methode der städtebaulichen Kalkulation befasst. Die entwickelten Standards haben den weiteren Planungsdiskurs in Deutschland bis heute erheblich beeinflusst und ebenso das Recht und die Praxis der Erschließung geprägt. Weitere Forschungsvorhaben haben sich der Fortentwicklung von Planungs- und Entscheidungsmethoden im Städtebau gewidmet. So wurden EDV-gestützte Planungsdatenbanken und Ansätze für Strukturanalysen, Netzplantechniken und Kosten-Nutzen-Analysen auf dem Gebiet der Entscheidungstheorie konzipiert und praxisreif entwickelt. Damit konnten erstmals Teile städtebaulicher Planungs- und Entwicklungsprozesse mathematisch modelliert werden. Den Wandel in den Forschungsschwerpunkten des Instituts spiegelt sich seit 1964 in der Bezeichnung »Institut für Städtebau, Siedlungswesen und Kulturtechnik« wider.

Mit der Berufung von Berthold Baitsch 1963 wurde die Kulturtechnik wieder durch eine eigene Professur vertreten. Im Fokus der Forschung standen die Probleme der Wasserwirtschaft in ländlichen und städtischen Räumen im Konflikt zwischen den unterschiedlichen Ansprüchen von Landwirtschaft, Naturschutz, Trinkwasserversorgung und Siedlungswesen. Es wurden EDV-gestützte wasserwirtschaftliche Simulationsmodelle entwickelt sowie ingenieurwissenschaftliche Standards beim Gewässerausbau unter Beachtung baubiologischer und ökologischer Anforderungen konzipiert und modellhaft erprobt.

Sein Nachfolger Helmut Eggers (1980–2005) initiierte 1994 den vom DAAD mit Stipendien unterstützten ersten internationalen Masterstudiengang »Agriculture in the Tropics and Subtropic« (ARTS) in Deutschland. Bis heute weist der sehr erfolgreich mit jährlich circa 20 Studierenden aus Entwicklungsländern durchgeführte Studiengang Vorbildcharakter auf.

Eine wesentliche neue Schwerpunktsetzung in der Forschung erfolgte im Jahre 1975, als erstmals an einer deutschen Universität eine Professur für Bodenordnung und Bodenwirtschaft im nunmehr umbenannten Institut für Städtebau, Bodenordnung und Kulturtechnik eingerichtet und mit Walter Seele besetzt wurde. Diese Entwicklung trug den drängenden bodenpolitischen Herausforderungen angesichts der rasanten Urbanisierungstrends im Land NRW Rechnung. Es ist das Verdienst von Seele, durch grundlegende theoretische und methodische Arbeiten auf den Gebieten der Bodenpolitik, Bodenordnung und Immobilienbewertung einen wesentlichen Beitrag zur Lösung der Bodenfrage geleistet zu haben. Seine Vorschläge zum Planungswertausgleich in Zusammenhang mit städtebaulichen Maßnahmen sowie zur Methode des deduktiven Preisvergleichs prägten den nationalen und internationalen wissenschaftlichen Diskurs sowie die Fortentwicklung des Bodenrechts.

Sein Nachfolger Erich Weiß (1990–2004) widmete sich vor allem der Bedeutung und Sicherung des Bodeneigentums als Grundlage für die freie Entfaltung der Persönlichkeit des Menschen. Im Fokus standen die ländliche Bodenordnung sowie nach der deutschen Wiedervereinigung die Herausforderungen der Eigentumstransformationsprozesse im nationalen und internationalen Kontext. In zahlreichen Projekten untersuchte er auf breiter empirischer Basis die Handhabung von bodenpolitischen Instrumenten hinsichtlich Recht- und Verfassungsmäßigkeit.

Nach der Emeritierung von Edmund Gassner übernahm Klaus Borchard 1974 die Professur für Städtebau und Siedlungswesen. Mit seinen methodisch und empirisch ausgerichteten Forschungsarbeiten zu städtebaulichen Orientierungswerten, zu Flächenbedarfen und Kostenkennwerten für die Siedlungs- und Infrastrukturentwicklung lieferte er ein wichtiges Grundlagenwerk für die wissenschaftliche Disziplin Städtebau. Die Auseinandersetzung mit den Wechselwirkungen von Gesellschaft und Stadtentwicklung stand bei DFG-Projekten zur städtebaulichen Leitbildtheorie, zum Einfluss des Planungsrechts auf die Struktur und Gestalt der deutschen Stadt sowie zur EDV-gestützten Simulation von Stadtgestalt im Fokus. Bereits in den 1980er Jahren betrieb Klaus Borchard die Einrichtung eines Arbeitskreises bei der Akademie für Raumforschung und Landesplanung Hannover (ARL) zum Problem der anhaltenden Flächeninanspruchnahme, dem bis heute unbewältigtem zentralen Nachhaltigkeitsdefizit im Städtebau.

Im Jahr 2003 wurde Theo Kötter auf die Professur für Städtebau und kommunale Infrastruktur berufen, die nach dem Ausscheiden von Erich Weiß in Städtebau und Bodenordnung umbenannt wurde und seither beide Lehr- und Forschungsgebiete integriert. Einen Fokus bildet die Nachhaltigkeitsforschung für die Fläche, in dem mehrere Projekte im Rahmen des FONA-Programms des BMBF angesiedelt sind, und die sich mit Modellen und Strategien zur intelligenten Flächennutzung, mit Steuerungsansätzen zur flächensparenden Siedlungs- und Verkehrsflächenentwicklung, zur städtebaulichen Innenentwicklung und zur Brachflächenrevitalisierung sowie zur effizienten Flächennutzung in ländlichen Räumen befassen. Ein weiterer Schwerpunkt liegt auf der Anpassung der Siedlungs- und Infrastrukturen in Zeiten des demografischen Wandels. In diesem Kontext befasst sich ein koordiniertes, mit EU-Mitteln gefördertes Forschungsvorhaben mit der Entwicklung von WebGIS-Methoden und *Tools* zur Entscheidungsunterstützung in der Stadtentwicklung. Aktuelle Projekte der Ressortforschung des Bundes und Modellvorhaben des Landes NRW an der Professur widmen sich dem Dorfumbau und der Sicherung der Daseinsvorsorge. Die Anpassung der Städte an den Klimawandel sowie der Umgang mit Unsicherheiten in der Stadtentwicklung stellen weitere neue Forschungsfelder des Experimentellen Wohnungs- und Städtebaus des Bundes (ExWoSt) dar, die an der Professur bearbeitet werden. Dazu gehören auch Projekte zur Entwicklung innovativer Adaptions- und Mitigationsstrategien für den Klimaschutz sowie die Entwicklung einer Methodik zur Erfassung von Resilienzeigenschaften einer Stadt.

Geoinformation und Kartografie

Das Institut für Kartographie und Geoinformation war das jüngste unter den bis 2006 selbständigen Instituten. Es wurde 1965 nach vielfältigen Bemühungen aus der Landwirtschaftlichen Fakultät und aus dem Bereich des Vermessungswesens zunächst als Institut für Kartographie und Topographie unter der Leitung seines ersten Direktors Aloys Heupel gegründet.

In der Forschung spielten zunächst Fragen der Druck- und der Reproduktionstechniken, später auch der Herstellung und Nutzung von Farbe in Karten eine wesentliche Rolle. Die Tatsache, dass Aloys Heupel zu denjenigen Kartographen gehörte, die als erste die Bedeutung der Datenverarbeitung für die Erstellung und Fortführung von Karten erkannten, ist aus heutiger Sicht sicher als visionär zu werten. Dies führte 1969 zur Gründung der Arbeitsgruppe »Automation in der Kartographie«, einer Einrichtung, der Aloys Heupel bis zum Jahre 1982 vorsaß. Ausgangspunkt war das Bemühen des damaligen Instituts für Angewandte Geodäsie (IFAG) und heutigen Bundesamtes für Kartographie und Geoinformation (BKG), mit finanzieller Unterstützung der Deutschen Forschungsgemeinschaft ein System zur automationsgestützten Kartographie zu beschaffen. Nachfolger von Aloys Heupel wurde Dieter Morgenstern, der das Institut bis zu seiner Emeritierung im Jahre 2004 leitete. Dessen Forschungsaktivitäten konzentrierten sich zunächst auf den Bereich der kartographischen Reproduktionstechnik. Durch die Zusammenarbeit mit namhaften Firmen erwarb er sich hohes Ansehen, so dass ihm die Leitung des Forschungsinstituts für das graphische Gewerbe angeboten wurde. Die Leitung der Arbeitsgruppe »Automation in der Kartographie«, die ihm 1988 angetragen wurde, markierte den Einstieg in die Welt der digitalen Kartographie, wo er wegweisende Beiträge für die Entwicklung von Verfahren zur Automatisierung des Problems der kartographischen Generalisierung leistete. Früh erkannte Morgenstern die Bedeutung der neu aufkommenden Geoinformationssysteme für Kartographie und Geodäsie. Er leitete den Arbeitskreises GIS bei der Deutschen Geodätischen Kommission und die Arbeitsgruppe GIS der Senatskommission für Geowissenschaftliche Gemeinschaftsforschung der DFG. Nach jahrelangen Bemühungen der Bonner Geodäsie und der Landwirtschaftlichen Fakultät gelang noch vor der Jahrtausendwende die Einrichtung einer Professur für Geoinformation. Das Institut wurde nach der Berufung von Lutz Plümer in Institut für Kartographie und Geoinformation umbenannt. Bonn war damit der erste Geodäsie-Standort in Deutschland, der die Geoinformation als eigenes Fach etablierte.

Die neue Professur entwickelte durch zahlreiche DFG-Verbundprojekte enge Verknüpfungen zur Kartographie und zur Photogrammmetrie. Zu nennen sind ein trilaterales Verbundprojekt mit israelischen und palästinensischen Partnern zur »GIS-gestützten Verkehrsplanung in Israel und Palästina«, »Sicherung der Integrität von Daten in Geoinformationssystemen«, »Schriftplatzierung in Karten« zusammen mit der Kartographie, »Semantische Modellierung« und die »Rekonstruktion von Gebäuden aus Bildern und 3D LIDAR-Daten« zusammen mit der Photogrammmetrie. Die Professur koordinierte ein großes BMBF-Verbundprojekt mit sieben Partneruniversitäten, in dem es um die Erschließung des Potentials multimedialer Technologien für das neue Fach Geoinformation ging. Die enge Vernetzung mit Partnern aus der Geodäsie wurde um Kooperationen mit Fächern der Agrarwissenschaften erweitert, die im Laufe der Jahre an Umfang und Intensität deutlich zunahmen.

Die Entwicklung neuer Forschungsschwerpunkte begann mit dem DFG-

Graduiertenkolleg 722 zum »Einsatz von Informationstechniken zur Präzisierung des Pflanzenschutzes« und fand seine Fortsetzung in dem BMBF-Verbund »CROP.SENSe.net«, einem innovativen, interdisziplinären Netzwerk, welches den Einsatz moderner Sensorik zur Phänotypisierung in Zusammenarbeit mit vielen Partnern aus Forschung und Privatwirtschaft weiterentwickelt. Die Geoinformation hat in diesem Netzwerk auf Basis von Methoden des Maschinellen Lernens, namentlich *Support*-Vektor-Maschinen, automatische Verfahren entwickelt, mit denen es gelingt, aus den Signalen hyperspektraler Sensoren Stress in Pflanzen zu identifizieren. Diese Verfahren können im Rahmen des Bestandsmanagements dazu beitragen, den Einsatz von Pflanzenschutzmitteln zu reduzieren und im Rahmen der Züchtung stressresistente, ertragsreiche Sorten zu identifizieren. In Zusammenhang mit den Nutztierwissenschaften entwickelt die Professur für Geoinformation Methoden und Verfahren, um *well-being* bei Milchkühen zu objektivieren und zu quantifizieren.

Photogrammetrie und Fernerkundung

Mit der Berufung von Günther Kupfer im Jahre 1971 konzentrierte sich die Forschung auf dem Gebiet der analytischen Photogrammetrie. Insbesondere wurden die Methoden der Aerotriangulation und der Blockbündelausgleichungen weiterentwickelt und für den praktischen Einsatz optimiert. Ihren derzeitigen wissenschaftlichen Stand verdankt die Photogrammetrie in Bonn vor allem Wolfgang Förstner, der die Professur in über 20jähriger Tätigkeit mit viel Geschick lenkte und sich besonders bei der Zusammenführung der Photogrammetrie auf der einen Seite und dem Bereich *Computer Vision* auf der anderen Seite einen Namen gemacht hat.

Nach Förstners Emeritierung wurde die Professur für Photogrammetrie im Jahr 2014 von Cyrill Stachniss übernommen. Bei der Entwicklung der aktuellen Forschungsfelder spielt vor allem die Forschergruppe »Mapping on Demand« seit 2011 eine wichtige Rolle, deren Initiator und Sprecher Wolfgang Förstner war. Die Forschergruppe entwickelt neue Techniken, um räumlich beschränkte 3D-Karten in Echtzeit auf Basis einer Nutzeranfrage autonom mittels leichter Flugplattformen zu erfassen. Kern der zu entwickelnden Methoden ist die Bereitstellung von Modellen komplexer raum-zeitlicher Muster und deren Semantik, die explizite Behandlung der Unsicherheit von Daten und Modellen sowie die vollständige Autonomie der Plattform. Somit stellt der Robotikhintergrund von Cyrill Stachniss, der auch die Rolle als Sprecher von »Mapping on Demand« übernommen hat, eine Bereicherung der Forschergruppe sowie des Instituts für Geodäsie und Geoinformation dar. Der Fokus der Professur für Photogrammetrie ist und bleibt die Wahrnehmung und die Interpretation der Messdaten von mobilen Sensorplattformen. Neben der geometrischen 3D-Modellierung der Umgebung spielt auch die semantische Interpretation eine wichtige Rolle. Hier sind zwei weitere große, durch die Europäische Kommission geförderte Forschungsvorhaben zentral. Einerseits geht es um die hochgenaue 3D-Rekonstruktion vor archäologisch relevanten, aber schwer zugänglichen Orten wie beispielsweise den Katakomben unter Rom und Neapel. Andererseits sind Anwendungen im Bereich *Precision Farming*, speziell die Klassifikation von Pflanzen und die gemeinsame Kartierung durch Luft- und Bodenvehikel, von Bedeutung. Neben reinen Fragestellungen zur Perzeption wird auch die Autonomie von Robotern und anderen Sensorplattformen die Forschung der Professur für Photogrammetrie mitbestimmen. Dies ist relevant in allen Bereichen der autonomen Navigation, beispielsweise im Kontext von »Mapping on Demand« bei der Exploration teilweise bekannter Umgebungen durch leichte Kopter, aber genauso für die Navigation von mobilen Plattformen in Innenstadtumgebungen und auch im industriellen Umfeld.

Astronomische, Physikalische und Mathematische Geodäsie

Die Erdmessung als Forschungsthema der Geodäsie und Bestandteil der Ausbildung der Vermessungsingenieure wurde an der Universität Bonn mit der Gründung des Instituts für Theoretische Geodäsie (ITG) im Jahre 1955 durch Helmut Wolf etabliert. Wolf hatte bereits 1950 am von der US-Armee im Bamberg geschaffenen Institut für Erdmessung die bislang länderweise ausgewerteten Triangulationen Westeuropas einer Gesamtauswertung unterzogen und damit ein europäisches Dreiecksnetz geschaffen. Ebenso gelang ihm eine erste Berechnung eines Geoidmodells (Modell der Äquipotentialflächen des Erdschwerefeldes, oder »Normal-Null« Fläche) über große Teile Mitteleuropas.

Das ITG entwickelte sich bald zu einem Vorbild für ähnliche Gründungen an anderen Universitäten. In den 1970er Jahren setzte es sich, neben Helmut Wolfs Professur für Theoretische Geodäsie, aus den Abteilungen für Erdmessung (Karl-Rudolf Koch) und Gravimetrie und Erdgezeiten (Manfred Bonatz) zusammen. Wegweisende Forschungsarbeiten zu dieser Zeit wurden zur Nutzung der frühen (optischen) Satellitenbeobachtungen für die Etablierung von weltumspannenden Bezugssystemen wie auch für die Bestimmung des Erdschwerefeldes durchgeführt. Charakteristisch und wichtig auch für die Lehre war, dass der gesamte Prozess von der Messung bis zur Modellierung gemeinsam mit dem Geodätischen Institut und dem Institut für Photogrammetrie vorgenommen werden konnte. Weitere Themen dieser Zeit waren die Entwicklung der Theorie geodätischer Randwertaufgaben sowie die Entwicklung der dynamischen Satellitengeodäsie. Auf die frühen 1970er Jahre gehen so auch erste am ITG publizierte Erdschwerefeldmodelle zurück. Darüber hinaus wurden, unter Leitung von Manfred Bonatz, auch die Entwicklung von Messinstrumenten zur Erfassung der Erdschwere und ihrer Veränderungen (Gravimeter), die Erforschung der Erdgezeiten sowie die Entwicklung von Auswertemethoden vorangetrieben.

Im Jahre 1980 wurde am Institut für Theoretische Geodäsie erstmals eine Professur für Astronomische, Physikalische und Mathematische Geodäsie eingerichtet und mit Siegfried Heitz besetzt. Mit ihm begann sich die Integration von (geo-)physikalischer und geodätischer Modellbildung zu einem originären Forschungsthema zu entwickeln. In Zusammenarbeit mit Manfred Bonatz wurden beispielsweise die Dynamik und insbesondere die Gezeiten elastischer Erdkörpermodelle zum Untersuchungsgegenstand. Siegfried Heitz beschäftigte sich ebenfalls sehr früh mit der Integration von physikalischen Theorien im Grenzbereich der damaligen geodätischen Messgenauigkeit, wie beispielsweise den allgemein-relativistischen Modellen für Signalausbreitung und Bewegung von Satelliten sowie den Modellen der Quantenmechanik als Grundlage geodätischer Sensoren. Aus heutiger Sicht haben sich diese frühen Arbeiten als visionär erwiesen. Unter der Leitung seines Nachfolgers Karl Heinz Ilk konzentrierten sich die Forschungsarbeiten ab 1995 stark auf die Auswertung der Messdaten von dedizierten NASA- und ESA Schwerefeld-Satellitenmissionen sowie auf die Entwicklung der dazu notwendigen effizienten mathematischen Methoden. Als das große Ziel rückte die Bestimmung der räumlichen und zeitlichen Variationen des Erdschwerefeldes in den Vordergrund. So war es der Arbeitsgruppe im Jahr 2007 möglich, mit Hilfe von Daten des Satellitenpaars GRACE ein globales Erdschwerefeldmodell zu berechnen, das wegen seiner Genauigkeit von der NASA übernommen wurde und zur Basis des internationalen Standardmodells wurde. Karl Heinz Ilk gelang es 2006, zur Interpretation dieser Daten ein interdisziplinäres DFG-Schwerpunktprogramm »Massentransporte und Massenverteilungen im System Erde« in Deutschland einzurichten.

Nach der Emeritierung Ilks wurde im Jahr 2009 Jürgen Kusche auf die Professur berufen. Unter seiner Leitung wurde das Spektrum von Forschungsarbeiten des Bereiches weiter ausgebaut. Einen Schwerpunkt der gegenwärtigen Aktivitäten stellt die Untersuchung von globalen und regionalen Meeresspiegelvariationen mit Hilfe von Schwerefeld-, radaraltimetrischen Daten und den in der Arbeitsgruppe entwickelten integrativen Verfahren dar. Ziel ist die Verbesserung des Verständnisses der Ursachen von Meeresspiegelanstieg und -variabilität, um letztlich Vorhersagen verbessern zu können. Auch bei der Integration von satellitengeodätischen Messungen mit numerischen Modellen des terrestrischen Wasserkreislaufs konnte in den vergangenen Jahren Neuland begangen werden; so konzentrieren sich Arbeiten hier auf die Erforschung von Wasserspeicherveränderungen und Wechselwirkungen zwischen Atmosphäre, Landoberfläche und Ozean, wobei unter anderem die Entwicklung von Datenassimilationsmethoden und systematischen Verfahren zur Korrektur von Klimamodellen eine Rolle spielen. Schließlich wurden an der Arbeitsgruppe erstmals erfolgreich Messungen zu Mondsonden ausgewertet, wobei auch hier die Erforschung dynamischer Prozesse im Erde-Mondsystem im Vordergrund steht.

Theoretische Geodäsie

An der Universität Bonn wurde im Jahre 1955 ein eigenes Institut für Theoretische Geodäsie geschaffen. Zunächst wurden die Fachgebiete Erdmessung, Landesvermessung und Ausgleichungsrechnung in Lehre und Forschung betrieben und die rechnerisch-analytische Auswertung der Ergebnisse von Vermessungsoperationen zum Gegenstand gemacht. 1980 konnte durch die Schaffung einer zweiten Professur eine Entflechtung dieser Fachgebiete stattfinden. Gründungsdirektor Helmut Wolf hat 1950 die bislang nur länderweise ausgewerteten Triangulationen Westeuropas einer Gesamtausgleichung unterzogen und damit ein europäisches Dreiecksnetz geschaffen. Die von Helmut Wolf am Institut für Theoretische Geodäsie begründete führende Rolle auf dem Gebiet der Ausgleichungsrechnung und der angewandten Statistik wurde ab 1980 von Karl-Rudolf Koch erfolgreich fortgeführt. Als Nachfolger von Karl-Rudolf Koch wurde Wolf-Dieter Schuh im Jahre 2000 berufen. Neue Entwicklungen der Messtechnik, wie der Übergang von Einzelmessungen auf zunehmend automatisierte, komplexe Messprozesse mit unterschiedlichsten Messsensoren, forderten neue Zugänge zur Analyse der Signalreihen. Besonderes Augenmerk wurde der Modellierung der Korrelationen und deren zeitlicher Variation in umfangreichen Messserien gewidmet. Konzepte zur Beschreibung der Signalreihen über stochastische Prozesse wurden aufgegriffen und weiterentwickelt. Der Übergang zwischen unterschiedlichen Darstellungsformen im Zeit- und Frequenzbereich wurde hergestellt und somit eine Brücke zwischen Kollokationsverfahren und diskreten zeitinvarianten Filtern aufbaut. Diese Verfahren wurden erfolgreich bei der Auswertung der Messungen der Satellitenmission GOCE eingesetzt und eine operationelle *Software* im Auftrag der ESA entwickelt, um globale Schwerefeldmodelle mit 80.000 Parametern unter Nutzung von 100 Millionen Messungen konsistent zu berechnen.

Die systematische Erarbeitung von nummerischen Verfahren und deren Implementierung auf Hochleistungsrechnern oder massiv parallelen Rechenclustern sind somit von je her Kernaufgaben der Professur für Theoretischen Geodäsie, die mit der mathematisch-statistischen Modellierung Hand in Hand gehen. Aktuelle Forschungsprojekte befassen sich mit robusten und alternativen Schätzverfahren, dem Umgang mit zeit- und ortsvariablen Korrelationen und der Integration von unterschiedlichen Messsensoren in Prozessmodelle, die sowohl eine Weiterentwicklung der Methodik als auch in der Numerik und Rechentechnik erfordern.

Landtechnik

Trotz der Ausrichtung in die unterschiedlichen Fachgebiete Systemtechnik in der Pflanzenproduktion (Peter Schulze Lammers), Verfahrenstechnik der Tierischen Erzeugung (Wolfgang Büscher) und Haushalts- und Verfahrenstechnik (Rainer Stamminger), verbindet die drei Professuren eine weitreichende Gemeinsamkeit in der Herangehensweise an die Themen ihres spezifischen Forschungsansatzes durch Nutzung derselben Grundlagen (physikalische Technik, mechanische und thermische Verfahrenstechnik, computerbasierte Messtechnik, statistische Versuchsanalyse et cetera) und gemeinsamer Mess- und Prüfplätze (Materialprüfstand, Datenlogger, Klimakammern, Versuchswerkstatt et cetera). Darüber hinaus gibt es gemeinsame Forschungsfelder, wie beispielsweise die Entwicklung und Anwendung elektronischer Geruchssensoren (elektronische Nasen) zur objektiven Bestimmung von Geruchsbelastungen, die Untersuchung und Optimierung der Arbeitsplätze in der Landwirtschaft und dem Haushalt in Richtung ihrer ergonomischen Gestaltung oder die Vernetzung der Geräte in Haushalt und Landwirtschaft durch *low-cost* Komponenten, bei denen die gleichen Forschungsgegenstände auf verschiedenen Anwendungsgebieten untersucht werden. Weitere gemeinsame Forschungsansätze liegen auf dem Gebiet der Nutzung nachhaltiger Ressourcen (Energie, Wasser) durch Einsatz vergleichbarer Verfahrenstechniken.

Die Förderung des wissenschaftlichen Nachwuchses erfolgt auf der Basis von Abschlussarbeiten und in der Regel durch Drittmittel-finanzierte Promotionsprojekte. Der im Jahre 1996 gegründete »Verein zur Förderung der Landtechnik Bonn und Haushaltstechnik Bonn« bezuschusst komplementär Tagungsreisen und Fortbildungsmaßnahmen der Doktoranden. Hierdurch konnten sich die Qualifikation der Doktoranden und die Außendarstellung des Instituts verbessern. Auch die internationale Wahrnehmung konnte gesteigert werden. Gleichzeitig entstand durch die Vereinsaktivitäten ein lebendiges Netzwerk, das zum Zusammenhalt der Ehemaligen und derzeit aktiven Institutsmitglieder wertvolle Dienste leistet.

Struktur und Ressourcen des Instituts

Das Institut für Landtechnik setzt sich seit 1980 aus drei Professuren zusammen, die bis heute verschiedene Bezeichnungen tragen. Seit dem Jahre 2002 wird die Institutsleitung von den Professoren nach dem »Rotationsprinzip« durchgeführt, wobei auch der Institutsvorstand für jeweils 2 Jahre aus den verschiedenen Statusgruppen gewählt wird. Um Untersuchungen im Praxismaßstab durchführen zu können, stehen keine eigenen Versuchsflächen zur Verfügung; hier besteht eine enge Zusammenarbeit mit den Außenlaboren der Fakultät. Für die

Praxisversuche werden die Ackerflächen am Standort Campus Klein-Altendorf sowie die Futterflächen und Stallungen am Versuchsstandort Frankenforst intensiv genutzt.

Abb. 28: Carl-Heinrich Dencker, Landtechnik

Starke bauliche Veränderungen hat das Institut für Landtechnik in den Jahren 1956/57 durch den Bau der Versuchshalle und des Hörsaal-Gebäudes erfahren. In der Versuchshalle können viele Untersuchungen im Prüfstand-Maßstab durchgeführt werden, bevor es zu einer Messung im Feld kommt. Bei der Entwicklung und Nutzung dieser Prüfstände hat sich die räumliche Nähe und Verfügbarkeit der wissenschaftlichen Werkstatt besonders gut bewährt.

Bei den unregelmäßigen Modernisierungsmaßnahmen war die brandschutztechnische Sanierung in den Jahren 2012 und 2013 besonders erwähnenswert. Dabei wurden gleichzeitig elektrotechnische Anlagen modernisiert (wie zum Beispiel die Glasfaserverkabelung) als auch Raumzuschnitte und

Treppenhäuser verändert. Besonders nützlich hat sich ein Lastenaufzug erwiesen, der bei seiner Planung den Zweck erfüllte, mit landwirtschaftlichen Maschinen den Hörsaal zu »befahren«. Noch heute werden mit diesem Aufzug schwere Lasten zwischen den Ebenen der Versuchshalle und des Hörsaalgebäudes bewegt, die nicht durch Treppenhäuser und Aufgänge passen würden. Hierdurch können die Vorlesungsinhalte mit Exponaten zu Demonstrations- und Übungszwecken ergänzt werden, was zur positiven Evaluierung der vielen Lehrveranstaltungen erheblich beiträgt.

Im November 2014 wurde der ehemalige Hörsaal XII in »Carl-Heinrich-Dencker-Hörsaal« umbenannt. Dieser Namensänderung haben die Universitätsleitung und das Dekanat auf Antrag des Institutsvorstandes im Jahre 2012 zugestimmt. Hiermit werden die Lebensleistung und die besondere Außenwirkung der Hochschullehrer-Persönlichkeit Carl Heinrich Dencker auch im Sinne der ehemaligen Institutsangehörigen angemessen gewürdigt.

Berufungen an der Landwirtschaftlichen Fakultät (1934–2017)

Siehe nachfolgende Tabelle.

Nachname	Vorname	Titel	Berufungs-datum	Ausscheidedatum	Bezeichnung der Professur
Amelung	Wulf	Dr. rer. nat.	26.05.2004		Allgemeine Bodenkunde und Bodenökologie
Arens	Rudolf	Dr.	23.03.1968	31.03.1971	Acker- und Pflanzenbau
Asher	Theodor	Dr. med. vet.	24.02.1947	n.b.; verstorb. 20.01.1951	Anatomie und Physiologie der Haustiere einschl. Tierkrankheiten
Baitsch	Berthold	Dr.-Ing.	08.02.1963	31.03.1980	Kulturtechnik
Barthlott	Wilhelm	Dr. rer. nat.	01.04.1985	30.09.2011	Botanik
Bauer	Siegfried	Dr. agr.	13.11.1987	31.03.1991	Agrarökonomik insbesondere quantitative Sektoranalyse
Becker	Helmut	Dr. rer. nat.	02.10.1986	31.03.1991	Weinbau
Becker	Mathias	Dr. agr.	01.10.1999		Pflanzenernährung in den Tropen und Subtropen
Beckmann	Friedrich		01.10.1923	31.03.1940	Volkswirtschaftslehre
Beling	Wilhelm	Dr. phil.	08.05. 1942/ 9.11.1956	26.02.1945/ 01.04.1959	Agrikulturchemie, Bodenkunde
Berg	Ernst	Dr. agr.	17.08.1984	31.03.2015	Landwirtschaftliche Betriebslehre
Bick	Hartmut	Dr. rer. nat.	27.03.1972	30.09.1994	Landw. Zoologie und Bienenkunde (Zoologie)
Bielenberg	Walter	Dr. jur	24.03.1982	30.09.1994	Planungs-, Bau- und Bodenrecht
Biermann	Jan Welm	Dr.-Ing. habil.	18.08.2005		Mess- und Regeltechnik
Blab	Josef	Dr. rer. nat.	01.12.2000		Landschaftspflege
Boeker	Peter	Dr. agr.	20.03. 1963/ 10.04.1969	06.09.1965/1981	Allgemeiner Pflanzenbau (Acker- und Pflanzenbau)
Bogardi	Janos J.	Dr.-Ing. Dr. h.c.	14.07.2004	30.09.2013	Wasserwirtschaft

(Fortsetzung)

Nachname	Vorname	Titel	Berufungs-datum	Ausscheidedatum	Bezeichnung der Professur
Böker	Hugo	Dr. agr.	14.02.1949	n.b.; verstorb. 04.04.1967	Landwirtschaftliche Betriebslehre und Rechtskunde
Bonatz	Manfred	Dr.-Ing. habil.	19.04.1973	30.09.1997	Geodäsie mit besonderer Gravimetrie
Borchard	Klaus	Dr.-Ing.	02.08.1976	30.09.2003	Städtebau und Siedlungswesen
Borgemeister	Christian	Dr.	12.02.2014		Naturraumpotentiale-, Ökologie-, Ressourcenmanagement
Borggreve	Bernhard	Dr. phil.	15.10.1874	01.10.1879	Fortwirtschaft
Born	Dietrich	Dr. agr.	13.02.1978	30.09.2005	Landwirtschaftliche Betriebslehre
Börner	Jan	Dr.	01.08.2015		Ökonomik nachhaltiger Agrar- und Forstressourcennutzung und Bioökonomik
Bosch	Friedrich-Wilhelm	Dr. jur.	06.02.1950	31.03.1979	Grundzüge des Bürgerlichen und Öffentlichen Rechts
Brandenburg	Ernst	Dr. agr.	01.10.1947	1950	Pflanzenkrankheiten
Braun	Johannes	Dr. agr.	21.06.1948	31.03.1964	Pflanzenkrankheiten
Braun	Hans	Dr.	21.06.1948	1964	Pflanzenkrankheiten (Pflanzenpathologie)
Brinkmann	Theodor	Dr. phil.	01.04.1911	30.09.1948	Landwirtschaftliche Betriebslehre
Brinkmann	Wolfgang	Dr.-Ing.	30.04.1970	30.09.1985	Landtechnik
Bröring	Stefanie	Dr.	01.10.2013		Agribusiness Management
Brüggemann	Nicolas	Dr. rer. nat.	01.09.2010		Terrestrische Biogeochemie (Bodenkunde)
Brüggemann	Gerhard	Dr.-Ing.	11.12.2001		Einführung in allgemeine Managementaufgaben des Vermessungswesens
Brümmer	Gerhard	Dr. agr.	01.04.1986	31.03.2004	Bodenkunde
Buchner	Werner	Dr. agr.	18.09.1991	n.b.	Einführung in Agrarmeteorologie

(Fortsetzung)

Nachname	Vorname	Titel	Berufungs-datum	Ausscheidedatum	Bezeichnung der Professur
Büning-Pfaue	Hans	Dr. rer. nat.	17.12.1981	31.03.2008	Lebensmittelchemie
Büscher	Wolfgang	Dr. agr.	01.02.2002		Verfahrenstechnik der tierischen Erzeugung (Landtechnik)
Campbell	James	Dr.-Ing.	12.10.1982	31.04.2004	Geodätische Mathematik Geodätische Messtechnik
Caspers	Norbert	Dr. rer. nat.	13.08.1985		Landwirtsch. Zoologie unter besonderer Berücksichtigung der Produktionsökologie
Dehne	Heinz-Wilhelm	Dr. agr.	01.04.1994	31.03.2016	Pflanzenkrankheiten (Pflanzenpathologie und Pflanzenschutz)
Dencker	Carl-Heinrich	Dr.-Ing., Dr. agr. h.c.	01.10.1945	09.10.1967	Landtechnik
Deselaers	Josef	Dr. jur.	01.03.1983	31.03.1889	Tierzucht
Diepenbrock	Wulf	Dr. agr.	01.10.1993	30.09.1994	Spezieller Pflanzenbau (Pflanzenbau)
Dörr	Rudolf	Dr. agr.	09.12.1971	31.03.1992	Pflanzenernährung (Agrikulturchemie)
Dreisch	Emil	Dr.	31.05.1892	n.b.; verstorb. 08.07.1894	Landwirtschaft (Acker- und Pflanzenbau)
Drescher	Wilhelm	Dr. rer. nat.	01.01.1980	31.07.1994	Landwirtschaftliche Zoologie und Bienenkunde
Eckert	Dieter	Dr. jur.	01.02.1977	31.03.1991	Lebensmittelrecht
Eggers	Helmut	Dr.-Ing.	18.12.1980	30.09.2005	Landeskultur (Wasserwirtschaft, Kulturtechnik und Landschaftspflege)
Eichhorn	Carl Hermann Alexander	Dr. phil.	08.11.1859	01.10.1862	Agrikulturchemie

(Fortsetzung)

Nachname	Vorname	Titel	Berufungs-datum	Ausscheidedatum	Bezeichnung der Professur
Enbergs	Heinrich	Dr. med. vet.	17.01.1977	30.09.2002	Anatomie, Physiologie und Hygiene der Haustiere
Ewert	Frank	Dr. agr.	20.03.2008		Pflanzenbau
Fassbender	Martin		01.12.1900	01.04.1905	
Finger	Robert	Dr.	01.03.2014	31.12.2015	Produktionsökonomik
Finke	Konrad	Dr. agr.	18.07.1977	31.03.1995	Tierhaltungstechnik
Fischbeck	Gerhard	Dr.	01.04.1964	31.03.1969	Spezieller Pflanzenbau und Pflanzenzüchtung (Pflanzenbau und Pflanzenzüchtung)
Förster	A. Erasmus	Dipl.-Ing.	19.08.1963	30.09.1978	Landwirtschaftliches Bauwesen
Förstner	Wolfgang	Dr.– Ing. habil.	01.01.1991	31.03.2012	Photogrammetrie
Frank	Jan.	Dr. agr.	21.12.2012	30.09.2013	Human Metabolomics
Franke	Wolfgang	Dr. rer. nat.	20.03.1963	30.09.1986	Botanik
Franken	Heinrich	Dr. agr.	26.05.1977	31.03.2002	Bodenbearbeitung und angewandte Bodenphysik (Acker- und Pflanzenbau)
Frei	Michael	Dr.	01.10.2011		Pflanzenernährung
Freytag	Moritz	Dr.	01.04.1864	07.12.1891	Agrikulturchemie
Fries	Reinhard	Dr. med. vet.	01.04.1993	30.09.2000	Veterinär- und Lebensmittelhygiene
Frohberg	Klaus	Dr. agr.	17.10.1980	31.03.2008	Radioagronomie (Agrikulturchemie)
Führ	Fritz	Dr. agr.	01.10.1980	30.09.1999	Radioagronomie (Agrikulturchemie)
Galensa	Rudolf	Dr. rer. nat.	01.10.1995	30.09.2013	Lebensmittelwissenschaft und Lebensmittelchemie
Gans	Oskar	Dr. sc. agr.	08.08.1979	31.02.1981	Volkswirtschaftslehre und Agrarpolitik

(Fortsetzung)

Nachname	Vorname	Titel	Berufungsdatum	Ausscheidedatum	Bezeichnung der Professur
Gassner	Edmund	Dr.-Ing.	29.04.1954	31.03.1976	Städtebau und Siedlungswesen
Gerckens	Franz Josef	Dr.	22.09.1976	31.03.1992	Grundzüge des Bürgerlichen Rechts und Agrarrecht
Gerl	Franz	Dr. agr.	01.04.1965	30.09.1971	Volkswirtschaftslehre und Agrarpolitik (Volkswirtschaftslehre, insbes. Agrarpolitik und Agrarpublizistik)
Geßler	Manfred	Dr. med. vet.	28.01.1999	31.03.2004	Tierhygiene
Gieseler	Eberhard		01.04.1874	31.03.1914	Landtechnik
Gigas	Erwin	Dr.-Ing. E.h.	06.08.1959	30.09.1967	Physikalisch-geodätische Messmethoden
Goerlich	Roland	Dr. troph.	05.07.2004		Immunbiologie und angewandte Immunologie
Goetze	Gottfried	Dr. phil.	12.10.1951	30.09.1964	Zoologie
Goldbach	Heiner	Dr. agr.	28.02.1997	29.02.2016	Pflanzenernährung
Grafarend	Erik	Dr.-Ing. habil.	13.02.1970	31.03.1977	Theoretische Geodäsie
Greuel	Edmund	Dr. med. vet.	21.06.1967	31.03.1993	Tierhygiene und Geflügelkrankheiten
Groth	Walter	Dr. med. vet.	16.07.1965	30.09.1966	Anatomie und Physiologie der Haustiere einschl. Tierkrankheiten
Grundler	Florian	Dr. agr.	01.08.2010		Molecular Phytomedicine
Günther	Klaus	Dr. rer. nat	17.09.2013		Lebensmittelchemie
Hagemann	Oskar	Dr. phil.	01.05.1895	n.b.; verstorb. 14.01.1926	Tierphysiologie(Anatomie und Physiologie der Haustiere einschl. Tierkrankheiten)
Hallermann	Ludger	Dr.-Ing.	12.08.1974	30.09.2002	Ingenieurgeodäsie (Geodäsie)
Hansen	Johannes	Dr. phil.	01.10.1901	30.09.1910	Tierzucht und Molkereiwesen

(Fortsetzung)

Nachname	Vorname	Titel	Berufungs-datum	Ausscheidedatum	Bezeichnung der Professur
Hartfiel	Wilhelm	Dr. agr.	11.03.1971	30.09.1988	Tierernährung und Futtermittelkunde
Hartmann	Monika	Dr. agr.	08.03.1996		Marktforschung der Agrar- und Ernährungswirtschaft
Hartstein	Eduard	Dr. phil.	20.04.1854	n.b.; verstorb. 14.12.1869	Landwirtschaft (Acker- und Pflanzenbau)
Hartung	Joachim	Dr.	22.12.1975	30.09.1979	Angewandte Statistik
Havermann	Heinrich	Dr. agr.	01.10.1954	31.03.1972	Tierzucht und Tierernährung
Heckelei	Thomas	Dr.	01.08.2003		Wirtschafts- und Agrarpolitik
Heege	Hermann Josef	Dr. agr.	12.11.1970	30.09.1981	Landtechnik
Heer	Martina	Dr. oec. troph.	29.11.2014		Ernährungswissenschaften
Heimerle	August		02.03.1914	28.02.1935	Bau- und Kulturtechnik
Henrichsmeyer	Wilhelm	Dr. agr.	01.09.1971	30.09.2000	Agrarpolitik und landw. Informationswesen (Agrarökonomie und Volkswirtschaftslehre)
Heitz	Siegfried	Dr.– Ing.	01.08.1980	31.03.1995	Astronomisch physikalisch und mathematische Geodäsie
Helfrich	Hans-Peter	Dr. rer. nat.	01.10.1981	30.09.2007	Mathematik
Henkelmann	Werner	Dr. rer. Pol.	07.03.1932	31.03.1940	Landwirtschaftliche Betriebslehre
Henze	Joachim	Dr. agr.	30.10.1970	30.09.1993	Obstbau
Hesmer	Herbert	Dr. for.	27.04.1959	31.03.1973	Waldbau und Forstwirtschaft
Hessenberg	Gerhard	Dr. phil.	01.10.1907	30.09.1910	Höhere Geodäsie
Heupel	Aloys	Dr.-Ing.	01.01.1965	30.09.1984	Kartographie, Topographie und Reproduktionstechnik

(Fortsetzung)

Nachname	Vorname	Titel	Berufungs-datum	Ausscheidedatum	Bezeichnung der Professur
Heyland	Klaus-Ulrich	Dr. agr.	03.04.1969	30.09.1992	Spezieller Pflanzenbau (Pflanzenbau und Pflanzenzüchtung)
Hilkenbäumer	Friedrich	Dr.	01.02.1951	31.03.1976	Obstbau
Hillmer	Georg		01.10.1900	n.b.; vermisst ab 1914	Geodäsie
Hochholdinger	Frank	Dr. rer. nat.	01.10.2010		Crop Funcitonal Genomics
Hoffmann	Constantin		03.07.1909	n.b.; verstorb. 02.04.1916	Fortwirtschaft
Hofmann	Walter	Dr.-Ing. habil.	07.06.1958	30.09.1978	Geodäsie
Holldack	Hans	Dr. phil.	01.04.1914	01.04.1919	Maschinenkunde (Landtechnik)
Holm-Müller	Karin	Dr. rer. oec.	01.03.1999		Ressourcen- und Umweltökonomik
Horst	Matthias	Dr. jur.	18.06.1999		Lebensmittelrecht
Hötzel	Dieter	Dr. agr.	14.03.1968	31.03.1995	Ernährungswissenschaften
Hötzel	Hans-Joachim	Dr. rer. soc.	21.07.1994	30.09.2004	Agrarrecht, insbes. Tierzuchtrecht und Agrarweltrecht
Huppertz	Karl		31.05.1892	n.b.; verstorb. 05.02.1919	Baukunde, Meliorationswesen
Ilk	Karl Heinz	Dr.– Ing.	01.10.1995	30.09.2008	Astronomisch-physikalische und mathematische Geodäsie
Immendorff	Heinrich	Dr. phil.	01.05.1893	gestrichen 17.06.1898; em. 1932	Agrikulturchemie
Jacob	Helmut	Dr. agr.	04.05.1970	31.03.1974	Acker- und Pflanzenbau
Jaeger	Friedhelm	Dr.	02.05.2011		Tierhygiene
Janssens	Marc	Dr. agr.	01.01.1995	30.09.2008	Tropischer Pflanzenbau
Jost	Ludwig	Dr. phil.	01.10.1907	01.04.1908	Botanik

(Fortsetzung)

Nachname	Vorname	Titel	Berufungs-datum	Ausscheidedatum	Bezeichnung der Professur
Jungbluth	Thomas	Dr. agr.	01.04.1989	31.03.1990	Landtechnik
Junghans	Kurt-Heinz	Dr.-Ing.	10.09.1976	31.03.1988	International vergleichende Agrarpolitik und Agrarsoziologie
Kaemmerer	Kurt	Dr. med. vet.	04.09.1957	01.03.1964	Veterinärphysiologie(Anatomie und Physiologie der Haustiere einschl. Tierkrankheiten)
Kaestner	Walter	Reg.-Dir. i. R.	31.03.1950	30.09.1967	Geodäsie
Kappen	Hubert	Dr. agr.	01.04.1920	31.03.1948	Agrikulturchemie
Karl	Helmut	Dr. rer. oec.	01.10.1993	31.03.1997	Ressourcen- und Umweltökonomik
Kaufmann	Peter	Dr. phil.	08.04.1831	n.b.; verstorb. 19.02.1872	Wirtschaftliche Staatswissenschaften (Agrarpolitik)
Kausch	Walter	Dr. rer. nat.	09.07.1970	30.09.1985	Botanik
Kersting	Kristian	Dr.-Ing.	01.05.2012	30.09.2014	Geoinformation
Khamzina	Asia	Dr.– Ing. ZEF	19.08.2009		Nachhaltige Nutzung natürlicher Ressourcen
Kick	Hermann	Dr. agr.	25.01.1954	30.09.1980	Agrikulturchemie
Klapp	Ernst	Dr. rer. techn., Dr. agr. h. c.	01.04.1936	30.04.1963	Boden- und Pflanzenbau(Acker- und Pflanzenbaulehre)
Klein	Wilhelm	Dr. phil.	26.03.1926	31.12.1948	Tierphysiologie(Anatomie und Physiologie der Haustiere einschl. Tierkrankheiten)
Klemmer	Gernot	Dr. rer. nat. Dipl.-Chem.	24.09.1980	31.03.2004	Chemie und ihre Didaktik
Klingauf	Fred	Dr. rer. nat.	28.10.1976	31.03.1982	Phytomedizin unter besonderer Berücksichtigung der Entomologie

(Fortsetzung)

Nachname	Vorname	Titel	Berufungs-datum	Ausscheidedatum	Bezeichnung der Professur
Kmoch	Hans Georg	Dr. agr.	11.04.1963	31.03.1968	Allg. Pflanzenbau (Acker- und Pflanzenbau)
Knief	Claudia	Dr.	01.09.2012		Molecular Biology of the Rhizosphere
Koch	Karl-Rudolf	Dr.-Ing.	21.12.1978	30.09.2000	Theoretische Geodäsie (Geodäsie)
Koernicke	Max	Dr. phil.	12.03.1908	31.03.1939	Botanik
Koll	Otto		31.05.1892	01.06.1901	Geodäsie
Köpke	Ulrich	Dr. agr.	01.10.1987	31.08.2017	Organischer Landbau
Körner	Eckart	Dr. med. vet,	15.04.1996	30.09.2004	Tierhygiene
Körnicke	Friedrich	Dr. phil.	01.04.1867	31.08.1898	Botanik
Koßwig	Wilhelm	Dr. rer. nat.	31.08.1959	31.03.1975	Pflanzenkrankheiten und Pflanzenschutz
Koßwig	Friedrich		01.07.1976	28.02.2005	Angewandte Mathematik und Statistik sowie Studienprofessur für Fachdidaktik
Kötter	Herbert	Dr. agr.	27.10.1969	31.03.1982	Wirtschaftssoziologie, insbesondere Haushalts- und und Agrarsoziologie sowie Soziologie der Entwicklungsländer (Agrarsoziologie und Agrarpolitik)
Kötter	Theo	Dr.– Ing. habil.	01.03.2003		Städtebau und kommunale Infrastruktur
Krämer	Johannes	Dr. rer. nat.	03.03.1978	30.09.2006	Landwirtschaftliche Mikrobiologie (Medizinische Mikrobiologie)
Krampitz	Gottfried	Dr. agr.	08.04.1965	31.03.1992	Tierphysiologie unter besonderer Berücksichtigung der chemischen Physiologie
Kraume	Aloys	Dr. med. vet.	04.09.1953	30.09.1967	Tierseuchenbekämpfung und Veterinärhygiene

(Fortsetzung)

Nachname	Vorname	Titel	Berufungs-datum	Ausscheidedatum	Bezeichnung der Professur
Krauß	Georg	Dipl.-Ing.	14.04.1965	30.09.1975	Kartographie
Kreusler	Ulrich	Dr. phil.	21.12.1880	30.09.1918	Agrikulturchemie
Kromer	Karl Heinz	Dr.-Ing.	01.10.1983	30.09.2002	Landtechnik
Krusen	Felix	Dr.-Ing.	08.08.1980	31.03.1991	Ausgewählte Kapitel der Lebensmittelchemie
Kühbauch	Walter	Dr. agr.	01.08.1981	30.09.2006	Allgemeiner Pflanzenbau (Pflanzenbau und Grünlandwirtschaft)
Kühl	Rainer	Dr. agr.	01.10.1993	31.03.1999	Betriebslehre der Ernährungswirtschaft
Kuhlmann	Heiner	Dr.– Ing.	01.08.2003		Geodäsie
Kunz	Benno	Dr. sc.	01.01.1989	31.03.2012	Lebensmitteltechnologie und Lebensmittel-biotechnologie
Kupfer	Günther	Dr.-Ing.	11.10.1971	30.09.1989	Photogrammetrie (Geodäsie, insb. Photo-grammetrie)
Kusche	Jürgen	Dr.– Ing.	17.03.2009		Astron., Physikal. u. Mathem. Geodäsie
Kutsch	Thomas	Dr. rer. pol.	01.09.1989	31.03.2008	Wirtschaftssoziologie, insbesondere Haus-halts- und und Agrarsoziologie
Lachmann	Johannes	Dr. med	01.04.1857	n.b.; verstorb. 07.07.1860	Botanik
Lang	Emil	Dr. phil.	22.04.1922	01.03.1925	Landwirtschaftliche Betriebslehre
Lautenbach	Sven	Dr. rer. nat.	15.07.2012		Landnutzungsmodellierung und ökologische Dienstleistungen
Lelley	Jan	Dr. agr.	20.08.1987		Mykologie, insbesondere angewandte Myko-logie
Lenz	Fritz	Dr. agr.	01.08.1976	31.03.1997	Obst- und Gemüsebau (Obstbau einschl. Tropen und Subtropen)

(Fortsetzung)

Nachname	Vorname	Titel	Berufungs-datum	Ausscheidedatum	Bezeichnung der Professur
Léon	Jens	Dr. agr.	01.04.1996		Spezieller Pflanzenbau
Lesaar	Heinz	Dipl. Chem. Dr. rer. nat.	26.04.1976	30.09.1995	Chemie und ihre Didaktik
Leyrer	Hans-Joachim	Dr. agr.	23.12.2005		Kooperationen und Fusionen in der Agrar- und Ernährungswirtschaft
Liebscher	Georg	Dr. phil.	01.04.1889	01.04.1890	Landwirtschaft (Acker- und Pflanzenbau)
Lipinsky	Ernst E.	Dr. agr.	30.10.1970	31.03.1993	Agrarpolitik und Agrargeschichte
Lipski	André	Dr. rer. nat.	01.07.2009		Lebensmittelmikrobiologie und -hygiene
Maier-Bode	Friedrich Wilhelm		27.02.1952	n.b.; verstorb. 11.12.1953	Landwirtschaftliches Organisationswesen (Agrarpolitik)
Menke	Karl Heinrich	Dr. agr.	18.10.1965	28.04.1967	Tierernährung
Meyer	Eckart	Dr. phil.	22.12.1951	01.03.1955	Phytopathologie (Zoologie)
Meyer	Andreas	Dr.	01.10.2010		Chemical Signalling
Moericke	Volker	Dr. rer. nat.	30.08.1960	30.09.1976	Entomologie
Möhle	Alfred	Dr.-Ing.	01.08.1944	30.09.1971	Geodäsie, insb. Photogrammetrie
Morgenstern	Dieter	Dr.-Ing.	03.04.1978	31.03.2004	Thematische Kartographie
Mrass	Walter	Dr. rer. hort.	23.09.1993	30.09.1994	Landschaftspflege
Mückenhausen	Eduard	Dr. phil. Dr. rer. techn. Dr. rer. nat.	01.11.1955	31.03.1975	Bodenkunde
Müller	Curtius		16.09.1901	31.12.1934	Geodäsie

(Fortsetzung)

Nachname	Vorname	Titel	Berufungsdatum	Ausscheidedatum	Bezeichnung der Professur
Müller	Richard	Dr. agr.	14.06.1947	30.09.1978	Tierernährung (Tierphysiologie unter besonderer Berücksichtigung der Ernährungsphysiologie und Tierernährung)
Naurath	Bruno	Dr.-Ing.	05.09.1966	30.09.1976	Flurbereinigung und ländliche Siedlung
Nehm	Wilhelm	Dr. phil.	01.10.1914	n.b.; verstorb. 10.09.1934	Geodäsie, Physik
Niehaus	Heinrich	Dr. phil., Dr. agr. h. c.	01.04.1946	30.09.1966	Volkswirtschaftslehre und Agrarpolitik
Nienhaus	Franz Josef	Dr. rer. nat.	21.06.1967	30.09.1991	Pflanzenkrankheiten insb. Virologie
Nitzsche	Werner	Dr. agr.	24.05.1977	31.03.1986	Pflanzenzüchtung
Noga	Georg	Dr. troph.	07.04.1994	30.09.2017	Obstbau und Gemüsebau
Noll	Fritz	Dr. phil.	01.10.1889	30.09.1907	Botanik
Nöthlings	Ute	Dr. troph.	01.04.2012		Ernährungsepidemiologie
Olschowy	Gerhard	Prof. Dr. rer. hort.	03.05.1971	31.03.1982	Landschaftspflege
Opitz von Boberfeld	Wilhelm	Dr. agr.	24.01.1983	31.03.1985	Ackerbau und Pflanzenbau
Osthoff	Friedrich	Dr.-Ing. habil.	18.08.1967	30.09.1989	Geodäsie
Overbeck	Fritz	Dr. phil	01.04.1939	30.09.1951	Botanik
Pabsch	Ekkehard	Dr.	17.12.1976	31.03.1995	Wirtschaftsrecht in der Land- und Ernährungswirtschaft
Pallasch	Otto	Dr.-Ing.	01.06.1959	n.b.	Siedlungswasserwirtschaft (Städtebau)
Petersen	Brigitte	Dr. agr.	01.03.1986		Produktionsbegleitende Gesundheitskontrolle in Ferkelbeständen
Petersen	Johannes	Dr. agr.	01.09.1977	30.09.1999	Kleintierzucht und -haltung

(Fortsetzung)

Nachname	Vorname	Titel	Berufungsdatum	Ausscheidedatum	Bezeichnung der Professur
Pfeffer	Ernst	Dr. sc. agr.	03.11.1978	31.03.2004	Tierernährung (Tierphysiologie und Tierernährung)
Pfeiffer	Gustav	Dr. phil.	26.08.1933	1945; wiedereingestellt 13.04.1949 bis 30.09.1954	Anatomie und Physiologie der Haustiere einschl. Tierkrankheiten
Pfeilsticker	Konrad	Dr. phil. nat.	06.11.1970	30.09.1994	Lebensmittelwissenschaft (Lebensmittelchemie)
Pielen	Ludwig	Dr.	04.09.1953	30.09.1975	Pflanzenbau und Pflanzenzüchtung
Pietrzik	Klaus	Dr. med. vet.	29.07.1982	30.09.2007	Pathophysiologie der Ernährung des Menschen (Ernährungslehre)
Pinkwart	Ernst	Dr. phil. habil.	29.07.1949	n.b.; verstorb. 21.11.1960	Geodäsie
Piorkowsky	Michael-Burkhard	Dr. rer. pol.	01.03.1991	31.03.2013	Wirtschaftslehre des Haushalts
Pirkel	Otto	Dr. rer. techn.	16.06.1951	30.09.1967	Bodenpolitik
Plümer	Lutz	Dr. rer. nat.	01.03.1991	31.03.2015	Geoinformation (Informatik)
Polis	Peter	Dr. phil.	19.12.1910	05.04.1905	Acker – und Pflanzenbau
Potthast	Volker	Dr. sc. agr.	04.07.2002		Wissenstransfer in der Tierernährung
Pude	Ralf	Dr. agr.	16.06.2010		Acker- und Pflanzenbau
Radermacher	Hans	Dr.-Ing	15.06.1984	30.09.1998	Wasserwirtschaftliche Planung
Ramm	Eberhard	Dr. phil., Dr. agr. h. c., Dr.-Ing. e.h.	31.05.1892	01.04.1901	Landwirtschaft (Acker- und Pflanzenbau)
Reichert	Josef	Dr. agr.	24.03.1977	31.03.2006	Marktforschung und Absatzwirtschaft
Reinhertz	Karl	Dr. phil.	01.06.1894	01.10.1899	Geodäsie

(Fortsetzung)

Nachname	Vorname	Titel	Berufungs-datum	Ausscheidedatum	Bezeichnung der Professur
Reinken	Günter	Dr.	21.06.1967	31.03.1992	Obstbau
Remer	Thomas	Dr. troph.	18.08.2005	-	Endokrinologie
Remy	Theodor	Dr. phil.	01.04.1905	29.03.1935	Acker- und Pflanzenbau
Rhyner	Jakob	Dr. sc. nat.	28.06.2011		Agrarwissenschaft
Richardsen	August	Dr. phil.	13.08.1910	30.09.1929	Tierzucht
Richter	Otto	Dr. rer. nat.	01.03.1983	31.03.1989	Angewandte Statistik und Mathematik
Riede	Wilhelm	Dr. phil. habil.	25.08.1930	n.b.	Botanik, Vererbungslehre
Röder	Karl	Dr. rer. nat.	12.03.1973	30.09.1976	Weinbau
Rogge	Karl	Dr. agr.	1930	1945	Volkswirtschaft (Agrarpolitik)
Rothes	Georg	Dr. phil.	01.10.1929	30.09.1954	Tierzucht
Ruhm	Georg	n.b.	01.10.1912	30.09.1948	Mathematik, spezielle Darstellung, Geometrie
Rumpf	Martin	Dr .rer. nat.	21.12.2004		Numerische Simulation
Sachs	Julius von	Dr. phil.	02.12.1862	31.03.1867	Botanik
Samel	Paul	Dr. phil. habil.	10.01.1919	30.04.1946	Geodäsie, Photogrammetrie
Sandmann	Hans-Joa-chim	Dr.-Ing.	28.07.1994	30.09.1997	Kommunale Bodenpolitik in der Praxis
Sauerbeck	Dieter	Dr. agr.	20.04.1970	31.03.1982	Agrikulturchemie
Sauerwein	Helga	Dr. agr.	01.08.1998		Anatomie, Physiologie und Hygiene der Haustiere
Schaaf	Gabriel	Dr. rer. nat.	01.04.2017		Ökophysiologie der Pflanzenernährung
Schaarschmidt	Carl	Dr. phil.	08.08.1859	n.b.	Agrarpolitik

(Fortsetzung)

Nachname	Vorname	Titel	Berufungs-datum	Ausscheidedatum	Bezeichnung der Professur
Scharpenseel	Hans-Wilhelm	Dr.	21.07.1965	30.09.1975	Bodenkunde und Agrikulturchemie
Schätzke	Manfred	Dr. agr.	19.07.1972	31.03.2000	Haushaltstechnik
Schell	Arnold		05.09.1898	30.09.1898	Pferdezucht, Tierheilkunde (Anatomie und Physiologie der Haustiere einschl. Tierkrankheiten)
Schellander	Karl	Dr. med. vet.	01.10.1996		Tierzucht und Tierhaltung
Scherer	Heinrich Wilhelm	Dr. agr.	02.03.1995	31.03.2015	Pflanzenernährung
Scherer	Michael	Dr.-Ing.	02.05.1985	31.03.1989	Elektronische Messverfahren in der Geodäsie
Schieber	Andreas	Dr.	01.07.2011		Lebensmitteltechnologie und -biotechnologie
Schiefer	Gerhard	Dr. oec.	01.01.1990	30.09.2011	Angewandte landwirtschaftliche Betriebslehre (Agrarökonomie und Unternehmensforschung)
Schirmer	Martin	Dr.-Ing.	01.03.1935	31.03.1954	Kulturtechnik, Meliorationswesen (Städtebau)
Schlagheck	Hermann	Dr. agr.	07.06.1991		Ernährungsberatung
Schlütter	Hans	Dr.	16.07.1965	31.03.1979	Landwirtschaftliches Organisationswesen und Förderungsmaßnahmen
Schmeling	Kurt		06.08.1958	n.b.; verstorb. 28.06.1964	Kulturtechnik für Landwirte, Landwirtschaftliche Wasserwirtschaft für Geodäten
Schmitten	Franz	Dr. agr.	04.10.1973	31.03.1995	Tierzucht und Tierhaltung (Tierzucht und Haustiergenetik)
Schmitz	Brigitte	Dr. rer. nat.	01.03.1993	31.03.2012	Biochemie

(Fortsetzung)

Nachname	Vorname	Titel	Berufungs-datum	Ausscheidedatum	Bezeichnung der Professur
Schnabl	Heide	Dr.	10.11.1986	30.09.2005	Botanik
Schnepf	Andrea	Dr.	24.11.2014		Modellierung von Boden, Pflanzenwurzel-systemen und ihren Wechselwirkungen
Schönbeck	Fritz	Dr. agr	24.04.1970	30.09.1976	Phytopathologie und Pflanzenschutz
Schoof	Heiko	Dr. rer. nat.	01.10.2010		Crop Bioinformatics
Schöttler	Rudolf	Dr.	04.04.1972	31.03.1994	Landwirtschaftliche Betriebslehre
Schriever	Karl-Heinz	Dr. rer. nat.	24.07.1969	31.03.1991	Chemie und ihre Didaktik
Schug	Walter	Dr. rer. pol.	25.11.1971	30.09.2006	Welternährungswirtschaft und Welternährungspolitik
Schuh	Wolf-Dieter	Dr. techn.	01.10.2000		Theoretische Geodäsie
Schulte	Alfons	Oberstudiendirektor	30.05.1973	30.09.1975	Trigonometrie
Schulze	Erich	Dr.	30.12.1960	31.03.1979	Acker- und Pflanzenbau
Schulze Lammers	Peter	Dr.-Ing.	01.01.1992		Landtechnik
Schumacher	Wolfgang	Dr. rer. nat.	01.04.1985	01.03.2010	Botanik
Schürmann	Ernst	Dr. med. vet.	01.11.1951	30.09.1971	Anatomie, Physiologie und Hygiene der Haustiere (Geflügelhygiene und Geflügelkrankheiten)
Schütz	Gustav	Dr. phil. nat. habil.	01.01.1935	28.03.1958	Geodäsie
Schweitzer	August Gottfried		12.06.1847	n.b.; verstorb. 17.07.1854	Landwirtschaftliche Betriebslehre
Schweizer	Dieter	Dr. jur. habil.	06.06.2012		Agrar- und Agrarumweltrecht

(Fortsetzung)

Nachname	Vorname	Titel	Berufungs-datum	Ausscheidedatum	Bezeichnung der Professur
Schwickerath	Matthias	Dr. phil.	06.09.1958	n.b.	Pflanzensoziologie Westdeutschlands
Seeger	Hermann	Dr.-Ing.	16.11.1978	31.03.1988	Geodäsie
Seel	Barbara	Dr. rer. pol.	12.03.1973	31.03.1990	Wirtschaftslehre des Haushalts
Seele	Walter	Dr.-Ing.	29.04.1975	31.03.1990	Bodenordnung und Bodenwirtschaft
Seemann	Josef	Dr. rer. nat.	02.07.1964	15.02.1967	Agrarmeteorologie
Selhorst	Thomas	Dr. agr.	27.11.1996		Theoretische Ökologie
Sengonca	Cetin	Dr. agr.	01.10.1981	31.03.2006	Entomologie und Pflanzenschutz
Sering	Max	Dr. rer. pol.	14.11.1885	30.09.1889	spezielle Agrarpolitik
Seufert	Hermann	Dr. agr.	31.05.1990	31.03.2006	Landwirtsch. Bauwesen
Sikora	Richard	Dr.	24.01.1992	31.03.2009	Pflanzenkrankheiten
Simon	Detlef L.	Dr.-Ing.	07.08.1974	30.09.1985	Hautiergenetik (Tierzucht und Haustiergenetik)
Skalweit	August	Dr. phil.	03.06.1921	17.04.1923	Volkswirtschaftslehre, spezielle Agrarpolitik
Skomroch	Werner	Dr. agr.	01.02.1968	31.03.1992	Allgemeine landwirtschaftliche Betriebslehre (Wirtschaftslehre des Landbaus)
Skowronek	Armin	Dr. rer. nat.	01.04.1988	30.09.2011	Experimentelle Bodenkunde
Söfker	Wilhelm	Dr. jur.	22.12.1999	30.09.2014	Grundzüge für öffentliches und privates Recht
Sommer	Julius	Dr. rer. nat.	01.10.1901	30.09.1904	Mathematik, spezielle Theorie Algebraische Zahlkörper
Sommer	Heiner	Dr. med. vet.	31.05.1972	30.09.1997	Anatomie, Physiologie und Hygiene der Haustiere
Sommer	Karl	Dr. agr.	14.12.1979	30.09.1997	Isotopentechnik in der Pflanzenernährung (Pflanzenernährung)

(Fortsetzung)

Nachname	Vorname	Titel	Berufungs-datum	Ausscheidedatum	Bezeichnung der Professur
Sprengel	Friedrich	n.b	12.04.1900	n.b.	Forstwirtschaft
Stachniss	Cyrill	Dr. rer. nat.	01.04.2014		Photogrammetrie
Stamminger	Rainer	Dr. rer. nat.	01.09.1994		Haushalts- und Verfahrenstechnik
Steffen	Günther	Dr. agr.	01.05.1964	30.09.1989	Angewandte landwirtschaftliche Betriebslehre (Landwirtschaftliche Betriebslehre)
Stehle	Peter	Dr. rer. nat.	01.09.1994		Ernährungswissenschaft
Stille	Bernd	Dr. phil.	16.07.1959	31.03.1978	Mikrobiologie
Stollenwerk	Wilhelm	Dr. phil. nat.	01.04.1947	n.b.; verstorb 04.06.1952	Agrikulturchemie
Strack	Herbert	Dr.-Ing.	21.07.1972	31.03.2000	Städtebau und Siedlungswesen
Strecker	Otto	Dr.	01.04.1967	30.09.1998	Marktlehre und landwirtschaftliches Informationswesen (Agrarpolitik und Landw. Marktlehre)
Sturm	Karl Christoph	Dr. phil.	02.07.1819	n.b.; verstorb. 18.05.1826	Kameralwissenschaften, spezielle Landwirtschaftswissenschaften(Agrarpolitik)
Südekum	Karl-Heinz	Dr. sc. agr.	01.10.2004		Tierernährung
Trappmann	Wolfgang	Dr. agr.	24.01.1984	31.03.2005	Haustiergenetik
Ullrich	Hermann	Dr. phil.	17.12.1948	31.03.1968	Landwirtschaftliche Botanik (Botanik)
Unterstenhöfer	Günter	Dr.	28.12.1955	30.09.1976	Pflanzenkrankheiten
Valle-Zárate	Anne	Dr. sc. agr.	07.02.1996	30.09.1999	Tierhaltungstechnik
van Deenen	Bernd	Dr. agr.	17.08.1972	31.03.1980	Agrarpolitik und ländliche Soziologie
Vasthoff	Josef	Dr. sc. agr	14.12.1983	31.03.2006	Praxis der Finanzierung und Vermögensdisposition in Landw. Betrieben
Vereecken	Harry	Dr. agr.	25.09.2000		Agrosphähre (Bodenkunde)

(Fortsetzung)

Nachname	Vorname	Titel	Berufungs-datum	Ausscheidedatum	Bezeichnung der Professur
Vlek	Paul	Dr. L.G.	07.06.1990		Agrarökonomie
Vogel	Gisbert	Dr. agr.	16.07.1966	31.03.1992	Bodenkunde und Agrikulturchemie
Vogler	August	Dr. phil. habil.	14.01.1882	31.03.1883	Geodäsie
Vollmar	Paul	Dr.-Ing.	11.05.1963	30.09.1976	Bodenpolitik und kommunales Vermessungswesen
von Alvensleben	Reimar	Dr.	16.11.1973	30.09.1977	Betriebswirtschaftslehre für Trophologen
von Braun	Joachim	Dr. sc. agr.	01.04.1993		Ökologie und Ressourcennutzung Agrarökonomie
Vormfelde	Karl	Dr.-Ing.	01.07.1919	n.b.; verstorb. 09.03.1944	Physikalische Landmaschinenkunde (Landtechnik)
Walther	Fritz	Dr. agr.	24.04.1979	31.03.1981	Vererbungs- und Züchtungsforschung
Waske	Björn	Dr. rer. nat.	01.09.2009	31.03.2013	Fernerkundung in den Agrarwissenschaften
Watt	Michelle	Dr.	15.07.2015		Crop Root Physiology
Wegner	Rose-Marie	Dr.	26.08.1966	31.03.1988	Kleintierzucht und -haltung
Wehland	Wilhelm	Dr. agr.	31.12.1974	31.03.2005	Theorie und Methodik der Beratung (Agrarsoziologie, insbesondere Kommunikation und Beratung)
Weigend	Maximilian	Dr.	01.07.2011		Biodiversität der Pflanzen
Weiling	Franz	Dr. rer. nat.	19.03.1957	31.03.1975	Botanik und spezielle Biometrie
Weindlmaier	Johannes	Dr. oec.	15.11.1977	30.09.1991	Betriebslehre in der Ernährungswirtschaft

(Fortsetzung)

Nachname	Vorname	Titel	Berufungs-datum	Ausscheidedatum	Bezeichnung der Professur
Weiß	Erich	Dr.– Ing.	01.07.1990	30.09.2004	Bodenordnung und Bodenwirtschaft
Weizel	Reiner	Dr. rer. nat.	01.09.1976	31.03.2000	Mathematik
Weltzien	Heinrich Carl	Dr. agr.	01.04.1965	31.03.1993	Pflanzenkrankheiten (Pflanzenpathologie und Pflanzenschutz)
Wendt	Hilmar	Dr. sc. nat.	20.12.1948	31.03.1981	Praktische Mathematik (Mathematik)
Werner	Hugo	n.b.	19.09.1872	31.03.1889	Landwirtschaftliche Betriebslehre
Werner	Wilfried	Dr. agr.	15.04.1983	30.09.1995	Agrikulturchemie
Wiechmann	Horst	Dr. rer. hort.	26.10.1976	31.03.1988	Experimentelle Bodenkunde
Wilbert	Norbert	Dr.	11.12.1991	30.09.2005	Zoologie
Wimmers	Klaus	Dr. rer. nat.	10.07.2008	-	Tierzüchtung/Bio- und Gentechnologie
Winter	Arrien Gerhard	Dr. phil.	01.06.1947	n.b.; Verzicht Venia Legendi 25.05.1950; verstorb. 27.11.1960	Phytopathologie (Pflanzenkrankheiten)
Wirths	Willi	Dr. agr.	01.04.1971	31.03.1980	Ernährungsphysiologie und Hauswirtschaftswissenschaft
Witte	Bertold	Dr.– Ing. habil.	01.03.1989	31.03.2002	Geodäsie
Wittmann	Dieter	Dr. rer. nat.	01.04.1996	31.03.2014	Landw. Zoologie und Ökologie
Wohltmann	Ferdinand	Dr. phil.	03.09.1894	31.03.1905	Bodenkunde, Düngelehre, Pflanzenkunde (Acker- und Pflanzenbau)
Wolf	Helmut	Dr.-Ing.	01.11.1954	30.09.1978	Theoretische Geodäsie
Wolffram	Rudolf-Ernst	Dr. agr.	05.04.1973	31.03.2002	Marktforschung

(Fortsetzung)

Nachname	Vorname	Titel	Berufungsdatum	Ausscheidedatum	Bezeichnung der Professur
Wollenweber	Helmut	Dr. agr, Dr. rer. pol.	05.09.1962	31.03.1968	Ländliche Soziologie und Agrargeschichte (Volkswirtschaftslehre)
Wurmbach	Hermann	Dr.	07.07.1965	31.03.1971	Landwirtschaftliche Zoologie einschließlich Bienenkunde (Zoologie und vergleichende Anatomie)
Wüst	Matthias	Dr. phil. nat.	01.03.2009		Bioanalytik
Wygodzinski	Willy	Dr. phil.	18.11.1909	n.b.; verstorb. 03.01.1921	spezielle Volkswirtschaftslehre, Agrarpolitik
Zakosek	Heinrich	Dr. agr.	01.08.1975	30.09.1986	Allgemeine Bodenkunde
Zetsche	Hans	Dr.-Ing. habil.	17.11.1970	31.03.1978	Geodäsie
Zinkahn	Willy	Dr. jur.	27.03.1969	31.03.1975	Planungs-, Bau- und Bodenrecht, Grundzüge der Staats- und Verwaltungslehre
Zittermann	Armin	Dr. oec. troph.	07.05.1997		Ernährungswissenschaft
Zöllner	Detlev	Dr.	10.08.1977	31.03.1991	Einführung in Sozialpolitik
Zuntz	Nathan	Dr. med.	29.07.1874	31.03.1881	Physiologie, Tierphysiologie (Anatomie und Physiologie der Haustiere einschl. Tierkrankheiten)
Zurek	Ernst	Dr. agr.	26.08.1975	30.09.2002	Agrarpolitik und Volkswirtschaftslehre
Zurek	Max	Dr. agr.	24.03.1987	30.09.2002	Volkswirtschaftslehre und Agrarpolitik

Ehrenpromotionen an der Landwirtschaftlichen Fakultät

Datum	Name	Dr. h.c./ Dr.-Ing. E.h.
20.05.1925	Bessenich, Carl	Landwirtschaft
20.05.1925	Fuchs, Johannes	Landwirtschaft
20.05.1925	Peters, Jakob	Landwirtschaft
19.07.1928	Herold, Carl	Landwirtschaft
03.11.1928	Braun, Otto	Landwirtschaft
03.11.1928	Diehl, Carl	Landwirtschaft
03.11.1928	Johannssen, Peter	Landwirtschaft
03.11.1928	Klebahn, Heinrich	Landwirtschaft
03.11.1928	Koenig, Josef	Landwirtschaft
03.11.1928	Krewel, Josef	Landwirtschaft
03.11.1928	Frh. von Loe, Clemens	Landwirtschaft
03.11.1928	Schiele, Martin	Landwirtschaft
03.11.1928	Schumacher, Johannes	Landwirtschaft
03.11.1928	Steiger, Heinrich	Landwirtschaft
03.11.1928	Tacke, Bruno	Landwirtschaft
07.02.1931	Aereboe, Friedrich	Landwirtschaft
07.02.1931	Schroeter, Carl	Landwirtschaft
07.02.1931	Rhode, Alfred	Landwirtschaft
07.02.1931	Kummer. Gotthelf	Landwirtschaft
07.02.1931	Escherich, Karl	Landwirtschaft
07.02.1931	Bachmann, Max	Landwirtschaft
11.03.1935	Immendorff, Heinrich	Landwirtschaft
09.04.1935	Brauns, Reinhard	Landwirtschaft
18.10.1943	Pfitzer, Albert	Ingenieurwissenschaften
18.10.1943	Rau, Gustav	Landwirtschaft
15.07.1948	Hermes, Andreas	Landwirtschaft
28.07.1948	Fischer, Gustav	Landwirtschaft
01.12.1948	Lang, Emil	Landwirtschaft
31.03.1949	Tischler, Georg	Landwirtschaft
02.07.1949	Christoffel, Peter	Ingenieurwissenschaften
20.08.1949	Brüning-Sudhoff, Josef	Landwirtschaft
29.08.1949	Müller, Karl	Landwirtschaft
23.05.1951	Kurandt, Friedrich	Ingenieurwissenschaften
23.05.1951	Uhden, Gustav H. O.	Ingenieurwissenshaften
18.10.1952	Kissler, Herrmann	Landwirtschaft
28.07.1953	Lübke, Heinrich	Landwirtschaft

(Fortsetzung)

Datum	Name	Dr. h.c./ Dr.-Ing. E.h.
12.07.1954	Boerger, Albert	Landwirtschaft
09.11.1954	Seine Kaiserliche Majestät Haile Selassie I von Äthiopien	Landwirtschaft
09.02.1956	Gäumann, Ernst	Landwirtschaft
20.07.1956	Heiskanen, Weikko A.	Ingenieurswissenschaften
29.12.1956	Weber, Adolf	Landwirtschaft
20.01.1958	Berk, Cornel	Landwirtschaft
20.01.1958	Knolle, Wilhelm	Landwirtschaft
12.02.1959	Schrader, Gerhard	Landwirtschaft
04.02.1960	Voisin, André	Landwirtschaft
25.07.1960	Klein, Heinrich	Landwirtschaft
25.07.1960	Brenner, Walter-Gustav	Landwirtschaft
23.02.1961	Slawik, Kurt	Ingenieurswissenschaften
04.07.1961	von Dietze, Constantin	Landwirtschaft
12.01.1963	Berroth, Alfred	Ingenieurwissenschaften
10.02.1965	Rolfes, Max	Landwirtschaft
12.07.1968	Aufhammer, Gustav	Landwirtschaft
12.07.1968	Nittinger, Johannes	Ingenieurwissenschaften
04.07.1969	Noell, Günter	Landwirtschaft
09.07.1971	Arnberger, Erik	Ingenieurwissenschaften
09.07.1971	Schmid, Hellmut	Ingenieurwissenschaften
01.10.1974	Rintelen, Paul	Landwirtschaft
20.11.1975	Britton, Denis K.	Landwirtschaft
21.05.1976	Ramsayer, Karl	Ingenieurwissenschaften
21.05.1976	Klempert, Bernhard	Ingenieurwissenschaften
16.05.1977	Deneke, Diether	Landwirtschaft
01.03.1983	Manteuffel, Ryszard	Landwirtschaft
01.03.1983	Pieniazek, Stefan A.	Landwirtschaft
16.10.1985	Fischbeck, Gerhard	Landwirtschaft
10.11.1988	Hildebrandt, Hubertus	Ingenieurwissenschaften
22.06.1990	Voigtländer, Gerhard	Agrarwissenschaften
23.06.1995	Bukovac, Martin J.	Agrarwissenschaften
11.10.1997	Eichhorn, Horst	Agrarwissenschaften
23.04.1998	Reigber, Christoph	Ingenieurwissenschaften
04.07.2002	Swaminathan, Monkombu S.	Agrarwissenschaften
23.05.2003	Sauerbeck, Dieter R.	Agrarwissenschaften

(Fortsetzung)

Datum	Name	Dr. h.c./ Dr.-Ing. E.h.
07.10.2005	Rummel, Rainer	Ingenieurwissenschaften
25.11.2011	Patermann, Christian	Agrarwissenschaften
03.07.2015	Sun, Yurui	Agrarwissenschaften

Literaturverzeichnis

Anonym: Institut für Physiologie, Biochemie und Hygiene der Tiere. Rheinische Friedrich-Wilhelms-Universität Bonn, Juni 1998-Juni 2004, Bonn 2004.

Baier, Eduard/Bujard, Alfons: Bujard-Baiers Hilfsbuch für Nahrungsmittelchemiker. Zum Gebrauch im Laboratorium für die Arbeiten der Nahrungsmittelkontrolle gerichtlichen Chemie und anderen Zweige der öffentlichen Chemie, 4. Aufl. Berlin/Heidelberg 1920.

Böhm, Wolfgang (Hg.): Biographisches Handbuch zur Geschichte des Pflanzenbaus, München 1997.

Böhm, Wolfgang: Einführung in die Wissenschaftsgeschichte des Pflanzenbaus, Göttingen 1990.

Bonner Gelehrte. Beiträge zur Geschichte der Wissenschaften in Bonn. Landwirtschaftswissenschaften, Bonn 1971.

Brinkmann, Wolfgang/Schiffgen Carolina Andrea: Beitrag zur Geschichte der Agrartechnik im Rheinland zwischen 1777 und 1944 – erweitert mit einer Chronik des Instituts für Landtechnik von 1946 bis 1997 (Arbeiten aus dem Institut für Landtechnik der Rheinischen Friedrich-Wilhelms-Universität Bonn 25), 3. Aufl. Wiesbaden 1997.

Cremer, Hans-Diedrich (Hg.): Grundfragen der Ernährungswissenschaft, Freiburg 1971.

Dünkelberg, Friedrich Wilhelm: Denkschrift zur Feier des fünfundzwanzigjährigen Bestehens der Königlich Landwirtschaftlichen Akademie am 16. und 17. Mai 1872, Bonn 1872.

Erbersdobler, Helmut/Oberritter, Helmut/Breidenstein, Hans-Jürgen/Stock, Gerhard/Gassmann, Berthold/Fankhanel, Sabine: Prof. Dr. Dieter Hötzel in memoriam, in: Ernährungs-Umschau: Forschung & Praxis 49 (2002), S. 198.

Gassner, Edmund: Das Institut für Städtebau, Siedlungswesen und Kulturtechnik der Universität Bonn, in: Bonner Gelehrte. Beiträge zur Geschichte der Wissenschaften in Bonn. Landwirtschaftswissenschaften, Bonn 1971, S. 180–189.

Gesellschaft Deutscher Chemiker (Hg.): Aktuelles aus der Lebensmittelchemie (HighChem hautnah 5), Frankfurt/Main 2010.

Goltz, Theodor von der/Koll, Otto/Künzel, Franz: Festschrift zur Feier des fünfzigjährigen Bestehens der Königlich Preußischen Landwirtschaftlichen Akademie Popelsdorf, Bonn 1897.

Heupel, Aloys: 100 Jahre Geodäsie in Bonn. Schrift der Landwirtschaftlichen Fakultät, Bonn 1976.

Hofmann, Walter: 100 Jahre Geodäsie in Bonn, Sonderdruck, Bonn 1976.

Kaemmerer, Kurt (Hg.): 100 Jahre Tierphysiologie in Bonn. Beitrag zur Geschichte des Instituts für Anatomie, Physiologie und Hygiene der Haustiere, Universität Bonn. Festschrift zur Hundertjahrfeier 1894–1994, Bonn 1994.

Klapp, Ernst: Zur Problematik des Acker- und Pflanzenbaues, Göttingen 1994.

Kopke, Christoph: Themen der deutschen Ernährungswissenschaft in den vierziger und fünfziger Jahren im Spiegel zentraler Zeitschriften. Ein Blick auf die Ernährung, die Ernährung und Verpflegung, die Ernährungs-Umschau, die Ernährungsforschung und die Nahrung, in: Rüdiger vom Bruch/Uta Gerhardt/Aleksandra Pawliczek (Hgg.): Kontinuitäten und Diskontinuitäten in der Wissenschaftsgeschichte des 20. Jahrhunderts (Wissenschaft, Politik und Gesellschaft 1), Stuttgart 2006, S. 233–246.

Krampitz, Gottfried: »Wir Mistfinken« oder die Vorgeschichte der Landwirtschaftlichen Fakultät in Bonn-Poppelsdorf, erzählt von Gottfried Krampitz, in: Ernst Pfeffer (Hg.), 150 Jahre Lehre und Forschung in Poppelsdorf. Festschrift zum Jubiläum, 20./21. Juni 1997, Bonn 1997, S. 1–186.

Kuhlmann, Heiner/Witte, Bertold: Wandel der universitären Ausbildung – 125 Jahre Lehrstuhl für Geodäsie in Bonn, in: zfv, 131 Jg., 1/2006, S. 7–15.

Pfeffer, Ernst (Hg.): 150 Jahre Lehre und Forschung in Poppelsdorf. Festschrift zum Jubiläum am 20./21. Juni 1997, Bonn 1997.

Rümker, Kurt von: Die moderne Landwirtschaft und ihre Vertretung an den Universitäten, in: Journal für Landwirtschaft 45 (1897), S. 335–392.

Verein zur Förderung der Landtechnik Bonn: Carl Heinrich Dencker und das Institut für Landtechnik 1946–1967. Historischer Forschungsbericht, Bonn 2007.

Wasser, Gabriele: Vom Rittergut zur landwirtschaftlichen Lehr- und Forschungsstation. Die Geschichte des Hofes Frankenforst in Vinxel, Bonn 2012.

Weiß, Erich: 200 Jahre Entwicklungen zur heutigen Landwirtschaftlichen Fakultät der Rheinischen Friedrich-Wilhelms-Universität zu Bonn (Alma Mater 107), Bonn 2013.

Wenig, Otto (Hg.): Verzeichnis der Professoren und Dozenten der Rheinischen Friedrich-Wilhelms-Universität zu Bonn 1818–1968, Bonn 1968.

Udo Arnold

Die ehemalige Pädagogische Fakultät

Vorgeschichte 606
Die Pädagogische Akademie 609
Die Zeit des Nationalsozialismus 611
Die Nachkriegszeit 612
Die Pädagogische Hochschule 614
Die Pädagogische Fakultät der Universität Bonn 619
Die Wiedereinführung der Lehramtsstudiengänge 624

Die Pädagogische Fakultät hatte innerhalb der Universität mit nur 22 Jahren von 1980 bis 2002 ein recht kurzes Leben, wenngleich ihre Vorgeschichte von 54 Jahren als Pädagogische Akademie und Pädagogische Hochschule von erheblicher Bedeutung war und ohne diese nicht verständlich ist. Damit nahm sie eine ähnliche Stellung ein wie die Landwirtschaftliche Fakultät, die nach 87jähriger Eigenständigkeit in die Universität integriert wurde.[1] Die Pädagogische Akademie hatte eine eminent wichtige Bedeutung für die Stadt und ihr Umland hinsichtlich der Versorgung der Schulen mit ausgebildeten Lehrerinnen und Lehrern. Allerdings sei an dieser Stelle darauf hingewiesen, dass die Geschichte der Lehrerbildung in Bonn nicht in der Pädagogischen Fakultät und ihren Vorgängerinnen aufgeht. So lag der fachwissenschaftliche Teil der Lehramtsstudiengänge für Gymnasien und Realschulen in der Verantwortung der Institute der verschiedenen Fakultäten. Diese Tradition ist insofern bedeutsam, als die besondere Betonung der fachwissenschaftlichen Grundlagen sowie ihrer engen Verbindung mit fachdidaktischen und bildungswissenschaftlichen For-

1 Im Folgenden stütze ich mich auf meinen Vortrag, den ich anlässlich des Jubiläums der Fakultät und ihrer Vorläufer gehalten habe: 75 Jahre Reform der Lehrerausbildung – von der Pädagogischen Akademie zur Pädagogischen Fakultät, gedruckt im gleichnamigen Heft, Bonn 2001, S. 29–76; dort weitere Ausführungen zum Thema, die hier aus Raumgründen nicht aufgenommen werden können.

schungs- und Studieninhalten heute ein Proprium der Bonner Lehrerbildung ausmacht.[2]

Vorgeschichte

Der letzte im Bonner Schloss residierende Kölner Kurfürst, gleichzeitig Hochmeister des Deutschen Ordens, Maximilian Franz von Österreich, jüngster Sohn der Kaiserin Maria Theresia, war ein aufgeklärter Fürst.[3] Die von seinem Vorgänger Max Friedrich von Königsegg gegründete Akademie in Bonn konnte er 1786 als Universität einweihen, als Vorläufer unserer heutigen preußischen Neugründung. In seiner Deutschordensresidenz Mergentheim reformierte er das Gymnasium. Ein Problem blieb jedoch die Normalschule. Max Franz erkannte das: »Wenn dieses Studiengebäude ein Ganzes, Nützliches machen soll, so muß es von der untersten Trivialstufe angefangen und stufenweise nach und nach begründet werden.«[4] Das aufgeklärte Fürstentum nahm sich der Aufgabe an und sah den Zusammenhang einer Bildungsreform von der Elementarschule bis zur Universität, einer Reform, die nicht nur das äußerliche Glanzstück der forschenden Universität im Auge haben durfte. In den Kontext dieser bereits vor über 200 Jahren diskutierten Probleme gehört auch die 76jährige Geschichte der Bonner Lehrerausbildung von der Pädagogischen Akademie bis zur Pädagogischen Fakultät der Universität.

Die Weimarer Verfassung von 1919 verlangte in Artikel 143 Absatz 2: »Die Lehrerbildung ist nach den Grundsätzen, die für die höhere Bildung allgemein gelten, für das Reich einheitlich zu regeln«,[5] was eine Gleichstellung der Volksschullehrer mit Lehrern an Höheren Schulen einschließlich ihrer akademischen Ausbildung bedeutete. Diese Forderung der Weimarer Verfassung ist in der Praxis bis heute nicht realisiert, das Zweiklassenrecht gilt nach wie vor. Doch zumindest in der Ausbildung der Lehrer wurden entscheidende Schritte getan, wenngleich die Kulturhoheit der Länder bereits damals keinen einheitlichen Weg ermöglichte.

Der führende Pädagoge Eduard Spranger formulierte 1919 mit Blick auf den Bildungsgang der Gymnasiallehrer:

2 Vgl. das Leitbild der Bonner Lehrerbildung: www.bzl.uni-bonn.de/organisation/170706-leitbild-lehrerbildung.pdf (zuletzt abgerufen am 09.03.2018).

3 Vgl. besonders Braubach, Max Franz.

4 Zitiert nach Braubach, Max Franz, S. 149.

5 Weimarer Verfassung vom 10.08.1919, Art. 143 Abs. 2, in: Limbach/Herzog/Grimm (Hg.): Die deutschen Verfassungen, S. 177.

»Es ist gewiß, daß noch viel geschehen kann, um im wissenschaftlichen Fachlehrer auch einen pädagogischen Geist zu wecken. Mir aber scheint ein noch höheres Ideal, daß es außerdem eine Stätte gebe, an dem der Bildungsgedanke als solcher zu seiner höchsten Darstellung kommt, wie er es nach dem Geist und der Bestimmung der philosophischen Fakultät niemals kann.«[6]

In Preußen – und damit auch in der preußischen Rheinprovinz – gewannen diese Gedanken in Form einer Denkschrift des Ministeriums für Wissenschaft, Kunst und Volksbildung 1925 organisatorische Gestalt: Neben die Universität und die Technische Hochschule sollte als dritte Ausbildungsstätte die »Bildnerhochschule« für die Volksschullehrerausbildung treten.[7] Damit war die Pädagogische Akademie geboren. In ihrem Aufgabenzentrum sollte nicht die Wissenschaft stehen wie an den Universitäten, sondern der pädagogische Bezug, die pädagogisch bestimmte Bildungsarbeit. So galt es, den Studierenden

»einen Einblick in die Stoffgebiete des Volksschulunterrichts nach Inhalt, Umfang und Zusammenhang zu gewähren, ihnen die wissenschaftlichen Grundlagen dieser Wissensgebiete aufzudecken und sie mit den Methoden der Stoffgewinnung, Stoffgestaltung und Stoffverwertung vertraut zu machen.«[8]

Das Studium sollte vier Semester dauern. Dementsprechend wurde als Studienvoraussetzung das Abitur gefordert. Denn wenn die Volksschulbildung insgesamt gehoben werden sollte, musste bei den zukünftigen Lehrpersonen ein fachlicher Wissensfundus vorhanden sein, der – wenn nicht durch ein Universitätsstudium – durch einen vorhergehenden Bildungsgang erworben werden musste. Damit war dem Verfassungsauftrag der Weimarer Republik sicher nicht entsprochen, doch war dies ein deutlicher Fortschritt gegenüber der bisherigen Ausbildung. Zuerst sollten drei Akademien gegründet werden mit anfangs nur 50 Studierenden: Elbing und Kiel sowie eine in der Rheinprovinz.[9]

Die Standortentscheidung war ein Politikum. Nach der Abtrennung Ostpreußens vom Reich durch den Versailler Vertrag bedurfte es dort wie an der problematischen Nordgrenze des Reiches wie auch im Rheinland bei Separatismusgedanken und Rheinlandbesetzung der Weckung und Festigung des Landesbewusstseins. Dazu waren Bildungseinrichtungen ideal.[10] Es sei daran erinnert, dass die Gründungsvorstellungen des Instituts für Rheinische Lan-

6 Spranger, Lehrerbildung, S. 39f.; Wiederabdruck in: Die Pädagogischen Hochschulen, S. 17–65, hier S. 44.
7 Die Neuordnung, S. 40, S. 44.
8 Die Neuordnung, S. 82.
9 Vgl. insgesamt Kittel, Entwicklung, bes. S. 90–97; Weber, Neuordnung. Die Geschichte der einzelnen Hochschulen bedarf noch der Aufarbeitung.
10 Bei der Eröffnung der Kieler Hochschule wurde dies von Ministerialdirektor Paul Kaestner, dem Leiter der Volksschulabteilung im Berliner Kultusministerium, ausdrücklich formuliert; vgl. Kittel, Entwicklung, S. 90.

deskunde an der Universität Bonn 1920 wie auch des zugehörigen Vereins für Geschichtliche Landeskunde der Rheinlande 1925 auf denselben Überlegungen beruhten.[11]

Die Akademien in Elbing und Kiel sollten evangelisch sein, die rheinische katholisch, korrespondierend dazu Elbing und Kiel für männliche und weibliche Studierende, die rheinische nur für männliche. Im Rheinland konkurrierten Köln und Bonn als Standorte, auch Düsseldorf als dritter möglicher Standort wurde geschlagen, wie der Bonner General-Anzeiger stolz meldete: »Um die Heranziehung dieser pädagogischen Akademie hatten sich namentlich unsere Nachbarstädte Köln und Düsseldorf besonders bemüht. Es ist deshalb mit besonderer Freude zu begrüßen, daß unserer Vaterstadt Bonn der Vorzug gegeben worden ist.«[12]

Der Denkschrift von 1925 war noch im selben Jahr die Umsetzung gefolgt, und da die Bevölkerung verständlicherweise nicht wusste, welche Aufgaben die neuen Akademien haben sollten, erläuterte der General-Anzeiger sie:

> »Im Mittelpunkte des gesamten Unterrichtes steht als Zentralfach die Pädagogik, und zwar die Pädagogik als Wissenschaft, wie sie sich besonders in den letzten Jahrzehnten nach den verschiedenen Richtungen entwickelt hat (Experimental-Pädagogik und -Psychologie etc.). Daneben soll die Philosophie mit ihren verschiedenen Hilfswissenschaften hochschulmäßig betrieben werden. Der Hauptwert wird naturgemäß auf die praktische Ausbildung der zukünftigen Lehrer gelegt werden müssen, da deren Vorbildung von der der früheren Seminaristen gänzlich verschieden ist. Darum sollen auch in den beiden Akademiejahren außer der Pädagogik keine anderen Fächer wissenschaftlich betrieben werden. Als Lehrer werden an den neuen Anstalten Dozenten, Studienräte, die naturgemäß mit dem Volksschulwesen durchaus vertraut sein müssen, und tüchtige Praktiker aus dem Volksschuldienst fungieren. Mit der Anstalt selbst wird eine Art Übungsschule für die praktische Ausbildung der Schulamtsbewerber verbunden sein.«[13]

Zum ersten Lehrkörper von zwölf Dozenten gehörten auch Lehrende der Universität Bonn. Neben der Bejahung dieser neuen Ausbildungsform gab es natürlich Bedenken. Würde der neue Lehrer nach Höherer Schule und Akademie nicht volksfremd werden, sich auf dem platten Lande nicht mehr wohlfühlen?

11 Vgl. Nikolay-Panter, Geschichte, S. 233–262, bes. S. 239–241; dies., Verein, S. 374–399, bes. S. 380–382, S. 389–391, S. 397f. (Aufruf zur Vereinsgründung von 1924). Die politische Dimension wird noch stärker betont bei Wein, Deutschlands Strom, S. 101–104, S. 114–122 und Oberkrome, Volksgeschichte, Nachweise im Sachregister (Aussagen teilweise vergröbernd); weitere besonders auf die Geschichtswissenschaft bezogene Literatur bei Nikolay-Panter, Verein, S. 391, Anm. 84.

12 General-Anzeiger Bonn, Nr. 12377 vom 28.11.1925.

13 Ebd. Zu den Übungsschulen vgl. Akten, Ordner: Übungsschulen 1932/33. Die noch in der Fakultät vorhandenen Altakten sind nach der Integration in die Universität abgegeben worden an das damalige Hauptstaatsarchiv Düsseldorf, Außenstelle Kalkum.

Andererseits rief auch die »Vernachlässigung« der Wissenschaft zugunsten einer Praxisorientierung in Verbindung mit einem Hochschulstudium arge Bedenken hervor, das Schlagwort vom »Halbwissen« ist keineswegs der Diskussion um Bachelor- und Masterstudiengänge entnommen. Auch die Mischung des Lehrkörpers war Zielscheibe der Kritik, doch sie »stärkte den Mut zum Experiment, zum Überspringen der Fachgrenzen, zur Kooperation in einem Grade, der nicht selten den stillen Neid von Fakultätsmitgliedern hervorrief.«[14]

Die Pädagogische Akademie

Das alles hinderte die Errichtung der drei Versuchsakademien keineswegs. Der parteilose Kultusminister Carl Heinrich Becker kam persönlich zur Eröffnung, mit ihm eine große Zahl an Prominenten. Die Eröffnung der ersten Akademie hatte am 1. Mai 1926 in Elbing stattgefunden, mit Gottesdienst und Ministerrede, in der Becker, gemäß der Tradition der alten Hansestadt und der Stadt des Industrie- und Werftenpioniers Ferdinand Schichau, von einem »Stapellauf« der Bildung sprach, in dessen Anschluss nun das Schiff zur freien Fahrt tüchtig gemacht werden müsse.[15]

Am 15. Mai 1926 erfolgte in ähnlich feierlicher Form die Bonner Eröffnung, anschließend die Kieler. Der politische Hintergrund mag deutlich werden im Hinweis darauf, dass die Besetzung Bonns – im Dezember 1918 durch die Engländer, Ende Februar 1920 durch die Franzosen – seit dem 1. Februar 1926 aufgehoben war, die Universität Bonn am 21. Februar eine »Befreiungsfeier« mit Außenminister Gustav Stresemann als Redner veranstaltet und im April Reichspräsident Paul von Hindenburg Bonn einen Besuch abgestattet hatte.[16] In einer der Reden zur Eröffnung der Akademie wurde den anwesenden zukünftigen Studenten mit auf den Weg gegeben:

> »Schauen Sie, meine Herren, nicht nach rechts oder links zur alten Schule, sondern seien Sie stolz, eine neue Tradition zu schaffen. Wer Lehrer wird, muß es werden aus innerem Bedürfnis heraus. [...] Lassen Sie sich nicht mies machen, wenn vom Experimentalcharakter der Akademien gesprochen wird. Ob etwas daraus wird, werden Sie durch Ihre Leistungen zu zeigen haben.«[17]

14 Thielen, 40 Jahre Pädagogische Hochschule Bonn.

15 Dazu Schuch, Lehrerausbildung, S. 4f.

16 Vgl. Ennen/Höroldt, Römerkastell, S. 292–297; zuletzt Manuela Kerlin, Das Ehrenmal »Flamme empor«, in: forsch. Bonner Universitäts-Nachrichten, Heft 3, November 2001, S. 55.

17 Aus dem inzwischen archivierten Material, ohne genauen Nachweis.

Und der Wunsch des Bonner General-Anzeigers lautete: »Möge die neue Stätte der Geistesbildung mit zum Wachsen, Blühen und Gedeihen Bonns beitragen.«[18] Weniger spektakulär ging es zwei Wochen später zu, als am 1. Juni 1926 der Lehrbetrieb für 33 Studenten und zwölf Dozenten im Gebäude der Volksschule in der Wilhelmstraße begann, heute Domizil der Volkshochschule. Die Studenten klagten anfangs über die große Arbeitslast, doch aufgrund des guten Kontakts zwischen Dozenten und Studenten waren sie mit dem Arbeitsklima zufrieden. Auch wurde den Studenten im Allgemeinen ein verantwortungsbewusstes Handeln nachgesagt, teilweise im Gegensatz zu den Universitätsstudenten, mit denen man sich am selben Ort vergleichen konnte. Doch beklagten die Dozenten auch mangelnde Vorbildung in den Naturwissenschaften, in Philosophie und Geschichte und fragten, was das Gymnasium für diese Fächer denn leiste – eine Frage, die weder zum ersten noch zum letzten Male gestellt wurde.

Schon im nächsten Jahr war die Studentenzahl auf über 100 gestiegen; das Endziel sah 240 vor. Aus der Versuchsanstalt war die Regelausbildungsstätte geworden. Ihr folgten zwischen 1927 und 1930 weitere zwölf Neugründungen, wenn auch infolge der Weltwirtschaftskrise 1932 acht von ihnen wieder geschlossen wurden, aus finanziellen, nicht jedoch bildungspolitischen Überlegungen. Bonn überlebte.

Auch die bauliche Situation erfuhr ihre Neuprägung, stellte doch die Volksschule in der Wilhelmstraße ein unzumutbares Provisorium dar.[19] Wie in Elbing entstand nach der Grundstücksübertragung durch die Stadt seit 1930 auch in Bonn in der Gronau, unmittelbar am Rheinufer, ein repräsentativer Akademie-Neubau. Er wurde 1933 fertiggestellt. Ihm war der Einfluss des Bauhauses als der bedeutendsten modernen Architekturrichtung deutlich anzusehen, und das Gebäude, das den Zweiten Weltkrieg überlebte, hat als »Bundeshaus« von 1949 bis zum Regierungsumzug nach Berlin 1999 dem Deutschen Bundestag und dem Bundesrat als Sitz gedient.[20] Zu Zeiten der Weimarer Republik war Bonn die größte Akademie im gesamten Deutschen Reich, wenngleich die Ausstattung mit Lehrmitteln nach Ausweis der Inventare sehr bescheiden zu nennen ist.[21]

18 General-Anzeiger Bonn, Nr. 12377 vom 28.11.1925.
19 Vgl. Akten, Ordner: Neubau.
20 Vgl. Akten, Ordner: Neubau sowie Bauten, Abb. S. 9.
21 Vgl. Akten, Ordner: Einrichtungsgegenstände, Inventar.

Abb. 29: Pädagogische Akademie (späteres »Bundeshaus«)

Die Zeit des Nationalsozialismus

Im Jahr 1933 erfuhr nach Übernahme der Macht durch die Nationalsozialisten das Bildungswesen eine Umstrukturierung. Ausdruck dieser Reform war ein neuer Name: »Hochschule für Lehrerbildung«,[22] wovon der Direktor durch die Presse erfuhr. Die Dozentenkollegien wurden mit Blick auf politische Zuverlässigkeit gründlich umgebildet, der Ariernachweis war ab sofort gemäß dem »Gesetz zur Wiederherstellung des Berufsbeamtentums« erforderlich.[23] Wie gründlich vorgegangen wurde, zeigt das Schicksal des Historikers Prof. Rosenberg im Konzentrationslager. Die Studentenzahl stieg vor dem Krieg zeitweilig auf über 500. Die Aufgaben in der Ausbildung von Volksschullehrern blieben jedoch erhalten. Die 1926 in Deutschland nicht unbedingt fortschrittlichste preußische Form der Lehrerausbildung, die dem Weimarer Verfassungsauftrag mitnichten entsprochen hatte, wurde für das gesamte Reich verbindlich. Auch wenn die Inhalte dem politischen System angepasst wurden – die Themen der

22 Erlass des Ministers für Wissenschaft, Kunst und Volksbildung mit Wirkung vom 01.05.1933, in: Zentralblatt für die gesamte Unterrichtsverwaltung in Preußen, Jg. 75, 1933, S. 138. Vgl. dazu im Kontext auch Weber, Neuordnung, S. 140–142.

23 Vgl. Akten, Ordner: Bestimmungen für Beamte.

Lehrveranstaltungen wie der Examensarbeiten sprechen eine ebenso deutliche Sprache[24] wie in der Form zum Beispiel der tägliche Flaggenappell –, so blieben die Studienstruktur und das Ausbildungsziel doch erhalten. Nach wie vor sollte der alle Fächer unterrichtende Klassenlehrer ausgebildet werden, Fachlehrer im heutigen Sinne gab es nicht. Das galt ebenfalls für Fächer, die spezifische, keineswegs von allen Studenten gleichermaßen erbrachte Grundvoraussetzungen benötigten, wie etwa Musik.[25] Die Möglichkeiten politischer Indoktrination über die Schulbildung in einer solchermaßen strukturierten Volksschule, in der bis in die 1950er Jahre 80 Prozent aller Kinder ihre Schulbildung abschlossen, wird damit ersichtlich.

Dem leistete eine weitere Reform noch Vorschub. Infolge der Kriegssituation seit 1939 erfolgte die offenbar von Hitler persönlich durchgesetzte Strukturänderung zur »Lehrerbildungsanstalt«, in seinen Augen wohl in den Alpen- und Donaugauen bereits erprobt. Das bedeutete den Rückfall in alte Seminarzeiten. Zwischen 1940 und 1942 wurden dementsprechend die Hochschulen für Lehrerbildung geschlossen, an ihre Stelle traten die Lehrerbildungsanstalten. Der Zugang erfolgte wieder ohne Abitur, verbunden war damit eine starke Feminisierung – die jungen Männer wurden als Soldaten gebraucht. Gleichzeitig war einer noch stärkeren Ideologisierung Tür und Tor geöffnet, denn die jüngeren Studierenden hatten noch nicht zu einer eigenen Persönlichkeit reifen können. Seit 1941 wurde die Bonner Lehrerbildungsanstalt bei drastisch sinkenden Studentenzahlen auch mehrfach räumlich umquartiert: »Bei Ende des Zweiten Weltkrieges war nur noch ein Zerrbild von der Schöpfung Sprangers und Beckers übriggeblieben.«[26]

Die Nachkriegszeit

Mit dem Zusammenbruch des »Dritten Reiches« war auch in Bonn die Zäsur gegeben. Die von den Besatzungsmächten als nötig angesehene *reeducation* bedurfte wiederum der Reform, das heißt neuer Bildungseinrichtungen, wenngleich diese weitgehend auf die Formen der Weimarer Republik zurückgriffen,[27] einschließlich der ersten Prüfungsordnung von 1928, die bis in die

24 Vgl. Akten, Ordner: I. Lehramtsprüfung 1935.

25 Vgl. die autobiographische Darstellung des ehemaligen Kollegen Heinz Antholz, (Musik-)Erziehung, bes. S. 102–121 über seine Studienzeit an der Hochschule für Lehrerbildung Kiel von 1936–1938.

26 Peter G. Thielen, 40 Jahre Pädagogische Hochschule Bonn (Festvortrag 1966), Kurzfassung, S. 10.

27 Maßgeblichen Einfluss hatte Joseph Antz, der bereits in der Gründungszeit der Akademien seine Vorstellungen einbringen und nunmehr darauf zurückgreifen konnte. Vgl. Antz,

1950er Jahre hinein galt. So wurde in Bonn nach Kupferdreh, Kettwig und Aachen zum 1. März 1946 die Pädagogische Akademie wiedereröffnet, nunmehr in der Karlschule, da das eigentliche Akademiegebäude von der englischen Besatzungsmacht beschlagnahmt war.[28] Doch schon die feierliche Eröffnung am 16. Mai 1946 – fast auf den Tag 20 Jahre nach der ersten Eröffnung[29] – fand wieder im eigenen Gebäude am Rhein statt, auch wenn die Fenster der Aula teilweise noch mit Brettern vernagelt waren. Dabei zeigte sich die Stadt Bonn generös: Sie spendierte den Blumenschmuck und – damals noch viel wichtiger – einen Imbiss ohne Lebensmittelmarken.

Zwei Studienformen standen anfangs wegen des Lehrermangels nebeneinander: Kurzlehrgänge (Notkursus) für Studenten, die bereits Teilstudien absolviert hatten, und normale viersemestrige Studiengänge.[30] Außerdem war Bonn die erste nicht mehr konfessionell gebundene Akademie und nunmehr für männliche wie weibliche Studierende offen, sicher ein wesentlicher Reformaspekt. Zu den Dozenten der ersten Stunde gehörten so bekannte Namen wie Klara Marie Faßbinder für Geschichte, Max Josef Hillebrandt für Psychologie oder Irmgard Pohl für Geographie.[31]

Es folgte ein sprunghafter Anstieg der Studierendenzahlen. War der ursprüngliche Hochschulbetrieb auf circa 250 Studenten ausgelegt, begannen 1946 um die 170, waren es 1959 noch rund 600, so wurde 1964 die 2.000er Grenze überschritten, Tendenz steigend. Die Zahl der Dozenten dagegen hatte sich noch nicht einmal verdreifacht.[32] Peter Thielen stellte in seiner Festrede anlässlich des

Volksdienst; Hammelsbeck, Überlieferung (mit Personalbibliographie, S. 23–29); vgl. auch unten Anm. 29.

28 Vgl. Akten, Ordner: 1. Verwaltungsmappe 1945, 1946.

29 Vgl. die Eröffnungsrede von Joseph Antz, die er als Vertreter des Oberpräsidenten der Rheinprovinz hielt: Vom Wesen der Pädagogischen Akademie und ihren besonderen Aufgaben in dieser Zeit, in: Hammelsbeck, Überlieferung, S. 108–121, Erstdruck in: Pädagogische Rundschau 1 (1947), S. 152f. Antz trat 1927 als Dozent in die Pädagogische Akademie Bonn ein, 1934 wurde er jedoch als politisch untragbar entlassen; 1945–1949 diente er der Nordrhein-westfälischen Landesregierung maßgeblich im Bereich der Lehrerausbildung; vgl. Wyndorps, Neuaufbau, S. 40–43.

30 Vgl. allgemein Wyndorps, Neuaufbau.

31 Die Geschichte der Bonner Pädagogischen Akademie – Hochschule für Lehrerbildung – Lehrerbildungsanstalt – Pädagogischen Akademie – Pädagogischen Hochschule Rheinland, Abt. Bonn – Pädagogischen Fakultät der Universität Bonn gilt es noch zu schreiben, Material existiert zur Genüge. Dabei wird ein besonderes Augenmerk auch dem Lehrkörper zu widmen sein, und man wird staunen, wer alles dort aufscheint im Hinblick auf die geistige Entwicklung Deutschlands – in ihrer Bedeutung weit über die eigentliche Lehrstätte hinausreichende Frauen und Männer, die ihre Spuren nicht nur in der Lehrerausbildung hinterlassen haben. Für die ersten 15 Jahre haben wir immerhin die Veröffentlichung von Hesse, Professoren und Dozenten.

32 Aufstellung der Hochschulleitung für Prof. Thielen Wintersemester 1964 anlässlich des bevorstehenden Jubiläums.

40jährigen Gründungsjubiläums fest, dass die Dozenten-Studenten-Relation 1926 1:3 gewesen sei, nunmehr jedoch 1:60. Die bereits während des Krieges erkennbare Feminisierung der Studierenden blieb erhalten, das Verhältnis männlich/weiblich lag bei etwa 1:4.[33]

Die Entwicklung verlangte auch nach baulichen Konsequenzen. Denn die Wahl Bonns zur Bundeshauptstadt bedurfte der entsprechenden Unterbringung des Parlaments und des Bundesrates – die architektonisch noch immer moderne Pädagogische Akademie wurde Regierungsdomizil »als das erste Geschenk des Landes Nordrhein-Westfalen an den Bund«, wie die Kölnische Rundschau nach dem Bonn-Beschluss des Parlamentarischen Rates am 28. Oktober 1948 schrieb.[34] Die Akademie musste weichen, wieder in die Karlschule. Erst zum Wintersemester 1958/59 schließlich konnte sie ihren Neubau einschließlich großer Aula in der Römerstraße beziehen,[35] eigentlich für etwa 500 Studierende geplant, zum Zeitpunkt der Fertigstellung also bereits um 20 Prozent überbelegt, fünf Jahre später um 300 Prozent. Die Aula wurde für viele Jahre zum üblichen »Seminarraum«, Seminarveranstaltungen mit 200 bis 600 Teilnehmern waren keine Seltenheit. Was von Dozenten und Studenten damit verlangt wurde, war eine Ungeheuerlichkeit, und sie gingen dementsprechend 1968 gemeinsam auf die Straße.[36] Zum Vergleich sei angemerkt, dass Ende 1967 die Universität insgesamt knapp 15.000 Studierende zählte, davon die Philosophische Fakultät knapp 4.400, die Pädagogische Hochschule über 2.500.

Die Pädagogische Hochschule

Wie in der preußischen Akademie stand die Ausbildung im pädagogischen Bereich, nunmehr »Grundwissenschaften« genannt, im Vordergrund. Dazu gehörten Allgemeine Pädagogik, Schulpädagogik, Psychologie, Soziologie und Philosophie, später auch Politikwissenschaft. Allmählich wurde bundesweit das Studium von vier auf sechs Semester ausgedehnt, in Nordrhein-Westfalen im zeitlichen Mittelfeld 1957.[37] Gleichzeitig fand eine intensive Diskussion über die Zukunft der Lehrerausbildung statt, an der sich auch die Universitäten lebhaft

33 Thielen, 40 Jahre Pädagogische Hochschule Bonn, S. 20.

34 Zit. nach: Mitteilungen des Bonner Akademiekreises, Dezember 1955, S. 4f. und bei Thielen, 40 Jahre Pädagogische Hochschule Bonn, S. 30.

35 Vgl. Die Bauten, S. 62f., mit Abb. und Grundriss Erdgeschoss.

36 Vgl. die ausführliche Berichterstattung im General-Anzeiger Bonn und in der Bonner Rundschau, mit Abb.

37 Runderlass des Kultusministers vom 16.12.1957, in: Amtsblatt des Kultusministeriums, Land Nordrhein-Westfalen 10 (1958), S. 28; vgl. Scheven, Ende, S. 14–23, hier S. 15; vgl. auch Reble, Lehrerbildung, S. 20, Anm. 10; im Anhang S. 280–332 eine chronologisch geordnete Bibliographie zur Lehrerbildung in Deutschland von 1898–1958.

Abb. 30: Pädagogische Hochschule, Römerstraße

beteiligten.[38] Zur Verlängerung des Studiums korrespondierte der Weg zur wissenschaftlichen Hochschule. Durch Erlass vom 29. Januar 1954 verbriefte das Land Nordrhein-Westfalen durch Kultusministerin Christine Teusch den Akademien vorläufig den Hochschulcharakter mit der Aufgabenstellung, »in einer Hochschulgemeinschaft Lehrer durch Lehre und Forschung, Theorie und Praxis im Bereich der Erziehung und des Unterrichts heranzubilden.«[39] Damit wurde ihnen eine den Universitäten angeglichene Selbstverwaltung übertragen. Im Jahr 1962 erfolgte konsequent die Umbenennung in »Pädagogische Hochschule«.[40] 1965 wurde per Gesetz der Charakter einer wissenschaftlichen Hochschule mit Promotions- und Habilitationsrecht verliehen.[41]

38 Vgl. zum Beispiel Zeitschrift für Pädagogik 4 (1958), u. a. mit folgenden Beiträgen: Josef Derbolav, Die pädagogische Ausbildung der Gymnasiallehrer als Aufgabe und Problem (S. 372–397); Georg Geissler, Universität und Lehrerbildung (S. 147–163); Oskar Hammelsbeck, Die Pädagogische Hochschule als wissenschaftliche Hochschule (S. 122–136) mit Stellungnahmen von Wilhelm Richter und Wilhelm Hellmich (S. 136–146); Karl Holzamer, Die Aufgaben der Erziehungswissenschaft im Blick auf die Lehrerbildung (S. 362–371) oder Ernst Lichtenstein, Universität und Eigenständige Pädagogische Hochschule (S. 242–250).

39 Abdruck bei Wyndorps, Neuaufbau, Dokumentenanhang, Nr. 6; vgl. ebd., S. 254–264. Vgl. auch den Bericht von Hillebrand, Anerkennung, S. 6–9.

40 Vgl. Scheven, Ende, und Antholz, Bildnerhochschule.

41 Gesetz über die Errichtung von Pädagogischen Hochschulen im Lande Nordrhein-Westfalen vom 09. 06. 1965, Abdruck in: Gesetz- und Verordnungsblatt für das Land Nordrhein-Westfalen 19 (1965), S. 156.

Gleichzeitig erfolgte die organisatorische Umstrukturierung der Pädagogischen Hochschulen: Bonn gehörte nunmehr neben den zuvor eigenständigen Pädagogischen Hochschulen Aachen, Köln, Neuss, Wuppertal und der Heilpädagogik in Köln als Abteilung zur neuen Pädagogischen Hochschule Rheinland mit Sitz in Köln. Innerhalb der Abteilungen erhielten die Fächer eigene Seminare mit einer an wissenschaftlichen Hochschulen üblichen Personalstruktur.[42] Es war dies ein langer Reformweg von den schon im 19. Jahrhundert erhobenen Forderungen nach einer Ausbildung der Volksschullehrer an eigenen wissenschaftlichen Hochschulen, nun schien dieses Ziel endlich erreicht.

Die rechtlich-formale Reform hatte auch inhaltliche Konsequenzen, die auf die Umstrukturierung des Schulsystems abgestimmt sein sollten. 1968 wurde in Nordrhein-Westfalen das System der Einstellung nach dem ersten Examen als Junglehrer mit verpflichtender Fortbildung bis zu einem zweiten Examen abgelöst durch einen Vorbereitungsdienst.[43] Aus der Volksschule wurden nunmehr die Grund- und Hauptschule, und seit 1975 sollte die Ausbildung den neuen Schulformen Primarstufe, Sekundarstufe I und Sekundarstufe II angepasst sein. Das korrespondierte mit dem politischen Wollen, die neue Gesamtschule zur Regelschule zu machen, andererseits mit dem Versuch zur Lösung des Problems der Realschullehrerausbildung, die von den Universitäten sehr ungeliebt am Rande mitbetrieben wurde, während gleichzeitig die ebenfalls auf zehn Pflichtschuljahre ausgerichtete Ausbildung der Hauptschullehrer an den Pädagogischen Hochschulen stattfand.

In den Studieninhalten der Pädagogischen Hochschulen rückte man von der bisherigen Form der Klassenlehrerausbildung ab. Neben den Grundwissenschaften im pädagogischen Bereich standen zwei Wahlfächer, die es vertieft zu studieren galt. Allerdings, und hier scheinen Traditionen der Akademie durch, mussten während des Studiums auch Leistungen in Deutsch, Mathematik und einem musischen Fach sowie normalerweise in Religion erbracht werden. Der bisher immer wieder angeprangerte »Universaldilettant« sollte ersetzt werden durch einen Lehrer, der zwar seine entscheidende Prägung durch die Grundwissenschaften erhalten hatte, aber doch vertiefte Fachschwerpunkte kannte. Die Ausbildungsbreite als Tradition der Akademien zielte auch auf die Einsatzmöglichkeit dieser neuen Lehrer in der Schule ab. Besonders deutlich wird das Problem im Hinblick auf die Grundschule, die spätere Primarstufe, die von den sogenannten weiterführenden Schulen – Hauptschule, Realschule, Gymnasium und Gesamtschule – auch organisatorisch getrennt wurde und in der bis heute das Klassenlehrersystem weitgehend erhalten ist.

42 Prägnante Zusammenfassung der wichtigsten Elemente bei Antholz, Bildnerhochschule, S. 47.
43 Durch Verordnung vom 01.08.1968, Abdruck in: Gesetz- und Verordnungsblatt für das Land Nordrhein-Westfalen 21 (1968), S. 252.

Auch technische Innovation war mit der Umstrukturierung verbunden. So erhielt Bonn – damals die größte Pädagogische Hochschule in der Bundesrepublik – als erste in Europa eine Unterrichtsmitschauanlage, mit deren Hilfe Unterricht durch Videokameras und Mikrofone aufgenommen und anschließend in Seminaren analysiert werden konnte, ohne mit großen Studentenzahlen in Schulklassen während des Unterrichts einzufallen. Bis vor wenigen Jahren wurde sie, nach gründlicher Renovierung, immer noch genutzt.[44]

Für die neue Form der Ausbildung sollten die Pädagogischen Hochschulen ihren eigenen Hochschullehrernachwuchs heranziehen können, zuerst in Form der Habilitation. Dies war in den von Kultusminister Paul Mikat genehmigten Verfassungen vorgesehen, doch dagegen erhob die Westdeutsche Rektorenkonferenz Ende 1966 »mit allem Nachdruck Einspruch« und empfahl ihren Mitgliedshochschulen, solche Habilitationen nicht als gleichwertig anzuerkennen.[45] Gleichzeitig sah die Rektorenkonferenz, dass durch Promotionen in eigener Verantwortung der Pädagogischen Hochschulen den Universitäten ein Wissenschaftsmonopol zu entgleiten drohte.

Damit hatte jedoch die Rektorenkonferenz einen wesentlichen Ansatzpunkt des Ausschusses für Strukturfragen, der 1964 die »Empfehlungen zur Neugliederung der Pädagogischen Hochschulen« erarbeitet hatte, gründlich missverstanden:

> »Für die Lehre der Pädagogischen Hochschule genügt [...] nicht mehr nur eine wissenschaftliche Fundierung, sondern Voraussetzung wird ihre unmittelbare Beteiligung an der Forschung [...]. Gegenstand von Forschung und Lehre muß das Phänomen der Erziehung in seinem ganzen Umfang sein, nicht beschränkt auf seine schulischen oder gar volksschulgebundenen Aspekte.«[46]

Hier liegt ein Problempunkt im Verständnis von Universitäten zu Pädagogischen Hochschulen beziehungsweise Pädagogischen Fakultäten, aber auch in der Entwicklung des Selbstverständnisses der Pädagogischen Hochschulen nach 1965.

Hinzu kam ein neuer Diplomstudiengang, die Ausbildung des wissenschaftlich vorgebildeten Diplompädagogen, zu dessen Grundvoraussetzung jedoch auch eine angemessene Praxiserfahrung gehörte. Letzteres galt selbstverständlich ebenfalls für die Promotion, die sowohl in den Grundwissenschaften als auch in den Fachdidaktiken möglich wurde. Neben der Theorie sollte stets die

44 Vgl. neben vielen anderen Veröffentlichungen und Unterrichtsfilmen desselben Autors Schorb, Unterrichtsmitschau; ders., Praxis; ebenso Ladenthin, Miteinander.

45 Dass die Universitäten die Entwicklung der Pädagogischen Akademien bzw. Hochschulen zu einer wissenschaftlichen Institution stets mit Argwohn beobachtet haben, war nicht neu, wenngleich durchaus Stimmen existierten, die die Akademien als solche begrüßten; vgl. Bungardt, Lehrerbildung.

46 Ausschuss für Strukturfragen der Lehrerbildung in Nordrhein-Westfalen, Empfehlungen.

Praxis stehen, ein entscheidendes Erbe der Pädagogischen Akademien, aber auch ein wesentlicher Unterschied zur Universität, die schon zu Beginn der Diskussion darauf hingewiesen hatte, dass sie dazu nicht in der Lage sei.[47] Ich weiß mich sehr gut zu erinnern, mit wieviel Mühen Promotionsordnung und Kommentar im Senat der Pädagogischen Hochschule Rheinland diskutiert wurden, welche Probleme gerade in der Theorie-Praxis-Verbindung lagen. Galt beispielsweise die Tätigkeit als Assistent an der eigenen Hochschule mit entsprechenden Lehrveranstaltungen als pädagogische Praxis, oder war ein Praktikum etwa im Kindergarten als pädagogisch höherwertig anzusehen?

An diesen Beispielen wird deutlich, mit welchen Anfangsschwierigkeiten von außen wie von innen die neue wissenschaftliche Hochschule zu kämpfen hatte. Bildungspolitische Vorgaben, die Kontrastellung der Universität, die Suche nach einem eigenen, fachspezifisch unterschiedlichen Selbstverständnis von Grundwissenschaften und Fachdidaktiken begleiteten die folgenden Jahre. So wurde beispielsweise die vom Strukturausschuss 1964 gesehene, sinnvolle Aufgabenstellung der Forschung für die Grundwissenschaften[48] zumindest teilweise von den Universitäten akzeptiert – die Berufung einer ganzen Reihe entsprechender Kollegen auf Universitätslehrstühle zeigt dies –, für die Fachdidaktiken jedoch rundweg abgelehnt beziehungsweise ignoriert. Didaktik wurde dort weiterhin definiert als: »Wie sag ich's meinem Kinde in der Schule?«

Das Ergebnis gerade in den Fachdidaktiken war eine Definition von Forschung möglichst in Anlehnung an die Vorstellungen der Universität bis hin zur Beteiligung möglichst vieler Universitätskollegen an den Habilitationen. Auch in der üblich gewordenen Benennung lässt sich dieses ablesen: Neben der Fachwissenschaft steht die Fachdidaktik – als Nicht-Wissenschaft. Unter diesen Prämissen war es sehr schwer, spezifische Forschung der Pädagogischen Hochschulen und ein entsprechendes Selbstverständnis aufzubauen. Dass dies manchmal gelang, allerdings auch mit entsprechend negativen Reaktionen aus dem Universitätsbereich, haben wir miterlebt. Ich nenne als Beispiele etwa den Aufbau des Studienganges »Deutsch als Fremdsprache«, heute wieder besonders aktuell, oder die Mitte der 1970er Jahre veröffentlichte »Didaktik der Geschichte« von Annette Kuhn,[49] die bis heute nicht überholt ist und noch im Lehrplan für die Sekundarstufe II Gymnasium des Landes Nordrhein-Westfalen 1999 ihren Niederschlag gefunden hat.[50] Fachdidaktik als Vermittlungswissenschaft, die in

47 Vgl. z. B. Zusammenfassendes (Universitäts-)Gutachten über das Volksschullehrerstudium. Erstattet von K. Brandi, E. Hermann und H. Nohl im Auftrage der Philosophischen Fakultät Göttingen (1920), in: Kittel (Hg.): Die Pädagogischen Hochschulen, S. 67–74, hier S. 73f.

48 Ausschuss für Strukturfragen der Lehrerbildung in Nordrhein-Westfalen, Empfehlungen.

49 Kuhn, Einführung.

50 Richtlinien und Lehrpläne für die Sekundarstufe II/Gesamtschule in Nordrhein-Westfalen. Geschichte, Frechen 1999.

unserer medial bestimmten Welt keineswegs ausschließlich auf Schule bezogen werden darf, ist auch heute noch nicht allgemein akzeptiert, trotz oder vielleicht auch wegen der Umstrukturierung, die wenig später auf die Pädagogischen Hochschulen zukam.

Bereits 1970 entwickelte die Landesregierung einen »Aufbau- und Strukturplan« für die Gründung von acht »Erziehungswissenschaftlichen Universitäten«; Bonn war ebenfalls als solche gedacht. Sie sollten

> »das Studium der Lehrer aller Stufen des allgemeinbildenden Schulsystems, im wissenschaftlichen Anspruch gleich, gewährleisten […] in zunehmender Kooperation mit bereits vorhandenen Hochschulen und Fachhochschulen mit dem Ziel der Bildung von Gesamthochschulen«.[51]

Die nächste Reform stand somit vor der Tür, kaum dass die letzte wirklich realisiert worden war. Ein Vorgriff auf jene Planung geschah im Bau- und Personalbereich. Die aus allen Nähten platzende Pädagogische Hochschule Bonn erhielt Anfang der 1970er Jahre einen Anbau von zwei Seminar- und Hörsaalhochhäusern sowie eine deutliche Personalaufstockung, lag die Zahl der Studierenden doch inzwischen über 3.000.

Bis es dann zur Gründung von fünf Gesamthochschulen kam, dauerte es noch sieben Jahre. Bonn erhielt keine, denn die neuen Gesamthochschulen entstanden grundsätzlich aus bisherigen Pädagogischen Hochschulen an Standorten, an denen es keine Universität gab, in Duisburg, Essen, Paderborn, Siegen und Wuppertal. Sie haben teilweise bis heute wesentliche Traditionen der Pädagogischen Hochschule erhalten und fortentwickelt, wenngleich ihnen der Name Gesamthochschule genommen wurde, sie zu Universitäten umfirmieren mussten und damit ein 1970 formuliertes sozialdemokratisches Hochschulprogramm eine Generation später von einer sozialdemokratischen Landesregierung still *ad acta* gelegt wurde.

Die Pädagogische Fakultät der Universität Bonn

Den verbleibenden Pädagogischen Hochschulen wurde 1978 jedoch ein anderer Weg aufgezwungen durch das »Gesetz über die Zusammenführung der Pädagogischen Hochschulen mit den anderen wissenschaftlichen Hochschulen des Landes Nordrhein-Westfalen«.[52] Sie wurden mit Wirkung vom 1. April 1980 in

51 Zit. nach Antholz, Bildnerhochschule, S. 53.

52 Gesetz über die Zusammenführung der Pädagogischen Hochschulen mit den anderen wissenschaftlichen Hochschulen des Landes Nordrhein-Westfalen vom 19.12.1978, Abdruck in: Gesetz- und Verordnungsblatt für das Land Nordrhein-Westfalen 32 (1978), S. 650; Neufassung vom 29.01.1980, Abdruck in: ebd., 34 (1980), S. 84.

die am Ort bestehende beziehungsweise in die nächstgelegene Universität integriert, nach den Vorstellungen von SPD und FDP in einer Fach-zu-Fach-Zuordnung, nach den Vorstellungen der CDU als eigene Fakultät. Die Universitäten Köln und Bonn entschieden sich für das zweite Modell. So hatte die Universität Bonn seitdem eine achte, die Pädagogische Fakultät.

Die »Grundsätze« (§ 1) des Zusammenführungsgesetzes sprachen davon, »daß der Auftrag der Pädagogischen Hochschulen [...] bewahrt und weiterentwickelt wird.«[53] Heinz Antholz hat gesagt, es handele sich hierbei um einen »Topos, den gemeinhin offizielle Reformtexte als salvatorische Klausel aufnehmen«[54] – die Entwicklung in Bonn nach 1980 hat ihm nur allzu deutlich Recht gegeben. Bereits im Vorlauf des Gesetzes hatte der Senat der Universität Bonn sich geweigert, eine Gemeinsame Organisationskommission mit der Pädagogischen Hochschule Rheinland, Abteilung Bonn zu bilden. Deshalb wurde die Überleitung durch Erlass des Ministers geregelt.[55] Und es dauerte bis 1985, bis der Senat der Universität Modalitäten der Kooperation in den Lehramtsstudiengängen beschloss.[56] Die Beurteilung der Integration der Pädagogischen Hochschulen in die Universitäten war zu jenem Zeitpunkt von rechtlicher Seite her eher zurückhaltend:

> »In allen Ländern, in denen die Pädagogischen Hochschulen in den letzten zehn Jahren in die Universitäten integriert wurden, geschah dies vorrangig aus beschäftigungs-, hochschul- und finanzpolitischen Motiven, während fachlich die geplanten Maßnahmen allenfalls auf ihre Akzeptanz befragt wurden. Ob die Pädagogen und Bildungspolitiker die Integration aber auch noch tolerieren oder favorisieren, wenn für die Hochschulen wieder normale Ausbildungsbedingungen einkehren, scheint noch nicht ausgemacht.«[57]

Gleichzeitig verband die Landesregierung damit Strukturüberlegungen hinsichtlich der Hochschulstandorte. So verlor Bonn zum 1. April 1980 alle Studiengänge für Primarstufe.[58] Die Entscheidung hätte sich sehr wohl auch inhaltlich begründen lassen, denn es war bis dahin nicht gelungen, eigenständige primarstufenbezogene Studiengänge zu entwickeln. Allerdings handelte es sich dabei um kein spezifisches Bonner Problem, andernorts war dies auch Jahrzehnte später noch nicht angegangen, geschweige denn gelöst.[59] Jedenfalls hat noch vor der Zusammenführung die Abteilung Bonn der Pädagogischen

53 Ebd.
54 Antholz, Bildnerhochschule, S. 35.
55 Erlass des Ministers für Wissenschaft und Forschung vom. 03.01.1980, IIIB/IA. Vgl. Scheven, Ende, S. 18.
56 Beschluss des Senats zur Kooperation in Lehramtsstudiengängen vom 17.01.1985.
57 Scheven, Ende, S. 21.
58 Vgl. ebd., S. 19.
59 Vgl. ebd., S. 20.

Hochschule Rheinland der geplanten Abgabe der Primarstufenausbildung keinen wesentlichen, zumindest keinen erfolgreichen Widerstand entgegengesetzt – es war keine sonderlich geliebte Ausbildungsform, ähnlich wie an der Universität die Realschullehrerausbildung.

Dies sollte allerdings der Beginn einer noch weiterreichenden Entwicklung sein, wie bereits damals befürchtet. Es folgte die Verlagerung einzelner Sekundarstufe I-Studiengänge wie Kunst und Musik nach Wuppertal, Technik an die Technische Hochschule Aachen sowie Textilgestaltung an die Universität Köln und schließlich 1982 per Erlass vom 26. Februar, 3. März und 25. März hinsichtlich »Konzentration und Neuordnung von Studienangebot und Studiengängen an den Hochschulen des Landes Nordrhein-Westfalen« im Zuge einer Rechtsverordnung die komplette Einstellung der Studiengänge für Sekundarstufe I, gekoppelt mit der Ausbringung von kw-Vermerken bei allen Stellen der Fakultät.

Die Reaktion der Universität war ähnlich zurückhaltend wie die der Pädagogischen Hochschule, Abteilung Bonn bei Verlust der Primarstufenausbildung – sie glaubte nicht an die zu erwartende Konsequenz für die Ausbildung von Lehrern für Sekundarstufe II und konnte gleichzeitig die auch in den Prüfungsordnungen und damit den Studienordnungen allmählich wichtiger werdende Fachdidaktik für die Sekundarstufe II ohne eigene Personalkonsequenzen in die achte Fakultät verlagern, wie der Senatsbeschluss vom Januar 1985 verdeutlicht.[60] Mit einer Akzeptanz der Kolleginnen und Kollegen jener Fakultät hatte das jedoch im Allgemeinen wenig zu tun. Gleichzeitig war aber das Ausbluten der Pädagogischen Fakultät vorprogrammiert.

Die Gefahr dieses Weges ist Anfang der 1980 Jahre wohl nur wenigen bewusst gewesen. Dementsprechend schlugen die Pläne zur Einstellung der Bonner Lehrerausbildung für die Sekundarstufe II wie eine Bombe ein, und es bedurfte enormer Anstrengungen, um das Vorhaben 1987 abzuwenden. Spätestens jetzt hätte es eines Umdenkens bedurft im Hinblick auf die fachdidaktische Ausbildung, doch erfolgte nichts. Stattdessen entwickelte sich eine ungebremste Erosion der Pädagogischen Fakultät durch Emeritierungen und Pensionierungen und damit Fortfall der Stellen. Ein Seminar nach dem anderen verwaiste, die dort noch verbleibenden außerplanmäßigen Professoren und Wissenschaftlichen Mitarbeiter wurden in andere Fakultäten umgesetzt, jedoch ohne dass deren Stellen den kw-Vermerk verloren hätten. Hinzu kam 1988 der Erlass, dass der Diplomstudiengang sowie der Studiengang Sport für Sekundarstufe II zum 1. Oktober 1993 aufgehoben würden.[61] Der mit viel Initiative entwickelte neue

60 Beschluss des Senats zur Kooperation in Lehramtsstudiengängen vom 17.01.1985.

61 Vierte Verordnung zur Sicherung der Aufgaben im Hochschulbereich, Erlass des Ministers für Wissenschaft und Forschung vom 08.06.1988.

Studiengang »Alterssport«, der Einmaligkeitscharakter für die Bundesrepublik Deutschland trug und ungemein viel Zuspruch gefunden hatte, wurde dementsprechend in der Philosophischen, nicht mehr der Pädagogischen Fakultät angesiedelt.

Im Jahre 2001, 75 Jahre nach Gründung der Pädagogischen Akademie Bonn, gab es bereits keinen eigenständigen Studiengang der Pädagogischen Fakultät mehr, die Zahl der Seminare war auf drei zurückgegangen: Seminar für Psychologie, Seminar für Geschichte und ihre Didaktik und Politische Bildung, Institut für Sportwissenschaft und Sport. Die Zahl der an der Fakultät eingeschrieben Studierenden tendierte gegen Null. Das hieß nicht, dass die Dozenten arbeitslos gewesen wären. So hatte das Institut für Sportwissenschaft und Sport im Wintersemester 2000/2001 circa 170 eingeschriebene Studierende im Studiengang Sportwissenschaft (Schwerpunkt Alterssport), und im Fach Geschichte gab es pro Jahr 100 bis 120 Neueinschreibungen für den Studiengang Lehramt Sekundarstufe II, die für den Didaktik-Anteil, das heißt 20 Prozent der Hauptstudienanforderungen, ihre Ausbildung im Seminar für Geschichte und ihre Didaktik erhielten. Hinzu kam die noch nicht realisierte, konkrete Durchführung einer neuen Lehramts-Prüfungsordnung, die die Fachdidaktik als einzigen verbindlichen Bereich für alle Staatsexamina vorschrieb.

Doch in der Folgezeit stand die Frage nach dem Fortgang des Lehramtsstudienganges Sekundarstufe II an. Die Landesregierung war fest entschlossen zur Einstellung der Lehrerausbildung bisheriger Art für Sekundarstufe II in Bonn; damit sollte abgeschlossen werden, was 20 Jahre zuvor begann. Maßgeblich dafür waren sicher auch standortstrategische Überlegungen, vor allem aber die von der zuständigen Referentin des Ministeriums geäußerte Feststellung, dass die Universität Bonn der Fachdidaktik wie auch den Erziehungswissenschaften zu wenig Aufmerksamkeit geschenkt habe und eine entsprechende Ausbildung nicht mehr gewährleistet sei.[62] So ganz war das nicht von der Hand zu weisen, ist doch der starke erziehungswissenschaftliche Ansatz der Grundwissenschaften, wie er in der Pädagogischen Akademie und der Pädagogischen Hochschule herrschte, zugunsten eines erziehungswissenschaftlichen Begleitstudiums zurückgedrängt und eine für den Lehrer unabdingbare Symbiose von Fachwissenschaft und Fachdidaktik nie recht realisiert worden. Dies war nicht ausschließlich die Schuld der Universität, auch die Bildungspolitik des Landes Nordrhein-Westfalen trug hieran Schuld. Die Vielzahl der Erlasse, die beispielsweise den Anteil von Fachwissenschaft und Fachdidaktik in den Veranstaltungen für das Lehramt Sekundarstufe I regelten und die die Anteile zwischen

62 Ministerialrätin Dr. Brunkhorst-Hasenclever in einer von der Gewerkschaft Erziehung und Wissenschaft in der Universität Bonn veranstalteten Podiumsdiskussion am 08.02.2001.

1:3 und 3:1 hin- und herschoben,[63] hatten das Seminar für Geschichte und ihre Didaktik schon in den 1970er Jahren dazu veranlasst, erlassunabhängig 1:1 zugrunde zu legen. Man dachte inhaltlich und fühlte sich einer vernünftigen Lehrerausbildung verhaftet. Vielleicht war es auch ein Erbe der Pädagogischen Akademie?

Am 30. Mai 2001 beging die Fakultät in einem Festakt das Gedenken an 75 Jahre Reform der Lehrerausbildung, den Weg von der Pädagogischen Akademie zur Pädagogischen Fakultät, sehr wohl wissend, dass sie kein weiteres Jubiläum würde feiern können. Schneller, als eigentlich gedacht, erreichte sie das Ende. Am 19. Juli 2001 beschloss der Senat der Universität Bonn:

> »Die Pädagogische Fakultät wird mit Wirkung vom 1. 4. 2002 aufgelöst. Der Erhalt einer akademischen Heimat für die Mitglieder und Angehörigen der Pädagogischen Fakultät sowie notwendige Übergangsregelungen bleiben einer gesonderten Vereinbarung der beteiligten Fakultäten vorbehalten.«[64]

Nach der Vorgeschichte erfolgte der Beschluss durchaus konsequent. Neben der Aufhebung der Fakultät sollten Neueinschreibungen für den Lehramtsstudiengang nicht mehr zugelassen werden und mit dem Sommersemester 2008 alle entsprechenden Lehrveranstaltungen auslaufen. Unschön war allerdings die Form des Vorgehens: Der Dekan der Pädagogischen Fakultät erfuhr vom Inhalt des im Senat zu fassenden Beschlusses erst am Tag zuvor.

Die noch bestehenden drei Seminare mussten organisatorisch neu geordnet werden. Das Seminar für Psychologie wurde dem entsprechenden Seminar der Philosophischen Fakultät eingegliedert. Die Professuren des Seminars für Sport wurden an die Sporthochschule Köln verlagert, die Mittelbaustellen dem Allgemeinen Hochschulsport zugeordnet. Da der Strukturausschuss der Philosophischen Fakultät die Eingliederung des Seminars für Geschichte und ihre Didaktik in eins der historischen Seminare der Philosophischen Fakultät untersagte, blieb dieses bis zur endgültigen Auflösung zum 1. Januar 2010 als eigenständige Arbeitsstelle für Geschichte und ihre Didaktik dem Rektor direkt unterstellt, mit unveränderten Aufgaben in der fachwissenschaftlichen und fachdidaktischen Ausbildung von Lehramtsstudierenden.

Die Lehrenden der gesamten Pädagogischen Fakultät wurden in die Philosophische Fakultät integriert, auch wenn manche von ihnen als *Emeriti* beispielsweise noch Veranstaltungen in Lehramtsstudiengängen der Mathematisch-Naturwissenschaftlichen Fakultät anboten. Nach Durchführung des letzten Promotionsverfahrens zum Dr. päd., von dem die Philosophische Fakultät

63 So sieht der Erlass des Ministers vom 31.05.1976 ein Verhältnis von Fachwissenschaft zu Fachdidaktik von 3:1 vor, also einen fachdidaktischen Anteil am Studium von 25 Prozent.

64 Beschlussvorlage für den Senat; vgl. auch Niederschrift über die Sitzung des Senates am 19.07. 2001, Teil B, TOP 5 (UAB, Bestand Senat 278, Nr. 1).

als Generalerbe der Pädagogischen Fakultät überrascht wurde, ist die entsprechende Promotionsordnung aufgehoben worden. Als letztes Erbe der Pädagogischen Fakultät existiert noch der Projektbereich Ostdeutsche Landesgeschichte, 1986 durch eine Vereinbarung mit dem Bundesministerium des Innern begründet und durch eine Vielzahl von Lehrveranstaltungen und eine eigene Veröffentlichungsreihe mit über 20 Titeln ausgewiesen.

Die Wiedereinführung der Lehramtsstudiengänge

Mit der grundlegenden Strukturänderung im deutschen Hochschulwesen durch Einführung der Bachelor- und Masterstudiengänge und der Wiedereinführung der Lehramtsstudiengänge Sekundarstufe II an der Bonner Universität ist mittlerweile eine neue Ära eingeleitet worden.

Wie sich die seinerzeit geplante »Gestaltung und Entwicklung von standortspezifischen Varianten« des Studiums mit dem Globalisierungsansatz »zur Anpassung der Studienstrukturen an europäischen Universitäten«[65] verträgt, bleibt abzuwarten. Die Entwicklung gibt jedoch der Aussage Albert Rebles von 1958 recht: »Es hat manchmal den Anschein, als sei es das Schicksal der Lehrerbildung, nicht zur Ruhe zu kommen.«[66] So ist es auch aufgrund der raschen Abfolge der Reformen der Pädagogischen Akademie beziehungsweise Hochschule trotz des Aufbruchselans vor allem der Jahre zwischen 1968 und 1978 nicht vergönnt gewesen, ein wirklich überzeugendes Forschungskonzept im pädagogisch-fachdidaktischen Raum zu entwickeln, wozu es allerdings auch längerer Phasen als maximal zweier Jahrzehnte bedarf – die Universität hatte dazu Jahrhunderte zur Verfügung.

Rückblickend lässt sich sagen, dass dem Elan des Aufbruchs von 1926 bereits sieben Jahre später die Spitze abgebrochen wurde und eine deutliche Agonie begann, die bis zu einer fast völligen Vernichtung jenes Ansatzes bei Kriegsende 1945 führte. Der Neubeginn, wiederum mit viel Elan, zeitigte eine starke Aufwärtsbewegung bis zur Umwandlung in die wissenschaftliche Hochschule 1965 und daraus erwachsender neuen Aufgabenstellung, der allerdings 1978 erneut die Spitze abgebrochen wurde. Dies galt für die meisten Bundesländer, so dass Scheven bereits 1985 resümierte,

> »daß die institutionelle Reform der Lehrerausbildung im Bundesgebiet noch nicht zu neuen Formen gefunden hat, die auch nur annähernd die Geschlossenheit und

65 Eckpunkte zur Gestaltung von BA/MA-Studiengängen für Lehrämter, hg. vom Ministerium für Schule, Wissenschaft und Forschung des Landes Nordrhein-Westfalen, Düsseldorf, 09. 05. 2001, S. 2.

66 Reble, Lehrerbildung, S. 12.

Transparenz der Spranger-Beckerschen Reform aufweisen. Dafür ist die Zeit seit Beginn der Reformen wohl auch zu kurz.«[67]

Doch kann die Pädagogische Fakultät mit Stolz sagen, dass sie eine große Zahl guter Lehrer, Diplompädagogen, Doktoren und Professoren ausgebildet hat, die nicht nur in der Schule, sondern in vielen Bereichen des öffentlichen Lebens mit Erfolg tätig sind.

Die Wiedereinführung der Lehramtsstudiengänge an der Universität Bonn steht insofern unter einem glücklicheren Stern, als nun die voranstehend geschilderten Polaritäten zwischen Fachwissenschaften und vermittlungsbezogener Forschung und Lehre institutionell und inhaltlich überwunden sind und die beteiligten Akteure in der Qualifizierung künftiger Lehrkräfte ein gemeinsames Anliegen sehen, das nur im abgestimmten Zusammenwirken unterschiedlicher Perspektiven gelingen kann. Es war vor diesem Hintergrund eine kluge Entscheidung, mit der Einrichtung des Bonner Zentrums für Lehrerbildung (BZL) keine Neugründung einer Pädagogischen Fakultät zu versuchen, sondern die Fachdidaktiken den disziplinären Kontexten der fachwissenschaftlichen Institute zuzuordnen. Diese Vollintegration der Lehrerbildung ist die logische Konsequenz aus dem Selbstverständnis der Universität Bonn: Eine Forschungsuniversität sieht sich in der Lehrerbildung natürlicherweise dem Grundsatz verpflichtet, dass die Fundamente guten Unterrichts in der fachwissenschaftlichen und fachdidaktischen Vertrautheit mit jenen Wissenschaftsdisziplinen liegen, auf denen der schulische Fächerkanon aus guten Gründen nach wie vor aufbaut. Zugleich ist über das Bonner Zentrum für Lehrerbildung die enge Kooperation der Fächer mit den Bildungswissenschaften wie auch mit der schulpraktischen Lehrerausbildung zu gewährleisten, die insbesondere im Rahmen des von allen Lehramtsstudierenden in Nordrhein-Westfalen zu absolvierenden Praxissemesters an Bedeutung gewonnen hat.[68]

Literaturverzeichnis

Antholz, Heinz: Die (Musik-)Erziehung im Dritten Reich. Erinnerungen, Erfahrungen und Erkenntnisse eines Betroffenen (Forum Musikpädagogik 8), Augsburg 1993.

Antholz, Heinz: Von der Bildnerhochschule zur wissenschaftlichen Hochschule. Zur Entwicklung der Musiklehrerausbildung in Nordrhein-Westfalen, in: Günther Noll (Hg.): Musikpädagogik im Rheinland. Beiträge zu ihrer Geschichte im 20. Jahrhundert (Beiträge zur rheinischen Musikgeschichte 155), Kassel 1996, S. 28–60.

67 Scheven, Ende, S. 21.

68 Vgl. das Leitbild der Bonner Lehrerbildung: www.bzl.uni-bonn.de/organisation/170706-leitbild-lehrerbildung.pdf (zuletzt abgerufen am 09.03.2018).

Antz, Joseph: Der Lehrer im Volksdienst. Pädagogische Aufsätze und Vorträge, Saarlouis 1932.

Antz, Joseph: Vom Wesen der Pädagogischen Akademie und ihren besonderen Aufgaben in dieser Zeit, in: Oskar Hammelsbeck (Hg.): Überlieferung und Neubeginn. Probleme der Lehrerbildung und Bildung nach zehn Jahren des Aufbaus, Ratingen 1957, S. 108–121.

Arnold, Udo: 75 Jahre Reform der Lehrerausbildung – von der Pädagogischen Akademie zur Pädagogischen Fakultät, in: Pädagogische Fakultät der Rheinischen Friedrich-Wilhelms-Universität Bonn (Hg.): 75 Jahre Reform der Lehrerausbildung – von der Pädagogischen Akademie zur Pädagogischen Fakultät, Bonn 2001, S. 29–76.

Ausschuß für Strukturfragen der Lehrerbildung in Nordrhein-Westfalen (Hg.): Empfehlungen zur Neugliederung der Pädagogischen Hochschulen des Landes Nordrhein-Westfalen, Ratingen 1964.

Braubach, Max: Maria Theresias jüngster Sohn Max Franz. Letzter Kurfürst von Köln und Fürstbischof von Münster, Wien 196.

Bungardt, Karl: Der Weg der Lehrerbildung vom Seminar zur Universität. Widerstand und Bereitschaft der Universitäten in Dokumenten, Frankfurt 1964 (Material- und Nachrichtendienst der Arbeitsgemeinschaft deutscher Lehrerverbände Nr. 110/1964).

Derbolav, Josef: Die pädagogische Ausbildung der Gymnasiallehrer als Aufgabe und Problem, in: Zeitschrift für Pädagogik 4 (1958), S. 372–397.

Die Bauten der Pädagogischen Hochschulen in der Bundesrepublik. Bearb. Von Fritz Schirmer, Stuttgart 1960.

Die Neuordnung der Volksschullehrerbildung in Preußen, Berlin 1925 [Neudruck in: Helmuth Kittel (Hg.): Die Pädagogischen Hochschulen. Dokumente ihrer Entwicklung (I) 1920–1932, Darmstadt 1965, S. 76–97].

Ennen, Edith/Höroldt, Dietrich: Vom Römerkastell zur Bundeshauptstadt. Kleine Geschichte der Stadt Bonn, 3. Aufl. Bonn 1976.

Geissler, Georg: Universität und Lehrerbildung, in: Zeitschrift für Pädagogik 4 (1958), S. 147–163.

Hammelsbeck, Oskar (Hg.): Überlieferung und Neubeginn. Probleme der Lehrerbildung und Bildung nach zehn Jahren des Aufbaus, Ratingen 1957.

Hammelsbeck, Oskar: Die Pädagogische Hochschule als wissenschaftliche Hochschule, in: Zeitschrift für Pädagogik 4 (1958), S. 122–136.

Hesse, Alexander: Die Professoren und Dozenten der preußischen Pädagogischen Akademien (1926–1933) und Hochschulen für Lehrerbildung (1933–1941), Weinheim 1995.

Hillebrand, M. J.: Die Anerkennung der Pädagogischen Akademien als Hochschulen, in: Mitteilungen des Bonner Akademiekreises, Dezember 1955, S. 6–9.

Holzamer, Karl: Die Aufgaben der Erziehungswissenschaft im Blick auf die Lehrerbildung, in: Zeitschrift für Pädagogik 4 (1958), S. 362–371.

Kittel, Helmuth: Die Entwicklung der Pädagogischen Hochschulen 1926–1932, Berlin 1957.

Kittel, Helmuth (Hg.): Die Pädagogischen Hochschulen. Dokumente ihrer Entwicklung. Bd 1: 1920–1932, Darmstadt 1965.

Kuhn, Annette: Einführung in die Didaktik der Geschichte, 3. Aufl. München 1980.

Ladenthin, Volker: Miteinander in der Mitschau. Über die Zusammenarbeit von Schule und Universität, Bonn 2000.

Lichtenstein, Ernst: Universität und Eigenständige Pädagogische Hochschule, in: Zeitschrift für Pädagogik 4 (1958), S. 242–250.

Limbach, Jutta/Herzog, Roman/Grimm, Dieter (Hgg.): Die deutschen Verfassungen. Reproduktion der Verfassungsoriginale von 1849, 1871, 1919 sowie des Grundgesetzes von 1949, München 1999.

Nikolay-Panter, Marlene: Der Verein für geschichtliche Landeskunde der Rheinlande. Gründung und frühe Jahre, in: Rheinische Vierteljahrsblätter 65 (2001), S. 374–399.

Nikolay-Panter, Marlene: Geschichte, Methode, Politik. Das Institut und die geschichtliche Landeskunde der Rheinlande 1920–1945, in: Rheinische Vierteljahrsblätter 60 (1996), S. 233–262.

Oberkrome, Willi: Volksgeschichte. Methodische Innovation und völkische Ideologisierung in der deutschen Geschichtswissenschaft 1918–1945 (Kritische Studien zur Geschichtswissenschaft 101), Göttingen 1993.

Oldenhage, Klaus: Kurfürst Erzherzog Maximilian Franz als Hoch- und Deutschmeister (1780–1801) (Quellen und Studien zur Geschichte des Deutschen Ordens 34), Bad Godesberg 1969.

Reble, Albert: Lehrerbildung in Deutschland, Ratingen 1958.

Thielen, Peter G.: 40 Jahre Pädagogische Hochschule Bonn [Festvortrag 1966, Kopie im Besitz des Verfassers].

Scheven, Dieter: Das Ende der Pädagogischen Hochschulen? Integration in die Universitäten am Beispiel Nordrhein-Westfalen, in: Recht der Jugend und das Bildungswesen 1 (1985), S. 14–23.

Schorb, Alfons Otto: Unterrichtsmitschau. Fernsehanlagen im Dienste pädagogischer Ausbildung und Forschung, Bad Godesberg 1965.

Schorb, Alfons Otto: Die Unterrichtsmitschau in der Praxis der Lehrerbildung. Eine empirische Studie zur ersten Studienphase (Unterrichtsmitschau 2), Bad Godesberg 1966.

Schuch, Hans-Jürgen: Lehrerausbildung in Westpreußen, in: Der Westpreuße 53 (2001), S. 4–5.

Spranger, Eduard: Gedanken über Lehrerbildung, Leipzig 1920, S. 39–40 [Wiederabdruck in: Die Pädagogischen Hochschulen. Dokumente ihrer Entwicklung (I) 1920–1932, hg. von Helmuth Kittel, Darmstadt 1965, S. 17–65].

Weber, Rita: Die Neuordnung der preußischen Volksschullehrerbildung in der Weimarer Republik (Studien und Dokumentationen zur deutschen Bildungsgeschichte 26), Köln 1984.

Wein, Franziska: Deutschlands Strom – Frankreichs Grenze. Geschichte und Propaganda am Rhein 1919–1930 (Düsseldorfer Schriften zur Neueren Landesgeschichte und zur Geschichte Nordrhein-Westfalens 33), Essen 1992.

Wyndorps, Heinz: Der Neuaufbau der Lehrerbildung in Nordrhein-Westfalen 1945–1954 (Europäische Hochschulschriften, Reihe III: Geschichte und ihre Hilfswissenschaften 204), Frankfurt/Main 1983, S. 40–43.

Joachim von Braun / Armin B. Cremers / Günter Eßer / Xenia Grote / Bernhard Korte / Ludger Kühnhardt / Ina Prinz / Georg Schöllgen / Michael Schulz / Rudolf Stichweh / Dieter Sturma / Bernd Weber

Zentrale Wissenschaftliche Einrichtungen

Altkatholisches Seminar (Günter Eßer) 629
Bonn-Aachen International Center for Information Technology (Armin B. Cremers) 631
Center for Economics and Neuroscience (Bernd Weber / Xenia Grote) 632
Deutsches Referenzzentrum für Ethik in den Biowissenschaften; Institut für Wissenschaft und Ethik (Dieter Sturma) 635
Forschungsinstitut für Diskrete Mathematik und Arithmeum (Bernhard Korte / Ina Prinz) 637
Forum Internationale Wissenschaft (Rudolf Stichweh) 643
Franz Josef Dölger-Institut (Georg Schöllgen) 646
Interdisziplinäres Lateinamerika-Zentrum (Michael Schulz) 650
Zentrum für Entwicklungsforschung (Joachim von Braun) 651
Zentrum für Europäische Integrationsforschung (Ludger Kühnhardt) 656

Alt-Katholisches Seminar

Günter Eßer

Das Alt-Katholische Seminar der Universität Bonn konnte im Jahre 2002 sein 100jähriges Bestehen feiern.[1] Der Ursprung einer eigenen theologischen Ausbildungsstätte für die Alt-Katholiken geht auf die Auseinandersetzungen um das vom I. Vatikanischen Konzil verabschiedete Dogma vom Universalprimat und von der Unfehlbarkeit des Papstes zurück. Eine Mehrheit der Professoren der damaligen Katholisch-Theologischen Fakultät konnte diese Lehrentscheidung aus theologischen und Gewissensgründen nicht mitvollziehen und schloss sich der hier im Rheinland sehr aktiven Protestbewegung an, sie wurden alt-katholisch. Obwohl wegen dieser Ablehnung vom Kölner Erzbischof exkommuniziert,

1 Vgl. Günter Eßer/Matthias Ring (Hgg.), Zwischen Freiheit und Gebundenheit. Festschrift zum 100jährigen Bestehen des Alt-Katholischen Seminars der Universität Bonn (1902–2002), Bonn 2002.

konnten sie doch weiterhin als preußische Beamte ihre Professorentätigkeit ausüben. Da allerdings der Erzbischof seinen Priesteramtskandidaten untersagte, bei den »abtrünnigen« Professoren Lehrveranstaltungen zu besuchen, blieb diesen nur die recht überschaubare Zahl alt-katholischer Theologiestudenten. Und da im Laufe der Jahre emeritierte alt-katholische Professoren durch römisch-katholische Nachfolger ersetzt wurden, musste die Alt-Katholische Kirche einen neuen Weg finden, um die Ausbildung ihres Priesternachwuchses zu sichern. Zu diesem Zweck wurde am 1. Dezember 1887 das »Bischöfliche Seminarkonvikt Johanneum« gegründet, in dem die Theologen jetzt von kirchlich bestellten Lehrkräften unterrichtet wurden. Aber es blieb natürlich der Wunsch, mit der alt-katholischen Theologie an der Universität vertreten zu sein.

Dieser Wunsch sollte sich im Jahre 1902 erfüllen, freilich zunächst nicht mit einem eigenen theologischen, sondern lediglich mit einem »Seminar für philosophische Propädeutik«. Dieses Seminar war der Philosophischen Fakultät angegliedert, dort aber stets als Fremdkörper empfunden worden. Auch mit der Besetzung der Direktorenstelle gab es immer wieder Probleme. Nicht selten kam es zu Meinungsverschiedenheiten zwischen der Fakultät und der alt-katholischen Kirchenleitung.

Eine neue Periode brach für das Seminar nach dem Zweiten Weltkrieg an, die mit dem Namen Werner Küppers verbunden ist und in deren Verlauf das Seminar seinen heutigen Rechtsstatus und seine Ausstattung erhielt. Werner Küppers hatte bereits 1939 einen Lehrauftrag erhalten und war 1940 zum außerplanmäßigen Professor ernannt worden. Die Kriegswirren unterbrachen freilich zunächst seine Lehrtätigkeit. Als er nach seiner Entlassung aus der Kriegsgefangenschaft 1947 seine Arbeit am Seminar wieder aufnehmen wollte, sprach sich die Philosophische Fakultät gegen die weitere Existenz einer alt-katholischen Professur innerhalb der Fakultät aus. Aus dem Protokoll der Senatssitzung vom 22. Januar 1948 geht hervor, dass die Fakultät »bei dem Kultusminister über die organisatorische Eingliederung dieses Lehrstuhls in den Rahmen der Universität anfragen« werde. Der Dekan schlug dem Minister vor, das Alt-Katholische Seminar unmittelbar Rektor und Senat zu unterstellen. In diesem Sinne votierte am 12. Februar 1948 auch der Senat. Seit dieser Zeit existiert das Alt-Katholische Seminar als fakultätsunabhängiges theologisches Institut, zunächst unter der Leitung von Werner Küppers, dann von Christian Oeyen (1972–1996) und ab 1998 von Günter Eßer. Hauptaufgabe blieb weiterhin die Ausbildung des eigenen alt-katholischen Priesternachwuchses, das Lehrangebot stand und steht aber stets auch Interessenten anderer Fachrichtungen offen.

Eine entscheidende Weiterentwicklung konnte durch den im Frühjahr 2014 akkreditierten Master-Studiengang »Alt-Katholische und Ökumenische Theologie« erreicht werden. Mit diesem neuen Studiengang ist jetzt auch für die

Studierende, die nicht das alt-katholische Pfarramt anstreben, ein staatlich anerkannter Abschluss als »Magister artium« möglich. Ein intensiver Austausch besteht mit anderen alt-katholischen Ausbildungsstätten in Europa und in den USA.

Dank der großen Kooperationsbereitschaft beiden theologischen Fakultäten ist das Alt-Katholische Seminar im Bereich der Theologie an unserer Universität gut vernetzt und sieht hoffnungsvoll in die Zukunft.

Bonn-Aachen International Center for Information Technology (B-IT)

Armin B. Cremers

Im Jahre 2002 wurde das Bonn-Aachen International Center for Information Technology (B-IT) als zentrale wissenschaftliche Einrichtung gegründet. Seitens der Universität Bonn war Prof. Armin B. Cremers, der seit 1990 in Bonn wirkte, mit der Antragstellung und anschließenden Leitung als wissenschaftlicher Gründungsdirektor betraut. 2015 folgte ihm Prof. Stefan Wrobel in dieser Aufgabe nach.

Das B-IT geht auf einen Kooperationsvertrag der Universität Bonn, der RWTH Aachen und der Hochschule Bonn-Rhein-Sieg mit den Instituten des Fraunhofer-Institutszentrums Schloss Birlinghoven zurück. Letzteres war aus der ehemaligen Gesellschaft für Mathematik und Datenverarbeitung (GMD) hervorgegangen. Die Finanzierung des B-IT basiert sowohl auf Ausgleichmitteln des Bonn-Berlin-Vertrages als auch auf einer Landesstiftung. Die Mittel ermöglichten zwei Maßnahmen: Erstens die Gründung einer gemeinsamen Einrichtung der Rheinischen Friedrich-Wilhelms-Universität Bonn und der RWTH Aachen (B-IT Universities Institute), angesiedelt in der ehemaligen NRW-Landesvertretung in der Bonner Dahlmannstraße). Ein zweites Institut wurde bei der Hochschule Bonn-Rhein-Sieg eingerichtet. Beide Institutionen kooperieren in Erfüllung ihrer Aufgaben mit dem Fraunhofer-Institutszentrum Schloss Birlinghoven. Das B-IT bietet seit 2004 drei internationale Masterstudiengänge aus dem Bereich der Angewandten Informatik an: *Life Science Informatics*, *Media Informatics* und *Autonomous Systems*. Die Rheinische Friedrich-Wilhelms-Universität Bonn ist für den Masterstudiengang *Life Science Informatics* federführend zuständig, die RWTH Aachen für den Masterstudiengang *Media Informatics*, die Hochschule Bonn-Rhein-Sieg für *Autonomous Systems*.

Im Jahre 2004 wurde mit Jürgen Bajorath ein erster Stiftungslehrstuhl am Bonn-Aachen International Center for Information Technology (B-IT) besetzt. Sein Arbeitsgebiet *Life Science Informatics* bildet den Bonner Kern des gleichnamigen Studiengangs, der gemeinsam mit der RWTH Aachen als an beiden Standorten erster internationaler Master-Studiengang ins Leben gerufen wurde und die bis 2003 in Bonn vertretene Vertiefungsrichtung Bioinformatik ablöst. Professor Bajorath wurde 2005 kooptiertes Mitglied des LIMES-Instituts.

Ebenfalls 2004 erhielt Joachim von zur Gathen den Stiftungslehrstuhl für Computersicherheit und Computeralgebra am Bonn-Aachen International Center for Information Technology (B-IT). Sein Arbeitsgebiet umfasst Kryptographie in Theorie und Praxis, Kryptanalyse, Sicherheit von mobilen Geräten und im Internet, schnelle Algorithmik, Polynomberechnungen, insbesondere Faktorisieren, Abzählprobleme; als Lehrgebiet ist es eingebettet in den gemeinsamen Master-Studiengang *Media Informatics* mit der RWTH sowie in das *International Program of Excellence in Computer Science* des B-IT.

Die Abteilung *Life Science Informatics* des B-IT wurde 2006 durch Martin Hofmann-Apitius als Extraordinarius verstärkt, während 2008 Christian Bauckhage als Extraordinarius Albrecht Schmidt im Bereich *Media Informatics* des B-IT nachfolgte, der 2006 hierhin berufen worden war.

Im Jahre 2009 wurde Holger Fröhlich als Extraordinarius für *Life Science Informatics* (bis 2015) an die neu eingeworbene B-IT *Research School* berufen, die als NRW *Research School* ein gemeinsames Doktorandenprogramm der B-IT *Universities* implementiert.

Center for Economics and Neuroscience (CENs)

Bernd Weber / Xenia Grote

Als zentrale wissenschaftliche Einrichtung der Universität Bonn ist das Center for Economics and Neuroscience außerhalb der eigentlichen Fachbereiche der Universität angeordnet: Das Institut arbeitet an der Schnittstelle von Neurowissenschaft, Psychologie und experimenteller Wirtschaftsforschung. Die Zielsetzungen und Aufgaben des Instituts sind dabei stark interdisziplinär und leisten indes einen wichtigen Beitrag zur Profilbildung der Universität. Über 15 Forscher gehen hier anwendungsorientiert der Frage nach, wie sich Menschen in wirtschaftlich relevanten Situationen entscheiden. Dabei nutzen sie zahlreiche Methoden von Verhaltensexperimenten über molekulare Genetik bis zur funktionellen Magnetresonanztomografie (fMRT) und Blickbewegungsmessungen. Eine derartige Einrichtung ist für Deutschland einzigartig. Das daraus resultierende, noch junge Forschungsgebiet nennt sich Neuroökonomik.

Gründung und Beteiligte

Erste Konzepte zur Einrichtung eines interdisziplinären Forschungszentrums für Neuroökonomik wurden an der Universität Bonn bereits 2007 entwickelt. Dies geschah im Hinblick auf die neue Schwerpunktsetzung amerikanischer Spitzenuniversitäten in diesem Forschungsbereich, wohingegen zum damaligen Zeitpunkt europäische Institute hier kaum engagiert waren. Initiiert wurde die vertiefte Zusammenarbeit von den Gründungsdirektoren des CENs:
- Prof. Dr. Christian E. Elger (Neurowissenschaft),
- Prof. Dr. Armin Falk (Ökonomik),
- Prof. Dr. Martin Reuter (Psychologie/Genetik) und
- Prof. Dr. Bernd Weber (Neurowissenschaft).

Sie stellten die Weichen zur Bündelung ihrer Kompetenzen. Darauf folgend wurde zum Juli 2009 das CENs als zentrale wissenschaftliche Einrichtung gegründet, als eine gemeinsame Unternehmung der Universität Bonn mit der Rechts- und Staatswissenschaftlichen, der Philosophischen sowie der Medizinischen Fakultät. In den folgenden Jahren entwickelte sich das Institut wissenschaftlich sehr leistungsstark und überaus wettbewerbsfähig. Bis heute ist es deutschlandweit das einzige Institut seiner Art mit internationaler Ausstrahlung. Seit Juli 2016 wird das CENs von Bernd Weber geleitet und befindet sich derzeit in einer Neuausrichtung.

Kooperationen

Das CENs hat direkten Zugang zu den wissenschaftlichen Einrichtungen der beitragenden Institutionen und somit zum Labor für experimentelle Wirtschaftsforschung (*BonnEconLab*), zu zwei Magnetresonanztomografen (MRT), einem Eye-Tracker sowie zu einem molekularbiologischen Labor. Ferner bestehen zahlreiche Kooperationen mit regionalen, nationalen und internationalen Forschungspartnern, darunter mit der INSEAD Business School, der Columbia University und der School of Business and Economics der Universität Maastricht.

Inhalte

Das CENs beschäftigt sich mit den biologischen und psychologischen Grundlagen menschlichen Entscheidungsverhaltens in angewandten, wirtschaftlichen und sozialen Kontexten, wie Ernährungs- und Finanzentscheidungen oder sozialen Interaktionen. Auch der wissenschaftliche Dialog im Bereich der Neuroökonomik, durch die Einladung internationaler Gäste für wissenschaftliche Aufenthalte und die Ausrichtung internationaler Tagungen, steht im Fokus der Einrichtung. Das interdisziplinäre Team des CENs hat dabei seit seiner Gründung eine große Anzahl wissenschaftlicher Publikationen veröffentlicht. Exemplarisch sollen hier in aller Kürze drei Themen dargestellt werden.

1. Der Einfluss von Nährwertangaben auf die Lebensmittelwahl: Fettleibigkeit stellt in den reichen Ländern der Welt ein zunehmendes, gesundheitsrelevantes Problem dar. Bei Kaufentscheidungen kommen Verbraucher häufig in einen Zielkonflikt zwischen kurzfristigen, hedonischen Aspekten hochkalorischer Nahrung einerseits und der längerfristigen Gesundheitswirkung von Produkten auf der anderen Seite. Um einen anwendungsorientierten Beitrag zu einer erfolgreichen Ernährungspolitik zu leisten, untersucht das CENs im Rahmen des Kompetenzclusters *DietBB* unter anderem, wie und ob unterschiedliche Nährwertkennzeichnungen auf Verpackungen die Wahrnehmung über den gesundheitlichen Wert dieser Lebensmittel – und damit die Kaufentscheidung – beeinflussen.
2. Soziale Interaktionen und prosoziale Verhaltenspräferenzen: Viele, alltägliche Entscheidungssituationen sind in soziale Kontexte eingebettet. Dabei stand am CENs in einer Reihe von Studien die Frage der neurobiologischen Grundlagen prosozialen Verhaltens im Fokus. Wie integriert das menschliche Gehirn soziale Normen in Entscheidungen und welche Rolle spielen dabei individuelle Unterschiede in neuronalen Prozessen, Aufmerksamkeit oder Persönlichkeit?
3. Individuelle Unterschiede in Risikoverhalten und Anlageentscheidungen: Die Art und Weise, wie Geldvermögen investiert wird, kann entscheidende Auswirkungen auf die persönliche Vermögensentwicklung und auf die Wahl von Vorsorge-Strategien haben. Am CENs wird das Finanzverhalten einer großen Anzahl erwachsener Versuchspersonen im arbeitsfähigen Alter untersucht: Welchen Einfluss haben soziodemographische, kognitive, Persönlichkeits- und biologische Faktoren auf reales Anlageverhalten?

Ausbildung

Im Bereich der studentischen Ausbildung richtet das CENs das Modul *Decision Neuroscience* aus, welches Studenten im Bereich der Neuroökonomik ausbildet und den Nachwuchs sowohl regional als auch international auf Arbeiten in diesem Feld vorbereitet. Zusätzlich ist das CENs in die Ausbildung in Richtung Unternehmertum und *Entrepreneurship* involviert, welche Studenten Einsichten in unternehmerisches Denken und Fertigkeiten zur Vorbereitung einer möglichen eigenen Unternehmensgründung oder –übernahme ermöglichen soll. Hierzu werden verschiedene Vorlesungen, Workshops und Seminare am CENs ausgerichtet.

Öffentlichkeitsarbeit

Ein Anliegen des CENs ist es, die Forschung auch für die Öffentlichkeit breit und verständlich zugänglich zu machen. Die Forschungsthemen zeigen zum Großteil eine hohe Alltagsrelevanz und führen zu großem Interesse in der Öffentlichkeit. Die Veröffentlichung in regionalen, nationalen und internationalen Medienbeiträgen sowie die Einbringung in die Beratung gesellschaftlicher und politischer Akteure stellen deswegen einen wichtigen Pfeiler der Arbeit des CENs dar.

Deutsches Referenzzentrum für Ethik in den Biowissenschaften (DRZE); Institut für Wissenschaft und Ethik (IWE)

Dieter Sturma

Das Institut für Wissenschaft und Ethik (IWE) hat sich in Zusammenarbeit mit der Universität Bonn 1998 erfolgreich auf eine Ausschreibung des Bundesministeriums für Bildung und Forschung (BMBF) beworben, um das Deutsche Referenzzentrum für Ethik in den Biowissenschaften (DRZE) aufzubauen. Das DRZE ist dann 1999 in Bonn als nationales Dokumentations- und Infomationszentrum gegründet worden, um die wissenschaftlichen Grundlagen für eine qualifizierte bioethische Diskussion im deutschen, europäischen und internationalen Rahmen zu schaffen. Seit Januar 2004 ist das DRZE eine zentrale wissenschaftliche Einrichtung der Universität Bonn und als Institut verbunden mit dem Lehrstuhl für »Philosophie unter besonderer Berücksichtigung der Ethik in den Biowissenschaften«. Das Aufgabenspektrum des DRZE hat sich seit seiner Gründung erheblich ausgeweitet, so dass mehrere langfristige Projekte und Aufgaben aus Bundes- und Europaprogrammen beim DRZE angesiedelt sind. Das DRZE-Projekt »Ethik in den Biowissenschaften« ist seit 2004 Forschungsvorhaben der Nordrhein-Westfälischen Akademie der Wissenschaften und der Künste, das im Rahmen des Akademieprogramms der Union der deutschen Akademien der Wissenschaft gefördert wird. In diesem Akademieprojekt bereitet das DRZE die für die aktuellen bioethischen Diskussionsfelder erforderlichen Informationen wissenschaftlich auf und macht sie in verschiedenen Formaten wie Print- und Online-Publikationen, Datenbanken, Vorträgen und Veranstaltungen öffentlich zugänglich. Die Erschließung der einschlägigen Informationen und Aspekte stellt eine eigene wissenschaftliche Herausforderung dar, die eine enge interdisziplinäre Zusammenarbeit zwischen den normativen und den relevanten lebenswissenschaftlichen Disziplinen verlangt. Zusätzlich werden die Arbeitsweisen der Bibliothekswissenschaften und der Informatik in die Projektarbeit eingebracht.

Die wissenschaftlichen Arbeiten des DRZE sind durch die sich wandelnden Schwerpunkte der Debatten zur bioethischen Urteilsbildung sowie durch die mit diesen Debatten einhergehenden gesellschaftlichen Prozesse in besonderer Weise herausgefordert. Dieser Anspruch spiegelt sich in den einzelnen Aktivitäten des Referenzzentrums wider, die diese Prozesse in Wissenschaft und Gesellschaft begleiten. Standen mit Gründung des Referenzzentrums vornehmlich Themen aus Molekularbiologie, Humangenetik und Stammzellforschung im Mittelpunkt, sind inzwischen Diskurse über die Ethik in den Neurowissenschaften, der Demenzforschung, der Umweltethik, Tierethik und Forschungsethik sowie der Rolle von Forschungsethikkommissionen verstärkt hinzugetreten. Durch neue internationale Forschungsverbünde widmet das DRZE derzeit ein besonderes Augenmerk auch umwelt- und naturethischen Fragestellungen, insbesondere im Bereich der Biodiversitätsforschung. Diese wurden zusätzlich durch die jüngeren Debatten zum Klimawandel und die gesellschaftlichen Auswirkungen der Protokolle der UN-Konvention über biologische Vielfalt (CBD) angeregt. Die Dokumentation am DRZE hat, durch internationale Kooperationen, die weltweit größte Literaturdatenbank zur Bioethik (BELIT) einrichten können.

Direktor des DRZE ist seit 2007 Dieter Sturma, der die Professur für Philosophie unter besonderer Berücksichtigung der Ethik in den Biowissenschaften am Institut für Philosophie innehat.

Das Institut für Wissenschaft und Ethik ist eine zentrale wissenschaftliche Einrichtung der Universität Bonn. Es verfolgt das Ziel, zu einer ethischen Reflexion der Entwicklung von Medizin, Naturwissenschaft und Technik beizutragen und auf diese Weise einen verantwortungsvollen Umgang mit den in diesen Gebieten entstehenden neuen Handlungsmöglichkeiten zu fördern. Anlass für die Gründung des Instituts im Jahre 1993 ist die Überlegung gewesen, dass die modernen Wissenschaften einer beschleunigten Entwicklung unterliegen und ihre technischen Umsetzungen in sämtliche Lebensbereiche vordringen. Die Grenze zwischen Grundlagenforschung und Anwendung wird dabei in zunehmendem Maße durchlässig. Die Komplexität von Ergebnissen und Folgen wissenschaftlichen Erkennens und Handelns erfordert daher eine begleitende ethische Urteilsbildung sowohl innerhalb der *Scientific Community* als auch in der Gesellschaft insgesamt. Aufgabe des Instituts ist es, diese Urteilsbildung durch interdisziplinäre Forschung zu begleiten und zu unterstützen. Das Institut hat in den vergangenen Jahren zahlreiche Forschungsprojekte zur Medizin-, Bio- und Neuroethik, zur Wissenschaftsethik und zur Umweltethik durchgeführt. Das Institut für Wissenschaft und Ethik hat dabei eine Vielzahl von akademischen Partnerinstitutionen aus dem In- und Ausland aus vielen Disziplinen mit einbezogen.

Anknüpfend an eine Ausschreibung des Bundesministeriums für Bildung und Forschung (BMBF) ist das IWE im Jahr 1999 maßgeblich an der Gründung des Deutschen Referenzzentrums für Ethik in den Biowissenschaften (DRZE) beteiligt gewesen, das seither als nationales Dokumentations- und Informationszentrum im Bereich Bioethik besteht.

Seit dem Jahr 1996 gibt das IWE mit dem »Jahrbuch für Wissenschaft und Ethik« eine Fachzeitschrift heraus, die als Ort für interdisziplinären Austausch zu ethischen Fragen und Problemstellungen hohes Ansehen genießt. Im Jahr 2005 ist die begleitende Reihe »Studien zu Wissenschaft und Ethik« eingerichtet worden, in der Monografien und Sammelbände veröffentlicht werden, die Zusammenhänge der modernen Wissenschaft und ihrer medizinischen und technischen Anwendung abbilden.

Ein Schwerpunkt der Tätigkeit des IWE ist die Förderung des wissenschaftlichen Nachwuchses. Regelmäßig entstehen am Institut Qualifikationsarbeiten zu ethischen Themenstellungen auf allen Qualifikationsstufen (BA, MA, Dissertationen, Habilitationen). Die Mitarbeiterinnen und Mitarbeiter des Instituts bieten Lehrveranstaltungen im Rahmen des Studiengangs Philosophie der Universität Bonn an. Zusätzlich engagiert sich das IWE in mehreren medizinischen beziehungsweise naturwissenschaftlichen Studiengängen und Graduiertenschulen.

Direktor des IWE ist seit 2007 Dieter Sturma, der zusätzlich eine Professur für Philosophie unter besonderer Berücksichtigung der Ethik in den Biowissenschaften am Institut für Philosophie innehat. In den Jahren 2015 und 2017 sind am IWE zwei weitere Professuren, für Ethik und Angewandte Ethik sowie für Medizinethik, eingerichtet worden.

Forschungsinstitut für Diskrete Mathematik und Arithmeum

Bernhard Korte / Ina Prinz

Das Forschungsinstitut für Diskrete Mathematik wurde durch Senatsbeschluss vom 9. Februar 1989 als zentrale wissenschaftliche Einrichtung etabliert, um der Arbeitsgruppe von Professor Bernhard Korte geeignete Arbeitsbedingungen zu ermöglichen. Das Arithmeum wurde durch Beschluss des Senats vom 15. Februar 1996 als zentrale Einrichtung etabliert. Grundlage war ein Schenkungsvertrag zwischen Korte und der Universität Bonn. Diese Schenkungen bestanden aus der Sammlung historischer Rechenmaschinen und einem Grundstock der Sammlung historischer Mathematik- und Rechenbücher sowie der Kunstsammlung.

Forschungsinstitut für Diskrete Mathematik

Das Forschungsinstitut hat vier Professuren, nämlich die Professoren Stephan Held, Stefan Hougardy, Jens Vygen und Bernhard Korte als Direktor, sowie etwa ein Dutzend Wissenschaftliche Mitarbeiter und ein aktives Gästeprogramm. Ferner arbeiten am Institut eine größere Anzahl studentischer Hilfskräfte, die hier ihre Bachelor- und Masterarbeiten anfertigen. Es ist Intention des Instituts, hochbegabte Studenten schon in frühen Semestern zu fördern, um so eine aktive Brutstätte für den wissenschaftlichen Nachwuchs zu generieren. Alle studentischen Hilfskräfte erhalten einen Arbeitsplatz am Institut und können an allen wissenschaftlichen Aktivitäten des Instituts teilnehmen.

Das Institut verfügt über eine eigene Bibliothek mit einem umfangreichen Zeitschriften- und Buchbestand. Sie ist aus einer von der DFG geförderten Literaturstelle hervorgegangen und gehört nunmehr zu den besten Fachbibliotheken der Diskreten Mathematik.

Dem wissenschaftlichen Vorstand des Forschungsinstituts gehört neben den am Institut tätigen Professoren noch László Lovász an. Er ist Honorarprofessor am Institut, Professor für Mathematik an der Eötvös Loránd Universität Budapest und derzeit Präsident der Ungarischen Akademie der Wissenschaften. Lovász hat mehrere Jahre als Gastwissenschaftler am Institut verbracht und an mehreren wissenschaftlichen Arbeiten, Büchern und Forschungsprojekten gemeinsam mit Korte gearbeitet. Lovász ist einer der weltweit führenden Fachkollegen der Diskreten Mathematik.

Die Professoren des Instituts sind Mitglieder der Fachgruppe Mathematik der Mathematisch-Naturwissenschaftlichen Fakultät. Korte ist zusätzlich noch Mitglied der Rechts- und Staatswissenschaftlichen Fakultät, weil er dort seit 1971 den Lehrstuhl für *Operations Research* innehat. Als Konsequenz mehrerer abgelehnter in- und ausländischer Rufe Kortes hat die Landesregierung NRW dem Forschungsinstitut einen Neubau konzediert. Dieses Gebäude wurde auf einem ehemaligen Schulhof an der Ecke Lennéstraße/Fritz-Tillmann-Straße gegenüber dem Hofgarten errichtet. Mit dem Bau wurde 1996 begonnen, 1998 wurde das Institutsgebäude feierlich durch den Ministerpräsidenten des Landes NRW, Johannes Rau, eingeweiht, der in seiner Eigenschaft als Bundespräsident das Institut noch mehrfach besucht hat. In diesem Gebäude, an dessen Konzeption und Gestaltung Korte wesentlich beteiligt war, konnte auch das Arithmeum großzügig untergebracht werden. Die Finanzmittel für den Gebäudeteil des Arithmeums wurden aus Bonn- Berlin-Ausgleichsmitteln zur Verfügung gestellt.

Seit 1971 hat sich die Arbeitsgruppe von Korte schwerpunktmäßig mit Theorie und Algorithmen der diskreten und kombinatorischen Optimierung beschäftigt und hier schon bald eine nationale und internationale Spitzenstellung erreicht. Sie war Teilprojekt von zwei Sonderforschungsbereichen der DFG und hatte eine Vielzahl von Alexander-von-Humboldt-Stipendiaten. Korte war *principal investigator* von mehreren von DFG und EU geförderten internationalen Forschungsprojekten. In diesem Zusammenhang wurde Professor Korte 1990 mit dem französisch-deutschen Gay-Lussac-Humboldt-Forschungspreis ausgezeichnet. Bonn war die Keimzelle für die Etablierung der Diskreten Mathematik in Deutschland. Mehr als ein halbes Dutzend Habilitanden aus Bonn haben Lehrstühle an anderen Universitäten. Inzwischen sind auch mehr als ein halbes Dutzend Bonner Doktoranden im Silicon Valley tätig. In ihren Anfängen hat sich Kortes Arbeitsgruppe besonders mit exakten und approximativen Algorithmen für das Rundreiseproblem (*Travelling-Salesman*-Problem), für das *Matching* Problem, für die Steuerung von astronomischen Beobachtungssatelliten (ROSAT), für Zuordnungsprobleme, zum Beispiel von archäologischen Funden, für die optimale Steuerung von Werkzeugmaschinen und Produktionsprozessen und mit der Theorie von neuen und erweiterten kombinatorischen Strukturen beschäftigt.

Seit 1993 arbeiten Korte und Vygen an einer Monographie »Combinatorial Optimization-Theory and Algorithms«. Sie ist inzwischen in der sechsten englischsprachigen, in der dritten deutschsprachigen, in der zweiten japanischen und in der zweiten französischen Auflage erschienen. Weitere Ausgaben erschienen in Chinesisch, Russisch und Italienisch. Somit ist diese Monographie weltweit Standardwerk des Fachs. Bei der Reform des *Curriculum* im Zuge der Bachelor- und Masterausbildung wurde die Diskrete Mathematik als einer von sechs mathematischen Teilbereichen etabliert, von denen die Studierenden in der Bachelorausbildung vier und im Masterstudiengang drei auswählen müssen. Das hat zu einem quantitativ und qualitativ deutlich verbesserten Studentenzugang geführt, der für die Heranbildung eines exzellenten wissenschaftlichen Nachwuchses unerlässlich ist. Hougardy und Vygen haben für das neue Vorlesungsmodul »Algorithmische Mathematik« ein erstes Lehrbuch in Englisch und Deutsch verfasst.

Im Jahr 1987 lernte Professor Korte auf einer Tagung zufällig von einem Designingenieur aus der Mikroelektronik die Designprobleme beim physikalischen Entwurf von Chips und Mikroprozessoren kennen. Er erkannte das große Potential von Methoden der Diskreten Mathematik bei diesem Anwendungsproblem. Nachdem die natürliche Skepsis der praktischen Ingenieure gegenüber der Mathematik überwunden war, konnte die Bonner Arbeitsgruppe schon bald

Verbesserungen von rund 30 Prozent gegenüber den herkömmlichen Designmethoden erzielen. Das führte zu einem langfristigen Kooperationsvertrag mit der IBM, der seit mehr als 30 Jahren besteht. Mehr als 2.000 Chips und Mikroprozessoren sind bisher mit den sogenannten *BonnTools* entworfen worden. Das sind Algorithmen, die im Bonner Forschungsinstitut entstanden sind und weltweit beim Kooperationspartner und anderen Chipherstellern laufend benutzt werden. Zu den Chips, die mit *BonnTools* entworfen wurden und die in der gesamten IT-Branche Anwendung finden, gehörten auch der Chip, gegen den Kasparow im Schachspiel verloren hat, und Chips aus dem Watson-Rechner. Das Projekt zum Chipdesign ist weltweit und über alle Wissenschaftsgebiete hinweg die langfristigste und erfolgreichste Kooperation zwischen Industrie und Wissenschaft. Die Mathematik des Chip-Designs ist Alleinstellungsmerkmal und Herzstück der Arbeiten des Forschungsinstituts.

Die algorithmischen Anforderungen des Chipentwurfs haben sich während der langen Laufzeit des Kooperationsprojekts wesentlich verändert. Während zu Anfang nur eine zulässige Lösung für die Platzierung und Verdrahtung von etwa einer Million Transistoren auf einem daumennagelgroßen Chip gesucht wurde, müssen heute viele Milliarden Transistoren mit Verdrahtungslängen von mehreren Kilometern auf einem Chip angeordnet werden. Hierbei spielt das *Timing*, das heißt die Optimierung der Taktfrequenz eine zentrale Rolle. Es werden Taktfrequenzen von 5,4 Gigahertz realisiert. Das entspricht einer Zykluszeit von 185 Pikosekunden. Wenn es hier gelingt, nur durch mathematische Methoden eine Verbesserung von 20 bis 30 Pikosekunden zu erreichen, ist das für die Designingenieure eine Sensation.

Die Beschäftigung mit der Mathematik des Chip-Designs hat zu einer Vielzahl von Veröffentlichungen und etwa einem Dutzend Patenten geführt. Theorie und Methoden der Diskreten Mathematik konnten durch Fragestellungen aus den praktischen Anwendungen angeregt und erweitert werden. Das höchste Glück eines Mathematikers ist, wenn er einen neuen mathematischen Satz bewiesen und damit das menschliche Wissen erweitert hat. Ein ebenso tiefes Glücksgefühl hat er aber auch, wenn er ein kleines Siliziumplättchen, das ein Mikroprozessor ist, in der Hand hält und weiß, dass dieses nur durch seine Mathematik möglich wurde. Im Forschungsinstitut für Diskrete Mathematik werden beide Glücksgefühle erreicht. Für seine Arbeiten zur Mathematik des Chip-Designs hat Korte den Ehrendoktor der Universität La Sapienza Rom, zwei Ehrenprofessuren und den Staatspreis des Landes Nordrhein-Westfalen erhalten.

Seit 2017 gibt es am Forschungsinstitut für Diskrete Mathematik ein zweites großes Forschungsprojekt in Kooperation mit der Deutschen Post unter Leitung von Professor Vygen. Es geht um neue mathematische Verfahren für die Tourenplanung zur optimalen Verteilung von Paketen. Obwohl dieses Projekt noch in seinen Anfängen steckt, konnten erste Ergebnisse eine Verbesserung von

10 Prozent und mehr gegenüber dem *Status quo* zeigen. Das Forschungsinstitut für Diskrete Mathematik ist auch Teil des Exzellenzclusters »Hausdorff Center for Mathematics«. Vygen ist dort *principal investigator* des entsprechenden Teilprojekts. Ein theoretischer Schwerpunkt sind Approximationsalgorithmen für das Rundreiseproblem; hier konnten bereits mehrere beachtliche Erfolge erzielt werden.

Arithmeum

Gründer des Arithmeums ist Professor Bernhard Korte. Seit 1998 ist Frau Professor Ina Prinz dessen Direktorin. Das Arithmeum hat einen sehr kleinen festen Personalstab. Es beschäftigt aber eine größere Anzahl von studentischen Hilfskräften, die im Wesentlichen an allen Museumstätigkeiten, wie Empfang, Führungen, Spezial- und Kinderprogrammen, Sammlungsbetreuung und -archivierung, sowie Sonderausstellungen beteiligt werden. Mehrere dieser studentischen Hilfskräfte, die aus allen Fakultäten stammen, haben wegen ihrer Erfahrungen aus dem Arithmeum nach ihrem Studienabschluss Dauerbeschäftigungen in anderen Museen gefunden. Das Arithmeum hatte seit seiner Gründung fast eine Million Besucher, wobei etwa die Hälfte Gruppenbesucher von Schulen und anderen Institutionen (vornehmlich IT-Firmen) sind. Mehr als die Hälfte der Besucher kommen aus Orten, die mehr als 100 Kilometer von Bonn entfernt sind, davon etwa ein Viertel aus dem Ausland, vornehmlich aus Frankreich und den Benelux-Staaten, aber auch aus Asien und Nordamerika. Neben den üblichen Sonntags-, Kunst- und Sonderausstellungsführungen (seit der Eröffnung mehr als 8.000) hat das Arithmeum ein intensives Kinder- und Schülerprogramm. Es wird auch ein mehrtägiges Lehrprogramm zur Diskreten Mathematik für Oberstufenschüler höherer Schulen angeboten, das im Museum oder in den Schulen durchgeführt wird.

Als besonderes *Highlight* veranstaltet das Arithmeum seit nunmehr 19 Jahren die Konzertserie »concerto discreto« im großen Foyer des Hauses. Pro Saison finden sieben Konzerte statt, die hinsichtlich Musikstil und -epoche ein lebendiges *Cross-over* vom Jazz über Weltmusik und Klassik bis hin zur Alten Musik sind. Für die große Beliebtheit dieser Konzertreihe spricht, dass über die Jahre fast alle Konzerte ausverkauft waren. Mit besonderem Stolz kann festgestellt werden, dass die Liste der aufgetretenen Künstler die Top-*Avantgarde* der aktuellen Musikszene enthält. Bisher hat das Arithmeum mehr als 60 Wechselausstellungen gezeigt. Hierzu sind 31 Kataloge erschienen.

Neben den Ausstellungsräumen im Gebäude des Arithmeums hat die Universität Depoträume angemietet. Hier sind die großen Sammlungsbestände in einer konservatorisch zufriedenstellenden Weise untergebracht. Aus Platzgründen konnte das Arithmeum in der Vergangenheit keine großen elektrischen und elektronischen Rechengeräte sammeln. Die neue Depotsituation erlaubt den Aufbau einer Kollektion von elektronischen Tisch- und Großrechnern und elektromechanischen Lochkartenmaschinen, die in einem Schaudepot in öffentlichen Führungen gezeigt werden.

Abschließend noch ein kurzer Überblick über die Sammlungen des Arithmeums: Mechanische Rechenmaschinen und Rechengeräte stellen mit über 8.000 Objekten die größte Sammlung dar. Diese Sammlung ist weltweit die umfassendste und beste Kollektion ihrer Art. Sie ist inzwischen vollständig digital inventarisiert und wird demnächst mit Text- und Bildbeschreibungen ins Internet gestellt. Glanzstück und wertvollstes Objekt ist nach wie vor die Rechenmaschine von Johann Christoph Schuster (1759–1823), die es sogar auf eine Briefmarke geschafft hat. Diese wurde im März 2000 von der Generalsekretärin der Kulturstiftung der Länder, Professor Karin v. Welck, Bundeskanzler Gerhard Schröder und NRW-Ministerpräsident Wolfgang Clement feierlich übergeben.

Der neuere Sammlungsteil elektronische Taschen-, Tisch- und Großrechner und elektromechanische Lochkartengeräte umfasst 2.500 Objekte. Hier ist besonders ein voll funktionierender Zuse Z25 Computer zu erwähnen. Es gibt nur noch sehr wenige funktionsfähige Zuse-Rechner.

Die Sammlung historischer Mathematik- und Rechenbücher mit 3.000 Objekten gehört auch zu den besten ihrer Art. Die Werke gehen zurück bis in Gutenbergs Zeiten, wobei der Sammlungsschwerpunkt im 17. und 18. Jahrhundert liegt. Die Sammlung wird zur Zeit dokumentiert. Es ist ein achtbändiges Kompendium geplant, von dem drei Bände des 16. und 17. Jahrhunderts fertiggestellt sind. Es ist auch hier vorgesehen, die vollständige Dokumentation ins Internet zu stellen.

Die Kunstsammlung des Arithmeums zählt 300 Gemälde und 2.500 Gouachen, Graphiken und Skulpturen. Sie ist konsequent auf konkrete und konstruktive Kunst beschränkt und gehört zu den drei besten Sammlungen dieser Kunstrichtung. Als Universitätssammlung kann sie sich sehr wohl mit den Sammlungen amerikanischer Privatuniversitäten messen. Vervollständigt wird dieser Sammlungsteil durch eine kleine Kollektion geometrischer *Tribal Art* und durch eine Sammlung von klassischen Designobjekten (insbesondere Stuhlklassiker) mit Schwerpunkt Bauhauszeit.

Das Arithmeum beschränkt sich aber nicht nur auf die klassische Museumsarbeit, nämlich das Sammeln, Bewahren und Ausstellen, sondern es betreibt auch intensiv aktive Forschungsarbeiten zur Geschichte des maschinellen Rechnens. Es bestehen Kooperationen mit allen großen Technikmuseen. Der Fundus der historischen Rechenbücher und die historischen Rechenmaschinen sind besonders ergiebige Forschungsobjekte. Man muss wissen, dass sich bis zur Mitte des 19. Jahrhunderts nur etwa ein Dutzend Vier-Spezies-Rechenmaschinen nachweisen lassen. In der frühen Neuzeit und danach gab es für diese Gerätschaften weder eine wissenschaftliche noch eine kommerzielle Notwendigkeit. Die Wissenschaft war nur sehr wenig quantitativ und die Kaufleute rechneten mit Rechenpfennigen »auf den Linien«. Diese seltenen Rechenmaschinen sind ausschließlich in Museumsbesitz. Das Arithmeum hat sie alle im Detail vermessen (zum Teil auch restauriert) und lückenlos in technischen Zeichnungen, Fotos und Videos dokumentiert. Diese Dokumentensammlung war die Grundlage für die Erstellung authentischer Repliken, die in jahrelanger Handarbeit gefertigt wurden und nun Zierstücke der Ausstellung sind.

Frau Professor Prinz hält seit über zehn Jahren einen zweisemestrigen Vorlesungszyklus und Projektgruppen zur Geschichte des Rechnens im Studiengang Informatik und für Lehramtsstudenten der Mathematik. Im Rahmen der Projektgruppenarbeit und in Bachelorarbeiten werden historische Rechenmaschinen 3D-animiert. Dabei unterstützt die Multimedia-Abteilung des Arithmeums, in der besonders hochwertige 3D-Animatonen entstehen, die Studierenden. Diese neuen und einmaligen Dokumente helfen, die historischen Rechenmaschinen nicht nur zu bewundern, sondern auch zu verstehen. Es ist geplant, diese Animationen und Emulationen, von denen einige bereits in die Ausstellung integriert sind, langfristig den Besuchern des Arithmeums zugänglich zu machen.

Forum Internationale Wissenschaft

Rudolf Stichweh

Das im Herbst 2012 zusammen mit der Besetzung der Dahrendorf-Professur »Theorie der modernen Gesellschaft« (Prof. Dr. Rudolf Stichweh) gegründete »Forum Internationale Wissenschaft« verfügt im Frühjahr 2018 über drei Forschungsabteilungen für Wissenschaftsforschung (Prof. Dr. David Kaldewey), Religionsforschung (Prof. Dr. Adrian Hermann) und Demokratieforschung (Prof. Dr. Rudolf Stichweh). Rund 30 Mitarbeiter und *Fellows* sind an der Forschung und den Veranstaltungs- und Lehrformaten des FIW beteiligt.

»Weltgesellschaft«

Zu den Leitfragestellungen des FIW gehört das Problem des globalen Gesellschaftssystems, das wir »Weltgesellschaft« nennen. Wie entsteht es, welches sind die Formen von Gesellschaft, die ihm historisch vorausgehen, was sind die Folgen der Tatsache, dass alle Sozialität und Kommunikation innerhalb eines einzigen weltweiten Gesellschaftssystems stattfindet? Zur Forschung über Weltgesellschaft gehört auch die Frage der regionalen Differenzierung der Weltgesellschaft. Wie lassen sich auf der Ebene von Kommunikation und Kultur Weltregionen unterscheiden? Und wie werden Nationalstaaten gebildet, die als politische Regimes durch die beiden Pole Demokratie und Autoritarismus bestimmt werden. Eine vergleichende Theorie der Bipolarität von Demokratie und Autoritarismus in der gegenwärtigen Welt ist eines der hauptsächlichen Forschungsunterfangen des FIW.

Funktionale Differenzierung

Die primäre Form der Innendifferenzierung des Systems der Weltgesellschaft ist funktionale Differenzierung. Die funktionale Differenzierung ist nicht älter als 250 Jahre und insofern noch nicht gut bekannt, und es ist eine Differenzierungsform, deren Ausmaß und Zukunft offen ist. Diese Diagnose hat das FIW zur internen Strukturierung in die drei Abteilungen für Demokratie-, Religions- und Wissenschaftsforschung genutzt. Das erlaubt ein vergleichendes Studium der drei Funktionssysteme Religion, Wissenschaft und Politik – und es legt Begriffsstrategien nahe, die quer zu der Unterscheidung der Funktionssysteme liegen und die dadurch den Vergleich der Funktionssysteme tragen.

Inklusion

Einer dieser Leitbegriffe quer zur Unterscheidung der Funktionssysteme ist Inklusion. Inklusion meint die Berücksichtigung und Mitwirkung einer immer größeren Zahl von Individuen, aber auch die Berücksichtigung und Mitwirkung von (klassischen und neuentstehenden) Kollektiven in den Kommunikationsprozessen der Funktionssysteme. Das Individuum ist in einer völlig neuartigen Form eine Schlüsselinstitution der modernen Weltgesellschaft – und Individuen sind zugleich auch Mitglieder von Kollektiven und werden manchmal über diese Zugehörigkeit inkludiert. Das FIW untersucht die »Inklusionsrevolutionen« der Moderne, das heißt die Frage, wie sich Funktionssysteme radikal ändern, wenn aus elitären Nischensystemen, in denen oft nur ein bis zwei Prozent der Bevölkerung kommunikativ berücksichtigt wurde, globale Systeme werden, die der Möglichkeit nach jeden in ihren Relevanzbereich einschließen. Ein gutes Beispiel ist Hochschulerziehung: In einer 700jährigen europäischen Tradition (circa 1200–1900) war sie circa an ein bis zwei Prozent der männlichen Bevölkerung adressiert, heute ist sie ein Massensystem mit Inklusionsraten von 30 bis 100 Prozent für beide Geschlechter.

Exklusion

Zugleich gibt es erneut und weiterhin Exklusionen, die einerseits als Genozide und Massentötungen ein bestimmendes Moment der Moderne sind, die aber häufiger und dauerhafter in der modernen Gesellschaft die Form der inkludierenden Exklusion annehmen. Diese Form bedeutet, dass man einerseits aus relevanten gesellschaftlichen Zusammenhängen herausfällt, aber zugleich in ein Sozialsystem inkludiert ist, das diese Zugehörigkeit und *uno actu* Nichtzugehörigkeit gesellschaftlich institutionalisiert. Zu diesen Formen der inkludierenden Exklusion gehören erstens die Gefängnisse und die Lager, in denen die Grenze zur umgebenden Gesellschaft geschlossen ist und überwacht wird, zweitens die Slums und die Favelas, in denen die Grenze eine symbolisch-territoriale – aber deshalb nicht weniger wirksame – Grenze ist, drittens die Milizen, Gangs und terroristischen Gruppen, in denen die Trennung und zugleich die Verbindung im Verhältnis zur Gesellschaft über Gewalt und Devianz läuft, und viertens schließlich die der Sklaverei verwandten Formen der asymmetrischen Abhängigkeit, in denen eine Grenze der Handlungsfähigkeit der Individuen und der Gruppen durch diejenigen überwacht und kontrolliert wird, von denen sie abhängig sind. Diese Formen der Inkludierenden Exklusion werden demnächst in Projekten untersucht werden, die – teilweise auf der Basis von Drittmittelanträgen – gegenwärtig vorbereitet werden.

»Responsivität«

Responsivität ist ein weiterer theoretischer Leitbegriff der Forschung des FIW. Erneut geht es um Funktionssysteme, die auf der Basis von Inklusionsrevolutionen eine sich ausweitende gesellschaftliche Relevanz erlangt haben. Funktionssysteme, die in diesem Sinne gesamtgesellschaftlich bedeutsam geworden sind, können nicht mehr mit Distanz und Indifferenz auf ihre gesellschaftliche Umwelt blicken. Sie müssen die gesellschaftliche Umwelt vielmehr mittels der Beobachtungsmöglichkeiten, die durch die Eigenstrukturen des jeweiligen Funktionssystems gegeben sind, auf für sie relevante Problemlagen hin beobachten und an diese Beobachtungen von Problemen in anderen Systemen funktionssystemeigene Strukturbildungen anschließen. Das FIW hat in seiner Abteilung Wissenschaftsforschung seit 2013 ein Forschungsprogramm verfolgt (unterstützt von der Stiftung Mercator), das den Diskurs über die wissenschaftspolitische Relevanz der *Grand Challenges* (Klimaforschung, Energieversorgung *et cetera*) als einen Fall einer solchen Umstellung eines Funktionssystems auf responsive Beobachtung seiner Umwelt analysiert. Auch in der Abteilung für Demokratieforschung wird »Responsivität« als ein unabdingbares

Erfordernis moderner Politik untersucht, das als ein solches unmittelbar in die globale Konkurrenz demokratischer und autoritärer Systeme hineinwirkt, die vor allem auch eine Konkurrenz um überlegene Leistungsfähigkeit politischen Entscheidens ist.

Diese seine Leitfragestellungen hat das FIW von vornherein in Veranstaltungsformate eingebracht – Lehrveranstaltungen, Sommerschulen, öffentliche Vortragsreihen –, die einen wesentlichen Teil seiner Tätigkeit ausmachen. Natürlich ist auch im FIW zunächst die wissenschaftliche Publikation der unmittelbare und entscheidende Leistungsnachweis. Aber zugleich verfolgen wir Strategien, die über Hochschule und Öffentlichkeit die Veranstaltungsformate ausweiten, in denen wir unmittelbar auf außerwissenschaftliche Adressen einzuwirken versuchen, mit denen wir in einen Dialog über unser Forschungsprogramm und unsere Ergebnisse eintreten wollen.

Franz Joseph Dölger-Institut zur Erforschung der Spätantike

Georg Schöllgen

Das Franz Joseph Dölger-Institut ist ein interdisziplinäres, fakultätsübergreifendes Forschungsinstitut, dessen Hauptaufgabe die Herausgabe des »Reallexikons für Antike und Christentum« (RAC) und des zugehörigen »Jahrbuchs für Antike und Christentum« (JbAC) sowie seiner Ergänzungsbände ist.[2] Das RAC, von dem bislang neunundzwanzig Bände erschienen sind, ist das Flaggschiff des großen, internationalen Forschungsprojekts »Antike und Christentum«, das auf den Religions- und Kirchenhistoriker Franz Joseph Dölger zurückgeht, der von 1927 bis zu seinem Tod 1940 Professor an der Universität Bonn war.

Grundlegend war für Dölger die Erkenntnis, dass die Entwicklung des antiken Christentums nicht, wie in der Katholischen Theologie des frühen 20. Jahrhunderts üblich, rein aus sich selbst heraus im Sinne der Ausfaltung vorgegebenen Offenbarungsguts verstanden werden kann, sondern nur als Produkt einer Auseinandersetzung mit der griechisch-römischen Antike und dem antiken Judentum. Diese Auseinandersetzung wird verstanden als ein komplexer, wechselseitiger Vorgang, der sich sowohl in Form von Abgrenzung als auch in der vollständigen oder modifizierten Übernahme von Elementen der Lehre und

2 Vgl. E. Dassmann (Hg.), Das »Reallexikon für Antike und Christentum« und das F. J. Dölger-Institut in Bonn, Stuttgart 1994) Th. Klauser, Franz Josef Dölger 1979–1940. Sein Leben und sein Forschungsprogramm »Antike und Christentum«, Münster 1980 (JbAC Erg.-Bd.7); G. Schöllgen, Franz Josef Dölger und die Entstehung seines Forschungsprogramms »Antike und Christentum«, in: JbAC 36 (1993) 7/23.

Praxis zeigen kann und sich in nahezu allen Bereichen des religiös-kulturellen wie auch des gesellschaftlich-politischen Lebens findet.

In der aufgeheizten Atmosphäre des Modernismusstreits im ersten Jahrzehnt des 20. Jahrhunderts wurde diese Position als Infragestellung des Offenbarungscharakters der kirchlichen Lehre verstanden, und Dölger drohte der Entzug der kirchlichen Lehrerlaubnis von Seiten des Bischofs. Er konnte ihr nur entgehen, indem er die großen sensiblen Themen der Theologie, besonders die Dogmengeschichte, vermied, und seinen Forschungsansatz zunächst auf die Details der Archäologie, der Liturgie- und Literaturgeschichte konzentrierte. Sein Ansatz erwies sich aber als so fruchtbar, dass zunehmend auch andere Fächer wie Klassische Philologie, die Alte Geschichte und die Religionsgeschichte, ja nahezu die gesamte Altertumswissenschaft, sich seiner bedienten; er ist zunehmend zum Allgemeingut der Forschung geworden. Der Ansatz von »Antike und Christentum« hatte also die Grenzen einer innertheologischen Auseinandersetzung überschritten und war zu einem altertumswissenschaftlichen Forschungsprogramm geworden.

So lag es nahe, dass auf Anregung Dölgers drei Schüler, der Patristiker Theodor Klauser, der Ägyptologe Helmut Kruse und der Altphilologe Jan Hendrik Waszink, in den 1930er Jahren den Plan fassten, die gesamte Welt der Spätantike unter der Fragestellung »Antike und Christentum« lexikalisch aufzuarbeiten. Bereits 1941, mitten im Zweiten Weltkrieg, erschien der erste Faszikel des »Reallexikons für Antike und Christentum«, dem bis zum Kriegsende noch sechs weitere Faszikel folgten. Schon 1950 gelang es Klauser, die Artikel des letzten noch fehlenden Faszikels fertigzustellen und den ersten Band des RAC der wissenschaftlichen Öffentlichkeit vorzulegen. Die Resonanz war außerordentlich positiv, und das Lexikon entwickelte sich schnell zu einem Standardwerk für die Erforschung der Spätantike mit der ungewöhnlich hohen Auflage von mehr als 2.700 Exemplaren.

Theodor Klauser, einem der großen Wissenschaftsorganisatoren der frühen Bundesrepublik, gelang es schnell, mit dem Dölger-Institut eine eigene Redaktion für das Lexikon aufzubauen und deren Finanzierung durch einen Förderverein sicherzustellen. Wer die Listen der Mitglieder und Großspender der 1950er und 1960er Jahre durchgeht, wird mit Erstaunen feststellen, dass namhafte Industriefirmen und besonders die Großbanken mit außergewöhnlich hohen Beiträgen die Existenz der Redaktion gewährleisteten. Zur Erklärung hat man auf die humanistische Bildung der Vorstände verwiesen. Viel wichtiger ist aber wohl die Erkenntnis, dass der Rekurs auf »Antike und Christentum« in der Nachkriegszeit dazu diente, sich nach der Niederlage Deutschlands und der Ächtung des Nationalsozialismus, der sich weitgehend auf germanische Ursprünge berufen hatte, wieder auf die antik-abendländischen Wurzeln der Gegenwartskultur zu besinnen, die auf ein Zusammenwachsen von griechisch-römischen und christlichen Elementen zurückgeführt wurde. Das RAC war also in den 1950er und 1960er Jahren des vorigen Jahrhunderts ein Mittel, sich von der nationalsozialistischen Vergangenheit zu distanzieren und so eine neue, auf einer Verbindung von griechisch-römischer Antike und Christentum basierende, Identität zu schaffen. Hier durfte auch das Hauptmotiv der international agierenden Banken liegen, die auf diese Weise deutlich machen wollten, dass sie sich von ihrer »braunen« Vergangenheit abgewandt hatten und in den Schoß des Abendlandes zurückgekehrt waren. Es ist das Konzept von »Antike und Christentum«, das bewirkte, dass das Lexikon mitten im Zeitgeist stand. Auf die Artikel des RAC, die sich ja durch breite Materialsammlungen auszeichnen und nicht von den apologetisch-legitimatorischen Absichten des Zeitgeistes getragen waren, hatte die Intention der neuen Geldgeber wenig Einfluss. Spätestens mit den Umwälzungen der späten 1960er Jahre spielte das »Abendland« keine Rolle mehr und der Geldfluss der Banken trocknete bald aus. Und doch blieb »Antike und Christentum« kein rein innerwissenschaftliches Programm. Je weiter das Lexikon voranschritt, desto deutlicher wurde die Konvergenz des Forschungsprogramms »Antike und Christentum« mit den Fragen der Gegenwart, in der Europa eine große Zahl von Immigranten aufnimmt, die aus Kulturkreisen mit ganz anderer Prägung als der europäischen stammen und nicht selten als fremd erlebt werden.

Wenn die dominante griechisch-römische Kultur in den ersten drei Jahrhunderten auf Juden oder Christen traf, dann waren solche Begegnungen häufig in ähnlicher Weise konfliktgeladen. Die Christen wurden als eine religiöse Gruppierung verstanden, die nach fremden, kruden Regeln eines gekreuzigten Gottes aus Galiläa in weitgehender Isolation von der städtischen Gesellschaft lebte. Hinzu kam das irritierende Phänomen des Martyriums. Alle Versuche, die Christen mit Gewalt zu bekämpfen, ja auszurotten, scheiterten.

Doch von vielen Zeitgenossen unbemerkt hatte bereits ein Transformationsprozess begonnen, von dem alle drei Ausgangsgrößen grundlegend ergriffen und umgestaltet wurden. Sehr bald entstand etwas Anderes, nämlich die Christliche Spätantike, die wesentliche Elemente aller drei Größen aufnahm und zu etwas Neuem transformierte. In diesem Sinne wird man heute nicht mehr von einem »Sieg« des Christentums sprechen, sondern von einem Zusammenwachsen zu einer neuen Kultur, die Grundelemente aller drei Ausgangsgrößen bewahrte und fruchtbar machte, und Europa in wichtigen Bereichen bis zur Gegenwart prägt.

Die Aufgabe des RAC ist es, diesen Transformationsprozess für alle Bereiche der spätantiken Kultur bis ins Detail nachzuzeichnen. Dabei beschränkt sich das Lexikon nicht nur auf die großen Themen wie zum Beispiel Gottesvorstellung, Ethik, Christenverfolgung, Heidenverfolgung, Gebet, Kanon und Rechtgläubigkeit, sondern leuchtet auch die kleinen und entlegenen Bereiche der spätantiken Kultur aus, wie zum Beispiel die Symbolik von Tieren wie die Heuschrecke, oder den liturgischen und metaphorischen Gebrauch von Honig.

Das Forschungsprogramm »Antike und Christentum« ist nicht nur ein heute international anerkannter methodischer Ansatz in den Altertumswissenschaften, sondern gehört darüber hinaus zu den wenigen Fragestellungen der Erforschung der Spätantike, die so grundlegend sind, dass sich immer aufs Neue ein Gegenwartsbezug ergibt.

Ein Produkt der geisteswissenschaftlichen Großforschung, das von der Konzeption bis zur Vollendung 90 Jahre braucht, kann bei aller Kontinuität nicht ohne partiellen Wandel auskommen. So war das RAC in seinen Anfängen auf nur wenige Bände konzipiert. Sehr schnell zeigte sich aber, dass die Vorstellung, das Lexikon könne einen schon vorhandenen Forschungsstand nur dokumentieren, nicht zu halten war. Bereits im ersten Band finden sich Artikel, die mangels vorhandener Forschung den Gegenstand des Lemmas selbst aus den Quellen aufarbeiten mussten. Angesichts der Tatsache, dass die Spätantikeforschung bis heute weit mehr Lücken aufweist, als sie schon an Stoff erarbeitet hat, gingen die Herausgeber sehr bald dazu über, das RAC als Forschungslexikon zu konzipieren, wobei von den Autoren erwartet wird, dass sie ihr Lemma eigenständig und möglichst vollständig aus den Quellen erarbeiten.

Diese grundlegende Konzeptionsänderung hatte zur Folge, dass der Umfang der Artikel erheblich wuchs, ja manchmal auszuufern drohte. Hier hilft nur eine strikte Begrenzung der Artikel auf den »Antike und Christentum« -Aspekt. Eine weitere Neuerung besteht in der Verbreitung der Perspektive des Lexikons: So wird das antike Judentum heute stärker als in den ersten Jahren berücksichtigt und steht gleichberechtigt neben der griechisch-römischen Antike: Ein größeres Gewicht haben auch das orientalische Christentum sowie sozialgeschichtliche Fragestellungen.

Ein derartiges geisteswissenschaftliches Großprojekt wie das RAC lässt sich heute nicht mehr mit privaten Geldern finanzieren. Als die Großbanken in den 1960er Jahren ihre Finanzierung einstellten, sprang zunächst die Deutsche Forschungsgemeinschaft (DFG) ein und übernahm für mehrere Jahre die Kosten der Redaktion. Sehr bald erkannte man jedoch, dass das Lexikon zu den geisteswissenschaftlichen Langzeitprojekten gehört, und deshalb übernahm die Nordrhein-Westfälische Akademie der Wissenschaften und der Künste im Jahre 1975 die Finanzierung der Redaktion. Der Abschluss des Lexikons ist auf das Jahr 2026 festgelegt.

Interdisziplinäres Lateinamerika-Zentrum

Michael Schulz

»Mit der Wirkung vom 17. Juli 2003 hat das Rektorat mit zustimmender Stellungnahme des Senats die Einrichtung eines Internationalen Lateinamerika-Zentrums (ILZ) beschlossen. Aufgabe des Zentrums ist die Bündelung der Lateinamerikakompetenz in Forschung, Lehre und Beratung.«

Am 10. Juni 2003 hat das Rektorat die Gründung des ILZ entschieden. Als zentrale wissenschaftliche Einrichtung untersteht es direkt dem Rektorat. Der von 1997 bis 2004 amtierende Universitätsrektor Prof. Dr. Klaus Borchard, der damalige Prorektor Prof. Dr. Matthias Herdegen und der Geschäftsführer des Internationalen Wissenschaftsforums Bonn (IWB), Prof. Dr. Hartmut Ihne, leisteten die maßgebliche Arbeit bei der Konzeption des ILZ.

Das ILZ verband sich administrativ zunächst mit dem Zentrum für Entwicklungsforschung (ZEF). Der Direktor der ZEF-Abteilung »Naturraumpotentiale, Ökologie und Ressourcenmanagement«, damals Prof. Dr. Paul Vlek, wurde in das fünfköpfige Leitungsgremium des ILZ aufgenommen. Vlek nahm bis Ende April 2010 die Aufgabe des geschäftsführenden Direktors wahr, bald unterstützt von einem Wissenschaftlichen Mitarbeiter und Geschäftsführer, zuerst von dem Biologen Dr. Reiner Zimmer, ab April 2006 von dem Botaniker und Ökologen Dr. Jürgen Böhmer. Zu den ersten Mitgliedern des Direktoriums gehörten außerdem Prof. Dr. Wilhelm Barthlott vom Nees-Institut, Prof. Karl-Heinz Menke von der Katholisch-Theologischen Fakultät sowie Prof. Hanns J. Prem von der Altamerikanistik, später ergänzt durch die Proff. Nikolai Grube, Michael Schulz, Dieter Wittmann, Mechthild Albert und Joachim von Braun.

Im Jahr 2005 mutierte das Internationale, zum Interdisziplinären Lateinamerika-Zentrum, denn das Alleinstellungsmerkmal des ILZ besteht in der fächerübergreifenden Zusammenarbeit von Geistes- und Naturwissenschaftlern. Das ILZ organisierte in den nachfolgenden Jahren Ringvorlesungen, Seminare, Symposien und Workshops. Es stellte zudem Arbeitsplätze für Promovenden zur Verfügung. Zu den Zielen des ILZ gehört die Einwerbung von Drittmitteln. Das umfangreichste Projekt bestand in einem DFG-Antrag zur Einrichtung eines Internationalen Graduiertenkollegs mit dem Titel »Landrechte und Ressourcenzugang in Lateinamerika« (Sprecher: Prof. Grube), wobei die Universidad Nacional Autónoma de México (UNAM) als Partner fungierte. Gegenseitige Besuche konsolidierten die Kooperation bei der Ausarbeitung des Antrags, der auf mexikanischer Seite beim Consejo Nacional de Ciencia y Tecnología (Conayct) Erfolg hatte, jedoch 2010 im DFG-Senatsausschuss keine Mehrheit erhielt. 2007 wurde hingegen der EU-Antrag »Constitucionalización del orden jurídico, protección y defensa de los derechos fundamentales« angenommen (Prof. Herdegen zusammen mit der Universidad de los Andes in Kolumbien). Unter Beteiligung der Universitäten Köln, Bielefeld, Münster und Hannover gelang im Juli 2009 die Einwerbung von BMBF-Fördermitteln und damit die Etablierung eines Kompetenznetzwerkes Lateinamerika zu dem Themenbereich »Ethnicity, Citizenship and Belonging« (Prof. Grube). Das Projekt, aus dem zahlreiche Doktorarbeiten sowie Tagungen im In- und Ausland hervorgingen, wurde bis 2016 verlängert.

Im Jahr 2013 organisierte das ILZ zusammen mit der Universität San Marcos in Lima einen Internationalen Workshop zur Ökologie, publiziert unter dem Titel »La Sostenibilidad en Latinoamérica« in Lima (Clara Omland, Elmar Schmidt). Mit Finanzierung der Thyssen-Stiftung fand zuletzt 2014 die Tagung »Border transgressions: mobility and mobilization in crisis« (Eva Youkhana / Lara Jüssen) statt. Seit der Rektoratsreise 2013 wurden auch die Beziehungen zu Brasilien intensiviert.

Um eine transparentere Organisationsstruktur zu schaffen, gab sich das ILZ 2014 neue Statuten. Geschäftsführender Direktor ist seit 2010 Prof. Michael Schulz (Religionsphilosophie), Geschäftsführerin ist seit 2013 Dr. Monika Wehrheim (Romanistik). Heute kooperieren die Fächer Altamerikanistik und Ethnologie, Romanistik, Religionsphilosophie, Soziologie, Rechtswissenschaften, Botanik und Landwirtschaft am Lateinamerika-Zentrum. Aktuelle Forschungsprojekte sind: Migrationsforschung; Ökonomische und ethnologische Aspekte der Landnutzung im Bosque de Cañaris, Nordperu (Maximilian Weigend, Karoline Noack); Ungleichheit und Demokratie in Brasilien (Rudolf Stichweh); Sustainable transformations in South America (Jan Börner, Michael Schulz); Lateinamerika und Europa im Austausch (I) Buen vivir als Zukunftsmodell?; (II) Nation – Region: Gleiche oder kompetitive Zugehörigkeiten? (Antje Gunsenheimer, Monika Wehrheim).

Das Zentrum für Entwicklungsforschung an der Universität Bonn (ZEF)

Joachim von Braun

Gründungsgeschichte

Rückblickend erscheint es erstaunlich, dass Deutschland als international engagiertes Land lange Zeit kein wissenschaftliches Zentrum für Entwicklungsforschung hatte. Deutschlands Universitäten hatten und haben zwar eine Reihe von etablierten Lehrstühlen zu Entwicklungsfragen, ein wissenschaftliches Institut, das umfassend zu Themen der nachhaltigen Entwicklung in sich entwickelnden Ländern arbeitet, fehlte aber in der deutschen Forschungslandschaft bis zur Gründung des Zentrum für Entwicklungsforschung (ZEF). Die Gelegenheit, dies zu ändern, war mit der deutschen Wiedervereinigung und einem strategischen Konzept für Bonn im Zuge des Entscheids zum Umzug von Regierung und Parlament gekommen.

Das ZEF ist somit Teil der positiven externen Effekte der »Wende« nach 1990. Es wurde durch einen Beschluss des Senates der Universität Bonn am 4. Mai 1995 gegründet und bildete ursprünglich zusammen mit dem Zentrum für Europäische Integrationsforschung (ZEI) die Arbeitsgemeinschaft »Internationales Wissenschaftsforum Bonn« (IWB). In den Jahren 1991 bis 1995 wurden zwischen Bund, Land NRW und Universität die konzeptionellen Grundlagen für das ZEF erarbeitet. Der Senat der Universität Bonn etablierte ZEF und ZEI am 4. Mai 1995 als zentrale wissenschaftliche Einrichtungen unter dem Rektorat. Eine Grundfinanzierung wurde bis Ende 2004 aus den Berlin-Bonn-Ausgleichsmitteln sichergestellt. Die Zentren an der Universität Bonn wurden im Bonn-Berlin-Vertrag vom 29. Juni 1994 festgeschrieben.

Das ZEF Gründungskomitee hatte 28 Mitglieder aus Wissenschaft (Universitäten Bonn, Aachen, Köln), Land NRW, Bundesministerien und Politik (Bundestag). Als besonders tragende Akteure bei der Gründung des ZEF sollten die Bonner Rektoren Prof. Dr. Max G. Huber (Physik) und Prof. Dr. Klaus Borchard (Städtebau) erwähnt werden sowie Prof. Dr. Wilhelm Barthlott (Botanik, Ökologie), Universität Bonn, Prof. Dr. Michael Bohnet (Ministerialdirigent im BMZ), Prof. Dr. Eckart Ehlers (Sozial- und Wirtschaftsgeographie, Prorektor für Planung und Finanzen), Universität Bonn, Prof. Dr. Uwe Holtz (MdB, Entwicklungspolitik), Dr. Gerhard Konow, (Staatssekretär a.D., (Landesbeauftragter für die Wissenschaftsstadt Bonn) und Dr. Reinhardt Lutz, Kanzler der Universität Bonn. Das Gründungskomitee spielte unter Leitung des Rektors eine wichtige Rolle bei der Konzeptentwicklung sowie der Berufung der ersten ZEF Direktoren.

Ein internationaler Aufsichtsrat (ZEF *International Advisory Board*) gehörte schon bald zum etablierten Leitungs-System des ZEFs. Erster Vorsitzender des *Boards* war Professor Klaus Töpfer (ehemaliger Bundesumweltminister und Direktor des United Nations Environment Program, UNEP), später gefolgt von Prof. Hans van Ginkel, ehemaliger Rektor der United Nations University und *Undersecretary* der Vereinten Nationen. Das aus international angesehenen Wissenschaftlern sowie dem Rektor der Universität Bonn und Vertretern des Landes NRW, dem BMBF und BMZ zusammengesetzte Gremium berät das ZEF in strategischen Fragen, ist maßgeblich an den externen Evaluierungen des Instituts beteiligt und nach Maßgabe des Rektors in die Verfahren zur Berufung von ZEF Direktoren involviert.

Aufbauarbeit und Umsetzung des ZEF-Konzepts

Alles war neu in dem frisch renovierten, ansprechenden Gebäude an der Walter-Flex-Straße (2017 umbenannt in Genscherallee) 3 in Bonn neben der Bundeskunsthalle, in das das ZEF im September 1997 einzog. Man begegnete Bundestagsabgeordneten auf den Fluren, die noch einpackten. Die Speditionslastwagen standen vor dem Haus, um nach Berlin aufzubrechen. Im Dezember 1995 begann mit der Benennung von Dr. Hartmut Ihne als Leiter des beim Rektorat der Universität Bonn angesiedelten Aufbaustabs die Arbeit für das IWB. Im September 1997 wurde mit der Berufung von Prof. Dr. Joachim von Braun die Abteilung für »Wirtschaftlichen und technischen Wandel« besetzt, im April 1998 wurde die Abteilung »Naturraumpotentiale – Ökologie – Ressourcenmanagement« mit Prof. Dr. Paul Vlek besetzt und im Oktober 1999 übernahm Prof. Dr. Andreas Wimmer die Abteilung »Politischer und kultureller Wandel«.

Das Institut sollte ursprünglich »Nord-Süd-Zentrum« heißen, aber auf Antrag der Direktoren des ZEF akzeptierte das Rektorat den Namen »Zentrum für Entwicklungsforschung/Center for Development Research«, unter dem das Institut inzwischen weltweit bekannt ist.

Forschung

Oberstes Ziel des ZEFs war und ist es, mit wissenschaftlicher Forschung, Ausbildung und Beratung einen Beitrag zur Reduzierung von Armut und zur nachhaltigen Entwicklung zu leisten. Das ZEF übernahm bei diversen Themen eine Vorreiterrolle und lud regelmäßig nationale und internationale Experten zu *Workshops* und Konferenzen ein, um entwicklungspolitische Innovationen forschungsbasiert zu erarbeiten und ihre Übernahme durch die praktische Entwicklungszusammenarbeit voranzutreiben. Bei einer ZEF-Konferenz im Mai 1999 wurde die Rolle von Information, Kommunikation und Technologien (ICT) in Entwicklungsländern aufgegriffen. Auch das Thema »gute Regierungsführung« *(good governance)* war schon früh fester Bestandteil der Forschungsagenda am ZEF. Aber auch Themen wie *Gender*, Menschenrechte, Armutsbekämpfung und Landdegradierung wurden bereits in den ersten Jahren des ZEFs bearbeitet, ebenfalls die Möglichkeiten, Treibgasemissionen zu reduzieren. Probleme von Kriegsökonomien in Afghanistan und Afrika, integriertes Wassermanagement, die Auswirkungen von Standards und fairem Handel in Entwicklungsländern, *et cetera* waren Teil der Forschungsagenda. Diese hat sich im Laufe der Jahre weiterentwickelt. So findet man auf der heutigen Forschungsagenda Themen wie Migration und Mobilität, öffentliches Gesundheitswesen, Ernährungssicherheit, Landnutzung, Klimawandel, Energie, und lokal-angepasste Innovationsentwicklung sowie die Reflexion und Beratung heutiger Wissenschaftspolitik.

Auch in der Forschungsmethodik bahnte das ZEF neue Wege. Quantitative Methoden werden vielfach angewandt und weiterentwickelt. Interdisziplinarität wird groß geschrieben. Die Ökonomen, Sozial- und Naturwissenschaftler arbeiten gemeinsam an den Fragestellungen und Problemlösungen. In den letzten Jahren hat das ZEF seinen interdisziplinären Forschungsansatz mit transdisziplinären Elementen erweitert, das heißt auch, Brücken zwischen Forschung und Politik sowie Forschung und Praxis zu schlagen.

Zum Kerngeschäft des ZEFs gehört das Veröffentlichen wissenschaftlicher Publikationen. Zwischen 2000 und 2016 haben Wissenschaftler am ZEF über 1.200 Artikel in sogenannten *peer-reviewed* Fachzeitschriften veröffentlicht, über 800 Beiträge in wissenschaftlichen Büchern und weiteren Zeitschriften und mehr als 130 Bücher herausgegeben. Die drei gegenwärtigen Professorinnen des ZEF sind Frau Prof. Dr. Gerke, Prof. Dr. Joachim von Braun und Prof. Dr. Christian Borgemeister. Die Direktoren des ZEF sind in wichtigen internationalen Wissenschafts- und Politikforen und Akademien beratend tätig.

Ausbildung von Nachwuchswissenschaftlern

Das Doktorandenprogramm wurde 1999 vom ZEF initiiert – unter anderem dank der Unterstützung des Deutschen Akademischen Austauschdienstes (DAAD) und des BMZ. Das ZEF-Programm mischt die deutsche Tradition der Doktorandenausbildung mit anglo-amerikanischen Elementen von Promotionsmodellen. Das ZEF-Doktorandenprogramm bildet seine Teilnehmer/innen in durchschnittlich 3,5 Jahren aus. In einer Gruppe von etwa 25 Teilnehmer/innen pro Jahr durchlaufen die Studierenden ein dreijähriges Programm, das aus folgenden Komponenten besteht: Ein halbes Jahr disziplinäre und interdisziplinäre Kurse am ZEF, intensive Vorbereitung eines Forschungskonzeptes, ein Jahr empirische Forschung in einem Entwicklungsland und ein Jahr Analysen und Anfertigung der Doktorarbeit am ZEF. Zwischen 1999 und 2016 haben circa 300 Studierende aus etwa 80 Ländern das Programm absolviert. Der Großteil der Studierenden erhält ihren Doktorgrad von der Landwirtschaftlichen, der Mathematisch-Naturwissenschaftlichen oder der Philosophischen Fakultät der Universität Bonn. Die meisten »Doktoren« erhalten anschließend Positionen an wissenschaftlichen, privatwirtschaftlichen oder internationalen Institutionen in aller Welt und übernehmen damit – als Meinungsbildner und Entscheidungsträger – gesellschaftliche Verantwortung.

Wandel und Partnerschaften

Von Anfang an war dem ZEF bewusst, dass es nach zehn Jahren, also nach 2005, ohne die großzügige Startfinanzierung der vom Bund zur Verfügung gestellten Bonn-Berlin Ausgleichsmittel würde auskommen müssen. So war das ZEF auf den Wegfall der Ausgleichsmittel vorbereitet und konnte dank etablierter Kapazitäten zur Einwerbung wissenschaftlicher Drittmittel auch nach 2005 weiter wachsen. Das ging nur mit einem starken Forschungsprofil. Der Drittmittelanteil der ZEF-Ausgaben beträgt inzwischen circa 80 Prozent. Größte Geldgeber der am ZEF stattfindenden Forschung sind das BMBF und einige Stiftungen (darunter Robert Bosch, Volkswagen, Bill und Melinda Gates), das BMZ, der DAAD sowie zahlreiche weitere Institutionen.

Im Jahr 2004 wurde das gemeinsame IWB-Dach von ZEF und ZEI aufgegeben. Die Forschungs- und wissenschaftlichen Ausbildungs-Agenden der beiden Zentren hatten sich unterschiedlich weiterentwickelt und ein gemeinsames Management war nicht mehr zu rechtfertigen. Statt dessen hat das ZEF sich zunehmend mit anderen international und zu Fragen der nachhaltigen Entwicklung forschenden Institute vernetzt. So sind die Direktoren der United Nations University (UNU) in Bonn und des Bonn International Conversion Center (BICC) kooptierte Mitglieder des ZEF-Direktoriums. Eine Vielzahl angesehener Wissenschaftler im In- und Ausland sind dem ZEF als *Senior Fellows* verbunden, es pflegt rund 200 aktive Partnerschaften weltweit.

Das ZEF hat sich mittlerweile als international angesehenes Forschungsinstitut etabliert. Im jährlichen *Think Tank-Ranking* der Universität Pennsylvania rangiert das ZEF bereits seit mehreren Jahren unter den Top 10 der internationalen Wissenschafts-*Think Tanks* und den Top 20 der an Universitäten angesiedelten *Think Tanks.* Thematisch bleibt das Zentrum seinem Thema »nachhaltige Entwicklung« treu. Es ist somit gut positioniert, in den kommenden Jahrzehnten weiterhin einen starken Beitrag zum wissenschaftlichen Fundament der nachhaltigen Entwicklungsziele der Völkergemeinschaft zu leisten.[3]

3 Siehe für nähere und aktuelle Informationen www.zef.de (zuletzt abgerufen am 06.05.2018).

Zentrum für Europäische Integrationsforschung (ZEI)

Ludger Kühnhardt

Geschichte und Profil

Das Zentrum für Europäische Integrationsforschung (ZEI) ist ein interdisziplinäres Forschungs- und Weiterbildungsinstitut der Rheinischen Friedrich-Wilhelms-Universität Bonn. Das ZEI beteiligt sich seit seiner Gründung durch Forschungsarbeiten, Politikberatung, Dialoge zwischen Wissenschaft und Praxis sowie Angebote der Graduiertenausbildung und Weiterbildungsmöglichkeiten an der Lösung bisher unbewältigter Probleme der europäischen Einigung und der Gestaltung der Rolle Europas in der Welt. Das ZEI wird 2020 auf fünfundzwanzig erfolgreiche Jahre seiner Arbeit zurückblicken können.

Der »Bonn-Berlin-Vertrag« vom 29. Mai 1994 sah die Errichtung eines »Zentrum für Europäische Integrationsforschung« (ZEI) als zentrale wissenschaftliche Einrichtung der Universität Bonn vor. Am 4. Mai 1995 hat der Senat der Universität Bonn die Einrichtung des ZEI beschlossen. Das Gesamtkonzept wurde in Absprache mit der Bundesregierung und dem Land NRW erstellt. Es basierte auf einem Vorschlag des Senats der Universität Bonn vom 11. Februar 1993. Der endgültige Senatsbeschluss vom 4. Mai 1995 gilt als Gründungsdatum für das »Zentrum für Europäische Integrationsforschung« (ZEI).

Das ZEI wurde im ersten Jahrzehnt seiner Tätigkeit als senatsunmittelbares Forschungsinstitut geführt und durch Bundesmittel im Rahmen des Bonn-Berlin-Gesetzes finanziert. Seit 2007 ist das ZEI ein Forschungs- und Weiterbildungsinstitut, das von der Philosophischen Fakultät und von der Rechts- und Staatswissenschaftlichen Fakultät der Bonner Universität getragen wird. Im Laufe der bisherigen mehr als zwei Jahrzehnte seiner Tätigkeit hat das ZEI immer wieder die Schwerpunkte seiner Arbeit überprüft und an aktuelle Fragestellungen im Bereich der europäischen Integration angepasst.

Inhaltliche Schwerpunkte

Zu den Eckpunkten der ZEI-Tätigkeit gehörten und gehören dabei folgende Kernfragen:

- Europas institutionelle Dimension:
  Die entsprechenden Arbeiten des ZEI konzentrierten und konzentrieren sich auf die Rolle und Entwicklung der Institutionen im Rahmen der europäischen Integration. Neben der Wirtschafts- und Fiskalpolitik der EU begleitete das

ZEI auch die Erarbeitung des Vertrages über die Europäische Verfassung und nach dessen Scheitern den Vertrag von Lissabon. Mit gleicher Intensität wurden und werden grundsätzliche und spezifische politikwissenschaftliche Aspekte des Regierens im Mehrebenensystem der EU behandelt. Der Erweiterungsthematik der EU, einschließlich der Beziehungen der EU zur Türkei, widmete das ZEI stets große Aufmerksamkeit. Seit 2014 begleitet das ZEI als einziges Forschungsinstitut in der EU regelmäßig die Arbeitsprogramme der EU-Institutionen und überprüft deren Umsetzung.

- Europäische Regulierungs- und Wettbewerbspolitik:
  Dieser Arbeitsbereich befasste und befasst sich mit sektorspezifischen rechtswissenschaftlichen Fragestellungen und Reformvorhaben aus dem Bereich des europäischen Binnenmarktes. Schwerpunkte waren und sind Fragen aus dem Bereich des europäischen Telekommunikationsrechts, des Energierechts, des Eisenbahnrechts, des Vergaberechts und der Regulierung europäischer Gesundheitsmärkte. Zwei *Twinning*-Projekte in Marokko und Polen zum Öffentlichen Wettbewerbsrecht profitierten maßgeblich von der beratenden Unterstützung des ZEI.
- Makroökonomische Politik in Europa:
  Schwerpunkt der Tätigkeit des ZEI in diesem Bereich war die umfassende ökonomische Analyse des fiskalischen Föderalismus, vor allem im Kontext der Einführung des Euro. Die Beschäftigung mit der Frage nach der Gestaltung der Fiskalpolitik der Mitgliedsländer in der Währungsunion stand vor allem im Umfeld der Euro-Einführung im Zentrum der ZEI-Arbeit. Ein weiterer Schwerpunkt der ZEI-Forschung lag auf der Analyse der Rolle Europas in der Weltwirtschaft, vor allem im Blick auf wechselnde komparative Wettbewerbsvorteile und Probleme des Transfers von Wissen und Technologie.
- Europas Rolle in der Welt:
  Dieser Arbeitsbereich konzentrierte und konzentriert sich vor allem auf die Entwicklung eines globalen Profils der EU im Rahmen der gemeinsamen Außen- und Sicherheitspolitik sowie auf die weltweite Projektion der EU als eines Modells der regionalen Integrationsbildung. Mit der systematischen Durchdringung regionaler Integrationssysteme in aller Welt und ihrer Beziehungen zur EU schlug das ZEI den Bogen zu Arbeiten der vergleichenden Integrationsforschung im Kontext der UN-Universität. Die Grundlagenforschung wurde auch im Zusammenhang von Weiterbildungsmaßnahmen umgesetzt. Daneben wirkte das ZEI als europäischer Partner beim Aufbau des ersten Forschungsinstituts in Afrika im Bereich der regionalen Integration mit.

Publikations- und Öffentlichkeitstätigkeit

Das ZEI dokumentiert die Ergebnisse seiner Arbeit in verschiedenen Publikationen und eigenen Schriftenreihen. Dazu gehören Buchreihen des ZEI (Politikwissenschaft bei Nomos; Wirtschaftswissenschaften zeitweilig bei Springer) und Lehrbücher zum Europarecht in renommierten Wissenschaftsverlagen, zwei vom ZEI herausgegebene rechtswissenschaftliche Zeitschriften, die »ZEI Discussion Paper« und diverse ZEI-Newsletter. Die Wissenschaftler des Zentrums publizieren in referierten und nicht-referierten Publikationen (Bücher, Zeitschriften) und beteiligen sich am Wissenschaftstransfer in Print- und elektronischen Medien. In der Bibliothek des ZEI stehen über 14.000 Monographien und Zeitschriften zu allen europarelevanten Fragestellungen neben modernen Recherche- und Informationstechnologien sowie ein Lesesaal zur Verfügung.

Weiterbildung

Seit 1998 bietet das ZEI einen einjährigen postgraduierten Studiengang »Master of European Studies – Governance and Regulation« an. Der Studiengang ist die Klammer zwischen den vielschichtigen Forschungen und Beratungsaktivitäten des ZEI. Dozenten aus ganz Europa vermitteln einer jeweils jährlichen Studierendengruppe von maximal 30 Teilnehmern im Rahmen eines intensiven *Curriculum* unterschiedliche Methoden der Analyse von regionaler Integration und die Entwicklungen in der Europäischen Union aus verschiedenen Perspektiven in Politik, Recht und Wirtschaft. Praktische Experten und Exkursionen zu den Entscheidungszentren der europäischen Politik ergänzen die internationale Atmosphäre des ZEI in Bonn. Den ZEI »Master of European Studies – Governance and Regulation« und weitere Studienprogramme des ZEI haben bisher über 600 junge Persönlichkeiten aus 123 Ländern erfolgreich absolviert. Das ZEI pflegt intensiv ein *Alumni*-Netzwerk mit Verbindungen in Politik, Verwaltung, Wissenschaft, Rechtseinrichtungen, Medien, Dienstleistungs- und Industrieunternehmen in aller Welt. Im Jahr 2017 haben die ZEI-Direktoren Prof. Dr. Ludger Kühnhardt und Prof. Dr. Christian Koenig im Nomos-Verlag einen *Reade*r »Governance and Regulation« herausgegeben, der Beiträge und Perspektiven der Dozenten des ZEI »Master of European Studies – Governance and Regulation« zusammenführt und damit auch die aktuellen Forschungsschwerpunkte des ZEI spiegelt.

Motivierten und qualifizierten Nachwuchswissenschaftlern und renommierten Fachleuten bietet das ZEI regelmäßig die Möglichkeit zu Forschungsaufenthalten, die der Bearbeitung spezifischer Fragestellungen in einem internationalen Umfeld dienen. Das ZEI stellt dafür eine moderne Infrastruktur, inklusive Büroausstattung, zur Verfügung. Wissenschaftler des ZEI nehmen in politischen und gesellschaftlichen Gremien beratend teil. Sie arbeiten projektgebunden mit den verschiedensten europapolitischen Akteuren in und außerhalb Deutschlands zusammen.

Fazit

Weit über 700 Forschungsprojekte, davon 300 Drittmittelprojekte, über 700 eigene ZEI- Publikationen, dazu unzählige externe Veröffentlichungen, über 600 *Alumni* von Ausbildungsgängen des ZEI, mehr als 100 Doktoranden und Habilitanden, weit über 500 Mitarbeiter und 200 internationale Gastforscher zeugen von der Vielfalt und Ausstrahlung des ZEI in bald 25 Jahren seiner Tätigkeit. ZEI Mitarbeiter haben zahllose Pressegespräche geführt, sowohl als Hintergrundgespräch als auch in Form von Interviews in Presse, Funk und Fernsehen. Wissenschaftler des ZEI haben in großer Zahl öffentliche Vorträge in aller Welt gehalten, in beratenden Funktionen gewirkt, Feldforschungen betrieben oder sich zu Forschungsaufenthalten oder Gastprofessuren im In- und Ausland aufgehalten.

Das ZEI ist weit über Europa hinaus vernetzt. Weltweit ist das ZEI als Exzellenzzentrum in Fragen der Europaforschung mit dem Schwerpunkt auf Themen des Regierens und der Regulierung in der EU anerkannt. Die Nachfrage nach Forschungsleistung, Weiterbildung und Beratung durch das ZEI und seine Mitarbeiter übersteigt seit Jahren die personellen Kapazitäten des Zentrums. Geleitet wird es von Prof. Dr. Ludger Kühnhardt und Prof. Dr. Christian Koenig.

Abkürzungsverzeichnis

Abh. d. Bln. Akad. d. Wiss.	Abhandlungen der Königlichen Akademie der Wissenschaften zu Berlin
ADB	Allgemeine Deutsche Biographie
Ber. Dt. pharm. Ges.	Berichte der Deutschen Pharmazeutischen Gesellschaft
DMV	Deutsche Mathematiker-Vereinigung
FIZ	Fachinformationszentrum
J. Electrochem. Soc.	The Journal of The Electrochemical Society
J. Chem. Phys.	The Journal of Chemical Physics
J. Phys. E. Sci. Instrum.	Journal of Physics E: Scientific Instruments
NDB	Neue Deutsche Biographie
RWTH Aachen	Rheinisch-Westfälische Technische Hochschule Aachen
UKB	Universitätsklinikum Bonn
Verh. Dtsch. Zool. Ges.	Verhandlungen der Deutschen Zoologischen Gesellschaft
zfv	Zeitschrift für Geodäsie, Geoinformation und Landmanagement
ZWE	Zentrale Wissenschaftliche Einrichtungen

Verzeichnis der Dekane

Dekane der Medizinischen Fakultät

1818/1819	Harleß, Johann Christian Friedrich
1819/1820	Harleß, Johann Christian Friedrich
1820/1821	Stein, Georg Wilhelm
1821/1822	von Walther, Philipp Franz
1822/1823	Mayer, August Franz Josef Carl
1823/1824	Nasse, Christian Friedrich
1824/1825	Harleß, Johann Christian Friedrich
1825/1826	von Walther Philipp Franz
1826/1827	Mayer, August Franz Josef Carl
1827/1828	Harleß, Johann Christian Friedrich
1828/1829	Bischoff Christian Heinrich Ernst
1829/1830	Mayer, August Franz Josef Carl
1830/1831	Harleß, Johann Christian Friedrich
1831/1832	Nasse, Christian Friedrich
1832/1833	Harleß, Johann Christian Friedrich
1833/1834	Mayer, August Franz Josef Carl
1834/1835	Bischoff, Christian Heinrich Ernst
1835/1836	Ennemoser, Josef
1836/1837	Naumann, Moritz
1837/1838	Harless, Johann Christian Friedrich
1838/1839	Wutzer, Carl Wilhelm
1839/1840	Kilian, Hermann Friedrich
1840/1841	Weber, Moritz Ignatz
1841/1842	Harless, Johann Christian Friedrich
1842/1843	Mayer, Franz Joseph Carl
1843/1844	Nasse, Friedrich
1844/1845	Naumann, Moritz
1845/1846	Kilian, Hermann Friedrich
1846/1847	Wutzer, Carl Wilhelm
1847/1848	Weber, Moritz Ignatz
1848/1849	Harleß, Christian Friedrich

1849/1850	Mayer, August Franz Joseph Carl
1850/1851	Nasse, Friedrich
1851/1852	Naumann, Moritz
1852/1853	Kilian, Hermann Friedrich
1853/1854	Weber, Moritz Ignatz
1854/1855	Naumann, Moritz
1855/1856	Kilian, Hermann Friedrich
1856/1857	Wutzer, Carl Wilhelm
1857/1858	Weber, Moritz Ignatz
1858/1859	Busch, Wilhelm
1859/1860	Naumann, Moritz
1860/1861	Kilian, Hermann Friedrich
1861/1862	Weber, Moritz Ignatz
1862/1863	Schultze, Max
1863/1864	Pflüger, Eduard Friedrich Wilhelm
1864/1865	Naumann, Moritz
1865/1866	Albers, Hermann
1866/1867	Weber, Moritz Ignatz
1868/1869	Pflüger, Eduard Friedrich Wilhelm
1867/1868	Schultze, Max
1869/1870	Rindfleisch, Georg Eduard von
1870/1871	Naumann, Moritz
1871/1872	Schultze, Max
1872/1873	Pflüger, Eduard Friedrich Wilhelm
1873/1874	Rindfleisch, Georg Eduard von
1874/1875	Saemisch, Edwin Theodor
1875/1876	Binz, Carl
1876/1877	Köster, Carl
1877/1878	de la Valette St. George, Adolph
1878/1879	Pflüger, Eduard Friedrich Wilhelm
1879/1880	Köster, Carl
1880/1881	Saemisch, Edwin Theodor
1881/1882	Binz, Carl
1882/1883	de la Valette St. George, Adolph
1883/1884	Pflüger, Eduard Friedrich Wilhelm
1884/1885	Köster, Carl
1885/1886	de la Valette St. George, Adolph
1886/1887	Pflüger, Eduard Friedrich Wilhelm
1887/1888	Köster, Carl
1888/1889	Binz, Carl
1889/1890	de la Valette St. George, Adolph
1890/1891	Köster, Carl
1891/1892	Pflüger, Eduard Friedrich Wilhelm
1892/1893	Binz, Carl
1893/1894	de la Valette St. George, Adolph
1894/1895	Pflüger, Eduard Friedrich Wilhelm

1895/1896	Köster, Carl
1896/1897	Binz, Carl
1897/1898	de la Valette St. George, Adolph
1898/1899	Schultze, Friedrich
1899/1900	Pflüger, Eduard Friedrich Wilhelm
1900/1901	Koester, Carl
1901/1902	Binz, Carl
1902/1903	de la Valette St. George, Adolph
1903/1904	Fritsch, Heinrich
1904/1905	Finkler, Dittmar
1905/1906	Binz, Carl
1906/1907	Schultze, Friedrich
1907/1908	Ribbert, Hugo
1908/1909	Westphal, Alexander
1909/1910	Kuhnt, Hermann
1910/1911	Nußbaum, Moritz
1911/1912	Leo, Hans
1912/1913	Bonnet, Robert
1913/1914	Garré, Karl
1914/1915	Krause, Paul
1915/1916	Verworn, Max
1916/1917	Franqué, Otto von
1917/1918	Neumann, Rudolf Otto
1918/1919	Ribbert, Hugo
1919/1920	Leo, Hans
1920/1921	Krause, Paul
1921/1922	Hoffmann, Erich
1922/1923	Sobotta, Johannes
1923/1924	Hirsch, Carl
1924/1925	Römer, Paul
1925/1926	Heiderich, Friedrich
1926/1927	Müller-Heß, Victor
1927/1928	Führer, Hermann
1928/1929	Siebeck, Richard
1929/1930	Grünberg, Karl
1930/1931	Ebbecke, Ulrich
1931/1932	Selter, Hugo
1932/1933	Gött, Theodor
1933/1934	Ceelen,Wilhelm
1934/1935	Stöhr, Philipp
1935/1936	Stöhr, Philipp
1936/1937	Siebke, Harald
1937	Stöhr, Philipp
1937/1938	Siebke, Harald
1938/1939	Siebke, Harald
1939/1940	Siebke, Harald

Trim.I. 1940	Tiemann, Friedrich
Trim.II.1940	Tiemann, Friedrich
Trim.III. 1940	Tiemann, Friedrich
Trim.I. 1941	Tiemann, Friedrich
1941/1942	Selter, Hugo
1942/1943	Schulemann, Werner
1943/1944	Schulemann, Werner
1944/1945	Schulemann, Werner
1945/1946	Redwitz, Freiherr Erich von
1946/1947	Redwitz, Freiherr Erich von
1947/1948	Martini, Paul
1948/1949	Grütz, Otto
1949/1950	Ullrich, Otto
1950/1951	Eyer, Hermann
1951/1952	Dirscherl, Wilhelm
1952/1953	Elbel, Herbert
1953/1954	Müller, Johannes
1954/1955	Korkhaus, Gustav
1955/1956	Korkhaus, Gustav
1956/1957	Janker, Robert
1957/1958	Hamperl, Herwig
1958/1959	Gütgemann, Alfred
1959/1960	Weitbrecht, Hans-Jörg
1960/1961	Domenjoz, Robert
1961/1962	Habs, Horst
1962/1963	Langenbeck, Bernhard
1963/1964	Hungerland, Heinz
1964/1965	Heymer, Adolf
1965/1966	Röttgen, Peter
1966/1967	Leinbock, Arthur
1967/1968	Leinbock, Arthur
1968/1969	Piekarski, Gerhard
1969/1970	Kersting, Günter
1970/1971	Kersting, Günter
1971	Thurn, Peter
1971/1972	Breuer, Heinz
1973/1974	Egli, Hans
1974/1975	Fleischhauer, Kurt
1975/1976	Vahlensieck, Winfried
1976/1977	Thofern, Edgar
1977/1978	Schmuth, Gottfried
1978/1979	Wartenberg, Hubert
1979/1980	Wartenberg, Hubert
1980/1981	Krück, Friedrich
1981/1982	Stoeckel, Horst
1982/1983	Hupfauf, Lorenz

1983/1984	Heifer, Ulrich
1984/1985	Dengler, Hans J.
1985/1986	Lehnert, Siegfried
1986/1987	Lehnert, Siegfried
1987/1988	Seitz, Hans-Martin
1988/1989	Biersack, Hans-Jürgen
1989/1990	Biersack, Hans-Jürgen
1990/1991	Propping, Peter
1991/1992	Propping, Peter
1992/1993	Pfeifer, Ulrich
1993/1994	Pfeifer, Ulrich
1994/1995	Egge, Heinz
1995/1996	Egge, Heinz
1996/1997	Hirner, Andreas
1997/1998	Hirner, Andreas
1998/1999	Göthert, Manfred
1999/2000	Göthert, Manfred
2000/2001	Göthert, Manfred
2001/2002	Göthert, Manfred
2002/2003	Sauerbruch, Tilman
2003/2004	Sauerbruch, Tilman
2004/2005	Bieber, Thomas
2005/2006	Bieber, Thomas
2006/2007	Büttner, Reinhard
2007/2008	Büttner, Reinhard
2008/2009	Klockgether, Thomas
2009/2010	Klockgether, Thomas
2010/2011	Klockgether, Thomas
2011/2012	Baur, Max P.
2012/2013	Baur, Max P.
2013/2014	Baur, Max P.
2014/2015	Baur, Max P.
2015/2016	Wernert, Nicolas
2016/2017	Wernert, Nicolas
2017/2018	Wernert, Nicolas

Dekane der Mathematisch-Naturwissenschaftlichen Fakultät

1936/37	Kohlschütter, Arnold
1937/38	Kohlschütter, Arnold
1938/1939	Kohlschütter, Arnold
1939/1940	von Antropoff, Andreas
Trim.I. 1940	von Antropoff, Andreas
Trim.II.1940	von Antropoff, Andreas

Trim.III. 1940	von Antropoff, Andreas
Trim.I. 1941	Krull, Wolfgang
1941/1942	Krull, Wolfgang
1942/1943	Krull, Wolfgang
1943/1944	Pfeiffer, Paul
1944/1945	Pfeiffer, Paul
1945/1946	Fitting, Johannes[1]
1946/1947	Troll, Carl
1947/1948	Weizel, Walter
1948/1949	Scheumann, Karl Hermann
1949/1950	Scheumann, Karl Hermann
1950/1951	Helferich, Burckhardt
1951/1952	Becker, Friedrich
1952/1953	Sperner, Emanuel
1953/1954	Winterfeld, Karl
1954/1955	Groth, Wilhelm
1955/1956	Peschl, Ernst
1956/1957	Steiner, Maximilian
1957/1958	Paul, Wolfgang
1958/1959	Brinkmann, Roland
1959/1960	Danneel, Rolf
1960/1961	Neuhaus, Alfred
1961/1962	Kordes, Ernst
1962/1963	Riezler, Wolfgang
1963/1964	Hirzebruch, Friedrich
1964/1965	Schmitz-Dumont, Otto
1965/1966	Flohn, Hermann
1966/1967	Tschesche, Rudolf
1967/1968	Tschesche, Rudolf
1968/1969	Zymalkowski, Felix
1969/1970	Kloft, Werner
1970/1971	Priester, Wolfgang
1971/1972	Leis, Rolf
1972/1973	Leis, Rolf
1973/1974	Schmidt, Hans
1974/1975	Penselin, Siegfried
1975/1976	Peyerimhoff, Sigrid
1976/1977	Trüper, Hans
1977/1978	Roth, Hermann
1978/1979	Lauer, Wilhelm
1979/1980	Spies, Peter Paul
1980/1981	Mayer-Kuckuk, Theo
1981/1982	Puff, Heinrich

1 Sommersemester 1946: August Reichensperger

1982/1983	Sievers, Andreas
1983/1984	Glombitza, Karl-Werner
1984/1985	Kraus, Helmut
1985/1986	Hildebrandt, Stefan
1986/1987	Hildebrandt, Stefan
1987/1988	Hildebrandt, Stefan
1988/1989	Penselin, Siegfried
1989/1990	Penselin, Siegfried
1990/1991	Penselin, Siegfried
1991/1992	Penselin, Siegfried
1992/1993	Sandhoff, Konrad
1993/1994	Sandhoff, Konrad
1994/1995	Trüper, Hans
1995/1996	Trüper, Hans
1996/1997	Glombitza, Karl-Werner
1997/1998	Glombitza, Karl-Werner
1998/1999	von Koenigswald, Wighart
1999/2000	von Koenigswald, Wighart
2000/2001	Maschuw, Reinhard
2001/2002	Lieb, Ingo
2002/2003	Winiger, Matthias
2003/2004	Winiger, Matthias
2004/2005	Cremers, Armin B.
2005/2006	Cremers, Armin B.
2006/2007	Cremers, Armin B.
2007/2008	Cremers, Armin B.
2008/2009	Meißner, Ulf-G.
2009/2010	Meißner, Ulf-G.
2010/2011	Meißner, Ulf-G.
2011/2012	Meißner, Ulf-G.
2012/2013	Meißner, Ulf-G.
2013/2014	Meißner, Ulf-G.
2014/2015	Meißner, Ulf-G.
2015/2016	Meißner, Ulf-G.
2016/2017	Beck, Johannes
2017/2018	Beck, Johannes

Dekane der Landwirtschaftlichen Fakultät

1934/1935	Samel, Paul
1935/1936	Kappen, Hubert
1936/1937	Kappen, Hubert
1937/1938	Klapp, Ernst
1938/1939	Klapp, Ernst

1939/1940	Klapp, Ernst
Trim.I. 1940	Blunck, Hans
Trim.II.1940	Blunck, Hans
Trim.III. 1940	Blunck, Hans
Trim.I. 1941	Blunck, Hans
1941/1942	Samel, Paul
1942/1943	Samel , Paul
1943/1944	Overbeck, Fritz
1944/1945	Overbeck, Fritz
1945/1946	Brinkmann, Theodor
1946/1947	Brinkmann, Theodor
1947/1948	Rothes, Georg
1948/1949	Rothes, Georg
1949/1950	Asher, Theodor
1950/1951	Schirmer, Martin
1951/1952	Schirmer, Martin
1952/1953	Dencker, Carl-Heinrich
1953/1954	Braun, Johannes
1954/1955	Wendt, Hilmar
1955/1956	Hilkenbäumer, Friedrich
1956/1957	Böker, Hugo
1957/1958	Klapp, Ernst
1958/1959	Schürmann, Artur
1959/1960	Gassner, Edmund
1960/1961	Ullrich, Hermann
1961/1962	Havermann, Heinrich
1962/1963	Kick, Hermann
1963/1964	Hofmann, Walter
1964/1965	Mückenhausen, Eduard
1965/1966	Hilkenbäumer, Friedrich
1966/1967	Kmoch, Hans-Georg
1967/1968	Kick, Hermann
1968/1969	Gerl, Franz
1969/1970	Strecker, Otto
1970/1971	Heupel, Aloys
1971/1972	Steffen, Günther
1972/1973	Boeker. Peter
1973/1974	Hötzel, Dieter
1974/1975	Heinrichsmeyer, Wilhelm
1975/1976	Heupel, Aloys
1976/1977	Schmitten, Franz
1977/1978	Weltzien, Heinrich Carl
1978/1979	Kötter, Herbert
1979/1980	Skomroch, Werner
1980/1981	Heyland, Klaus-Ulrich
1981/1982	Wolffram, Rudolf-Ernst

1982/1983	Bick, Hartmut
1983/1984	Seeger, Hermann
1984/1985	Seeger, Hermann
1985/1986	Sommer, Heiner
1986/1987	Sommer, Heiner
1987/1988	Sommer, Heiner
1988/1989	Pfeffer, Ernst
1989/1990	Pfeffer, Ernst
1990/1991	Borchard, Klaus
1991/1992	Borchard, Klaus
1992/1993	Schnabl, Heide
1993/1994	Schnabl, Heide
1994/9195	Kunz, Benno
1995/1996	Kunz, Benno
1996/1997	Pfeffer, Ernst
1997/1998	Pfeffer, Ernst
1998/1999	Berg, Ernst
1999/2000	Berg, Ernst
2000/2001	Galensa, Rudolf
2001/2002	Galensa, Rudolf
2002/2003	Galensa, Rudolf
2003/2004	Helfrich, Hans-Peter
2004/2005	Berg, Ernst
2005/2006	Berg, Ernst
2006/2007	Berg, Ernst
2007/2008	Léon, Jens
2008/2009	Schellander, Karl
2009/2010	Schellander, Karl
2010/2011	Schellander, Karl
2011/2012	Schellander, Karl
2012/2013	Stehle, Peter
2013/2014	Stehle, Peter
2014/2015	Stehle, Peter
2015/2016	Stehle, Peter
2016/2017	Stehle, Peter
2017/2018	Stehle, Peter

Dekane der Pädagogischen Fakultät

1981/1982	Denk, Heinz
1982/1983	Neubauer, Walter
1983/1984	Neubauer, Walter
1984/1985	Denk, Heinz
1985/1986	Denk, Heinz

1986/1987	Denk, Heinz
1987/1988	Denk, Heinz
1988/1989	Neubauer, Walter
1989/1990	Neubauer, Walter
1990/1991	Denk, Heinz
1991/1992	Denk, Heinz
1992/1993	Steindorf, Gerhard
1993/1994	Steindorf, Gerhard
1994/1995	Markefka, Manfred
1995/1996	Markefka, Manfred
1996/1997	Markefka, Manfred
1997/1998	Schaller, Hans-Jürgen
1998/1999	Schaller, Hans-Jürgen
1999/2000	Schaller, Hans-Jürgen
2000/2001	Schaller, Hans-Jürgen
2001/2002	Schaller, Hans-Jürgen

Abbildungsnachweis

Abb. 1: Universitätsarchiv Bonn; Urheber unbekannt
Abb. 2: Universitätsarchiv Bonn; Urheber unbekannt
Abb. 3: Universitätsarchiv Bonn; Urheber unbekannt
Abb. 4: Universitätsarchiv Bonn; Theo Schafgans
Abb. 5: Universitätsarchiv Bonn; Scan vom Original
Abb. 6: Universitätsarchiv Bonn; Sabine Hartrath
Abb. 7: Universität Bonn, Pressestelle; Volker Lannert
Abb. 8: UKB Bonn; Johann F. Saba
Abb. 9: UKB Bonn; Johann F. Saba
Abb. 10: UKB Bonn; Johann F. Saba
Abb. 11: Universitätsarchiv Bonn; Urheber unbekannt
Abb. 12: Universitätsarchiv Bonn; Dorothea Bleibtreu
Abb. 13: privat; Urheber unbekannt
Abb. 14: Universitätsarchiv Bonn; Portrait nach einer Fotografie von Robert Krewaldt
Abb. 15: Universitätsarchiv Bonn; Urheber unbekannt
Abb. 16: Universitätsarchiv Bonn; Adolf Hohneck
Abb. 17: Privat; Wolfgang Alt
Abb. 18: Chemisches Institut Bonn; Wolf Vielstich
Abb. 19: Universitätsarchiv Bonn; Christian Hohe
Abb. 20: Universitätsarchiv Bonn; Dorothea Bleibtreu
Abb. 21: Geographisches Institut Bonn; Winfried Schenk
Abb. 22: Steinmann-Institut Bonn; Hans Cloos
Abb. 23: Steinmann-Institut Bonn; Georg Oleschinski
Abb. 24: Universitätsarchiv Bonn; Christian Hohe
Abb. 25: Universitätsarchiv Bonn; Dorothea Bleibtreu
Abb. 26: Universitätsarchiv Bonn; Urheber unbekannt
Abb. 27: Universität Bonn, Pressestelle; Volker Lannert
Abb. 28: Universitätsarchiv Bonn; Dorothea Bleibtreu
Abb. 29: Stadtarchiv und wissenschaftliche Stadtbibliothek Bonn; Urheber unbekannt
Abb. 30: Wikimedia; Stefan Knauf

Personenregister

Abbe, Ernst 469
Adenauer, Konrad 102, 104, 112, 169
Albers, Johann Friedrich Hermann 39, 664
Albert, Mechthild 650
Albert, Prinz von Sachsen-Coburg und Gotha 322
Albeverio, Sergio 254, 260
Allen, Leland Cullen 278, 359
Alt, Hans Wilhelm 253, 260
Alt, Wolfgang 213, 215f., 223, 230, 237, 365, 393, 436, 444, 462, 464, 466, 468–470, 473, 478, 482, 484f., 488, 490, 673, 695
Altenstein, Karl vom Stein zum 10, 463
Althoff, Karl-Heinz 278, 288f., 292f., 295, 305
Alvensleben, Reimar von 552, 597
Amelung, Wulf 540, 543, 579
Andrae, Carl Justus 420
Ankel, Wulf Emmo 453
Anlauf, Joachim 276, 522
Anschütz, Richard 214, 321, 323f., 326f., 337, 340, 370
Antholz, Heinz 612, 615f., 619f.
Antropoff, Andreas von 226, 328, 349, 667f.
Antweiler, Hermann-Josef 328
Antz, Joseph 612f.
Appel, Rolf 25, 332, 341, 343
Argelander, Friedrich Wilhelm August 214, 223, 238, 257, 309–313, 319, 696
Arlt, Dietmar 250, 259, 262
Arnold, Karl 94, 102
Arnon, Ruth 345
Asher, Theodor 546, 579, 670
Auer, Sören 236, 274
Aumann, Dieter 354–356
Auterhoff, Harry 374
Aymans, Gerhard 404

Bachér, Franz 229
Baier, Christel 270, 558
Baitsch, Berthold 569, 579
Bajorath, Jürgen 269, 500f., 631f.
Bakker, Theo 458f.
Ballhaus, Christian 21, 424, 435
Ballmann, Werner 252, 254, 256–258, 260, 263
Balters, Wilhelm 84
Baltruschat, Helmut 353
Banach, Stefan 241, 243–245
Bargon, Joachim 354–356
Bartels, Dorothea 481
Bartels, Sören 254, 261
Barth, Karl 78
Barthlott, Wilhelm 439, 455, 463, 471, 479f., 579, 650, 652
Bartolomaeus, Thomas 459
Bartz, Fritz 112, 403
Bauckhage, Christian 269, 632
Baumert, Friedrich Moritz 338
Baunscheidt, Carl 30
Baur, Max P. 667
Beard, George Miller 76
Bebendorf, Mario 254, 260
Beck, Hanno 394, 401
Beck, Hans 226, 246f., 257

Beck, Johannes 342, 669
Beck, Reinhard 304
Becker, Carl Heinrich 609, 612
Becker, Conrad 355
Becker, Friedrich 313, 315–318, 668
Becker, Jörg August 355
Becker, Jörn-Ullrich 480
Becker, Karl-Heinz 350
Becker, Mathias 542f., 579
Becker, Thomas 75, 105, 213, 216, 227, 323, 340, 365, 441
Becker, Walter 109
Beckey, Hans-Dieter 350, 354
Beckmann, Ernst 324, 579
Beer, August 239, 257, 262, 280
Beerhues, Ludger 384
Behnke, Sven 276
Beißner, Ludwig 470
Bendas, Gerd 375, 377, 388
Bennewitz, Hans Gerhard 289, 317
Benrath, Alfred 322, 326, 340
Berg, Ernst 553f., 579, 671
Berg, Hellmut 410
Bergemann, Carl Wilhelm 223, 325, 367f., 464
Berger, Marcel 252
Bergerhoff, Günter 213f., 278, 331, 337, 342, 695
Bergmann, Ernst von 44, 136
Beringer, Kurt 95
Bernard, Claude 49
Bertkau, Philipp 446
Bertoldi, Frank 319
Bessel, Friedrich 238, 309, 312
Bessel-Hagen, Erich 245f., 259, 262
Bethe, Hans 300f.
Betz, Augustin 477f., 480, 482f.
Beuchler, Sven 254, 260
Bichat, Marie François Xavier 11
Bick, Hartmut 454, 535, 545, 579, 671
Bickel, Heinrich 39, 228
Bier, August 45, 48
Biersack, Hans-Jürgen 147, 150, 380, 667
Bierther, Wilhelm 420, 429
Binz, Carl 39, 64, 66, 68, 664f.
Bischof, Karl Gustav 214, 223, 321–323, 338f., 367, 463, 647
Bischoff, Ernst 10, 39, 464, 663
Bjerknes, Vilhelm 409
Blaschke, Gottfried 242, 373f., 378
Blaschke, Wilhelm 242, 246, 262
Blasczyk, Paul 483
Blaser, Bruno 330
Blatter, Jörg 250, 260, 262
Blechert, Siegfried 334
Bleckmann, Horst 456f.
Bleuler, Konrad 304f.
Blum, Norbert 115, 274
Blumenberg, Walter 92
Blunck, Hans 670
Bock, Hans-Erhard 103
Böckmann, Klaus 291
Bodenstedt, Erwin 302f., 305
Bödigheimer, Carl-Friedrich 238, 253, 258, 695
Boecker, Maximilian 478
Boedeker, Carl 322, 338
Boeker, Peter 536, 579, 670
Boennecken, Heinrich 48
Boer, Klaas de 318f.
Boesler, Klaus-Achim 404
Bohle, Hans-Georg 403
Böhling, Karl-Heinz 262, 264, 266f., 270
Böhm, Hans 83, 153, 158, 166, 276, 398, 400, 405, 480f.
Böhme, Herbert 480
Böhme, Wolfgang 460
Böhmer, Jürgen 650
Bohnet, Michael 652
Böker, Hugo 551, 580, 670
Boland, Wilhelm 336, 346f.
Bonatz, Manfred 573f., 580
Bonnet, Robert Karl Eduard 42, 665
Borchard, Klaus 498, 502, 569f., 580, 650, 652, 671
Borel, Armand 250
Borgemeister, Christian 654, 580
Borgert, Adolf 447, 449, 488
Born, Dietrich 551, 580
Börner, Jan 580, 651
Borries, Bodo von 488

Bott, Andreas 411
Bouché, Julius 468
Bovier, Anton 254, 260
Braid, James 29
Brandis, Dietrich 466
Brandt, Karl 85, 298
Bräse, Stefan 334f.
Brauer, Wilfried 157, 262, 267, 276
Braun, Alexander 434, 466, 600, 670
Braun, Hans 534, 580
Braun, Joachim von 629, 650f., 653f., 695
Braun, Johannes 670
Braun, Otto 600
Braun, Reinhard 600
Braun, Wernher von 353
Brauns, Reinhard 414, 419, 421, 424, 600
Bräutigam, Walter 120
Breckle, Sigmar-Walter 383
Bredow, Thomas 361f.
Bredt, Julius 324
Breitmaier, Eberhard 334f., 347
Breuer, Heinz 109, 111, 666
Breuer, Johannes 122
Breuer, Lothar 411
Breuer, Ludwig 410
Breuer, Manfred 262
Brieskorn, Egbert 245f., 251f., 257, 262
Brinkmann, Klaus 482
Brinkmann, Roland 428, 668
Brinkmann, Theodor 528, 533f. , 538, 580, 670
Brinkmann, Wolfgang 538, 561, 580
Brix, Klaudia 492
Brock, Ian 294–296
Broekmann, Peter 355
Bröring, Stefanie 553, 580
Brosche, Peter 316
Brötz-Oesterheld, Heike 385
Bruchhausen, Walter 5f,, 8, 21, 26, 40, 79, 122, 127, 153, 170, 695
Brümmer, Gerhard 538, 580
Büchel, Karl-Heinz 330
Buchen, Brigitte 439, 481
Büchner, Franz 114
Büchner, Werner 330
Buenker, Robert J. 355
Buhmann, Joachim 271, 274
Bungartz, Paul 255, 259
Büning-Pfaue, Hans 559, 581
Bünning, Erwin 482
Burgdorf, Sven 500f.
Bürger, Max 83
Burkhardt, Jürgen 215, 409, 544, 695
Burmester, Ralph 5, 213, 278, 285f., 288, 290f., 298, 696
Burstedde, Carsten 254, 261
Busch, Wilhelm 31, 44, 64, 73, 664
Büscher, Wolfgang 550f., 576, 581, 695
Buse, Karsten 263, 297
Büttner, Wilhelm 84, 111, 667

Campbell, James 316, 567, 581
Carathéodory, Constantin 242–246, 262
Cartan, Elie 241
Caspary, Robert 224, 466
Ceelen, Wilhelm 84, 99, 114, 665
Celli, Angelo 66
Cesàro, Ernesto 244
Chadwick, James 301
Chantemesse, André 66
Christin, Delphine 275
Christoffel, Elwin Bruno 240, 600
Chudoba, Karl 82, 421, 527
Claisen, Ludwig 324
Clausen, Michael 275
Clausius, Rudolf 213, 223, 279–282, 297
Clebsch, Alfred 239
Clemens, Willam A. 237, 434, 600
Clemens August, Kurfürst 281, 424
Clement, Wolfgang 642
Cloos, Hans 236, 245, 398, 422, 426–429, 673
Comes, Franz 350
Comsa, George 357
Conti, Sergio 253, 260
Cremers, Armin B. 213, 216, 264, 269, 273, 365, 629, 631, 669, 696
Cremers, Daniel 274
Crinis, Maximinian de 82
Curtius, Theodor 326

Dahl, Christiane 236, 452, 496f.

Däniken, Erich von 433
Danneel, Rolf 448, 452–454, 489f., 668
Darwin, Charles 33, 53, 443f., 464, 466, 471
Davidson, Ernest R. 359
Dechen, Heinrich von 235, 415, 442
Dehmelt, Hans 288
Dehne, Heinz-Wilhelm 536, 540, 544, 581
Deiter, Otto 37
Dencker, Carl-Heinrich 538, 577f., 581, 670
Dengler, Hans Josef 104, 157, 667
Denk, Heinz 671
Deppenmeier, Uwe 497
Derra, Ernst 100, 110
Desch, Klaus 295f.
Dickert, Thomas 312
Dickschat, Jeroen 337, 348
Dieckhoff, August 323
Diekkrüger, Bernd 392, 401
Diels, Otto 328
Diesterweg, Adolf 223, 238, 257
Dietrich, Eva Susanne 234, 380
Dietz, Klaus 299f., 601
Dikau, Richard 401
Dilthey, Walther 328
Dingfelder, Jochen 296
Dirscherl, Wilhelm 111, 113, 117, 666
Doepfmer, Rudolf 89
Dohmann, Helmut 360
Dolg, Michael 361
Dölger, Franz Joseph 629, 646f., 697
Domagk, Gerhard 83, 332, 373, 376, 378
Domenjoz, Robert 39, 64, 92, 108, 115f., 666
Dörmann, Peter 481
Dötz, Karl Heinz 213f., 320, 333f., 337, 344, 367, 696
Doutrelepont, Josef 68
Drees, Manuel 300
Dreiner, Herbert 278, 300f.
Drescher, Wilhelm 535, 545, 581
Dreyfuß, Paul 328
Du Bois-Reymond, Emil 12, 442
Dünkelberg, Friedrich Wilhelm 524, 564
Dyroff, Adolf 337
Dziuk, Gerhard 253, 260

Ebbecke, Ulrich 84, 99, 665
Ebbinghaus, Gustav 87, 283
Eberle, Andreas 254, 261
Ebermaier, Carl Heinrich 464
Echten-Deckert, Gerhild van 335, 348
Eckmiller, Rolf 276
Eger, Kurt 373
Egge, Heinz 667
Eggers, Helmut 569, 581
Egli, Hans 666
Ehlers, Eckart 397, 403, 406, 652
Ehrenberg, Hans 287
Eichert, Thomas 544
Eichler, Max 62
Eiff, August Wilhelm von 120
Eiselsberg, Anton von 97
Eitel Friedrich, Prinz von Preußen 327
Elbel, Herbert 106f., 117, 666
Elger, Christian E. 135, 149, 633
Elsässer, Günther 94, 134
Emde, Gerhard von der 456f.
Enders, Dieter 334f.
Endler, Otto 250, 253, 258, 262
Engelbach, Theophil 324, 339
Engels, Bernd 360
Engholm, Björn 169
Englert, Francois 295
Ennemoser, Joseph 10, 15–17, 20, 30, 235, 663
Enzmann, Harald G. 388
Erben, Heinrich K. 418, 420, 431–434
Erdmann, Karl-Heinz 402
Erichsen, Lothar von 351, 354
Erlenmeyer, Emil 324
Ertmer, Wolfgang 307
Erwe, Friedhelm 250, 259, 262
Esdaile, James 29
Eßer, Günter 629f., 696
Esser, Birgit 336f.
Everding, Hans 327
Everling, Wolfgang 274f.
Evers, Ingo 555
Evers, Mariele 392, 401
Ewert, Frank 544, 582

Eyer, Hermann 84f., 99, 118, 666

Fahr, Hans 317
Fakoussa, René 496
Falk, Armin 633
Faltings, Gerhard 253f., 259
Famulok, Michael 336, 347f., 498, 500f., 503f.
Faraday, Michael 279, 353
Faßbinder, Klara Marie 613
Federer, Herbert 244
Fellner, Dieter 273
Ferrari, Patrick 254, 260
Filippou, Alexander 337, 341, 343
Finger, Robert 554, 582
Fink, Ewald 351
Finkelnburg, Carl Maria 23, 64f.
Finkler, Dittmar 59f., 66f., 665
Fischbeck, Gerhard 536, 582, 601
Fischer, Eberhard 479
Fischer, Emil 329, 344
Fischer, Ernst Otto 333
Fischer, Gustav 600
Fischer, Herbert 291f., 294
Fischer, Hermann 476, 482
Fischer, Theobald 394
Fitting, Hans 225, 230, 452, 467f., 471–476, 668
Fleischhauer, Kurt 109, 666
Flohn, Hermann 231, 410–412, 668
Flügel, Wolfgang A. 401, 420
Foerster, Richard 74
Föllmer, Hans 254, 260
Forsbach, Ralf 58, 80–84, 87f., 90–95, 98f., 101, 107, 112, 118f., 124, 328
Förster, Irmgard 500f.
Förstner, Wolfgang 572, 582
Frahm, August Wilhelm 373f.
Frahm, Jan-Peter 479
Franchimont, Antoine Paul Nicolas 324
Frank, Jan 563, 582
Frank, Johann Peter 28
Franke, Jens 252, 258
Franken, Heinrich 416, 536, 582
Franqué, Otto von 46, 61f., 76, 88, 665
Frechen, Joseph 421, 423, 618
Fréchet, Maurice René 241, 244
Frehse, Jens 250, 253, 260
Frei, Michael 409, 544, 582
Frerichs, Georg 226, 326, 370f.
Fresenius, Carl Remigius 339, 367f.
Friedrich Wilhelm III., König von Preußen 366, 522
Friedrich Wilhelm IV., König von Preußen 310
Fritsch, Heinrich 45f., 71, 665
Frobenius, Ferdinand Georg 243
Fröhlich, Holger 269, 632
Froitzheim, Nikolaus 429, 431, 435
Füchtbauer, Christian 214, 282, 284, 297, 301
Führer, Hermann 91, 665
Führ, Fritz 281, 431, 479, 537, 582
Fürst, Dieter 487, 492–494, 501

Gabel, Werner 330, 559
Galensa, Rudolf 559f., 582, 671
Galinski, Erwin A. 496
Gall, Franz Joseph 9, 11, 17
Gall, Jürgen 274
Gans, Oskar 555, 582
Gansäuer, Andreas 334, 337
Garcke, Jochen 254, 261, 263
Garré, Carl 45, 73, 665
Gassner, Edmund 114, 565, 568f., 583, 670
Gathen, Joachim von zur 269, 632
Gebhardt, Manfred 422
Gedigk, Peter 109, 115
Geffert, Michael 5, 213f., 308f., 312, 314, 696
Geffken, Detlef 374
Gehlen, Günther von 278, 299f.
Geißler, Heinrich 235, 278–280
Geisler-Wierwille, Thorsten 424, 435
Gergonne, Joseph 239
Gerisch, Günther 487
Gerke, Solvay 654
Gerl, Franz 554f., 558, 583, 670
Gerlach, Walter 284
Gerstenhauer, Armin 405
Gerth, Heinrich 424f., 427f.

Geyer, Edward Heinrich 312, 317
Giner, Jose 353
Gingerich, Philip D. 434
Ginkel, Hans van 652
Glaser, Carl 324
Glaum, Robert 342
Glombitza, Karl-Werner 381–383, 386f., 439, 559, 669
Gmeiner, Peter 375, 380
Gödel, Kurt 243
Goerdeler, Joachim 329f.
Goethe, Johann Wolfgang von 12, 14f., 414, 419
Gött, Theodor 665
Goetze, Gottfried 534, 583
Gohrbandt, Erwin 99
Goldbach, Heiner 540, 543f., 583
Goldfuß, Georg August 223, 321, 416f., 419f., 437, 439–442, 462f.
Göppinger, Hans 117
Görling, Andreas 361
Gößwald, Karl 457f.
Göthert, Manfred 667
Gottschalk, Werner 234, 263, 438f., 484f.
Gottstein, Adolf 59
Götze, Hans-Joachim 430
Grabher, Gernot 404
Graefe, Albrecht von 28, 47
Graf, Otto 106
Grebe, Leonhard 226, 302
Grell, Karl 490
Greve, Klaus 392, 405
Griebel, Michael 253, 261
Grimme, Stefan 360, 362f.
Gröhe, Hermann 172
Gromoll, Detlef 250
Groß, Harald 107, 130, 155, 384
Große-Brauckmann, Ehrenfried 263, 535
Grote, Xenia 5, 629, 632, 696
Groth, Wilhelm 113, 118, 231, 329f., 341, 349–351, 353, 668
Grotjahn, Alfred 59
Grotz, Reinhold 404
Grube, Nikolai 650f.
Gruhle, Hans 80, 92, 94f.
Grünberg, Karl 47, 665
Grundler, Florian 545, 583
Grunert, Jörg 401
Grunewald, Fritz 253, 258
Grünewald, Helmut 330
Grünewald, Herbert 330
Grütz, Otto 83, 104, 666
Gschwind, Ruth 334f.
Gstirner, Fritz 365, 374, 377f.
Gubinelli, Massimiliano 253, 256, 261
Gulder, Tobias 336
Gündisch, Daniela 375
Gunsenheimer, Antje 651
Günther, Friedrich 47f., 62, 238, 263, 331, 670
Gütgemann, Alfred 100, 107, 110f., 155, 666
Guthrie, Dale 434
Gütschow, Michael 375, 377, 387f., 390, 501
Gutzeit, Kurt 102

Haas, Albert 492f., 501
Haas, Winfried 434
Haberland, Ulrich 330, 410, 490
Habs, Horst 32, 85, 108f., 117, 169, 666
Hachenberg, Otto 317f.
Hachtel, Wolfgang 480
Haeckel, Ernst 49, 444, 464, 469
Hagemann, Oskar 546, 583
Hagen, Emmi 43, 90, 109, 115
Hahn, Hans 241–243, 246, 257
Hahn, Helmut 403
Hahn, Otto 328
Hahn, Wolfgang 250, 259
Hahnemann, Samuel 9
Hallermann, Ludger 316, 567, 583
Hamann, Carl H. 353
Hamenstädt, Ursula 252, 258
Hamperl, Herwig 49, 90, 103, 109, 114–116, 666
Haniel, Curt Alfons 226, 425
Hänsch, Theodor W. 307
Hansen, Johannes 548, 583
Hansen, Karl-Heinz 358f.
Hansmann, Manfred 89, 158
Hänssgen, Dieter 341

Hanstein, Johannes von 223, 437, 446, 467–470, 488
Hantel, Michael 411
Hantzsch, Arthur 327
Harbrecht, Bernd 342
Harbrecht, Helmut 254, 261
Harder, Günter 250, 252, 254, 257, 260
Häring, Rudolf 107
Harless, Johann Friedrich 10, 20, 60, 663
Haroche, Serge 307
Harteck, Paul 237, 349, 351
Hartmann, Gunter 142, 503
Hartmann, Monika 557, 584
Hartmann, Thomas 478, 482
Hartung, Joachim 502, 552, 584
Hasenjäger, Gisbert 250, 253, 259
Haul, Robert 350
Hausdorff, Felix 213, 219, 221, 226, 241–246, 251, 255–258, 261, 474, 641
Havermann, Heinrich 548, 584, 670
Havers, Leo 110
Haycraft, John B. 54
Hayn, Albert 27
Heckel, Alexander 335, 348
Heckelei, Thomas 556, 584, 696
Heffter, Lothar 241, 257
Hegel, Georg Wilhelm Friedrich 440
Heide, Lutz 384
Heiderich, Friedrich 665
Heidermanns, Curt 450f.
Heifer, Ulrich 667
Heine, Eduard 239, 259, 262
Heine, Klaus 401
Heinloth, Klaus 291, 294, 296f.
Heinroth, Johann Christian August 24
Heinrichsmeyer, Wilhelm 670
Heinzel, Hans-Georg 455
Heisenberg, Werner 112, 291, 299, 353, 456, 486
Heisig, Peter 385
Heitbaum, Joachim 353
Heitz, Siegfried 574, 584
Hejnowicz, Zygmunt 481
Held, Heinrich 94
Held, Stephan 261, 638
Helferich, Burkhardt 214, 285, 323, 329–331, 341, 344, 369, 668
Helfrich, Hans-Peter 261, 566, 584, 671
Hellinger, Ernst 245
Helmholtz, Hermann von 12, 31, 34f., 36, 150, 164, 217, 293, 304, 306
Henrichsmeyer, Wilhelm 555f., 584
Hense, Andreas 213, 215, 409, 411, 696
Herdegen, Matthias 650
Herget, Jürgen 392, 401
Hermann, Adrian 643
Hermite, Charles 240
Hertwig, Oskar 436
Hertwig, Richard 437, 445f.
Hertz, Heinrich 213, 278f., 281f., 297, 409
Herzog, Volker 439, 488, 491f., 606
Heß, Bernd Artur 360f.
Hesse, Alexander 613
Hesse, Otto 225, 239
Hesse, Richard 448–450
Hettich, Rainer 254, 260
Heupel, Aloys 565, 570f., 584, 670
Heuss, Theodor 102
Heyland, Klaus-Ulrich 537, 585, 670
Heymer, Adolf 103, 108, 666
Heyrovsky, Jaroslav 349
Higgs, Peter 294–296, 300
Hilbert, David 240f., 243f., 246
Hildebrand, Friedrich 466, 468
Hildebrandt, Stefan 90, 213, 245, 250, 253, 258, 263f., 279, 601, 669, 696
Hilger, Erwin 291, 294f.
Hilkenbäumer, Friedrich 535f., 585, 670
Hillebrandt, Max Josef 613
Hillebrecht, Harald 342
Hillert, Wolfgang 293
Hindenburg, Paul von 609
Hirner, Andreas 667
Hirsch, Carl 68, 665
Hirzebruch, Friedrich 232, 237, 247f., 249–252, 254, 257, 259, 286, 668
Hitler, Adolf 69, 83, 87, 526, 612
Hittorf, Johann Wilhelm 236, 279
Hoberg, Heinz 330

Hoch, Michael 438, 457, 460, 498–500, 503
Hochholdinger, Frank 545, 585
Hock, Sonja 406
Hoeppener, Rolf 429
Hoernes, Stephan 423f.
Hofer, Hans-Georg 5, 7, 58, 79, 93, 101, 119f., 696
Höfer, Milan 482f., 496
Hoff, Henricus van't 324
Hoffmann, Erich 68f., 83, 665
Hoffmann, Gösta 435
Hoffmann, Gustav 412
Hoffmann, Peter 348
Hofmann, August Wilhelm 214, 322–324
Hofmann, Michael H. 456f.
Hofmann, Walter 566, 585, 670
Hofmann-Apitius, Martin 269, 632
Höger, Sigurd 214, 336
Höhfeld, Jörg 492f., 501
Hölder, Otto 244, 413
Höllermann, Peter Wilhelm 401
Holm-Müller, Karin 555, 585
Holtz, Uwe 652
Holzgrabe, Ulrike 374f.
Holzgreve, Wolfgang 5, 7, 170f., 179, 696
Höpfner, Hans-Paul 20, 40, 60, 75, 80f., 83, 91–93, 246, 328, 365, 371, 422, 427, 450, 452
Hördt, Andreas 430
Horn, Ernst 29
Hötzel, Dieter 562, 585, 670
Hougardy, Stefan 261, 268, 638f.
Huber, Gerd 95, 97, 134, 149
Huber, Max G. 278, 303–306, 652
Hübner, Arthur 56–58, 69–71, 74, 92
Hufeland, Christoph Wilhelm 29
Huisgen, Rolf 333
Hüllmann, Karl Dietrich 465
Hulst, Hendrik van der 317
Humboldt, Alexander von 119, 142, 219, 297, 348, 355, 414, 422, 434, 639
Hundeshagen, Bernhard 21
Hungerland, Heinz 108, 666
Hupfauf, Lorenz 109, 128, 666
Husmann, Dirk 278, 289, 292
Hüttel, Silke 554
Huybrechts, Daniel 252, 257

Ifejika Speranza, Chinwe 404
Ihne, Hartmut 97, 650, 653
Ilk, Karl Heinz 574, 585
Imhoff, Diana 377

Jacobi, Carl Gustav Jacob 23f., 68, 238–240
Jacobi, Maximilian 23f., 68
Jacobi, Walter 92
Jacobsen, Werner 81
Jaeckel, Rudolf 214, 278f., 283–286, 297, 306
Jaehde, Ulrich 375, 380, 386, 391
Jäger, Herbert 343, 372
Jahn, Alfred 118, 463f.
Janker, Robert 98f., 666
Jannasch, Holger W. 494f.
Jansen, Martin 342
Jantsch, Georg 340
Jantsch, Gustav 328
Jantzen, Jens Carsten 253, 258, 263
Jasper, Erich 359
Jatzkewitz, Horst 345
Jaworski, Erich 420
Jensen, Ronald 253, 258, 262
Jentschke, Willibald 302
Jentzsch, Gerhard 430
Jester, Stefan 336
Jost, Ludwig 263, 471f., 585
Junghans, Kurt-Heinz 557, 586
Jüssen, Lara 651

Kaenders, Rainer 256, 259
Kaestner, Paul 607
Kahle, Marie 246
Kahle, Paul 246, 257
Kaiser, Hans-Wilhelm 106f., 155, 433, 491
Kaldewey, David 643
Kämpfle, Manfred 380
Kantorowicz, Alfred 48, 62f., 80f., 121
Kappen, Hubert 669
Karcher, Hermann 250, 252, 258, 262

Karl, Helmut 555, 585
Karpinski, Marek 272f., 275
Karrer, Paul 328
Kasparow, Garri Kimowitsch 640
Kassak, Matthias 375
Kastner, Karl Wilhelm Gottlob 214, 278, 309, 321, 325, 337f., 367, 463
Kating, Horst 233, 382f.
Kaufmann, Fritz 93, 263
Kayser, Heinrich 214, 280, 282f.
Kekulé, August 214, 223, 225, 320, 324–329, 333, 335–337, 339f., 347f., 369f., 467, 698
Keller, Rainer 234, 364, 401, 438f., 446, 448, 459f., 498
Kellermann, Kenneth I. 318
Kern, Klaus 357
Kerner, Justinus 16f., 20, 30
Kerp, Jürgen 319
Kersting, Günter 109, 666
Kessler, Albrecht 401
Kettler, Eduard 280
Keusgen, Michael 384
Kick, Hermann 535f., 586, 670
Kieser, Dietrich Georg 17
Kilian, Hermann Friedrich 27, 29, 663f.
Kippenberger, Karl 327, 558
Kirchner, Barbara 361, 363
Kirfel, Armin 422
Kirfel, Gregor 492
Klagge, Britta 392, 404
Klämbt, Dieter 476f., 480
Klapp, Ernst 534f., 586, 669f.
Klapper, Helmut 423
Klaus, Dieter 402.
Klauser, Theodor 646f.
Kleber, Will 422
Klein, Felix 239, 249f.
Klein, Friedrich 278, 292f., 296
Klein, Heinrich 601
Klein, Reinhard 272
Klein, Rolf 270
Klein, Uli 319
Klein, Wilhelm 546, 586
Klemm, Albrecht 168, 300, 495
Klemme, Heinrich 495, 497
Kley, Dieter 350
Klingauf, Fred 535, 586
Klingemann, Felix 324
Klingenberg, Wilhelm 250, 252, 257
Klinger, Heinrich 324, 326, 370
Klink, Hans Jürgen 402
Kloft, Werner 438, 453, 457f., 668
Klövekorn, Heinrich 84
Kluge, Werner 274
Kmoch, Hans Georg 536f., 587, 670
Knauer, Hans 84
Kneitz, Gerhard 458, 482
Knief, Claudia 543, 587
Knoop, Volker 483
Knop, Gerhard 289, 291f.
Knöss, Werner 384
Kobel, Michael 294
Koch, Herbert 253, 258
Koch, Karl-Rudolf 573, 575, 587
Koch, Norbert 455, 457, 460, 486, 498, 500, 502
Koch, Robert 63, 66
Koch, Wolfgang 275, 277
Koenig, Christian 216, 237, 438f., 460–462, 600, 658f.
Koepke, Peter 253, 258
Kohlschütter, Arnold 214, 313–315, 667
Kolanus, Waldemar 460, 498–500, 503
Kolla, Reiner 276
Kollmann, Rainer 476
Kolter, Thomas 335, 345, 348
Komnick, Hans 490, 492
Konen, Heinrich 88, 214, 230, 236, 282–284
König, Gabriele 383, 385f., 389, 391
König, Hans 81
König, Hermann 262
Königsegg, Max Friedrich von 366, 606
Koenigswald, Wighart von 5, 213, 215, 413, 417, 433–435, 669, 698
Konow, Gerhard 652
Kopfermann, Hans 306
Köpke, Ulrich 534, 538, 545, 587, 697
Kordes, Ernst 341, 668
Koreff, Johannes Ferdinand 16
Korkhaus, Gustav 666

Körschner, Dieter 20
Korte, Bernhard 261 f., 268, 629, 637–641, 697
Korte, Friedhelm 214, 331–333
Kortum, Hermann 240, 243, 257, 262
Kostenis, Evi 384, 391 f.
Köster, Carl 664
Koßwig, Friedrich 552, 587
Köthe, Gottfried 245
Kötter, Herbert 557 f., 587, 670
Kötter, Theo 570
Kowalski, Marek 132, 163, 297
Kraft, Hanspeter 125, 224, 227, 253, 258, 262, 280, 324, 380, 437, 448, 535
Kragl, Udo 335
Krämer, Johannes 45, 74, 262, 351, 495, 536, 560, 587
Kramer, Klaus 478
Kramer, Michael 319
Krapp, Robert 479
Kraus, Helmut 334, 411, 665, 669
Krause, Norbert 334 f.
Krause, Rolf 253, 260
Krebs, Hans 111
Krebs, Heinz 329 f., 342
Kreck, Matthias 253, 256, 258, 262
Krehl, Ludolf von 78
Kretschmer, Ernst 95
Kroha, Johann 300
Kromer, Karl-Heinz 538, 588
Kroner, Corinna 430
Kröner, Dietmar 142, 253, 260, 263
Krück, Friedrich 666
Krüger, Adalbert Carl Nikolaus 312
Krüger, Paul 448–450
Krull, Wolfgang 241, 247, 250, 257, 668
Kruse, Helmut 647
Kruse, Walter 66
Kubitscheck, Ulrich 356
Kühbauch, Walter 541, 588
Kühl, Rainer 553, 588
Kuhlmann, Heiner 567, 588
Kuhn, Annette 618
Kuhn, Roland 92
Kuhnt, Hermann 665
Kühnhardt, Ludger 629, 656, 658 f., 697
Kullmann, Ernst 457 f.
Kuls, Wolfgang 404 f.
Kümmel, Käthe 473
Kümpel, Hans-Joachim 430, 436
Kundt, Wolfgang 317
Kunoth, Angela 253, 260
Kunz, Benno 560, 588, 671
Kupfer, Günther 67, 572, 588
Küppers, Werner 630
Kurth, Frank 135, 149, 275, 277
Kurts, Christian 122, 142
Kury, Patrick 120
Kusche, Jürgen 574, 588
Küstner, Karl Friedrich 214, 308, 313–315
Kutsch, Thomas 558, 588

Laar, Conrad 327
Laënnec, Hyacinthe 23
Lamarck, Jean-Baptiste de 443
Lamprecht, Alf 378
Landolt, Hans Heinrich 214, 223, 322–324, 339, 369
Lang, Thorsten 18, 107, 500 f., 600
Langenbeck, Bernhard von 31, 83 f., 109, 666
Langer, Klaus 423
Langer, Martin 434 f.
Langer, Norbert 319
Langer, Wolfhart 415–419, 434
Lasaulx, Arnold Constantin Peter Franz von 421, 424
Laspeyres, Hugo 418, 421
Latz, Eicke 142
Lauer, Wilhelm 393 f., 398, 400 f., 668
Lautenbach, Kurt 268, 270, 275
Laux, Hans Dieter 405
Laveran, Alphonse 39
Lee, Jong-Soo 107
Legler, Günter 331
Lehmann, Jens 274
Lehmann, Jochen 374 f., 377
Lehmann, Walter Maximilian 427
Lehmensick, Rudolf 451–453, 457
Lehnert, Siegfried 667
Leidlmair, Adolf 401
Leinbrock, Arthur 109, 666

Leins, Peter 478f., 482
Leis, Rolf 249, 253, 260, 668
Leistner, Eckart 383f.
Lenard, Philipp 278f., 282
Lengauer, Thomas 273
Lenz, Fritz 536, 542, 588
Leo, Hans 665
Léon, Jens 540f., 589, 671
Leontief, Wassily 555
Lesaar, Heinz 589
Lesch, Matthias 252, 258
Leunis, Johannes 446
Levsen, Karsten 350
Leydig, Franz von 444–446
Lie, Sophus 239, 242, 250
Lieb, Ingo 237, 253, 257, 669
Liebig, Justus von 278, 321–324, 339, 341, 367f., 523f., 553, 561
Liebscher, Georg 589
Linden, Maria von 67f., 226, 447, 451
Linden, Stefan 297
Lipinsky, Ernst 554, 589
Lipschitz, Rudolf 213, 223, 238–241, 257, 262
Lipski, André 495, 560, 589
Lister, Joseph 31, 44
Litt, Thomas 434f.
Lobin, Wolfram 475, 479
Löffler, Jörg 392, 398
London, Franz 240, 243, 246, 257
López-Vélazquez, Juan Jóse 253, 260
Lorberg, Hermann 297
Lorenz, Konrad 264, 454, 456, 666
Lorenzen, Paul 246, 259, 262
Lovász, László 638
Löwenstein, Otto 58f., 62, 77, 80–82, 121
Lübken, Franz-Josef 290
Lück, Wolfgang 186, 253, 256, 258, 263, 411, 560, 649
Luckhaus, Stephan 253, 260
Ludwig, Hubert 235, 262, 333, 437, 446–449
Luguet, Ambre 424, 435
Luo, Zhe-Xi 434
Lutz, Reinhardt 277, 499, 652
Lütz, Stephan 335
Lützen, Arne 335
Lynen, Feodor 345, 485

Maas, Albrecht 490
Machleidt, Hans 331
Mader, Werner 342
Magin, Thomas 380
Maier, Karl 96, 134, 149, 303
Mani, Nikolaus 11, 32f., 36–39, 97, 109
Manin, Yuri 253f., 259
Mann, Thomas 37, 62, 82, 88, 103, 107, 118
Mannheim, Emil 312, 370
Manns, Detlef 375, 377
Manthey, Rainer 273
Marcolli, Matilde 253
Maria Theresia, Kaiserin; Erzherzogin von Österreich 606
Marian, Christel M. 360
Markefka, Manfred 672
Markowetz, Alexander 274
Marquardt, Nadine 392, 404
Marquart, Ludwig Clamor 339, 364, 367f., 381f.
Marrón, Pedro José 275
Marschall, Hans 298, 305
Martin, Henno 427
Martin, Thomas 434f.
Martini, Paul 7, 79f., 84f., 89, 100, 96–106, 108, 112, 116–118, 121, 666
Martini, Peter 275
Marx, Andreas 335
Marx, Karl 56
Maschuw, Reinhard 304, 669
Matzat, Wilhelm 405
Maximilian Franz von Österreich, Kurfürst; Erzbischof von Köln 606
Maximilian Friedrich von Königsegg-Rothenfels, Erzbischof von Köln 366, 606
Mayer, Alfred 81
Mayer, August Franz Joseph Carl 10–12, 17, 27, 235, 663f.
Mayer, Eberhard 403
Mayer, Günter 348, 500f.
Mayer, Karl-Heinz 262

Mayer-Kuckuk, Theo 302–306, 668
McCann, Tommy 431, 435
McKenna, Daniel S. 357
Mebold, Ulrich 318f.
Meerwein, Hans 237, 327f.
Meetz, Kurt 299
Meier, Michael 275
Meise, Werner 374f., 377
Meißner, Ulf 306, 669
Meitner, Lise 285f.
Menche, Dirk 337, 348
Menche, Hermann 67
Menche, Sigurd 214, 336
Mendel, Gregor 52, 346
Mendelejeff, Dimitri 339
Mendelssohn, Georg Benjamin 223, 393
Menke, Karl-Heinz 589, 650
Menten, Karl 319
Menz, Gunter 392, 402, 405
Menzel, Diedrik 483f.
Merkel, Angela 179
Merkel, Rudolf 357
Merkle, Hans-Peter 378
Meschede, Dieter 278, 307
Meurers, Joseph 316
Meyer, Andreas 545, 589
Meyer, Eberhard 403f.
Meyer, Eckart 84, 589
Meyer, Hans Jürgen 422
Meyer, Lothar 339
Meyer, Werner 263, 292f.
Meyer, Wilhelm 430f., 435
Meyer-Bode, Friedrich-Wilhelm 589
Meyer-Schwickerath, Gerhard 108
Mezger, Peter 318
Mielke, Fred 87, 116–118
Mietzsch, Fritz 330
Mikat, Paul 113, 286, 617
Miller, Stephen A. 430, 435
Minkowski, Hermann 213, 238, 240f., 257, 262
Misof, Bernhard 462
Mitscherlich, Alexander 87, 103, 116–118
Mitscherlich, Eilhard 323
Moericke, Volker 535, 589
Möhle, Alfred 565, 589
Mohr, Carl Friedrich 325, 339, 368–370, 376, 379, 386, 389f.
Moll, Adolph 17
Moll, Gert 392
Monien, Hartmut 299
Morgenstern, Dieter 571, 589
Moser, Hugo 113, 118
Mrass, Walter 589
Mückenhausen, Eduard 534, 536, 589, 670
Mückter, Heinrich 85
Mülhäuser, Max 360
Müller, Christa E. 375, 388–391, 387, 498, 502
Müller, Claus 247, 259, 262
Müller, Friedrich von 98, 100
Müller, Fritz 378
Müller, Heinrich 91
Müller, Hermann Peter 485
Müller, Johann Friedrich Theodor, genannt Fritz Müller 444
Müller, Johannes 12–15, 31, 34–37, 442, 464, 467
Müller, Johannes (Mathematiker) 246, 259, 262, 666
Müller, Karl 600
Müller, Klaus Jürgen 433f.
Müller, Meinhard 277
Müller, Richard 549, 590
Müller, Stefan 253, 256, 261, 263
Müller, Werner 252, 257
Müller-Heß, Viktor 61, 82, 665
Müller-Mahn, Detlef 392, 403f.
Mulliken, Robert S. 359, 362f.
Münchow, Karl Dietrich von 223, 238, 257, 278, 280, 308f.
Muniz, Kilian 335
Münker, Carsten 424, 435

Nagel, Joachim 429, 431, 435
Nägeli, Theodor 100
Nahm, Werner 299
Napoleon Bonaparte, Kaiser der Franzosen 310
Nasse, Christian Friedrich 10, 17, 20, 22–25, 234, 663f.

Nasse, Werner 23–25
Nathan, Simon 81, 236
Naumann, Moritz 29, 460f., 663f.
Naumann zu Königsbrück, Clas 460
Nees von Esenbeck, Christian Gottfried Daniel 14f. , 17, 234, 367, 437, 416, 439f., 462f.
Nees von Esenbeck, Theodor Friedrich Ludwig 223, 367f., 381
Nees von Esenbeck jr. s. Theodor Friedrich Ludwig Nees von Esenbeck
Nees von Esenbeck sen. s. Christian Gottfried Daniel Nees von Esenbeck
Neese, Frank 361f.
Neinhuis, Christoph 479f.
Neitzel, Ira 254, 260
Nellen, Bernd 291, 294
Nettekoven, Heinz 9, 478
Neubauer, Walter 671
Neugebauer, Horst 430, 435
Neugebauer, Michael 375, 377
Neuhaus, Alfred 414, 419, 421–423, 668
Neukirch, Jürgen 250, 253, 258, 262
Neumann, John von 85, 245, 443, 665
Nickel, Peter 374f., 377
Niecke, Edgar 341, 343
Niehaus, Heinrich 113, 278, 554, 556f., 590
Nienhaus, Franz Josef 535, 590
Niethammer, Jochen 237, 260, 263, 454f.
Nilles, Hans Peter 278, 300
Nissen, Heinrich 394
Noack, Karoline 651
Noack, Kurt 473, 476
Noegel, Angelika 487
Noeggerath, Johann Jakob 223, 393, 414–417, 419, 421
Noga, Georg 539f., 542, 590, 697
Nöldeke, Gerhard 290, 293
Noll, Fritz 470, 590
Nonne, Max 75
Nose, Karl Wilhelm 419
Nöthlings, Ute 562, 590
Nothnagel, Axel 568
Novalis 414
Nussbaum, Adolf 81
Nussbaum, Felix 81
Nussbaum, Moritz 53, 436, 665
Nutz, Manfred 19, 73, 146, 184f., 264, 281, 406, 489, 568

Oberheuser, Herta 85–87
Oberhoffer, Gerhard 112, 116
Oehlkers, Friedrich 484
Oerke, Erich 540
Oertel, Friedrich 228
Oeyen, Christian 630
Oken, Lorenz 440
Okonek, Christian 253, 258
Oldenburg, Johannes 389
Oligschleger, Christa 360
Olivier, Reinhard 250, 259, 262
Omland, Clara 651
Orth, Linda 93f., 112
Ostwald, Wilhelm 323, 360
Otto, Felix 253, 256, 260
Overbeck, Fritz 670

Pachaly, Peter 339, 365–375
Paetzold, Hans Karl 412
Paffen, Karlheinz 397, 405
Pankratz, Michael 500f.
Panning, Gerhart 82
Panse, Friedrich 7, 84, 92–94
Parr, Maria Christine 377
Partheil, Alfred 326, 370
Pasteur, Louis 31f.
Paul, Ewald 291, 294
Paul, Heinz 475, 477f.
Paul, Helmut 106
Paul, Maurice Eden 56
Paul, Wolfgang 214, 231, 233, 278f., 283–291, 294, 297f., 303f., 306, 316, 668
Paulus, Ursula 388
Pauly, Hermann 96, 327
Pelman, Carl 49, 51–54, 72
Pelz, Wilhelm 559
Penselin, Siegfried 268, 306f., 668f.
Perry, Steven 455f.
Peschl, Ernst 246–248, 257, 264, 474, 668
Peter, Martin G. 335, 348
Peters, Gerd 109, 340, 342, 600

Petersen, Brigitte 547, 550, 590
Petersen, Johannes 548, 590
Petersen, Siegfried 330
Petersheim, Daniel 254, 261
Petri, Carl Adam 265f., 270
Peyerimhoff, Sigrid 213, 215, 234, 358–361, 668, 697
Pfaffendorf, Martin 379
Pfeffer, Ernst 473, 549, 591, 671
Pfeifer, Alexander 114, 136, 144, 389–391, 667
Pfeiffer, Paul 214, 230, 327–329, 337, 340f., 365, 372, 668
Pfeilsticker, Konrad 559, 591
Pflüger, Alexander 226, 297
Pflüger, Eduard 31, 34, 36–38, 42, 52, 70, 76, 470, 664f.
Philippson, Alfred 225f., 236, 395, 397, 406
Philipsborn, Helmut von 420
Pichotka, Josef 108, 118–120
Pictet, Arne 324
Piekarski, Gerhard 91, 109, 111, 134, 666
Piel, Jörn 334, 337, 347, 502
Pietrusky, Friedrich 58, 82, 99
Pietrzik, Klaus 562, 591
Piorkowsky, Michael-Burkhard 553, 558, 591
Plessmann, Werner 429
Plotz, Jürgen 89, 109, 111
Plücker, Julius 213, 223, 238–241, 257, 262, 278–280, 467
Plümer, Lutz 277, 571, 591
Pohl, Irmgard 613
Pohl, Jürgen 392, 404
Pohlisch, Kurt 84, 92–95, 97, 121
Poncelet, Jean-Victor 239
Pop, Florian 253, 258
Poppelreuter, Walter 80f.
Popper, Hans 114
Popper, Karl 243
Porciani, Cristiano 319
Potonié, Robert 434
Prem, Hanns J. 650
Prestel, Alexander 253, 258, 262
Preyer, William Thierry 443f.
Priester, Wolfgang 317f., 668
Pringsheim, Nathanael 469
Prinz, Ina 629, 637, 641, 643, 697
Proell, Friedrich 84
Prölß, Gerd 317
Pude, Ralf 540, 542, 591
Puff, Heinrich 342, 668
Purkert, Walter 246

Quack, Martin 354
Quandt, Dietmar 480
Quelle, Otto 399, 403

Rady, Sven 256
Radicke, F. W. Gustav 259, 262, 409
Radscheit, Markus 479
Raith, Michael M. 423, 435
Ramsey, Norman 288
Rapoport, Michael 252, 256–258
Rasa, Anne 455f.
Rascher, Sigmund 116
Rath, Gerhard vom 223, 421
Rath, Gernot 111f.
Rau, Johannes 638
Rebek, Julius 238, 347
Reble, Albert 614, 624
Recker, Kurt 423
Redwitz, Erich von 7, 28f., 31, 44f., 64, 73f., 84f., 88f., 92, 97–100, 107f., 110, 121, 666
Reetz, Manfred T. 334f.
Rehbock, Fritz 246, 262
Rehfues, Philipp Joseph 27
Reichensperger, August 237, 447, 449, 451f., 668
Reichert, Barbara 431, 435
Reifferscheid, Martin 100
Reil, Johann Christian 10, 22
Reimann, Eberhard 373
Rein, Hubert 379
Rein, Justus 395
Reiprich, Thomas 319
Remane, Adolf 458
Remy, Horst 420
Reusch, Bernd 267, 276
Reuter, Martin 633

Rheinboldt, Heinrich 328, 340–342
Ribbert, Hugo 49–52, 54–56, 65, 70, 73, 75f., 665
Richardsen, August 548, 592
Richarz, Franz 25
Richter, Horst-Eberhard 120
Richter, Otto 552f., 592
Richter, Wilhelm 615
Richthofen, Ferdinand von 223, 394, 397
Riede, Wilhelm 484, 592
Riehm, Wolfgang 84
Riemann, Bernhard 240, 248
Riese, Friedrich Christian von 259, 262, 393, 409
Riezler, Wolfgang 231, 284f., 298, 301f., 304, 410, 668
Rimbach, Eberhard 326, 340
Rindfleisch, Eduard 38, 664
Ringel, Claus Michael 253, 258
Ringel, Gerhard 247, 259, 262
Rink, Melanie 135, 372, 488
Ristedt, Heinrich 431, 434f.
Rittenberg, Vladimir 299f.
Röckner, Michael 254, 260
Röder, Erhard 373f., 377
Röglin, Heiko 271
Rohde, Helmut 126f., 137, 159, 169
Röllgen, Franz 350
Rollnik, Hans 289, 298
Rollnik, Horst 248, 300
Romberg, Hans-Wolfgang 116f.
Römelt, Joachim 360
Römer, Ferdinand 420
Römer, Max 317
Römer, Paul 83, 665
Röntgen, Wilhelm Conrad 98, 167, 226, 279, 316, 422f.
Roothaan, Clemens C. J. 359
Rose, Kenneth D. 48, 434
Roseman, Saul 345
Ross, Bernd 341
Rössler, Helmut 109, 111
Roth, Hermann-Josef 94, 373f., 378, 668
Rothes, Georg 548, 592, 670
Röttgen, Peter 111, 666
Rottner, Klemens 487
Rücker, Gerhard 213, 215, 321, 364f., 368f., 371f., 374f., 377–381, 383, 385f., 464, 476, 697
Rüdin, Ernst 92
Ruff, Siegfried 8, 116–118, 121
Ruh, Ernst 250, 258
Rühle, Hugo 21, 68
Rumpf, Martin 253, 260f., 592
Runge, Carl 249
Ruska, Ernst 488
Rust, Bernhard 283
Rust, Jes 434f.
Rutherford, Ernest 300f., 304

Saemisch, Theodor 47, 664
Sahl, Hans-Georg 385, 389, 391, 496
Salge, Bruno 61
Sander, Martin 416, 419f., 434f.
Sandhas, Werner 278, 299
Sandhoff, Konrad 213f., 335, 344–346, 348, 500f., 669, 697
Sauer, Klaus Peter 213, 215f., 238, 436, 439f., 443, 458f., 464, 466, 469f., 473, 478, 482, 485, 488, 490, 494, 697
Sauerbeck, Dieter 537, 592, 601
Sauerbruch, Ferdinand 97, 122, 148, 154, 156, 162, 667
Sauerwein, Helga 547, 549, 592
Saxena, Nittin 262, 276
Schaaf, Gabriel 544, 592
Schaaffhausen, Hermann 25, 32f., 440
Schaback, Manfred 250, 254, 260
Schacht, Hermann 466, 469
Schaede, Adalbert 109
Schaefer, Hans 120
Schäfer, Andreas 64f., 130, 227, 237, 420, 431
Schaffnit, Ernst 534
Schäl, Manfred 250, 254, 260
Schaller, Hans-Jürgen 672
Schalley, Christoph 335
Scharf, Hans-Dieter 331
Scharpenseel, Hans-Wilhelm 537, 593
Schätzke, Manfred 561, 593
Schätzle, Reiner 253, 258
Schaudinn, Fritz 68

Schaum, Gustav 330
Schede, Max 64
Scheibe, Arnold 485, 494
Scheidtmann, Karl Heinz 486f.
Schellander, Karl 548, 550, 671, 593
Schelling, Friedrich Wilhelm Joseph 28, 440
Schenk, Günther Otto 330
Schenk, Heinrich 470
Schenk, Winfried 213, 215, 392, 398, 673, 697
Scherer, Heinrich 537, 544, 593
Scherer, Karl 254, 260
Scheumann, Karl-Hermann 422, 668
Schichau, Ferdinand 609
Schickhoff, Udo 402
Schieber, Andreas 560, 593
Schiefer, Gerhard 553, 593
Schiek, Helmut 250, 259, 262
Schiemann, Olav 356
Schilling, Heinz-Dieter 133, 411
Schilly, Wilhelm 414, 420
Schimper, Andreas Franz Wilhelm 470
Schindewolf, Otto H. 237, 432
Schinkel, Karl Friedrich 21
Schirmer, Martin 565, 593, 670
Schittenhelm, Alfred 83
Schleiden, Matthias Jacob 466f.
Schlein, Benjamin 253, 256, 261
Schlesinger, Ludwig 241, 257
Schlick, Moritz 243
Schlier, Christoph 291
Schlossmann, Arthur 59, 61
Schlottmann, Ulrich 374
Schlüter, Clemens 417, 420, 424
Schmickler, Wolfgang 353
Schmidt, Adolf 75
Schmidt, Albrecht 269, 632
Schmidt, Elmar 651
Schmidt, Erhard 242f., 262
Schmidt, Ernst 370
Schmidt, Hans 279, 308, 315–318, 668
Schmidt, Johann Friedrich Julius 236, 312
Schmidt, Jürgen 250, 259
Schmidt, Karl 82f.
Schmidt, Klaus 429
Schmidt, Uwe 455
Schmidt, Wilhelm Joseph 447f.
Schmidtlein, Sebastian 402
Schmiedecken, Wolfgang 393, 406
Schmieden, Hartmut 293
Schmitten, Franz 548, 593, 670
Schmitz, Brigitte 547, 593
Schmitz, Friedrich 469
Schmitz, Hans Aloys 94
Schmitz-DuMont, Otto 328, 330, 341f., 668
Schmuth, Gottfried 666
Schnabl, Heide 481, 594, 671
Schneider, Hans 454–456
Schneider, Peter 319
Schoch, Berthold 292f., 297
Schock, Eberhard 250, 260, 262
Schöllgen, Georg 5, 646, 697
Scholtyseck, Erich 453, 455, 479, 490
Scholze, Peter 252, 256–258
Schön, Christian 342
Schönbeck, Fritz 535, 594
Schönbeck, Konstantin von 366
Schönfeld, Eduard 214, 309, 312f.
Schönhage, Arnold 271f.
Schoof, Heiko 545, 594
Schott, Heinz 5, 7, 9, 17, 20, 24f., 76, 112, 122, 127, 442, 465, 697
Schreiber, Lukas 483
Schröder, Gerhard 642
Schröer, Jan 253, 258
Schröter, Georg 327
Schrott, Lothar 392, 401
Schrötter, Hugo 324
Schuermann, Hans 89, 108f.
Schug, Walter 555, 594
Schuh, Wolf-Dieter 575, 594
Schulemann, Werner 68, 91, 666
Schultz, Thomas 36, 68, 272, 353, 394, 444, 664f.
Schultze, Friedrich 68
Schultze, Max 12, 31, 36f., 444f., 469f., 488
Schulz, Michael 83, 179, 326, 500, 629, 650f., 698
Schulze, Joachim 501

Schulze Lammers, Peter 538f., 576
Schumacher, Albert 237
Schumacher, Friedrich 419
Schumacher, Johannes 600
Schumacher, Renate 420
Schumacher, Walter 474–477
Schumacher, Wolfgang 535, 594
Schumann, Robert 24f., 32
Schumpeter, Joseph 243
Schur, Issai 213, 241–243, 257, 262
Schurath, Ulrich 350f., 355
Schürmann, Ernst 546f., 594, 670
Schurr, Ulrich 537, 539
Schuster, Johann Christoph 642
Schütz, Gustav 53, 286, 564, 566, 594
Schwabhäuser, Wolfram 250, 253, 258, 262
Schwaim, Harald 375
Schwalm, Harald G. 381, 387
Schwann, Theodor 12, 236
Schwartz, Arnold 480
Schwarz, W. H. Eugen 110, 360, 390, 429
Schwarzacher, Hans-Georg 109
Schwede, Stefan 126, 253, 257, 433
Schweitzer, Hans Joachim 433
Schweitzer, Marc Alexander 254, 261, 263
Schwille, Walter 293
Seeber, Günter 567
Seeger, Hermann 567, 595, 671
Seel, Barbara 49, 552f., 569, 595
Seele, Walter 569
Seggewiß, Wilhelm 317
Seifert, Karl Friedrich 422
Selter, Hugo 665f.
Semmelweis, Ignaz 64
Semper, Karl 446f.
Sengonca, Cetin 535, 595
Seubert, Moritz 382, 466
Shiga, Kiyoshi 66
Siebeck, Richard 78
Siebeck, Robert 109
Siebke, Harald 84, 87–89, 91, 108f., 121, 665
Siegenthaler, Walter 109, 132
Siehl, Agemar 431, 435
Sievers, Andreas 477f., 481–483, 669
Sikora, Richard A. 536, 595
Simmer, Clemens 411
Simon, Siegfried Veit 277, 435, 473f.
Sinning, Wilhelm 463, 465, 468
Skomroch, Werner 551–553, 595, 670
Skowronek, Armin 536, 595
Small, John Victor 493
Smith, Matthew 275
Snatzke, Günter 331
Sobotta, Johannes 37, 42f., 89, 665
Sohler, Christian 270
Sokolowski, Moritz 355
Sommer, Heiner 547, 595, 671
Sommer, Karl 537, 595
Spaniol, Otto 271
Sperner, Emanuel 247, 257, 668
Spies, Peter Paul 267f., 271, 668
Spranger, Eduard 606f., 612, 625
Sprengel, Änne 526
Springer, Ferdinand 116, 236, 502, 658
Stachniss, Cyrill 572, 596
Stackelberg, Mark von 328, 342, 349, 351
Stamminger, Rainer 561, 576, 596
Starzl, Thomas 107
Steckhan, Eberhard 334f.
Steffen, Günther 262f., 551–553, 596, 670
Steffens, Klaus-Jürgen 378
Steglich, Frank 307
Steglich, Wolfgang 333, 345
Stehle, Peter 521, 562, 596, 671, 698
Stein, Georg Wilhelm 10, 21, 26f., 663
Stein, Günther 453, 457
Stein, Heinrich Friedrich Karl vom und zum 419
Steindorf, Gerhard 672
Steiner, Maximilian 48, 231, 290, 365, 382, 437, 475f., 478, 668
Steiner, Peter 290
Steinhage, Volker 275, 277
Steinmann, Gustav 418, 424–426, 428
Steinwedel, Helmut 287, 298
Stets, Johannes 429, 431
Stetter, Hermann 329f., 344
Steudel, Johannes 105, 109, 111f.
Stichweh, Rudolf 629, 643, 651, 698
Stiehl, Eckart 406

Stiemerling, Rolf 439, 491
Stille, Bernd 535, 560, 596
Stille, Hans 428
Stimming, Ulrich 357
Stockem, Wilhelm 490, 492
Stoeckel, Horst 110, 169, 666
Stöhr, Philipp 89f., 98, 108, 665
Strasburger, Eduard 469–472, 474, 488
Strassberger, Jürg 475
Strassen, Volker 271
Strecker, Otto 324, 554, 556, 596, 670
Strelen, Johann Christoph 213, 264, 271, 698
Stresemann, Gustav 440, 609
Streubel, Rainer 343
Stroppel, Catharina 253, 258
Strubell, Adolf Wilhelm 447
Study, Eduard 213, 241–244, 246, 257, 562
Sturm, Karl Christian Gottlob 522
Sturm, Karl-Theodor 254, 256, 260
Sturma, Dieter 629, 635–637, 698
Südekum, Karl-Heinz 550, 596, 698
Süverkrüp, Richard 378
Swodenk, Wolfgang 330
Székelyhidi, László 254, 260, 262

Tarski, Alfred 244
Teichner, Peter 253f., 259
Teleky, Ludwig 59
Teusch, Christine 104f., 615
Thein, Jean 429f., 435
Thiele, Christoph 139, 213, 216, 256, 258, 345, 498, 500f., 503, 698
Thielen, Peter 609, 612–614
Thieme, Günter 405
Thimm, Walter 246, 250, 259, 262
Thofern, Edgar 109, 666
Tholen, Ernst 549
Thoma, Ulrike 304
Thomson, Joseph John 279
Thomson, Paul William 433
Thönnessen, Nils 403
Thorpe, Thomas Edward 324
Thürmann, Petra 391
Thurn, Peter 109, 666
Tiemann, Friedrich 83, 666
Tilmann, Norbert 428
Tinapp, Peter 374
Tits, Jacques 237, 250, 257, 263
Toepfer, Helmut 404
Toeplitz, Otto 213, 228, 240f., 244–247, 257
Tonutti, Emil 90, 108f.
Töpfer, Klaus 652
Tränkle, Christian 379
Trappmann, Wolfgang 549, 596
Traub, Otto 68, 486
Trendelenburg, Friedrich Adolf Albrecht 43–45, 48
Treviranus, Gottfried Reinhold 436
Treviranus, Ludolph Christian 381, 465–467
Trippe, Wilhelm 315
Tröger, Sabine 392, 404
Troll, Carl 117, 226, 230, 236, 238, 390, 398–402, 405f., 410, 473, 504, 668
Troschel, Hermann 223, 417, 421, 424, 437, 442–446, 469
Troschütz, Reinhard 373
Trottenberg, Ulrich 254, 260
Trüper, Hans 234, 438f., 494–496, 668f.
Tschesche, Rudolf 214, 324, 330–334, 344f., 668
Turnau, Otto 485

Ullrich, Hermann 484, 596, 670
Ullrich, Otto 84, 666
Ungar, Emil 60f.
Unger, Heinz 249, 253, 260, 264–266, 410
Unkelbach, Helmut 250, 259, 262

Vahlen, Theodor 229
Vahlensieck, Winfried 109–111, 666
Valette St. George, Adolf von 52, 445, 447, 664f.
Veenker, Gerd 270
Veit, Gustav von 28, 45f., 64
Velten, Anton 19
Vereecken, Harry 537, 596
Verne, Julia 392, 404
Verworn, Dora 397
Verworn, Margarete 397

Verworn, Max 49f., 72f., 396, 665
Victoria, Königin des Vereinigten Königreichs von Großbritannien und Irland 322, 468
Vielstich, Wolf 213f., 349, 351–354, 673, 698
Vieten, Klaus 423
Virchow, Rudolf 12, 33, 38, 51, 55
Vlek, Paul 597, 650, 653
Vöchting, Hermann 471
Vogel, Theodor 465
Vogel, Walter 249, 254, 260
Vogler, August 262, 564, 597
Vögtle, Fritz 214, 333, 335f.
Vöhringer, Peter 355
Voigt, Walter 447
Voigtländer, Janis 274, 601
Volkmann, Dieter 470, 481
Voll, Gerhard 423
Volland, Hans 317
Vothknecht, Ute 484
Vygen, Jens 261, 268, 277, 638–641

Wachholder, Kurt 117
Wachsmuth, Werner 98–100
Wachtl, Oswald 315
Wägele, Wolfgang 461f.
Wagner, Karl Gerhard 379
Wahl, Wolf von 253, 258
Waibel, Leo 58f., 77, 81, 228, 397f.
Walb, Heinrich 47, 73
Waldmann, Herbert 334
Waldsachs, Reinhard 81
Waldvogel, Siegfried 334
Wallach, Otto 225, 324, 326, 369f.
Walther, Alwin 265
Walther, Herbert 307
Walther, Philipp Franz von 10, 20, 28, 663
Wamhoff, Heinrich 213f., 278, 320, 331, 334, 344, 367, 698
Wandelt, Klaus 354–356
Wandrey, Christian 336, 357
Wanner, Georg 418
Wanner, Johannes 225, 425
Wartenberg, Hubert 666
Waszink, Jan Hendrik 647
Weber, Adolf 601
Weber, Andreas 272
Weber, Bernd 629, 632f., 698
Weber, Carl Otto 31
Weber, Edwin 335
Weber, Klaus 493
Weber, Matthias 263
Weber, Moritz Ignaz 663f.
Wedemeyer, Rudolf 291, 294
Wegener, Alfred 426
Wehland, Wilhelm 557, 597
Wehrheim, Monika 651
Weicker, Heinz 119
Weier, Josef 250, 259, 262
Weigelin, Erich 109
Weigelt, Gerd 318
Weigend, Maximilian 480, 597, 651
Weiland, Paul 84
Weindlmaier, Johannes 552f., 597
Weiß, Erich 521f., 569f., 598, 698
Weiß, Ernst-August 246, 259, 262
Weise, Karl Heinrich 251
Weißenfels, Norbert 452f., 455–457, 485, 489f.
Weismann, August 53, 70
Weitbrecht, Hans Jörg 7, 95–97, 119, 134, 666
Weizel, Walter 231, 284, 286, 297–299, 668
Weizsäcker, Viktor von 77, 103
Welck, Karin von 642
Welge, Karl-Heinz 350
Welte, Eduard 68, 91, 116
Weltzien, Heinrich Carl 535f., 598, 670
Welzel, Peter 331
Wendt, Ernst 453, 455, 489
Wendt, Hilmar 566, 598, 670
Wermes, Norbert 278, 289, 294–296
Werner, Alfred 327, 341
Werner, Helmut 253, 260
Werner, Wilfried 538
Wernert, Nicolas 667
Wessel, Philipp 232, 393, 409
Wessing, Armin 453, 489
Westphal, Alexander 54, 59, 69, 71, 74, 77, 415, 665
Weyer, Johann 39

Wichelhaus, Hermann 324
Wickert, Ulrich 118
Wiechmann, Horst 536, 598
Wiedemann, Bernd 384f., 496
Wiedemann, Imke 385
Wiegandt, Claus-Christian 392, 397, 405, 409
Wieland, Heinrich 328, 346
Wielebinski, Richard 318
Wien, Wilhelm 301
Wiese, Michael 377, 388
Wiesemann, Christian 471, 473, 475
Wieser, Michel 375
Wilckens, Otto 425
Wilfert, Bob 379
Will, Georg 422
Willecke, Klaus 439, 485–487, 500f.
Willenbrink, Johannes 476, 485
Wilson, Robert 237, 302
Wimmer, Andreas 653
Wimmer, Monika 544
Windischmann, Karl Joseph Hieronymus 10
Winiger, Matthias 398, 406, 499, 669
Winkler, Cuno G. 109
Winnecke, Friedrich August Theodor 312
Winterfeld, Karl 231, 329, 365, 372, 668
Witke, Walter 487, 502
Witte, Bertold 567, 598
Witte, Karl 535
Wittmann, Dieter 545, 598, 650
Witzke, Heinz-Peter 555
Wizinger, Robert 328
Woelk, Klaus 87, 354
Wohlfarth-Bottermann, Karl-Ernst 438, 489–491
Woldstedt, Paul 428
Wolf, Helmut 565, 573, 575, 598
Wolf, Manfred 379
Wolf-Heidegger, Gerhard 81
Wolfart, Christian 16
Wolff, Gisela 282, 486
Wolffram, Rudolf-Ernst 556f., 598, 670
Wollenweber, Helmut 554, 557, 599
Wortmann, Heinrich 551
Wrobel, Stefan 273, 631
Wulff, Günter 331
Wurmbach, Hermann 447, 449f., 453f., 534f., 599
Wurster, Paul 428–430, 433, 435
Wurzer, Ferdinand 214, 321, 366
Wüst, Matthias 521, 559, 599, 699
Wutzer, Carl Wilhelm 29–31, 663f.
Wynands, Alexander 255, 259

Youkhana, Eva 651

Zagier, Don 253f., 259f., 262
Zahn, Ulf von 290
Zakosek, Heinrich 536, 599
Zeiss, Carl 108
Zensus, Anton 319
Zermelo, Ernst 244
Zetsche, Hans 566f., 599
Ziegler, Martin 253, 258
Zima, Hans 268, 272f.
Zimmer, Reiner 498, 650
Zincke, Theodor 324
Zipf, Alexander 402
Zippelius, Hanna-Maria 453–455
Zittel, Karl Alfred von 413, 424
Zöller, Ludwig 401
Zumbroich, Thomas 402
Zuse, Konrad 264, 358, 642
Zymalkowski, Felix 365, 372–374, 668

Autorenverzeichnis

Wolfgang Alt, Dr. rer. nat., Mathematiker und Systemtheoretiker, war Professor für Theoretische Biologie.

Udo Arnold, Dr. phil., war Professor für Geschichte und ihre Didaktik und Politische Bildung. Er ist heute am Zentrum für Kulturwissenschaft, Projektbereich Ostdeutsche Landesgeschichte tätig.

Günter Bergerhoff, Dr. rer. nat., war Professor am Institut für Anorganische Chemie.

Carl-Friedrich Bödigheimer, Dr. rer. nat., ist Professor für Mathematik und Mitglied der Arbeitsgruppe Topologie am Mathematischen Institut.

Joachim von Braun, Dr. agr., war Professor und Gründungsdirektor am Zentrum für Entwicklungsforschung der Universität Bonn und ist seit 2017 Präsident der Päpstlichen Akademie der Wissenschaften in Rom.

Walter Bruchhausen, Dr. med., Dipl.-Theol., M.Phil., ist Privatdozent und Wissenschaftlicher Mitarbeiter am Institut für Geschichte und Ethik der Universität zu Köln.

Wolfgang Büscher, Dr. agr., ist Professor für Verfahrenstechnik der Tierischen Erzeugung am Institut für Landtechnik der Landwirtschaftlichen Fakultät der Universität Bonn.

Thomas Burkhardt, Dr. rer. nat., ist Akademischer Rat am Meteorologischen Institut sowie Fach-Studienberater und Wissenschaftshistoriker für Meteorologie.

Ralph Burmester, Dr. phil., ist Wissenschaftlicher Mitarbeiter am Deutschen Museum Bonn und kuratiert Ausstellungen zur Universitätsgeschichte.

Armin B. Cremers, Dr. rer. nat., war Direktor am Institut für Informatik und am B-IT, war Dekan der MN-Fakultät sowie bis 2014 Prorektor für Planung und Finanzen.

Karl Heinz Dötz, Dr. rer. nat., war Professor für Metallorganische Chemie und Template.

Prof. Dr. Günter Eßer, Dr. theol., war Professor für Alt-Katholische Theologie und Direktor des Alt-Katholischen Seminars.

Michael Geffert, Dr. rer. nat., ist Akademischer Oberrat am Argelander-Institut für Astronomie und Wissenschaftshistoriker für den Bereich der Astronomie.

Xenia Grote, M.Sc., ist Science Manager am Center for Economics and Neuroscience.

Thomas Heckelei, Ph.D., ist Professor für Wirtschafts- und Agrarpolitik am Institut für Lebensmittel- und Ressourcenökonomik der Landwirtschaftlichen Fakultät der Universität Bonn.

Andreas Hense, Dr. rer. nat., ist Professor für Klimadynamik am Meteorologischen Institut.

Stefan Hildebrandt († 16. Oktober 2015), Dr. rer. nat. Dr. h.c., war Professor am Mathematischen Institut.

Hans-Georg Hofer, Dr. phil., ist Professor für Geschichte und Theorie der Medizin am Institut für Ethik, Geschichte und Theorie der Medizin der Westfälischen Wilhelms-Universität Münster.

Wolfgang Holzgreve, Prof. Dr. med. Dr. h.c. mult., MBA, früher Ordinarius für Gynäkologie und Geburtshilfe sowie Vorsteher der Frauenklinik am Universitätsspital Basel, ist seit 2012 Ärztlicher Direktor und Vorstandsvorsitzender des Universitätsklinikums Bonn.

Wighart von Koenigswald, Dr. rer. nat., war Professor für Paläontologie.

Ulrich Köpke, Dr. agr., war Professor für Organischen Landbau am Institut für Organischen Landbau.

Theo Kötter, Dr.-Ing., ist Professor für Städtebau und Bodenordnung am Institut für Geodäsie und Geoinformation.

Bernhard Korte, Dr. rer. nat., Dr. h.c., ist Professor und Direktor des Forschungsinstituts für Diskrete Mathematik und Gründungsdirektor des Arithmeums.

Ludger Kühnhardt, Dr. phil., ist Professor für Politische Wissenschaft und Gründungsdirektor am Zentrum für Europäische Integrationsforschung.

Georg Noga, Dr. oec. troph., war Professor für Obst- und Gemüsebau am Institut für Nutzpflanzenwissenschaften und Ressourcenschutz.

Sigrid Peyerimhoff, Dr. rer. nat. Dr. h.c., war Professorin für Theoretische Chemie am Institut für Physikalische und Theoretische Chemie.

Ina Prinz, Dr. phil., ist Professorin am Forschungsinstitut für Diskrete Mathematik und Direktorin des Arithmeums.

Gerhard Rücker, Dr. rer. nat., war Professor am Pharmazeutischen Institut.

Konrad Sandhoff, Dr. rer. nat., war Professor für Biochemie am Institut für Organische Chemie und Mitbegründer der Fachgruppe Molekulare Biomedizin.

Klaus Peter Sauer, Dr. rer. nat., war Professor für Zoologie und Ökologie und leitete das Institut für Evolutionsbiologie.

Winfried Schenk, Dr. rer. nat., ist Professor für Historische Geographie am Geographischen Institut.

Georg Schöllgen, Dr. theol., war Professor für Alte Kirchengeschichte und Direktor des Franz Josef Dölger-Instituts zur Erforschung der Spätantike.

Heinz Schott, Dr. med. Dr. phil., war Professor für Geschichte der Medizin und leitete das Medizinhistorische Institut der Rheinischen Friedrich-Wilhelms-Universität Bonn.

Michael Schulz, Dr. theol., ist Professor für Philosophie und Theorie der Religionen an der Philosophischen Fakultät und geschäftsführender Direktor des Internationalen Lateinamerika-Zentrums.

Peter Stehle, Dr. rer. nat., ist Professor für Ernährungsphysiologie am Institut für Ernährungs- und Lebensmittelwissenschaften der Landwirtschaftlichen Fakultät.

Rudolf Stichweh, Dr. rer. soc., hat die Dahrendorf-Professur »Theorie der modernen Gesellschaft« inne und ist Direktor des »Forums Internationale Wissenschaft« an der Universität Bonn sowie ständiger Gastprofessor an der Kultur- und Sozialwissenschaftlichen Fakultät der Universität Luzern.

Johann Christoph Strelen, Dr. rer. nat., ist Professor für Informatik mit dem Schwerpunkt Betriebs- und Kommunikationssysteme.

Dieter Sturma, Dr. phil., ist Professor für Philosophie unter besonderer Berücksichtigfung der Ethik in den Biowissenschaften und Direktor des Deutschen Referenzzentrums für Ethik in den Biowissenschaften und des Instituts für Wissenschaft und Ethik

Karl Heinz Südekum, Dr. sc. agr., ist Professor für Tierernährung am Institut für Tierwissenschaften der Landwirtschaftlichen Fakultät der Universität Bonn.

Christoph Thiele, Dr. phil. nat., ist Professor für Biochemie und Zellbiologie der Lipide am LIMES-Institut.

Wolf Vielstich, Dr. rer. nat., war Professor für Chemie und leitete von 1965 bis 1993 die Arbeitsgruppen Elektrochemie am Institut für Physikalische Chemie, dessen Direktor er ab 1972 wurde.

Heinrich Wamhoff († 13. April 2014), Dr. rer. nat., war Professor für organische Chemie am Kekulé-Institut für Organische Chemie und Biochemie das Arbeitsgebiet der photochemischen Prozesse.

Erich Weiß, Dr.-Ing, Dr. sc. techn. h.c., Dr. agr. h.c., war Professor für Bodenordnung und Bodenwirtschaft am Institut für Geodäsie und Geoinformation der Landwirtschaftlichen Fakultät der Universität Bonn.

Bernd Weber, Dr. med., ist Professor füe experimentelle Neurologie und Direktor des Center for Economics and Neuroscience.

Matthias Wüst, Dr. phil. nat., ist Professor für Bioanalytik am Institut für Ernährungs- und Lebensmittelwissenschaften der Landwirtschaftlichen Fakultät.